AF307737

ENCYCLOPEDIA OF PHYSICS

EDITED BY

S. FLÜGGE

VOLUME VII · PART 1
CRYSTAL PHYSICS I

WITH 321 FIGURES

SPRINGER-VERLAG
BERLIN · GÖTTINGEN · HEIDELBERG
1955

HANDBUCH DER PHYSIK

HERAUSGEGEBEN VON
S. FLÜGGE

BAND VII · TEIL 1
KRISTALLPHYSIK I

MIT 321 FIGUREN

SPRINGER-VERLAG
BERLIN · GÖTTINGEN · HEIDELBERG
1955

ISBN-13: 978-3-642-45828-6   e-ISBN-13: 978-3-642-45827-9
DOI: 10.1007/978-3-642-45827-9

The Specific Heat of Solids. By M. BLACKMAN, M. Sc. Ph. D. D. Phil. Reader in Theoretical Physics. Physics Dept. Imperial College London (Great Britain). (With 27 figures) 325

Theorie der Gitterfehlstellen. Von Dr. ALFRED SEEGER, Dozent für Physik an der Technischen Hochschule Stuttgart und wissenschaftlicher Mitarbeiter am Max-Planck-Institut für Metallforschung Stuttgart (Deutschland). (Mit 161 Figuren) 383

Inhaltsverzeichnis.

VII

Kristallographie.

Von

H. JAGODZINSKI [1].

Mit 67 Figuren.

In diesem Artikel werden durchweg die folgenden Bezeichnungen angewendet (auf Ausnahmen wird an der betreffenden Stelle hingewiesen):

$\mathfrak{a}_1$, $\mathfrak{a}_2$, $\mathfrak{a}_3$ Basisvektoren des Kristallgitters.

$\mathfrak{a}^1$, $\mathfrak{a}^2$, $\mathfrak{a}^3$ Basisvektoren des reziproken Gitters.

a_1, a_2, a_3 bzw. a^1, a^2, a^3 deren absolute Beträge (Längen).

Gelegentlich wird im Anschluß an die internationale Literatur $a_1 = a$, $a_2 = b$, $a_3 = c$ bzw. $a^1 = a^*$, $a^2 = b^*$, $a^3 = c^*$ benutzt.

$\mathfrak{x}$, $\mathfrak{r}$, $\mathfrak{t}$, $\mathfrak{h}$ Vektoren (invariant gegenüber affinen Koordinatentransformationen).

$$\left.\begin{aligned} t &= \sum_i t^i\,\mathfrak{a}_i \equiv t^i\,\mathfrak{a}_i \\ \mathfrak{h} &= \sum_i h_i\,\mathfrak{a}^i \equiv h_i\,\mathfrak{a}^i \end{aligned}\right\} \quad t^i,\ h_i \ \text{ganzzahlig.}$$

Tritt der gleiche Buchstabe auf derselben Seite einer Gleichung einmal hoch- und einmal tiefgestellt auf, so ist automatisch über ihn zu summieren, s. letzte Gleichung.

$\alpha_1 = \alpha$, $\alpha_2 = \beta$, $\alpha_3 = \gamma$ Winkel zwischen den Koordinatenachsen,

$\alpha_1 = \sphericalangle\ (\mathfrak{a}_2,\ \mathfrak{a}_3)$ usw.

S, (s_i^k) Matrizen, Operatoren; S die von ihnen erzeugte (cyclische) Gruppe.

$|S|$ oder det (s_k^i) ihre Determinante.

$\mathfrak{A}$, $\mathfrak{B}$, $\mathfrak{C}$, ... oder $t_{i\,k\,l\,...}^{i\,m\,n\,...}$ Tensoren.

I. Kristallklassen und Raumgruppen.

a) Symmetrieoperationen.

1. Einleitung. Die ersten Hinweise auf eine systematische Behandlung der Symmetrieeigenschaften räumlich unendlich ausgedehnter Anordnungen, bei denen sich gewisse Baumotive periodisch wiederholen, findet man in der ägyptischen Kunstgeschichte. Sämtliche Möglichkeiten, diese Baumotive zu ebenen Flächengruppen zusammenzufassen, wurden von den Ägyptern bereits erkannt, sie sind uns heute in Form von Flächenornamenten[2] erhalten geblieben. Der Zusammenhang dieser Flächenornamente mit den Kristallen wurde aber erst sehr viel später geahnt und durch die Entdeckung der Röntgenstrahlbeugung an Kristallen durch v. LAUE, FRIEDRICH und KNIPPING[3] im Jahre 1912 bewiesen. Zu diesem Zeitpunkt lag aber die vollständige Ableitung der in sich widerspruchsfreien Kombinationen von Symmetrieoperationen — das sind solche, die den Körper mit sich zur Deckung bringen — mit Einschluß der periodischen Wiederholung der Baumotive als Grundforderung (Translation), bereits vor (die 230 möglichen Raumgruppen). Ihre Gültigkeit für die Kristalle wurde in den der v. LAUEschen Entdeckung folgenden Jahren in eindrucksvoller Weise bestätigt.

Der erste Markstein auf dem Wege dieser Entwicklung ist zweifellos die Aufstellung des Gesetzes von der Konstanz der Flächenwinkel am Quarz durch STENSON[4], das von DE L'ISLE[5]

---

[1] Unter Mitwirkung von H. WONDRATSCHEK, Würzburg (Abschnitt II).

[2] Siehe z. B. A. SPEISER: Theorie der Gruppen endlicher Ordnung, S. 91 ff. Berlin 1937.

[3] M. v. LAUE, W. FRIEDRICH u. P. KNIPPING: Münch. Sitzgsber. **1912**, 303. — Ann. Phys. **41**, 971 (1913).

[4] OSTWALDS Klassiker der exakten Wissenschaften, Heft 209, 1923. (Diss. Florenz 1669.)

[5] R. DE L'ISLE: Crystallographie. Paris 1783.

auf alle Kristalle verallgemeinert wurde. Durch die mathematische Beschreibung der Geometrie der Kristallflächen wurde das Gesetz der „rationalen Flächenindices" entdeckt, deren mathematische Konsequenz z. B. die Auswahl der möglichen Drehachsen stark einengte. Dieses Gesetz konnte durch die von HAÜY[1] aufgestellte Raumgitterhypothese zwanglos erklärt werden. Unendliche Raumgitter besitzen die Eigenschaft, nach der Verschiebung um einen der drei Translationsvektoren mit sich zur Deckung zu kommen. Die Translation ist also die Grundsymmetrieoperation der Gitter. Sie besitzt die Gruppeneigenschaft, weil die mehrfache Anwendung der gleichen Symmetrieoperation wieder zu einer Symmetrieoperation führen muß und es eine reziproke Operation gibt, die diesen Vorgang rückgängig macht. Neben der Translation können aber noch weitere Symmetrieoperationen vorhanden sein, die aus der Existenz der Translation als Symmetrieoperation für die Raumgitter eindeutig abgeleitet werden können. Ist die Translation als Symmetrieoperation nicht vorhanden, so findet man neue mögliche Symmetrieoperationen, während alle an die Translation gebundenen wegfallen. Letztere Aufgabe führt auf die Symmetrieoperationen endlicher Körper. Die Ableitung der 32 Kristallklassen — der Symmetriegruppen der makroskopischen Kristalle — durch HESSEL[2] war also eine rein gruppentheoretische Aufgabe, die damals auf kombinatorischem Wege gelöst wurde; sie erfaßt natürlich nicht alle möglichen Symmetriegruppen endlicher Körper, weil das Gesetz der rationalen Indices die Auswahl der Symmetrieoperationen einschränkt. Läßt man dieses Gesetz fallen, so kommt man auf neue Symmetriegruppen, die aber mit Ausnahme der sog. „Ikosaedergruppe" prinzipiell nicht viel neue Gesichtspunkte liefern.

Die weit schwierigere Aufgabe, die den Kristallklassen zuzuordnenden Raumgruppen aufzufinden, wurde durch die von BRAVAIS[3] gelöste Grundaufgabe, die symmetrisch verschiedenen, durch die Translation allein erzeugten Punktgitter, die Translationsgruppen, aufzufinden, wesentlich erleichtert. Diese Untersuchung läuft praktisch auf das gruppentheoretisch ableitbare Gesetz hinaus, daß die Translationsgruppe ABELscher Normalteiler der vollen Symmetriegruppe des Raumgitters ist (s. Ziff. 3). Auf diese Weise gelang es unabhängig voneinander FEDOROW[4] und SCHÖNFLIES[5] unter ganz verschiedenen Gesichtspunkten, die möglichen 230 Raumgruppen abzuleiten. Obwohl uns heute die Mathematik mit der Entwicklung der Gruppentheorie wertvolle Hilfsmittel für die Auffindung der möglichen Raumgruppen gegeben hat, ist und bleibt der Vollständigkeitsbeweis für die Zahl 230 eine mühsame Aufgabe, deren Durchführung den Umfang des in diesem Artikel zur Verfügung stehenden Raumes bei weitem übersteigen würde. Außerdem bliebe dann immer noch der mißliche Umstand, den mathematisch abstrakten Inhalt in eine so anschauliche Form zu kleiden, daß der Leser die modernen Tabellenwerke der Raumgruppen benutzen kann. Wir werden daher hier nur einen Weg weisen, wie man zur vollständigen Ableitung gelangt, ihn aber nicht in allen Einzelheiten explizit durchführen. Der am Vollständigkeitsbeweis interessierte Leser sei hier auf die Literatur verwiesen[6].

2. Die Translation[7]. Die Strukturuntersuchungen der festen Materie mittels Röntgen- und Corpuscularstrahlen haben ergeben, daß der überwiegende Teil kristallin ist, demnach als aus einem Raumgitter bestehend aufgefaßt werden kann. Die interessante Frage nach dem Grund der Bevorzugung kristalliner gegenüber den glasig-amorphen Anordnungen ist im Einzelfall mit den heute zur Verfügung stehenden theoretischen Hilfsmitteln noch nicht zu beantworten. Diese Aufgabe wäre prinzipiell dann lösbar, wenn die potentiellen Energien aller möglichen Konfigurationen angegeben werden könnten und gezeigt würde, daß die freien Energien einer oder mehrerer bestimmter kristalliner Konfigurationen einen Minimalwert besitzen. Die potentiellen Energien müssen auf alle Fälle gegenüber den amorphen Anordnungen wesentlich günstiger sein, weil die Zahl der Konfigurationsmöglichkeiten der kristallinen Anordnungen viel kleiner ist. Eine

---

[1] R. J. HAÜY: J. de Phys. 19, 1 (1782).
[2] Siehe GEHLERS Physikalisches Wörterbuch, Bd. 5, S. 1023, 1830.
[3] A. BRAVAIS: J. l'école polytechnique, Paris 11, 1 (1850).
[4] E. v. FEDOROW: Verh. ksl. Mineral. Ges., Petersburg 27, 448 (1891).
[5] A. SCHÖNFLIES: Kristallsystem und Kristallstruktur. Leipzig 1891. — Theorie der Kristallstrukturen. Berlin 1923.
[6] Siehe z. B. J. J. BURCKHARDT: Die Bewegungsgruppen der Kristallographie. Basel 1947. Dort weitere Literaturhinweise.
[7] Für die hier verwendeten gruppentheoretischen Grundbegriffe sei auf den Artikel von G. FALK in Bd. II dieses Handbuches, oder auf die gruppentheoretischen Lehrbücher verwiesen.

genauere Betrachtung erfordert allerdings auch eine Berücksichtigung des kinetischen Anteils der Zustandssumme.

Man kann aber leicht zeigen, daß es in einer amorphen unendlichen Anordnung von Teilchen (Atomen) nur endlich viele Teilchen geben kann, die in bezug auf die gesamte Umgebung der übrigen Teilchen unter sich gleichwertig sind. Die Forderung nach unendlich vielen gleichwertigen Teilchen führt nämlich, wie wir weiter unten sehen werden, automatisch auf die Existenz einer Translation als Symmetrieoperation. Somit bietet sich für die Erklärung des überwiegenden kristallinen Zustandes das Symmetrieprinzip an, das folgendes aussagt: Die potentielle Energie einer unendlichen Anordnung von endlich vielen Teilchenarten strebt dann einem Minimum zu, wenn es möglichst wenig (endlich viele) Teilchen jeder Art gibt, die sich bezüglich ihrer Umgebung unterscheiden; die potentielle Gitterenergie U ist dann in einfacher Form

$$\lim_{N \to \infty} \frac{U}{N} = -\frac{1}{2}\,(c_a U_a + c_b U_b + \cdots + c_n U_n) \tag{2.1}$$

anzugeben. Dabei ist U_ν die zur Herauslösung des Teilchens ν notwendige Arbeit und c_ν deren Konzentration; der Faktor $\frac{1}{2}$ rührt daher, daß in dieser Auffassung jede Bindungsenergie zwischen den Teilchen doppelt gezählt wird. n bezieht sich auf die Anzahl der ungleichwertigen Teilchen, aber nicht auf die Teilchenarten. N ist für unser Gitter unendlich, der Übergang auf endliche N bedeutet, daß wir den Einfluß der Oberfläche auf die Gitterenergie vernachlässigen. In der Tat laufen alle Energieberechnungen der Kristalle auf Gl. (2.1) hinaus[1].

Wie in Ziff. 1 bereits angeführt wurde, fordert die Existenz einer Symmetrieoperation S, die angewendet auf eine Funktion des Raumes $f(x^1, x^2, x^3)$ die gleiche Funktion erzeugt, daß die zweimalige Anwendung der Symmetrieoperation S (wir bezeichnen diese mit $S\,S = S^2$) wiederum eine Symmetrieoperation ist. In der Tat folgt aus

$$\left.\begin{aligned} S\,f(x) &= E\,f(x)^\dagger, \\ S\,(S\,f(x)) &= S\,f(x) = E\,f(x), \end{aligned}\right\} \tag{2.2}$$

daß S^2 wiederum eine Symmetrieoperation darstellen muß. Weiterhin gibt es eine inverse Operation S^{-1}, welche die ursprüngliche Operation rückgängig macht $S\,S^{-1} = E$. Da auch das assoziative Gesetz der Multiplikation gültig ist, können also die Symmetrieoperationen mit Hilfe der abstrakten Theorie der Gruppen und der ihrer möglichen Darstellungen behandelt werden.

Ein Translationsgitter besitzt nun 3 Grundtranslationsvektoren $\mathfrak{a}_1$, $\mathfrak{a}_2$, $\mathfrak{a}_3$ mit der Eigenschaft, daß Verschiebungen mit einem Vektor $\mathfrak{t}$

$$\mathfrak{t} = \sum_i t^i \mathfrak{a}_i \equiv t^i \mathfrak{a}_i \qquad (i = 1, 2, 3) \qquad t^i \text{ ganzzahlig} \tag{2.3}$$

das Gitter mit sich zur Deckung bringen.

[Die hoch- und tiefgestellten Indices geben das Transformationsverhalten der Größen an (s. Ziff. 14). In allen Gleichungen ist gemäß (2.3) über gleiche Indices, die auf einer Seite hoch- und tiefgestellt vorkommen, automatisch zu summieren.]

Weil die nochmalige Anwendung der Operation die Translation $2\mathfrak{t}$ erzeugt, ist es zweckmäßig, eine beliebige Symmetrieoperation des Gitters in der Form

$$(S, \mathfrak{t}) \quad \text{bzw.} \quad (S, \mathfrak{r}) \tag{2.4}$$

---

[1] Siehe z.B. den Artikel von G. Leibfried in diesem Bande.
$\dagger$ Aus Einfachheitsgründen schreiben wir $f(x)$ statt $f(x^1, x^2, x^3)$. E bedeutet die Identität.

zu schreiben. Das Doppelsymbol $(S, \mathfrak{r})$ veranschaulicht dann die Anwendung der Symmetrieoperation S mit anschließender Translation $\mathfrak{r}$. In dieser Auffassung ist auch $(S, \mathfrak{r}_1) \cdot (T, \mathfrak{r}_2) = (S\,T, S\,\mathfrak{r}_2 + \mathfrak{r}_1) = (C, \mathfrak{r}')$ eine Symmetrieoperation der Art (2.4). Ebenso kann man sich leicht von der Gültigkeit des assoziativen Gesetzes der Multiplikation überzeugen, außerdem existiert ein inverses Element $(S, \mathfrak{r})^{-1} = (S^{-1}, -S^{-1}\,\mathfrak{r})$ sowie das Einheitselement $(E, \mathfrak{o})$. Damit ist für die Operationen (2.4) die Gruppeneigenschaft festgestellt. Ist nun $(S, \mathfrak{r})$ irgendeine Symmetrieoperation des Gitters, so gilt das Gleiche nicht zwangsläufig auch für $(S, \mathfrak{o})$. Nur wenn $(E, \mathfrak{r})$ eine Deckoperation ist, erhält man wegen der vorhin bewiesenen Existenz von $(E, -\mathfrak{r})$ aus $(E, -\mathfrak{r})\,(S, \mathfrak{r}) = (S, \mathfrak{o})$, daß $(S, \mathfrak{o})$ eine Symmetrieoperation unseres Gitters darstellt.

Es soll nun die vorhin aufgestellte Behauptung bewiesen werden, daß die Existenz von unendlich vielen in bezug auf die Umgebung gleichwertigen Punkten bereits eine Translationsgerade erzeugt, wenn die erzeugende dazugehörige Symmetrieoperation des endlichen Raumes von endlicher Ordnung ist, also eine Beziehung $(S, \mathfrak{o})^n = (E, \mathfrak{o})$ besteht[1]. In der Tat ist dann

$$(S, \mathfrak{r})^n = (S^n, S^{n-1}\,\mathfrak{r} + \cdots + S\,\mathfrak{r} + \mathfrak{r}) = (E, t) \tag{2.5}$$

eine nicht triviale Deckoperation des Gitters, wenn $t \neq \mathfrak{o}$ ist. Für $t = \mathfrak{o}$ gehört $(S, \mathfrak{r})$ ebenfalls zu den Symmetrieoperationen des endlichen Raumes. Wir werden später sehen, daß Symmetrieoperationen, für die $(S, \mathfrak{r})^n = (E, \mathfrak{o})$ gilt, solche Operationen sind, bei denen der Nullpunkt an einer anderen Stelle als der gewählte Ursprung liegt (s. Ziff. 4). Wegen der Gruppeneigenschaft von (E, t) folgt aber aus (2.5) die aufgestellte Behauptung; denn gilt $(S, \mathfrak{r})^n = (E, \mathfrak{o})$, so können höchstens n gleichwertige Teilchen auftreten. Die Erweiterung auf drei nicht in einer Ebene liegende Translationsvektoren ist trivial. Im folgenden wollen wir die aus der Gittertranslation erzeugten Punkte *identische Punkte* nennen, während solche, die nur wegen der Existenz einer weiteren Symmetrieoperation (keine reine Translation) ineinander übergeführt werden, *gleichwertig* sind.

Zwischen den Deckoperationen räumlich endlich und unendlich ausgedehnter Funktionen besteht wegen (2.5) offenbar ein enger Zusammenhang, den wir sofort aus dem Beweis des folgenden Satzes ersehen können.

Satz 1. *Wird durch die erzeugenden Symmetrieoperationen $(S_1, \mathfrak{r}_1), \ldots (S_n, \mathfrak{r}_n)$, $(T_1, \mathfrak{o}), \ldots (T_m, \mathfrak{o})$ eine in sich widerspruchsfreie Raumgruppe gebildet, so existiert neben dieser mindestens eine Raumgruppe, welche auch die translationsfreien Symmetrieoperationen enthält.*

Erzeugende Symmetrieoperationen einer Gruppe sind die für die vollständige Beschreibung der Gruppe ausreichenden Operationen; über ihre zweckmäßige Auswahl bei den Kristallklassen, vgl. Ziff. 16.

Definitionsgemäß genügt die räumlich unendlich ausgedehnte Funktion $f(x)$ den Symmetriebedingungen

$$(S_\nu, \mathfrak{r}_\nu)\,f(x) = (E, \mathfrak{o})\,f(x),$$
$$(T_\mu, \mathfrak{o})\,f(x) = (E, \mathfrak{o})\,f(x),$$
$$(E, t)\,f(x) = (E, \mathfrak{o})\,f(x).$$

---

[1] Daß für $(S, \mathfrak{o})$ immer eine Beziehung $(S, \mathfrak{o})^n = (E, \mathfrak{o})$ bestehen muß, läßt sich beweisen, wenn man zwei im Endlichen befindliche, durch die Symmetrieoperation ineinander übergeführte Punkte (Atome) in einem nicht verschwindenden kleinsten Abstand voraussetzt. Man kann dann zeigen, daß entweder $(S, \mathfrak{o})^n = (E, \mathfrak{o})$ oder aber $(S, \mathfrak{o}) = (T, \mathfrak{r})$ mit $(T, \mathfrak{r})^n = (E, t)$ gelten muß. Da jede unendliche Symmetriegruppe mindestens ein Element besitzt, dessen Potenzen für sich keine endliche Gruppe bilden, gilt die hier nur für das Symmetrieelement $(S, \mathfrak{o})$ gefolgerte Endlichkeit auch für jede Gruppe translationsfreier Elemente.

Mit $f(x)$ gibt es aber auch die Funktion $f'(x)$

$$f'(x)=\left\{(E,\mathfrak{o})+\sum_{\nu}\left[(S_\nu,\mathfrak{o})+\cdots+(S_\nu,\mathfrak{o})^{n_\nu-1}\right]+\sum_{\mu}\left[(T_\mu,\mathfrak{o})+\cdots+(T_\mu,\mathfrak{o})^{n_\mu-1}\right]\right\}f(x).\quad(2.6)$$

$f'(x)$ erfüllt aber die geforderte Beziehung, da die erzeugenden Elemente $(S_\nu,\mathfrak{o})$, $(T_\mu,\mathfrak{o})$ die Gruppeneigenschaft besitzen und damit eine Multiplikation mit einem Element der Gruppe nur die Reihenfolge der Summanden in (2.6) ändert. Daß $f'(x)$ mit $f(x)$ auch noch die Translation $(E,\mathfrak{t})$ als Symmetrieoperation enthält, kann man gliedweise für jeden Summanden in (2.6) beweisen, denn es gilt

$$(E,\mathfrak{t})\,(S_\nu,\mathfrak{o})^r f(x) = (E,\mathfrak{t})\,(S_\nu,\mathfrak{o})\,(S_\nu,\mathfrak{r}_\nu)^{-r}\,(S_\nu,\mathfrak{r}_\nu)^r f(x)$$

$$= (E,S_\nu^{r-1}\mathfrak{r}_\nu - \cdots - \mathfrak{r}_\nu)\,f(x) = (S_\nu,\mathfrak{o})^r f(x),$$

und damit auch

$$(E,\mathfrak{t})\,f'(x) = (E,\mathfrak{o})\,f'(x).$$

Damit haben wir den unmittelbaren Anschluß an die Symmetriegruppen endlich ausgedehnter Funktionen gewonnen. Um den Übergang auf die Raumgruppen zu erhalten, müssen wir nur die Operationen auf $(S,\mathfrak{r})$ erweitern, mit der Maßgabe, daß gemäß (2.5) $(S,\mathfrak{r})^n \doteq (E,\mathfrak{t})$ gelten muß ($\mathfrak{t}$ = Translationsvektor des Gitters).

3. Symmetrieoperationen von Funktionen endlicher Raumausdehnung. Wir betrachten nun ein endliches System, das z.B. aus Atomen bestehen mag. Alle Koordinaten und Vektoren beziehen wir zunächst auf ein orthogonales Koordinatensystem x^1, x^2, x^3. Notwendige Bedingung für die Existenz einer Symmetrieoperation ist z.B. die Forderung, daß sämtliche Abstände erhalten bleiben. Transformieren wir also auf das neue, durch die Symmetrieoperation erzeugte Koordinatensystem x'^i mit

$$x'^k = s_i^k\, x^i \qquad\qquad (3.1)$$

so muß die Beziehung

$$\sum_i (x^i)^2 = \sum_k (x'^k)^2$$

erfüllt sein. Durch Koeffizientenvergleich erhält man für die s_i^k die Bedingungsgleichungen

$$\sum_l s_i^l s_k^l = \delta_{ik}, \qquad \delta_{ik}=0 \ \text{für}\ i \neq k; \qquad \delta_{ii}=1. \qquad (3.2)$$

Gl. (3.2) ist mit der Forderung äquivalent, daß die aus den s_i^k gebildete Matrix S, mit ihrer Transponierten $\widetilde{S}$ multipliziert, die Einheitsmatrix, also

$$S\,\widetilde{S} = E \qquad\qquad (3.3)$$

ergibt. Aus (3.3) folgt nach den bekannten Sätzen der Determinantenrechnung

$$|S\,\widetilde{S}| = |S|\cdot|\widetilde{S}| = |S|^2 = 1 \quad \text{und damit} \quad |S| = \pm 1. \qquad (3.4)$$

Wir werden beweisen, daß $|S| = +1$ eine Drehung um eine Achse ist, während $|S| = -1$ eine Drehinversion darstellt. Diese Behauptung ist erwiesen, wenn wir zeigen können, daß nach der Ausführung der Operation ein Vektor $\mathfrak{r}$ existiert, der durch die Transformation nicht geändert wird ($|S| = +1$) bzw. in den Vektor entgegengesetzter Richtung überführt wird ($|S| = -1$). Da der Beweis in beiden Fällen analog verläuft, werden hier beide parallel durchgeführt.

	Fall 1:	$|S| = +1$	Fall 2:	$|S| = -1$
		$S\,\mathfrak{r} = E\,\mathfrak{r}$		$-S\,\mathfrak{r} = E\,\mathfrak{r}$
bzw.		$(S-E)\,\mathfrak{r} = 0,$		$(S+E)\,\mathfrak{r} = 0.$

Die obigen Gleichungen besitzen dann eine nicht triviale Lösung, wenn

$$|S - E| = 0, \qquad\qquad |S + E| = 0 \qquad\qquad (3.5)$$

sind. Für beide Fälle gilt gemäß Gl. (3.3) $S\,\widetilde{S} = E$. Demnach ist

$$\widetilde{S}\,(S - E) = E - \widetilde{S}, \quad \widetilde{S}\,(S + E) = E + \widetilde{S},$$

und wegen (3.4)

$$|S - E| = |E - \widetilde{S}|, \quad -|S + E| = |E + \widetilde{S}|. \qquad\qquad (3.6)$$

Weiterhin gelten die Beziehungen

$$E - \widetilde{S} = -\,\overline{(S - E)} \quad E + \widetilde{S} = \overline{(E + S)}.$$

Für Matrizen vom Rang 3 (3dimensionaler Raum)[1] erhält man daraus

$$|E - \widetilde{S}| = -|S - E|, \quad |E + \widetilde{S}| = |E + S|. \qquad\qquad (3.7)$$

Der Vergleich von (3.6) mit (3.7) beweist die Richtigkeit der Gl. (3.5) und damit auch der obigen Behauptung.

Wir legen nun die x^3-Achse auf die Drehachse; da wir außerdem noch die freie Wahl in bezug auf die Lage der x^1-Achse und des Ursprungs haben, lassen sich die Transformationsmatrizen in der Form

$$\begin{pmatrix} S_1^1 & S_1^2 & 0 \\ S_2^1 & S_2^2 & 0 \\ 0 & 0 & 1 \end{pmatrix} \quad \text{bzw.} \quad \begin{pmatrix} -S_1^1 & -S_1^2 & 0 \\ -S_2^1 & -S_2^2 & 0 \\ 0 & 0 & \bar{1} \end{pmatrix}$$

angeben. Das negative Vorzeichen schreiben wir in den Matrizen über die Ziffern. Die Anwendung der Bedingungsgleichungen (3.2) ergibt mit $|S| = +1$

$$\left.\begin{array}{l} S_2^2 = +\,S_1^1 \\ S_1^2 = -\,S_2^1 \\ S_1^2 = \pm\,\sqrt{1 - (S_1^1)^2} \end{array}\right\} \quad \text{oder} \quad \left\{\begin{array}{l} S_1^1 = \cos\varphi \\ S_1^2 = \pm\,\sin\varphi. \end{array}\right.$$

Die erzeugenden Symmetrieelemente erhalten also die Darstellung

$$\begin{pmatrix} \cos\varphi & \sin\varphi & 0 \\ -\sin\varphi & \cos\varphi & 0 \\ 0 & 0 & 1 \end{pmatrix} \text{bzw.} \begin{pmatrix} -\cos\varphi & -\sin\varphi & 0 \\ \sin\varphi & -\cos\varphi & 0 \\ 0 & 0 & \bar{1} \end{pmatrix} = \begin{pmatrix} \cos(180+\varphi) & \sin(180+\varphi) & 0 \\ -\sin(180+\varphi) & \cos(180+\varphi) & 0 \\ 0 & 0 & \bar{1} \end{pmatrix}. \;(3.8)$$

Die 1. Matrix stellt die Drehung, die 2. die Drehinversion und die 3. die äquivalente Drehspiegelung dar; die beiden letzteren ergeben sich auch aus der Produktdarstellung

$$\begin{pmatrix} \cos\varphi & \sin\varphi & 0 \\ -\sin\varphi & \cos\varphi & 0 \\ 0 & 0 & 1 \end{pmatrix} \cdot \begin{pmatrix} \bar{1} & 0 & 0 \\ 0 & \bar{1} & 0 \\ 0 & 0 & \bar{1} \end{pmatrix} = \begin{pmatrix} \cos(180+\varphi) & \sin(180+\varphi) & 0 \\ -\sin(180+\varphi) & \cos(180+\varphi) & 0 \\ 0 & 0 & 1 \end{pmatrix} \cdot \begin{pmatrix} 1 & 0 & 0 \\ 0 & 1 & 0 \\ 0 & 0 & \bar{1} \end{pmatrix}$$

als einfache Drehungen mit Inversion bzw. Spiegelung gekoppelt. Der Drehwinkel ist aber nicht gleich. Da der endliche Raum nur endlich viele Teilchen aufnimmt, die durch die Symmetrieoperationen ineinander überführt werden sollen,

---

kann die Ordnung der Symmetrieoperationen nur endlich sein. Das Produkt zweier Drehoperationen mit gleicher Drehachse und den Winkeln φ_1 und φ_2 entspricht, wie man aus (3.8) unmittelbar ableiten kann, einer Drehung mit dem Winkel $\varphi_1 + \varphi_2$. Es können damit nur Drehungen mit $\varphi = 360/n$ (n = ganze Zahl >0) auftreten. Die cyclischen Symmetriegruppen räumlich endlicher Funktionen bezeichnen wir mit n und $\bar{n}$ bzw. S_n, je nachdem, ob die erzeugenden Operationen Drehachsen n, Drehinversionsachsen $\bar{n}$ bzw. Drehspiegelachsen S_n sind. Eine genauere Diskussion dieser Operationen soll weiter unten erfolgen.

Senkrecht zur Zeichenebene								Parallel zur Zeichenebene Brüche geben Höhenlage an	
Drehachsen		Drehinversionsachsen		Schraubenachsen					
HM	G	HM	G	HM	G	HM	G	HM	G
		$\bar{1}$	o	2_1		6_1		2	⟶ ½
2				3_1		6_2		2_1	⟶ ¼
3		$\bar{3}$		3_2		6_3			
4		$\bar{4}$		4_1		6_4			
				4_2		6_5			
6		$\bar{6}$		4_3					

a) Symmetrieachsen.

HM	Normale in der Zeichenebene G.	Normale senkrecht zur Zeichenebene G.
m		¼
a, b		⅜
c		
n		
d		⅛ ⅝

b) Symmetrieebenen.

Fig. 1a u. b. Graphische Symbole der Symmetrieoperationen. *HM* Hermann-Mauguin-Symbol, *G* Graphisches Symbol.

Für Kristalle gibt es jedoch für die höchste Zähligkeit n der Achsen (n ist nicht immer gleich der Ordnung der Gruppe!) durch die aufbauenden Translationsgitter Einschränkungen, die man durch folgende Überlegungen gewinnen kann. Eine notwendige Bedingung für die Existenz irgendeiner der genannten Operationen im Translationsgitter ist die Überführung irgendeines Translationsvektors

$$\mathfrak{t} = t^i \, \mathfrak{a}_i$$

in einen anderen Translationsvektor $\mathfrak{t}'$; beziehen wir unser Koordinatensystem auf die Translationslängen als Einheit, so folgt daraus, daß für jeden Translationsvektor $\mathfrak{t}$ die Beziehung $S \cdot \mathfrak{t} = \mathfrak{t}'$ bestehen muß. Das ist aber in geeigneter Aufstellung nur für ganzzahlige Matrizen S möglich, deren Spur $S_1^1 + S_2^2 + S_3^3$

ebenfalls ganzzahlig sein muß. Die Spur ist aber gegenüber affinen Transformationen invariant, so daß auch für die Matrizen (3.8) eine ganzzahlige Spur vorhanden sein muß. In beiden Fällen ergibt diese Bedingung die Beziehung

$$\cos \varphi = \frac{m}{2}, \qquad m = \text{ganzzahlig},$$

und damit die möglichen Drehwinkel zu $\varphi = 0°$, $\varphi = 60°$, $\varphi = 90°$, $\varphi = 120°$, $\varphi = 180°$ und die entsprechenden Drehwinkel $-\varphi$. Die möglichen Drehachsen und Drehinversionsachsen bzw. Drehspiegelachsen sind also

$$1, 2, 3, 4, 6; \quad \bar{1}, \bar{2}, \bar{3}, \bar{4}, \bar{6} \quad \text{bzw.} \quad S_1, S_2, S_3, S_4, S_6.$$

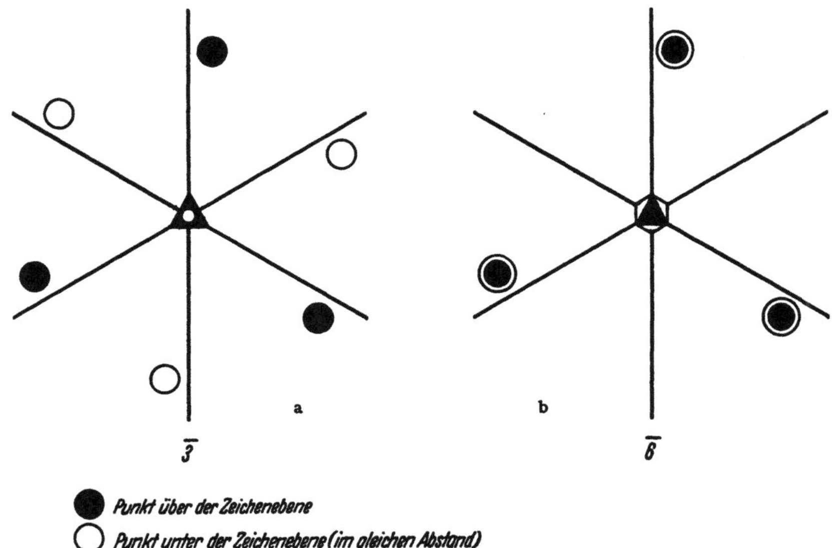

● Punkt über der Zeichenebene
○ Punkt unter der Zeichenebene (im gleichen Abstand)

Fig. 2a u. b.   a Einwirkung der Symmetrieoperation $\bar{3}$ auf einen Punkt. Inversionszentrum in der Zeichenebene, Achse senkrecht dazu. b Wie a für die Operation $\bar{6}$. Man beachte die Spiegelebene m parallel zur Zeichenebene. Bezüglich der graphischen Darstellung der Symmetrieoperationen in dieser und in den folgenden Figuren vgl. Fig. 1a u. b.

Die Ziffern werden in der nach Hermann[1] und Mauguin[2] benannten Symbolik verwendet. Diese hat sich heute gegenüber der älteren Schönfliesschen[3] von Niggli[4] abgewandelten Bezeichnungsweise (vgl. Tabelle 1) als die zweckmäßigere durchgesetzt. Letztere wird aber in der modernen Literatur noch benutzt und ist darum in Kristallklassen- und Raumgruppentabellen dieses Artikels mit aufgeführt.

Aus der Matrixdarstellung (3.8) erkennt man unmittelbar, daß die Drehinversionsachsen nur Gruppen mit gerader Ordnungszahl sein können; $\bar{3}$ und $\bar{6}$ haben also die Ordnung 6. Weiterhin sind (3.8) die folgenden Identitäten zu entnehmen:

$$\bar{1} \equiv S_2, \quad \bar{2} \equiv S_1 (\equiv m), \quad \bar{3} \equiv S_6, \quad \bar{4} \equiv S_4, \quad \bar{6} \equiv S_3.$$

$\bar{2}$ entspricht einer Spiegelung an der zur Achse senkrechten Ebene, dieser Sonderstellung wurde durch Zuordnung eines neuen Symbols m Rechnung getragen (Spiegelebene). Die etwas unübersichtlichen Gruppen $\bar{3}$ und $\bar{6}$ sind in Fig. 2a und b dargestellt; $\bar{6}$ entspricht also dem Produkt zweier Untergruppen 3 und m

[1] C. Hermann: Z. Kristallogr. 68, 257 (1928); 69, 226, 250, 533 (1929); 75, 159 (1930).
[2] Ch. Mauguin: Z. Kristallogr. 76, 542 (1931).
[3] A. Schönflies: Theorie der Kristallstrukturen. Berlin 1923.
[4] P. Niggli: Geometrische Kristallographie des Diskontinuums. Leipzig 1919.

mit gleicher Achse; die Darstellung durch zwei niedrigere Gruppen wird in der SCHÖNFLIESSchen Ableitung bevorzugt. Da aber z.B. 6 auch nicht als Produkt ihrer Untergruppen 2, 3 dargestellt wird, besteht keine Notwendigkeit für ein solches Verfahren. Die Untergruppen der erzeugenden Symmetrieelemente seien der Vollständigkeit wegen aufgeführt.

$$4:2; \quad \bar{3}:3, \bar{1}; \quad \bar{4}:2; \quad 6:3,2; \quad \bar{6}:3,m.$$

Die Symmetriegruppen endlicher Kristalle erhält man nun durch die Bildung aller möglichen Gruppenprodukte (direktes Produkt), die einerseits zu endlichen Gruppen führen müssen, da sonst ein isotropes Kontinuum als einzige realisierbare Anordnung resultiert, andererseits keine für Kristalle verbotenen Symmetriegruppen enthalten dürfen.

4. Symmetrieoperationen in Translationsgittern. Gemäß Satz 1 in Ziff. 2 sind die für Kristalle abgeleiteten Symmetrieoperationen räumlich endlicher Funktionen auch Symmetrieoperationen unendlicher Anordnungen mit Translationseigenschaften. In diesem Abschnitt sollen nun noch die weiteren durch die Translation erzeugten Symmetrieoperationen diskutiert werden. Die allgemeine Symmetrieoperation ist gemäß (2.4) $(S, \mathfrak{r})$, wobei $\mathfrak{r}$ nicht notwendig ein Translationsvektor $\mathfrak{t}$ des Gitters ist, sondern erst der Vektor $S^{n-1}\mathfrak{r} + S^{n-2}\mathfrak{r} + \cdots + S\mathfrak{r} + \mathfrak{r} = \mathfrak{t}$ sein muß, wenn $S^n = E$ gilt. Um die große Zahl der möglichen Operationen besser übersehen zu können, wollen wir den Satz 2 beweisen:

Satz 2. *Entspricht die Symmetrieoperation S einer Drehung, so läßt sich jede daraus ableitbare Symmetrieoperation $(S, \mathfrak{r})$ mit beliebigem Vektor $\mathfrak{r}$ als eine Drehung um eine räumlich festgelegte Achse mit Translation parallel zur Drehachse darstellen (Schraubung).*

Der Satz behauptet, daß an der Stelle $\mathfrak{r}'$ eine Symmetrieoperation $S_\mathfrak{r}$ existiert (gleiche Zähligkeit der Drehachse), für die

$$(S_\mathfrak{r}, \mathfrak{r}''_z) = (S, \mathfrak{r}), \quad \mathfrak{r}''_z \parallel z \tag{4.1}$$

gilt. (Wir schreiben aus Einfachheitsgründen x, y, z statt x^1, x^2, x^3.) Die Drehachse wurde dabei parallel zur z-Achse gelegt. Wir setzen wiederum ein orthogonales Achsensystem voraus, damit die Operationen in der Form (3.8) verwendet werden können. Wenden wir die Symmetrieoperationen auf einen Vektor an, so muß gemäß (4.1) die Beziehung

$$S(\mathfrak{x} - \mathfrak{r}') + \mathfrak{r}''_z + \mathfrak{r}' = S\mathfrak{x} + \mathfrak{r}$$

erfüllt sein. Die obige Gleichung hat für beliebige $\mathfrak{x}$ eine Lösung; für die unbekannten Größen ergibt sich die Bedingungsgleichung

$$(E - S)\mathfrak{r}' + \mathfrak{r}''_z = \mathfrak{r}. \tag{4.2}$$

Einsetzen der Matrizen für E und S aus (3.8) führt auf die folgenden Beziehungen zwischen den Vektorkomponenten

$$\left. \begin{aligned} (1 - \cos\varphi) \cdot r'_x - \sin\varphi \cdot r'_y &= r_x, \\ \sin\varphi \cdot r'_x + (1 - \cos\varphi) r'_y &= r_y, \\ r''_z &= r_z. \end{aligned} \right\} \tag{4.3}$$

Da die Determinante des Koeffizientenschemas von (4.3) für keinen der in Frage stehenden Drehwinkel verschwindet, gibt es also eine nicht triviale Lösung für $\mathfrak{r} \neq \mathfrak{o}$, womit Satz 2 bewiesen ist. Gl. (4.3) ist aber gleichzeitig die Lösungsgleichung für den gesuchten Vektor $\mathfrak{r}'$, für den r_z offenbar beliebig ist, und somit

= 0 gesetzt werden kann. Die allgemeine Symmetrieoperation hat also gemäß (4.1) im verschobenen Koordinatensystem die Darstellung $(S, \mathfrak{r}_z)$. Da nun nach Gl. (2.5) die Beziehung $(S, \mathfrak{r}_z)^n = (E, \mathfrak{t})$ bestehen muß, mit $\mathfrak{t}$ als ganzzahligem Gittervektor, so können — wenn wir die $\mathfrak{a}_3$-Achse des Gitters in die z-Richtung unseres Koordinatensystems legen — nur die neuen Symmetrieoperationen

$$\left(S, \frac{\mathfrak{a}_3}{n}\right),\ \left(S, \frac{2\,\mathfrak{a}_3}{n}\right),\ \ldots,\ \left(S, \frac{n-1}{n}\,\mathfrak{a}_3\right)$$

auftreten, weil gemäß (3.8) die Matrix S für Drehungen die z-Komponente nicht beeinflußt. Alle übrigen Operationen $\left(S, \dfrac{n+\nu}{n}\,\mathfrak{a}_3\right)$ führen auf bereits bekannte, durch die Translation erzeugte Operationen $(E, \mathfrak{a}_3)\left(S, \dfrac{\nu}{n}\,\mathfrak{a}_3\right)$. Die neuen Operationen sind Drehungen mit gleichzeitiger Translation parallel zur Drehachse und heißen daher Schraubenachsen. Für sie werden folgende Symbole verwendet:

$$6:\ 6_1,\ 6_2,\ 6_3,\ 6_4,\ 6_5$$
$$4:\ 4_1,\ 4_2,\ 4_3$$
$$3:\ 3_1,\ 3_2$$
$$2:\ 2_1$$

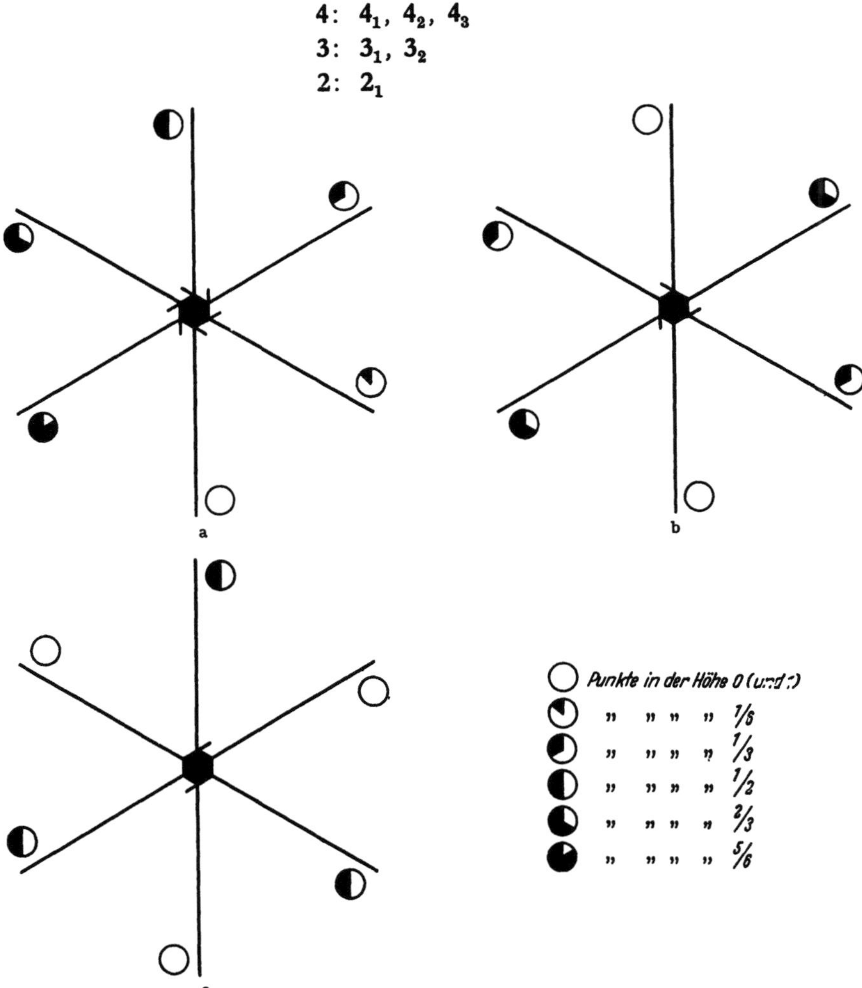

Fig. 3a—c. a Die Symmetrieoperation 6_1. Untergruppen $3_1, 2_1$. b Die Symmetrieoperation 6_2. Untergruppen $3_2, 2$. c Die Symmetrieoperation 6_3. Untergruppen $3, 2_1$.

Die Symmetriegruppen $6_1\,6_5$, $6_2\,6_4$, $4_1\,4_3$ und $3_1\,3_2$ verhalten sich enantiomorph zueinander (Rechts- und Linksschraubungen) und können nur durch eine Drehinversion und nicht durch eine Drehung ineinander überführt werden. In Fig. 3 a, b und c ist die Wirkungsweise der Schraubenachsen 6_1, 6_2 und 6_3 bildlich dargestellt. Da die Schraubenachsen durch cyclische Gruppen darstellbar sind, wenn man die Translation als Identitätsoperation ansieht, haben die neuen Symmetriegruppen folgende Untergruppen:

$$6_1:3_1,\ 2_1;\quad 6_2:3_2,\ 2;\quad 6_3:3,\ 2_1;\quad 6_4:3_1,\ 2;\quad 6_5:3_2,\ 2_1;\quad 4_1:2_1;\quad 4_2:2;\quad 4_3:2_1.$$

Die oben abgeleitete Gl. (4.3) erfüllt· aber noch einen weiteren Zweck; wenn wir nämlich für die Vektoren $\mathfrak{r}$ die Translationsvektoren $\mathfrak{t} = t^i\,\mathfrak{a}_i$ einsetzen, so erhalten wir die durch die Translation erzeugten weiteren Symmetrieelemente der Raumgruppe. Es ist dabei trivial, daß Verschiebungen um einen Translationsvektor des Gitters aus einem Symmetrieelement ein identisches erzeugen. Wir werden also nur diejenigen heraussuchen, die innerhalb eines Elementarbereichs des Gitters liegen. Aus (4.3) ergeben sich für $\mathfrak{r} = \mathfrak{t}$ folgende Beziehungen für die Komponenten des interessierenden Vektors $\mathfrak{r}'$

$$\left.\begin{aligned}
r'_x &= \frac{(1 - \cos\varphi)\,t^1\,a_1 + \sin\varphi\,t^2\,a_2}{2\,(1 - \cos\varphi)},\\[2mm]
r'_y &= \frac{-\sin\varphi\,t^1\,a_1 + (1 - \cos\varphi)\,t^2\,a_2}{2\,(1 - \cos\varphi)}.
\end{aligned}\right\} \quad (4.4)$$

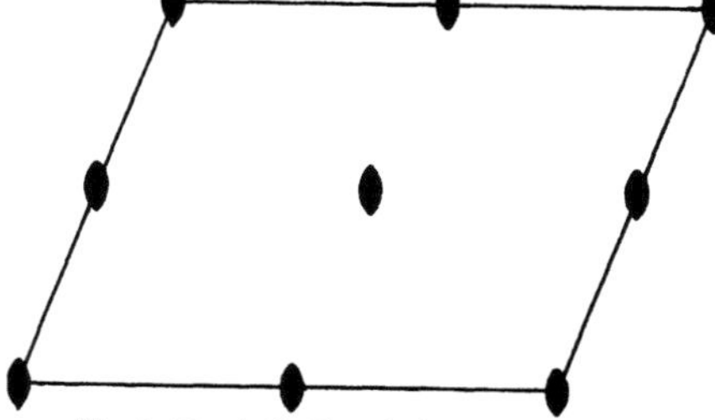

Für $\varphi = 180°$ (2zählige Achsen) erhalten wir aus (4.4) die Lösungen

$$r'_x = \frac{t^1}{2}\,a_1,\qquad r'_y = \frac{t^2}{2}\,a_2. \qquad (4.5)$$

Fig. 4. Durch die Translation erzeugte weitere 2zählige Achsen. Entsprechende Figur für 2_1-Achsen.

Beziehen wir das Koordinatensystem auf die Vektoren $\mathfrak{a}_1$, $\mathfrak{a}_2$, $\mathfrak{a}_3$ als Einheitsvektoren, so erhalten wir aus (4.5) die Lösungen $(\tfrac{1}{2}\,0)$, $(0\,\tfrac{1}{2})$, $(\tfrac{1}{2}\,\tfrac{1}{2})$ (1. Ziffer r'_x-, 2. Ziffer r'_y-Komponente) für weitere 2zählige Achsen. Man entnimmt (4.5) außerdem, daß die gewonnenen Beziehungen auch für ein schiefwinkliges Koordinatensystem gültig sind, wenn $\mathfrak{a}_3$ senkrecht auf $\mathfrak{a}_1$ und $\mathfrak{a}_2$ steht. Die Existenz der Translation und einer 2zähligen Achse erzeugt also, in der zu ihr senkrechten Ebene, das in Fig. 4 dargestellte Netz von Symmetrieelementen.

In analoger Weise kann man die Verhältnisse für die anderen Drehwinkel berechnen; für $\varphi = 120°$ (3zählige Achsen) erhält man aus (4.4) für die Komponenten

$$\left.\begin{aligned}
r'_x &= \tfrac{1}{6}\left[3\,t^1\,a_1 + \sqrt{3}\,t^2\,a_2\right],\\[2mm]
r'_y &= \tfrac{1}{6}\left[-\sqrt{3}\,t^1\,a_1 + 3\,t^2\,a_2\right].
\end{aligned}\right\} \qquad (4.6)$$

Setzen wir $a_2 = \sqrt{3}\cdot a_1$, so erhält man die Lösungen für r'_x, r'_y

$$(\tfrac{1}{2},\tfrac{1}{6});\quad (\tfrac{1}{2},\tfrac{1}{2});\quad (\tfrac{1}{2},\tfrac{5}{6});\quad (0,0);\quad (0,\tfrac{1}{3});\quad (0,\tfrac{2}{3}).$$

Man überzeugt sich leicht auf Grund von (4.6), daß keine weiteren 3zähligen Achsen erzeugt werden, wenn $t^1 = \dfrac{2\,n_1 + 1}{2}$, $t^2 = \dfrac{2\,n_2 + 1}{2}$ mit n_1, n_2 ganzzahlig gesetzt wird. Damit ist bewiesen, daß unser resultierendes Gitter in der gewählten Aufstellung nicht einfach (nur ein identischer Punkt in der Zelle), sondern zweifach primitiv ist. Das Grundnetz ist also in orthogonaler Aufstellung flächenzentriert. Diese Zentrierungen orthogonaler Flächen spielen bei den Symmetriebetrachtungen eine entscheidende Rolle. Die mögliche hexagonale Aufstellung des Netzes mit seinen Symmetrieelementen, $\sphericalangle\,(\mathfrak{a}_1, \mathfrak{a}_2) = \alpha_3 = 120°$, ist in Fig. 5 eingezeichnet.

Für $\varphi = 60°$ erhalten wir die gleiche Zelle wie für $\varphi = 120°$; es existiert nur die eine Lösung für die Komponenten von $\mathfrak{r}'$, (nämlich $\frac{1}{2} \frac{1}{2}$), auch diese Lösung ist eine identische. Da 6 die Untergruppen 3 und 2 besitzt, ergibt sich das in Fig. 6 wiedergegebene Symmetriebild der Gruppe. Wird $\varphi = 90°$, so ergibt sich für

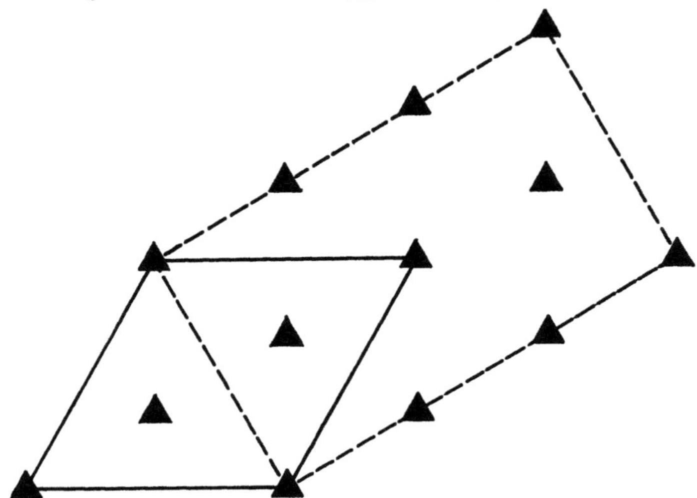

Fig. 5. Wie Fig. 4 für 3zählige Achsen. Entsprechende Figur für 3_1- und 3_2-Achsen. — — — orthogonale Aufstellung; ——— hexagonale Aufstellung.

$a_1 = a_2$, $\alpha_3 = 90°$ eine Lösung. $\mathfrak{r}'$ kann den Wert $(\frac{1}{2} \frac{1}{2})$ annehmen. Mit 2 als Untergruppe von 4 ergibt sich die in Fig. 7 gezeigte Anordnung der Symmetrieelemente.

Gl. (4.4) gilt auch für Schraubenachsen, und wir haben demnach für diese die gleichen Elementarzellen wie für die echten Drehachsen anzusetzen. Für 4_1 und 4_3

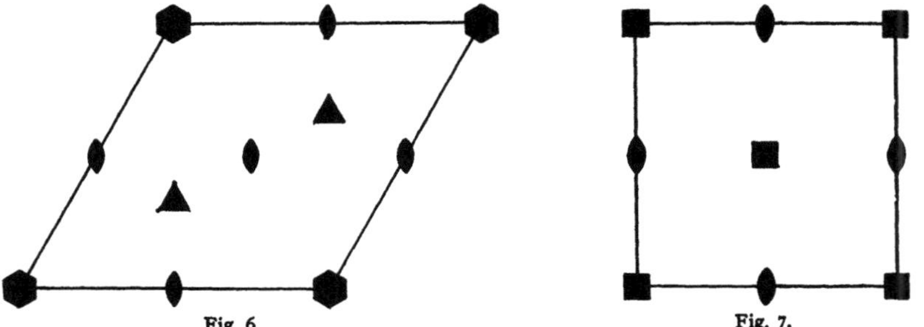

Fig. 6.   Fig. 7.

Fig. 6. Wie Fig. 4 für 6zählige Achsen. Da 2 und 3 Untergruppen sind, gelten die Symmetrien der Fig. 4 und 5 auch hier. Entsprechende Figur für: 6_1 mit 3_1 an Stelle von 3 und 2_1 statt 2; 6_2 mit 3_2 an Stelle von 3; 6_3 mit 2_1 an Stelle von 2; 6_4 mit 3_1 an Stelle von 3; 6_5 mit 3_2 an Stelle von 3 und 2_1 statt 2.

Fig. 7. Wie Fig. 4 für 4zählige Achsen. Entsprechende Figur für 4_1, 4_3 mit 2_1 statt 2, und ebenso für 4_2.

treten an Stelle der 2zähligen Drehachsen 2_1-Achsen (2_1 Untergruppe von 4_1 und 4_3!) (Fig. 7), für 6_1 an Stelle der 3zähligen Achsen 3_1-Achsen, statt 2zähligen Achsen 2_1-Achsen usw. (Fig. 6) auf. Es ist selbstverständlich, daß diese Anordnung der Achsen auch in den entsprechenden Obergruppen auftreten muß. Eventuell können aber noch neue Achsen auftreten oder alte durch neue Achsen ersetzt sein, welche die alte als Untergruppe enthalten.

Für Drehinversionsachsen $\bar{n}$ beweisen wir nun den folgenden

Satz 3. *Jede Operation $(\bar{n}, \mathfrak{r})$ läßt sich durch eine Symmetrieoperation $(\bar{n}, \mathfrak{o})$ an einer anderen Stelle des Raumes ersetzen mit Ausnahme von $\bar{2} \equiv m$.*

Zum Beweis des Satzes 3 setzen wir Gl. (4.2) in der allgemeinen Form

$$(E - \bar{n})\,\mathfrak{r}' + \mathfrak{r}'' = \mathfrak{r} \tag{4.7}$$

an. Einsetzen von (3.8) für Drehinversionen in (4.7) ergibt die Beziehungen

$$\left.\begin{aligned}
(1 + \cos \varphi)\,r'_x + \sin \varphi\,r'_y + r''_x &= r_x, \\
-\sin \varphi\,r'_x + (1 + \cos \varphi)\,r'_y + r''_y &= r_y, \\
2r'_z + r''_z &= r_z.
\end{aligned}\right\} \tag{4.8}$$

Gl. (4.8) besitzt für alle Drehinversionen eine Lösung für $\mathfrak{r}'' = 0$ mit Ausnahme von $\varphi = 180°$, für das die Determinante der Koeffizientenmatrix für $\mathfrak{r}'' = 0$ verschwindet. Damit ist Satz 3 bereits bewiesen. Für r'_z gilt dann

$$r'_z = \tfrac{1}{2} r_z.$$

Zum Fixpunkt der Inversionsachse tritt mit t_z als Translation des Gitters in $t_z/2$ ein zweiter auf.

Für $\varphi = 180°$ gibt es nur eine Lösung $(r''_x, r''_y, 0)$ für die Vektorkomponenten. Eine Verschiebung um $\mathfrak{r}_z$ ergibt also ein gleiches Symmetrieelement in $\mathfrak{r}_z/2$. Daß Operationen $(m, \mathfrak{r})$ Gleitspiegelungen sind, ist leicht einzusehen, da der erzeugende Translationsvektor parallel der Spiegelebene liegt. Die möglichen Gleitbeträge lassen sich aus der Beziehung (2.5)

$$(m, \mathfrak{r})^2 = (E, 2\mathfrak{r}) = t^1\,\mathfrak{a}_1 + t^2\,\mathfrak{a}_2$$

zu

$$\mathfrak{r} = \tfrac{1}{2}(t^1\,\mathfrak{a}_1 + t^2\,\mathfrak{a}_2)$$

ermitteln. Ist das zur Gleitebene parallel liegende Netz aus den Vektoren $\mathfrak{a}_1$, $\mathfrak{a}_2$ einfach primitiv, so gibt es die Gleitkomponenten

$$(\tfrac{1}{2}, 0), \quad (0\,\tfrac{1}{2}), \quad (\tfrac{1}{2}\,\tfrac{1}{2}).$$

In den vorhin schon erhaltenen flächenzentrierten Netzen ist außerdem noch $(\tfrac{1}{4}\,\tfrac{1}{4})$ und $(\tfrac{1}{4}\,\tfrac{3}{4})$ usw. möglich. In der Raumgruppensymbolik nach HERMANN-MAUGUIN verwendet man folgende Symbole für die Gruppe

$$(m, \tfrac{1}{2}0) \to a; \quad (m, 0\tfrac{1}{2}) \to b;$$
$$(m, \tfrac{1}{2}\tfrac{1}{2}) \to n; \quad (m, \tfrac{1}{4}\tfrac{1}{4}) \to d.$$

Für d ist die Gleitrichtung $(\tfrac{1}{4}\,\tfrac{1}{4})$ bzw. $(\tfrac{1}{4}\,\tfrac{3}{4})$ anzugeben. Liegen die Gleitspiegelebenen anders als hier angegeben ist, so tritt natürlich auch c als Symbol für die Gleitspiegelebene auf.

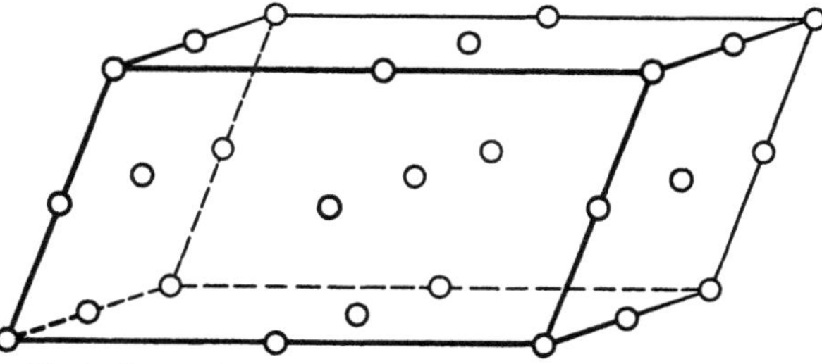

Fig. 8. Symmetriezentren in einfach primitiven Translationsgittern.

Setzt man für $\mathfrak{r}$ in (4.8) die Translation ein, so erhält man genau so, wie es für die Dreh- und Schraubenachsen der Fall war, die Anordnungen der Operationen $\bar{1}, \bar{3}, \bar{4}, \bar{6}$ im Raum. Für $\bar{1}$ ergeben sich die Möglichkeiten

$$(\tfrac{1}{2}00)\,(0\tfrac{1}{2}0)\,(00\tfrac{1}{2}), \quad (\tfrac{1}{2}\tfrac{1}{2}0)\,(\tfrac{1}{2}0\tfrac{1}{2})\,(0\tfrac{1}{2}\tfrac{1}{2}), \quad (\tfrac{1}{2}\tfrac{1}{2}\tfrac{1}{2}),$$

also Zentrierung der Kanten, Flächen und der Zelle (vgl. Fig. 8).

Für $\bar{3}$ erhält man das gleiche Ergebnis wie für 6 (Fig. 6), da aber 3 und $\bar{1}$ Untergruppen sind, treten zu den 3zähligen Achsen noch die Symmetriezentren hinzu, dagegen fehlen die 2zähligen Achsen.

$\bar{6}$ entspricht dem Fall der 3zähligen Drehachsen (vgl. Fig. 5); da m neben 3 Untergruppe ist, treten noch zwei Spiegelebenen in 0 und $\frac{1}{2}$ senkrecht zu den Drehinversionsachsen auf.

b) Die Bravais-Gitter.

5. Eigenschaften der Translationsgitter. Für Raumgruppen ist nach den bisherigen Überlegungen eine nur durch die Translation erzeugte Gruppe abspaltbar; wir untersuchen also den Elementarbereich, und denken uns die übrigen Zellen durch die Translationsgruppe erzeugt. Diese ist immer einfach primitiv, d.h. sie besitzt nur einen identischen Punkt im Elementarbereich. Da aber zu einer Raumgruppe außer der Angabe der Translationsgruppe und der erzeugenden Symmetriegruppe auch noch die Raumrichtungen der Symmetrieelemente gehören, wird man bestrebt sein müssen, Translationsvektoren zu wählen, die möglichst parallel zu den Symmetrieachsen und senkrecht zu den Symmetrieebenen liegen. Es ist damit die Aufstellung als einfach primitives Gitter nicht immer günstig.

Ist das durch die Vektoren $\mathfrak{a}_1$, $\mathfrak{a}_2$, $\mathfrak{a}_3$ aufgespannte Gitter einfach primitiv, so erhält man eine andere Aufstellung des Gitters mit

$$\mathfrak{a}'_i = t^k_i\, \mathfrak{a}_k. \tag{5.1}$$

Die aus den t^k_i gebildete Matrix nennen wir $\boldsymbol{T}$. Das Volumen des Elementarbereichs V, V' ist durch das dreifache Vektorprodukt

$$V = (\mathfrak{a}_1, \mathfrak{a}_2, \mathfrak{a}_3); \qquad V' = (\mathfrak{a}'_1, \mathfrak{a}'_2, \mathfrak{a}'_3) \tag{5.2}$$

gegeben. $(\mathfrak{a}_1, \mathfrak{a}_2, \mathfrak{a}_3)$ ist gleich der Determinante der aus den Vektorkomponenten von $\mathfrak{a}_1$, $\mathfrak{a}_2$, $\mathfrak{a}_3$ (bezogen auf ein orthogonales Koordinatensystem) gebildeten Matrix. Mit Hilfe der Gl. (5.1) kann man das Volumen des neuen Elementarbereichs aus V berechnen; es gilt

$$V' = |\boldsymbol{T}| \cdot V. \tag{5.3}$$

Da nur ganzzahlige t^k_i in Frage kommen, ist auch $|\boldsymbol{T}|$ ganzzahlig, aus diesem Grunde ist V' ein ganzzahliges Vielfaches von V. Ist m der Wert von $|\boldsymbol{T}|$, so ist der Elementarbereich m-fach primitiv. Da es unendlich viele ganzzahlige Matrizen $\boldsymbol{T}$ mit $|\boldsymbol{T}| = 1$ gibt, existieren auch unendlich viele einfach primitive Aufstellungen desselben Gitters. Selbstverständlich gibt es aber nur wenige vernünftige, die man z.B. aus der Forderung bestimmen könnte, daß die Vektoren $\mathfrak{a}_1$, $\mathfrak{a}_2$, $\mathfrak{a}_3$ eine möglichst kleine Länge besitzen und möglichst senkrecht zueinander sind.

Im allgemeinen befinden sich im Kristall mehrere Atomarten im Elementarbereich, meist sogar mehrere Atome der gleichen Art. Wenn man also von einfachen Punktgittern zu wirklichen Atomgittern übergehen will, so muß man neben der Translationsgruppe auch noch den Inhalt eines Elementarbereiches kennen, der durch die Funktion $f'(x)$[1] gegeben sei. Das Raumgitter erhält man durch die periodische Wiederholung von $f'(x)$ im Raum. Die mathematische Operation dieser Erzeugung des unendlichen Raumgitters ist eine Faltung der Funktion $f'(x')$ mit der periodischen Punktfunktion $p(x')$. Die unendliche Funktion $f(x)$ ist damit

---

[1] Aus Einfachheitsgründen schreiben wir $f'(x)$ statt ausführlich $f'(x^1, x^2, x^3)$.

durch das sog. Faltungsintegral

$$f(x) = \int_{-\infty}^{\infty} f'(x') \cdot p(x' - x)\, dx'$$

gegeben. Diese Form der Darstellung wird häufig bei der Untersuchung der Röntgenstrahlbeugung[1] verwendet. Unser Problem läuft darauf hinaus, bei geeigneter Wahl des Ursprungs für $f'(x)$ die Symmetrieeigenschaften von $f'(x)$ und $p(x)$ getrennt zu untersuchen. Hat man für $p(x)$ bestimmte Symmetrien gefunden, so braucht $f'(x)$ nicht diesen Symmetrien zu genügen, sondern kann eine höhere bzw. niedrigere Symmetrie besitzen.

6. Einige Hilfssätze. Ehe wir eine der wichtigen Grundaufgaben lösen, alle symmetrisch verschiedenen einfach primitiven Punktgitter, — also die Translationsgruppen — zu finden, wollen wir einige Hilfssätze ableiten, die uns das Aufsuchen der Möglichkeiten erleichtern. Der in Ziff. 2 bewiesene Satz 1 gestattet uns, die aus den Untergruppen der erzeugenden Symmetrieelemente weiter aufzubauenden in sich widerspruchsfreien Raumgruppen zunächst bei den Symmetriegruppen, die nur translationsfreie Symmetrieoperationen enthalten, aufzusuchen. Wir beweisen zu diesem Zweck den folgenden

Satz 4. *Jede Drehung mit dem Drehwinkel φ läßt sich als Produkt zweier senkrecht auf der Drehachse stehender zweizähliger Drehachsen oder Spiegelebenen darstellen. Jede Drehinversion mit dem Drehwinkel φ ist äquivalent dem Produkt aus einer 2zähligen Drehung und Spiegelung (beide ebenfalls senkrecht zur Drehinversionsachse)*[2].

Für die 2zähligen Achsen läßt sich Satz 4 so beweisen: Man wendet zunächst die Drehung **2** auf den Vektor $\mathfrak{x}$ an, dreht das Koordinatensystem um $-\dfrac{\varphi}{2}$ (senkrecht zu **2**), wendet wieder **2** an, und dreht das Koordinatensystem um $\dfrac{\varphi}{2}$ zurück. Die so erzeugte Operation ist dann eine Drehung um $\dfrac{2\varphi}{2} = \varphi$ senkrecht zu den beiden 2zähligen Achsen, wie man sich durch Ausrechnen der Matrizen

$$\left[\begin{pmatrix} \cos\dfrac{\varphi}{2} & \sin\dfrac{\varphi}{2} & 0 \\ -\sin\dfrac{\varphi}{2} & \cos\dfrac{\varphi}{2} & 0 \\ 0 & 0 & 1 \end{pmatrix} \begin{pmatrix} 1 & 0 & 0 \\ 0 & \bar{1} & 0 \\ 0 & 0 & \bar{1} \end{pmatrix} \begin{pmatrix} \cos\dfrac{\varphi}{2} & -\sin\dfrac{\varphi}{2} & 0 \\ \sin\dfrac{\varphi}{2} & \cos\dfrac{\varphi}{2} & 0 \\ 0 & 0 & 1 \end{pmatrix}\right] \left[\begin{pmatrix} 1 & 0 & 0 \\ 0 & \bar{1} & 0 \\ 0 & 0 & \bar{1} \end{pmatrix}\right] = \begin{pmatrix} \cos\varphi & \sin\varphi & 0 \\ -\sin\varphi & \cos\varphi & 0 \\ 0 & 0 & 1 \end{pmatrix}$$

überzeugen kann. Analog verlaufen die Beweise für Spiegelebenen und für die Drehung mit Spiegelung, die hier nicht durchgeführt werden sollen. Es ist selbstverständlich, daß die so erzeugten Drehungen und Drehinversionen weitere aus dem Drehwinkel φ resultierende Symmetriegruppen erzeugen. Da für Kristalle andererseits φ nur bestimmte Werte, nämlich 60, 90, 120 und 180° annehmen kann, können für die Winkel zwischen den erzeugenden Zweierachsen oder Ebenen nur die halben Beträge der obigen Werte in Frage kommen. Die einzelnen Gruppenprodukte seien hier aufgeschrieben.

$$
\left.
\begin{array}{llll}
\text{a)}\ 2 \times 2_{90°} \to 2 & \text{e)}\ m \times m_{90°} \to 2 & \text{i)}\ m \times 2_{180°} \to \bar{1} \equiv S_2 & \\
\text{b)}\ 2 \times 2_{60°} \to 3 & \text{f)}\ m \times m_{60°} \to 3 & \text{k)}\ m \times 2_{90°} \to \bar{2} \equiv m \equiv S_1 & \\
\text{c)}\ 2 \times 2_{45°} \to 4 & \text{g)}\ m \times m_{45°} \to 4 & \text{l)}\ m \times 2_{60°} \to \bar{3} \equiv S_6 & \\
\text{d)}\ 2 \times 2_{30°} \to 6 & \text{h)}\ m \times m_{30°} \to 6 & \text{m)}\ m \times 2_{45°} \to \bar{4} \equiv S_4 & \\
 & & \text{n)}\ m \times 2_{30°} \to \bar{6} \equiv S_3. &
\end{array}
\right\} \quad (6.1)
$$

---

[1] Siehe z. B. den Artikel von J. BOUMAN in Bd. XXXII dieses Handbuches.

[2] „senkrecht" bezieht sich hier auf die Normalen der Spiegelebenen.

Die durch die Drehachsen und Drehinversionsachsen weiter erzeugten Symmetriegruppen wurden nicht mit angeführt. Wir haben damit zusammen mit den Klassen
der erzeugenden Symmetrieelemente bereits 22 mögliche Kristallklassen gefunden.

Wir beweisen nun den

Satz 5. *Gibt es mehr als eine 3zählige Drehachse oder Drehinversionsachse ($\bar{3}$),
so bilden sie den Tetraederwinkel 109° 28' miteinander, und es gibt insgesamt vier.
6- und $\bar{6}$-Achsen kann es nur eine geben; 4, $\bar{4}$ können nur allein oder zu dritt unter
Winkeln von 90° auftreten.*

Beweis. Es existieren 2 Achsen, die miteinander den Winkel a bilden, mit dem
Drehwinkel $\varphi \leq 120°$. Sind es z. B. die Achsen A_1 und A_2 im sphärischen Dreieck
(Fig. 9), dann erzeugen sowohl Drehungen als auch Drehinversionen um A_1 aus der

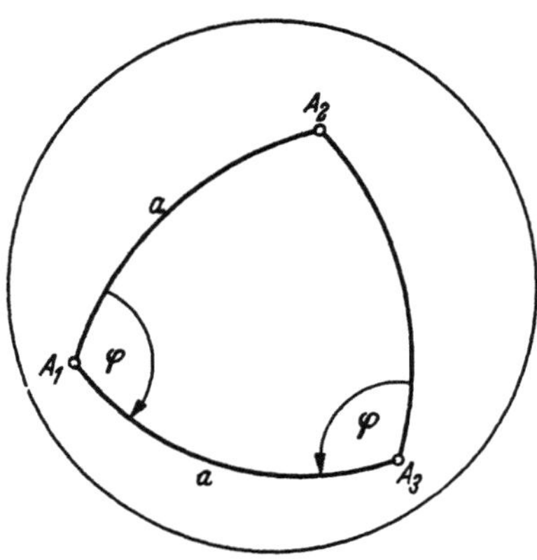

Fig. 9. Berechnung der möglichen Winkel zwischen
Symmetrieachsen höherer Zähligkeit als 2.

Symmetrieachse A_2 eine dritte Achse (bei
Drehinversionen erhält die Achse die Gegen-
richtung). Die Symmetrieachse A_3 erzeugt
ihrerseits aus A_1 die Achse A_2. Das resultierende sphärische Dreieck muß damit gleich-
seitig sein. Es gilt also

$$\cos a = \frac{\cos \varphi}{1 - \cos \varphi}. \tag{6.2}$$

Aus (6.2) erhält man für $\varphi = 60°$ nur die
triviale Lösung $a = 0°$, für $\varphi = 90°$ die nicht-
triviale Lösung $a = 90°$, und für $\varphi = 120°$
$\cos a = -\frac{1}{3}$ ($a = 109° 28'$). Da jede Achse
für sich entsprechend weitere erzeugt, folgt
daraus die Existenz von drei 4- bzw. vier
3zähligen Achsen, sofern nur mindestens zwei
davon vorhanden sind, wie Satz 5 behauptet.

7. Zweidimensionale Bravais-Netze. Jedes einfach primitive Punktgitter kann
man sich durch Übereinanderschichtung von identischen Punktnetzen aufgebaut
denken. Da jedes der Netze für sich allein die Symmetriebedingungen der zu
ihm senkrecht stehenden Symmetrieelemente erfüllen muß, können wir die Auffindung der symmetrisch verschiedenen einfach primitiven Netze als Teilaufgabe
ansehen. Senkrecht stehende Schraubenachsen führen das Netz in parallele,
gleiche Netze über, und spielen daher zunächst keine Rolle. Schräg liegende
Achsen und Ebenen führen das Netz in andersliegende Netze über. Drehinversionsachsen (nicht $\bar{1}$) senkrecht zum Netz und damit auch Spiegelebenen parallel
zum Netz führen entweder das Netz in sich selbst oder in parallel liegende über
und brauchen daher nicht beachtet zu werden. Wir haben die in Frage stehenden
Netze praktisch bereits in Ziff. 4 abgeleitet, da die dort durch die Translation und
die erzeugende Symmetrieoperation festgelegten Elementarbereiche für die Netze
gelten müssen.

Wie in Ziff. 4 gezeigt wurde, fordert eine 2zählige Achse keine Spezialisierung
für das Netz, auf dem sie senkrecht steht, somit muß das niedrigst symmetrische
bereits die in Fig. 4 wiedergegebene Symmetrie besitzen. Wir erhalten daneben
noch die mit den Achsen äquivalenten Symmetriezentren[1].

---

[1] Streng genommen müßten bei den Netzen zweidimensionale Symmetrieoperationen
definiert werden, d.h. $\bar{1}$ und 2, $\bar{2}$ und 1, $\bar{3}$ und 6, $\bar{4}$ und 4, $\bar{6}$ und 3 (Achsen senkrecht zur
Ebene) werden identische Operationen, weil die 3. Dimension fehlt ($x^3 = 0$). Spiegelebenen
senkrecht zur Ebene gehen in Spiegellinien, entsprechende Gleitspiegelebenen in Gleitspiegel-
linien über. In der Ebene liegende Achsen 2 und 2_1 werden mit Spiegel- und Gleitspiegel-
linien identisch. Aus Zweckmäßigkeitsgründen behalten wir die räumlichen Symmetrieoperationen im Sinne dieser Einschränkung bei.

Netz 1. Fig. 10. Eine höhere Symmetrie kann mit weiteren 2zähligen Achsen nicht erzeugt werden.

Netz 2. Spiegelebenen fordern eine orthogonale Zelle; da gleichzeitig ein einfach primitives Netz erzeugt werden soll, können die Punkte nur auf die Spiegelebenen gelegt werden, weil der vorgegebene Identitätsabstand der identischen Ebenen sonst immer ein zweifach primitives Netz erzeugt. Dieses Netz besitzt neben der Symmetrie des Netzes 1 noch je zwei zueinander senkrecht stehende Scharen von Spiegelebenen (Fig. 11).

Netz 3. Gleitspiegelebenen lassen nur ein von Netz 2 verschiedenes, einfach primitives Netz zu, wenn die Punkte zwischen den Gleitspiegelebenen liegen,

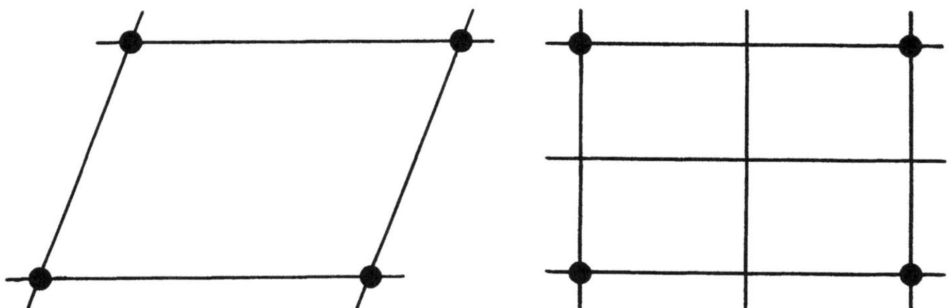

Fig. 10.
Netz 1; Symmetrieoperationen wie Fig. 4.

Fig. 11.
Netz 2; Spiegelebenen eingezeichnet (vgl. Fig. 1).
Dazu treten noch die Symmetrieoperationen der Fig. 4.

es resultiert dann ein einfach primitives Netz mit gleichlangen Vektoren, aber beliebigem Winkel. Neben den Scharen der zueinander senkrechten Gleitspiegelebenen treten noch die Symmetrieelemente des Netzes 2 auf (s. Fig. 12a). Da die Spiegelebenen eine orthogonale Aufstellung als die zweckmäßigste angeben, ist das Netz flächenzentriert. Im Vergleich zu Fig. 4 können wir folgendes feststellen. Die Einführung von Gleitspiegelebenen zwischen den Spiegelebenen erzeugt ein flächenzentriertes Netz. Ebenso erzeugt die Flächenzentrierung zu den Spiegelebenen eine dazwischenliegende doppelte Schar von Gleitspiegelebenen. Wenn wir konventionell festlegen, die Symmetrieelemente parallel ($m \equiv \bar{2}$!) zur a_1-Achse an die erste Stelle, diejenigen parallel zur a_2- und a_3-Achse an die zweite und dritte Stelle zu setzen, so können wir die Symmetrie des Netzes folgendermaßen symbolisieren: $(m\,b)\,(m\,a)\,2$ oder $C\,m\,m\,2$, wobei C die Zentrierung des aus a_1 und a_2 gebildeten Netzes bedeutet. Man erkennt, daß die letzte Schreibweise die zweckmäßigere ist. Die Symbole A und B bedeuten dann, daß die aus a_2, a_3 und a_3, a_1 gebildeten Netze zentriert sind. Das gleiche gilt auch für im Netz liegende Schraubenachsen, wie Fig. 12b zeigt. Denken wir uns Spiegelebenen durch ihre Normalen ($\bar{2}$) festgelegt, so gilt der

Satz 6. *Jede Zentrierung einer Fläche erzeugt zu Drehachsen und Spiegelebenen eine doppelte Schar paralleler Schraubenachsen und Gleitspiegelebenen; die Schraubenachsen und Normalen der Gleitspiegelebenen liegen in der zentrierten Fläche; die Gleitrichtungen sind die Schnittgeraden der zentrierten Fläche und der Gleitspiegelebenen.*

Aus Fig. 12 erkennt man, daß ein weiterer Einbau von Gleitspiegelebenen, Spiegelebenen und Achsen nicht mehr erreicht werden kann, ohne den Elementarbereich in orthogonaler Aufstellung zu verkleinern. Eine neue Spiegelebene kann nur zwischen zwei der vorhandenen Ebenen und Gleitebenen gelegt werden; diese macht aber ungleichwertige Symmetrieebenen zu identischen; damit wird der Elementarbereich verkleinert. In gleicher Weise kann man den Beweis für Achsen und Spiegelebenen führen.

Um weitere symmetrisch verschiedene Netze zu erzeugen, müssen wir also neue Symmetrieelemente hinzunehmen.

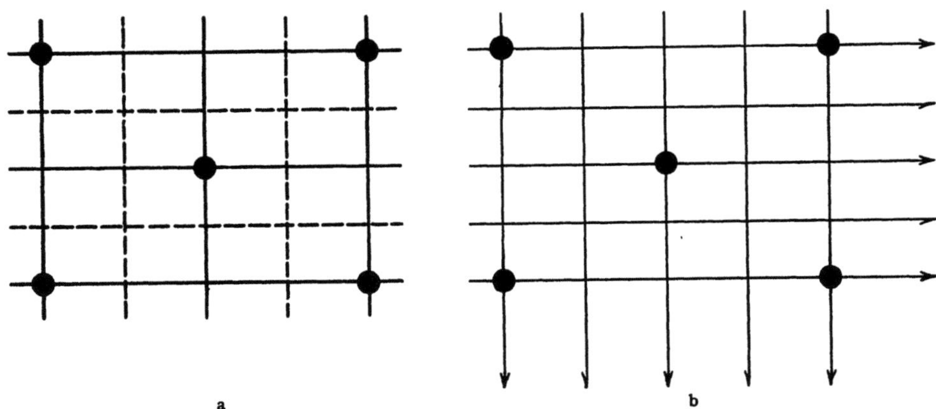

a   b

Fig. 12a u. b. Netz 3. a Spiegelebenen und Gleitspiegelebenen; Gleitbetrag: $\dfrac{|a_1|}{2}$ bzw. $\dfrac{|a_2|}{2}$. b Symmetrieoperationen als 2- und 2_1-Achsen aufgefaßt (in zwei Dimensionen ist das belanglos, vgl. Fußnote 1, Ziff. 7).

Netz 4. Aus Fig. 7 ergibt sich, daß die Punkte nur auf eine der 4zähligen Achsen gelegt werden können, um ein einfach primitives Netz zu erhalten. Es hat zwei gleichlange senkrechte Vektoren a_1, a_2 und kann also auch als flächen-

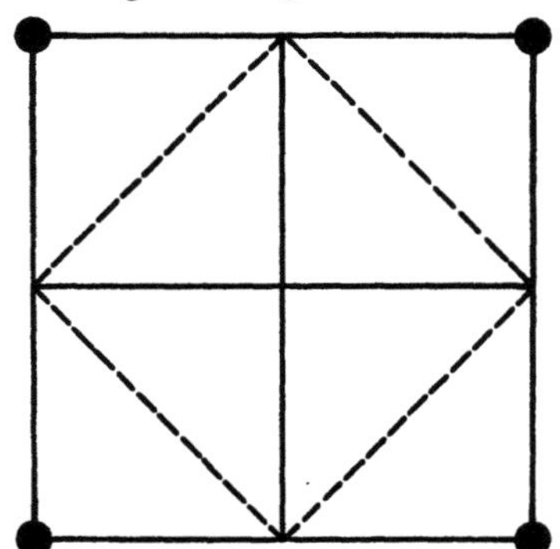

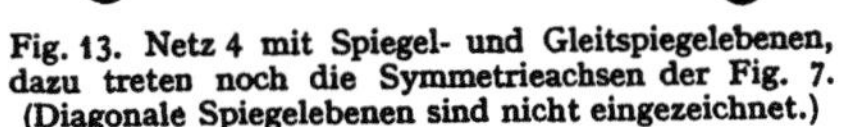

Fig. 13. Netz 4 mit Spiegel- und Gleitspiegelebenen, dazu treten noch die Symmetrieachsen der Fig. 7. (Diagonale Spiegelebenen sind nicht eingezeichnet.)

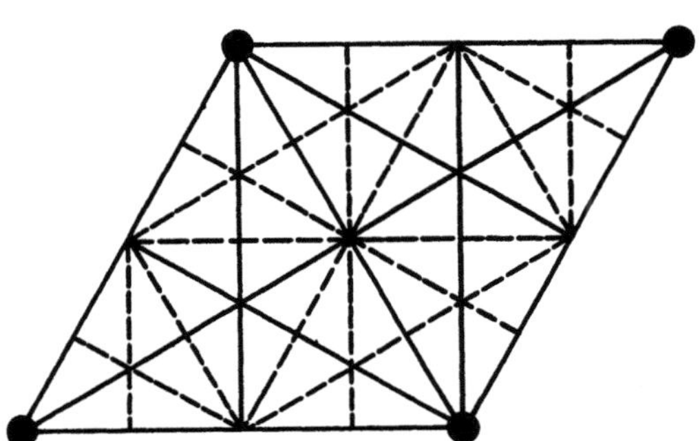

Fig. 14. Netz 5 mit Spiegel- und Gleitspiegelebenen. Hinzu kommen die Symmetrieachsen der Fig. 6.

zentriertes Netz aufgefaßt werden; es besitzt damit neben der Symmetrie des Netzes 3 noch die 4zähligen Achsen. Da dem Netz 3 keine weiteren Symmetrien hinzugefügt werden konnten, gilt das auch für Netz 4, da Netz 2 Untergruppe zu Netz 4 ist. Fig. 13 gibt das Netz mit den vorhandenen Spiegel- und Gleitspiegelebenen wieder.

Netz 5. Sowohl Fig. 5 als auch 6 führen zum gleichen einfach primitiven Netz (Fig. 14). Es kann, wie in Fig. 5 gezeigt wurde, in rechtwinkliger Aufstellung als flächenzentriert aufgefaßt werden und besitzt damit die volle Symmetrie des Netzes 3 (in dreifacher Wiederholung durch die 6zähligen Achsen). Neue Symmetrieelemente können nicht hinzugefügt werden (gleiche Begründung wie für Netz 4).

Da es keine höheren erzeugenden Symmetrieelemente mehr gibt, haben wir also die möglichen einfach primitiven ebenen Translationsgruppen gefunden. Das Aufsuchen der Bravais-Gitter ist fast ebenso leicht, weil die wichtigen Prinzipien bereits mit der Ableitung der Netze erhalten wurden.

8. Die Bravais-Gitter, Kristallsysteme. Für den Vollständigkeitsbeweis der Bravais-Gitter wollen wir auf die Literatur verweisen[1]; jedoch ist es für den Leser nicht schwierig, ihn auf Grund der in Ziff. 6 und 7 abgeleiteten Sätze selbst durchzuführen.

Das Bravais-Gitter 1 (kurz: Gitter 1) besteht aus drei Translationsvektoren beliebiger Länge und Lage, es ist mit dem in Fig. 8 dargestellten Gitter der

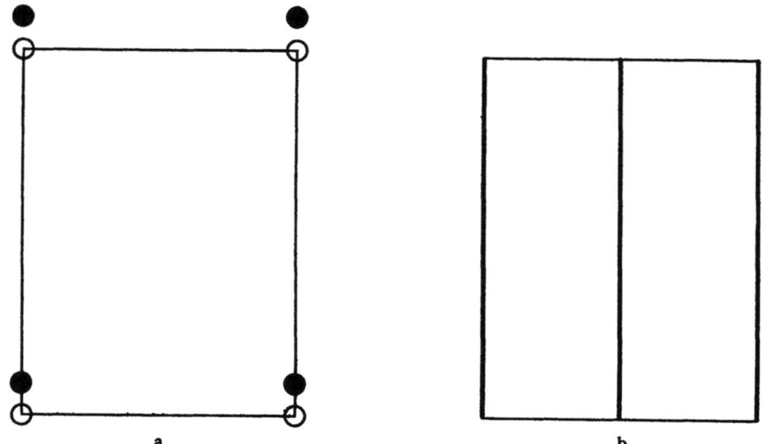

a   b

Fig. 15a u. b. Bravais-Gitter 2; $P\,\bar{1}\,\dfrac{2}{m}\,\bar{1}$; Lage der Koordinatenachsen $a\downarrow$, $b\rightarrow$. Symmetriesymbole vgl. Fig. 1.

a Projektion des Gittermodells. b Lage der Spiegelebenen: Die 2zähligen Achsen liegen parallel b, vgl. Fig. 4.

Symmetriezentren identisch (mit Punkten an den Ecken des Elementarparallelepipeds) und hat auch die gleiche Symmetrie; außerdem ist es einfach primitiv (Symbol P). Da wir die Richtungen der Symmetrieelemente anzugeben haben, legen wir zunächst die drei Koordinatenachsen in die Richtung der Achsen der Symmetrieoperationen. In diesem Falle existiert keine ausgezeichnete Achse, trotzdem bezeichnen wir:

Gitter 1: $P\,\bar{1}\,\bar{1}\,\bar{1}$;   Gitterkonstanten: $a, b, c, \alpha, \beta, \gamma$[†] triklines Kristallsystem.

Da das Gitter auf drei nicht senkrechte Koordinatenachsen zu beziehen ist, ordnen wir es dem *triklinen Kristallsystem* zu.

Das zweite Gitter besitzt bereits 2zählige Achsen und Spiegelebenen senkrecht dazu (Fig. 15a und b). Selbstverständlich hat es daneben die Symmetriezentren des Gitters 1. Die Symmetriegruppe des Gitters 1 ist also Untergruppe. Eine der Koordinatenachsen legen wir zweckmäßig parallel zu den 2-Achsen bzw. Spiegelebenen-Normalen. Aus Gründen der Übersichtlichkeit der Zuordnung zu den Koordinatenachsen schreiben wir nicht $2m$, sondern $\dfrac{2}{m}$ (2-Achsen senkrecht Spiegelebenen). (Alle Kopplungen von Drehungen und Drehinversionen mit

---

[1] Siehe z. B. J. J. Burckhardt: Die Bewegungsgruppen der Kristallographie. Basel 1947.

[†] Im Anschluß an die Literatur verwenden wir $a, b, c, \alpha, \beta, \gamma$ als Längen der Koordinatenachsen und Winkel zwischen ihnen.

gleicher Achse können in der Form $\frac{n}{m}$ dargestellt werden.) Damit erhalten wir für das Gitter 2 in den beiden gebräuchlichen Aufstellungen (vgl. Fig. 15a und b):

Gitter 2: $P\,\bar{1}\,\frac{2}{m}\,\bar{1}$; Gitterkonstanten: $a, b, c, \alpha = \gamma = 90°, \beta$ [†] $\Big\}$ monoklines

$\qquad P\,\bar{1}\,\bar{1}\,\frac{2}{m}$; Gitterkonstanten: $a, b, c, \alpha = \beta = 90°, \gamma$ $\Big\}$ Kristallsystem.

Das Gitter 3 unterscheidet sich vom Gitter 2 durch die Zentrierung der C-Fläche (gebildet aus a, b-Koordinaten) bzw. A-Fläche. Es resultieren gemäß Satz 6 von

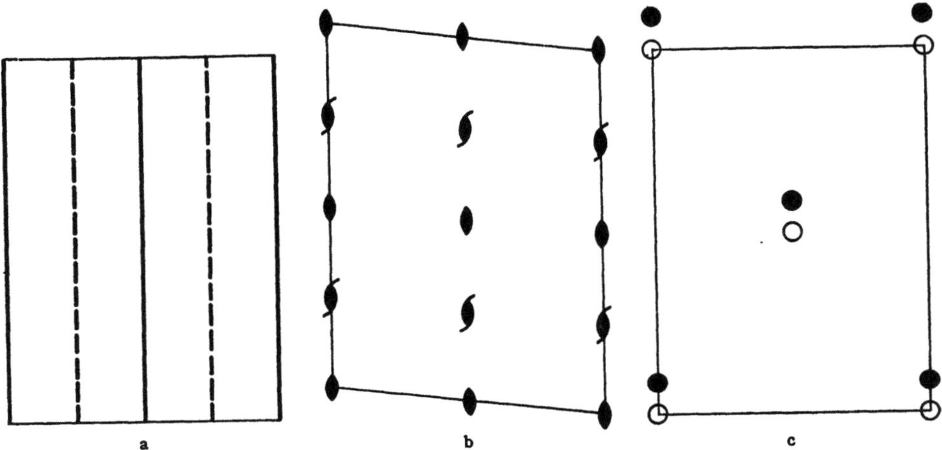

Fig. 16a—c. BRAVAIS-Gitter 3, $C\,\bar{1}\,\frac{2}{m}\,\bar{1}$ (vgl. Fig. 15). a Spiegel- und Gleitspiegelebenen; (a, b)-Ebene. b 2- und 2_1-Achsen (a, c)-Ebene. c Gittermodell.

Ziff. 7 zusätzliche Gleitspiegelebenen und 2_1-Achsen (Fig. 16a—c):

Gitter 3: $C\,\bar{1}\,\frac{2}{m}\,\bar{1}$ $\Big\}$

$\qquad A\,\bar{1}\,\bar{1}\,\frac{2}{m}$ $\Big\}$ Gitterkonstanten und Kristallsystem wie Gitter 2.

Die Gitter 4 bis 7 besitzen rechtwinklige Koordinatenachsen mit den parallel dazu liegenden Symmetriegruppen $\frac{2}{m}$. Neben dem einfach primitiven Gitter P gibt es ein einseitig flächenzentriertes, ein allseitig flächenzentriertes (F) und ein innenzentriertes (I) Gitter dieser Art. Mit Ausnahme des einseitig flächenzentrierten Gitters sind die Symmetriegruppen der drei Koordinatenrichtungen gleichartig (aber nicht gleichwertig!):

Gitter 4: (Fig. 17a und b) $P\,\frac{2}{m}\,\frac{2}{m}\,\frac{2}{m}$ $\Big\rbrace$

Gitter 5: (Fig. 18a und b) $C\,\frac{2}{m}\,\frac{2}{m}\,\frac{2}{m}$ Gitterkonstanten:

Gitter 6: (Fig. 19a und b) $F\,\frac{2}{m}\,\frac{2}{m}\,\frac{2}{m}$ $a, b, c, \alpha = \beta = \gamma = 90°,$

Gitter 7: (Fig. 20a und b) $I\,\frac{2}{m}\,\frac{2}{m}\,\frac{2}{m}$ rhombisches Kristallsystem.

———

† Meist benutzte Aufstellung; neuerdings wird jedoch der zweiten der Vorzug gegeben.

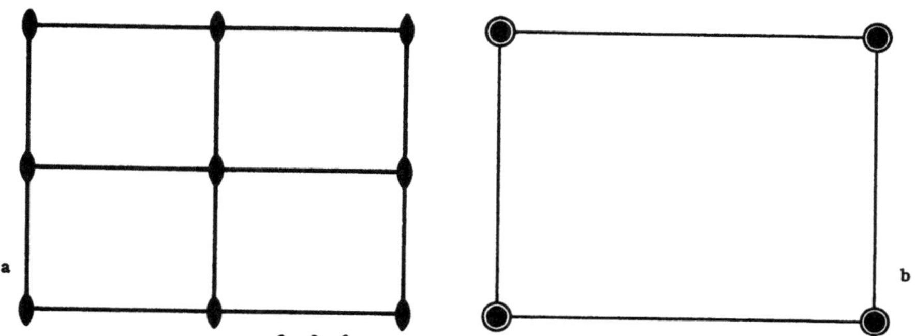

Fig. 17a u. b. BRAVAIS-Gitter 4, $P\ \dfrac{2}{m}\ \dfrac{2}{m}\ \dfrac{2}{m}$. a Symmetrieoperationen (auf allen drei Koordinatenebenen gleich). b Projektion des Gittermodells.

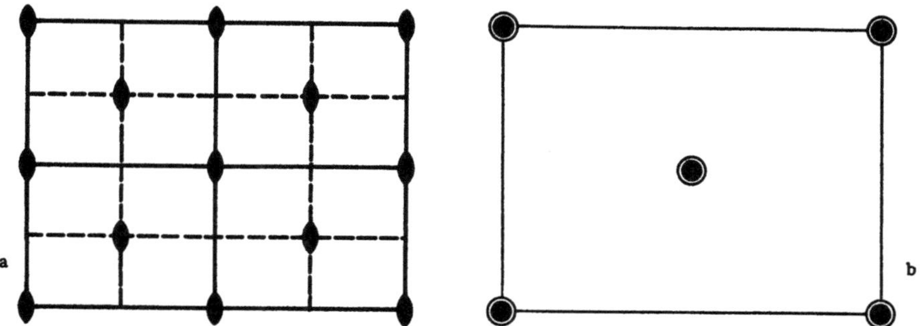

Fig. 18 a u. b. BRAVAIS-Gitter 5. $C\ \dfrac{2}{m}\ \dfrac{2}{m}\ \dfrac{2}{m}$. a Symmetrieelemente; Symmetrieanordnung der beiden anderen Koordinatenebenen vgl. Fig. 15b und 16b (2- und 2_1-Achsen). b Projektion des Gittermodells.

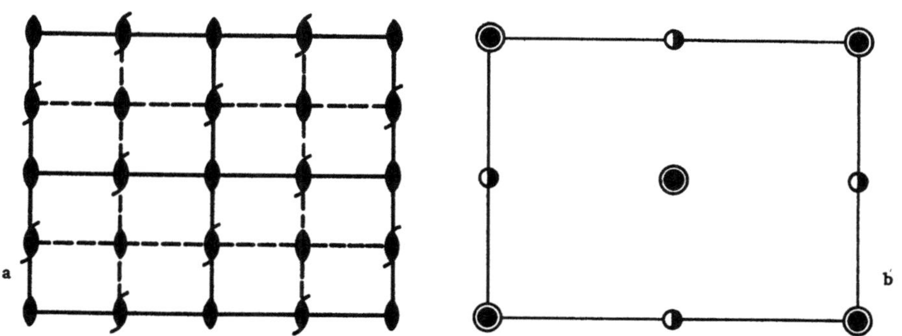

Fig. 19a u. b. BRAVAIS-Gitter 6. $F\ \dfrac{2}{m}\ \dfrac{2}{m}\ \dfrac{2}{m}$. Die a-, b-Gleitebenen sind gleichzeitig c-Gleitebenen. a Symmetrieelemente auf allen Koordinatenebenen gleichartig. b Projektion des Gittermodells.

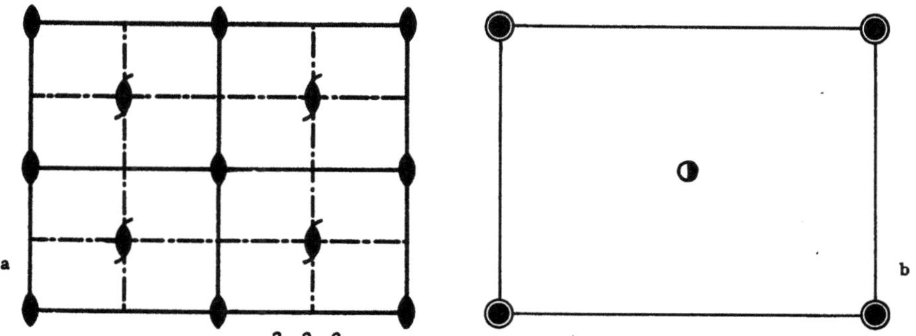

Fig. 20a u. b. BRAVAIS-Gitter 7. $I\ \dfrac{2}{m}\ \dfrac{2}{m}\ \dfrac{2}{m}$. a Symmetrieelemente (alle Koordinatenebenen gleich). b Projektion des Gittermodells.

Die Symbole F und I erzeugen wie die Symbole A, B, C Gleitspiegelebenen und 2_1-Achsen (vgl. Fig. 19a und 20a).

Bei den Gittern mit 4zähligen Achsen kommen wir deswegen mit unserer Symmetriegruppensymbolik in Kollision, weil zwei der Koordinatenachsen gleich-

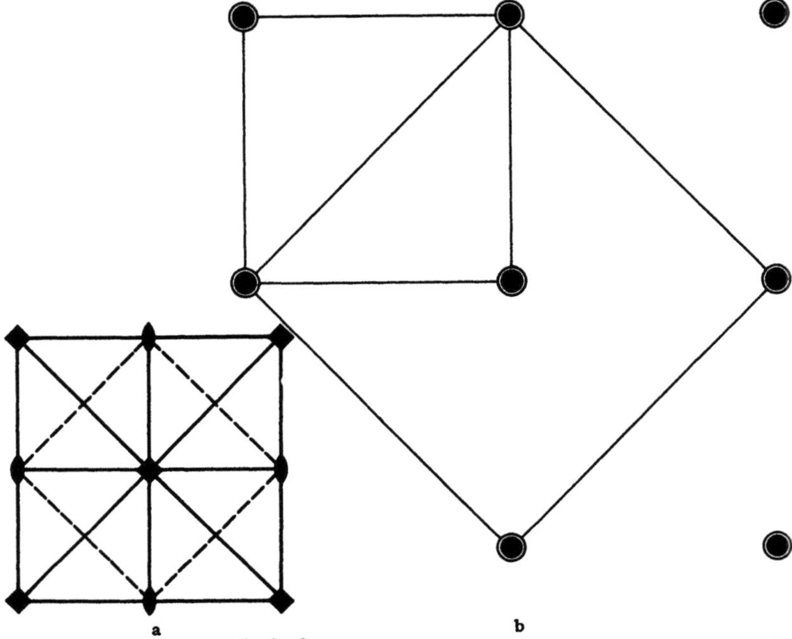

Fig. 21. a u. b Bravais-Gitter 8. $P\,\dfrac{4}{m}\,\dfrac{2}{m}\,\dfrac{2}{m}$. a Symmetrieelemente (a, b)-Ebene; (a, c)-Ebene und (b, c)-Ebene vgl. entsprechende Ebenen beim Gitter 4 der Fig. 17; Symmetrieelemente der Diagonalen und c-Achse vgl. (a, c)-Ebene des Bravais-Gitters 5, Fig. 18. b Projektion des Gittermodells.

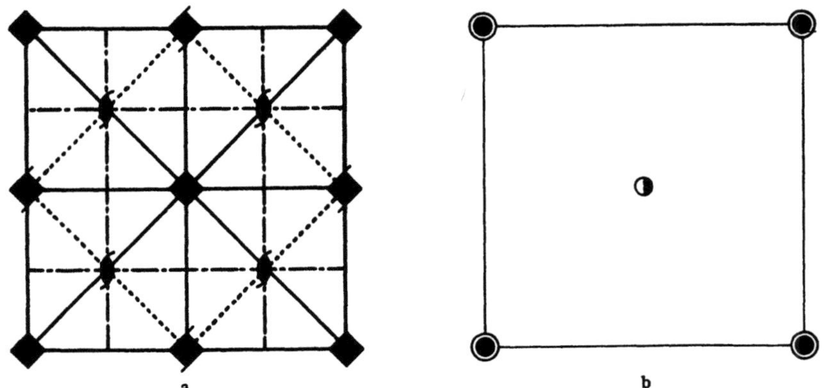

Fig. 22a u. b. Bravais-Gitter 9. $I\,\dfrac{4}{m}\,\dfrac{2}{m}\,\dfrac{2}{m}$. a Symmetrieelemente der (a, b)-Ebene. (a, c)-Ebene vgl. Fig. 20; Ebene: Diagonale/c-Achse vgl. (a, c)-Ebene Fig. 19. b Projektion des Gittermodells.

wertig werden, und diagonal zwischen den gleichwertigen Achsen neue Symmetrieuntergruppen auftreten. Da man das Symmetriesymbol der gleichwertigen Koordinatenachsen und der beiden gleichwertigen Diagonalen nur einmal aufzuführen braucht, bietet sich folgendes Verfahren an: Man schreibt nach dem Translationsgruppensymbol zunächst die wichtigste Symmetriegruppe auf (also $\dfrac{4}{m}$, gewissermaßen als Signal für die Verdopplung der folgenden Symbole), dann das Symbol der Operationen der zweiten Koordinatenrichtung, das gleichzeitig auch für die dritte gilt, und an die dritte Stelle das Symmetriesymbol der Symmetrieelemente in Richtung der Diagonalen. Da das tetragonale Netz (vgl. Fig. 7) mit den Diagonalen als Koordinatenachsen basiszentriert ist, entfallen hier die Translationsgruppen C und F, weil man beide in der Diagonalaufstellung aus P und I erhält. Es gibt damit die beiden Gitter

Gitter 8: (Fig. 21 a und b) $P\dfrac{4}{m}\dfrac{2}{m}\dfrac{2}{m}$

Gitter 9: (Fig. 22 a und b) $I\dfrac{4}{m}\dfrac{2}{m}\dfrac{2}{m}$

Gitterkonstanten:
$$a = b, c,\quad \alpha = \beta = \gamma = 90°,$$
tetragonales Kristallsystem
$$\left(c\text{-Achse parallel } \dfrac{4}{m}\right).$$

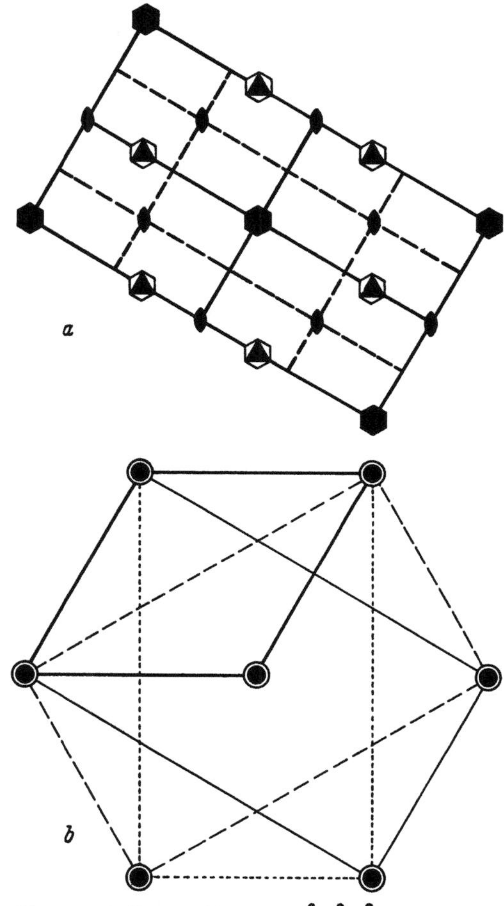

Da die den rhombischen BRAVAIS-Gittern 4 bis 7 entsprechenden Symmetriegruppen Untergruppen der tetragonalen 8, 9 sein müssen, sind die Symmetrieoperationen der beiden anderen Richtungen ohne weiteres von dort zu übernehmen. Selbstverständlich gilt das auch für die Symmetriezentren, allerdings bezogen auf die einfach-primitive Aufstellung!

BRAVAIS-Gitter mit 3- oder 6zähligen Achsen gibt es ebenfalls nur zwei, Gitter 10 und 11, die sich beide auf verschiedene Koordinatenachsen beziehen lassen. Das Gitter 10 (s. Fig. 23 b) besteht aus übereinandergelegten hexagonalen Netzen (vgl. Fig. 14) und wird zweckmäßig nicht rechtwinklig als flächenzentriertes Gitter, sondern hexagonal aufgestellt. Die Symmetrieelemente bezieht man aber bezüglich ihrer

Fig. 23a u. b. BRAVAIS-Gitter 10. $P\dfrac{6}{m}\dfrac{2}{m}\dfrac{2}{m}$. a Symmetrieelemente (gemäß Fig. 23 b zu verdreifachen); Symmetrieelemente der übrigen Ebene sinngemäß von BRAVAIS-Gitter 5 zu übertragen. b Projektion des Gittermodells. ——— hexagonale Aufstellung. $\overline{}\,\overline{\cdot\cdot\cdot}\,\overline{}$ } mögliche orthogonale Aufstellung.

Lage auf die rechtwinklige (orthohexagonale) Aufstellung, da sich die volle Symmetrie des hexagonalen Netzes (vgl. Fig. 14) durch die Anwendung der 6zähligen Achsen ergibt (Verdreifachung), und deshalb nicht gesondert aufgeschrieben werden muß. Damit erhält man (vgl. Fig. 23 b)

Gitter 10: $P\dfrac{6}{m}\dfrac{2}{m}\dfrac{2}{m}$; Gitterkonstanten: $a = b, c,\ \alpha = \beta = 90°,\ \gamma = 120°$; hexagonales Kristallsystem.

Das Gitter 11 (vgl. Fig. 24a und b) besteht aus drei übereinandergelegten hexagonalen Netzen (vgl. Fig. 14), und zwar so gelegt, daß die 6zähligen Achsen jeweils mit den 3zähligen des darunter- und darüberliegenden Netzes zusammenfallen (Symmetrieverminderung). In hexagonaler Aufstellung ist dieses Gitter 3fach primitiv. Zweckmäßig ist jedoch die sog. rhomboedrische Aufstellung (in Fig. 24b eingezeichnet) mit drei gleichlangen Koordinatenachsen und gleichen, aber beliebigen Winkeln zwischen ihnen. Die Symmetriesymbole dagegen bezieht man am besten wieder auf die rechtwinklige Aufstellung; eine der Scharen von Gleitspiegelebenen und Schraubenachsen fällt durch die Art des Übereinanderschichtens fort, dafür treten aber 3_1- und 3_2-Achsen als neue Symmetrieoperationen

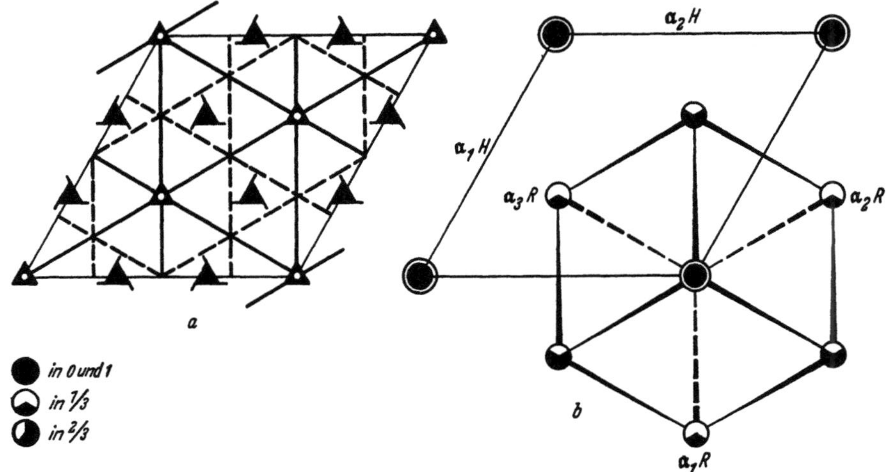

Fig. 24a u. b. BRAVAIS-Gitter 11. $R\,\bar{3}\,\dfrac{2}{m}$. a Symmetrieelemente (a, b)-Ebene (hexagonale Aufstellung). Symmetrieelemente der übrigen Ebenen bringen zusätzlich noch die Achsen des BRAVAIS-Gitters 2. b Projektion des Gittermodells. ——— hexagonale Aufstellung (dreifach primitiv); deutlich hervorgehoben: rhomboedrische Aufstellung (einfach primitiv).

auf (vgl. Fig. 24a). Das Symbol R (rhomboedrisches Gitter) weist automatisch auf diese zusätzlichen Symmetrieoperationen hin. Damit erhalten wir

$$\text{Gitter 11: } R\,\bar{3}\,\frac{2}{m}\,; \quad \text{Gitterkonstanten: } a=b=c,\ \alpha=\beta=\gamma\,;$$

$$\textit{trigonales Kristallsystem.}$$

Gelegentlich wird auch die Bezeichnung *rhomboedrisches Kristallsystem* verwendet, und zwar für solche Kristallklassen, bei denen Raumgruppen mit rhomboedrischer Translationsgruppe auftreten. Da aber sowohl die hexagonalen Gitter rhomboedrisch als auch die rhomboedrischen hexagonal aufgestellt werden können (3fach primitiv), ist diese Unterscheidung nicht grundlegend.

Die restlichen BRAVAIS-Gitter lassen sich aus den Gittern 8 und 9 (in den verschiedenen Aufstellungen) und aus Gitter 11 ableiten. Verlangt man, daß bei den Gittern 8 und 9 die 3 Koordinatenrichtungen gleichwertig werden, so erhält man orthogonale Koordinatenachsen mit gleichlangen Vektoren; das weist auf die Möglichkeit hin, diese Gitter auch als rhomboedrische Translationsgruppen aufzufassen ($\alpha = 90°$). Neben den gleichwertigen Symmetrieoperationen in Richtung der Koordinatenachsen und der 6 möglichen Diagonalrichtungen treten also noch die Symmetrieoperationen des rhomboedrischen BRAVAIS-Gitters auf. Beim Symmetriesymbol erscheint als erstes das der 3 Koordinatenrichtungen, als zweites das der 4 Raumdiagonalen, und als drittes das der 6 Flächendiagonalen.

Wir erkennen so folgende Gitter:

Gitter 12: (Fig. 25) $P\,\dfrac{4}{m}\,\bar{3}\,\dfrac{2}{m}$ $\left.\vphantom{\begin{array}{c}a\\b\\c\end{array}}\right\}$ Gitterkonstanten $a = b = c,\ \alpha = \beta = \gamma = 90°;$

Gitter 13: (Fig. 26) $F\,\dfrac{4}{m}\,\bar{3}\,\dfrac{2}{m}$

Gitter 14: (Fig. 27) $I\,\dfrac{4}{m}\,\bar{3}\,\dfrac{2}{m}$ kubisches Kristallsystem.

Die Gleichwertigkeit der 3 Koordinatenrichtungen scheidet ein C-Gitter aus; dagegen resultiert ein F-Gitter, weil es durchaus verschiedene Symmetrien gibt,

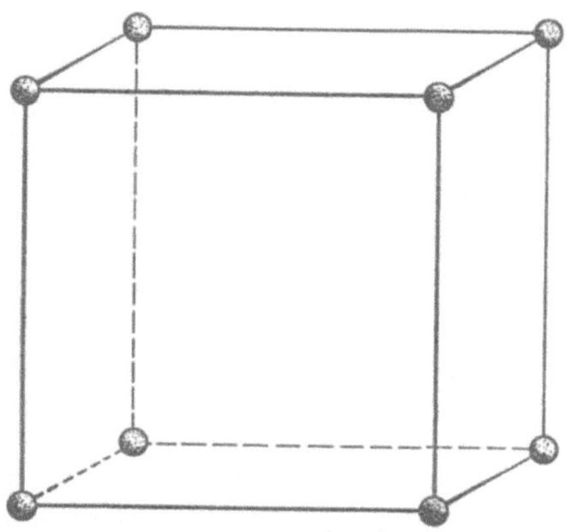

Fig. 25. BRAVAIS-Gitter 12. $P\,\dfrac{4}{m}\,\bar{3}\,\dfrac{2}{m}$. Das Gitter vereinigt die Symmetrieoperationen des BRAVAIS-Gitters 8 (Fig. 21) mit dem BRAVAIS-Gitter 11 (Fig. 24). Die Koordinatenachsen des einfach primitiven Rhomboeders liegen in den Würfelkanten.

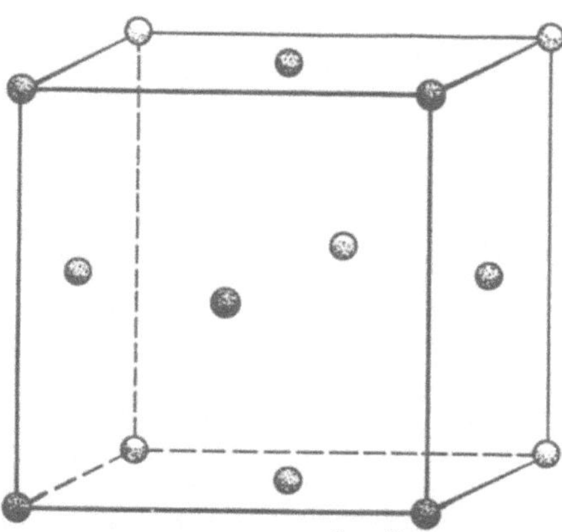

Fig. 26. BRAVAIS-Gitter 13. $F\,\dfrac{4}{m}\,\bar{3}\,\dfrac{2}{m}$. Symmetrieelemente wie BRAVAIS-Gitter 9 (Fig. 22 in F-Aufstellung!) und BRAVAIS-Gitter 11 (Fig. 24). Die Koordinatenachsen des einfach primitiven Rhomboeders liegen in den Flächendiagonalen.

wenn man das Gitter 9 in I- oder F-Aufstellung gleichwertig macht, weil in einem Falle für die Koordinatenrichtung (a), im anderen für die Diagonalen die Gleichwertigkeit mit der c-Richtung verlangt wird. Daß alle BRAVAIS-Gitter auch einfach primitiv aufgestellt werden können, ist leicht zu zeigen[1].

c) Ableitung der kristallographischen Symmetriegruppen.

9. Ableitung der 32 Kristallklassen (Punktgruppen). Für die makroskopischen Kristalle, bei denen alle Gleitoperationen nicht beobachtbar sind, gehen Schraubenachsen und Gleitspiegelebenen in die entsprechenden translationsfreien Symmetrieelemente über.

Genügt die Atombesetzung der Zelle nicht der in Ziff. 8 gefundenen Symmetrie der Translationsgruppe, so können, makroskopisch gesehen, also nur Untergruppen auftreten.

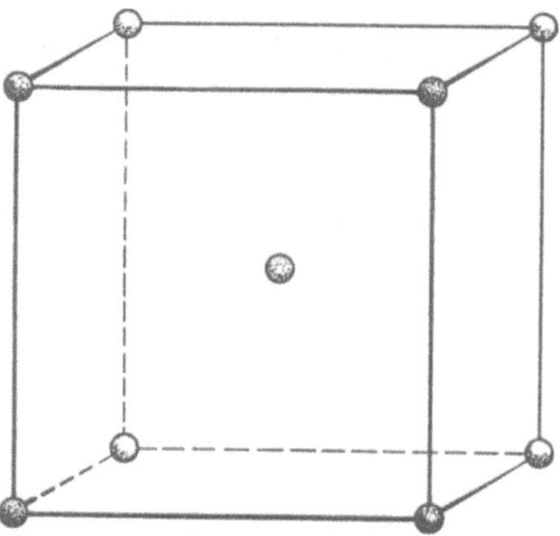

Fig. 27. BRAVAIS-Gitter 14. $I\,\dfrac{4}{m}\,\bar{3}\,\dfrac{2}{m}$. Symmetrieelemente wie BRAVAIS-Gitter 9 (Fig. 22) und BRAVAIS-Gitter 11 (Fig. 24). Die Koordinatenachsen des einfach primitiven Rhomboeders liegen in den Raumdiagonalen.

---

[1] Vgl. z.B. P. P. EWALD: GEIGER-SCHEELs Handbuch der Physik, Bd. XXIII/2, S. 236 Berlin 1933.

α) *Trikline Klassen.* Dem Bravais-Gitter $P\bar{1}$ entspricht die Kristallklasse $\bar{1}$. Das als einziges Symmetrieelement vorhandene Symmetriezentrum $\bar{1}$ kann entfernt werden, und man erhält als einzige mögliche Untergruppe 1.

β) *Monokline Klassen.* Den Bravais-Gittern P, $C\bar{1}\frac{2}{m}\bar{1}$ entspricht die Kristallklasse $\frac{2}{m}$. $\bar{1}$ wird nicht mit aufgeschrieben, weil es durch $\frac{2}{m}$ bereits erzeugt wird, vgl. (6.1). Hier gibt es also nur die Untergruppen 2 und m. ($\bar{1}$ ist bereits bei den triklinen Klassen erfaßt.)

γ) *Rhombische Klassen.* Den Bravais-Gittern P, C, I, $F\,\frac{2}{m}\frac{2}{m}\frac{2}{m}$ entspricht die Klasse $\frac{2}{m}\frac{2}{m}\frac{2}{m}$. Gemäß (6.1) erzeugen zwei zueinander senkrechte Symmetriegruppen $\frac{2}{m}$ bereits $\frac{2}{m}\frac{2}{m}\frac{2}{m}$. Fortfall einer einzigen Untergruppe von $\frac{2}{m}$ erzeugt die besprochenen Untergruppen m, 2 oder $\bar{1}$. Wir haben demnach alle Kopplungen von m und 2 zu untersuchen und erhalten $m\,m\,2$ und $2\,2\,2$ als einzige Möglichkeiten; denn $m\,2$ und $2\,m$ erzeugen gemäß (6.1) m in der 3. Koordinatenrichtung, und sind daher nur andere Aufstellungen von $m\,m\,2$.

δ) *Tetragonale Klassen.* Den Bravais-Gittern P, $I\,\frac{4}{m}\frac{2}{m}\frac{2}{m}$ entspricht die Kristallklasse $\frac{4}{m}\frac{2}{m}\frac{2}{m}$. Es sind nur solche Untergruppen zu suchen, welche die tetragonale Translationsgruppe erhalten (wenigstens 4- oder $\bar{4}$-Achsen). Für die beiden Untergruppen $\frac{2}{m}\frac{2}{m}$ gibt es in der durch das Klassensymbol festgesetzten Anordnung die Untergruppen $2\,2$, $2\,m$ ($m\,2$ ist dasselbe in anderer Aufstellung), $m\,m$, $\bar{1}\,\bar{1}$ und $1\,1$. Da die Symmetrieelemente der betrachteten Untergruppen diagonal (45°) liegen, ergibt die Anwendung der Übersicht (6.1) auf diese Untergruppen folgende 6 neue Untergruppen der Kristallklasse

$$4\,m\,m,\ 4\,2\,2,\ \bar{4}\,2\,m\ (\text{bzw.}\ \bar{4}\,m\,2),\ \frac{4}{m}\,(\bar{1}\,\bar{1}),\ 4,\ \bar{4}.$$

Auslassen einer der beiden Untergruppen $\frac{2}{m}$ führt sofort auf die Klasse $\frac{2}{m}\frac{2}{m}\frac{2}{m}$, die bereits behandelt wurde.

ε) *Trigonale Klassen.* Dem Bravais-Gitter $R\bar{3}\,\frac{2}{m}$ entspricht die Kristallklasse $\bar{3}\,\frac{2}{m}$. Die Untergruppen von $\frac{2}{m}$ sind 2, m, $\bar{1}$. Da $3\times\bar{1}\equiv\bar{3}$ ist, kann es nur folgende 4 Untergruppen geben:

$$3\,m,\ 3\,2,\ \bar{3},\ 3.$$

Gelegentlich werden diese Klassen auch *rhomboedrische* Klassen genannt (vgl. Ziff. 8).

ζ) *Hexagonale Klassen.* Die Klasse $\bar{3}\,\frac{2}{m}$, eine der möglichen Untergruppen der Klasse $\frac{6}{m}\frac{2}{m}\frac{2}{m}$, wurde bereits behandelt. Sie wird erzeugt, wenn man eine der beiden Untergruppen $\frac{2}{m}$ ganz wegfallen läßt (Satz 4, Ziff. 6). Wie im tetragonalen Fall ergeben sich die gleichen Möglichkeiten für die beiden Untergruppen $\frac{2}{m}$, und damit folgende neue Kristallklassen:

$$6\,m\,m,\ 6\,2\,2,\ \bar{6}\,m\,2\ (\text{bzw.}\ \bar{6}\,2\,m),\ \frac{6}{m},\ 6,\ \bar{6}.$$

η) *Kubische Klassen.* Die Untergruppen der Klasse $\frac{4}{m}\bar{3}\,\frac{2}{m}$ sind etwas schwieriger zu übersehen. $\frac{4}{m}$ hat die Untergruppen 4, $\bar{4}$, $\frac{2}{m}$, 2, m, $\bar{1}$; $\bar{3}$ dagegen 3 und $\bar{1}$; und $\frac{2}{m}$ (vgl. monokline Klassen) 2, m und $\bar{1}$. Wir fangen wieder bei der letzten Untergruppe an. Schreiben wir für $\frac{2}{m}$ die Untergruppe m oder 2, so geht $\bar{3}$ in 3 über; $\frac{4}{m}$ kann nur eine der Untergruppen ohne $\bar{1}$, also 4, $\bar{4}$, 2 und m werden. Die verträglichen Kombinationen sind aber nun leicht zu übersehen. Mit 3 2 als Untergruppe von $\bar{3}\,\frac{2}{m}$ muß 4 die Untergruppe von $\frac{4}{m}$ (1. Symbol) sein, da die 2zähligen Achsen der Diagonalen mit den mindestens 2zähligen Achsen der Hauptkoordinatenrichtungen einen Winkel von 45° bilden, die automatisch gemäß (6.1) die 4zählige Achse fordern. Wir erhalten also 4 3 2 als mögliche Untergruppe von $\frac{4}{m}\,\bar{3}\,\frac{2}{m}$. 3 m als Untergruppe für $\bar{3}\,\frac{2}{m}$ im Klassensymbol $\frac{4}{m}\,\bar{3}\,\frac{2}{m}$ hat diagonale Spiegelebenen, die gemäß (6.1) automatisch 2zählige Achsen in Richtung der Koordinatenachsen erzeugen. Da diese außerdem einen Winkel von 45° mit den diagonalen Spiegelebenen bilden, kommt gemäß (6.1) nur $\bar{4}$ als Untergruppe für das vordere Symbol $\frac{4}{m}$ in Frage: Also ist $\bar{4}$ 3 m eine weitere mögliche Kristallklasse. Wählen wir für $\frac{2}{m}$ als Untergruppe $\bar{1}$, so muß $\frac{4}{m}$ in die Untergruppe $\frac{2}{m}$ übergehen. Auch hier gibt die Kontrolle der Symmetrieelemente gemäß (6.1) die verträgliche Kristallklasse $\frac{2}{m}\,\bar{3}$. Die letzte mögliche Untergruppe von $\frac{4}{m}\,\bar{3}\,\frac{2}{m}$ ist, wie man sofort erkennt, 2 3. Somit haben wir für die höchst symmetrische kubische Kristallklasse $\frac{4}{m}\,\bar{3}\,\frac{2}{m}$ die Untergruppen 4 3 2, $\bar{4}$ 3 m, $\frac{2}{m}\,\bar{3}$, 2 3 abgeleitet. Weitere Symmetrieverminderungen führen immer auf bereits behandelte Klassen.

Die vollständige Zusammenstellung der Kristallklassen nach Kristallsystemen ist in Tabelle 1 wiedergegeben. In diese wurde auch die nach SCHÖNFLIES benannte Nomenklatur eingefügt.

Allgemein sind heute gekürzte HERMANN-MAUGUINsche Symbole im Gebrauch (vgl. Tabelle 1), die wir lediglich aus Gründen der besseren Übersicht in diesem Abschnitt nicht benutzen werden. Sie geben, wie man sich von Fall zu Fall überlegen kann, sowohl bei den Kristallklassen als auch bei den Raumgruppen die volle Symmetrie (die man für die Kristallklassen durch Kopplungsgesetze, vgl. Satz 4, Ziff. 6, entnehmen kann) richtig wieder.

Die Einordnung der Klassen $\bar{6}$ 2 m, $\bar{6}$, $\bar{3}\,\frac{2}{m}$, $\bar{3}$ erfolgt gelegentlich auch so, daß $\bar{3}\,\frac{2}{m}$ und $\bar{3}$ den hexagonalen, $\bar{6}$ 2 m und $\bar{6}$ den trigonalen Klassen zugeordnet wird. Das resultiert einerseits aus der Identität $\bar{6} \equiv \frac{3}{m}$, andererseits aus der Auffassung von $\bar{3}$ als S_6-Achse, und ist vertretbar. Welche der Einordnungen zu bevorzugen ist, hängt von der Art des zu behandelnden Problems ab[1], die hier wiedergegebene Einteilung wird heute bevorzugt.

10. Einige wichtige Raumgruppen. Zu jeder Kristallklasse gibt es nun eine endliche Zahl von Raumgruppen, deren Ermittlung die Aufgabe der folgenden Abschnitte sein soll. Die Ableitung aller 230 Raumgruppen wird fast zur Spielerei mit Symmetrieoperationen, wenn man einige wichtige Kopplungsgesetze kennt. Für 1 und $\bar{1}$ gibt es nur jeweils eine Raumgruppe, weil die Hinzunahme weiterer $\bar{1}$-Operationen den Elementarbereich verkleinert.

---

[1] Vgl. G. MENZER: N. Jb. Min. (Mh.) 145 (1951). — H. WONDRATSCHEK: N. Jb. Min. (Mh.) 161 (1954). — F. RAAZ: Tschermaks Min. Petr. Mitt. **4**, 240 (1954).

Tabelle 1. *Übersicht über die 32 Kristallklassen (Punktgruppen).*

1. Symbol: Hermann-Mauguin vollständig; 2. eingeklammertes Symbol: Hermann-Mauguin gekürzt[1]; 3. Symbol: Schoenflies.

Triklines Kristallsystem	Monoklines Kristallsystem	Orthorhombisches Kristallsystem	Trigonales Kristallsystem	Hexagonales Kristallsystem	Tetragonales Kristallsystem	Kubisches Kristallsystem
1 (1) C_1	2 (2) C_2	222 (222) $D_2=V$	3 (3) C_3	6 (6) C_6	4 (4) C_4	23 (23) T
$\bar{1}$ $(\bar{1})$ $C_i=(S_2)$	m (m) $C_s=(S_1)$	$mm2$ $(mm2)$ C_{2v}	$\bar{3}$ $(\bar{3})$ $C_{3i}=(S_6)$	$\bar{6}$ $(\bar{6})$ $C_{3h}=(S_3)$	$\bar{4}$ $(\bar{4})$ S_4	$\frac{2}{m}\,\bar{3}$ $(m3)$ T_h
	$\frac{2}{m}\cdot\left(\frac{2}{m}\right)$ C_{2h}	$\frac{2}{m}\frac{2}{m}\frac{2}{m}$ (mmm) $D_{2h}=V_h$	32 (32) D_3	$\frac{6}{m}$ $\left(\frac{6}{m}\right)$ C_{6h}	$\frac{4}{m}$ $\left(\frac{4}{m}\right)$ C_{4h}	$\bar{4}3m$ $(\bar{4}3m)$ T_d
			$3m$ $(3m)$ C_{3v}	622 (622) D_6	422 (422) D_4	432 (432) O
			$\bar{3}\frac{2}{m}$ $(\bar{3}m)$ D_{3d}	$6mm$ $(6mm)$ C_{6v}	$4mm$ $(4mm)$ C_{4v}	$\frac{4}{m}\,\bar{3}\,\frac{2}{m}$ $(m3m)$ O_h
				$\bar{6}m2$ $(\bar{6}m2)$ D_{3h}	$\bar{4}2m$ $(\bar{4}2m)$ $D_{2d}=V_d$	
				$\frac{6}{m}\frac{2}{m}\frac{2}{m}$ $\left(\frac{6}{m}mm\right)$ D_{6h}	$\frac{4}{m}\frac{2}{m}\frac{2}{m}$ $\left(\frac{4}{m}mm\right)$ D_{4h}	

1 Einige der Symbole ließen sich noch weiter kürzen, z.B. findet man oft auch mm statt $mm2$, 62 statt 622, 42 statt 422 und 43 statt 432.

Für die Kristallklasse 2 gibt es insgesamt 3 Raumgruppen, die wir bereits kennen:

$$P\,2,\ P\,2_1,\ C\,2.$$

$P\,2$ und 2_1 wurden abgeleitet (vgl. Fig. 4), $C\,2$ haben wir durch die Bravais-Gitter bereits praktisch erhalten. Sie besitzt 2zählige Dreh- und Schraubenachsen. Man kann aber $C\,2$ auch als F- und I-Gitter aufstellen; das ist im monoklinen System zwar belanglos (vgl. Ziff. 8), jedoch für die Raumgruppen rhombischer Klassen von Bedeutung.

Jede Spiegelebene und auch jede Gleitebene erzeugt im Abstand $\frac{1}{2}$ eine neue ungleichwertige Symmetrieebene der gleichen Art. Zwischen den beiden Ebenen kann höchstens noch eine dazwischengeschaltet werden. Jede weitere Zwischenlegung erzeugt automatisch aus gleichwertigen Ebenen identische. Es gibt also nur 4 Kopplungsmöglichkeiten, Spiegelebenen allein ($P\,m$), Gleitspiegelebenen allein ($P\,a$), Spiegelebenen mit Gleitspiegelebenen ($C\,m$) und Gleitspiegelebenen mit Gleitspiegelebenen. Die Gleitrichtung zwischen beiden muß aber verschieden sein; andernfalls wird der Elementarbereich verkleinert. Das ergibt die 4. Raumgruppe $C\,c$, die man also auch $C\,a$ nennen könnte.

Da Aufstellungsfragen für die Übersicht der Raumgruppen von besonderer Bedeutung sind, wollen wir die möglichen, symmetrisch nicht verschiedenen Aufstellungen der Raumgruppen $C\,m$ und $C\,c$ näher beleuchten. Wir wählen dazu eine rechtwinklige Zelle, um das Ergebnis besser auf die rhombischen Raumgruppen anwenden zu können. Das ist für die monoklinen Raumgruppen nur dann erlaubt, wenn der Zellinhalt die höhere Symmetrie der rhombischen Translationsgruppe nicht erfüllt, was wir durch einen Pfeil am Punkt andeuten.

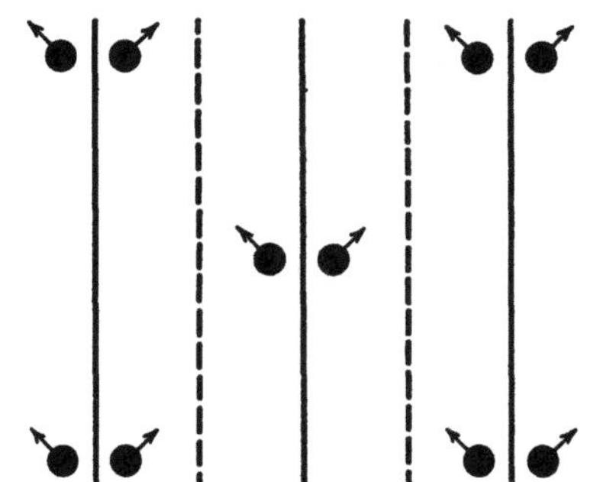

Fig. 28. Kopplung von 1 *a*1 und 1 *m*1 erzeugt *C*-Zentrierung.

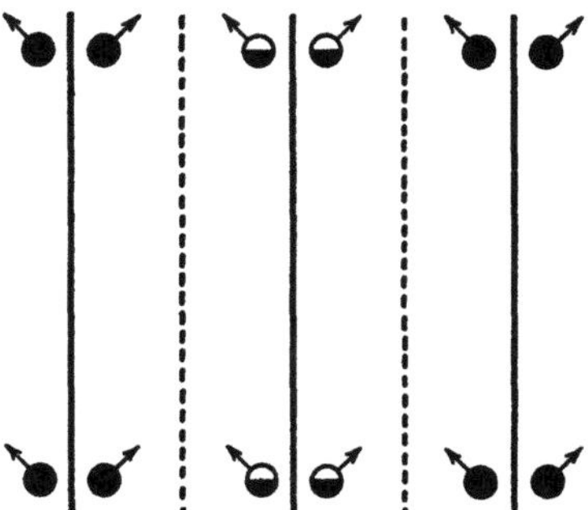

Fig. 29. *A*-Zentrierung koppelt 1 *m*1 mit 1 *c*1.

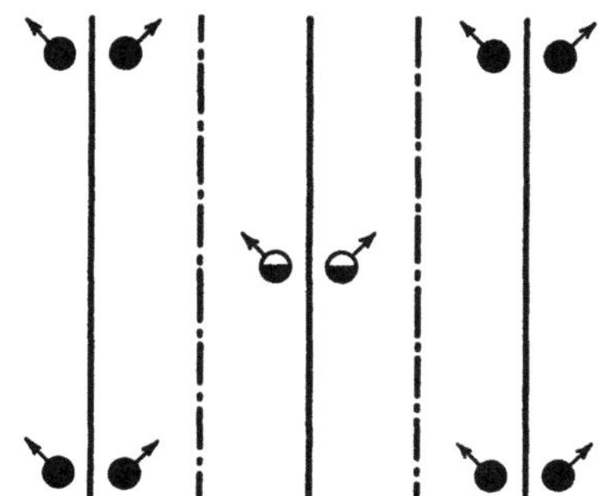

Fig. 30.
Innenzentrierung erzeugt zu 1 *m*1- 1 *n*1-Gleitebenen.

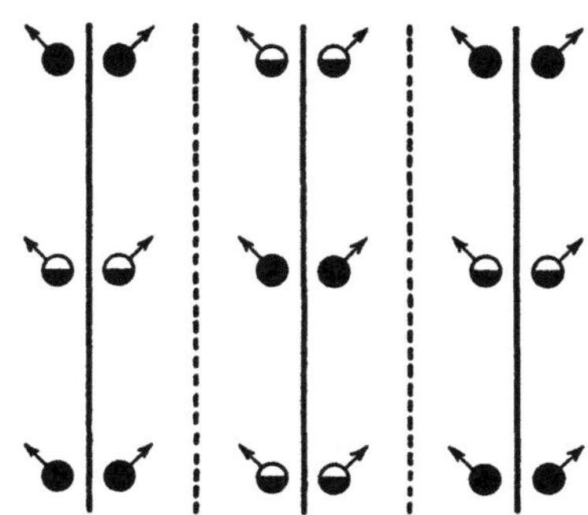

Fig. 31. *F*-Zentrierung koppelt 1 *m*1- mit 1 *c*1-Gleitebenen,
die gleichzeitig 1 *a*1-Gleitebenen sind.

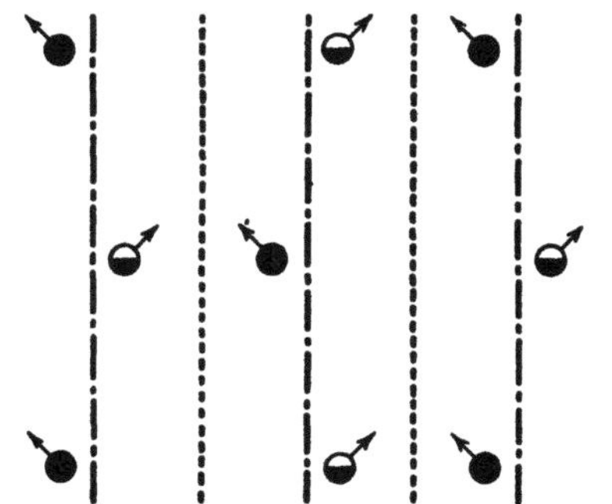

Gig. 32. *C*-Zentrierung erzeugt zu 1 *c*1- 1 *n*1-Gleitebenen.

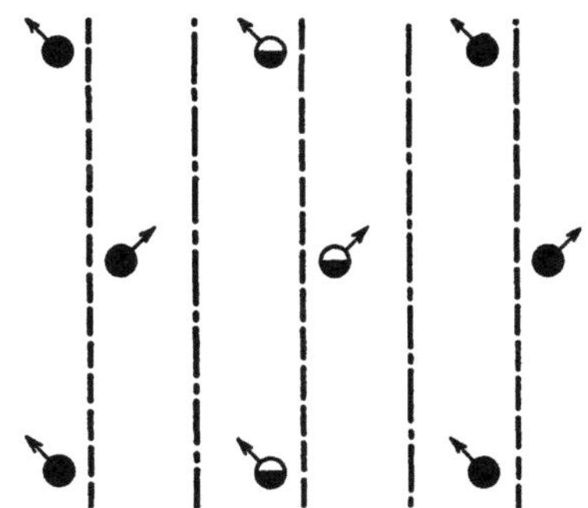

Fig. 33. *A*-Zentrierung koppelt 1 *a*1- mit 1 *n*1-Gleitebenen.

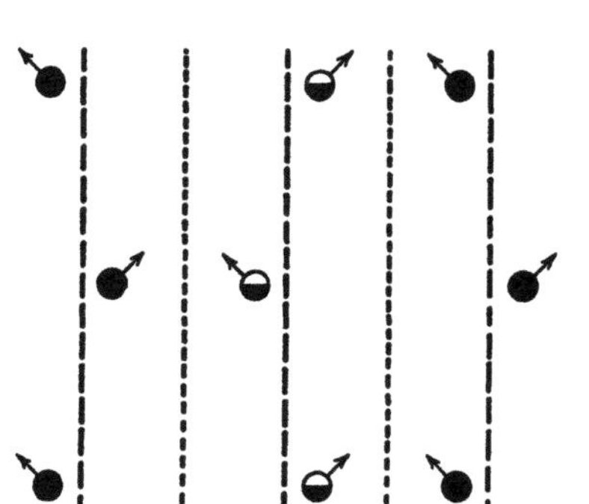

Fig. 34. Kopplung von 1 *a*1- mit 1 *c*1-Gleitebenen durch
Innenzentrierung.

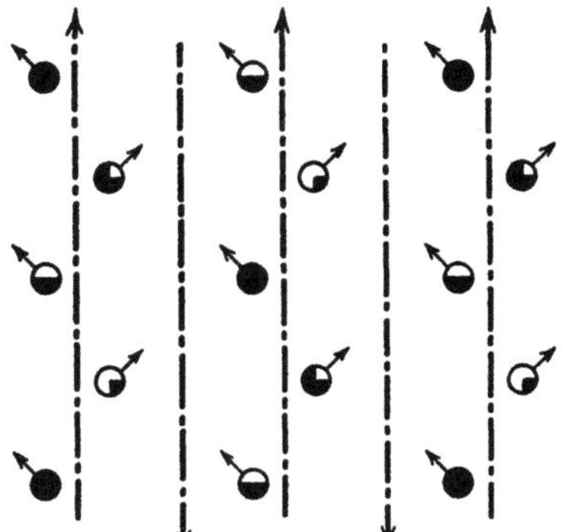

Fig. 35. *F*-Zentrierung, erzeugt durch die Kopplung
zweier 1 *d*1-Gleitebenen verschiedener Gleitrichtung.

Fig. 28 gibt die Raumgruppe $C\,m$ — da wir die Normalen der Symmetrieebenen festlegen wollen, nennen wir sie $C\,1\,m\,1$ — wieder. Das Symbol C erzeugt also zu m a-Gleitebenen, dagegen das Symbol A (b, c-Ebene zentriert) c-Gleitebenen (Fig. 29).

Das Translationssymbol I (Innenzentrierung) erzeugt sowohl zu $1\,m\,1$ als auch $m\,1\,1$ und $1\,1\,m$ n-Gleitebenen, Fig. 30; das Symbol F dagegen c-Gleitebenen (vgl. Fig. 31); hier ist es nur eine andere Aufstellung des I-Gitters. Es resultiert aus Fig. 30, wenn man die Diagonale der ursprünglich einfach primitiven B-Fläche in die Zeichenebene legt.

Analoges können wir mit der Raumgruppe $C\,c$ ausführen. C ($1\,c\,1$) kann in diesem Fall auch $C\,1\,n\,1$ genannt werden (Fig. 32). Das Symbol C erzeugt zu einer c-Gleitebene $1\,c\,1$ eine zweite Gleitebene $1\,n\,1$ und umgekehrt, das Symbol A dagegen (Fig. 33) zu $1\,a\,1$-Gleitebenen $1\,n\,1$-Gleitebenen und umgekehrt. Analoges gilt für die Gleitebenen anderer Lagen.

Die Innenzentrierung I erzeugt (s. Fig. 34) zu $1\,a\,1$ eine Gleitebene $1\,c\,1$, die Flächenzentrierung F (Fig. 35) dagegen zu $1\,d\,1$ eine zweite Gleitebene $1\,d\,1$. Bei den monoklinen Raumgruppen sind diese Fälle nur andere Aufstellungen von $C\,1\,m\,1$ und $C\,1\,c\,1$.

11. Ein Weg zur lückenlosen Ableitung der 230 Raumgruppen. Raumgruppentabelle.

Raumgruppen der Klasse $\dfrac{2}{m}$ lassen sich in einfacher Weise ermitteln, hier ergibt sich gegenüber m und 2 die gleiche Aufstellung, und damit sind auch keine neuen orthogonalen Flächen vorhanden. Man erhält die P-Gruppen aus der Kopplung sämtlicher P-Gruppen der zu den Klassen m und 2 gehörigen Raumgruppen, also

$$P\frac{2}{m}\,,\qquad P\frac{2_1}{m}\,,\qquad P\frac{2}{a}\,,\qquad P\frac{2_1}{a}$$

und die C-Gruppen analog dazu:

$$C\frac{2}{m}\,,\qquad C\frac{2}{c}\,.$$

Damit hat $\dfrac{2}{m}$ insgesamt 6 mögliche Raumgruppen, da beide verwendeten Untergruppen Erzeugende der ganzen Gruppe sind, müssen die abgeleiteten Raumgruppen widerspruchsfrei sein.

Tabelle 2.

a-Achse Spiegel- oder Gleitspiegelebene	b-Achse Spiegel- oder Gleitspiegelebene	c-Achse erzeugte 2- oder 2_1-Achse
m	m →	2
m	c →	2_1
c	c →	2
m	a →	2
c	a →	2_1
m	n →	2_1
b	a →	2
n	a →	2_1
n	c →	2
n	n →	2

Raumgruppen der Klasse $m\,m\,2$ (es gibt insgesamt 22) lassen sich genau so ermitteln, nur entnimmt man den Bravais-Gittern (Ziff. 8), daß P, C, F, I-Gitter möglich sind.

Die Aufstellung bei den P-Gruppen muß also für die Gleitebenen die Lage der Gleitrichtung zu den anderen Symmetrieelementen berücksichtigen. Bei P-Gittern kommen für die Gleitspiegelebenen senkrecht zur a-Achse nur b-, c- und n-Gleitungen, senkrecht zu b-Achse nur a-, c- und n-Gleitungen vor (vgl. Ziff. 4). Vertauschung der beiden Achsen mit Erhaltung der Symmetrieelemente erzeugt natürlich keine neue Gruppe. Die Kristallklasse $m\,m\,2$ wird bereits durch die beiden Spiegelebenen bestimmt, die 2zähligen Achsen werden also durch diese festgelegt. Um festzustellen, welche Achsen bei den Raumgruppen von den möglichen Gleitebenen und Spiegelebenen erzeugt werden, seien hier die nicht bewiesenen Gesetze zusammengestellt (Tabelle 2).

Damit sind die 10 möglichen Raumgruppen bereits aus den P-Gruppen von $\frac{2}{m}$ abgeleitet, es sind

$$P\,m\,m\,2, \quad P\,m\,c\,2_1, \quad P\,c\,c\,2, \quad P\,m\,a\,2, \quad P\,c\,a\,2_1,$$
$$P\,m\,n\,2_1, \quad P\,b\,a\,2, \quad P\,n\,a\,2_1, \quad P\,n\,c\,2, \quad P\,n\,n\,2.$$

Die Ableitung erreicht man in ebenso einfacher Weise für die C-Gruppen, gemäß der Möglichkeiten für C-Gruppen in m, nämlich

$$C\,m\,m\,2, \quad C\,m\,c\,2_1, \quad C\,c\,c\,2.$$

Die Flächenzentrierung C wirkt hier nur auf die beiden Ebenenscharen ein. Wir müssen aber auch solche Zentrierungen betrachten, bei denen zu 2-Achsen 2_1-Achsen treten. In der A-Aufstellung sind also die an zweiter Stelle stehenden Ebenen und die Achsen (3. Stelle) beeinflußt. Damit erhalten wir

$$A\,m\,m\,2, \quad A\,b\,m\,2, \quad A\,m\,a\,2, \quad A\,b\,a\,2.$$

$A\,m\,1\,1$ ist äquivalent $A\,n\,1\,1$, $A\,b\,1\,1$ entspricht $A\,c\,1\,1$, daher ergeben $A\,c\,1\,1$ und $A\,n\,1\,1$ nichts Neues. I-Raumgruppen sind gemäß der Möglichkeiten der orthogonalen I-Gitter (Fig. 30 und 34)

$$I\,m\,m\,2, \quad I\,b\,a\,2, \quad I\,m\,a\,2.$$

Für F-Raumgruppen ermittelt man aus den F-Aufstellungen (Fig. 31 und 35) nur die beiden Möglichkeiten

$$F\,m\,m\,2, \quad F\,d\,d\,2, \quad (m \text{ mit } d \text{ ist ausgeschlossen}).$$

Wir haben damit in trivialer Weise die 22 möglichen Raumgruppen der Klasse $m\,m\,2$ gefunden.

Ebenso leicht ermittelt man die Raumgruppen der Klasse $\frac{2}{m}\frac{2}{m}\frac{2}{m}$, die man sich aus 2 Untergruppen $m\,m\,2$ aufgebaut denken kann. Das Verfahren geht genau so, wie im vorhergehenden Falle. Man wählt aus den P-, C-, F- und I-Raumgruppen der Klasse $m\,m\,2$ jeweils zwei Raumgruppen aus, stellt sie einmal normal, zum anderen mit Achsenvertauschung $c\,b\,a$ und $c\,a\,b$ auf. Das 2. Element der ersten Aufstellung muß dann mit dem 2. Element der beiden anderen Aufstellungen übereinstimmen, da beide Symmetrieelemente der gleichen Raumrichtung sind. Man erhält dann noch zu viele Lösungen, von denen die gleichartigen aber durch Koordinatenvertauschung sofort erkannt werden können.

Es ergeben sich auf diese Weise aus den 10 P-Gruppen von $m\,m\,2$ 16, aus den 3 C-Gruppen 6, aus den 2 F-Gruppen 2 und aus den 3 I-Gruppen 4, also insgesamt 28 Kopplungsmöglichkeiten, die der Leser der Tabelle 3 (Raumgruppentabelle) entnehmen kann.

Es sei hier erwähnt, daß man die Raumgruppen der Klasse $\frac{2}{m}\frac{2}{m}\frac{2}{m}$ auch auf andere Weise, z. B. durch Kopplung der beiden erzeugenden Untergruppen $\frac{2}{m}\frac{2}{m}$ (senkrecht zueinander) erhalten kann, nur muß in diesem Fall die Bestimmung der 3. Untergruppen vorgenommen werden, was nach dem hier durchgeführten Verfahren nicht notwendig ist.

Da nun weiterhin die Klasse $\frac{2}{m}\frac{2}{m}\frac{2}{m}$ Untergruppe der Klasse $\frac{4}{m}\frac{2}{m}\frac{2}{m}$ ist, kann man die Raumgruppen von $\frac{4}{m}\frac{2}{m}\frac{2}{m}$ ohne weiteres aus denen von $\frac{2}{m}\frac{2}{m}\frac{2}{m}$ ableiten. Wir verknüpfen zu diesem Zweck je 2 Raumgruppen von $\frac{2}{m}\frac{2}{m}\frac{2}{m}$ mit

Tabelle 3. *Raumgruppen-Symbole.*

Nr. der Raumgruppen	Hermann-Mauguin-Symbole		Schoenflies-Symbole	Nr. der Raumgruppen	Hermann-Mauguin-Symbole		Schoenflies-Symbole
	vollständig	gekürzt			vollständig	gekürzt	
	*Triklines System*			29	$Pca2_1$		C_{2v}^5
1	$P1$		C_1^1	30	$Pnc2$		C_{2v}^6
2	$P\bar{1}$		C_i^1	31	$Pmn2_1$		C_{2v}^7
	Monoklines System			32	$Pba2$		C_{2v}^8
3	$P121$	$P2$	C_2^1	33	$Pna2_1$		C_{2v}^9
4	$P12_11$	$P2_1$	C_2^2	34	$Pnn2$		C_{2v}^{10}
5	$C121$	$C2$	C_2^3	35	$Cmm2$		C_{2v}^{11}
6	$P1m1$	Pm	C_s^1	36	$Cmc2_1$		C_{2v}^{12}
7	$P1c1$	Pc	C_s^2	37	$Ccc2$		C_{2v}^{13}
8	$C1m1$	Cm	C_s^3	38	$Amm2$		C_{2v}^{14}
9	$C1c1$	Cc	C_s^4	39	$Abm2$		C_{2v}^{15}
10	$P1\frac{2}{m}1$	$P2/m$	C_{2h}^1	40	$Ama2$		C_{2v}^{16}
11	$P1\frac{2_1}{m}1$	$P2_1/m$	C_{2h}^2	41	$Aba2$		C_{2v}^{17}
12	$C1\frac{2}{m}1$	$C2/m$	C_{2h}^3	42	$Fmm2$		C_{2v}^{18}
13	$P1\frac{2}{c}1$	$P2/c$	C_{2h}^4	43	$Fdd2$		C_{2v}^{19}
14	$P1\frac{2_1}{c}1$	$P2_1/c$	C_{2h}^5	44	$Imm2$		C_{2v}^{20}
15	$C1\frac{2}{c}1$	$C2/c$	C_{2h}^6	45	$Iba2$		C_{2v}^{21}
	Orthorhombisches System			46	$Ima2$		C_{2v}^{22}
16	$P222$		$D_2^1 = V^1$	47	$P\frac{2}{m}\frac{2}{m}\frac{2}{m}$	$Pmmm$	$D_{2h}^1 = V_h^1$
17	$P222_1$		$D_2^2 = V^2$	48	$P\frac{2}{n}\frac{2}{n}\frac{2}{n}$	$Pnnn$	$D_{2h}^2 = V_h^2$
18	$P2_12_12$		$D_2^3 = V^3$	49	$P\frac{2}{c}\frac{2}{c}\frac{2}{m}$	$Pccm$	$D_{2h}^3 = V_h^3$
19	$P2_12_12_1$		$D_2^4 = V^4$	50	$P\frac{2}{b}\frac{2}{a}\frac{2}{n}$	$Pban$	$D_{2h}^4 = V_h^4$
20	$C222_1$		$D_2^5 = V^5$	51	$P\frac{2_1}{m}\frac{2}{m}\frac{2}{a}$	$Pmma$	$D_{2h}^5 = V_h^5$
21	$C222$		$D_2^6 = V^6$	52	$P\frac{2}{n}\frac{2_1}{n}\frac{2}{a}$	$Pnna$	$D_{2h}^6 = V_h^6$
22	$F222$		$D_2^7 = V^7$	53	$P\frac{2}{m}\frac{2}{n}\frac{2_1}{a}$	$Pmna$	$D_{2h}^7 = V_h^7$
23	$I222$		$D_2^8 = V^8$	54	$P\frac{2_1}{c}\frac{2}{c}\frac{2}{a}$	$Pcca$	$D_{2h}^8 = V_h^8$
24	$I2_12_12_1$		$D_2^9 = V^9$	55	$P\frac{2_1}{b}\frac{2_1}{a}\frac{2}{m}$	$Pbam$	$D_{2h}^9 = V_h^9$
25	$Pmm2$		C_{2v}^1	56	$P\frac{2_1}{c}\frac{2_1}{c}\frac{2}{n}$	$Pccn$	$D_{2h}^{10} = V_h^{10}$
26	$Pmc2_1$		C_{2v}^2				
27	$Pcc2$		C_{2v}^3				
28	$Pma2$		C_{2v}^4				

Tabelle 3. (Fortsetzung.)

Nr. der Raumgruppen	Hermann-Mauguin-Symbole		Schoenflies-Symbole	Nr. der Raumgruppen	Hermann-Mauguin-Symbole		Schoenflies-Symbole
	vollständig	gekürzt			vollständig	gekürzt	
57	$P\dfrac{2}{b}\dfrac{2_1}{c}\dfrac{2_1}{m}$	$Pbcm$	$D_{2h}^{11}=V_h^{11}$	81	$P\bar{4}$		S_4^1
58	$P\dfrac{2_1}{n}\dfrac{2_1}{n}\dfrac{2}{m}$	$Pnnm$	$D_{2h}^{12}=V_h^{12}$	82	$I\bar{4}$		S_4^2
59	$P\dfrac{2_1}{m}\dfrac{2_1}{m}\dfrac{2}{n}$	$Pmmn$	$D_{2h}^{13}=V_h^{13}$	83	$P4/m$		C_{4h}^1
60	$P\dfrac{2_1}{b}\dfrac{2}{c}\dfrac{2_1}{n}$	$Pbcn$	$D_{2h}^{14}=V_h^{14}$	84	$P4_2/m$		C_{4h}^2
61	$P\dfrac{2_1}{b}\dfrac{2_1}{c}\dfrac{2_1}{a}$	$Pbca$	$D_{2h}^{15}=V_h^{15}$	85	$P4/n$		C_{4h}^3
62	$P\dfrac{2_1}{n}\dfrac{2_1}{m}\dfrac{2_1}{a}$	$Pnma$	$D_{2h}^{16}=V_h^{16}$	86	$P4_2/n$		C_{4h}^4
63	$C\dfrac{2}{m}\dfrac{2}{c}\dfrac{2_1}{m}$	$Cmcm$	$D_{2h}^{17}=V_h^{17}$	87	$I4/m$		C_{4h}^5
64	$C\dfrac{2}{m}\dfrac{2}{c}\dfrac{2_1}{a}$	$Cmca$	$D_{2h}^{18}=V_h^{18}$	88	$I4_1/a$		C_{4h}^6
65	$C\dfrac{2}{m}\dfrac{2}{m}\dfrac{2}{m}$	$Cmmm$	$D_{2h}^{19}=V_h^{19}$	89	$P422$		D_4^1
66	$C\dfrac{2}{c}\dfrac{2}{c}\dfrac{2}{m}$	$Cccm$	$D_{2h}^{20}=V_h^{20}$	90	$P42_12$		D_4^2
67	$C\dfrac{2}{m}\dfrac{2}{m}\dfrac{2}{a}$	$Cmma$	$D_{2h}^{21}=V_h^{21}$	91	$P4_122$		D_4^3
68	$C\dfrac{2}{c}\dfrac{2}{c}\dfrac{2}{a}$	$Ccca$	$D_{2h}^{22}=V_h^{22}$	92	$P4_12_12$		D_4^4
69	$F\dfrac{2}{m}\dfrac{2}{m}\dfrac{2}{m}$	$Fmmm$	$D_{2h}^{23}=V_h^{23}$	93	$P4_222$		D_4^5
70	$F\dfrac{2}{d}\dfrac{2}{d}\dfrac{2}{d}$	$Fddd$	$D_{2h}^{24}=V_h^{24}$	94	$P4_22_12$		D_4^6
71	$I\dfrac{2}{m}\dfrac{2}{m}\dfrac{2}{m}$	$Immm$	$D_{2h}^{25}=V_h^{25}$	95	$P4_322$		D_4^7
72	$I\dfrac{2}{b}\dfrac{2}{a}\dfrac{2}{m}$	$Ibam$	$D_{2h}^{26}=V_h^{26}$	96	$P4_32_12$		D_4^8
73	$I\dfrac{2}{b}\dfrac{2}{c}\dfrac{2}{a}$	$Ibca$	$D_{2h}^{27}=V_h^{27}$	97	$I422$		D_4^9
74	$I\dfrac{2}{m}\dfrac{2}{m}\dfrac{2}{a}$	$Imma$	$D_{2h}^{28}=V_h^{28}$	98	$I4_122$		D_4^{10}
				99	$P4mm$		C_{4v}^1
	Tetragonales System			100	$P4bm$		C_{4v}^2
75	$P4$		C_4^1	101	$P4_2cm$		C_{4v}^3
76	$P4_1$		C_4^2	102	$P4_2nm$		C_{4v}^4
77	$P4_2$		C_4^3	103	$P4cc$		C_{4v}^5
78	$P4_3$		C_4^4	104	$P4nc$		C_{4v}^6
79	$I4$		C_4^5	105	$P4_2mc$		C_{4v}^7
80	$I4_1$		C_4^6	106	$P4_2bc$		C_{4v}^8
				107	$I4mm$		C_{4v}^9
				108	$I4cm$		C_{4v}^{10}
				109	$I4_1md$		C_{4v}^{11}
				110	$I4_1cd$		C_{4v}^{12}
				111	$P\bar{4}2m$		$D_{2d}^1=V_d^1$
				112	$P\bar{4}2c$		$D_{2d}^2=V_d^2$
				113	$P\bar{4}2_1m$		$D_{2d}^3=V_d^3$

Tabelle 3. (Fortsetzung.)

Nr. der Raumgruppen	Hermann-Mauguin-Symbole		Schoenflies-Symbole	Nr. der Raumgruppen	Hermann-Mauguin-Symbole		Schoenflies-Symbole
	vollständig	gekürzt			vollständig	gekürzt	
114	$P\bar{4}2_1c$		$D_{2d}^4 = V_d^4$	140	$I\dfrac{4}{m}\dfrac{2}{c}\dfrac{2}{m}$	$I4/mcm$	D_{4h}^{18}
115	$P\bar{4}m2$		$D_{2d}^5 = V_d^5$	141	$I\dfrac{4_1}{a}\dfrac{2}{m}\dfrac{2}{d}$	$I4_1/amd$	D_{4h}^{19}
116	$P\bar{4}c2$		$D_{2d}^6 = V_d^6$	142	$I\dfrac{4_1}{a}\dfrac{2}{c}\dfrac{2}{d}$	$I4_1/acd$	D_{4h}^{20}
117	$P\bar{4}b2$		$D_{2d}^7 = V_d^7$				
118	$P\bar{4}n2$		$D_{2d}^8 = V_d^8$		*Trigonales System*		
119	$I\bar{4}m2$		$D_{2d}^9 = V_d^9$	143	$P3$		C_3^1
120	$I\bar{4}c2$		$D_{2d}^{10} = V_d^{10}$	144	$P3_1$		C_3^2
121	$I\bar{4}2m$		$D_{2d}^{11} = V_d^{11}$	145	$P3_2$		C_3^3
122	$I\bar{4}2d$		$D_{2d}^{12} = V_d^{12}$	146	$R3$		C_3^4
123	$P\dfrac{4}{m}\dfrac{2}{m}\dfrac{2}{m}$	$P4/mmm$	D_{4h}^1	147	$P\bar{3}$		C_{3i}^1
124	$P\dfrac{4}{m}\dfrac{2}{c}\dfrac{2}{c}$	$P4/mcc$	D_{4h}^2	148	$R\bar{3}$		C_{3i}^2
125	$P\dfrac{4}{n}\dfrac{2}{b}\dfrac{2}{m}$	$P4/nbm$	D_{4h}^3	149	$P312$		D_3^1
126	$P\dfrac{4}{n}\dfrac{2}{n}\dfrac{2}{c}$	$P4/nnc$	D_{4h}^4	150	$P321$		D_3^2
127	$P\dfrac{4}{m}\dfrac{2_1}{b}\dfrac{2}{m}$	$P4/mbm$	D_{4h}^5	151	$P3_112$		D_3^3
128	$P\dfrac{4}{m}\dfrac{2_1}{n}\dfrac{2}{c}$	$P4/mnc$	D_{4h}^6	152	$P3_121$		D_3^4
129	$P\dfrac{4}{n}\dfrac{2_1}{m}\dfrac{2}{m}$	$P4/nmm$	D_{4h}^7	153	$P3_212$		D_3^5
130	$P\dfrac{4}{n}\dfrac{2_1}{c}\dfrac{2}{c}$	$P4/ncc$	D_{4h}^8	154	$P3_221$		D_3^6
131	$P\dfrac{4_2}{m}\dfrac{2}{m}\dfrac{2}{c}$	$P4_2/mmc$	D_{4h}^9	155	$R32$		D_3^7
132	$P\dfrac{4_2}{m}\dfrac{2}{c}\dfrac{2}{m}$	$P4_2/mcm$	D_{4h}^{10}	156	$P3m1$		C_{3v}^1
133	$P\dfrac{4_2}{n}\dfrac{2}{b}\dfrac{2}{c}$	$P4_2/nbc$	D_{4h}^{11}	157	$P31m$		C_{3v}^2
134	$P\dfrac{4_2}{n}\dfrac{2}{n}\dfrac{2}{m}$	$P4_2/nnm$	D_{4h}^{12}	158	$P3c1$		C_{3v}^3
135	$P\dfrac{4_2}{m}\dfrac{2_1}{b}\dfrac{2}{c}$	$P4_2/mbc$	D_{4h}^{13}	159	$P31c$		C_{3v}^4
136	$P\dfrac{4_2}{m}\dfrac{2_1}{n}\dfrac{2}{m}$	$P4_2/mnm$	D_{4h}^{14}	160	$R3m$		C_{3v}^5
137	$P\dfrac{4_2}{n}\dfrac{2_1}{m}\dfrac{2}{c}$	$P4_2/nmc$	D_{4h}^{15}	161	$R3c$		C_{3v}^6
138	$P\dfrac{4_2}{n}\dfrac{2_1}{c}\dfrac{2}{m}$	$P4_2/ncm$	D_{4h}^{16}	162	$P\bar{3}1\dfrac{2}{m}$	$P\bar{3}1m$	D_{3d}^1
139	$I\dfrac{4}{m}\dfrac{2}{m}\dfrac{2}{m}$	$I4/mmm$	D_{4h}^{17}	163	$P\bar{3}1\dfrac{2}{c}$	$P\bar{3}1c$	D_{3d}^2
				164	$P\bar{3}\dfrac{2}{m}1$	$P\bar{3}m1$	D_{3d}^3
				165	$P\bar{3}\dfrac{2}{c}1$	$P\bar{3}c1$	D_{3d}^4
				166	$R\bar{3}\dfrac{2}{m}$	$R\bar{3}m$	D_{3d}^5
				167	$R\bar{3}\dfrac{2}{c}$	$R\bar{3}c$	D_{3d}^6

Tabelle 3. (Fortsetzung.)

Nr. der Raumgruppen	Hermann-Mauguin-Symbole vollständig	gekürzt	Schoenflies-Symbole
	Hexagonales System		
168	$P6$		C_6^1
169	$P6_1$		C_6^2
170	$P6_5$		C_6^3
171	$P6_2$		C_6^4
172	$P6_4$		C_6^5
173	$P6_3$		C_6^6
174	$P\bar{6}$		C_{3h}^1
175	$P6/m$		C_{6h}^1
176	$P6_3/m$		C_{6h}^2
177	$P622$		D_6^1
178	$P6_122$		D_6^2
179	$P6_522$		D_6^3
180	$P6_222$		D_6^4
181	$P6_422$		D_6^5
182	$P6_322$		D_6^6
183	$P6mm$		C_{6v}^1
184	$P6cc$		C_{6v}^2
185	$P6_3cm$		C_{6v}^3
186	$P6_3mc$		C_{6v}^4
187	$P\bar{6}m2$		D_{3h}^1
188	$P\bar{6}c2$		D_{3h}^2
189	$P\bar{6}2m$		D_{3h}^3
190	$P\bar{6}2c$		D_{3h}^4
191	$P\dfrac{6}{m}\dfrac{2}{m}\dfrac{2}{m}$	$P6/mmm$	D_{6h}^1
192	$P\dfrac{6}{m}\dfrac{2}{c}\dfrac{2}{c}$	$P6/mcc$	D_{6h}^2
193	$P\dfrac{6_3}{m}\dfrac{2}{c}\dfrac{2}{m}$	$P6_3/mcm$	D_{6h}^3
194	$P\dfrac{6_3}{m}\dfrac{2}{m}\dfrac{2}{c}$	$P6_3/mmc$	D_{6h}^4
	Kubisches System		
195	$P23$		T^1
196	$F23$		T^2
197	$I23$		T^3
198	$P2_13$		T^4
199	$I2_13$		T^5
200	$P\dfrac{2}{m}\bar{3}$	$Pm3$	T_h^1

Nr. der Raumgruppen	Hermann-Mauguin-Symbole vollständig	gekürzt	Schoenflies-Symbole
201	$P\dfrac{2}{n}\bar{3}$	$Pn3$	T_h^2
202	$F\dfrac{2}{m}\bar{3}$	$Fm3$	T_h^3
203	$F\dfrac{2}{d}\bar{3}$	$Fd3$	T_h^4
204	$I\dfrac{2}{m}\bar{3}$	$Im3$	T_h^5
205	$P\dfrac{2_1}{a}\bar{3}$	$Pa3$	T_h^6
206	$I\dfrac{2_1}{a}\bar{3}$	$Ia3$	T_h^7
207	$P432$		O^1
208	$P4_232$		O^2
209	$F432$		O^3
210	$F4_132$		O^4
211	$I432$		O^5
212	$P4_332$		O^6
213	$P4_132$		O^7
214	$I4_132$		O^8
215	$P\bar{4}3m$		T_d^1
216	$F\bar{4}3m$		T_d^2
217	$I\bar{4}3m$		T_d^3
218	$P\bar{4}3n$		T_d^4
219	$F\bar{4}3c$		T_d^5
220	$I\bar{4}3d$		T_d^6
221	$P\dfrac{4}{m}\bar{3}\dfrac{2}{m}$	$Pm3m$	O_h^1
222	$P\dfrac{4}{n}\bar{3}\dfrac{2}{n}$	$Pn3n$	O_h^2
223	$P\dfrac{4_2}{m}\bar{3}\dfrac{2}{n}$	$Pm3n$	O_h^3
224	$P\dfrac{4_2}{n}\bar{3}\dfrac{2}{m}$	$Pn3m$	O_h^4
225	$F\dfrac{4}{m}\bar{3}\dfrac{2}{m}$	$Fm3m$	O_h^5
226	$F\dfrac{4}{m}\bar{3}\dfrac{2}{c}$	$Fm3c$	O_h^6
227	$F\dfrac{4_1}{d}\bar{3}\dfrac{2}{m}$	$Fd3m$	O_h^7
228	$F\dfrac{4_1}{d}\bar{3}\dfrac{2}{c}$	$Fd3c$	O_h^8
229	$I\dfrac{4}{m}\bar{3}\dfrac{2}{m}$	$Im3m$	O_h^9
230	$I\dfrac{4_1}{a}\bar{3}\dfrac{2}{d}$	$Ia3d$	O_h^{10}

zwei gleichen Untergruppen in P- und C-Aufstellung. $\Big($In $\dfrac{4}{m}\dfrac{2}{m}\dfrac{2}{m}$ liegen die Symmetrieelemente der letzten Untergruppe $\dfrac{2}{m}$ diagonal (45°) zu denjenigen der 2. Untergruppe $\dfrac{2}{m}$; das entspricht der möglichen C-Aufstellung der tetragonalen Zelle.$\Big)$ Von den beiden gewählten Untergruppen muß die 3., nicht notwendig gleichartige Untergruppe in P-Aufstellung mit der 3. in C-Aufstellung gleichwertig werden (beide fallen zusammen!). Zu diesem Zweck müssen die Gleitrichtungen der Untergruppe in C-Aufstellung auf die P-Aufstellung bezogen werden, d.h. a- gehen in n-Gleitungen, d- in a-Gleitungen über. Wir können also von den Raumgruppen der Klasse $\dfrac{2}{m}\dfrac{2}{m}\dfrac{2}{m}$ so folgende für die P-Gruppen von $\dfrac{4}{m}\dfrac{2}{m}\dfrac{2}{m}$ verwenden (vgl. Tabelle 3).

1. $P\dfrac{2}{m}\dfrac{2}{m}\dfrac{2}{m}$, 2. $P\dfrac{2}{n}\dfrac{2}{n}\dfrac{2}{n}$, 3. $P\dfrac{2}{c}\dfrac{2}{c}\dfrac{2}{m}$, 4. $P\dfrac{2}{b}\dfrac{2}{a}\dfrac{2}{n}$, 5. $P\dfrac{2_1}{b}\dfrac{2_1}{a}\dfrac{2}{m}$,

6. $P\dfrac{2_1}{c}\dfrac{2_1}{c}\dfrac{2}{n}$, 7. $P\dfrac{2_1}{m}\dfrac{2_1}{m}\dfrac{2}{n}$, 8. $P\dfrac{2_1}{n}\dfrac{2_1}{n}\dfrac{2}{m}$, $\Big(9.\ P\dfrac{2_1}{b}\dfrac{2_1}{c}\dfrac{2_1}{a}\Big)$;

1. $C\dfrac{2}{m}\dfrac{2}{m}\dfrac{2}{m}$, 2. $C\dfrac{2}{c}\dfrac{2}{c}\dfrac{2}{m}$, 3. $C\dfrac{2}{m}\dfrac{2}{m}\dfrac{2}{n}\Big(\dfrac{2}{a}\Big)$, 4. $C\dfrac{2}{c}\dfrac{2}{c}\dfrac{2}{n}\Big(\dfrac{2}{a}\Big)$.

Die zweite, in Tabelle 3 aufgeschriebene Gleitrichtung der C-Gruppen wurde dabei eingeklammert mitgeführt; die 9. P-Gruppe fällt aus, da zu ihr keine C-Gruppe mit gleichartiger 3. Untergruppe existiert. Man erkennt aus der obigen Aufstellung, daß es insgesamt 8×2 Kopplungsmöglichkeiten von P- mit C-Gruppen von $\dfrac{2}{m}\dfrac{2}{m}\dfrac{2}{m}$ gibt, also 16 P-Gruppen der Klasse $\dfrac{4}{m}\dfrac{2}{m}\dfrac{2}{m}$, die in Tabelle 3 aufgeführt sind.

Ganz analog erhalten wir die I-Gruppen von $\dfrac{4}{m}\dfrac{2}{m}\dfrac{2}{m}$, wenn wir die I- und F-Gruppen von $\dfrac{2}{m}\dfrac{2}{m}\dfrac{2}{m}$ in gleicher Weise miteinander koppeln (in diagonaler Aufstellung geht das I-Gitter in ein F-Gitter über). Bei der F-Aufstellung muß wiederum die Umbenennung der Gleitrichtung in der 3. Untergruppe vorgenommen werden. Aus den I- und F-Gruppen von $\dfrac{2}{m}\dfrac{2}{m}\dfrac{2}{m}$ kommen nur folgende für die Kopplung in Frage (s. Tabelle 3):

1. $I\dfrac{2}{m}\dfrac{2}{m}\dfrac{2}{m}$, 2. $I\dfrac{2}{b}\dfrac{2}{a}\dfrac{2}{m}$, 3. $I\dfrac{2}{c}\dfrac{2}{c}\dfrac{2}{a}$, 4. $I\dfrac{2}{n}\dfrac{2}{n}\dfrac{2}{a}$

$\Big(\dfrac{2}{b}$ ist bei I-Gittern mit $\dfrac{2}{c}$ gleichwertig! Fig. 34$\Big)$;

1. $F\dfrac{2}{m}\dfrac{2}{m}\dfrac{2}{m}$, 2. $F\dfrac{2}{d}\dfrac{2}{d}\dfrac{2}{a}\Big(\dfrac{2}{d}\Big)$.

Für jede I-Gruppe besteht also nur eine Kopplungsmöglichkeit mit F-Gruppen. Damit hat die Klasse $\dfrac{4}{m}\dfrac{2}{m}\dfrac{2}{m}$ 4 I-Gruppen, also insgesamt 20 Raumgruppen.

Da die Klasse $\dfrac{4}{m}\dfrac{2}{m}\dfrac{2}{m}$ ihrerseits wieder Untergruppe von $\dfrac{4}{m}\bar{3}\dfrac{2}{m}$ ist (Kopplung zweier dieser Gruppen unter 90°, wobei alle Achsen gleichwertig werden müssen), kommen also nur solche Gruppen von $\dfrac{4}{m}\dfrac{2}{m}\dfrac{2}{m}$ in Frage, bei denen die 2. Untergruppe mindestens auch Untergruppe der 1. Untergruppe ist, also von den P-Gittern in $P\dfrac{4}{m}\dfrac{2}{m}\dfrac{2}{m}$, $P\dfrac{4}{n}\dfrac{2}{n}\dfrac{2}{n}\Big(\dfrac{2}{c}\Big)$, $P\dfrac{4_2}{n}\dfrac{2}{n}\dfrac{2}{m}$, $P\dfrac{4_2}{m}\dfrac{2}{m}\dfrac{2}{n}\Big(\dfrac{2}{c}\Big)$. Es gibt damit 4 P-Gruppen in $\dfrac{4}{m}\,\bar{3}\,\dfrac{2}{m}$, analog findet man 2 I-Gruppen, nämlich

$$I\,\dfrac{4}{m}\,\dfrac{2}{m}\,\dfrac{2}{m}\,, \qquad I\,\dfrac{4_1}{a}\,\dfrac{2}{c}\,\dfrac{2}{d}\ ^\dagger$$

und alle 4 F-Gruppen (F-Aufstellung der I-Gruppen!).

$$F\,\dfrac{4}{m}\,\dfrac{2}{m}\,\dfrac{2}{m}\,, \qquad F\,\dfrac{4}{m}\,\dfrac{2}{m}\,\dfrac{2}{c}\,, \qquad F\,\dfrac{4_1}{d}\left(\dfrac{4_1}{a}\right)\dfrac{2}{d}\,\dfrac{2}{m}\ ^\dagger\,, \qquad F\,\dfrac{4_1}{d}\left(\dfrac{4_1}{a}\right)\dfrac{2}{d}\,\dfrac{2}{c}\,,$$

die für diese Symmetriebedingungen in Frage kommen. Damit hat man bereits die 10 Raumgruppen der Klasse $\dfrac{4}{m}\,\bar{3}\,\dfrac{2}{m}$ (vgl. Tabelle 3).

Wir wollen dieses Verfahren hier nicht weiter verfolgen, es führt aber in allen Fällen zum Ziel, und zwar ist der hier beschrittene relativ einfache Weg bei den Raumgruppen der übrigen Klassen noch leichter durchzuführen.

12. Diskussion der Raumgruppeneigenschaften an $I\,\dfrac{4_1}{a}\,\dfrac{2}{m}\,\dfrac{2}{d}$. Die noch übrigen Fragen der Theorie der Raumgruppen wollen wir nun noch kurz an einem Beispiel diskutieren. Wir wählen zu diesem Zweck die Raumgruppe $I\,\dfrac{4_1}{a}\,\dfrac{2}{m}\,\dfrac{2}{d}$. Die vollständige Angabe aller Symmetrieelemente des Elementarbereichs erfordert noch einige Überlegungen.

Wir behandeln dazu die einzelnen Untergruppen des Raumgruppensymbols getrennt. $\dfrac{4_1}{a}$ bedeutet, daß zu der doppelten Schar von 4_1-Achsen eine doppelte Schar von 4_3-Achsen um $\tfrac{1}{2}\,0\,0$ bzw. $0\,\tfrac{1}{2}\,0$ verschoben, treten muß (erzeugt aus der a-Gleitspiegelebene). Durch die Innenzentrierung der Zelle müssen aber noch 2-Achsen zwischen den 4_1- bzw. 4_3-Achsen liegen. Zusammen mit der Gleitspiegelung resultieren noch $\bar{4}$-Achsen zwischen den 4_1- und 4_3-Achsen. $I\,\dfrac{2}{m}$ besitzt neben Spiegelebenen und Gleitspiegelebenen (n-Gleitung durch I-Zentrierung) die bereits abgeleiteten Scharen von 2- und 2_1-Achsen. Dagegen hat $I\,\dfrac{2}{d}$ neben den 2_1- und 2-Achsen zwei Scharen von d-Gleitebenen mit zueinander senkrechten Gleitrichtungen. Zu allen hier betrachteten Untergruppen tritt noch die Schar von Symmetriezentren, die nicht auf den 4_1-, 4_3- und $\bar{4}$-Achsen liegen können, sondern jeweils zwischen ihnen. Man erkennt aus diesen Überlegungen, daß die einzig mögliche Anordnung der 3 Untergruppen die in Fig. 36 wiedergegebene ist. Ein Punkt (Atom) in der allgemeinen Lage $x\,y\,z$ wird durch die Operation $\bar{4}$ im Ursprung des Elementarbereichs (s. Fig. 36) in folgende gleichwertigen Punkte überführt:

$$1.\ x\,\bar{y}\,z, \qquad 2.\ \bar{y}\,x\,\bar{z}, \qquad 3.\ \bar{x}\,\bar{y}\,z, \qquad 4.\ y\,\bar{x}\,\bar{z},$$

weil die erzeugende Operation gemäß Gl. (3.8) die Matrixdarstellung

$$\begin{pmatrix} 0 & \bar{1} & 0 \\ 1 & 0 & 0 \\ 0 & 0 & \bar{1} \end{pmatrix}$$

besitzt. Die Innenzentrierung fordert zu jedem der hier abgeleiteten gleichwertigen Punkte einen weiteren in $\tfrac{1}{2}+x,\ \tfrac{1}{2}+y,\ \tfrac{1}{2}+z$, diese werden nicht gesondert aufgeführt.

---

† $I\,\dfrac{4_1}{a}$ bzw. $F\,\dfrac{4_1}{d}$ enthält $I\,\dfrac{2}{a}$ bzw. $F\,\dfrac{2}{d}$ als Untergruppe, vgl. Fig. 36.

Die noch fehlenden weiteren gleichwertigen Punkte erhält man einerseits durch Anwendung der Spiegelebenen senkrecht zur a- oder b-Achse und einmalige Heranziehung der Operation 4_1 in $(\tfrac{1}{4}\tfrac{1}{4}0)$; die mehrfache Anwendung von 4_1 oder die Hinzuziehung der weiteren Symmetrieelemente ergibt immer wieder bereits erfaßte oder die durch die Translation erzeugten Punkte.

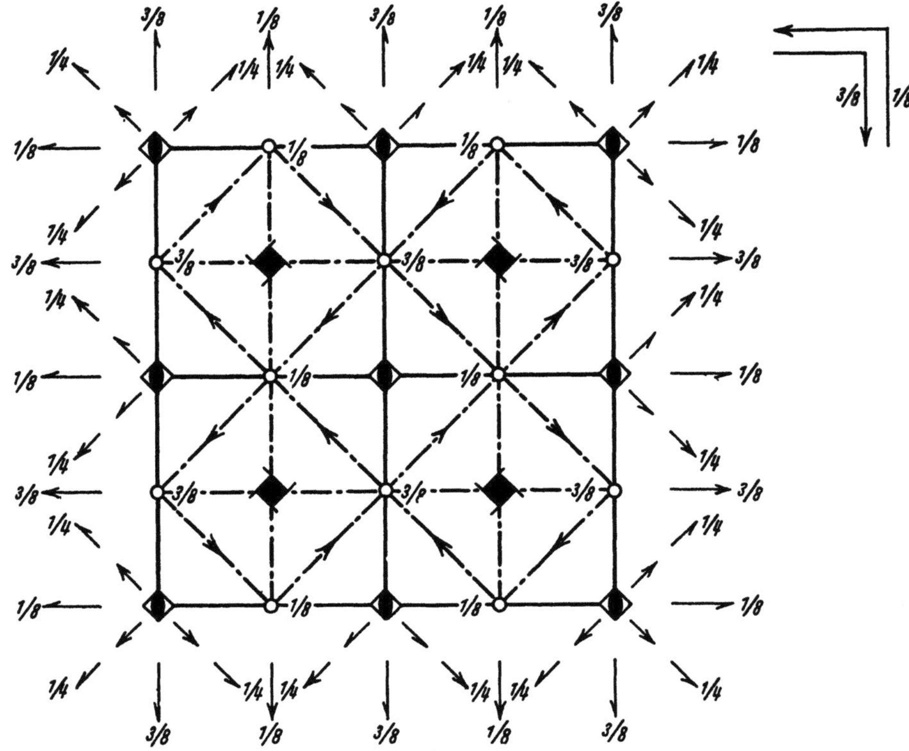

Fig. 36. Symmetrieelemente der Raumgruppe $\dfrac{4_1}{a}\dfrac{2}{m}\dfrac{2}{d}$; Fixpunkt von $\bar{4}$ in 000. Für die graphischen Symmetriesymbole vgl. Fig. 1 S. 7.

Wir erhalten also durch die Spiegelebene mit der Matrixdarstellung

$$\begin{pmatrix} \bar{1} & 0 & 0 \\ 0 & 1 & 0 \\ 0 & 0 & 1 \end{pmatrix}$$

die weiteren gleichwertigen Punkte

$$5.\ \bar{x}\,y\,z, \qquad 6.\ y\,x\,\bar{z}, \qquad 7.\ x\,\bar{y}\,z, \qquad 8.\ \bar{y}\,\bar{x}\,\bar{z}.$$

Die Wirkungsweise der 4_1-Achse in $(\tfrac{1}{4}\tfrac{1}{4}0)$ ergibt sich aus der mehrfach angewendeten Gleichung

$$\boldsymbol{S}\,(\mathfrak{x} - \mathfrak{r}) + \mathfrak{r} + \mathfrak{t}_z = \mathfrak{x}' \qquad \mathfrak{r}:\tfrac{1}{4}\tfrac{1}{4}0$$
$$\mathfrak{x}: x\,y\,z$$
$$\mathfrak{t}_z: 0\,0\,\tfrac{1}{4},$$

oder in Matrixdarstellung

$$\begin{pmatrix} 0 & 1 & 0 \\ \bar{1} & 0 & 0 \\ 0 & 0 & 1 \end{pmatrix} \left\{ \begin{pmatrix} x \\ y \\ z \end{pmatrix} - \begin{pmatrix} \tfrac{1}{4} \\ \tfrac{1}{4} \\ 0 \end{pmatrix} \right\} + \begin{pmatrix} \tfrac{1}{4} \\ \tfrac{1}{4} \\ \tfrac{1}{4} \end{pmatrix} = \begin{pmatrix} y \\ \tfrac{1}{2} - x \\ \tfrac{1}{4} + z \end{pmatrix}.$$

Wir können also die Gesamtzahl der gleichwertigen Punkte wie folgt zusammenfassen.

$$x, y, z; \quad \bar{x}, y, z; \quad y, \tfrac{1}{2} - x, \tfrac{1}{4} + z; \quad y, \tfrac{1}{2} + x, \tfrac{1}{4} + z;$$
$$\bar{y}, x, \bar{z}; \quad y, x, \bar{z}; \quad x, \tfrac{1}{2} + y, \tfrac{1}{4} - z; \quad x, \tfrac{1}{2} - y, \tfrac{1}{4} - z;$$
$$\bar{x}, \bar{y}, z; \quad x, \bar{y}, z; \quad \bar{y}, \tfrac{1}{2} + x, \tfrac{1}{4} + z; \quad \bar{y}, \tfrac{1}{2} - x, \tfrac{1}{4} + z;$$
$$y, \bar{x}, \bar{z}; \quad \bar{y}, \bar{x}, \bar{z}; \quad \bar{x}, \tfrac{1}{2} - y, \tfrac{1}{4} - z; \quad \bar{x}, \tfrac{1}{2} + y, \tfrac{1}{4} - z.$$

Zusammen mit den 16 weiteren durch die Innenzentrierung erzeugten identischen Punkten ist also die allgemeine „Punktlage" 32zählig. Man erkennt, daß an die Symmetrie der Punkte in dieser Lage keine Forderungen geknüpft sind. Diese 32 Punkte nennt man den. für die Raumgruppe charakteristischen *Gitterkomplex.*

Man kann aber weitere spezielle Punktlagen oder Gitterkomplexe finden, deren Zähligkeit geringer ist, und deren Punkte bestimmte Symmetriebedingungen erfüllen müssen. Man nennt diese Symmetrieforderungen die Punktsymmetrie (vgl. Ziff. 9) des entsprechenden Gitterkomplexes oder der Punktlage. Solche Verminderungen der Zähligkeiten erreicht man nur dann, wenn die Punkte mit ihren Koordinatenwerten auf Symmetriezentren, Spiegelebenen, Drehachsen, Drehinversionsachsen oder den Fixpunkt der Drehinversionsachsen fallen. Auf Gleitspiegelebenen oder Schraubenachsen wird dagegen die Zähligkeit des Gitterkomplexes und dessen Punktsymmetrie nicht, wohl aber seine Eigensymmetrie geändert. Ein Gitterkomplex spezieller Punktlage ist also für die Symmetrie der Raumgruppe der Gesamtanordnung nicht charakteristisch. Dominiert ein solcher Gitterkomplex für eine bestimmte Eigenschaft, so zeigt diese Eigenschaft oft eine höhere Symmetrie, als sie dem Gitter wirklich zukommt. Man spricht in diesem Falle von einer *Pseudosymmetrie* dieser Eigenschaft. Sind im Falle eines rhombischen Kristalls 2 Achsen nahezu gleich lang, so kann sich dieser in bezug auf eine Eigenschaft sogar pseudotetragonal verhalten. Für die Beurteilung der Symmetrie eines Kristalls kann man aus einer physikalischen Eigenschaft des Kristalls immer nur schließen, daß der Kristall keine höhere Symmetrie haben kann. Die Untersuchung der möglichen Symmetrien der Gitterkomplexe bei bestimmter Wahl der Gitterkonstanten und der Punktkoordinaten $x\,y\,z$ ist also eine weitere Aufgabe, die für die Beurteilung des physikalischen Verhaltens bestimmter Kristalle von großer Bedeutung sein kann.

Aus Fig. 36 erkennt man folgende Möglichkeiten für spezielle Punktlagen, die Zähligkeit und die erforderliche Punktsymmetrie wurde jeweils vorangestellt.

$$16: m \quad 0\; x\; z \qquad 8: m\,m\,2 \quad 0\; 0\; z \qquad 4: \bar{4}\,2\,m \quad 0\,0\,\tfrac{1}{2}$$
$$16: 2 \quad x\; x\; 0 \qquad 8: \tfrac{2}{m} \quad 0\,\tfrac{1}{4}\,\tfrac{5}{8} \qquad 4: \bar{4}\,2\,m \quad 0\,0\,0$$
$$16: 2 \quad x\,\tfrac{1}{4}\,\tfrac{1}{8} \qquad 8: \tfrac{2}{m} \quad 0\,\tfrac{1}{4}\,\tfrac{1}{8}.$$

Die Kenntnis der Punktsymmetrie ist für die Strukturbestimmung von Molekülgittern und die Beurteilung der Koordinaten gleichwertiger Atome wichtig. Bei Molekülgittern muß das Molekül z.B. die Symmetrie der besetzten Punktlage erfüllen. Das gibt oft schon ohne Kenntnis der Struktur wichtige Hinweise für die Symmetrie organischer Moleküle.

Die vollständige Zusammenstellung der Symmetrieelemente der Raumgruppen mit Ausnahme der kubischen findet man in den „Internationalen

Tabellen"[1]. Dort befinden sich auch vollständige Raumgruppentabellen, die speziellen und allgemeinen Punktlagen und viele weitere Hinweise für die Raumgruppeneigenschaften. Aber auch in allen übrigen Tabellenwerken[2] sind im allgemeinen ausführlichere Raumgruppen- und Kristallklassentabellen beigefügt, in die auch die älteren Benennungen der Kristallklassen mit aufgenommen sind.

II. Kristallsymmetrie und physikalische Eigenschaften homogener Körper.

13. Einführung. Die physikalischen Eigenschaften der (anisotropen) Kristalle unterscheiden sich wesentlich von denen isotroper Körper durch den Umstand, daß im Kristall nicht mehr alle Richtungen des Raumes einander gleichwertig sind. Die Kristallsymmetrie bewirkt die Äquivalenz nur noch gewisser Richtungen, nämlich all derer, die durch die Symmetrieoperationen des Kristalls ineinander übergeführt werden. Die Konstruktion aller zu einer beliebigen Richtung äquivalenten Richtungen ist einfach: Man wendet alle Symmetrieoperationen des Kristalls (Drehungen, Spiegelungen, Inversion, Inversionsdrehungen) auf die betreffende Richtung an und erhält so das vollständige Büschel gleichwertiger Richtungen. Andererseits bestimmt man umgekehrt die Symmetrie eines Kristalls auf diese Weise: Indem man prüft, welche Richtungen im Kristall bei allen physikalischen Versuchen einander äquivalent sind, stellt man die vorhandenen Symmetrieoperationen fest und bestimmt die dem Kristall zugeordnete Kristallklasse. Hilfsmittel bei dieser Prüfung sind z. B. die optischen Eigenschaften einschließlich Drehvermögen, Wachstums- und Ätzformen, pyro- und piezoelektrischer Effekt, Härte, Spaltbarkeit, Röntgenbeugungsbilder und anderes mehr.

In diesem Abschnitt sollen diejenigen physikalischen Eigenschaften der anisotropen Stoffe behandelt werden, welche stetige Zusammenhänge vermitteln und für deren Beschreibung die Materie als homogener Körper aufgefaßt werden kann. Man erhält in solchen Fällen die zu gewinnenden Aussagen, ohne den Aufbau der Materie aus Atomen oder gar den Bau der Atome berücksichtigen zu müssen. Wir bewegen uns also auf dem Boden der Kontinuumsphysik. Der Kreis der möglichen Aussagen wird dadurch stark eingeschränkt, der Vorteil liegt in einer völligen Unabhängigkeit von den strukturellen Gegebenheiten.

Diese Idealisierung führt nicht immer zu vernünftigen Ergebnissen, wie die Beispiele der Gleit-, Bruch- und Spaltvorgänge zeigen. Derartige Vorgänge sind unstetig oder verlangen notwendig die Beachtung des Feinbaus der Materie. Sie sollen in diesem Abschnitt ausgeschlossen werden.

Eine solche Spezialisierung erscheint dadurch gerechtfertigt, daß ein hier besonders interessierendes Kapitel der Physik homogener anisotroper Körper als einigermaßen abgeschlossen gelten darf. Es handelt sich um die Frage, in welcher Weise die Kristallsymmetrie die physikalischen Eigenschaften beeinflußt. Ein einfaches und leicht zu übersehendes Beispiel für die Wirkung der Kristallsymmetrie bietet die Kristalloptik mit ihrer Unterscheidung von einfachbrechenden, optisch einachsigen und optisch zweiachsigen Kristallen, wobei die letzteren noch durch ihre verschiedenen Dispersionsmöglichkeiten unterteilt werden können.

---

[1] International Tables for X-Ray Crystallography, Vol. 1. Birmingham 1952; vgl. auch die frühere Ausgabe, Leipzig 1935. — P. Niggli: Geometrische Kristallographie des Diskontinuums. Leipzig 1919.

[2] Siehe z.B. Landolt-Börnstein: Physikalisch-chemische Tabellen, Bd. I/4. Berlin-Göttingen-Heidelberg 1954.

Wir wollen das Problem folgendermaßen formulieren: Gegeben sei eine beliebige physikalische Eigenschaft eines Kristalls beliebiger Symmetrie. Welche Bedingungen zwingt die Symmetrie des Körpers der betreffenden physikalischen Eigenschaft auf?

Man braucht sich dabei keineswegs auf die Kristallsymmetrien zu beschränken. Die Untersuchungen können leicht auf Körper ausgedehnt werden, die durch irgendeine andere Gruppe von orthogonalen Transformationen in sich übergeführt werden, die die Transformationen dieser Gruppe also als Symmetrieoperationen besitzen. Für uns ist nur der Fall der Zylindersymmetrie (Gruppe C_∞) und der Isotropie (Gruppe R_∞) wichtig. Beide lassen sich im Anschluß an die Symmetrieelemente der Kristalle leicht behandeln.

Spezielle Fälle dieses Problems sind schon zahlreich gelöst worden, s. z.B. [1], [2]. Der Lösungsweg war umständlich und mühsam, Fehler stellten sich mitunter ein und blieben lange Zeit unentdeckt. Erst in den letzten Jahren wurde das Problem auf verschiedenen Wegen systematisch angegriffen [3], [4], aufbauend auf einer Arbeit von HERMANN [5], die zunächst anscheinend unbeachtet geblieben war. Einige der Verfahren, die bisher entwickelt wurden, und ihre Anwendungsmöglichkeiten sollen hier zusammengestellt werden. Andere werden nur kurz angedeutet, bei diesen muß auf die Originalliteratur verwiesen werden.

Physikalische Einwirkungen auf einen Kristallkörper rufen bestimmte Effekte hervor. Die Einwirkung $\mathfrak{A}$ kann allgemein durch ein Feld beschrieben werden (Temperatur, elektrisches Feld, mechanische Spannung oder Verzerrung usw.), auch bei dem Effekt $\mathfrak{B}$ ist dies oft möglich, s. Tabelle 4a. Bei hinreichend

Tabelle 4a.

Einwirkung $\mathfrak{A}$	Effekt $\mathfrak{B}$	Materialkonstanten
Mechanische Spannung Temperaturgradient	Verzerrung Wärmestrom	Elastizitätsmoduln Wärmeleitvermögen

stetigem Zusammenhang kann man dann $\mathfrak{B}$ in eine Potenzreihe nach der Einwirkung $\mathfrak{A}$ entwickeln:

$$\mathfrak{B} - \mathfrak{B}_0 = \mathfrak{C}_1\,\mathfrak{A} + \mathfrak{C}_2(\mathfrak{A})^2 + \mathfrak{C}_3(\mathfrak{A})^3 + \ldots. \tag{13.1}$$

Die Größen $\mathfrak{C}_1, \mathfrak{C}_2, \mathfrak{C}_3 \ldots$ sind Materialkonstanten und beschreiben das Verhalten des Kristalls unter der Einwirkung $\mathfrak{A}$ bezüglich des betrachteten Effekts $\mathfrak{B}$ vollständig. Der Effekt $\mathfrak{B}$ braucht nicht unbedingt in dem Auftreten einer Feldgröße zu bestehen ($\mathfrak{B}_0 = 0$). Es kann sich auch um die Änderung einer physikalischen Eigenschaft handeln, wie die Beispiele der Tabelle 4b zeigen ($\mathfrak{B}_0 \neq 0$). Hier ist natürlich ebenfalls bei hinreichend stetiger Abhängigkeit eine Entwicklung von $\mathfrak{B} - \mathfrak{B}_0$ in eine Potenzreihe von $\mathfrak{A}$ nach (13.1) möglich.

Gleichungen der Art (13.1) liefern die exakte Beschreibung der physikalischen Vorgänge in Kristallen. Derartige Gesetze müssen selbstverständlich unabhängig davon gelten, in welchem Koordinatensystem man den betreffenden Vorgang

Tabelle 4b.

Einwirkung $\mathfrak{A}$	Veränderte Eigenschaft $\mathfrak{B} - \mathfrak{B}_0$	Materialkonstante
Temperatur	Dipolmoment	Pyroelektrische Konstanten
Mechanische Spannung	Dielektrizitätskonstante (optisch)	Spannungsoptische Konstanten
Mechanische Spannung	Elastizitätsmoduln	Elastizitätskoeffizienten 3. Ordnung
Frequenz des Lichts	Dielektrizitätskonstante (optisch)	Dispersion

zufällig oder aus Zweckmäßigkeitsgründen beschreibt. Daher müssen sich beim
Übergang von einem Koordinatensystem zum andern die einzelnen Größen der
Gleichungen so transformieren, daß die Gültigkeit der Gleichungen erhalten
bleibt. Das Transformationsverhalten der physikalischen Feldgrößen darf hierbei
als bekannt vorausgesetzt werden. Invariant ist z.B. die Temperatur, wie
Tensoren erster Stufe (Vektoren) transformieren sich die Komponenten der
elektrischen Feldstärke; wie Tensoren zweiter Stufe der Spannungs- und Verzerrungstensor, um einige der wichtigsten zu nennen. Das Transformationsverhalten der Materialkonstanten ist dann durch die Forderung einer koordinaten-
invarianten Formulierung der Gesetze eindeutig festgelegt. Die Stufe des Eigen-
schaftstensors ist gleich der Summe der Stufen des Tensors der Einwirkung und
des Tensors des Effekts. Eigensymmetrien (Vertauschbarkeit bestimmter Indices)
bei Einwirkung und Effekt tauchen im Eigenschaftstensor wieder auf. Darüber
hinaus können noch gewisse Indicesvertauschungen hinzukommen, z.B. wegen
des Bestehens eines thermodynamischen Potentials. Die wichtigsten Eigenschaftstensoren der Kristallphysik mit ihren Eigensymmetrien bringt Tabelle 12,
S. 56.

Im allgemeinen lassen sich die physikalischen Vorgänge durch einen linearen
Ansatz genügend genau beschreiben, d.h. die Potenzreihe (13.1) kann nach dem
ersten Glied abgebrochen werden. Dieser lineare Zusammenhang wird dann
durch Gleichungen der Art

$$d^i = \varepsilon^i_k \, e^k \tag{13.2a}$$

(Verschiebungsdichte = Dielektrizitätskonstante · elektrische Feldstärke)

oder
$$\beta^k_{\cdot} = t^{k\,m}_{i\,l} \, \sigma^l_m \tag{13.2b}$$

(Verzerrung = Elastizitätsmoduln · mechanische Spannung)[1]

usw. wiedergegeben.

Besitzt ein Kristall Symmetrien, so darf die Ausführung irgendeiner der
Symmetrieoperationen sein Verhalten in einer beliebigen physikalischen Anordnung in keiner Weise ändern. Der Kristall muß nach einer solchen
Drehung, Spiegelung, Inversion oder Inversionsdrehung in der unveränderten
physikalischen Anordnung genau das gleiche Verhalten zeigen wie vorher. Damit
dies der Fall ist, müssen die Komponenten der physikalischen Eigenschaftstensoren gewisse Bedingungen erfüllen. Diese Bedingungen hängen von der
Kristallklasse des Kristalls, vom Transformationsverhalten und den Eigensymmetrien des Tensors ab. Das Problem dieses Abschnitts lautet daher genauer:

Welche Bedingungen hat ein beliebiger Tensor mit irgendwelchen Eigensymmetrien zu erfüllen, damit er gegenüber den Symmetrieoperationen einer Kristallklasse invariant ist?

Zur Beantwortung dieser Frage betrachten wir zunächst das Transformationsverhalten von Größen verschiedener Stufe genauer, da dieses auch in der Kristallgeometrie (Abschnitt III) eine wichtige Rolle spielt. Es folgt eine nähere Untersuchung des Baus der Kristallklassen, welche die Lösung wesentlich vereinfacht.
Die eigentlichen Berechnungsverfahren schließen sich an. Einige Beispiele,
Tabellen und Literaturangaben beenden den Abschnitt.

14. Koordinaten-Transformationen[2]. Wir beziehen den Kristallraum auf ein
Koordinatensystem a_1, a_2, a_3, wobei die a_i linear unabhängig sein sollen. Den
Übergang zu einem anderen, ebenfalls linear unabhängigen Koordinatensystem a'_i

---

[1] Mitunter werden die $t^{k\,m}_{i\,l}$ auch Elastitätskonstanten genannt.
[2] Vgl. hierzu auch den Artikel von H. Tietz in Bd. II dieses Handbuches.

vermitteln dann die Gleichungen

$$a_i' = s_i^k\, a_k, \qquad \det(s_i^k) = |S| \neq 0. \tag{14.1}$$

Alle Indices, über die nicht summiert wird (in diesem Fall i), sollen jeden der Werte 1, 2 oder 3 annehmen können, wenn nicht ausdrücklich anderes gesagt wird. (In 14.1) sind also die 3 Gleichungen

$$a_i' = \sum_{k=1}^{3} s_i^k\, a_k, \qquad i = 1, 2, 3 \tag{14.2}$$

zusammengefaßt.

Die umgekehrte Transformation werde durch die Matrix r_i^k bewirkt:

$$a_i = r_i^k\, a_k'; \tag{14.3}$$

dann ist mit (14.1) und (14.3)

$$a_i' = s_i^k\, r_k^l\, a_l', \tag{14.4}$$

also wegen der linearen Unabhängigkeit der a_i'

$$s_i^k\, r_k^l = \delta_i^l. \tag{14.5}$$

r_i^k nennt man die inverse Matrix zu s_i^k, $\delta_i^k = \begin{Bmatrix} 1 & \text{für } i=k \\ 0 & \text{für } i \neq k \end{Bmatrix}$ ist das KRONECKERsche Symbol.

Ein Punkt mit den Koordinaten x^i ist durch den Pfeil vom Ursprung aus

$$\mathfrak{x} = x^i\, a_i \tag{14.6}$$

gegeben. Sicherlich ist die Lage dieses Punktes unabhängig von der Wahl des Koordinatensystems, daher gilt

$$x^i\, a_i = x'^k\, a_k', \tag{14.7}$$

oder mit (14.1) bzw. (14.3) — wegen der linearen Unabhängigkeit der a_i und a_i' —

$$x^i = s_k^i\, x'^k, \tag{14.8}$$

bzw.

$$x'^i = r_k^i\, x^k. \tag{14.9}$$

Die x^i unterscheiden sich also von den a_i durch ihr Verhalten bei Koordinatentransformationen. Größen, die sich wie die Basisvektoren a_i transformieren, wollen wir kovariant nennen, Größen mit dem Transformationsverhalten der x^i heißen dann kontravariant. Man sagt auch, die a_i und die x^i transformierten sich kontragredient zueinander.

In der Matrizenschreibweise würden diese Gleichungen lauten:

$$a_i - a; \quad a_i' - a'; \quad x^i - x; \quad x'^i - x'; \quad s_i^k - S; \quad r_i^k - S^{-1};$$

$$a' = S\, a, \; (14.1a) \qquad a = S^{-1} a', \; (14.3a) \qquad x = \widetilde{S} x', \; (14.8a) \qquad x' = \widetilde{S^{-1}} \cdot x. \; (14.9a)$$

$(\widetilde{})$ bedeutet hierbei die transponierte Matrix. Sie tritt auf, da in (14.1) über den oberen Index von s_i^k, den Spaltenindex, summiert wird, in (14.9) dagegen über den unteren Index von $(r_i^k) = (s_i^k)^{-1}$, den Zeilenindex.

Die Achsen a_i legt man im allgemeinen parallel zu wichtigen Richtungen im Kristall, so daß die Kristallbeschreibung möglichst erleichtert wird. Die geometrischen Verhältnisse des Kristalls spiegeln sich dann in den Längen der a_i und in den Winkeln zwischen ihnen wider. Diese werden durch die Größen

$$(a_i, a_k) = g_{ik} = g_{ki} = |a_i| \cdot |a_k| \cdot \cos(a_i, a_k) \tag{14.10}$$

beschrieben, die den Fundamentaltensor des Kristallraums bilden. Das Verhalten der g_{ik} bei Transformationen erhält man aus der Forderung, daß die Größe

$$(\mathfrak{x}, \mathfrak{y}) = |\mathfrak{x}| \cdot |\mathfrak{y}| \cos(\mathfrak{x}, \mathfrak{y}) = (x^i \mathfrak{a}_i, y^k \mathfrak{a}_k) = g_{ik} x^i y^k \qquad (14.11)$$

unabhängig von dem der Beschreibung zu Grunde liegenden Koordinatensystem sein muß, d.h.

$$g'_{lm} x'^l y'^m = g'_{lm} r^l_n x^n r^m_j y^j = g_{ik} x^i y^k \qquad (14.12)$$

unter Verwendung von (14.9). Da die x und y beliebig sein können, folgt daraus

$$g_{ik} = r^l_i r^m_k g'_{lm} \qquad (14.13)$$

und ebenso unter Verwendung von (14.8)

$$g'_{ik} = s^l_i s^m_k g_{lm}. \qquad (14.14)$$

Aus den g_{ik} erhält man das Volumen der Elementarzelle nach der Formel

$$V^2 = g = \det(g_{ik}). \qquad (14.15)$$

Die Beschreibung und Berechnung einer Reihe von geometrischen Eigenschaften des Kristallraumes wird erheblich vereinfacht, wenn man neben den Basisvektoren des Kristallraumes 3 Basisvektoren des „reziproken Gitters" einführt durch die Definitionsgleichungen

$$\mathfrak{a}^i = g^{ik} \mathfrak{a}_k; \qquad (14.16)$$

$$g^{ik} g_{kl} = \delta^i_l. \qquad (14.17)$$

Hieraus folgt umgekehrt ·

$$\mathfrak{a}_i = \delta^k_i \mathfrak{a}_k = g_{im} g^{mk} \mathfrak{a}_k = g_{im} \mathfrak{a}^m. \qquad (14.18)$$

Aus (14.16) und (14.17) folgt: α) $g^{ik} = g^{ki}$, β) die $\mathfrak{a}^i$ transformieren sich wie die Koordinaten x^i des Kristallraums, also kontragredient zu den $\mathfrak{a}_i$. Wegen (14.16), (14.11) und (14.17) ist

$$(\mathfrak{a}^i, \mathfrak{a}^k) = (g^{il} \mathfrak{a}_l, g^{mk} \mathfrak{a}_m) = g^{il} g_{lm} g^{mk} = g^{il} \delta^k_l = g^{ik}. \qquad (14.19)$$

Daher nennt man die g^{ik} den Fundamentaltensor des reziproken Gitters. Zwischen den $\mathfrak{a}_i$ und den $\mathfrak{a}^k$ gilt die Beziehung

$$(\mathfrak{a}_i, \mathfrak{a}^k) = (\mathfrak{a}_i, g^{kl} \mathfrak{a}_l) = g_{il} g^{kl} = \delta^k_i \qquad (14.20)$$

nach (14.16), (14.11) und (14.17), die zu einer einfachen Konstruktion der $\mathfrak{a}^k$ aus den $\mathfrak{a}_i$ oder der $\mathfrak{a}_i$ aus den $\mathfrak{a}^k$ dient, s. Ziff. 20. Beschreibt man denselben Punkt einmal im Raum des Kristallgitters durch seine Koordinaten x^i, das andere Mal im Raum des reziproken Gitters durch die Koordinaten x_i (die Koordinaten müssen hier kovariant sein, damit $x_i \mathfrak{a}^i$ transformationsinvariant ist), so hängen die x^i und x_i durch die Gleichungen zusammen

$$x_i = g_{ik} x^k \qquad (14.21)$$

und

$$x^i = g^{ik} x_k, \qquad (14.22)$$

denn es ist

$$x_i \mathfrak{a}^i = x^k \mathfrak{a}_k = x^k g_{kl} \mathfrak{a}^l$$

mit (14.18) und

$$x_i \mathfrak{a}^i = x^k \mathfrak{a}_k = x_i g^{il} \mathfrak{a}_l$$

mit (14.16).

Ein Koordinatensystem ist nach (14.10) orthogonal oder cartesisch, wenn

$$g_{ik} = \delta_{ik}. \tag{14.23}$$

Dann gilt auch

$$g^{ik} = \delta^{ik}, \tag{14.23a}$$

wie man (14.17) entnimmt.

Transformationen, die ein orthogonales Achsenkreuz wieder in ein solches überführen, nennt man orthogonale Transformationen. Sie müssen nach (14.14) den Bedingungen

$$\delta'_{ik} = \delta_{ik} = s_i^l\, s_k^m\, \delta_{lm} \tag{14.24}$$

genügen, die man übersichtlicher

$$\sum_m s_i^m\, s_k^m = \delta_{ik} \tag{14.24a}$$

schreibt. Dann ist

$$\sum_m s_m^i\, s_m^k = \delta^{ik} \tag{14.24b}$$

wegen (14.23a) von selbst erfüllt.

Orthogonale Tranformationen und Koordinaten zeichnen sich durch besonders übersichtliche Formeln aus und haben den großen Vorteil, daß sich ko- und kontravariante Indices gleich transformieren. Aus (14.24a) oder (14.24b) folgt nämlich $(s_i^k)^{-1} = (s_k^i)$, die inverse Matrix ist gleich der transponierten. Dadurch wird, in Matrizenschreibweise, $\widetilde{S^{-1}} = (S^{-1})^{-1} = S$. Man braucht in diesem Fall ko- und kontravariante Indices nicht mehr zu unterscheiden.

Ein Beispiel zeigt die Anwendung der bisher aufgeführten Formeln. Für die Beschreibung der Kristalle des trigonalen Kristallsystems kann die Einführung des hexagonalen Achsenkreuzes H zweckmäßig sein, in anderen Fällen bezieht man sie besser auf das rhomboedrische Koordinatensystem R, s. Fig. 24b. Nach Ziff. 8 und (14.10) ist

$$g_{ik}(H) = \begin{pmatrix} g_{11} & -\dfrac{g_{11}}{2} & 0 \\[2mm] -\dfrac{g_{11}}{2} & g_{11} & 0 \\[2mm] 0 & 0 & g_{33} \end{pmatrix} \tag{14.25}$$

der Fundamentaltensor der reziproken Basis lautet nach (14.17)

$$g^{ik}(H) = \begin{pmatrix} \dfrac{4}{3g_{11}} & \dfrac{2}{3g_{11}} & 0 \\[2mm] \dfrac{2}{3g_{11}} & \dfrac{4}{3g_{11}} & 0 \\[2mm] 0 & 0 & \dfrac{1}{g_{33}} \end{pmatrix} \tag{14.26}$$

Aus (14.26) folgt:

$$\cos(a^1, a^2) = \frac{g^{12}}{(g^{11} g^{22})^{\frac{1}{2}}} = \frac{1}{2}; \quad \sphericalangle\,(a^1, a^2) = 60°.$$

Für R gilt:

$$g_{ik}(R) = \begin{pmatrix} g_{11} & g_{11}\cos\alpha & g_{11}\cos\alpha \\ g_{11}\cos\alpha & g_{11} & g_{11}\cos\alpha \\ g_{11}\cos\alpha & g_{11}\cos\alpha & g_{11} \end{pmatrix}, \quad \alpha = \sphericalangle\,(a_1, a_2). \tag{14.27}$$

Daraus erhält man

$$g^{11} = g^{22} = g^{33} = \frac{\sin^2 \alpha}{g_{11} \cdot W}$$

und

$$g^{12} = g^{23} = g^{31} = \frac{\cos^2 \alpha - \cos \alpha}{g_{11} \cdot W}, \qquad W = (1 - 3\cos^2 \alpha + 2\cos^3 \alpha)^{\frac{1}{2}}$$

und

$$\cos(\mathfrak{a}^1, \mathfrak{a}^2) = \frac{\cos^2 \alpha - \cos \alpha}{\sin^2 \alpha} = -\frac{\cos \alpha}{1 + \cos \alpha}.$$

Will man ein rhomboedrisches Gitter auf hexagonale Achsen beziehen, so lauten die Transformationsformeln

$$\mathfrak{a}_i H = s_i^k \, \mathfrak{a}_k R; \qquad \mathfrak{a}_i R = r_i^k \, \mathfrak{a}_k H.$$

Nimmt man die Aufstellung, wie sie in **Fig. 24b** abgebildet ist, so gilt

$$s_i^k = \begin{pmatrix} 1 & \bar{1} & 0 \\ 0 & 1 & \bar{1} \\ 1 & 1 & 1 \end{pmatrix}; \qquad r_i^k = \begin{pmatrix} \frac{2}{3} & \frac{1}{3} & \frac{1}{3} \\ \frac{\bar{1}}{3} & \frac{1}{3} & \frac{1}{3} \\ \frac{\bar{1}}{3} & \frac{\bar{2}}{3} & \frac{1}{3} \end{pmatrix}; \qquad \det(s_i^k) = 3, \qquad \det(r_i^k) = \tfrac{1}{3}.$$

Die einzelnen Transformationen werden also durch

$$\text{I.} \begin{cases} \mathfrak{a}_1 H = \mathfrak{a}_1 R - \mathfrak{a}_2 R \\ \mathfrak{a}_2 H = \phantom{\mathfrak{a}_1 R} \; \mathfrak{a}_2 R - \mathfrak{a}_3 R \\ \mathfrak{a}_3 H = \mathfrak{a}_1 R + \mathfrak{a}_2 R + \mathfrak{a}_3 R; \end{cases} \qquad \text{II.} \begin{cases} \mathfrak{a}_1 R = \tfrac{2}{3}\mathfrak{a}_1 H + \tfrac{1}{3}\mathfrak{a}_2 H + \tfrac{1}{3}\mathfrak{a}_3 H \\ \mathfrak{a}_2 R = -\tfrac{1}{3}\mathfrak{a}_1 H + \tfrac{1}{3}\mathfrak{a}_2 H + \tfrac{1}{3}\mathfrak{a}_3 H \\ \mathfrak{a}_3 R = -\tfrac{1}{3}\mathfrak{a}_1 H - \tfrac{2}{3}\mathfrak{a}_2 H + \tfrac{1}{3}\mathfrak{a}_3 H; \end{cases}$$

und

$$\text{III.} \begin{cases} \mathfrak{a}^1 H = \tfrac{2}{3}\mathfrak{a}^1 R - \tfrac{1}{3}\mathfrak{a}^2 R - \tfrac{1}{3}\mathfrak{a}^3 R \\ \mathfrak{a}^2 H = \tfrac{1}{3}\mathfrak{a}^1 R + \tfrac{1}{3}\mathfrak{a}^2 R - \tfrac{2}{3}\mathfrak{a}^3 R \\ \mathfrak{a}^3 H = \tfrac{1}{3}\mathfrak{a}^1 R + \tfrac{1}{3}\mathfrak{a}^2 R + \tfrac{1}{3}\mathfrak{a}^3 R; \end{cases} \qquad \text{IV.} \begin{cases} \mathfrak{a}^1 R = \mathfrak{a}^1 H \phantom{+ \mathfrak{a}^2 H} + \mathfrak{a}^3 H \\ \mathfrak{a}^2 R = -\mathfrak{a}^1 H + \mathfrak{a}^2 H + \mathfrak{a}^3 H \\ \mathfrak{a}^3 R = \phantom{-\mathfrak{a}^1 H} -\mathfrak{a}^2 H + \mathfrak{a}^3 H \end{cases}$$

beschrieben.

Für die Punktkoordinaten des Kristallraums gelten die Gl. III und IV; die Punktkoordinaten des reziproken Gitters, zu denen auch die MILLERschen Indices, s. Ziff. 20 und 21, zu zählen sind, transformieren sich nach I und II. Die wichtigsten Transformationen, die in der Kristallographie eine Rolle spielen, sind in den Tabellen von [6] zu finden.

15. Transformationsverhalten von Tensoren, Symmetrieforderungen. Als einen Tensor der Stufe s bezeichnet man eine Größe mit s Indices, die sich unabhängig voneinander ko- oder kontravariant transformieren. Die Basisvektoren des Kristallraumes und die MILLERschen Indices (vgl. Ziff. 21) der Kristallflächen sind demnach kovariante, die Basisvektoren des reziproken Gitters und die Punktkoordinaten des Kristallraums kontravariante Tensoren erster Stufe. Die g_{ik} bilden einen kovarianten, die g^{ik} einen kontravarianten Tensor zweiter Stufe. Allgemein haben die Transformationsgleichungen eines v-fach kovarianten und q-fach kontravarianten Tensors der Stufe s ($s = v + q$) bei dem Übergang auf ein anderes affines Koordinatensystem das Aussehen

$$t'^{k_1 \ldots k_q}_{i_1 \ldots i_v} = s^{j_1}_{i_1} \ldots s^{j_v}_{i_v} \, r^{k_1}_{l_1} \ldots r^{k_q}_{l_q} \, t^{l_1 \ldots l_q}_{j_1 \ldots j_v}. \tag{15.1}$$

Beziehen wir die Tensoren auf ein orthogonales Koordinatensystem und lassen nur orthogonale Transformationen zu, so wird der Unterschied zwischen kovarianten und kontravarianten Indices, s. Ziff. 14, hinfällig und (15.1) geht in

$$t'_{i_1\ldots i_s} = s^{j_1}_{i_1}\ldots s^{j_s}_{i_s}\, t_{j_1\ldots j_s} \tag{15.2}$$

über. Da alle Symmetrieoperationen der Kristalle orthogonale Transformationen sind, ist diese Einführung zweckmäßig und bedeutet keine Einschränkung.

Neben den bisher behandelten sog. polaren Tensoren, deren Transformationsverhalten durch (15.2) gegeben ist, treten in der Physik andere Größen auf, die man als axiale Tensoren bezeichnet. Man muß sie einführen, wenn man einen schiefsymmetrischen Tensor zweiter Stufe ($t_{ik} = - t_{ki}$) als Vektor auffaßt, was im dreidimensionalen Raum möglich ist. Ihre Transformationsformeln unterscheiden sich von (15.2) durch das Auftreten der Determinante $\det S = |S| = \pm 1$, $S = (s^k_i)$ und lauten

$$t'_{i_1\ldots i_s} = |S|\, s^{j_1}_{i_1}\ldots s^{j_s}_{i_s}\, t_{j_1\ldots j_s}. \tag{15.3}$$

Beispiele sind das Volumen, das Vektorprodukt und die Konstanten des optischen Drehvermögens als axiale Tensoren nullter, erster und zweiter Stufe. Solche Tensoren erhalten den Buchstaben a an die Stufe angehängt, polare Tensoren tragen den Buchstaben p, s. Tabelle 12, S. 56. Man entnimmt (15.3), daß polare und axiale Tensoren sich nicht unterscheiden, wenn $|S| = +1$, d.h. wenn S die Matrix einer Drehung ist.

Bedeutet (s^k_i) die Matrix einer Symmetrieoperation des Kristalls, so muß der durch (s^k_i) transformierte Tensor mit dem nicht transformierten übereinstimmen:

$$t'_{i_1\ldots i_s} = t_{i_1\ldots i_s} = s^{j_1}_{i_1}\ldots s^{j_s}_{i_s}\, t_{j_1\ldots j_s} \tag{15.4}$$

bei sp oder

$$t'_{i_1\ldots i_s} = t_{i_1\ldots i_s} = (\pm 1)\cdot s^{j_1}_{i_1}\ldots s^{j_s}_{i_s}\, t_{j_1\ldots j_s} \tag{15.5}$$

bei sa.

Dies sind 3^s Gleichungen mit 3^s Unbekannten, die es zu lösen gilt. Dabei können einige der Tensorkomponenten, mitunter auch alle, gleich Null werden; zwischen anderen können lineare Beziehungen bestehen. Sind die Gleichungssysteme (15.4) und (15.5) für eine Symmetrieoperation der Klasse gelöst, so ist zu prüfen, ob irgendeine andere Symmetrie dieser Klasse weitergehende oder gar widersprechende Bedingungen von den Tensorkomponenten fordert. Auch diese Bedingungen müssen dann erfüllt werden. Erst die Komponenten oder Komponentensysteme, welche den Gleichungen aller Symmetrieelemente der Kristallklasse genügen, können in der betreffenden Klasse auftreten.

Es ist aber nicht notwendig, nun alle Symmetrieoperationen einzeln nacheinander durchzugehen und ihren Einfluß auf die Tensorkomponenten zu untersuchen. Vielmehr genügt ein Tensor, der die Forderungen der Symmetrieoperationen S_1 und S_2 erfüllt, auch denen der Symmetrieoperation $S_3 = S_1 \cdot S_2$. Besitzen wir also einen Satz von Symmetrieelementen $S_1, S_2, \ldots$ und genügt ein Tensor $\mathfrak{T}$ jedem von diesen einzeln, so genügt er gleichzeitig den Bedingungen der von $S_1, S_2, \ldots$ erzeugten Gruppe von Symmetrieoperationen. Einen Satz von Symmetrieelementen, aus denen man alle Symmetrieelemente einer Kristallklasse durch Multiplikation erzeugen kann, nennt man die Erzeugenden der entsprechenden Klasse. Sind die Bedingungen für die Erzeugenden einer Klasse bekannt und werden sie von einem Tensor erfüllt, so erfüllt der Tensor auch die Bedingungen aller Symmetrieelemente dieser Klasse. Statt der maximal 48 Symmetrieelemente einer Klasse brauchen wir lediglich die (höchstens vier) Erzeugenden der Klasse zu untersuchen. Diese Erzeugenden sind durch die Klasse nicht eindeutig festgelegt, vielmehr kann man sie in gewissem Umfang frei wählen.

Tabelle 5.

Bedeutung der Symbole: In jedem Kästchen steht oben links das Klassensymbol nach Hermann-Mauguin, oben rechts die Bezeichnung nach Schoenflies-Niggli. Darunter stehen die erzeugenden Symmetrieelemente. Es bedeutet: 1 = Einheitselement = Drehung um $360°$; $\bar{1}$ = Symmetriezentrum = einzählige Inversionsdrehung; 2_y, 2_z = zweizählige Drehung um die y- bzw. z-Achse; 3, 4 = drei-, vierzählige Drehung um die z-Achse; R = dreizählige Drehung um eine der Raumdiagonalen des Würfels; m_y, m_z = Spiegelebene senkrecht zur y- bzw. z-Achse; $\bar{4}$ = vierzählige Inversionsdrehung um die z-Achse. Die Erzeugenden sind ganz dem hier verfolgten speziellen Zweck angepaßt, daher z. B. die Aufspaltung der Achse 6 in 3 und 2_z usw., die sonst meist nicht sinnvoll ist.

In der Klasse $\bar{6}\,2\,m$ wurden in [6] die Erzeugenden 3, m_z, m_y gewählt, die Klasse heißt demgemäß $\bar{6}\,m\,2$. Diese Aufstellung macht sich mitunter durch etwas andere Bedingungen für die Eigenschaftstensoren bemerkbar.

Triklin, Monoklin		$1 \quad C_1$ 1	$\bar{1} \quad C_i$ $\bar{1}$	$2 \quad C_2$ 2_y	$m \quad C_s$ m_y	$2/m \quad C_{2h}$ $\bar{1}, 2_y$	
Rhombisch				$222 \quad D_2$ $2_z, 2_y$	$mm \quad C_{2v}$ $2_z, m_y$	$mmm \quad D_{2h}$ $2_z, \bar{1}, 2_y$	
Trigonal		$3 \quad C_3$ 3	$\bar{3} \quad C_{3i}$ $3, \bar{1}$	$32 \quad D_3$ $3, 2_y$	$3m \quad C_{3v}$ $3, m_y$	$\bar{3}m \quad D_{3d}$ $3, \bar{1}, 2_y$	
Tetragonal	$\bar{4} \quad S_4$ $\bar{4}$	$4 \quad C_4$ 4	$4/m \quad C_{4h}$ $4, \bar{1}$	$42 \quad D_4$ $4, 2_y$	$4\,mm \quad C_{4v}$ $4, m_y$	$4/mmm \quad D_{4h}$ $4, \bar{1}, 2_y$	$\bar{4}2m \quad D_{2d}$ $\bar{4}, 2_y$
Hexagonal	$\bar{6} \quad C_{3h}$ $3, m_z$	$6 \quad C_6$ $3, 2_z$	$6/m \quad C_{6h}$ $3, 2_z, \bar{1}$	$62 \quad D_6$ $3, 2_z, 2_y$	$6\,mm \quad C_{6v}$ $3, 2_z, m_y$	$6/mmm \quad D_{6h}$ $3, 2_z, \bar{1}, 2_y$	$\bar{6}2m \quad D_{3h}$ $3, m_z, 2_y$
Kubisch		$23 \quad T$ $2_z, R$	$m3 \quad T_h$ $2_z, R, \bar{1}$	$43 \quad O$ $4, R$	$\bar{4}3m \quad T_d$ $\bar{4}, R$	$m3m \quad O_h$ $4, R, \bar{1}$	

Man wird versuchen, mit möglichst wenig Erzeugenden auszukommen und solche, die einfache Bedingungen für die Tensorkomponenten zur Folge haben, bevorzugen. Die für uns günstigste Wahl der Erzeugenden ist in Tabelle 5 wiedergegeben.

16. Erzeugende Symmetrieelemente, Bedingungen der ganzzahligen Elemente. Unter den Matrizen orthogonaler Transformationen sind die ganzzahligen die einfachsten. Diese haben als Koeffizienten sechs Nullen und drei ± 1. Für solche Matrizen löst sich unser Problem von selbst. In den Gln. (15.4) und (15.5) steht jetzt nämlich auf der rechten Seite noch genau eine Komponente. Die Gleichungssysteme (15.4) und (15.5) geben daher unmittelbar die Beziehungen an, die zwischen den Tensorkomponenten bestehen müssen und zwar gleich nach der einfachsten Form aufgelöst. Bei der üblichen Aufstellung der Kristalle und bei unserer Wahl der Erzeugenden sind alle Symmetrieelemente außer der Achse 3 ganzzahlig. Die Erzeugenden selbst sind in Tabelle 6 zusammengestellt.

Tabelle 6.

Matrizen der erzeugenden Symmetrieelemente bei der üblichen Lage des Koordinatensystems im Kristall. Triklin: beliebige Lage. Monoklin: y-Achse ist Symmetrieachse oder Spiegelebenennormale. Rhombisch: alle drei Achsen sind Symmetrieachsen oder Spiegelebenennormalen. Trigonal, tetragonal, hexagonal: z-Achse = Hauptachse, y-Achse ist möglichst zweizählige Achse oder Ebenennormale. Kubisch: die vier dreizähligen Achsen liegen in den Raumdiagonalen des Koordinatenwürfels.

$$1 = \begin{pmatrix} 1 & 0 & 0 \\ 0 & 1 & 0 \\ 0 & 0 & 1 \end{pmatrix}; \quad \bar{1} = \begin{pmatrix} \bar{1} & 0 & 0 \\ 0 & \bar{1} & 0 \\ 0 & 0 & \bar{1} \end{pmatrix}; \quad 2_y = \begin{pmatrix} \bar{1} & 0 & 0 \\ 0 & 1 & 0 \\ 0 & 0 & \bar{1} \end{pmatrix}; \quad 2_z = \begin{pmatrix} \bar{1} & 0 & 0 \\ 0 & \bar{1} & 0 \\ 0 & 0 & 1 \end{pmatrix};$$

$$m_y = \begin{pmatrix} 1 & 0 & 0 \\ 0 & \bar{1} & 0 \\ 0 & 0 & 1 \end{pmatrix}; \quad m_z = \begin{pmatrix} 1 & 0 & 0 \\ 0 & 1 & 0 \\ 0 & 0 & \bar{1} \end{pmatrix}; \quad 4 = \begin{pmatrix} 0 & 1 & 0 \\ \bar{1} & 0 & 0 \\ 0 & 0 & 1 \end{pmatrix}; \quad \bar{4} = \begin{pmatrix} 0 & \bar{1} & 0 \\ 1 & 0 & 0 \\ 0 & 0 & \bar{1} \end{pmatrix};$$

$$R = \begin{pmatrix} 0 & 1 & 0 \\ 0 & 0 & 1 \\ 1 & 0 & 0 \end{pmatrix}; \quad 3 = \begin{pmatrix} -\tfrac{1}{2} & \sqrt{\tfrac{3}{4}} & 0 \\ -\sqrt{\tfrac{3}{4}} & -\tfrac{1}{2} & 0 \\ 0 & 0 & 1 \end{pmatrix}.$$

Hat die Matrix Hauptdiagonalform, wie in den Fällen 1, $\bar{1}$, 2_y, 2_z, m_y, m_z, so enthalten die Gleichungen von (15.4) und (15.5) nur je eine Komponente. (15.4) und (15.5) sagen hierbei aus, welche Komponenten auftreten können und welche verschwinden müssen. Die Werte der nicht verschwindenden Komponenten sind dann vollkommen willkürlich, d.h. durch die Kristallsymmetrie in keiner Weise festgelegt. 4, $\bar{4}$ und R geben zusätzlich lineare Beziehungen zwischen den Komponenten an, die erfüllt sein müssen. Man beachte, daß R nie allein, sondern nur mit anderen Symmetrieelementen zusammen auftritt, vgl. hierzu aber Ziff. 17.

Die Bedingungen dieser ganzzahligen Erzeugenden kann man leicht ausrechnen. Sie sind in Tabelle 7 wiedergegeben.

Man entnimmt der Tabelle 7 die hervorragende Rolle, die das Symmetriezentrum spielt. Es hat nur zwei Möglichkeiten, auf die Tensoren einzuwirken: Es beeinflußt sie überhaupt nicht ($g p$ und $f a$) oder es vernichtet sie völlig ($g a$ und $f p$). Im ersten Fall ändert sich durch Hinzutreten von $\bar{1}$ zur Kristallsymmetrie an den Bedingungen für die Eigenschaftstensoren nichts. Kristallklassen, welche sich nur durch ein Symmetriezentrum in der Kristallsymmetrie unterscheiden, nennt man „zur gleichen LAUE-Symmetrie gehörig". Sie verlangen die gleichen Bedingungen von den physikalischen Eigenschaften der Stufe $g p$ und $f a$ (zentrische

Tabelle 7.

Bedingungen der erzeugenden Elemente. Symbole: t steht für $t_{i_1}\ldots{}_{i_6}$; $1\,(2,\,3) = 2n$ $(2n+1)$ heißt: die Anzahl der Indices der Komponente t mit dem Wert 1 (2, 3) ist gerade (ungerade). $1+2+3 = s$. t^* entsteht aus t durch Auswechseln der Indices 1 und 2, z.B. $t = t_{2123}$, $t^* = t_{1213}$. g steht an Stelle von geradem, f an Stelle von ungeradem s. $p\,(a)$ heißt polar (axial).

1: Keine Bedingung

$\bar{1}$: $t = 0$ für fp und ga; keine Bedingung für gp und fa

2_y: $t \neq 0$, wenn $1+3 = 2n$, also $2 = 2n$ bei gp und ga; $2 = 2n+1$ bei fp und fa

2_z: $t \neq 0$, wenn $1+2 = 2n$, also $3 = 2n$ bei gp und ga; $3 = 2n+1$ bei fp und fa

m_y: $t \neq 0$, wenn $2 = 2n$ bei gp und fp oder $2 = 2n+1$ bei ga und fa

m_z: $t \neq 0$, wenn $3 = 2n$ bei gp und fp oder $3 = 2n+1$ bei ga und fa

4: $t \neq 0$, wenn die Bedingungen von 2_z erfüllt sind. Zusätzlich gilt
$t = t^*$ für $2 = 2n$ und $t = -t^*$ für $2 = 2n+1$

$\bar{4}$: gp und fa s. 4; ga und fp: $t \neq 0$, wenn 2_z erfüllt ist, zusätzlich gilt
$t = -t^*$, wenn $2 = 2n$ und $t = t^*$, wenn $2 = 2n+1$

R: R verlangt die Gleichheit von je drei Komponenten, deren Indices durch cyclische Vertauschung der Zahlen 1 bis 3 auseinander hervorgehen. Beispiel:
$$t_{2123} = t_{3231} = t_{1312}$$

Tabelle 8.

Die Bedingungen, welche die Kristallsymmetrie den Eigenschaftstensoren aufzwingt. Allgemeine Gesetze für alle Klassen mit Ausnahme der trigonalen und hexagonalen. Die bei den enantiomorphen Klassen (E) verzeichneten Bedingungen gelten bei den Stufen gp und fa für alle Klassen derselben Laue-Symmetrie (stark umrandete Felder). Für die Stufen ga und fp sind die Bedingungen bei jeder Klasse aufgeführt. Wegen R und der Abkürzungen vgl. Tabelle 7.

1	E	$\bar{1}$
g: —		ga: 0
f: —		fp: 0

2	E	m	$2/m$
g: $2 = 2n$		ga: $2 = 2n+1$	ga: 0
f: $2 = 2n+1$		fp: $2 = 2n$	fp: 0

2 2 2	E	$m\,m\,2$	$m\,m\,m$
g: $1, 2, 3 = 2n$		ga: $3 = 2n$ $1, 2 = 2n+1$	ga: 0
f: $1, 2, 3 = 2n+1$		fp: $3 = 2n+1$ $1, 2 = 2n$	fp: 0

$\bar{4}$	4	E	$4/m$
ga: $3 = 2n \neq g$	g: $3 = 2n$		ga: 0
fp: $3 = 2n+1 \neq f$	f: $3 = 2n+1$		fp: 0
ferner gilt	ferner gilt		
$2 = 2n$: $t = -t^*$	$2 = 2n$: $t = t^*$		
$2 = 2n+1$: $t = t^*$	$2 = 2n+1$: $t = -t^*$		

4 2	E	$4\,m\,m$	$4/m\,m\,m$	$\bar{4}\,2\,m$
g: s. 222		ga: s. $m\,m\,2$ dazu $t = -t^*$	ga: 0	ga: s. 222 dazu $t = -t^*$
f: s. 222		fp: s. $m\,m\,2$ dazu $t = t^*$	fp: 0	fp: s. 222 dazu $t = t^*$
ferner gilt				
$2 = 2n$: $t = t^*$				
$2 = 2n+1$: $t = -t^*$				

2 3	E	$m\,3$
g: s. 222, dazu R		ga: 0
f: s. 222, dazu R		fp: 0

4 3	E	$\bar{4}\,3\,m$	$m\,3\,m$
g und f: s. 42, dazu R		ga und fp: s. $\bar{4}\,2\,m$, dazu R	ga: 0 fp: 0

Eigenschaften). Man kann also die Kristallsymmetrie mit Hilfe solcher Eigenschaften grundsätzlich nicht genauer als bis zur entsprechenden LAUE-Symmetrie bestimmen. Außerdem sind die Bedingungen von 2_y und m_y, 2_z und m_z, 4 und $\bar{4}$ in diesem Falle gleich, s. Tabelle 7. Beispiele bieten das elastische und optische Verhalten der Kristalle.

Eigenschaften der Stufen ga und fp können in zentrisch symmetrischen Kristallen nicht auftreten (azentrische Eigenschaften), z.B. Pyroelektrizität, Piezoelektrizität, optisches Drehvermögen. In den enantiomorphen Kristallklassen (Kristallklassen, welche nur Drehungen als Symmetrieoperationen besitzen) gibt es wegen (15.4) und (15.5) keinen Unterschied zwischen polaren und axialen Tensoren, daher verlangen dort gp und ga sowie fp und fa dieselben Bedingungen. In den anderen Klassen sind die Bedingungen der Stufen gp und fa verschieden von denen der Stufen ga und fp.

Tabelle 7 enthält die Bedingungen für die erzeugenden Symmetrieelemente. Der Tabelle 5 entnimmt man die zu jeder Kristallklasse gehörenden Erzeugenden und gewinnt durch die Kombination der Bedingungen der einzelnen Erzeugenden die Bedingungen, die für Kristalle der betreffenden Klasse gültig sind, siehe Tabelle 8.

Zu den in Tabelle 8 angegebenen Einschränkungen, welche die Kristallsymmetrie hervorruft, treten noch die Eigensymmetrien der einzelnen Tensoren hinzu. Diese sind von Fall zu Fall verschieden und müssen vorher bekannt sein. So gehören etwa die Tensoren der elastischen und spannungsoptischen Konstanten zur Stufe $4p$ und unterscheiden sich lediglich durch ihre Eigensymmetrie voneinander. Auch der totalsymmetrische Tensor der Stufe $4p$, der beliebige Indicesvertauschungen zuläßt, hat eine Bedeutung. Durch ihn wird der Biegungsmodul oder auch das elastische Verhalten bei Gültigkeit der CAUCHY-Relationen beschrieben, s. Tabelle 12.

17. Die Drehachse 3, Zylindersymmetrie und Isotropie. In Ziff. 16 wurde das in der Einführung aufgeworfene Problem für 20 Kristallklassen vollständig gelöst. Die Bedingungen sind hier so einfach, daß sie für Tensoren beliebiger Stufe sofort hingeschrieben werden können (direct-inspection-method bei FUMI [3]). Dies hatte seinen Grund darin, daß alle diese Klassen eine zugleich ganzzahlige und orthogonale Darstellung in dreireihigen[1] Matrizen besitzen. Man sieht leicht ein, daß dieser Voraussetzung nicht alle Kristallklassen genügen können. Alle 48 möglichen ganzzahlig-orthogonalen Matrizen bilden eine Darstellung der Klasse $m\,3\,m$. Die hexagonalen Klassen sind nicht als Untergruppen in $m\,3\,m$ enthalten, können also keine ganzzahlig-orthogonale Darstellung besitzen. Man muß bei ihnen entweder auf die Orthogonalität oder auf die Ganzzahligkeit verzichten. Wir ziehen hier das letztere vor.

Die fünf trigonalen Klassen bilden Untergruppen von $m\,3\,m$ und besitzen daher eine ganzzahlig-orthogonale Darstellung und ganz einfache Bedingungen, wenn man das Koordinatensystem geeignet wählt. Die dreizählige Achse weist dann in die [111]-Richtung des Koordinateneinheitswürfels. Die Bedingungen erhält man leicht mit Hilfe der Symmetrieoperation R und geeigneten Nebensymmetrieelementen. Eine derartige Aufstellung ist jedoch ungebräuchlich und wenig anschaulich, vor allem geht die wichtige Analogie zu den tetragonalen und hexagonalen Klassen verloren.

Die Bedingungen der dreizähligen Achse 3 müssen wir sowieso ausrechnen, um die Achsen 6 und $\bar{6}$ zu erfassen. Daher ist es zweckmäßig, auch die trigonalen Kristalle in der gewohnten Weise aufzustellen (Drehachse 3 = z-Richtung) und deren Bedingungen für diese Aufstellung zu berechnen.

---

[1] Im folgenden sind immer dreireihige Matrizen gemeint, wenn nicht ausdrücklich anderes gesagt wird.

Man kann es aber so einrichten, daß sich unter den erzeugenden Elementen der trigonalen und hexagonalen Kristalle nur ein einziges nicht ganzzahliges Element befindet, die dreizählige Drehachse **3**. Beherrrscht man die Bedingungen, die diese Achse hervorruft, so lassen sich die weiteren Symmetrien auf dieselbe einfache Weise wie in Ziff. 16 behandeln. Man kann daher auch jetzt sofort angeben, welche Bedingungen in den einzelnen Klassen zusätzlich zu denen der Achse **3** hinzukommen, s. Tabelle 9.

Tabelle 9.

Zu den Bedingungen der Achse 3 hinzutretende Bedingungen der anderen erzeugenden Symmetrieelemente in den trigonalen und hexagonalen Klassen. Wegen der Bezeichnung s. Tabelle 7 und 8.

3 E	$\bar{3}$
g: —	ga: 0
f: —	fp: 0

3 2 E	3 m	$\bar{3} m$
g: 2=2n	ga: 2=2n+1	ga: 0
f: 2=2n+1	fp: 2=2n	fp: 0

$\bar{6}$	6 E	6/m
ga: 3=2n+1	g: 3=2n	ga: 0
fp: 3=2n	f: 3=2n+1	fp: 0

6 2 E	6 m m	6/m m m	$\bar{6} 2 m$
g: 1, 2, 3=2n	ga: 3=2n	ga: 0	ga: 1, 3=2n+1
f: 1, 2, 3=2n+1	1, 2=2n+1	fp: 0	2=2n
	fp: 3=2n+1		fp: 1, 3=2n
	1, 2=2n		2=2n+1

Die Darstellung der Achse **3** selbst entnimmt man der Tabelle 6, Für einen Tensor s-ter Stufe liefert sie Gleichungssysteme von 2^σ Gleichungen mit 2^σ Unbekannten, $1 \leq \sigma \leq s$, die es auszuwerten gilt. Diese Auswertung gestaltet sich für $s \geq 4$ sehr umständlich. Es ist daher angebracht, die Matrix von **3** auf Hauptdiagonalform zu transformieren [5]. Dies geschieht mittels der Matrizen

$$(A_i^k) = \begin{pmatrix} \frac{1}{\sqrt{2}} & -\frac{i}{\sqrt{2}} & 0 \\ -\frac{i}{\sqrt{2}} & \frac{1}{\sqrt{2}} & 0 \\ 0 & 0 & 1 \end{pmatrix} \quad \text{und} \quad (a_i^k) = (A_i^k)^{-1} = \begin{pmatrix} \frac{1}{\sqrt{2}} & \frac{i}{\sqrt{2}} & 0 \\ \frac{i}{\sqrt{2}} & \frac{1}{\sqrt{2}} & 0 \\ 0 & 0 & 1 \end{pmatrix}$$

durch

$$A_i^k \, 3_k^l \, a_l^m = \vartheta_i \, \delta_i^m. \tag{17.1}$$

Für die ϑ_i erhält man die Werte $\vartheta_1 = \exp(2\pi i/3)$, $\vartheta_2 = \exp(-2\pi i/3)$, $\vartheta_3 = 1$. Das Gleichungssystem (15.4) erhält die Gestalt [wegen det $(3_i^k) = +1$ gilt dasselbe für (15.5)]

$$T = (\vartheta_1)^1 \cdot (\vartheta_2)^2 \, T = (\vartheta_1)^{1-2} \cdot T \tag{17.2}$$

mit

$$T = T_{i_1 \ldots i_s} = A_{i_1}^{k_1} \ldots A_{i_s}^{k_s} \, t_{k_1 \ldots k_s}. \tag{17.3}$$

(17.2) ist genau dann erfüllt, wenn $1 \equiv 2 \bmod 3$.

Allgemeiner würde die Bedingung für eine n-zählige Achse (n ganz, sonst beliebig) lauten:

$$1 \equiv 2 \bmod n. \tag{17.4}$$

Für $n \rightarrow \infty$ liefert (17.4) die Bedingung für die Zylindersymmetrie **Zy**

$$1 = 2. \tag{17.5}$$

Für $n > s$ ist (17.5) offensichtlich die einzige Lösung von (17.4), d.h., es gilt der wichtige

Satz 17.I: *Tensoren der Stufe $s < n$ können eine n-zählige Achse nicht von der Zylindersymmetrie unterscheiden.*

Daraus resultiert das optisch einachsige Verhalten der trigonalen, tetragonalen und hexagonalen Kristalle, die Gleichartigkeit des piezoelektrischen Effekts (Tensor 3. Stufe) in den Klassen 4 und 6, 42 und 62, 4 mm und 6 mm (trigonale Kristalle, wie Quarz und Turmalin, dürfen hier anderen Gesetzen folgen) und die Zylindersymmetrie hexagonaler Kristalle (Beryll) bezüglich ihres elastischen Verhaltens.

Die Tensorkomponenten T, welche die Bedingung $1 \equiv 2 \bmod 3$ erfüllen, kann man ohne weiteres als gegeben annehmen. Alle anderen T müssen $= 0$ sein. Mittels der Gleichungen

$$t_{i_1 \cdots i_s} = a_{i_1}^{k_1} \cdots a_{i_s}^{k_s} \, T_{k_1 \cdots k_s} \tag{17.6}$$

erhält man so die $t_{i_1 \cdots i_s}$ in Abhängigkeit von den nicht verschwindenden T, die man als Parameter auffassen kann. Durch Elimination der T gewinnt man die linearen Beziehungen zwischen den t. Von Interesse ist hierbei der Satz, daß $t = 0$ dann und nur dann gilt, wenn $3 = s - 1$.

Auf diese Weise (Berechnung auf gruppentheoretischem Wege [3] führt zu denselben Ergebnissen) sind die Bedingungen der Achse 3 für Tensoren bis zur sechsten Stufe ermittelt worden [4]. Diese Bedingungen enthält Tabelle 10, jedoch nur bis $s = 4$. Die physikalische Bedeutung von Tensoren mit $s > 4$ ist noch sehr gering.

Tabelle 10.

Bei Anwesenheit der Achse 3 nicht verschwindende Tensorkomponenten und ihre Beziehungen zueinander. Keine Eigensymmetrien des Tensors, Stufe 1 bis 4. Die Komponenten sind durch ihre Indices bezeichnet, z.B. $1232 = t_{1232}$. Die Zahl in Klammern hinter der Stufe ist die Zahl der linear unabhängigen Komponenten, sie ist bei Tensoren ohne Eigensymmetrien für beliebiges s 3^{s-1}.

$s = 1$ (1)   3

$s = 2$ (3)   33, $11 = 22$, $12 = -21$

$s = 3$ (9)   333, $311 = 322$, $131 = 232$, $113 = 223$, $312 = -321$, $132 = -231$,
$123 = -213$, $221 = 212 = 122 = -111$, $112 = 121 = 211 = -222$

$s = 4$ (27)   3333, $1133 = 2233$, $1313 = 2323$, $1331 = 2332$, $3113 = 3223$,
$3131 = 3232$, $3311 = 3322$, $1233 = -2133$, $1323 = -2313$,
$1332 = -2331$, $3123 = -3213$, $3132 = -3231$, $3312 = -3321$,
$3221 = 3212 = 3122 = -3111$, $2321 = 2312 = 1322 = -1311$,
$2231 = 2132 = 1232 = -1131$, $2213 = 2123 = 1223 = -1113$,
$3112 = 3121 = 3211 = -3222$, $1312 = 1321 = 2311 = -2322$,
$1132 = 1231 = 2131 = -2232$, $1123 = 1213 = 2113 = -2223$,
$1111 = 2222 = 1122 + 1212 + 1221$, $1122 = 2211$, $1212 = 2121$,
$1221 = 2112$, $1112 = -2221$, $1121 = -2212$, $1211 = -2122$,
$2111 = -1222$, $1112 + 1121 + 1211 + 2111 = 0$.

Wenn die Bedingungen der Achse 3 für einen Tensor irgendeiner Stufe $s < 12$ bekannt sind, ergeben sich aus ihnen ohne weitere Rechnung die Bedingungen für diesen Tensor in zylindersymmetrischen Körpern. Man hat lediglich die leicht zu gewinnenden Bedingungen der Achse 4 denen der Achse 3 hinzuzufügen. Die entstehende 12zählige Drehachse ist für derartige Tensoren eine Zylinderachse, s. Satz 17.I.

Berücksichtigt man zusätzlich noch die Bedingungen der Achse R, so erhält man die Bedingungen der isotropen Körper für die betreffende Eigenschaft. Denn die Achse R erzeugt aus der Zy_z eine Zy_y und Zy_x und damit die Kugelsymmetrie. In der Praxis wird man so vorgehen, daß man die Bedingungen der isotropen Körper durch Kombination der Bedingungen der Klassen 3 und 4 3 2 bzw. 3 und $m\,3\,m$ errechnet.

18. Anzahl der linear unabhängigen Komponenten. Gelegentlich interessiert nicht die genaue Form der Gleichungen, welche zwischen den Tensorkomponenten in den einzelnen Kristallklassen bestehen müssen. Man möchte vielmehr lediglich wissen, wieviel linear unabhängige Konstanten notwendig sind, um eine bestimmte tensorielle Eigenschaft vollständig zu beschreiben. Man erhält auf diese Weise die Zahl der Messungen, die mindestens ausgeführt werden müssen, um alle Konstanten des Tensors experimentell zu bestimmen. Auch wenn man die Gleichungen vollständig bestimmen will, ist eine derartige Angabe zu Kontrollzwecken wertvoll, um zu verhindern, daß Komponenten oder Beziehungen zwischen ihnen bei der Aufstellung der Gleichungen vergessen wurden.

Das Problem lautet jetzt: Wie groß ist die Zahl der linear unabhängigen Komponenten eines Tensors beliebiger Stufe und beliebiger Eigensymmetrien in irgendeiner Kristallklasse?

Es sind mehrere Verfahren entwickelt worden, mit deren Hilfe man eine Antwort auf diese Frage finden kann[1,2,3]. Sie beruhen auf Sätzen der Darstellungstheorie und bestechen durch ihre Eleganz und einfache Durchführbarkeit. Eines dieser Verfahren[1] soll hier, leicht abgewandelt[4], skizziert werden.

Während wir in den früheren Ziffern zuerst den Einfluß der Kristallsymmetrie untersuchten und dann erst die Eigensymmetrien des Tensors berücksichtigten, gehen wir jetzt den umgekehrten Weg. Zunächst werden die Eigensymmetrien dadurch beachtet, daß man von allen durch sie gleichgesetzten Tensorkomponenten nur jeweils einen Vertreter aussucht. Diese Komponenten schreiben wir als Vektorkomponenten eines Raumes, der bei Fehlen der Eigensymmetrien $m = 3^s$ Dimensionen besitzt. Diese Dimensionszahl m vermindert sich entsprechend den Eigensymmetrien auf $m < 3^s$. Beispielsweise faßt man die Komponenten eines symmetrischen Tensors zweiter Stufe als Vektorkomponenten eines sechsdimensionalen Raumes $m = 6$ auf und numeriert sie entsprechend als

$$t_1 - t_{11}, \quad t_2 - t_{22}, \quad t_3 - t_{33},$$
$$t_4 - t_{23} = t_{32}, \quad t_5 - t_{31} = t_{13}, \quad t_6 - t_{12} = t_{21}.$$

Allgemeiner nehmen wir an, daß der Tensor sich als Vektor eines m-dimensionalen Raumes auffassen läßt, $\mathfrak{C} = t_v$, $v = 1, \ldots, m$. Der durch den Tensor gebildete Vektor t_v transformiert sich bei einer Koordinatentransformation mit einer m-dimensionalen Matrix:

$$t_v' = a_v^w t_w, \quad v, w = 1, \ldots, m. \tag{18.1}$$

Jeder Symmetrieoperation des Kristalls wird auf diese Weise eine m-dimensionale Matrix (a_v^w) zugeordnet. Die Gesamtheit der so gewonnenen Matrizen bildet eine m-dimensionale Darstellung der abstrakten Gruppe, welche der Kristallklasse zugrunde liegt. Diese m-dimensionale Darstellung ist im allgemeinen reduzibel, d.h. man kann auf ein m-dimensionales Koordinatensystem transformieren, in welchem die Matrizen sämtlicher Symmetrieoperationen der Kristallklasse die Form

$$(a_v^w) = \begin{pmatrix} A & 0 & 0 & . & \cdots & 0 \\ 0 & B & 0 & . & \cdots & . \\ 0 & 0 & C & 0 & \cdots & . \\ . & . & & 0 & & . \\ . & . & . & & . & 0 \\ 0 & . & . & . & 0 & D \end{pmatrix} \tag{18.2}$$

---

[1] S. Bhagavantam: Proc. Ind. Acad. Sci. A **16**, 359 (1943). — S. Bhagavantam u. D. Suryanarayana: Acta crystallogr. **2**, 21 (1949).
[2] H. A. Jahn: Acta crystallogr. **2**, 30 (1949).
[3] A. Gamba: Nuovo Cim. **10**, 1343 (1953).
[4] H. J. Juretschke: Notes for Physics 8493; Polytechnic Institute of Brooklyn 1951.

besitzen. $A, B, C, \ldots, D$ sind Untermatrizen der Dimensionen $m_1, m_2, \ldots, m_k$. $m_1 + \cdots + m_k = m$.

Sind die Bestandteile $A, B, C, \ldots, D$ irreduzibel, d.h. lassen sie sich nicht weiter in dieser Weise zerlegen, so nennt man die Darstellung vollständig ausreduziert.

Um die Zahl der linear unabhängigen Konstanten zu finden, muß man die Zahl der Linearkombinationen von Konstanten bestimmen, welche sich in der voll ausreduzierten Darstellung der Gruppe in sich selbst transformieren. Man hat also die Anzahl n_1 der totalsymmetrischen eindimensionalen Darstellungen unter den Matrizen $A, B, C, \ldots, D$ zu suchen. n_1 ist dann die Zahl der linear unabhängigen Konstanten, man gewinnt sie aus der Formel

$$n_1 = \frac{1}{h} \sum_C N_C \cdot \chi(C). \tag{18.3}$$

Tabelle 11.

Für jede Kristallklasse ist die Ordnung h, sowie die Zahl N_C der Symmetrieelemente der Klasse C aufgeführt. Es gilt $\sum_C N_C = h$. Man beachte, daß zwar z.B. $\bar 1$, 2 und m dieselbe abstrakte Gruppe darstellen, aber nicht äquivalent sind, d.h. nicht durch eine Koordinatentransformation ineinander übergeführt werden können. Die Charaktere der m-reihigen Matrizen sind daher für $\bar 1$, 2 und m im allgemeinen verschieden.

Kristallklasse	h	C: 1	2	3	4	6	$\bar 1$	$m=\bar 2$	$\bar 3$	$\bar 4$	$\bar 6$
1	1	1									
$\bar 1$	2	1					1				
2	2	1	1								
m	2	1						1			
2/m	4	1	1				1	1			
222	4	1	3								
$mm2$	4	1	1					2			
mmm	8	1	3				1	3			
3	3	1		2							
$\bar 3$	6	1		2			1		2		
32	6	1	3	2							
$3m$	6	1		2				3			
$\bar 3 m$	12	1	3	2			1	3	2		
$\bar 4$	4	1	1							2	
4	4	1	1		2						
4/m	8	1	1		2		1	1		2	
422	8	1	5		2						
$4mm$	8	1	1		2			4			
$4/mmm$	16	1	5		2		1	5		2	
$\bar 4 2m$	8	1	3					2		2	
$\bar 6$	6	1		2				1			2
6	6	1	1	2		2					
6/m	12	1	1	2		2	1	1	2		2
622	12	1	7	2		2					
$6mm$	12	1	1	2		2		6			
$6/mmm$	24	1	7	2		2	1	7	2		2
$\bar 6 2m$	12	1	3	2				4			2
23	12	1	3	8							
$m3$	24	1	3	8			1	3	8		
43	24	1	9	8	6						
$\bar 4 3m$	24	1	3	8				6		6	
$m3m$	48	1	9	8	6		1	9	8	6	

Tabelle 12. *Tabelle der wichtigsten physikalischen Eigenschaften der Kristalle mit Angabe der Stufe und der Eigensymmetrien* [1].

Stufe	Eigensymmetrien	Eigenschaften
$0\,p$	—	Dichte, spezifische Wärme
$1\,p$	—	Pyroelektrizität, Dipolmoment bei hydrostatischem Druck
$2\,p$	$t_{ik} = t_{ki}$	Wärmeausdehnung, elektrische und Wärmeleitfähigkeit, Dielektrizitätskonstante, magnetische Suszeptibilität, optische Eigenschaften
$2\,a$	$t_{ik} = t_{ki}$	optisches Drehvermögen
a) $3\,p$	$t_{ikl} = t_{kil} = t_{kli}$	longitudinales piezoelektrisches Moment bei einseitigem Druck
b) $3\,p$	$t_{ikl} = t_{kil}$	piezoelektrische Moduln, reziproker piezoelektrischer Effekt
a) $4\,p$	$t_{iklm} = t_{kilm} = t_{klim} = t_{klmi}$	Biegungsmoduln, Elastizitätsmoduln bei Gültigkeit der Cauchy-Relationen
b) $4\,p$	$t_{iklm} = t_{kilm} = t_{ikml} = t_{lmik}$	Elastizitätsmoduln
c) $4\,p$	$t_{iklm} = t_{kilm} = t_{ikml}$	spannungsoptische Konstanten, Elektrostriktion
a) $6\,p$	$t_{iklmnr} = t_{kilmnr} = t_{lmiknr} = t_{nrlmik}$	elastische Koeffizienten 3. Ordnung
b) $6\,p$	$t_{iklmnr} = t_{kilmnr} = t_{iklmrn} = t_{ikrnlm}$	photoelastische Koeffizienten

Für die Buchstaben p (polar) und a (axial), die an die Stufe angehängt wurden, vgl. (15.2) und (15.3).

Tabelle 13.

Charaktere der wichtigsten physikalischen Eigenschaften. Die erste Spalte gibt die Stufe an, wegen der Eigensymmetrien vgl. Tabelle 12. χ ist der Charakter, φ der Drehwinkel mit $\varphi = 2\pi/C$, $C = $ Zähligkeit. Bei den azentrischen Eigenschaften gilt das obere Vorzeichen für Drehungen, das untere für Inversionsdrehungen. Entsprechendes gilt für alle azentrischen (Stufe ga oder fp) Eigenschaftstensoren: bei Inversionsdrehungen ist der Charakter der zugehörigen Drehung zu nehmen und das Vorzeichen umzukehren.

1. Zentrische Eigenschaften.

1.	$2\,p$		$\chi_0 = 2\cos\varphi\,(1 + 2\cos\varphi)$	Optik
2.	$4\,p$	a)	$\chi = 1 + \dfrac{(\sin 5\varphi/2 + \sin 9\varphi/2)}{\sin \varphi/2}$	Biegung
3.		b)	$\chi_E = 1 + \cos^2\varphi\,[(1 + 4\cos\varphi)^2 - 5]$	Elastizität
4.		c)	$\chi = \chi_0^2 = 4\cos^2\varphi\,(1 + 2\cos\varphi)^2$	Spannungsoptik
5.	$6\,p$	a)	$\chi = 8\cos^2\varphi\,[2\cos^2 2\varphi + \cos\varphi\,(4\cos^2\varphi + 2\cos\varphi - 1)]$	Elastische Koeffizienten dritter Ordnung
6.		b)	$\chi = \chi_0 \cdot \chi_E$	Spannungsoptische Konstanten zweiter Ordnung

2. Azentrische Eigenschaften.

7.	$1\,p$		$\chi_p = \pm\,(1 + 2\cos\varphi)$	Pyroelektrizität
8.	$2\,a$		$\chi = \pm\,(1 + 2\cos\varphi)\,2\cos\varphi$	Optisches Drehvermögen
9.	$3\,p$	a)	$\chi = \pm\,2\cos\varphi\,(4\cos^2\varphi + 2\cos\varphi - 1)$	long. piezoelektr. Moment
10.		b)	$\chi = \chi_p \cdot \chi_0 = \pm\,2\cos\varphi\,(1 + 2\cos\varphi)^2$	Piezoelektrizität

---

[1] Eine Untersuchung über die überhaupt möglichen Eigensymmetrien findet man bei A. Niggli, Z. Kristallogr. (im Druck).

Tabelle 14.

Anzahl der linear unabhängigen Konstanten der verschiedenen physikalischen Eigenschaften in den einzelnen Kristallklassen. Die Eigenschaften sind von 1 bis 10 numeriert wie in Tabelle 13.

Kristallklasse	1	2	3	4	5	6	7	8	9	10
1	6	15	21	36	56	126	3	6	10	18
$\bar{1}$	6	15	21	36	56	126	—	—	—	—
2	4	9	13	20	32	68	1	4	4	8
m	4	9	13	20	32	68	2	2	6	10
$2/m$	4	9	13	20	32	68	—	—	—	—
222	3	6	9	12	20	39	—	3	1	3
$mm2$	3	6	9	12	20	39	1	1	3	5
mmm	3	6	9	12	20	39	—	—	—	—
3	2	5	7	12	20	42	1	2	4	6
$\bar{3}$	2	5	7	12	20	42	—	—	—	—
32	2	4	6	8	14	26	—	2	1	2
$3m$	2	4	6	8	14	26	1	—	3	4
$\bar{3}m$	2	4	6	8	14	26	—	—	—	—
$\bar{4}$	2	5	7	10	16	34	—	2	2	4
4	2	5	7	10	16	34	1	2	2	4
$4/m$	2	5	7	10	16	34	—	—	—	—
422	2	4	6	7	12	22	—	2	—	1
$4mm$	2	4	6	7	12	22	1	—	2	3
$4/mmm$	2	4	6	7	12	22	—	—	—	—
$\bar{4}2m$	2	4	6	7	12	22	—	1	1	2
$\bar{6}$	2	3	5	8	12	24	—	—	2	2
6	2	3	5	8	12	24	1	2	2	4
$6/m$	2	3	5	8	12	24	—	—	—	—
622	2	3	5	6	10	17	—	2	—	1
$6mm$	2	3	5	6	10	17	1	—	2	3
$6/mmm$	2	3	5	6	10	17	—	—	—	—
$\bar{6}2m$	2	3	5	6	10	17	—	—	1	1
23	1	2	3	4	8	13	—	1	1	1
$m3$	1	2	3	4	8	13	—	—	—	—
43	1	2	3	3	6	9	—	1	—	—
$\bar{4}3m$	1	2	3	3	6	9	—	—	1	1
$m3m$	1	2	3	3	6	9	—	—	—	—

Hierin ist h die Ordnung der Gruppe; N_C die Anzahl der Symmetrieelemente der C-ten Klasse; $\chi(C)$ ist der Charakter der Symmetrieelemente der C-ten Klasse für die betreffende Eigenschaft:

$$\chi(C) = a_v^v.$$

C durchläuft alle Klassen der Gruppe.

Als zur selben Klasse gehörig werden alle Symmetrieelemente betrachtet, die durch eine orthogonale Transformation ineinander übergeführt werden können. Elemente derselben Klasse haben geometrisch die gleiche Bedeutung und besitzen denselben Charakter.

Die Zahlen h und N_C sind in Tabelle 11 für alle Kristallklassen zusammengestellt (Kristallklasse hat nichts mit Klasse in dem eben definierten Sinn zu tun).

Die Charaktere $\chi(C)$ findet man für die physikalischen Eigenschaften der Tabelle 12 in Tabelle 13. Tabelle 14 enthält die Anzahl der linear unabhängigen Komponenten dieser Eigenschaften in den einzelnen Kristallklassen.

Will man die Charaktere für andere physikalische Eigenschaften ausrechnen, so sind oft die Beziehungen

$$\chi_{[\mathfrak{A}\times\mathfrak{B}]} = \chi_{[\mathfrak{A}]} \cdot \chi_{[\mathfrak{B}]} \tag{18.4}$$

und

$$\chi_{[\mathfrak{A}\times\mathfrak{A}]_s}(\varphi) = \tfrac{1}{2}\chi_{[\mathfrak{A}]}(2\varphi) + \tfrac{1}{2}\chi^2_{[\mathfrak{A}]}(\varphi) \tag{18.5}$$

nützlich. (18.4) kann man anwenden, wenn ein Tensor als das direkte Produkt zweier oder auch mehrerer einfacherer Tensoren geschrieben werden kann, (18.5) gilt entsprechend bei dem symmetrischen direkten Produkt. Mit (18.5) erhält man z. B. den Charakter des Elastizitätstensors χ_E aus χ_0.

Auf ähnliche Weise bestimmt man die Zahl der unabhängigen Komponenten der zylindersymmetrischen und isotropen Körper. Hier gelten die Formeln:

$$n_1 = \frac{1}{2\pi} \int_0^{2\pi} \chi(\varphi)\, d\varphi \tag{18.6}$$

für zylindersymmetrische bzw.

$$n_1 = \frac{1}{\pi} \int_0^{\pi} \chi(\varphi)\,(1 - \cos\varphi)\, d\varphi \tag{18.7}$$

für isotrope Körper [1].

19. Tabelle für die physikalischen Eigenschaften in den verschiedenen Kristallklassen.
In den ersten vier Spalten findet man zentrische Eigenschaften, die weiteren fünf Eigenschaften sind azentrisch. Opt. bedeutet Optik, 2 = optisch zweiachsige, 1 = optisch einachsige, i = optisch isotrope Kristalle. Bei den zweiachsigen Kristallen kann man noch $2a$, $2b$ und $2c$ unterscheiden, wenn man die Dispersion untersucht oder wenn Spaltflächen, Spaltrisse, Wachstumsflächen oder Ätzfiguren einen Hinweis auf die Lage gewisser Symmetrieelemente des Kristalls geben, 2. Spalte.

Nach dem elastischen Verhalten kann man 9 Arten von Kristallen unterscheiden, welche in der dritten Spalte durch verschiedene Buchstaben gekennzeichnet sind. Die spannungsoptischen Eigenschaften gestatten die Trennung aller Laue-Symmetrien, vierte Spalte, doch besitzen elastische und spannungsoptische Eigenschaften keine praktische Bedeutung bei der Symmetriebestimmung der Kristalle. Praktisch sehr wichtig ist dagegen die Unterscheidung der Laue-Symmetrien mit Hilfe von Röntgenaufnahmen, durch deren Auswertung man unter Umständen sogar die Raumgruppe des Kristalls eindeutig festlegen kann.

Der pyroelektrische Effekt, 5. Spalte, läßt drei Lagemöglichkeiten des elektrischen Moments zu: a beliebig, b vollständig durch die Kristallsymmetrie festgelegt, c in einer Ebene beweglich. Der piezoelektrische Effekt kann in 16 verschiedenen Formen auftreten, 6. Spalte. Von der optischen Aktivität gibt es vier Arten, 7. Spalte: a ist durch eine beliebige Fläche zweiter Ordnung darstellbar, b wird beschrieben durch ein Paar hyperbolischer Zylinder, c ergibt eine Rotationsfläche zweiter Ordnung, welche zu einem Ebenenpaar entarten kann, i = isotrop ist kugelsymmetrisch. Nimmt man die Dispersion hinzu oder sind, s. oben, sonstige Anhaltspunkte für die Lage einiger Symmetrieelemente des Kristalls gegeben, so lassen sich die Fälle a_1 bis a_3 und b_1 bis b_3 trennen, 8. Spalte. Unter Umständen kann man sogar die beiden mit b_2 bezeichneten Möglichkeiten auseinanderhalten.

Die 9. Spalte zeigt die Klassen an, welche das Auftreten enantiomorpher Kristallformen (Rechts- und Linkskristalle) gestatten. Es sind dies genau die Klassen ohne Symmetrieelemente mit negativer Determinante. Man erhält sie sofort, wenn man die Enantiomorphie als axialen Tensor nullter Stufe auffaßt.

Die Zugehörigkeit eines Kristalls zu einer Kristallklasse, welche einen pyroelektrischen Effekt zuläßt, ist notwendig, aber nicht hinreichend für das tatsächliche Auftreten einer solchen Erscheinung. Elektrische Leitfähigkeit macht z.B. das Erscheinen eines elektrischen Momentes unmöglich. Ähnliches gilt für den piezoelektrischen Effekt. Genau so kann die optische Aktivität aus Gründen, die nicht in der makroskopischen Kristallsymmetrie liegen, fehlen.

---

[1] T. Venkatarayudu u. T. S. G. Krishnamurty: Acta crystallogr. **5**, 287 (1952).

Tabelle 15.

Klasse	Opt.	Opt. Disp.	Elast.	Spann. Opt. LAUE-Symm.	Py.	Pie.	Opt. Akt.	Opt. Akt. Disp.	Enant.
1	2	$2a$	a	a	a	1	a	a_1	1
$\bar{1}$	2	$2a$	a	a	—	—	—	—	—
2	2	$2b$	b	b	b	2	a	a_2	1
m	2	$2b$	b	b	c	3	b	b_1	—
$2/m$	2	$2b$	b	b	—	—	—	—	—
222	2	$2c$	c	c	—	4	a	a_3	1
$mm2$	2	$2c$	c	c	b	5	b	b_2	—
mmm	2	$2c$	c	c	—	—	—	—	—
3	1	1	d	d	b	6	c	c	1
$\bar{3}$	1	1	d	d	—	—	—	—	—
32	1	1	e	e	—	7	c	c	1
$3m$	1	1	e	e	b	8	—	—	—
$\bar{3}m$	1	1	e	e	—	—	—	—	—
$\bar{4}$	1	1	f	f	—	9	b	b_3	—
4	1	1	f	f	b	10	c	c	1
$4/m$	1	1	f	f	—	—	—	—	—
422	1	1	g	g	—	11	c	c	1
$4mm$	1	1	g	g	b	12	—	—	—
$4/mmm$	1	1	g	g	—	—	—	—	—
$\bar{4}2m$	1	1	g	g	—	13	b	b_2	—
$\bar{6}$	1	1	h	h	—	14	—	—	—
6	1	1	h	h	b	10	c	c	1
$6/m$	1	1	h	h	—	—	—	—	—
622	1	1	h	k	—	11	c	c	1
$6mm$	1	1	h	k	b	12	—	—	—
$6/mmm$	1	1	h	k	—	—	—	—	—
$\bar{6}2m$	1	1	h	k	—	15	—	—	—
23	i	i	k	l	—	16	i	i	1
$m3$	i	i	k	l	—	—	—	—	—
43	i	i	k	m	—	—	i	i	1
$\bar{4}3m$	i	i	k	m	—	16	—	—	—
$m3m$	i	i	k	m	—	—	—	—	—

Literatur zu Abschnitt II.

[1] VOIGT, W.: Lehrbuch der Kristallphysik, 2. Aufl. Leipzig 1928.
[2] WOOSTER, W. A.: A Textbook on Crystal Physics, 2. Aufl. Cambridge 1949.
[3] FUMI, F. G.: Physical Properties of Crystals: The Direct-Inspection Method. Acta crystallogr. 5, 44 (1952). — The direct-inspection method in systems with a principal axis of symmetry. Acta crystallogr. 5, 691 (1952). — Matter Tensors in Symmetrical Systems. Nuovo Cim. 9, 739 (1952). — FIESCHI, R., u. F. G. FUMI: High-order Matter Tensors in Symmetrical Systems. Nuovo Cim. 10, 865 (1953).
[4] WONDRATSCHEK, H.: Über Tensorsymmetrien in den einzelnen Kristallklassen. Neues Jb. Mineral., Mh. 217 (1952). — Über Tensorsymmetrien in den Klassen des hexagonalen und rhomboedrischen Systems und in isotropen Medien. Neues Jb. Mineral., Mh. 25 (1953).
[5] HERMANN, C.: Tensoren und Kristallsymmetrie. Z. Kristallogr. 89, 32 (1934).
[6] International Tables for X-Ray Crystallography. Birmingham 1952.

III. Geometrie der Kristalle.

20. Eigenschaften des reziproken Gitters. In Ziff. 14 wurde bereits durch die Definitionsgleichungen (14.16) und (14.17) das reziproke Gitter eingeführt, das genau so wie das Kristallgitter eine von der jeweiligen Wahl der Aufstellung unabhängige Größe ist. Diese duale Betrachtungsweise des Kristallgitters ist auch für die reine Geometrie der Kristalle von großer Bedeutung. Es ist daher zweckmäßig, das reziproke Gitter mit seinen Eigenschaften näher zu beleuchten.

Die Translation als Symmetrieoperation des Kristalls erzeugt für jede Eigenschaft des Kristalls eine periodische Funktion, da an identischen Gitterpunkten gleiche Verhältnisse vorliegen müssen, vorausgesetzt, daß die einwirkende Größe sich nicht anders verhält. Es gilt also

$$f(\mathfrak{x} + \mathfrak{t}) = f(\mathfrak{x}), \qquad \left.\begin{array}{l} \\ \end{array}\right\}$$
$$\mathfrak{x} = x^i\,\mathfrak{a}_i, \quad \mathfrak{t} = t^i\,\mathfrak{a}_i, \quad t^i \text{ ganzzahlig,} \qquad (20.1)$$

wobei $\mathfrak{t}$ ein Translationsvektor des Gitters sein soll. Für Funktionen der Form (20.1) wird allgemein eine Fourier-Reihenentwicklung eingeführt, die man in vektorieller Schreibweise in der Form

$$f(\mathfrak{x}) = \sum_{h_i} A_{h_i}\, e^{2\pi i\,(\mathfrak{x},\,\mathfrak{h})} = \sum_{h_1,\,h_2,\,h_3} A_{h_1 h_2 h_3}\, e^{2\pi i\,(x^1 a_1 + x^2 a_2 + x^3 a_3,\ h_1 a^1 + h_2 a^2 + h_3 a^3)} \qquad (20.2)$$

anzusetzen hat. Aus Gl. (20.2) erkennt man dann sofort, daß die Forderung (20.1) erfüllt ist, wenn z.B. die eingeführten Vektoren $h_i\,\mathfrak{a}^i$ (h_i ganzzahlig) die Bedingungsgleichungen

$$(\mathfrak{a}_i,\ \mathfrak{a}^k) = \delta_i^k, \quad \text{d.h.} \quad (\mathfrak{a}_1,\ \mathfrak{a}^1) = (\mathfrak{a}_2,\ \mathfrak{a}^2) = (\mathfrak{a}_3,\ \mathfrak{a}^3) = 1; \quad (\mathfrak{a}_i,\ \mathfrak{a}^k) = 0 \quad (i \neq k) \qquad (20.3)$$

erfüllen, die unmittelbar aus den Gln. (14.16) und (14.17) folgen. Eine Änderung von $\mathfrak{x}$ um einen Translationsvektor $t^i\mathfrak{a}_i$ ändert das Glied im Argument der Exponentialfunktion um ein ganzzahliges Vielfaches $h_i t^i$ von $2\pi i$ und damit den Wert der Exponentialfunktion nicht. Die ganzzahligen Vektoren $h_i\mathfrak{a}^i$ spannen nun für sich ein Gitter auf, das man nicht ganz glücklich das „reziproke Gitter" nennt. Es ist von der speziellen Wahl der Translationsvektoren wegen (20.2) völlig unabhängig, so daß für eine allgemeine Aufstellung erhaltene Beziehungen auch für alle anderen Aufstellungen gültig bleiben.

Die Basisvektoren des reziproken Gitters $\mathfrak{a}^i$ stehen gemäß Gl. (20.3) senkrecht auf den Kristallvektoren $\mathfrak{a}_k\,(k \neq i)$, d.h. senkrecht auf der durch $\mathfrak{a}_k$, $\mathfrak{a}_j$ gebildeten Netzebene des Kristalls. Diese Beziehung gilt allgemein für jeden Vektor des reziproken Gitters und auch des Kristallgitters. Die Beziehung

$$(\mathfrak{h},\ \mathfrak{t}) = h_i\,t^i = 0$$

ist die Gleichung einer Ebene durch den Nullpunkt in beiden Räumen. Außerdem gilt: $\mathfrak{h}$ senkrecht $\mathfrak{t}$. Nun gibt es zu jedem Vektor $\mathfrak{h}\,(\mathfrak{t})$ eine unendliche Schar von Vektoren $\mathfrak{t}\,(\mathfrak{h})$, die der obigen Gleichung genügen; die durch $\mathfrak{t}\,(\mathfrak{h})$ festgelegten Gitterpunkte bilden also eine Netzebene. Allerdings gibt es für jede Netzebenen-Normale noch unendlich viele Vektoren des dualen Gitters, also mit $h_i\,\mathfrak{a}^i$ (h_i teilerfremd) auch die Vektoren $n \cdot h_i\mathfrak{a}^i$ ($n = $ ganze Zahl $\neq 0$).

Die Bedingungsgleichungen (20.3) lassen sich auch in vektorieller Form für die Bestimmungsgleichungen der $\mathfrak{a}^i$ aus $\mathfrak{a}_i$ und umgekehrt verwerten. Es ist

$$\mathfrak{a}^1 = \frac{\mathfrak{a}_2 \times \mathfrak{a}_3}{(\mathfrak{a}_1,\ \mathfrak{a}_2,\ \mathfrak{a}_3)} \quad \text{bzw.} \quad \mathfrak{a}_1 = \frac{\mathfrak{a}^2 \times \mathfrak{a}^3}{(\mathfrak{a}^1,\ \mathfrak{a}^2,\ \mathfrak{a}^3)}, \qquad (20.4)^{*1}$$

wovon man sich durch skalare Multiplikation mit den $\mathfrak{a}_i$ bzw. $\mathfrak{a}^i$ überzeugen kann. Da $(\mathfrak{a}_1,\ \mathfrak{a}_2,\ \mathfrak{a}_3)$ bzw. $(\mathfrak{a}^1,\ \mathfrak{a}^2,\ \mathfrak{a}^3)$ das Volumen des aus den 3 Vektoren gebildeten

---

[1] Mit * versehene Gleichungen gelten hier und im folgenden auch für cyclische Vertauschungen der Zifferindices 1, 2, 3. Allgemeine Indices i, k, l geben zusätzlich das Transformationsverhalten an.

Parallelepipedes, und $|\mathfrak{a}_2 \times \mathfrak{a}_3|$ bzw. $|\mathfrak{a}^2 \times \mathfrak{a}^3|$ gleich dem Flächeninhalt des aus den beiden Vektoren gebildeten Parallelogramms ist, muß $\mathfrak{a}^i$ dem Betrag nach dem reziproken Netzebenenabstand gleich sein. Mit $|\mathfrak{a}_i| = a_i$ bzw. $|\mathfrak{a}^i| = a^i$ erhalten wir also

$$a^1 = \frac{1}{d_1}, \qquad a_1 = \frac{1}{d^1}, \tag{20.5)*}$$

d_1, $d^1 =$ Netzebenenabstände der entsprechenden Netzebenenscharen.

Transformieren wir die Vektoren $\mathfrak{a}_i$ mit (s_i^k) auf $\mathfrak{a}_i'$ also mit der Matrix S, so transformieren sich die $\mathfrak{a}^i$ gemäß (14.16) und (14.17) mit $\widetilde{S^{-1}}$ auf $\mathfrak{a}'^i$.

Die vorhin erwähnte Vieldeutigkeit der Darstellung der Netzebenen im Kristall durch die Vektoren des reziproken Gitters erhält mit den d-Werten eine anschauliche Bedeutung. Der Vektor $n \cdot h_i \, \mathfrak{a}^i$ (h_i teilerfremd) entspricht also einer Netzebenenschar mit d/n als Netzebenenabstand. Ist das Gitter nicht einfach primitiv, so haben diese Netzebenenscharen insofern eine physikalische Bedeutung, als die Beurteilung der Belegungsdichte der dazwischengeschalteten Netzebenenscharen wesentlich neue Gesichtspunkte ergibt, z.B. für das Verhältnis der Volumenbelegung zur Oberflächenbelegung einer Begrenzungsfläche, die sicherlich ein qualitatives Maß für die relativen Oberflächenenergien ist.

Weil die Längen des Elementarparallelepipedes im Kristallgitter mit makroskopischen Methoden nicht meßbar sind, ist es zweckmäßig, für die makroskopische Kristallographie neue Einheitsvektoren $\mathfrak{e}_i$ bzw. $\mathfrak{e}^i$ zu definieren:

$$\mathfrak{e}_1 = \frac{\mathfrak{a}_1}{a_1}, \qquad \mathfrak{e}^1 = \frac{\mathfrak{a}^1}{a^1}. \tag{20.6)*}$$

Aus (20.3) und (20.4)* erhält man dann folgende Verknüpfungsgleichungen der $\mathfrak{e}_i$ und $\mathfrak{e}^i$:

$$(\mathfrak{e}_1, \mathfrak{e}^2) = 0; \quad (\mathfrak{e}_1, \mathfrak{e}^1) = \cos \alpha_1^1 = \frac{1}{a_1 a^1} \tag{20.7)*}$$

($\alpha_1^1 =$ Winkel zwischen den Vektoren $\mathfrak{e}_1$ und $\mathfrak{e}^1$)

$$\mathfrak{e}_1 \times \mathfrak{e}_2 = \mathfrak{e}^3 \cdot \sin \alpha_3, \qquad \mathfrak{e}^1 \times \mathfrak{e}^2 = \mathfrak{e}_3 \cdot \sin \alpha^3 \tag{20.8)*}$$

α_3, $\alpha^3 =$ Winkel zwischen den Vektoren $\mathfrak{e}_1$, $\mathfrak{e}_2$ bzw. $\mathfrak{e}^1$, $\mathfrak{e}^2$. (In der Kristallographie sind an Stelle der Größen a_1, a_2, a_3, a^1, a^2, a^3, α_1, α_2, α_3, α^1, α^2, α^3 in der gleichen Reihenfolge die Bezeichnungen a, b, c, a^*, b^*, c^*, α, β, γ, α^*, β^*, γ^* im Gebrauch, die hier aus Zweckmäßigkeitsgründen nicht verwendet werden.) Die a_i, α_i werden die Gitterkonstanten des Kristallgitters genannt, a^i, α^i sind dann diejenigen des reziproken Gitters.

21. Indizierung von Flächen und Richtungen. Die makroskopische Kristallbeschreibung befaßt sich mit den äußeren Begrenzungsflächen des Kristalls. Setzen wir voraus, daß die wichtigsten Kristallflächen parallel zu bevorzugten Netzebenen des Gitters verlaufen, so wird man die Flächen am übersichtlichsten durch die dazugehörigen Vektoren des reziproken Gitters kennzeichnen, dagegen die wichtigsten Richtungen im Kristallgitter durch die Gittergeraden selbst beschreiben. Diese Verfahrensweise kommt auch der praktischen Kristallvermessung entgegen, die immer auf eine Bestimmung der Winkel zwischen den Flächennormalen hinausläuft.

Für die Kennzeichnung der Kristallrichtungen und der Netzebenen-Normalen verwendet man Indices; es liegt nahe, die ganzzahligen, teilerfremden Größen t^i und h_i für die Indizierung zu wählen. Das Rationalitätsgesetz der Flächenindices ist damit eine triviale, aus den Translationsgittereigenschaften abzuleitende

Grundforderung; das gleiche gilt selbstverständlich auch für die Richtungs- bzw. Zonenindices t^i.

Da es für die makroskopische Kristallbeschreibung nur auf die Richtungen, nicht auf die absolute Länge der verwendeten Gittervektoren ankommt, wählen wir die durch den Ursprung der Gitter gehenden Vektoren und Netzebenen als Repräsentanten der dazugehörigen Vektoren- bzw. Netzebenenscharen; wir benötigen außerdem nur teilerfremde Indices. Durch den Ursprung gehende Netzebenen des reziproken Gitters entsprechen Gittergeraden im Kristallraum; diese Gittergerade ist die gemeinsame Schnittkante der durch die reziproke Gitternetzebene bestimmten Flächennormalen. Man sagt, die Netzebenen stehen miteinander im Zonenverband. Die zugeordnete Richtung (Gittergerade) bezeichnet man auch mit Zone. Zonenindices werden in eckige Klammern, Flächenindizes in runde Klammern gesetzt. $(h_1 h_2 h_3)$ ist also die dem Vektor $h_i \mathfrak{a}^i = \mathfrak{h}$ zugeordnete Fläche, $[t^1 t^2 t^3]$ dagegen die dem Vektor $t^i \mathfrak{a}_i = \mathfrak{t}$ zugeordnete Gittergerade oder Zone. In der Mineralogie werden für Flächen allgemein die Indices $(h\,k\,l)$, für Zonen $[u\,v\,w]$ verwendet, die wir hier wegen der damit wegfallenden Vereinfachungsmöglichkeiten der Formeln nicht heranziehen können.

Die Indices h_i sind die reziproken Achsenabschnitte der dem Ursprung am nächsten liegenden Netzebene, deren Gleichung lautet:

$$(\mathfrak{h}, \mathfrak{x}) = h_i\, x^i = 1 . \tag{21.1}$$

Die Achsenabschnitte erhält man aus $x^2 = x^3 = 0$ usw. zu $\dfrac{1}{h_1}$, $\dfrac{1}{h_2}$, $\dfrac{1}{h_3}$, womit die Behauptung bewiesen ist.

Diese Indizierung mit Hilfe der reziproken Achsenabschnitte wurde von Miller eingeführt (Millersche Indices). Früher wurden auch die Achsenabschnitte selbst verwendet (Naumannsche Flächenindices), doch hat sich dies Verfahren nicht als zweckmäßig erwiesen.

Durch zwei Flächen wird eine Schnittkante (Gittergerade, Zone) festgelegt, umgekehrt durch zwei Gittergeraden (Zonen) eine Fläche bestimmt. Die Bedingungsgleichungen für die Indices der Zone bzw. Fläche lassen sich aus der oben bewiesenen Orthogonalität leicht ableiten. Sind die Indices der beiden Flächen $(h_1 h_2 h_3)$ und $(h_1' h_2' h_3')$, so ergeben sich die Bedingungsgleichungen

$$h_i\, t^i = h_i'\, t^i = 0 . \tag{21.2}$$

Daraus berechnet man das Verhältnis der teilerfremd zu machenden Zonenindices $t^1 : t^2 : t^3$ zu

$$t^1 : t^2 : t^3 = \begin{vmatrix} h_2 & h_3 \\ h_2' & h_3' \end{vmatrix} : \begin{vmatrix} h_3 & h_1 \\ h_3' & h_1' \end{vmatrix} : \begin{vmatrix} h_1 & h_2 \\ h_1' & h_2' \end{vmatrix} . \tag{21.3}$$

Eine analoge Gleichung erhält man für die Flächenindices einer durch zwei Zonen festgelegten Fläche:

$$h_1 : h_2 : h_3 = \begin{vmatrix} t^2 & t^3 \\ t'^2 & t'^3 \end{vmatrix} : \begin{vmatrix} t^3 & t^1 \\ t'^3 & t'^1 \end{vmatrix} : \begin{vmatrix} t^1 & t^2 \\ t'^1 & t'^2 \end{vmatrix} . \tag{21.4}$$

22. Kristallberechnung, rechnerische Verfahren. Für einen triklinen Kristall lassen sich alle geometrischen Daten aus der Vermessung der Normalenwinkel von vier Flächen berechnen[1]. Da die Gittersymmetrie in diesem Fall keine besondere Aufstellung vorschreibt, ist die Wahl der Bezugsvektoren eine offene Frage. Im allgemeinen wählt man drei Vektoren mit möglichst nahezu senkrechten Richtungen als die Grundvektoren $\mathfrak{a}^i$ des reziproken Gitters, die vierte

____
[1] Voraussetzung ist, daß nicht mehr als je zwei Flächennormalen in einer Ebene liegen.

Fläche nennt man die (111)-Fläche. Es ist klar, daß dieses Verfahren zu einer möglichen Aufstellung des Gitters führen muß, die allerdings nicht die günstigste zu sein braucht. Die Indizierung der weiteren Flächennormalen gibt aber wichtige Hinweise, da im allgemeinen immer nur Flächen mit relativ niedrigen Indices auftreten. Diese zeichnen sich gemäß (20.5) durch große Netzebenenabstände und hohe Belegungsdichte aus. Dieses Verfahren ist natürlich auch auf höhersymmetrische Kristalle anwendbar, nur führt es nicht auf die richtigen, durch die Symmetrie vorgegebenen Grundvektoren des reziproken Gitters. Hat sich die so gefundene Aufstellung des reziproken Gitters als unzweckmäßig erwiesen, so kann man die Basisvektoren beliebig transformieren, um die geeignete Aufstellung aufzusuchen.

Der Messung zugänglich sind also die Winkel $\alpha^1, \alpha^2, \alpha^3$ zwischen $\mathfrak{a}^2$ und $\mathfrak{a}^3$, $\mathfrak{a}^3$ und $\mathfrak{a}^1$, $\mathfrak{a}^1$ und $\mathfrak{a}^2$, sowie diejenigen zwischen $(\mathfrak{a}^1 + \mathfrak{a}^2 + \mathfrak{a}^3)$ und $\mathfrak{a}^1, \mathfrak{a}^2, \mathfrak{a}^3$, die wir $\varphi^1, \varphi^2, \varphi^3$ nennen wollen. Gesucht ist das Achsenverhältnis $a_1 : a_2 : a_3$ und $\alpha_1, \alpha_2, \alpha_3$. Die Berechnung gestaltet sich mit Hilfe der Vektoren des Kristall- und reziproken Gitters sehr einfach. Aus den Gln. (20.4)*, (20.6)* und (20.8)* folgt

$$a^1 \cdot V = a_2 a_3 \sin\alpha_1 \quad \text{mit} \quad V = (\mathfrak{a}_1 \mathfrak{a}_2 \mathfrak{a}_3),$$

$$a_1 \cdot V^{-1} = a^2 a^3 \sin\alpha^1 \quad \text{mit} \quad V^{-1} = (\mathfrak{a}^1 \mathfrak{a}^2 \mathfrak{a}^3).$$

$(\mathfrak{a}_1 \mathfrak{a}_2 \mathfrak{a}_3) = (\mathfrak{a}^1 \mathfrak{a}^2 \mathfrak{a}^3)^{-1}$ folgt unmittelbar aus (20.3). Aus den beiden Gleichungen erhält man durch Eliminierung von V

$$\sin\alpha_1 = \frac{a_1 a^1}{a_2 a^2 a_3 a^3 \sin\alpha^1}.$$

Einsetzen von $\cos\alpha_1^1 = \dfrac{1}{a_1 a^1}$ aus (20.7)* ergibt dann

$$\sin\alpha_1 = \frac{\cos\alpha_2^2 \cdot \cos\alpha_3^3}{\cos\alpha_1^1 \cdot \sin\alpha^1}. \tag{22.1*}$$

Andererseits ergibt die skalare Multiplikation von (20.4)* mit $\mathfrak{a}^1$ unter Verwendung von (20.7)*

$$a^1 a^2 a^3 \sin\alpha^1 \cos\alpha_1^1 = V^{-1}. \tag{22.2*}$$

Nun ist

$$V^{-1} = (\mathfrak{a}^1 \mathfrak{a}^2 \mathfrak{a}^3) = a^1 a^2 a^3 \sqrt{1 - \cos^2\alpha^1 - \cos^2\alpha^2 - \cos^2\alpha^3 + 2\cos\alpha^1\cos\alpha^2\cos\alpha^3}, \tag{22.3}$$

und man erhält aus (22.2)*

$$\sin\alpha^1 \cos\alpha_1^1 = \sqrt{\ldots} \quad \text{bzw.} \quad \cos\alpha_1^1 = \frac{1}{\sin\alpha^1} \cdot \sqrt{\ldots}. \tag{22.4*}$$

Setzen wir dieses Ergebnis in Gl. (22.1)* ein, so erhalten wir unmittelbar die Achsenwinkel α_i der Kristallachsen

$$\sin\alpha_1 = \frac{1}{\sin\alpha^2 \sin\alpha^3} \sqrt{\ldots}. \tag{22.5*}$$

Wir werden nun zeigen, daß sich das Achsenverhältnis aus den zu bestimmenden Winkeln zwischen $\mathfrak{a}^1 + \mathfrak{a}^2 + \mathfrak{a}^3$ und $\mathfrak{a}_1, \mathfrak{a}_2, \mathfrak{a}_3$, wir nennen diese Winkel $\varphi_1, \varphi_2, \varphi_3$, berechnen läßt.

Zu diesem Zweck wählen wir die Vektoren $\mathfrak{a}^1, \mathfrak{a}^2$ und $\mathfrak{a}^1 + \mathfrak{a}^2 + \mathfrak{a}^3$ als neue Grundvektoren des reziproken Gitters. Aus den Gln. (20.4)* und (20.8)* entnehmen wir, daß dabei der Vektor e_3 erhalten bleibt und damit auch $\mathfrak{a}_3$ seine Lage beibehält. Der Winkel zwischen e_3 und $\mathfrak{a}^1 + \mathfrak{a}^2 + \mathfrak{a}^3$ ergibt den gesuchten Winkel φ_3 (= α_3^3 im neuen Vektorentripel). An Stelle der alten Winkel $\alpha^1, \alpha^2, \alpha^3$ treten nun also die Winkel φ^1, φ^2, α^3 (bei Beibehaltung von $\mathfrak{a}^1$, $\mathfrak{a}^2$ als reziproke Grundvektoren) auf. Damit erhalten wir aus (22.4)* und (22.3)

$$\cos \varphi_3 = \frac{1}{\sin \alpha^3}\sqrt{1 - \cos^2 \varphi^1 - \cos^2 \varphi^2 - \cos^2 \alpha^3 + 2\cos \varphi^1 \cos \varphi^2 \cos \alpha^3}. \qquad (22.6)^*$$

Bei der Wahl der Grundvektoren hat man sich davon zu überzeugen, daß immer ein gleichsinniges Koordinatensystem gewählt wurde, da andernfalls Vorzeichenvertauschungen in den hier abgeleiteten Gleichungen auftreten können.

Das Achsenverhältnis ergibt sich durch nacheinander erfolgende skalare Multiplikationen des reziproken Vektors $\mathfrak{a}^1 + \mathfrak{a}^2 + \mathfrak{a}^3$ mit $\mathfrak{a}_1$, $\mathfrak{a}_2$, $\mathfrak{a}_3$. Man erhält bei Berücksichtigung von (20.3)

$$|\mathfrak{a}^1 + \mathfrak{a}^2 + \mathfrak{a}^3|\, a_1 \cos \varphi_1 = 1 \quad)^*$$

und damit

$$a_1 : a_2 : a_3 = \frac{1}{\cos \varphi_1} : \frac{1}{\cos \varphi_2} : \frac{1}{\cos \varphi_3}. \qquad (22.7)$$

Die Berechnung der Indices der übrigen vermessenen Flächen kann auf ganz analoge Weise erfolgen. Man bestimmt die Winkel zwischen den Normalen aller zu indizierenden Flächen und denjenigen der Flächen (100), (010) und (001) und berechnet daraus gemäß Gl. (22.6)* die Winkel ψ_1, ψ_2, ψ_3 dieser Normalen mit den Kristallachsen $\mathfrak{a}_1$, $\mathfrak{a}_2$, $\mathfrak{a}_3$. Die unbekannten Indices der neuen Fläche erhält man wieder durch skalare Multiplikation mit $\mathfrak{a}_1$, $\mathfrak{a}_2$, $\mathfrak{a}_3$:

$$h_1 : h_2 : h_3 = a_1 \cos \psi_1 : a_2 \cos \psi_2 : a_3 \cos \psi_3. \qquad (22.8)$$

In ganz analoger Weise kann man alle übrigen Daten rein rechnerisch aus den vermessenen Winkeln bestimmen, so daß theoretisch keinerlei Schwierigkeiten für die Auswertung der Meßergebnisse bestehen. Allerdings muß berücksichtigt werden, daß die Meßfehler oft die Bestimmung ganzzahliger Indices erschweren können; aus diesem Grunde haben in der Mineralogie sich graphische Lösungsmethoden durchgesetzt, die dann schneller zum Ziel führen, wenn es sich um die vollständige Indizierung vieler Kristallflächen handelt. Diese Methoden, die in der folgenden Ziffer behandelt werden, haben den Nachteil, daß oft die Genauigkeit der Messung nicht ausgenutzt werden kann.

23. Graphische Verfahren. Das zweckmäßigste Verfahren für die graphische Bestimmung der Flächen- und Zonenindices, sowie der erreichbaren Daten der Elementarzelle, ist die „*stereographische Projektion*". Die durch die Indices

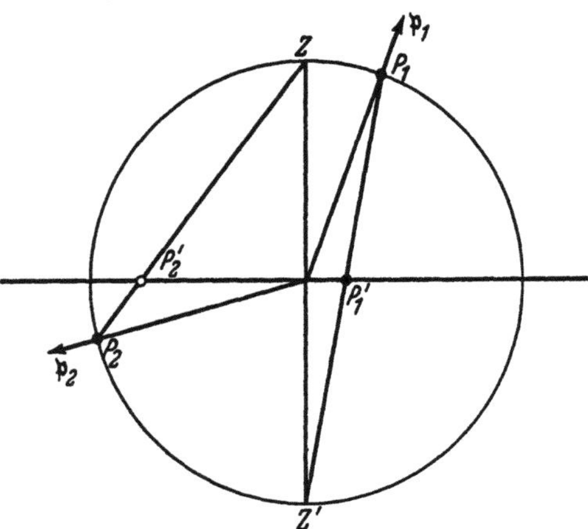

Fig. 37. Projektionsverfahren der stereographischen Projektion.

$[t^1\, t^2\, t^3]$ und $(h_1\, h_2\, h_3)$ gekennzeichneten Vektoren der beiden Gitter werden nach folgendem Projektionsverfahren auf die Zeichenebene abgebildet (Fig. 37). Die Durchstichpunkte P_1, P_2 der beiden Vektoren $\mathfrak{p}_1$, $\mathfrak{p}_2$ auf der Kugeloberfläche verbindet man mit Z' bzw. mit Z für Vektoren unterhalb der in Fig. 37 senkrecht auf der Papierebene stehenden Zeichenebene. Die Durchstichpunkte P_1', P_2' der beiden Verbindungsgeraden $P_1 Z'$ bzw. $P_2 Z$ durch die Zeichenebene sind die gesuchten Projektionspunkte. Durchstichpunkte auf der Unterseite der Kugel müssen natürlich als solche gekennzeichnet werden. Zur Eintragung von Winkeln bedient man sich des WULFFschen Netzes, das weiter nichts als die stereographische Projektion einer Kugel mit eingezeichneten Längen- und Breitengraden ist, in der Weise, daß man die Pole des Breiten- und Längengradnetzes in die Zeichenebene legt (Fig. 38). Das WULFFsche Netz befestigt man drehbar um den Ursprung der Zeichenebene. Will man den Winkel zwischen zwei Projektionspunkten bestimmen, so hat man das Netz so weit zu drehen, bis diese auf einem

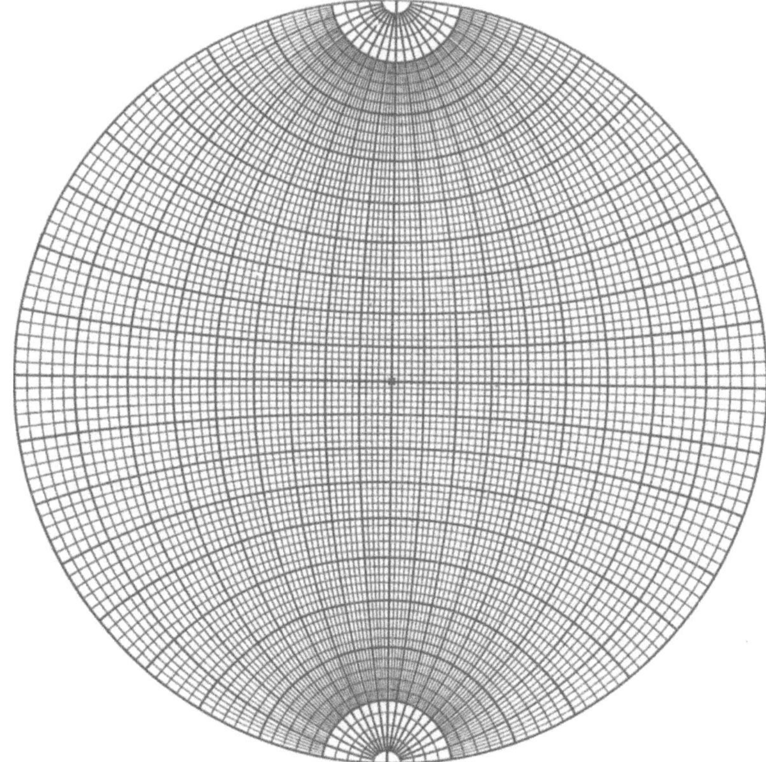

Fig. 38. WULFFsches Netz für Konstruktionsaufgaben der stereographischen Projektion.
Aus CORRENS, „Einführung in die Mineralogie".

gemeinsamen Längenkreis oder Großkreis liegen, der Winkel kann dann unmittelbar darauf abgelesen werden. Die Breitengrade oder Kleinkreise sind der geometrische Ort für Projektionspunkte gleichen Winkelabstandes mit den Polen des WULFFschen Netzes. Der geometrische Ort für Punkte gleicher Winkel von einem beliebigen Projektionspunkt P_x ist wieder ein Kreis, nur liegt P_x nicht im Mittelpunkt des Kreises. Die Konstruktion ist also denkbar einfach: man legt den Punkt P_x auf einen durch den Mittelpunkt des WULFFschen Netzes gehenden Großkreis (Fig. 39), mißt auf diesem den Winkel φ nach beiden Seiten auf und zieht den Kreis um den Mittelpunkt M (auf der Mitte der Strecke). Damit kann jeder beliebige Projektionspunkt auf Grund von zwei Winkelmessungen zu bereits festgelegten Richtungen in die Figur eingetragen werden.

Wenn man die Indizierung von Kristallflächen ermitteln will, verwendet man meist für die zum Zonenverband $[t^1\, t^2\, t^3]$ gehörenden Flächen einerseits die Richtung $t^i\, a_i$, andererseits aber auch die dazu senkrechte Ebene (reziproke Netzebene),

weil diese selbstverständlich der geometrische Ort für die Lage der Netzebenen-
normalen, in unserer Projektion der Großkreis, ist.

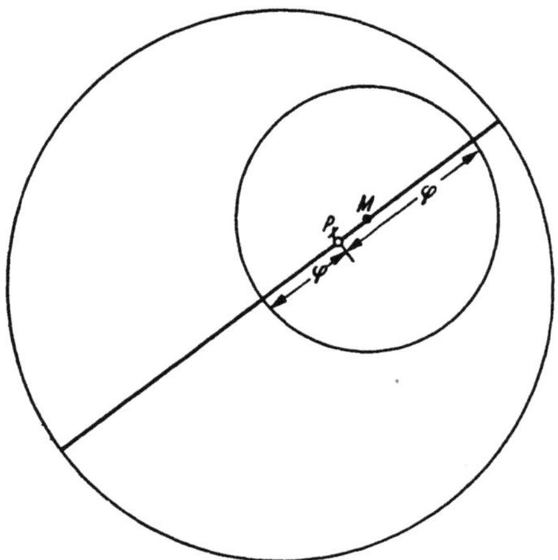

Fig. 39 Geometrischer Ort der Projektionspunkte, die mit einer vorgegebenen Richtung P_x den Winkel φ bilden.

Die Bestimmung des Achsenverhältnisses aus der stereographischen Projektion, die in Ziff. 22 rechnerisch erfolgte,
ist in Fig. 40 durchgeführt worden:
Man legt die Projektionspunkte der Vek-
toren $\mathfrak{a}^1$ und $\mathfrak{a}^2$, (100) und (010), in die
Zeichenebene (Winkel α^3), daraus erhält
man die Richtung von $\mathfrak{a}_3$ [001], die
gemäß (20.3) senkrecht auf $\mathfrak{a}^1$, $\mathfrak{a}^2$ steht
(durch Eintragung der Winkel α^2 und
α^1 [Kleinkreise um (100) und (010)] erhalten wir (001)). Die Kristallvektoren
[100] und [010] ergeben sich wieder
aus (20.3). Man trägt die Flächen-
normale von (111) mit Hilfe von φ^1, φ^2
ein und kann nun die gesuchten Winkel
φ_1, φ_2, φ_3 [zwischen Normalen (111) und
Kristallachsen] direkt messen; daraus

bestimmt man $a:b:c$ gemäß Gl. (22.7). Die fortlaufende Indizierung von Zonen
und Flächen erreicht man mit Hilfe der Gln. (21.3) und (21.4).

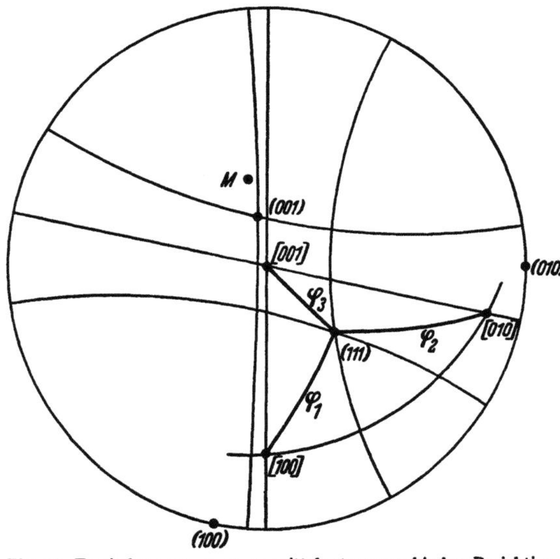

Fig. 40. Ermittlung von φ_1, φ_2, φ_3 mittels stereographischer Projektion. Die Winkel zwischen den Koordinatenachsen werden mit Hilfe des WULFFschen Netzes (Fig. 38) ermittelt (Projektionspunkte auf Groß-kreise legen!). M Mittelpunkt des Kreises, der geometrische Ort der Projektionspunkte mit dem Winkelabstand 90° von (001) ist. Vgl. den Text.

Alle übrigen Aufgaben, die
ausnahmslos mit Hilfe des
WULFFschen Netzes gelöst
werden können, leiten sich aus
diesen hier kurz erläuterten
Grundaufgaben ab. Für ihre
Durchführung muß auf die
Literatur erwiesen werden[1].

Es gibt noch weitere Ver-
fahren für die graphische Kristallbestimmung, von denen
hier nur noch die gnomonische
Projektion genannt sei, die
heute noch bei der Indizierung
von Beugungsbildern nach
dem LAUE-Verfahren verwendet wird[2]. Für die reine geometrische Kristallbestimmung
hat dieses Projektionsverfahren heute praktisch keine Bedeutung mehr.

24. Kristallmorphologie. Bei
der Ableitung der BRAVAIS-
Gitter in Ziff. 8 wurde bereits die aus Symmetriegründen zweckmäßigste Wahl
der Grundvektoren des Kristallgitters behandelt. Die Symmetriebestimmung auf
Grund morphologischer Bestimmungen, also Vermessung der beobachteten

---

[1] F. RAAZ u. H. TERTSCH: Geometrische Kristallographie und Kristalloptik. Wien 1951.
[2] Artikel A. GUINIER: Experimentelle Methoden der Strukturforschung mit Röntgenstrahlen, Bd. XXXII dieses Handbuches. — Siehe auch R. GLOCKER: Materialprüfung mit
Röntgenstrahlen, S. 388 ff. Berlin-Göttingen-Heidelberg 1949.

Kristallflächen, gehörte zu den Grundaufgaben der ersten kristallographischen Forschung, die allerdings heute praktisch als abgeschlossen gelten darf, da im allgemeinen meist keine gut vermeßbaren Kristalle unbekannter Struktur gefunden werden, und deshalb andere Verfahren angewendet werden müssen.

Der Messung der reziproken Gitterrichtungen (Netzebenennormalen) hat die Beurteilung der Gleichwertigkeit bestimmter, aus vermuteten Symmetrien erzeugter Flächen zu folgen. Die Einwirkung der Symmetrieoperationen auf diese Flächen erzeugt für jede Kristallklasse bestimmte charakteristische Körper, die man sich leicht ableiten kann.

Im hexagonalen Kristallsystem kann man das Einwirken der hexagonalen Achse auf die Flächenindices dann einfach beschreiben, wenn man ein Koordinatensystem mit vier Koordinatenachsen wählt. Damit erhält man viergliedrige Flächenindizes $(h\,k\,i\,l)$. Die drei in der Ebene liegenden gleichlangen Koordinatenachsen bilden Winkel von jeweils 120° und sind so der hexagonalen Symmetrie angepaßt. Zwischen den Basisvektoren der Ebene senkrecht 6 besteht eine Beziehung $(\mathfrak{a}_1 + \mathfrak{a}_2 + \mathfrak{a}' = 0)$. Für die Flächenindices gilt also

$$h + k + i = 0 \quad \text{bzw.} \quad i = -(h+k).$$

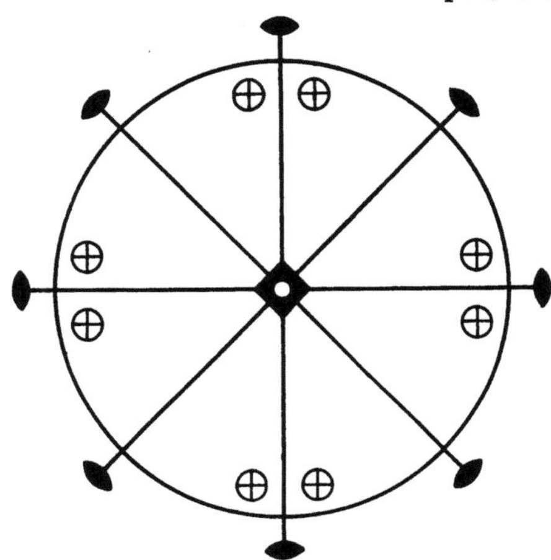

Fig. 41. Stereographische Projektion der allgemeinen Flächenform in der Klasse $\dfrac{4}{m}\,mm$ (ditetragonale Bipyramide). $+$ ($\odot$) Durchstichpunkte der Flächennormalen auf der Ober- (Unter-) seite der Projektionskugel. Die horizontal liegenden 2zähligen Achsen wurden hier, wie in allen stereographischen Projektionen (wegen der Darstellung der verschiedenen Raumrichtungen; vgl. z.B. Fig. 44), anders als in Fig. 1 dargestellt.

Trigonale Kristalle werden häufig auf das trigonale (rhomboedrische) Koordinatensystem bezogen, vgl. Fig. 24b.

Als Beispiel für die Ableitung gleichwertiger Flächen wählen wir die Kristallklasse $\dfrac{4}{m}\dfrac{2}{m}\dfrac{2}{m}$. Eine sog. Fläche allgemeiner Lage, die also keine Symmetrieforderung zu erfüllen hat, trage die Indices $(h_1\,h_2\,h_3)$. Anwendung der Operation 4 bestimmt die folgenden gleichwertigen Flächen:

$$\text{1. } (h_1\,h_2\,h_3), \quad \text{2. } (h_2\,\bar{h}_1\,h_3), \quad \text{3. } (\bar{h}_1\,\bar{h}_2\,h_3), \quad \text{4. } (\bar{h}_2\,h_1\,h_3).$$

Die zu 4 senkrechte Spiegelebene m erzeugt dazu folgende gleichwertige Flächen:

$$\text{5. } (h_1\,h_2\,\bar{h}_3), \quad \text{6. } (h_2\,\bar{h}_1\,\bar{h}_3), \quad \text{7. } (\bar{h}_1\,\bar{h}_2\,\bar{h}_3), \quad \text{8. } (\bar{h}_2\,h_1\,\bar{h}_3).$$

Die Spiegelebene senkrecht zur $\mathfrak{a}_1$-Achse macht die weiteren acht Flächen gleichwertig:

$$\text{9. } (\bar{h}_1\,h_2\,h_3), \quad \text{10. } (\bar{h}_2\,\bar{h}_1\,h_3), \quad \text{11. } (h_1\,\bar{h}_2\,h_3), \quad \text{12. } (h_2\,h_1\,h_3),$$

$$\text{13. } (\bar{h}_1\,h_2\,\bar{h}_3), \quad \text{14. } (\bar{h}_2\,\bar{h}_1\,\bar{h}_3), \quad \text{15. } (h_1\,\bar{h}_2\,\bar{h}_3), \quad \text{16. } (h_2\,h_1\,\bar{h}_3).$$

Man überzeugt sich leicht, daß die übrigen Symmetrieoperationen keine neuen Flächen erzeugen; damit ist der allgemeine Körper ein 16-Flächner. Die stereographische Projektion der Flächennormalen dieses Körpers zeigt Fig. 41. Man nennt diese Form eine ditetragonale Bipyramide. Neben diesen Körpern treten selbstverständlich auch noch spezielle Flächenlagen und damit weitere mögliche Körper in dieser Kristallklasse auf; sie seien hier kurz aufgeführt. Die Zahl der gleichwertigen Flächen läßt sich unmittelbar aus der Zahl der Flächen allgemeiner

Lage ableiten, da bestimmte Symmetrieoperationen keine neuen Flächen erzeugen. Für die Beurteilung der Flächensymmetrie sind nur die auf den Flächen senkrecht stehenden Achsen und Spiegelebenen maßgebend.

Flächensymmetrie

1. $(h_1 h_2 0)$	8 Flächen: ditetragonales Prisma		m
2. $(0 h_2 h_3)$ $(h_1 h_1 h_3)$	8 Flächen: tetragonale Bipyramide		$\begin{cases} m \\ m \end{cases}$
3. $0 h_2 0$ $h_1 h_1 0$	4 Flächen: tetragonales Prisma		$\begin{cases} m\,m\,2 \\ m\,m\,2 \end{cases}$
4. $(0 0 h_3)$	2 Flächen: Pinakoid		$4\,m\,m$

Die unter 1 bis 4 abgeleiteten Spezialflächner sind nicht charakteristisch für die Klasse $\frac{4}{m} \frac{2}{m} \frac{2}{m}$, sondern kommen auch in anderen Klassen vor. Ihre Flächen müssen aber bestimmte Symmetrien erfüllen, deren Erkennung nicht ohne weiteres möglich ist. So muß $(h_1 h_2 0)$ eine horizontal verlaufende Symmetrielinie besitzen.

Makroskopisch kann man diese geforderten Symmetrien mit den verschiedensten Hilfsmitteln bestimmen, von denen hier zwei angeführt seien:

α) *Ätzfiguren.* Durch Aufbringen von Tröpfchen geeigneter Ätzflüssigkeiten und Untersuchung der entstandenen Ätzgruben nach ausreichender Einwirkung der Flüssigkeiten ergeben sich oft charakteristische Formen dieser Gruben, deren Symmetrie durch die Untersuchung zahlreicher Ätzgruben festgelegt werden kann. Oft tragen natürliche Kristalle von sich aus solche Ätzfiguren.

β) *Druck- und Schlagfiguren.* In gleicher Weise kann man durch Druck oder Schlag bestimmte Verformungsfiguren erzeugen, deren Symmetrie in gleicher Weise beurteilt werden kann wie bei den Ätzfiguren. Die physikalischen Vorgänge bei diesem Prozeß sind außerordentlich kompliziert.

Die Bezeichnung der in den einzelnen Kristallklassen möglichen Flächenformen findet man in den Lehrbüchern der Mineralogie und in fast allen Tabellen[1].

25. Untersuchungsmethoden. Zur Vermessung der Kristallflächen benutzt man am besten ein *Ein- oder Zweikreisgoniometer.* Das Prinzip sei hier kurz erläutert: Eine Lichtquelle beleuchtet eine Spaltfigur (Kreuz, Spalt oder dgl.), die sich in der Brennebene eines Linsensystems befindet. Der Parallelstrahl wird von der Fläche des Kristalls reflektiert, und mittels eines zweiten Linsensystems im Beobachtungsfernrohr das Spaltbild erzeugt, welches auf ein Fadenkreuz eingestellt wird. Steht eine Kristallrichtung $[t^1 t^2 t^3]$ parallel zur Drehachse, was durch Justierung des Kristalls auf einem Goniometerkopf erreicht werden kann, so gelangen alle zur Zone $[t^1 t^2 t^3]$ gehörigen ausgebildeten Flächen zur Reflexion. Die ablesbaren Winkel sind die Flächennormalenwinkel. Zweikreisgoniometer unterscheiden sich von Einkreisgoniometern dadurch, daß der Kristall um eine zweite, senkrecht zur ersten liegende Achse gedreht werden kann.

Die oben kurz beschriebene Methode setzt natürlich gut ausgebildete Kristallflächen voraus, und ist daher in ihrer Anwendbarkeit begrenzt, wenn auch bei entsprechend geschickter optischer Anordnung sehr kleine Kristalle untersucht werden können. Daher ist im Falle der reinen Vermessung der Flächennormalenwinkel die *Röntgenbeugungsmethode* vorzuziehen. Diese beruht darauf, daß die

---

[1] Vgl. z.B. C. W. CORRENS: Einführung in die Mineralogie. Berlin-Göttingen-Heidelberg 1949.

Beugung der Röntgenstrahlen als Reflexion an einer Netzebenenschar aufgefaßt werden kann, nur erfolgt diese Reflexion wegen des Eindringvermögens der Röntgenstrahlen in das Kristallinnere unabhängig von der äußeren Form. Da für die Reflexion die sog. BRAGGsche Gleichung

$$2d \sin (90 - \psi) = n \cdot \lambda \tag{25.1}$$

(ψ = Winkel der Netzebenennormalen mit Einfallsrichtung des Röntgenstrahls,
d = Netzebenenabstand
λ = Wellenlänge der Strahlung)

erfüllt sein muß, erfolgt also die „Reflexion" unter einem beliebigen Winkel φ nur für eine bestimmte Wellenlänge λ. Verwendet man das Röntgenkontinuum, so kommen neben λ_d noch die harmonischen $\frac{\lambda_d}{2}$, $\frac{\lambda_d}{3}$, ... usw. Wellenlängen zur Reflexion. Diese Messung wird mit Spezialkammern durchgeführt und hat natürlich den Vorteil, daß gemäß Gl. (25.1) die d-Werte, also die reziproken Längen der Vektoren des reziproken Gitters, bestimmt werden können, und damit auch die Größe des Elementarbereiches. Für die Durchführung dieser Messungen sei auf die Literatur verwiesen[1].

Weitere Meßmethoden laufen fast immer auf eine Bestimmung der Lage der Symmetrieoperationen des Kristalls hinaus. Wenn auch hier die röntgenographische Methode die vollständigste ist, da die genaue Vermessung der Röntgeninterferenzen bereits die Zuordnung des Gitters zu einigen wenigen Raumgruppen zuläßt, so haben trotzdem die kristalloptischen Bestimmungsmethoden besonders für die Erkennung der in einem Stoff vorhandenen Phasen ihre Bedeutung nicht verloren; vor allen Dingen, weil der erfahrene Fachmann so oft sehr viel schneller zum Ziel gelangt als auf röntgenographischem Wege.

Das gebräuchlichste Instrument für diese Untersuchung ist das *Polarisationsmikroskop*, das sich von einem normalen Lichtmikroskop durch die Einschaltung zweier (meist senkrecht zueinander polarisierender) Polarisationsfilter (NICOLschen Prismen) unterscheidet, und außerdem einen um die Mikroskopachse drehbaren Objekttisch besitzt. Durch Aufsatz eines weiteren Universaldrehtisches, der neben der Drehung um die Mikroskopachse auch weitere Drehungen senkrecht dazu zuläßt, wobei die schiefe Durchstrahlung des Präparates durch Glashalbkugeln mit geeignetem Brechungsindex ermöglicht wird, kann also jedes Kristallkorn in einem großen Bereich verschiedenster Richtungen untersucht werden. Auf diese Weise erreicht man die vollständige Bestimmung der optischen Konstanten (s. Ziff. 19) des Kristalls, die meist eindeutig auf eine bestimmte Kristallart führt. Auch die Hauptbrechungsindices können auf diese Weise vermessen werden. Die Methode liefert nicht nur die Symmetrie der optischen Eigenschaften, sondern auch wertvolle Hinweise auf den Chemismus der vorliegenden Kristalle, weil sich die optischen Eigenschaften sehr definiert mit dem Chemismus ändern.

Besondere Spezialeinrichtungen, wie z.B. das *Phasenkontrastverfahren*, haben den Anwendungsbereich dieser optischen Verfahren auch auf die Untersuchung sehr kleiner Teilchen erweitert[2].

Selbstverständlich hat auch das *Elektronenmikroskop* durch seine hohe Auflösung eine gewisse Bedeutung erlangen können, obwohl der große apparative Aufwand hier oft nicht im Verhältnis zu den erzielten Ergebnissen steht. Jedoch hat die neuerdings ermöglichte Verknüpfung der Optik mit der Beugung durch

---

[1] Vgl. den Artikel von A. GUINIER in Bd. XXXII dieses Handbuches sowie N. F. M. HENRY, H. LIPSON, W. A. WOOSTER: The Interpretation of X-Ray Diffraction Photographs. Toronto-New York-London 1951.
[2] Vgl. H. PILLER: Heidelbg. Beitr. Mineral. u. Petrogr. 3, 307 (1952).

einfache Handgriffe einen wichtigen Fortschritt erzielt, der nicht übergangen werden darf. Man kann auf diese Weise sehr kleine Teilchen optisch heraussuchen und durch Umschaltung des Instruments auf Beugung das Beugungsbild herstellen, um so die Bestimmung der Struktur der Teilchen zu ermöglichen.

Es gibt noch viele weitere Untersuchungsmethoden der Kristalle, die meist auf Vermessung der Symmetrie bestimmter physikalischer Eigenschaften, wie Piezo- und Pyroelektrizität, elastisches und plastisches Verhalten usw. beruhen, auf die einzugehen in diesem Abschnitt zu weit führen würde.

Hat man mittels einer dieser Methoden eine bestimmte Kristallsymmetrie erkannt, so ist natürlich die Grundaufgabe der Kristallberechnung gemäß Ziff. 22 und 23 nicht mehr mit freier Wahl der reziproken Grundvektoren möglich, um die richtige Aufstellung des Gitters zu erreichen. Da aber mit der Erkennung der symmetrisch bevorzugten Richtungen gemäß Ziff. 8 nur weniger Freiheitsgrade möglich sind, vereinfacht sich die Grundaufgabe der Ziff. 22 und 23 entsprechend. Im rhombischen System bleibt z. B. wegen der Festlegung der drei Winkel α^i nur noch die Wahl der Fläche (111) frei.

26. Kristallwachstum und Morphologie. Daß bei einer Kristallart auftretende Flächen mit dem Wachstum der Kristalle eng zusammenhängen müssen, wurde bereits sehr frühzeitig erkannt. Die Belegungsdichten der begrenzenden Netzebenen sind zweifellos ein qualitatives Maß für ihre Oberflächenenergie; auf diese Weise haben Bravais[1], Goldschmidt[2], Fedorow[3] und Niggli[4] bereits systematische Gesetzmäßigkeiten für das Auftreten bestimmter Flächenformen teils auf empirischem, teils auf strukturtheoretischem Wege abzuleiten versucht, die in vielen Fällen sogar eine befriedigende Erklärung für die beobachteten Flächenformen geben. Diese Entwicklung ist in den vergangenen 30 Jahren gegenüber den Strukturuntersuchungen in den Hintergrund getreten; so kam es, daß erst Donnay und Harker[5] 1937 den Nigglischen Gedanken wieder aufgriffen und die Raumgruppentabelle für die in den einzelnen Raumgruppen zu erwartenden Kristallformen aufstellten. Das Gesetz läuft darauf hinaus, daß bei einem Kristall die Flächenformen mit den größten Belegungsdichten die wahrscheinlichsten sind. Es resultieren „morphologische Auslöschungsgesetze" in Analogie zu den bekannten Auslöschungsregeln der Strukturforschung.

Eine bessere Übereinstimmung beobachteter Kristallflächen mit theoretischen Voraussagen hat natürlich weit mehr zu berücksichtigen. Die grundsätzlichen Überlegungen über die Stabilität der Flächenformen stammen von Gibbs; danach ist die Stabilität der Kristallflächen durch die Gleichung für die freie Oberflächenenergie V_0

$$V_0 = \sum_i \sigma_i F_i = \text{Minimum} \tag{26.1}$$

mit σ_i-spezifische freie Oberflächenenergie der Fläche i, $F_i =$ Flächeninhalt der Fläche i gegeben. Die Variationsaufgabe der Gl. (26.1) wird durch die sog. Wulffsche Konstruktion gelöst; diese setzt die Länge der Flächennormalen vom Mittelpunkt des Kristalls proportional $\sigma_i{}^\dagger$. Gl. (26.1) ist nur für große Kristalle gültig, da sie die Kanten- und Eckenenergien vernachlässigt.

Hartman und Perdok[6] haben neuerdings den Gedanken der Oberflächenenergie in das Problem einzubauen versucht, und damit eine verbesserte Deutung

[1] A. Bravais: Études Cristallographiques. Paris 1866.
[2] V. Goldschmidt: Z. Kristallogr. **28**, 1 (1897).
[3] E. Fedorow: Das Kristallreich. Berlin 1920.
[4] P. Niggli: Geometrische Kristallographie des Diskontinuums. Leipzig 1919.
[5] J. D. H. Donnay u. P. Harker: Amer. Mineral. **22**, 446 (1937).
† Vgl. M. v. Laue: Z. Kristallogr. **105**, 124 (1943/44). Dort weitere Literaturhinweise.
[6] P. Hartman u. W. G. Perdok: Proc. Kon. Akad. Wetensch. B **55**, 134 (1952)

der beobachteten Flächen gefunden. Sie gehen dabei von den Hauptbindungsrichtungen im Kristall und ihren Bindungsenergien aus. Es ist klar, daß dann solche Flächen am stabilsten sind, in denen zwei oder mehr solche Hauptbindungsrichtungen (*F*-faces nach HARTMAN und PERDOK) liegen. Weniger bedeutend sind solche Flächen mit nur einer oder gar keiner Hauptbindungsrichtung (*S*- und *K*-faces).

Haben wir z.B. in einem kubischen Kristall [100] als Hauptbindungsrichtung, so ergibt die Anwendung von Gl. (21.4) (100) und entsprechend (010) und (001) als stabilste Fläche. Für [110] als wichtigste Richtung findet man in kubischen Kristallen (111) und (100) als bedeutendste Fläche, mit [111] als wichtigste Bindungsrichtung dagegen (110) usw. In jedem Falle muß aber eine genaue Strukturbetrachtung erfolgen, ob die Hauptbindungsrichtungen auch in derselben Fläche liegen, da hier ja nur die Richtungen, nicht ihre räumliche Lage zueinander berücksichtigt wurden.

Es ist bekannt, daß die Wachstumsbedingungen die Ausbildung bestimmter Flächen entscheidend beeinflussen können. So kann z.B. beim kubischen NaCl, das normalerweise in Würfelchen (100) kristallisiert, durch Zugabe von Harnstoff diese Form völlig unterdrückt werden, und statt dessen (111) (Oktaeder) als Wachstumsfläche erzeugt werden. Auch diesen sog. Milieufaktoren versuchten HARTMAN und PERDOK Rechnung zu tragen.

Trotz aller dieser sehr beachtenswerten Deutungsversuche muß festgestellt werden, daß heute eine quantitative Beschreibung noch nicht möglich sein kann. Diese Methode setzt voraus, daß die Bindungsverhältnisse an der Kristalloberfläche mit denen im Kristallinnern identisch sind, was sicher in vielen Fällen nur angenähert gilt. Erst eine eingehende Untersuchung dieser speziellen Verhältnisse kann Aussicht auf eine verfeinerte Darstellung geben. Da auch die Kenntnis der physikalischen Vorgänge an der Kristalloberfläche ein heute noch im Fluß befindliches Gebiet ist, darf erwartet werden, daß hier die Forschung auf dem Gebiet des Kristallwachstums noch befruchtend auf die Morphologie der Kristalle einwirken wird.

Die interessanten Fragen des Kristallwachstums sollen hier nicht behandelt werden, da sie in diesem Band an anderer Stelle dargestellt werden[1].

27. Berechnung der Atomabstände und Valenzwinkel in Kristallgittern. *α) Berechnung des Abstandes zweier Punkte im Kristallraum.* Die beiden Punkte seien durch die Vektoren $\mathfrak{x}$, $\mathfrak{x}'$, $\mathfrak{x} = x^i \mathfrak{a}_i$, $\mathfrak{x}' = x'^i \mathfrak{a}_i$ gegeben. Gemäß Gl. (14.11) erhält man den Abstand r durch skalare Multiplikation

$$r^2 = g_{ik}\,(x^i - x'^i)\,(x^k - x'^k). \tag{27.1}$$

β) Berechnung von Netzebenenabständen. Netzebenenabstände erhält man aus der Längenbestimmung der Vektoren des reziproken Gitters:

$$\frac{1}{d^2} = (h_i\,\mathfrak{a}^i,\ h_k\,\mathfrak{a}^k),$$

daraus folgt

$$\frac{1}{d^2} = g^{ik}\,h_i\,h_k. \tag{27.2}$$

γ) Berechnung von Valenzwinkeln. Der Valenzwinkel zwischen zwei von einem Atom mit den Koordinaten x^1, x^2, x^3 ausgehenden Valenzen zu zwei weiteren Atomen (Koordinaten x'^1, x'^2, x'^3 und x''^1, x''^2, x''^3) wird berechnet, indem man

---

[1] Vgl. den Artikel von CHALMERS in Teil 2 dieses Bandes.

den Nullpunkt des Koordinatensystems nach x^1, x^2, x^3 verschiebt. Den Valenzwinkel erhält man dann durch skalare Multiplikation der Vektoren $(\mathfrak{x}' - \mathfrak{x})$ und $(\mathfrak{x}'' - \mathfrak{x})$:

$$\cos\vartheta = \frac{(\mathfrak{x}' - \mathfrak{x},\ \mathfrak{x}'' - \mathfrak{x})}{|\mathfrak{x}' - \mathfrak{x}| \cdot |\mathfrak{x}'' - \mathfrak{x}|}.$$

Mit Gl. (14.11) ergibt sich

$$\cos\vartheta = \frac{g_{ik}(x'^i - x^i)(x''^k - x^k)}{[g_{ik}(x'^i - x^i)(x'^k - x^k)]^{\frac{1}{2}} [g_{ik}(x''^i - x^i)(x''^k - x^k)]^{\frac{1}{2}}}. \tag{27.3}$$

IV. Einführung in die Geometrie der Kristallstrukturen.

28. Die chemische Bindung in Kristallen. Eine exakte Theorie der chemischen Bindung in Kristallen hat sich mit dem Verhalten der Elektronen, insbesondere der Valenzelektronen, im periodischen Potentialfeld des Kristalls zu beschäftigen. Näherungslösungen dieser Art sind von verschiedenen Seiten herbeigeführt worden, jedoch sind ihre Ergebnisse meist nur qualitativ oder halbquantitativ verwendbar. Diese Lösungen nehmen alle das Kristallgitter als etwas Gegebenes hin. Soweit es sich dabei um die Interpretation physikalischer Eigenschaften bestimmter Gittertypen handelt, ist dieser Standpunkt durchaus berechtigt. Für die Erklärung der Stabilität einzelner Gittertypen reicht das aber nicht aus, weil das Problem der räumlichen Anordnungsmöglichkeiten sicher eine entscheidende Rolle spielt. Aus diesem Grund bleibt zum gegenwärtigen Zeitpunkt nichts weiter übrig, als die Stabilitätsverhältnisse der experimentell ermittelten Gittertypen untereinander zu vergleichen.

Die räumliche Anordnung der Atome und die Natur der chemischen Bindung sind zweifellos eng miteinander verknüpft; man kann also einer Atomart nicht von vornherein ein bestimmtes chemisches Bindungsverhalten, z.B. in bezug auf eine zweite Atomart, zuordnen, vielmehr bestimmt in vielen Fällen die Raumfrage das kristallchemische Verhalten selbst. Andererseits ist auch ein vorgegebener Strukturtyp nicht charakteristisch für eine bestimmte Bindungsart; z.B. haben NaCl und PbS das gleiche Gitter, aber physikalisch und chemisch durchaus verschiedene Eigenschaften. In einer streng geordneten Struktur müssen auf Grund der in Abschnitt I abgeleiteten Raumgruppentheorie die Atomarten in einem bestimmten stöchiometrischen Verhältnis stehen. Wir werden weiter unten sehen, daß dieses Verhältnis der Komponenten einen entscheidenden Einfluß auf die Raumfrage und damit auf das chemische Verhalten ausübt.

Manche Wesenszüge der chemischen Bindung in Kristallen kann man auf Grund der Elektronenzustände der Valenzelektronen im freien Atom verstehen, jedoch gilt das meist nur für die Elemente und die einfachen Verbindungen. Im allgemeinen hat die chemische Bindung in Gittern einen sehr verwickelten Charakter; trotzdem hat es sich eingebürgert, bestimmte idealisierte Grenzzustände zu betrachten, die hier kurz diskutiert seien[1].

Wie durch die hohen Ionisierungsarbeiten bewiesen wird, zeichnen sich die Elektronenkonfigurationen der Edelgase durch eine besonders hohe Stabilität gegenüber den anderen Elementen aus. Atome, die direkt oberhalb oder unterhalb eines Edelgases des periodischen Systems stehen, werden also bestrebt sein, durch Abgabe (Kationen) oder Aufnahme (Anionen) von Elektronen selbst diese stabile Anordnung zu erreichen. Treten diese Ionen zu einem Gitter zusammen,

---

[1] Über ausführliche Darstellungen siehe z.B. L. PAULING: The Nature of the Chemical Bond. New York 1948. — F. SEITZ: Modern Theory of Solids. New York u. London 1940. — L. C. SLATER: Beitrag zu Bd. XIX dieses Handbuches.

so muß die aus der elektrostatischen Anziehung der Ionen zu berechnende potentielle Energie je Molekül kleiner sein als die Energie der entsprechenden freien Atome, falls ein stabiles Gitter resultieren soll. Auf Grund dieser einfachen Modellvorstellung kann man ohne weiteres voraussagen, daß die Neigung zur Ionenbindung (heteropolare Bindung) mit wachsendem Abstand des Atoms von stabilen Elektronenkonfigurationen sinken muß.

Im freien Zustand zeichnen sich die edelgasähnlichen Ionen durch eine kugelsymmetrische Ladungsverteilung ihrer Elektronen aus. Im Kristall befindet sich das Ion jedoch im elektrischen Feld seiner Umgebung, das nicht kugelsymmetrisch sein kann, sondern die Punktsymmetrie des von ihm besetzten Gitterkomplexes besitzt. Es muß also eine nicht kugelsymmetrische Ladungsverteilung resultieren, wenn das einwirkende Gesamtfeld seiner Umgebung nicht vernachlässigbar klein ist. Wir haben demnach zwischen einer polarisierenden Wirkung der umgebenden Ionen und einer Polarisierbarkeit des betrachteten Ions zu unterscheiden. Die relative Polarisierbarkeit ist von BORN und HEISENBERG für verschiedene Ionen berechnet worden[1]; als Faustregel kann der Hinweis dienen, daß die Polarisierbarkeit bei gleicher Ladung des Ions mit steigender Ordnungszahl des dazugehörigen Elementes wächst und bei Ionen annähernd gleicher Ordnungszahl mit steigender positiver Wertigkeit stark abnimmt. Anionen sind meist leichter polarisierbar als Kationen, wenn der Unterschied ihrer Ordnungszahlen nicht zu groß ist.

Etwas schwieriger ist die polarisierende Wirkung der Umgebung eines Ions zu übersehen. Auf Grund der von GOLDSCHMIDT[2] empirisch bestimmten Ionenradien r_0 — das ist derjenige Radius, bei dem die Abstoßung der Ladungswolken der entgegengesetzt geladenen Ionen ihre elektrostatische Anziehung kompensiert — kann man die Feldstärke des Ions an der „Berührungsstelle" der Ionen als rohes Maß für die polarisierende Wirkung angeben (z/r_0^2, $z =$ Ladung des Ions). Die empirischen Ionenradien ändern sich mit der Koordinationszahl (= Zahl der gleichwertigen Nachbarn) der unmittelbar benachbarten Ionen. Diese Betrachtungsweise hat aber nur im gleichen Gittertyp einen Sinn, weil die Feldstärke am polarisierten Ion nicht von *einem* Nachbarn, sondern von allen Nachbarn stark beeinflußt wird. Je größer nämlich die Anzahl der nächsten Nachbarn und je höher die Umgebungssymmetrie des Ions ist, desto kleiner ist das von den umgebenden Ionen erzeugte elektrische Feld. Im extremen, allerdings nicht streng realisierbaren, Fall einer kugelsymmetrischen Nachbarschaft (Koordinationszahl $K = \infty$) eines Ions verschwindet die elektrische Feldstärke der Umgebung bekanntlich völlig, gleichgültig, wie die radiale Ladungsverteilung ist. Im allgemeinen spielen bei den Gittern der Verbindungen, wegen der meist größeren Polarisierbarkeiten der Anionen, die polarisierenden Wirkungen der Kationen die weitaus größere Rolle, jedoch kann es gelegentlich (z.B. bei $Cs_2^+O^{2-}$) auch umgekehrt sein. Man wird für heteropolare Verbindungen solche Gittertypen erwarten, daß die Anionen-Kationenabstände möglichst klein, die Koordinationszahlen der nächsten Nachbarn aber möglichst groß sind. Wie man sich leicht überlegen kann, hängt aber die Zahl der nächsten Nachbarn der Ionen sehr von ihrem Größenverhältnis ab; je kleiner z.B. das Kation im Verhältnis zum Anion ist, desto weniger Nachbarn kann es im möglichst kleinen Abstand haben. Darum ist mit fallendem Radienquotienten der Ionen aus zwei Gründen mit steigenden Polarisierungseinflüssen im Gitter zu rechnen: 1. steigende Feldstärke bzw. steigende Polarisierbarkeit des Einzelions, 2. sinkende Koordinationszahl.

---

[1] M. BORN u. W. HEISENBERG: Z. Physik 23, 388 (1924).
[2] V. M. GOLDSCHMIDT: Geochemische Verteilungsgesetze der Elemente. Skr. norske Vidask.-Akad. 1926.

Durch sehr genaue Fourier-Analysen läßt sich die Ionendeformation experimentell bestimmen, allerdings ist der Aufwand relativ hoch, und bisher nur in einigen Fällen mit der erforderlichen Genauigkeit durchgeführt worden. Im Falle der im gleichen Strukturtyp kristallisierenden Verbindungen LiF und NaCl konnte gezeigt werden, daß besonders beim LiF schon relativ starke Deformationen des F^- auftreten[1].

Eine genaue Gitterenergieberechnung für heteropolare Kristallgitter gestaltet sich beim Vorliegen kugelsymmetrischer Ionen erträglich, da in diesem Falle die Über- bzw. Unterschußladung der Ionen als positive und negative Zentralladungen angesehen werden dürfen. Das zur Erreichung eines stabilen Gitters notwendige Abstoßungspotential wurde früher in der Form B/r^n eingeführt[2], bei der n aus der meßbaren Kompressibilität der Kristalle bestimmt und B mit Hilfe der Gleichgewichtsbedingung für das Gitter eliminiert werden kann. Unter Vernachlässigung der sicherlich kleinen van der Waals-Anziehung und der Nullpunktsenergie erhält man für die Gitterenergie U eines heteropolaren Kristalles (AB) folgende Beziehung:

$$U = -\frac{z^2}{r_0} M\left(1 - \frac{1}{n}\right). \tag{28.1}$$

M ist in (28.1) die sog. Madelungsche Konstante, die also für einen Gittertyp eine charakteristische Größe ist. Gl. (28.1) gilt streng nur für den gemessenen Ionenabstand r_0. Born und Mayer[3] haben diese Berechnung bezüglich des Abstoßungsgliedes noch verfeinert. Die so berechenbaren Gitterenergien können nun mit den aus Born-Haber-Cyclen experimentell bestimmten Gitterenergien verglichen werden. Besonders bei den Alkalihalogeniden erhält man eine gute Übereinstimmung mit den theoretischen Werten. Abweichungen treten im oben diskutierten Sinne mit steigenden Polarisationseinflüssen auf, für die eine Annahme von Zentralladungen nicht mehr zutrifft.

Die für die Metalle charakteristische hohe elektrische Leitfähigkeit wurde schon frühzeitig durch die Annahme freier Elektronen zu deuten versucht. (Positive Ionen im negativen „Elektronengas" der Valenzelektronen.) Eine vereinfachte quantenmechanische Durchrechnung des Problems (Elektron im Potentialtopf) ergibt für die Elektronen, daß Energiezustände sehr hoher Energie (wegen des Pauli-Prinzips) besetzt sein müssen $(E \gg kT)$. Eine Verfeinerung dieses Modells durch Einführung des periodischen Potentials des Gesamtgitters, das man am besten mit Hilfe einer Fourier-Reihe ansetzt, legt für jede Komponente der Fourier-Entwicklung verbotene Energiebereiche fest, die etwa bei solchen Energien auftreten, für welche die Braggsche Gl. (25.1) erfüllt ist (Berechnung der Wellenlänge aus der de Broglie-Beziehung). Die Energiezustände spalten sich also in erlaubte und nicht erlaubte Bereiche auf (Brillouin-Zonen). Die Breite der verbotenen Energiebereiche steigt mit wachsender Größe des Koeffizienten der dazugehörigen Fourier-Komponente. Die der unteren Grenze des verbotenen Energiebereichs benachbarten Energiezustände haben stark herabgedrückte Energien. Das Umgekehrte gilt für die Energiezustände, die in der Nähe einer oberen Grenze eines verbotenen Energiebereiches liegen. Günstige Verhältnisse liegen also bezüglich bleibender Valenz-Elektronenkonzentration für die vollständige Auffüllung einer Brillouin-Zone vor. Die wirklich besetzten Energiezustände können im Impulsraum (wegen $E \gg kT$) nahezu durch eine Kugel (Fermi-Kugel) dargestellt werden.

<hr>

[1] Vgl. J. Krug, H. Witte u. B. Wölfel: Z. phys. Chem. 4, 36 (1955); dort weitere Literatur.

[2] M. Born u. A. Landé: Verh. dtsch. phys. Ges. 20, 210 (1918).

[3] M. Born u. J. E. Mayer: Z. Physik 75, 1 (1932).

Jede Kristallstruktur besitzt nun einen für sie charakteristischen BRILLOUIN-Körper (im Impulsraum), der für eine bestimmte Valenz-Elektronenkonzentration günstige Energieanteile der freien Elektronen liefert. Für die Diskussion der Kristallstrukturen haben diese Überlegungen eine nicht unerhebliche Bedeutung erlangt, da Merkwürdigkeiten der Strukturzusammenhänge besonders bei Legierungen auf einfache Weise gedeutet werden konnten. Da auch im Falle der rein metallischen Bindung mit angenähert kugelsymmetrischen Potentialen gerechnet werden darf, wird man für die echten Metalle immer hochsymmetrische, dicht gepackte Strukturen erwarten. Abweichungen können besonders bei den Übergangsmetallen auftreten, weil die d-Elektronen Übergänge zu partiell homöopolarer Bindung ermöglichen.

Auch die homöopolare Bindung wurde früher als eine Neigung zur Ausbildung edelgasähnlicher Elektronenanordnungen angesehen[1] [$(8-n)$-Gesetz]. Im Falle des H_2-Molekülions und des H_2-Moleküls konnte die Modellvorstellung des gemeinsamen Elektronenpaares physikalisch als ein „Elektronenaustausch" der Elektronen begründet werden (wellenmechanische Resonanz), da die Berechnung unter bestimmten, hier nicht diskutierten Voraussetzungen eine Anziehung ergibt. Atomabstand und Bindungsenergie wurden auf diese Weise für das H_2-Molekül in Übereinstimmung mit den experimentellen Werten ermittelt. Das Resonanzprinzip hat sich bei der theoretischen Behandlung der Molekülstruktur als sehr fruchtbar erwiesen. Es gilt nicht nur für Einzeleleketronen, sondern für alle Elektronen eines Moleküls.

Wellenmechanische Resonanz kann nicht nur für Elektronen gleicher Zustände, sondern auch für Elektronen mit gemischten Eigenfunktionen auftreten. Dieser von PAULING[2] eingeführte Gedanke der Hybridisierung hat sich für die Diskussion der homöopolaren Bindungsanteile als brauchbar erwiesen. Je nach Zahl und Art der herangezogenen Valenzelektronen lassen sich unter bestimmten Voraussetzungen die räumlich günstigen Bindungsrichtungen ermitteln, und man erhält auf diese Weise charakteristische Raumrichtungen für die einzelnen Möglichkeiten der Hybridisierung. So ergibt die Verwendung einer s- und dreier p-Eigenfunktionen für das Kohlenstoffatom die schon seit langem geforderte tetraedrische Valenz der homöopolaren Bindung, die für das Diamantgitter charakteristisch ist (sp^3-Hybridbindung). Es würde hier zu weit führen, die Symmetrie der einzelnen Hybridbindungen zu diskutieren.

Die hier noch nicht behandelte VAN DER WAALS-Bindung spielt bei der Diskussion der Kristallstrukturen nur eine untergeordnete Rolle. Sie ist räumlich ungerichtet und tritt vor allen Dingen bei den Kristallgittern der Edelgase und den Molekülstrukturen auf. Man unterscheidet hier zwischen drei Anteilen, dem Orientierungseffekt, dem Induktionseffekt und dem Dispersionseffekt[3].

29. Kristallstrukturen der Elemente. α) *Geometrische Bauprinzipien.* Für die vollständige geometrische Beschreibung irgendeiner Kristallstruktur müssen neben der Angabe der Raumgruppe mit den Gitterkonstanten und der chemischen Bruttoformel auch die Gitterkomplexbesetzungen der einzelnen Atome mit ihren Parameterwerten angegeben werden. Meist fügt man aus Vollständigkeitsgründen noch die Anzahl der Moleküle je Elementarbereich hinzu.

Für die Beurteilung des kristallchemischen Verhaltens genügt im allgemeinen die Bestimmung der Abstände der unmittelbaren Nachbarn aller Atomarten,

---

[1] W. KOSSEL: Ann. Phys. **44**, 229 (1916). — G. N. LEWIS: J. Amer. Chem. Soc. **38**, 762 (1916).
[2] Vgl. L. PAULING: The Nature of the Chemical Bond. New York 1948.
[3] Vgl. den zusammenfassenden Artikel H. MARGENAU: Rev. Mod. Phys. **11**, 1 (1939).

ihre Umgebungssymmetrie und unter Umständen — vor allen Dingen bei niedrig-symmetrischen Strukturen — auch die nicht immer der Umgebungssymmetrie zu entnehmenden Valenzwinkel. All diese Aufgaben lassen sich rein rechnerisch mit Hilfe der Raumgruppentabellen[1] lösen, ohne ein Strukturmodell heranziehen zu müssen. Atomabstände werden gemäß Gl. (27.1), Valenzwinkel gemäß Gl. (27.3) ermittelt. Die Umgebungssymmetrie, die Anzahl und Anordnung der gleichartigen Nachbarn ergibt sich unmittelbar aus der Punktsymmetrie des besetzten Gitterkomplexes.

Die Mehrzahl der Kristallstrukturbestimmungen, vor allem auf anorganischem Gebiet, wurde mit der Annahme einer kugelsymmetrischen Elektronendichteverteilung der Atome berechnet. Diese Vorstellung braucht nicht zuzutreffen, da die Theorie der chemischen Bindung auch nicht-kugelsymmetrische Eigenfunktionen der Elektronen berücksichtigen muß. Ist die röntgenographisch oder mit anderem Beugungsverfahren bestimmte Raumgruppe richtig, so muß die Elektronenverteilung um ein Atom mindestens die Punktsymmetrie des besetzten Gitterkomplexes besitzen. Die Raumgruppe kann aber nicht genügend genau bestimmt worden sein, vor allen Dingen, wenn in der Struktur Atome mit höherer Ordnungszahl vorkommen. Die geringen relativen Änderungen der Elektronendichteverteilung durch die Valenzelektronen führen nur zu schwachen Änderungen im Beugungsbild. Diese Frage ist in vielen ·Fällen bedenkenlos, da eine Verschiedenheit in der chemischen Bindung auch im allgemeinen zu einer verschiedenen Umgebungssymmetrie führt und die Bindungsabstände charakteristisch für die potentielle Energie der Bindung sind. Es kann aber doch feinere Unterschiede geben. Beispielsweise tritt das kubische flächenzentrierte Gitter in einer ganzen Reihe von Raumgruppen als spezieller Gitterkomplex mit unterschiedlicher Punktsymmetrie auf. Man kann es also auf Grund einer relativ groben Röntgenstrukturbestimmung nicht ohne weiteres in die höchstsymmetrische Raumgruppe $F\,m\,3\,m$ einordnen. Erst sehr feine Untersuchungsverfahren könnten in diesen Fällen eine Entscheidung bringen.

Die Kristallstrukturen der Elemente lassen sich mit wenigen Ausnahmen aus der Theorie der Raumgruppen ableiten, wenn man die folgenden Grundsätze als Leitprinzip verwendet.

1. Das Symmetrieprinzip. Das Elementgitter ist dann am wahrscheinlichsten, wenn jedes Atom sich in bezug auf seine Umgebung gleichwertig verhält. In der Raumgruppentheorie bedeutet das: es ist nur ein Gitterkomplex besetzt.

Von den möglichen Gitterkomplexen der einzelnen Raumgruppen ist derjenige am wahrscheinlichsten, der die höchste Punktsymmetrie und damit meist die höchste Zahl nächster Nachbarn im gleichen Abstand (Koordinationszahl) besitzt.

2. Eigensymmetrie der Bindung. Das Symmetrieprinzip 1. gilt nur dann uneingeschränkt, wenn die chemische Bindung mit der Punktsymmetrie des Gitterkomplexes verträglich ist (Eigensymmetrie der chemischen Bindung). Gibt die chemische Bindung eine niedrige Koordination vor, so ist das Symmetrieprinzip 1. dahingehend abzuändern, daß der Gitterkomplex herauszusuchen ist, der die vorgegebene Eigensymmetrie erfüllt. In Raumgittern können nur die Koordinationszahlen 12, 8, 6, 4, 3, 2, 1 für die Atome *eines* Gitterkomplexes auftreten. Es könnte Eigensymmetrien geben, die mit keiner Raumgruppe verträglich sind.

Die Forderung nach der höchsten Koordinationszahl steht unmittelbar mit der Gitterenergie im Zusammenhang, da diese dann am geringsten ist, wenn

---

[1] International Tables for X-Ray-Crystallography. Birmingham 1952.

eine möglichst große Zahl nächster Nachbarn, deren Anteile zur Bindungsenergie überwiegen, vorhanden ist. Allerdings gilt das nur dann in aller Strenge, wenn das Potential der Atome z.B. kugelsymmetrisch ist.

β) Elementgitter. Auf Grund dieser Überlegungen findet man bei Annahme eines kugelsymmetrischen Potentials der Atome zwei Gitter als die wahrscheinlichsten, nämlich 1. das kubisch-flächenzentrierte Gitter (BRAVAIS-Gitter $Fm3m$), 2. die hexagonal dichteste Kugelpackung $\left(\text{Raumgruppe } P\,\dfrac{6_3}{m}\,m\,c\right)$.

Die beiden Gitter sind in Fig. 42 und 43 in der Auffassung als dichteste Kugelpackungen wiedergegeben. Daß auch das kubisch flächenzentrierte eine „dichteste Kugelpackung" ist, erkennt man auch aus Fig. 42 unmittelbar; die hexagonalen Kugelschichten liegen senkrecht zur Würfeldiagonalen.

Fig. 42. Kubisch dichteste Kugelpackung (kubisch-flächenzentriertes Gitter).

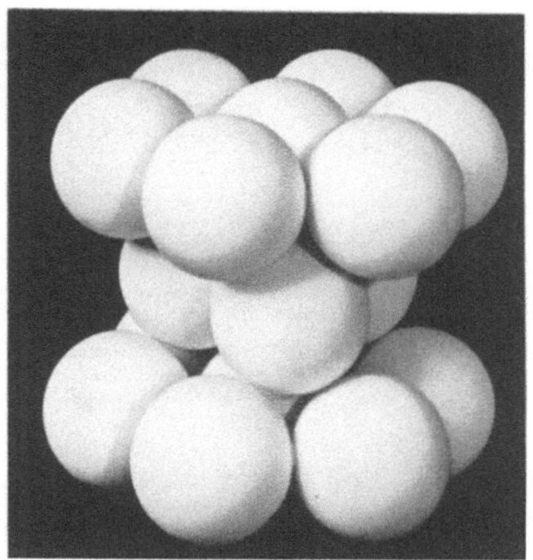

Fig. 43. Hexagonal dichteste Kugelpackung.

Der im Gitter $Fm3m$ besetzte Gitterkomplex 000 hat die Punktsymmetrie $m3m$, eines der nächsten Nachbaratome von 000 ist z. B. das in $\frac{1}{2}\frac{1}{2}0$[1]; die Anwendung der Punktsymmetrie dieser speziellen Lage erzeugt insgesamt zwölf gleichwertige Nachbarn (vgl. Fig. 44).

Zum Gitterkomplex $\frac{1}{3}\frac{2}{3}0$ der Raumgruppe $P\,\dfrac{6_3}{m}\,m\,c$ gehört die gleichwertige Atomlage $\frac{2}{3}\frac{1}{3}\frac{1}{2}$; die Anwendung der Punktsymmetrie $\bar{6}m2$[†] auf die nächsten Nachbarn des Atoms $\frac{1}{3}\frac{2}{3}0$ in $\frac{2}{3}\frac{2}{3}0$ und $\frac{2}{3}\frac{1}{3}\frac{1}{2}$ ergibt je sechs gleichwertige Nachbarn (s. Fig. 45), deren Abstände dann gleich sind, wenn $\frac{c}{a}=1{,}63$ ist. Die Bestimmung der Koordinationszahl und Abstände aus den Raumgruppentabellen werden wir weiter unten an einem Beispiel näher erläutern.

In Tabelle 16 ist das periodische System der Elemente mit ihren Elektronenkonfigurationen im freien Atom und ihren Strukturen wiedergegeben. Man erkennt daraus, daß die Edelgase und die Metalle einschließlich der Übergangsmetalle mit Ausnahme der systematischen Abweichung der Alkalimetalle vorwiegend die dichtesten Kugelpackungen einnehmen. Dieses Verhalten entspricht durchaus den Erwartungen, da erstere die Kugelsymmetrie der Gesamt-Elektroneneigenfunktionen besitzen und letztere annähernd als „Ionen" im Gas ihrer Valenzelektronen angesehen werden können.

---

[1] Vgl. International Tables for X-Ray-Crystallography, S. 338. Birmingham 1952.
[†] Vgl. International Tables for X-Ray-Crystallography, S. 305. Birmingham 1952.

Daß ausgerechnet die Alkalien einen Gittertyp einnehmen, der von unserer Regel abweicht, ist überraschend, da sich gerade diese Elemente wie wahre Metalle verhalten sollten. Sie besitzen einen Strukturtyp der Koordinationszahl 8, das bereits bei den Bravais-Gittern besprochene kubisch innenzentrierte Gitter

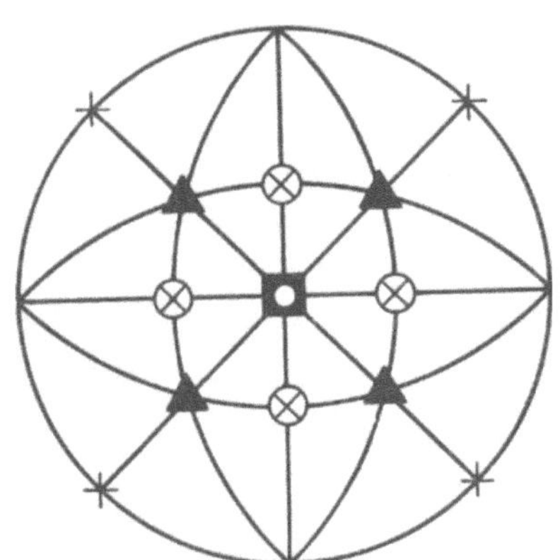

Fig. 44. Stereographische Projektion der Nachbarschafts-verhältnisse der Punktlage 0, 0, 0 in $Fm3m$. Punktsym-metrie $m3m$. Der Punkt mit den Koordinaten $\left[\frac{1}{2}\,\frac{1}{2}\,0\right]$ wird verzwölffacht. × Oberseite, ○ Unterseite, + Äquator der Projektionskugel.

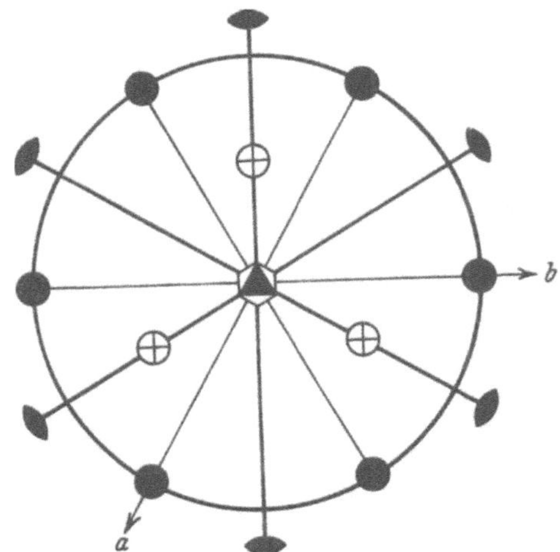

Fig. 45. Nachbarschaftsverhältnisse der Punktlage $\frac{1}{3}\,\frac{2}{3}\,0$ in $P\frac{6_3}{m}mc$. ● 6 Nachbarn in [100]; +, ○ 6 Nachbarn in $\left[\frac{1}{3}\,\frac{\bar{1}}{3}\,\frac{1}{2}\right]$.

(Fig. 46). Es ist zwar auch ein ziemlich dicht gepacktes Gitter, mit 68% Raum-erfüllung gegenüber 74% der dichtesten Kugelpackungen, jedoch erklärt das nicht die systematische Abweichung der Alkalien von dieser Regel.

Fig. 46. Kubisch raumzentriertes Gitter. Koordinationszahl 8.

Abgesehen von der Koordinationszahl besteht der Hauptunterschied zwischen den beiden Kugelpackungen einerseits und dem kubischen innenzentrierten Gitter andererseits darin, daß bei den ersteren die nächsten Nachbarn eines Atoms auch nächste Nachbarn unter sich sind, was für das kubisch innen-zentrierte Gitter nicht zutrifft. Man muß also annehmen, daß die Bevorzugung des innen-zentrierten Gitters durch das Bestreben ver-ursacht wird, die Atome in zwei Kategorien einzuteilen, die unter sich verschieden ge-bunden sind. Welcher Natur diese Bindung sein könnte, ist jedoch noch unklar.

Wenn man vom gelegentlichen Auftreten des kubisch-innenzentrierten Gitters absieht, erkennt man auch bei den Übergangsmetallen noch weitere Ausnahmen. Die Elemente Mn, Cr und andere haben Strukturen, die nicht in einfacher Weise zu deuten sind. Da man aber berücksichtigen muß, daß bei allen diesen Übergangselementen d-Elektronen an den Bindungen beteiligt sein können, müssen hier auch andere Bindungskräfte als rein metallische ausschlaggebend sein.

Die Elemente Zn, Cd und Hg haben zwar den Kugelpackungen sehr ver-wandte Strukturen (Hg rhomboedrisch verzerrte Kugelpackung), jedoch weicht

Tabelle 16. *Elektronenkonfigurationen und Kristallstrukturen der Elemente.*
○ Kubisch dichteste Kugelpackung; ● hexagonale dichteste Kugelpackung; ⊡ kubisch-innenzentriertes Gitter; def. = deformiert, oder vom idealen Achsenverhältnis abweichend; Ziffern 1, 2, 3, 4, 6 geben die Koordinationszahlen der nächsten Nachbarn an; Phasenbezeichnungen α, β usw. sind meist kompliziertere Gitter.

	$n=1$	$n=2$	$n=3$	$n=4$	$n=5$	$n=6$	$n=7$
ns	H 1 ⊡	Li† ⊡	Na ⊡	K ⊡	Rb ⊡	Cs ⊡	Fr
$(ns)^2$	He ●	Be ●	Mg ●	Ca ●○	Sr ○	Ba ⊡	Ra
$[(n-1)d](ns)^2$				Sc ●○	Y ●	La seltene Erden 4f-Reihe ●○	Ac 5f-Reihe
$[(n-1)d]^2(ns)^2$				Ti ●⊡	Zr ●⊡	Hf ●	
$[(n-1)d]^{3,4,3}(ns)^{2,1,2}$				V ⊡	Nb ⊡	Ta ⊡	
$[(n-1)d]^{5,5,4}(ns)^{1,1,2}$				Cr ⊡●γ	Mo ⊡	W ⊡,β(2+6)?	
$[(n-1)d]^5(ns)^2$				Mn α,β,γ,○?	Tc (Ma) ●	Re ●	
$[(n-1)d]^{6,7,6}(ns)^{2,1,2}$				Fe ⊡○	Ru ●	Os ●	
$[(n-1)d]^{7,8,7}(ns)^{2,1,2}$				Co ●○	Rh ○	Ir ○	
$[(n-1)d]^{8,10,9}(ns)^{2,0,1}$				Ni ●○	Pd ○	Pt ○	
$[(n-1)d]^{10}(ns)^1$				Cu ○	Ag ○	Au ○	
$[(n-1)d]^{10}(ns)^2$				Zn def. ●	Cd def. ●	Hg def. ○	
$(ns)^2+(np)^1$		B α,β	Al ○	Ga 2	In def. ○	Tl ●⊡	
$(ns)^2+(np)^2$		C 4, 3	Si 4	Ge 4	Sn¹ 4, def. 4 (4+2)	Pb ○	
$(ns)^2+(np)^3$		N 1	P (2+1)	As 3	Sb 3	Bi 3	
$(ns)^2+(np)^4$		O α,β,γ	S 2	Se 2	Te 2	Po 6?	
$(ns)^2+(np)^5$		F	Cl 1	Br 1	J 1	At —	
$(ns)^2+(np)^6$		Ne ○	Ar ○	Kr ○	X ○	Rn —	

Lanthaniden 4f-Reihe

La	Ce	Pr	Nd	Pm	Sm	Eu	Gd	Tb	Dy	Ho	Er	Tm	Yb	Cp
●○	●○	●○	●	—	α	⊡	●	●	●	●	●	●	○	●

Actiniden 5f-Reihe

Ac	Th	Pa'	U	Np	Pu	Am	Cm	Bk	Cf			
	○		$\alpha,\beta,$⊡ (= ⊡ ?)	α,β,γ	○, ⊡ def. ⊡ α,β,γ							

¹ 4 bedeutet: Diamantgitter; def. 4: deformiertes Diamantgitter.
† Bei den Alkalien wurden bei hohen Drucken auch dichteste Kugelpackungen beobachtet.

bei Zn und Cd das Achsenverhältnis c/a sehr stark vom Idealwert 1,63 ab, womit diese Elemente nur noch die strenge Koordinationszahl 6 haben; das wird gelegentlich als Fortsetzung des $(8-n)$-Postulats $(8-2=6)$ für die Koordination gedeutet. Dieser Erklärung kommt höchstens eine formale Bedeutung zu. Partiell homöopolare Bindungskräfte spielen aber sehr wahrscheinlich eine Rolle.

Recht komplex ist auch das Verhalten der dritten Gruppe des periodischen Systems. Hier steht eine einwandfreie Deutung noch aus. Vom Element B sind zwei Phasen mit ihren Gitterkonstanten bekannt, jedoch sind die Strukturen selbst noch nicht bestimmt worden. Sie enthalten sicher ungleichwertige B-Atome (sehr viele Atome im Elementarbereich) und bilden daher eine Ausnahme bezüglich unseres Symmetrieprinzips. Da aber z.B. auch die Borhydride ein

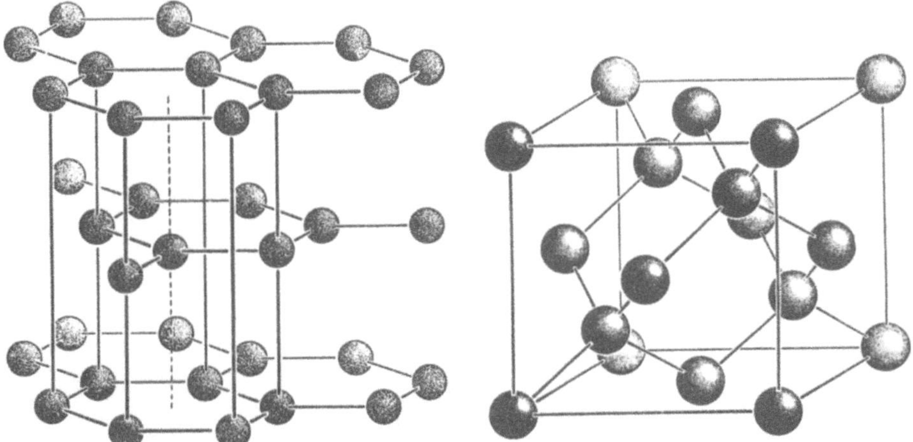

Fig. 47. Graphitgitter, (C). Aus Ernst, Gittertypen anorganischer Kristalle, Landolt-Börnstein, Bd. I, 4. Im folgenden auch mit „aus Ernst" bezeichnet.

Fig. 48. Diamantgitter, (C) (aus Ernst).

recht komplexes Resonanzverhalten zeigen[1], ist das Analoge für die Elementstruktur nicht sehr verwunderlich. Al verhält sich wie die wahren Metalle, dagegen zeigen Ga, In, Tl mit der Ordnungszahl fallende homöopolare Bindungstendenzen. Ga hat deutliche Molekülbildung im Gitter, die Raumgruppe und Gitterkomplexbesetzung (aber nicht der Parameter) ist mit derjenigen von J und Br identisch (s. weiter unten). In und Tl zeigen eine merkliche Annäherung an die dichtesten Kugelpackungen, ihre Strukturen werden hier nicht besprochen. Ähnlich wie bei Zn, Cd und Hg hängt die partielle homöopolare Bindung mit den gerade besetzten d-Elektronenzuständen zusammen.

Die vierte Gruppe des periodischen Systems ist für die homöopolare Bindung charakteristisch. C ist dimorph; die unter normalen Bedingungen stabile Struktur ist das Graphitgitter (Fig. 47) mit der Koordinationszahl 3. In Analogie zum Benzol führt man die C—C-Bindung auf σ-Bindungen (Austauschresonanz zwischen koaxialen p-Elektronen) und Resonanz der beim Benzol diskutierten π-Bindungen (Austauschbindung zwischen parallelen p-Elektronen) zurück. Die Resonanz der π-Bindungen wird für die metallische Leitfähigkeit des Graphits verantwortlich gemacht[2]. Die nur unter sehr hohen Drucken zu stabilisierende Diamantstruktur des C hängt mit (sp^3)-Hybridbindung (tetraedrischer Valenz)

---

[1] Vgl. L. Pauling: The Nature of the Chemical Bond, S. 259 ff. New York 1948.
[2] Vgl. M. Bradburn, C. A. Carlson u. G. S. Rushbrooke: Proc. Roy. Soc. Edinburgh, Ser. A 62, 336 (1948).

zusammen[1] (Fig. 48). Das Gitter hat also die Koordinationszahl 4 und ist sehr locker gepackt. Auch die Elemente Si, Ge sowie Sn (graues Sn) kristallisieren in der gleichen Struktur. Sn ist aber dimorph, die weitere Modifikation ($T > 18°$C, Koordinationszahl 6) kann als stark deformiertes Diamantgitter aufgefaßt werden (tetragonale Verzerrung der Diamantstruktur unter Annäherung an die Koordinationszahl 6). Pb kristallisiert bereits wieder als kubisch dichteste Kugelpackung. Allerdings besitzt das Gitter nicht die gleiche Stabilität wie die Kugelpackungen der übrigen Metalle. Die vierte Gruppe zeigt besonders charakteristisch den kontinuierlichen Übergang von homöopolarer zu metallischer Bindung. Infolge der Kugelsymmetrie der inneren Elektronenschalen, welche die von der Kugelsymmetrie abweichenden Eigenfunktionen beeinflussen, tritt der homöopolare Charakter der Bindung mit steigender Zahl innerer Elektronen immer mehr zurück. Besonders charakteristisch zeigt das die Tabelle 17 der Schmelzpunkte dieser Elemente.

Tabelle 17. *Abnehmende homöopolare Bindung in der vierten Gruppe des periodischen Systems.* (Graphit- und Diamant- bzw. diamantähnliche Gitter.) Dargestellt durch die Schmelzpunkte.

C	Si	Ge	Sn
über 3000°	1414°	958°	231,8°

Die fünfte Gruppe des periodischen Systems, also die Elemente N, P, As, Sb, Bi, haben mit Ausnahme des Stickstoffs ein Gitter der Koordinationszahl 3. Die zu vermutenden (p^3)-Bindung hat trigonale Symmetrie mit drei Valenzen unter einem 90° sehr naheliegenden Valenzwinkel. Aber schon P erfüllt diese Bedingung nicht mehr streng und N bildet ein Gitter mit N_2-Molekülen. As, Sb, Bi haben die gleiche Raumgruppe ($R\bar{3}m$) mit gleicher Gitterkomplexbesetzung, auch ihre Parameterwerte sind sehr ähnlich. Wir wollen an dieser Struktur zeigen, wie man sich mit Hilfe der Raumgruppentheorie sehr leicht in den Strukturverhältnissen zurechtfindet. Folgende Angaben bestimmen die Struktur eindeutig:

1. Raumgruppe $R\bar{3}m$.
2. Gitterkonstanten:

	As	Sb	Bi
a	4,123	4,498	4,736
α	54°10′	57°6,6′	57°14,5′

3. Gitterkomplex ($u\,u\,u$) Punktsymmetrie: $3\,m$.

4. Parameter: As: $u = 0{,}226$　Sb: $u = 0{,}233$; Bi: $u = 0{,}237$.

Der Gitterkomplex umfaßt die gleichwertigen Atomlagen

$$u\,u\,u, \quad \bar{u}\,\bar{u}\,\bar{u}.$$

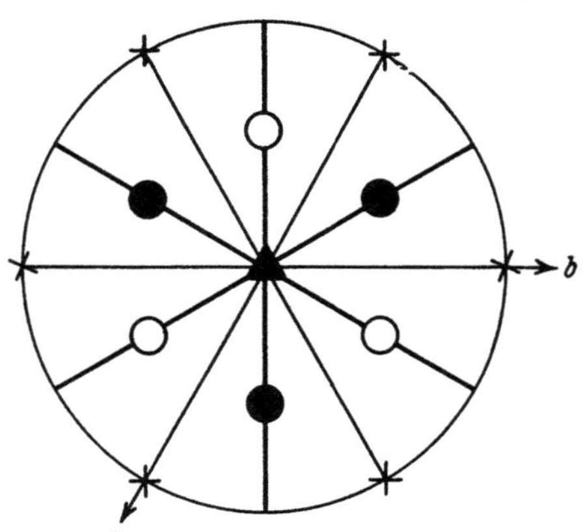

Fig. 49. Nachbarschaftsverhältnisse der Punktlage $u\,u\,u$ in $R\bar{3}m$. ● 3 Nachbarn in $[2u - 1\,2u\,2u]$; ○ 3 Nachbarn in $[2u - 1\ 2u - 1\ 2u]$; + 6 Nachbarn in $[1\bar{1}0]$.

Daraus kann man sich die Nachbarschaftsverhältnisse unmittelbar ableiten. Wir betrachten drei Arten gleichwertiger nächster Nachbarn. [Vgl. Fig. 49. Der Koordinatenursprung wird auf das Atom $u\,u\,u$ gelegt.]

1. Anzahl 3　　$2u - 1$,　　$2u$,　　$2u$
2. Anzahl 3　　$2u - 1$,　$2u - 1$,　$2u$
3. Anzahl 6　　　1　　　　$\bar{1}$　　　0.

<hr>

[1] Bezüglich der Berechnung der Bindungsenergie der Gitter vom Diamant-Typ siehe U. DEHLINGER u. H. SCHENK: Z. Physik **136**, 344 (1953). Dort weitere Literaturangaben.

Für Fig. 49 sind diese rhomboedrischen Koordinatenwerte auf hexagonale um-
zurechnen. Die Abstände berechnen wir gemäß Gl. (27.1) mit der Matrix

$$g_{ik} = a^2 \begin{pmatrix} 1 & \cos\alpha & \cos\alpha \\ \cos\alpha & 1 & \cos\alpha \\ \cos\alpha & \cos\alpha & 1 \end{pmatrix}.$$

Damit erhalten wir folgende Abstandsformeln:

$$\left. \begin{aligned} r_1 &= a\sqrt{4u(3u-1)(1+2\cos\alpha)+1}\,, \\ r_2 &= a\sqrt{4u(3u-2)(1+2\cos\alpha)+2(1+\cos\alpha)}\,, \\ r_3 &= a\sqrt{2(1-\cos\alpha)}\,, \end{aligned} \right\} \tag{29.1}$$

Tabelle 18. *Atomabstände und Valenzwinkel vom As, Sb und Bi.*

	r_1 (Å)	r_2 (Å)	r_3 (Å)	ϑ
As	2,502	3,131	3,754	97° 04′
Sb	2,894	3,353	4,300	96° —
Bi	3 104	3,474	4,538	93° 56′

deren Werte für die Elemente As, Sb, Bi in Tabelle 18 wiedergegeben wurden. Man erkennt also, daß streng genommen ein Gitter der Koordinationszahl 3 vorliegt.

Jedes Atom hat drei nächste Nachbarn (vgl. Fig. 49) trigonal nach unten oder oben. Auf der entgegengesetzten Seite besitzt es drei weitere Nachbarn mit deutlich größerem Abstand. In der Zeichenebene von Fig. 49 liegen sechs noch weiter entfernte Nachbarn. Aus diesen Überlegungen übersieht man sofort den Doppelnetzcharakter des Gitters. Weiteren Aufschluß über die Strukturverhältnisse erhält man aus der Betrachtung des Valenzwinkels. Gemäß Gl. (27.3) ergibt sich dieser zu

$$\cos\vartheta = \frac{[4u(3u-1)](1+2\cos\alpha)+\cos\alpha}{[4u(3u-1)](1+2\cos\alpha)+1}. \tag{29.2}$$

Die Valenzwinkel sind in Tabelle 18 mit aufgeführt.

Die Gitter erhalten die strenge Koordinationszahl 6 für $u=0{,}25$ und $\alpha=60°$. In diesem Fall wird nämlich gemäß Gl. (29.1) $r_1=r_2$ und nach (29.2) $\vartheta=90°$. Der Gitterkomplex hat dann kubische Symmetrie und ist mit dem einfach kubischen Gitter (Bravais-Gitter $Pm3m$) identisch. Man erkennt aus Tabelle 18 deutlich, daß vom As zum Bi eine steigende Annäherung an dieses höher symmetrische Gitter eintritt, dieses aber nicht erreicht wird.

Auf der anderen Seite wird $r_1=r_2=r_3$ für $u=0{,}25$ und $\alpha=33°34'$. In diesem Falle liegt das kubisch flächenzentrierte Gitter vor, man erkennt aber deutlich, daß besonders α von As zu Bi von diesem Wert abweicht. Der Valenzwinkel spielt also bei diesen Strukturen eine entscheidende Rolle. Im Gegensatz zur vierten Gruppe des periodischen Systems ist also die (p^3)-Bindung auch für höhere Ordnungszahlen der Elemente strukturbestimmend (keine gemischten Eigenfunktionen!). Ein Strukturbild der Gitter As, Sb und Bi gibt Fig. 50 wieder.

Die Elemente O, S, Se, Te, Po (s. Tabelle 16) besitzen mit Ausnahme des O (O_2-Moleküle) Kettengitter, die allgemein mit der homöopolaren (p^2)-Bindung gedeutet werden; der Valenzwinkel liegt hier ebenfalls etwa bei 90°. S hat in der rhombischen Modifikation zu Ringen geschlossene Ketten. Die Struktur des Se ist in Fig. 51 wiedergegeben.

Die siebente Gruppe des periodischen Systems ist durch das Auftreten von Molekülstrukturen gekennzeichnet, wobei H_2 dem Idealmolekülgitter noch am nächsten kommt, die F_2-struktur ist noch nicht bekannt; Cl_2 gehört einer anderen Raumgruppe an als Br_2 und J_2 (Fig. 52), alle drei zeigen aber A_2-Molekülbildung; allerdings kann diese nicht allein für die Gitterenergie verantwortlich sein, wie die Verschiedenheit der Gittertypen beweist.

Aus den Strukturen der Elemente erkennt man bereits, daß ihre Kristallstrukturen durchaus noch nicht lückenlos gedeutet werden können, und man daher bei den Verbindungen in steigendem Maße mit Schwierigkeiten rechnen muß.

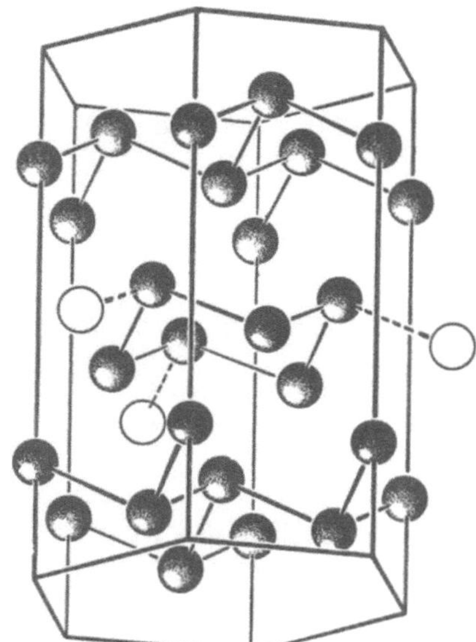

Fig. 50. Arsengitter (aus Ernst).

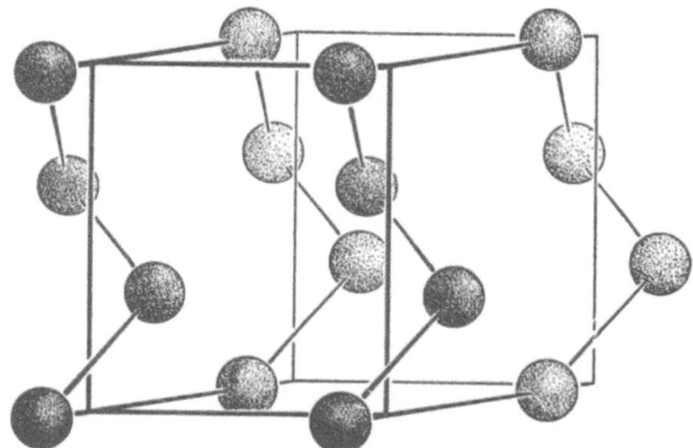

Fig. 51. Selengitter (aus Ernst).

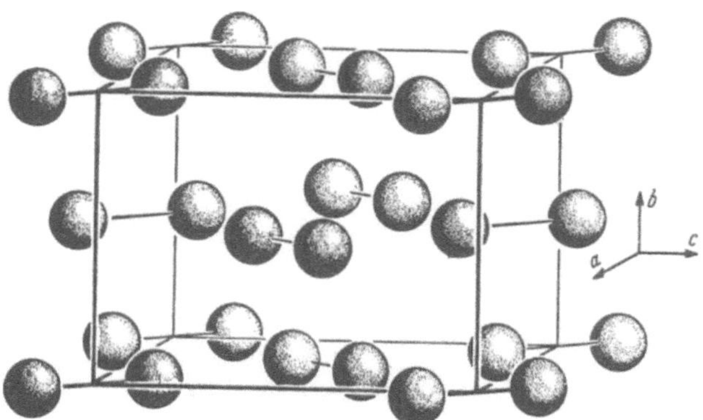

Fig. 52. J_2-Gitter (aus Ernst).

30. *AB*-Verbindungen. Wenn wir bei der Diskussion der Gitter von einem stöchiometrischen Verhältnis der Elemente ausgehen, so tun wir das nur, weil man unter diesem Gesichtspunkt die Geometrie der Gitter am besten verstehen kann. Der physikalisch sinnvollere Weg, von einer Schmelze oder Lösung bestimmter Zusammensetzung ausgehend die zu erwartenden Phasen vorauszusagen, kann vom Standpunkt der heutigen Kenntnis über die Festkörper leider noch nicht beschritten werden.

Die wichtigsten *AB*-Verbindungen kann man sich unmittelbar aus den Elementstrukturen ableiten, wenn man z.B. Raumerfüllungsfragen, die immer mit der Umgebungssymmetrie der Atome zusammenhängen, in den Vordergrund schiebt. Die wichtigsten Elementstrukturen sind die beiden dichtesten Kugelpackungen. Diese besitzen nun aber noch Lücken, nämlich oktaedrische und

Fig. 53. Tetraedrische (*1*) und oktaedrische (*2*) Lücken in den dichtesten Kugelpackungen.

Fig. 54. NaCl-Gitter. Auffüllung der oktaedrischen Lücken der kubisch dichtesten Kugelpackung (vgl. Fig. 42).

tetraedrische (Fig. 53), und zwar ebensoviel oktaedrische Lücken wie Atome, aber doppelt soviel tetraedrische Lücken. Daß solche Gitter besonders dann auftreten, wenn die kleineren Atomarten in diese Lücken passen und keine

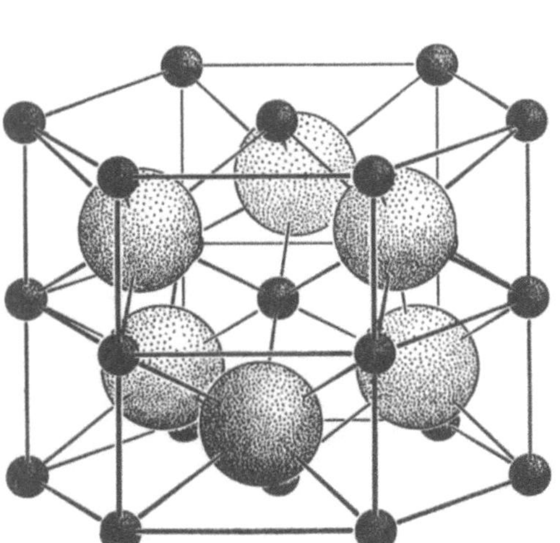

Fig. 55. NiAs-Gitter (aus Ernst). Auffüllung der oktaedrischen Lücken der hexagonal dichtesten Kugelpackung.

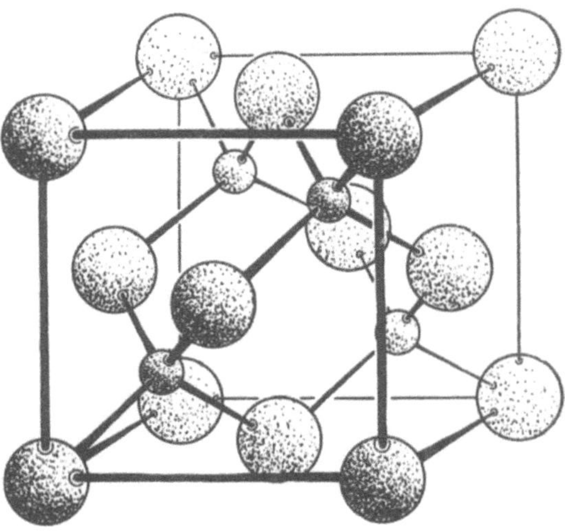

Fig. 56. Zinkblendegitter, (ZnS). Auffüllung eines Teils der tetraedrischen Lücken in der kubisch dichtesten Kugelpackung.

Valenzbindung vorhanden ist, kann man allein aus der Betrachtung der Gitterenergie ableiden. (Mit der vollständigen Auffüllung der tetraedrischen Lücken gelangen wir zu einem AB_2-Gitter, das weiter unten noch besprochen wird.) Solche auf dem Prinzip der dichtesten Kugelpackung basierende Gitter werden wir also bei vorwiegend heteropolarer und metallischer Bindung der Verbindungspartner erwarten dürfen. Wir erhalten das NaCl-Gitter (Fig. 54), das NiAs-

Gitter (Fig. 55), das Zinkblendegitter (Fig. 56) und das Wurtzitgitter (Fig. 57) durch die folgenden Lückenbesetzungen:

Tabelle 19.

	Oktaedrische Lücken	Tetraedrische Lücken
Kubische Kugelpackung	NaCl-Typ	Zinkblendetyp
Hexagonale Kugelpackung	NiAs-Typ	Wurtzittyp

Im kubisch innenzentrierten Gitter existieren keine so ausgesprochenen Lücken wie bei den Kugelpackungen. Man erhält aber einen sehr wichtigen Gittertyp, wenn man das innenzentrierte Atom durch ein *B*-Atom ersetzt, nämlich das CsCl-Gitter (Fig. 58).

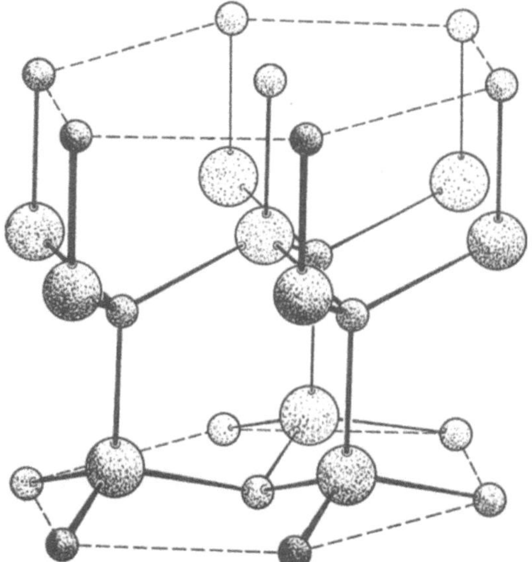

Fig. 57. Wurtzitgitter, (ZnS). Auffüllung eines Teils der tetraedrischen Lücken in der hexagonal dichtesten Kugelpackung.

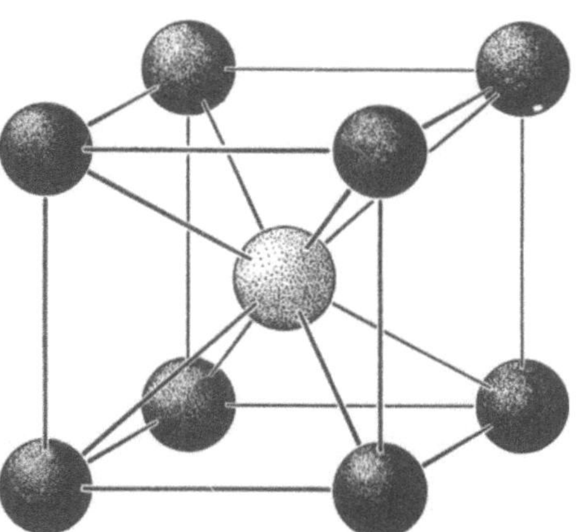

Fig. 58. CsCl-Gitter; aus dem kubisch innenzentrierten Gitter ableitbar. (Vgl. Fig. 46. Aus ERNST.)

Das Zinkblendegitter ist nun aber in ähnlicher Weise auch aus dem ausgesprochen homöopolaren Diamantgitter abzuleiten, wenn man die gleichen Atome in Fig. 48 durch zwei Atomarten ersetzt (vgl. Fig. 48 mit 56). Dieses hochsymmetrische Gitter könnte also als homöopolar, aber auch als heteropolar oder metallisch angesehen werden. Dieser unglückliche geometrische Zufall erlaubt es also zunächst nicht, eindeutig den Charakter der chemischen Bindung festzulegen, ähnlich wie es natürlich auch bei den anderen Gittertypen in bezug auf die metallische und heteropolare Bindung ist.

Während aber Zinkblende- und Wurtzitgitter die gleiche Koordination der nächsten und übernächsten Nachbarn besitzt, zeigen das NaCl- und das NiAs-Gitter einen wesentlichen Unterschied. Die gleichwertigen Atome in den oktaedrischen Lücken sind bei letzterem einander näher als bei der Lückenbesetzung kubischer Kugelpackung; sie bilden Ketten (Fig. 55). Aus diesem Grunde tritt dieser Typ nicht bei vorwiegend heteropolarer Bindung auf, sondern dann, wenn homöopolare bzw. metallische Bindungstendenzen überwiegen. Das äußert sich dann im allgemeinen in einer Verkleinerung des Achsenverhältnisses c/a gegenüber dem Idealwert von 1,63 für die dichtesten Kugelpackungen.

Vom Standpunkt der heteropolaren Bindung lassen sich die Stabilitätsverhältnisse des CsCl-, NaCl- und der beiden ZnS-Gitter durchaus übersehen (letztere unterscheiden sich nur wenig bezüglich ihrer Gitterenergien). Unter Annahme von Zentralladungen und Einführung eines kugelsymmetrischen Abstoßungspotentials, das vom Radius der Ionen abhängt, kann man die Gitterenergien der Strukturen als Funktion des Radienquotienten von $R_A : R_B$ (R_A = Radius des Kations, R_B = Radius des Anions) berechnen. Das wurde von BORN und MAYER[1] durchgeführt, (die außerdem noch die VAN DER WAALS-Bindung und die Nullpunktsenergie berücksichtigten). Ihr Ergebnis entspricht der folgenden Überlegung: sieht man die Ionen als starre Kugeln an, ersetzt also das Abstoßungspotential durch eine beim Radius R_A bzw. R_B einsetzende unendliche Potentialschwelle, so erkennt man aus Gl. (28.1) sofort, daß die Gitterenergie solange umgekehrt proportional zum Anionen-Kationenabstand sinkt, bis durch die Berührungen der größeren Teilchen unter sich eine weitere Verkleinerung dieses Abstands verhindert wird. In der Umgebung dieses kritischen Radienquotienten wird dann ein anderer Gittertyp stabil werden (mit kleinerer MADELUNGscher Konstante und kleinerer Koordinationszahl, die einen kleineren Anionen-Kationenabstand zulassen). An welcher genauen Stelle der Übergang stattfindet, kann nicht unmittelbar bestimmt werden, weil die Entropien der Gittertypen nicht bekannt sind. Die kritischen Radienquotienten, bei denen die Berührung der größeren Ionen unter sich eintritt, sind für die Typen folgende:

CsCl-Typ 0,732

NaCl-Typ 0,414

ZnS-Typ 0,225.

Die MADELUNGschen Konstanten von CsCl- und NaCl-Typen sind nahezu gleich (1.76) und (1.75); aus diesem Grund kann eine scharfe Grenze zwischen beiden in bezug auf die Radienquotienten nicht erwartet werden. Dagegen sind die MADELUNGschen Konstanten der beiden ZnS-Gitter (1.64) deutlich kleiner; deshalb müßte die Abgrenzung der NaCl- und ZnS-Gitter auf Grund der Ionenradien deutlicher sein. Der Existenzbereich des NaCl-Gitters sollte aus dem gleichen Grunde zu kleineren Werten des Radienquotienten als 0,414 führen.

Tabelle 20. *Kristallstrukturen der Alkalihalogenide. Stabilitätsbereich des NaCl-Typs umrandet*

	F	Cl	Br	J
Li	NaCl	NaCl	NaCl	NaCl
Na	NaCl	NaCl	NaCl	NaCl
K	NaCl	NaCl	NaCl	NaCl
Rb	NaCl	NaCl	NaCl	NaCl
Cs	NaCl*	CsCl	CsCl	CsCl

* An sich Anti-NaCl-Typ. (Kationen größer als Anionen.)

Tabelle 21.
Wie Tabelle 20 für Erdalkalisalze.

	O	S	Se	Te
Be	ZnS	ZnS	ZnS	ZnS
Mg	NaCl	NaCl	NaCl	ZnS
Ca	NaCl	NaCl	NaCl	NaCl
Sr	NaCl	NaCl	NaCl	NaCl
Ba	NaCl	NaCl	NaCl	NaCl

Mit BeO setzt bereits der Übergriff der ZnS-Typen zum NaCl-Typ ein.

In den Tabelle 20 und 21 sind die Verhältnisse für die Alkali- und Erdalkalisalze dargestellt. Das umrandete Gebiet stellt den auf Grund der Radienquotienten der Ionen ermittelten Stabilitätsbereich des NaCl-Gitters dar, und man erkennt, daß mit Ausnahme des starken Übergreifens des NaCl-Typs auf den

---

[1] M. BORN u. J. E. MAYER: Z. Physik **75**, 1 (1932).

Bereich des CsCl-Gitters, was auf Grund der nahezu gleichen Gitterenergien verständlich ist, diese Regel einigermaßen erfüllt ist.

Tabelle 22. *Wie Tabelle 20 für Cu-, Ag-Halogenide.*

	F	Cl	Br	J
Cu	ZnS	ZnS	ZnS	ZnS
Ag	NaCl	NaCl	NaCl	NaCl

Alle mit Ausnahme von AgF (CsCl-Typ) gehören in den Bereich des NaCl-Typ.

Tabelle 24. *Wie Tabelle 20 für Al, Ga, In.*

	N	P	As	Sb
Al	ZnS	ZnS	ZnS	ZnS
Ga	ZnS	ZnS	ZnS	ZnS
In	ZnS	ZnS	ZnS	ZnS

Tabelle 23. *Wie Tabelle 20 für Zn-, Cd-, Hg-Salze.*

	O	S	Se	Te
Zn	ZnS	ZnS	ZnS	ZnS
Cd	NaCl	ZnS	ZnS	ZnS
Hg	rhomb. Str.	ZnS dimorph.	ZnS	ZnS

Drei weitere Tabellen (Tabelle 22, 23 und 24) lassen erkennen, daß auch die ZnS-Typen auf den Radienquotientenbereich des NaCl-Typs übergreifen, je weniger ausgeprägt der heteropolare Charakter dieser Verbindungen ist, besonders erkennt man das an den Halogeniden von Cu und Ag. Bezüglich der Valenzelektronenzahl der Verbindungspartner gilt die GRIMM-SOMMERFELDsche Regel, welche aussagt, daß für das Auftreten der ZnS-Typen die Summe der Valenzelektronen durch 4 teilbar sein muß. Dies wird vielfach mit der tetraedrischen (sp^3)-Bindung in Zusammenhang gebracht, obwohl eigentlich im strengen Sinne nur bei gleichen Atomen von einer Resonanzbindung gesprochen werden dürfte.

Selbstverständlich spielen diese Gitter auch bei den metallischen Verbindungen eine Rolle, obwohl hier stöchiometrische Verbindungen wegen der weit häufigeren Legierungsbildung nicht immer auftreten. Man kann also die Radienquotientenbedingung nicht von den heteropolaren Verbindungen übernehmen. Es gibt aber auch bei den Metallen „Verbindungen", bei denen kleine Atome in den oktaedrischen oder tetraedrischen Lücken der Kugelpackungen eingebaut sind. Solche Verbindungen, die ein Atom mit kleinerem Radius erfordern, haben aber sicherlich nicht rein metallischen Charakter. Besonders häufig wurden sie bei den Hydriden, Carbiden und Nitriden der Übergangsmetalle gefunden (interstitial structures). Bei diesen Strukturen existiert auch eine AB_2-Verbindung mit Besetzung aller tetraedrischen Lücken der kubisch-dichtesten Kugelpackung (Flußspattyp), ein Typ, den wir bei den AB_2-Typen noch besprechen werden.

Trotz der häufigen Legierungsbildung bei den Metallen werden in Zweistoffsystemen einwertiger mit höherwertigen Metallen einige charakteristische Strukturen in der Umgebung bestimmter stöchiometrischer Verhältnisse beobachtet. HUME-ROTHERY[1] hat empirisch festgestellt, daß diese Gittertypen — es handelt sich dabei um die kubisch dichteste Kugelpackung, das kubisch-innenzentrierte Gitter, ein mit γ-Phase bezeichnetes kompliziertes Gitter (vom innenzentrierten Gitter ableitbar) und die hexagonale Kugelpackung — an bestimmte Valenzelektronen-Konzentrationen gebunden sind (HUME-ROTHERY-Phasen). Die empirisch festgestellten Werte von 1,5 Elektron/Atom für das innenzentrierte Gitter, 1,6 für das γ-Gitter und 1,75 für die hexagonale Kugelpackung wurden von

---

[1] Vgl. W. HUME-ROTHERY: The Structure of Metals and Alloys. London 1936.

Jones[1] theoretisch mit der Berührung der ersten Brillouin-Zone und der Fermi-Kugel (s. Ziff. 28) dieser Strukturen gedeutet.

31. AB_2-Verbindungen. Das in der vorigen Ziffer angewendete Prinzip der Lückenauffüllung der dichtesten Kugelpackungen läßt sich in beschränktem Umfang auch noch auf die Gitter mit dem Verhältnis 1:2 der Atomarten anwenden, jedoch werden hier die Verhältnisse durch die andere stöchiometrische Zusammensetzung viel komplizierter.

Tabelle 25. *Antiflußspatgitter.*

	O	S	Se	Te
Li	+	+	+	+
Na	+	+	+	+
K	+	+	+	+
Rb	+	+	(nicht bekannt)	

Das Symmetrieprinzip bevorzugt solche Gitter, bei denen beide Partner je einen Gitterkomplex besetzen. Unter dieser Voraussetzung läßt sich leicht zeigen, daß, mit n als Koordinationszahl für A in bezug auf die nächsten B-Nachbarn, B die Koordinationszahl $\frac{n}{2}$ haben muß (AB_2-Verbindung). Die Anionen sind, wie wir in Ziff. 28 erläutert haben, leichter polarisierbar als die Kationen; da andererseits die Umgebungssymmetrie der Anionen und die Koordinationszahl die polarisierende Wirkung der Kationen bestimmt (vgl. Ziff. 28), werden also besonders Verbindungen vom Typ BA_2 ($A=$Kation, $B=$Anion) günstige Verhältnisse für das Anion ergeben. Bei einwertigen A-Kationen muß B also zweiwertig, bei zweiwertigen A aber B vierwertig (also sehr stark polarisierbar und damit Neigung zur gemischten Bindung) sein. Damit werden aber heteropolare Gitter vom Formeltyp A_2B vornehmlich auf zweiwertige Anionen beschränkt sein. Bei diesen Gittern tritt gemäß Tabelle 25 ausnahmslos das Antiflußspatgitter (Ausfüllung sämtlicher tetraedrischer Lücken der kubisch dichtesten Kugelpackung) Fig. 59 auf, und zwar ziemlich unabhängig vom Radienquotienten. Die Koordinationszahl für Kationen ist in diesem Fall also 4 (tetraedrisch) und für die Anionen 8 (wie im

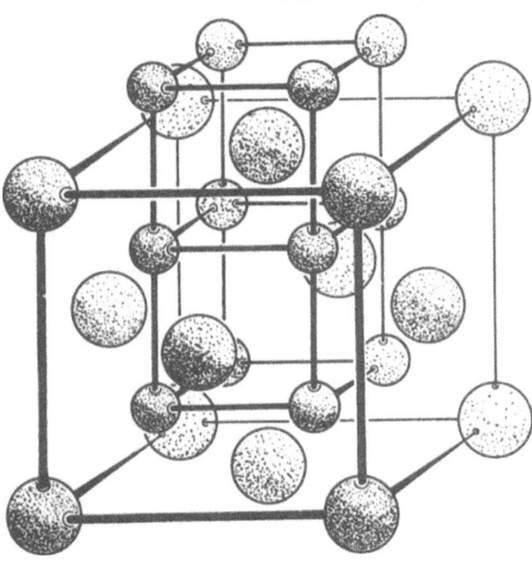

Fig. 59. Antiflußspatgitter (A_2B). Die Anionen haben die Koordinationszahl 8; vgl. Fig. 60.

CsCl-Typ). Wir haben also eine hohe Umgebungssymmetrie der Anionen und damit eine kleine polarisierende Wirkung der Kationen, aus diesem Grunde ist dieser Typ relativ stabil, wie die Tabelle 25 der Antiflußspattypen zeigt.

Die Beständigkeit des Li_2Te kann also nur auf die hohe Umgebungssymmetrie von Anionen zurückgeführt werden, in noch stärkerem Maße gilt das für die Verbindungen Be_2C, Mg_2Si, Mg_2Ge und Mg_2Sn als Antiflußspatgitter. Für die Stabilitätsverhältnisse ließe sich auf Grund der tetraedrischen Lückenbesetzung der Alkalien aus den bei den AB-Gittern angeführten Gründen (Ziff. 30) für

---

[1] H. Jones: Proc. Roy. Soc. Lond., Ser. A **144**, 225 (1934); **147**, 396 (1934).

die untere Grenze ein Radienquotient $R_A/R_B = 0,22$ angeben. Nach oben hin läßt sich jedoch keine Grenze festlegen, weil kein heteropolares Gitter mit höherer Koordinationszahl als 8 und 4 gefunden werden konnte. AB_2-Gitter mit höheren Koordinationszahlen sind zwar bekannt, zeichnen sich aber durch mehr metallischen Bindungscharakter aus (gleiche und ungleiche Teilchen haben etwa vergleichbare Abstände); sie würden unter Annahme heteropolarer Bindung ungünstige Gitterenergien ergeben. Es hat also den Anschein, daß die Koordinationszahlen 4 und 8 für heteropolare A_2B-Gitter die höchstmöglichen Koordinationen sind. Unter dieser Voraussetzung ist der große Stabilitätsbereich der in Tabelle 25 aufgeführten Antiflußspattypen bezüglich der Radienquotienten verständlich (Li$_2$Te: $R_A/R_B = 0,27$; Rb$_2$O: $R_A/R_B = 1,13$).

Da 4wertige Kationen wegen ihrer geringen Polarisierbarkeit und großen polarisierenden Wirkung viel eher stabil sind als 4wertige Anionen, ist es nicht verwunderlich, daß die Substanzen der Typen meist Verbindungen im AB_2-, seltener im A_2B-Verhältnis sind. Nimmt man für diese Gitter als höchste Koordination 8 (Kationen) und 4 (Anionen) an, so liegen für sie die Stabilitätsverhältnisse viel ungünstiger. Niedrigere Koordinationen als 4, z. B. 3 oder 2 für die Anionen sind auch mit einer niedrigeren Umgebungssymmetrie verknüpft, und es ist

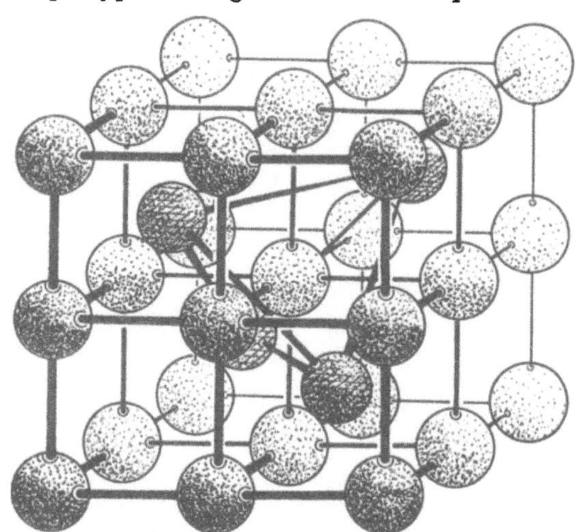

Fig. 60. Flußspatgitter, (CaF$_2$). Die Anionen haben die Koordinationszahl 4; vgl. Fig. 59.

daher bei Verbindungen AB_2 in stärkerem Maße mit der polarisierenden Wirkung der Kationen zu rechnen, als es bei den A_2B-Verbindungen der Fall war.

Im bereits (als Antiflußspatgitter) diskutierten CaF$_2$-Gitter haben die Kationen die Koordinationszahl 8; sie entspricht also hier den Umgebungsverhältnissen im CsCl-Gitter (Fig. 58); in der Tat kann man das CaF$_2$-Gitter auch als kubisch innenzentriertes Gitter auffassen, bei dem die Hälfte aller Würfelzentren durch die Kationen besetzt ist (Fig. 60). Gibt es einen Gittertyp mit den Koordinationszahlen 3 und 6, so liegt die Stabilitätsgrenze dieses Typs also ebenso wie beim Übergang vom NaCl- zum CsCl-Typ der AB-Strukturen.

Für die Koordinationszahlen 6 (Kationen) und 3 (Anionen) gibt es drei besonders wichtige Gittertypen, von denen sich wiederum zwei aus den dichtesten Kugelpackungen ableiten lassen. Besetzen wir in der kubischen und hexagonalen Kugelpackung nur jeweils die Hälfte der oktaedrischen Lücken, indem wir eine Kationenschicht ausfallen lassen, so resultieren (selbstverständlich unter Verzerrung der jeweiligen Symmetrie der Kugelpackung) ausgesprochene Schichtgitter; das CdCl$_2$- und CdJ$_2$-Gitter (Fig. 61 und 62). Die Anionen sind hier zweifellos nicht mehr kugelsymmetrisch, sondern stark durch die Kationen deformiert. Ein weiteres Gitter mit den Koordinationszahlen 6 und 3 ist das tetragonale TiO$_2$-Gitter (Fig. 63). Dieses zeichnet sich zweifellos durch einen geringeren Einfluß der polarisierenden Wirkung der Kationen aus, weil die weitere Kationenumgebung der Anionen eine relativ hohe Koordination anstrebt. Für das Umklappen dieser drei Gitter liegen wegen der nahezu oktaedrischen Koordination der Kationen etwa die gleichen Verhältnisse wie beim NaCl-Typ vor (R_A/R_B der Ionen $> 0{,}41$).

Ein wichtiges Gitter mit den Koordinationszahlen 4 und 2 ist das Cristobalitgitter (Fig. 64). Es läßt sich unmittelbar aus dem Diamantgitter (Fig. 48) ableiten, wenn man die C-Atome durch SiO_4-Tetraeder ersetzt und diese Tetraeder

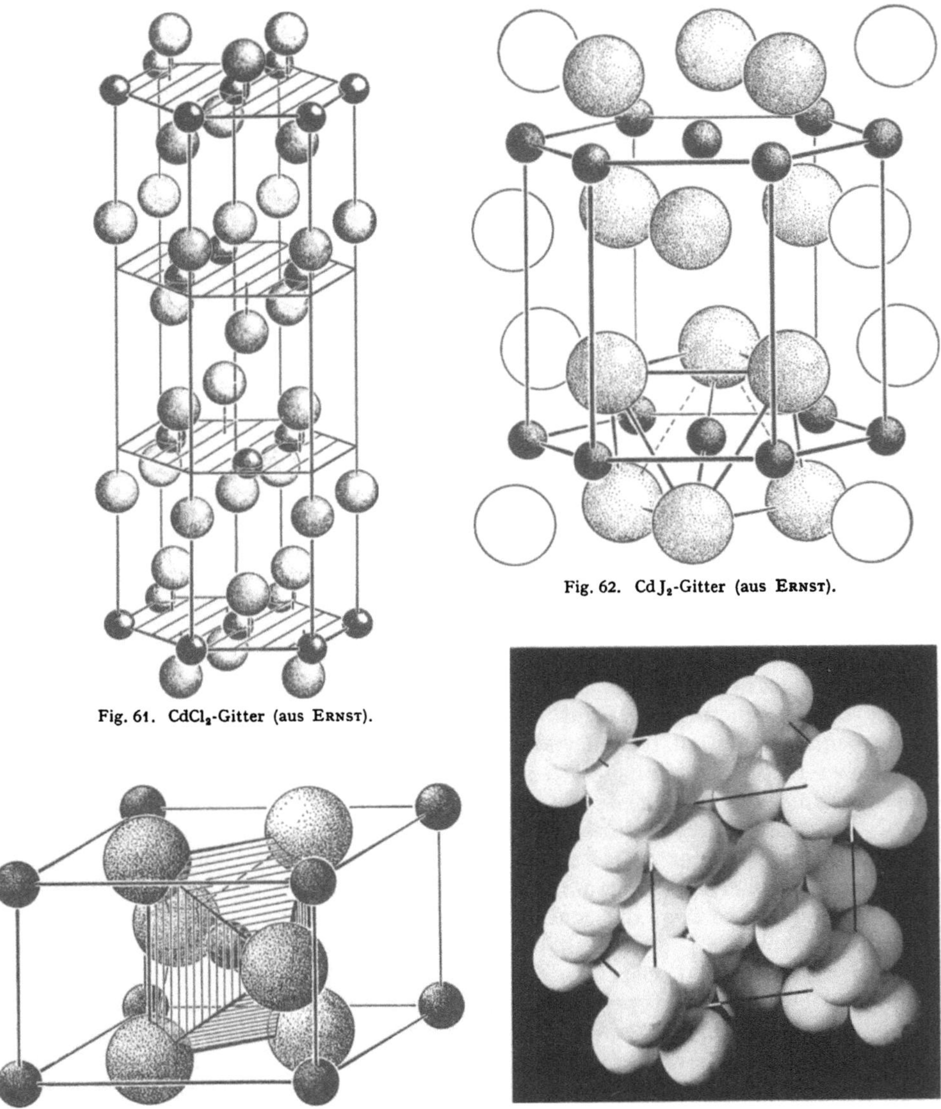

Fig. 61. $CdCl_2$-Gitter (aus Ernst).

Fig. 62. CdJ_2-Gitter (aus Ernst).

Fig. 63. TiO_2-Gitter (aus Ernst).

Fig. 64. Cristobalitgitter (idealisiert), (SiO_2).

so verknüpft, daß jedes O je zwei Tetraedern gemeinsam angehört. Es gibt noch einige andere Modifikationen des SiO_2, die sich jedoch bezüglich der ersten Koordinationen vom Cristobalit kaum unterscheiden. Die Bindungen Si—O—Si der gemeinsamen Tetraeder sind in diesen Typen nicht gerade, sondern gewinkelt (homöopolare Bindung?); dadurch werden relativ komplizierte Strukturverhältnisse geschaffen. Die Ableitbarkeit aus dem Diamantgitter beweist eine relativ lockere Packung der Atome. Wegen der tetraedrischen Umgebung der Kationen liegen bezüglich der Radienquotienten ähnliche Bedingungen wie bei den ZnS-Gittern vor.

Es gibt unter anderen zwei interessante Typen, die hier noch kurz genannt seien, nämlich das CO_2-Gitter (Fig. 65) und das FeS_2-Gitter (Fig. 66). Beide gehören der gleichen Raumgruppe an; außerdem sind die gleichen Gitterkomplexe besetzt, nur die Parameterwerte sind grundverschieden. Beim CO_2 handelt es sich um eine dichteste Packung von CO_2-Molekülen, beim FeS_2 liegt jedoch S_2-Molekülbildung vor. Aus diesem Grunde ist es natürlich nicht mehr sinnvoll, die Radienquotientenregel etwa auf das FeS_2 zu erweitern. Für das CO_2 trifft sie, abgesehen von den durch die Polarisation erzeugten Effekten, im Sinne der Einnahme der Koordinationszahl 2 zu, wobei aber nicht übersehen werden darf, daß es sich in diesem Fall um eine Molekülbildung handelt.

Daß die obigen Überlegungen das prinzipielle Verhalten der $A B_2$-Verbindungen richtig wiedergeben, läßt Tabelle 26 unmittelbar erkennen. Mit steigender Polarisierbarkeit der Anionen treten die vermuteten Schichtgittertypen auf; im in Tabelle 26 umrandeten Stabilitätsbereich der Koordinationszahlen 6 und 3 läßt sich das gut verfolgen. Die Radienquotientenregel ist für die $A B_2$-Typen aus rein gittergeometrischen Gründen sehr viel besser erfüllt als bei den $A B$-Verbindungen.

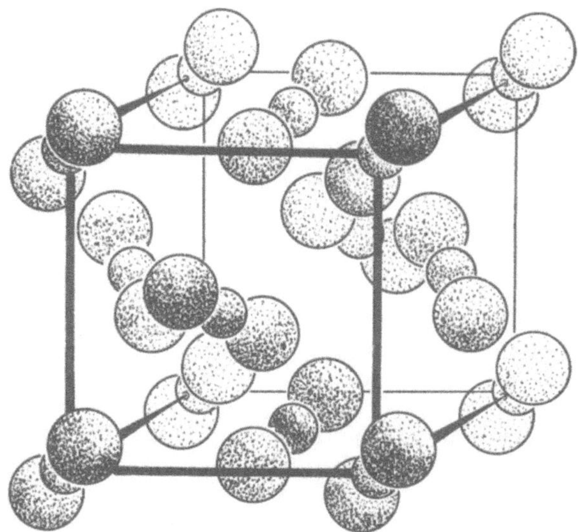

Fig. 65. CO_2-Gitter.

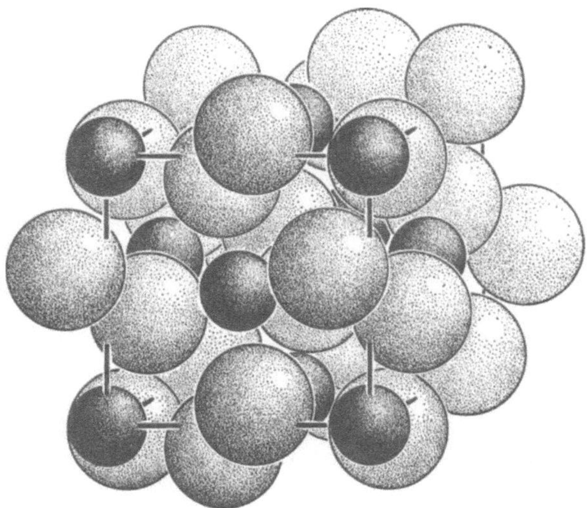

Fig. 66. FeS_2-Gitter (aus Ernst).

Schon die $A B_2$-Strukturen beweisen, daß ein gefordertes stöchiometrisches Verhältnis einzelner Komponenten sehr große Schwierigkeiten für die Ausbildung einer hochsymmetrischen Kristallstruktur mit sich bringen kann. Ein stöchiometrisches Verhältnis wird aber verlangt, wenn die Verbindungspartner zu heteropolarer oder homöopolarer Bindung neigen. Diese Schwierigkeiten äußern sich bei den komplizierten $A_m B_n$-Verbindungen in noch höherem Maße.

Tabelle 26. *Radienquotientenregel bei AB_2-Verbindungen.*
Umrandeter Bereich: Stabilitätsgebiet der Koordinationszahlen 6 und 3.

	F	Cl	Br	J	(OH)
Be	SiO_2	—	—	—	—
Mg	TiO_2	$CdCl_2$	CdJ_2	CdJ_2	CdJ_2
Ca	CaF_2	rhomb. def. TiO_2-Typ ($CaCl_2$)-Gitter		CdJ_2	CdJ_2
Sr	CaF_2	CaF_2	Kompli-ziertere	—	—
Ba	CaF_2	CaF_2 dimorph.	Gitter mit annähernder Koordinationszahl 6	—	

Auf eine besondere Art von AB_2-Verbindungen bei den Legierungen sei noch hingewiesen. Bei den Metallen werden oft AB_2-Verbindungen beobachtet, für die das stöchiometrische Verhältnis der Komponenten eigentlich keinen Sinn hat. Wie von F. Laves[1] gezeigt wurde, sind diese AB_2-Gitter besonders dichte Packungen von Metallatomen, wenn der Radienquotient der beiden Partner etwa $R_A/R_B = 1{,}2$ beträgt (Laves-Phasen).

Auf weitere Verbindungstypen soll in diesem Abschnitt nicht eingegangen werden[2]. Man kann aber die Diskussion der komplizierten Gitter durchaus in ähnlicher Weise durchführen, weil immer die oben diskutierten Prinzipien eine Rolle spielen.

V. Kristallstruktur und physikalische Eigenschaften.

32. Der Realkristall, physikalische Eigenschaften. Die Mehrzahl der von der Kristallstruktur abhängigen physikalischen Eigenschaften werden in diesem oder anderen Bänden dieses Handbuches als selbständige Artikel bearbeitet. Aus diesem Grund soll der folgende Abschnitt lediglich dazu dienen, einerseits eine Brücke von der reinen Kristallgeometrie zu diesen Abschnitten zu schlagen, andererseits solche Gebiete etwas ausführlicher zu streifen, die in anderen Artikeln nicht eingehender bearbeitet werden können. Es handelt sich dabei ausnahmslos um Probleme, deren exakte experimentelle und theoretische Erfassung auf große Schwierigkeiten stößt.

In Abschnitt II wurden die physikalischen Eigenschaften für den Kristall als homogenes anisotropes Kontinuum bereits betrachtet und ihr grundsätzliches Verhalten in Abhängigkeit von der makroskopischen Kristallsymmetrie abgeleitet. Je nach der Stufe des in Frage stehenden Tensors werden die Eigenschaften durch eine von der Symmetrie bestimmte Anzahl von Konstanten beschrieben. Die weit schwierigere Aufgabe, diese Konstanten aus der Kristallstruktur zu berechnen, wurde in befriedigender Weise nur für heteropolare Kristalle durchgeführt[3]. Diese Theorie basiert auf der für Ionengitter hoher Umgebungssymmetrie gerechtfertigten Annahme (vgl. Ziff. 28), daß die Potentiale als von Zentralladungen herrührend angesehen werden dürfen. Für die Aufsummierung der

---

[1] F. Laves: Naturwiss. **27**, 65 (1939).

[2] Ausführliche Zusammenstellungen der Gittertypen findet der Leser in den folgenden Werken: Th. Ernst, in Landolt-Börnstein, Physikalisch-Chemische Tabellen, Bd. I/4. Berlin-Göttingen-Heidelberg 1954. Strukturberichte, Bd. 1—7, Leipzig 1931—1943. — Structure Reports 10—13, Utrecht 1951—1954. — R. W. G. Wyckoff: Crystal Structures, Bd. I—III. New York 1948, 1951, 1953.

[3] Artikel G. Leibfried, in diesem Bande.

auftretenden Gittersummen sind mehrere Methoden entwickelt worden, welche die Berechnung der MADELUNGschen Konstanten, der Oberflächenenergien, elastischen Konstanten und sogar der Hauptbrechungsindices und anderer Größen gestatten[1].

Es gibt aber eine ganze Reihe physikalischer Eigenschaften, die mit Hilfe der Kontinuumsvorstellung nicht oder nur sehr schlecht beschrieben werden können, zu ihnen gehören z.B. die Festigkeitseigenschaften, Halbleitereigenschaften, die Diffusion, photochemische Eigenschaften und andere mehr. SMEKAL[2] und andere Autoren haben mit Recht darauf hingewiesen, daß für diese der Realbau der Kristalle eine entscheidende Rolle spielt. Er nennt sie daher die „strukturempfindlichen" Eigenschaften der Kristalle im Gegensatz zu den (in Abschnitt II behandelten) strukturunempfindlichen Eigenschaften. Da jedoch alle physikalischen Eigenschaften durch die Kristallstruktur bestimmt werden, ist es nach NIGGLI[3] zweckmäßiger, von „störungsempfindlichen" und „störungsunempfindlichen" physikalischen Eigenschaften zu sprechen. Seit der Abfassung des Artikels von SMEKAL[2] sind besonders zwei Gebiete sehr stark vorwärtsgetrieben worden, nämlich die Störstellentheorie der Halbleiter, Ionenleiter, Phosphore usw. und die plastische Deformation von Metallen, die auf Grund der geometrischen Vorstellung der Versetzungen in Kristallen sehr viel Licht in ein bis dahin ziemlich unverständliches Gebiet gebracht hat. Jedes dieser Gebiete hat seine eigenen Vorstellungen über die Geometrie der in Betracht zu ziehenden Fehlstellen entwickelt, die hier nur kurz diskutiert seien[4].

Jede Störstelle im Kristallgitter ist ein energetisch ungünstiger Zustand, der die Kristallenergie um die Bildungsarbeit V_s erhöht. Ihre Bildungswahrscheinlichkeit W kann unter bestimmten Voraussetzungen durch den Ansatz

$$W = A \cdot e^{-\frac{V_s}{kT}} \tag{32.1}$$

bestimmt werden. Die Bedingungen für die Gültigkeit von (32.1) sind:

1. Es besteht ein thermisches Gleichgewicht, d.h. die Störstellen dürfen nicht „eingefroren sein".

2. Die Konzentration der Störstellen muß so klein sein, daß ihre Wechselwirkungen vernachlässigt werden dürfen.

3. Es dürfen keine Kopplungen zwischen bestimmten Störstellenarten bestehen.

Die Bedingung 3. ist auch bei kleinen Konzentrationen durchaus nicht immer streng erfüllt, wie folgendes Beispiel zeigt: Im NaCl-Gitter können unter Bildung von Kationen-Leerstellen 2wertige Ionen eingebaut werden[5], falls die Ionenradien der Na+-Ionen und des 2wertigen Ions einigermaßen vergleichbar sind. Wegen der vom Kristall in möglichst kleinen Bereichen angestrebten Ladungsneutralität sind die beiden Fehlstellen, nämlich Leerstelle und Kationen-Fehlbesetzung, örtlich nicht streng unabhängig voneinander. Bei der Berechnung nach (32.1) kann die in die Konstante A eingehende Konfigurationsmannigfaltigkeit nicht durch eine unabhängige Summation berechnet werden.

---

[1] Vgl. nachstehenden Artikel von G. LEIBFRIED, sowie auch M. BORN u. M. GÖPPERT-MAYER: In GEIGER-SCHEELs Handbuch der Physik, Bd. XXIV/2, S. 623. 1933.

[2] A. SMEKAL: In GEIGER-SCHEELs Handbuch der Physik, Bd. XXIV/2, S. 795. 1933.

[3] P. NIGGLI: Lehrbuch der Mineralogie und Kristallchemie. Berlin 1941.

[4] Eingehend im folgenden von SEEGER behandelt. Vgl. auch die einschlägigen ausführlichen Darstellungen in Bd. XIX und XX dieses Handbuches.

[5] Für die Energieberechnung solcher Fehlstellen siehe z.B. F. BASSANIC u. F. G. FUMI: Phil. Mag. 45, 228 (1954).

Ist die Konzentration der Fehlstellen nicht gering, so führt die Berechnung ihrer Konfigurationen auf das mathematisch nicht einfach zu behandelnde Gebiet der kooperativen Erscheinungen in Kristallen. Die Temperaturabhängigkeit der Fehlstellenkonzentration ist in diesem Falle durch das Auftreten kritischer Temperaturen gekennzeichnet.

Vom kristallographischen Standpunkt aus ist die Mischkristallbildung eine der wichtigsten experimentell direkt nachweisbaren Fehlordnungserscheinungen. Sie tritt vor allen Dingen in heteropolaren und metallischen Kristallen auf (Beispiele: NaCl—KCl oberhalb 400° C; Ag, Au, beides lückenlose Mischkristallreihen). Sind die metallischen bzw. Ionenradien verschieden, so existiert nur eine beschränkte Mischbarkeit, die mit der Temperatur ansteigt. Bei hohen Temperaturen gesättigte Mischkristalle zeigen daher beim Abkühlen eine Neigung zur Entmischung. Die Kinetik solcher Entmischungsvorgänge hat für die Metalle eine große Bedeutung erlangt (Aushärtung der Legierungen[1]). In der Umgebung einfacher stöchiometrischer Verhältnisse wird oft die „Überstrukturbildung" beobachtet, d.h. die beiden Komponenten sind nicht statistisch geordnet, sondern streben eine gegenseitige Ordnung an (Beispiele: $AuCu$ und $AuCu_3$ im System Au, Cu). In der Umgebung der kritischen Temperaturen der Ausscheidung oder Überstrukturbildung werden charakteristische Änderungen der physikalischen Eigenschaften beobachtet.

Atomare oder molekulare Fehlstellen ändern natürlich auch die Geometrie in der unmittelbaren Umgebung der Fehlstelle. So ist z.B. durch die fehlende elektrische Ladung die Ionenleerstelle mit einer geringfügigen Aufweitung der Umgebung verbunden[2]. Diese Verzerrung kann bei Anionenleerstellen z.B. durch den Einbau eines Elektrons wieder ausgeglichen werden (Elektron im Potentialtopf). Bei den Alkalihalogeniden konnten auf diese Weise durch die Messung der Absorptionseigenfrequenzen dieses Elektrons z.B. die Gitterkonstanten in befriedigender Übereinstimmung mit den Röntgenergebnissen bestimmt[3], und somit ein sicherer Nachweis für den Ersatz einwertiger Anionen durch Elektronen erbracht werden.

Neben dem Ersatz von Kationen durch gleichwertige (Substitutionsmischkristall) spielt für die Ionenleitfähigkeit heteropolarer Kristalle die Diffusion der Ionen auf Zwischengitterplätzen[4] eine große Rolle. Im thermischen Gleichgewicht wird dabei eine entsprechende Leerstelle im Gitter erzeugt, in die wiederum durch Platzwechsel andere Ionen eintreten können. Eine Diffusion ist natürlich auch über Leerstellen allein möglich. Welche von beiden Möglichkeiten die ausschlaggebende Rolle spielt, hängt natürlich weitgehend von der Struktur des Gittertyps ab. In locker gepackten Gittern mit großen Lücken sind Zwischengitterplatz-Besetzungen wahrscheinlicher als in dicht gepackten Gittern.

Halbleiter-Eigenschaften durch Störstellen werden theoretisch mit Hilfe des Bandmodells der Valenzelektronen gedeutet. Jede Störstelle stellt einen Zwischenenergiezustand dar, aus dem Elektronen durch thermische oder Lichtanregung in das Leitfähigkeitsband gehoben werden können[5] und so eine reine Elektronenleitfähigkeit erzeugen, Einfangen der Elektronen an einer Störstelle ist meist mit Lichtemission verbunden (Fluoreszenz)[6]. Wenn auch das Vorhandensein

---

[1] Siehe z.B. W. G. Burgers, Z. Elektrochem. **56**, 318 (1952) und den Artikel von U. Dehlinger in Teil 2 dieses Bandes.

[2] P. Brauer: Z. Naturforsch. **7a**, 741 (1952).

[3] F. Stöckmann: Z. phys. Chem. **198**, 215 (1951).

[4] J. Frenkel: Z. Physik **35**, 652 (1926).

[5] Siehe z.B. W. Shockley: Electrons and Holes in Semi-Conductors. New York 1950. Siehe auch F. Stöckmann: Naturwiss. **37**, 105 (1950). Dort weitere Literaturhinweise.

[6] F. Stöckmann: Naturwiss. **39**, 226, 246 (1952). Dort weitere Literatur.

dieser meist nur in geringen Konzentrationen vorhandenen Fehlstellen nicht direkt nachgewiesen werden kann, so sind sie doch sehr brauchbare Modellvorstellungen für die beobachteten physikalischen Effekte.

Das umstrittenste Gebiet der kooperativen Fehlordnungserscheinungen ist wohl das der Molekülrotationen im Gitter. Aus der Messung an spezifischen Wärmen, die ein ausgeprägtes Maximum aufweisen, und dem Verschwinden bestimmter Röntgenreflexe wurde geschlossen, daß besonders in Komplexverbindungen Molekülkomplexe — z.B. in $NaNO_3$ die NO_3-Komplexe — rotieren. Eine eindeutige röntgenographische Bestätigung dieses Befundes an Einkristallen konnte bisher noch in keinem Falle erbracht werden; im Beispiel des $NaNO_3$ wurde vielmehr gezeigt, daß sicher keine echte Rotation vorliegt, sondern wahrscheinlich nur eine statistische Einnahme verschiedener Lagen eintritt[1]. Wirkliche Rotationen, ohne Schmelzen des Gitters, sollten nur dann auftreten, wenn das nicht rotierende Restgitter ein stabiles Gerüst bildet.

Neben diesen atomaren Fehlstellen gibt es aber auch Fehlstellen, die ganze ein-, zwei- oder dreidimensionale Kristallgebiete erfassen. Im strengen Sinne ist bereits die Kristalloberfläche eine solche Störung des idealperiodischen Gitterbaus. Die Theorie der Kristalloberflächen ist vor allen Dingen vom Standpunkt des Kristallwachstums entwickelt worden, spielt aber bei den Reaktionen im festen Zustand eine große Rolle. Die physikalischen und chemischen Eigenschaften sind deutlich verändert. So ist z.B. die Diffusion in der Oberfläche sehr verschieden, worauf in besonders anschaulicher Weise Wachstumsversuche an Hg-Kristallen aus der Dampfphase hinweisen[2], bei denen nachgewiesen werden konnte, daß der Materialtransport zur Stelle des Wachstums im wesentlichen über die Kristalloberfläche stattfindet. Berechnungen der Diffusionskonstanten auf verschiedenen Oberflächen auf Grund von vereinfachten Modellvorstellungen ergeben beträchtliche Unterschiede (bis zu vier Größenordnungen) ihrer Werte[3].

Die Berechnung der Oberflächenenergie von heteropolaren Kristallen ist nach der BORNschen Gittertheorie möglich[4], jedoch wurden dabei meist die Polarisationseffekte vernachlässigt. Eine Berücksichtigung der Polarisierbarkeit und der damit verbundenen Zerrungen haben einen nicht unerheblichen Einfluß auf die Oberflächenenergie und ihre Eigenschaften. Durch allerdings nicht als gesichert anzusehende Elektronenbeugungsergebnisse an der (100)-Fläche des NaCl[5] konnte wahrscheinlich gemacht werden, daß nicht eine Kontraktion, wie es ursprünglich angenommen wurde[6], sondern eine Aufdehnung unter Bildung von Dipoldoppelschichten erfolgt[7]. Auch das Oberflächenproblem ist ein kooperatives, d.h. es gibt eine kritische Temperatur, bei der die Oberfläche „schmilzt", also in starkem Maße aufgerauht wird[8]. Diese Vorstellungen haben sich für das Kristallwachstum als außerordentlich fruchtbar erwiesen.

Störungen im weiteren Sinne sind auch die in der Natur häufig beobachteten Zwillingsbildungen, bei denen zwei Individuen verschiedener Orientierung gesetzmäßig verwachsen sind. Die Verwachsung kann nach einer Fläche erfolgen, diese wird dann Verwachsungsebene genannt. Die Individuen können sich aber auch gegenseitig durchdringen, in diesem Fall spricht man von Durchdringungs-

---

[1] L. A. SIEGEL: J. Chem. Phys. **17**, 1146 (1949). Dort weitere Literaturhinweise.
[2] M. VOLMER u. I. ESTERMANN: Z. Physik **7**, 1 (1921).
[3] M. DRECHSLER: Z. Elektrochem. **58**, 340 (1954).
[4] Vgl. O. EMERSLEBEN: Z. phys. Chem. **199**, 170 (1952). Dort weitere Literaturhinweise.
[5] G. I. FINCH u. H. WILMAN: Ergebn. exakt. Naturw. **16**, 418 (1937).
[6] J. E. LENNARD-JONES u. B. M. DENT: Proc. Roy. Soc. Lond., Ser. A **121**, 247 (1928).
[7] I. N. STRANSKI u. K. MOLIÈRE: Z. Physik **124**, 421 (1947/48).
[8] W. K. BURTON, N. CABRERA u. F. C. FRANK: Phil. Trans. Roy. Soc. Lond., Ser. A **243**, 299 (1950/51).

zwillingen. Da die beiden Gitter der Individuen durch eine Symmetrieoperation ineinander überführt werden können, also Symmetrieachsen oder -ebenen (es kommen nur Operationen der Zähligkeit 2 in Frage), unterscheidet man Achsen- und Ebenengesetze der Zwillingsbildung. Sie kann natürlich entweder nach gleichen oder auch ungleichen Zwillingsgesetzen mehrfach erfolgen und bis in submikroskopische Bereiche hineinreichen. Zwillingsbildungen täuschen daher oft eine höhere Kristallsymmetrie vor, als sie dem Kristallgitter zukommt. Über die Entstehung und Entstehungsbedingungen ist nicht viel bekannt, sie kann eine reine Frage der Oberflächenkeimbildung beim Wachstum sein, dann wird ihr Auftreten durch rein statistische Gesetze geregelt. Es gibt aber viele Hinweise dafür, daß im allgemeinen nicht so einfache Verhältnisse vorliegen.

Eventuell höhere Symmetrie der kleinsten Kristallkeime mit Symmetriezerfall bei weiterem Wachstum, Gitterspannungen durch Fremdeinbau von Teilchen usw. können eine entscheidende Rolle für die Zwillingsbildung spielen. Für eine genauere Diskussion der reinen Systematik muß auf die einschlägigen Fachlehrbücher der Mineralogie[1] verwiesen werden.

Zwillingsbildung kann auch durch Anwendung äußerer Kräfte erzeugt werden (Druckzwillingsbildung), die für die Deformationstheorie der Kristalle sehr wichtig ist[2].

Der Vergleich der theoretischen integralen Röntgenbeugungsintensitäten mit den experimentellen Werten[3] ergab, daß für die Kristalle im allgemeinen eine Mosaikstruktur angenommen werden muß, d.h. es gibt gut geordnete Bereiche mit leichten Fehlorientierungen. Buerger hat diesen Begriff durch die Vorstellung der Verzweigungsstruktur[4] (lineage structure) (kontinuierliche Übergänge zwischen den fehlorientierten Bereichen) erweitert. Es ist durchaus möglich, daß diese Baufehler eine Folge des Kristallwachstums sind, da gestörte Kristalle bei kleineren Übersättigungskonzentrationen leichter wachsen können. Solche Baufehler stehen also nicht im Gleichgewicht, sondern sind eingefrorene Unordnungszustände, die durch Rekristallisation teilweise wieder entfernt werden können.

Für die plastische Deformation der Kristalle hat sich die Vorstellung der Bewegung von Versetzungen im Kristallgitter sehr gut bewährt. Man unterscheidet zwischen Stufenversetzungen und Schraubenversetzungen[5]. An dem von Bragg und Nye[6] entwickelten Seifenblasenmodell-Versuch konnte ein anschauliches makroskopisches Abbild des atomaren Geschehens gegeben werden. Die plastische Gleitung durch Versetzungen ist auch in heteropolaren Kristallen möglich. So zeigen die Gitter vom Steinsalztyp eine Gleitung mit (110) als Gleitebene und [1$\bar{1}$0] als Gleitrichtung. Makroskopisch läßt sich die erfolgte Gleitung durch das Auftreten einer Translationsstreifung auf den Kristallflächen beobachten. Durch die Bestimmung der Indices der Streifungsrichtung auf zwei Kristallflächen können nach Gl. (21.4) ohne weiteres die Indices der Gleitebene berechnet werden. Auch die Gleitrichtung läßt sich aus dem Verformungsvorgang bestimmen.

Im Kristall können Stufen- und Schraubenversetzungen gekoppelt auftreten. Sie bilden dann Linienzüge von Versetzungen, die beim Anlegen mechanischer Spannungen zu wandern beginnen. Nach dem Durchlaufen der Versetzungen

---

[1] P. Niggli: Lehrbuch der Mineralogie und Kristallchemie, Berlin 1941.
[2] Vgl. hierzu den Artikel A. Seeger, Kristallplastizität in Teil 2 dieses Bandes.
[3] Siehe z.B. M. Renninger: Z. Kristallogr. 89, 344 (1934). Dort weitere Literaturhinweise.
[4] M. J. Buerger: Z. Kristallogr. 89, 195 (1934).
[5] Siehe z.B. F. R. N. Nabarro: Z. Metallkde. 40, 81 (1949). Dort weitere Literatur.
[6] W. L. Bragg u. N. F. Nye: Proc. Roy. Soc. Lond., Ser. A 190, 474 (1947).

durch den Kristall sind die durch die Gleitebene getrennten Kristalle um ein Ein- bzw. Mehrfaches der Translationsperiode der Gleitrichtung verschoben.

Es können auch Bruchteile der Translationsperiode auftreten[1], in diesem Fall bleibt ein Kristall zurück, der senkrecht zur Gleitebene eine gestörte Identitätsperiode aufweist. Solche Kristalle werden zweckmäßig als in dieser Dimension — also eindimensional — fehlgeordnet bezeichnet[2]. Diese Art von Fehlordnung wird in Kristallen sehr häufig beobachtet und ist nicht immer an Deformationen geknüpft[3]. Selbstverständlich ist sie bei ausgesprochenen Schichtgittern fast regelmäßig zu finden. Für die Tonminerale spielt die eindimensionale Fehlordnung eine große Rolle; Montmorillonit, ein ausgesprochenes Schichtgitter, in das H_2O-Zwischenschichten, aber auch organische Moleküle, eingebaut werden können, verdankt seine für die Böden so wichtige Quellfähigkeit dieser Fehlordnungsmöglichkeit des Gitters.

Der indirekte experimentelle Nachweis von Versetzungen auf röntgenographischem Wege ist bisher nur in einem besonderen Fall geführt worden. Für die gerollte Struktur des Chrysotils konnte gezeigt werden, daß dieses Mineral während des Wachstumsprozesses wie ein spiralig aufgewickeltes Band wächst[4]. Schraubenversetzungen sehr hoher Versetzungsstärke (Versetzungsstärke proportional der Anzahl der versetzten Translationen) konnten beim SiC, Fe_2O_3, CdJ_2, Paraffin und vielen anderen Substanzen durch die Sichtbarmachung von Wachstumsspiralen[5] auf den Kristallflächen indirekt nachgewiesen werden.

Schwierigkeiten für die theoretische Deutung der Entstehung von Versetzungen bereitet ihre hohe Bildungsarbeit; jedoch wird letztere durch Baufehler, lokale Spannungen, Korngrenzen- und Oberflächenstörungen sehr stark herabgedrückt, so daß die Entstehung von Versetzungen, insbesondere durch Einwirkung von Deformationskräften, an solchen Stellen durchaus möglich ist.

Daß eindimensionale Fehlordnung besonders häufig auftritt, hängt wiederum sehr eng mit der Gittergeometrie zusammen. Im allgemeinen tritt nämlich mit Störstellen eine leichte Zerrung des Gitters auf; Änderungen der Netzebenenabstände im Kristall sind aber immer ohne weiteres möglich. Dagegen ist bei dreidimensionalen Störungen im Kristall solange eine Verzerrung der Umgebung unvermeidbar, wie das Verzerrungsgebiet noch kohärent mit dem Wirtgitter ist; aus diesem Grunde ist in solchen Fällen die Bildung der Fehlstellen mit höheren Bildungsarbeiten verknüpft.

Wir haben hier die Baufehler mehr summarisch vom Standpunkt der Gittergeometrie behandelt. Die theoretische Bearbeitung des Fehlstellenproblems und ihre systematische Behandlung findet der Leser im Artikel von A. SEEGER, Theorie der Gitterfehlstellen, in diesem Band[6].

33. Kohäsionseigenschaften des Gitters. Recht unklar liegen die Verhältnisse bei den Kohäsionseigenschaften des Gitters. Die Gründe dafür sind in der schwierigen experimentellen Trennung der Einzeleffekte und im Auffinden geeigneter Modellvorstellungen für die Deutung der gemessenen Effekte zu suchen. Kristalle zeigen neben plastischen Eigenschaften auch die Spaltbarkeit, d.h. das Brechen oder Zerreißen nach bevorzugten Gitternetzebenen. Die Anisotropie äußert sich also noch bei Krafteinwirkungen, die zur Zerstörung führen, obwohl sie wegen der relativ geringen Oberflächenenergie-Unterschiede eigentlich nicht zu erwarten

[1] A. SEEGER: Z. Metallkde. **44**, 247 (1953).
[2] H. JAGODZINSKI u. F. LAVES: Schweiz. mineral. petrogr. Mitt. **28**, 456 (1948).
[3] H. JAGODZINSKI: Neues Jb. Mineral., Mh. **1954**, 209.
[4] H. JAGODZINSKI u. G. KUNZE: Neues Jb. Mineral., Mh. **1954**, 137.
[5] Vgl. A. R. VERMA: Crystal Growth and Dislocations. London 1953.
[6] Siehe auch W. SHOCKLEY: Imperfections in nearly perfect Crystals. New York 1950.

wäre[1], es sei denn, es handele sich um ganz ausgesprochene Schicht- oder Kettengitter, also eine deutliche Struktur-Anisotropie.

Obwohl vom theoretischen Standpunkt die Verhältnisse relativ einfach liegen, stößt die experimentelle Verifizierung theoretischer Ergebnisse auf beträchtliche Schwierigkeiten. Wird z. B. ein würfelförmiger Kristallblock in zwei Teile gespalten, so ist die Spaltungsarbeit gleich den Oberflächenenergien der beiden neu gebildeten Kristalloberflächen. Für heteropolare Kristalle sind diese Oberflächenenergien selbst unter Einschluß der Polarisierungseigenschaften der Ionen berechenbar. Sehr viel schwieriger liegen aber die Verhältnisse für die Messung der Spaltungsarbeit. Man kann zwar, z. B. durch Auflegen einer scharfen Schneide (Rasierklinge) und Fallenlassen eines Gewichts, das elastisch zurückgeschleudert wird, die zur Spaltung benötigte Schlag-Energie messen[2], jedoch wird selbstverständlich in diesem Falle nicht die Spaltung mit einer idealen Oberfläche erzeugt: Da heteropolare Kristalle plastische Eigenschaften besitzen, sind auch beim momentanen Schlagversuch Gleitvorgänge nicht zu vermeiden. Andererseits wird besonders im Eindringgebiet der Schneide eine sehr viel weitergehende Zerstörung des Kristalls erzeugt, als es der idealen Spaltung entspricht. Die Bildung einer wesentlich größeren Oberfläche durch die Erzeugung weiterer feiner Spaltrisse usw. macht also eine experimentelle Messung nahezu unmöglich. Immerhin fallen Messungen und theoretische Berechnung der Spaltarbeit wenigstens in die gleiche Größenordnung[3].

Der experimentellen Messung leicht zugänglich ist dagegen die Zerreißfestigkeit der Kristalle, also diejenige Kraft je Flächeneinheit, für die der Bruch eintritt. Versuche dieser Art zeigen aber, daß die experimentellen Werte der Zerreißfestigkeit um Größenordnungen von den theoretischen abweichen. Diese Tatsache wurde auf die Existenz von kleinen Spalten und Rissen (Kerbstellen) zurückgeführt, durch die eine stark inhomogene Spannungsverteilung[4] erzeugt wird, welche die beobachteten Abweichungen von dem theoretischen Wert deuten kann. Daß genügend Störstellen im Kristallinnern vorhanden sind, ist als gesichert anzusehen, daß es aber wirklich immer die SMEKALschen Kerbstellen sind, ist nicht gesichert. So konnte an kleinen NaCl-Kristallen durch sorgfältiges „Ablösen" der Oberflächenstörungen fast die theoretische Zerreißfestigkeit erreicht werden[5]. (Es gibt Steinsalzkristalle, die auf Grund röntgenographischer Messung dem Idealkristall sehr nahe stehen[6].) Den gleichen Effekt zeigen Glasfäden, die mit abnehmenden Durchmessern immer mehr die theoretische Zerreißfestigkeit erhalten[7]. Auf der anderen Seite müssen auch andere Störstellen inhomogene Spannungen erzeugen, die zur lokalen Rißbildung und damit zum Bruch führen können. Merkliche Herabsetzung der Festigkeit kann aber immer wieder nur durch Fehlstellen mit hoher Bildungsarbeit erreicht werden; diese können nur in Kristallen mit hoher Volumenenergie, also in größeren Kristallen, auftreten; aus diesem Grund scheint es plausibel, daß kleine Kristalle mit großer Wahrscheinlichkeit die theoretische Zerreißfestigkeit besitzen. Eine theoretische Durchrechnung solcher Probleme steht noch aus, jedoch ist es sehr

---

[1] A. SMEKAL: Z. Physik **103**, 495 (1936).
[2] W. D. KUSNETZOW: Z. Physik **42**, 905 (1927). — W. D. KUSNETZOW u. W. KUDRJAWZEWA: Z. Physik **42**, 302 (1927).
[3] Vgl. M. BORN u. M. GÖPPERT-MAYER: In GEIGER-SCHEELs Handbuch der Physik, Bd. XXIV/2, S. 623. 1933.
[4] A. A. GRIFFITH: Trans. Roy. Soc. Lond., Ser. A **221**, 163 (1911).
[5] Vgl. I. N. STRANSKI: Ber. dtsch. chem. Ges. **75**, 1667 (1942).
[6] Vgl. M. RENNINGER: Z. Kristallogr. **89**, 344 (1934).
[7] W. EITEL u. F. OBERLIES: Glastechn. Ber. **15**, 158 (1937).

gut möglich, daß einfache Modellvorstellungen ohne weiteres in der Lage sind, die experimentell beobachteten Zerreißfestigkeiten zu deuten.

Die in der mineralogischen Fachliteratur geläufige Gütebezeichnung der Spaltbarkeit ist physikalisch nicht streng zu definieren. Gemeint ist damit mehr die Beobachtung, ob der Kristall bei der Zerstörung deutlich anisotrop nach bestimmten Flächen spaltet, oder aber die Bruchflächen „muschelig", d. h. ohne deutliche Anisotropie sind. Meßversuche der Spaltbarkeit sind vor allem von TERTSCH[1] an verschiedenen Mineralen durchgeführt worden. TERTSCH unterscheidet zwischen Druckspaltung, Zugspaltung und Schlagspaltung. Die Schlagspaltung entspricht dem weiter oben beschriebenen Versuch der momentanen starken Belastung durch den Schlag auf eine Schneide. Es ist zu beobachten, daß bei diesem Schlagversuch eine Spaltung auch mit vielen Schlägen kleinerer Energie durchgeführt werden kann (Summationswirkung). Eine Messung der Fallenergien läuft zwar auf die Messung der Spaltarbeit hinaus, die aber nichts mit einer reinen Oberflächenspaltung zu tun hat. Die Summationswirkung beweist, daß im Innern mit jedem Schlag Risse oder Fehlstellen erzeugt werden. Außerdem wird auch Energie in Wärme verwandelt, so daß ein solcher Versuch zwar ein rohes Maß für die Güte der Spaltung gibt, aber niemals für eine Messung der Spaltarbeit zu verwenden ist. Es ist daher nicht verwunderlich, wenn in diesem Falle die Meßwerte stark streuen und keine lineare Abhängigkeit mit der Spaltungsoberfläche besteht.

Die Druckspaltung wird erreicht, indem man auf den Kristall eine Schneide aufsetzt und diese bis zum Eintritt der Spaltung belastet. Dieser Versuch läuft praktisch auf eine Festigkeitsmessung und nicht auf eine Energiemessung hinaus, und zeigt natürlich ein ganz anderes Verhalten als Funktion der zu bildenden Spaltoberfläche (annähernd linear). Offenbar spielt hier der Ausgleich der elastischen Verzerrung eine große Rolle. Der offensichtliche Nachteil einer solchen Versuchsanordnung ist dadurch bedingt, daß auch plastische Deformationen berücksichtigt werden müssen.

Die Messung der Zugspaltung läuft auf die Durchbiegung eines an beiden Enden aufgelegten Balkens hinaus. Die Kristallplatte wird zweckmäßig mit einer stumpfen Schneide bis zum Bruch durchgebogen. Daß hier die Dicke der Platte mit der 2. bis 3. Potenz eingehen muß, ist wegen des Bruchbeginns in der gedehnten Faser nahezu selbstverständlich.

Es ist damit von vornherein klar, daß die Ergebnisse dieser Spaltungsversuche höchstens roh, jedoch nicht quantitativ verglichen werden können. Es ist daher nicht verwunderlich, wenn z.B. die (110)-Spaltbarkeit im Vergleich zur (100)-Spaltbarkeit des NaCl bei der Schlag- und Druckspaltung ganz andere Verhältnisse liefert. Da (110) Gleitebene des NaCl bei plastischer Deformation ist, muß bei der Druckspaltung das Ergebnis durch Überlagerung von Gleitung gestört sein. (Die Gleitung kann wegen der Existenz mehrerer Gleitebenen nicht verhindert werden.)

Wir haben diese Messungen diskutiert, um klar herauszustellen, daß die Messung der Spaltbarkeit (es wäre zweckmäßig, sie als reine Zerreißfestigkeit zu definieren) nur deswegen auf Schwierigkeiten stößt, weil Zerreißen und plastische Deformation niemals streng getrennt werden können. Die beste physikalische Messung ist also zweifellos die Spaltung mit einem einzigen Schlag mit einer möglichst atomar scharfen Schneide, allerdings bereitet die Bestimmung der wahren Spaltoberfläche in diesem Falle Schwierigkeiten. Selbstverständlich müßte die dabei auftretende Wärme genauestens gemessen werden.

---

[1] Siehe H. TERTSCH: Die Festigkeitseigenschaften der Kristalle, S. 18ff. Wien 1949.

34. Anisotropie der Spaltbarkeit. Wie oben bereits erwähnt wurde, bezieht sich die Angabe der Spaltbarkeit in den Tabellenwerken der Mineralogie[1] mehr auf die Anisotropie der Spaltung und nicht auf die absolute Spaltbarkeit. Auffällig ist daher, daß vorwiegend solche Kristalle eine gute Spaltbarkeit besitzen, bei denen die heteropolare Bindung eine Rolle spielt. Auch bei homöopolaren Gittern wird gelegentlich gute Spaltbarkeit beobachtet.

An sich sollte bei heteropolaren Kristallen die Spaltbarkeit durch die Berechnung der Oberflächenenergien richtig wiedergegeben werden, wenn man von der nicht in der Berechnung berücksichtigten Temperaturbewegung absieht. Die Tatsache, daß bei heteropolaren Kristallen die Oberflächenenergie-Unterschiede zu gering sind, um eine so ausgesprochene Anisotropie der Zerreißfestigkeit erklären zu können, haben A. Smekal[2] dazu veranlaßt, Gitterstörungen dafür verantwortlich zu machen, die sicherlich an den Flächen geringster Oberflächenenergien eine entscheidende Rolle spielen. Dem ist aber entgegenzuhalten, daß wir z.B. vom Kalkspat ($CaCO_3$) wissen, daß er dem Idealkristall sehr nahe steht und trotzdem eine ausgezeichnete Spaltbarkeit auch für mikroskopisch kleine Kristalle nach dem Rhomboeder besitzt.

Für heteropolare Kristalle hat Stark[3] folgende Hypothese entwickelt: Spaltebenen können nur solche Flächen sein, bei denen durch Verschiebung von Kristallteilen gegeneinander erreicht werden kann, daß gleichsinnig geladene Ionen nächste Nachbarn werden. Wird durch die einwirkende Kraft eine solche Verschiebung bewirkt, so tritt die Spaltung „explosionsartig" durch die elektrostatische Abstoßung ein. Auf diese Weise ist neuerdings versucht worden, die Anisotropie der Spaltung heteropolarer Kristalle zu erklären[4]. Vom physikalischen Standpunkt aus muß die Starksche Hypothese aus folgendem einfachen Grund abgelehnt werden: Die Spaltung führt den Zustand I des Kristalls in den Zustand II zweier Kristalle über, deren Energiedifferenz unabhängig davon ist, auf welche Weise sie erreicht wird (Annahme konservativer Kräfte). Soll beim Spaltvorgang eine Abstoßung auftreten, dann muß eine Potentialschwelle überwunden werden. Es kann aber nicht eingesehen werden, warum die Spaltung in der Regel so verlaufen soll, da alle physikalischen Vorgänge mit größerer Wahrscheinlichkeit den Weg des geringsten Arbeitsaufwandes gehen. Selbstverständlich kann die Spaltung gelegentlich auch im Starkschen Sinne erfolgen, nur ist sie unwahrscheinlicher als die einfache Spaltung und nicht typisch für die Anisotropie.

Der folgende Gesichtspunkt scheint jedoch für die Spaltbarkeit wesentlich zu sein. Alle heteropolaren Kristalle sind in sich elektrisch neutral, man wird bei der Spaltung zu verlangen haben, daß die beiden Spaltstücke ebenfalls elektrisch neutral bleiben, weil die Spaltungsarbeit sehr viel größer ist, wenn es sich bei der Spaltung um zwei geladene Teile handelt. In diesem Fall verhält sich das Potential wie $1/r$ ($r =$ Abstand der Teile). (Streng gilt das nur für große r.) Sind dagegen die beiden Teile elektrisch neutral, so können nur Potentialanteile (Dipol-, Quadrupol-Momente usw.), die mit höheren Potenzen von r abfallen, auftreten. Die Forderung nach elektrischer Neutralität engt aber die Auswahl der möglichen Spaltebenen ein.

Bis jetzt besteht kein Anlaß dazu, daran zu zweifeln, daß die Spaltfläche über größere Bereiche annähernd atomar eben ist. (Bereiche groß gegen Atom-

---

[1] Vgl. z. B. C. W. Correns: Einführung in die Mineralogie. Berlin-Göttingen-Heidelberg 1949.

[2] A. Smekal: Z. Physik **103**, 495 (1936).

[3] J. Stark: Jb. Radioakt. u. Elektr. **12**, 279 (1915).

[4] H. G. F. Winkler: Heidelbg. Beitr. Mineral u. Petrogr. **2**, 255 (1950).

abstand, aber nicht unbedingt makroskopisch groß.) In diesem Falle ist zweifellos die Spaltarbeit ein Minimum. Soll also zwischen zwei atomaren Netzebenen eine Spaltebene liegen, so müssen die Oberflächennetzebenen zahlenmäßig die gleiche Ionenbelegung besitzen. Hinreichend dafür ist, daß zwischen den Ionennetzen eine Spiegel- oder Gleitspiegelebene liegt. Notwendig ist diese Bedingung aber nicht, da die Elektroneutralität sich nur auf die Zahl der Ionen bezieht.

Notwendig wäre die Bedingung, daß die Projektion der Ladungsgewichte auf die Normale zur betrachteten Fläche eine Spiegelebene zwischen zwei Punkten mit Ladungsbelegung besitzt. Das wird nur in zwei Fällen erreicht, entweder haben die beiden der Spiegelebene benachbarten Projektionspunkte gleiche Ladung, oder aber die Ladung O (gleichviel positive oder negative Ladung) in der Netzebene. Die Spaltbarkeit wird im allgemeinen bei gleichen Ladungen besonders gut sein.

Bei der Spaltung könnte auch eine gleichionige Schicht zu gleichen Teilen aufgerissen werden. Diese Aufreißung einer Ionenschicht zu gleichen Teilen erfolgt aber nur dann, wenn die Schicht zu beiden Teilen gleich gebunden ist, d. h. aber, diese Netzebene muß eine Spiegel- oder Gleitspiegelebene der Struktur sein (oder dieser in bezug auf die Nachbarschaft nahe kommen), da andernfalls die Aufreißung unsymmetrisch und somit eine Aufladung erfolgt.

Spiegelebenen und Gleitspiegelebenen und aufeinanderfolgende Netze gleicher Ionen spielen also für die Beurteilung der Spaltbarkeit eines Kristalls eine ganz besondere Rolle. Wir können auf diese Weise die Spaltbarkeiten der in Abschnitt IV betrachteten

Fig. 67. Modellvorstellung der (100)-Spaltung beim CsCl. Nur ein halbes Atom je Flächeneinheit ($= a^2$) hat die Koordinationszahl 4, alle übrigen 6 und 8.

heteropolaren Strukturen ohne weiteres verstehen. (Wir betrachten hier nur die Hauptflächen geringster Oberflächenenergie, die natürlich neben der Aufladung ihre Rolle beibehält.)

Für das NaCl-Gitter gibt es zwei Gleitspiegelebenenarten zwischen den Netzebenen, nämlich (100) und (110). (111) kann nicht als Spaltebene auftreten (Netzebenen alternierender Ladung ohne Spiegelebene).

Beim ZnS-Gitter in heteropolarer Auffassung liegen die Gleitspiegelebenen (100) auf Ionenschichten, dagegen liegen parallel (110) Gleitspiegelebenen zwischen den Netzen. (110) ist also die bevorzugte Spaltung, (111) scheidet aus (gleiche Gründe wie beim NaCl-Gitter).

Beim CsCl-Gitter hat (110) Gleitspiegelebenen zwischen den Netzen, (100) Spiegelebenen auf den Netzen. Bei (100) kann also das Aufreißen der gleichionigen Schicht erfolgen, das führt in diesem Fall sogar zu einer sehr günstigen Oberflächenenergie, wie man sich aus den Potentialen der nächsten und übernächsten Nachbarn überlegen kann (vgl. Fig. 67). Es könnten also (100) und (110) als Spaltebenen auftreten. In der Literatur wird (100) als Spaltfläche angegeben, jedoch ist diese keinesfalls deutlich und daher keine sichere anisotrope Spaltbarkeit.

Beim CaF_2 kann man aus der Struktur ableiten, daß (111) als bevorzugte Spaltung in Frage kommt, da hier gleichionige Netze gleichen Ladungsgewichts aufeinanderfolgen.

Man darf demnach die Anisotropie der Spaltbarkeit heteropolarer Kristalle sicher auf die zu fordernde Elektroneutralität zurückführen; wegen der großen Geschwindigkeit der Spaltung kann ein Ausgleich mit der Umgebung nicht so rasch erfolgen. Aus diesem Grunde brauchen also die Spaltflächen nicht immer mit den Flächen geringster Wachstumsgeschwindigkeit identisch zu sein. Trotzdem gilt im großen und ganzen die Beziehung, daß Spaltformen meist auch als Wachstumsformen auftreten.

Damit wird auch die merkwürdige Tatsache erklärt, warum die Spaltbarkeit bevorzugt bei heteropolaren bzw. partiell heteropolaren Gittern beobachtet wird, wenn die Struktur selbst keine so ausgeprägte Anisotropie besitzt. Es ist wahrscheinlich, daß bei stark anisotropen Strukturen Fehlstellen für die Spaltbarkeit mit verantwortlich sind.

Etwas schwieriger liegen die Verhältnisse für ausgesprochen homöopolare Kristallgitter mit nicht ausgeprägter Anisotropie, wie es etwa für das Diamantgitter zutrifft. Zwar ist die bei Diamant beobachtete Spaltbarkeit nach (111) ohne weiteres durch die Flächen geringster Oberflächenenergie gegeben, trotzdem ist die Anisotropie nicht verständlich. Die formale Abzählung der zerstörten Bindungen pro Flächeneinheit beim Diamant führt zwar auf die richtige Reihenfolge[1] der beobachteten Spaltbarkeiten, jedoch sind die so berechneten Oberflächenenergie-Differenzen nicht sehr groß. Aus diesem Grunde muß angenommen werden, daß mit dem Spaltprozeß Änderungen in der chemischen Bindung der oberflächennahen Atome auftreten, die dann am wenigsten ausgeprägt sind, wenn es Teilchen gibt, bei denen keine (starke Anisotropie) oder nur sehr wenige der homöopolaren Bindungen zerstört werden. Aus diesem Grunde brauchen also die aus den Bindungen berechneten Anisotropien nicht zu stimmen, sondern können wesentlich größer sein.

Alle diese Überlegungen tragen natürlich rein spekulativen Charakter und können eigentlich erst durch die Berechnung der wahren Oberflächenenergie · belegt werden. Im Falle homöopolarer Bindungen bestehen aber noch erhebliche Schwierigkeiten, dagegen darf angenommen werden, daß für heteropolare· Substanzen eine Berechnung Erfolg haben kann.

35. Die Härte. Die älteste Härtebestimmungsmethode an Festkörpern ist die Ritzung mit härteren Substanzen. Mohs hat mit Hilfe solcher Ritzversuche eine Härteskala in zehn Stufen aufgestellt, die mit Talk beginnt und mit Diamant, als dem härtesten aller Festkörper, endet. Die Ritzung auf Flächen ist je nach der Richtung oft deutlich anisotrop. Der physikalische Vorgang ist entweder plastische Verformung oder Bruchritzung bzw. beides. Neuerdings gelang aber auch z.B. auf der Rhomboederfläche des Kalkspats eine bruchfreie Ritzung, die sich isotrop verhält[2]. Gerade daraus wird deutlich, wie extrem die Verhältnisse je nach Ansatz des Versuchs liegen können, denn am gleichen Mineral erhält man mit gröberen Methoden die fast vollkommene Bruchritzung.

Die wichtigsten technischen Härtebestimmungen laufen auf Messungen von Kugeleindrücken, Diamantspitzeneindrücken usw. auf der Oberfläche hinaus. Durch Vermessung des Durchmessers des Kugeleindrucks (Kegel- oder Pyramideneindrucks) ist die vergleichende Härtemessung möglich (Brinell-Härte usw.). Aber auch spröde Körper zeigen Eindrücke, wenn sie mit Diamantspitzen belastet werden. Dieser Vorgang basiert vorwiegend auf rein plastischer Verformung

---

[1] Vgl. H. G. F. Winkler: Struktur und Eigenschaften der Kristalle, S. 224 ff. Berlin-Göttingen-Heidelberg 1950.
[2] A. Smekal: Anz. österr. Akad. Wiss., math.-naturwiss. Kl. **88**, 353 (1951).

und dürfte also die zuverlässigste Härtebestimmung sein, wenn auch bei der technischen Verarbeitung nicht immer die „plastische" Härte bestimmend ist.

Weitere Härtebestimmungsmethoden, von denen hier nur einige erwähnt seien, sind die Schleifhärtemessung, bei der das in einer bestimmten Zeit abgeschliffene Substanzvolumen gemessen und der reziproke Wert als Maß für die Härte genommen wird[1]. Auch mit einem Sandstrahlgebläse kann man ähnliche Messungen ausführen (Korrosionshärtemessung)[2].

Ein direkter Vergleich der einzelnen Meßmethoden ist auf Grund der Verschiedenheit der physikalischen Vorgänge nicht möglich. Selbstverständlich besteht ein roher Zusammenhang zwischen der Gitterenergie und Härte, strenger gilt das für den gleichen Strukturtyp, wie man das z.B. bei den Steinsalzgittern als Funktion des Ionenabstands und der Wertigkeit ohne weiteres verfolgen kann[3].

---

[1] Vgl. W. v. ENGELHARDT: Naturwiss. **33**, 195 (1946). Dort weitere Literatur.

[2] W. F. EPPLER: Zbl. Min. Geol. Paläont A **1**, 73 (1941).

[3] Vgl. H. G. F. WINKLER: Struktur und Eigenschaften der Kristalle, S. 206ff. Berlin-Göttingen-Heidelberg 1950.

Gittertheorie der mechanischen und thermischen Eigenschaften der Kristalle.

Von

G. Leibfried.

Mit 66 Figuren.

A. Einleitung und Übersicht.

1. Einleitende Bemerkungen. In diesem Artikel werden die elastischen und thermischen Eigenschaften der Kristalle vom atomistischen Standpunkt aus behandelt. Die physikalischen Eigenschaften der Kristalle von den quantenmechanischen Grundlagen aus zu verstehen und zu berechnen, ist die Aufgabe einer atomistischen Theorie der Kristallgitter. Die nächsten Paragraphen bringen eine kurzgehaltene Übersicht darüber, wie diese Aufgabe durchgeführt werden soll.

Nur die mechanischen und thermischen Eigenschaften werden berücksichtigt, da elektrische, magnetische und optische Erscheinungen an anderen Stellen dieses Handbuches behandelt werden. Bei den Ionenkristallen kann man allerdings auf die Einführung des elektromagnetischen Feldes nicht ganz verzichten. Aber auch hier werden die elektrischen Eigenschaften nur am Rande betrachtet.

Zur Ergänzung der allgemeinen theoretischen Betrachtungen dienen eine Reihe von einfachen Beispielen. Diese Beispiele sind so ausgesucht, daß der Rechenaufwand möglichst gering ist, ohne daß der physikalische Gehalt verloren geht. So ist auch in vielen Fällen die Behandlung einer linearen Kette von Atomen sehr ausführlich dargestellt worden, gleichzeitig wird aber immer betont, an welchen Stellen man bei einer Übertragung der Resultate auf das Raumgitter vorsichtig sein muß. Diese Beispiele sollen das theoretische Schema möglichst klar zu Tage treten lassen, so daß der Leser nach einem Studium der einfachen Fälle in der Lage sein sollte, allgemeinere Zusammenhänge allein bearbeiten zu können.

Die Literaturzitate sind keineswegs vollständig. Im allgemeinen sind nur die neueren Arbeiten zitiert, aus denen man dann die Zitate früherer Arbeiten entnehmen kann. Die Zitate (Bezeichnung [*1*]) sind am Ende des Artikels zusammengefaßt und nach Hauptabschnitten (A, B usw.) aufgegliedert (spezielle Arbeiten werden auch als Fußnote zitiert).

2. Die elementaren Bausteine eines Kristallgitters. Eine relativ einfache Theorie der Kristalle ist nur deshalb möglich, weil man von einem leicht übersehbaren Grenzfall ausgehen kann. Dieser Grenzfall ist der ruhende ideale Kristall, bei dem die Atomkerne regelmäßig in einem Kristallgitter angeordnet sind.

Was man unter den elementaren Bausteinen eines Kristalls verstehen will, ist eine Frage der Zweckmäßigkeit. Zunächst sind die elementaren Bestandteile sicherlich die Atomkerne und die dazugehörigen Elektronen.

Manchmal ist es jedoch zweckmäßig, denjenigen Anteil der Elektronenkonfiguration, der sich bei der Bewegung der Kerne nahezu starr mitverschiebt, mit zu den Kernen zu rechnen. Die elementaren Bestandteile sind dann Atome, positive und negative Ionen, oder positive Ionen und Elektronen.

Wie man diese Aufteilung vorzunehmen hat, hängt von den Bindungsverhältnissen ab. Bei den einfachsten Kristallen kann man vier Hauptgruppen unterscheiden:

α) VAN DER WAALS-*Bindung*. Die elementaren Bausteine sind Atome oder Moleküle. Die anziehenden Kräfte sind VAN DER WAALSsche Kräfte. Typische Beispiele sind die Edelgase, bei denen man die Atome als Bausteine auffassen kann; ferner die Halogenkristalle bei den Elementen oder organische Kristalle wie Methan, bei denen Moleküle die Bestandteile des Gitters bilden. Die Bindungsenergien sind relativ klein, in der Größenordnung 1 kcal/mol.

β) *Heteropolare Bindung*. Der Kristall besteht aus Ionen, deren COULOMBsche Anziehung die Bindung bewirkt. Die Alkali-Halogenide und die Erdalkali-Salze sind die bekanntesten Beispiele. Die Ionenkristalle besitzen die größte Bindungsenergie (etwa 200 kcal/mol).

γ) *Homöopolare Bindung*. Die Elektronenstruktur ist identisch mit der der chemischen Valenzbindung. Typisch sind Diamant, Silicium und Germanium. Die Bindungsenergien sind von der gleichen Größenordnung wie bei heteropolarer Bindung.

δ) *Metallische Bindung*. Bei den Metallen kann man die Metall-Ionen als elementare Bausteine ansehen. Die Valenzelektronen bewegen sich praktisch frei in dem Metall-Ionengitter, ihre Dichte ist nahezu konstant. Die Anziehung wird hauptsächlich dadurch bewirkt, daß die elektrostatische Energie der Ionen in der nahezu konstanten Ladungsverteilung der Valenzelektronen mit dem Abstand der Ionen abnimmt. Die besten Beispiele, bei denen die Verhältnisse so einfach liegen, sind die Alkalien und die Edelmetalle. Die Bindungsenergien dieser Metalle sind größenordnungsmäßig 50 kcal/mol.

Diese Unterteilung liefert einmal Anhaltspunkte über eine günstige Wahl der elementaren Bausteine des Kristalls, ferner zeigt sie, welche Kräfte für die Bindung verantwortlich sind. In diesem Artikel werden nur die einfachsten Kristallgitter besprochen, da man nur bei diesen die Verhältnisse qualitativ und quantitativ übersehen kann.

Wir haben hier die anziehenden Kräfte an die Spitze gestellt. Die abstoßenden Kräfte, die schließlich mit den anziehenden Kräften im Gleichgewicht sein müssen, kann man sich meist durch Atom- oder Ionenradien veranschaulichen. Bei der Annäherung zweier Atome oder Ionen treten starke, exponentiell ansteigende Abstoßungs-Kräfte auf. Diese werden im wesentlichen erst dann merklich, wenn die Atome sich mit ihren Radien[1] berühren. Für eine Abschätzung der Gitterenergien genügt es daher häufig, die Atome als starre Kugeln aufzufassen.

Natürlich treten die oben erwähnten Bindungsarten nie rein auf, doch kann man meist die physikalischen Eigenschaften eines Kristalls schon gut verstehen, wenn eine bestimmte Bindungsart überwiegt. Für die Mechanik des Gitters ist es ebenfalls wichtig zu wissen, daß sich z.B. in Ionenkristallen immer die Ionen als Ganzes bewegen und ihre Elektronenkonfiguration mit sich führen.

Man muß sich darüber klar sein, daß alle (anziehenden und abstoßenden) Kräfte, die im Kristall wirksam werden, hauptsächlich elektrostatischer Natur sind. Denn in der quantenmechanischen Beschreibung eines Kristalls kommt neben der kinetischen Energie nur die COULOMBsche Wechselwirkungsenergie zwischen Kernen und Elektronen vor.

---

[1] Die Radien sind bestimmt durch die Ausdehnung der fest gebundenen (inneren) Elektronenschalen der betreffenden Atome.

3. Mechanik und Thermodynamik der Kristalle. Die entscheidende mechanische Größe ist die potentielle Energie Φ, sie ist eine Funktion der Kernkoordinaten allein. Es ist keineswegs selbstverständlich, daß es eine solche potentielle Energie überhaupt gibt. In Abschnitt B wird erläutert, wie man sie definieren kann. Die potentielle Energie der Kerne besteht aus der Coulombschen Wechselwirkungsenergie zwischen Atomkernen und Elektronen, sowie aus der kinetischen Energie der Elektronen. Diese Größen werden bei vorgegebenen Kernlagen jeweils aus dem Grundzustand der Elektronenkonfiguration berechnet (adiabatische Näherung), ein Verfahren, das sich auch bei Molekülproblemen bewährt hat.

Kennt man die potentielle Energie, so kann man die klassische Mechanik des Kristallgitters aufbauen. Die Struktur eines Kristallgitters sollte dadurch gegeben sein, daß die potentielle Energie für die richtige Struktur minimal wird. Die potentielle Energie bestimmt somit den Gitteraufbau[1], sowie die absoluten Werte der Gitterkonstanten (Abschnitt C). Im Gleichgewicht sind dann die Kerne auf festen Gitterplätzen angeordnet. In den meisten physikalisch interessierenden Fällen (elastische Verzerrungen, thermische Schwingungen) sind die gegenseitigen Verschiebungen benachbarter Kerne klein gegen ihren Abstand. So liegt es nahe, Φ nach Potenzen der Verschiebungen der Kerne aus der Gleichgewichtslage zu entwickeln und nur die niedrigsten Potenzen zu berücksichtigen: $\Phi = \Phi_0 + \Phi_1 + \Phi_2 + \Phi_3 + \cdots$.

Das konstante Glied dieser Entwicklung, Φ_0, ist die Gleichgewichtsenergie des Kristalls. Durch geeignete Normierung des Potentials kann man es zum Verschwinden bringen. Das lineare Glied Φ_1 verschwindet, da man um die Gleichgewichtslage entwickelt hat. Das in den Verschiebungen quadratische Glied Φ_2 liefert dann den entscheidenden Beitrag zur Mechanik des Gitters. Bei kleinen Verschiebungen kann man zunächst die höheren Glieder der Entwicklung vernachlässigen (Abschnitt D).

Die potentielle Energie ist dann eine homogen quadratische Form in den Verrückungen der Kerne aus der Gleichgewichtslage. Die Beschreibung des Kristalls ist in dieser Näherung mathematisch außerordentlich einfach. Die einfachsten Schwingungen des Kristalls sind Eigenschwingungen, wobei sich alle Atomkerne mit der gleichen Frequenz (der Eigenfrequenz) bewegen. Die Zahl der unabhängigen Eigenschwingungen und Frequenzen ist gleich der Zahl der Kernkoordinaten. Der allgemeinste Zustand ist eine Überlagerung aller Eigenschwingungen mit konstanten Koeffizienten. Ferner erweist sich dieses mechanische System als äquivalent einem System unabhängiger harmonischer Oszillatoren, deren Frequenzen die Eigenfrequenzen sind. Auch das Verhalten des Gitters unter äußeren Kräften (unter anderem das elastische Verhalten) ist in diesem Schema eindeutig bestimmt.

Demnach charakterisieren die Entwicklungs-Koeffizienten in Φ_2 eindeutig das mechanische Verhalten des Kristalls. Aufgabe der Theorie wäre es, diese Größen zu berechnen. Dieses Problem ist weitgehend ungelöst (außer wenn man annehmen darf, daß die Kräfte zwischen den Gitterteilchen Zentralkräfte sind). Man beschreitet vielmehr häufig den umgekehrten Weg. Die Koeffizienten von Φ_2 liefern ja die Kräfte auf die Bausteine des Gitters, die bei kleinen Verschiebungen aus der Gleichgewichtslage auftreten. Da im allgemeinen die Kräfte zwischen den Gitterbausteinen sehr schnell mit der Entfernung abnehmen (außer

---

[1] Es ist nicht notwendig richtig, daß die Größe der potentiellen Energie die Struktur des Gitters entscheidet. Es ist durchaus möglich, daß die Vorgänge beim Wachstum unter Umständen einen energetisch etwas ungünstigeren Gittertyp bevorzugen. Auf jeden Fall muß aber das wirklich vorliegende Gitter stabil sein. Und das bedeutet, daß die potentielle Energie im Gleichgewichtszustand zwar kein absolutes, aber ein relatives Minimum sein muß.

bei Ionenkristallen), so kann man annehmen, daß in Φ_2 nur nahe Nachbarn miteinander verkoppelt sind. Auf diese Weise kann man meist die Anzahl der unabhängigen Entwicklungs-Koeffizienten so weit reduzieren, daß man sie durch experimentell bestimmte Größen wie elastische Konstanten, Ultrarot- und RAMAN-Frequenzen ausdrücken kann. So erhält man ein relativ einfaches und plausibles *Modell* für die Gittertheorie des betreffenden Kristalls. Im einfachsten Fall kann man die Verhältnisse im Gitter durch (in der Ruhelage unverspannte) Federn zwischen nächsten Nachbarn beschreiben, so daß die ganze Mechanik des Gitters nur eine einzige Konstante (die Direktionskraft der Feder) enthält.

Die Thermodynamik des Gitters ist ebenfalls sehr einfach (Abschnitt F). Jeder der äquivalenten Oszillatoren liefert seinen unabhängigen Beitrag zu den thermodynamischen Funktionen des Kristalls. So wird etwa der Beitrag eines Oszillators zur inneren Energie durch die PLANCKsche Funktion gegeben. Ist $\frac{kT}{\hbar}$ groß gegen die (Kreis-)Frequenz ω des Oszillators, so ist sein Beitrag zur Energie kT. Ist $\frac{kT}{\hbar\omega} \ll 1$, so ist sein Beitrag nahezu konstant gleich $\frac{\hbar\omega}{2}$ (Nullpunkts-Energie). Bei hohen Temperaturen ($kT \gg \hbar\omega$ für alle Gitterfrequenzen) ist dann die thermische Energie pro Baustein gleich $3kT$ und die spezifische Wärme $3k$ (DULONG-PETITsches Gesetz). Bei tiefen Temperaturen liefern nur diejenigen Oszillatoren einen wesentlichen Beitrag zur spezifischen Wärme, für die $\frac{kT}{\hbar\omega} \geq 1$ ist. Die Abweichungen vom klassischen Verhalten treten also dann auf, wenn $\frac{kT}{\hbar}$ in die Größenordnung der maximalen Eigenfrequenzen des Gitters kommt. Die Aufgabe der Gittertheorie ist es, die Gitterfrequenzen zu berechnen, und daraus die thermischen Eigenschaften des Gitters abzuleiten. Hier zeigt es sich, daß schon das oben erwähnte primitive Modell der Federbindung recht gute Übereinstimmung mit dem Verlauf der spezifischen Wärme bei tiefen Temperaturen liefert[1].

Die Annäherung der potentiellen Energie durch Φ_2 ist für sehr kleine Verschiebungen aus der Ruhelage gedacht. Sie ist eine brauchbare Näherung zur Erklärung der spezifischen Wärme, sowie des elastischen und auch optischen Verhaltens des Gitters. Bei großen elastischen Beanspruchungen oder bei hohen Temperaturen werden die Verschiebungen aus der Gleichgewichtslage schon so groß, daß man die höheren Glieder der Entwicklung (Φ_3 und Φ_4) berücksichtigen muß. Diese Glieder liefern die thermische Ausdehnung, die Druck- und Temperaturabhängigkeit der elastischen Größen, die Unterschiede und den Verlauf der spezifischen Wärmen bei konstantem Volumen und konstantem Druck, sowie die Wärmeleitfähigkeit (Abschnitt E, G und H). Auch hier ist immer noch vorausgesetzt, daß die Verschiebungen benachbarter Atome klein gegen die Gitterkonstante sind. Man kann zwar die verschiedenen Effekte, die in diesem Stadium auftreten, qualitativ gut verstehen, es gibt aber noch keine vollständige Theorie dieser Erscheinungen. Besonders unangenehm machen sich die Glieder höherer Ordnung bemerkbar, wenn schon die auf Grund der Quantenmechanik am absoluten Nullpunkt vorhandenen Nullpunktsschwingungen des Gitters so groß sind, daß die Annäherung durch Φ_2 nicht mehr gerechtfertigt erscheint. Denn dann kann man die Gleichgewichtslage nicht mehr allein durch das Minimum der potentiellen Energie definieren, da daneben noch der Beitrag der Nullpunktsenergie auftritt. Ist nur der Beitrag von Φ_2 wesentlich, dann ändert sich die Nullpunktsenergie nicht bei einer kleinen Verzerrung aus der Ruhelage,

---

[1] Diese Verhältnisse werden in dem Artikel von M. BLACKMAN in diesem Band des Handbuches eingehend behandelt.

und die Gleichgewichtsbedingung bezieht sich dann nur auf die potentielle Energie, während andernfalls die Nullpunktsenergie sich ändert und bei der Aufstellung der Gleichgewichtsbedingung berücksichtigt werden muß. Immerhin kann man diese Effekte wenigstens näherungsweise berücksichtigen.

Schließlich gibt es noch Probleme, bei denen die Verschiebungen vergleichbar mit dem Abstand nächster Nachbarn werden. Das geschieht beim Verdampfen, bei dem Gitterbausteine den Kristall verlassen müssen, und beim Schmelzen, wo die Fernordnung des Kristalls zerstört wird und nur eine Nahordnung übrig bleibt. Auch die Theorie der Gitterfehlstellen, der Korngrenzen und Gitterumwandlungen impliziert solche Verschiebungen. Diese Fragestellungen werden im letzten Abschnitt (I) nur andeutungsweise behandelt, zum Teil werden sie ausführlich an anderen Stellen dieses Handbuches erläutert, zum Teil existieren keine durchgeführten Theorien (wie etwa beim Schmelzen).

4. Fehlstellen und physikalische Eigenschaften. Am absoluten Nullpunkt der Temperatur befinden sich die Kerne und Elektronen im tiefsten quantenmechanisch möglichen Zustand. Abgesehen von den Nullpunktsschwingungen sind die Kerne in einem idealen Kristallgitter angeordnet. Die Abweichungen von diesem eindeutig gekennzeichneten idealen Zustand wollen wir als Kristallfehler bezeichnen. Man kann diese Fehler etwa so klassifizieren[1]:

α) Elektronen im Grundzustand, Kerne in angeregten Zuständen. Das ist ein verzerrtes Gitter, wobei die Verzerrungen durch äußere Kräfte oder durch thermische Bewegung zustande kommen. Die Abweichungen vom idealen Zustand sind meist klein. Diese Fragen werden ganz ausführlich behandelt. Zu diesem Problemkreis würden auch die Ordnungs-Unordnungserscheinungen in Legierungen gehören, die hier aber nicht berücksichtigt sind.

β) Kerne im Grundzustand, Elektronen in angeregten Zuständen. Das bedeutet z.B. die Existenz freier Elektronen (oder Defektelektronen) in Isolatoren, lokalisierte angeregte Zustände an Gitterstörungen oder angeregte Zustände, wie sie in Leitern durch ein elektrisches Feld erzeugt werden. Diese Probleme werden hier gar nicht diskutiert[2].

γ) Elektronen und Kerne befinden sich zwar im Grundzustand, aber der ideale Gitteraufbau ist gestört. Fehler dieser Art sind Fremdatome auf Gitter- oder Zwischengitterplätzen, fehlende Atome, Versetzungen[3]. Diese Fehler sind für die physikalischen Eigenschaften des Kristalls von großer Bedeutung. Man weiß, daß jeder Kristall eine große Anzahl solcher Fehler enthält. Daher kann eine Gittertheorie, die von einem idealen Kristallgitter als Grundlage ausgeht, nur Kristalleigenschaften erklären, die gegen die Existenz solcher Fehler unempfindlich sind. Dazu gehören die elastischen, optischen und thermischen Eigenschaften. Sie allein werden in diesem Artikel besprochen.

δ) Eine besondere Art von Störungen sind Grenzen zwischen Kristallkörnern mit großen Orientierungsdifferenzen, wie sie in Vielkristallen vorkommen. Diese Störung ist so groß, daß man sie eigentlich nicht mehr unter dem Begriff Kristallfehler einordnen darf. Die normalen festen Körper sind ja meist solche vielkristallinen Gemenge. Die Eigenschaften eines isotropen vielkristallinen Gemenges

---

[1] F. Seitz: Imperfections in Nearly Perfect Crystals, S. 3. New York: Wiley Sons 1952.

[2] Vgl. dazu besonders Bd. 19 und 20 dieses Handbuches.

[3] Diese Fehlstellen und ihre Wirkung auf die physikalischen Eigenschaften werden in den Beiträgen von A. Seeger in diesem Band des Handbuches besprochen. Man muß sich darüber klar sein, daß solche Zustände im allgemeinen hoch entartet sind, da z.B. das fehlende Atom an irgendeiner Stelle des Kristalls herausgenommen sein kann. Im Grunde handelt es sich dabei um einen angeregten, aber metastabilen Zustand nach α.

aus den anisotropen Eigenschaften des Einkristalls herzuleiten, ist eine weitere Aufgabe der Theorie. Die thermischen Eigenschaften sind weitgehend unabhängig von dem Übergang Einkristall—Vielkristall. Die Berechnung der isotropen elastischen Konstanten aus Einkristalldaten ist bisher nicht vollständig gelungen. Sie ist kein Problem der Gittertheorie, sondern der klassischen Elastizitätstheorie.

B. Die potentielle Energie.

5. Die adiabatische Näherung[1] [6]. Der HAMILTON-Operator H eines Systems aus N Atomkernen $\left(\text{Massen } M_J, \text{ Koordinaten } X_J, \text{ Impulse } P_J = \frac{\hbar}{i}\frac{\partial}{\partial X_J};\right.$ $\left. J = 1, 2, \ldots, 3N\right)$ und n Elektronen $\left(\text{Masse } m, \text{ Koordinaten } x_j, \text{ Impulse } p_j = \frac{\hbar}{i}\frac{\partial}{\partial x_j}; j = 1, 2, \ldots, 3n\right)$ besteht aus drei Anteilen:

$$H = \sum_{J=1}^{3N} \frac{1}{2M_J} P_J^2 + \sum_{j=1}^{3n} \frac{1}{2m} p_j^2 + W_C(\ldots x_j \ldots, \ldots X_J \ldots). \tag{5.1}$$

Der erste Summand ist die kinetische Energie der Kerne H_K^{kin}, der zweite Summand die kinetische Energie der Elektronen $H_{\text{El}}^{\text{kin}}$ und der dritte Summand W_C ist die COULOMBsche Wechselwirkungsenergie zwischen allen Atomkernen und Elektronen. Der Zustand des Systems wird beschrieben durch eine Funktion $G(x_k \ldots, \ldots X_K \ldots)$ der Kern- und Elektronenkoordinaten. Um die Elektronenkoordinaten aus der SCHRÖDINGER-Gleichung des Systems

$$HG = i\hbar \dot{G} \tag{5.2}$$

zu eliminieren, betrachten wir zunächst die SCHRÖDINGER-Gleichung für die Elektronen allein, indem wir die Kernlagen fest vorgeben. Der HAMILTON-Operator dieses Teilproblems ist $H_{\text{El}} = H_{\text{El}}^{\text{kin}} + W_C$. Die Eigenfunktionen und die Eigenwerte denken wir uns ermittelt, sie werden durch den Index α oder α' charakterisiert:

$$H_{\text{El}}\,\psi_\alpha(x_l, X_K) = E_\alpha^{\text{El}}(X_K)\,\psi_\alpha(x_l, X_K). \tag{5.3}$$

Dann kann man G nach den Eigenfunktionen von H_{El} entwickeln, da diese ja ein vollständiges, normiertes und orthogonales System bezüglich der Elektronenkoordinaten sind:

$$G = \sum_{\alpha'} \Psi_{\alpha'}(X_K)\,\psi_{\alpha'}(x_l, X_K). \tag{5.4}$$

Man kann nun die Elektronenkoordinaten formal eliminieren, wenn man den Ansatz (5.4) in die SCHRÖDINGER-Gleichung (5.2) einsetzt, diese mit ψ_α^* multipliziert und über die Elektronenkoordinaten integriert. Damit erhält man ein Gleichungssystem für die Funktionen Ψ_α von der Form:

$$\{H_K^{\text{kin}} + E_\alpha^{\text{El}}\}\,\Psi_\alpha + \sum_{K,\alpha'}\left\{\frac{1}{2M_K} P_{K,\alpha\alpha'}^2 + \frac{1}{M_K} P_{K,\alpha\alpha'}\cdot P_K\right\}\Psi_{\alpha'} = i\hbar\,\dot{\Psi}_\alpha. \tag{5.5}$$

Dabei sind die Größen $P_{K,\alpha\alpha'}^2$ und $P_{K,\alpha\alpha'}$ Matrixelemente bezüglich der Elektroneneigenfunktion, z.B.

$$P_{K,\alpha\alpha'}^2 = \int \psi_\alpha^*(x_l, X_K)\, P_K^2\, \psi_{\alpha'}(x_l, X_K)\, dx_1 \ldots dx_{3n}. \tag{5.6}$$

---

[1] In dieser Ziffer soll gezeigt werden, wie man eine potentielle Energie für die Kernbewegung, ausgehend von den quantentheoretischen Grundlagen, definieren kann. Zum Verständnis der weiteren Ausführungen ist der Inhalt dieser Ziffer entbehrlich.

Spaltet man noch die Glieder mit $\alpha' = \alpha$ ab, so wird aus (5.5)

$$\left.\begin{aligned}
&\left\{H_K^{\mathrm{kin}} + E_\alpha^{\mathrm{El}} + \sum_K \frac{1}{2M_K}\, P_{K,\alpha\alpha}^2\right\}\Psi_\alpha + \\
&\quad + \sum_{K,\alpha'(\neq\alpha)}\left\{\frac{1}{2M_K}\, P_{K,\alpha\alpha'}^2 + \frac{1}{M_K}\, P_{K,\alpha\alpha'}\cdot P_K\right\}\Psi_{\alpha'} = i\,\hbar\,\dot{\Psi}_\alpha\,.
\end{aligned}\right\} \quad (5.5\mathrm{a})$$

Dabei ist das Glied $P_{K,\alpha\alpha}$ weggelassen worden, da es verschwindet. Denn da H_{El} reell ist, können die ψ_α als reell vorausgesetzt werden. Und dann ist

$$P_{K,\alpha\alpha} = \frac{\hbar}{i}\int \psi_\alpha \frac{\partial}{\partial X_K}\, \psi_\alpha\, dx_1 \ldots dx_{3n} = \frac{\hbar}{2i}\, \frac{\partial}{\partial X_K}\int \psi_\alpha^2\, dx_1 \ldots dx_{3n} = 0$$

auf Grund der Normierung der Elektroneneigenfunktionen ($\int \psi_\alpha^2\, dx_1 \ldots dx_{3n} = 1$).

Die zweite Summe in (5.5a) verkoppelt die Kernzustände, die zu verschiedenen Anregungszuständen der Elektronen gehören. Wenn es berechtigt ist, diese Kopplung zu vernachlässigen, so erhält man eine Schrödinger-Gleichung für die Ψ_α allein, in der

$$E_\alpha^{\mathrm{El}}(X_K) + \sum_K \frac{1}{2M_K}\, P_{K,\alpha\alpha}^2$$

als potentielle Energie auftritt.

Dieses Verfahren heißt die *adiabatische*[1] *Näherung*. Da man $\sum_K \dfrac{1}{2M_K}\, P_{K,\alpha\alpha}^2$ gegen E_α^{El} wegen der großen Kernmassen vernachlässigen kann, so wird die potentielle Energie Φ dann gleich dem Eigenwert des Elektronenzustandes. Speziell für den Grundzustand ($\alpha = 0$) der Elektronenkonfiguration wird

$$\Phi(X_K) = E_0^{\mathrm{El}}(X_K)\,. \tag{5.7}$$

Die Frage, unter welchen Umständen man die Kopplung mit den angeregten Elektronenzuständen tatsächlich vernachlässigen kann, ist nicht befriedigend gelöst[2]. Man kann es plausibel machen, daß in Isolatoren, wo die Energiedifferenz zwischen Grundzustand und erstem angeregten Zustand der Elektronen von der Größenordnung 1 eV ist, die Kopplung nur wenig ausmacht. In Metallen dagegen schließen die angeregten Zustände kontinuierlich an den Grundzustand an, und es ist keineswegs sicher, daß die Kopplung vernachlässigbar klein ist. (Die Mitnahme der Kopplung würde bedeuten, daß die Kräfte zwischen den Atomen nicht mehr durch ein Potential dargestellt werden können.) Im folgenden werden wir annehmen, daß die Gl. (5.7) jedenfalls näherungsweise richtig ist. Φ ist dann nach (5.7) die Energie der Elektronenkonfiguration im tiefsten Zustand.

C. Das Gitter im Gleichgewicht.

I. Beschreibung des Gitters[3].

6. Primitives Gitter. Ein primitives Gitter wird durch drei nichtkomplanare Vektoren $\mathfrak{a}^{(k)}$, die drei primitiven Translationen, aufgespannt[4]. Alle physikalischen

---

[1] In der Sprache der Bohrschen Quantentheorie bedeutet diese Näherung, daß die Bewegung der Elektronen schnell gegen die Bewegung der Kerne ist. Wegen des großen Massenunterschiedes ist das anschaulich klar. M. Born und R. Oppenheimer [7] haben ein anderes Verfahren entwickelt, um die Elektronen zu eliminieren, in dem sie ein Entwicklungsverfahren nach dem Verhältnis der Elektronen- und Kernmasse durchführen. Das Ergebnis ist in der ersten Näherung identisch mit (5.7)

[2] Die Kopplungsterme ermöglichen z.B. strahlungslose Übergänge zwischen verschiedenen Elektronenzuständen [8].

[3] Vgl. den Artikel von H. Jagodzinski in diesem Band.

[4] Lateinische Indices ($i, k \ldots$) durchlaufen die Werte 1, 2 und 3.

Größen sind mit $\mathfrak{a}^{(k)}$ periodisch. Fixiert man im Ursprung des Koordinatensystems einen Atomkern, so ist die allgemeine Lage der Kerne in diesem Gitter $\sum_{k=1}^{3} n_k\, \mathfrak{a}^{(k)}$ mit ganzzahligen, sonst aber beliebigen n_k gegeben. Die allgemeine Lage $\mathfrak{R}^{\mathfrak{n}} = (X_i^{\mathfrak{n}})$ wird somit charakterisiert durch einen Vektor $\mathfrak{n} = (n_k)$ mit ganzzahligen Komponenten und durch die Vektoren $\mathfrak{a}^{(k)} = (a_i^{(k)})$:

$$X_i^{\mathfrak{n}} = \sum_k a_i^{(k)}\, n_k. \tag{6.1}$$

Führt man zur bequemeren Schreibweise eine Matrix $A = \{A_{ik}\}$ mit $A_{ik} = a_i^{(k}$ ein, so ist

$$\mathfrak{R}^{\mathfrak{n}} = A\,\mathfrak{n}. \tag{6.1a}$$

Die Basisvektoren $\mathfrak{a}^{(k)}$ spannen ein Parallelepiped auf (Fig. 1), die Elementarzelle. Das Volumen V_Z der Elementarzelle ist die Determinante von A:

$$V_Z = \mathfrak{a}^{(1)} \cdot (\mathfrak{a}^{(2)} \times \mathfrak{a}^{(3)}) = |A|. \tag{6.2}$$

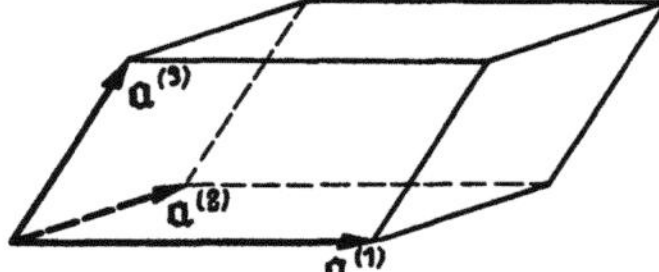

Fig. 1. Basisvektoren $\mathfrak{a}^{(k)}$ und Elementarzelle eines primitiven Gitters.

Die einfachsten und später häufig gebrauchten Beispiele sind die drei kubischen, primitiven Gitter.

Das kubisch primitive Gitter (Fig. 2)

$$A = \left\{ \begin{matrix} A_{11} & A_{12} & A_{13} \\ A_{21} & A_{22} & A_{23} \\ A_{31} & A_{32} & A_{33} \end{matrix} \right\} = a \left\{ \begin{matrix} 1 & 0 & 0 \\ 0 & 1 & 0 \\ 0 & 0 & 1 \end{matrix} \right\} \\ \text{und} \quad V_Z = a^3. \tag{6.3a}$$

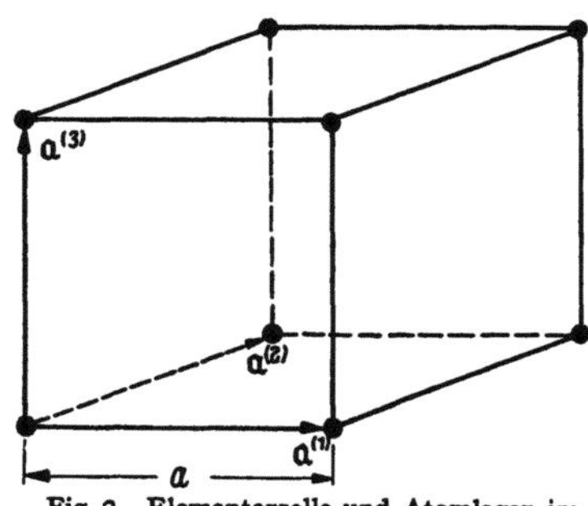

Fig. 2. Elementarzelle und Atomlagen im kubisch primitiven Gitter.

Das kubisch raumzentrierte Gitter (Fig. 3)

$$A = \frac{a}{2} \left\{ \begin{matrix} 1 & 1 & -1 \\ -1 & 1 & 1 \\ 1 & -1 & 1 \end{matrix} \right\} \quad \text{und} \quad V_Z = \frac{a^3}{2}. \tag{6.3b}$$

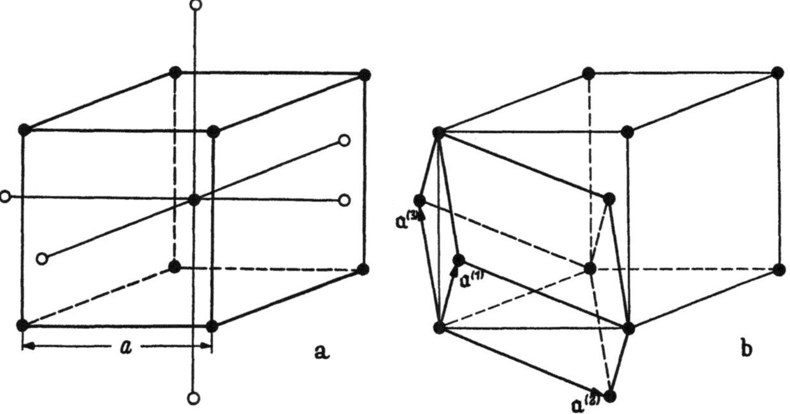

Fig. 3a u. b. a Elementarkubus und Atomlagen im kubisch raumzentrierten Gitter. b Elementarzelle und Basisvektoren des kubisch raumzentrierten Gitters.

Das kubisch flächenzentrierte Gitter (Fig. 4)

$$A = \frac{a}{2}\begin{Bmatrix} 1 & 1 & 0 \\ 0 & 1 & 1 \\ 1 & 0 & 1 \end{Bmatrix} \quad \text{und} \quad V_Z = \frac{a^3}{4}. \tag{6.3 c}$$

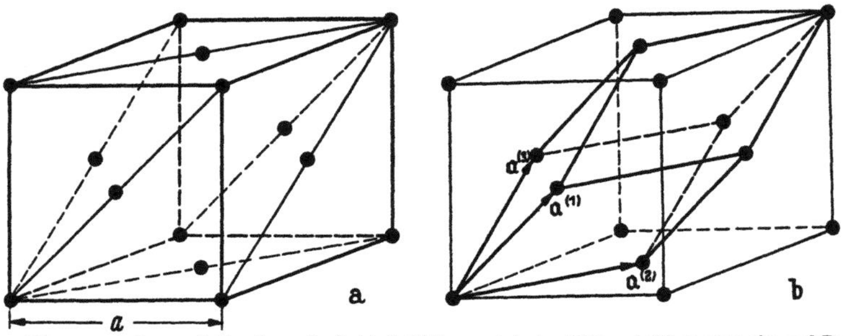

Fig. 4a u. b. a Elementarkubus und Atomlagen im kubisch flächenzentrierten Gitter. b Elementarzelle und Basisvektoren des kubisch flächenzentrierten Gitters.

a, die kubische Gitterkonstante, ist in allen drei Gittern die Kantenlänge des Elementarkubus.

Meist beschreibt man das raumzentrierte Gitter auch als eine Zusammensetzung zweier kubisch primitiver Gitter, wobei neben den Ecken des Elementarkubus noch das Raumzentrum mit einem Atom besetzt ist (Fig. 3a). Das gleiche gilt für das flächenzentrierte Gitter, nur daß hier die Zentren der Würfelflächen zusätzlich mit Atomen besetzt werden (Fig. 4a). Das kubisch primitive Gitter kommt in der Natur nicht vor, dagegen sind die raumzentrierten (Alkalien) und vor allem die flächenzentrierten Gitter (Edelmetalle und Edelgase) relativ häufig.

7. Reziprokes Gitter. Zu einem Satz von Basisvektoren $\mathfrak{a}^{(k)}$ gibt es einen Satz von reziproken Basisvektoren $\mathfrak{b}^{(k)}$, die durch

$$\mathfrak{b}^{(i)} \cdot \mathfrak{a}^{(k)} = \delta_{ik} \tag{7.1}$$

definiert sind[1]. Sie spannen das reziproke Gitter auf. Die $\mathfrak{b}^{(i)}$ lassen sich durch die $\mathfrak{a}^{(k)}$ darstellen:

$$\mathfrak{b}^{(1)} = \frac{\mathfrak{a}^{(2)} \times \mathfrak{a}^{(3)}}{V_Z} \quad \text{und cyclisch vertauscht.} \tag{7.2}$$

Bildet man die Matrix $B = \{B_{ik}\}$ mit $B_{ik} = b_i^{(k)}$, so wird aus (7.1)

$$\sum_l B_{li} A_{lk} = \delta_{ik} \tag{7.1 a}$$

oder in Matrixschreibweise

$$B'A = 1, \tag{7.1 b}$$

wobei B' die zu B gehörige transponierte Matrix ist.

Die reziproken Vektoren werden hauptsächlich bei den folgenden Fragestellungen benötigt:

α) Ein Vektor $\mathfrak{R}$ sei durch $\mathfrak{R} = A\mathfrak{r}$ gegeben. Dann sind seine Komponenten $\mathfrak{r}$ in die Basisvektoren: $\mathfrak{r} = B'\mathfrak{R}$. Genau so folgt aus $\mathfrak{R} = B\bar{\mathfrak{r}}$ die Auflösung[2] $\bar{\mathfrak{r}} = A'\mathfrak{R}$.

---

[1] δ_{ik} ist das Kronecker-Symbol, δ_{ik} ist gleich 1 für $i = k$ und 0 sonst.

[2] Die $\mathfrak{r}$ und $\bar{\mathfrak{r}}$ sind die ko- und kontravarianten Komponenten des Vektors $\mathfrak{R}$ in dem durch die $\mathfrak{a}^{(k)}$ aufgespannten schiefwinkligen Koordinatensystem. Von dieser Tatsache wird aber im folgenden kein Gebrauch gemacht, da alles auf rechtwinklige Systeme bezogen wird.

β) Eine Funktion $F(\mathfrak{R})$, welche die Periode des Gitters hat,

$$F(\mathfrak{R} + A\,\mathfrak{n}) = F(\mathfrak{R}) \qquad \text{für alle } \mathfrak{n}, \tag{7.3}$$

kann in eine FOURIER-Reihe

$$F(\mathfrak{R}) = \sum_{\mathfrak{K}} F_{\mathfrak{K}}\, e^{i\,\mathfrak{K}\,\mathfrak{R}} \tag{7.4}$$

entwickelt werden. Die in (7.4) zugelassenen $\mathfrak{K}$-Werte bestimmen sich aus der Bedingung (7.3), die für jedes Glied der Summe erfüllt sein muß:

$$e^{i\,\mathfrak{K}\,(\mathfrak{R}+A\,\mathfrak{n})} = e^{i\,\mathfrak{K}\,\mathfrak{R}} \qquad \text{für alle } \mathfrak{n} \tag{7.3a}$$

oder

$$\mathfrak{K} \cdot A\,\mathfrak{n} = 2\pi M \qquad \text{mit ganzzahligem } M. \tag{7.3b}$$

Zerlegt man $\mathfrak{K}$ nach den reziproken Vektoren $\mathfrak{K} = B\,\mathfrak{l}$ so wird aus (7.3b)

$$\mathfrak{l} \cdot \mathfrak{n} = 2\pi M, \tag{7.3c}$$

woraus folgt, daß $\mathfrak{l} = 2\pi\,\mathfrak{m}$ mit ganzzahligem $\mathfrak{m}$ sein muß. Die zugelassenen $\mathfrak{K}$-Werte sind also

$$\mathfrak{K} = 2\pi B\,\mathfrak{m}. \tag{7.5}$$

Sie durchlaufen die Punkte des reziproken Gitters. Die FOURIER-Koeffizienten ergeben sich zu

$$F_{\mathfrak{K}} = \frac{1}{V_Z} \int\limits_{(V_Z)} F(\mathfrak{R})\, e^{-i\,\mathfrak{K}\,\mathfrak{R}}\, d\mathfrak{R}, \tag{7.6}$$

wobei über die Elementarzelle oder einen äquivalenten Bereich zu integrieren ist. Wird die periodische Funktion durch

$$F(\mathfrak{R}) = \sum_{\mathfrak{n}} f(\mathfrak{R} - A\,\mathfrak{n}) \tag{7.7}$$

dargestellt, so ist

$$F_{\mathfrak{K}} = \frac{1}{V_Z} \int\limits_{-\infty}^{+\infty} f(\mathfrak{R})\, e^{-i\,\mathfrak{K}\,\mathfrak{R}}\, d\mathfrak{R}. \tag{7.7a}$$

Ist umgekehrt eine Reihe $F(\mathfrak{R})$ mit Koeffizienten $F_{\mathfrak{K}}$ gegeben, so kann man $F(\mathfrak{R})$ durch eine Überlagerung von Funktionen $f(\mathfrak{R})$ nach (7.7) darstellen, wobei man z.B. $f(\mathfrak{R})$ aus

$$f(\mathfrak{R}) = \frac{V_Z}{(2\pi)^3} \int\limits_{-\infty}^{+\infty} F_{\mathfrak{K}}\, e^{i\,\mathfrak{K}\,\mathfrak{R}}\, d\mathfrak{K} \tag{7.7b}$$

bestimmen kann. Das ist immer dann möglich, wenn $F_{\mathfrak{K}}$ als Funktion der kontinuierlichen Variablen $\mathfrak{K}$ gegeben ist[1]. Die Zerlegung ist aber nicht eindeutig, da für $F(\mathfrak{R})$ selbst nur die diskreten $\mathfrak{K}$-Werte im reziproken Gitter maßgebend sind.

γ) $A\,\mathfrak{n} \cdot B\,\mathfrak{m} = \mathfrak{n} \cdot \mathfrak{m}$ durchläuft mit $\mathfrak{n}$ bei festem $\mathfrak{m}$ alle ganzen Zahlen, falls die Komponenten von $\mathfrak{m}$ teilerfremd sind. Die Projektionen der Gitterpunkte auf den Einheitsvektor $\dfrac{B\,\mathfrak{m}}{|B\,\mathfrak{m}|}$ sind also ganzzahlige Vielfache eines Abstandes $\dfrac{1}{|B\,\mathfrak{m}|}$. Das bedeutet, daß man das Gitter nach Netzebenen sortieren kann, auf denen sämtliche Gitterpunkte liegen. $\dfrac{1}{|B\,\mathfrak{m}|}$ ist der Abstand benachbarter Netzebenen und $\dfrac{B\,\mathfrak{m}}{|B\,\mathfrak{m}|}$ die Netzebenen-Normale.

---

[1] Gln. (7.7a) und (7.7b) sind durch eine FOURIER-Transformation verknüpft. Eine einfache Anwendung ist die Transformation dreifacher ϑ-Reihen. Sie wird in Ziff. 26 bei der Berechnung elektrostatischer Gitterpotentiale benötigt.

Für die in Ziff. 6 behandelten kubischen Gitter ergibt sich:

$$B = \frac{1}{a}\begin{Bmatrix} 1 & 0 & 0 \\ 0 & 1 & 0 \\ 0 & 0 & 1 \end{Bmatrix} \tag{7.8a}$$

für das kubisch primitive Raumgitter. Das reziproke Gitter ist wieder kubisch primitiv.

$$B = \frac{1}{a}\begin{Bmatrix} 1 & 1 & 0 \\ 0 & 1 & 1 \\ 1 & 0 & 1 \end{Bmatrix} \tag{7.8b}$$

für das raumzentrierte Gitter. Das reziproke Gitter ist kubisch flächenzentriert.

$$B = \frac{1}{a}\begin{Bmatrix} 1 & 1 & -1 \\ -1 & 1 & 1 \\ 1 & -1 & 1 \end{Bmatrix} \tag{7.8c}$$

für das flächenzentrierte Gitter. Das reziproke Gitter ist kubisch raumzentriert.

8. Allgemeine Gitter. Das allgemeine Gitter wird ebenfalls aufgespannt durch drei Basisvektoren $\mathfrak{a}^{(k)}$, die die primitiven Perioden des Gitters angeben, und durch die Lagen der Bausteine $\mathfrak{R}^\nu$ in der Elementarzelle. Der Index ν durchläuft die Zahlen $1 \ldots s$, wenn s die Zahl der Atome in der Elementarzelle ist. Die allgemeine Lage der mit ν indizierten Gitterpunkte ist:

$$\mathfrak{R}^\mathfrak{n}_\nu = A\,\mathfrak{n} + \mathfrak{R}^\nu. \tag{8.1}$$

Man hat also nur eine Anzahl primitiver Gitter mit Anfangslagen in $\mathfrak{R}^\nu$ ineinandergesetzt. Das ist schon der allgemeinste Fall. (Bei primitiven Gittern gibt es nur ein $\mathfrak{R}_1$, das bei den obigen Beispielen Null gesetzt worden war.)

In manchen Fällen ist es vorteilhaft, primitive Gitter durch eine Zusammensetzung einfacherer primitiver Gitter darzustellen. So ist es offenbar möglich, das kubisch raumzentrierte Gitter durch zwei kubisch primitive Gitter mit

$$\mathfrak{R}_1 = 0 \quad \text{und} \quad \mathfrak{R}_2 = \frac{a}{2}(1,\,1,\,1)$$

zu beschreiben, ebenso das flächenzentrierte Gitter durch vier kubisch primitive Gitter mit

$$\mathfrak{R}_1 = 0; \quad \mathfrak{R}_2 = \frac{a}{2}(1,\,0,\,1); \quad \mathfrak{R}_3 = \frac{a}{2}(1,\,1,\,0); \quad \mathfrak{R}_4 = \frac{a}{2}(0,\,1,\,1).$$

Welche der beiden Beschreibungen man wählen will, ist eine Frage der Zweckmäßigkeit.

Im allgemeinen ist es nicht möglich, ein beliebiges Punktgitter auf ein primitives Gitter zurückzuführen. Die beiden einfachsten Gitter dieser Art mit gleichen Bausteinen sind: Das kubische Diamantgitter, das eine Zusammensetzung zweier kubisch flächenzentrierter Gitter ist, die in Richtung der Raumdiagonale um $\frac{1}{4}$ der Raumdiagonale verschoben sind, also:

$$A \text{ nach } (6.3c), \quad \mathfrak{R}_1 = 0 \quad \text{und} \quad \mathfrak{R}_2 = \frac{a}{4}(1,\,1,\,1),$$

und die hexagonal dichteste Kugelpackung, die in Ziff. 9 beschrieben wird.

Das einfachste Beispiel mit nichtäquivalenten Bausteinen ist das Caesiumchloridgitter, das aus zwei kubisch primitiven Gittern besteht, die jeweils mit Caesium- oder Chlor-Ionen besetzt sind, und das ohne Berücksichtigung der Unterschiede zwischen Cs und Cl ein raumzentriertes Gitter bilden würde.

9. Dichteste Kugelpackungen. Wenn man sich die Atome ganz grob schematisch als starre Kugeln vom Durchmesser D vorstellt, so wird man erwarten, daß der energetisch günstigste Zustand eine möglichst dichte Packung der Kugeln sein wird. Denn dann werden die Anziehungskräfte am besten ausgenutzt. Es gibt mehrere Möglichkeiten, solche dichtesten Packungen aufzubauen. Am besten beginnt man mit der dichtesten Packung in einer Ebene (Fig. 5), wo die Packung eindeutig ist. Die Atomlagen in dieser Ebene bezeichnen wir mit α. Auf die α-Ebene kann man nun auf zweierlei Weise eine neue dichtest gepackte Ebene aufsetzen (β- und γ-Lagen der Fig. 5).

So kann man durch abwechselnde ebene Packungen in α-, β- und γ-Lagen eine beliebige dichteste Packung erzeugen, wobei nur darauf zu achten ist, daß keine gleichen Lagen aufeinander gepackt werden dürfen. In allen Packungen ist der Volumbedarf einer Kugel $D^3/\sqrt{2}$.

Die einfachsten und in der Natur realisierten Packungen sind kubisch und hexagonal. Die kubische Packung ist identisch mit dem kubisch flächenzentrierten Gitter (Fig. 6), sie ist eine periodische Folge von α, β, γ-Ebenen. Die Kantenlänge des kubischen Elementarkubus ist $D \cdot \sqrt{2}$. Die dichtest gepackten Ebenen stehen senkrecht auf der Raumdiagonalen, und da es vier äquivalente Raumdiagonalen gibt, gibt es auch vier verschiedene Scharen von dichtest gepackten Ebenen. Die Edelgase, für die die Vorstellung starrer Kugeln mit anziehenden Kräften am ehesten zutrifft, kristallisieren alle (mit Ausnahme von He) in der kubischen Packung.

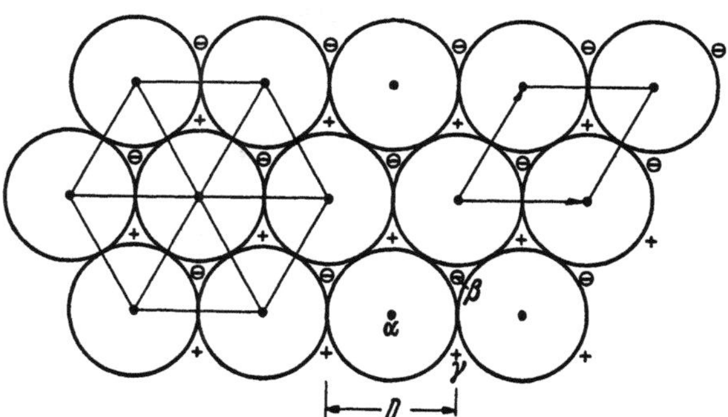

Fig. 5. Dichteste Kugelpackung in der Ebene (α-Lagen). Auf diese Ebene kann eine neue dichtest gepackte Ebene in β oder γ-Lagen gepackt werden.

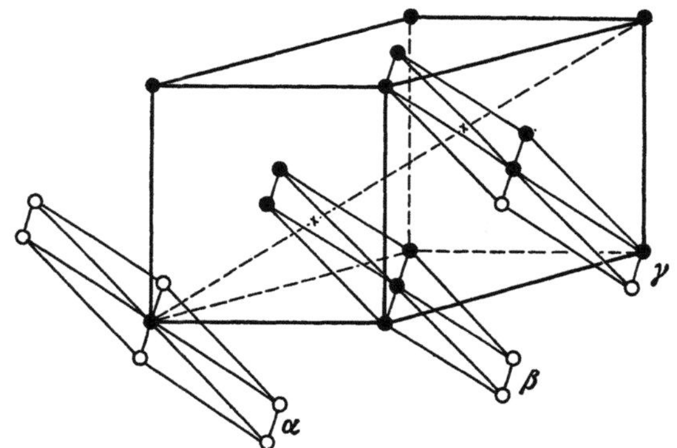

Fig. 6. Kubisch dichteste Packung (kubisch flächenzentriertes Gitter). Die Atome des Elementarkubus sind durch volle Kreise gekennzeichnet.

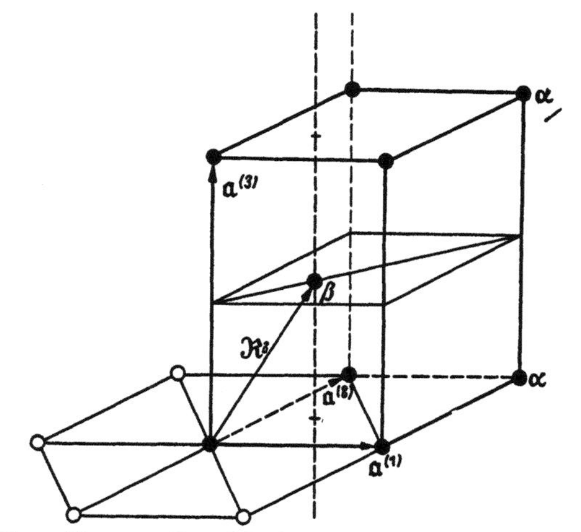

Fig. 7. Elementarzelle und Basisvektoren der hexagonal dichtesten Packung.

Die hexagonale Packung besteht aus einer periodischen Folge von α- und β-Ebenen (Fig. 7). Hier ist

$$A = D \cdot \begin{Bmatrix} 1 & \frac{1}{2} & 0 \\ 0 & \frac{\sqrt{3}}{2} & 0 \\ 0 & 0 & \frac{2\sqrt{2}}{\sqrt{3}} \end{Bmatrix}, \qquad V_Z = D^3 \cdot \sqrt{2},$$

$$\mathfrak{R}_1 = 0 \quad \text{und} \quad \mathfrak{R}_2 = \frac{1}{3}\left(\mathfrak{a}^{(1)} + \mathfrak{a}^{(2)}\right) + \frac{1}{2}\,\mathfrak{a}^{(3)} = D\left(\frac{1}{2},\ \frac{1}{2\sqrt{3}},\ \frac{\sqrt{2}}{\sqrt{3}}\right).$$

Die hexagonale Packung tritt bei den Elementen der zweiten Spalte des periodischen Systems bevorzugt auf, wenn auch häufig kleine Abweichungen im Sinne einer Verlängerung oder Verkürzung der hexagonalen Achse ($\mathfrak{a}^{(3)}$) vorkommen (Tabelle 1).

10. Koordinationsgitter. Schon bei den dichtesten Packungen geht man von einem physikalischen Gesichtspunkt aus, indem man eine möglichst dichte Packung oder auch eine möglichst hohe Zahl von Nachbarn eines Atoms fordert. Man kann dieses Prinzip der Nachbaranzahlen noch eingehender diskutieren und die verschiedenen einfachen Gittertypen nach den Nachbarzahlen klassifizieren. Man nennt diejenigen Gitter, bei welchen gleichartige Atome in gleicher (oder jedenfalls kongruenter) Weise von physikalisch gleichwertigen Nachbarn umgeben sind, Koordinationsgitter. Die Zahl der nächsten Nachbarn, die alle im gleichen Abstand liegen, ist die Koordinationszahl. Man wird erwarten, daß die Gitter mit der höchsten Koordinationszahl energetisch am günstigsten sind.

Bei Elementgittern findet man:

Koordinationszahl 4: Diamanttyp;

6: kubisch primitives Gitter;

8: kubisch raumzentriertes Gitter;

12: kubische und hexagonal dichteste Packung.

Bei Gittern mit zwei Atomsorten:

Koordinationszahl 4: Zinkblendetyp (ZnS), Zn und S besetzen je ein kubisch flächenzentriertes Gitter. Die beiden Gitter sind wie bei Diamant um $\frac{1}{4}$ der Raumdiagonale verschoben.

4: Wurzit-Typ (ZnS), Zn und S bilden jeweils eine hexagonal dichteste Packung, die gegeneinander um $\frac{1}{3}(\mathfrak{a}^{(1)}+\mathfrak{a}^{(2)}) + \frac{1}{2}\mathfrak{a}^{(3)}$ verschoben sind.

6: NaCl-Gitter, Na und Cl bilden je ein kubisch flächenzentriertes Gitter. Die beiden Gitter sind um $a/2$ in Richtung einer Würfelkante gegeneinander verschoben.

8: CsCl-Gitter, zwei kubisch primitive Gitter die gegeneinander um die halbe Raumdiagonale verschoben sind.

Man wird erwarten, daß der CsCl-Typ am günstigsten ist, jedenfalls dann, wenn beide beteiligten Partner gleiche Radien haben. Andernfalls bestimmt das Radienverhältnis die günstigste Struktur (Ziff. 28).

In Tabelle 1 sind die Strukturen und Gitterkonstanten der Elementgitter zusammengestellt. Die oben besprochenen Koordinationsgitter kommen überwiegend vor.

Tabelle 1. *Gitterstrukturen im periodischen System* (nach Angaben von TH. ERNST; LANDOLT-BÖRNSTEIN, Bd. I/4, S. 82 ff. Berlin: Springer 1955).

Bezeichnungen. A_1 kubisch flächenzentriert; A_2 kubisch raumzentriert; A_3 hexagonal dichteste Packung; A_4 Diamantgitter. Die anderen Symbole bezeichnen kompliziertere Strukturen und sind nur der Vollständigkeit halber aufgeführt.

Gitterdaten. Bei den kubischen Kristallen (A_1, A_2, A_4) ist in Klammern die kubische Gitterkonstante in Å angegeben. Bei A_3 ist ebenfalls in Klammern $|a^{(1)}| = |a^{(2)}|$ vermerkt, ferner das Verhältnis $\frac{|a^{(3)}|}{|a^{(1)}|}$, welches für die ideale hexagonal dichteste Packung $\frac{2\sqrt{2}}{\sqrt{3}} = 1{,}633$ ist. Die Angaben beziehen sich im allgemeinen auf Zimmer-Temperatur (RT.); sonst ist die Temperatur in absoluten Grad angegeben. Bei den Molekül-Gittern (H_2, O_2 usw.) bezieht sich die Strukturangabe auf die Molekül-Schwerpunkte. Bei den mit einem * bezeichneten Elementen sind bei tieferen Temperaturen unter bestimmten Voraussetzungen noch andere Strukturen beobachtet.

H_2 A_3(3,75) 1,63;4,2°																	He A_3(3,57) 1,633; 1,45°
Li* A_2(3,4) 100°	Be A_3(2,26) 1,58; RT.											B	C [Diamant] A_4(3,55) RT.	N_2* A_3(4,03) 1,65;45°	O_2 ~B_{21}	F	Ne A_1(4,52) 4,2°
Na* A_2(4,3) RT.	Mg A_3(3,2) 1,623; RT.											Al A_1(4,04) RT.	Si A_4(5,43) RT.	P A_{17}	S_8 A_{16}	Cl_2 A_{18}	Ar A_1(5,4) 20°
K A_2(5,33) RT.	Ca A_1(5,56) RT.	Sc A_3(3,3) 1,59; RT.	Ti A_3(2,95) 1,60; RT.	V A_2(3,03) RT.	Cr A_2(2,87) RT.	Mn A_1(3,7) RT.	Fe A_2(2,86) RT.	Co A_3(2,51) 1,633; RT.	Ni* A_1(3,51) RT.	Cu A_1(3,6) RT.	Zn A_3(2,66) 1,85; RT.	Ga A_{11}	Ge A_4(5,64) RT.	As A_7	Se A_8	Br_2 A_{14}	Kr A_1(5,59) 20°
Rb A_2(5,6) 88°	Sr A_1(6,07) RT.	Y A_3(3,66) 1,58; RT.	Zr A_3(3,22) 1,59; RT.	Nb A_2(3,3) RT.	Mo A_2(3,14) RT.	Tc A_3(2,73) 1,604; RT.	Ru A_3(2,69) 1,58; RT.	Rh A_1(3,79) RT.	Pd A_1(3,88) RT.	Ag A_1(4,08) RT.	Cd A_3(2,97) 1,88; RT.	In A_6	Sn* A_5	Sb A_7	Te A_8	J_2 A_{14}	X A_1(6,2) 88°
Cs A_2(6,13) 263°	Ba A_2(5,01) RT.	Seltene Erden s. unten	Hf A_3(3,2) 1,58; RT.	Ta A_2(3,29) RT.	W A_2(3,15) RT.	Re A_3(2,75) 1,614; RT.	Os A_3(2,72) RT.	Ir A_1(3,83) RT.	Pt A_1(3,91) RT.	Au A_1(4,07) RT.	Hg A_{10}	Tl A_3(3,44) 1,60; RT.	Pb A_1(4,93) RT.	Bi A_7	Po* ?A_{19}?	At	Em
AcK	Ra	Ac	Th A_1(5,08) RT.	Pa	U A_{20}	Np	Pu	Am	Cm								

La	Ce	Pr	Nd	Pm	Sa	Eu	Gd	Tb	Dy	Ho	Er	Tm	Yb	Cp
A_1(5,29) A_3(3,75) 1,61; RT.	A_1(5,14) A_3(3,65) 1,63; RT.	A_1(5,15) A_3(3,65) 1,62; RT.	A_3(3,65) 1,61; RT.			A_2(4,57) RT.	A_3(3,62) 1,58; RT.	A_3(3,58) 1,58; RT.	A_3(3,57) 1,57; RT.	A_3(3,55) 1,58; RT.	A_3(3,53) 1,58 ;RT.		A_1(5,46) RT.	A_3(3,5) 1,58 ;RT.

11. Symmetrieoperationen. Für jedes Punktgitter gibt es eine Anzahl von Symmetrieoperationen S (Deckoperationen), die das Gitter in sich überführen. Eine Deckoperation enthält eine Verschiebung t und eine Matrix $D = \{D_{ik}\}$, die eine Drehung, Spiegelung oder eine Drehspiegelung beschreibt ($D'D = 1$). Den Koordinatenursprung läßt man im allgemeinen mit einem Gitterpunkt zusammenfallen[1]. S führt einen Vektor $\Re$ in einen anderen Vektor $\Re'$ über:

$$S\,\Re = D\,\Re + t = \Re', \tag{11.1}$$

oder in Komponenten

$$(S\,\Re)_i = \sum_k D_{ik} X_k + t_i. \tag{11.1a}$$

Eine Deckoperation liegt dann vor, wenn S jeden Gitterpunkt $\Re_\nu^n$ in einen äquivalenten Gitterpunkt $\Re_{\nu'}^{n'}$ überführt

$$S\,\Re_\nu^n = \Re_{\nu'}^{n'}. \tag{11.2}$$

Für alle n muß es ein n' geben, so daß (11.2) erfüllt ist.

Wenn (11.2) erfüllt ist, werden jedenfalls die mit Atomen besetzten Punkte wieder in solche Punkte überführt. Wenn die durch ν und ν' indizierten Atome gleich sind (z.B. Diamant), dann ist (11.2) schon eine Deckoperation. Wenn die Punkte verschiedenen Charakter tragen (z.B. CsCl-Gitter), so muß auch noch $\nu = \nu'$ sein, also

$$S\,\Re_\nu^n = \Re_\nu^{n'}. \tag{11.2a}$$

Die einfachsten Deckoperationen sind die Translationen um $A\,\mathfrak{m}$ mit beliebigem $\mathfrak{m}$: $t = A\,\mathfrak{m}$ und $D = 1$. Ferner gibt es eine Reihe von Deckoperationen, bei denen t verschwindet, die also reine Drehungen, Spiegelungen oder Drehspiegelungen sind. Außerdem gibt es noch Operationen, bei denen $D \neq 1$ und $t \neq A\,\mathfrak{m}$ ist.

Am einfachsten liegen die Verhältnisse in den drei primitiven, kubischen Gittern[2]. Neben den Translationen gibt es nur Drehungen, Spiegelungen und Drehspiegelungen als unabhängige Deckoperationen, die man am besten durch ihre Wirkung auf einen Vektor $\Re = (X_1, X_2, X_3)$ angibt: $D\,\Re = \Re' = (X_1', X_2', X_3')$. Nullpunkt des Koordinatensystems kann dabei jeder Gitterpunkt sein; die Achsen liegen parallel zu den Kanten des Elementarkubus. Es gibt 48 Operationen D:

$$(X_1', X_2', X_3') = (\pm X_i, \pm X_k, \pm X_l) \quad \text{mit} \quad i \neq k \neq l \quad \text{und} \quad i, k, l = 1, 2, 3. \tag{11.3}$$

Diese Operationen beschreiben somit eine beliebige Vertauschung der Koordinaten (X_1, X_2, X_3) sowie die Einfügung eines beliebigen Vorzeichens.

Für die elastischen Eigenschaften ist es häufig wichtig zu wissen, ob ein Inversionszentrum $D\,\Re = -\Re$ vorhanden ist und ob dieses Zentrum in den Atomlagen liegt. Bei den bisher erwähnten kubischen Gittern (außer Diamant) sind alle Teilchenlagen Symmetriezentren. Diamant und die hexagonale Packung besitzen zwar auch ein Symmetriezentrum, dieses liegt aber nicht in einem Gitterpunkt, sondern in beiden Fällen an der Stelle $\frac{1}{2}(\Re_1 + \Re_2)$. Wenn man einen Gitterpunkt als Koordinatenursprung festlegt, dann ist das eine Deckoperation mit $D \neq 1$ und $t \neq A\,\mathfrak{m}$ $\{D = -1$ und $t = \frac{1}{2}(\Re_1 + \Re_2)\}$.

---

[1] Wir werden diese Operationen später benötigen, da die Zahl der unabhängigen Entwicklungskoeffizienten in der Entwicklung der potentiellen Energie (Φ_2) durch die Deckoperationen eingeschränkt wird.

[2] Die Symmetrieoperationen für die häufigsten Gitter findet man in dem ersten Band der „Internationalen Tabellen zur Bestimmung von Kristallstrukturen". Berlin: Gebrüder Bornträger 1935.

II. Gleichgewichtsbedingung [2].

12. Strukturauswahl. Die Daten einer vorgelegten Struktur (A und $\mathfrak{R}^\nu$) müssen sich daraus bestimmen, daß die potentielle Energie für die richtigen Werte von A und $\mathfrak{R}^\nu$ ein Minimum hat. Bei einem Vergleich verschiedener Strukturen wird im allgemeinen immer diejenige realisiert sein, bei der das Minimum der potentiellen Energie am tiefsten liegt. Nur in den wenigsten Fällen kann man einen solchen Vergleich verschiedener Strukturen durchführen, häufig sind auch verschiedene Strukturen energetisch nur so wenig verschieden, daß die Ungenauigkeit in der Kenntnis der potentiellen Energie diese Unterschiede verdeckt. Meist hat man aber wenigstens Anhaltspunkte über die Bevorzugung gewisser Gitter, so wie sie in Ziff. 9 und 10 besprochen wurden. Im allgemeinen hält man sich an den experimentell ermittelten Gittertyp und versucht dann die absoluten Daten und daraus die Gitterenergie theoretisch zu bestimmen.

13. Endliches und unendliches Gitter. Ist die potentielle Energie Φ als Funktion der Kernkoordinaten $\mathfrak{R}_1, \ldots, \mathfrak{R}_N$ gegeben, so ist die Gleichgewichtsbedingung offenbar

$$\frac{\partial \Phi}{\partial \mathfrak{R}_1} = 0, \ldots, \frac{\partial \Phi}{\partial \mathfrak{R}_N} = 0. \tag{13.1}$$

Diese Bedingungen liefern dann bis auf eine Verschiebung oder Drehung des Kristalls und bis auf Vertauschungen der $\mathfrak{R}_1, \ldots, \mathfrak{R}_N$ die Gleichgewichtslagen der Kerne. An der Oberfläche treten Abweichungen von der idealen Gitterstruktur auf, diese spielen aber bei makroskopischen Abmessungen im allgemeinen keine Rolle. Daher behandelt man aus Gründen der rechnerischen Bequemlichkeit eigentlich immer einen unendlich ausgedehnten Kristall. Diese Behandlung hat gewisse Schwierigkeiten. Zunächst einmal ist Φ dann auf jeden Fall unendlich groß. Trotzdem haben die Ableitungen von Φ nach den Kernkoordinaten eine physikalische Bedeutung, nämlich die der Kräfte, die auf den betreffenden Kern durch das umgebende Gitter ausgeübt werden. Nehmen wir ein primitives Gitter an, dessen Absolutdaten bestimmt werden sollen. Die (13.1) entsprechende Bedingung wäre dann

$$\frac{\partial \Phi}{\partial X_i^\mathfrak{n}} = \Phi_i^\mathfrak{n} = 0 \qquad \text{(für alle } \mathfrak{n} \text{ und } i = 1, 2, 3). \tag{13.1a}$$

Diese Bedingung ist aber automatisch erfüllt und liefert daher keine Aussage über die absoluten Daten. Denn $\Phi_i^\mathfrak{n}$ ist unabhängig von $\mathfrak{n}$ wegen der Gleichberechtigung aller Atome, ferner ist $\sum\limits_{\mathfrak{n}} \Phi_i^\mathfrak{n} \, \delta$ die Änderung der Energie bei einer kleinen Verschiebung des gesamten Gitters um δ in i-Richtung und diese Änderung verschwindet, da die Energie gegen eine gemeinsame Verschiebung invariant sein muß. Die Kräfte auf ein Atom durch alle anderen Atome kompensieren sich in einem primitiven Gitter gerade weg, unabhängig von der Gitterkonstanten. Man muß sich daher nach einer anderen Bedingung umsehen, die das Gleichgewicht bestimmt.

14. Primitive Gitter. Bei makroskopischen Abmessungen ist Φ proportional zur Zahl N der Teilchen im Kristall. $\varepsilon_Z = \dfrac{\Phi}{N}$ ist also die Energie pro Elementarzelle oder pro Atom (ε_Z oder ε_{At}). ε_Z hängt von A ab und wird mit Φ minimal. Die Gleichgewichtsbedingung ist also identisch mit der Forderung, daß ε_Z als Funktion von A ein Minimum haben soll

$$\frac{\partial \varepsilon_Z}{\partial A_{ik}} = 0. \tag{14.1}$$

Diese Bedingung gilt dann auch für ein unendliches Gitter. Zwischen den neun Gln. (14.1) bestehen drei Identitäten, da ε_Z sich nicht ändert, wenn die drei Basisvektoren eine gemeinsame Drehung ausführen, das Gitter also nur seine Orientierung ändert. Diese Rotationsinvarianz von ε_Z führt bei Ausführung einer infinitesimalen Drehung auf drei Gleichungen zwischen den Ableitungen (14.1), da eine allgemeine infinitesimale Drehung gerade drei unabhängige Bestimmungsstücke hat. Die restlichen sechs Gleichungen reichen aus, um die sechs Daten der Elementarzelle zu fixieren, nämlich die Längen der Basisvektoren und drei Winkel[1].

Sind die Kräfte zwischen den Atomen Zentralkräfte[2], lassen sie sich also durch ein Potential $\varphi(\mathfrak{R})$ zwischen je zwei Teilchen im Abstand $\mathfrak{R}$ darstellen, so ist die potentielle Energie des Atoms $\mathfrak{n}$

$$\varepsilon^{\mathfrak{n}} = \tfrac{1}{2} \sum_{\mathfrak{n}'} \varphi(\mathfrak{R}^{\mathfrak{n}} - \mathfrak{R}^{\mathfrak{n}'}) = \tfrac{1}{2} \sum_{\mathfrak{n}'} \varphi\big(A(\mathfrak{n} - \mathfrak{n}')\big) \tag{14.2}$$

unabhängig von $\mathfrak{n}$, da es gleichgültig ist, ob man über alle $\mathfrak{n}'$ oder alle $\mathfrak{n} - \mathfrak{n}'$ summiert. Also ist

$$\varepsilon_Z = \tfrac{1}{2} \sum_{\mathfrak{n}'} \varphi(A\,\mathfrak{n}') \tag{14.3}$$

und damit die Gleichgewichtsbedingung

$$\frac{\partial \varepsilon_Z}{\partial A_{ik}} = \frac{1}{2} \sum_{\mathfrak{n}'} \varphi_i(A\,\mathfrak{n}')\, n_k' = 0 \quad \left(\text{mit} \quad \varphi_i = \frac{\partial \varphi}{\partial X_i}\right). \tag{14.4}$$

In Ziff. 16 und 25 werden wir nachweisen, daß diese Bedingungen das Verschwinden der Spannungen im Gleichgewicht bedeuten, d.h. man kann bei Gültigkeit von (14.1) aus dem unendlich ausgedehnten Kristall ein Volumen herausschneiden, ohne daß dabei Oberflächenkräfte angebracht werden müssen, um das Gleichgewicht aufrechtzuerhalten.

15. Allgemeine Gitter. Bei allgemeinen Gittern sind $A, \mathfrak{R}^1, \ldots, \mathfrak{R}^s$ die zu bestimmenden Größen. Die Gleichgewichtsbedingungen lauten ganz analog

$$\frac{\partial \varepsilon_Z}{\partial A_{ik}} = 0, \tag{15.1a}$$

$$\frac{\partial \varepsilon_Z}{\partial X_i^\mu} = 0. \tag{15.1b}$$

Zwischen diesen $3s + 9$ Gleichungen bestehen sechs Identitäten, da ε_Z invariant ist gegen eine gemeinsame Drehung der $\mathfrak{a}^{(k)}$ und $\mathfrak{R}^\nu$, sowie gegen eine gemeinsame Verschiebung aller $\mathfrak{R}^\nu$. Die restlichen Gleichungen legen die sechs Daten der Zelle, sowie die relativen Lagen der Atome in der Zelle fest.

Bei Zentralkräften $\varphi^{\mu\nu}(\mathfrak{R})$ zwischen den Atomen ist

$$\varepsilon_Z = \tfrac{1}{2} \sum_{\mathfrak{n},\mu',\nu} \varphi^{\mu'\nu}(A\,\mathfrak{n} + \mathfrak{R}^{\mu'} - \mathfrak{R}^\nu), \tag{15.2}$$

---

[1] Die Gleichgewichtsbedingungen werden durch die Symmetrie des Gitters noch reduziert. So bleibt z.B. in den drei primitiven kubischen Gittern nur eine Bedingung $\partial \varepsilon_Z / \partial a = 0$ übrig. Diese Gleichung legt die kubische Gitterkonstante a und damit die ganze Gitterstruktur fest. Die restlichen Bedingungen sind von selbst erfüllt.

[2] In (14.2), (14.3) und (14.4) ist eigentlich der Wert $\mathfrak{n}' = \mathfrak{n}$, bzw. $\mathfrak{n}' = 0$ auszulassen (Wechselwirkung des Atoms mit sich selbst). Wir setzen $\varphi(0) = 0$; $\varphi_i(0) = 0$ usw., damit man die Summation über alle $\mathfrak{n}'$ ausführen kann. $\varphi(\mathfrak{R})$ hängt nur vom Betrage $|\mathfrak{R}|$ ab. Der Faktor $\tfrac{1}{2}$ in (14.2) rührt daher, daß sich die potentielle Energie zwischen zwei Atomen auf beide Atome gleichmäßig verteilt.

und die Gleichgewichtsbedingungen[1] lauten

$$\frac{\partial \varepsilon_Z}{\partial A_{ik}} = \frac{1}{2} \sum_{\mathfrak{n},\,\mu',\,\nu} \varphi_i^{\mu'\nu}(A\,\mathfrak{n} + \mathfrak{R}^{\mu'} - \mathfrak{R}^\nu)\,n_k = 0, \tag{15.3a}$$

$$\frac{\partial \varepsilon_Z}{\partial X_i^\mu} = \sum_{\mathfrak{n},\,\nu} \varphi_i^{\mu\nu}(A\,\mathfrak{n} + \mathfrak{R}^\mu - \mathfrak{R}^\nu) \qquad = 0. \tag{15.3b}$$

16. Die lineare Kette als Beispiel. Man kann die oben diskutierten Verhältnisse besonders gut bei der linearen Kette übersehen. Das Potential $\varphi(X)$ nehme so stark mit der Entfernung ab, daß nur eine Wechselwirkung zwischen nächsten Nachbarn berücksichtigt zu werden braucht. Sind

$$X^1, X^2, \ldots, X^N$$

die Lagen aufeinanderfolgender Teilchen, so ist

$$\Phi = \varphi(X^2 - X^1) + \varphi(X^3 - X^2) + \cdots + \varphi(X^N - X^{N-1}), \tag{16.1}$$

und die Gleichgewichtsbedingung lautet (mit $\varphi' = \partial\varphi/\partial X$)

$$\frac{\partial \Phi}{\partial X^1} = \qquad\qquad -\varphi'(X^2 - X^1) = 0, \tag{16.2.1}$$

$$\frac{\partial \Phi}{\partial X^2} = \varphi'(X^2 - X^1) - \varphi'(X^3 - X^2) = 0, \tag{16.2.2}$$

$$\cdots\cdots\cdots\cdots\cdots\cdots\cdots\cdots\cdots \qquad \vdots$$

$$\frac{\partial \Phi}{\partial X^N} = \varphi'(X^N - X^{N-1}) \qquad = 0. \tag{16.2.N}$$

Die Gleichgewichtsbedingungen sind befriedigt, wenn die Abstände benachbarter Atome konstant (gleich a) sind, und wenn

$$\varphi'(a) = 0 \tag{16.3}$$

ist. Wenn die Abstände in der Kette konstant sind, ohne daß der Wert von a schon festgelegt ist, so sind die Gln. (16.2) bis auf die beiden Randgleichungen (16.2.1) und (16.2.N) schon erfüllt. Nur die beiden Randgleichungen legen nach (16.3) den Wert der Gitterkonstanten fest. In einem unendlich langen Gitter würden also die Gln. (16.2) für jedes a schon identisch erfüllt sein.

Die Energie pro Zelle oder pro Atom ist für ein unendliches lineares Gitter ($X^n = na$ mit ganzem n) für beliebiges Potential

$$\varepsilon_Z = \frac{1}{2} \sum_n \varphi(n\,a), \tag{16.4}$$

und die Gleichgewichtsbedingung wird

$$\frac{d\varepsilon_Z}{da} = \frac{1}{2} \sum_n \varphi'(na)\,n = 0. \tag{16.5}$$

Für den oben betrachteten speziellen Fall nächster Nachbarwechselwirkung bleiben in (16.5) nur die beiden Summenglieder $n = \pm 1$ übrig, also

$$\frac{d\varepsilon_Z}{da} = \varphi'(a) = 0, \tag{16.5a}$$

[da $\varphi'(-a) = \varphi'(a)$, wenn $\varphi(X)$ nur vom Betrage $|X|$ abhängt]. Das ist die gleiche Bedingung wie bei der endlichen Kette.

---

[1] Die Größen $\varphi^{\mu\mu}(0)$, $\varphi_i^{\mu\mu}(0)$ sind wieder Null gesetzt worden. Bei (15.3b) muß nach $\mathfrak{R}^\mu$ und $\mathfrak{R}^\nu$ abgeleitet werden; das gibt gerade einen Faktor 2, da die $\varphi^{\mu\nu}(\mathfrak{R})$ nur vom Betrage $|\mathfrak{R}|$ abhängen.

Die Kraft $K^{nn'}$, die auf das Atom n durch das Teilchen n' ausgeübt wird, ist

$$K^{nn'} = -\varphi'\big((n-n')\,a\big).\tag{16.6}$$

Nun kann man die Bedingung (16.5) auch so begründen, daß man im Gleichgewicht, d.h. für das richtige a, das Verschwinden der Spannungen in der Kette fordert. Schneidet man also die Kette an irgendeiner Stelle durch, so soll die

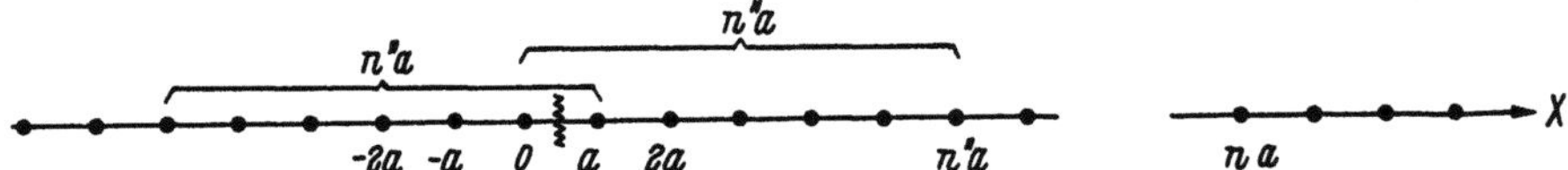

Fig. 8. Die Kette wird zwischen *0* und *a* zerschnitten. Im Gleichgewicht müssen die Kräfte, welche die beiden Kettenhälften aufeinander ausüben, verschwinden.

Kraft, welche die linke Hälfte der Kette auf die rechte Hälfte ausübt, verschwinden. Schneiden wir die Kette zwischen $n=0$ und $n=1$ durch (Fig. 8), so heißt das

$$\sum_{\substack{n>0 \\ n'\le 0}} K^{nn'} = -\sum_{\substack{n>0 \\ n'\le 0}} \varphi'\big((n-n')\,a\big) = 0.\tag{16.7}$$

Faßt man in der Summe (16.7) die Glieder mit konstanter Differenz $n-n'=n''$ zusammen, so sieht man, daß jedes Glied gerade n''-mal auftritt. Aus (16.7) wird damit

$$-\sum_{n''>0} \varphi'(n''\,a)\,n'' = 0,\tag{16.7a}$$

gerade die Bedingung (16.5).

III. Quantentheorie der Bindung[1].

a) Allgemeines.

17. Hamilton-Operator und Schrödinger-Gleichung. Der Hamilton-Operator H für die Elektronenbewegung im Feld der Kerne lautet für n Elektronen:

$$H = \frac{1}{2m}\sum_{i=1}^{n} \mathfrak{p}_i^2 + \sum_{i=1}^{n} V(\mathfrak{r}_i) + \frac{1}{2}\sum_{i\neq k} W(\mathfrak{r}_i - \mathfrak{r}_k).\tag{17.1}$$

Dabei ist $V(\mathfrak{r})$ das Potential der Kerne mit den Ladungen $Z_J\cdot e$ in den Lagen $\mathfrak{R}_1, \mathfrak{R}_2, \dots \mathfrak{R}_J \dots, \mathfrak{R}_N$:

$$V(\mathfrak{r}) = -\sum_{J=1}^{N} \frac{Z_J\,e^2}{|\mathfrak{r}-\mathfrak{R}_J|},\tag{17.2}$$

während $W(\mathfrak{r}) = \dfrac{e^2}{|\mathfrak{r}|}$ die Coulombsche Wechselwirkungsenergie der Elektronen ist. Der Hamilton-Operator enthält neben der kinetischen Energie nur Coulomb-Anteile, es werden keinerlei relativistische Effekte wie Spin-Spin und Spin-Bahn-Wechselwirkung berücksichtigt, da diese gegenüber der Coulombschen Wechselwirkung vernachlässigt werden können. Der Hamilton-Operator wirkt auf eine Schrödinger-Funktion $\psi(\tau_1, \dots, \tau_n)$, die von sämtlichen Elektronenkoordinaten $\tau_1, \tau_2, \dots, \tau_n$ abhängt. Dabei sind durch τ: $\mathfrak{r}, s$ Orts- und Spinkoordinate eines

---

[1] Es ist nur beabsichtigt, rein qualitativ einige Punkte herauszuarbeiten, die für die Quantentheorie der Bindung wichtig sind. Eine eingehende Darstellung findet man in [*9*] oder in den zusammenfassenden Darstellungen [*3*] und [*4*].

Elektrons zusammengefaßt. Die Funktion muß antisymmetrisch in den Elektronenkoordinaten sein und kann als normiert angenommen werden[1]

$$(\psi, \psi) = 1. \tag{17.3}$$

Der Erwartungswert der Energie $\bar{H}$ (oder auch der Eigenwert, wenn ψ Eigenfunktion ist) wird dann

$$\bar{H} = (\psi, H\,\psi) \tag{17.4a}$$

$$\bar{H} = n\left(\psi, \frac{1}{2m}\,\mathfrak{p}_1^2\,\psi\right) + n\left(\psi, V(\mathfrak{r}_1)\,\psi\right) + \frac{n\,(n-1)}{2}\left(\psi, W(\mathfrak{r}_1 - \mathfrak{r}_2)\,\psi\right) \tag{17.4b}$$

denn wegen der Antisymmetrie von ψ ($\psi^* \psi$ ist symmetrisch) liefert z.B. $V(\mathfrak{r}_1)$ den gleichen Beitrag zu $\bar{H}$ wie $V(\mathfrak{r}_2)$. Das gleiche gilt für die anderen Glieder.

Das zweite Glied von $\bar{H}$, welches allein das Kernfeld enthält, kann man auch durch die Elektronendichte

$$\varrho(\mathfrak{r}) = n \int \psi^*(\mathfrak{r}, s, \mathfrak{r}_2, s_2, \ldots)\,\psi(\mathfrak{r}, s, \mathfrak{r}_2, s_2, \ldots)\,ds\,d\tau_2 \ldots d\tau_n, \tag{17.5}$$

$$\int \varrho(\mathfrak{r})\,d\mathfrak{r} = n \tag{17.5a}$$

ausdrücken:

$$n\left(\psi, V(\mathfrak{r}_1)\,\psi\right) = \int V(\mathfrak{r})\,\varrho(\mathfrak{r})\,d\mathfrak{r}. \tag{17.6}$$

18. Einelektronenfunktionen. Bei den meisten Problemen versucht man wegen der großen mathematischen Schwierigkeiten mit Einelektronenfunktionen auszukommen und diese so zu bestimmen, daß man möglichst gute Eigenwerte der SCHRÖDINGER-Gleichung erhält. Hat man n normierte Einelektronenfunktionen $g_1(\tau_1), g_2(\tau_2), \ldots, g_n(\tau_n)$ gegeben, so ist

$$\psi_0 = g_1(\tau_1) \cdot g_2(\tau_2) \ldots g_n(\tau_n) \tag{18.1}$$

eine Wellenfunktion, die aber noch nicht antisymmetrisch ist. Die richtige antisymmetrische Wellenfunktion wäre die SLATER-Determinante

$$\psi_0^a = |g_i(\tau_k)| = \sum_P (-)^P\,P\,\psi_0, \tag{18.2}$$

wobei P eine Permutation der Variablen (oder der Quantenzahlen $1 \ldots n$ der g-Funktionen) ist und $(-)^P$ gleich 1 oder -1, je nachdem ob eine gerade oder eine ungerade Anzahl von Variablen durch P vertauscht werden. Zu summieren ist über alle $n!$ Permutationen. Die richtige normierte Wellenfunktion wäre

$$\psi = \frac{1}{C}\,\psi_0^a \tag{18.3}$$

mit dem reellen Normierungsfaktor C und

$$C^2 = (\psi_0^a, \psi_0^a).$$

Der Erwartungswert der Energie in diesem Zustand ist zunächst

$$\bar{H} = (\psi, H\,\psi) = \frac{(\psi_0^a, H\,\psi_0^a)}{(\psi_0^a, \psi_0^a)}. \tag{18.4}$$

Das kann aber leicht umgeschrieben werden in

$$\bar{H} = \frac{(\psi_0^a, H\,\psi_0)}{(\psi_0^a, \psi_0)}, \tag{18.5}$$

---

[1] (φ_1, φ_2) ist eine Abkürzung für $\int \varphi_1^* \varphi_2\,d\tau_1 \ldots d\tau_n$. Dabei steht $\int d\tau$ für eine Integration über die Ortskoordinaten $\mathfrak{r}$ und Summation über die Spinkoordinate s.

da H mit den Permutationen vertauschbar ist und der bei der Umrechnung im Zähler und Nenner auftretende Faktor $n!$ sich weghebt.

Die Funktionen g_i brauchen nicht notwendig orthogonal zu sein:

$$\int g_i^*(\tau)\, g_l(\tau)\, d\tau = S_{il}. \tag{18.6}$$

Sind sie es aber, ist also $S_{il} = \delta_{il}$, so wird der Nenner in (18.5) gleich 1. Dann kann man $\bar{H}$ noch mit Hilfe der (hermiteschen) „Dichtematrix" $(\tau\,|\mathsf{P}|\,\tau')$

$$(\tau\,|\mathsf{P}|\,\tau') = \sum_{i=1}^{n} g_i^*(\tau)\, g_i(\tau'), \tag{18.7}$$

$$(\tau'\,|\mathsf{P}|\,\tau) = (\tau\,|\mathsf{P}|\,\tau')^*, \tag{18.7a}$$

$$\mathsf{P}(\tau) = (\tau\,|\mathsf{P}|\,\tau) \tag{18.7b}$$

ausdrücken[1]:

$$\left.\begin{aligned}\bar{H} &= \int d\tau\, d\tau'\, \delta(\tau - \tau') \cdot \frac{\mathfrak{p}^2}{2m}\,(\tau\,|\mathsf{P}|\,\tau') + \int d\tau\, V(\mathfrak{r})\, \mathsf{P}(\tau) + \\ &\quad + \tfrac{1}{2}\int d\tau\, d\tau'\, W(\mathfrak{r} - \mathfrak{r}')\,\{\mathsf{P}(\tau)\,\mathsf{P}(\tau') - |(\tau\,|\mathsf{P}|\,\tau')|^2\}\end{aligned}\right\} \tag{18.8}$$

Diese Form der Darstellung kann man ebenfalls erreichen [10], wenn $S_{ik} \neq \delta_{ik}$ ist. Zunächst kann man die g_l durch eine lineare Transformation $\tilde{g}_l = \sum_s Q_{ls}\, g_s$ orthogonalisieren.

H ist invariant gegen eine solche Transformation, denn nach (18.2) ist $\tilde{\psi}_0^a = |Q_{ls}| \cdot \psi_0^a$ und unterscheidet sich nur um einen konstanten Faktor $|Q_{ls}|$ von ψ_0^a. Das macht aber bei der Bildung von $\bar{H}$ nach (18.4) oder (18.5) nichts aus. S selbst ist eine hermitesche Matrix $(S^\dagger = S)$ mit nichtverschwindender Determinante $(|S_{ik}| = (\psi_0^a, \psi_0^a) > 0)$. Die Bedingung der Orthogonalität für die $\tilde{g}_l$ ist

$$\int \tilde{g}_i^*(\tau)\, \tilde{g}_l(\tau)\, d\tau = \sum_{s,m} Q_{is}^*\, S_{sm}\, Q_{lm} = \delta_{il} \quad \text{oder} \quad Q^* S Q' = 1,$$

also $Q^* = Q' = S^{-\frac{1}{2}}$. Mit den neuen orthogonalen $\tilde{g}_l$ kann man nun wieder (18.8) ableiten mit

$$(\tau\,|\mathsf{P}|\,\tau') = \sum_i \tilde{g}_i^*(\tau)\, \tilde{g}_i(\tau')$$

oder auch

$$(\tau\,|\mathsf{P}|\,\tau') = \sum_{i,s,t} Q_{is}^*\, Q_{it}\, g_s^*(\tau)\, g_t(\tau') = \sum_{s,t} (Q'\,Q^*)_{ts}\, g_s^*(\tau)\, g_t(\tau')$$

also:

$$(\tau\,|\mathsf{P}|\,\tau') = \sum_{s,t} S_{ts}^{-1}\, g_s^*(\tau)\, g_t(\tau'). \tag{18.9}$$

Da die Determinante von S nicht verschwindet, so existiert auch die Reziproke der Überlappmatrix S.

19. Elektronenzustände mit Gesamt-Spin Null. Im allgemeinen hat man nur Elektronenzustände mit Spin Null im tiefsten Zustand (außer bei Ferromagneten). Da Spin-Bahn-Wechselwirkung vernachlässigt ist, kann man außerdem noch Spin- und Ortsanteil separieren, $g(\tau) = f(\mathfrak{r})\, \eta(s)$. Zu jeder Ortsfunktion $f_i(\mathfrak{r})$ gehört je eine Spinfunktion, die einer Einstellung des Spins in $+z$- und $-z$-Richtung entspricht. Dann kann man bei der Bildung von $\bar{H}$ in (18.8) über die Spinkoordinaten summieren, mit dem Ergebnis:

$$\left.\begin{aligned}\bar{H} &= \int d\mathfrak{r}\, d\mathfrak{r}' \cdot \delta(\mathfrak{r} - \mathfrak{r}')\frac{\mathfrak{p}^2}{2m} \cdot (\mathfrak{r}\,|\varrho|\,\mathfrak{r}') + \int d\mathfrak{r}\, V(\mathfrak{r})\, \varrho(\mathfrak{r}) + \\ &\quad + \tfrac{1}{2}\int d\mathfrak{r}\, d\mathfrak{r}'\, W(\mathfrak{r} - \mathfrak{r}')\,\{\varrho(\mathfrak{r})\,\varrho(\mathfrak{r}') - \tfrac{1}{2}|(\mathfrak{r}\,|\varrho|\,\mathfrak{r}')|^2\},\end{aligned}\right\} \tag{19.1}$$

worin

$$(\mathfrak{r}\,|\varrho|\,\mathfrak{r}') = \sum_i f_i^*(\mathfrak{r})\, f_i(\mathfrak{r}')$$

---

[1] $\delta(\tau - \tau')$ ist die Diracsche δ-Funktion: $\int g(\tau')\, \delta(\tau - \tau')\, d\tau' = g(\tau).$

und

$$\varrho(\mathfrak{r}) = (\mathfrak{r} \mid \varrho \mid \mathfrak{r})$$

die Elektronendichte ist. (Es ist zu beachten, daß in der Summation jede Ortsfunktion zweimal vorkommt.) Das erste Glied in $\overline{H}$ ist die kinetische Energie der Elektronen; die mit $\varrho(\mathfrak{r})$ behafteten Terme haben die einfache anschauliche Bedeutung einer COULOMBschen Energie, nämlich der Ladungsdichte mit dem Potential V und mit sich selbst; das letzte Glied mit dem Term $|(\mathfrak{r} \mid \varrho \mid \mathfrak{r}')|^2$ heißt die Austauschenergie und stammt aus der Antisymmetrie der Wellenfunktion.

Die günstigsten Eigenfunktionen, die aus Einelektronenfunktionen $f_i(\mathfrak{r})$ ermittelt werden können, bekommt man durch die Forderung, daß $\overline{H}$ minimal werden soll, mit der Nebenbedingung $\int f_i^*(\mathfrak{r})\, f_l(\mathfrak{r})\, d\tau = \delta_{il}$.

Das führt zu den HARTREE-FOCKschen Gleichungen:

$$\left.\begin{aligned}
\left\{\frac{1}{2m}\,\mathfrak{p}^2 + V(\mathfrak{r}) + \int d\tau'\, W(\mathfrak{r} - \mathfrak{r}')\, \varrho(\mathfrak{r}')\right\} f_i(\mathfrak{r}) - \\
- \tfrac{1}{2} \int d\tau'\, W(\mathfrak{r} - \mathfrak{r}')\, (\mathfrak{r} \mid \varrho \mid \mathfrak{r}')\, f_i(\mathfrak{r}') = \varepsilon_i f_i(\mathfrak{r}).
\end{aligned}\right\} \tag{19.2}$$

Die ε_i treten wegen der Nebenbedingungen als LAGRANGE-Parameter auf. Die gesamte Energie ist nicht gleich $\sum\limits_i \varepsilon_i$, sondern durch (19.1) bestimmt.

b) Wechselwirkung zwischen zwei Atomen.

20. Abgeschlossene Schalen. Bei der Berechnung der Wechselwirkungsenergie zwischen zwei Atomen ist man immer auf Näherungsverfahren angewiesen. Nimmt man an, daß die Eigenfunktionen des Problems in nullter Näherung durch die Eigenfunktionen der freien Atome gegeben sind, so ist $\overline{H}$ nach (19.1) die Energie erster Näherung. Die Dichten zerlegen sich additiv in zwei Anteile, die jeweils zu einem Atom gehören. Die Wechselwirkungsenergie bekommt man dadurch, daß man die Energien der beiden freien Atome abzieht und die in $\overline{H}$ noch unberücksichtigte COULOMBsche Wechselwirkung der beiden Kerne hinzufügt. In großen Entfernungen kann man die Wechselwirkungsenergie neutraler Atome praktisch vernachlässigen, sie fällt exponentiell mit der Entfernung ab. Für Ionen liefert $\overline{H}$ gerade die den Ladungen entsprechende COULOMBsche Energie. Bei kleineren Abständen spielen die Austauschglieder und die Nichtorthogonalität der Elektronenfunktionen an verschiedenen Atomen eine entscheidende Rolle. So ergibt sich etwa für das Wechselwirkungspotential $\varphi(\mathfrak{R})$ zwischen zwei Helium-Atomen im Abstand $|\mathfrak{R}|$ aus der ersten Näherung

$$\varphi = 4 I_C - 2 I_A. \tag{20.1}$$

I_C enthält den COULOMBschen Anteil der Wechselwirkung:

$$\left.\begin{aligned}
I_C = \frac{e^2}{|\mathfrak{R}_1 - \mathfrak{R}_2|} + \int \left\{\frac{e^2}{|\mathfrak{r} - \mathfrak{r}'|} - \frac{e^2}{|\mathfrak{r}' - \mathfrak{R}_1|} - \frac{e^2}{|\mathfrak{r} - \mathfrak{R}_2|}\right\} \times \\
\times f^2(\mathfrak{r} - \mathfrak{R}_1)\, f^2(\mathfrak{r}' - \mathfrak{R}_2)\, d\tau\, d\tau' \quad \text{mit} \quad |\mathfrak{R}_1 - \mathfrak{R}_2| = |\mathfrak{R}|.
\end{aligned}\right\} \tag{20.2a}$$

Der erste Term in (20.1) ist die COULOMB-Energie der beiden Kerne an den Orten $\mathfrak{R}_1$ und $\mathfrak{R}_2$ (Ladung $2e$), die anderen Ausdrücke beschreiben die Wechselwirkung der Elektronen mit den beiden Kernen und die Wechselwirkung der Elektronen unter sich.

I_A berücksichtigt die Austauschglieder:

$$I_A = \int \left\{ \frac{e^2}{|\mathfrak{r} - \mathfrak{r}'|} - \frac{e^2}{|\mathfrak{r}' - \mathfrak{R}_1|} - \frac{e^2}{|\mathfrak{r} - \mathfrak{R}_2|} \right\} \times$$
$$\times f(\mathfrak{r} - \mathfrak{R}_1)\, f(\mathfrak{r} - \mathfrak{R}_2)\, f(\mathfrak{r}' - \mathfrak{R}_1)\, f(\mathfrak{r}' - \mathfrak{R}_2)\, d\mathfrak{r}\, d\mathfrak{r}'. \tag{20.2b}$$

$f(\mathfrak{r})$ ist die (reell gewählte) Elektroneneigenfunktion des He-Grundzustandes in der Annäherung durch Einelektronenfunktionen. In den Gln. (20.2) ist nur die erste Potenz des Überlapp-Integrals

$$S_{12} = \int d\mathfrak{r}\, f(\mathfrak{r} - \mathfrak{R}_1)\, f(\mathfrak{r} - \mathfrak{R}_2)$$

berücksichtigt worden.

Fig. 9 zeigt qualitativ den Verlauf von I_A, I_C und φ; R_0 ist dabei die Halbwertsbreite der exponentiell abfallenden Elektroneneigenfunktion $f(\mathfrak{r})$. Die erste Näherung zwischen neutralen Atomen liefert eine im wesentlichen exponentiell verlaufende starke Abstoßung.

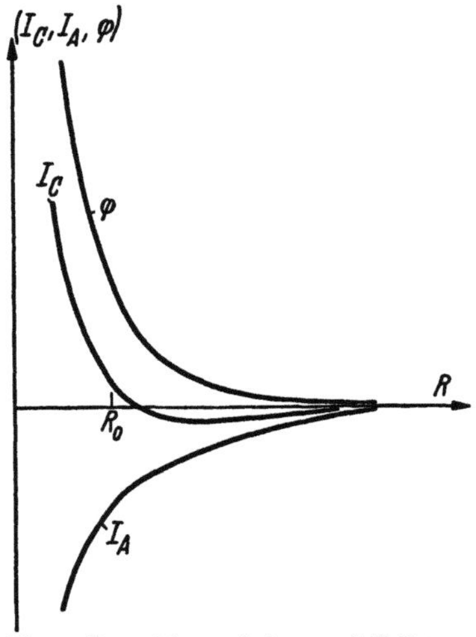

Berücksichtigt man die zweite Näherung, nimmt man also angeregte Zustände der Atome bei der Berechnung der Energie des Grundzustandes mit, so ergibt sich eine zusätzliche, anziehende (van der Waalssche) Wechselwirkungsenergie [11], die man näherungsweise durch ein Potential

$$\varphi = - \frac{1}{|\mathfrak{R}|^6} \frac{3\,\varepsilon_1\,\varepsilon_2}{2\,(\varepsilon_1 + \varepsilon_2)}\, \alpha_1\, \alpha_2 \tag{20.3}$$

beschreiben kann. Dabei sind α_1 und α_2 die statischen Polarisierbarkeiten der beteiligten Partner, ε_1 und ε_2 die Energiedifferenzen vom Grundzustand zum ersten optisch anregbaren Zustand. Gl. (20.3) ist nur dann gültig, wenn die Oszillatorstärke des zu ε_1 und ε_2 gehörenden, optischen Übergangs ≈ 1 ist. Ferner müssen bei kleineren Abständen noch Korrekturen angebracht werden, da (20.3) aus einer Entwicklung der zweiten Näherung nach reziproken Potenzen von $|\mathfrak{R}|$ entstammt, wobei nur die niedrigste Potenz berücksichtigt ist.

Fig. 9. Potential φ zwischen zwei Helium-Atomen in Abhängigkeit vom Abstand R (schematisch).

Bei Ionen ist demnach die Coulombsche Wechselwirkung der Hauptanteil der anziehenden Kräfte, bei neutralen Atomen die van der Waalssche Wechselwirkung. Die abstoßenden Anteile des Potentials werden in beiden Fällen durch die beim Helium angedeuteten Austausch- und Überlappeffekte geliefert.

21. Nicht abgeschlossene Schalen. Bei nicht abgeschlossenen Schalen sind die Verhältnisse komplizierter, weil man hier die Spin-Entartung berücksichtigen muß, die Energie erster Näherung also nicht so einfach berechnen kann. Das bekannteste Beispiel ist das Wasserstoffmolekül, das bei antiparalleler Spin-Stellung der beiden beteiligten Elektronen ein anziehendes Potential $I_C + I_A$ und bei paralleler Stellung ein abstoßendes Potential $I_C - I_A$ besitzt. I_C und I_A sind dabei genau so zu bilden wie in Ziff. 20, nur mit Wasserstoffeigenfunktionen, ferner sind ebenfalls wieder höhere Potenzen des Überlappintegrals vernachlässigt worden. Die Bindung beim Wasserstoffmolekül impliziert somit eine Korrelation der beteiligten Elektronenspins. Die Kräfte zwischen zwei H-Atomen hängen von der Spinstellung ab und können nicht durch ein einfaches Potential dargestellt werden.

Diese durch Austauscheffekte bei antiparalleler Spinstellung vermittelte Bindung nennt man homöopolare Bindung, sie ist die Valenzbindung der Chemie, nur daß beim Kohlenstoff vier Funktionen $(2s, 2p)$ und vier Spins zur Absättigung zur Verfügung stehen.

Die zweite Näherung liefert auch bei nicht abgeschlossenen Schalen VAN DER WAALSsche Bindungskräfte, die näherungsweise nach (20.1) berechnet werden können.

c) Viele Teilchen.

22. Abgeschlossene Schalen. In relativ großen Entfernungen kann man die Energie vieler Atome nach (20.1) und (20.3) als Summe der Wechselwirkungsenergien von je zwei Atomen darstellen. Die Kräfte sind dann Zentralkräfte. Bei kleineren Entfernungen, das sind schon Abstände von der Größenordnung der gemessenen Gitterabstände, machen sich auch Überlapp-Effekte zwischen mehr als zwei Teilchen bemerkbar. Dann läßt sich die Wechselwirkungsenergie nicht mehr in Anteile von je zwei Teilchen aufteilen, sondern es kommen Ausdrücke vor, in denen drei und mehr Koordinaten miteinander verknüpft sind (Mehrkörperkräfte). Diese Effekte spielen nur eine Rolle zwischen nahen Nachbarn im Gitter, da die Überlapp-Integrale mit der Entfernung sehr schnell abnehmen. Diese Effekte kann man im Prinzip aus (18.8) und (18.9) ermitteln [*10*]. Diese Berechnungen sind aber im allgemeinen viel zu kompliziert. Man begnügt sich daher meist mit der Annahme eines exponentiellen Abstoßungsgesetzes und bestimmt dessen Konstanten aus experimentellen Daten, setzt also Zentralkräfte voraus. Die VAN DER WAALSschen Energieanteile sind näherungsweise additiv und liefern Zentralkräfte.

23. Nicht abgeschlossene Schalen. Bei nicht abgeschlossenen Schalen gibt es eine ganze Reihe von Möglichkeiten (bei den Elementen). Das Diamantgitter ist nichts anderes als ein riesiges Molekül mit chemischer Valenzbindung. Auch Silicium und Germanium kristallisieren in diesem Typ. Ferner gibt es Molekülkristalle, wie etwa H_2, bei denen die Bindung innerhalb des Moleküls sehr viel stärker ist als die VAN DER WAALSsche Wechselwirkung mit den anderen Molekülen des Gitters. Diese Kristalle werden in diesem Bericht kaum behandelt. Am besten untersucht und bearbeitet sind die Metalle, die alle aus Atomen mit nicht abgeschlossenen Schalen zusammengesetzt sind. Bei den Übergangsmetallen liegen die Verhältnisse recht kompliziert, vor allem scheint dort auch die homöopolare Bindung eine Rolle zu spielen.

Die einfachsten und auch am besten untersuchten Beispiele sind die Alkalien und die Edelmetalle, bei denen die nicht abgeschlossene Schale eine s-Schale mit einem Elektron ist. Es sollen hier kurz die Methoden[1] besprochen werden, die bei einfachen Metallen angewandt werden können. Denn hier kann man wirklich die elastischen Eigenschaften qualitativ und quantitativ übersehen. Diese Ergebnisse werden später bei der Besprechung der Gitterenergie und der elastischen Eigenschaften verwendet.

Zunächst kann man annehmen, daß die inneren Schalen der Ionen unverändert bleiben. Dann kann man die Dichten $\varrho(\mathfrak{r})$ und $(\mathfrak{r}|\varrho|\mathfrak{r}')$ in (19.1) und (19.2) additiv in einen Ionenanteil und einen Beitrag der Valenzelektronen zerlegen. Die Ionenanteile liefern in der HARTREE-FOCK-Gleichung (19.2), die jetzt

---

[1] Wir setzen hier voraus, daß die Näherung der „Bänder-Theorie" der Metallelektronen zutreffend ist. Für eine Diskussion der Schwierigkeiten dieser Näherung vgl. etwa die SLATERsche Darstellung [*4*]. Ausführliche Behandlung besonders in Bd. XIX dieses Handbuches (Artikel von SLATER).

nur für die gesuchten Funktionen der Valenzelektronen gedacht ist, ein effektives Ionenpotential[1], welches im Gitter periodisch ist. Zur Bestimmung der Valenzfunktionen hat man nur in (19.2) $V(\mathfrak{r})$ durch das effektive Ionenpotential zu ersetzen. Der Hamilton-Operator zur Bestimmung der f_i hat die Periode des Gitters. In diesem Fall müssen die Eigenfunktionen die Form $f(\mathfrak{r}) = u_{\mathfrak{f}}(\mathfrak{r})\, e^{i\mathfrak{f}\mathfrak{r}}$ haben, wobei $u_{\mathfrak{f}}(\mathfrak{r})$ periodisch im Gitter ist und $\mathfrak{f}$ bei einem Volumen von N Teilchen gerade N Werte annehmen kann (Blochsches Theorem). Der für große Entfernungen N-fach entartete Eigenwert der einzelnen Atome spaltet im Kristall auf in ein Band von N praktisch dicht verteilten möglichen Energiewerten, von denen die am tiefsten liegende Hälfte von Elektronen mit antiparallelen Spinstellungen besetzt wird. Es stellt sich heraus, daß in erster Näherung $u_{\mathfrak{f}}(\mathfrak{r}) = u_0(\mathfrak{r})$ von $\mathfrak{f}$ nicht abhängt. Ferner ist $u_0(\mathfrak{r})$ nahezu konstant, außer in unmittelbarer Nähe der Ionen, so daß die Eigenfunktionen genau so aussehen wie die Eigenfunktionen für freie Elektronen. Die im Gitter periodische Funktion kann dann nach einem Verfahren von Wigner und Seitz [3] bestimmt werden, wobei man die Schrödinger-Gleichung nur in einer Elementarzelle zu lösen braucht. Die Randbedingung der Periodizität, sowie die Forderung, daß u_0 in der Nähe des Kernes in die entsprechende s-Funktion des freien Atoms übergehen muß, legen u_0 eindeutig fest. Geht man mit diesen Funktionen in (19.1) ein und bestimmt die Energie, nimmt man ferner die Wechselwirkungsenergie der Kerne hinzu und zieht die Energie der freien Atome ab, um die wirkliche Bindungsenergie zu bekommen, so ist das Resultat für die Bindungsenergie ε_Z pro Zelle

$$\varepsilon_Z = \varepsilon_0^{\mathrm{kin}} + \varepsilon_F + \varepsilon_C + \varepsilon_A + \varepsilon_{\mathrm{Ion}} - \varepsilon_I. \tag{23.1}$$

Dabei ist $\varepsilon_0^{\mathrm{kin}}$ die kinetische Energie eines Elektrons im Zustand u_0, gemittelt über eine Elementarzelle. ε_F ist die Fermi-Energie pro Zelle, das ist die zusätzliche kinetische Energie der Elektronen, die durch das Pauli-Prinzip erzwungen wird, weil die Elektronen nicht alle den tiefsten Zustand besetzen können. Da die Elektronen praktisch als frei behandelt werden dürfen, so kann die Fermi-Energie genau so berechnet werden wie für freie Elektronen, mit einer Dichte von einem Elektron pro Zelle. ε_C ist die gesamte elektrostatische Energie pro Zelle zwischen Ionen und Elektronen. Sie ist praktisch identisch mit der elektrostatischen Energie eines Gitters aus positiven Punktladungen an den Ionenorten und mit einer gleichmäßig verschmierten überlagerten Ladung, die das Gitter im ganzen neutral macht. Die Elektronendichte ist ja nahezu konstant, wenn man von den kernnahen Gebieten absieht. ε_A ist im wesentlichen die Austauschenergie zwischen den Valenzelektronen pro Zelle. Für freie Elektronen kann dieser Term leicht berechnet werden. $\varepsilon_{\mathrm{Ion}}$ ist die Wechselwirkungsenergie der inneren Schalen, abzüglich ihrer elektrostatischen Wechselwirkung, die in ε_C verarbeitet ist. Diese Energie sollte wie bei den Edelgasen und den Ionenkristallen hauptsächlich abstoßend und durch exponentiell abfallende Zentralkräfte darstellbar sein. ε_I ist die Ionisierungsenergie des freien Atoms.

Für das elastische Verhalten ist entscheidend, daß die Größen ε_0, ε_F und ε_A praktisch nur vom Volumen der Elementarzelle abhängen. Bei volumentreuen Verzerrungen des Gitters ändern sich nur ε_C und $\varepsilon_{\mathrm{Ion}}$. Allein auf Grund dieser Tatsache kann man die große elastische Anisotropie der Alkalien verstehen und quantitativ berechnen (Ziff. 70).

Bei diesen Rechnungen bekommt man nur die Energie pro Zelle und nicht die potentielle Energie in Abhängigkeit von den Kernlagen. Man erhält also

---

[1] Das effektive Ionenpotential braucht kein normales Potential zu sein, sondern kann wegen des Austauschgliedes einen Anteil haben, der eine Integraloperation ist.

sehr viel weniger, als man für die Mechanik des Gitters benötigt. In Ziff. 63 wird erläutert, wie man trotzdem allein aus diesen Daten die für die Bildung von Φ_2 benötigten Größen näherungsweise entnehmen kann.

IV. Bindungsenergie[1].

a) Van der Waals-Kristalle.

24. Gitterenergie starrer Kugeln. Tabelle 2 zeigt einige Daten für die Edelgasgitter. Neben den experimentellen Werten für die Verdampfungswärme Q_V und den Abstand nächster Nachbarn im Gitter l, steht auch die nach (20.3) berechnete

Tabelle 2. *Daten für die Edelgasgitter.*

Element	Ne	A	Kr	X
Verdampfungswärme[2] Q_V [kcal/Mol]	0,52 [0,42]	1,77 [1,85]	2,67 [1,45]	3,76 [1,2]
Abstand nächster Nachbarn[3] l [Å]	3,2	3,82	3,96	4,4
Konstante der van der Waals-Anziehung[4] C [10^{-60} erg cm^6]	4,67 (7,97)	55,4 (69,5)	107 (129)	233 (273)
Polarisierbarkeit[4] α [10^{-24} cm^3]	0,309	1,63	2,46	4,0
Benutzter Energiewert ε zur Berechnung von C[4] in [eV]	25,7	17,5	14,7	12,2

Konstante C im van der Waalsschen Anziehungsgesetz: $\varphi(\Re) = -\dfrac{C}{R^6}$. Die in Klammern angegebene Größe ist aus einer genaueren Rechnung ermittelt und zeigt etwa die Größenordnung der Genauigkeit an. Diese Edelgasgitter sind alle kubisch flächenzentriert. Man sollte ja nach dem, was im einleitenden Abschnitt gesagt wurde, auch erwarten, daß sich bei den Edelgasen eine dichteste Kugelpackung im energetisch günstigsten Zustand einstellt. Für eine Abschätzung der Gitterenergie reicht in den meisten Fällen die Vorstellung starrer Atome aus. Die Energie einer Zelle oder eines Atoms ist dann[5] gemäß Gl. (14.3)

$$\varepsilon_Z = -\frac{C}{2}\sum_{n\neq 0}\frac{1}{|\Re^n|^6}, \tag{24.1}$$

wobei über alle $n\neq 0$ zu summieren ist. Schreibt man ε_Z in der Form

$$\varepsilon_Z = -\frac{C}{2l^6}z_6 \quad \text{mit} \quad z_m = \sum_{n\neq 0}\left(\frac{l}{|\Re^n|}\right)^m, \tag{24.2}$$

---

[1] Dieser Abschnitt enthält hauptsächlich die Behandlung des Terms Φ_0 in der Entwicklung der potentiellen Energie (Ziff. 3).
[2] Nach F. Seitz [3]. Die in eckigen Klammern gesetzten Werte sind nach (24.1) berechnet.
[3] Nach D'Ans-Lax, Taschenbuch für Chemiker und Physiker. Berlin: Springer 1943.
[4] Nach H. Margenau [11]. C ist nach (20.3) berechnet. Die eingeklammerten Werte stammen aus genaueren Rechnungen.
[5] Die Bindungsenergie pro Atom ist $-\varepsilon_Z$.

so ist z_m eine dimensionslose Zahl, die nur von der Potenz m im Entfernungsgesetz abhängt[1].

z_m hat die anschauliche Bedeutung einer effektiven Nachbarzahl. ε_Z berechnet sich so, als ob nur die nächsten Nachbarn zu berücksichtigen wären, wobei an Stelle der Zahl nächster Nachbarn z_m einzusetzen ist. Bei sehr stark mit der Entfernung abnehmendem Potential ($m \gg 1$) wird $z_m = z$, der Zahl nächster Nachbarn (hier $z = 12$).

Für die hexagonale Packung bekommt man die gleiche Formel (24.2), aber mit geändertem z_m (für die Energie pro *Atom*, hier ist $\varepsilon_Z = 2\,\varepsilon_{At}$). Für die kubische Packung erhält man:

$$z_6 = 14{,}454; \quad z_{12} = 12{,}131; \quad z_\infty = 12$$

und für die hexagonale Packung:

$$z_6 = 14{,}455; \quad z_{12} = 12{,}132; \quad z_\infty = 12.$$

Die Unterschiede der Werte von z_m in den beiden Gittern sind äußerst klein. Man sollte erwarten, daß die Struktur mit dem größten z_6-Wert in der Natur vorkommt, weil sie energetisch am günstigsten ist. Obwohl aber die hexagonale Packung etwas günstiger ist, stellt sich immer das flächenzentrierte Gitter ein.

Es gibt einen Gesichtspunkt, der diese Tatsache verständlich machen kann[2] [*13*]. Die berechneten Energien gelten ja nur für relativ große Kristalle (mindestens 1000 Atome). Beim Wachstum aber richtet sich die Energie der kleinen Kristalle nicht nach dem berechneten ε_Z. Wenn man nun versucht, das Kristallwachstum im Kleinen mit Kugeln nachzuahmen, so fängt man am einfachsten mit einem Atom und seiner 12er Umgebung an. Baut man nun die nächsten Atome an die günstigsten Stellen, wo sie also die meisten Nachbarn haben, an, so erhält man aus der kubischen 12er Umgebung nach Anlagerung von weiteren sechs Kugeln eine Pyramide, die allseitig von dichtest gepackten Ebenen begrenzt ist. Das ist im hexagonalen Fall gar nicht möglich, da es nur eine Schar paralleler, dichtest gepackter Ebenen gibt, während es im flächenzentrierten Kristall vier solche Scharen gibt. Die kubische Pyramide ist energetisch viel günstiger als die entsprechende hexagonale Anordnung, so daß also im Kleinen die kubische Packung günstiger ist. Ist aber die kubische Packung einmal entstanden, so wächst sie auch kubisch weiter. Eine Umordnung größerer Kristalle findet nicht mehr statt, zumal der hexagonale Kristall energetisch praktisch gleichwertig ist.

Die Verdampfungsenergie[3] pro Mol in diesem primitiven Bild wäre $Q_V = -L\,\varepsilon_Z$ (L Loschmidtsche Konstante). Vergleicht man diesen Wert bei Argon mit dem experimentellen Q_V, so erhält man eine ausgezeichnete numerische Übereinstimmung. Im übrigen liegen auch die anderen Werte alle wenigstens in der richtigen Größenordnung. Die so berechneten Verdampfungswärmen sind in Tabelle 2 in eckige Klammern gesetzt.

25. Berücksichtigung des Abstoßungspotentials. Aus Bequemlichkeit rechnet man meist auch im Abstoßungspotential mit einem Potenzgesetz, obwohl man eigentlich eine exponentielle Abhängigkeit nach Ziff. 20 ansetzen müßte. Da man aber die Konstanten des Potentials sowieso aus den experimentellen Werten bestimmt, so heißt das nur, daß man das wirkliche Abstoßungspotential in der Nähe der Gleichgewichtslage durch ein Potenzgesetz approximiert. Bildet man mit

$$\varphi(\mathfrak{R}) = \frac{D}{R^n} - \frac{C}{R^6} \tag{25.1}$$

die Energie pro Atom

$$\varepsilon_Z = \frac{D\,z_n}{2\,l^n} - \frac{C\,z_6}{2\,l^6}, \tag{25.2}$$

---

[1] Eine Tabelle für kubische Gitter von $n = 4$ bis $n = 30$ findet sich bei I. E. Jones und A. E. Ingham [*12*].

[2] Vgl. auch T. H. K. Barron und Domb, C.: On the cubic and hexagonal close packed lattices, Proc. Roy. Soc. Lond., Ser. A **227**, 447 (1955).

[3] Am absoluten Nullpunkt und ohne Berücksichtigung der Nullpunktsenergie, die aber nicht sehr viel ausmacht.

so ist die Gleichgewichtsbedingung

$$\frac{d\varepsilon_Z}{dl} = 0, \tag{25.3}$$

da l ja die einzige variable Größe ist, die das Gitter beschreibt[1]. Das liefert

$$\frac{D z_n n}{l^n} = \frac{C z_6 \cdot 6}{l^6} \tag{25.3a}$$

und für ε_Z im Gleichgewicht

$$\varepsilon_Z = - \frac{C z_6}{2 l^6} \cdot \left\{1 - \frac{6}{n}\right\}. \tag{25.4}$$

Daraus erkennt man, daß je nach der Härte (n) der „Kugeln" die Abstoßungs-energie einen erheblichen Beitrag zu ε_Z liefern kann. Für starre Kugeln wäre $n = \infty$, und wir kämen wieder zu dem Wert von ε_Z der vorigen Ziffer zurück. Aus den experimentellen Werten von l und ε_Z kann man die Größen D und n des Abstoßungspotentials bestimmen. Da die Verdampfungswärme bei Argon schon mit der primitiven Formel $(n = \infty)$ recht gut stimmt, so müßte für n aus (25.4) ein sehr hoher Wert resultieren. Die Kugeln wären dann sehr hart, und das kann man durch Messung der Kompressibilität entscheiden.

In kubischen Kristallen bleibt bei Anwendung eines äußeren Druckes p das Gitter geometrisch ähnlich (Ziff. 55), nur l ändert sich mit dem Druck. Der Zu-sammenhang zwischen Druck p und Volumen V ist für einen Kristall vom Volumen V und der Teilchenzahl N durch

$$-p\, dV = N\, d\varepsilon_Z (l) \tag{25.5}$$

oder

$$-p\, dV_Z = d\varepsilon_Z (l) \tag{25.5a}$$

gegeben, d.h. die Änderung der Gitterenergie ist gleich der vom Druck geleisteten Arbeit während der Volumenänderung dV. Da V_Z proportional zu l^3 ist, so ist der Druck in Abhängigkeit von l $(dV_Z/V_Z = 3\, dl/l)$:

$$p = - \frac{l}{3 V_Z} \frac{d\varepsilon_Z(l)}{dl}. \tag{25.6}$$

Daraus erkennt man unmittelbar, daß die Gleichgewichtsbedingung (25.3) das Verschwinden des Drucks bedeutet. Die Kompressibilität $\varkappa$ wird durch

$$\varkappa = - \frac{1}{V} \frac{dV}{dp}; \qquad \frac{1}{\varkappa} = - V_Z \frac{dp}{dV_Z} = \frac{l^2}{9 V_Z} \frac{d^2\varepsilon_Z}{dl^2} - \frac{2}{9} \frac{l}{V_Z} \frac{d\varepsilon_Z}{dl} \tag{25.7}$$

definiert.

Die Kompressibilität in der Gleichgewichtslage $(d\varepsilon_Z/dl = 0)$ ist

$$\frac{1}{\varkappa} = \frac{l^2}{9 V_Z} \left(\frac{d^2\varepsilon_Z}{dl^2}\right), \tag{25.8}$$

oder

$$\frac{1}{\varkappa} = \frac{1}{9 V_Z} \frac{1}{2} \left\{n (n+1) \frac{D z_n}{l^n} - 6 \cdot 7 \cdot \frac{C z_6}{l^6}\right\}, \tag{25.8a}$$

wobei die Ableitung in (25.8) an der Gleichgewichtsstelle (25.3) zu bilden ist. Daraus wird dann eine Gleichung zur Bestimmung von n allein aus experimen-tellen Daten, wenn man (25.3a) und (25.4) benutzt:

$$\frac{1}{\varkappa} = \frac{2 \varepsilon_Z}{3 V_Z} \cdot n. \tag{25.8b}$$

---

[1] Vgl. Fußnote 1, S. 120.

Aus den oben angegebenen experimentellen Werten und der gemessenen Kompressibilität von Argon ($1/\varkappa \approx 0,3 \cdot 10^{11}$ dyn cm^{-2}) folgt dann ein Exponent $n \approx 13$. Mit diesem Exponenten liefert (25.4) den Wert von C und anschließend (25.3a) den Wert von D. Aus den drei experimentellen Größen Gitterabstand, Kompressibilität und Gitterenergie lassen sich bei gegebener Potenz des Anziehungsgesetzes die drei anderen Größen des Potentials ermitteln. Daß man dabei die Potenz 6 der van der Waals-Kraft als konstant ansieht, liegt daran, daß man aus ganz anderen Messungen an Gasen weiß, daß die Entfernungsabhängigkeit der Kräfte dadurch gut dargestellt wird. Durch die Berücksichtigung der abstoßenden Kräfte verkleinert sich in diesem speziellen Fall ε_Z nach (25.4) etwa um 50%. Dadurch geht die schöne Übereinstimmung mit dem theoretisch berechneten C-Wert wieder vollkommen verloren, da C, um ε_Z, bzw. Q_V richtig wiederzugeben, um einen Faktor 2 größer gewählt werden muß[1].

Daß das Modell der starren Kugeln so schlechte Werte für die Gitterenergie liefert, liegt daran, daß die Abnahme der anziehenden Potentiale mit der sechsten Potenz der Entfernung eben auch schon sehr stark ist. Bei den Ionenkristallen sind die anziehenden Kräfte Coulomb-Kräfte, deren Potentiale mit der ersten Potenz der Entfernung abnehmen, in diesem Falle wäre der Summand $6/n$ in (25.4) durch $1/n$ zu ersetzen und dann machen die abstoßenden Kräfte nur noch sehr viel weniger aus.

b) Ionen-Kristalle.

26. Elektrostatische Gitterpotentiale. *α) Grundformen elektrostatischer Potentiale.* Um den elektrostatischen Anteil der Energie eines Ions bestimmen zu können, muß man das elektrostatische Potential aller anderen Ionen an der Stelle des herausgegriffenen Ions berechnen. Die dabei auftretenden Summen sind nur bedingt konvergent. Daher kommt es darauf an, die einzelnen Ionen so geschickt in neutrale Gruppen zusammenzufassen, daß man eine möglichst schnell konvergierende Reihe erhält, die man ohne wesentliche numerische Arbeit auswerten kann. Hier werden nur zwei Methoden besprochen, die später vielfach verwendet werden[2].

Die Grundlagen für diese Methoden ist die Kenntnis des Potentialverlaufs im ganzen Raum für ein gegebenes, im ganzen neutrales Gitter. Das Gitter kann linear, eben oder ein räumliches Gitter sein. Da man es bei Ionengittern immer mit nichtprimitiven Gittern zu tun hat, so ist es wünschenswert, das Potential additiv in die Beiträge der einzelnen primitiven Gitter zu zerlegen, damit man die Rechnung für die gleiche Elementarzelle, aber verschiedene Besetzung der Zelle nur einmal durchführen muß. Zunächst kann man das Potential eines primitiven Gitters gar nicht ausrechnen, denn es besteht ja aus Punkten die überall die gleiche Ladung tragen. Das Potential divergiert. Hier kann man sich dadurch helfen, daß man das primitive Gitter durch die Überlagerung einer gleichmäßig verschmierten Ladung neutral macht. Dann existiert das Potential und bei der Überlagerung aller Teilgitter fallen die gleich-

---

[1] Wahrscheinlich hat das seinen Grund darin, daß die theoretische Begründung der van der Waalsschen Formel für Abstände, wie sie hier vorkommen, gar nicht mehr brauchbar ist. Für Argon bekommt man z.B. zusätzliche Glieder, die sich bei kleinen Entfernungen schon stark bemerkbar machen können (H. Margenau [11]).

$$\left(\varphi(\mathfrak{R}) = -\frac{C}{R^6}\left\{1 + 6,6\left(\frac{a_H}{R}\right)^2 + 29\left(\frac{a_H}{R}\right)^4 + \cdots\right\} \text{ für Argon, } a_H \text{ Bohrscher Radius}.\right)$$

Diese Korrektur liefert aber nur wenige Prozent Abweichung, keinesfalls einen Faktor 2.

[2] Andere Verfahren zur Aufsummation von solchen Reihen in Ionengittern finden sich in [14], [15] und [16].

mäßig verteilten Ladungen wieder heraus, da die Zelle im ganzen elektrisch neutral ist.

Die zu diesen Ladungsverteilungen gehörigen Grundpotentiale $\Psi(\mathfrak{R})$ sind *für das Raumgitter*:

Ladung e in den Punkten $\mathfrak{R} = A\,\mathfrak{n}$, überlagerte Ladungsdichte $-\dfrac{e}{V_Z}$:

$$\Psi(\mathfrak{R}) = e\,\frac{4\pi}{V_Z}\cdot\sum_{n\neq 0}\frac{e^{i\,2\pi\,B\mathfrak{n}\cdot\mathfrak{R}}}{(2\pi B\,\mathfrak{n})^2} = e\,\pi\,(\mathfrak{R}), \tag{26.1}$$

für das ebene Gitter:

Ladung e in den Punkten $(X,\,Y) = n_1\,\mathfrak{a}^{(1)} + n_2\,\mathfrak{a}^{(2)}$, überlagerte Flächenladung der Dichte $-\dfrac{e}{|\mathfrak{a}^{(1)}\times\mathfrak{a}^{(\cdot)}|}$:

$$\Psi(\mathfrak{R}) = e\,\frac{2\pi}{|\mathfrak{a}^{(\cdot)}\times\mathfrak{a}^{(2)}|}\sum_{\substack{n_1\neq 0 \\ n_2\neq 0}}\frac{e^{i\,2\pi\,(n_1\mathfrak{b}^{(1)}+n_2\mathfrak{b}^{(2)})\,(X,\,Y)}}{|2\pi\,(n_1\mathfrak{b}^{(1)}+n_2\mathfrak{b}^{(\cdot)})|}\cdot e^{-|2\pi\,(n_1\mathfrak{b}^{(1)}+n_2\mathfrak{b}^{(2)})|\,Z} = e\,\pi_E\,(\mathfrak{R}), \tag{26.2}$$

für das lineare Gitter:

Ladungen e in $X = n\,a$, überlagerte linienhafte Ladung der Dichte $-\dfrac{e}{a}$:

$$\Psi(\mathfrak{R}) = \frac{2e}{a}\sum_{n\neq 0} e^{i\,2\pi n\frac{X}{a}}\cdot K_0\!\left(\frac{2\pi}{a}\sqrt{n^2\,(Y^2 + Z^2)}\right) = e\,\pi_L\,(\mathfrak{R}). \tag{26.3}$$

Die modifizierte HANKELsche Funktion nullter Ordnung K_0 hat die Integraldarstellung:

$$K_0(z) = \frac{1}{2}\int_{-\infty}^{+\infty}\frac{e^{i\,z\,t}}{\sqrt{1+t^2}}\,dt = \int_{1}^{\infty}\frac{e^{-z\,t}}{\sqrt{t^2-1}}\,dt, \tag{26.3a}$$

und die asymptotische Entwicklung:

$$K_0(z) \approx \sqrt{\frac{\pi}{2z}}\cdot e^{-z}\cdot\left\{1 - \frac{1}{8z} + \frac{1}{14\,z^2} - + \cdots\right\}. \tag{26.3b}$$

Gl. (26.1) bekommt man einfach aus der Potentialgleichung $\Delta\Psi = -4\pi\varrho$. Da mit der Ladungsdichte

$$\varrho(\mathfrak{R}) = \sum_{\mathfrak{n}} e\,\delta\,(\mathfrak{R} - A\,\mathfrak{n}) - \frac{e}{V_Z}$$

auch $\Psi(\mathfrak{R})$ die Periode des Gitters besitzt, so kann man beide in eine FOURIER-Reihe entwickeln (vgl. Ziff. 7):

$$\Psi(\mathfrak{R}) = \sum_{\mathfrak{K}} \Psi_{\mathfrak{K}}\,e^{i\,\mathfrak{K}\mathfrak{R}}$$

sowie

$$\varrho(\mathfrak{R}) = \sum_{\mathfrak{K}} \varrho_{\mathfrak{K}}\,e^{i\,\mathfrak{K}\mathfrak{R}},$$

und bekommt aus der Potentialgleichung eine Bedingung für die FOURIER-Koeffizienten: $\mathfrak{K}^2\,\Psi_{\mathfrak{K}} = 4\pi\,\varrho_{\mathfrak{K}}$. Da nun aber

$$\varrho_{\mathfrak{K}} = \frac{1}{V_Z}\int_{V_z}\varrho\,(\mathfrak{R})\,e^{-i\,\mathfrak{K}\mathfrak{R}}\,d\mathfrak{R} = \frac{e}{V_Z}\,(1 - \delta_{\mathfrak{K},\,0})$$

für $\mathfrak{K} = 0$ verschwindet und für alle anderen $\mathfrak{K}$-Werte konstant, gleich e/V_Z, ist, so ergibt sich unmittelbar (26.1).

Gl. (26.3) bekommt man am einfachsten aus der bekannten Darstellung des Potentials

$$\Psi(\mathfrak{R}) = \int \frac{\varrho(\mathfrak{R}')}{|\mathfrak{R} - \mathfrak{R}'|}\, d\mathfrak{R}'.$$

Die Dichte ist hier durch

$$\varrho(\mathfrak{R}) = \delta(Y)\,\delta(Z)\left[\sum_n e\,\delta(X - n\,a) - \frac{e}{a}\right]$$

gegeben. Setzt man das ein und entwickelt ϱ noch in eine einfache Fourier-Reihe nach X

$$\varrho(\mathfrak{R}) = \delta(Y)\,\delta(Z)\,\frac{e}{a}\sum_{n \neq 0} e^{\,i\,2\pi n\frac{X}{a}},$$

so folgt sofort Gl. (26.3), mit der in (26.3a) angegebenen Darstellung von K_0:

$$\Psi(\mathfrak{R}) = \frac{e}{a}\sum_{n \neq 0} e^{\,i\,2\pi n\frac{X}{a}} \cdot \int\limits_{-\infty}^{+\infty} dX' \;\frac{e^{\,i\,2\pi n\frac{X'-X}{a}}}{\sqrt{(X'-X)^2 + Y^2 + Z^2}}.$$

In (26.3b) ist noch die asymptotische Entwicklung von K_0 angegeben. Gl. (26.2) bekommt man genau so.

Das Potential $\Psi(\mathfrak{R})$ eines beliebigen nichtprimitiven Gitters, bei dem die in $\mathfrak{R}^\nu$ liegenden Ionen Ladungen e_ν besitzen, ist damit offenbar

$$\Psi(\mathfrak{R}) = \sum_{\nu=1}^{s} e_\nu\,\pi(\mathfrak{R} - \mathfrak{R}^\nu). \tag{26.4}$$

$\beta)$ Ewalds *Darstellung* [17]. Die Reihe (26.1) konvergiert nicht besonders gut. Ewald hat ein Verfahren angegeben, wie man sie in einen schnell konvergierenden Ausdruck verwandeln kann. Man geht von der Identität

$$\pi(\mathfrak{R}) = \frac{4\pi}{V_Z}\cdot\sum_{\mathfrak{m}\neq 0}\frac{e^{\,i\,2\pi B\mathfrak{m}\cdot\mathfrak{R}}}{(2\pi B\,\mathfrak{m})^2} = \frac{4\pi}{V_Z}\sum_{\mathfrak{m}\neq 0}\int\limits_0^\infty dt\, e^{-(2\pi B\mathfrak{m})^2 t + i\,2\pi B\mathfrak{m}\cdot\mathfrak{R}} \tag{26.5}$$

aus und unterteilt die Integration in zwei Anteile, von 0 bis η und von η bis ∞:

$$\pi(\mathfrak{R}) = \frac{4\pi}{V_Z}\left\{\sum_{\mathfrak{m}\neq 0}\int\limits_0^\eta dt\, e^{-(2\pi B\mathfrak{m})^2 t + i\,2\pi B\mathfrak{m}\cdot\mathfrak{R}} + \sum_{\mathfrak{m}\neq 0}\int\limits_\eta^\infty dt\, e^{-(2\pi B\mathfrak{m})^2 t + i\,2\pi B\mathfrak{m}\cdot\mathfrak{R}}\right\}. \tag{26.6}$$

Die zweite Summe konvergiert gut für große η- bzw. t-Werte; bei ihr wird die t-Integration wieder rückgängig gemacht. Die erste Summe konvergiert schlecht für kleine t-Werte, sie wird mit Hilfe der ϑ-Transformation

$$\sum_\mathfrak{m} e^{-(2\pi B\mathfrak{m})^2 t + i\,2\pi B\mathfrak{m}\cdot\mathfrak{R}} = \frac{V_Z}{(4\pi t)^{\frac{3}{2}}}\cdot\sum_n e^{-\frac{(\mathfrak{R}-A\mathfrak{n})^2}{4t}} \tag{26.7}$$

umgeformt. Gl. (26.7) ist ein Spezialfall der Gln. (7.7), die mögliche Umwandlungen von Summen im reziproken Gitter in Summen über das Raumgitter darstellen. Dann konvergiert die erste Summe für kleine t-Werte gut, wenn man die Beziehung (26.7) einsetzt.

Man erhält auf diese Weise

$$\pi(\mathfrak{R}) = \sum_n\int\limits_0^\eta dt\,\frac{e^{-\frac{(\mathfrak{R}-A\mathfrak{n})^2}{4t}}}{\sqrt{4\pi}\,t^{\frac{3}{2}}} - \frac{4\pi\eta}{V_Z} + \frac{4\pi}{V_Z}\cdot\sum_{\mathfrak{m}\neq 0}\frac{e^{-(2\pi B\mathfrak{m})^2\eta + i\,2\pi B\mathfrak{m}\cdot\mathfrak{R}}}{(2\pi B\,\mathfrak{m})^2} \tag{26.8}$$

und schließlich

$$\pi(\mathfrak{R}) = \sum_{\mathfrak{n}} \frac{1}{|\mathfrak{R} - A\,\mathfrak{n}|}\, G\!\left(\frac{|\mathfrak{R} - A\,\mathfrak{n}|}{2\sqrt{\eta}}\right) - \frac{4\pi\eta}{V_Z} + \frac{4\pi}{V_Z}\sum_{\mathfrak{m}\neq 0} \frac{e^{-(2\pi B\mathfrak{m})^2\eta + i\,2\pi B\mathfrak{m}\cdot\mathfrak{R}}}{(2\pi B\mathfrak{m})^2} \qquad (26.9)$$

mit

$$G(z) = \frac{2}{\sqrt{\pi}} \int_z^\infty e^{-t^2}\,dt, \qquad\qquad\qquad (26.10)$$

$$G(z) = 1 - \frac{2}{\sqrt{\pi}}\,z + \frac{4}{\sqrt{\pi}}\cdot z^2\ldots \qquad\qquad \text{für kleine } z, \qquad (26.10\text{a})$$

$$G(z) \approx \frac{e^{-z^2}}{\sqrt{\pi}\cdot z}\left\{1 - \frac{1}{2z^2} + \frac{3}{4z^2} - + \cdots\right\} \qquad \text{für große } z. \qquad (26.10\text{b})$$

Der Wert von η ist im übrigen völlig beliebig und wird für numerische Zwecke so gewählt, daß man von beiden Reihen in (26.9) möglichst wenig Glieder berücksichtigen muß. Die Reihen sind wegen der Exponentialglieder überall konvergent, außer an den Stellen $\mathfrak{R} = A\,\mathfrak{n}$, wo die Ladungen sitzen.

$\gamma)$ *Selbstpotential.* Zur Berechnung des Potentials an einem Ion benötigt man neben den Potentialen der anderen Gitter auch das Potential des primitiven Gitters, in dem es sich selbst befindet. Die Potentiale der anderen Gitter kann man nach (26.9) berechnen, das Potential des eigenen Gitters enthält gerade an der Stelle, wo man es braucht, die Singularität des herausgegriffenen Ions $e/|\mathfrak{R}|$. Gesucht sind die Potentiale von allen anderen Ionen, daher muß man bei dem eigenen Gitter das Potential $e/|\mathfrak{R}|$ abziehen, wenn man es etwa an der Stelle $\mathfrak{R} = 0$ ($\mathfrak{n} = 0$) bilden will. Diese Größe $\overline{\Psi}(0)$ nennt man das Selbstpotential des Gitters. Zur Berechnung von $\overline{\Psi}$ muß man offenbar

$$\overline{\pi}(0) = \lim_{\mathfrak{R} \Rightarrow 0}\left\{\pi(\mathfrak{R}) - \frac{1}{|\mathfrak{R}|}\right\} \qquad\qquad (26.11)$$

berechnen, und unter Berücksichtigung von (26.10a) für das Summenglied ($\mathfrak{n} = 0$) wird

$$\overline{\pi}(0) = -\frac{1}{\sqrt{\pi\eta}} - \frac{4\pi\eta}{V_Z} + \sum_{\mathfrak{n}\neq 0} \frac{1}{|A\,\mathfrak{n}|}\, G\!\left(\frac{|A\,\mathfrak{n}|}{2\sqrt{\eta}}\right) + \frac{4\pi}{V_Z}\sum_{\mathfrak{m}\neq 0} \frac{e^{-(2\pi B\mathfrak{m})^2\eta}}{(2\pi B\mathfrak{m})^2}. \qquad (26.12)$$

27. Elektrostatische Gitterenergie. $\alpha)$ *Gitterenergie und* MADELUNG*sche Zahl.* Bei den einfachen Ionenkristallen vom Typ $A\,B$ (Ladungen $\pm e$) läßt sich die elektrostatische Energie pro Ion in die Form

$$\varepsilon_{Al} = -\frac{e^2}{2l}\,z_1 \qquad\qquad (27.1)$$

bringen. $\frac{e}{l}z_1$ ist das Potential, welches am Ort eines Teilchens ($-e$) durch alle anderen Ionen erzeugt wird. l ist der Abstand zwischen zwei benachbarten Ionen entgegengesetzter Ladung. ε_{Al} ist für beide Ionensorten gleich groß. Die Größe z_1 ist die MADELUNGsche Zahl[1]. Sie ist für Gitter vom Typ des Cäsiumchlorid 1,762, Natriumchlorid 1,747, Wurzit 1,639 und Zinkblende 1,638.

Mit den in Ziff. 26 besprochenen Verfahren kann die Zahl z_1 berechnet werden. Die Berechnung wird mit zwei verschiedenen Verfahren durchgeführt werden. Diese beiden Verfahren werden später häufig wieder benutzt.

---

[1] z_1 hat auch hier die Bedeutung einer effektiven Nachbarzahl. z_1 ist aber gegenüber den wirklichen Nachbarzahlen (Koordinationszahlen) weitgehend erniedrigt. Zwar haben die Gitter größerer Koordinationszahl auch eine größere Bindungsenergie. Die Unterschiede aber sind, verglichen mit den Nachbarzahlen 8. 6 und 4, nur geringfügig.

β) Das Ewaldsche Verfahren. Das Potential ist allgemein gegeben durch[1]

$$\Psi(\Re) = \sum_\nu e_\nu \, \pi \, (\Re - \Re^\nu). \tag{27.2}$$

Das Selbstpotential des ganzen Gitters für ein Ion ist

$$\overline{\Psi}(\Re^\mu) = \sum_{\nu \neq \mu} e_\nu \, \pi \, (\Re^\mu - \Re^\nu) + e_\mu \overline{\pi}(0), \tag{27.3}$$

und die elektrostatische Energie einer Zelle ist

$$\varepsilon_Z = \tfrac{1}{2} \left\{ \sum_{\substack{\mu, \nu \\ (\mu \neq \nu)}} e_\mu e_\nu \, \pi \, (\Re^\nu - \Re^\mu) + \sum_\mu e_\mu^2 \overline{\pi}(0) \right\}. \tag{27.4}$$

Die elektrostatische Energie einer Zelle kann nun mit der Ewaldschen Darstellung von π ohne Mühe mit großer Genauigkeit ausgerechnet werden. Am CsCl-Gitter ist das Verfahren am einfachsten zu übersehen. Hier ist

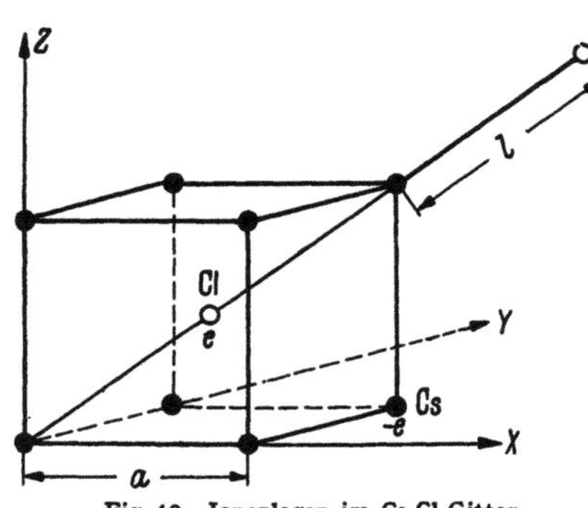

Fig. 10. Ionenlagen im Cs-Cl-Gitter.

$$\varepsilon_Z = 2\varepsilon_{Al} = -\frac{e^2}{l} z_1.$$

Die Daten des CsCl-Gitters sind (Fig. 10):

$$A = a \begin{Bmatrix} 1 & 0 & 0 \\ 0 & 1 & 0 \\ 0 & 0 & 1 \end{Bmatrix}; \quad B = \frac{1}{a} \begin{Bmatrix} 1 & 0 & 0 \\ 0 & 1 & 0 \\ 0 & 0 & 1 \end{Bmatrix};$$

$$V_Z = a^3$$

$$\text{Cs:} \ \Re_1 = 0; \quad e_1 = -e;$$

$$\text{Cl:} \ \Re_2 = \frac{a}{2}(1, 1, 1); \quad e_2 = e$$

$$l = |\Re_1 - \Re_2| = \frac{\sqrt{3}}{2} a. \tag{27.5}$$

Die Energie einer Zelle wird damit

$$\varepsilon_Z = e^2 \left\{ \overline{\pi}(0) - \pi(\Re_2 - \Re_1) \right\} = e^2 \left\{ \overline{\pi}(0) - \pi(\Re_2) \right\}. \tag{27.6}$$

In der Darstellung von Ewald ist

$$\overline{\pi}(0) = -\frac{1}{\sqrt{\pi\eta}} - \frac{4\pi\eta}{V_Z} + \sum_{\mathfrak{n} \neq 0} \frac{G\left(\frac{|A\mathfrak{n}|}{2\sqrt{\eta}}\right)}{|A\mathfrak{n}|} + \frac{4\pi}{V_Z} \sum_{\mathfrak{m} \neq 0} \frac{e^{-(2\pi B\mathfrak{m})^2 \eta}}{(2\pi B\mathfrak{m})^2} \tag{27.7a}$$

und

$$\pi(\Re_2) = -\frac{4\pi\eta'}{V_Z} + \sum_{\mathfrak{n}} \frac{G\left(\frac{|\Re_2 - A\mathfrak{n}|}{2\sqrt{\eta'}}\right)}{|\Re_2 - A\mathfrak{n}|} + \frac{4\pi}{V_Z} \sum_{\mathfrak{m} \neq 0} \frac{e^{-(2\pi B\mathfrak{m})^2 \eta' + i 2\pi B\mathfrak{m} \cdot \Re_2}}{(2\pi B\mathfrak{m})^2}. \tag{27.7b}$$

---

[1] Wenn man für alle beteiligten Gitter das gleiche η wählt, so ergibt sich die folgende Darstellung für das Potential

$$\Psi(\Re) = \sum_\nu e_\nu \cdot \left\{ \sum_{\mathfrak{n}} \frac{1}{|\Re - \Re^\nu - A\mathfrak{n}|} G\left(\frac{|\Re - \Re^\nu - A\mathfrak{n}|}{2\sqrt{\eta}}\right) + \frac{4\pi}{V_Z} \sum_{\mathfrak{m} \neq 0} \frac{e^{-(2\pi B\mathfrak{m})^2 \eta + i 2\pi B\mathfrak{m} \cdot (\Re - \Re^\nu)}}{(2\pi B\mathfrak{m})^2} \right\},$$

die für jeden η-Wert gültig ist. $\eta = 0$ ist die Fourier-Darstellung des Potentials, die erste Summe verschwindet. $\eta = \infty$ liefert $\Psi(\Re) = \sum_{\mathfrak{n}, \nu} \frac{e_\nu}{|\Re - \Re^\nu - A\mathfrak{n}|}$, die primitive Überlagerung der Coulomb-Anteile der einzelnen Ionen.

Dabei sind die Trennungsstellen η und η' noch willkürlich wählbar. Sie werden so gewählt, daß beide Summen möglichst gut konvergieren. Die ersten Summenglieder in (27.7a) für $\mathfrak{n} = (1, 0, 0)$ und $\mathfrak{m} = (1, 0, 0)$ sind

$$\frac{G\left(\dfrac{a}{2\sqrt{\eta}}\right)}{a} \cong \frac{e^{-\frac{a^2}{4\eta}}}{2\sqrt{\pi\eta}} \quad \text{und} \quad \frac{4\pi}{V_Z}\, e^{-\left(\frac{2\pi}{a}\right)^2 \eta}.$$

Beide Glieder kommen je sechsmal vor. Will man eine gleichmäßig gute Konvergenz beider Reihen erzielen, so wählt man η am besten so, daß der Exponent für beide Reihen gleich wird:

$$\frac{a^2}{4\eta} = \left(\frac{2\pi}{a}\right)^2 \eta, \quad \text{d.h.} \quad \eta = \frac{a^2}{4\pi}.$$

Für (27.7b) kann man etwa den gleichen Wert wählen. Wenn man nun für eine erste Abschätzung die Summen überhaupt vernachlässigt, da ja alle Summenglieder [auch das Glied mit $\mathfrak{n} = 0$ in (27.7b)] mit exponentiell kleinen Faktoren behaftet sind, so ist mit $\eta' = \eta$

$$\varepsilon_Z \cong -\frac{e^2}{\sqrt{\pi\eta}} = -\frac{2e^2}{a} = -\frac{e^2}{l}\sqrt{3}. \tag{27.8}$$

Die MATELUNGsche Zahl ist $z_1 = \sqrt{3} = 1{,}73$ und stimmt mit dem genauen Wert 1,7627 schon ganz gut überein. Mit wenig mehr Mühe kann unter Mitnahme einiger Summenglieder schon eine sehr hohe Genauigkeit erreicht werden.

γ) *Das* MADELUNG-*Verfahren* [18]. Bei dem MADELUNG-Verfahren teilt man das Gitter in neutrale Geraden und neutrale Ebenen ein, deren Potential nach Ziff. 26 exponentiell abfällt, so daß das Potential an einem Gitterpunkt nur von wenigen benachbarten Geraden und Ebenen erzeugt wird. Im Interesse der Übersichtlichkeit wird hier nur eine Einteilung in neutrale Geraden vorgenommen. Als Beispiel wird das NaCl-Gitter behandelt. Die Struktur des NaCl-Gitters ist in Fig. 11 veranschaulicht. Man erkennt unmittelbar, daß man eine Einteilung des Gitters in ·neutrale Geraden parallel der X-Achse vornehmen kann. Einige dieser Geraden sind in Fig. 11 eingezeichnet. Diese Gittergeraden sind abwechselnd

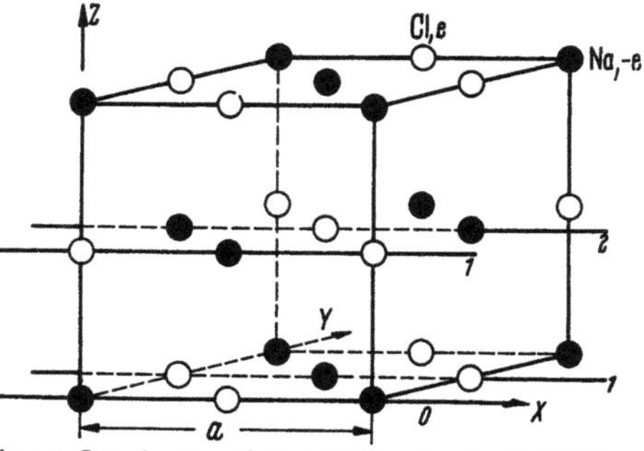

Fig. 11. Ionenlagen und neutrale Geraden im NaCl-Gitter.

mit Ladungen e und $-e$ in Abständen $a/2$ besetzt. Das Potential einer solchen Geraden ist durch eine Überlagerung von zwei Potentialen nach Gl. (26.3) darstellbar. Das Potential einer Geraden mit der Ladung e in $X = 0$ ist:

$$\Psi(X, r) = e\left\{\pi_L(X, r) - \pi_L\left(X + \frac{a}{2}, r\right)\right\} = \frac{2e}{a} \sum_{n \neq 0} e^{i2\pi n \frac{X}{a}} (1 - e^{in\pi}) K_0\left(\frac{2\pi r}{a}\,|n|\right) \tag{27.9}$$

$$\Psi(X, r) = \frac{8e}{a} \sum_{m=0}^{\infty} \cos\left[\frac{2\pi X}{a}(2m + 1)\right] K_0\left(\frac{2\pi r}{a}(2m + 1)\right). \tag{27.9a}$$

Dabei ist r der Abstand von der X-Achse (Fig. 12). Das Potential nimmt nach (26.3b) exponentiell mit dem Abstand von der Geraden ab. Das wirksame Potential auf das Na-Ion im Ursprung setzt sich zusammen aus den Beiträgen der umgebenden Geraden und aus dem Potential der Geraden, in dem das Na-Ion selbst liegt. Das Potential der eigenen Geraden (0) muß gesondert behandelt werden, da Gl. (27.9) hierfür nicht zuständig ist. Fig. 13 zeigt die Durchstoßpunkte der umgebenden Geraden durch die YZ-Ebene, die Nachbargeraden sind nach ihren Abständen numeriert (1, 2, 3, 4, 5). Das Potential der nächst benachbarten Geraden im Ursprung wäre $\Psi(0, r_1)$, es kommt viermal vor. Das Potential der Geraden 2 wäre $\Psi\left(\frac{a}{2}, r_2\right)$, da die Gerade gegenüber der Darstellung (27.9) in X-Richtung um $\xi = a/2$ verschoben ist. Dieser Beitrag muß ebenfalls viermal berücksichtigt werden. In Tabelle 3 sind die Verhältnisse für die nächsten fünf benachbarten Geraden zusammengefaßt. Die Berechnung wird dadurch erheblich erleichtert, daß man auch in den Potentialen nach (27.9a) nur die ersten Summenglieder zu berücksichtigen braucht, da K_0 für höhere m-Werte

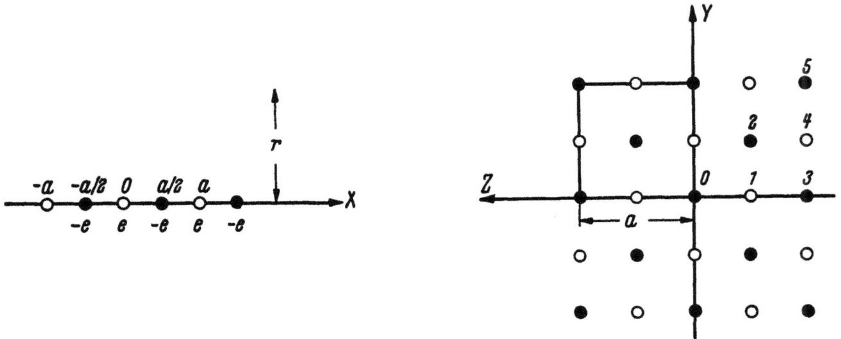

Fig. 12. Neutrale Gerade im NaCl-Gitter.
Fig. 13. Lage der neutralen Geraden im NaCl-Gitter.

wegen des starken exponentiellen Abfalls vernachlässigt werden kann. Das Potential der eigenen Reihe bestimmt man am besten durch direkte Summation. Dieser Beitrag ist offenbar

$$2\left\{\frac{e}{\frac{a}{2}} - \frac{e}{2\frac{a}{2}} + \frac{e}{3\frac{a}{2}} - + \cdots\right\} = \frac{4e}{a}\left(1 - \frac{1}{2} + \frac{1}{3} - \frac{1}{4}\cdots\right) = \frac{4e}{a}\ln 2.$$

Zusammen gibt das nach der Tabelle 3 den Wert 1,74 für die Madelungsche Zahl, auch hier kann man ohne wesentliche Rechenarbeit die Genauigkeit erhöhen.

Tabelle 3. *Zur Berechnung des Potentials im NaCl-Gitter nach* Madelung.

Nachbarordnung	Zahl der Geraden z	Verschiebung ξ der Geraden in X-Richtung	Abstand r	Beitrag zum Potential $(z \cdot \Psi(\xi, r))$	Numerischer Wert
0	1	—	—	$\frac{4e}{a}\ln 2$	$\frac{4e}{a}\cdot 0{,}69$
1	4	0	$\frac{a}{2}$	$\approx 4\cdot\frac{8e}{a}K_0(\pi)$	$4\cdot\frac{8e}{a}\cdot 0{,}03$
2	4	$\frac{a}{2}$	$\frac{a}{\sqrt{2}}$	$\approx -4\cdot\frac{8e}{a}K_0(\sqrt{2}\,\pi)$	$-4\cdot\frac{8e}{a}\cdot 0{,}007$
3	4	$\frac{a}{2}$	a	$\approx -4\cdot\frac{8e}{a}K_0(2\pi)$	$\left(-4\frac{8e}{a}\cdot 0{,}0009\right)$
4	8	0	$\frac{\sqrt{5}\,a}{2}$	$\approx 8\cdot\frac{8e}{a}K_0(\sqrt{5}\,\pi)$	$\left(8\cdot\frac{8e}{a}\cdot 0{,}0004\right)$

Potential an einer Ladung $(-e)$: $\dfrac{2e}{a}\cdot 1{,}74 = \dfrac{e}{l}\cdot \underline{1{,}74}$

28. Strukturauswahl mit starren Kugeln. Wenn man die Ionen näherungsweise durch starre Kugeln der Radien R_+ und R_- beschreibt, so ist bei gleichen Radien sicherlich die CsCl-Struktur energetisch am günstigsten, weil sie die

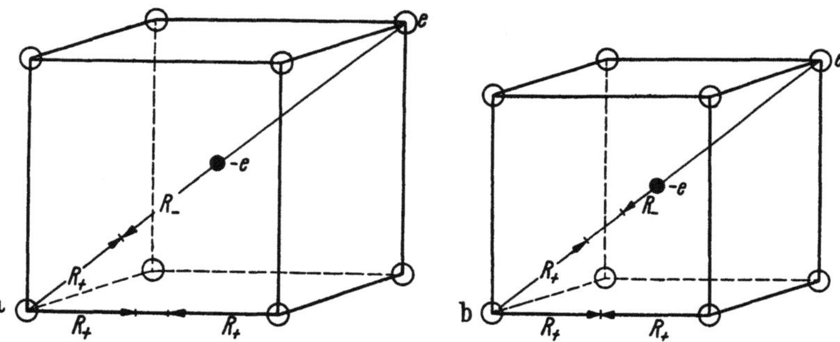

Fig. 14a u. b. Elektrostatische Energie im CsCl-Gitter bei verschiedenen Ionenradien R_+ und R_-. a Bei gleichen Radien berühren sich benachbarte Ionen gleicher Ladung nicht. Nimmt R_- ab, so nimmt der Gitterabstand und die elektrostatische Energie ab. b Wird R so klein, daß benachbarte Ionen gleicher Ladung sich berühren, so bleibt der Gitterabstand und damit die elektrostatische Energie bei weiterer Verringerung von R_- konstant.

höchste Nachbarzahl 8 besitzt. Das zeigt sich ja gerade darin, daß die MADE-LUNGsche Zahl für dieses Gitter am größten ist. Der Abstand zwischen nächsten Nachbarn ist dann durch $l = R_+ + R_-$ bestimmt. Das braucht aber nicht mehr

richtig zu sein, wenn das Radienverhältnis von 1 abweicht. Die Verhältnisse sind in Fig. 14 an einem Gitter vom CsCl-Typ veranschaulicht. Wenn der Radius R_- des negativen Ions kleiner wird, so kommt schließlich der Augenblick, wo die beiden positiven Ionen zusammenstoßen. Das ist dann der Fall, wenn

$$R_- = (\sqrt{3} - 1) R_+ \quad \text{oder} \quad \frac{R_-}{R_+} \cong 0{,}73$$

ist. Bis dahin ist der Abstand nächster Nachbarn immer noch $l = R_+ + R_-$. Nimmt R_- weiter ab, so ändert sich l nicht mehr und die elektrostatische Energie bleibt konstant. Der Abstand der nächsten Nachbarn im Gitter ist dann nur noch durch R_+ bestimmt. Trägt man die elektrostatische Energie in Abhängigkeit von R_- auf, so bekommt man zunächst einen Abfall der Energie

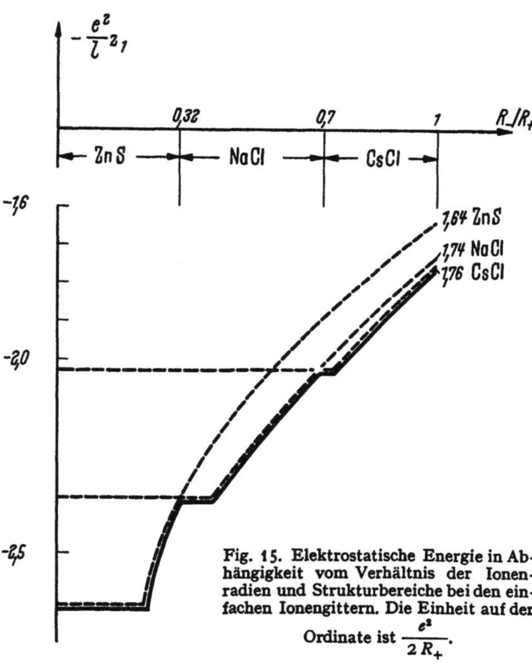

Fig. 15. Elektrostatische Energie in Abhängigkeit vom Verhältnis der Ionenradien und Strukturbereiche bei den einfachen Ionengittern. Die Einheit auf der Ordinate ist $\dfrac{e^2}{2R_+}$.

bis zum Wert $R_- = 0{,}73 \cdot R_+$ und anschließend einen konstanten Wert (Fig. 15). Dann kann ein anderer Gittertyp energetisch günstiger werden.

Das ist nun tatsächlich der Fall. In Fig. 15 sind gestrichelt der Verlauf der Energie pro Ion für die drei verschiedenen Koordinationszahlen 8, 6 und 4 (CsCl, NaCl und ZnS) eingetragen (Wurzit und Zinkblende unterscheiden sich nicht wesentlich). Ausgezogen ist die Kurve, die jeweils der tiefsten Energie entspricht.

Danach sollte man erwarten, daß bei steigendem Radienverhältnis zunächst das ZnS-Gitter, dann NaCl und anschließend das CsCl-Gitter energetisch bevorzugt ist. In Tabelle 4 sind die Radien und die Gitterstrukturen mit dem zugehörigen Radienverhältnis nach V. M. Goldschmidt aufgeführt. Bei den Erdalkalisalzen erkennt man, daß die Vorstellung starrer Ionen den Übergang von

Tabelle 4. *Radienverhältnisse und Strukturen der Erdalkalisalze und Alkalihalogenide.*

Übergang ZnS ⟺ NaCl

R_- ⇓	$R_r \Rightarrow$	0,34 Be^{++}	0,78 Mg^{++}	1,06 Ca^{++}	1,27 Sr^{++}	1,43 Ba^{++}
1,32	O^{--}	0,27	0,59	0,80	0,96	0,93
1,74	S^{--}	0,20	0,45	0,62	0,74	0,82
1,91	Se^{--}	0,18	0,41	0,56	0,66	0,74
2,11	Te^{--}	0,17	0,37	0,50	0,6	0,67

← ZnS → ← NaCl →

Übergang NaCl ⟺ CsCl

R_- ⇓	$R_+ \Rightarrow$	0,78 Li$^+$	0,98 Na$^+$	1,33 K$^+$	1,49 Rb$^+$	1,69 Cs$^+$
1,33	F$^-$	0,59	0,74	1,0	0,89	0,8
1,81	Cl$^-$	0,43	0,54	0,74	0,82	0,91
1,96	Br$^-$	0,4	0,5	0,68	0,76	0,84
2,20	I$^-$	0,35	0,45	0,61	0,68	0,75

← NaCl → CsCl

Ionenradien (in Å) nach V. M. Goldschmidt: Fortschr. Min. **15**, 75 (1931).

der Koordinationszahl 4 nach 6 sehr gut beschreibt. Bei den Alkalihalogeniden hingegen ist der Übergang vom NaCl-Gitter zum CsCl-Gitter gar nicht in Ordnung (vgl. insbesondere KF mit dem Radienverhältnis 1). Das muß daran liegen, daß hier sekundäre Einflüsse wie zusätzliche Anziehung durch van der Waals-Kräfte und Abstoßung eine ausschlaggebende Rolle spielen, zumal der energetische Unterschied zwischen den beiden Gittern sowieso nur minimal ist. Die Gitterenergie selbst sollte aber bei der Vorstellung starrer Kugeln[1] schon relativ genau sein.

29. Zusätzliche Anziehungs- und Abstoßungskräfte bei den Alkalihalogeniden. Von verschiedenen Autoren ist der Übergang vom NaCl- in das CsCl-Gitter genauer untersucht worden. Zum Teil sind dabei Abstoßungspotentiale mit exponentieller Abhängigkeit oder Potenzgesetze angenommen worden. Zunächst zeigt es sich, daß die Berücksichtigung der Abstoßung das CsCl-Gitter gegenüber NaCl generell ungünstiger macht, weil die Abstoßung beim CsCl auf Grund der höheren Koordinationszahl einen größeren Beitrag liefert. Man kann diese Tatsache auch so ausdrücken, daß das CsCl-Gitter bei sonst gleichen Verhältnissen einen größeren Gleichgewichtsabstand besitzt als die entsprechende NaCl-Struktur. Unter alleiniger Berücksichtigung der Abstoßungskräfte würde dann immer das NaCl-Gitter stabiler sein (außer wenn man bei einem Potenzgesetz so hohe Exponenten (etwa 30) nehmen würde [*19*], daß man praktisch wieder starre Kugeln hat, das widerspricht aber den gemessenen Kompressibilitäten). Die zusätzliche van der Waalssche Anziehung begünstigt nun aber den CsCl-Typ, wieder wegen der höheren Koordinationszahl. Insbesondere sollte dieser Einfluß bei den Gittern, die Cs enthalten, ins Gewicht fallen, denn Cs hat die höchste Polarisierbarkeit bei den Metall-Ionen[2]. Tatsächlich sind sie ja auch nach Tabelle 4

---

[1] Die experimentellen „Ionenradien" sind, wegen der nicht idealen Starrheit, gar keine Konstanten, sondern hängen vom Gittertyp ab, speziell von der Umgebung des betreffenden Ions.

[2] Die van der Waalsschen Daten für die Ionen können mit denen der Edelgase (Tabelle 1) gleicher Elektronenkonfiguration näherungsweise identifiziert werden.

in diesem Sinne bevorzugt. Mit den üblichen VAN DER WAALSschen Konstanten kann man aber dann immer noch nicht erklären, daß das CsCl-Gitter in den beobachteten Fällen energetisch günstiger ist [20]. Genau wie beim Beispiel des Argons muß man den VAN DER WAALS-Anteil etwa verdoppeln, um zum richtigen Resultat zu kommen. Die Gründe sind offenbar die gleichen.

30. Gitterenergien (Alkalihalogenide). In der Gitterenergie spielen die Abstoßungskräfte und die zusätzlichen VAN DER WAALS-Kräfte eine viel geringere Rolle. Näherungsweise ist die Gitterenergie bereits durch den elektrostatischen Anteil allein gegeben, wenn man die experimentellen Werte von l benutzt. So kann man etwa Abstoßungskräfte mit exponentieller Abhängigkeit annehmen und weiter voraussetzen, daß nur eine Wechselwirkung zwischen benachbarten Ionen vorhanden ist. Sind die abstoßenden Kräfte zwischen den Ionen verschiedenen Vorzeichens durch ein Potential $\varphi(\Re)$ gegeben, so wird die Energie einer Zelle[1]

$$\varepsilon_Z = z\,\varphi(l) - \frac{z_1 e^2}{l}. \tag{30.1}$$

Die Gleichgewichtsbedingung lautet

$$\frac{d\varepsilon_Z}{dl} = z\,\varphi'(l) + \frac{z_1 e^2}{l^2} = 0, \tag{30.2}$$

und die Energie im Gleichgewicht ist

$$\varepsilon_Z = z\{\varphi(l) + l\,\varphi'(l)\}.$$

Genau wie bei den Edelgasen kann man nun die Kompressibilität berechnen. Nach Gl. (25.7) ergibt sich

$$\frac{1}{\varkappa} = \frac{l^2}{9V_Z}\left\{\frac{d^2\varepsilon_Z}{dl^2} - \frac{2}{l}\frac{d\varepsilon_Z}{dl}\right\} = \frac{l^2}{9V_Z}\left\{z\,\varphi''(l) - 2z\frac{\varphi'(l)}{l} - \frac{4z_1 e^2}{l^3}\right\} \tag{30.3}$$

und im Gleichgewicht

$$\frac{1}{\varkappa} = \frac{l^2}{9V_Z}\frac{d^2\varepsilon_Z}{dl^2} = \frac{z\,l^2}{9V_Z}\left\{\varphi'' + 2\frac{\varphi'(l)}{l}\right\}. \tag{30.3a}$$

Hängt die Abstoßungsenergie exponentiell vom Abstand ab:

$$\varphi(l) = D\,e^{-\frac{l}{R_0}}; \quad \varphi'(l) = -\frac{1}{R_0}\cdot\varphi(l); \quad \varphi''(l) = \frac{1}{R_0^2}\varphi(l), \tag{30.4}$$

so wird im Gleichgewicht:

$$\varepsilon_Z = -\frac{z_1 e^2}{l}\left\{1 - \frac{R_0}{l}\right\}, \tag{30.1a}$$

$$z\,D\,e^{-\frac{l}{R_0}} = \frac{z_1 e^2 R_0}{l^2}, \tag{30.2a}$$

$$\frac{1}{\varkappa} = \frac{1}{9V_Z}\frac{z_1 e^2}{l}\left\{\frac{l}{R_0} - 2\right\}. \tag{30.3b}$$

Aus der gemessenen Kompressibilität erhält man somit R_0. Das Verhältnis R_0/l ist etwa 1:10 für alle Alkalihalogenide [2]. Die elektrostatische Energie allein liefert also schon 90% der wahren Gitterenergie.

In Tabelle 5 sind die Werte, die sich hierbei ergeben, zusammengestellt[3]. Die Übereinstimmung mit den experimentellen Daten ist erstaunlich gut. Die experimentellen Gitterenergien gewinnt man aus einem isothermen Kreisprozeß, der in Tabelle 6 schematisch dargestellt ist. Man muß diesen Weg deshalb gehen, weil die berechnete Energie des Gitters diejenige Energie ist, die man benötigt,

---

[1] z ist die Zahl der Nachbarn, die Koordinationszahl.
[2] Das entspricht einem Potenzgesetz der Abstoßung $\varphi \approx 1/|\Re|^{10}$.
[3] Die Nullpunktsenergie liefert nur einen sehr kleinen Beitrag, der nicht berücksichtigt ist.

Tabelle 5. *Daten für die Alkalihalogenide.*

l Abstand nächster Nachbarn; R_0 Abfallsbreite des Abstoßungspotentials; $-L\varepsilon_g$ Gitterenergie für 1 Mol (L Loschmidt-Konstante); $\varkappa$ Kompressibilität.

Substanz	l [Å]	R_0 [Å]	$-L\,\varepsilon_g$ berechnet [kcal/Mol]	$-L\varepsilon_g$ experimentell [kcal/Mol]	$\varkappa$ [10^{-12} dyn^{-1} cm^2]
Li F	2,01	0,24	253	—	1,53
Cl	2,57	0,33	196	201,5	3,41
Br	2,74	0,35	184	191,5	4,31
J	3,0	0,37	169	180,0	6,0
Na F	2,31	0,29	219	—	2,11
Cl	2,81	0,33	182	184,7	4,26
Br	2,98	0,33	172	175,9	5,08
J	3,23	0,36	159	166,3	7,07
K F	2,66	0,30	193	—	3,30
Cl	3,14	0,32	165	167,8	5,63
Br	3,29	0,33	158	161,2	6,70
J	3,53	0,35	148	152,8	8,54
Rb F	2,82	0,32	183	—	4,1
Cl	3,27	0,34	159	163,6	6,65
Br	3,43	0,35	152	158,0	7,94
J	3,66	0,35	143	149,7	9,57
Cs F	3,0	0,28	174	—	4,25
Cl	3,56	0,32	149	157,8	5,95
Br	3,71	0,33	143	152,3	7,6
J	3,95	0,34	135	145,4	8,75

(Aus M. Born u. K. Huang [1]).

Tabelle 6. Born-Haber-*Kreisprozeß.*

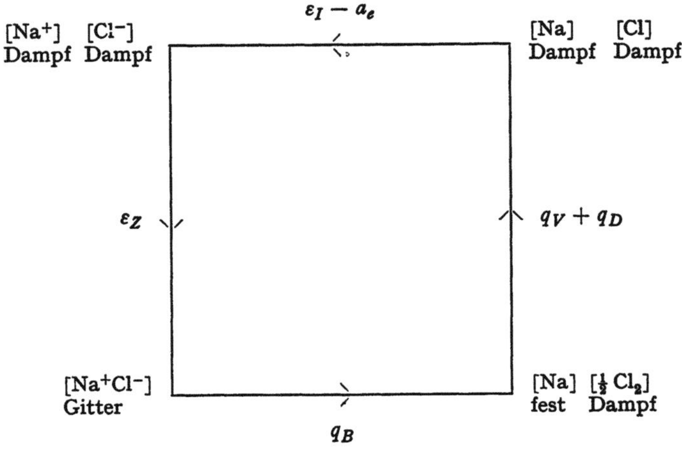

q_B Bildungswärme des Gitters aus metallischem Na und zweiatomigen Cl-Dampf; q_V Verdampfungswärme des Na-Metalls; q_D Dissoziationsenergie von Cl_2; ε_I Ionisierungsenergie des Na-Atoms; a_e Elektronenaffinität des Cl-Atoms; $-\varepsilon_Z$ Bindungsenergie des Na$^+$Cl$^-$-Gitters.

$$-\varepsilon_Z = q_B + q_V + q_D + \varepsilon_I - a_e$$

um den Kristall in seine Ionen zu zerlegen. Dieser Prozeß ist aber in der Natur nicht verwirklicht[1].

---

[1] Die experimentell unangenehmste Größe ist die Elektronenaffinität. Sie wurde von J. E. Mayer für Cl, Br und J bestimmt. P. M. Doty und J. E. Mayer: J. Chem. Phys. **12**, 323 (1944); dort weitere Zitate.

Zu erwähnen sind in diesem Zusammenhang quantenmechanische Berechnungen verschiedener Autoren [10], [21], [22]. LÖWDIN [10] hat die Gitterenergie und die Kompressibilität direkt berechnet. Seine Methode geht auf die quantenmechanischen Grundlagen zurück. Die Basis sind die Gln. (18.8) und (18.9). Benutzt wird die Darstellung durch Einelektronenfunktionen, die bei den Ionen numerisch bekannt sind. Die Bindungsenergie des Gitters wird ebenfalls numerisch für verschiedene Abstände berechnet (erste Näherung). Auf diesem Wege kann der Gleichgewichtsabstand beim minimalen Wert der Bindungsenergie festgelegt werden. Gleichzeitig kann man die Bindungsenergie selbst und die Kompressibilität berechnen. Die Übereinstimmung mit den experimentellen Werten ist beim Gleichgewichtsabstand und bei der Energie sehr gut, für die Kompressibilität weniger gut (vgl. Tabelle 16). Soweit man die numerischen Rechnungen durchschauen kann, sind in der Abstoßung wesentlich Kräfte vom Typus der Mehrkörperkräfte wirksam[1].

c) Metalle.

31. Die verschiedenen Beiträge zur Bindungsenergie. Die Energie pro Atom oder pro Zelle bei den Alkalien und Edelmetallen setzt sich aus einer ganzen Reihe von Anteilen zusammen (vgl. Ziff. 23)

$$\varepsilon_Z = \varepsilon_0^{\text{kin}} + \varepsilon_F + \varepsilon_C + \varepsilon_A + \varepsilon_{\text{Ion}} - \varepsilon_I. \tag{31.1}$$

Dabei hängen alle Anteile außer ε_C und ε_{Ion} praktisch nur von dem Volumen der Elementarzelle ab. Solange man die Gleichgewichtsstruktur (aber nicht den Gleichgewichtsabstand) beibehält und nur den Abstand l nächster Nachbarn variiert, zeigen die einzelnen Beiträge näherungsweise einen Verlauf [3]

$$\varepsilon_0^{\text{kin}} \sim \frac{1}{l^2}, \qquad \varepsilon_F \sim \frac{1}{l^2}, \qquad \varepsilon_C \text{ und } \varepsilon_A \sim \frac{1}{l}, \qquad \varepsilon_{\text{Ion}} \sim \frac{1}{l^n} \text{ oder } e^{-\frac{l}{R}}. \tag{31.2}$$

Die Konstanten der Gl. (31.2) können dabei entweder theoretisch oder aus empirischen Daten bestimmt werden. Faßt man noch $\varepsilon_0^{\text{kin}}$ und den Anteil[2] $\varepsilon_{C'}$ von ε_C, der die COULOMBsche Wechselwirkung des Elektrons in einer Zelle mit dem Ion der Zelle enthält, zusammen: $\varepsilon_0^{\text{kin}} + \varepsilon_{C'} = \varepsilon_0$; $\varepsilon_C = \varepsilon_{C'} + \varepsilon_{C''}$, so stellt sich heraus, daß $\varepsilon_{C''}$ und ε_A sich gegenseitig fast kompensieren, so daß diese beiden Glieder keinen Beitrag zur Bindungsenergie geben, also auch keinen Beitrag zum Druck und der Kompressibilität. In Tabelle 7 sind einige Daten für diese Metalle aufgeführt.

Tabelle 7. *Alkalien und Edelmetalle.*

Die Ionenradien der Alkalien sind aus Tabelle 4 entnommen, die Ionenradien der Edelmetalle sind berechnet [L. PAULING: J. Amer. Chem. Soc. **49**, 765 (1927)].

	l_{exp} [Å]	R_+ [Å]	l_{th} [Å]	$-L\,\varepsilon_z$ [kcal/Mol]		$\frac{1}{\varkappa}$ [10^{11} dyn /cm²]	
				exp.	theor.	exp.	theor.
Li	3,0	0,78	3,04	37,9	36,2	1,2	1,3
Na	3,68	0,98	3,92	25,9	24,5	0,504	0,88
K	4,55	1,33	5,05	19,9	16,5	0,401	0,41
Rb	4,87	1,49	—	18,9	—		
Cs	5,25	1,69	—	18.8	—		
Cu	2,56	{0,96}	2,98	81,2	33	13,9	14,1
Ag	2,89	{1,26}		68,0		10,0	
Au	2,88	{1,37}		92,0		16,7	

[1] S. O. LUNDQUIST [Ark. Fys. **9**, 435 (1955)] hat die Ergebnisse von LÖWDIN durch Zentralkräfte und Drei-Körperkräfte näherungsweise dargestellt.

[2] Das ist näherungsweise die elektrostatische Energie der Ladungsverteilung: Ion(e) im Zellmittelpunkt und konstante Ladungsdichte $-\dfrac{e}{V}$ in der Zelle für eine einzige Zelle.

32. Alkalien. Es fällt auf, daß der Nachbarabstand bei den Alkalien wesentlich größer ist als der doppelte Ionenradius. Hier wird man also $\varepsilon_{\mathrm{Ion}}$ vernachlässigen können. Die Bindungsenergie des Gitters wird also näherungsweise bereits durch

$$\varepsilon_Z = \varepsilon_0 + \varepsilon_F - \varepsilon_I \tag{32.1}$$

beschrieben. In Fig. 16 sind die Verhältnisse graphisch dargestellt [3]. Die theoretischen Werte finden sich in Tabelle 7. Die Übereinstimmung ist befriedigend. Andererseits enthält (32.1) nach Gl. (31.2) nur drei Konstante, die man aus Gleichgewichtsabstand, Bindungsenergie und Kompressibilität beim Druck Null bestimmen kann. Dann ist es möglich, mit diesen drei experimentell bestimmten Konstanten auch die Beziehung zwischen Druck und Volumen[1] für

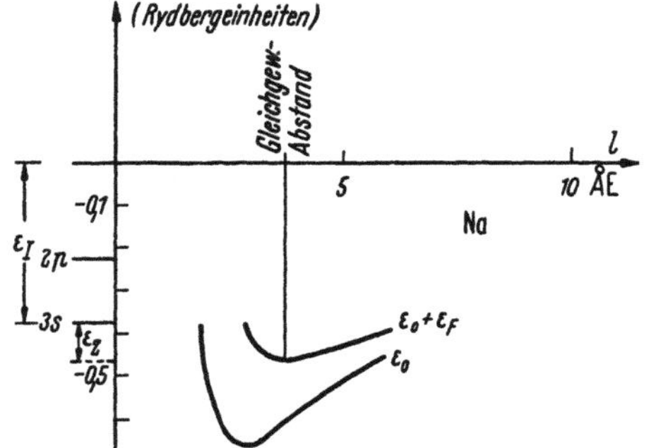

Fig. 16. Verlauf von ε_3 und $\varepsilon_0 + \varepsilon_F$ mit dem Abstand nächster Nachbarn l für Natrium [3]. Der Abstand zwischen dem Minimum von $\varepsilon_0 + \varepsilon_F$ und dem 3s-Zustand des freien Atoms ist die Bindungsenergie ε_Z.

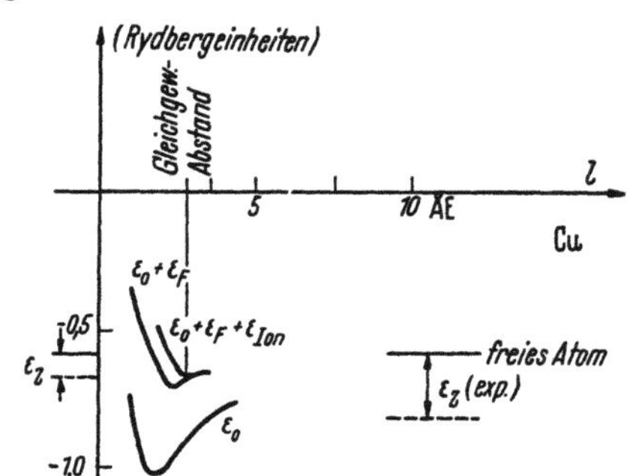

Fig. 17. Verlauf von ε_0, $\varepsilon_0 + \varepsilon_F$ und $\varepsilon_0 + \varepsilon_F + \varepsilon_{\mathrm{Ion}}$ für Kupfer [3]. Der Abstand zwischen dem Minimum von $\varepsilon_0 + \varepsilon_F + \varepsilon_{\mathrm{Ion}}$ und dem Zustand des freien Atoms sollte die Bindungsenergie sein. Die Übereinstimmung mit dem experimentellen Wert $\varepsilon_Z(\mathrm{exp})$ ist nicht sehr gut.

höhere Drucke anzugeben und mit den experimentellen Daten bei Hochdruckversuchen[2] zu vergleichen. Auch hier ergibt sich eine befriedigende Übereinstimmung. Verzerrt man das Gitter so, daß das Volumen konstant bleibt (Scherungen), so ändert sich allein ε_C. Nur diese Größe liefert also Beiträge zur Schubfestigkeit und erklärt die große elastische Anisotropie der Alkalien quantitativ (Ziff. 70)

Bei einem Vergleich der raumzentrierten Struktur etwa mit der flächenzentrierten Struktur bei den Alkalien ergeben sich nur geringfügige Energieunterschiede. Die raumzentrierte Struktur ist nicht besonders ausgezeichnet. Die Genauigkeit der Berechnungen ist auch wohl nicht ausreichend, um eine Entscheidung darüber herbeizuführen. Die Verhältnisse liegen ähnlich wie beim Vergleich des NaCl- und CsCl-Gitters[3].

33. Edelmetalle. Bei den Edelmetallen herrschen die gleichen Verhältnisse wie bei den Alkalien, nur mit dem wesentlichen Unterschied, daß hier die Wechselwirkung der Ionen berücksichtigt werden muß. Auch hier kann $\varepsilon_{C''} + \varepsilon_A$ in erster Näherung vernachlässigt werden, aber nicht $\varepsilon_{\mathrm{Ion}}$. Die Ionenglieder sind hier insofern entscheidend, als sie eine Erklärung dafür liefern, daß die Edelmetalle nicht im raumzentrierten Gitter kristallisieren können. Es stellt sich nämlich heraus, daß die Beiträge von $\varepsilon_{\mathrm{Ion}}$ das raumzentrierte Edelmetall-Gitter instabil gegenüber Scherungen machen würden (Ziff. 71). Die Beiträge zu ε_Z sind in Fig. 17 dargestellt.

[1] J. Bardeen: J. Chem. Phys. **6**, 367 (1938).
[2] P. W. Bridgman: Proc. Amer. Acad. Sci. **72**, 207 (1938).
[3] Durch Verformung kann man bei genügend tiefen Temperaturen eine Teilumwandlung von Na und Li in ein flächenzentriertes Gitter erzwingen. Vgl. C. S. Barrett: Phys. Rev. **72**, 245 (1947). — Amer. Mineral. **33**, 749 (1948).

D. Die Mechanik des Gitters bei kleinen Verrückungen.

I. Die Entwicklung der potentiellen Energie und die Kopplungsparameter.

34. Ruhelagen und Verschiebungen. In einem allgemeinen Gitter sind die Lagen der Atome durch

$$\overline{\mathfrak{R}}{}_{\mu}^{m} = \overline{A}\,\mathfrak{m} + \overline{\mathfrak{R}}{}_{\mu} \tag{34.1}$$

gegeben, wenn wir die Daten der Gleichgewichtskonfiguration durch Überstreichen kennzeichnen. Wir werden im folgenden nur Situationen betrachten, bei denen die Atome wenig aus ihrer Gleichgewichtskonfiguration entfernt sind. Die Lage eines Bausteines, der sich im Gleichgewicht an der Stelle $\overline{\mathfrak{R}}{}_{\mu}^{m}$ befindet, wird dann gegeben durch

$$\mathfrak{R}{}_{\mu}^{m} = \overline{\mathfrak{R}}{}_{\mu}^{m} + \mathfrak{s}{}_{\mu}^{m}, \tag{34.2}$$

wobei $\mathfrak{s}{}_{\mu}^{m}$ der Vektor ist, der die Verschiebung des Bausteins aus der Gleichgewichtslage beschreibt (Fig. 18), oder in Komponenten geschrieben

$$X{}_{i\,\mu}^{m} = \overline{X}{}_{i\,\mu}^{m} + s{}_{i\,\mu}^{m}. \tag{34.2a}$$

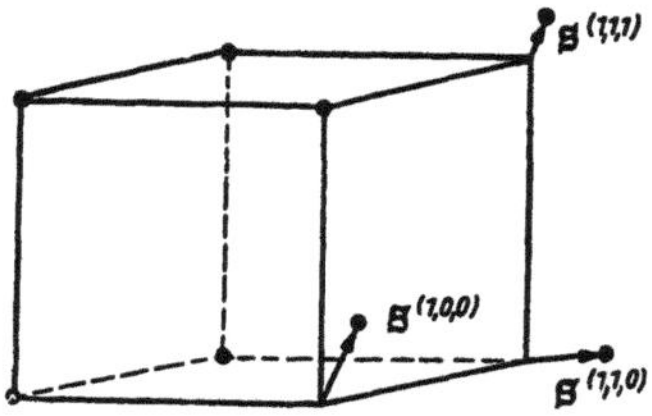

Fig. 18. Verschiebungen $\mathfrak{s}$ im kubisch primitiven Gitter.

„Kleine Verschiebungen" bedeutet in diesem Zusammenhang immer, daß die relative Verschiebung nächster Nachbarn klein gegen ihren Abstand ist.

35. Entwicklung der potentiellen Energie. Für kleine Verschiebungen ist es möglich, die potentielle Energie zu entwickeln:

$$\Phi(\cdots\mathfrak{R}{}_{\mu}^{m}\cdots) = \Phi_0 + \underbrace{\sum_{\substack{m\\\mu\\i}} \Phi{}_{i\,\mu}^{m}\, s{}_{i\,\mu}^{m}}_{\Phi_1} + \frac{1}{2}\underbrace{\sum_{\substack{m,\,n\\\mu,\,\nu\\i,\,k}} \Phi{}_{i\,k\,\mu\,\nu}^{m\,n}\, s{}_{i\,\mu}^{m}\, s{}_{k\,\nu}^{n}}_{\Phi_2} + \frac{1}{3!}\underbrace{\sum_{\substack{m,\,n,\,o\\\mu,\,\nu,\,\sigma\\i,\,k,\,l}} \Phi{}_{i\,k\,l\,\mu\,\nu\,\sigma}^{m\,n\,o}\, s{}_{i\,\mu}^{m}\, s{}_{k\,\nu}^{n}\, s{}_{l\,\sigma}^{o}}_{\Phi_3} + \cdots. \tag{35.1}$$

Die Koeffizienten der Entwicklung (35.1) sind dabei die Ableitungen von Φ in der Gleichgewichtslage:

$$\Phi{}_{i\,\mu}^{m} = \frac{\partial\Phi}{\partial X{}_{i\,\mu}^{m}}\Bigg|_{\text{alle }\mathfrak{R}{}_{\nu}^{n} = \overline{\mathfrak{R}}{}_{\nu}^{n}}, \tag{35.2a}$$

$$\Phi{}_{i\,k\,\mu\,\nu}^{m\,n} = \frac{\partial^2\Phi}{\partial X{}_{i\,\mu}^{m}\,\partial X{}_{k\,\nu}^{n}}\Bigg|_{\text{alle }\mathfrak{R}{}_{\sigma}^{o} = \overline{\mathfrak{R}}{}_{\sigma}^{o}} \tag{35.2b}$$

Das zweite Glied Φ_1 verschwindet, weil man um die Gleichgewichtslage entwickelt hat, das vierte Glied Φ_3 und alle höheren Glieder können bei Annahme kleiner Verschiebungen gegen Φ_2 gestrichen werden. Φ_0 ist die Energie des Gitters im Gleichgewicht, Φ_2 ist die Erhöhung der Gitterenergie durch die Verschiebungen. Φ_2 ist das entscheidende Glied für die Mechanik des Gitters, da man Φ_0 durch geeignete Normierung der potentiellen Energie beseitigen kann. In der Bewegungsgleichung kommt Φ_0 jedenfalls nicht vor. Die Bewegungsgleichung ist dann

$$M_\mu \ddot{s}{}_{i\,\mu}^{m} = -\frac{\partial\Phi}{\partial s{}_{i\,\mu}^{m}} = -\frac{\partial\Phi_2}{\partial s{}_{i\,\mu}^{m}}, \tag{35.3a}$$

$$M_\mu \ddot{s}{}_{i\,\mu}^{m} = -\sum_{n,\nu,k} \Phi{}_{i\,k\,\mu\,\nu}^{m\,n}\, s{}_{k\,\nu}^{n} \tag{35.3b}$$

(M_μ ist die Masse der Atome des Teilgitters μ).

Die Größen $\Phi_{i\ k}^{m\ n}{}_{\mu\ \nu}$, die in (35.1) und der Bewegungsgleichung auftreten, heißen Kopplungsparameter. Sie haben eine sehr anschauliche Bedeutung: $\Phi_{i\ k}^{m\ n}{}_{\mu\ \nu}\cdot s$ ist die Kraft auf das Atom $\mathfrak{m}, \mu$ in Richtung i, wenn das Atom $\mathfrak{n}, \nu$ in Richtung k um s verschoben ist, während alle anderen Atome in der Gleichgewichtslage verbleiben.

Es wurde bisher nicht erwähnt, ob ein endliches oder ein unendlich ausgedehntes Gitter behandelt wird. In einem unendlichen Gitter würde man die Operationen (35.2) zunächst gar nicht ausführen können, da Φ unendlich wäre. Das heißt, entweder man definiert die Kopplungsparameter erst für das endliche Gitter und geht dann zum unendlichen Gitter über, oder aber man definiert eine Entwicklung Φ_2 nach (35.1) für das unendliche Gitter. Diese Entwicklung und (35.3) ist auch im unendlichen Gitter sinnvoll, solange die Verrückungen auf ein endliches Gebiet begrenzt sind. Überdies haben die $\Phi_{i\ k}^{m\ n}{}_{\mu\ \nu}$ ja die unmittelbar klare physikalische Bedeutung von Kräften zwischen zwei Atomen.

36. Eigenschaften der Kopplungsparameter. Zwischen den Kopplungsparametern gibt es eine Reihe von Beziehungen, die im nachfolgenden erläutert werden.

Die Kopplungsparameter sind symmetrisch in den Indextripeln $\overset{m}{\underset{i}{\mu}}$ und $\overset{n}{\underset{k}{\nu}}$:

$$\Phi_{i\ k}^{m\ n}{}_{\mu\ \nu} = \Phi_{k\ i}^{n\ m}{}_{\nu\ \mu}. \tag{36.1}$$

Für ein endliches Gitter ist diese Beziehung trivial (35.2b), für ein unendliches Gitter folgt sie aus der Definition von Φ_2 (35.1), da in Φ_2 nur der symmetrische Anteil verwendet wird.

Φ_2 ändert sich nicht, wenn die $\mathfrak{s}^m{}_\mu$ eine Verschiebung oder (infinitesimale) Rotation des ganzen Gitters beschreiben[1]:

$$\mathfrak{s}^m{}_\mu = \omega\,\overline{\mathfrak{R}}{}^m{}_\mu + \mathfrak{t}; \quad s_i^m{}_\mu = \sum_k \omega_{ik}\,\overline{X}{}^m_k{}_\mu + t_i; \quad \omega_{ik} = -\,\omega_{ki}.$$

Die entsprechenden Eigenschaften der Kopplungsparameter erhält man dann am einfachsten aus den Bewegungsgleichungen (35.3), da bei dieser Operation auch keine Kräfte auftreten dürfen. Reine Translation, d.h.

$$\omega = 0; \quad \sum_{\mathfrak{n},\,\nu,\,k} \Phi_{i\ k}^{m\ n}{}_{\mu\ \nu}\, t_k = 0 \quad \text{für beliebige } t_k$$

liefert:

$$\sum_{\mathfrak{n},\,\nu} \Phi_{i\ k}^{m\ n}{}_{\mu\ \nu} = 0, \tag{36.2}$$

reine Rotation, d.h.

$$\mathfrak{t} = 0; \quad \sum_{\substack{\mathfrak{n},\,\nu \\ k,l}} \Phi_{i\ k}^{m\ n}{}_{\mu\ \nu}\,\overline{X}{}^n_l{}_\nu\,\omega_{kl} = 0 \quad \text{für beliebiges, antisymmetrisches } \omega_{kl}$$

ergibt:

$$\sum_{\mathfrak{n},\,\nu} \Phi_{i\ k}^{m\ n}{}_{\mu\ \nu}\,\overline{X}{}^n_l{}_\nu = \sum_{\mathfrak{n},\,\nu} \Phi_{i\ l}^{m\ n}{}_{\mu\ \nu}\,\overline{X}{}^n_k{}_\nu. \tag{36.3}$$

Die Symmetrien des Gitters, ausgedrückt in den Deckoperationen, führen ebenfalls zu Beziehungen zwischen den Kopplungsparametern. Eine Deckoperation S

---

[1] Die Drehachse geht hier durch den Koordinatenursprung, sie kann mit Hilfe der Translationen an eine beliebige Stelle verschoben werden. Eine infinitesimale Rotation D kann durch eine antisymmetrische Matrix ω beschrieben werden: $D = 1 + \omega$.

ist eine Operation, die Gitterpunkte in äquivalente Gitterpunkte überführt (Ziff. 11)

$$S\,\overline{\mathfrak{R}}_\nu^{\,\mathfrak{n}} = D\,\overline{\mathfrak{R}}_\nu^{\,\mathfrak{n}} + \mathfrak{t} = \overline{\mathfrak{R}}_{\nu'}^{\,\mathfrak{n}'}, \qquad (36.4)$$

$$\sum_k D_{k'k}\,\overline{X}_k^{\,\mathfrak{n}} + t_{k'} = \overline{X}_{k'}^{\,\mathfrak{n}'}. \qquad (36.4\mathrm{a})$$

Nun ist die potentielle Energie, speziell also auch $\Phi_2\!\left(\ldots, \mathfrak{R}_\nu^{\,\mathfrak{n}}, \ldots\right)$ aufgefaßt als Funktion der $\mathfrak{R}_\nu^{\,\mathfrak{n}}$, invariant gegen jede Transformation der Art (36.4), auch wenn sie keine Deckoperation ist, also z. B. gegen beliebige Translationen und Drehungen:

$$S\Phi_2 = \Phi_2\!\left(\ldots, S\,\mathfrak{R}_\nu^{\,\mathfrak{n}}, \ldots\right) = \Phi_2\!\left(\ldots, \mathfrak{R}_\nu^{\,\mathfrak{n}}, \ldots\right). \qquad (36.5)$$

Ist S eine Deckoperation

$$\Phi_2\!\left(\ldots, \overline{\mathfrak{R}}_\nu^{\,\mathfrak{n}} + \mathfrak{s}_\nu^{\,\mathfrak{n}}, \ldots\right) = \Phi_2\!\left(\ldots, S\,\overline{\mathfrak{R}}_\nu^{\,\mathfrak{n}} + D\,\mathfrak{s}_\nu^{\,\mathfrak{n}}, \ldots\right) = \Phi_2\!\left(\ldots, \overline{\mathfrak{R}}_{\nu'}^{\,\mathfrak{n}'} + D\,\mathfrak{s}_\nu^{\,\mathfrak{n}}, \ldots\right), \qquad (36.5\mathrm{a})$$

so erkennt man daraus, daß man Φ_2 genau so darstellen kann durch eine Entwicklung um die Punkte $\overline{\mathfrak{R}}_{\nu'}^{\,\mathfrak{n}'}$ aber mit geänderten Verschiebungen $\left(D\,\mathfrak{s}_\nu^{\,\mathfrak{n}}\right)$. Einmal kann man also setzen

$$\Phi_2 = \frac{1}{2}\sum_{\substack{m,\mu,i\\ \mathfrak{n},\nu,k}} \Phi_{\substack{\mu\ \nu\\ i\ k}}^{\,\mathfrak{m}\ \mathfrak{n}}\, s_{\,i}^{\,\mu}\, s_{\,k}^{\,\nu}, \qquad (36.6\mathrm{a})$$

und zum anderen

$$\Phi_2 = \frac{1}{2}\sum_{\substack{m',\mu',i'\\ \mathfrak{n}',\nu',k'}} \Phi_{\substack{\mu'\ \nu'\\ i'\ k'}}^{\,\mathfrak{m}'\ \mathfrak{n}'}\left(D\,\mathfrak{s}^{\,\mathfrak{m}}_{\mu}\right)_{i'}\left(D\,\mathfrak{s}^{\,\mathfrak{n}}_{\nu}\right)_{k'} = \frac{1}{2}\sum_{\substack{m',\mu',i',i\\ \mathfrak{n}',\nu',k',k}} \Phi_{\substack{\mu'\ \nu'\\ i'\ k'}}^{\,\mathfrak{m}'\ \mathfrak{n}'}\, D_{i'i}\, D_{k'k}\, s_{\,i}^{\,\mu}\, s_{\,k}^{\,\nu}. \qquad (36.6\mathrm{b})$$

Beide Ausdrücke müssen für beliebiges $\mathfrak{s}^{\,\mathfrak{m}}_{\mu}$ identisch sein. Daraus folgt die Identität der Kopplungsparameter in (36.6a), (36.6b):

$$\sum_{i',k',} \Phi_{\substack{\mu'\ \nu'\\ i'\ k'}}^{\,\mathfrak{m}'\ \mathfrak{n}'}\, D_{i'i}\, D_{k'k} = \Phi_{\substack{\mu\ \nu\\ i\ k}}^{\,\mathfrak{m}\ \mathfrak{n}}. \qquad (36.7)$$

Die gestrichenen und ungestrichenen Indices sind durch die Deckoperation S verknüpft.

Allen Gittern gemeinsam ist auf jeden Fall die Deckoperation S mit $D = 1$ und $\mathfrak{t} = \sum h_i\,\mathfrak{a}^{(i)} = A\mathfrak{h}$ mit ganzem $\mathfrak{h}$, die eine Translation um ganzzahlige Vielfache der Basisvektoren beschreibt. Dann wird aus (36.7) $(D_{ik} = \delta_{ik}$; $\mathfrak{m}' = \mathfrak{m} + \mathfrak{h}$; $\mathfrak{n}' = \mathfrak{n} + \mathfrak{h}$; $\mu' = \mu$; $\nu' = \nu)$

$$\Phi_{\substack{\mu\ \nu\\ i\ k}}^{\,\mathfrak{m}+\mathfrak{h}\ \mathfrak{n}+\mathfrak{h}} = \Phi_{\substack{\mu\ \nu\\ i\ k}}^{\,\mathfrak{m}\ \mathfrak{n}} \qquad \text{für beliebiges ganzes } \mathfrak{h}. \qquad (36.8)$$

Die Kopplungsparameter hängen also nur von der Differenz $\mathfrak{m} - \mathfrak{n}$ ab. Das soll in der Form

$$\Phi_{\substack{\mu\ \nu\\ i\ k}}^{\,\mathfrak{m}\ \mathfrak{n}} = \Phi_{\substack{\mu\ \ \nu\\ i\ \ k}}^{\,\mathfrak{m}-\mathfrak{n}} = \Phi_{\substack{\mu\ \nu\\ i\ k}}^{\,\mathfrak{m}-\mathfrak{n}\ 0} \qquad (36.8\mathrm{a})$$

abkürzend gekennzeichnet werden $\left(\mathfrak{h} = -\mathfrak{n} \text{ in } (36.8)\right)$. Beispiele für die Invarianz-Eigenschaften auf Grund von nichttrivialen Deckoperationen werden in Ziff. 37 für die kubischen Gitter behandelt.

Es gibt noch eine weitere Beziehung zwischen den Kopplungsparametern, die hier zunächst nicht begründet wird (vgl. Ziff. 58). Sie ist gleichbedeutend mit der Forderung des Verschwindens der Spannungen im Ausgangszustand $\left(\overline{\mathfrak{R}}_\nu^{\,\mathfrak{n}}\right)$, gehört also eigentlich noch zu den Gleichgewichtsbedingungen des Gitters. Diese

Beziehung lautet: Die Größe

$$\sum_{n,\,\nu,\,\mu} \Phi^{mn}_{\mu\ \nu \atop i\ k}\left(\overline{\mathfrak{R}}^{\mu} - \overline{\mathfrak{R}}^{\nu}\right)_m\left(\overline{\mathfrak{R}}^{\mu} - \overline{\mathfrak{R}}^{\nu}\right)_n$$

ist symmetrisch gegenüber Vertauschungen der Indices ik und mn unter sich und ebenfalls bei Vertauschung des Indexpaares ik mit mn[†]:

$$\sum_{n,\,\nu,\,\mu} \Phi^{mn}_{\mu\ \nu \atop i\ k}\left(\overline{\mathfrak{R}}^{\mu} - \overline{\mathfrak{R}}^{\nu}\right)_m\left(\overline{\mathfrak{R}}^{\mu} - \overline{\mathfrak{R}}^{\nu}\right)_n = \sum_{n,\,\nu,\,\mu} \Phi^{mn}_{\mu\ \nu \atop m\ n}\left(\overline{\mathfrak{R}}^{\mu} - \overline{\mathfrak{R}}^{\nu}\right)_i\left(\overline{\mathfrak{R}}^{\mu} - \overline{\mathfrak{R}}^{\nu}\right)_k \ . \tag{36.9}$$

Die Bedingungen (36.1,) (36.2,) (36.3,) (36.9) lassen sich noch in einer etwas anderen Form schreiben, aus der ersichtlich ist, daß (36.2), (36.3), (36.9) nicht von m abhängen, obwohl über m nicht summiert wird.

$$\Phi^{\mathfrak{h}}_{\mu\ \nu \atop i\ k} = \Phi^{-\mathfrak{h}}_{\nu\ \mu \atop k\ i}\ , \tag{36.1a}$$

$$\sum_{\mathfrak{h},\,\nu} \Phi^{\mathfrak{h}}_{\mu\ \nu \atop i\ k} = 0 \quad\text{oder auch}\quad \sum_{\mathfrak{h},\,\mu} \Phi^{\mathfrak{h}}_{\mu\ \nu \atop i\ k} = 0\ , \tag{36.2a}$$

$$\sum_{\mathfrak{h},\,\nu} \Phi^{\mathfrak{h}}_{\mu\ \nu \atop i\ k}\left(\overline{A}\mathfrak{h} + \overline{\mathfrak{R}}^{\mu} - \overline{\mathfrak{R}}^{\nu}\right)_l = \sum_{\mathfrak{h},\,\nu} \Phi^{\mathfrak{h}}_{\mu\ \nu \atop i\ l}\left(\overline{A}\mathfrak{h} + \overline{\mathfrak{R}}^{\mu} - \overline{\mathfrak{R}}^{\nu}\right)_k\ , \tag{36.3a}$$

$$\left.\begin{aligned}&\sum_{\mathfrak{h},\,\nu,\,\mu} \Phi^{\mathfrak{h}}_{\mu\ \nu \atop i\ k}\left(\overline{A}\mathfrak{h} + \overline{\mathfrak{R}}^{\mu} - \overline{\mathfrak{R}}^{\nu}\right)_m\left(\overline{A}\mathfrak{h} + \overline{\mathfrak{R}}^{\mu} - \overline{\mathfrak{R}}^{\nu}\right)_n \\ &\quad = \sum_{\mathfrak{h},\,\nu,\,\mu} \Phi^{\mathfrak{h}}_{\mu\ \nu \atop m\ n}\left(A\mathfrak{h} + \overline{\mathfrak{R}}^{\mu} - \overline{\mathfrak{R}}^{\nu}\right)_i\left(\overline{A}\mathfrak{h} + \overline{\mathfrak{R}}^{\mu} - \overline{\mathfrak{R}}^{\nu}\right)_k\ .\end{aligned}\right\} \tag{36.9a}$$

Ferner ist zu beachten, daß sich die Größen $\Phi^{mn}_{\mu\ \nu \atop i\ k}$ bei einem Wechsel des Koordinatensystems bezüglich ik transformieren wie ein Tensor zweiter Stufe, d.h. wie ein Produkt von zwei Vektorkomponenten. Der Ausdruck (36.3a) transformiert sich wie ein Tensor dritter Stufe, (36.9a) wie ein Tensor vierter Stufe. Das folgt aus der Invarianz von Φ_2 gegen Drehungen des Koordinatensystems.

Diese Invarianzbeziehungen sind deswegen so wichtig, weil man meistens die Kopplungsparameter nicht aus der potentiellen Energie berechnen kann. Dann versucht man häufig, die Kopplungsparameter aus experimentellen Daten zu bestimmen, indem man annimmt, daß nur diejenigen Kopplungsparameter von Null verschieden sind, die einer Kopplung naher Nachbarn entsprechen. Damit die Kopplungsparameter des „Modells", das man sich auf diese Weise herstellt, eine in sich konsistente Theorie der Mechanik des Gitters liefern, muß man die Invarianzeigenschaften beachten [*31*]. Wenn man jedoch von einem Ansatz für die potentielle Energie ausgeht, so müssen diese Bedingungen von vornherein erfüllt sein.

37. Kopplungsparameter in den drei primitiven kubischen Gittern.

α) *Kopplungsparameter und Deckoperationen.* Die einfachsten und übersichtlichsten Verhältnisse erhält man bei den einfachen kubischen Gittern. Die Symmetrieoperationen dieser Gitter sind nach (11.3) neben der Translation reine D-Operationen mit

$$D\mathfrak{R} = \mathfrak{R}' \tag{37.1}$$

$$(X_1', X_2', X_3') = (\pm X_i, \pm X_k, \pm X_l) \quad\text{mit}\quad i \neq k \neq l \quad\text{und}\quad i,k,l = 1,2,3. \tag{37.1a}$$

Die Koordinatenachsen liegen dabei parallel zu den Kanten des Elementarkubus, der Koordinatennullpunkt in irgendeinem der Gitterpunkte, d.h. entweder in den Würfelecken, dem Würfelzentrum oder den Flächenzentren.

[†] Nur die in (36.9) ausgedrückte Eigenschaft ist eine zusätzliche Forderung. Sie stammt von Kun Huang [*23*]. Die Symmetrie in ik folgt aus (36.1) und (36.8a). Die Symmetrie bei Vertauschung von mn ist direkt ersichtlich.

Wenn man nun die $\Phi_{ik}^{\mathfrak{h}}$ für nahe Nachbarn bestimmen will, so sucht man sich zunächst die Deckoperationen heraus, die $\mathfrak{h}$ invariant lassen. Damit bekommt man eine Aussage über die Struktur der Matrix $\Phi_{ik}^{\mathfrak{h}}$ bei festem $\mathfrak{h}$. Dann sucht man sich Operationen heraus, die $\Phi_{ik}^{\mathfrak{h}}$ in $\Phi_{i'k'}^{\mathfrak{h}'}$ überführen und bestimmt auf diese Weise die Kopplungsparameter für die anderen Nachbarn gleichen Abstandes.

Zunächst wird der Einfachheit halber das kubisch primitive Gitter behandelt. Daraus kann man dann ohne weitere Rechnung die Kopplungsparameter des raumzentrierten und flächenzentrierten Gitters herleiten.

β) *Kubisch primitives Gitter.* Bei den sechs nächsten Nachbarn des kubisch primitiven Gitters fasse man zunächst den Wert $\mathfrak{h} = (1, 0, 0)$ ins Auge. Die Operationen, die $(1, 0, 0)$ invariant lassen, sind

$$(X', Y', Z') = (X, \pm Y, \pm Z); \qquad (X', Y', Z') = (X, \pm Z, \pm Y). \qquad (37.2)$$

Diese Operationen verknüpfen die Koeffizienten der Matrix $\Phi_{i}^{(1,0,0)}{}_{k}$ untereinander. Stellt man diese Matrix in der Form

$$\{\Phi_{i}^{(1,0,0)}{}_{k}\} = \begin{Bmatrix} K_{xx} & K_{xy} & K_{xz} \\ K_{yx} & K_{yy} & K_{yz} \\ K_{zx} & K_{zy} & K_{zz} \end{Bmatrix} = \{K_{ik}\} \qquad (37.3)$$

dar, so vertauscht z.B. die Operation $\mathfrak{R}' = (X, Z, Y)$ mit der zugehörigen Matrix

$$D = \begin{Bmatrix} 1 & 0 & 0 \\ 0 & 0 & 1 \\ 0 & 1 & 0 \end{Bmatrix} \qquad (37.4)$$

auch die y, z-Komponenten von K_{ik}. Gl. (36.7) für diesen speziellen Fall

$$\sum_{i'k'} \Phi_{i'k'}^{\mathfrak{h}} D_{i'i} D_{k'k} = \Phi_{ik}^{\mathfrak{h}}; \qquad \{\mathfrak{m}' - \mathfrak{n}' = \mathfrak{m} - \mathfrak{n} = \mathfrak{h} \text{ in } (36.7)\} \qquad (37.5)$$

ergibt mit D nach (37.4) die Matrixgleichung

$$\begin{Bmatrix} K_{xx} & K_{xz} & K_{xy} \\ K_{zx} & K_{zz} & K_{zy} \\ K_{yx} & K_{yz} & K_{yy} \end{Bmatrix} = \begin{Bmatrix} K_{xx} & K_{xy} & K_{xz} \\ K_{yx} & K_{yy} & K_{yz} \\ K_{zx} & K_{zy} & K_{zz} \end{Bmatrix}, \qquad (37.6)$$

woraus z.B. $K_{yy} = K_{zz}$ folgt. Die $\mathfrak{R}' = (X, -Y, Z)$ entsprechende Operation D mit der Matrix $\begin{Bmatrix} 1 & 0 & 0 \\ 0 & -1 & 0 \\ 0 & 0 & 1 \end{Bmatrix}$ versieht jedes mit dem Index y einmal behaftete Glied von $\Phi_{i}^{(1,0,0)}{}_{k}$ mit einem Minuszeichen. Daraus folgt, daß alle Glieder, welche nur einen Index y haben, verschwinden ($K_{xy} = -K_{xy}$). Das gleiche gilt dann auch für die mit einem Index z behafteten Glieder. Damit bleiben in K_{ik} nur zwei wesentliche Glieder übrig, nämlich $K_{xx} = \alpha$ und $K_{yy} = K_{zz} = \beta$. Die gesuchte Kopplungsmatrix hat die Form

$$\{\Phi_{i}^{(1,0,0)}{}_{k}\} = \begin{Bmatrix} \alpha & 0 & 0 \\ 0 & \beta & 0 \\ 0 & 0 & \beta \end{Bmatrix} \qquad (37.7)$$

mit zwei unabhängigen Konstanten α und β.

Jetzt betrachtet man weitere Operationen D, die $(1, 0, 0)$ etwa in $(-1, 0, 0)$ überführen, die also $\Phi_{i}^{(1,0,0)}{}_{k}$ und $\Phi_{i}^{(-1,0,0)}{}_{k}$ mit einander verknüpfen. Die

$\mathfrak{R}' = (-X, Y, Z)$ entsprechende Transformation wäre

$$D = \left\{ \begin{array}{rrr} -1 & 0 & 0 \\ 0 & 1 & 0 \\ 0 & 0 & 1 \end{array} \right\}.$$

Sie ändert die Kopplungsmatrix gar nicht[1]. Auf diese Weise kann man die Form der K-Matrizen für alle sechs nächsten Nachbarn bekommen, wenn man sie für einen $\mathfrak{h}$-Wert kennt. Die Ergebnisse sind in Tabelle 9 zusammengefaßt.

Tabelle 8. *Kopplungsmatrizen $\Phi_{ik}^{\mathfrak{h}}$ bis zu Nachbarn 3. Ordnung im kubisch primitiven Gitter bei festem $\mathfrak{h}$.*

	Nachbarn		
	1. Ordnung	2. Ordnung	3. Ordnung
$\mathfrak{h}$	$(1, 0, 0)$	$(1, 1, 0)$	$(1, 1, 1)$
Operationen, die $\mathfrak{h}$ invariant lassen	$\mathfrak{R}' = (X, \pm Y, \pm Z)$ $\mathfrak{R}' = (X, \pm Z, \pm Y)$	$\mathfrak{R}' = (X, Y, \pm Z)$ $\mathfrak{R}' = (Y, X, \pm Z)$	Alle Vertauschungen von (X, Y, Z)
Kopplungsmatrix $\Phi_{ik}^{\mathfrak{h}}$	$\left\{ \begin{array}{ccc} \alpha & 0 & 0 \\ 0 & \beta & 0 \\ 0 & 0 & \beta \end{array} \right\}$	$\left\{ \begin{array}{ccc} \beta' & \gamma' & 0 \\ \gamma' & \beta' & 0 \\ 0 & 0 & \alpha' \end{array} \right\}$	$\left\{ \begin{array}{ccc} \alpha'' & \gamma'' & \gamma'' \\ \gamma'' & \alpha'' & \gamma'' \\ \gamma'' & \gamma'' & \alpha'' \end{array} \right\}$
Zahl der unabhängigen Kopplungsparameter	2 α, β	3 α', β', γ'	2 α'', γ''
Zahl der Nachbarn	6	12	8

Bei den zwölf Nachbarn zweiter Ordnung $\left(\mathfrak{h} = (1, 1, 0) \right)$ und den acht Nachbarn dritter Ordnung $\left(\mathfrak{h} = (1, 1, 1) \right)$ macht man genau dasselbe (Fig. 19). Die Ergebnisse sind in Tabelle 8 und 9 zusammengestellt. Man kann die Betrachtungen noch auf weitere Nachbarn ausdehnen; das ist aber nicht notwendig, weil die Kopplungsparameter mit der Entfernung stark abfallen. Würden sie das nicht tun, und müßte man weiter entfernte Nachbarn berücksichtigen, dann würde das ganze Verfahren sinnlos, da man viel mehr Kopplungsparameter bekäme, als man jemals Aussicht hat, experimentell festlegen zu können.

Für die Kopplungsmatrix Φ_{ik}^{0} kann man die gleichen Überlegungen anstellen. Sie ist gegen alle D-Operationen invariant und hat demzufolge die Form

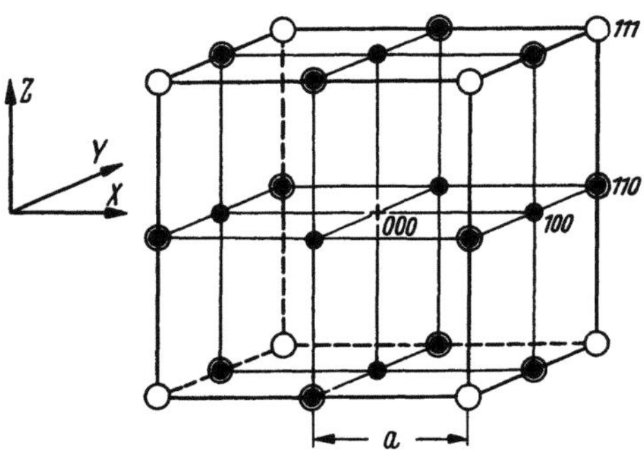

Fig. 19. Nachbarn im kubisch primitiven Gitter. Das Atom $(0, 0, 0)$ hat sechs nächste Nachbarn $(1, 0, 0)$ im Abstand a, zwölf übernächste Nachbarn $(1, 1, 0)$ im Abstand $\sqrt{2}\,a$ und acht Nachbarn dritter Ordnung $(1, 1, 1)$ im Abstand $\sqrt{3}\,a$.

$$\{\Phi_{ik}^{0}\} = \alpha_0 \cdot \left\{ \begin{array}{ccc} 1 & 0 & 0 \\ 0 & 1 & 0 \\ 0 & 0 & 1 \end{array} \right\}. \tag{37.8}$$

---

[1] Bei primitiven Gittern gilt ganz allgemein: $\Phi_{ik}^{\mathfrak{h}} = \Phi_{ki}^{-\mathfrak{h}}$, da die Inversion an einem Gitterpunkt zu den Symmetrieelementen gehört.

Tabelle 9. *Kopplungsmatrizen für Nachbarn 1., 2. und 3. Ordnung im kubisch primitiven Gitter.*

Nachbarn 1. Ordnung

	(1,0,0); (−1,0,0)	(0,1,0); (0,−1,0)	(0,0,1); (0,0,−1)
$\mathfrak{h}$			
Operation, die (1,0,0) in $\mathfrak{h}$ überführt	—	$\mathfrak{R}'=(Y,X,Z)$	$\mathfrak{R}'=(Z,Y,X)$
$\Phi_{ik}^{\mathfrak{h}}$	$\begin{Bmatrix} \alpha & 0 & 0 \\ 0 & \beta & 0 \\ 0 & 0 & \beta \end{Bmatrix}$	$\begin{Bmatrix} \beta & 0 & 0 \\ 0 & \alpha & 0 \\ 0 & 0 & \beta \end{Bmatrix}$	$\begin{Bmatrix} \beta & 0 & 0 \\ 0 & \beta & 0 \\ 0 & 0 & \alpha \end{Bmatrix}$

Nachbarn 2. Ordnung

	(1,1,0); (−1,−1,0)	(1,0,1); (−1,0,−1)	(0,1,1); (0,−1,−1)	(−1,1,0); (1,−1,0)	(−1,0,1); (1,0,−1)	(0,−1,1); (0,1,−1)
$\mathfrak{h}$						
Operation, die (1,1,0) in $\mathfrak{h}$ überführt	—	$\mathfrak{R}'=(X,Z,Y)$	$\mathfrak{R}'=(Z,Y,X)$	$\mathfrak{R}'=(-X,Y,Z)$	$\mathfrak{R}'=(-X,Z,Y)$	$\mathfrak{R}'=(Z,-Y,X)$
$\Phi_{ik}^{\mathfrak{h}}$	$\begin{Bmatrix} \beta' & \gamma' & 0 \\ \gamma' & \beta' & 0 \\ 0 & 0 & \alpha' \end{Bmatrix}$	$\begin{Bmatrix} \beta' & 0 & \gamma' \\ 0 & \alpha' & 0 \\ \gamma' & 0 & \beta' \end{Bmatrix}$	$\begin{Bmatrix} \alpha' & 0 & 0 \\ 0 & \beta' & \gamma' \\ 0 & \gamma' & \beta' \end{Bmatrix}$	$\begin{Bmatrix} \beta' & -\gamma' & 0 \\ -\gamma' & \beta' & 0 \\ 0 & 0 & \alpha' \end{Bmatrix}$	$\begin{Bmatrix} \beta' & 0 & -\gamma' \\ 0 & \alpha' & 0 \\ -\gamma' & 0 & \beta' \end{Bmatrix}$	$\begin{Bmatrix} \alpha' & 0 & 0 \\ 0 & \beta' & -\gamma' \\ 0 & -\gamma' & \beta' \end{Bmatrix}$

Nachbarn 3. Ordnung

	(1,1,1); (−1,−1,−1)	(−1,1,1); (1,−1,−1)	(1,−1,1); (−1,1,−1)	(1,1,−1); (−1,−1,1)
$\mathfrak{h}$				
Operation, die (1,1,1) in $\mathfrak{h}$ überführt	—	$\mathfrak{R}'=(-X,Y,Z)$	$\mathfrak{R}'=(X,-Y,Z)$	$\mathfrak{R}'=(X,Y,-Z)$
$\Phi_{ik}^{\mathfrak{h}}$	$\begin{Bmatrix} \alpha'' & \gamma'' & \gamma'' \\ \gamma'' & \alpha'' & \gamma'' \\ \gamma'' & \gamma'' & \alpha'' \end{Bmatrix}$	$\begin{Bmatrix} \alpha'' & -\gamma'' & -\gamma'' \\ -\gamma'' & \alpha'' & \gamma'' \\ -\gamma'' & \gamma'' & \alpha'' \end{Bmatrix}$	$\begin{Bmatrix} \alpha'' & -\gamma'' & \gamma'' \\ -\gamma'' & \alpha'' & -\gamma'' \\ \gamma'' & -\gamma'' & \alpha'' \end{Bmatrix}$	$\begin{Bmatrix} \alpha'' & \gamma'' & -\gamma'' \\ \gamma'' & \alpha'' & -\gamma'' \\ -\gamma'' & -\gamma'' & \alpha'' \end{Bmatrix}$

Die Konstante α_0 ist aber nicht unabhängig wählbar auf Grund der Beziehung (36.2a). Danach ist

$$\sum_{\mathfrak{h}} \Phi_{ik}^{\mathfrak{h}} = 0; \qquad \Phi_{ik}^{0} = -\sum_{\mathfrak{h}(\neq 0)} \Phi_{ik}^{\mathfrak{h}}, \tag{37.9}$$

$$-\alpha_0 = 2(\alpha + 2\beta) + 4(\alpha' + 2\beta') + 8\alpha'', \tag{37.9a}$$

wenn man nur die Kopplungsparameter bis zu Nachbarn dritter Ordnung berücksichtigt.

Man überzeugt sich leicht davon, daß die Gln. (36.3a), (36.9a) den Kopplungskoeffizienten keine neuen Bedingungen auferlegen. Sie sind in den hier betrachteten kubischen Gittern immer erfüllt. Denn die Größen

$$-2V_Z \widetilde{C}_{ik,mn} = \sum_{\mathfrak{h}} \Phi_{ik}^{\mathfrak{h}} (\overline{A}\,\mathfrak{h})_m (\overline{A}\,\mathfrak{h})_n \tag{37.10}$$

und

$$V_Z \widetilde{C}_{ik,l} = \sum_{\mathfrak{h}} \Phi_{ik}^{\mathfrak{h}} (\overline{A}\,\mathfrak{h})_l \tag{37.10a}$$

sind gegen alle Deckoperationen invariant[1] (die Faktoren V_Z sind deshalb eingeführt, weil die Summen später nur in der Form $\widetilde{C}_{ik,mn}$ und $\widetilde{C}_{ik,l}$ benötigt

Tabelle 10. *Nachbarordnung und Kopplungsparameter in den drei primitiven kubischen Gittern.*

		Nachbarn		
		1. Ordnung	2. Ordnung	3. Ordnung
Primitives Gitter	Zahl der Nachbarn	6	12	8
	Lage	$a\,(1, 0, 0)$	$a\,(1, 1, 0)$	$a\,(1, 1, 1)$
	Zahl der Kopplungsparameter	2	3	2
	Abstand	a	$\sqrt{2}\,a$	$\sqrt{3}\,a$
Flächenzentriertes Gitter	Zahl der Nachbarn	12	6	24 [2]
	Lage	$\dfrac{a}{2}\,(1, 1, 0)$	$a\,(1, 0, 0)$	$\dfrac{a}{2}\,(3, 1, 1)$
	Zahl der Kopplungsparameter	3	2	4
	Abstand	$\dfrac{1}{\sqrt{2}}\,a$	a	$\sqrt{\dfrac{3}{2}}\,a$
Raumzentriertes Gitter	Zahl der Nachbarn	8	6	12
	Lage	$\dfrac{a}{2}\,(1, 1, 1)$	$a\,(1, 0, 0)$	$a\,(1, 1, 0)$
	Zahl der Kopplungsparameter	2	2	3
	Abstand	$\dfrac{\sqrt{3}}{2}\,a$	a	$\sqrt{2}\,a$

---

[1] Die Invarianz läßt sich unter Berücksichtigung von (36.7) leicht zeigen.

[2] Die Nachbarn dritter Ordnung im flächenzentrierten Gitter entsprechen den Nachbarn siebenter Ordnung im primitiv kubischen Gitter. Die Kopplungsmatrix hat 4 unabhängige Parameter.

werden). So gilt z. B. die Beziehung

$$\sum_{i'k'l'} D_{i'i} D_{k'k} D_{l'l} \widetilde{C}_{i'k',l'} = \widetilde{C}_{ik,l}$$

und eine entsprechende für $\widetilde{C}_{ik,mn}$. Genau wie bei den Kopplungsmatrizen überzeugt man sich leicht davon, daß alle Glieder, die eine ungerade Anzahl von x-, y- oder z-Indices enthalten wegen des beliebigen Vorzeichens in den D-Operationen verschwinden müssen. Ferner sind alle Glieder gleich, die durch eine Vertauschung von x, y, z auseinander hervorgehen. Damit verschwindet $\widetilde{C}_{ik,l}$ überhaupt[1] und $\widetilde{C}_{ik,mn}$ enthält nur drei unabhängige Komponenten

$$\widetilde{C}_{xx,xx} = \widetilde{C}_{yy,yy} = \widetilde{C}_{zz,zz}; \quad \widetilde{C}_{xx,yy} = \widetilde{C}_{yy,zz} = \widetilde{C}_{zz,xx} = \cdots; \quad \widetilde{C}_{xy,xy} = \widetilde{C}_{zz,zz} = \cdots,$$

für die (36.9a) offensichtlich erfüllt ist.

γ) *Raum- und flächenzentriertes Gitter.* Das raumzentrierte und das flächenzentrierte Gitter sind damit bereits auch erledigt. So ist z. B. die Lage der zwölf nächsten Nachbarn im flächenzentrierten Gitter dieselbe wie die der zwölf übernächsten Nachbarn im kubisch primitiven Gitter, die Deckoperationen sind in beiden Gittern gleich. Daher haben auch die Kopplungsmatrizen die gleiche Form und sind auch in der gleichen Weise zwischen Nachbarn verknüpft. Damit ist die allgemeinste Form der Kopplungsmatrizen zwischen benachbarten Atomen in den drei kubischen Gittern vollständig behandelt[2] (Tabelle 10).

38. Kopplungsparameter mit Zentralkräften. Die Kopplungsparameter bei Zentralkräften $\varphi^{\mu\nu}(\Re)$ sind[3]

$$\Phi^{mn}_{i\,k}{}^{\mu\nu} = -\varphi^{\mu\nu}_{ik}(\overline{\Re}^{\mu} - \overline{\Re}^{n}) \quad \text{für} \quad \overline{\Re}^{m}_{\mu} \neq \overline{\Re}^{n}_{\nu}; \quad \varphi_{ik} = \frac{\partial^2 \varphi}{\partial X_i \partial X_k}. \tag{38.1}$$

Das folgt direkt aus (35.2) oder aus ihrer physikalischen Bedeutung als Zusatzkräfte bei kleinen Verrückungen. Die durch (38.1) noch nicht festgelegten Größen $\overset{0}{\Phi}{}^{\mu\mu}_{i\,k}$ können aus

$$\sum_{\mathfrak{h},\nu} \Phi^{\mathfrak{h}}_{i\,k}{}^{\mu\nu} = 0$$

bestimmt werden. Damit folgt für die allgemeine Darstellung der Parameter

$$\Phi^{\mathfrak{h}}_{i\,k}{}^{\mu\nu} = -\varphi^{\mu\nu}_{ik}(\overline{A}\,\mathfrak{h} + \overline{\Re}^{\mu} - \overline{\Re}^{\nu}) + \delta_{\mathfrak{h},0} \cdot \delta_{\mu,\nu} \sum_{\mathfrak{h}',\nu'} \varphi^{\mu\nu'}_{ik}(\overline{A}\,\mathfrak{h}' + \overline{\Re}^{\mu} - \overline{\Re}^{\nu'}). \tag{38.1a}$$

Für irgendeine Funktion φ, welche nur vom Betrage $|\Re| = R$ abhängt, gilt

$$\left.\begin{aligned}
\varphi_i &= G(R) \cdot X_i; & G(R) &= \frac{1}{R}\frac{d\varphi}{dR}, \\[2mm]
\varphi_{ik} &= G(R)\,\delta_{ik} + F(R)\,X_i X_k; & F(R) &= \frac{1}{R}\frac{d}{dR}\frac{1}{R}\frac{d\varphi}{dR}.
\end{aligned}\right\} \tag{38.2}$$

Setzt man diese Ausdrücke in die Ausdrücke (36.3a), (36.9a) ein, so wird mit einer den Gln. (37.10) entsprechenden Definition

$$\left.\begin{aligned}
\widetilde{C}_{ik,mn} &= \frac{1}{2V_Z} \cdot \sum_{\mathfrak{h},\nu,\mu} F^{\mu\nu}(|\overline{A}\,\mathfrak{h} + \overline{\Re}^{\mu} - \overline{\Re}^{\nu}|) \times \\[1mm]
&\times (\overline{A}\,\mathfrak{h} + \overline{\Re}^{\mu} - \overline{\Re}^{\nu})_i\, (\overline{A}\,\mathfrak{h} + \overline{\Re}^{\mu} - \overline{\Re}^{\nu})_k\, (\overline{A}\,\mathfrak{h} + \overline{\Re}^{\mu} - \overline{\Re}^{\nu})_m\, (\overline{A}\,\mathfrak{h} + \overline{\Re}^{\mu} - \overline{\Re}^{\nu})_n
\end{aligned}\right\} \tag{38.3}$$

---

[1] $\widetilde{C}_{ik,l}$ verschwindet für alle primitiven Gitter. Das folgt aus (37.10a) und $\Phi^{\mathfrak{h}}_{ik} = \Phi^{-\mathfrak{h}}_{i\ k}$.

[2] Diamantgitter bei H. SMITH, Phil. Trans. Roy. Soc. Lond., Ser. A **241**, 105 (1948). Hexagonal dichteste Packung in [*31*].

[3] Terme von der Art $\varphi^{\mu\mu}(0)$, $\varphi^{\mu\mu}_i(0)$ und $\varphi^{\mu\mu}_{ik}(0)$ sind nach Verabredung null.

und

$$\sum_{\mathfrak{h},\nu} \Phi_{i\,k}^{\mathfrak{h}\,\mathfrak{h}} (\overline{A}\,\mathfrak{h} + \overline{\mathfrak{R}}^\mu - \overline{\mathfrak{R}}^\nu)_l$$
$$= -\sum_{\mathfrak{h},\nu} F^{\mu\nu}(|\overline{A}\,\mathfrak{h} + \overline{\mathfrak{R}}^\mu - \overline{\mathfrak{R}}^\nu|)\,(\overline{A}\,\mathfrak{h} + \overline{\mathfrak{R}}^\mu - \overline{\mathfrak{R}}^\nu)_i\,(\overline{A}\,\mathfrak{h} + \overline{\mathfrak{R}}^\mu - \overline{\mathfrak{R}}^\nu)_k\,(\overline{A}\,\mathfrak{h} + \overline{\mathfrak{R}}^\mu - \overline{\mathfrak{R}}^\nu)_l. \tag{38.4}$$

Die mit $G^{\mu\nu}(R)\,\delta_{ik}$ behafteten Glieder verschwinden wegen der Gleichgewichtsbedingung (15.3 b):

$$\sum_{\mathfrak{h},\nu} \varphi_i^{\mu\,\nu}(\overline{A}\,\mathfrak{h} + \overline{\mathfrak{R}}^\mu - \overline{\mathfrak{R}}^\nu) = \sum_{\mathfrak{h},\nu} G^{\mu\nu}(|\overline{A}\,\mathfrak{h} + \overline{\mathfrak{R}}^\mu - \overline{\mathfrak{R}}^\nu|)\,(\overline{A}\,\mathfrak{h} + \overline{\mathfrak{R}}^\mu - \overline{\mathfrak{R}}^\nu)_i = 0.$$

In den Ausdrücken (38.3) und (38.4) können die unteren Indices alle miteinander vertauscht werden und damit sind die Bedingungen (36.3a), (36.9a) erfüllt. Ferner sieht man, daß in (38.1) außer der Vertauschung der Indextripel auch die Vertauschung von i, k unter sich allein gestattet ist.

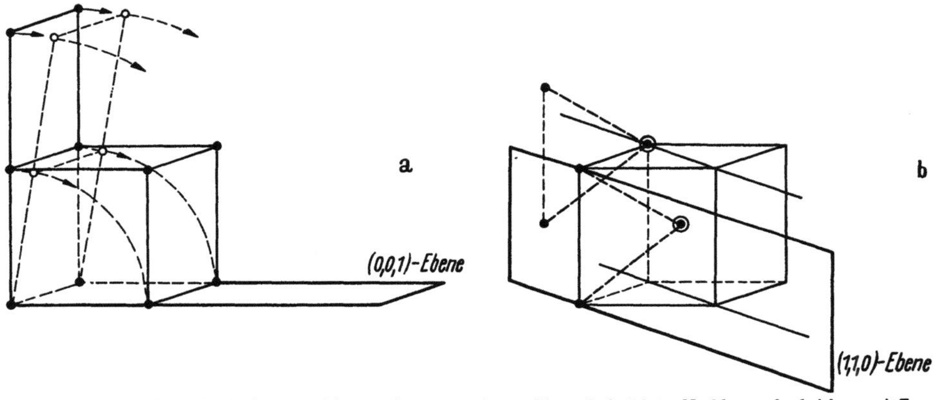

Fig. 20a u. b. Instabilität des kubisch primitiven und raumzentrierten Gitters bei nächster Nachbarwechselwirkung mit Zentralkräften. a Das kubisch primitive Gitter kann auf einer (0, 0, 1)-Ebene zusammengeklappt werden, ohne daß der Abstand nächster Nachbarn sich ändert. b Das raumzentrierte Gitter kann auf einer (1, 1, 0)-Ebene zusammengeklappt werden. Die mit • gekennzeichneten Atome der stark ausgezogenen (1, 1, 0)-Ebene bleiben stehen. Die durch ⊙ charakterisierten Atome der benachbarten (1, 1, 0)-Ebene bewegen sich so, daß ihr Abstand zu den beiden benachbarten Atomen der festen Ebene unverändert bleibt.

Im allgemeinen enthalten die Kopplungsmatrizen zwischen Nachbarn gleicher Ordnung zwei unabhängige Parameter, nämlich die Größen G und F, genommen an der Stelle des Abstandes zu diesen Nachbarn. Bei reinen Zentralkräften sind sie aber wegen der Gleichgewichtsbedingung nicht unabhängig voneinander. In dem einfachsten Beispiel der Kopplung nächster Nachbarn (Abstand l) allein besagt die Gleichgewichtsbedingung, daß $G(l)$ verschwindet. Damit ist die Zahl der Parameter auf eins $(F(l))$ reduziert. Nimmt man Wechselwirkung mit weiter entfernten Nachbarn hinzu, so bestehen Beziehungen zwischen den G-Werten für die Nachbarn verschiedener Ordnung.

Bei Wechselwirkung zwischen nächsten Nachbarn allein, wo also G verschwindet, ist die Interpretation der Kopplung sehr anschaulich. Man kann dann nämlich die Kopplung durch eine im Gleichgewicht ungespannte Feder mit der Federstärke $f = F(l)\,l^2$ beschreiben. Das Potential für eine solche Federbindung ist

$$\varphi(\mathfrak{R}) = \tfrac{1}{2} f\,(|\mathfrak{R}| - l)^2 \tag{38.5}$$

und nach (38.2) ist

$$\varphi_{ik}(\overline{\mathfrak{R}}) = \delta_{ik} \cdot f\,\frac{|\mathfrak{R}| - l}{|\mathfrak{R}|} + f\,l\,\frac{\overline{X}_i\,\overline{X}_k}{|\mathfrak{R}|^3}. \tag{38.5a}$$

Dabei ist im Gleichgewicht $|\overline{\mathfrak{R}}|$ gleich dem Abstand l der nächsten Nachbarn im Gitter; daher entfällt der δ_{ik}-Term, und es wird

$$\varphi_{ik}(\overline{\mathfrak{R}}) = f \cdot \frac{\overline{X_i}\,\overline{X_k}}{l^2}. \tag{38.5b}$$

Auch die allgemeine Form der Kopplung kann man offenbar dann immer durch in der Ruhelage verspannte Federn beschreiben, wobei die Gleichgewichtsbedingung die Verspannungen miteinander verbindet.

Bei den einfachen kubischen Gittern kann man nur die flächenzentrierte Struktur durch eine Federbindung zwischen *nächsten* Nachbarn allein beschreiben. Das kubisch primitive und das raumzentrierte Gitter sind unter dieser Voraussetzung nicht stabil. So kann man das kubisch primitive Gitter durch die in Fig. 20 dargestellte Bewegung einfach zusammenklappen, ohne dabei die Federn zu beanspruchen. Die Struktur der Ebenen senkrecht zu (0, 0, 1) bleibt dabei unverändert. Bei raumzentrierten Gittern gilt das gleiche, nur daß dabei die Ebenen senkrecht zu (1, 1, 0) ihre Struktur beibehalten. Das ist schon ein Hinweis darauf, daß bei *Zentralkräften* mit starker Entfernungsabhängigkeit, für die die Wechselwirkung nächster Nachbarn jedenfalls den Hauptbeitrag liefert, das kubisch primitive und auch das raumzentrierte Gitter nicht vorkommen können, weil sie nicht stabil sind.

39. Quantenmechanische Ausdrücke für die Kopplungsparameter. Mit dem HAMILTON-Operator (17.1)

$$H = \frac{1}{2m} \sum_{i=1}^{n} \mathfrak{p}_i^2 + \sum_{i=1}^{n} V(\mathfrak{r}_i) + \frac{1}{2} \sum_{i \neq k} W(\mathfrak{r}_i - \mathfrak{r}_k) \tag{39.1}$$

bekommt man aus der Eigenwertgleichung für den Grundzustand des Elektronensystems

$$H\,\psi(\mathfrak{r}_1, \ldots, \mathfrak{r}_n; \mathfrak{R}_1, \ldots, \mathfrak{R}_J, \ldots \mathfrak{R}_N) = E^{\mathrm{El}}(\ldots \mathfrak{R}_J \ldots)\,\psi \tag{39.2}$$

die potentielle Energie für die Kerne

$$\Phi(\mathfrak{R}_1, \ldots, \mathfrak{R}_N) = E^{\mathrm{el}} + W_K. \tag{39.3}$$

Dabei ist die COULOMBsche Wechselwirkungsenergie der Kerne

$$W_K = \frac{1}{2} \sum_{J \neq K} \frac{e^2 Z_J Z_K}{|\mathfrak{R}_J - \mathfrak{R}_K|},$$

die ja in der Eigenwertgleichung (39.2) nur als Konstante auftreten würde, besonders aufgeführt. Zur Bestimmung der Kopplungskonstanten hat man die potentielle Energie zweimal nach den Kernkoordinaten zu differenzieren. Einmalige Differentiation der Gl. (39.2) ergibt

$$H\frac{\partial \psi}{\partial \mathfrak{R}_J} + \frac{\partial H}{\partial \mathfrak{R}_J} \cdot \psi = \frac{\partial E^{\mathrm{el}}}{\partial \mathfrak{R}_J} \cdot \psi + E^{\mathrm{el}}\frac{\partial \psi}{\partial \mathfrak{R}_J} \tag{39.4}$$

und

$$\frac{\partial E^{\mathrm{el}}}{\partial \mathfrak{R}_J} = \left(\psi, \frac{\partial H}{\partial \mathfrak{R}_J}\psi\right) + \left(\psi, H\frac{\partial \psi}{\partial \mathfrak{R}_J}\right) - E^{\mathrm{El}}\left(\psi, \frac{\partial \psi}{\partial \mathfrak{R}_J}\right). \tag{39.5}$$

Die beiden Glieder, die die Ableitungen der Wellenfunktion enthalten, fallen wegen der Hermitizität von H gerade weg:

$$\left(\psi, H\frac{\partial \psi}{\partial \mathfrak{R}_J}\right) = \left(H\psi, \frac{\partial \psi}{\partial \mathfrak{R}_J}\right) = E^{\mathrm{el}}\left(\psi, \frac{\partial \psi}{\partial \mathfrak{R}_J}\right).$$

156   G. LEIBFRIED: Mechanische und thermische Eigenschaften der Kristalle.   Ziff. 40.

Daher ist

$$\frac{\partial E^{\mathrm{el}}}{\partial \Re_J} = \left(\psi, \frac{\partial H}{\partial \Re_J} \psi\right). \tag{39.6}$$

Nun enthält H die Kernkoordinaten nur in dem Glied V (17.2). Also wird

$$\frac{\partial E^{\mathrm{el}}}{\partial \Re_J} = \left(\psi, \left\{\sum_{i=1}^{n} \frac{\partial}{\partial \Re_J} \frac{-e^2 Z_J}{|\Re_J - \mathfrak{r}_i|}\right\} \psi\right) = \int \varrho(\mathfrak{r}; \Re_1, \ldots, \Re_N) \cdot \frac{\partial}{\partial \Re_J} \frac{-e^2 Z_J}{|\Re_J - \mathfrak{r}|} \cdot d\mathfrak{r}. \tag{39.7}$$

Diese Formel gilt noch völlig allgemein. Differenziert man (39.7) noch einmal, so ergibt sich

$$\frac{\partial^2 E^{\mathrm{el}}}{\partial \Re_J \partial \Re_{J'}} = \int d\mathfrak{r} \cdot \left\{\frac{\partial}{\partial \Re_J} \frac{-e^2 Z_J}{|\Re_J - \mathfrak{r}|}\right\} \cdot \frac{\partial \varrho}{\partial \Re_{J'}} \quad \text{für} \quad \Re_J \neq \Re_{J'}. \tag{39.8}$$

Nimmt man noch zur vollständigen Definition W_K hinzu, so ist durch

$$\frac{\partial^2 \Phi}{\partial \Re_J \partial \Re_{J'}} = \frac{\partial^2 E^{\mathrm{el}}}{\partial \Re_J \partial \Re_{J'}} + \frac{\partial^2}{\partial \Re_J \partial \Re_{J'}} \cdot \frac{e^2 Z_J Z_{J'}}{|\Re_J - \Re_{J'}|} \quad \text{für} \quad \Re_J \neq \Re_{J'} \tag{39.9}$$

die zweite Ableitung von Φ nach den Kernkoordinaten festgelegt und damit auch die Kopplungsparameter. Die Parameter für $\Re_J = \Re_{J'}$ bekommt man wieder aus (36.2). Man benötigt also zur Berechnung der Kopplungsparameter nur die Änderung der Elektronendichte bei der Verschiebung eines einzelnen Kerns aus der Gleichgewichtslage in erster Näherung[1].

II. Mechanik des Gitters.

a) Klassische Mechanik.

40. Bewegungsgleichung, LAGRANGE- und HAMILTON-Funktion. Die Energie besteht aus kinetischer und potentieller Energie[2]

$$E_{\mathrm{kin}} = \sum_{m,\,\mu,\,i} \frac{1}{2} M_\mu \left(\dot{s}^{\,m}_{\mu\,i}\right)^2, \tag{40.1a}$$

$$E_{\mathrm{pot}} = \sum_{\substack{m,\,\mu,\,i \\ n,\,\nu,\,k}} \frac{1}{2} \Phi^{m\,n}_{\mu\,i\,\nu\,k} \, s^{\,m}_{\mu\,i} \, s^{\,n}_{\nu\,k}. \tag{40.1b}$$

Dabei ist M_μ die Masse der durch μ indicierten Atome. Die Bewegungsgleichungen (35.3) sind

$$M_\mu \ddot{s}^{\,m}_{\mu\,i} = -\frac{\partial E_{\mathrm{pot}}}{\partial s^{\,m}_{\mu\,i}} = -\sum_{n,\,\nu,\,k} \Phi^{m\,n}_{\mu\,i\,\nu\,k} \, s^{\,n}_{\nu\,k}. \tag{40.2}$$

Sie leiten sich aus einer LAGRANGE-Funktion

$$L\left(\ldots, \dot{s}^{\,m}_{\mu\,i} \ldots, s^{\,m}_{\mu\,i} \ldots\right) = E_{\mathrm{kin}} - E_{\mathrm{pot}} \tag{40.3}$$

---

[1] Die bisher einzige Berechnung dieser Größen für Metalle ist von W. BRENIG [24] ausgeführt worden. Leider war eine vollständige Berechnung nicht möglich, es konnten aber wenigstens die Verhältnisse der Kopplungsparameter mit verschiedener Nachbarordnung angegeben werden. Bei den Alkalien und den Edelmetallen stellt sich dann heraus, daß die Kopplungsparameter exponentiell mit der Entfernung abnehmen, wobei die Halbwertsbreite von der Größenordnung der Hälfte des Abstandes nächster Nachbarn ist. Dabei ist zu bemerken, daß der Abstand der übernächsten Nachbarn im raumzentrierten kubischen Gitter (Alkalien) nur um 15% größer ist als der Abstand nächster Nachbarn.

[2] Stabilität des Gitters heißt $E_{\mathrm{pot}} > 0$ für alle möglichen $s^{\,m}_{\mu\,i}$. Ausgenommen sind die trivialen Fälle reiner Translation und Rotation. Dann ist die Gleichgewichtslage ein Minimum der potentiellen Energie.

in der üblichen Form ab:

$$-\frac{d}{dt}\frac{\partial L}{\partial \dot{s}{}^{m}_{\mu\,i}} + \frac{\partial L}{\partial s{}^{m}_{\mu\,i}} = 0 \tag{40.2a}$$

und sind die EULERschen Gleichungen des Problems, $\int_{t_0}^{t_1} L\,dt$ extremal zu machen, unter der Nebenbedingung fest vorgegebener Verschiebungen zu den Zeiten t_0, t_1. Da L invariant gegen Translationen und Drehungen und nicht explizit zeitabhängig ist, folgen daraus wie in der normalen Mechanik die Erhaltungssätze für Impuls, Drehimpuls und Energie.

Die HAMILTON-Funktion des Problems ist

$$H\left(\ldots, p{}^{m}_{\mu\,i}, \ldots, s{}^{m}_{\mu\,i}, \ldots\right) = \sum_{m,\,\mu,\,i}\frac{1}{2M_\mu}\left(p{}^{m}_{\mu\,i}\right)^2 + \sum_{\substack{m,\,\mu,\,i\\ n,\,\nu,\,k}}\frac{1}{2}\,\Phi{}^{m\,n}_{\mu\,\nu}{}_{i\,k}\,s{}^{m}_{\mu\,i}\,s{}^{n}_{\nu\,k}. \tag{40.4}$$

Die HAMILTONschen Gleichungen

$$\frac{\partial H}{\partial p{}^{m}_{\mu\,i}} = \dot{s}{}^{m}_{\mu\,i}\left(= \frac{1}{M_\mu}p{}^{m}_{\mu\,i}\right), \tag{40.5a}$$

$$-\frac{\partial H}{\partial s{}^{m}_{\mu\,i}} = \dot{p}{}^{m}_{\mu\,i}\left(= -\sum_{n,\,\nu,\,k}\Phi{}^{m\,n}_{\mu\,\nu}{}_{i\,k}\,s{}^{n}_{\nu\,k}\right), \tag{40.5b}$$

liefern die Bewegungsgleichungen (40.2) oder (40.2a).

41. Die mathematische Methode. Es werden die Bewegungsgleichungen (40.2) für N Kerne behandelt, ohne daß man sich zunächst auf die Gitterstruktur einläßt. Um die vielen Indices zu vermeiden, indiciert man die Verschiebungen, die Massen und die Kopplungsparameter mit J, K, L durch ($J, K, L = 1, \ldots, 3N$). Dann lautet die Bewegungsgleichung

$$M_J \ddot{s}_J = -\sum_K \Phi_{JK}\,s_K \wedge \text{ mit } \Phi_{JK} = \Phi_{JK}. \tag{41.1}$$

Damit die Kopplung zwischen den Verschiebungen und den zweiten Ableitungen nach der Zeit vollständig symmetrisch wird, führt man zweckmäßig neue Verschiebungen

$$q_J = \sqrt{\frac{M}{M_J}}\cdot s_J \tag{41.2}$$

$\left(\text{mit der mittleren Masse } M = \frac{1}{3N}\cdot\sum_K M_K\right)$ ein. Dann wird aus Gl. (41.1)

$$M \ddot{q}_J = -\sum_K D_{JK}\,q_K \tag{41.1a}$$

mit der symmetrischen Kopplungsmatrix

$$D_{JK} = D_{KJ} = \frac{M}{\sqrt{M_K M_J}}\,\Phi_{JK}. \tag{41.3}$$

Die einfachsten Bewegungsformen sind Eigenschwingungen, bei denen sich alle Verschiebungen zeitlich mit der gleichen Periode ω (der Eigenfrequenz) bewegen

$$q_J = Q_J\,e^{-i\omega t}. \tag{41.4}$$

Dieser Ansatz[1] führt zu dem linearen Gleichungssystem

$$\sum_K D_{JK}\,Q_K = M\,\omega^2\,Q_J, \tag{41.5}$$

---

[1] An Stelle von $e^{-i\omega t}$ kann für die Zeitabhängigkeit ebensogut $\cos\omega t$ oder $\sin\omega t$ angesetzt werden. Die komplexe Schreibweise ist aber meistens bequemer.

das nur dann eine Lösung besitzt, wenn seine Determinante verschwindet:

$$|D_{JK} - M\omega^2 \delta_{JK}| = 0. \tag{41.5a}$$

Die Lösungen dieser Säkulargleichung definieren $3N$ Frequenzen $\omega_{J'}$, die Eigenfrequenzen des Problems. Für jedes $\omega_{J'}$ kann man nun aus (41.5) die dazugehörigen Eigenvektoren $Q_{J,J'}$ ermitteln. Diese Vektoren im $3N$-dimensionalen Raum können normiert werden, während die Eigenvektoren zu verschiedenen Eigenfrequenzen orthogonal aufeinander sind:

$$\sum_J Q_{J,J'} Q_{J,J''} = \delta_{J'.J''}, \tag{41.6a}$$

$$\sum_{J'} Q_{J,J'} Q_{K,J'} = \delta_{J,K}. \tag{41.6b}$$

Auf Grund dieser Beziehungen kann man die Verschiebungen eindeutig umkehrbar nach ihren Komponenten in die Eigenvektoren zerlegen:

$$q_J = \sum_{J'} a_{J'} Q_{J,J'}, \tag{41.7}$$

$$a_{J'} = \sum_{J} q_J Q_{J,J'} \tag{41.7a}$$

und die $a_{J'}$ als neue Variable einführen[1]. Diese neuen Variablen nennt man auch Normalkoordinaten[2]. In ihnen ist das mechanische Problem separiert. Wegen der Beziehungen (41.7) werden potentielle[3] und kinetische Energie additiv in den Normalkoordinaten (Hauptachsentransformation von D_{JK})

$$E_{\text{kin}} = \sum_{J'} \frac{M}{2} \dot{a}_{J'}^2, \tag{41.8a}$$

$$E_{\text{pot}} = \sum_{J'} \frac{M}{2} \omega_{J'}^2 a_{J'}^2, \tag{41.8b}$$

$$L = \sum_{J'} \frac{M}{2} \dot{a}_{J'}^2 - \frac{M}{2} \omega_{J'}^2 a_{J'}^2. \tag{41.8c}$$

Die Bewegungsgleichungen sind

$$-\frac{d}{dt} \frac{\partial L}{\partial \dot{a}_{J'}} + \frac{\partial L}{\partial a_{J'}} = 0; \tag{41.9}$$

$$\ddot{a}_{J'} + \omega_{J'}^2 a_{J'} = 0 \tag{41.9a}$$

und die Hamiltonsche Funktion wird

$$H = \sum_{J'} \frac{1}{2M} \pi_{J'}^2 + \frac{M}{2} \omega_{J'}^2 a_{J'}^2, \tag{41.10}$$

wobei $\pi_{J'} = M\dot{a}_{J'}$ der zu $a_{J'}$ kanonisch konjugierte Impuls ist.

Das ganze System ist somit äquivalent $3N$ unabhängigen, linearen Oszillatoren, deren Frequenzen $\omega_{J'}$ die Eigenfrequenzen des mechanischen Systems sind.

Auch ohne die Säkulargleichung (41.5a) zu lösen, kann man schon Aussagen über die Frequenzen gewinnen. Aus Gl. (41.5)

$$\sum_K D_{JK} Q_{K,J'} = M\omega_{J'}^2 Q_{J,J'} \tag{41.11}$$

---

[1] Die $Q_{J,J'}$ sind orthogonale Matrizen in $3N$ Dimensionen, (41.7) ist eine orthogonale Transformation.

[2] Die Normalkoordinaten sind nicht eindeutibes gtimmt, sowie Entartung vorliegt, also gleiche Frequenzen vorkommen.

[3] Stabilität bedeutet: $\omega_{J'}^2 > 0$ für alle J'.

olgt nach Multiplikation mit $Q_{J,J'}$ und Summation über J' und J wegen (41.6)

$$\sum_J D_{JJ} = \sum_{J'} M\omega_{J'}^2. \tag{41.12}$$

Genau so kann man aus der durch zweimalige Anwendung von D auf Q entstehenden Gleichung

$$\sum_{L,K} D_{JL} D_{LK} Q_{K,J'} = (M\omega_{J'}^2)^2 Q_{J,J'} \tag{41.13}$$

die Beziehung

$$\sum_{J,L} D_{JL} D_{LJ} = \sum_{J'} (M\omega_{J'}^2)^2 \tag{41.14}$$

gewinnen. Allgemein ist $\sum_{J'} (M\omega_{J'}^2)^n$ gleich der Spur der n-ten Potenz der Matrix D:

$$\sum_{J'} (M\omega_{J'}^2)^n = \sum_{J_1,\dots,J_n} D_{J_1 J_2} D_{J_2 J_3} \dots D_{J_{n-2} J_{n-1}} D_{J_{n-1} J_n} D_{J_n J_1}.$$

Die Summen über alle Frequenzquadrate usw. erhält man also direkt aus der Kopplungsmatrix durch Spurbildung. Diese Beziehungen liefern Aussagen über das Spektrum der Schwingungen. In den zu behandelnden Fällen liegen nämlich die Eigenfrequenzen immer so nahe aneinander, daß man sie praktisch als kontinuierlich verteilt behandeln kann. Es ist dann möglich, eine spektrale Verteilung $Z(\omega)$ zu definieren, wobei $Z(\omega)\,d\omega$ die Zahl der Eigenfrequenzen im Frequenzintervall $(\omega, \omega+d\omega)$ angibt. Dann liefert z.B. die Beziehung

$$\sum_J D_{JJ} = \sum_{J'} M\omega_{J'}^2 = \int M\omega^2 Z(\omega)\,d\omega$$

eine Aussage über die mittlere Streuung des Spektrums.

b) Die lineare Kette.

42. Schwingungen der unendlichen Kette. Bei der linearen Kette treten schon alle charakteristischen Eigenschaften der Gitterschwingungen in Erscheinung. Sie soll deshalb vorweg ausführlich behandelt werden. Die Übertragung auf den räumlichen Fall besteht eigentlich nur in einer Vermehrung der Indices. Bei den Schwingungen in Gittern hat man gegenüber der allgemeinen Formulierung in Ziff. 41 den Vorteil, daß die

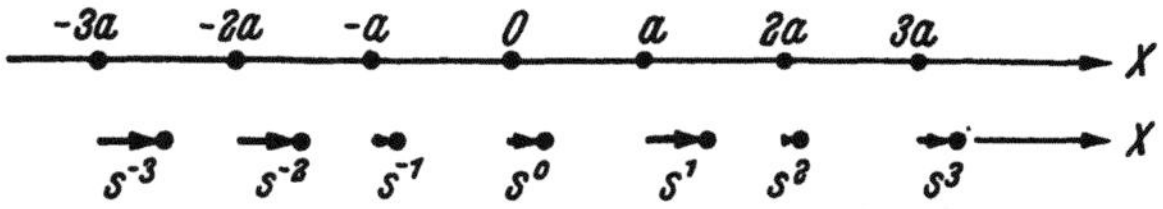

Fig. 21. Lineare Kette. Im Gleichgewicht befinden sich die Atome an den Stellen na. Die Verschiebungen s^n werden von der Gleichgewichtslage aus gezählt.

Form der Eigenvektoren schon weitgehend bekannt ist. Bei der linearen Kette (Fig. 21) braucht man die Säkulargleichung gar nicht erst zu lösen, weil man alle Eigenvektoren kennt.

Sucht man nämlich die Bewegungsgleichung[1]

$$M\ddot{s}^n = -\sum_l \Phi^{nl} s^l, \tag{42.1}$$

$$\Phi^{nl} = \Phi^{(n-l)} = \frac{\partial^2 \Phi}{\partial X^n \partial X^l}\bigg|_{\text{alle } X^s = sa} \qquad \text{nach (35.2b)}, \tag{42.1a}$$

$$\Phi^{nl} = -\varphi''((n-l)a) + \delta_{n,l}\cdot\sum_h \varphi''(ha) \qquad \text{nach (38.1a)} \tag{42.1b}$$

---

[1] Die Bindung zwischen Atomen der Kette soll durch eine potentielle Energie $\varphi(X)$ zwischen je zwei Atomen im Abstand $|X|$ beschrieben werden. φ'' ist eine Abkürzung für die zweite Ableitung von φ. φ hängt nur vom Betrag $|X|$ ab.

mit dem Eigenschwingungsansatz

$$s^n = Q^n e^{-i\omega t} \qquad (42.2)$$

zu lösen, so ergibt sich

$$\sum \Phi^{nl} Q^l = M \omega^2 Q^n. \qquad (42.3)$$

Da nun die Kopplungsmatrix Φ^{nl} nur von $n-l$ abhängt, so sieht man leicht, daß neben $s^n = Q^n e^{-i\omega t}$ auch $s^n = Q^{n+h} e^{-i\omega t}$ (mit beliebigem, ganzen h) eine Lösung zur gleichen Eigenfrequenz ist. Da der Eigenvektor zu einer Eigenschwingung im allgemeinen vollständig festgelegt ist, so können die verschiedenen Lösungen sich bestenfalls um einen Faktor Γ unterscheiden: $Q^{n+1} = \Gamma Q^n$ für $h=1$ und alle n oder $Q^n = \Gamma^n \cdot Q^0$. Der Faktor Γ muß den Betrag 1 haben, da sonst die Schwingungsamplituden beliebig anwachsen können: $\Gamma = e^{ika}$. Das liefert die Beziehung $Q^n = e^{ikan} Q^0$. Die allgemeine Form der Eigenschwingungen muß also durch

$$s^n = e^{i(kan - \omega t)} \qquad (42.4)$$

dargestellt werden können. Gl. (42.4) beschreibt eine Welle der Frequenz ω der Wellenlänge $2\pi/k$ und der Phasengeschwindigkeit ω/k, die durch die Kette hindurchläuft. Die Bewegungsgleichung liefert den Zusammenhang zwischen Frequenz und Wellenlänge. Setzt man (42.4) in die Bewegungsgleichung ein, so erhält man aus

$$M \omega^2 e^{i(kan - \omega t)} = \sum_l \Phi^{(n-l)} e^{i(kal - \omega t)} \qquad (42.5)$$

oder

$$M \omega^2 = \sum_l \Phi^{(n-l)} e^{-ika(n-l)} = \sum_h \Phi^{(h)} e^{-ikah} \qquad (42.5\,\text{a})$$

die Eigenfrequenz[1]. Gleichzeitig ist damit ersichtlich, daß der Ansatz (42.4) eine Eigenschwingung der Kette ist. Daß man auch alle Frequenzen auf diese Weise bekommt, wird später gezeigt.

Die Größe k muß auf ein Intervall $2\pi/a$ eingeschränkt werden; denn sowohl die Frequenzen nach (42.5a) als auch die Verschiebungen nach (42.4) ändern sich nicht, wenn k um ganzzahlige Vielfache von $2\pi/a$ geändert wird. Eine Beschränkung der Werte z.B. auf das Intervall $-\dfrac{\pi}{a} < k \leq \dfrac{\pi}{a}$ liefert also schon alle Schwingungen der Kette.

Hat man es mit einer Bindung zwischen nächsten Nachbarn allein zu tun, so kann man diese Bindung durch eine Feder mit der Federkonstante $f = \varphi''(a)$ beschreiben. Dann ist

$$\Phi^{nl} = \begin{cases} 2f & \text{für} \quad n-l=0, \\ -f & \text{für} \quad |n-l|=1, \\ 0 & \text{sonst.} \end{cases} \qquad (42.6)$$

Die Frequenz bestimmt sich aus Gl. (42.5) zu

$$M \omega^2 = 2f(1 - \cos k a) = 4f \sin^2 \frac{ka}{2}, \qquad (42.7)$$

also

$$\omega(k) = \sqrt{\frac{4f}{M}} \left| \sin \frac{ka}{2} \right|. \qquad (42.7\,\text{a})$$

Dabei sollen die Frequenzen selbst immer als positiv angenommen werden.

---

[1] Da $\Phi^{(-h)} = \Phi^{(h)}$ ist, so ist $\omega^2(k)$ reell und hängt nicht vom Vorzeichen von k ab.

Die möglichen, Gl. (42.4) entsprechenden, reellen Schwingungsformen sind[1]

$$s^n = \cos k\,a\,n \cdot \cos \omega\,t\,, \qquad (42.8\text{a})$$

$$s^n = \sin k\,a\,n \cdot \cos \omega\,t \qquad (42.8\text{b})$$

mit $\omega(k)$ nach Gl. (42.5a). In den Argumenten der trigonometrischen Funktionen sind noch beliebige, additive (von n unabhängige) Phasen verfügbar. Gl. (42.8) beschreibt stehende Wellen. Die beiden Schwingungen (42.8a), (42.8b) gehören zur gleichen Frequenz $\omega(k)$, eine beliebige Linearkombination der beiden Wellen liefert wieder eine Eigenschwingung. Daher kann man auch eine Form der Schwingungen angeben, die fortschreitende Wellen beschreibt

$$s^n = \cos(k\,a\,n - \omega\,t)\,, \qquad (42.9\text{a})$$

$$s^n = \cos(-k\,a\,n - \omega\,t)\,. \qquad (42.9\text{b})$$

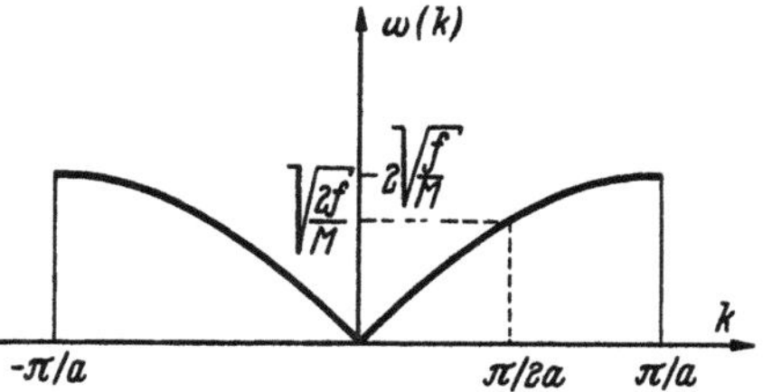

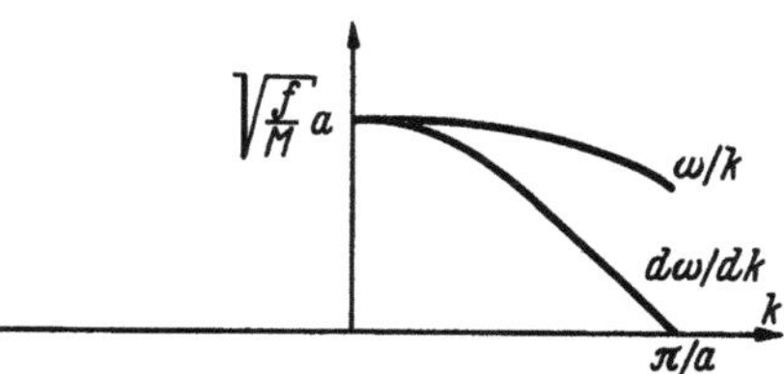

Fig. 22. Verlauf der Frequenz ω, der Phasengeschwindigkeit ω/k und der Gruppengeschwindigkeit $d\omega/dk$ mit k.

Hier ist ebenfalls eine additive Phase noch frei verfügbar.

Diese Wellen haben eine Phasengeschwindigkeit ω/k. Die Gruppengeschwindigkeit der fortschreitenden Wellen ist $d\omega/dk$. Die Gruppengeschwindigkeit ist die Geschwindigkeit, mit der eine Wellengruppe die lineare Kette durchläuft, wenn man zu ihrem Aufbau hauptsächlich Eigenschwingungen aus der Nachbarschaft eines speziellen k-Wertes benutzt. Die Gruppengeschwindigkei ist gleichzeitig die Geschwindigkeit, mit der sich die Energie der durch die Wellengruppe beschriebenen, lokalisierten Störung des Gleichgewichts ausbreitet.

Fig. 22 zeigt den Verlauf der Frequenz, der Phasen- und Gruppengeschwindigkeit für die Kette mit Federbindungen zwischen benachbarten Atomen. Beide Geschwindigkeiten nehmen mit wachsender Frequenz ab. Die Gruppengeschwindigkeit verschwindet für die Wellen mit der höchsten Frequenz ($k = \pi/a$, $\omega^2 = 4f/M$). In diesem Grenzfall verschwindet (42.8b), während (42.9a) und (42.9b) mit (42.8a) übereinstimmen. Die Grenzschwingung mit $k = \pi/a$ kann nicht mehr durch eine fortschreitende Welle, sondern nur noch durch eine stehende Welle beschrieben werden. Mit einer solchen Schwingung erhält man keinen Energietransport; die Gruppengeschwindigkeit verschwindet. Für kleine k-Werte (lange Wellen) stimmen Phasen- und Gruppengeschwindigkeit überein. Dieser gemeinsame Grenzwert der beiden Geschwindigkeiten ist die Schallgeschwindigkeit der elastischen Wellen der Kette (Ziff. 57).

Fig. 23 zeigt einige charakteristische Schwingungsformen der Kette für spezielle k-Werte nach (42.8a). Bei der Grenzschwingung ($k = \pi/a$; $s^n = (-)^n \cos \omega t$) haben benachbarte Atome entgegengesetzt gleiche Amplitude. Unterteilt man die Kette in zwei Teilgitter des Abstandes $2a$, so schwingen diese beiden Teilgitter gegeneinander. Die Mittelpunkte der Federn bewegen sich bei dieser Schwingung nicht. Jedes Atom bewegt sich bei dieser Schwingung so, als ob

---

[1] Das sind zwei verschiedene Schwingungen zur gleichen Frequenz, die Schwingungen sind entartet und die Eigenvektoren sind nicht vollständig festgelegt. In der komplexen Schreibweise sieht man unmittelbar, daß eine Entartung vorliegt, da $\omega(+k) = \omega(-k)$ nach (42.5a) ist.

die beiden benachbarten Federn in der Mitte festgehalten würden. Die Federkonstante einer Feder der Länge $a/2$ ist aber $2f$, daher ist $M\omega^2 = 4f$, da für die Schwingung jeweils zwei Federn berücksichtigt werden müssen. Ein anderer typischer Fall ist $k = \pi/2a$. Hier ist ein Teilgitter fest ($n = \pm 1, \pm 3, \pm 5 \ldots$). Jeder einzelne schwingende Massenpunkt ($n = 0, \pm 2, \pm 4 \ldots$) bewegt sich demnach so, als ob seine Nachbarn festgehalten würden. Daher ist dann $M\omega^2 = 2f$.

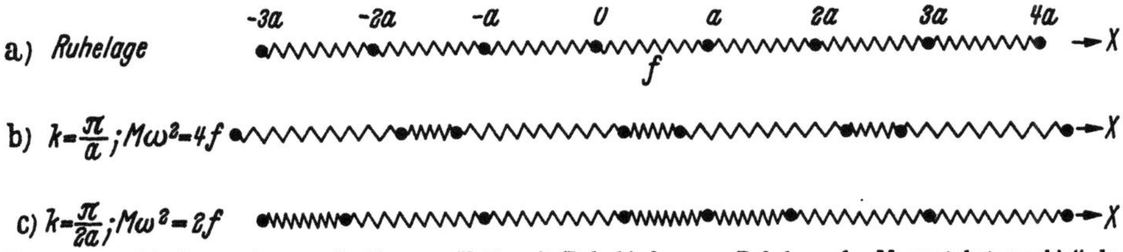

Fig. 23a—c. Schwingungsformen der linearen Kette mit Federbindung. a Ruhelage. b „Momentphotographie" der Grenzschwingung ($k = \pi/a$) nach (42.8a) zur Zeit $t = 0$. c „Momentphotographie" der Schwingung ($k = \pi/2a$) nach (42.8a) zur Zeit $t = 0$.

43. Schwingungen der endlichen Kette.

Bisher haben wir die unendliche Kette behandelt. Das entspricht nicht dem mathematischen Schema von Ziff. 41 mit endlich vielen möglichen Schwingungen. Die Behandlung einer endlichen Kette mit endlich vielen Frequenzen ist nicht sehr schwierig. Sehr unangenehm ist dagegen die Behandlung eines endlichen dreidimensionalen Volumens. Bei endlichem Volumen müssen die Randbedingungen an der Oberfläche berücksichtigt werden, also bei festem Volumen das Verschwinden der Verschiebungen an der Oberfläche oder bei freier Oberfläche das Verschwinden der Oberflächenkräfte. Man darf aber annehmen, daß die speziellen Randbedingungen auf der Oberfläche bei makroskopischen Abmessungen zwar einen Einfluß auf die Berechnung der einzelnen Frequenzen haben, aber nicht auf die spektrale Verteilung[1]. Dies erlaubt die Wahl der aus mathematischen Gründen zu bevorzugenden Randbedingung der Periodizität. Man fordert also weder Verschwinden der Kräfte noch der Verschiebungen, sondern teilt den unendlichen Kristall in periodisch angeordnete Volumina ein und fordert die entsprechende Periodizität der Verschiebungen. Als Periodizitätsvolumina können einfach vergrößerte Abbilder der Elementarzelle des Kristalls gewählt werden. Im übrigen entspricht diese Randbedingung der Vorgabe eines festen Volumens, da sich das Periodizitätsvolumen durch die Vorgabe der Periodizität der Verschiebungen nicht ändern kann.

Wählt man bei der Kette Na als Periodizitätslänge, schreibt also

$$s^{n+N} = s^n \quad \text{für alle } n \tag{43.1}$$

vor, so bleiben nur noch N unabhängige Verschiebungen $s^1, s^2, \ldots, s^N$ übrig, und dadurch ist das mechanische Problem auf ein System von N Variablen reduziert. Die Periodizitätsforderung erzwingt eine Auswahl von k-Werten. Nur wenn

$$k \cdot Na = 2\pi m \quad \text{mit ganzzahligem } m \tag{43.2}$$

erfüllt ist, beschreibt (42.4) eine mit der geforderten Periodizität verträgliche Schwingung. Die möglichen k-Werte sind

$$k = \frac{2\pi}{Na} m; \quad m = 0, 1, \ldots, N-1 \tag{43.2a}$$

---

[1] Ein Beweis dieser Annahme findet sich in [26].

im Intervall $0 \leq k < \dfrac{2\pi}{a}$ oder

$$k = \frac{2\pi}{Na} \cdot m; \quad m = -\left(\frac{N}{2}-1\right), \ldots, -1, 0, +1, \ldots, \left(\frac{N}{2}-1\right), \frac{N}{2} \quad (43.2\text{b})$$

im Intervall $-\dfrac{\pi}{a} < k \leq \dfrac{\pi}{a}$. Hier ist der Bequemlichkeit halber angenommen, daß N gerade ist. Es gibt also genau N mögliche k-Werte und N verschiedene Eigenschwingungen der Form (42.4). Das zeigt schon, daß man alle Eigenfrequenzen bekommen hat. Zur Ermittlung der Frequenzen braucht man also nur in Fig. 22 die k-Achse entsprechend zu unterteilen und kann dort die Frequenzen sofort ablesen (Fig. 24).

Man kann aber auch leicht sehen, was die richtige Randbedingung liefern würde. Nach (42.8) kann man die Eigenschwingungen auch in der Form

$$s^n = \cos k\,a\,n \cdot \cos \omega\,t, \quad (43.3\text{a})$$

$$s^n = \sin k\,a\,n \cdot \cos \omega\,t \quad (43.3\text{b})$$

schreiben. Beide Ansätze sind Lösungen der Bewegungsgleichung. $\cos kan$ und $\sin kan$ sind, abgesehen von Normierungsfaktoren, die reellen Eigenvektoren des Problems, wenn die k-Werte nach Gl. (43.2a) ausgesucht werden. Hier aber müssen die k-Werte auf positive Werte eingeschränkt werden, weil die Eigenvektoren zu $+k$ und $-k$ bis auf das Vorzeichen gleich sind und daher keine neuen Schwingungen liefern. Das sind N unabhängige reelle Schwingungsformen[1].

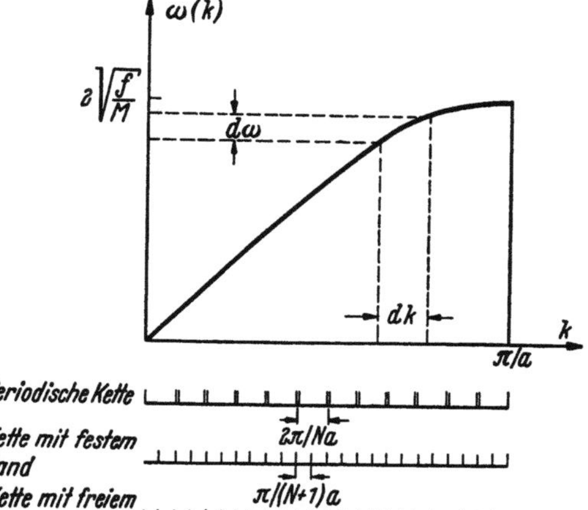

Fig. 24. Mögliche k-Werte bei verschiedenen Randbedingungen. Bei der periodischen Randbedingung ist die k-Achse in Abschnitte $\dfrac{2\pi}{Na}$ zu unterteilen. Wenn man sich auf positive k-Werte beschränkt, so gibt es zu jedem möglichen k-Wert nach (42.7a) zweimal die gleiche Frequenz, da $\omega(-k)=\omega(k)$ ist. Das ist durch die Doppelstriche angedeutet. Die möglichen k-Werte für eine endliche Kette mit festem oder freiem Rand liegen doppelt so dicht wie die k-Werte der periodischen Randbedingung. Die Zahl der Eigenfrequenzen in einem Intervall $d\omega$ bzw. dk ist aber für alle Randbedingungen gleich groß.

Die Vorgabe von verschwindenden Verschiebungen am Rand, $s^0 = s^{N+1} = 0$, ist leicht zu erfüllen. Zunächst kommen nur die $\sin kan$ als Eigenvektoren in Frage, weil nur sie schon $s^0 = 0$ liefern. Die Auswahl der k-Werte erfolgt durch die zweite Randbedingung allein[2] ($s^{N+1} = 0$)

$$k = \frac{\pi}{(N+1)a} \cdot m; \quad m = 1, 2, \ldots, N. \quad (43.4)$$

Man hat bei dieser Randbedingung also nur halb so viel Eigenschwingungsformen, dafür liegen die k-Werte aber doppelt so dicht (Fig. 24), wenn man die 1 neben N vernachlässigt. Bei der Bildung der spektralen Verteilung kommt es nur auf die Zahl der Eigenfrequenzen in einem Intervall dk an, welches schon viele Eigenfrequenzen enthält, und man sieht, daß das Spektrum dann identisch mit dem der periodischen Kette wird.

Die Schwingungen einer Kette aus N Atomen mit freiem Rand kann man aus den Schwingungen der unendlichen Kette auf folgende Weise bekommen.

---

[1] Die möglichen Frequenzen sind identisch mit denen, die sich mit dem komplexen Ansatz (42.4) und (43.2) ergeben.

[2] Für $k=0$, $m=0$ und $k=\pi/a$, $m=N+1$ verschwindet s^n identisch.

Man sucht sich aus den Schwingungen (43.3) der unendlichen Kette diejenigen Schwingungsformen heraus, für die $s^0 = s^1$ und $s^N = s^{N+1}$ ist. Diese Bedingung bedeutet, daß die Feder zwischen den Atomen 0 und 1 sowie zwischen den Atomen N und $N+1$ nicht beansprucht wird. Auf die „Randatome" 1 und N der Kette wirken also keine Kräfte. Diese Schwingungen beschreiben demnach Schwingungen einer freien Kette von N Atomen $(s^1, \ldots, s^N)$. Die Verschiebungen haben in diesem Fall die Form

$$s^n = \cos\left(k\,a\,n - \tfrac{1}{2}\right) \cos \omega t. \quad (43.5)$$

Die möglichen k-Werte sind[1]

$$\left. \begin{array}{c} k = \dfrac{\pi}{N a}\, m \\[2mm] \text{mit } m = 0, 1, \ldots, (N-1). \end{array} \right\} \quad (43.5\,\text{a})$$

Sie liefern zusammen mit (42.7a) die N möglichen Frequenzen der freien Kette. Für $k = 0$ ist s^n konstant und unabhängig von n, die Frequenz verschwindet. Diese Lösung der Bewegungsgleichungen ist keine eigentliche Schwingung, sondern beschreibt eine gemeinsame Verschiebung aller Atome. Nur bei dieser Lösung resultiert eine Verschiebung des Schwerpunktes der Kette, bei allen anderen Lösungen bleibt der Schwerpunkt fest[2]. Das Spektrum ist wieder für große N identisch mit dem der periodischen Randbedingung (Fig. 24).

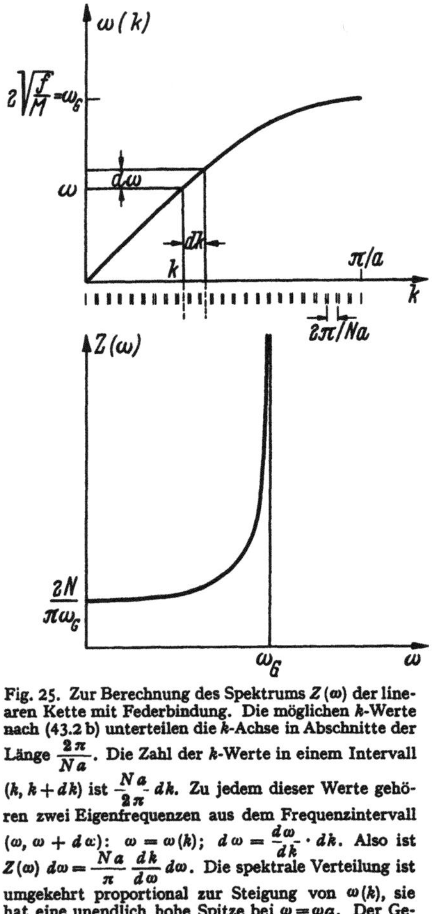

Die spektrale Verteilung erhält man aus Fig. 25 zu

$$Z(\omega)\, d\omega = 2 Z(k)\, dk. \quad (43.6)$$

Dabei ist $Z(k)\, dk$ die Zahl der Schwingungen zwischen k und $k + dk \left(Z(k) = \dfrac{N a}{2\pi}\right)$.

Fig. 25. Zur Berechnung des Spektrums $Z(\omega)$ der linearen Kette mit Federbindung. Die möglichen k-Werte nach (43.2 b) unterteilen die k-Achse in Abschnitte der Länge $\dfrac{2\pi}{N a}$. Die Zahl der k-Werte in einem Intervall $(k, k+dk)$ ist $\dfrac{N a}{2\pi}\, dk$. Zu jedem dieser Werte gehören zwei Eigenfrequenzen aus dem Frequenzintervall $(\omega, \omega + d\omega)$: $\omega = \omega(k)$; $d\omega = \dfrac{d\omega}{dk} \cdot dk$. Also ist $Z(\omega)\, d\omega = \dfrac{N a}{\pi}\, \dfrac{dk}{d\omega}\, d\omega$. Die spektrale Verteilung ist umgekehrt proportional zur Steigung von $\omega(k)$, sie hat eine unendlich hohe Spitze bei $\omega = \omega_G$. Der Gesamtinhalt $\int Z(\omega)\, d\omega$ ist aber endlich und gleich der gesamten Anzahl N der Eigenschwingungen.

Wir betrachten nur das positive k-Intervall, damit der Zusammenhang zwischen ω und k eindeutig ist (daher der Faktor 2). Dann wird

$$Z(\omega) = 2 Z(k) \cdot \frac{1}{d\omega/dk}, \quad (43.7)$$

und nach (42.7a) ist bei spektrale Verteilung für die Federkette

$$Z(\omega)\, d\omega = \frac{2N}{\pi} \frac{1}{\sqrt{\omega_G^2 - \omega^2}} \quad (43.7\,\text{a})$$

für $0 \leq \omega \leq \omega_G$. Dabei ist $\omega_G = \omega(\pi/a)$ die maximale Gitterfrequenz.

---

[1] Für $m = N$, $k = \pi/a$ verschwindet s^n identisch.

[2] Bei der periodischen Randbedingung liegen die Verhältnisse genau so.

44. Transformation auf Normalkoordinaten. Die Verschiebungen s^n können nach den Eigenschwingungen (42.4) mit k-Werten nach (43.2b) in der folgenden Form zerlegt werden

$$s^n = \sum_k a^k \frac{e^{ikan}}{\sqrt{N}} = \sum_k a^k Q^{n,k}, \qquad (44.1\,\mathrm{a})$$

mit der Umkehrung

$$a^k = \sum_n s^n \frac{e^{-ikan}}{\sqrt{N}} = \sum_n s^n Q^{*\,n,k}. \qquad (44.1\,\mathrm{b})$$

Es ist hier zweckmäßig, im Gegensatz zu (43.2b), N als ungerade anzunehmen. Die N möglichen k-Werte liegen dann völlig symmetrisch zu $k = 0$:

$$k = \frac{2\pi}{Na} m \quad \text{mit} \quad m = 0, \pm 1, \pm 2, \ldots, \pm \left[\frac{N}{2}\right], \qquad (44.1\,\mathrm{c})$$

wobei $[N/2]$ die nächste ganze Zahl unterhalb von $N/2$ ist[1].

Diese Transformation ist unitär. Durch Gl. (44.1a), (44.1b) sind die N reellen Variablen s^n durch N komplexe Variable a^k ausgedrückt. Da die Verschiebungen aber reell sind, so bestehen zwischen den a^k nach Gl. (44.1b) die Nebenbedingungen

$$a^{-k} = a^{*\,k}, \qquad (44.2)$$

so daß insgesamt doch nur N Variable übrig bleiben. Beim Übergang zu reeller Schreibweise

$$\left.\begin{aligned} a^k &= \frac{1}{\sqrt{2}} \{\alpha^k + i\beta^k\} \\ \alpha^{-k} &= \alpha^k; \quad \beta^{-k} = -\beta^k \end{aligned}\right\} \quad \text{für} \quad k \neq 0; \quad a^0 = \alpha^0 \qquad \begin{aligned} (44.3) \\[4pt] (44.2\,\mathrm{a}) \end{aligned}$$

bleiben wegen (44.2) nur die N reellen Größen α^0, $\alpha^{\frac{2\pi}{Na}}$, $\ldots$, $\alpha^{\frac{2\pi}{Na}\left[\frac{N}{2}\right]}$, $\beta^{\frac{2\pi}{Na}}$, $\ldots$, $\beta^{\frac{2\pi}{Na}\left[\frac{N}{2}\right]}$ als Variable übrig. Mit diesen schreibt sich dann die Transformation

$$s^n = \sum_{k>0} \left\{ \alpha^k \sqrt{\frac{2}{N}} \cos kan - \beta^k \sqrt{\frac{2}{N}} \sin kan \right\} + \alpha^0 \cdot \frac{1}{\sqrt{N}}, \qquad (44.4\,\mathrm{a})$$

mit der Umkehrung

$$\alpha^k = \sum_n s^n \sqrt{\frac{2}{N}} \cos kan; \quad \beta^k = -\sum_n s^n \sqrt{\frac{2}{N}} \sin kan; \quad \alpha^0 = \sum_n s^n \frac{1}{\sqrt{N}}. \qquad (44.4\,\mathrm{b})$$

Dies ist eine reelle orthogonale Transformation. Sie ist allerdings nicht mehr so einfach durchgehend zu indicieren wie die unitäre Transformation $Q^{n,\,k}$, weil man zwischen den sin- und cos-Gliedern eine Fallunterscheidung machen muß. Die Größen α^k und β^k sind die Normalkoordinaten, $\frac{\alpha^0}{\sqrt{N}} = \frac{1}{N} \sum_n s^n$ ist die Verschiebung des Schwerpunktes. Die Größen $\sqrt{\frac{2}{N}} \cos kan$ und $-\sqrt{\frac{2}{N}} \sin kan$ sind die Eigenvektoren des Problems. Man kann sich leicht davon überzeugen, daß die Eigenvektoren normiert und orthogonal sind.

---

[1] Die Summen über k durchlaufen die k-Werte nach (44.1c), n durchläuft die Werte von 1 bis N. Es ist

$$\sum_n Q^{*\,n,k} Q^{n,k'} = \sum_n \frac{e^{i(k'-k)an}}{N} = \delta_{k,k'} \quad \text{und} \quad \sum_k Q^{*\,n,k} Q^{n',k} = \delta_{n,n'}.$$

Die kinetische und potentielle Energie drücken sich wie folgt aus:

$$E_{\text{kin}} = \sum_k \frac{M}{2}\, \dot{a}^{*\,k}\, \dot{a}^k = \frac{M}{2}\, (\dot{\alpha}^0)^2 + \sum_{k>0} \frac{M}{2}\, \{(\dot{\alpha}^k)^2 + (\dot{\beta}^k)^2\}, \tag{44.5}$$

$$E_{\text{pot}} = \sum_k \frac{M}{2}\, \omega^2(k)\, a^{*\,k}\, a^k = \sum_{k>0} \frac{M}{2}\, \omega^2(k)\, \{(\alpha^k)^2 + (\beta^k)^2\}. \tag{44.6}$$

Die Hamilton-Funktion in der komplexen Formulierung ist

$$H = \sum_k \left\{ \frac{1}{2M}\, p^{*\,k}\, p^k + \frac{M}{2}\, \omega^2(k)\, a^{*\,k}\, a^k \right\}. \tag{44.7}$$

Die zu den a^k kanonisch konjugierten Impulse p^k unterliegen ebenfalls den Nebenbedingungen (44.2). Die Hamiltonschen Gleichungen

$$\left. \begin{array}{l} p^k = M\, \dot{a}^k, \\ \dot{p}^k = -\, M\, \omega^2(k)\, a^k \end{array} \right\} \tag{44.7a}$$

sind mit den Bewegungsgleichungen der reellen Variablen

$$\left. \begin{array}{l} \ddot{\alpha}^k + \omega^2(k)\, \alpha^k = 0; \quad \alpha^k = \cos \omega\, t \quad \text{oder} \quad \sin \omega\, t, \\ \ddot{\beta}^k + \omega^2(k)\, \beta^k = 0; \quad \beta^k = \cos \omega\, t \quad \text{oder} \quad \sin \omega\, t \end{array} \right\} \tag{44.8}$$

identisch. Die Eigenschwingungen selbst haben die Form stehender Wellen nach (42.8).

45. Fortschreitende Wellen. In manchen Fällen ist eine Zerlegung des Problems nach fortschreitenden Wellen der Form $\cos(kan - \omega t)$ vorzuziehen. Diese Zerlegung muß z.B. bei der Beschreibung der Wärmeleitung verwandt werden. Die zugehörige (kanonische) Transformation bezieht sich aber in diesem Fall nicht allein auf die Koordinaten, sondern auch auf die Impulse. Zu diesem Zweck führt man die folgende Transformation für $k \neq 0$ durch[1]

$$b^k = C_k\big(\omega(k)\, a^k + i\, p^k\big) \quad (\text{mit } a^{-k} = a^{*\,k};\ p^{-k} = p^{*\,k}), \tag{45.1a}$$

$$2 C_k\, \omega(k)\, a^k = b^k + b^{*\,-k}, \tag{45.1b}$$

$$2i\, C_k\, p_k = b^k - b^{*\,-k}. \tag{45.1c}$$

$C_k = C_{-k}$ ist ein zunächst noch beliebig verfügbarer reeller Faktor. Die Nebenbedingungen (44.2) für a^k und p^k, die dafür sorgen, daß s^n und $p^n = M\dot{s}^n$ reell sind, sind offenbar befriedigt. Aus den Hamiltonschen Gleichungen (44.7a) folgt die Bewegungsgleichung für die neuen Variablen

$$\dot{b}^k + i\, \omega(k)\, b^k = 0; \quad b^k = b_0^k\, e^{-i\,\omega(k)\,t}. \tag{45.2}$$

Die Energie wird

$$E = E_{\text{kin}} + E_{\text{pot}} = \sum_k \frac{M}{2\, C_k^2}\, b^{*\,k}\, b^k, \tag{45.3}$$

wobei, wenn man den Ausdruck (45.3) als Hamilton-Funktion auffassen will, $i\,\dfrac{M}{2\,\omega(k)\, C_k^2}\, b^{*\,k}$ der zu b^k kanonisch konjugierte Impuls ist. Dadurch erhält man an Stelle der Impulse und Koordinaten N komplexe Variable, die voneinander

---

[1] Die Bewegung des Schwerpunktes ($k = 0$) wird nicht mit transformiert.

unabhängig sind. Die vollständige Transformation der Ausgangsgrößen lautet[1]

$$s^n = \sum_{k \neq 0} \frac{1}{2\omega(k)\,C_k} (b^k + b^{*-k}) \frac{e^{ikan}}{\sqrt{N}} + \frac{1}{\sqrt{N}} \alpha^0, \tag{45.4a}$$

$$p^n = \sum_{k \neq 0} \frac{M}{2C_k} (b^k - b^{*-k}) \frac{e^{ikan}}{\sqrt{N}} + \frac{P_0}{\sqrt{N}}. \tag{45.4b}$$

Daraus erkennt man unmittelbar, daß man in (45.4) eine Zerlegung in laufende Wellen vor sich hat. Ist nur ein b^k von Null verschieden, so wird wegen der Zeit-abhängigkeit (45.2)

$$s^n = \frac{1}{2\omega(k)\,C_k} \{b_0^k\, e^{i(kan - \omega(k)t)} + \text{konj. kompl.}\} \tag{45.5}$$

eine fortschreitende Welle, die je nach dem Vorzeichen von k nach rechts oder nach links läuft. Die Energie der zu einem bestimmten k-Wert gehörigen fort-schreitenden Welle ist dann durch $\frac{M}{2C_k^2} b^{*k} b^k$ gegeben. Die Wahl der Nor-mierungskonstante ist an und für sich beliebig. Es ist zweckmäßig, dafür den Wert $\frac{M}{2C_k^2} = \hbar\omega(k)$ zu wählen, da dann der Übergang zur Quantentheorie am einfachsten wird. Dann erhält man

$$E = \sum_k \hbar\,\omega(k)\, b^{*k} b^k, \tag{45.6}$$

$$H = \sum_k - i\,\omega(k)\, P^k b^k, \tag{45.6a}$$

wobei $P^k = i\hbar b^{*k}$ der zu b^k kanonisch konjugierte Impuls ist.

46. Kette mit Federbindungen und ungleichen Massen. Die Elementarzelle sei wieder a, die Lagen der Atome mit der Masse M_1: $\overline{X}^n_1 = na + \overline{X}_1 = na$, die Lagen der Atome mit der Masse M_2: $\overline{X}^n_2 = na + \overline{X}_2 = na + \frac{a}{2}$ (Fig. 26).

Fig. 26. Gleichgewichtslagen der zweiatomigen Kette mit Federbindung.

Die Bewegungsgleichungen lauten[2]

$$M_1 \ddot{s}^n_1 = f\{s^n_2 + s^{n-1}_2 - 2s^n_1\}, \tag{46.1a}$$

$$M_2 \ddot{s}^n_2 = f\{s^n_1 + s^{n+1}_1 - 2s^n_2\}. \tag{46.1b}$$

Sie können genau wie bei gleichen Massen durch einen Wellenansatz gelöst werden, nur daß man den verschiedenartigen Teilchen jetzt verschiedene Amplituden

---

[1] Die Schwerpunktsverschiebung $\frac{\alpha^0}{\sqrt{N}}$ und der zu α^0 konjugierte Impuls $P^0 = M\,\dot{\alpha}^0$ stehen noch explizit in (45.4). Wir haben die Beiträge der Schwerpunktsverschiebung nur der Vollständigkeit halber mitgeführt und werden sie in Zukunft fortlassen. Bei den Problemen der Wärmeleitung, wo die laufenden Wellen benötigt werden, ist der Schwerpunkt fest; α^0 und P^0 verschwinden.

[2] Es ist hier darauf verzichtet, die Kopplung durch Einführung neuer Verschiebungen wie in (41.2) symmetrisch zu machen.

zuordnen muß:

$$s_\mu^n = a_\mu^k e^{i(k\overline{X}_\mu^n - \omega t)}, \tag{46.2}$$

$$s_1^n = a_1^k e^{i(kna - \omega t)}, \tag{46.2a}$$

$$s_2^n = a_2^k e^{i(k(n + \frac{1}{2})a - \omega t)}. \tag{46.2b}$$

Setzt man dies in (46.1) ein, so erhält man die beiden Gleichungen

$$\left.\begin{aligned} M_1\,\omega^2\,a_1^k &= 2f\left\{a_1^k - \cos\frac{ka}{2}\cdot a_2^k\right\}, \\ M_2\,\omega^2\,a_2^k &= 2f\left\{a_2^k - \cos\frac{ka}{2}\cdot a_1^k\right\}. \end{aligned}\right\} \tag{46.3}$$

Die Determinante der Gln. (46.3) muß verschwinden. Das liefert eine Gleichung zweiten Grades für ω^2, deren Lösung

$$\omega^2 = \frac{f}{M_1 M_2}\left\{M_1 + M_2 \pm \sqrt{M_1^2 + M_2^2 + 2M_1 M_2 \cos k a}\right\} \tag{46.4}$$

diskutiert werden soll.

Das Amplitudenverhältnis bekommt man aus (46.3) zu

$$\frac{a_1^k}{a_2^k} = -\frac{\dfrac{2f}{M_1}\cos\dfrac{ka}{2}}{\omega^2 - \dfrac{2f}{M_1}} = -\frac{\omega^2 - \dfrac{2f}{M_2}}{\dfrac{2f}{M_2}\cos\dfrac{ka}{2}}. \tag{46.5}$$

Die Auswahl der k-Werte ist genau die gleiche wie bei der einatomaren Kette, wenn die Periodizitätsbedingung eingeführt wird. Nur umfaßt die Periode von Na jetzt $2N$ Atome. Dafür aber bekommt man aus der Säkulargleichung zwei verschiedene Schwingungsformen. Jedem k-Wert sind jetzt zwei Frequenzen $\omega_\pm$ zugeordnet. Die Lösungen der Säkulargleichung trennen sich in zwei Zweige (Fig. 27), einen „optischen" Zweig ω_+, der der positiven Wurzel entspricht und einen „akustischen" Zweig ω_-, der zu dem negativen Vorzeichen in (46.4) gehört. Die Frequenzen des optischen Zweiges liegen immer höher als die des akustischen Zweiges. Im optischen Zweig sind die Amplituden benachbarter Atome immer entgegengesetzt $\left(\dfrac{a_1^k}{a_2^k} < 0\right)$, im akustischen Zweig haben sie gleiches Vorzeichen $\left(\dfrac{a_1^k}{a_2^k} > 0\right)$. In den typischen Grenzfällen $k = 0$ und $k = \pi/a$ sieht man den Sachverhalt besonders deutlich. Im optischen Zweig schwingen die beiden Gitter starr gegeneinander ($k = 0$), im akustischen Zweig in gleicher Richtung (reine Translation oder Schwerpunktsbewegung). Bei Ionengittern besitzen die optischen Schwingungen für $k = 0$ ein starkes, überall gleiches Dipolmoment und haben infolgedessen eine starke Wechselwirkung mit elektrischen Feldern. Die zu kleinen k-Werten gehörigen Schwingungen des akustischen Zweiges, bei denen sich benachbarte Teilchen praktisch gleich verschieben, sind elastische Schwingungen. Bei $k = \pi/a$ schwingt jeweils das eine Gitter allein, während das andere Gitter ruht (Fig. 27).

Der Frequenzverlauf und damit auch das Spektrum ist stark vom Massenverhältnis abhängig. Bei gleichen Massen $M_1 = M_2 = M$ wird nach (46.4)

$$\omega_-(k) = \sqrt{\frac{4f}{M}}\left|\sin\frac{ka}{4}\right|, \tag{46.6a}$$

$$\omega_+(k) = \sqrt{\frac{4f}{M}}\cos\frac{ka}{4}. \tag{46.6b}$$

Der Verlauf der Frequenzen ist identisch mit dem, der bei der einatomaren linearen Ketten gewonnen wurde. Nur ist hier die Einteilung des k-Intervalls durch die

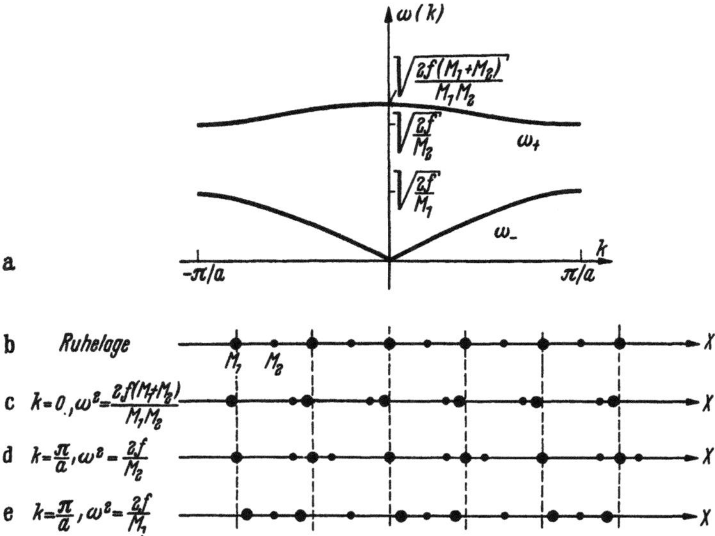

Fig. 27a—e. Frequenzverlauf und Schwingungsformen der zweiatomigen Kette für $M_1 = 4\,M_2$. a Verlauf der Frequenzen in Abhängigkeit von k nach (46.4). Im optischen Zweig ω_+ ist $\omega_+^2 > \dfrac{2f}{M_2}$, daher ist nach (46.5) $\dfrac{a_1^k}{a_2^k} < 0$. Benachbarte Atome haben entgegengesetzte Amplitude. Im akustischen Zweig ω_- haben nach (46.5) benachbarte Atome Amplituden mit gleichem Vorzeichen. b Ruhelage. c Grenzschwingung des optischen Zweiges. Die Amplituden benachbarter Atome haben verschiedenes Vorzeichen, sie sind den Massen umgekehrt proportional. Die Teilgitter M_1 und M_2 bewegen sich starr. d Die zweite Grenzschwingung des optischen Zweiges. Die Massen M_1 ruhen, benachbarte Atome M_2 haben gleiche Amplituden verschiedenen Vorzeichens. e Die Grenzschwingung des akustischen Zweiges. Die Massen M_2 ruhen, benachbarte Massen M_1 haben entgegengesetzt gleiche Amplituden.

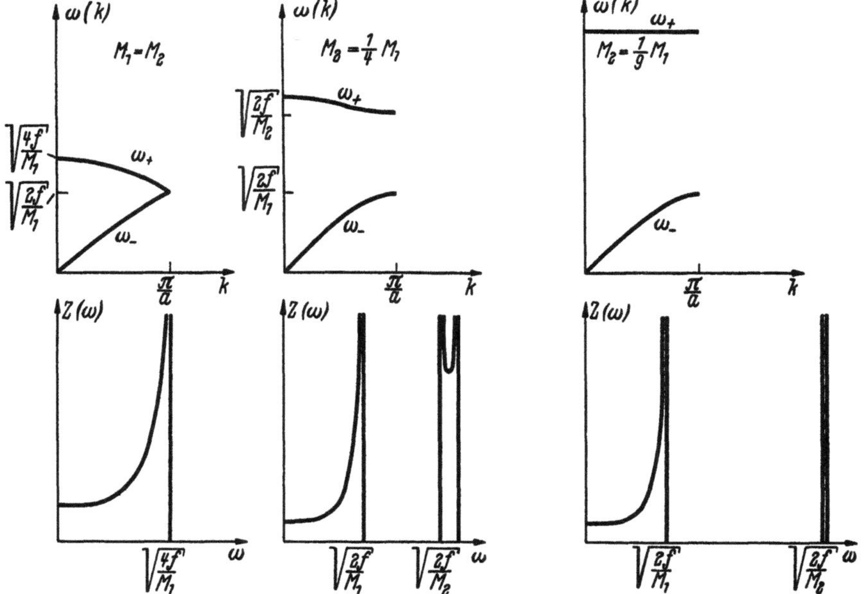

Fig. 28. Frequenzverlauf und Spektrum bei verschiedenem Massenverhältnis. M_1 ist festgehalten, M_2 wird variiert. Bei großem Massenverhältnis liefert der optische Zweig ein nahezu monochromatisches Spektrum, der akustische Zweig liefert eine spektrale Verteilung wie bei der einatomigen Kette.

Unterscheidung der beiden Teilgitter künstlich geändert. Die Gitterkonstante a ist doppelt so groß wie bei der einatomigen Kette. Die k-Werte liegen auch doppelt so dicht, da in der Periodizitätslänge Na nun $2N$ Atome liegen. Für extremes Massenverhältnis: $M_1/M_2 \gg 1$ kann man (46.4) entwickeln und erhält

$$\omega_-(k) = \sqrt{\frac{2f}{M_1}} \cdot \left| \sin\frac{ka}{2} \right|,\tag{46.7a}$$

$$\omega_+(k) = \sqrt{\frac{2f}{M_2}} \left\{ 1 + \frac{1}{2}\frac{M_2}{M_1}\cos^2\frac{ka}{2} \right\}.\tag{46.7b}$$

Die beiden Zweige[1] verlaufen weit getrennt (Fig. 28).

Die spektrale Verteilung erhält man genau so wie bei der einatomigen Kette. Beide Zweige liefern ihren Beitrag zum Spektrum (Fig. 28). Das Spektrum des akustischen Zweiges ist dem der einatomaren Kette ähnlich, der optische Zweig liefert bei großem Massenverhältnis ein nahezu monochromatisches Spektrum. Die optischen Frequenzen liegen praktisch alle an einer Stelle und geben Veranlassung zu einer scharfen Spitze in der spektralen Verteilung. Die beiden spektralen Anteile enthalten jeweils N Eigenfrequenzen. Aus der Darstellung des Verlaufs von ω mit k erkennt man, daß die optischen Schwingungen bei großem Massenverhältnis keine Gruppengeschwindigkeit besitzen. Die optischen Schwingungen können dann auch keine Energie transportieren und fallen daher z.B. für die Wärmeleitung vollkommen aus. Qualitativ findet man in räumlichen Gittern ein ähnliches Verhalten, nur der konstante Anfangsteil der spektralen Verteilung und die unendlich hohen Spitzen sind Besonderheiten des linearen Gitters.

c) Mechanik des Raumgitters.

47. Primitive Gitter. Die Bewegungsgleichung

$$M \overset{..}{s}{}_i^m = - \sum_{n,l} \Phi{}_{i\ l}^{m\,n}\, s_l^n \tag{47.1}$$

wird genau wie im eindimensionalen Kristall durch den Ansatz einer ebenen Welle

$$s_i^m = e_i\, e^{i\,(\mathfrak{k}\overline{\mathfrak{R}}^m - \omega t)} \tag{47.2}$$

gelöst. Hierin ist $\mathfrak{k}$ der Ausbreitungsvektor, $2\pi/|\mathfrak{k}|$ die Wellenlänge und $\omega/|\mathfrak{k}|$ die Phasengeschwindigkeit. Damit wird aus (47.1):

$$M \omega^2 e_i = \sum_{n,l} \Phi{}_{i\ l}^{m\,n}\, e^{i\,\mathfrak{k}(\overline{\mathfrak{R}}^n - \overline{\mathfrak{R}}^m)}\, e_l, \tag{47.3}$$

$$M \omega^2 e_i = \sum_l t_{il}(\mathfrak{k})\, e_l. \tag{47.3a}$$

Die Berechnung der Frequenzen ist damit auf ein dreidimensionales Problem mit der Matrix[2]

$$t_{il}(\mathfrak{k}) = \sum_n \Phi{}_{i\ l}^{m\,n}\, e^{i\,\mathfrak{k}(\overline{\mathfrak{R}}^n - \overline{\mathfrak{R}}^m)} = \sum_{\mathfrak{h}} \Phi{}_{il}^{\mathfrak{h}}\, e^{-\,i\,\mathfrak{k}\overline{\mathfrak{R}}^{\mathfrak{h}}} \tag{47.4}$$

reduziert worden. Die Säkulargleichung dieses Problems

$$|t_{il} - \delta_{il} M \omega^2| = 0 \tag{47.5}$$

---

[1] Die Frequenzen des akustischen Zweiges nach (46.7a) sind identisch mit denen der einatomaren Kette. Die kleinen Massen nehmen an den akustischen Schwingungen nicht mehr teil. Die Federkonstante ist gegen (42.7a) durch $f/2$ zu ersetzen, da eine Feder der doppelten Länge die halbe Federkonstante besitzt.

[2] $t_{ik}(\mathfrak{k}) = t_{ik}(-\mathfrak{k})$ ist eine reelle symmetrische Matrix, da $\Phi{}_{ik}^{\mathfrak{h}} = \Phi{}_{i\ k}^{-\mathfrak{h}}$ ist.

liefert zu jedem $\mathfrak{k}$ drei Frequenzen $\omega_s(\mathfrak{k})$ und drei Vektoren $e^{(s)} = (e_i^{(s)})$, die die Polarisation der Welle kennzeichnen. Diese Vektoren stehen aufeinander orthogonal und können normiert werden.

$$\sum_i e_i^{(s)} e_i^{(s')} = \delta_{s,s'}; \qquad \sum_s e_i^{(s)} e_l^{(s)} = \delta_{i,l}. \tag{47.6}$$

Die Größen $e_s^{(i)}$ bilden also eine dreidimensionale orthogonale Matrix. Im einfachsten Fall gibt es einen Polarisationsvektor, der parallel zu $\mathfrak{k}$ ist. Dann liegt eine longitudinale Schwingung vor, bei der die Atome parallel zum Ausbreitungsvektor $\mathfrak{k}$ der Welle schwingen. Dazu gibt es dann noch zwei Polarisationsvektoren senkrecht zu $\mathfrak{k}$, die transversale Schwingungen beschreiben. Im allgemeinen aber hat das orthogonale Achsenkreuz der drei Polarisationsvektoren eine beliebige Orientierung zum Ausbreitungsvektor der Welle.

Die Auswahl der $\mathfrak{k}$-Werte erfolgt ebenfalls genau so wie bei der linearen Kette. Eine Änderung von $\mathfrak{k}$ um $2\pi \overline{B}\,\mathfrak{h}$ in (47.2) liefert die gleiche Schwingung.

Der Wertebereich von $\dfrac{1}{2\pi}\mathfrak{k}$ ist demnach auf eine Elementarzelle des reziproken Gitters oder einen äquivalenten Bereich eingeschränkt. Wählt man als Periodizitätsvolumen der Einfachheit halber ein der Elementarzelle geometrisch ähnliches Volumen: $N'\,\overline{a}^{(1)}$, $N'\,\overline{a}^{(2)}$, $N'\,\overline{a}^{(3)}$ mit $N'^3 = N$, so durchläuft $\mathfrak{k}$ die Werte

$$\mathfrak{k} = \frac{2\pi}{N'}\,\overline{B}\,\mathfrak{h} \quad \text{mit} \quad h_1, h_2, h_3 = 1, 2, 3, \ldots, N' \tag{47.7}$$

oder, wenn man die Elementarzelle des reziproken Gitters symmetrisch zum Nullpunkt legt (N' ungerade),

$$\mathfrak{k} = \frac{2\pi}{N'}\,\overline{B}\,\mathfrak{h} \quad \text{mit} \quad h_1, h_2, h_3 = 0, \pm 1, \pm 2, \ldots \pm \left[\frac{N'}{2}\right]. \tag{47.7a}$$

Das sind N unabhängige $\mathfrak{k}$-Werte. Zu jedem $\mathfrak{k}$ gehören nach (47.5) drei Frequenzen. So erhält man insgesamt $3N$ Eigenschwingungen für die $3N$ unabhängigen Verschiebungen des Periodizitätsvolumens mit N Atomen durch die Auswahl (47.7) aus den Schwingungen des unendlichen Gitters.

Es muß bemerkt werden, daß die Angabe einer Polarisation als longitudinal oder transversal in der Gittertheorie in weitem Maße willkürlich ist. Denn die Addition eines beliebigen Vektors aus dem reziproken Gitter zu $\mathfrak{k}$ beschreibt identisch die gleiche Welle. Dann kann man von einer Zuordnung der Polarisationen zu den Ausbreitungsvektoren gar nicht mehr reden. Die Zuordnung wird erst dann eindeutig, wenn man z. B., wie wir es hier getan haben, die Elementarzelle des reziproken Gitters symmetrisch zum Nullpunkt im $\mathfrak{k}$-Raum legt, oder aber, wenn man unter allen äquivalenten $\mathfrak{k}$-Vektoren stets diejenigen heraussucht, die den kürzesten Abstand zum Ursprung haben[1].

48. Diskussion der Säkulargleichung im flächenzentrierten Gitter. Wir werden die Aufstellung und einige Lösungen der Säkulargleichung nur an einem Beispiel besprechen, da in dem nachstehenden Artikel von BLACKMAN diese Probleme ausführlich dargestellt werden. Zunächst kann man wegen $\Phi_{il}^{\mathfrak{h}} = \Phi_{i\ l}^{-\mathfrak{h}}$ und $\sum_{\mathfrak{h}} \Phi_{il}^{\mathfrak{h}} = 0$ die Matrix t_{il} in der folgenden Form schreiben

$$t_{il}(\mathfrak{k}) = -2 \sum_{\mathfrak{h}} \Phi_{il}^{\mathfrak{h}} \sin^2\left(\frac{\mathfrak{k} \cdot \overline{A}\,\mathfrak{h}}{2}\right). \tag{48.1}$$

Beschränkt man sich auf Kopplungen zwischen nahen Nachbarn, so kann man die in Tabelle 8 (Ziff. 37) angegebene Form der Kopplungsmatrizen benutzen.

---

[1] Dieses Verfahren liefert einen der Elementarzelle des reziproken Gitters äquivalenten Bereich, die sog. erste „BRILLOUIN-Zone".

Man erhält so unter Berücksichtigung von Nachbarn erster $\overline{\mathfrak{R}} = \frac{a}{2}(1, 1, 0), \ldots$ und zweiter Ordnung $\overline{\mathfrak{R}} = a(1, 0, 0), \ldots$:

$$-t_{11} = 4\beta' \left\{ \sin^2 \frac{a}{4}(k_1 + k_2) + \sin^2 \frac{a}{4}(k_1 + k_3) + \right.$$
$$+ \sin^2 \frac{a}{4}(k_1 - k_2) + \sin^2 \frac{a}{4}(k_1 - k_3) \Big\} +$$
$$+ 4\alpha' \left\{ \sin^2 \frac{a}{4}(k_2 + k_3) + \sin^2 \frac{a}{4}(k_2 - k_3) \right\} +$$
$$\left. + 4\alpha \sin^2 \frac{a}{2} k_1 + 4\beta \left\{ \sin^2 \frac{a}{2} k_2 + \sin^2 \frac{a}{2} k_3 \right\} \right. \tag{48.2}$$

(t_{22} und t_{33} folgen durch cyclische Vertauschung)

$$-t_{12} = 4\gamma' \left\{ \sin^2 \frac{a}{4}(k_1 + k_2) - \sin^2 \frac{a}{4}(k_1 - k_2) \right\} \tag{48.3}$$

(t_{13} und t_{23} folgen durch cyclische Vertauschung).

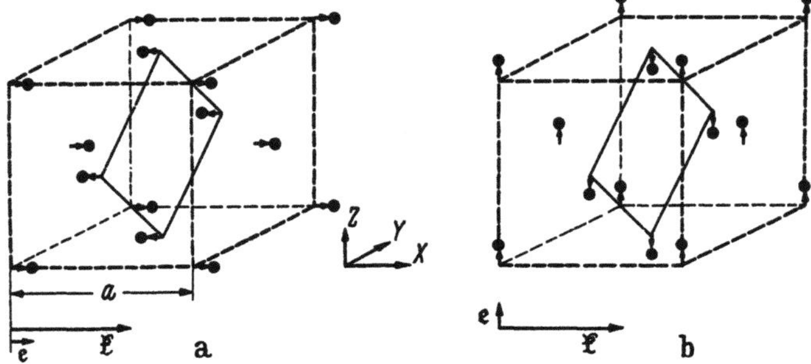

Fig. 29a u. b. Grenzschwingungen des flächenzentrierten Gitters. Der Ausbreitungsvektor $\mathfrak{k}$ hat die Richtung einer Würfelkante und die Länge $2\pi/a$. a Longitudinale Schwingung: $e \parallel \mathfrak{k}$. Benachbarte 100-Ebenen schwingen mit entgegengesetzt gleicher Amplitude in Richtung des Ausbreitungsvektors. Die Federn zu den übernächsten Nachbarn (f') werden nicht beansprucht: $M\omega^2 = 8f$. b Transversale Schwingung: $e \perp \mathfrak{k}$. Auch hier wird die Bindung zu den übernächsten Nachbarn nicht beansprucht: $M\omega^2 = 4f$. Betrachtet man speziell das Atom im Koordinatenursprung, so werden bei der longitudinalen Schwingung acht Federbindungen beansprucht (nächste Nachbarn in der Ebene $Z = 0$ und $Y = 0$), bei der transversalen Schwingung dagegen nur vier, denn die Bewegung zu den Nachbarn in $Z = 0$ erfolgt jetzt senkrecht zur Verbindungslinie. Daher rührt der Unterschied in den beiden Frequenzen.

Für Federbindungen zwischen nächsten (f) und übernächsten (f') Nachbarn ist nach Ziff. 38

$$\beta' = \gamma' = -\frac{f}{2}; \quad \alpha' = 0; \quad \alpha = -f'; \quad \beta = 0. \tag{48.4}$$

Liegt der Ausbreitungsvektor in Richtung einer Würfelkante $\mathfrak{k} = (k_1, 0, 0)$, so verschwinden sämtliche Nichtdiagonalglieder nach (48.3). Die Matrix ist schon auf Hauptachsen und man kann aus den Diagonalelementen (48.2) unmittelbar die Eigenfrequenzen ablesen:

$$-t_{11} = 16\beta' \sin^2 \frac{a}{4} k_1 + 4\alpha \sin^2 \frac{a}{2} k_1,$$
$$-t_{22} = -t_{33} = 8\beta' \sin^2 \frac{a}{4} k_1 + 8\alpha' \sin^2 \frac{a}{4} k_1 + 4\beta \sin^2 \frac{a}{2} k_1 \tag{48.2a}$$

oder

$$t_{11} = 8f \sin^2 \frac{a}{4} k_1 + 4f' \sin^2 \frac{a}{2} k_1$$
$$t_{22} = t_{33} = 4f \sin^2 \frac{a}{4} k_1 \qquad \text{für Federbindungen.} \tag{48.2b}$$

Der Maximalwert wird offenbar für $k_1 = 2\pi/a$ erreicht. Hier schwingen benachbarte 100-Ebenen in der in Fig. 29 gezeigten Form gegeneinander. Die Frequenzen folgen für die longitudinale Schwingung $(e \| \mathfrak{k})$ aus $M\omega^2 = t_{11}$, für die transversale $(e \perp \mathfrak{k})$ aus $M\omega^2 = t_{22}$. Die beiden transversalen Schwingungen haben die gleiche

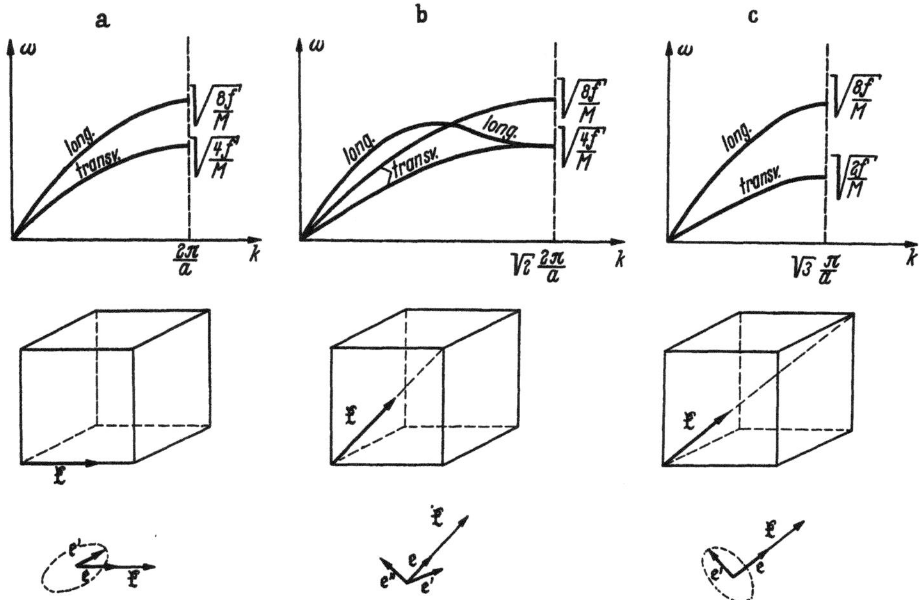

Fig. 30a—c. Frequenzverlauf und Polarisation für spezielle Lagen des Ausbreitungsvektors $\mathfrak{k}$ mit Federbindungen $(f'/f = \frac{1}{2})$. a $\mathfrak{k} = (k, 0, 0)$ in der Würfelkante. Longitudinale (e) und transversale (e') Polarisation. Die Transversalschwingung ist entartet, e' kann beliebig senkrecht zu $\mathfrak{k}$ gewählt werden. b $\mathfrak{k} = k/\sqrt{2} \cdot (1, 1, 0)$ in der Flächendiagonale. Die drei Polarisationsvektoren $[e \| \mathfrak{k}$ longitudinal, $e' = (0, 1, 0)$ und $e'' = 1/\sqrt{2} \cdot (-1, 0, 1)$ transversal] liegen vollständig fest. Die transversalen Schwingungen sind nicht entartet. c $\mathfrak{k} = k/\sqrt{3} \cdot (1, 1, 1)$ in der Raumdiagonale. Polarisationsverhältnisse wie bei a.

Frequenz, sie sind entartet. Daher ist die Lage der beiden transversalen Polarisationsvektoren senkrecht zu $\mathfrak{k}$ beliebig. Auch in der Würfeldiagonale und der Flächendiagonale lassen sich die Lösungen der Säkulargleichung samt Polarisationen leicht angeben. In der Flächendiagonale sind die beiden transversalen Schwingungen nicht mehr entartet. Das Achsenkreuz der Polarisationsvektoren liegt fest. Für ein Verhältnis der Federbindungen $f'/f = \frac{1}{2}$ sind in Fig. 30 diese Verhältnisse veranschaulicht.

Ferner zeigt Fig. 31 ein Spektrum mit $f' \cong 0$. Dieses Spektrum sollte näherungsweise für Silber gültig sein, solange man dort die Kräfte durch Federkräfte annähern kann. Solche Spektren werden meist so bestimmt[1], daß man mit einem verhältnismäßig kleinen Periodizitätsvolumen rechnet (etwa 1000 bis 10000 Atome) und für die dadurch bestimmte Auswahl von $\mathfrak{k}$-Werten die Säkulargleichung numerisch löst. Die Dichte der Eigenschwingungen im $\mathfrak{k}$-Raum ist konstant.

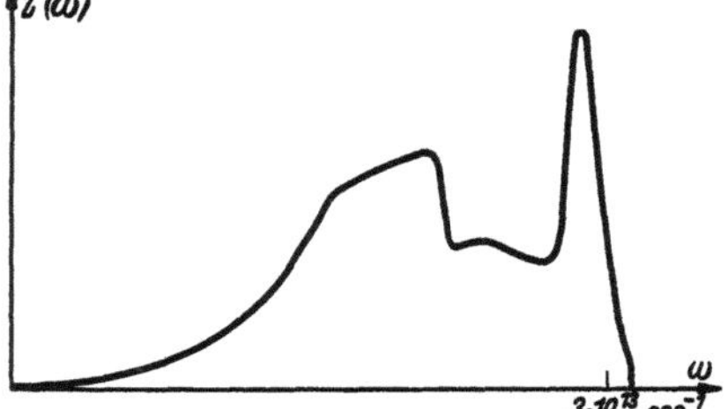

Fig. 31. Spektrum eines flächenzentrierten Gitters mit Federbindungen [nach R. B. Leighton: Rev. Mod. Phys. **20**, 165 (1948)]. Das Spektrum gehört zu einer Federbindung f zu den nächsten Nachbarn allein und entspricht etwa den Verhältnissen bei Silber. Der f-Wert ist aus elastischen Daten entnommen. Die Spitzen der spektralen Verteilung liegen etwa bei $\sqrt{\frac{8f}{M}}$ und $\sqrt{\frac{4f}{M}}$, wo man nach dem Verlauf $\omega(k)$ nach Fig. 30 eine starke Anhäufung von Frequenzen erwarten muß.

Es ist dann zweckmäßig, nicht eine Elementarzelle des reziproken Gitters zu betrachten, sondern den einfachen Elementarwürfel, der allerdings doppelt so viel Schwingungen

---

Die Bestimmung der Spektren wird im anschließenden Artikel von M. Blackman behandelt. Eine kurze zusammenfassende Darstellung findet man bei G. Leibfried u. W. Brenig: Fortschr. Phys. **1**, 187 (1953).

enthält wie die Elementarzelle (das $\mathfrak{k}$-Gitter ist raumzentriert). Wegen der 48 kubischen Symmetrieoperationen genügt es aber, die Säkulargleichung nur in 1/48 des Würfels zu lösen.

49. Normalkoordinaten im primitiven Gitter. Die Form der normierten, aber komplexen Eigenvektoren im primitiven Gitter ist offenbar

$$Q_{i\,s}^{m\,\mathfrak{k}} = e_i^{(s)}(\mathfrak{k})\,\frac{e^{i\,\mathfrak{k}\,\overline{\mathfrak{R}}^m}}{\sqrt{N}}. \tag{49.1}$$

Diese Größen bilden wieder eine unitäre Matrix

$$\sum_{m,i} Q_{i\,s}^{*m\,\mathfrak{k}}\, Q_{i\,s'}^{m\,\mathfrak{k}'} = \delta_{\mathfrak{k}\mathfrak{k}'}\,\delta_{ss'}. \tag{49.2}$$

Hier laufen die Indices i und s von 1 bis 3, m durchläuft die zu einem Periodizitätsvolumen gehörenden Werte, $\mathfrak{k}$ die Werte (47.7a) oder (47.7). Die Zerlegung der Verschiebungen nach den Eigenvektoren

$$s_i^m = \sum_{\mathfrak{k},s} a_s^{\mathfrak{k}}\, Q_{i\,s}^{m\,\mathfrak{k}} \tag{49.3}$$

hat die Umkehrung

$$a_s^{\mathfrak{k}} = \sum_{m,i} s_i^m\, Q_{i\,s}^{*m\,\mathfrak{k}}. \tag{49.3a}$$

Zwischen den komplexen Normalkoordinaten $a_s^{\mathfrak{k}}$ besteht aber wegen der Realität der Verschiebungen noch eine Nebenbedingung. Die Form dieser Nebenbedingung hängt von der Annahme über das Verhalten der $e^{(s)}(\mathfrak{k})$ in Abhängigkeit von $\mathfrak{k}$ ab. Die Matrix $t_{il}(\mathfrak{k})$ ist vom Vorzeichen von $\mathfrak{k}$ unabhängig. Daher sind die Polarisationen für Wellen $+\mathfrak{k}$ und $-\mathfrak{k}$ gleich. Die Polarisationsvektoren $e^{(s)}$ sind aber nur bis auf das Vorzeichen festgelegt. Nimmt man $e^{(s)}(\mathfrak{k}) = e^{(s)}(-\mathfrak{k})$ an, so lautet die Realitätsbedingung $a_s^{-\mathfrak{k}} = a_s^{*\,\mathfrak{k}}$. In manchen Fällen ist diese Definition unzweckmäßig, wenn man nämlich die Polarisationen in der Umgebung des Nullpunktes stetig definieren will. Würde man, was bei kleinen $\mathfrak{k}$-Werten vorkommen kann, immer longitudinale Schwingungen haben, und läuft man mit $\mathfrak{k}$ um den Nullpunkt herum, so müssen die Polarisationen bei Annahme von $e(\mathfrak{k}) = e(-\mathfrak{k})$ an irgendeiner Stelle unstetig ihr Vorzeichen wechseln. Will man das vermeiden, so definiert man zweckmäßig

$$e^{(s)}(\mathfrak{k}) = -\,e^{(s)}(-\mathfrak{k}), \tag{49.4}$$

und die Realitätsbedingung lautet dann

$$a_s^{-\mathfrak{k}} = -\,a_s^{*\,\mathfrak{k}}. \tag{49.5}$$

Kinetische und potentielle Energie sind unabhängig von der Annahme über $e(\mathfrak{k})$:

$$E_{\mathrm{kin}} = \sum_{\mathfrak{k},s} \frac{M}{2}\,\dot{a}_s^{*\,\mathfrak{k}}\,\dot{a}_s^{\mathfrak{k}} \tag{49.6a}$$

$$E_{\mathrm{pot}} = \sum_{\mathfrak{k},s} \frac{M}{2}\,(\omega_s(\mathfrak{k}))^2\, a_s^{*\,\mathfrak{k}}\, a_s^{\mathfrak{k}}. \tag{49.6b}$$

Die Bewegungsgleichung für die Normalkoordinaten ist somit:

$$\ddot{a}_s^{\mathfrak{k}} + (\omega_s(\mathfrak{k}))^2\, a_s^{\mathfrak{k}} = 0. \tag{49.7}$$

Wenn man zur reellen Schreibweise übergeht, so beschreibt Gl. (49.3) eine Überlagerung stehender Wellen[1]. Der Übergang zu laufenden Wellen erfolgt ähnlich
wie bei der linearen Kette, nur daß wegen (49.4) das Vorzeichen gewechselt wird.
Die Transformation zwischen den Amplituden der stehenden und der fortschreitenden Wellen hat die Form[2]

$$b_s^{\mathfrak{l}} = C_s^{\mathfrak{l}}(\omega_s(\mathfrak{l})\, a_s^{\mathfrak{l}} + i\, p_s^{\mathfrak{l}}); \quad (a_s^{-\mathfrak{l}} = -\,a_s^{*\,\mathfrak{l}}; \quad p_s^{-\mathfrak{l}} = -\,p_s^{*\,\mathfrak{l}},) \tag{49.8a}$$

$$2\,C_s^{\mathfrak{l}}\,\omega_s(\mathfrak{l})\, a_s^{\mathfrak{l}} = b_s^{\mathfrak{l}} - b_s^{*\,-\mathfrak{l}}, \tag{49.8b}$$

$$2\,C_s^{\mathfrak{l}}\,\omega_s(\mathfrak{l})\, p_s^{\mathfrak{l}} = b_s^{\mathfrak{l}} + b_s^{*\,-\mathfrak{l}}. \tag{49.8c}$$

Die Bewegungsgleichung ist:

$$\dot{b}_s^{\mathfrak{l}} + i\,\omega_s(\mathfrak{l})\, b_s^{\mathfrak{l}} = 0. \tag{49.9}$$

Wählt man analog zur linearen Kette

$$C_s^{\mathfrak{l}} = \sqrt{\frac{M}{2\,\hbar\,\omega_s(\mathfrak{l})}}, \tag{49.10}$$

so wird die Energie

$$E = \sum_{\mathfrak{l},\,s} \hbar\,\omega_s(\mathfrak{l})\, b_s^{*\,\mathfrak{l}}\, b_s^{\mathfrak{l}} \tag{49.11}$$

und die HAMILTON-Funktion

$$H = \sum_{\mathfrak{l},\,s} -\,i\,\omega_s(\mathfrak{l})\, P_s^{\mathfrak{l}}\, b_s^{\mathfrak{l}}. \tag{49.12}$$

Dabei ist $P_s^{\mathfrak{l}} = i\hbar b_s^{*\,\mathfrak{l}}$ der zu $b_s^{\mathfrak{l}}$ kanonisch konjugierte Impuls. Die endgültige
Zerlegung der Verschiebungen ist damit

$$s_i^{m} = \sum_{\mathfrak{l},\,s} \sqrt{\frac{\hbar}{2M\,\omega_s(\mathfrak{l})}}\; e_i^{(s)}(\mathfrak{l})\, \frac{e^{i\,\mathfrak{l}\,\overline{\mathfrak{R}}^m}}{\sqrt{N}}\, \{b_s^{\mathfrak{l}} - b_s^{*\,-\mathfrak{l}}\}. \tag{49.13}$$

Für die Impulse erhält man eine (45.4b) entsprechende Gleichung. Diese Transformation auf laufende Wellen ist deswegen hier so ausführlich behandelt worden,
weil sie später bei der Behandlung der Wärmeleitung benötigt wird[3].

50. Nicht primitive Gitter. Bei nicht primitiven Gittern mit der Bewegungsgleichung

$$M_\mu\, \ddot{s}_i^{m} = -\sum_{n,\,\nu,\,k} \Phi_{\mu\;i\;k}^{m\;n}\, {}_{\nu}\, s_k^{n} \tag{50.1}$$

$(\mu, \nu = 1, 2, \ldots, s;\quad s = \text{Zahl der Atome in der Elementarzelle})$

führt auch wieder der Ansatz ebener Wellen

$$s_{\mu\;i}^{m} = e_i^{\mu}\, e^{i\,(\mathfrak{l}\,\overline{\mathfrak{R}}_\mu^{m} - \omega t)} \tag{50.2}$$

zum Ziel, nur müssen den einzelnen primitiven Gittern eigene Amplituden zugeordnet werden. Damit wird aus (50.1)

$$M_\mu\, \omega^2\, e_i^{\mu} = \sum_{\nu,\,\mathfrak{l}} t_{i\;k}^{\mu\;\nu}(\mathfrak{l})\, e_k^{\nu} \tag{50.3}$$

---

[1] Sie wird in Ziff. 79 explizit aufgestellt.

[2] $C_s^{\mathfrak{l}}$ ist zunächst ein beliebiger, reeller vom Vorzeichen von $\mathfrak{l}$ unabhängiger Faktor.
$\omega_s(\mathfrak{l}) = \omega_s(-\mathfrak{l})$ ist immer positiv gewählt. $p_s^{\mathfrak{l}} = M\,\dot{a}_s^{\mathfrak{l}}$ ist der zu $a_s^{\mathfrak{l}}$ konjugierte Impuls.

[3] Die Schwerpunktskoordinaten müssen genau wie bei der linearen Kette gesondert behandelt werden und sind hier weggelassen worden. Der Term mit $\mathfrak{l} = 0$ entfällt.

mit der Matrix

$$t^{\mu\,\nu}_{i\,k}(\mathfrak{k}) = \sum_{\mathfrak{h}} \Phi^{\mathfrak{h}}_{\mu\,\nu}{}_{i\,k}\, e^{-\,i\,\mathfrak{k}(\overline{A}\,\mathfrak{h} + \overline{\mathfrak{R}}\mu - \overline{\mathfrak{R}}\nu)}\,. \tag{50.4}$$

Die Matrix $t^{\mu\,\nu}_{i\,k}$ ist nun im allgemeinen nicht mehr symmetrisch, sondern wegen $\Phi^{\mathfrak{h}}_{\mu\,\nu}{}_{i\,k} = \Phi^{-\mathfrak{h}}_{\nu\,\mu}{}_{k\,i}$ hermitesch:

$$t^{*\,\mu\,\nu}_{\ \ i\,k} = t^{\nu\,\mu}_{k\,i}\,. \tag{50.4a}$$

Die Frequenzen, die man zweckmäßig aus der symmetrisierten Form

$$\omega^2\,\sqrt{\overline{M}_\mu}\,e^{\mu}_i = \sum_{\nu,\,k} \frac{t^{\mu\,\nu}_{i\,k}}{\sqrt{\overline{M_\mu M_\nu}}}\,\sqrt{\overline{M}_\nu}\,e^{\nu}_i \tag{50.3a}$$

bestimmt, sind jedenfalls wegen der Hermitizität reell. $\mathfrak{k}$ ist wieder auf eine Elementarzelle des reziproken Gitters beschränkt. Die Abzählung der Eigenfrequenzen erfolgt genau wie im primitiven Gitter. Jetzt aber sind jedem $\mathfrak{k}$-Wert $3s$ Frequenzen und $3s$ verschiedene Schwingungszustände zugeordnet; denn im allgemeinen Gitter ist die Säkulargleichung, die aus dem Verschwinden der Determinante von (50.3) folgt, eine Gleichung der Ordnung $3s$ für die Berechnung von ω^2. Im primitiven Gitter erhält man drei Zweige der Frequenzgleichung (einen „longitudinalen" und zwei „transversale"). Diese Wellen gehen für kleine $\mathfrak{k}$-Werte in die elastischen Wellen über (Ziff. 58). Hier erhält man zusätzlich $3(s-1)$ optische Zweige dazu, bei denen im Grenzfall kleiner $\mathfrak{k}$-Werte die einzelnen primitiven Gitter unter sich starr gegen die anderen Gitter schwingen[1]. Beide Grenzfälle werden später noch ausführlich behandelt werden.

d) Quantenmechanik.

51. Hamilton-Operator und Eigenwerte. In der quantenmechanischen Beschreibung werden den Koordinaten und Impulsen der einzelnen Atome entsprechende Operatoren zugeordnet. Aus der Hamilton-Funktion wird ein Hamilton-Operator. Da der Kristall in ein System von $3N$ unabhängigen linearen Oszillatoren zerlegt werden kann, so sind die stationären Energiewerte für allgemeine Gitter

$$E_{\ldots N^{\mu}_s\ldots} = \sum_{\mathfrak{k},\,\mu,\,s} \hbar\,\omega^{\mu}_s(\mathfrak{k})\left(N^{\mathfrak{k}}_s + \tfrac{1}{2}\right)\cdot \tag{51.1}$$

Die $N^{\mathfrak{k}}_s$ sind ganze Zahlen ≥ 0. Wir werden den Hamilton-Operator später nur für primitive Gitter in der Zerlegung nach laufenden Wellen benötigen. Hier hat er die Form

$$H = \sum_{\mathfrak{k},\,s} \hbar\,\omega_s(\mathfrak{k})\,\{b^{\dagger\,\mathfrak{k}}_s\,b^{\mathfrak{k}}_s + \tfrac{1}{2}\}\,, \tag{51.2}$$

und seine Eigenwerte sind

$$E_{\ldots N^{\mathfrak{k}}_s\ldots} = \sum_{\mathfrak{k},\,s} \hbar\,\omega_s(\mathfrak{k})\,\{N^{\mathfrak{k}}_s + \tfrac{1}{2}\}\,. \tag{51.1a}$$

$b^{\dagger\,\mathfrak{k}}_s$ ist der zu $b^{\mathfrak{k}}_s$ hermitesch konjugierte Operator[2]. Die Vertauschungsrelationen sind

$$b^{\mathfrak{k}}_s\,b^{\dagger\,\mathfrak{k}'}_{s'} - b^{\dagger\,\mathfrak{k}'}_{s'}\,b^{\mathfrak{k}}_s = \delta_{\mathfrak{k}\mathfrak{k}'}\,\delta_{ss'}\,, \tag{51.3}$$

während alle anderen Operatoren vertauschbar sind.

---

[1] Für $\mathfrak{k}=0$ hängt nach (50.2) $s^{\mathfrak{m}}_{\mu}$ von $\mathfrak{m}$ nicht mehr ab, alle primitiven Gitter schwingen in sich starr. Die Verhältnisse liegen analog zur zweiatomigen Kette, nur daß im Raumgitter die Schwingungen in allen Richtungen erfolgen können.

[2] Vgl. z.B. G. Wentzel: Quantentheorie der Wellenfelder. Wien: Franz Deuticke 1943.

Der Summand $\frac{1}{2}$ in (51.1) und (51.2) kommt in dem entsprechenden klassischen Ausdruck für die HAMILTON-Funktion (49.11) nicht vor. Er kommt dadurch zustande, daß man zunächst die normalen Impulse und Koordinaten quantisiert. Bei dem Übergang zu laufenden Wellen durch die kanonische Transformation (49.8) sind Impulse und Koordinaten nicht mehr vertauschbar. Die Berücksichtigung der Nichtvertauschbarkeit liefert den Summanden $\frac{1}{2}$ in (51.2).

Im tiefsten quantenmechanisch möglichen Zustand verschwinden die Quantenzahlen oder Anregungsstärken $N_s^{\mathfrak{k}}$ aller Gitterschwingungen. Trotzdem bleibt nach (51.1) oder (51.1 a) eine Energie dieses tiefsten Zustandes bestehen. Diese „Nullpunktsenergie" $\frac{1}{2}\sum_{\mathfrak{k},s}\hbar\omega_s(\mathfrak{k})$ ist ein typisch quantenmechanischer Effekt. Auch am absoluten Nullpunkt, bei dem das Gitter sich im tiefsten quantenmechanischen Zustand befindet, gibt es noch eine Nullpunktsenergie, die sich aus kinetischer und potentieller Energie (Φ_2) zusammensetzt. Dieses Ergebnis besagt, daß die klassische Vorstellung eines idealen Gitters am absoluten Nullpunkt mit ruhenden Atomen auf den Gitterplätzen revidiert werden muß. Klassisch gesprochen führen die Atome auch bei der Temperatur des absoluten Nullpunkts noch Schwingungen aus. Auf Grund der Konkurrenz zwischen kinetischer und potentieller Energie in der quantenmechanischen Beschreibung stellt sich der quantenmechanische Grundzustand so ein, daß die Summe aus kinetischer und potentieller Energie ein Minimum wird. Sind die Lagen der Atome nahezu scharf gegeben, so muß zur quantenmechanischen Beschreibung dieses Zustandes ein hoher Anteil an kinetischer Energie mit in Kauf genommen werden. Umgekehrt wird bei nahezu ruhenden Atomen die Lage stark verschmiert und das bedeutet eine Erhöhung an potentieller Energie. Ein Maß für diese Verschmierung der Kernlagen (die Nullpunktsunruhe) ist die Nullpunktsenergie. Die Nullpunktsenergie ist ziemlich groß; sie ist vergleichbar mit der thermischen Energie $3NkT$ bei Zimmertemperatur. Die relativen Schwankungen des Abstandes benachbarter Atome im Gitter durch die Nullpunktsunruhe sind von der Größenordnung 5%, also viel größer als man sie bei normalen elastischen Beanspruchungen erzielen kann. Diese Schwankungen (Ziff. 79) machen sich vor allem bei Röntgenmessungen stark bemerkbar. Man kann natürlich die Quantisierung auch erst dann durchführen, nachdem man bereits auf fortschreitende Wellen transformiert hat. Dann tritt der Summand $\frac{1}{2}$ und damit die Nullpunktsenergie gar nicht auf. Man könnte ebensogut den Summanden $\frac{1}{2}$ in (51.2) weglassen. Das bedeutet aber nur eine Änderung des Nullpunktes der Energieskala und ändert nichts an der Physik des Gitters; die Nullpunktsunruhe bleibt nach wie vor bestehen. Es ist anschaulicher und bequemer, die Nullpunktsenergie mitzunehmen, weil man in ihr auch gleich ein Maß für die Verschmierung der Kernlagen besitzt.

Auch bei der Gleichgewichtsbedingung muß man die Nullpunktsenergie berücksichtigen. Bisher wurde so gerechnet, daß man die Gleichgewichtsbedingung am absoluten Nullpunkt durch das Minimum der potentiellen Energie allein definierte. Die kinetische Energie der Kerne wird also vernachlässigt. Tatsächlich aber muß im Gleichgewicht die gesamte Energie minimal sein. Solange man durchgehend mit den in den Verschiebungen quadratischen Anteil Φ_2 der potentiellen Energie auskommt, macht die Nullpunktsenergie für die Gleichgewichtsbedingung nichts aus. Denn die Kopplungsparameter ändern sich dann bei einer kleinen Verzerrung der durch Φ bestimmten Gleichgewichtsstruktur nicht, die Frequenzen und damit die Nullpunktsenergie ändern sich ebenfalls nicht (Ziff. 75). Die Nullpunktsenergie ist dann einfach eine additive Konstante, die bei der Gleichgewichtsbedingung herausfällt. Das wird dann der Fall sein, wenn die Atome des Gitters große Massen besitzen, weil dann die Verschmierung der Kernlagen nur klein ist und man daher mit der quadratischen Näherung auskommen wird. Ist die Verschmierung der Kernlagen bei kleinen Massen (z.B. bei festem Helium) dagegen groß, so muß man die höheren Entwicklungsglieder berücksichtigen. Die Frequenzen und die Nullpunktsenergie hängen dann von Änderungen der Gitterdaten ab. Die Gleichgewichtsbedingung muß neu formuliert werden[1] (Abschnitt G).

III. Zusammenhang von Gittertheorie und Elastizitätstheorie.

a) Phänomenologische Theorie der Kristallelastizität.

52. Grundlagen. Die phänomenologische Theorie der Elastizität behandelt den Kristall als Kontinuum mit konstanter Massendichte ϱ im unverzerrten Gleichgewichtszustand. Der Zustand wird beschrieben durch ein Verschiebungsfeld $\mathfrak{s}(\mathfrak{R}, t) = (s_i(\mathfrak{R}, t))$, ein Vektorfeld, das die Verschiebung eines im Gleichgewicht in $\mathfrak{R}$ gelegenen Punktes zur Zeit t angibt. Diese Beschreibung ist dann gerechtfertigt, wenn Verrückungen benachbarter Gitterbausteine nahezu gleich sind und in diesem Sinne durch ein kontinuierliches, langsam veränderliches Verschiebungsfeld ersetzt werden können, wobei die Verschiebungen als kleine Änderung behandelt werden.

Die Verzerrung des Kontinuums an jeder Stelle wird durch einen symmetrischen Verzerrungstensor[2]

$$\varepsilon_{mn} = \frac{1}{2}(s_{m|n} + s_{n|m}) \quad \text{mit der Abkürzung} \quad s_{m|n} = \frac{\partial s_m}{\partial X_n} \tag{52.1}$$

beschrieben.

Die Kräfte in der elastischen Theorie sind im allgemeinen Flächenkräfte (Spannungen) und werden durch einen ebenfalls symmetrischen Spannungstensor σ_{ik} beschrieben. Seine anschauliche Bedeutung ist die folgende: Man denke sich einen Schnitt in den Kristall gemacht und das Material auf der einen Seite des Schnitts entfernt. Sei $d\mathfrak{f} = (df_i)$ ein Oberflächenelement des Schnitts mit aus dem Material herauszeigender Normale, so ist $\sum\limits_{k} \sigma_{ik} df_k$ die i-Komponente der Kraft, die man in $d\mathfrak{f}$ anbringen muß, um trotz des Schnittes das Gleichgewicht aufrecht zu erhalten. Die Symmetrie von σ_{ik} entspringt der Forderung, daß im Gleichgewicht keine Momente auftreten dürfen.

Die Beziehungen zwischen Spannungen und Verzerrungen sind linear (Hookesches Gesetz) und werden durch einen Tensor vierter Stufe vermittelt

$$\sigma_{ik} = \sum_{m,n} C_{ik,mn}\, \varepsilon_{mn} \tag{52.2}$$

oder auch

$$\varepsilon_{mn} = \sum_{i,k} S_{mn,ik}\, \sigma_{ik}. \tag{52.2a}$$

Es existiert eine elastische Energiedichte[3] u (bezogen auf das Volumen des unverformten Kristalls)

$$u = \tfrac{1}{2} \sum_{i,k,m,n} \varepsilon_{ik}\, C_{ik,mn}\, \varepsilon_{mn} = \tfrac{1}{2} \sum_{i,k,m,n} s_{i|k}\, C_{ik,mn}\, s_{m|n}. \tag{52.3}$$

---

[1] Auch hier geht nicht der Absolutwert der Nullpunktsenergie, sondern nur ihre Änderung ein. Das ist wieder unabhängig davon, ob man die Nullpunktsenergie in (51.2) explizit mitnimmt oder nicht.

[2] Häufig definiert man für $m \neq n$: $\varepsilon_{mn} = s_{m|n} + s_{n|m}$. Das ist aber unzweckmäßig für eine allgemeine Formulierung, da dann die Verzerrungen nicht mehr Komponenten *eines* Tensors sind. Die Symmetrie rührt daher, daß für eine infinitesimale Drehung, d.h. antisymmetrisches $s_{m|n}$, die Verzerrung $\varepsilon_{m|n}$ verschwinden muß (vgl. Ziff. 74).

[3] u muß positiv definit sein (elastische Stabilität). Die $C_{ik,mn}$ können daher nicht beliebig gewählt werden, sondern sind einschränkenden Bedingungen unterworfen. In (52.3) ist beim Ersatz von ε_{ik} durch $s_{i|k}$ von den Symmetrie-Eigenschaften (52.5) Gebrauch gemacht.

Die elastischen Bewegungsgleichungen erhält man aus der Gleichsetzung der Trägheitskräfte $\int\limits_{V} \varrho \ddot{s}_i d\mathfrak{R}$ mit den durch die Spannungen vermittelten Kräften $\int\limits_{F} \sum\limits_{k} \sigma_{ik} df_k$. V ist dabei ein beliebiges Volumen, F dessen Oberfläche. Da nun $\int\limits_{F} \sum\limits_{k} \sigma_{ik} df_k = \int\limits_{V} \sum\limits_{k} \sigma_{ik|k} d\mathfrak{R}$ ist (GAUSSscher Satz), so erhält man zunächst $\varrho \ddot{s}_i = \sum\limits_{k} \sigma_{ik|k}$, da die Gleichsetzung für ein beliebiges Volumen gilt. Drückt man die Spannungen nach Gl. (52.2) durch die Verzerrungen aus, so resultiert:

$$\varrho \ddot{s}_i = \sum_{m,n,k} C_{ik,mn} s_{m|nk}. \tag{52.4}$$

Die elastischen Eigenschaften werden durch $C_{ik,mn}$ (oder $S_{mn,ik}$) gegeben. Der elastische Tensor ist symmetrisch gegen eine Vertauschung der beiden vorderen oder hinteren Indices unter sich und gegen eine Vertauschung der beiden Paare

$$C_{ik,mn} = C_{ki,mn} = C_{ik,nm} = C_{mn,ik}. \tag{52.5}$$

Ersteres folgt aus der Symmetrie der Verzerrungen und Spannungen, letzteres aus der Existenz einer Energiedichte nach Gl. (52.3)

Die elastischen Gleichungen können aus einem Variations-Prinzip abgeleitet werden. Die LAGRANGE-Dichte

$$l(\dot{s}_i, s_{i|n}) = \sum_i \frac{\varrho}{2} \dot{s}_i^2 - \frac{1}{2} \sum_{i,k,m,n} s_{i|k} C_{ik,mn} s_{m|n} \tag{52.6}$$

ist die Differenz zwischen kinetischer und elastischer Energiedichte. Das Variationsproblem besagt, daß $\int l\, d\mathfrak{R}\, dt$ ein Extremum sein soll mit der Randbedingung verschwindender Variation an den Integrationsgrenzen. Die EULERschen Gleichungen dieses Problems

$$-\frac{\partial}{\partial t}\frac{\partial l}{\partial \dot{s}_i} - \sum_n \frac{\partial}{\partial X_n}\frac{\partial l}{\partial s_{i|n}} + \frac{\partial l}{\partial s_i} = 0 \tag{52.7}$$

sind die Bewegungsgleichungen (52.4)

53. Eigenschaften der elastischen Konstanten. Die Größen $C_{ik,mn}$ transformieren sich bei Drehungen des Koordinatensystems nach den Regeln für die Transformation von Tensoren. Ist D_{ik} die der Drehung des Koordinatensystems zugeordnete orthogonale Matrix $\left(\mathfrak{R}' = D\mathfrak{R};\ X_i' = \sum\limits_{l} D_{il} X_l\right)$, so ist im gedrehten System

$$C'_{ik,mn} = \sum_{i',k',m',n'} D_{ii'} D_{kk'} D_{mm'} D_{nn'} C_{i'k',m'n'}. \tag{53.1}$$

Genau so transformiert sich C bei Drehungen des Kristalls (nur reziprok!).

Es gibt gewisse Symmetrieoperationen, so wie sie in Ziff. 11 besprochen wurden, bei denen der C-Tensor invariant bleibt ($C' = C$). Das sind alles Operationen wie in (53.1) mit reell orthogonalen Matrizen D. Zahl und Art dieser Operationen hängen von der Kristallsymmetrie ab. Sie werden später an einfachen Beispielen besprochen werden. Die Zahl der unabhängigen elastischen Konstanten wird durch die Kristallsymmetrie vermindert. Im allgemeinen Fall gibt es 21 unabhängige elastische Konstanten.

In einem elastisch isotropen Körper muß C gegen jede Drehung invariant sein. C hat dann die Form

$$C_{ik,mn} = A\, \delta_{ik}\delta_{mn} + B(\delta_{im}\delta_{kn} + \delta_{in}\delta_{km}) \tag{53.2}$$

mit zwei unabhängigen elastischen Konstanten A und B.

Meist werden nach dem Vorgang von W. Voigt [26] den $C_{ik,\,mn}$ einfacher indicierte Größen $c_{\alpha\beta}(\alpha, \beta: 1, 2, \ldots, 5, 6)$ nach folgendem Schema zugeordnet (Tabelle 11):

$$i\,k\ \text{bzw.}\ m\,n \quad 11\ \ 22\ \ 33\ \ 23\ \ 13\ \ 12$$

$$\alpha\ \ \text{bzw.}\ \ \beta \quad\ \ 1\quad 2\quad 3\quad 4\quad 5\quad 6.$$

Tabelle 11. *Definition der* Voigt*schen elastischen Konstanten. (Verknüpfung zwischen $C_{ik,\,mn}$ und $c_{\alpha\beta}$).*

$C_{ik,\,mn}\!\rightarrow$ 11	22	33	23	13	12
11	c_{11}	c_{12}	c_{13}	c_{14}	c_{15}	c_{16}
22	c_{21}	c_{22}	c_{23}	c_{24}	c_{25}	c_{26}
33	c_{31}	c_{32}	c_{33}	c_{34}	c_{35}	c_{36}
23	c_{41}	c_{42}	c_{43}	c_{44}	c_{45}	c_{46}
13	c_{51}	c_{52}	c_{53}	c_{54}	c_{55}	c_{56}
12	c_{61}	c_{62}	c_{63}	c_{64}	c_{65}	c_{66}

Die Matrix $c_{\alpha\beta}$ ist wegen (52.5) symmetrisch ($c_{\alpha\beta} = c_{\beta\alpha}$) und enthält daher offenbar gerade 21 unabhängige Größen.

Indiciert man auch Spannungen und Verzerrungen nach dem gleichen Schema als sechskomponentige Größen, wobei die Nichtdiagonalglieder des Verzerrungstensors noch mit einem Faktor 2 versehen werden (vgl. F. N. 2 S. 178), so gilt

$$\sigma_\alpha = \sum_\beta c_{\alpha\beta}\,\varepsilon_\beta \tag{53.3a}$$

mit der Umkehrung

$$\varepsilon_\alpha = \sum_\beta \bar{s}_{\alpha\beta}\,\sigma_\beta. \tag{53.3b}$$

Die $c_{\alpha\beta}$ heißen die elastischen Moduln, die $\bar{s}_{\alpha\beta}$ die elastischen Koeffizienten. Das Verfahren ist insofern vom theoretischen Standpunkt aus inkonsequent, als in (53.3a) die ε_β nicht die Komponenten *eines* Tensors sind, in (53.3b) weder die ε_α noch die $\bar{s}_{\alpha\beta}$. Würde man aus $S_{ik,\,mn}$ entsprechende Größen $s_{\alpha\beta}$ definieren, so würden sie sich von den $\bar{s}_{\alpha\beta}$ zum Teil um Faktoren 2 und 4 unterscheiden. Während die $s_{\alpha\beta}$ und $c_{\alpha\beta}$ Komponenten *eines* Tensors sind, sind dies die $\bar{s}_{\alpha\beta}$ nicht. Daher ist auch das Transformationsverhalten für die $c_{\alpha\beta}$ und $\bar{s}_{\alpha\beta}$ verschieden. Die Bedingung für Isotropie z.B. drückt sich in den $c_{\alpha\beta}$ und $s_{\alpha\beta}$ gleich aus, dagegen verschieden in $c_{\alpha\beta}$ und $\bar{s}_{\alpha\beta}$. Indessen hat sich das Verfahren weitgehend eingebürgert, so daß man in den Tabellen neben $c_{\alpha\beta}$ immer die Werte $\bar{s}_{\alpha\beta}$ findet.

Tabelle 12. *Schema der elastischen Konstanten kubischer Kristalle.*
Drei unabhängige Konstante:
$c_{11} \cdot c_{12}, c_{44}.$

c_{11}	c_{12}	c_{12}	0	0	0
c_{12}	c_{11}	c_{12}	0	0	0
c_{12}	c_{12}	c_{11}	0	0	0
0	0	0	c_{44}	0	0
0	0	0	0	c_{44}	0
0	0	0	0	0	c_{44}

Tabelle 13. *Schema der elastischen Konstanten hexagonaler Kristalle.*
Fünf unabhängige Konstante:
$c_{11}, c_{33}, c_{12}, c_{13}, c_{44}.$

c_{11}	c_{12}	c_{13}	0	0	0
c_{12}	c_{11}	c_{13}	0	0	0
c_{13}	c_{13}	c_{33}	0	0	0
0	0	0	c_{44}	0	0
0	0	0	0	c_{44}	0
0	0	0	0	0	c_{66}†

$$\dagger\ c_{66} = \frac{c_{11} - c_{12}}{2}$$

Die Tabellen 12 und 13 zeigen das Schema der elastischen Konstanten für kubische und hexagonale[1] Kristalle. Dabei sind die Achsen im kubischen Kristall

---

[1] Es gibt im hexagonalen System Kristalle mit fünf, sechs und sieben unabhängigen Konstanten. Tabelle 13 gibt die Verhältnisse für fünf Konstante wieder, zu diesen Kristallen gehört die hexagonal dichteste Packung.

parallel den Kanten des Elementarkubus. Im hexagonalen Kristall liegt die Z-Achse parallel zur hexagonalen Achse, während X- und Y-Achse beliebig senkrecht dazu orientiert sein können. Nur bei dieser Wahl des Koordinatensystems wird das Schema so einfach. Bei beliebiger Lage füllt sich im allgemeinen das ganze $c_{\alpha\beta}$-Schema auf.

Für isotrope Kristalle gilt neben den durch Tabelle 12 ausgedrückten kubischen Bedingungen für die $c_{\alpha\beta}$ noch

$$c_{11} = c_{12} + 2c_{44}. \tag{53.3}$$

Das elastische Verhalten des isotropen Materials kann dann durch c_{12} und c_{44} allein charakterisiert werden:

$$C_{ik,mn} = c_{12}\,\delta_{ik}\,\delta_{mn} + c_{44}\,(\delta_{im}\,\delta_{kn} + \delta_{in}\,\delta_{km}). \tag{53.2a}$$

54. Elastische Wellen. Die einfachsten Lösungen der elastischen Gleichungen für einen unendlich ausgedehnten Kristall sind ebene elastische Wellen der Form

$$\mathfrak{s}(\mathfrak{R},\,t) = \mathfrak{e}\,e^{i(\mathfrak{k}\mathfrak{R}-\omega t)}. \tag{54.1}$$

$\mathfrak{k}$ ist der Ausbreitungsvektor der Welle, $2\pi/|\mathfrak{k}|$ die Wellenlänge und $\omega/|\mathfrak{k}|$ die Schallgeschwindigkeit. Geht man mit (54.1) in die Bewegungsgleichungen (52.4) ein, so erhält man

$$\varrho\,\omega^2 e_i = \sum_{k,m,n} C_{ik,mn}\,k_k\,k_n\,e_m = \sum_m T_{im}(\mathfrak{k})\,e_m; \quad T_{im}(\mathfrak{k}) = \sum_{k,n} C_{ik,mn}\,k_k\,k_n \tag{54.2}$$

ein Gleichungssystem zur Bestimmung der Frequenzen $\omega(\mathfrak{k})$ und der Polarisation $\mathfrak{e}(\mathfrak{k})$ der Schallwellen. Zu jedem $\mathfrak{k}$ gibt es drei Frequenzen und drei zugeordnete Polarisationen. Die allgemeinste elastische Bewegung entsteht durch Superposition dieser Lösungen mit verschiedenen Ausbreitungsvektoren.

Nur im isotropen Material sind die Lösungen einfach. Hier ist mit (53.2a)

$$T_{im}(\mathfrak{k}) = (c_{12} + c_{44})\,k_i\,k_m + c_{44}\,k^2\,\delta_{im}. \tag{54.3}$$

Dann kann man (54.2) auch in die Form

$$\varrho\,\omega^2 e_i = \sum_m (c_{12} + c_{44})\,k_i\,k_m\,e_m + c_{44}\,k^2\,e_i \tag{54.4}$$

oder

$$\varrho\,\omega^2 \mathfrak{e} = (c_{12} + c_{44})\,\mathfrak{k}\,(\mathfrak{k}\cdot\mathfrak{e}) + c_{44}\,k^2\,\mathfrak{e} \tag{54.4a}$$

bringen.

Aus Gl. (54.4a) erkennt man unmittelbar, daß es eine longitudinale Lösung $(\mathfrak{e}\,||\,\mathfrak{k})$ gibt mit

$$\varrho\,\omega_l^2 = (c_{12} + 2c_{44})\,k^2 = c_{11}\,k^2 \tag{54.5a}$$

und zwei unabhängige transversale Lösungen $(\mathfrak{e}\perp\mathfrak{k})$ mit

$$\varrho\,\omega_t^2 = c_{44}\,k^2. \tag{54.5b}$$

Die Schallgeschwindigkeiten longitudinaler (c_l) und transversaler Wellen (c_t) sind entsprechend

$$c_l = \sqrt{\frac{c_{11}}{\varrho}} \tag{54.6a}$$

und

$$c_t = \sqrt{\frac{c_{44}}{\varrho}}. \tag{54.6b}$$

Im allgemeinen liegt jedoch das Achsenkreuz der zueinander orthogonalen Polarisationsvektoren beliebig zur Ausbreitungsrichtung[1]. Nur in bestimmten durch die Kristallsymmetrie ausgezeichneten Richtungen kann es reine Longitudinal- oder Transversalwellen geben, so z.B. in kubischen Kristallen für Ausbreitungsvektoren längs der kubischen Achsen.

Das elastische Spektrum kann man wie bei den Gitterschwingungen berechnen. Legt man ein würfelförmiges Periodizitätsvolumen $V = L^3$ zugrunde, so werden durch die Forderung der Periode L in den drei Achsenrichtungen $\mathfrak{k}$-Werte ausgesondert

$$k_i = \frac{2\pi}{L} m_i \quad \text{mit} \quad m_i = 0, \pm 1, \pm 2, \ldots . \tag{54.7}$$

Die $\mathfrak{k}$-Werte sind im Gegensatz zur Gittertheorie nicht beschränkt. Bei Isotropie läßt sich das elastische Spektrum leicht angeben. Die Zahl der nach (54.7) möglichen $\mathfrak{k}$-Werte in einer Kugelschale $(k, k+dk)$ ist $\left(\frac{L}{2\pi}\right)^3 4\pi k^2 dk$. Für die longitudinalen Wellen ist $\omega = c_l k$, daher ist die Zahl der longitudinalen Schwingungen in $(\omega, \omega + d\omega)$

$$Z_l(\omega)\, d\omega = \left(\frac{L}{2\pi}\right)^3 \frac{4\pi}{c_l^3} \omega^2\, d\omega = \frac{V}{2\pi^2} \cdot \frac{1}{c_l^3} \omega^2\, d\omega . \tag{54.8a}$$

Die Transversalwellen liefern einen entsprechenden Beitrag[2]:

$$Z_t(\omega)\, d\omega = \frac{V}{2\pi^2} \cdot \frac{2}{c_t^3} \omega^2\, d\omega . \tag{54.8b}$$

Im ganzen wird also das elastische Spektrum

$$Z_{el}(\omega)\, d\omega = \frac{V}{2\pi^2} \left\{ \frac{1}{c_l^3} + \frac{2}{c_t^3} \right\} \omega^2\, d\omega . \tag{54.9}$$

Die Proportionalität des elastischen Spektrums zu ω^2 gilt auch bei anisotropen Medien, die Proportionalitätskonstante muß aber numerisch berechnet werden. Für kleine $\mathfrak{k}$-Werte müssen die Gitterschwingungen in die elastischen Schwingungen übergehen. Das aus den elastischen Daten berechnete Spektrum ist also für kleine Frequenzen richtig und beschreibt so den Anfangsteil der spektralen Verteilung der Gittertheorie.

55. Messung elastischer Konstanten. Es können hier nur die einfachsten Versuche dargestellt werden. (Eine zusammenfassende Darstellung mit Zahlenangaben über elastische Konstante wird in [27] gegeben). Die Meßmethoden kann man im wesentlichen in statische und dynamische Methoden unterteilen. Bei den dynamischen Versuchen beobachtet man Kristallschwingungen (Schallwellen), besonders eindrucksvoll an der Lichtbeugung in zu Ultraschall-Schwingungen angeregten Kristallen. Hier werden die $c_{\alpha\beta}$ unmittelbar bestimmt. Bei den statischen Versuchen gibt man im allgemeinen die Spannungen vor, mißt die Verzerrungen und entnimmt aus diesem Zusammenhang die elastischen Konstanten. Hier werden immer die $s_{\alpha\beta}$ unmittelbar gemessen.

---

[1] Bei Isotropie ist ω proportional zu k. Phasengeschwindigkeit und Gruppengeschwindigkeit sind identisch. Bei Anisotropie geht der Energietransport im allgemeinen nicht in Richtung des Ausbreitungsvektors. Die Dichte $\mathfrak{q}$ der elastischen Energieströmung ist allgemein: $q_i = \sum_l \sigma_{il} \dot{s}_l$. Nur im isotropen Kristall hat $\mathfrak{q}$ für eine ebene Welle immer die Richtung von $\mathfrak{k}$.

[2] Der Faktor 2 in (54.8b) gegen (54.8a) rührt daher, daß es zwei unabhängige Transversalwellen zu jedem $\mathfrak{k}$ gibt.

Nur die einfachsten Fälle, nämlich homogener Druck und homogener Zug, sollen hier kurz behandelt werden. Bei homogenen Verhältnissen sind Spannungen und Verzerrungen konstant (unabhängig vom Ort). Dann sind die Verschiebungen lineare Funktionen des Ortes

$$s_m = \sum_n v_{mn} X_n.$$

Man nennt das eine homogene Verformung, v_{mn} ist der Tensor, der die homogene Verformung beschreibt. In die Verzerrungen und in die Energiedichte geht nur der symmetrische Anteil ε_{mn} von v_{mn} ein: $\varepsilon_{mn} = \frac{1}{2}(v_{mn} + v_{nm})$.

Bei gegebenem hydrostatischen Druck p ist

$$\sigma_{ik} = -p\,\delta_{ik}. \tag{55.1}$$

Die Verzerrungen sind

$$\varepsilon_{mn} = -p \sum_i S_{mn,ii}. \tag{55.2}$$

Gemessen wird meist nur die relative Volumänderung

$$\frac{\delta V}{V} = \operatorname{div} \mathfrak{s} = \sum_m s_{m|m} = \sum_m \varepsilon_{mm} = -p \sum_{m,i} S_{mm,ii}. \tag{55.3}$$

Die Volum-Kompressibilität $\varkappa$ ist damit

$$\varkappa = -\frac{\delta V}{p V} = \sum_{m,i} S_{mm,ii}. \tag{55.4}$$

Für einen kubischen Kristall erfüllen die $s_{\alpha\beta}$ die gleichen Relationen[1] wie die $c_{\alpha\beta}$ nach Tabelle 11, damit wird

$$\left.\begin{aligned}
\varepsilon_{11} &= \varepsilon_{22} = \varepsilon_{33} = -p\,(s_{11} + 2 s_{12}), \\
\varepsilon_{12} &= \varepsilon_{13} = \varepsilon_{23} = 0, \\
\varkappa &= 3\,(s_{11} + 2 s_{12}) = \frac{3}{c_{11} + 2 c_{12}}.
\end{aligned}\right\} \tag{55.5}$$

Die Dehnungen sind nach allen Richtungen gleich groß ($\varepsilon_{11} = \varepsilon_{22} = \varepsilon_{33}$). Der Kristall wird ähnlich verformt. Im hexagonalen Kristall

$$\left.\begin{aligned}
\varepsilon_{11} &= \varepsilon_{22} = -p\,(s_{11} + s_{12} + s_{13}), \\
\varepsilon_{33} &= -p\,(s_{33} + 2 s_{13}), \\
\varepsilon_{12} &= \varepsilon_{13} = \varepsilon_{23} = 0, \\
\varkappa &= 2 s_{11} + s_{33} + 2 s_{12} + 4 s_{13}
\end{aligned}\right\} \tag{55.5a}$$

wird der Kristall unähnlich verformt. Die Dehnung in Richtung der hexagonalen Achse (ε_{33}) ist verschieden von den Dehnungen (ε_{11} und ε_{22}) senkrecht dazu.

Da bei den kubischen Kristallen eine ähnliche Verzerrung auftritt, so ist die Kompressibilität eines Haufwerks von verschieden orientierten Einkristallen identisch mit der des Einkristalls selbst. Daher liefern Kompressibilitäts-Messungen an Vielkristallen unmittelbare Aussagen über die Einkristall-Konstanten. Das ist aber nur bei kubischen Kristallen der Fall.

Auch der homogene Zugversuch an einem Zylinder mit seiner Achse in Richtung $\mathfrak{e}\,(\mathfrak{e}^2 = 1)$ läßt sich noch sehr einfach behandeln. Ist die Zugspannung σ,

---

[1] Zwischen $S_{mn,ik}$ und $s_{\alpha\beta}$ besteht die gleiche Beziehung wie zwischen $C_{ik,mn}$ und $c_{\alpha\beta}$. Die $s_{\alpha\beta}$ sind nicht die in der Literatur sonst verwendeten elastischen Koeffizienten. Vgl. die Bemerkungen im Kleindruck zu Ziff. 53.

so sind die Spannungen (Fig. 32)

$$\sigma_{ik} = \sigma\, e_i\, e_k \tag{55.6}$$

und die Verzerrungen

$$\varepsilon_{mn} = \sigma \sum_{i,k} S_{mn,ik}\, e_i\, e_k. \tag{55.7}$$

Die Dehnung in Richtung der Achse e ist [1]

$$\varepsilon_e = \sum_{m,n} \varepsilon_{mn}\, e_m\, e_n = \sigma \sum_{\substack{m,n\\i,k}} e_m\, e_n\, S_{mn,ik}\, e_i\, e_k. \tag{55.8}$$

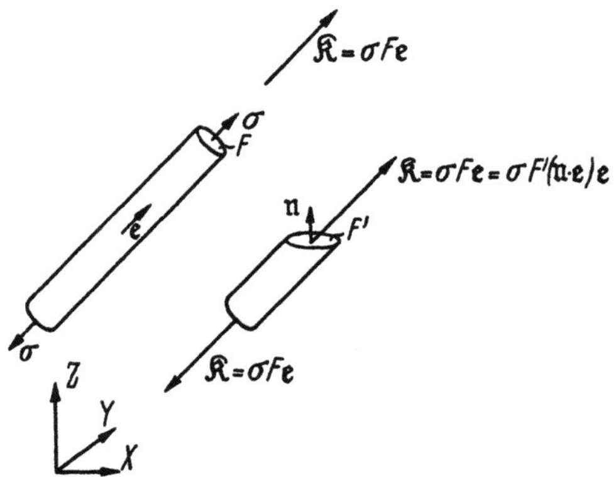

Fig. 32. Homogener Zugversuch an einem Kreiszylinder vom Querschnitt F. Die Kraft $\Re$ auf die gesamte Oberfläche unter einer Zugspannung σ ist: $\Re = \sigma F e$. Schneidet man den Zylinder durch, so wird eine neue ebene Fläche F' mit der Normalen $\mathfrak{n}$ ($\mathfrak{n}^2 = 1$) freigelegt. Es ist: $F'(\mathfrak{n}\, e) = F$. Die gesamte Kraft auf die freigelegte Fläche F' bleibt gleich $\Re$. Bezieht man $\Re$ auf die neue Oberfläche F': $\Re = \sigma(\mathfrak{n}\, e)\, e F'$ oder $K_i = \sum_k \sigma\, e_i\, e_k\, n_k F'$, so sieht man (nach Ziff. 52), daß für den vorliegenden Spannungszustand $\sigma_{ik} = \sigma\, e_i\, e_k$ ist. Durch das Achsenkreuz ist das Koordinaten-System des Kristalls angedeutet, in ihm sind die elastischen Konstanten $c_{\alpha\beta}$ definiert.

Den Elastizitätsmodul E pflegt man durch das Verhältnis dieser Dehnung zur angelegten Zugspannung zu definieren, er hängt von der Orientierung der Zylinderachse zum Kristallgitter ab:

$$\frac{1}{E_e} = \frac{\varepsilon_e}{\sigma} = \sum_{\substack{m,n\\i,k}} e_m\, e_n\, S_{mn,ik}\, e_i\, e_k. \tag{55.9}$$

Daraus wird für kubische Symmetrie

$$\left.\begin{aligned}\frac{1}{E_e} &= (s_{12} + 2 s_{44}) + \\ &\quad + (s_{11} - s_{12} - 2 s_{44}) \sum_n e_n^4\end{aligned}\right\} \tag{55.9a}$$

und für hexagonale Symmetrie

$$\left.\begin{aligned}\frac{1}{E_e} &= s_{11} + \\ &+ 2(s_{13} + 2 s_{44} - s_{11})\, e_3^2 + \\ &+ (s_{11} + s_{33} - 2 s_{13} - 4 s_{44})\, e_3^4.\end{aligned}\right\} \tag{55.9b}$$

Bei kubischen Kristallen erhält man demnach aus der Kompressibilität $s_{11} + 2 s_{12}$ und aus Messung des Elastizitätsmoduls in Abhängigkeit von der Orientierung e der Achse [2] $s_{12} + 2 s_{44}$ und $s_{11} - s_{12} - 2 s_{44}$, also den kompletten Satz der drei elastischen Konstanten s_{11}, s_{12} und s_{44}. Bei hexagonalen Kristallen erhält man dabei nur vier unabhängige Daten; die fünfte Konstante muß dann aus anderen Messungen bestimmt werden.

Homogene Scherversuche lassen sich experimentell nicht durchführen. Meist werden Torsionsversuche durchgeführt, bei denen Spannungen und Dehnungen inhomogen (ortsabhängig) sind. Für den kubischen Kristall soll aber die Energiedichte bei zwei speziellen Scherungen mit (kleinem) Scherwinkel γ angegeben werden, weil man diese aus der Gittertheorie ebenfalls berechnen kann und so durch Vergleich die elastischen Konstanten bekommt.

---

[1] ε_e ist die Längenänderung einer Längeneinheit in e-Richtung. Bei homogener Verformung $s_m = \sum \varepsilon_{mn}\, X_n$ wird die Stelle $\Re = e$ um $\mathfrak{s}(e)$ verschoben, während $\mathfrak{s}(0) = 0$ ist. $e \cdot \mathfrak{s}(e)$ ist dann ε_e nach (55.8).

[2] Eine andere Möglichkeit, den gleichen Versuch zu beschreiben, ist die: Man lege die X-Achse des Koordinatensystems in Richtung der Zugachse. Dann ist $\varepsilon_e = \varepsilon_{11} = \sigma s_{11}$ und $1/E_e = s_{11}$. Wenn man das Koordinatensystem dreht, ändern sich die $s_{\alpha\beta}$. Zur Berechnung von $1/E_e$ benötigt man den Wert von s_{11} im gedrehten Koordinatensystem. Die Umrechnung erfolgt nach (53.1) und liefert natürlich das gleiche Resultat. Bei Isotropie ($s_{11} = s_{12} + 2 s_{44}$) verschwinden die Winkelabhängigkeiten in (55.9) und $1/E$ wird, wie es sein muß, unabhängig von der Richtung der Zugachse.

Zunächst die Scherung längs der Würfelebenen. Hier ist[1] (Fig. 33a):

$$s_x = \gamma Z; \quad s_y = s_z = 0, \tag{55.10}$$

$$\varepsilon_{xz} = \tfrac{1}{2}\gamma, \tag{55.10a}$$

während alle anderen Verzerrungskomponenten verschwinden. Die Energiedichte nach (52.3) wird

$$u = \tfrac{1}{2} \sum_{\substack{i,k \\ m,n}} C_{ik,mn}\, \varepsilon_{ik}\, \varepsilon_{mn} = \tfrac{1}{2} c_{44}\gamma^2. \tag{55.11}$$

Bei einer Scherung längs der (1, 1, 0)-Ebenen (Fig. 33b) wird

$$s_x = \frac{\gamma}{2}(X + Y); \quad s_y = -\frac{\gamma}{2}(X + Y); \quad s_z = 0. \tag{55.12}$$

Nur die Verzerrungs-Komponenten ε_{xx} und ε_{yy} sind von Null verschieden:

$$\varepsilon_{xx} = \tfrac{1}{2}\gamma; \quad \varepsilon_{yy} = -\tfrac{1}{2}\gamma. \tag{55.12a}$$

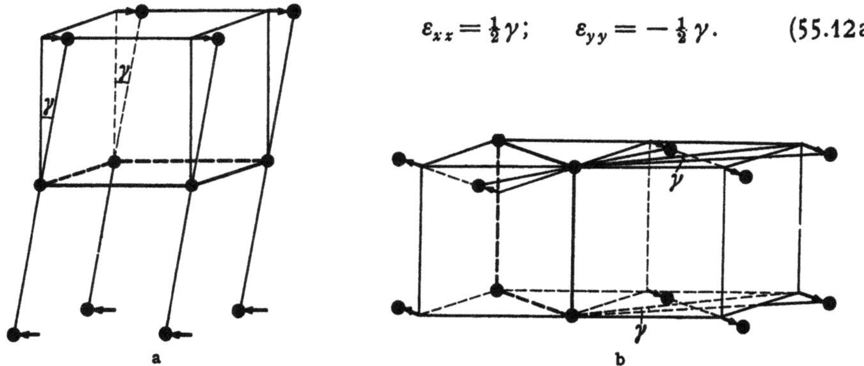

Fig. 33a u. b. Atombewegungen im kubisch primitiven Gitter bei Scherungen um den Winkel γ. a Scherung längs der Würfelebene (0, 0, 1) in Richtung (1, 0, 0) nach (55.10). Die Atome der stark ausgezogenen Ebene bewegen sich nicht. b Scherung längs der (1, 1, 0)-Ebene in Richtung (1, −1, 0) nach (55.12). Die Atome der stark ausgezogenen Ebene bleiben stehen.

Die Energiedichte wird in diesem Fall

$$u = \frac{1}{2}\,\frac{c_{11} - c_{12}}{2}\,\gamma^2. \tag{55.13}$$

Aus der Energie bei allseitiger Kompression erhält man $c_{11} + 2c_{12}$, aus den beiden Scherungen c_{44} und $c_{11} - c_{12}$. Damit bekommt man bei Berücksichtigung dieser drei einfachen Verformungen den kompletten Satz der drei elastischen Konstanten für kubische Kristalle.

Als Maß für die Abweichung von der Isotropie kann man das Verhältnis der „Schubmoduln" c_{44} und $\frac{c_{11} - c_{12}}{2}$ für die beiden Scherversuche, also $\frac{c_{11} - c_{12}}{2\,c_{44}}$ nehmen. Bei Isotropie ist dieses Verhältnis 1, bei den sehr stark anisotropen Alkalien etwa 10 (vgl. Ziff. 70).

b) Gittertheorie und elastische Theorie bei primitiven Gittern.

56. Die möglichen Verfahren. Es gibt eine Reihe von Verfahren, um den Übergang von der Gittertheorie zur Elastizitätstheorie durchzuführen und damit die elastischen Konstanten aus den Gittergrößen zu berechnen.

---

[1] Die Verschiebungen und Verzerrungen sind der Anschaulichkeit halber an Stelle von 1, 2, 3 mit x, y, z indiciert.

α) *Homogene Verzerrung.* Man berechnet die Energiedichte für eine beliebige homogene Verzerrung aus dem Gleichgewichtszustand $\left(s_m = \sum_n v_{mn} X_n;\; s_m^n = \sum_n v_{mn} \overline{X}_n^n\right)$. Durch Vergleich mit der elastischen Energiedichte (52.3) erhält man die elastischen Konstanten. Das Verfahren läßt sich nur durchführen, wenn man die potentielle Energie ε_Z und die entsprechende Dichte ε_Z/V_Z wirklich kennt. Bei alleiniger Kenntnis der Kopplungsparameter läßt sich dieses Verfahren nicht unmittelbar durchführen[1].

β) *Langsam veränderliche Verschiebungen.* Im elastischen Gebiet dürfen die Verschiebungen benachbarter Atome nur wenig voneinander abweichen. Dann ist es gerechtfertigt, die Verschiebungen $\mathfrak{s}^n$ der Gittertheorie durch ein Verschiebungsfeld $\mathfrak{s}(\mathfrak{R}^n)$ zu beschreiben, wobei das Verschiebungsfeld $\mathfrak{s}(\mathfrak{R})$ eine nur langsam mit dem Ort veränderliche Größe sein soll. Unter diesen Voraussetzungen kann man die elastischen Bewegungsgleichungen mit den Gleichungen der Gittertheorie in dieser Näherung vergleichen und daraus die elastischen Konstanten bestimmen. Oder man kann versuchen, kinetische und potentielle Energie in dieser Näherung auszurechnen und deren Dichten zu vergleichen. Es stellt sich heraus, daß man im allgemeinen dabei nur die Lagrange-Dichten erhält, die die richtigen Bewegungsgleichungen liefern, aber nicht die richtigen Dichten der elastischen Energie. Die richtigen Energiedichten müssen rotationsinvariant sein, die abgeleiteten Dichten in der Näherung langsam veränderlicher Verschiebungsfelder sind dies im allgemeinen nicht. Unter der Annahme langsam veränderlicher Verschiebungen erhält man demnach die Lagrange-Dichten, bzw. die Bewegungsgleichungen. Bei nichtprimitiven Gittern muß man Verschiebungsfelder für alle primitiven Untergitter einführen. Das elastische Feld ist das der Schwerpunkts-Verschiebung zugeordnete Feld. Die relativen Verschiebungen der Teilgitter müssen eliminiert werden.

γ) *Lange Wellen.* Die Wellen der elastischen Theorie entsprechen Gitterwellen mit kleinen $\mathfrak{k}$-Werten (lange Wellen). Ein Vergleich der Säkulargleichungen der Gittertheorie mit denen der elastischen Theorie liefert die elastischen Konstanten. Wieder müssen, bei nichtprimitiven Gittern, die Teilschwingungen der Gitter gegeneinander (die optischen Grenzschwingungen) eliminiert werden. Im übrigen ist dieses Verfahren identisch mit dem Ansatz langsam veränderlicher Verschiebungsfelder, da die Bewegungsgleichung und die Säkulargleichung des Wellenansatzes durch eine Fourier-Transformation miteinander verknüpft sind. Daher kann man aus der Bewegungsgleichung sofort die Säkulargleichung hinschreiben und umgekehrt.

Alle diese Methoden werden zunächst am einfachen Beispiel der linearen Kette besprochen. Im räumlichen Fall wird dann je nach Zweckmäßigkeit die eine oder die andere Methode verwendet[2].

57. Lineare Kette. Das lineare Modell besitzt nur eine elastische Konstante C, nur eine Dehnung ε und eine Spannungsgröße σ. Damit auch die Dimensionen dieser Größen mit denen des räumlichen Modells übereinstimmen, betrachtet man zweckmäßig mehrere parallele Ketten (in Abständen a), so daß die Atome

---

[1] In die elastische Dichte darf nur der symmetrische Anteil des Tensors v_{mn} der homogenen Verzerrung $\varepsilon_{mn} = \frac{1}{2}(v_{mn} + v_{nm})$ eingehen. Wenn man die Energiedichte aus den Kopplungsparametern berechnet, ist das im allgemeinen nicht der Fall.

[2] In der Literatur wird meist die Methode der langen Wellen verwendet. Mir scheint die (vollkommen äquivalente) Einführung langsam veränderlicher Verschiebungsfelder anschaulicher zu sein, denn beim Operieren im normalen Ortsraum kann man viel mehr an die Anschauung appellieren als beim Rechnen im Raume der $\mathfrak{k}$-Werte (Fourier-Raum).

im ganzen ein kubisch primitives Gitter bilden, ohne daß aber benachbarte Ketten durch Federn untereinander verbunden sind (Fig. 34).

Die elastischen Grundgleichungen sind denkbar einfach. Das Verschiebungsfeld sei $s(X, t)$. Die Ableitungen nach X seien durch einen Strich, die nach der

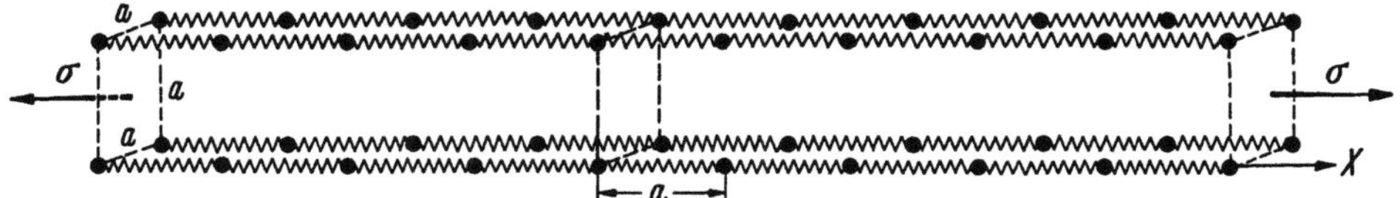

Fig. 34. Gleichgewichtslage der linearen Kette mit Federbindungen. Die Atome bilden ein kubisch primitives Gitter. Eine Kopplung der Atome ist nur in X-Richtung vorhanden.

Zeit t durch einen Punkt gekennzeichnet. Die Dichte ist: $\varrho = M/a^3$. Damit wird die Definition der Dehnung

$$\varepsilon = s', \tag{57.1}$$

das HOOKEsche Gesetz mit der elastischen Konstanten C

$$\sigma = C\,\varepsilon, \tag{57.2}$$

die Bewegungsgleichung

$$\varrho\,\ddot{s} = C\,s'', \tag{57.3}$$

die Säkulargleichung für den Wellenansatz $s(X, t) = a(k)\,e^{i(kX-\omega t)}$

$$\varrho\,\omega^2 \cdot a(k) = C\,k^2 \cdot a(k), \tag{57.4}$$

die elastische Energiedichte

$$u = \tfrac{1}{2} C\,\varepsilon^2 = \tfrac{1}{2} C\,(s')^2, \tag{57.5}$$

und die LAGRANGE-Dichte

$$l = \frac{\varrho}{2}\,\dot{s}^2 - \frac{1}{2}\,C\,(s')^2. \tag{57.6}$$

Die Schallgeschwindigkeit ist offenbar $c = \sqrt{C/\varrho}$. Gl. (57.3) und (57.4) gehen auseinander hervor, wenn man k durch $-i\,\partial/\partial X$, ω durch $i\,\partial/\partial t$ und $a(k)$ durch $s(X, t)$ ersetzt. Das wird auch im Raumgitter der Fall sein.

Es handelt sich nun immer darum, aus der Gittertheorie die Konstante C zu ermitteln. Die grundlegenden Größen der Gittertheorie sind die kinetische Energie

$$E_{\text{kin}} = \sum_{n} \frac{M}{2}\,(\dot{s}^n)^2, \tag{57.7a}$$

die potentielle Energie [1]

$$E_{\text{pot}} = \tfrac{1}{2} \sum_{n,\,l} \Phi^{nl}\,s^n\,s^l = -\tfrac{1}{4} \sum_{n,\,l} \Phi^{nl}(s^n - s^l)^2, \tag{57.7b}$$

die Bewegungsgleichungen

$$M\,\ddot{s}^n = -\sum_{l} \Phi^{nl}\,s^l, \tag{57.8}$$

die Säkulargleichung für den Ansatz $s^n(t) = a(k)\,e^{i(kan-\omega t)}$

$$M\,\omega^2\,a(k) = \sum_{h} \Phi^{(h)}\,e^{-ikah}\,a(k), \tag{57.9}$$

die Energie der Zelle in Abhängigkeit von der Gitterkonstanten a

$$\varepsilon_Z = \tfrac{1}{2} \sum_{n} \varphi(n\,a), \tag{57.10}$$

---

[1] Für die beiden Darstellungen von E_{pot} beachte man, daß $\sum_{l} \Phi^{nl} = \sum_{n} \Phi^{nl} = 0$ ist.

und die Definition der Kopplungsparameter durch die potentielle Energie $\varphi(X)$ zwischen zwei Atomen

$$\Phi^{nl} = - \varphi''((n-l)\,a) = \Phi^{(n-l)} \quad \text{für} \quad n \neq l. \tag{57.11}$$

Eine *homogene Verzerrung* $\varepsilon = v$ heißt Änderung des Gleichgewichtsabstandes a der Kette um $\delta a = \varepsilon a$. Da die erste Ableitung von ε_Z nach a im Gleichgewicht verschwindet, so ist die Änderung von ε_Z mit δa, also die elastische Energie pro Zelle

$$\delta \varepsilon_Z = \frac{1}{2} \frac{d^2 \varepsilon_Z}{d a^2} (\delta a)^2 = \frac{\varepsilon^2 a^2}{2} \frac{1}{2} \sum_n \varphi''(n\,a)\,n^2 \tag{57.12}$$

und die Dichte der elastischen Energie (bezogen auf das unverformte Volumen $V_Z = a^3$)

$$u = \frac{\delta \varepsilon_Z}{a^3} = \frac{1}{2} \varepsilon^2 \cdot \frac{1}{2a} \sum_n \varphi''(n\,a)\,n^2. \tag{57.13}$$

Durch Vergleich mit (57.5) folgt

$$C = \frac{1}{2a} \sum_n \varphi''(n\,a)\,n^2 = - \frac{1}{2a} \sum_n \Phi^{(n)}\,n^2. \tag{57.14}$$

Langsam veränderliche Verschiebungen bedeutet:

$$s^n(t) = s(n\,a,\,t) \tag{57.15}$$

mit langsam veränderlichem $s(X,t)$. Betrachtet man die Bewegungsgleichung des Gitters an der Stelle $X = na$, so kann man unter der Annahme, daß die Kopplung keine große Reichweite hat, $s^l = s(X + (l-n)\,a,\,t)$ um die Stelle $X = na$ entwickeln, da die Funktion ja langsam veränderlich sein soll. Von dieser Entwicklung wird man dann nur den niedrigsten Differential-Quotienten beibehalten:

$$s^l = s(X,t) + s'(X,t)\,(l-n)\,a + \tfrac{1}{2} s''(X,t)\,(l-n)^2\,a^2 + \cdots. \tag{57.16}$$

Setzt man diese Entwicklung in die Bewegungsgleichung (57.8) ein, so verschwindet der erste Summand wegen der Translationsbedingung (36.2) $\sum_l \Phi^{nl} = 0$, der zweite Summand wegen $\Phi^{(h)} = \Phi^{(-h)}$, und es bleibt

$$\frac{M}{a^3} \ddot{s} = - s'' \frac{1}{2a^3} \sum_h \Phi^{(h)}\,h^2\,a^2. \tag{57.17}$$

Daraus folgt durch Vergleich mit Gl. (57.3) wieder der Wert C nach Gl. (57.14). Desgleichen kann man in der potentiellen Energie

$$E_{\text{pot}} = - \tfrac{1}{4} \sum_{n,\,l} \Phi^{nl}\,(s^n - s^l)^2$$

die Entwicklung (57.16) einsetzen und erhält zunächst

$$E_{\text{pot}} = - \tfrac{1}{4} \sum_n (s'(n\,a,\,t))^2 \sum_h \Phi^{(h)}\,h^2\,a^2. \tag{57.18}$$

Hier kann man wegen der langsamen Veränderlichkeit von $s(X,t)$ die $\sum_n$ durch $\int \frac{dX}{a}$ ersetzen:

$$E_{\text{pot}} = - \frac{1}{4a} \int dX\,(s')^2 \sum_h \Phi^{(h)}\,h^2\,a^2. \tag{57.18a}$$

Dividiert man den Integranden in Gl. (57.18a) durch a^2, so erhält man die Dichte der potentiellen (elastischen) Energie

$$u = \frac{1}{2} \cdot \left(-\frac{1}{2a} \sum_h \Phi^{(h)} h^2 \right) (s')^2 . \tag{57.18b}$$

Durch Vergleich mit (57.5) erhält man hieraus wieder den obigen Wert von C.

Wenn man die Entwicklung (57.16) in die Darstellung $E_{\text{pot}} = \frac{1}{2} \sum_{n,l} \Phi^{nl} s^n s^l$ der potentiellen Energie einsetzt, so würde man nach dem gleichen Verfahren eine elastische Energie der Form

$$E_{\text{pot}} = -\int \frac{dX}{a} \cdot s \cdot s'' \cdot \frac{1}{4} \sum_h \Phi^{(h)} h^2 a^2 \tag{57.18c}$$

erhalten. Hier steht unter dem Integral offenbar nicht die richtige Energiedichte. Das sieht man schon daran, daß sie die Verschiebung selbst enthält, sich also ändert, wenn man eine kleine additive Verschiebung aller Atome überlagert. Die richtige Energiedichte ergibt sich aus (57.18c) erst nach einer partiellen Integration, wenn die Verschiebungen im Unendlichen verschwinden. Wohl aber liefert dieser Ausdruck mit E_{kin} zusammen die richtige Form der LAGRANGE-Dichte

$$l(\dot{s}, s', s) = \frac{M}{2a^3} \dot{s}^2(X, t) + \frac{C}{2} s(X, t)\, s''(X, t) ,$$

die sich von der LAGRANGE-Dichte nach Gl. (57.6) nur um ein Divergenzglied $-\frac{C}{2} \frac{\partial}{\partial X} (s's)$ unterscheidet und daher dieselbe Bewegungsgleichung wie (57.6) liefert.

Die *Säkulargleichung* der Gittertheorie hat die Form

$$M\omega^2 = \Phi(k) \quad \text{mit} \quad \Phi(k) = \sum_h \Phi^{(h)} e^{-ikah} . \tag{57.19}$$

Die Entwicklung[1] für kleine k-Werte *(lange Wellen)* liefert

$$\left. \begin{aligned} M\omega^2 &= \Phi(0) + \Phi'(0)\, k + \tfrac{1}{2} \Phi''(0)\, k^2 \\ &= \sum_h \Phi^{(h)} + \sum_h \Phi^{(h)} \cdot (-i\, k\, a\, h) - \tfrac{1}{2} \sum_h \Phi^{(h)} h^2 a^2 \cdot k^2 . \end{aligned} \right\} \tag{57.20}$$

Das von k freie Glied verschwindet wegen der Translationsbedingung, ebenso das in k lineare Glied wegen $\Phi^{(h)} = \Phi^{(-h)}$, daher bleibt

$$\frac{M}{a^3} \omega^2 = -\frac{1}{2a} \sum_h \Phi^{(h)} h^2 \cdot k^2 . \tag{57.21}$$

Durch Vergleich mit (57.4) folgt wieder der alte Wert von C.

An diesem einfachen linearen Beispiel kann man die Äquivalenz der einzelnen Methoden unmittelbar verfolgen. Für Kopplungen zwischen nächsten Nachbarn allein (Federbindung f) ist $C = f/a$ und die Schallgeschwindigkeit der elastischen Wellen der Kette ist $c = a \sqrt{\dfrac{f}{M}}$.

---

[1] $\Phi(k)$ muß demnach an der Stelle $k = 0$ entwickelbar sein. Die Schwierigkeiten des Übergangs zur elastischen Theorie bei den Ionengittern sind darin begründet, daß wegen der langen Reichweite der COULOMB-Kräfte diese Entwicklung nicht mehr direkt möglich ist. Man muß dann den störenden Anteil, der sich nicht entwickeln läßt, gesondert behandeln.

Man kann die Mechanik einer linearen Federkette völlig exakt behandeln[1]. Mit den Anfangsbedingungen zur Zeit $t = 0$: $s^n(0)$ und $\dot{s}^n(0)$ ist die Lösung der Bewegungsgleichungen für die Verschiebungen:

$$s^n(t) = \sum_l s^l(0)\, J_{2(n-l)}(\omega_G t) + \sum_l \dot{s}^l(0)\, \frac{1}{\omega_G} \int\limits_0^{\omega_G t} J_{2(n-l)}(\eta)\, d\eta.$$

(J_{2n} ist die Besselsche Funktion der Ordnung $2n$, $\omega_G = 2\,\sqrt{f/M}$ ist die Grenzfrequenz der linearen Kette.) Hat man z.B. zur Zeit $t = 0$ nur ein einzelnes Glied der Kette ausgelenkt [nur $s^0(0) \neq 0$], so ist $s^n(t) = s^0(0)\, J_{2n}(\omega_G t)$. Diese Formel ist deswegen etwas merkwürdig, weil man sieht, daß auch für beliebig kleine Zeiten die Verschiebungen in großer Entfernung schon vorhanden, wenn auch sehr klein, sind. Die Schallgeschwindigkeit und Gruppengeschwindigkeit sind hier nicht mehr sinnvoll. Im Prinzip läuft die Spitze der Erregung beliebig schnell, nur die maximale Erregung an einem Punkt n liegt etwa bei Zeiten $\omega_G t \approx 2n$.

Die sich daraus ergebende Geschwindigkeit $\dfrac{na}{t} \approx \dfrac{\omega_G a}{2} = \sqrt{\dfrac{f}{M}}\, a$ ist die Schallgeschwindigkeit der Kette. Im Grunde liegt diese Paradoxie daran, daß man die Energie in den Federn, d.h. die Trägheit der Bindungsenergie, nicht berücksichtigt hat. Durch Annahme beliebig starrer Federn kann man ja den starren Stab auch beliebig genau annähern. Indessen spielen diese Probleme in der Gittertheorie nur eine geringe Rolle, zumal die wirklich erzielbaren, effektiven Geschwindigkeiten doch in der Größenordnung der Schallgeschwindigkeit liegen. Bei elastischen Anfangsbedingungen, d.h. wenn auch zur Zeit $t = 0$ schon ein langsam veränderliches Verschiebungsfeld vorliegt, interferieren sich diese Effekte weg, und man kommt auf die elastische Theorie zurück, in der nur die elastische Schallgeschwindigkeit vorkommt.

Die Entwicklung von $J_{2n}(\omega_G t)$ lautet

$$J_{2n}(\omega_G t) = \begin{cases} \sqrt{\dfrac{2}{\pi\,\omega_G t}}\, \cos\left(\omega_G t - \left(n + \dfrac{1}{4}\right)\pi\right) & \text{für}\quad \omega_G t \gg 2n, \\[4mm] \dfrac{\left(\dfrac{\omega_G t}{2}\right)^{2n}}{(2n)!} & \text{für}\quad \omega_G t \ll 2n. \end{cases}$$

An dieser Entwicklung kann man einmal erkennen, bis wohin die Erregung bei Auslenkung eines Atoms zur Zeit $t = 0$ etwa gekommen ist ($\omega_G t \approx 2n$). Ferner zeigt die Entwicklung, daß die Kette für große Zeiten praktisch mit ihrer Grenzfrequenz schwingt.

Man kann versucht sein[2], daraus zu schließen, daß für lange Zeiten dann nur die Grenzschwingung allein übrig bleibt und daß daher nur sie eine physikalische Rolle spielen kann, wenn jeder Erregungszustand schließlich in die Grenzschwingung übergeht. In räumlichen Gittern bleiben mehrere Frequenzen asymptotisch übrig, immer die Frequenzen, für welche die Gruppengeschwindigkeit verschwindet. Diese Deutung würde die Ramansche Theorie[3] der Gitterschwingungen unterstützen. Raman hat versucht, eine Gittertheorie aufzubauen, die nur wenige Frequenzen enthält, während der hier vertretene Bornsche Standpunkt mit sehr vielen, nahezu kontinuierlich verteilten Frequenzen operiert. Indessen ist der oben erwähnte Schluß nicht richtig, denn man kann ja den Anfangszustand auf jeden Fall nach den Eigenschwingungen der Kette zerlegen und die Amplitude der einzelnen Schwingung, sowie ihre Energie ermitteln. Auf Grund der Bewegungsgleichung sind die Eigenschwingungen unabhängig voneinander. Wenn man den asymptotischen Verlauf wieder nach Eigenschwingungen analysieren würde, so erhielte man die gleiche Anregungsstärke der einzelnen Eigenschwingungen wie zu Anfang. Es bleibt also nicht allein die Grenzfrequenz ω_G übrig, sondern die Verteilung der Energie auf die einzelnen Frequenzen ist immer die gleiche, unabhängig von der Zeit. Schon der Faktor $1/\sqrt{t}$ zeigt ja, daß es sich nicht um eine reine Schwingung der Grenzfrequenz ω_G handeln kann.

58. Raumgitter. In der Bewegungsgleichung des Gitters

$$M\ddot{s}_i^m = -\sum_{n,k} \Phi_{i\,k}^{m\,n}\, s_k^n \tag{58.1}$$

---

[1] E. Schrödinger: Ann. Phys. **44**, 916 (1914).
[2] Vgl. K. S. Viswanathan: Proc. Ind. Acad. Sci. A **37**, 424, 435 (1953).
[3] Nähere Diskussion in [1].

werden die Verschiebungen $s_i^{\mathfrak{m}}$ durch ein Verschiebungsfeld $s_i(\mathfrak{R}, t)$ ausgedrückt:

$$s_i^{\mathfrak{m}} = s_i(\overline{A}\,\mathfrak{m}, t). \tag{58.2}$$

$s_k^{\mathfrak{n}}$ wird um die Stelle $\mathfrak{R} = \overline{A}\,\mathfrak{m}$ entwickelt:

$$\left.\begin{aligned}
s_k^{\mathfrak{n}} &= s_k\left(\mathfrak{R} + \overline{A}\,(\mathfrak{n} - \mathfrak{m})\right)\\
&= s_k + \sum_m s_{k|m}\,(\overline{A}\,(\mathfrak{n} - \mathfrak{m}))_m + \tfrac{1}{2}\sum_{m,n} s_{k|mn}\,(\overline{A}\,(\mathfrak{n} - \mathfrak{m}))_m\,(\overline{A}\,(\mathfrak{n} - \mathfrak{m}))_n.
\end{aligned}\right\} \tag{58.3}$$

Dann geht Gl. (58.1) über in

$$M\ddot{s}_i = -\sum_{\mathfrak{h},k} \Phi_{ik}^{\mathfrak{h}}\,s_k + \sum_{\mathfrak{h},k,m} \Phi_{ik}^{\mathfrak{h}}\,(\overline{A}\,\mathfrak{h})_m\,s_{k|m} - \tfrac{1}{2}\sum_{\substack{\mathfrak{h},k\\m,n}} \Phi_{ik}^{\mathfrak{h}}\,(\overline{A}\,\mathfrak{h})_m\,(\overline{A}\,\mathfrak{h})_n\cdot s_{k|mn}. \tag{58.1a}$$

Der erste und der zweite Summand auf der rechten Seite von (58.1a) verschwinden, da $\sum_{\mathfrak{h}} \Phi_{ik}^{\mathfrak{h}} = 0$ und $\Phi_{ik}^{-\mathfrak{h}} = \Phi_{ik}^{\mathfrak{h}}$. Nach Einführung der Dichte $\varrho = M/V_z$ ergibt sich

$$\varrho\,\ddot{s}_i = \sum_{k,m,n} \widetilde{C}_{ik,mn}\,s_{k|mn} \tag{58.4}$$

mit

$$\widetilde{C}_{ik,mn} = -\frac{1}{2V_Z}\sum_{\mathfrak{h}} \Phi_{ik}^{\mathfrak{h}}\,(\overline{A}\,\mathfrak{h})_m\,(\overline{A}\,\mathfrak{h})_n. \tag{58.4a}$$

Diese Gleichung muß mit der elastischen Bewegungsgleichung (52.4)

$$\varrho\,\ddot{s}_i = \sum_{k,n,m} C_{im,kn}\,s_{k|nm} \tag{58.5}$$

verglichen werden.

Zunächst erkennt man, daß die Tensoren $\widetilde{C}$ und C nicht unmittelbar miteinander identifiziert werden können, da sie in verschiedener Weise in die beiden Gleichungen eingehen. Man sieht aber, daß in der elastischen Gleichung nur der in mn symmetrische Anteil von $C_{im,kn}$ eingeht. Die beiden Gln. (58.4) und (58.5) sind also dann identisch, wenn

$$\tfrac{1}{2}(C_{im,kn} + C_{in,km}) = \widetilde{C}_{ik,mn} \tag{58.6}$$

erfüllt ist. Diese Gleichung kann nach den $C_{im,kn}$ aufgelöst werden, aber nur dann, wenn

$$\widetilde{C}_{ik,mn} = \widetilde{C}_{mn,ik} \tag{58.7}$$

gilt, da ja Gl. (58.6) diese Bedingung impliziert. Man kann nur dann Übereinstimmung mit den elastischen Gleichungen erwarten, wenn Gl. (58.7) erfüllt ist. Gl. (58.7) ist gerade die bei der Besprechung der Eigenschaften der Kopplungsparameter zusätzlich geforderte Bedingung (36.9). Der Tensor $C_{ik,mn}$ ist in mn und ik symmetrisch, das folgt direkt aus der Darstellung (58.4a); die Symmetrie in mn ist trivial, die Symmetrie in ik folgt aus $\Phi_{ik}^{\mathfrak{h}} = \Phi_{ik}^{-\mathfrak{h}}$. Dagegen ist Gl. (58.7) eine Zusatzbedingung, die allein garantiert, daß man die elastischen Gleichungen mit allgemeinen Kopplungsparametern verifizieren kann[1]. Dann enthält sowohl C als $\widetilde{C}$ jeweils 21 unabhängige Konstanten, die einander zugeordnet werden können.

---

[1] KUN-HUANG [23], [1] hat nachgewiesen, daß Gl. (58.7) das Verschwinden der Spannungen im Ausgangszustand bedeutet, daß man also von einem spannungsfreien Kristall als Grundlage der Berechnungen ausgehen muß. (58.7) schließt aber einen überlagerten hydrostatischen Druck nicht aus. Es sei nochmals darauf hingewiesen, daß bei Kenntnis der

Diese Zuordnung geschieht in der folgenden Weise: Gl. (58.6) läßt sich schreiben

$$C_{im,kn} + C_{in,mk} = 2\hat{C}_{ik,mn}. \tag{58.8a}$$

Vertauschung i, m ergibt

$$C_{im,kn} + C_{mn,ik} = 2\tilde{C}_{mk,in}. \tag{58.8b}$$

Vertauschung i, k ergibt

$$C_{km,ni} + C_{mn,ik} = 2\tilde{C}_{mi,nk}. \tag{58.8c}$$

Addition von (58.8a) und (58.8b) und Subtraktion von (58.8c) liefert:

$$C_{im,kn} = \tilde{C}_{ik,mn} + \tilde{C}_{mk,in} - \tilde{C}_{mi,nk}. \tag{58.9}$$

Die Auflösung ist eindeutig. Die Gittergleichung (58.4) und die elastische Gleichung (58.5) sind nunmehr gleich:

$$\sum_{m,n,k} C_{im,kn}\, s_{k|nm} \equiv \sum_{m,n,k} \tilde{C}_{ik,mn}\, s_{k|mn}.$$

Sind die Kräfte Zentralkräfte, so ist nach (38.3) der Tensor $\tilde{C}_{ik,mn}$ totalsymmetrisch, alle Indices können miteinander vertauscht werden. Dann ist $\tilde{C} = C$. Die totale Symmetrie hat zur Folge, daß die elastischen Konstanten $C_{ik,mn}$ neben den allgemeinen Symmetrien noch sechs zusätzliche weitere Bedingungen erfüllen müssen. Diese Zusatzbedingungen heißen die Cauchy-Relationen. Bei Gültigkeit der Cauchy-Relationen gibt es nur 15 unabhängige elastische Konstante. In dem Voigtschen Schema der elastischen Konstanten ist dann z.B. $c_{12} = C_{11,22} = C_{12,12} = c_{66}$. In Tabelle 14 sind jeweils die auf Grund der Cauchy-Relationen gleichen Werte durch gleiche Symbole angedeutet. Aus einem Vergleich mit den für Metallen in raum- und flächenzentrierten kubischen Gittern angegebenen elastischen Daten (Tabelle 15) erkennt man, daß die für kubische Kristalle[1] einzig übrigbleibende Cauchy-Relation $c_{12} = c_{44}$ auch nicht annähernd erfüllt ist. Daraus muß man folgern, daß ein größerer

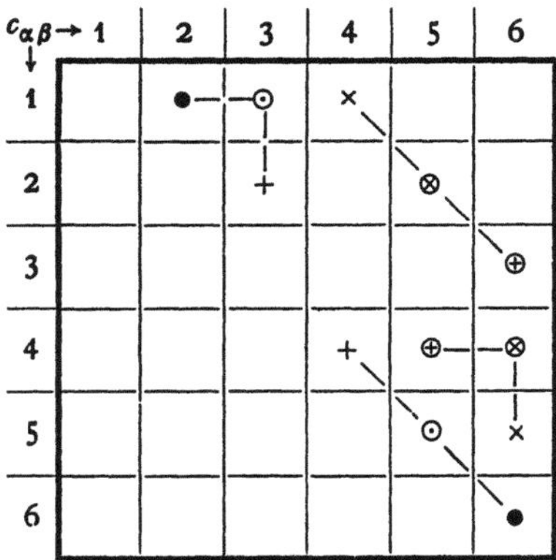

Tabelle 14. Cauchy-*Relationen.*
Durch gleiche Symbole angedeute $c_{\alpha\beta}$-Werte sind bei Gültigkeit der Cauchy-Relationen gleich.

potentiellen Energie (58.7) immer von allein erfüllt sein muß, wenn man die Gleichgewichts-Bedingungen berücksichtigt. Dagegen ist (58.7) eine einschränkende Bedingung, die bei der Aufstellung von allgemeinen Kopplungsparametern berücksichtigt werden muß. Die Dichte der elastischen Energie (und damit auch die Lagrange-Dichte) $u = \frac{1}{2}\sum_{\substack{i\,m\\k\,n}} C_{im,kn}\, s_{i|m}\, s_{k|m}$

unterscheidet sich von der Dichte $u_G = \frac{1}{2}\sum_{\substack{i\,m\\k\,n}} \tilde{C}_{ik,mn}\, s_{i|m}\, s_{k|n}$, die man aus $\Phi_2 = \frac{1}{2}\sum_{\substack{m\,n\\i\,k}} \Phi_{ik}^{mn} s_i^m s_k^n =$

$-\frac{1}{4}\sum_{\substack{m\,n\\i\,k}} \Phi_{ik}^{mn} (s_i^m - s_i^n)(s_k^m - s_k^n)$ durch Einführung langsam veränderlicher Felder erhalten

würde, nach (58.9) nur um ein Divergenzglied. Die Integrale über beide Dichten, die gesamte potentielle Energie, ist daher für im Unendlichen verschwindende Verschiebungen gleich. u_G kann nicht die wahre Energiedichte sein, da sie bei einer Rotation nicht verschwindet, und sie kann nur dann in u umgeformt werden, wenn (58.7) gilt. Daß die wirkliche Energiedichte bei verschwindenden äußeren Kräften (oder bei rein hydrostatischem Druck) rotationsinvariant sein muß, ist ja evident. Von verschiedenen Autoren ist diese von Kun Huang aufgestellte Bedingung (nach Meinung des Verfassers zu Unrecht) kritisiert worden [vgl. K. S. Viswanathan: Proc. Indian Acad. Sci. Sect. A. **41**, 98 (1955)].

[1] Im isotropen Material gibt es bei Gültigkeit der Cauchy-Relationen nur noch eine einzige elastische Konstante, etwa c_{11}. Die Poissonsche Zahl der Quer-Kontraktion wird dann gleich $\frac{1}{4}$.

Tabelle 15. *Elastische Konstanten einiger Metalle mit primitivem Gitter.*
c_{11}, c_{12}, c_{44} in $[10^{11}$ dyn cm$^{-2}]$.

		c_{11}	c_{12}	c_{44}	$\dfrac{f'}{f} = \dfrac{c_{11} - c_{12}}{3 c_{44}}$
Raumzentriert kubisch	Na [1]	0,6	0,45	0,59	0,08
	K [2]	0,46	0,37	0,26	0,1
					$\dfrac{f'}{f} = \dfrac{c_{11} - c_{12} - c_{44}}{4 c_{44}}$
Flächenzentriert kubisch	Cu [3]	17	12,3	7,53	$-0,09$
	Ag [4]	12	8,97	4,36	$-0,07$
	Au [4]	18,7	15,7	4,36	$-0,08$

Die letzte Spalte der Tabelle enthält das aus den elastischen Konstanten ermittelte Verhältnis der Federbindungen zwischen nächsten (f) und übernächsten (f') Nachbarn (Ziff. 63).

Anteil von Mehrkörperkräften an der Bindung beteiligt ist. Allerdings gibt es auch noch andere Gründe, die die Gültigkeit der CAUCHY-Relationen beeinflussen (Ziff. 86).

c) Nichtprimitive Gitter.

59. Die Verschiebungsfelder. Bei nichtprimitiven Gittern muß man zunächst den einzelnen Teilchen der Elementarzelle ein eigenes, langsam veränderliches Verschiebungsfeld $s_i^\mu(\Re, t)$ zuordnen

$$\overset{m}{s_i^\mu} = s_i^\mu(\overset{m}{\overline{\Re}}{}^\mu, t). \tag{59.1}$$

Aus den Gittergleichungen

$$M_\mu \overset{\cdot\cdot m}{s_i^\mu} = -\sum_{\mathfrak{n}, \nu, k} \overset{m\,\mathfrak{n}}{\Phi_{\mu\,\nu}}{}_{i\,k}\, \overset{\mathfrak{n}}{s_k^\nu} \tag{59.2}$$

wird, wenn man

$$\overset{\mathfrak{n}}{s_k^\nu} = s_k^\nu\big(\overset{m}{\overline{\Re}}{}^\mu + (\overset{\mathfrak{n}}{\overline{\Re}}{}^\nu - \overset{m}{\overline{\Re}}{}^\mu)\big)$$

um die Stelle $\Re = \overset{m}{\overline{\Re}}{}^\mu$ entwickelt und beim zweiten Glied abbricht, wenn man also

$$\overset{\mathfrak{n}}{s_k^\nu} = s_k^\nu(\Re) + \sum_m s_{k|m}^\nu\big(\overset{\mathfrak{n}}{\overline{\Re}}{}^\nu - \overset{m}{\overline{\Re}}{}^\mu\big)_m + \tfrac{1}{2}\sum_{m,n} s_{k|mn}^\nu\big(\overset{\mathfrak{n}}{\overline{\Re}}{}^\nu - \overset{m}{\overline{\Re}}{}^\mu\big)_m\big(\overset{\mathfrak{n}}{\overline{\Re}}{}^\nu - \overset{m}{\overline{\Re}}{}^\mu\big)_n \tag{59.3}$$

setzt:

$$\varrho_\mu \overset{\cdot\cdot\mu}{s_i} = \sum_{\nu,k} \widetilde{C}_{i\,k}^{\mu\,\nu}\, s_k^\nu + \sum_{\nu,k,m} \widetilde{C}_{i\,k\,m}^{\mu\,\nu}\, s_{k|m}^\nu + \sum_{\substack{\nu,k \\ m,n}} \widetilde{C}_{i\,k\,m\,n}^{\mu\,\nu}\, s_{k|mn}^\nu . \tag{59.2a}$$

Dabei ist $\varrho_\mu = M_\mu/V_Z$ die den einzelnen Teilgittern zugeordnete Dichte, und die Koeffizienten sind durch die folgenden Gittersummen definiert

$$\widetilde{C}_{i\,k}^{\mu\,\nu} = -\frac{1}{V_Z}\sum_{\mathfrak{h}} \Phi_{\mu\phantom{\mathfrak{h}}\nu}^{\mathfrak{h}}{}_{i\,k}, \tag{59.4a}$$

$$\widetilde{C}_{i\,k\,m}^{\mu\,\nu} = \frac{1}{V_Z}\sum_{\mathfrak{h}} \Phi_{\mu\phantom{\mathfrak{h}}\nu}^{\mathfrak{h}}{}_{i\,k}\,(\overline{A}\mathfrak{h} + \overline{\Re}^\mu - \overline{\Re}^\nu)_m, \tag{59.4b}$$

$$\widetilde{C}_{i\,k\,m\,n}^{\mu\,\nu} = -\frac{1}{2V_Z}\sum_{\mathfrak{h}} \Phi_{\mu\phantom{\mathfrak{h}}\nu}^{\mathfrak{h}}{}_{i\,k}\,(\overline{A}\mathfrak{h} + \overline{\Re}^\mu - \overline{\Re}^\nu)_m\,(\overline{A}\mathfrak{h} + \overline{\Re}^\mu - \overline{\Re}^\nu)_n . \tag{59.4c}$$

---

[1] S. L. QUIMBY u. Mitarb.: Phys. Rev. **54**, 293 (1938); 150° K.
[2] O. BENDER: Ann. Phys. **34**, 359 (1939); 80° K.
[3] E. GOENS: Ann. Phys. **38**, 456 (1940); RT.
[4] H. RÖHL: Ann. Phys. **16**, 887 (1933); RT.

Die Koeffizienten (59.4) besitzen die folgenden Symmetrie-Eigenschaften:

$$\widetilde{C}^{\mu\nu}_{i\,k} = \widetilde{C}^{\nu\mu}_{k\,i} \quad \text{nach (36.1a);} \qquad \sum_\nu \widetilde{C}^{\mu\nu}_{i\,k} = 0 \quad \text{nach (36.2a)} \qquad (59.5\,\text{a})$$

$$\left. \begin{aligned} \widetilde{C}^{\mu\nu}_{i\,k\,m} &= -\widetilde{C}^{\nu\mu}_{k\,i\,m} \quad \text{nach (36.1a),} \\[4pt] \sum_\nu \widetilde{C}^{\mu\nu}_{i\,k\,m} &= \sum_\nu \widetilde{C}^{\mu\nu}_{i\,m\,k} \quad \text{nach (36.3a),} \\[4pt] \sum_{\mu,\nu} \widetilde{C}^{\mu\nu}_{i\,k\,m} &= 0 \end{aligned} \right\} \qquad (59.5\,\text{b})$$

daraus folgt

$$\widetilde{C}^{\mu\nu}_{i\,k\,m\,n} = \widetilde{C}^{\mu\nu}_{i\,k\,n\,m} = \widetilde{C}^{\nu\mu}_{k\,i\,m\,n} \quad \text{aus (59.4c) und (36.1a).} \qquad (59.5\,\text{c})$$

Die Gln. (59.2a) sind ein gekoppeltes System von Differentialgleichungen für die Verschiebungsfelder der einzelnen Teilgitter, sie sind noch nicht das erwünschte System der elastischen Gleichungen.

60. Einführung der Schwerpunkts-Verschiebung. Die elastische Theorie kennt nur ein einziges Verschiebungsfeld $s_i(\mathfrak{R}, t)$ und rechnet mit der mittleren Dichte $\varrho = \sum_\mu \varrho_\mu$. Was man bei elastischen Versuchen beobachtet, sind die Deformationen der Zellen, aber nicht die Verschiebungen der einzelnen Teilgitter gegeneinander. Es ist daher sinnvoll, die Verschiebung des Schwerpunktes der Teilchen in einer Zelle als elastisches Verschiebungsfeld einzuführen. Man teilt also s^μ_i auf in eine Verschiebung s_i des Schwerpunktes und in eine Verschiebung u^μ_i relativ zum Schwerpunkt

$$s^\mu_i = s_i + u^\mu_i; \qquad \sum_\mu \varrho_\mu s^\mu_i = \varrho\, s_i; \qquad \sum_\mu \varrho_\mu u^\mu_i = 0. \qquad (60.1)$$

Dann muß man versuchen, die Gleichungen für die Schwerpunkts-Verschiebungen zu separieren. Der Gesichtspunkt bei der Behandlung der Gleichungen ist dabei immer, nur die niedrigsten nicht verschwindenden Ableitungen beizubehalten, da man die höheren Ableitungen gegen die niedrigen Ableitungen wegen der langsamen Veränderlichkeit der Felder vernachlässigen kann.

Summiert man die Gln.[1] (59.2a)

$$\varrho_\mu \ddot{s}_i + \varrho_\mu \ddot{u}^\mu_i = \sum_{\nu,k} \widetilde{C}^{\mu\nu}_{i\,k}\{s_k + u^\nu_k\} + \sum_{\nu,k,m} \widetilde{C}^{\mu\nu}_{i\,k\,m}\{s_{k|m} + u^\nu_{k,m}\} + \sum_{\substack{\nu,k \\ m,n}} \widetilde{C}^{\mu\nu}_{i\,k\,m\,n}\{s_{k|m\,n} + u^\nu_{k,m\,n}\}, \qquad (60.2\,\text{a})$$

oder

$$\varrho_\mu \ddot{s}_i + \varrho_\mu \ddot{u}^\mu_i = \sum_{\nu,k} \widetilde{C}^{\mu\nu}_{i\,k} u^\nu_k + \sum_{\nu,k,m} \widetilde{C}^{\mu\nu}_{i\,k\,m}\{s_{k|m} + u^\nu_{k|m}\} + \sum_{\substack{\nu,k \\ m,n}} \widetilde{C}^{\mu\nu}_{i\,k\,m\,n} s_{k|m\,n} \qquad (60.2\,\text{b})$$

über den Index μ, so erhält man auf der linken Seite von (60.2) unter Beachtung von (60.1) die Schwerpunkts-Verschiebung allein. Unter Ausnutzung der Beziehungen (59.5) wird nun

$$\varrho\, \ddot{s}_i = \sum_{k,m,n} \widetilde{C}_{ik,mn}\, s_{k|m\,n} + \sum_{\nu,k,m} \widetilde{C}^{\,\nu}_{i\,k\,m}\, u^\nu_{k|m}. \qquad (60.3)$$

Dabei ist

$$\widetilde{C}_{ik,mn} = \sum_{\mu,\nu} \widetilde{C}^{\mu\nu}_{i\,k\,m\,n}; \qquad (60.4\,\text{a})$$

---

[1] In (60.2a) verschwindet das in s_k lineare Glied wegen (59.5a). In (60.2b) ist das Glied $u^\nu_{k|m\,n}$ gegen u^ν_k und $u^\nu_{k|m}$ vernachlässigt worden.

hier sind i, k und m, n unter sich vertauschbar, sowie das Paar i, k mit m, n [vgl. Gl. (36.9a)]. Ferner ist

$$\widetilde{C}_{i\,k\,m}^{\;\;\;\nu} = \sum_{\mu} \widetilde{C}_{i\,k\,m}^{\mu\,\nu} = -\,\widetilde{C}_{k\,i\,m}^{\;\;\;\nu}, \tag{60.4b}$$

hier sind i und m vertauschbar (59.5).

Verschwindet $\widetilde{C}_{i\,k\,m}^{\;\;\;\nu}$, so erhält man hier schon eine Gleichung für die Verschiebung des Schwerpunkts allein. Die Umrechnung von $\widetilde{C}_{i k, m n}$ auf die elastischen Konstanten erfolgt dann in der in Ziff. 58 erläuterten Weise. $\widetilde{C}_{i\,k\,m}^{\;\;\;\nu}$ verschwindet immer dann, wenn jedes Teilchen Symmetriezentrum ist, denn dann kann man zu jedem Teilchen ν in (59.4b) zwei Teilchen μ mit gleicher Kopplungsmatrix $\Phi_{i\,k}^{\mu\,\nu}{}^{b}$ aber entgegengesetztem Abstand finden. Wenn man also (59.4b) über μ summiert, verschwindet die Summe. Sind die Kräfte außerdem noch Zentralkräfte, so gelten wieder die CAUCHY-Relationen.

Verschwindet $\widetilde{C}_{i\,k\,m}^{\;\;\;\nu}$ nicht, so ist die Schwerpunkts-Verschiebung mit der gegenseitigen Verschiebung der Teilgitter gekoppelt. Man muß die Verschiebungen der Teilgitter eliminieren. Die Gleichungen für die Verschiebungen der Teilgitter erhält man aus (60.2a), wenn man dort $\varrho_{\mu}\ddot{s}_{i}$ nach (60.3) einsetzt. Nun enthält aber $\ddot{s}_{i}$ nur zweite Ableitungen des Schwerpunkt-Feldes und erste Ableitungen der Relativ-Verschiebungen, während in (60.2b) die Relativ-Verschiebungen selbst und erste Ableitungen des Schwerpunkt-Feldes auftreten. Letztere müssen für langsam veränderliche Felder überwiegen. Im Rahmen der Näherung kann man also neben den Relativ-Verschiebungen und den ersten Ableitungen der Schwerpunkts-Verschiebung die anderen Größen vernachlässigen und erhält

$$\varrho_{\mu}\ddot{u}_{i}^{\mu} = \sum_{\nu, k} \widetilde{C}_{i\,k}^{\mu\,\nu} u_{k}^{\nu} + \sum_{k, m} \widetilde{C}_{i k m}^{\mu} s_{k|m} = \sum_{\nu, k} \widetilde{C}_{i\,k}^{\mu\,\nu} u_{k}^{\nu} - \sum_{k, m} \widetilde{C}_{k i m}^{\mu} s_{k|m}. \tag{60.3a}$$

Gln. (60.3) und (60.3a) sind dann das vollständige System der Gleichungen für langsam veränderliche Verschiebungen. Die Nebenbedingung $\sum\limits_{\mu} \varrho_{\mu} u_{i}^{\mu} = 0$ ist dabei nicht explizit berücksichtigt worden, andernfalls würde die Symmetrie der Gl. (60.3a) verloren gehen. Es ist ein Verschiebungsfeld zuviel vorhanden. Die Eigenschaften der Koeffizienten in (60.3a) bedingen: $\sum\limits_{\mu} \varrho_{\mu} \ddot{u}_{i}^{\mu} = 0$, so daß man die Nebenbedingung immer noch nachträglich befriedigen kann.

61. Elimination der inneren Verrückungen der Teilgitter. Im statischen Fall (keine Zeitabhängigkeit) wird aus den Gln. (60.3):

$$\sum_{k, m, n} \widetilde{C}_{i k, m n} s_{k|m n} + \sum_{\nu, k, m} \widetilde{C}_{i k m}^{\;\;\;\nu} u_{k|m}^{\nu} = 0, \tag{61.1}$$

$$\sum_{\nu, k} \widetilde{C}_{i\,k}^{\mu\,\nu} u_{k}^{\nu} = \sum_{k, m} \widetilde{C}_{k i m}^{\mu} s_{k|m}. \tag{61.1a}$$

Gl. (61.1a) läßt sich nach den inneren Verrückungen u_{k}^{ν} auflösen. Man kann also die inneren Verrückungen, die durch die elastischen Verzerrungen $s_{k|m}$ erzeugt werden, ermitteln. Die homogene Gleichung zu (61.1a) hat wegen $\sum\limits_{\nu} \widetilde{C}_{i\,k}^{\mu\,\nu} = 0$ eine nichtverschwindende Lösung $u_{k}^{\nu} = u_{k}$:

$$\sum_{\nu, k} \widetilde{C}_{i\,k}^{\mu\,\nu} u_{k} = 0. \tag{61.2}$$

Die Lösbarkeitsbedingung[1] für (61.1 a),

$$\sum_{\mu} \widetilde{C}_{kim}^{\ \mu} = 0,$$

ist nach (59.5 b) erfüllt. Da $\widetilde{C}_{ik}^{\mu\nu}$ in $^{\mu}_{i}$ und $^{\nu}_{k}$ symmetrisch ist, so kann die Auflösung durch eine ebenfalls symmetrische Matrix $R_{ik}^{\mu\nu}$ erfolgen[2]:

$$u_l^{\nu} = \sum_{\mu,k,s,m} R_{ls}^{\nu\mu} \widetilde{C}_{ksm}^{\ \mu} s_{k|m} + u_l. \tag{61.3}$$

u_l kann z.B. dazu verwandt werden, die Nebenbedingung $\sum\limits_{\mu} \varrho_{\mu} u_i^{\mu} = 0$ zu erfüllen.

u_l fällt aber wegen (59.5 b) wieder heraus, wenn man (61.3) in (61.1) einsetzt. Damit wird aus (61.1)

$$\sum_{k,m,n} \widehat{C}_{ik,\,mn}\, s_{k|mn} + \sum_{\substack{\nu,\mu \\ l,s \\ k,m,n}} \widetilde{C}_{iln}^{\ \nu} R_{ls}^{\nu\mu} \widetilde{C}_{ksm}^{\ \mu} s_{k|mn} = 0. \tag{61.4}$$

Der elastische Zusammenhang im statischen Fall

$$\sum_{k,m,n} C_{in,\,km}\, s_{k|mn} = 0 \tag{61.4a}$$

muß mit Gl. (61.4) verglichen werden. Der von den inneren Verrückungen herrührende Zusatz

$$\sum_{\substack{\nu,\mu \\ l,s}} \widetilde{C}_{iln}^{\ \nu} R_{ls}^{\nu\mu} \widetilde{C}_{ksm}^{\ \mu}$$

hat bereits die für die elastischen Konstanten $C_{in,\,km}$ zu fordernde Symmetrie. $\widetilde{C}_{ik,\,mn}$ muß noch nach (58.9) umgerechnet werden und damit hat man die elastischen Konstanten ermittelt.

Bei reiner Zeit- und verschwindender Ortsabhängigkeit resultiert

$$\varrho\, \ddot{s}_i = 0, \tag{61.5}$$

$$\varrho_{\mu}\, \ddot{u}_i^{\mu} = \sum_{\nu,k} \widetilde{C}_{ik}^{\mu\nu} u_k^{\nu}. \tag{61.5a}$$

Gl. (61.5) beschreibt die reine Verschiebung des Schwerpunktes ohne Beteiligung der inneren Verrückungen. Die Gln. (61.5 a) liefern die optischen Grenzfrequenzen. Die Gln. (61.5) und (61.5 a) entsprechen genau dem Wert $\mathfrak{k} = 0$ in den Gittergleichungen von Ziff. 50. Nur sind in (61.5) die Grenzschwingungen des akustischen Zweiges mit verschwindenden Frequenzen separiert. Die optischen Grenzfrequenzen liegen sehr hoch. Solange also die elastischen Frequenzen klein gegen die optischen Frequenzen sind, kann man die Umrechnung (61.3) genau so vornehmen wie im statischen Problem und erhält damit die richtige elastische Bewegungsgleichung mit den statisch ermittelten elastischen Konstanten.

---

[1] Die Inhomogenität von (61.1 a) $\sum\limits_{k,m} \widetilde{C}_{kim}^{\ \mu} s_{k|m}$ muß zur Lösung der homogenen Gleichung $u_k^{\nu} = u_k$ orthogonal sein:

$$\sum_{\substack{k,m \\ \mu,i}} \widetilde{C}_{kim}^{\ \mu} s_{k|m} u_i = 0.$$

[2] $R_{ik}^{\mu\nu}$ ist nicht die Reziproke von $\widetilde{C}_{ik}^{\mu\nu}$. Diese existiert nicht, weil die homogene Gleichung $\sum\limits_{\nu,k} \widetilde{C}_{ik}^{\mu\nu} u_k^{\nu} = 0$ nicht verschwindende Lösungen hat.

Tabelle 16. *Elastische Konstanten der Alkalihalogenide* (in Einheiten 10^{11} dyn cm^{-2}).

Die erste Spalte enthält die neuesten experimentellen Werte (adiabatische Konstante vgl. Ziff. 73), die zweite Spalte einen Vergleich der Rechnungen von LÖWDIN mit experimentellen Werten. Es sind angegeben: die theoretischen Werte, die experimentellen (isothermen) Werte für Zimmertemperatur und die auf $T = 0$ extrapolierten elastischen Daten. (Der Unterschied zwischen den experimentellen Werten der Spalte 1 und 2 ist durch Verwendung verschiedener Meßverfahren und Kristallproben begründet, nicht durch den Unterschied zwischen isothermen und adiabatischen Konstanten.)

Die für LiF und NaCl eingeklammerten Werte sind von L. BERGMANN („Der Ultraschall", Hirzel-Verlag 1954) angegeben und wahrscheinlich die genauesten Angaben.

| Stoff | | Experimentelle Werte | | Vergleich der theoretischen Werte von LÖWDIN[6] mit experimentellen Werten[7] | | | | |
		$c_{\alpha\beta}$	Reziproke Kompressibilität $1/\varkappa$	theoretisch $c_{\alpha\beta}$	experimentell $(T=0)$ $c_{\alpha\beta}$	experimentell $(RT.)$ $c_{\alpha\beta}$	theoretisch $1/\varkappa$	experimentell $(T=0)$ $1/\varkappa$
LiF[1]	c_{11}	9,9 (11,77)		†		9,74		
	c_{12}	4,3 (4,33)	6,16 (6,81)	3,76		4,04	2,5	7,14
	c_{44}	5,4 (6,28)		5,70		5,54		
NaCl[2]	c_{11}	4,911 (4,68)		4,5	5,85	4,86		
	c_{12}	1,225 (1,23)	2,453 (2,38)	0,982	1,17	1,17	2,17	3,15
	c_{44}	1,284 (1,19)		1,525	1,339	1,271		
NaBr[3]	c_{11}	3,26						
	c_{12}	1,31	1,96					
	c_{44}	1,33						
KCl[2]	c_{11}	4,095		3,8	4,95	4,05		
	c_{12}	0,705	1,835	0,601	0,6	0,6	1,66	2,08
	c_{44}	0,630		0,948	0,669	0,634		
KBr[4]	c_{11}	3,46						
	c_{12}	0,58	1,54					
	c_{44}	0,505						
KJ[3]	c_{11}	2,67						
	c_{12}	0,43	1,176					
	c_{44}	0,42						
LiCl[5]	c_{11}			4,142				
	c_{12}		2,78	1,499			2,38	3,7
	c_{44}			2,015				
KF[5]	c_{11}							
	c_{12}		3,07	1,487				
	c_{44}			1,758				
NaF[5]	c_{11}			3,4				
	c_{12}		4,75	2,338			2,7	
	c_{44}			3,281				
LiBr[5]			2,0					
LiJ[5]			1,38					
NaJ[5]			1,4					
RbJ[5]			1,08					
RbCl[5]			1,36					
RbBr[5]			1,22					
CsJ[5]			1,08					
CsCl[5]			1,69					
CsBr[5]			1,42					

[1] J. HOERNI: Acta crystallogr. **5**, 386 (1952). — [2] D. LAZARUS: Phys. Rev. **76**, 545 (1949). [3] P. W. BRIDGMAN: Proc. Amer. Acad. **64**, 19 (1929). — [4] J. K. GALT: Phys. Rev. **73**, 1460 (1948). — [5] SACHS: In LANDOLT-BÖRNSTEIN, I. Ergbd., S. 13 ff. Berlin: Springer 1927. [6] PER-OLAV LÖWDIN: A theoretical Investigation into some properties of ionic crystals. Upsala 1948. — [7] NaCl, KCl: M. A. DURAND: Phys. Rev. **50**, 449 (1936). — LiF: H. B. HUNTINGTON: Phys. Rev. **72**, 321 (1947).

† Der aus $\varkappa$ und c_{12} ermittelte c_{11}-Wert ist nahezu Null, kommt also völlig falsch heraus.

Bei Zentralkräften haben die Koeffizienten der Bewegungsgleichungen die Form[1] (Ziff. 38):

$$\left.\begin{aligned}
\widetilde{C}_{ik}^{\mu\nu} &= \frac{1}{V_Z}\sum_{\mathfrak{h}}\left[\delta_{ik}\,G^{\mu\nu}(\mathfrak{R})+F^{\mu\nu}(\mathfrak{R})\,X_i X_k\right]_{\mathfrak{R}\,=\,\overline{A}\mathfrak{h}\,+\,\overline{\mathfrak{R}}\mu\,-\,\overline{\mathfrak{R}}\nu}\\[2mm]
&\quad -\frac{1}{V_Z}\delta_{\mu\nu}\sum_{\mathfrak{h},\nu'}\left[\delta_{ik}\,G^{\mu\nu'}(\mathfrak{R})+F^{\mu\nu'}(\mathfrak{R})\,X_i X_k\right]_{\mathfrak{R}\,=\,\overline{A}\mathfrak{h}\,-\,\overline{\mathfrak{R}}\mu\,-\,\overline{\mathfrak{R}}\nu'}\,,
\end{aligned}\right\} \tag{61.6a}$$

$$\widetilde{C}_{ikm}^{\nu} = -\frac{1}{V_Z}\sum_{\mathfrak{h},\mu}\left[F^{\mu\nu}(\mathfrak{R})\,X_i X_k X_m\right]_{\mathfrak{R}\,=\,\overline{A}\mathfrak{h}\,+\,\overline{\mathfrak{R}}\mu\,-\,\overline{\mathfrak{R}}\nu}\,, \tag{61.6b}$$

$$\widetilde{C}_{ik,mn} = \frac{1}{2V_Z}\sum_{\mathfrak{h},\mu,\nu}\left[F^{\mu\nu}(\mathfrak{R})\,X_i X_k X_m X_n\right]_{\mathfrak{R}\,=\,\overline{A}\mathfrak{h}\,+\,\overline{\mathfrak{R}}\mu\,-\,\overline{\mathfrak{R}}\nu}\,. \tag{61.6c}$$

Die Koeffizienten (61.6) sind vollständig symmetrisch in den unteren Indices[2]. $\widetilde{C}_{ik,mn}$ ist totalsymmetrisch, und auch $C_{ik,mn}$ wird totalsymmetrisch, wenn die inneren Verrückungen keine Beiträge liefern, jedes Teilchen also Symmetriezentrum ist. Das trifft z.B. bei den NaCl- und CsCl-Gittern zu, nicht dagegen bei den ZnS-Gittern. Bei den ersteren sind die Cauchy-Relationen näherungsweise ganz gut erfüllt (Tabelle 16). Die ZnS-Gitter sind piezoelektrisch. Auch bei der hexagonal dichtesten Kugelpackung liegt kein Symmetriezentrum vor, hier werden die Cauchy-Relationen auch bei Zentralkräften nicht erfüllt sein können, da die inneren Verrückungen Beiträge liefern, welche die totale Symmetrie zerstören. Das wird am Beispiel nächster Nachbarwechselwirkung in der hexagonalen Packung in Ziff. 64 gezeigt.

62. Energiedichte und Lagrange-Dichte. Die Bewegungsgleichungen (60.3,), (60.3a) können aus einer Lagrange-Dichte

$$\left.\begin{aligned}
l = &\underbrace{\left\{\sum_i \frac{\varrho}{2}\,\dot{s}_i^2 + \sum_{\mu,i}\frac{\varrho_\mu}{2}\,(\dot{u}_i^\mu)^2\right\}}_{l_{\text{kin}}} -\\[2mm]
&-\underbrace{\left\{\frac{1}{2}\sum_{\substack{\mu,\nu\\ i,k}}\widetilde{C}_{ik}^{\mu\nu}\,u_i^\mu\,u_k^\nu + \frac{1}{2}\sum_{\substack{i,k\\ m,n}}\widetilde{C}_{ik,mn}\,s_{k|n}\,s_{i|m} - \sum_{\substack{\nu\\ i,k,m}}\widetilde{C}_{ikm}^{\nu}\,u_k^\nu\,s_{i|m}\right\}}_{l_{\text{pot}}}
\end{aligned}\right\} \tag{62.1}$$

abgeleitet werden. Gl. (62.1) kann man auch direkt aus der Darstellung der potentiellen und kinetischen Energie der Gittertheorie bekommen, wenn man

---

[1] Bei Ionenkristallen ist der Ausdruck $\widetilde{C}_{ik}^{\mu\nu}$ wegen der langen Reichweite der Coulomb-Kräfte unbestimmt. Solange die Teilgitter nicht mit der Schwerpunkts-Bewegung gekoppelt sind, macht das für die Bestimmung der $\widetilde{C}_{ik,mn}$ nichts aus. Sind sie dagegen mit der Schwerpunktsbewegung gekoppelt, dann entstehen durch mechanische Verformungen Verschiebungen der Teilgitter und damit elektrische Polarisationen. Dann müssen Polarisation und elektrisches Feld neben den mechanischen Größen zusätzlich eingeführt werden (Piezoelektrizität). Daß $\widetilde{C}_{ik}^{\mu\nu}$ unbestimmt ist, oder genauer gesagt, daß es von der Form des betrachteten Volumens abhängt, kann man sich leicht klarmachen. Wenn man in einem endlichen Volumen ein Teilgitter gegen das andere verschiebt, so entstehen an der Oberfläche elektrische Ladungen, deren elektrisches Feld seinerseits wieder auf die Teilgitter wirkt. Das elektrische Feld hängt aber von der Form der Oberfläche ab. Es beeinflußt nicht den Schwerpunkt wegen der elektrischen Neutralität der Zelle, wohl aber die relativen Verschiebungen der Teilgitter, also die Größe $\widetilde{C}_{ik}^{\mu\nu}$.

[2] Bei Bildung der Summen (61.6) sind die Gleichgewichtsbedingungen benutzt.

die Gitterverschiebungen durch Felder ersetzt und nur die niedrigsten Ableitungen beibehält [*28*]. Daß der elastische Anteil in l_{pot} nicht die richtige Energiedichte sein kann, erkennt man daran, daß l_{pot} sich ändert, wenn man eine (infinitesimale) Rotation überlagert ($s_{k|n}$ antisymmetrisch). Bei einer solchen zusätzlichen Rotation ändert sich l_{pot} nach Gl. (62.1) wegen der falschen Symmetrie von $\widetilde{C}_{ik,mn}$, während sich die richtige Energiedichte nicht ändern darf[1]. Die wahre Dichte geht aus l_{pot} hervor, wenn man $\widetilde{C}_{ik,mn}$ nach (58.6) ersetzt. Man kann leicht zeigen, daß dieser Unterschied durch eine Divergenz ausgedrückt werden kann, die Bewegungsgleichungen also nicht ändert. Die Anteile, welche die inneren Verrückungen enthalten, haben bereits die richtigen Eigenschaften einer Energiedichte.

Eine homogene Verformung bei nicht primitiven Gittern besteht aus zwei Anteilen, einer normalen homogenen Verformung des Schwerpunktfeldes

$$s_i = \sum_k v_{ik} X_k \tag{62.2}$$

mit überlagerten, konstanten Verschiebungen u_i^μ der Teilgitter

$$s_i^\mu = \sum_k v_{ik} X_k + u_i^\mu . \tag{62.3}$$

Die Lage eines Atoms $(\mathfrak{m}, \mu)$ nach der homogenen Verformung ist

$$X_i^{\mathfrak{m}} {}_{\mu} = \overline{X}_i^{\mathfrak{m}} {}_{\mu} + \sum_k v_{ik} \overline{X}_k^{\mathfrak{m}} {}_{\mu} + u_i^\mu = \sum_k \Big\{ \overline{A}_{ik} + \underbrace{\sum_l v_{il} \overline{A}_{lk}}_{\delta A_{ik}} \Big\} \mathfrak{m}_k + \overline{X}_i^\mu + \underbrace{\sum_k v_{ik} \overline{X}_k^\mu + u_i^\mu}_{\delta X_i^\mu} . \tag{62.4}$$

Setzt man

$$\mathfrak{R}^{\mathfrak{m}}_\mu = A\,\mathfrak{m} + \mathfrak{R}^\mu , \tag{62.5}$$

so ändert die homogene Verformung die Basis A und die $\mathfrak{R}^\mu$:

$$A = \overline{A} + \delta A ; \quad \delta A_{ik} = \sum_l v_{il} \overline{A}_{lk} ; \quad \mathfrak{R}^\mu = \overline{\mathfrak{R}}^\mu + \delta\,\mathfrak{R}^\mu ; \quad \delta X_i^\mu = \sum_k v_{ik} \overline{X}_k^\mu + u_i^\mu . \tag{62.6}$$

Wenn man die Energie der Zelle ε_Z in Abhängigkeit von A und $\mathfrak{R}^\mu$ kennt, so ist die entsprechende Energiedichte, die durch die Verformung erzeugt wird,

$$\frac{\delta \varepsilon_Z}{V_Z} = \frac{1}{V_Z} \{\varepsilon_Z(\overline{A} + \delta A,\ \overline{\mathfrak{R}}^\mu + \delta\mathfrak{R}^\mu) - \varepsilon_Z(\overline{A}, \mathfrak{R}^\mu)\} . \tag{62.7}$$

Entwickelt[2] man (62.7) nach den v_{il} und u_i^μ, so erhält man einen Ausdruck, der genau so gebaut ist wie l_{pot} nach (62.1), wobei $s_{k|m}$ durch v_{km} zu ersetzen ist. Umgekehrt kann man in (62.7) bei langsam veränderlichen Verschiebungen auch v_{km} durch $s_{k|m}$ ersetzen und die u_i^μ als langsam veränderliche Ortsfunktionen ansehen[3]. Die Entwicklung von (62.7) sieht zwar formal genau so aus wie l_{pot}, aber hier haben die Koeffizienten schon die richtigen Symmetrie-Eigenschaften. Sie liefert die richtige Energiedichte. Sie muß z. B. gegen Rotationen invariant sein, weil die Energie der Zelle selbst diese Eigenschaft hat (vgl. Ziff. 74). Wenn die inneren Verrückungen nicht mit dem Schwerpunkt gekoppelt sind, bekommt

---

[1] Die Energiedichte darf bei einer homogenen Verformung ($s_{k|m} = \text{const}$) nur die elastischen Verzerrungsgrößen $s_{k|m} + s_{m|k}$ enthalten. Das ist bei l_{pot} nicht der Fall.

[2] Das lineare Glied der Entwicklung verschwindet wegen der Gleichgewichtsbedingungen.

[3] Ebenso wie l_{pot} nach (62.1) kann man die Energiedichte nach (62.7) in die Lagrange-Dichte einführen. Die Bewegungsgleichungen bleiben ungeändert.

man bei diesem Verfahren die elastischen Konstanten $C_{ik,mn}$ direkt als Koeffizienten[1] von $\frac{1}{2} v_{ik} v_{mn}$. Dieses Verfahren wurde ja schon in Ziff. 25 ff. bei der Bestimmung der Kompressibilität benutzt. Beispiele für die Berechnung der elastischen Daten aus der Entwicklung der Energie pro Zelle finden sich in Ziff. 70 und 71.

d) Einfache Beispiele.

63. Kopplungsparameter und elastische Konstanten in den primitiven kubischen Gittern. In den drei primitiven kubischen Gittern hat der Tensor

$$\tilde{C}_{ik,mn} = -\frac{1}{2V_Z} \sum_{\mathfrak{h}} \Phi_{ik}^{\mathfrak{h}} (\overline{A}\,\mathfrak{h})_m (\overline{A}\,\mathfrak{h})_n \tag{63.1}$$

kubische Symmetrie (Ziff. 37, β), also nur drei unabhängige Koeffizienten. Führt man genau wie bei den elastischen Konstanten Größen $\tilde{c}_{\alpha\beta}$ ein, so besteht zwischen den $\tilde{c}_{\alpha\beta}$ der gleiche Zusammenhang wie zwischen den $c_{\alpha\beta}$ nach Tabelle 12 (Ziff. 53). Die drei unabhängigen $\tilde{c}_{\alpha\beta}$-Werte sind danach $\tilde{c}_{11}$, $\tilde{c}_{12}$ und $\tilde{c}_{44}$. Aus den $\tilde{c}_{\alpha\beta}$ können dann nach (58.9) die $c_{\alpha\beta}$ bestimmt werden. Zunächst wird das kubisch flächenzentrierte Gitter mit reiner nächster Nachbar-Wechselwirkung behandelt. Die Kopplung zu den nächsten Nachbarn enthält drei unabhängige Parameter (Ziff. 37, γ), die gerade durch die drei unabhängigen elastischen Konstanten ausgedrückt werden können. Würde man weitere Nachbarn hinzunehmen, so könnte man die Kopplungsparameter nicht mehr allein aus den elastischen Daten bestimmen.

Die Form der Kopplungs-Matrizen entnimmt man Tabelle 9, z.B.

$$\{\Phi_i^{(1,1,0)}{}_k\} = \begin{Bmatrix} \beta' & \gamma' & 0 \\ \gamma' & \beta' & 0 \\ 0 & 0 & \alpha' \end{Bmatrix}. \tag{63.2}$$

Die Summation in Gl. (63.1) ist über alle zwölf nächsten Nachbarn des Ursprungs ($\mathfrak{h}=0$) zu erstrecken[2]. Die Ausführung der Summation ist mit Hilfe der Tabelle 9 ganz einfach und führt zu dem Resultat (mit $V_Z = a^3/4$):

$$\tilde{c}_{11} = -\frac{1}{2V_Z} \left(\frac{a}{2}\right)^2 8\beta' = -\frac{4\beta'}{a}, \tag{63.3a}$$

$$\tilde{c}_{12} = -\frac{1}{2V_Z} \left(\frac{a}{2}\right)^2 4(\alpha' + \beta') = -\frac{2(\alpha' + \beta')}{a}, \tag{63.3b}$$

$$\tilde{c}_{44} = -\frac{1}{2V_Z} \left(\frac{a}{2}\right)^2 4\gamma' = -\frac{2\gamma'}{a}. \tag{63.3c}$$

Der Zusammenhang zwischen $\tilde{c}_{\alpha\beta}$ und $c_{\alpha\beta}$ nach (58.9) ist

$$c_{11} = \tilde{c}_{11}, \tag{63.4a}$$

$$c_{12} = 2\tilde{c}_{44} - \tilde{c}_{12}, \tag{63.4b}$$

$$c_{44} = \tilde{c}_{12}. \tag{63.4c}$$

---

[1] Die Entwicklung (62.7) darf nur die symmetrischen Anteile $\varepsilon_{im} = \frac{1}{2}(v_{im} + v_{mi})$ enthalten. Daß das immer der Fall ist, wenn man vom Gleichgewichtszustand ausgeht, wird in Ziff. 74 gezeigt.

[2] Φ_{ik}^0 wird nicht benötigt.

Also sind die elastischen Konstanten $c_{\alpha\beta}$ und die Kopplungsparameter in der folgenden Weise verknüpft:

$$c_{11} = -\frac{4\beta'}{a}, \tag{63.5a}$$

$$c_{12} = -\frac{4\gamma' - 2\alpha' - 2\beta'}{a}, \tag{63.5b}$$

$$c_{44} = -\frac{2\alpha' + 2\beta'}{a}; \tag{63.5c}$$

$$-\beta' = \frac{a}{4}c_{11}, \tag{63.6a}$$

$$-\alpha' = \frac{a}{4}(2c_{44} - c_{11}), \tag{63.6b}$$

$$-\gamma' = \frac{a}{4}(c_{12} + c_{44}). \tag{63.6c}$$

Für reine Zentralkräfte zwischen nächsten Nachbarn allein (Federbindung f) ist nach (48.4) $(\beta' = \gamma' = -\frac{f}{2};\ \alpha' = 0)$:

$$c_{11} = \frac{2f}{a}, \tag{63.7a}$$

$$c_{12} = c_{44} = \frac{f}{a}, \tag{63.7b}$$

und bei reinen Federbindungen zwischen nächsten (f) und übernächsten (f') Nachbarn

$$c_{11} = \frac{2f}{a} + \frac{4f'}{a}; \quad f = a\,c_{44}, \tag{63.7c}$$

$$c_{12} = c_{44} = \frac{f}{a}; \quad f' = \frac{a}{4}(c_{11} - c_{12} - c_{44}). \tag{63.7d}$$

Bei den raumzentrierten Gittern[1] kann man das ganze Verfahren mit Hilfe von Tabelle 9 ebenso einfach durchführen. Es soll hier nur das Resultat für Federbindungen zwischen nächsten und übernächsten Nachbarn angegeben werden:

$$c_{11} = \frac{2}{a}\left(\frac{f}{3} + f'\right); \quad f = \frac{3}{2}a\,c_{44}, \tag{63.8a}$$

$$c_{12} = c_{44} = \frac{2}{3}\frac{f}{a}; \quad f' = \frac{a}{2}(c_{11} - c_{12}). \tag{63.8b}$$

Da bei Annahme von Federbindungen (Zentralkräfte) die CAUCHY-Relationen immer erfüllt sein müssen, so kann man auch bei Hinzunahme beliebig vieler Federn zu höheren Nachbarn kein Modell angeben, was mit den elastischen Konstanten übereinstimmt, wenn nicht der betreffende Stoff zufällig die CAUCHY-Relationen erfüllt. Das ist bei den Metallen nur für Natrium und Eisen angenähert der Fall. Will man dann trotzdem (etwa zur Abschätzung des Spektrums), wenigstens näherungsweise das Federmodell aufrecht erhalten, so bestimmt man die Stärke der Federn zweckmäßig aus den beiden Schubmoduln c_{44} und $\frac{1}{2}(c_{11} - c_{12})$ (Ziff. 55), da hier die Mehrkörperkräfte der metallischen Bindung keine Rolle spielen[2]. Diese Darstellung ist in den Gln. (63.7) und (63.8) gewählt. In

---

[1] Das raumzentrierte Gitter ist bei einer Feder f nicht stabil (Ziff. 38). Man sieht das hier daran, daß der eine Schubmodul $\frac{1}{2}(c_{11} - c_{12})$ (nach Ziff. 55) verschwindet, wenn f' Null ist.

[2] Die metallischen Mehrkörperkräfte sind hauptsächlich Volumkräfte und machen sich daher bei Scherungen nicht bemerkbar.

Tabelle 15 (Ziff. 58) sind für einige Metalle die Verhältnisse von f' zu f angegeben, als ein ungefähres Maß für die Abnahme der Wechselwirkung mit der Nachbarordnung.

Man braucht sich nicht darüber zu wundern, daß nach den Angaben der Tabelle 15 bei den flächenzentrierten Metallen die Federbindung zu den übernächsten Nachbarn negativ wird. Am Beispiel der linearen Kette sieht man besonders deutlich, daß man im allgemeinen für weiter entfernte Nachbarn negative Federbindungen erwarten *muß*. Bei der linearen Kette kann man ja den allgemeinen Zusammenhang durch Federbindungen ausdrücken. Die Stärke der Feder zwischen zwei Nachbarn im Abstand na ist durch $f'' = \varphi''(na)$ gegeben. Bei einem normalen Verlauf der potentiellen Energie $\varphi(X)$ zwischen zwei Atomen der Kette, sollte man schon bei den übernächsten Nachbarn negative Federbindungen erwarten. Sowie die Atome weiter entfernt sind, als es dem Wendepunkt von $\varphi(X)$ entspricht, wird f'' negativ (Fig. 35). Die Verhältnisse im Raumgitter liegen ganz analog. Daher ist es ganz befriedigend zu sehen, daß im flächenzentrierten Gitter, wo die übernächsten Nachbarn im Vergleich zu den nächsten Nachbarn in relativ großer Entfernung liegen, die f' negativ sind; im raumzentrierten Gitter dagegen sind sie noch positiv, weil sich hier die Entfernungen zu den nächsten und übernächsten Nachbarn nur wenig unterscheiden.

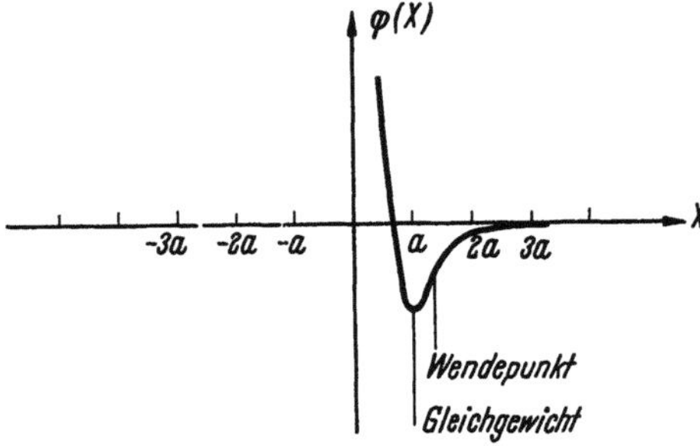

Fig. 35. Potentielle Energie $\varphi(X)$ zwischen zwei Atomen der linearen Kette. Der Gleichgewichtsabstand ist näherungsweise durch das Minimum der Potentialkurve gegeben. Sowie die Atome weiter voneinander entfernt sind, als dem Wendepunkt von $\varphi(X)$ entspricht, wird die „Federbindung" negativ. Ist der Potentialverlauf so, wie hier gezeichnet, so sind alle Federbindungen außer der nächsten Nachbarbindung negativ.

Auf diese Weise kann man also die Kopplungsparameter durch die elastischen Konstanten ausdrücken und erhält damit schon ein ziemlich zutreffendes Modell für die Schwingungen des Kristall-Gitters. Bei den flächenzentrierten Gittern bestimmen die elastischen Daten gerade die drei unabhängigen Kopplungsparameter zu den nächsten Nachbarn. Bei den raumzentrierten Gittern gibt es zwei Kopplungsparameter zu den nächsten und zwei weitere zu den übernächsten Nachbarn (Tabelle 10, Ziff. 37). Hier kann man etwa die Kopplung zu den Nachbarn zweiter Ordnung durch eine Federbindung approximieren, so daß insgesamt drei unabhängige Parameter übrig bleiben, die dann durch die elastischen Konstanten ausgedrückt werden können. Die Darstellung der allgemeinen Parameter durch experimentelle Daten bildet gleichzeitig die Grundlage für die Bestimmung der Spektren, da eine direkte Bestimmung meist nicht möglich ist.

64. Hexagonal dichteste Packung mit nächster Nachbar-Wechselwirkung.

α) Um wenigstens ein einfaches Beispiel für nichtprimitive Gitter zu haben, wird im folgenden die hexagonale Packung mit Zentralkräften und nächster Nachbarwechselwirkung behandelt. Das ist gleichbedeutend mit der Annahme von Federbindungen (f) zwischen nächsten Nachbarn allein. Während die gleiche Annahme bei der kubischen Packung die Cauchy-Relationen liefert, gelten diese in der hexagonalen Packung nicht, weil bei elastischen Beanspruchungen innere Verrückungen der beiden Teilgitter auftreten, deren Beiträge die Cauchy-Relationen zerstören.

Hier müssen sämtliche Größen (59.4) bzw. (61.6) berechnet werden, außerdem braucht man die Umkehrung von $\widetilde{C}^{\mu\nu}_{ik}$, damit man die inneren Verrückungen eliminieren kann. Die Kopplungsgrößen sind (38.5 b)

$$\Phi^{\mathfrak{h}\mathfrak{h}}_{ik} = -\frac{f}{D^2}(\overline{A}\,\mathfrak{h} + \overline{\mathfrak{R}}^\mu - \overline{\mathfrak{R}}^\nu)_i (\overline{A}\,\mathfrak{h} + \overline{\mathfrak{R}}^\mu - \overline{\mathfrak{R}}^\nu)_k \quad \text{für } |\overline{A}\,\mathfrak{h} + \overline{\mathfrak{R}}^\mu - \overline{\mathfrak{R}}^\nu| = D. \quad (64.1)$$

D ist der Durchmesser der Kugel, bzw. der Abstand nächster Nachbarn in der hexagonalen Packung (Fig. 36). Die Indices μ und ν haben die Werte 1 und 2 $\left(\overline{\mathfrak{R}}_1 = 0 \text{ und } \overline{\mathfrak{R}}_2 = \dfrac{D}{2}\left(1, \dfrac{1}{\sqrt{3}}, \dfrac{2\sqrt{2}}{\sqrt{3}}\right)\right)$. Die Daten für die hexagonale Packung können aus Ziff. 9 entnommen werden. $\Phi_{ik}^{0\mu}{}_{\mu}$ kann aus der Bedingung $\sum\limits_{\mathfrak{h},\nu} \Phi_{ik}^{\mu\nu}{}_{\mathfrak{h}} = 0$ bestimmt werden, für die folgenden Rechnungen braucht man $\Phi_{ik}^{0\mu}{}_{\mu}$ nicht.

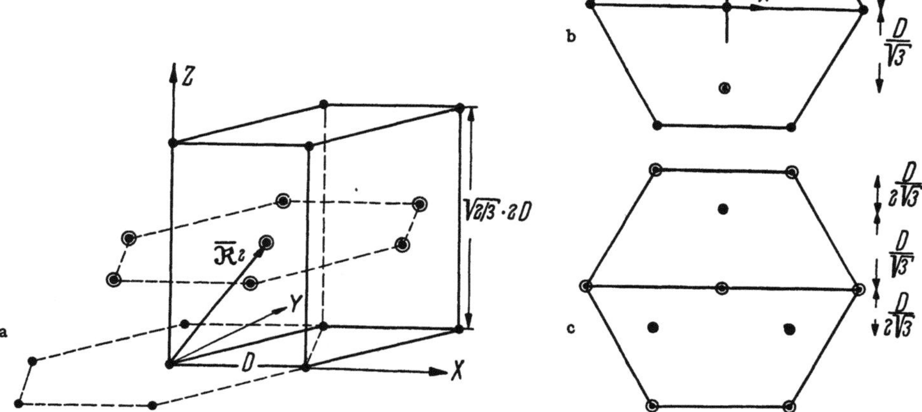

Fig. 36a—c. Hexagonal dichteste Packung. a Teilgitter 1 ($\overline{\mathfrak{R}}_1 = 0$) ist durch Punkte gekennzeichnet, Teilgitter 2 $\left(\overline{\mathfrak{R}}_2 = \dfrac{D}{2}\left(1, \dfrac{1}{\sqrt{3}}, \dfrac{2\sqrt{2}}{\sqrt{3}}\right)\right)$ durch Punkte mit Kreisen. b Umgebung eines Atoms des Teilgitters 1. Die Atome des Teilgitters 2 liegen um $\sqrt{\tfrac{2}{3}}\,D$ über und unter der Zeichenebene. c Umgebung eines Atoms aus Teilgitter 2. Die Atome des Teilgitters 1 liegen um $\sqrt{\tfrac{2}{3}}\,D$ über und unter der Zeichenebene.

$\beta)\ \widetilde{C}_{ik,mn}.$ Mit den Kopplungsparametern (64.1) ist

$$\widetilde{C}_{ik,mn} = \frac{f}{2V_Z D^2} \sum_{\mathfrak{h},\mu,\nu} [X_i X_k X_m X_n]_{\mathfrak{R}\,=\,\overline{A}\mathfrak{h}\,+\,\overline{\mathfrak{R}}^\mu\,-\,\overline{\mathfrak{R}}^\nu}. \tag{64.2}$$

Die Summe erstreckt sich über alle Werte $\mathfrak{h}$, μ, ν mit $|\mathfrak{R}| = D$. Für $\nu = 1$ ($\overline{\mathfrak{R}}_1 = 0$) in (64.2) ist über alle Nachbarn des Atoms im Koordinatenursprung der Fig. 36 zu summieren, für $\nu = 2$ über alle Nachbarn des in der Elementarzelle gelegenen Atoms ($\overline{\mathfrak{R}}_2$). Beide Terme liefern den gleichen Beitrag, obwohl die Umgebung der beiden Atome verschieden aussieht. Daher wird aus (64.2)

$$\widetilde{C}_{ik,mn} = \frac{f}{V_Z D^2} \sum_{\mathfrak{h},\mu} [X_i X_k X_m X_n]_{\mathfrak{R}\,=\,\overline{A}\mathfrak{h}\,+\,\overline{\mathfrak{R}}^\mu}. \tag{64.2a}$$

Zu summieren ist jetzt nur noch über alle zwölf Nachbarn des Atoms im Koordinaten-Ursprung[1] ($|\mathfrak{R}| = D$). Sowie in Gl. (64.2a) nur ein x- oder y- oder

---

[1] Die gleiche Formel erhält man auch für die kubisch dichteste Packung (flächenzentriert) mit Federn zwischen nächsten Nachbarn allein. Hier ist

$$\widetilde{C}_{ik,mn} = C_{ik,mn} = \frac{f}{2V_Z D^2} \cdot \sum_{\mathfrak{h}} [X_i X_k X_m X_n]_{\mathfrak{R}\,=\,\overline{A}\mathfrak{h}} \quad \text{mit} \quad |\mathfrak{R}| = D.$$

Die hexagonale Elementarzelle enthält aber zwei Atome, die kubisch flächenzentrierte nur eins: $2V_Z\,(\text{kub}) = V_Z\,(\text{hex})$.

Obwohl die beiden Formeln übereinstimmen, so ergeben sie doch wegen der verschiedenen Struktur der Umgebung verschieden symmetrische $c_{\alpha\beta}$-Werte (Tabelle 17).

z-Wert vorkommt, so verschwindet der entsprechende Koeffizient. Das kann man sich leicht an Hand der Fig. 36 klar machen. Es bleiben demnach nur Koeffizienten der Form $\widetilde{C}_{xx,xx} = \tilde{c}_{11}$, $\widetilde{C}_{xx,yy} = \tilde{c}_{12}$, $\widetilde{C}_{xx,zz} = \tilde{c}_{13}$ usw. übrig. Eine Umrechnung von $\widetilde{C}_{ik,mn}$ ist wegen der totalen Symmetrie nicht erforderlich. Die Ausführung der Summen ist sehr einfach, die Ergebnisse für die $\tilde{c}_{\alpha\beta}$-Werte sind in Tabelle 17 zusammengefaßt.

γ) $\widetilde{C}_{ikm}^{\nu}$. Es ist

$$\widetilde{C}_{ikm}^{\nu} = -\frac{f}{V_Z D^2} \sum_{\mathfrak{h},\mu} [X_i X_k X_m]_{\mathfrak{R}} = \overline{A}\,\mathfrak{h} + \overline{\mathfrak{R}}^{\mu} - \overline{\mathfrak{R}}^{\nu} \quad \text{mit} \quad |\mathfrak{R}| = D. \qquad (64.3)$$

Wegen $\sum_{\nu} \widetilde{C}_{ikm}^{\nu} = 0$ genügt es, $\widetilde{C}_{ikm}^{1} = -\widetilde{C}_{ikm}^{2}$ zu berechnen:

$$\widetilde{C}_{ikm}^{1} = -\frac{f}{V_Z D^2} \sum_{\mathfrak{h},\mu} [X_i X_k X_m]_{\mathfrak{R}} = \overline{A}\,\mathfrak{h} + \overline{\mathfrak{R}}^{\mu} \quad \text{mit} \quad |\mathfrak{R}| = D. \qquad (64.3\,a)$$

Die Summation erstreckt sich über alle Nachbarn des Ursprungs und kann ebenfalls sehr leicht ausgeführt werden. Es sind nur $\widetilde{C}_{yyy}^{\nu}$ und $\widetilde{C}_{yzz}^{\nu}$ von Null verschieden und zwar ist[1]

$$\widetilde{C}_{yyy}^{1} = -\widetilde{C}_{yyy}^{2} = \frac{fD}{2\sqrt{3}\,V_Z}, \qquad (64.4\,a)$$

$$\widetilde{C}_{yzz}^{1} = -\widetilde{C}_{yzz}^{2} = -\frac{fD}{2\sqrt{3}\,V_Z}. \qquad (64.4\,b)$$

δ) $\widetilde{C}_{ik}^{\mu\nu}$. Wegen $\sum_{\nu} \widetilde{C}_{ik}^{\mu\nu} = \widetilde{C}_{ik}^{\mu 1} + \widetilde{C}_{ik}^{\mu 2} = 0$ genügt die Berechnung von $\widetilde{C}_{ik}^{12} = \widetilde{C}_{ik}^{21}$. Dazu braucht man $\overset{0}{\Phi}{}_{ik}^{\mu\mu}$ nicht.

$$\widetilde{C}_{ik}^{21} = \frac{f}{V_Z D^2} \cdot \sum_{\mathfrak{h}} [X_i X_k]_{\mathfrak{R}} = \overline{A}\,\mathfrak{h} + \overline{\mathfrak{R}}_2 \quad \text{mit} \quad |\mathfrak{R}| = D. \qquad (64.5)$$

Die Summation in (64.5) erfolgt also über alle sechs nächsten Nachbarn des Atoms im Ursprung, die nicht zu dem primitiven Teilgitter gehören, welches den Ursprung selbst enthält. Die Ausführung der Summe ist wieder sehr einfach und ergibt

$$\{\widetilde{C}_{ik}^{21}\} = \{\widetilde{C}_{ik}^{12}\} = \frac{f}{V_Z} \begin{Bmatrix} 1 & 0 & 0 \\ 0 & 1 & 0 \\ 0 & 0 & 4 \end{Bmatrix}. \qquad (64.6)$$

Da $\widetilde{C}_{ik}^{21}$ diagonal ist, so kann man mit (64.6) sehr leicht die optischen Grenzschwingungen angeben. Die Gleichungen für die optischen Grenzschwingungen (61.5a) sind

$$\begin{aligned}
\frac{M}{V_Z}\,\ddot{u}_i^1 &= \sum_k \widetilde{C}_{ik}^{12}\,(u_k^2 - u_k^1), \\
\frac{M}{V_Z}\,\ddot{u}_i^2 &= \sum_i \widetilde{C}_{ik}^{12}\,(u_k^1 - u_k^2).
\end{aligned} \right\} \qquad (64.7)$$

Statt dessen schreibt man einfacher in den Relativ-Verschiebungen $\mathfrak{w} = \mathfrak{u}^2 - \mathfrak{u}^1$; $w_k = u_k^2 - u_k^1$:

$$\frac{M}{V_Z}\,w_i = -2 \sum_k \widetilde{C}_{ik}^{12}\,w_k. \qquad (64.7\,a)$$

---

[1] Bei der Ausführung der Summen (64.4) bedient man sich am besten der Fig. 36, es liefert nur das Teilgitter ($\overline{\mathfrak{R}}_2$) Beiträge zu (64.4).

Mit dem Ansatz

$$w_k = c_k\, e^{-i\omega t} \qquad (64.8)$$

erhält man

$$\frac{M\omega^2}{V_Z}\, c_i = 2 \sum_k \widetilde{C}^{12}_{ik}\, c_k. \qquad (64.9)$$

Da $\widetilde{C}^{12}_{ik}$ nach (64.6) diagonal ist, so gibt es ersichtlich eine Schwingung in Z-Richtung (Richtung der hexagonalen Achse)[1]:

$$\mathfrak{c},\,\mathfrak{w} \parallel Z\text{-Achse}; \qquad \omega^2 = \frac{8f}{M}$$

und zwei entartete Schwingungen gleicher Frequenz senkrecht zur hexagonalen Achse:

$$\mathfrak{c},\,\mathfrak{w} \perp Z\text{-Achse}; \qquad \omega^2 = \frac{2f}{M}.$$

Die beiden Teilgitter schwingen starr gegeneinander[2] (Fig. 37).

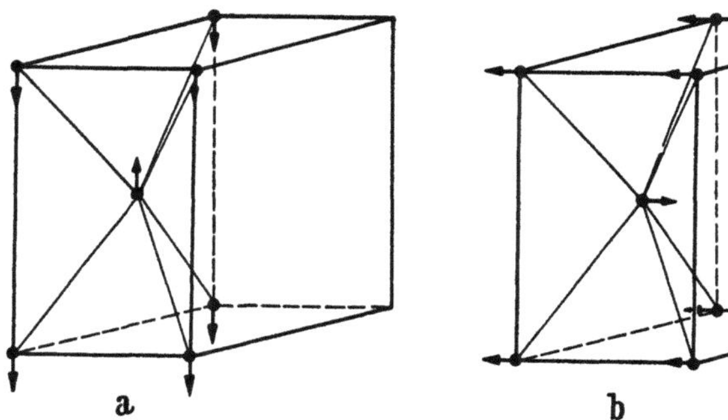

Fig. 37a u. b. Die optischen Grenzschwingungen der hexagonalen Packung. a Schwingung in Richtung der hexagonalen Achse. b Schwingung senkrecht zur hexagonalen Achse. Beide Teilgitter bewegen sich starr.

ε) Die Auflösung der Gleichungen

$$\sum_{v,k} \widetilde{C}^{\mu v}_{ik}\, u^v_k = \sum_{k,m} \widetilde{C}^{\mu}_{kim}\, s_{k|m}$$

ist ebenfalls sehr einfach:

$$\sum_{v,k} \widetilde{C}^{1v}_{ik}\, u^v_k = \sum_k \widetilde{C}^{12}_{ik}\,(u^2_k - u^1_k) = \widetilde{C}^{12}_{ii}\,(u^2_i - u^1_i) = \sum_{k,m} \widetilde{C}^{1}_{kim}\, s_{k|m}, \qquad (64.10)$$

$$u^{\mu}_i = -\frac{1}{2\widetilde{C}^{12}_{ii}} \sum_{k,m} \widetilde{C}^{\mu}_{kim}\, s_{k|m} + u_i, \qquad (64.10a)$$

$$w_i = \frac{1}{\widetilde{C}^{12}_{ii}} \sum_{k,m} \widetilde{C}^{1}_{kim}\, s_{k|m}. \qquad (64.10b)$$

---

[1] Die Frequenzen kann man auch ohne Rechnung angeben. Die Effektivität einer Feder ist durch ihre Federkonstante f, multipliziert mit dem Quadrat der Projektion der Federrichtung auf die Schwingungsrichtung gegeben. So sind bei der Schwingung in Z-Richtung (Fig. 37a) für ein Atom sechs Federn mit einem Faktor 2/3 in Rechnung zu setzen. Bei der Berechnung der Frequenz muß die reduzierte Masse $M/2$ eingesetzt werden:

$$\frac{M}{2}\,\omega^2 = 6 \cdot \frac{2}{3}\,f; \qquad \omega^2 = \frac{8f}{M}.$$

[2] Eine theoretische und experimentelle Übersicht über den Frequenzverlauf im ganzen $\mathfrak{k}$-Bereich gibt R. E. JOYNSON [Phys. Rev. **94**, 851 (1954)] für Zn, das nahezu eine ideale hexagonale Packung bildet.

Aus (64.10b) liest man den Einfluß der elastischen Verformung $s_{k|m}$ auf die Verrückung der beiden Teilgitter gegeneinander ab. Nur $\tilde{C}^1_{yyy}$ und $\tilde{C}^1_{yxx}$ sind von Null verschieden, daher haben Dehnungen in Z-Richtung (nur $s_{z|z} \neq 0$) und Scherungen längs Ebenen senkrecht zur hexagonalen Achse (nur $s_{z|x}$, $s_{x|z}$ oder $s_{z|y}$, $s_{y|z} \neq 0$) keine Relativ-Verschiebung der beiden Teilgitter zur Folge, wohl aber Dehnungen in X- oder Y-Richtung ($s_{x|x}$ oder $s_{y|y} = 0$). Bei einer Dehnung $\varepsilon_{xx} = s_{x|x}$ in X-Richtung erfolgt eine innere Verrückung w_y in Y-Richtung:

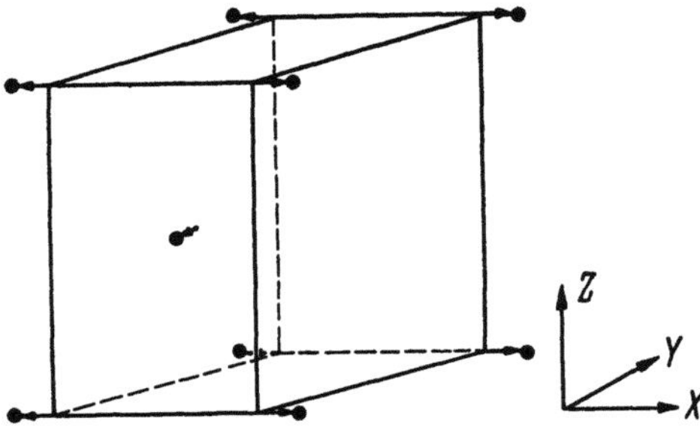

$w_y = -\dfrac{D}{2\sqrt{3}}\,\varepsilon_{xx}$ (Fig. 38). Relativ-Verschiebungen in Z-Richtung kommen im elastischen Gebiet nicht vor.

Die inneren Verrückungen nach Gl. (64.10a) können nun in (61.1) zur Bestimmung der elastischen Konstanten eingesetzt werden. Die elastischen Konstanten bestehen dann aus zwei Anteilen

Fig. 38. Bei einer Dehnung in X-Richtung wird das Teilgitter 2 in $-Y$-Richtung verschoben.

$$C_{in,mk} = \tilde{C}_{ik,mn} + \delta C_{in,mk}. \qquad (64.11)$$

Der Anteil von $\tilde{C}_{ik,mn}$ braucht wegen der totalen Symmetrie nicht mehr umgerechnet zu werden, auch der Anteil der inneren Verrückungen hat bereits die richtige Symmetrie der elastischen Konstanten

$$\delta C_{in,mk} = \sum_{v,l} \tilde{C}^v_{iln} \cdot \tilde{C}^v_{klm} \cdot \left(-\frac{1}{2\tilde{C}^{12}_{ll}}\right), \qquad (64.12)$$

$$\delta C_{in,mk} = -\sum_{l} \frac{\tilde{C}^1_{iln}\tilde{C}^1_{klm}}{\tilde{C}^{12}_{ll}} = -\frac{1}{\tilde{C}^{12}_{11}} \sum_{l=1,2} \tilde{C}^1_{iln}\tilde{C}^1_{klm}. \qquad (64.12a)$$

In der Voigtschen Schreibweise wird aus Gl. (64.11)

$$c_{\alpha\beta} = \tilde{c}_{\alpha\beta} + \delta c_{\alpha\beta}. \qquad (64.11a)$$

Die $\delta c_{\alpha\beta}$ haben bis auf das Vorzeichen alle den gleichen Wert

$$\delta c_{11} = \delta c_{66} = -\delta c_{12} = -\frac{(\tilde{C}^1_{yxx})^2}{\tilde{C}^{12}_{11}} = -\frac{f}{12D}\frac{D^3}{V_z} = -\frac{f}{12\sqrt{2}\,D}. \qquad (64.13)$$

Diese Werte sind neben $c_{\alpha\beta}$ und $\tilde{c}_{\alpha\beta}$ in Tabelle 17 aufgeführt. Zum Vergleich findet man dort auch die elastischen Daten für die kubische Kugelpackung mit einer Feder. Man erkennt einmal die durch die verschiedene Symmetrie bedingten Unterschiede zwischen kubischer und hexagonaler Packung. Die $\tilde{c}_{\alpha\beta}$ allein, die die inneren Verrückungen nicht enthalten, befriedigen die Cauchy-Relationen. Die Berücksichtigung der inneren Verrückungen zerstört die Cauchy-Relationen, in diesem speziellen Fall aber nur die Relation $c_{12} = c_{66}$[1]. Die elastischen Konstanten dieses Modells verhalten sich wie $32:29:11:9:8$. In Tabelle 18 sind die elastischen Konstanten für einige hexagonale Kristalle aufgeführt. Man kann natürlich nicht erwarten, daß die elastischen Konstanten dieser Kristalle sich genau so wie die hier abgeleiteten Werte verhalten. Bei den Metallen, welche die Struktur der hexagonal dichtesten Packungen besitzen, ist die Voraussetzung von Zentralkräften sicher falsch. Trotzdem lassen sich die elastischen Konstanten

---

[1] Die aus der hexagonalen Symmetrie hervorgehende Relation $2c_{66} = c_{11} - c_{12}$ ist für $\tilde{c}_{\alpha\beta}$ und $\delta c_{\alpha\beta}$ einzeln erfüllt.

Tabelle 17. *Elastische Konstante für kubische und hexagonale Packung mit einer Feder.*

Elastische Konstante $c_{\alpha\beta}$ für die kubische Packung.

$$\frac{f}{\sqrt{2}\,D}\begin{pmatrix} 2 & 1 & 1 & 0 & 0 & 0 \\ 1 & 2 & 1 & 0 & 0 & 0 \\ 1 & 1 & 2 & 0 & 0 & 0 \\ 0 & 0 & 0 & 1 & 0 & 0 \\ 0 & 0 & 0 & 0 & 1 & 0 \\ 0 & 0 & 0 & 0 & 0 & 1 \end{pmatrix}$$

Elastische Konstante $\tilde{c}_{\alpha\beta}$ für die hexagonale Packung ohne innere Verrückungen.

$$\frac{f}{\sqrt{2}\,D}\begin{pmatrix} \frac{5}{2} & \frac{5}{6} & \frac{2}{3} & 0 & 0 & 0 \\ \frac{5}{6} & \frac{5}{2} & \frac{2}{3} & 0 & 0 & 0 \\ \frac{2}{3} & \frac{2}{3} & \frac{8}{3} & 0 & 0 & 0 \\ 0 & 0 & 0 & \frac{2}{3} & 0 & 0 \\ 0 & 0 & 0 & 0 & \frac{2}{3} & 0 \\ 0 & 0 & 0 & 0 & 0 & \frac{5}{6} \end{pmatrix}$$

Zusatzterme $\delta c_{\alpha\beta}$ durch die inneren Verrückungen

$$\frac{f}{\sqrt{2}\,D}\begin{pmatrix} -\frac{1}{12} & +\frac{1}{12} & 0 & 0 & 0 & 0 \\ +\frac{1}{12} & -\frac{1}{12} & 0 & 0 & 0 & 1 \\ 0 & 0 & 0 & 0 & 0 & 0 \\ 0 & 0 & 0 & 0 & 0 & 0 \\ 0 & 0 & 0 & 0 & 0 & 0 \\ 0 & 0 & 0 & 0 & 0 & -\frac{1}{12} \end{pmatrix}$$

Elastische Konstante $c_{\alpha\beta}$ für die hexagonale Packung

$$\frac{f}{12\sqrt{2}\,D}\begin{pmatrix} 29 & 11 & 8 & 0 & 0 & 0 \\ 11 & 29 & 8 & 0 & 0 & 0 \\ 8 & 8 & 32 & 0 & 0 & 0 \\ 0 & 0 & 0 & 8 & 0 & 0 \\ 0 & 0 & 0 & 0 & 8 & 0 \\ 0 & 0 & 0 & 0 & 0 & 9 \end{pmatrix}$$

Tabelle 18. *Elastische Konstante hexagonaler Kristalle* ($c_{\alpha\beta}$ in $[10^{11}\ \mathrm{dyn\ cm^{-2}}]$).

Substanz	Modell mit einer Feder				
	32 :	29 :	11 :	8 :	8
	c_{33}	c_{11}	c_{12}	c_{13}	c_{44}
Magnesium[1]	6,1	5,85	2,5	2,08	1,66
Zink[2]	6,23	16,3	2,56	5,08	3,79
Cadmium[3]	4,69	11,0	4,04	3,83	1,56
β-Quarz[4] (SiO_2)	11	11,6	1,6	3,3	3,6
Eis[5] (H_2O)	1,5	1,38	0,71	0,58	0,32
Beryll[6] $Al_2Be_3\,[Si_6O_8]$	23,6	26,9	9,6	6,6	6,5
Apatit[7] $Ca_5\,[(PO_4)_3\,(Cl\ oder\ F)]$ . . .	14	16,7	1,31	6,5	6,6

[1] E. Göns u. Mitarb.: Phys. Z. **37**, 385 (1936); RT.
[2] E. Göns: Ann. Phys. **16**, 793 (1933); RT.
[3] P. W. Bridgman: Proc. Nat. Acad. Sci. **10**, 411 (1924); RT.
[4] E. W. Kammer u. Mitarb.: J. Appl. Phys. **19**, 265 (1948); 850° K.
[5] F. Jona u. Mitarb.: Helv. phys. Acta **25**, 35 (1952); 257° K.
[6] W. Voigt: Wied. Ann. **31**, 474 (1867); RT.
[7] J. Bhimasenachar: Proc. Ind. Acad. Sci. A **22**, 209 (1945).

von Magnesium gut in das obige Schema einordnen. Bei den Nichtmetallen handelt es sich meist um komplizierte hexagonale Strukturen, aber nicht um dichteste Packungen einer Atomsorte allein. Beryll läßt sich noch am besten vergleichen [1]. Immerhin ist die noch verbleibende CAUCHY-Relation $c_{13} = c_{44}$ bei den Nichtmetallen (außer Eis) wenigstens näherungsweise erfüllt.

IV. Schwingungen in Ionenkristallen[1].

65. Qualitative Übersicht. Die Ionengitter müssen gesondert behandelt werden, da die COULOMBschen Potentiale zwischen den Ionen so schwach von der Entfernung abhängen, daß die normalen Entwicklungsverfahren beim Übergang zur makroskopischen Theorie versagen. In Ziff. 61 war schon darauf hingewiesen worden, daß man das bei einer Verschiebung der Teilgitter an der Oberfläche entspringende elektrische Feld berücksichtigen muß. Ferner ist zu bedenken, daß bei den Gitterschwingungen die Ionen sich ja bewegen und daher eigentlich gar nicht die statischen COULOMB-Kräfte eingesetzt werden dürfen. Man muß also auch die Retardierungseffekte berücksichtigen. Man kann sich leicht klar machen, daß die Retardierungseffekte im allgemeinen keine Rolle spielen. Bei der Bildung des Frequenztensors für die Gitterschwingungen (50.4) erkennt man, daß die benötigten Summen auch bei statischer Wechselwirkung wegen des periodischen Faktors $e^{-i\mathfrak{k}(\overline{A}\mathfrak{h} + \mathfrak{R}\mu - \mathfrak{R}\nu)}$ auf jeden Fall konvergieren und daß ferner die Kopplungsparameter aus dem gleichen Grunde im wesentlichen nur bis zu Entfernungen von der Größenordnung der Gitterwellenlänge $\lambda_G = 2\pi/|\mathfrak{k}|$ beansprucht werden. Ist ω die Frequenz der Gitterschwingungen, so ist $\lambda_L = 2\pi c/\omega$ die entsprechende Wellenlänge des Lichtes. Solange $\lambda_L \gg \lambda_G$ ist, kann man die Retardierung sicher vernachlässigen. Der Einfluß der Retardierung wird in dem Augenblick kritisch, wenn $\lambda_L \lesssim \lambda_G$, also für die relativ langen Wellen. Die Lichtwellenlängen der optischen Schwingungen, die für den Retardierungseffekt allein in Frage kommen, liegen in der Größenordnung von 10^{-4} cm[†]. Die minimalen Gitterwellenlängen liegen in der Größenordnung der Gitterkonstanten bei etwa 10^{-8} cm. Die entsprechenden $|\mathfrak{k}|$-Werte verhalten sich daher wie $1:10^4$. Wenn man also die Dispersionskurve $\omega(\mathfrak{k})$ aufträgt, so spielen sich die ganzen Retardierungseffekte im 10^{-4}-ten Teil des erlaubten $\mathfrak{k}$-Intervalls ab. Die Zahl der durch die Retardierung beeinflußten Frequenzen ist dann von der Größenordnung des 10^{-12}-ten Teils der Gesamtzahl. Für das Spektrum macht also der Retardierungseffekt fast nichts aus. Dagegen ist er für die Beschreibung der makroskopischen Verhältnisse ganz entscheidend.

Es ist aber nicht so, daß die statische COULOMB-Wechselwirkung Divergenzen verursachen würde, die unter Berücksichtigung der Retardierung verschwinden. Auch mit statischer Wechselwirkung ist alles konvergent, nur funktioniert das Entwicklungsverfahren für den Frequenz-Tensor an der Stelle $\mathfrak{k} = 0$ nicht mehr und der störende Term (das elektrische Feld), der diese Entwicklung verhindert, muß getrennt behandelt werden. Es stellt sich weiter heraus, daß in dem Bereich, wo die Retardierung wesentlich ist, eine so starke Kopplung der Gitterschwingungen mit dem MAXWELLschen Feld vorhanden ist, daß die Gitterschwingungen gar nicht mehr getrennt, sondern nur im engen Zusammenhang mit den elektrodynamischen Feldern behandelt werden können.

---

[1] Im wesentlichen gehen die Gedankengänge dieses Abschnitts auf Arbeiten von KUN-HUANG zurück, Zitate in [1].

[†] Die Grenzfrequenzen sind alle von der Größenordnung 10^{13} sec^{-1}.

66. Das vollständige Gleichungsschema für Gitter und Maxwell-Feld. Nach den obigen Ausführungen ist es zweckmäßig, die elektrodynamischen Felder von vornherein mit in den Gleichungen zu berücksichtigen. Die Wechselwirkung der Ionen, die als Punktladungen behandelt werden, besteht dann in einem mechanischen Anteil (Abstoßungs- und van der Waals-Potentiale bzw. quantenmechanische Mehrkörperkräfte) und einem elektrodynamischen Anteil, der durch ein elektromagnetisches Feld beschrieben wird. Das Gleichungssystem besteht dann einmal aus den Maxwellschen Gleichungen für elektrisches Feld $e(\Re, t)$ und magnetisches Feld $\mathfrak{h}(\Re, t)$

$$\operatorname{rot} \mathfrak{h} = \frac{4\pi}{c}\,\mathfrak{j} + \frac{1}{c}\,\dot{e}, \qquad (66.1\,\mathrm{a}) \qquad\qquad \operatorname{div} \mathfrak{h} = 0, \qquad (66.1\,\mathrm{b})$$

$$\operatorname{rot} e = -\frac{1}{c}\,\dot{\mathfrak{h}}, \qquad (66.1\,\mathrm{c}) \qquad\qquad \operatorname{div} e = 4\pi\,\varrho_{\mathrm{el}}, \qquad (66.1\,\mathrm{d})$$

wobei $\mathfrak{j}$ und ϱ_{el} die Stromdichte und Ladungsdichte der Ionen des Gitters sind, und aus der Bewegungsgleichung des Gitters

$$M_\mu \ddot{s}^{\,m}_{\,i\mu} = -\sum_{n,\,\nu,\,k} \Phi^{M\,m\,n}_{\mu\,\nu}{}_{i\,k}\, s^{\,n}_{\,k\nu} + e_\mu\, \tilde{e}_i\!\left(\overline{\Re}^m_\mu + \mathfrak{s}^m_\mu\right) + \frac{e_\mu}{c}\left(\dot{\mathfrak{s}}^m_\mu \times \tilde{\mathfrak{h}}\!\left(\overline{\Re}^m_\mu + \mathfrak{s}^m_\mu\right)\right)_i. \qquad (66.2)$$

$\tilde{e}$ und $\tilde{\mathfrak{h}}$ sind die wirksamen Felder unter Abzug des Eigenfeldes des betreffenden Ions, $\Phi^{M\,m\,n}_{\mu\,\nu}{}_{i\,k}$ die mechanischen Kopplungsparameter. Ladungs- und Stromdichte sind bei punktförmigen Ionen durch

$$\varrho_{\mathrm{el}}(\Re, t) = \sum_{m,\mu} e_\mu\, \delta\!\left(\Re - \overline{\Re}^m_\mu - \mathfrak{s}^m_\mu\right) = \underbrace{\sum_{m,\mu} e_\mu\, \delta\!\left(\Re - \overline{\Re}^m_\mu\right)}_{\varrho^0_{\mathrm{el}}} - \underbrace{\sum_{m,\mu,i} e_\mu\, s^{\,m}_{\,i\mu}\frac{\partial}{\partial X_i}\,\delta\!\left(\Re - \overline{\Re}^m_\mu\right)}_{\varrho^1_{\mathrm{el}}}, \qquad (66.3\,\mathrm{a})$$

$$\mathfrak{j}_i(\Re, t) = \sum_{m,\mu} e_\mu\, \dot{s}^{\,m}_{\,i\mu}\, \delta\!\left(\Re - \overline{\Re}^m_\mu\right) \qquad (66.3\,\mathrm{b})$$

gegeben, wenn man für kleine Verschiebungen entwickelt und nur die linearen Terme in den Verschiebungen beibehält. Es gilt, wie es sein muß: $\dot{\varrho}_{\mathrm{el}} + \operatorname{div} \mathfrak{j} = 0$.

Die Felder haben einen rein statischen Anteil (e^0; $\mathfrak{h}^0 = 0$), der durch die Dichte ϱ^0_{el} im Gleichgewichtszustand gegeben ist:

$$\operatorname{rot} e^0 = 0; \quad \operatorname{div} e^0 = 4\pi\,\varrho^0_{\mathrm{el}}. \qquad (66.4)$$

Die Felder, die in Gl. (66.2) jeweils an der Stelle $\overline{\Re}^m_\mu + \mathfrak{s}^m_\mu$ zu nehmen sind, müssen im Rahmen der Näherung ebenfalls nach kleinen Verschiebungen entwickelt werden

$$e_i\!\left(\overline{\Re}^m_\mu + \mathfrak{s}^m_\mu\right) = e_i\!\left(\overline{\Re}^m_\mu\right) + \sum_l e_{i|l}\!\left(\overline{\Re}^m_\mu\right) \cdot s^{\,m}_{\,l\mu}. \qquad (66.5)$$

Bei dem wirksamen Feld von e^0 fällt das erste Glied der Entwicklung fort, weil im Gleichgewicht das elektrostatische Feld gerade durch die mechanischen Kräfte kompensiert werden muß. Es bleibt also nur die Änderung der statischen Feldstärke mit den Verschiebungen übrig. Diese Änderung kann durch die elektrostatischen Gitterpotentiale, die in Ziff. 26 behandelt wurden, ausgedrückt werden. Sie hängt nur noch vom Index μ ab, nicht mehr von m, da die statischen Potentiale die Periode des Gitters besitzen:

$$\tilde{e}^0_{i|l}\!\left(\overline{\Re}^m_\mu\right) = -\left\{ \sum_{\nu\,(\neq\mu)} e_\nu\, \pi_{i|l}\!\left(\overline{\Re}^\nu - \overline{\Re}^\mu\right) + e_\mu\, \overline{\pi}_{i|l}(0) \right\} = E^{\,0}_{i}{}^\mu_l. \qquad (66.6)$$

Neben den statischen Feldern sind dynamische Felder $\mathfrak{e}^1$ und $\mathfrak{h}^1$ vorhanden, sie befriedigen die Maxwellschen Gleichungen mit ϱ_{el}^1 und $\mathfrak{j}$. Die $\mathfrak{e}^1$, $\mathfrak{h}^1$-Felder sind linear in den Verschiebungen. Infolgedessen liefert nur das erste Glied in (66.5) einen Beitrag, während das zweite als in den Verschiebungen quadratisches Glied vernachlässigt werden kann. Der Lorentz-Term in Gl. (66.2), der das Magnetfeld enthält, ist ebenfalls quadratisch in den Verschiebungen und kann vernachlässigt werden. Mit dieser Näherung wird aus (66.2)

$$M_\mu \ddot{s}{}_{i}^{\,m}{}_{\mu} = - \sum_{n,\nu,k} \overset{M}{\varPhi}{}_{i}^{m}{}_{\mu}{}_{k}^{n}{}_{\nu}\, s{}_{k}^{\,n}{}_{\nu} + \sum_l e_\mu E{}_{i}^{\,0}{}_{\mu}{}_{l}\, s{}_{l}^{\,m}{}_{\mu} + e_\mu\, \tilde{\mathfrak{e}}_i^1 \big(\overline{\mathfrak{R}}{}^{\,m}{}_{\mu}\big). \tag{66.2a}$$

$\tilde{\mathfrak{e}}^1$ ist der wirksame Anteil des Feldes, welches durch die Maxwellschen Gleichungen (66.1) definiert ist, wenn man dort nur die den Verschiebungen proportionalen Anteile mitnimmt, da die statische Dichte ϱ_{el}^0 bereits in $E{}_{i}^{\,0}{}_{\mu}{}_{l}$ verarbeitet ist.

67. Das elektromagnetische Feld einer Gitterschwingung. Zur Beschreibung einer Gitterwelle oder Eigenschwingung macht man, wie immer, den Ansatz

$$s{}_{i}^{\,m}{}_{\mu} = c{}_{i}^{\,\mu}(\mathfrak{k}) \cdot e^{i\left(\mathfrak{k}\,\overline{\mathfrak{R}}{}^{\,m}{}_{\mu} - \omega t\right)}; \qquad \mathfrak{s}{}_{\mu}^{\,m} = \mathfrak{c}^\mu e^{i\left(\mathfrak{k}\,\overline{\mathfrak{R}}{}^{\,m}{}_{\mu} - \omega t\right)}. \tag{67.1}$$

Die Maxwellschen Gleichungen

$$\operatorname{rot}\mathfrak{h}^1 = \frac{4\pi}{c}\,\mathfrak{j} + \frac{1}{c}\,\dot{\mathfrak{e}}^1, \tag{67.2a} \qquad\qquad \operatorname{div}\mathfrak{h}^1 = 0, \tag{67.2b}$$

$$\operatorname{rot}\mathfrak{e}^1 = - \frac{1}{c}\,\dot{\mathfrak{h}}^1, \tag{67.2c} \qquad\qquad \operatorname{div}\mathfrak{e}^1 = 4\pi\varrho_{el}^1 \tag{67.2d}$$

können dann durch einen Ansatz

$$\mathfrak{h}^1 = \frac{1}{c}\operatorname{rot}\dot{\mathfrak{z}} = - \frac{i\omega}{c}\operatorname{rot}\mathfrak{z}, \tag{67.3a}$$

$$\mathfrak{e}^1 = - \frac{1}{c^2}\,\ddot{\mathfrak{z}} + \operatorname{grad}\operatorname{div}\mathfrak{z} = \frac{\omega^2}{c^2}\,\mathfrak{z} + \operatorname{grad}\operatorname{div}\mathfrak{z} \tag{67.3b}$$

gelöst werden, wobei für den „Hertzschen Vektor" $\mathfrak{z}(\mathfrak{R}, t)$ die Gleichung

$$\Delta\mathfrak{z} + \frac{\omega^2}{c^2}\,\mathfrak{z} = - 4\pi \sum_{m,\mu} e_\mu\, \mathfrak{c}^\mu e^{i\left(\mathfrak{k}\,\overline{\mathfrak{R}}{}^{\,m}{}_{\mu} - \omega t\right)}\, \delta\big(\mathfrak{R} - \overline{\mathfrak{R}}{}^{\,m}{}_{\mu}\big), \tag{67.4}$$

$$\Delta\mathfrak{z} + \frac{\omega^2}{c^2}\,\mathfrak{z} = - 4\pi\, e^{i(\mathfrak{k}\,\mathfrak{R} - \omega t)} \cdot \sum_{m,\mu} e_\mu\, \mathfrak{c}^\mu\, \delta\big(\mathfrak{R} - \overline{\mathfrak{R}}{}^{\,m}{}_{\mu}\big) \tag{67.4a}$$

zu lösen ist[1]. Die Lösung der Gl. (67.4) kann man in zwei verschiedenen Arten

---

[1] (67.2b) und (67.2c) sind durch den Ansatz (67.3) identisch befriedigt. Aus (67.2a) und (67.2d) wird:

$$\frac{\partial}{\partial t}\left(-\Delta\mathfrak{z} + \frac{1}{c^2}\,\ddot{\mathfrak{z}}\right) = 4\pi\,\mathfrak{j}; \tag{2a'}$$

$$\operatorname{div}\left(\Delta\mathfrak{z} - \frac{1}{c^2}\,\ddot{\mathfrak{z}}\right) = 4\pi\varrho_{el}^1 \tag{2d'}$$

und für die Zeitabhängigkeit $e^{-i\omega t}$:

$$\Delta\mathfrak{z} + \frac{\omega^2}{c^2}\,\mathfrak{z} \doteq - \frac{i}{\omega}\,4\pi\,\mathfrak{j}. \tag{2a''}$$

Das ist Gl. (67.4) mit dem Ansatz (67.1). Da aus $\dot{\varrho}_{el}^1 + \operatorname{div}\mathfrak{j} = 0$ für die zeitlich periodische Bewegung $-i\omega\varrho_{el}^1 + \operatorname{div}\mathfrak{j} = 0$ folgt, so ist mit (67.4) auch (67.2d) befriedigt.

schreiben, entweder

$$\mathfrak{z} = \sum_{m,\mu} e_\mu \mathfrak{c}^\mu \frac{e^{i\left(\mathfrak{k}\overline{\mathfrak{R}}_\mu^m + \frac{\omega}{c}\left|\mathfrak{R}-\overline{\mathfrak{R}}_\mu^m\right| - \omega t\right)}}{\left|\mathfrak{R}-\overline{\mathfrak{R}}_\mu^m\right|}$$

$$= e^{i(\mathfrak{k}\mathfrak{R} - \omega t)} \cdot \underbrace{\sum_{m,\mu} e_\mu \mathfrak{c}^\mu \frac{e^{i\mathfrak{k}\left(\overline{\mathfrak{R}}_\mu^m - \mathfrak{R}\right) + i\frac{\omega}{c}\left|\mathfrak{R}-\overline{\mathfrak{R}}_\mu^m\right|}}{\left|\mathfrak{R}-\overline{\mathfrak{R}}_\mu^m\right|}}_{\text{periodisch im Gitter}}, \qquad (67.5\,\mathrm{a})$$

oder

$$\mathfrak{z} = e^{i(\mathfrak{k}\mathfrak{R} - \omega t)} \frac{4\pi}{V_Z} \sum_{\mathfrak{R},\mu} e_\mu \mathfrak{c}^\mu \frac{e^{i\mathfrak{R}(\mathfrak{R} - \overline{\mathfrak{R}}\mu)}}{(\mathfrak{R} + \mathfrak{k})^2 - \dfrac{\omega^2}{c^2}}. \qquad (67.5\,\mathrm{b})$$

(67.5 a) ist eine direkte Überlagerung der retardierten Lösungen für die einzelnen Summenglieder in (67.4), eine einfache Überlagerung von Dipolfeldern. In (67.5 b) ist die Periodizität des Gitters ausgenutzt. (67.5 a) stellt ja eine ebene Welle dar, die mit einer im Gitter periodischen Funktion moduliert ist. In (67.5 b) ist dies dadurch zum Ausdruck gebracht, daß die periodische Modulation durch eine FOURIER-Reihe mit der Gitterperiode dargestellt wird[1].

In der weiteren Behandlung ist es zweckmäßig, den Summenterm $\mathfrak{R}=0$ in (67.5 b) abzuspalten und getrennt zu behandeln, denn dieser liefert das irreguläre Verhalten für kleine $\mathfrak{k}$-Werte. Die entsprechenden Felder sollen mit großen Buchstaben bezeichnet werden. Für lange Wellen sind diese Felder identisch mit dem Mittelwert über eine Zelle; das Restfeld ist eine ebene Welle, die noch mit der Periode des Gitters moduliert ist, aber keinen konstanten Anteil mehr besitzt. Diese Felder sollen durch einen Index G gekennzeichnet werden. Dann wird

$$\mathfrak{z} = \mathfrak{Z} + \mathfrak{Z}_G. \qquad (67.6)$$

Dabei ist

$$\mathfrak{Z} = \frac{1}{k^2 - \dfrac{\omega^2}{c^2}} \cdot \frac{4\pi \sum\limits_\mu e_\mu \mathfrak{c}^\mu}{V_Z} e^{i(\mathfrak{k}\mathfrak{R} - \omega t)}, \qquad (67.6\,\mathrm{a})$$

$$\mathfrak{Z}_G = \sum_\mu e_\mu \mathfrak{c}^\mu e^{i(\mathfrak{k}\overline{\mathfrak{R}}\mu - \omega t)} \Pi(\mathfrak{R} - \overline{\mathfrak{R}}\mu) \qquad (67.6\,\mathrm{b})$$

mit der Abkürzung

$$\Pi(\mathfrak{R}) = \frac{4\pi}{V_Z} \cdot \sum_{\mathfrak{R}\neq 0} \frac{e^{i(\mathfrak{R}+\mathfrak{k})\cdot\mathfrak{R}}}{(\mathfrak{R} + \mathfrak{k})^2 - \dfrac{\omega^2}{c^2}}. \qquad (67.7)$$

$\Pi(\mathfrak{R}, \mathfrak{k}, \omega/c)$ geht für $\mathfrak{k}=0$ und $\omega/c=0$ in das elektrostatische Potential $\pi(\mathfrak{R})$ eines Teilgitters über [vgl. (26.1)], bei dem die Ionenladungen durch eine konstante Ladungsdichte neutralisiert sind:

$$\Pi(\mathfrak{R}, 0, 0) = \pi(\mathfrak{R}). \qquad (67.8)$$

---

[1] Die direkte Umformung ist genau wie bei statischem Potential etwas unangenehm, weil die einzelnen Integrale für ein Teilgitter schlecht konvergieren. Man geht zweckmäßig zur Ableitung von (67.5 b) auf die Differentialgleichung (67.4) zurück und setzt $\mathfrak{z}$ proportional $e^{i\mathfrak{k}\mathfrak{R}}$ multipliziert mit einer periodischen Funktion an und vergleicht dann die einzelnen Koeffizienten der Differentialgleichung. Für $\mathfrak{k}=0$ und $\omega/c=0$ ist das die Umrechnung des statischen COULOMB-Potentials in eine FOURIER-Reihe. $\mathfrak{R}$ durchläuft alle Punkte des reziproken Gitters nach (7.5).

Die wirksame Feldstärke an einem Gitterpunkt, setzt sich ebenfalls aus den beiden Anteilen zusammen:

$$\tilde{\mathfrak{e}}^1\left(\overline{\mathfrak{R}}_\mu^m\right) = \mathfrak{E}\left(\overline{\mathfrak{R}}_\mu^m\right) + \tilde{\mathfrak{E}}_G\left(\overline{\mathfrak{R}}_\mu^m\right) ; \tag{67.9}$$

dabei ist mit (67.3)

$$\mathfrak{E}(\mathfrak{R}) = \frac{4\pi}{V_Z} \cdot \frac{\dfrac{\omega^2}{c^2}\sum_\mu e_\mu c^\mu - \mathfrak{k}\left(\mathfrak{k}\cdot\sum_\mu e_\mu c^\mu\right)}{k^2 - \dfrac{\omega^2}{c^2}}\, e^{i\,(\mathfrak{k}\mathfrak{R}-\omega t)} , \tag{67.9a}$$

$$\tilde{\mathfrak{E}}_G\left(\overline{\mathfrak{R}}_\mu^m\right) = \left(\frac{\omega^2}{c^2} + \mathrm{grad\ div}\right)\left\{ \sum_{\nu(\neq\mu)} e_\nu c^\nu e^{i\,\mathfrak{k}\overline{\mathfrak{R}}_\nu}\, \Pi(\mathfrak{R}-\overline{\mathfrak{R}}_\nu) + \right.$$
$$\left. + e_\mu c^\mu e^{i\,\mathfrak{k}\overline{\mathfrak{R}}_\mu}\cdot\left[\Pi(\mathfrak{R}-\overline{\mathfrak{R}}_\mu) - \frac{e^{i\,\mathfrak{k}(\overline{\mathfrak{R}}_\mu^m - \overline{\mathfrak{R}}_\mu) + i\frac{\omega}{c}\left|\mathfrak{R}-\overline{\mathfrak{R}}_\mu^m\right|}}{\left|\mathfrak{R}-\overline{\mathfrak{R}}_\mu^m\right|}\right]\right\}_{\mathfrak{R}\Rightarrow\overline{\mathfrak{R}}_\mu^m}\cdot e^{-i\omega t}. \tag{67.9b}$$

Wie man aus (67.7) abliest, hat das wirksame Feld den Faktor $e^{i\,\mathfrak{k}\overline{\mathfrak{R}}_\mu^m}$, hängt daneben aber nicht mehr von m ab. Es genügt daher in (67.9b) den Wert $m=0$ zu nehmen und dieses Ergebnis mit $e^{i\,\mathfrak{k}\cdot\bar{A}m}$ zu multiplizieren, da

$$\Pi(\mathfrak{R}+\bar{A}m) = e^{i\,\mathfrak{k}\cdot\bar{A}m}\,\Pi(\mathfrak{R})$$

ist. Dann entsteht mit der Abkürzung

$$\bar{\Pi}(\mathfrak{R}) = \Pi(\mathfrak{R}) - \frac{e^{i\frac{\omega}{c}|\mathfrak{R}|}}{|\mathfrak{R}|} \tag{67.10}$$

aus (67.9b) der Ausdruck

$$\tilde{\mathfrak{E}}_G\left(\overline{\mathfrak{R}}_\mu^m\right) = \left(\frac{\omega^2}{c^2} + \mathrm{grad\ div}\right) e^{i\,(\mathfrak{k}\overline{\mathfrak{R}}_\mu^m-\omega t)} \cdot$$
$$\cdot\left\{\sum_{\nu(\neq\mu)} e_\nu c^\nu e^{i\,\mathfrak{k}(\overline{\mathfrak{R}}_\nu - \overline{\mathfrak{R}}_\mu)}\, \Pi(\mathfrak{R}-\overline{\mathfrak{R}}_\nu) + e_\mu c^\mu\, \bar{\Pi}(\mathfrak{R}-\overline{\mathfrak{R}}_\mu)\right\}_{\mathfrak{R}\Rightarrow\overline{\mathfrak{R}}_\mu^m} \cdot \tag{67.9c}$$

Nun sieht man aber, daß in Π nach (67.7) ω^2/c^2 vernachlässigt werden kann, da der erste Term in der Summe bereits einem Wert von $|\mathfrak{R}|$ in der Größenordnung der reziproken Gitterkonstanten entspricht. Dann kann man hier ω^2/c^2 ohne Bedenken streichen[1]. Aber auch beim elektrischen Feld nach (67.9c) kann ω^2/c^2 gestrichen werden, da es auch hier immer in Konkurrenz zu Gliedern der Form $\mathfrak{K}^2$ steht. Wenn auch die $\mathfrak{k}$-Werte einigermaßen groß sind, dann kann man auch in $\mathfrak{E}$ nach (67.9a) ω^2/c^2 vernachlässigen, d.h. also praktisch im ganzen Bereich außer für sehr kleine Werte von $\mathfrak{k}$. Wenn man ω/c ganz streicht, dann hat man genau nur die statische Coulombsche Wechselwirkung zwischen den Ionen berücksichtigt. Für die Gitterschwingungen kommt man also im allgemeinen mit den elektrostatischen Termen aus.

Nur der Fall sehr kleiner $\mathfrak{k}$-Werte oder großer Wellenlänge muß gesondert betrachtet werden. Hier genügt es, die Abhängigkeit des mittleren Feldes $\mathfrak{E}$ von der Frequenz allein zu berücksichtigen. Damit erhält man also endgültig

---

[1] Bei der Röntgenoptik, die nach dem gleichen Verfahren behandelt werden kann, spielt ω^2/c^2 die entscheidende Rolle. Wenn man die Elementarzelle des reziproken Gitters, auf welche die $\mathfrak{k}$-Werte beschränkt sind, symmetrisch zum Nullpunkt legt, ist $|\mathfrak{K}+\mathfrak{k}|$ überall von der Größenordnung der reziproken Gitterkonstante.

als Bewegungsgleichung zur Bestimmung der Frequenz durch Einsetzen der elektrischen Felder in (66.2a)

$$M_\mu \omega^2 c_i^\mu = \sum_{\nu,k} t_{ik}^{\mu\nu}(\mathfrak{k}) c_k^\nu - e_\mu \frac{4\pi}{V_Z} \frac{\frac{\omega^2}{c^2} \sum_\nu e_\nu c_i^\nu - k_i \sum_{\nu,k} k_k \cdot e_\nu c_k^\nu}{k^2 - \frac{\omega^2}{c^2}}, \qquad (67.11)$$

wobei der Frequenztensor gegeben ist durch[1]

$$t_{ik}^{\mu\nu}(\mathfrak{k}) = \sum_{\mathfrak{h}} \overset{M}{\underset{i}{\Phi}}\overset{\mathfrak{h}}{\underset{k}{{}^{\mu\nu}}} e^{-i\mathfrak{k}(\bar{A}\mathfrak{h} + \mathfrak{R}^\mu - \mathfrak{R}^\nu)} - E_{ik}^{\overset{\mathfrak{k}}{\mu\nu}} e_\mu e_\nu + \delta_{\mu\nu} e_\mu \sum_\nu E_{ik}^{\overset{0}{\mu\nu}} e_\nu \qquad (67.12)$$

mit

$$E_{ik}^{\overset{\mathfrak{k}}{\mu\nu}} = \Pi_{|ik}(\mathfrak{R}^\mu - \mathfrak{R}^\nu) e^{i\mathfrak{k}(\mathfrak{R}^\nu - \mathfrak{R}^\mu)} \qquad \text{für } \mu \neq \nu, \qquad (67.13)$$

$$E_{ik}^{\overset{\mathfrak{k}}{\mu\mu}} = \overline{\Pi}_{|ik}(0) \qquad (67.13\,\text{a})$$

und bei Vernachlässigung von ω/c:

$$\Pi(\mathfrak{R}, \mathfrak{k}) = \frac{4\pi}{V_Z} \sum_{\mathfrak{K} \neq 0} \frac{e^{i(\mathfrak{K} + \mathfrak{k})\mathfrak{R}}}{(\mathfrak{K} + \mathfrak{k})^2}. \qquad (67.14)$$

Der Frequenztensor hat einen mechanischen und elektrischen Anteil. Dabei ist es wichtig zu sehen, daß er für kleine $\mathfrak{k}$-Werte eine Entwicklung nach Potenzen von $\mathfrak{k}$ gestattet. Für den mechanischen Anteil mit schnell abfallenden Kopplungsparametern ist das trivial, für den elektrischen Anteil folgt es daraus, daß die Funktionen Π samt ihren Ableitungen entwickelbar sind. Der Form (67.7), bzw. (67.14) sieht man das nicht unmittelbar an. Man kann aber Π genau wie bei den statischen Potentialen durch die ϑ-Transformation auf eine bequemere Form bringen, nämlich

$$\Pi(\mathfrak{R}, \mathfrak{k}) = \left\{ \sum_{\mathfrak{m}} \frac{e^{i\mathfrak{k}(\bar{A}\mathfrak{m} - \mathfrak{R})}}{|\mathfrak{R} - \bar{A}\mathfrak{m}|} G\left(\frac{|\mathfrak{R} - \bar{A}\mathfrak{m}|}{2\sqrt{\eta}}\right) - \frac{4\pi\eta}{V_Z} + \right.$$
$$\left. + \sum_{\mathfrak{K} \neq 0} \frac{e^{-(\mathfrak{K} + \mathfrak{k})^2 \eta + i\mathfrak{K}\mathfrak{R}}}{(\mathfrak{K} + \mathfrak{k})^2} \right\} e^{i\mathfrak{k}\mathfrak{R}}. \qquad (67.14\,\text{a})$$

Die Trennungsstelle η ist wieder beliebig und man erkennt hier unmittelbar die Möglichkeit der Entwicklung für kleine $\mathfrak{k}$-Werte. Außerdem kann man diese Form zu numerischen Zwecken benutzen. Anders verhält es sich mit dem Zusatz aus dem mittleren Feld $\mathfrak{E}$, dessen Form $k_i k_k / k^2$ man z.B. für den statischen Fall ($\omega/c = 0$) sofort ansieht, daß die Entwicklung dort nicht möglich ist.

68. Die Gleichungen für langsam veränderliche Verschiebungsfelder. Den Frequenztensor selbst kann man also nach Potenzen von $\mathfrak{k}$ entwickeln und beim zweiten Glied abbrechen. Da ja alle Funktionen in diesem Ansatz mit einem Faktor $e^{i(\mathfrak{k}\mathfrak{R} - \omega t)}$ behaftet sind, könnte man versuchen, den Übergang zu den räumlichen Gleichungen genau wie bei der linearen Kette dadurch zu erreichen, daß man überall $\partial/\partial t$ für $-i\omega$, $\partial/\partial X$ für ik_x und $s_i^\mu(\mathfrak{R}, t)$ für c_i^μ einsetzt. Das geht aber hier wegen des letzten Gliedes in (67.11) nicht. Nun muß man sich daran erinnern, daß man ursprünglich von den MAXWELLschen Gleichungen ausgegangen ist und in dem letzten Glied nur die mittleren Felder verarbeitet hat. So wird man erwarten, die MAXWELLschen Gleichungen für die mittleren Felder wiederzufinden, wobei auch die Ladungs- und Stromdichten nur noch

---

[1] Da $\Pi(\mathfrak{R}, \mathfrak{k} = 0) = \pi(\mathfrak{R})$ ist (67.14), so kann der statische Term $E_{ik}^{\overset{0}{\mu}}$ in der Bewegungsgleichung nach (66.6) durch $E_{ik}^{\overset{0}{\mu\nu}}$ nach (67.13) ausgedrückt werden.

durch ihre mittleren Größen vertreten sind. Tatsächlich sind die Gln. (67.11) dem folgenden Gleichungssystem für die räumlichen Verschiebungen äquivalent:

$$\mathrm{rot}\ \mathfrak{H} = \frac{4\pi}{c}\dot{\mathfrak{P}} + \frac{1}{c}\dot{\mathfrak{E}} \qquad (68.1\,\mathrm{a}) \qquad\qquad \mathrm{div}\ \mathfrak{H} = 0, \qquad (68.1\,\mathrm{b})$$

$$\mathrm{rot}\ \mathfrak{E} = -\frac{1}{c}\dot{\mathfrak{H}}, \qquad (68.1\,\mathrm{c}) \qquad\qquad \mathrm{div}\ (\mathfrak{E} + 4\pi\mathfrak{P}) = 0, \qquad (68.1\,\mathrm{d})$$

$$\varrho_\mu\,\ddot{s}_i^\mu = \sum_{v,k}\widetilde{C}_{i\,k}^{\mu\,v}\,s_k^v + \sum_{v,k,m}\widetilde{C}_{i\,k\,m}^{\mu\,v}\,s_{k|m}^v + \sum_{\substack{v,k\\m,n}}\widetilde{C}_{i\,k\,m\,n}^{\mu\,v}\,s_{k|m\,n}^v + \varrho_{\mathrm{el}}^\mu\,\mathfrak{E}_i \qquad (68.2)$$

mit

$$\mathfrak{P} = \frac{1}{V_Z}\sum_\mu e_\mu\,\mathfrak{z}^\mu(\mathfrak{R},t) = \sum_\mu \varrho_{\mathrm{el}}^\mu\,\mathfrak{z}^\mu; \qquad \varrho_\mu = \frac{M_\mu}{V_Z}; \qquad \varrho_{\mathrm{el}}^\mu = \frac{e_\mu}{V_Z}. \qquad (68.3)$$

Dabei sind die Kopplungsgrößen durch die Entwicklung des Frequenztensors nach $\mathfrak{k}$ definiert[1].

$$\widetilde{C}_{i\,k}^{\mu\,v} = -\frac{1}{V_Z}\,t_{i\,k}^{\mu\,v}(0), \qquad (68.4\,\mathrm{a})$$

$$\widetilde{C}_{i\,k\,m}^{\mu\,v} = \frac{i}{V_Z}\left.\frac{\partial t_{i\,k}^{\mu\,v}(\mathfrak{k})}{\partial k_m}\right|_{\mathfrak{k}=0}, \qquad (68.4\,\mathrm{b})$$

$$\widetilde{C}_{i\,k\,m\,n}^{\mu\,v} = \frac{1}{2V_Z}\left.\frac{\partial^2 t_{i\,k}^{\mu\,v}(\mathfrak{k})}{\partial k_m\,\partial k_n}\right|_{\mathfrak{k}=0} \qquad (68.4\,\mathrm{c})$$

Mit dem Ansatz $\mathfrak{E}, \mathfrak{H}, \mathfrak{z}^\mu \approx e^{i(\mathfrak{k}\mathfrak{R}-\omega t)}$ folgt dann wieder (67.11) in der Entwicklung für kleine $\mathfrak{k}$-Werte für $t_{i\,k}^{\mu\,v}(\mathfrak{k})$.

In diesen Gleichungen kann man den gleichen Übergang zu Schwerpunkts- und Relativ-Verschiebungen vollziehen wie in Ziff. 60ff. Dabei geht das elektrische Feld nicht in die Schwerpunkts-Verschiebungen ein, da $\sum\limits_\mu \varrho_\mu^{\mathrm{el}}\,\mathfrak{E}$ wegen der Neutralität der Zelle verschwindet. Die Gln. (68.2) spalten dann auf in

$$\varrho_\mu\,\ddot{u}_i^\mu = \sum_{v,k,m}\widetilde{C}_{i\,k}^{\mu\,v}\,u_k^v - \sum_{k,m}\widetilde{C}_{k\,i\,m}^{\mu}\,s_{k|m} + \varrho_{\mathrm{el}}^\mu\,\mathfrak{E}_i \qquad (68.2\,\mathrm{a})$$

und

$$\varrho\,\ddot{s}_i = \sum_{k,m,n}\widetilde{C}_{ik,mn}\,s_{k|mn} + \sum_{v,k}\widetilde{C}_{i\,k\,m}^{v}\,u_{k|m}^v. \qquad (68.2\,\mathrm{b})$$

Das sind dieselben Gleichungen wie (60.3), nur steht in den Gleichungen für die inneren Verrückungen noch das mittlere elektrische Feld $\mathfrak{E}$. Diese Gleichungen bilden dann mit (68.1) und den Definitionen (68.3) ein vollständiges System für die Behandlung von Ionengittern bei langen Wellen, solange man die Ionen als punktförmige Ladungen auffassen darf.

Man kann den Übergang zu den Gleichungen für langsam veränderliche Verschiebungen vielleicht noch etwas besser erkennen, wenn man von vornherein im räumlichen Bild bleibt. Die Ladungsdichte schreibt man zunächst[2] in der

---

[1] Wenn man den Frequenztensor $t_{i\,k}^{\mu\,v}(\mathfrak{k})$ für nicht primitive Gitter nach (50.4) für kleine $\mathfrak{k}$-Werte entwickelt, so erhält man durch den Übergang $-i\omega \to \partial/\partial t$, $ik_m \to \partial/\partial X_m$ und $c_i^\mu \Rightarrow s_i^\mu(\mathfrak{R},t)$ genau die Gln. (59.2a) für die Verschiebungsfelder mit den Definitionen (68.4). Die $\widetilde{C}$-Tensoren nach (68.4) stimmen mit den Definitionen (59.4) vollkommen überein. Vorausgesetzt ist bei der Behandlung in Ziff. 59, daß der Frequenztensor eine Entwicklung um $\mathfrak{k}=0$ gestattet. Hier ist nur der Anteil entwickelt worden, bei dem diese Entwicklung möglich ist. Die $\widetilde{C}$-Tensoren erfüllen alle in Ziff. 59 zusammengestellten Symmetrie-Relationen.

[2] Die Darstellung (68.5a) ist zwar immer möglich, da man immer ein Verschiebungsfeld $s_i^\mu = s_i^\mu\left(\mathfrak{R}_\mu^{\mathfrak{m}}\right)$ einführen kann, sinnvoll ist das aber nur für langsam veränderliche Verschiebungen.

Form (66.3 a)

$$\varrho_{\mathrm{el}}(\mathfrak{R}) = \sum_{\mathfrak{m},\mu} e_\mu \left\{ \delta\!\left(\mathfrak{R} - \overline{\mathfrak{R}}\,^{\mathfrak{m}}_{\mu}\right) - \sum_i \frac{\partial}{\partial X_i}\, s^{\mathfrak{m}}_{i\,\mu}\, \delta\!\left(\mathfrak{R} - \overline{\mathfrak{R}}\,^{\mathfrak{m}}_{\mu}\right) \right\}$$
$$= \sum_{\mathfrak{m},\mu} e_\mu \left\{ \delta\!\left(\mathfrak{R} - \overline{\mathfrak{R}}\,^{\mathfrak{m}}_{\mu}\right) - \sum_i \frac{\partial}{\partial X_i}\, s^{\mu}_{i}(\mathfrak{R})\, \delta\!\left(\mathfrak{R} - \overline{\mathfrak{R}}\,^{\mathfrak{m}}_{\mu}\right) \right\}, \tag{68.5}$$

$$\varrho_{\mathrm{el}}(\mathfrak{R}) = \sum_{\mathfrak{m},\mu} e_\mu \left\{ \delta\!\left(\mathfrak{R} - \overline{\mathfrak{R}}\,^{\mathfrak{m}}_{\mu}\right) - \operatorname{div}\left[\mathfrak{s}^{\mu}(\mathfrak{R})\, \delta\!\left(\mathfrak{R} - \overline{\mathfrak{R}}\,^{\mathfrak{m}}_{\mu}\right) \right] \right\}, \tag{68.5a}$$

$$\tilde{\varrho}^{\mu}_{\mathrm{el}}(\mathfrak{R}) = \sum_{\mathfrak{m}} e_\mu \left\{ \delta\!\left(\mathfrak{R} - \overline{\mathfrak{R}}\,^{\mathfrak{m}}_{\mu}\right) - \operatorname{div}\left[\mathfrak{s}^{\mu}(\mathfrak{R})\, \delta\!\left(\mathfrak{R} - \overline{\mathfrak{R}}\,^{\mathfrak{m}}_{\mu}\right) \right] \right\}. \tag{68.5b}$$

Man führt nun Ladungsdichten $\tilde{\varrho}^{\mu}_{\mathrm{el},G}$ ein, die den punktförmigen Ionen mit einer zusätzlichen konstanten Ladung zur Neutralisierung der einzelnen Teilgitter entsprechen, so daß also $\tilde{\varrho}^{\mu}_{\mathrm{el},G}$ genau die Ladungsverteilung ist, die bei der Bestimmung der Potentiale in Ionengittern benutzt wird. Der Sinn dieser Einführung ist der, daß man jetzt jeweils die mittlere Ladung eines Teilgitters abseparieren kann, während $\tilde{\varrho}^{\mu}_{\mathrm{el},G}$ selbst im Mittel verschwindet und bei einer Entwicklung in eine FOURIER-Reihe kein konstantes Glied mehr enthält. Man zerlegt also die Ladungsdichte eines Teilgitters in einen konstanten Anteil und in einen schnell mit der Gitterperiode veränderlichen Anteil:

$$\varrho_{\mathrm{el}}(\mathfrak{R}) = \sum_{\mathfrak{m},\mu} e_\mu \left\{ \left[\delta\!\left(\mathfrak{R} - \overline{\mathfrak{R}}\,^{\mathfrak{m}}_{\mu}\right) - \frac{1}{V_Z} \right] - \operatorname{div}\left[\mathfrak{s}^{\mu}(\mathfrak{R}) \left[\delta\!\left(\mathfrak{R} - \overline{\mathfrak{R}}\,^{\mathfrak{m}}_{\mu}\right) - \frac{1}{V_Z} + \frac{1}{V_Z} \right] \right] \right\}, \tag{68.5c}$$

$$\varrho_{\mathrm{el}}(\mathfrak{R}) = -\operatorname{div} \sum_{\mu} \frac{e_\mu}{V_Z}\, \mathfrak{s}^{\mu}(\mathfrak{R}) + \sum_{\mu} \underbrace{\tilde{\varrho}^{\mu,0}_{\mathrm{el},G}(\mathfrak{R}) - \operatorname{div}\left[\mathfrak{s}^{\mu}(\mathfrak{R})\, \tilde{\varrho}^{\mu,0}_{\mathrm{el},G}(\mathfrak{R}) \right]}_{\tilde{\varrho}^{\mu}_{\mathrm{el},G}}. \tag{68.5d}$$

In (68.5c) ist von $\sum_{\mathfrak{m}} \delta\!\left(\mathfrak{R} - \overline{\mathfrak{R}}\,^{\mathfrak{m}}_{\mu}\right)$ der Mittelwert $1/V_Z$ abgezogen worden. Bei dem ersten Summanden in (68.5c) macht eine additive Konstante wegen der Neutralität der Zelle nichts aus $\left(\sum_{\mu} e_\mu = 0 \right)$.

$$\tilde{\varrho}^{\mu,0}_{\mathrm{el},G}(\mathfrak{R}) = \sum_{\mathfrak{m}} e_\mu \left(\delta\!\left(\mathfrak{R} - \overline{\mathfrak{R}}\,^{\mathfrak{m}}_{\mu}\right) - \frac{1}{V_Z} \right)$$

sind die bei der Berechnung der statischen Potentiale verwendeten Ladungsdichten eines Teilgitters, die durch eine konstante überlagerte Ladungsverteilung $-e_\mu/V_Z$ neutralisiert wurden. Der erste Summand in (68.5d) ist langsam veränderlich, der zweite Summand in (68.5d) enthält *nur* schnell veränderliche Anteile, deren kleinste Perioden von der Größenordnung der Gitterkonstante sind, solange $\mathfrak{s}^{\mu}(\mathfrak{R})$ selbst langsam veränderlich ist.

Bei kleinen Verschiebungen $\mathfrak{s}^{\mu}$ kann man $\tilde{\varrho}^{\mu}_{\mathrm{el},G}$ auch in der Form

$$\tilde{\varrho}^{\mu}_{\mathrm{el},G} = \frac{\tilde{\varrho}^{\mu,0}_{\mathrm{el},G}(\mathfrak{R} - \mathfrak{s}^{\mu}(\mathfrak{R}))}{1 + \operatorname{div} \mathfrak{s}^{\mu}} \tag{68.6}$$

schreiben. Gl. (68.6) besagt, daß $\tilde{\varrho}^{\mu}_{\mathrm{el},G}$ aus der Verteilung des unverzerrten Gitters $\tilde{\varrho}^{\mu,0}_{\mathrm{el},G}$ dadurch hervorgeht, daß die Punktladungen jeweils um $\mathfrak{s}^{\mu}\!\left(\overline{\mathfrak{R}}\,^{\mathfrak{m}}_{\mu}\right)$ verschoben werden, während die konstante, überlagerte Dichte gleichzeitig durch den Nenner $(1 + \operatorname{div} \mathfrak{s}^{\mu})$ so verändert wird, daß auch im verzerrten Gitter die Ladungsverteilung $\tilde{\varrho}^{\mu}_{\mathrm{el},G}$ elektrisch neutral ist.

Mit der makroskopischen elektrischen Polarisation $\mathfrak{P}$

$$\mathfrak{P} = \sum_{\mu} \frac{e_\mu}{V_Z}\, \mathfrak{s}^{\mu} \tag{68.7}$$

wird dann

$$\varrho_{el}(\mathfrak{R}) = - \operatorname{div} \mathfrak{P}(\mathfrak{R}) + \tilde{\varrho}^{\mu}_{el,G}. \tag{68.8}$$

Für die Stromdichte $\mathfrak{j}$ kann man die gleiche Unterteilung einführen:

$$\mathfrak{j} = \dot{\mathfrak{P}} + \sum_{\mu} \dot{\mathfrak{z}}^{\mu}\, \tilde{\varrho}^{\mu,\,0}_{el,G}. \tag{68.8a}$$

Da die Maxwellschen Gleichungen linear sind, kann man auch die Felder in zwei Anteile $\mathfrak{E}$ und $\mathfrak{E}_G$ unterteilen, die beide die Maxwellschen Gleichungen mit den entsprechenden Strom- und Ladungsdichten befriedigen. Bis hierher ist alles noch streng richtig. Die Felder $\mathfrak{E}_G$, $\mathfrak{H}_G$ können nun praktisch statisch errechnet werden. Denn die entsprechenden Ladungs- und Stromdichten und damit auch die Felder selbst sind schnell räumlich veränderlich, so daß die räumlichen Ableitungen in den Gleichungen für rot $\mathfrak{H}_G$ und rot $\mathfrak{E}_G$ gegenüber den zeitlichen Ableitungen weit überwiegen. Vernachlässigt man demgemäß die zeitlichen Ableitungen, so kommt man auf den statischen Fall zurück. $\mathfrak{H}_G$ verschwindet und $\mathfrak{E}_G$ wird rein elektrostatisch berechnet:

$$\operatorname{div} \mathfrak{E}_G = 4\pi\, \tilde{\varrho}^{\mu}_{el,G} \quad \text{und} \quad \operatorname{rot} \mathfrak{E}_G = 0, \tag{68.9}$$

das bedeutet, daß die „statischen" Felder $\mathfrak{E}_G$ aus den Funktionen $\pi(\mathfrak{R})$ für die verzerrten Gitter berechnet werden können. Ferner haben ja die neutralen Teilgitter der Dichte $\tilde{\varrho}^{\mu}_{el,G}$ nur eine relativ geringe Reichweite, so daß man die Energieänderungen, die elastische Energiedichte und daraus auch die entsprechenden Koeffizienten der Bewegungsgleichungen genau so berechnen kann wie bei normalen Gittern. [Am besten aus (62.7).] Diese Anteile der Kopplung kann man also jedenfalls bestimmen, ohne in irgendwelche Konvergenzschwierigkeiten zu geraten. In dem Anteil, der nur noch die langsam veränderlichen Verschiebungen enthält, kann man nicht so verfahren. Diese Terme müssen voll berücksichtigt werden. Die Berücksichtigung des mittleren Feldes $\mathfrak{E}$, $\mathfrak{H}$ erfolgt dann über die Maxwellschen Gleichungen, die genau die Form (68.1) annehmen.

Sind die einzelnen Ionenlagen Symmetriezentren, so verschwinden wieder die Größen $\tilde{C}^{\nu}_{ikm}$. Dann sind die elastischen Gleichungen von den inneren Verrückungen separiert. Das elektrische Feld wirkt nur noch auf die inneren Verrückungen. Die Berechnung der elastischen Koeffizienten erfolgt etwa nach (62.7). Die Verknüpfung der inneren Verrückungen mit dem elektrischen Feld gibt Anlaß zu einer Kopplung der langwelligen, optischen Schwingungen mit elektrodynamischen Feldern, also einmal zu einer Beeinflussung der Gitterschwingungen durch Retardierungseffekte, zum anderen zu einer Beeinflussung elektromagnetischer Wellen durch die Gitterschwingungen (Dispersion). Diese Erscheinungen werden im folgenden Abschnitt behandelt. Verschwinden die $\tilde{C}^{\nu}_{ikm}$ nicht, so ergeben sich die Erscheinungen der Piezoelektrizität.

Sind die abstoßenden Kräfte Zentralkräfte, so sollten für die Alkalihalogenide die Cauchy-Relationen gelten, da die elektrostatischen Anteile von $\tilde{C}_{ik,mn}$ ja auch von den Coulombschen Zentralkräften herrühren und, wie man sich leicht überzeugen kann, totalsymmetrisch sind. Tabelle 16 (Ziff. 61) zeigt, daß für die gemessenen Konstanten die Cauchy-Relationen annähernd erfüllt sind.

Bei piezoelektrischen Kristallen kann man bei langsam zeitlich veränderlichen Verschiebungen die linke Seite von (68.2a) streichen und dann die inneren Verrückungen durch die Verzerrungen $s_{k|m}$ und das elektrische Feld ausdrücken [vgl. (60.3)]:

$$u^{\nu}_{l} = \sum_{\substack{\mu,\,s \\ k,\,m}} R^{\nu\mu}_{l\,s}\, \tilde{C}^{\mu}_{k\,s\,m}\, s_{k|m} - \sum_{\mu,\,s} R^{\nu\mu}_{l\,s}\, \varrho^{\mu}_{el}\, \mathfrak{E}_s + u_l.$$

Dann kann man erstens die Polarisation durch Verzerrungen und elektrisches Feld ausdrücken:

$$P_l = \sum_{v} \varrho_{\text{el}}^{v} u_l^{v} = \sum_{\substack{v,\mu \\ s,k,m}} \varrho_{\text{el}}^{v} R_{ls}^{v\mu} \tilde{C}_{ksm}^{\mu} s_{k|m} - \sum_{v,\mu,s} \varrho_{\text{el}}^{\mu} \varrho_{\text{el}}^{v} R_{ls}^{v\mu} \mathfrak{E}_s$$

$$P_l = \sum_{k,m} P_{l,km} s_{k|m} + \sum_{s} \tilde{\varepsilon}_{ls} \mathfrak{E}_s$$

und zweitens die Abhängigkeit der Spannungen von Verzerrungen und elektrischem Feld angeben:

$$\sigma_{im} = \sum_{k,n} \tilde{C}_{ik,mn} s_{k|n} + \sum_{\substack{v,l \\ \mu,s \\ k,m}} \tilde{C}_{ilm}^{v} R_{ls}^{v\mu} \tilde{C}_{ksm}^{\mu} s_{k|m} - \sum_{\substack{v,l \\ \mu,s}} \tilde{C}_{ilm}^{v} R_{ls}^{v\mu} \varrho_{\text{el}}^{\mu} \mathfrak{E}_s,$$

$$\sigma_{im} = \sum_{k,n} C_{im,kn} s_{k|n} - \sum_{s} P_{s,im} \mathfrak{E}_s.$$

Diese beiden Gleichungen sind die Grundgleichungen der phänomenologischen Theorie der piezoelektrischen Kristalle. Die 18 Konstanten $P_{l,mn} = P_{l,nm}$ sind die piezoelektrischen Konstanten, $\tilde{\varepsilon}_{ls} = \tilde{\varepsilon}_{sl}$ die Dielektrizitätskonstanten bei konstanter Verzerrung[1].

69. Einfache Ionengitter vom NaCl- oder CsCl-Typ. Bei diesen einfachen Gittern ist jedes Ion Symmetriezentrum, sie sind also nicht piezoelektrisch. Hier ist das elektrische Feld allein mit den inneren Verrückungen gekoppelt. Ferner sind die Koeffizienten $\tilde{C}_{ik}^{\mu v}$ besonders einfach. Wegen $\sum_{v} \tilde{C}_{ik}^{\mu v} = 0$ benötigt man nur $\tilde{C}_{ik}^{12} = \tilde{C}_{ik}^{21}$, und es ist $\tilde{C}_{ik}^{12} = \frac{f}{V_Z} \delta_{ik}$. Gl. (68.2a) für die inneren Verrückungen nimmt dann die Form an

$$\varrho_1 \ddot{u}^1 = \frac{f}{V_Z} (u^2 - u^1) + \varrho_{\text{el}}^1 \mathfrak{E}, \qquad (69.1\,\text{a})$$

$$\varrho_2 \ddot{u}^2 = \frac{f}{V_Z} (u^1 - u^2) + \varrho_{\text{el}}^2 \mathfrak{E}. \qquad (69.1\,\text{b})$$

Zur Berechnung des Koeffizienten $\tilde{C}_{ik}^{21}$ beschränken wir uns auf Zentralkräfte zwischen nächsten Nachbarn. Dann ist der Anteil der abstoßenden Kräfte $\varphi(\mathfrak{R})$

$$\tilde{C}_{ik}^{21} = \frac{1}{V_Z} \sum_{\mathfrak{h}} \varphi_{|ik} |\mathfrak{R}| \quad \mathfrak{R} = \mathfrak{A}\mathfrak{h} + \mathfrak{R}_2 - \mathfrak{R}_1 \quad \text{mit} \quad |\mathfrak{R}| = l, \qquad (69.2)$$

wobei l der Abstand nächster Nachbarn ist. Mit

$$\varphi_{|ik} = \delta_{ik} \frac{\varphi'(\mathfrak{R})}{|\mathfrak{R}|} + \left(\frac{\varphi''(\mathfrak{R})}{|\mathfrak{R}|^2} - \frac{\varphi'(\mathfrak{R})}{|\mathfrak{R}|^3} \right) X_i X_k$$

wird

$$\tilde{C}_{ik}^{21} = \frac{1}{V_Z} \left\{ \delta_{ik} z \frac{\varphi'(l)}{l} + \left(\frac{\varphi''(l)}{l^2} - \frac{\varphi'(l)}{l^3} \right) \sum_{\text{n.N.}} X_i X_k \right\}, \qquad (69.2\,\text{a})$$

Die $\sum_{\text{n.N.}} X_i X_k$ ist über alle nächsten Nachbarn des Ursprung $|\mathfrak{R}| = l$ zu erstrecken. Im CsCl-Gitter ist die Zahl z der nächsten Nachbarn 8, im NaCl-Gitter 6. In diesen hoch-symmetrischen Gittern ist $\sum_{\text{n.N.}} X_i X_k = \frac{z}{3} l^2 \delta_{ik}$. Daher wird

$$\tilde{C}_{ik}^{21} = \delta_{ik} \cdot \frac{z}{V_Z} \left(\frac{1}{3} \varphi''(l) + \frac{2}{3} \frac{\varphi'(l)}{l} \right) = \delta_{ik} \frac{3}{\varkappa l^2}, \qquad (69.2\,\text{b})$$

---

[1] Die piezoelektrischen Erscheinungen gehen über die rein mechanischen Zusammenhänge hinaus und werden daher nicht weiter behandelt. Sie werden in Bd. XVII dieses Handbuches diskutiert.

wobei die Kompressibilität $\varkappa$ nach (30.3a) eingeführt ist. Der elektrostatische Anteil wird [(67.12), (68.4a)]:

$$\widetilde{C}^{21}_{ik} = \frac{e_2 e_1}{V_Z} \cdot E^{0}_{ik}{}^{21} = -\frac{e^2}{V_Z}\, \pi_{|ik}\,(\overline{\mathfrak{R}}_2 - \overline{\mathfrak{R}}_1), \tag{69.3}$$

wenn $e_2 = e$ und $e_1 = -e$ gesetzt wird. Setzt man $\overline{\mathfrak{R}}_1 = 0$, so ist bei der Berechnung von $\pi_{|ik}(\overline{\mathfrak{R}}_2)$ zu beachten, daß $\overline{\mathfrak{R}}_2$ ein Symmetriezentrum für das Potential $\pi(\mathfrak{R})$ ist. Demnach ist $\pi_{|ik}(\overline{\mathfrak{R}}_2)$ nur für $i = k$ von Null verschieden und ferner ist $\pi_{|11} = \pi_{|22} = \pi_{|33} = \tfrac{1}{3}\,\varDelta\pi(\overline{\mathfrak{R}}_2)$. Nun ist $\varDelta\pi(\mathfrak{R}) = 4\pi/V_Z$, da $e\pi$ das Potential der Ionenverteilung eines Teilgitters mit konstanter überlagerter Dichte $-e/V_Z$ ist (26.1) und an der Stelle $\overline{\mathfrak{R}}_2$ für $\pi(\mathfrak{R})$ keine Punktladung sitzt. $(\varDelta e\,\pi(\mathfrak{R}) = 4\pi e/V_Z)$. Also wird der elektrostatische Anteil

$$\widetilde{C}^{21}_{ik} = \delta_{ik} \cdot -\frac{4\pi e^2}{3 V_Z^2} \tag{69.3a}$$

und die komplette Größe

$$\widetilde{C}^{21}_{ik} = \frac{\delta_{ik}}{V_Z}\left\{\frac{3V_Z}{\varkappa l^2} - \frac{4\pi e^2}{3V_Z}\right\} = \frac{\delta_{ik}}{V_Z}\cdot f, \tag{69.4}$$

wo f als eine Art Federbindung zwischen den Teilgittern verschiedener Ionen aufgefaßt werden kann.

Führt man wieder die Massen M_1 und M_2 selbst ein,

$$M_1\,\ddot{\mathfrak{u}}^1 = f\,(\mathfrak{u}^2 - \mathfrak{u}^1) - e\,\mathfrak{E}, \tag{69.5a}$$

$$M_2\,\ddot{\mathfrak{u}}^2 = f\,(\mathfrak{u}^1 - \mathfrak{u}^2) + e\,\mathfrak{E} \tag{69.5b}$$

und ferner die relative Verschiebung $\mathfrak{w} = \mathfrak{u}^2 - \mathfrak{u}^1$, so wird mit der reduzierten Masse $M = \dfrac{M_1 M_2}{M_1 + M_2}$ die Bewegungsgleichung

$$M\,\ddot{\mathfrak{w}} = -f\,\mathfrak{w} + e\,\mathfrak{E} \tag{69.6}$$

$$\ddot{\mathfrak{w}} = -\omega_0^2\,\mathfrak{w} + \frac{e\,\mathfrak{E}}{M} \quad \text{mit} \quad \omega_0^2 = \frac{f}{M} \tag{69.6a}$$

und die Polarisation

$$\mathfrak{P} = \frac{e\,(\mathfrak{u}^2 - \mathfrak{u}^1)}{V_Z} = \frac{e}{V_Z}\,\mathfrak{w}. \tag{69.7}$$

Dazu kommen noch die Maxwellschen Gleichungen

$$\operatorname{rot}\mathfrak{H} = \frac{4\pi}{c}\,\dot{\mathfrak{P}} + \frac{1}{c}\,\dot{\mathfrak{E}}, \tag{69.8a} \qquad\qquad \operatorname{div}\mathfrak{H} = 0, \tag{69.8b}$$

$$\operatorname{rot}\mathfrak{E} = -\frac{1}{c}\,\dot{\mathfrak{H}}, \tag{69.8c} \qquad\qquad \operatorname{div}(\mathfrak{E} + 4\pi\,\mathfrak{P}) = 0. \tag{69.8d}$$

Setzt man für alle Größen, die in den Gln. (69.6) bis (69.8) vorkommen, ebene Wellen $\mathfrak{w} = \mathfrak{w}_0 e^{i(\mathfrak{f}\mathfrak{R} - \omega t)}$ usw. an, so wird aus diesen Gleichungen

$$\omega^2\,\mathfrak{w} = \omega_0^2\,\mathfrak{w} - \frac{e}{M}\,\mathfrak{E}, \tag{69.6a'}$$

$$\mathfrak{P} = \frac{e}{V_Z}\,\mathfrak{w}, \tag{69.7'}$$

$$\mathfrak{f} \times \mathfrak{H} = -\frac{\omega}{c}\,(4\pi\,\mathfrak{P} + \mathfrak{E}), \tag{69.8a'}$$

$$\mathfrak{f} \cdot \mathfrak{H} = 0, \tag{69.8b'}$$

$$\mathfrak{f} \times \mathfrak{E} = \frac{\omega}{c}\,\mathfrak{H}, \tag{69.8c'}$$

$$\mathfrak{f} \cdot (\mathfrak{E} + 4\pi\,\mathfrak{P}) = 0. \tag{69.8d'}$$

Zerlegt man $\mathfrak{E}$ und $\mathfrak{H}$ in transversale und longitudinale Anteile

$$\mathfrak{E} = \frac{(\mathfrak{k}\cdot\mathfrak{E})}{k^2}\,\mathfrak{k} - \frac{\mathfrak{k}\times(\mathfrak{k}\times\mathfrak{E})}{k^2} = -\frac{4\pi\,(\mathfrak{P}\cdot\mathfrak{k})}{k^2}\,\mathfrak{k} - \frac{\mathfrak{k}\times(\mathfrak{k}\times\mathfrak{E})}{k^2}, \qquad (69.9\,\mathrm{a})$$

$$\mathfrak{H} = -\frac{\mathfrak{k}\times(\mathfrak{k}\times\mathfrak{H})}{k^2} = \frac{\omega}{c}\,\frac{\mathfrak{k}\times(\mathfrak{E}+4\pi\mathfrak{P})}{k^2}, \qquad (69.9\,\mathrm{b})$$

$$\mathfrak{k}\times\mathfrak{E} = \frac{\omega^2}{c^2}\,\frac{(\mathfrak{k}\times\mathfrak{E}) + (\mathfrak{k}\times4\pi\mathfrak{P})}{k^2}, \qquad (69.9\,\mathrm{c})$$

$$(\mathfrak{k}\times\mathfrak{E})\cdot\left(1 - \frac{\omega^2}{c^2 k^2}\right) = \frac{4\pi\omega^2}{c^2 k^2}\cdot\mathfrak{k}\times\mathfrak{P}, \qquad (69.9\,\mathrm{d})$$

so kann man schließlich $\mathfrak{E}$ durch $\mathfrak{P}$ oder $\mathfrak{w}$ ausdrücken

$$\mathfrak{E} = -\frac{4\pi}{k^2}\,(\mathfrak{P}\cdot\mathfrak{k})\,\mathfrak{k} - \frac{4\pi\,\dfrac{\omega^2}{c^2 k^2}}{1 - \dfrac{\omega^2}{c^2 k^2}}\,\mathfrak{k}\times(\mathfrak{k}\times\mathfrak{P}) \qquad (69.10)$$

und dies in (69.6a') einsetzen. Damit bekommt man dann eine Säkulargleichung für die Bestimmung der Frequenzen ω und der Vektoren $\mathfrak{w}$ für diese Schwingungen[1]

$$\omega^2\,\mathfrak{w} = \omega_0^2\,\mathfrak{w} + \frac{4\pi e^2}{M V_Z}\cdot\frac{(\mathfrak{w}\,\mathfrak{k})\,\mathfrak{k}}{k^2} + \frac{4\pi e^2}{M V_Z}\cdot\frac{\dfrac{\omega^2}{c^2 k^2}}{1 - \dfrac{\omega^2}{c^2 k^2}}\,\mathfrak{k}\times(\mathfrak{k}\times\mathfrak{w}). \qquad (69.11)$$

In diesem Fall sind die Lösungen sehr einfach. Man erhält longitudinale Schwingungen mit einer konstanten Frequenz

$$\omega_l^2 = \omega_0^2\left(1 + \frac{4\pi e^2}{M V_Z\,\omega_0^2}\right) \qquad (69.12\,\mathrm{a})$$

mit

$$\mathfrak{w},\,\mathfrak{E}\,\|\,\mathfrak{k};\quad \mathfrak{H} = 0$$

und transversale Schwingungen

$$\omega^2 = \omega_0^2 - \frac{4\pi e^2}{M V_Z}\,\frac{\dfrac{\omega^2}{c^2 k^2}}{1 - \dfrac{\omega^2}{c^2 k^2}} \qquad (69.12\,\mathrm{b})$$

mit

$$\mathfrak{w},\,\mathfrak{E},\,\mathfrak{H}\,\perp\,\mathfrak{k}.$$

Bei den longitudinalen Schwingungen existiert kein magnetisches Feld, sondern nur ein statisches (longitudinales) elektrisches Feld. Bei den transversalen Schwingungen gibt es auch transversale (optische) Anteile der elektromagnetischen Felder[2]. Hier gibt es auf Grund von Gl. (69.12b) zu jedem $\mathfrak{k}$-Vektor zwei Lösungen, und nicht eine, wie man es von den Gitterschwingungen allein erwarten sollte. Der Grund liegt darin, daß in den Gln. (69.6) bis (69.8) zwei Felder verkoppelt sind, nämlich das Verschiebungsfeld $\mathfrak{w}$ der inneren Verrückungen mit

---

[1] Gl. (69.11) entspricht genau den Gln. (67.11) für den hier behandelten speziellen Fall.

[2] Bei Vernachlässigung der Retardierung ($c \to \infty$, $\omega/c = 0$) erhält man longitudinale Schwingungen nach (69.12a) und transversale Schwingungen

$$\omega_l^2 = \omega_0^2;\quad \mathfrak{w}\perp\mathfrak{k};\quad \mathfrak{E},\,\mathfrak{H} = 0.$$

Nur bei den longitudinalen Wellen ist dann ein makroskopisches $\mathfrak{E}$-Feld vorhanden.

dem MAXWELLschen Feld. Der Kopplungsterm ist hauptsächlich der Ausdruck $\frac{4\pi}{c}\dot{\mathfrak{P}}$ in Gl. (69.8a). Würde man die Kopplung streichen ($c\to\infty$), was dasselbe ist wie Vernachlässigung der Retardierung für die Gitterschwingungen, so würde man aus (69.12b) nur eine Lösung $\omega_t=\omega_0$ für die Gitterschwingungen allein

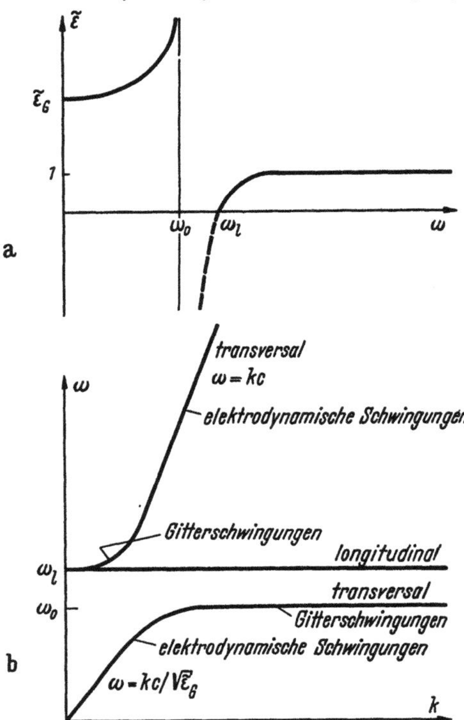

Fig. 39a u. b. Optische Schwingungen bei den Alkali-Halogeniden. a Dielektrizitäts-Konstante $\tilde{\varepsilon}$ als Funktion der Frequenz ω. Ist die Frequenz kleiner als die Dispersionsfrequenz ω_0, so hat $\tilde{\varepsilon}$ praktisch den statischen Wert $\tilde{\varepsilon}_G$. Ist ω größer als ω_0, so machen die Gitterschwingungen nicht mehr mit. Das Licht breitet sich wie im Vakuum aus: $\tilde{\varepsilon}=1$. b Dispersionskurve $\omega(k)$ für longitudinale und transversale Schwingungen. Im Anfangsteil des oberen Astes der transversalen Schwingungen steckt der Hauptanteil an Energie in dem statischen Feld der Gitterschwingungen. In a entspricht das der Umgebung von ω_l. Im weiteren Verlauf ($\omega\gg\omega_l$) beschreibt dieser Ast elektromagnetische Wellen, die sich wie im Vakuum fortpflanzen. Der untere Ast beschreibt zunächst elektromagnetische Wellen mit der Lichtgeschwindigkeit $\frac{c}{\sqrt{\tilde{\varepsilon}_G}}$ ($\omega\ll\omega_0$) und dann transversale Gitterschwingungen ($\omega\approx\omega_0$). Die longitudinalen Gitterschwingungen ($\omega=\omega_l$) besitzen rein statische elektrische Felder und werden durch die Retardierung nicht beeinflußt. Frequenzen zwischen ω_0 und ω_l kommen nicht vor (Totalreflektion!).

bekommen. Auf der anderen Seite erhält man dazu die Lösungen der MAXWELLschen Gleichungen für das Vakuum. In Gl. (69.12) ist nun durch die Kopplung eine Lösung entstanden, an der beide Felder beteiligt sind. Aus (69.12) kann man sofort die Dispersionskurve für optische Wellen ablesen. Im statischen Fall ist ja nach (69.6) $\mathfrak{w}=\frac{e}{M\omega_0^2}$ und daher $\mathfrak{P}=\frac{e^2}{M\omega_0^2 V_Z}\mathfrak{E}$. Die statische Suszeptibilität ist $\frac{e^2}{M\omega_0^2 V_Z}$ und die statische Dielektrizitätskonstante[1] wird

$$\tilde{\varepsilon}_G = 1 + \frac{4\pi e^2}{M\omega_0^2 V_Z}. \qquad (69.13)$$

Nun ist aber die dynamische Dielektrizitätskonstante $\tilde{\varepsilon}(\omega)$ durch das Verhältnis der Quadrate der Lichtgeschwindigkeiten im Vakuum (c^2) und im Kristall (ω^2/k^2) gegeben. Gl. (69.12b) ergibt $\tilde{\varepsilon}(\omega)$ als Funktion von ω, wenn man nach $c^2 k^2/\omega^2$ auflöst und noch die statische Dielektrizitätskonstante $\tilde{\varepsilon}(0)=\tilde{\varepsilon}_G$ einführt:

$$\tilde{\varepsilon}(\omega) = 1 + \frac{\tilde{\varepsilon}_G-1}{1-\dfrac{\omega^2}{\omega_0^2}}. \qquad (69.13\text{a})$$

Das ist die normale Form der Dispersionskurve für eine Dispersionsfrequenz ω_0 (Fig. 39a). Für hohe Frequenzen ($\omega\gg\omega_0$) gehen die Gitterschwingungen wegen ihrer Massenträgheit nicht mehr mit. Die Ausbreitung des Lichtes geht dann wie im Vakuum vor sich ($\tilde{\varepsilon}=1$), bei kleinen Frequenzen erhält man praktisch die statischen Verhältnisse, da das Gitter dem Felde momentan folgen kann

($\tilde{\varepsilon}=\tilde{\varepsilon}_G$). Das bedeutet, daß die transversalen Gitterschwingungen im Grenzfall langer Wellen zum Teil die Rolle der optischen Schwingungen übernehmen. In welchem Maße dies der Fall ist, kann man auf Grund der Energie entscheiden, die in den Gitterschwingungen bzw. in den elektrodynamischen Anteilen der Schwingung steckt. Es ist anschaulich klar, daß bei den Frequenzen nahe der Dispersionsfrequenz der Gitteranteil in der Energie überwiegen muß. Hier

---

[1] Die Dielektrizitätskonstante ist in kubischen Kristallen eine skalare Größe.

übernehmen die Gitterschwingungen nahezu allein die Rolle der Lichtwellen im Kristall. Im anderen Frequenzgebiet überwiegt der elektrodynamische Anteil.

Die Abhängigkeit der Frequenzen von k kann nun ebenfalls leicht aus Gl. (69.12b) gewonnen werden. Es ist (Fig. 39b)

$$\omega_t(k) = k\,c \qquad \text{oder} \quad \omega_t(k) = \omega_0 \qquad \text{für} \quad \frac{c\,k}{\omega_0} \gg 1\,, \tag{69.14a}$$

$$\omega_t(k) = \omega_l \qquad \text{oder} \quad \omega_t(k) = k\frac{c}{\sqrt{\tilde{\varepsilon}_g}} \quad \text{für} \quad \frac{c\,k}{\omega_0} \ll 1\,. \tag{69.14b}$$

Der höhere Frequenzzweig entspricht bei kleinen k-Werten transversalen Gitterschwingungen, er geht für höhere k-Werte in einen linearen Verlauf $(\omega = kc)$ über, der die Ausbreitung von Lichtwellen im Vakuum beschreibt. Der niedrigere Frequenzzweig ist für kleine k-Werte linear $\left(\omega = k\,\dfrac{c}{\sqrt{\tilde{\varepsilon}_G}}\right)$, hier beschreibt er die Lichtwellen im Gebiet kleiner Frequenzen mit der Lichtgeschwindigkeit $\dfrac{c}{\sqrt{\tilde{\varepsilon}_G}}$, für höhere k-Werte geht er in die transversalen Gitterschwingungen über. Man sieht also, daß man in diesem Gebiet keine saubere Trennung zwischen Gitterschwingungen und elektrodynamischen Schwingungen durchführen kann, da die beiden Anteile gekoppelt sind. Für die Berechnung des Spektrums spielen diese Effekte keine Rolle, da sie sich in einem sehr kleinen Spektralbereich abspielen. Dagegen sind sie entscheidend für das optische Verhalten.

Die Dispersionsfrequenz kann durch die Kompressibilität, statische Dielektrizitätskonstante $\tilde{\varepsilon}_G$ und Gitterabstand ausgedrückt werden. Auf Grund der Beziehungen (69.4) und (69.6a) ist

$$\omega_0^2 = \frac{f}{M} = \frac{1}{M}\left\{\frac{3V_Z}{\varkappa\,l^2} - \frac{4\pi e^2}{3V_Z}\right\}. \tag{69.15a}$$

Aus

$$\tilde{\varepsilon}_G - 1 = \frac{4\pi e^2}{\omega_0^2\,M\,V_Z} \tag{69.15b}$$

ergibt sich dann

$$\omega_0^2 = \frac{3V_Z}{M\,\varkappa\,l^2}\cdot\frac{3}{\tilde{\varepsilon}_G + 2}\,. \tag{69.16}$$

Damit ist die Dispersionsfrequenz durch andere meßbare Größen ausgedrückt[1].

Bisher ist so gerechnet worden, als ob die Polarisation allein durch die Verschiebung der Ionen zustande kommt und die Anteile der Ionen-Polarisation selbst vernachlässigt werden können. Diesen Einfluß kann man zunächst einfach dadurch berücksichtigen, daß man neben der Polarisation $\dfrac{e}{V_Z}\mathfrak{w}$ durch die Gitterverschiebungen die Polarisation der Ionenrümpfe $\alpha\,\mathfrak{E}$ selbst berücksichtigt:

$$\mathfrak{P} = \frac{e}{V_Z}\mathfrak{w} + \alpha\,\mathfrak{E} \qquad \text{und} \qquad \ddot{\mathfrak{w}} = -\,\omega_0^2\,\mathfrak{w} + \gamma\,\mathfrak{E}. \tag{69.17}$$

Die statische Dielektrizitäts-Konstante $\tilde{\varepsilon}_0$ ist damit

$$\tilde{\varepsilon}_0 = 1 + 4\pi\left(\alpha + \frac{\gamma\,e}{V_Z\,\omega_0^2}\right),$$

während für hohe Frequenzen $(\omega \gg \omega_0)$ nur der Anteil der Ionenrümpfe übrig bleibt

$$\tilde{\varepsilon}_\infty = 1 + 4\pi\,\alpha.$$

---

[1] Es gibt eine ganze Reihe von Beziehungen, welche die Dispersionsfrequenz mit anderen Daten verknüpfen. Sie sind schließlich alle mit Gl. (69.16) äquivalent. Die ersten Angaben stammen von E. MADELUNG: Gött. Nachr. **48**, 43 (1910); W. SUTHERLAND: Phil. Mag. **20**, 657 (1910).

Die Rechnungen zur Bestimmung der Frequenzen kann man mit den Ansätzen (67.17) genau so wie oben durchführen. Die Ergebnisse selbst werden durch die Ionenpolarisation etwas verändert. Es ergibt sich

$$\omega_l^2 = \omega_0^2 \left\{ 1 + \frac{\tilde{\varepsilon}_0 - \tilde{\varepsilon}_\infty}{\tilde{\varepsilon}_\infty} \right\}; \qquad \text{longitudinale Wellen}, \qquad (69.18\,\text{a})$$

$$\omega^2 = \omega_0^2 \left\{ 1 - \frac{(\tilde{\varepsilon}_0 - \tilde{\varepsilon}_\infty) \cdot \dfrac{\omega^2}{c^2 k^2}}{1 - \dfrac{\omega^2}{c^2 k^2}\tilde{\varepsilon}_\infty} \right\}; \qquad \text{transversale Wellen}, \qquad (69.18\,\text{b})$$

$$\tilde{\varepsilon}(\omega) = \tilde{\varepsilon}_\infty + \frac{\tilde{\varepsilon}_0 - \tilde{\varepsilon}_\infty}{1 - \dfrac{\omega^2}{\omega_0^2}}; \qquad \text{Dispersionsverlauf}. \qquad (69.18\,\text{c})$$

In Gl. (69.17) ist α die mittlere Polarisierbarkeit der Ionenrümpfe allein. Gegenüber der Bewegungsgleichung (69.6a) ist e/M durch einen allgemeinen Faktor γ ersetzt, weil hier zu berücksichtigen ist, daß nur das effektive Feld der Polarisation eingeht und nicht das makroskopische Feld $\mathfrak{E}$ selbst. Ferner werden durch die Polarisation die Kopplungsparameter in den Gittergleichungen geändert, darunter auch ω_0^2. Durch die Polarisation der Ionenrümpfe treten neue Kraftwirkungen auf. Sowie ein Ion aus seiner Gleichgewichtslage verschoben ist, verändern sich die elektrischen Felder, und das Ion wird mitsamt seiner Umgebung polarisiert. Diese Polarisationskräfte sind Mehrkörperkräfte, ihre Berücksichtigung führt zu Abweichungen von den Cauchy-Relationen. Berechnungen dieser Art sind auch durchgeführt worden[1]. Man nimmt dabei immer an, daß man die Polarisierbarkeit der Ionen so beschreiben kann, als ob sie sich in einem homogenen elektrischen Feld befänden, dem Feld, welches an dem Ionenkern des aus „punktförmigen" Ionen bestehenden Gitters herrscht. Tatsächlich sind aber die Felder stark inhomogen und die Ionen keineswegs punktförmig, so daß man Zweifel haben kann, ob dieses Verfahren überhaupt zulässig ist. Es hat wahrscheinlich wenig Sinn, einen der möglichen Effekte, die Mehrkörperkräfte und damit Abweichungen von den Cauchy-Relationen liefern, zu stark zu bevorzugen. So ergibt die quantenmechanische Energie erster Näherung (Ziff. 22) ebenfalls Mehrkörperkräfte von der gleichen Größenordnung wie die Berücksichtigung der Polarisation. Die Abweichungen von den Cauchy-Relationen gehen dabei gegenläufig. Man müßte also zumindest beide Effekte berücksichtigen. Dazu kommen aber wieder weitere Effekte (Ziff. 85), die wahrscheinlich auch von der gleichen Größenordnung sind, so daß es im Grunde genommen besser wäre, mit allgemeinen Kopplungsparametern zu arbeiten und diese aus experimentellen Daten zu bestimmen. Daneben hätte man dann die langreichweitige Coulombsche Wechselwirkung der (durch die Polarisation teilweise abgeschirmten) Ionenladungen direkt zu berücksichtigen. Solche Berechnungen sind noch nicht durchgeführt worden.

Man kann auch noch eine zu Gl. (69.16) äquivalente Formel ableiten, welche die Polarisierbarkeit der Ionen berücksichtigt:

$$\omega_0^2 = \frac{3 V_Z}{M \varkappa l^2} \frac{\tilde{\varepsilon}_\infty + 2}{\tilde{\varepsilon}_0 + 2}. \qquad (69.16\,\text{a})$$

Ein Vergleich mit den experimentellen Daten fällt befriedigend aus[2].

[1] A. Herpin: J. Phys. Radium 14, 611 (1953).
[2] B. Szigeti: Proc. Roy. Soc. Lond., Ser. A 204, 52 (1950).

In Tabelle 19 sind einige Werte der Dispersionsfrequenzen und Dielektrizitäts-Konstanten für die Alkali-Halogenide zusammengestellt (nach [1]). Fig. 40a und b zeigen den Verlauf $\tilde\varepsilon(\omega)$ und $\omega(k)$ nach Gl. (69.18) für NaCl nach den Daten der Tabelle 19. Eine eingehende Diskussion findet man ebenfalls in [1].

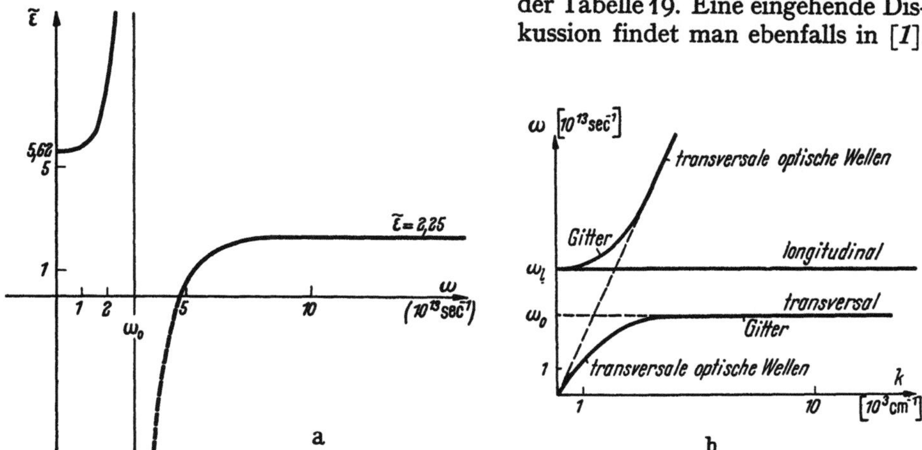

Fig. 40a u. b. Optische Schwingungen von Na—Cl unter Berücksichtigung der Ionen-Polarisation nach (69.18). a Dielektrizitäts-Konstante $\tilde\varepsilon$ in Abhängigkeit von der Frequenz ω. b Dispersionskurve $\omega(k)$.

Tabelle 19. *Disperionsfrequenzen (ω_0), statische ($\tilde\varepsilon_0$) und optische ($\tilde\varepsilon_\infty$) Diclektrizitätskonstanten der Alkalihalogenide (nach [1]).*

In each element column the three sub-columns hold, along the diagonal, ω_0 [10^{13} sec^{-1}], $\tilde\varepsilon_0$ and $\tilde\varepsilon_\infty$.

	Li			Na			K			Rb			Cs		
F	5,78			4,64											
		9,72			6,0										
			1,92			1,74									
Cl				3,09			2,67			2,22			1,85		
					5,62			4,68			5			7,2	
						2,25			2,13			2,19			2,6
Br				2,52			2,13			1,65			1,41		
					5,99			4,78			5			6,51	
						2,62			2,33			2,33			2,78
J				2,20			1,85			1,45					
					6,60			4,94			5				
						2,91			2,69			2,63			

V. Berechnung elastischer Daten in einfachen Fällen.

70. Die Schubmoduln der Alkalien. Die Bestimmung der Kompressibilität der Alkalimetalle ist im Prinzip in Ziff. 32 behandelt worden. Sie erfordert einen erheblichen Rechenaufwand zur numerischen Integration der Schrödinger-Gleichung u. dgl. Die Berechnung der Schubmoduln dagegen ist relativ einfach. Die Beiträge zur Energie einer Zelle hängen fast alle nur vom Volumen $V_Z = \frac{1}{2} a^3$ der Zelle ab und ändern sich nicht bei Scherungen des Gitters. Der einzige Beitrag zu Scherungen wird durch die elektrostatische Energie ε_C geliefert. Sie besteht aus der elektrostatischen Wechselwirkung der Ionen und der als gleichmäßig verschmiert angenommenen Elektronenladung. Zur Berechnung der elastischen Konstanten ermittelt man zunächst die Änderung dieser elektrostatischen Energie bei einer Scherung, und daraus die entsprechenden elastischen Daten.

Die Ladungsverteilung in einem solchen Gitter ist durch

$$\varrho(\mathfrak{R}) = \sum_m e\left(\delta(\mathfrak{R} - \mathfrak{R}^m) - \frac{1}{V_Z}\right) = \frac{e}{V_Z} \sum_{\mathfrak{R} \neq 0} e^{i\mathfrak{R}\mathfrak{R}} \tag{70.1}$$

gegeben. Das Potential dieser Verteilung ist nach Ziff. 26

$$\Psi(\mathfrak{R}) = e\,\pi(\mathfrak{R}) = e\,\frac{4\pi}{V_Z} \sum_{\mathfrak{R} \neq 0} \frac{e^{i\mathfrak{R}\mathfrak{R}}}{\mathfrak{R}^2}. \tag{70.2}$$

Damit ist die elektrostatische Energie pro Zelle

$$\varepsilon_C = \frac{1}{2} \int\limits_{(V_Z)} \Psi(\mathfrak{R})\,\varrho(\mathfrak{R})\,d\mathfrak{R}. \tag{70.3}$$

In Gl. (70.3) liefert die konstante Dichte $-e/V_Z$ keinen Beitrag, da $\Psi(\mathfrak{R})$ nach Gl. (70.2) kein konstantes Glied enthält. In die Energie pro Zelle geht dann nur der Wert des Selbstpotentials $\overline{\Psi}(0) = e\,\overline{\pi}(0)$ an einem Gitterpunkt ein. Das gilt für das verzerrte und für das unverzerrte Gitter:

$$\varepsilon_C = \frac{e}{2}\,\overline{\pi}(0). \tag{70.3a}$$

Zur Bestimmung der Energieänderung $\delta\varepsilon_C$ muß man also die Differenzen der Selbstpotentiale für verzerrtes und unverzerrtes Gitter berechnen. Das kann man auch so ausdrücken, daß man das Selbstpotential für die Differenz der Ladungsverteilungen des verzerrten und unverzerrten Gitters für einen Gitterpunkt, der beiden Gittern gemeinsam ist, zu berechnen hat. Bei der Bildung der Differenz der Ladungsverteilung fällt aber die konstant verteilte Elektronenladungs-Dichte heraus, und es bleiben die Ionenladungen e an den verzerrten Lagen und die Ladungen $-e$ an den unverzerrten Lagen stehen. Fig. 41 und 42 zeigen die Lagen der Ladungen für die beiden Scherungen (55.10) und (55.12):

$$s_x = \gamma Z; \quad s_y = s_z = 0, \tag{70.4a}$$

$$s_x = \frac{\gamma}{2}(X + Y); \quad s_y = -\frac{\gamma}{2}(X + Y); \quad s_z = 0. \tag{70.4b}$$

Dann gilt nach (55.11) und (55.13) für die Energiedichte bei der Scherung (70.4a)

$$\frac{\delta\varepsilon_C}{V_Z} = \frac{1}{2}\,c_{44}\,\gamma^2, \tag{70.5a}$$

und bei der Scherung (70.4b)

$$\frac{\delta\varepsilon_C}{V_Z} = \frac{1}{2}\,\frac{c_{11} - c_{12}}{2}\,\gamma^2. \tag{70.5b}$$

Das Selbstpotential wird für den Koordinatenursprung der Abbildungen berechnet[1]. Faßt man die Ladungen längs der dort eingezeichneten Gittergeraden zusammen, so erhält man lineare Ketten, auf denen Punktladungen alternierenden Vorzeichens periodisch angeordnet sind. Die Potentiale solcher Anordnungen sind in Ziff. 26α und 27γ beim MADELUNG-Verfahren bereits behandelt

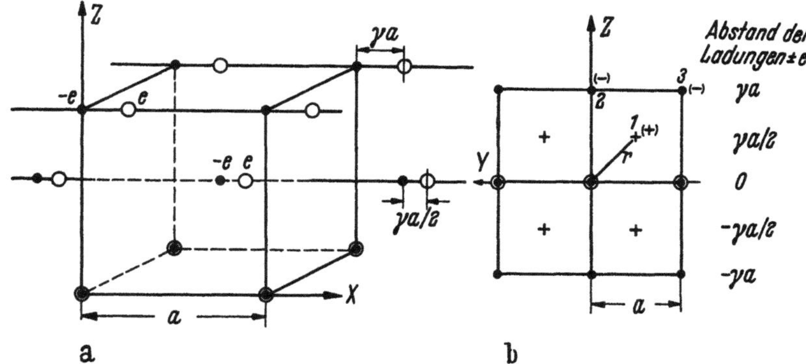

Fig. 41a u. b. Zur Berechnung des Selbstpotentials bei einer Scherung nach (70.4a). a Lage der mit alternierenden Ladungen besetzten Gittergeraden im Elementarkubus. b Durchstoßpunkte durch die YZ-Ebene. Die Nachbarordnung (1, 2, 3), das Vorzeichen der Beiträge (+) oder (−) und der Abstand der ± Ladungen sind vermerkt.

worden. Sie fallen exponentiell mit der Entfernung von den Geraden ab. Daher braucht man nur die dem Ursprung nahe benachbarten Geraden zu berücksichtigen.

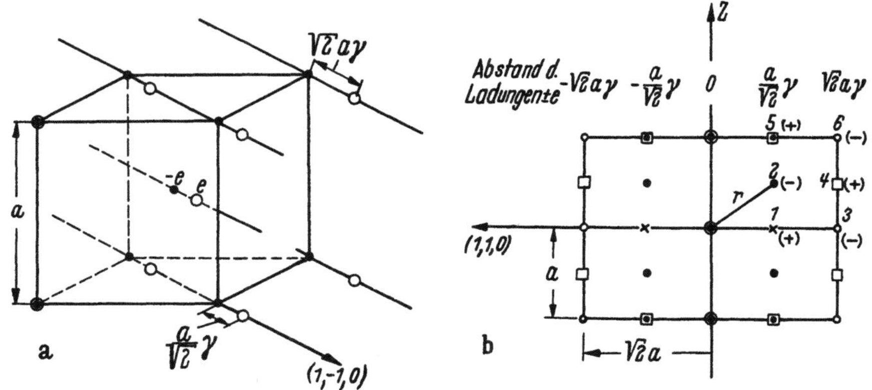

Fig. 42a u. b. Zur Berechnung des Selbstpotentials bei einer Scherung nach (70.4b). a Lage der mit alternierenden Ladungen besetzten Gittergeraden im Elementarkubus. b Durchstoßpunkte der Geraden auf einer Ebene durch den Nullpunkt senkrecht zur Verschiebungsrichtung (−1, 1, 0). Die Nachbarordnung (1, 2, 3, 4, 5, 6), das Vorzeichen der Beiträge (+) oder (−) und der Abstand der ± Ladungen sind vermerkt.

Das Potential einer Geraden mit Ladungen $-e$ auf der ξ-Achse in nd und Ladungen e in $nd + \delta$ (Fig. 43) ist nach (26.3) in seiner Abhängigkeit von ξ und dem Abstand r von der Geraden zu

$$\Psi(\xi, r) = -\frac{2e}{d} \sum_{n \neq 0} K_0\left(\frac{2\pi}{d}|n|\,r\right) e^{i\,2\pi n\frac{\xi}{d}} \left\{1 - e^{-i\,2\pi n\frac{\delta}{d}}\right\} \tag{70.6}$$

gegeben. Benötigt werden speziell nur die Werte $\xi = d/2$ und $\xi = 0$. Für kleine Änderungen, die hier ausschließlich betrachtet werden, wird Gl. (70.6) nach δ

---

[1] Verzerrtes und unverzerrtes Gitter sind so gelegt, daß der Ursprung gemeinsam ist.

Handbuch der Physik, Bd. VII/1.   15

entwickelt mit dem Ergebnis:

$$\Psi\left(\frac{d}{2}, r\right) = -\frac{e}{d}\left(\frac{2\pi\,\delta}{d}\right)^2 \sum_{n\neq 0} K_0\left(\frac{2\pi}{d}\,|n|\,r\right)(-1)^n\,n^2 \approx \frac{2e}{d}\left(\frac{2\pi\,\delta}{d}\right)^2 K_0\left(\frac{2\pi\,r}{d}\right). \quad (70.6\,\mathrm{a})$$

Das entspricht den nächstbenachbarten Geraden in beiden Scherungen. Ferner ergibt sich

$$\Psi(0, r) \approx -\frac{2e}{d}\left(\frac{2\pi\,\delta}{d}\right)^2 K_0\left(\frac{2\pi\,r}{d}\right); \quad (70.6\,\mathrm{b})$$

das entspricht den übernächsten Nachbargeraden.

Die Lagen (70.6a) geben positive, die Lagen (70.6b) negative Beiträge zur Energie. In den Fig. 41 und 42 sind jeweils in einer Ebene senkrecht zur Atomverschiebung durch den Nullpunkt die Durchstoßpunkte der Gittergeraden angegeben. Das Vorzeichen ist je nach Lage der Geraden [(70.6a) oder (70.6b)] vermerkt. Aus den Abbildungen kann man dann ohne weitere Rechnung qualitativ sehen, daß c_{44} wesentlich größer sein muß als $\frac{c_{11}-c_{12}}{2}$. Denn bei der Scherung längs der Würfelebenen (Fig. 41) geben die vier nächstbenachbarten Geraden positive Beiträge. Die anderen Geraden sind schon soweit entfernt, daß sie kaum noch ins Gewicht

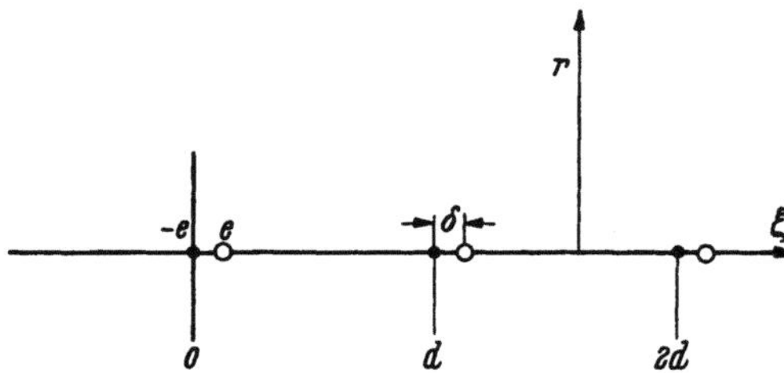
Fig. 43. Zur Berechnung des Potentials einer Geraden mit periodisch verteilten alternierenden Ladungen.

fallen[1]. Bei der anderen Scherung dagegen geben erstens nur zwei benachbarte Geraden positive Beiträge und zweitens gibt es vier Geraden von nur etwas größerer Entfernung, die negative Beiträge liefern. Die Rechnung bestätigt diese qualitative Überlegung. Die beiden Schubmoduln verhalten sich etwa wie 10:1.

Tabelle 20 enthält die berechneten Werte für die nahe benachbarten Geraden der beiden Scherungen. Man erkennt, daß bei der Scherung (70.4b) die Nachbargeraden erster und zweiter Ordnung sich fast gegenseitig kompensieren und daß dadurch ein sehr kleiner Schubmodul resultiert. Um die Genauigkeit der Rechnung zu steigern, braucht man nicht noch mehr Geraden mitzunehmen, man muß dann aber wenigstens die Glieder mit $n=2$ in der Reihe (70.6a) und (70.6b) berücksichtigen. Eine sehr große Genauigkeit in der Berechnung dieser Größen ist auch gar nicht erstrebenswert, da die an den Anfang gestellten Voraussetzungen ja auch nur näherungsweise gelten. Tabelle 20 enthält weiter einen Vergleich mit den experimentellen Daten, der befriedigend ausfällt. Die Berechnung von $\delta\varepsilon_c$ kann ebenso mit dem Ewaldschen Verfahren der Berechnung von Gitterpotentialen erledigt werden. K. Fuchs hat als erster mit der Ewaldschen Darstellung die Schubmoduln der Alkalien bestimmt, bevor experimentelle Daten über Einkristalle dieser Metalle bekannt waren [30].

71. Elastische Konstanten aus der Energie einer Zelle. Ist die Energie der Zelle ε_Z in Abhängigkeit von den Zelldaten bekannt, so kann man die elastischen Konstanten ohne Kenntnis der Kopplungs-Parameter berechnen (Ziff. 62). Das ist bei der Berechnung der Schubmoduln der Alkalien in Ziff. 70 auch schon geschehen. Bei den Metallen kennt man die Energie einer Zelle wenigstens

---

[1] Die Ebene $Z=0$ liefert keinen Beitrag; sie ist bei der Verzerrung fest und enthält daher keine resultierenden Ladungen.

Tabelle 20. *Schubmoduln c_{44} und $\frac{c_{11}-c_{12}}{2}$ der Alkalimetalle.*

Nachbarordnung	Zahl der Geraden s	d	δ	r	$\frac{2\pi r}{d}$	$K_0\left(\frac{2\pi r}{d}\right)$	Beitrag zum Schubmodell in e^2/a^4 $\frac{4e^2}{\gamma^2 d}\cdot\left(\frac{2\pi\delta}{d}\right)^2 K_0\left(\frac{2\pi r}{d}\right)\cdot\frac{1}{V_Z}$
1	4	a	$\frac{a}{2}\gamma$	$\frac{a}{\sqrt{2}}$	$\sqrt{2}\,\pi$	$6,8\cdot 10^{-3}$	1,08
2	2	a	$a\gamma$	a	2π	$9,2\cdot 10^{-4}$	$-0,29$
3	4	a	$a\gamma$	$a\sqrt{2}$	$2\sqrt{2}\,\pi$	$5,7\cdot 10^{-5}$	$-0,04$

$$c_{44}\cong 0,75\cdot\frac{e^2}{a^4}$$

$$\text{genau:}\quad c_{44}=0,7422\cdot\frac{e^2}{a^4}$$

Nachbarordnung	Zahl der Geraden s	d	δ	r	$\frac{2\pi r}{d}$	$K_0\left(\frac{2\pi r}{d}\right)$	Beitrag zum Schubmodell in e^2/a^4
1	2	$\sqrt{2}\,a$	$\frac{a}{\sqrt{2}}\gamma$	$\frac{a}{\sqrt{2}}$	π	$2,95\cdot 10^{-2}$	1,65 $[-0,2]$*
2	4	$\sqrt{2}\,a$	$\frac{a}{\sqrt{2}}\gamma$	$\frac{\sqrt{3}}{2}a$	$\sqrt{\frac{3}{2}}\,\pi$	$1,32\cdot 10^{-2}$	$-1,48$ $[-0,09]$
3	2	$\sqrt{2}\,a$	$\sqrt{2}\,a\gamma$	$\sqrt{2}\,a$	2π	$9,17\cdot 10^{-4}$	$-0,21$
4	4	$\sqrt{2}\,a$	$\sqrt{2}\,a\gamma$	$\frac{3}{2}a$	$\frac{3}{\sqrt{2}}\,\pi$	$6,09\cdot 10^{-4}$	0,27
5	4	$\sqrt{2}\,a$	$\frac{a}{\sqrt{2}}\gamma$	$\sqrt{\frac{3}{2}}\,a$	$\sqrt{3}\,\pi$	$2,28\cdot 10^{-3}$	0,26
6	4	$\sqrt{2}\,a$	$\sqrt{2}\,a\gamma$	$\sqrt{3}\,a$	$\sqrt{6}\,\pi$	$2,01\cdot 10^{-4}$	$-0,09$

$$\frac{c_{11}-c_{12}}{2}\cong 0,1\,\frac{e^2}{a^4}$$

$$\text{genau:}\quad \frac{c_{11}-c_{12}}{2}=0,0997\,\frac{e^2}{a^4}$$

Vergleich mit experimentellen Werten nach N. F. Mott: Progr. Met. Phys. 3, 76 (1952)		c_{44} [10^{11} dyn cm^{-2}]	$\frac{c_{11}-c_{12}}{2}$ [10^{11} dyn cm^{-2}]
Na	80° K	0,593	0,0725
	extrapoliert auf 0° K	0,653	0,0747
	berechnet mit a, auf 0° K extrapoliert	0,580	0,070
K	20° C	0,263	0,043
	berechnet mit a für 20° C	0,26	0,03

* Die in eckige Klammern gesetzten Werte geben den Beitrag der Summenglieder mit $n=2$ in (70.6).

näherungsweise, weil man die Zellenmethode auch für ein homogen verzerrtes Gitter, das ja immer noch ein ideales Gitter darstellt, verwenden kann[1].

Bei den einfachen Metallen hat man im wesentlichen drei Anteile der Energie pro Zelle, einen Anteil ε_Z^V, der nur vom Volumen der Zelle abhängt, einen elektrostatischen Anteil $\varepsilon_Z^C = \varepsilon_C$ und einen Beitrag ε_Z^φ, der die Wechselwirkung der Ionenschalen beschreibt. ε_Z^φ spielt bei den Alkalien wegen der relativ großen Gitterabstände keine Rolle, bei den Edelmetallen dagegen ist dieser Anteil ganz entscheidend. Näherungsweise kann man den Ionenanteil ε_Z^φ durch Zentralkräfte $\varphi(\mathfrak{R})$ beschreiben.

Als instruktives Beispiel soll zunächst der Fall behandelt werden, daß ε_Z aus einem rein volumenabhängigen Anteil ε_Z^V und einem Zentralkraftanteil ε_Z^φ besteht. Dabei sollen bei den Zentralkräften nur die nächsten Nachbarn berücksichtigt werden.

ε_Z^φ ist durch

$$\varepsilon_Z^\varphi = \tfrac{1}{2} \sum_{\text{n. N.}} \varphi(\mathfrak{R}) \tag{71.1}$$

gegeben. Die Summe erstreckt sich über alle nächsten Nachbarn $\mathfrak{R}$ des Ions im Koordinatenursprung. Bei einer homogenen Verformung aus dem Gleichgewicht

$$\mathfrak{R} = (1 + v)\,\overline{\mathfrak{R}}; \quad X_i = \overline{X}_i + \sum_n v_{in} \overline{X}_n \tag{71.2}$$

kann man ε_Z^φ nach den v_{in} entwickeln

$$\varepsilon_Z^\varphi = \left\{ \tfrac{1}{2} \sum_{\substack{\text{n. N.}}} \varphi(\overline{\mathfrak{R}}) + \tfrac{1}{2} \sum_{\substack{\text{n. N.} \\ i,\,n}} \varphi_{|i}(\overline{\mathfrak{R}})\, v_{in} \overline{X}_n + \tfrac{1}{4} \sum_{\substack{\text{n. N.} \\ i,\,n \\ k,\,m}} \varphi_{|ik}(\overline{\mathfrak{R}})\, v_{in} v_{km} \overline{X}_n \overline{X}_m \right\}. \tag{71.1a}$$

Die Summe erstreckt sich über alle nächsten Nachbarn $|\overline{\mathfrak{R}}| = l$ des Gleichgewichtszustandes. Mit

$$\varphi_{|i} = \frac{\overline{X}_i}{l}\, \varphi'(l), \tag{71.3a}$$

$$\varphi_{|ik} = \delta_{ik}\, \frac{\varphi'(l)}{l} + \overline{X}_i \overline{X}_k \left(\frac{\varphi''(l)}{l^2} - \frac{\varphi'(l)}{l^3} \right), \tag{71.3b}$$

$$\sum_{\text{n. N.}} \overline{X}_i \overline{X}_n = \delta_{ik} \cdot \frac{z\,l^2}{3} \tag{71.3c}$$

wird

$$\left. \begin{aligned} \varepsilon_Z^\varphi = {}& \frac{1}{2} \sum_{\text{n. N.}} \varphi(l) + \frac{z}{6}\, l\, \varphi'(l) \sum_i v_{ii} + \frac{z}{12}\, l\, \varphi'(l) \sum_{i,\,n} v_{in} v_{in} + \\ & + \frac{1}{4} \left(\frac{\varphi''(l)}{l^2} - \frac{\varphi'(l)}{l^3} \right) \sum_{\substack{\text{n. N.} \\ i,\,n \\ k,\,m}} \overline{X}_i \overline{X}_k \overline{X}_n \overline{X}_m \cdot v_{in} v_{km}. \end{aligned} \right\} \tag{71.1b}$$

z ist die Zahl der nächsten Nachbarn. Die Entwicklung gilt sowohl für das raumzentrierte ($z = 8$), als auch für das kubisch flächenzentrierte Gitter ($z = 12$). Hätte man nur diesen Anteil an der Energie pro Zelle, so müßte im Gleichgewicht der in v lineare Koeffizient, also $\varphi'(l)$, verschwinden. Dann bekommt man die

---

[1] Die Kenntnis der Energie pro Zelle ist sehr viel weniger als die Kenntnis der Kopplungsparameter. Die Kopplungsparameter bei Metallen kann man nur berechnen, wenn man die Elektronenstruktur bei Verschiebung eines Gitterpunktes aus der idealen Lage kennt (Ziff. 39).

elastischen Konstanten dadurch, daß man die Energiedichte

$$\frac{\delta \varepsilon_Z^\varphi}{V_Z} = \frac{\varepsilon_Z^\varphi - \varepsilon_Z^\varphi(\overline{A})}{V_Z} \qquad \left(\varepsilon_Z^\varphi(\overline{A}) = \frac{1}{2} \sum_{\text{n. N.}} \varphi(\overline{\mathfrak{R}}) \right)$$

mit der elastischen Energiedichte nach (52.3) vergleicht.

Wenn φ' verschwindet, so verschwindet der zweite und dritte Summand in (71.1b). Wegen der totalen Symmetrie des zweiten Summanden kommen dann nur noch die symmetrischen Anteile $\varepsilon_{in} = \frac{1}{2}(v_{in} + v_{ni})$ vor, und ein Vergleich mit (52.3) liefert die elastischen Konstanten

$$C_{in,km} = C_{in,km}^\varphi = \frac{1}{2V_Z} \left(\frac{\varphi''}{l^2} - \frac{\varphi'}{l^3} \right) \sum_{\text{n. N.}} \overline{X}_i \overline{X}_k \overline{X}_n \overline{X}_m, \tag{71.4}$$

die in diesem Beispiel die CAUCHY-Relationen erfüllen müssen[1]. Wenn aber noch andere Kräfte vorhanden sind, so verschwindet $\varphi'(l)$ nicht.

ε_Z^V ist eine Funktion des Volumens $V_Z = |A|$ der Elementarzelle allein:

$$\varepsilon_Z^V = g(|A|) = g(|\overline{A}| \cdot |1 + v|). \tag{71.5}$$

Die Entwicklung von ε_Z^V hat die Form[2]

$$\left. \begin{aligned} \varepsilon_Z^V = g(|\overline{A}|) + g'(|\overline{A}|) \cdot |\overline{A}| \cdot \left\{ \sum_i \varepsilon_{ii} + \frac{1}{2} \sum_{i,k} (\varepsilon_{ii}\varepsilon_{kk} + v_{ki}v_{ki} - 2\varepsilon_{ik}\varepsilon_{ki}) \right\} + \\ + \frac{1}{2} g''(|\overline{A}|) |\overline{A}|^2 \sum_{i,k} \varepsilon_{ii}\varepsilon_{kk}. \end{aligned} \right\} \tag{71.6}$$

Dabei bedeutet g' die Ableitung nach dem Volumen der Elementarzelle.

Faßt man hier die Anteile zusammen, welche nur den symmetrischen Anteil ε_{in} von v_{in} enthalten, so wird mit

$$C_{in,km}^V = \frac{1}{V_Z} \left\{ (g'V_Z + g''V_Z^2) \delta_{in}\delta_{km} - 2g'V_Z(\delta_{mi}\delta_{nk} + \delta_{ik}\delta_{nm}) \right\} \tag{71.7}$$

die Entwicklung der gesamten Energie pro Zelle

$$\left. \begin{aligned} \frac{\varepsilon_Z}{V_Z} = \frac{\varepsilon_Z(\overline{A})}{V_Z} + \frac{1}{V_Z} \left(\frac{zl\varphi'}{6} + g'V_Z \right) \sum_i \varepsilon_{ii} \\ + \frac{1}{V_Z} \frac{z\varphi'l}{12} \sum_{i,n} v_{in}v_{in} + \frac{1}{2} \sum_{\substack{i,k \\ n,m}} C_{ikmn}^\varphi \varepsilon_{in}\varepsilon_{km} \\ + \frac{1}{V_Z} \frac{g'V_Z}{2} \sum_{i,n} v_{in}v_{in} + \frac{1}{2} \sum_{\substack{i,k \\ m,n}} C_{in,km}^V \varepsilon_{in}\varepsilon_{km}. \end{aligned} \right\} \tag{71.8}$$

Im ganzen muß man erwarten, daß die resultierende Dichte die elastischen Konstanten in der richtig symmetrischen Form enthält; das bedeutet, daß in der elastischen Dichte *nur* ε_{in} und nicht v_{in} vorkommen darf. Der quadratische Anteil von (71.8) enthält aber Terme, der die falschen Symmetrien aufweist,

---

[1] Für den flächenzentrierten Kristall ist dieses Beispiel bereits in Ziff. 63 behandelt worden (flächenzentriertes Gitter mit Federbindung zu den nächsten Nachbarn allein). Das raumzentrierte Gitter wird instabil, der Schubmodul $\frac{c_{11} - c_{12}}{2}$ verschwindet. $\varphi'(l)$ ist in (71.4) absichtlich belassen worden, obwohl es für ε_Z^φ allein verschwinden würde. Wenn bei Berücksichtigung anderer Kräfte $\varphi'(l) \neq 0$ ist, dann tritt immer ein Ausdruck der Form (71.4) in Erscheinung.

[2] Es ist $|A| = |\overline{A}| |1 + v|$. Entwickelt man die Determinante $|1 + v|$ bis zu in v quadratischen Gliedern, so ist $|1 + v| = \sum_i \varepsilon_{ii} + \frac{1}{2} \sum_{i,k} (\varepsilon_{ii}\varepsilon_{kk} + v_{ki}v_{ki} - 2\varepsilon_{ik}\varepsilon_{ki})$. Diesen Ausdruck kann man dann bei der Entwicklung von $g(|\overline{A}||1 + v|)$ verwenden.

einen Term aus ε_Z^{φ} und einen Term aus ε_Z^V, welche nicht durch ε_{in} ausgedrückt werden können. Gleichzeitig sieht man aber, daß die Terme mit den falschen Symmetrien, die in (71.8) unterstrichen sind, fortfallen, wenn man die Gleichgewichtsbedingung

$$\frac{z l \varphi'}{6} + g' V_Z = 0 \tag{71.9}$$

berücksichtigt[1]. Daher kommen in der schließlich resultierenden Dichte nur die ε_{in} vor und man erhält durch Vergleich mit der elastischen Dichte die Beiträge von ε_Z^{φ} und ε_Z^V zu den elastischen Konstanten

$$C_{in,km} = C_{in,km}^{\varphi} + C_{in,km}^V. \tag{71.10}$$

Die elastischen Konstanten haben so die richtige Symmetrie, $C_{in,km}^{\varphi}$ ist totalsymmetrisch, dagegen ist $C_{in,km}^V$ nicht totalsymmetrisch, hat aber die für die elastischen Konstanten zu fordernde Symmetrie. Die Größen φ' und g', die in den beiden Anteilen noch enthalten sind, werden durch die Gleichgewichtsbedingung (71.9) verknüpft.

Wenn man aber die Beiträge von ε_Z^{φ} und ε_Z^V zu den elastischen Konstanten bestimmen will, so sollte man nicht die Größen $C_{in,km}^{\varphi}$ und $C_{in,km}^V$ dazu verwenden[2]. Denn man sieht leicht, daß der in (71.6) auftretende Term $\sum\limits_{k,i} v_{ki} v_{ki}$ dafür sorgt, daß ε_Z^V nur vom Volumen der Zelle abhängt. So ist z.B. für die schon oft besprochene Scherung längs der Würfelebenen in Richtung einer Würfelkante:

$$v = \begin{Bmatrix} 0 & \gamma & 0 \\ 0 & 0 & 0 \\ 0 & 0 & 0 \end{Bmatrix} \quad \text{und} \quad \varepsilon = \tfrac{1}{2} \begin{Bmatrix} 0 & \gamma & 0 \\ \gamma & 0 & 0 \\ 0 & 0 & 0 \end{Bmatrix}$$

also

$$\sum_i \varepsilon_{ii} = 0, \quad \sum_{k,i} v_{ki} v_{ki} = \gamma^2 \quad \text{und} \quad \sum \varepsilon_{ik} \varepsilon_{ik} = \tfrac{1}{2} \gamma^2.$$

Der Term $\sum\limits_{k,i} v_{ki} v_{ki}$ in Gl. (71.6) wird gerade durch $-2 \sum \varepsilon_{ik} \varepsilon_{ik}$ kompensiert und ist damit entscheidend an der Beschreibung der reinen Volumenabhängigkeit von ε_Z^V beteiligt. $C_{in,km}^V$ allein würde also nicht nur bei Volumenänderungen, sondern auch bei Scherungen Beiträge geben. Wenn man die Gleichgewichtsbedingung bereits benutzt hat, so kann man eine saubere Trennung der beiden Anteile gar nicht mehr durchführen.

Offenbar muß man folgendermaßen vorgehen. Man berechne die in v quadratischen, energetischen Beiträge, welche beide Anteile für sich bei elastischen Deformationen ergeben. Die Gleichgewichtsbedingung wird erst nachträglich berücksichtigt. Im ganzen muß dieses Verfahren dann auch das richtige Resultat für die elastischen Konstanten geben. Bei den beiden Scherungen (70.4a) und (70.4b)

$$v = \begin{Bmatrix} 0 & \gamma & 0 \\ 0 & 0 & 0 \\ 0 & 0 & 0 \end{Bmatrix}; \quad \varepsilon = \frac{1}{2} \begin{Bmatrix} 0 & \gamma & 0 \\ \gamma & 0 & 0 \\ 0 & 0 & 0 \end{Bmatrix}; \quad \frac{1}{V_Z}\{\varepsilon_Z^{\varphi} - \varepsilon_Z^{\varphi}(\overline{A})\} = \frac{1}{2} c_{44}^{\varphi} \cdot \gamma^2 \tag{71.11}$$

und

$$v = \frac{1}{2} \begin{Bmatrix} \gamma & \gamma & 0 \\ -\gamma & -\gamma & 0 \\ 0 & 0 & 0 \end{Bmatrix}; \quad \varepsilon = \frac{1}{2} \begin{Bmatrix} \gamma & 0 & 0 \\ 0 & -\gamma & 0 \\ 0 & 0 & 0 \end{Bmatrix}; \quad \frac{1}{V_Z}\{\varepsilon_Z^{\varphi} - \varepsilon_Z^{\varphi}(\overline{A})\} = \frac{1}{2}\left(\frac{c_{11}-c_{12}}{2}\right)^{\varphi} \gamma^2 \tag{71.12}$$

---

[1] Welche Rolle die Gleichgewichtsbedingung spielt und weshalb der quadratische Anteil der Entwicklung nur ε und nicht v enthält, wird in Ziff. 74 von einem übergeordneten Standpunkt erläutert.

[2] Das sieht man schon daran, daß φ' und g' durcheinander ausgedrückt werden können. Drückt man g' durch φ' aus, so enthält $C_{in,km}^V$ einen Zentralkraftanteil.

ändert sich dann der Volumenanteil nicht, und man erhält den Beitrag der Zentralkräfte allein zu

$$V_Z \cdot c_{44}^{\varphi} = \frac{z\varphi' l}{6} + \frac{1}{2}\left(\frac{\varphi''}{l^2} - \frac{\varphi'}{l^3}\right) \sum_{\text{n.N.}} \overline{X}^2 \overline{Y}^2 \qquad (71.11\,\text{a})$$

und

$$V_Z \cdot \frac{(c_{11} - c_{12})^{\varphi}}{2} = \frac{z\varphi' l}{6} + \frac{1}{2}\left(\frac{\varphi''}{l^2} - \frac{\varphi'}{l^3}\right) \sum_{\text{n.N.}} \{\overline{X}^4 - \overline{X}^2 \overline{Y}^2\}. \qquad (71.12\,\text{a})$$

Diese Werte sind für die drei primitiven kubischen Gitter in Tabelle 21 zusammengestellt. Die dort aufgeführten Werte für die Kompressibilität $\frac{c_{11} + 2c_{12}}{3}$
erhält man aus Ziff. 25.

Tabelle 21. *Beiträge zu den elastischen Konstanten durch Zentralkräfte* $\varphi(\mathfrak{R})$ *bei nächster Nachbarwechselwirkung in den drei primitiven kubischen Gittern.*

l Abstand nächster Nachbarn, $\quad \varphi' = \dfrac{d\varphi}{dR}\Big|_{R=l}, \quad \varphi'' = \dfrac{d^2\varphi}{dR^2}\Big|_{R=l}.$

Beiträge zu den elastischen Konstanten	Gitter-Typ		
	primitiv	raumzentriert	flächenzentriert
$V_Z \dfrac{c_{11} + 2c_{12}}{3}$	$\dfrac{1}{3}\varphi'' l^2 - \dfrac{2}{3}\varphi' l$	$\dfrac{4}{9}\varphi'' l^2 - \dfrac{8}{9}\varphi' l$	$\dfrac{2}{3}\varphi'' l^2 - \dfrac{4}{3}\varphi' l$
$V_Z \dfrac{c_{11} - c_{12}}{2}$	$\dfrac{1}{2}\varphi'' l^2 + \dfrac{1}{2}\varphi' l$	$\dfrac{4}{3}\varphi' l$	$\dfrac{1}{4}\varphi'' l^2 + \dfrac{3}{4}\varphi' l$
$V_Z c_{44}$	$\varphi' l$	$\dfrac{4}{9}\varphi'' l^2 + \dfrac{8}{9}\varphi' l$	$\dfrac{1}{2}\varphi'' l^2 + \dfrac{3}{2}\varphi' l$

Bei dem bis jetzt besprochenen Beispiel würde c_{44}^{φ} schon der richtige Schubmodul sein, da die Volumenkräfte keinen Beitrag zur Scherung liefern können.
Sind aber noch andere Kräfte, etwa die elektrostatischen Anteile ε_Z^C vorhanden,
so ist c_{44}^{φ} nach (71.11 a) der Beitrag der Wechselwirkung der Ionenschalen zum
Schubmodul c_{44}. Wenn man die Beiträge der Tabelle 21 nicht auf das Volumen
der Zelle, sondern auf den Abstand nächster Nachbarn bezieht[1], so bekommt man
damit gleichzeitig z. B. die Beiträge der Nachbarn zweiter und dritter Ordnung
im raumzentrierten Gitter, da diese ja die Anordnung der nächsten Nachbarn
im primitiven und im flächenzentrierten Gitter haben. Wenn man nur Zentralkräfte zwischen nächsten Nachbarn berücksichtigt, dann liefert die Tabelle 21
die elastischen Konstanten für diese drei kubischen Gitter[2]. Dabei ist aber noch
die Gleichgewichtsbedingung $\varphi' = 0$ zu erfüllen. Man sieht, daß unter dieser
Annahme das primitive und das raumzentrierte Gitter instabil sind, für das
primitive Gitter verschwindet c_{44} und für das raumzentrierte Gitter $\frac{c_{11} - c_{12}}{2}$
(vgl. Ziff. 38).

---

[1] $V_Z = l^3$ für das primitive Gitter.

$V_Z = \dfrac{4}{3\sqrt{3}}\, l^3$ für das raumzentrierte Gitter.

$V_Z = \dfrac{1}{\sqrt{2}}\, l^3$ für das flächenzentrierte Gitter.

[2] Vgl. Tabelle 17 für das flächenzentrierte Gitter mit Federbindung $f\,(f = \varphi'')$.

In Tabelle 22 sind die Beiträge der Wechselwirkung der Ionenschalen und die elektrostatischen Beiträge für raum- und flächenzentrierte Gitter zusammengestellt. Die elektrostatischen Beiträge können in genau der gleichen Weise ausgerechnet werden, wie es in Ziff. 70 für die Alkalien vorgeführt wurde. Aus den Daten der Tabelle 22 kann man entnehmen, daß das raumzentrierte Gitter

Tabelle 22. *Elektrostatische und Ionenbeiträge zu den Schubmoduln in raum- und flächenzentrierten Gittern.*

	Flächenzentriert		Raumzentriert	
	Ionenbeiträge	elektrostatische Beiträge	Ionenbeiträge	elektrostatische Beiträge
$V_Z \dfrac{c_{11} - c_{12}}{2}$	$\dfrac{1}{4}\varphi'' l^2 + \dfrac{3}{4}\varphi' l$	$0{,}038\,\dfrac{e^2}{l}$	$\dfrac{4}{3}\varphi' l$	$0{,}043\,\dfrac{e^2}{l}$
$V_Z\, c_{44}$	$\dfrac{1}{2}\varphi'' l^2 + \dfrac{3}{2}\varphi' l$	$0{,}335\,\dfrac{e^2}{l}$	$\dfrac{4}{9}\varphi'' l^2 + \dfrac{8}{9}\varphi' l$	$0{,}32\,\dfrac{e^2}{l}$

instabil wird, wenn die abstoßenden Kräfte groß sind. Man erkennt das an den Beiträgen zu $\dfrac{c_{11} - c_{12}}{2}$. Der sowieso schon kleine elektrostatische Beitrag bekommt einen negativen Zusatz (φ' ist bei abstoßenden Kräften negativ) und, wenn die abstoßenden Kräfte groß genug sind, wird der Schubmodul negativ. Das Gitter wird instabil. Wenn man die anderen Beiträge zur Bindungsenergie kennt, was bei den einfachen Metallen näherungsweise der Fall ist, so kann man aus der Gleichgewichtsbedingung φ' ermitteln. Es stellt sich heraus, daß dieser Term bei den Edelmetallen überwiegt und daß somit die raumzentrierte Struktur für diese Metalle instabil ist. Aus den gemessenen Werten für die Edelmetalle kann man an Hand der Tabelle 22 φ' und φ'' aus den beiden Schubmoduln ermitteln, da man den elektrostatischen Anteil numerisch kennt[1].

Den elektrostatischen Anteil zu den Schubmoduln eines Ionenkristalls vom Typ CsCl kann man auch genau wie bei den raumzentrierten Alkalien berechnen. Man kann sogar die dort abgeleitete Tabelle 20 benutzen. Nur muß man beim CsCl zum Teil die Vorzeichen vertauschen, da die Ladungen im CsCl alternierendes Vorzeichen haben, in dem dort behandelten Metallgitter aber immer gleiches Vorzeichen. Nimmt man wieder nächste Nachbarwechselwirkung an, so kann man deren Beiträge aus Tabelle 21 für das raumzentrierte Gitter entnehmen. Die dort auftretenden Größen sind mit einem Faktor 2 zu multiplizieren, da die Elementarzelle des CsCl-Gitters gerade doppelt so groß ist wie die des entsprechenden primitiven raumzentrierten Gitters. In Tabelle 23 sind die Werte zusammengestellt. Die Daten für die Kompressibilitäten stammen aus Ziff. 29. Hier wird der elektrostatische Beitrag zu c_{44} negativ. Die Zentralkräfte sind abstoßend (φ'' positiv, φ' negativ). Ist nun φ'' relativ groß, fallen also die abstoßenden Kräfte sehr schnell mit der Entfernung ab, so ist das Gitter stabil. c_{44} ist positiv. Das entspricht der Annahme sehr harter Kugeln (vgl. die Diskussion der Alkali-Halogenide in Ziff. 29). Andernfalls wird das CsCl-Gitter instabil. Genau wie bei den raumzentrierten Metallen könnte man auch hier allgemeine Kopplungsparameter einführen und diese aus den elastischen Daten bestimmen. Da die Cauchy-Relationen bei Alkali-Halogeniden näherungsweise

---

[1] Eine eingehende Diskussion der elastischen Daten für viele Metalle findet man in N. F. Mott: Recent Advances in the Electron Theory of Metals. Progr. Met. Phys. 3, 76 (1952).

erfüllt sind, so wird man zunächst versuchen, mit Zentralkräften auszukommen. Wenn man noch zusätzlich die Annahme nächster Nachbarwechselwirkung macht, so braucht man für die mechanischen Kopplungsparameter[1] nur φ'' und φ'. Diese Größen kann man aus der Gleichgewichtsbedingung (Gitterabstand) und der Kompressibilität allein entnehmen. Zur Kontrolle der Annahme kann man dann noch die Schubmoduln nach Tabelle 23 mit den experimentellen Daten vergleichen. Die CAUCHY-Relationen sind unter diesen Annahmen selbstverständlich· erfüllt, da nur Zentralkräfte vorausgesetzt wurden. Die einzelnen Anteile der Tabelle 23 befriedigen die CAUCHY-Relationen nicht, nur die kompletten elastischen Konstanten unter Berücksichtigung der Gleichgewichtsbedingung.

Tabelle 23. *Elektrostatische Anteile und Beiträge der Ionenschalen im CsCl-Gitter bei nächster Nachbarwechselwirkung.*

	Elektrostatisch	Ionenschalen
$V_Z \dfrac{c_{11} + 2c_{12}}{3}$	$- 0{,}78 \dfrac{e^2}{l}$	$\dfrac{8}{9}\,\varphi''\,l^2 - \dfrac{16}{9}\,\varphi'\,l$
$V_Z \dfrac{c_{11} - c_{12}}{2}$	$2{,}40 \dfrac{e^2}{l}$	$\dfrac{8}{3}\,\varphi'\,l$
$V_Z \cdot c_{44}$	$- 1{,}21 \dfrac{e^2}{l}$	$\dfrac{8}{9}\,\varphi''\,l^2 + \dfrac{16}{9}\,\varphi'\,l$

$$\text{Gleichgewichtsbedingung:}\quad \varphi'\,l = - z_1 \cdot \frac{e^2}{8l} = - 1{,}76\,\frac{e^2}{8l}.$$

In den vorstehenden Ausführungen wurde immer von dem Begriff der Stabilität Gebrauch gemacht. Die Bedingung für Stabilität des Gitters bedeutet, daß die Gleichgewichtslage ein wirkliches Minimum sein soll, also bei primitiven Gittern

$$\text{atomistische Stabilität:}\quad E_{\text{pot}} = \sum_{\substack{m,n \\ i,k}} \Phi^{mn}_{ik}\, s^m_i\, s^n_k > 0 \tag{71.13a}$$

oder

$$\text{elastische Stabilität:}\quad u = \tfrac{1}{2} \sum_{\substack{i,k \\ m,n}} C_{ik,mn}\, s_{i|k}\, s_{m|n} > 0 \tag{71.13b}$$

Diese Ungleichungen gelten außer für triviale Verschiebungen, die reinen Translationen oder Drehungen entsprechen. Im Vorstehenden wurde nur die elastische Stabilität besprochen. Für kubische Kristalle besagt die elastische Stabilität, daß Kompressibilität und die beiden Schubmoduln größer als Null sind. Die elastische Stabilitätsbedingung ist eine Folge der atomistischen Bedingung, Gl. (71.13b) besagt viel weniger als (71.13a). Man kann Beispiele konstruieren, bei denen Gl. (71.13b), aber nicht Gl. (71.13a) erfüllt ist. BORN [1] hat es plausibel gemacht, daß bei vernünftigem Potentialverlauf (Zentralkräfte) die elastische Bedingung bereits die Stabilität entscheidet, also mit Gl. (71.13b) auch (71.13a) befriedigt ist.

E. Allgemeine Thermodynamik von Kristallen.

72. Die thermodynamischen Größen. Die innere Energie U eines Kristalls vom Volumen V und der Teilchenzahl N ist eine Zustandsfunktion. Die Änderung der inneren Energie dU besteht aus der dem Kristall zugeführten Wärmemenge δQ und aus der an ihm durch äußere Kräfte geleisteten Arbeit δA:

$$dU = \delta Q + \delta A. \tag{72.1}$$

Die reversibel zugeführte Wärmemenge ist mit der Entropie S verknüpft

$$\delta Q = T\,dS. \tag{72.2}$$

Bei Gasen und Flüssigkeiten ist $\delta A = - p\,dV$, bei Kristallen ist dieser Ausdruck durch die Spannungen und Verzerrungen zu ersetzen. Steht ein Kristall unter

---

[1] Damit erhält man $\Phi^{mn}_{ik}\,{}^{\mu\nu}$ in Gl. (66.2).

homogenen Spannungen σ_{ik}, so sind die auf seiner Oberfläche (Fig. 44) in einem kleinen Oberflächenelement $d\mathfrak{f}$ angreifenden Oberflächenkräfte

$$d\mathfrak{K} = \sigma\, d\mathfrak{f}\quad \left((d\mathfrak{K})_i = \sum_k \sigma_{ik}\, df_k\right);$$

σ_{ik} muß symmetrisch sein $(\sigma_{ik} = \sigma_{ki})$, da sonst Momente auftreten würden. Ist $d\mathfrak{z}(\mathfrak{R})$ eine kleine Verschiebung, so ist

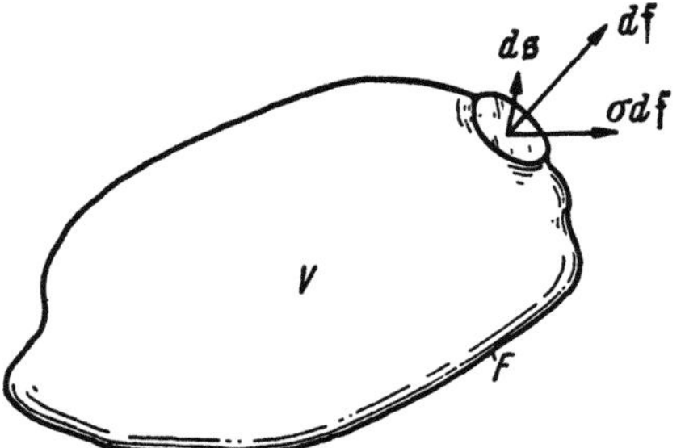

Fig. 44. Steht ein Kristall unter einer Spannung σ, so wird bei einer Verschiebung $d\mathfrak{s}$ des Oberflächenelements $d\mathfrak{f}$ die Arbeit $\sigma d\mathfrak{f} \cdot d\mathfrak{s}$ von den äußeren Kräften $\sigma d\mathfrak{f}$ geleistet.

$$\delta A = \int_F \sigma\, d\mathfrak{f}\cdot d\mathfrak{z} \tag{72.3}$$

die von den Oberflächenkräften bei Verschiebung der Oberfläche geleistete Arbeit. Das zusätzliche Verschiebungsfeld $d\mathfrak{z}(\mathfrak{R})$ beschreibt eine homogene Verformung dv_{ik}:

$$ds_i = \sum_k dv_{ik}X_k. \tag{72.4}$$

Wandelt man nun Gl. (72.3) mit dem Gaussschen Satz um

$$\int_F \sigma\, d\mathfrak{f}\cdot d\mathfrak{z} = \int_V (\operatorname{div}\sigma\, d\mathfrak{z})\cdot d\mathfrak{R} = V\sum_{i,k}\sigma_{ik}\, dv_{ik} = V\sum_{i,k}\sigma_{ik}\, d\varepsilon_{ik}, \tag{72.4a}$$

so ist

$$\delta A = V\sum_{i,k}\sigma_{ik}\, d\varepsilon_{ik}. \tag{72.4b}$$

Daher folgt

$$dU = T\, dS + V\sum_{i,k}\sigma_{ik}\, d\varepsilon_{ik}. \tag{(72.1a)}$$

Am einfachsten beschreibt sich das thermodynamische Verhalten mit der freien Energie F:

$$F = U - TS, \tag{72.5}$$

$$dF = -S\, dT + \delta A, \tag{72.5a}$$

$$dF = -S\, dT + V\sum_{i,k}\sigma_{ik}\, d\varepsilon_{ik}. \tag{72.5b}$$

Die isotherme Änderung der freien Energie ist gleich der geleisteten äußeren Arbeit. Die in der phänomenologischen elastischen Theorie verwendeten Energien sind in diesem Sinne freie Energien. Führt man nun auf das ursprüngliche Volumen V bezogene Dichten ein, nämlich die Dichte der freien Energie

$$\frac{F}{V} = f, \tag{72.6a}$$

die Entropiedichte

$$\frac{S}{V} = s \tag{72.6b}$$

und die Dichte der inneren Energie

$$\frac{U}{V} = u, \tag{72.6c}$$

so ist

$$df = -s\, dT + \sum_{i,k}\sigma_{ik}\, d\varepsilon_{ik}. \tag{72.7}$$

Kennt man die freie Energie, so erhält man alle weiteren thermodynamischen Größen durch einfache Differentiation, so z.B. *die kalorische Zustandsgleichung*

$$u = f - T\left(\frac{\partial f}{\partial T}\right)_V, \tag{72.8}$$

welche die Abhängigkeit der inneren Energie von Volumen und Temperatur beschreibt, *die thermische Zustandsgleichung*

$$\sigma_{ik} = \left(\frac{\partial f}{\partial \varepsilon_{ik}}\right)_T, \tag{72.9}$$

welche die Spannungen in Abhängigkeit von Temperatur und Verformung liefert, die *Entropie*

$$s = -\left(\frac{\partial f}{\partial T}\right)_V, \tag{72.10}$$

und *die spezifische Wärme* bei konstantem Volumen[1]

$$c_V = \left(\frac{\partial u}{\partial T}\right)_V = -T\left(\frac{\partial^2 f}{\partial T^2}\right)_V. \tag{72.11}$$

Die thermische Zustandsgleichung ist gleichzeitig die Gleichgewichtsbedingung für konstante Temperatur. Bei verschwindenden äußeren Spannungen ist

$$\left(\frac{\partial f}{\partial \varepsilon_{ik}}\right)_T = 0. \tag{72.9a}$$

Diese Gleichung bestimmt das zur Temperatur T gehörige Volumen im Gleichgewicht. Man kann das auch so ausdrücken, daß die freie Energie bei gegebener Temperatur und gegebener Teilchenzahl ein Minimum hat und daß die Bedingung (72.9a) das Volumen festlegt.

In der statistischen Mechanik wird die freie Energie aus der Zustandssumme Z definiert. Dabei ist die Zustandssumme

$$Z = \sum_\alpha e^{-\frac{1}{kT} \cdot E_\alpha(V,N)}. \tag{72.12}$$

Die Summe ist über alle quantenmechanisch möglichen Energiewerte E_α des Systems zu erstrecken. Das Volumen V und die Teilchenzahl N sind Parameter. Die Energiewerte E_α hängen von diesen Größen ab. Im klassischen Grenzfall bei hohen Temperaturen kann man die Zustandssumme durch das Zustandsintegral

$$Z = \int e^{-\frac{1}{kT} H(V,N,p_1,\dots,q_{3N})} dp_1 \dots dq_{3N} \tag{72.12a}$$

ersetzen, wobei H die HAMILTON-Funktion des Systems ist. Die freie Energie ist

$$F = -kT \ln Z. \tag{72.13}$$

73. Thermodynamische Beziehungen bei kleinen Änderungen aus dem Gleichgewicht. Wir gehen von einem Gleichgewichtszustand (V_0, T) aus und untersuchen die freie Energie bei kleinen Änderungen der Temperatur $(T+\vartheta)$ und des Volumens durch kleine homogene Verzerrungen (v_{ik}). Die Theorie endlicher Verformungen (Ziff. 74) ist verhältnismäßig kompliziert und undurchsichtig, mit kleinen Verformungen arbeitet man viel bequemer. Daher ist es zweckmäßig, möglichst durchgehend mit kleinen Verformungen zu operieren.

Die Entwicklung der freien Energie bis zu quadratischen Gliedern lautet

$$f = f_0 + f_T \vartheta + \sum_{i,k} f_{ik}\, \varepsilon_{ik} + \tfrac{1}{2} f_{TT}\, \vartheta^2 + \tfrac{1}{2} \sum_{\substack{i,k\\m,n}} f_{ik,mn}\, \varepsilon_{ik}\, \varepsilon_{mn} + \tfrac{1}{2} \sum_{i,k} f_{T,ik}\, \varepsilon_{ik}\, \vartheta. \tag{73.1}$$

Die Koeffizienten $f_{ik} = \dfrac{\partial f}{\partial v_{ik}}$ und $f_{T,ik} = \dfrac{\partial^2 f}{\partial T\, \partial v_{ik}}$ sind in ik symmetrisch, $f_{ik,mn} = \dfrac{\partial^2 f}{\partial v_{ik}\, \partial v_{mn}}$ hat die gleichen Symmetrien wie die elastischen Konstanten $C_{ik,mn}$

---

[1] Hier bezogen auf die Volumeneinheit.

(Begründung in Ziff. 74). Daher kann für v_{ik} der symmetrische Verzerrungstensor ε_{ik} eingesetzt werden. f_T und f_{TT} stehen für $\partial f/\partial T$ und $\partial^2 f/\partial T^2$.

Geht man vom spannungsfreien Zustand aus, so ist[1]

$$\frac{\partial f}{\partial \varepsilon_{ik}}\bigg|_{\vartheta,\,\varepsilon_{mn}=0} = f_{ik} = 0. \tag{73.2}$$

Das ist die *Gleichgewichtsbedingung*.

Die Verknüpfung zwischen Spannungen und Verzerrungen bei isothermen Vorgängen ($\vartheta = 0$) ist dann

$$\frac{\partial f}{\partial \varepsilon_{ik}}\bigg|_{\vartheta=0} = \sigma_{ik} = \sum_{m,\,n} f_{ik,\,mn}\,\varepsilon_{mn}. \tag{73.3}$$

Die $f_{ik,\,mn}$ sind die *isothermen elastischen Konstanten*.

Verschwinden die äußeren Spannungen, so erhält man aus

$$\frac{\partial f}{\partial \varepsilon_{ik}} = 0 \quad \text{oder} \quad \sum_{m,\,n} f_{ik,\,mn}\,\varepsilon_{mn} + \frac{1}{2}\,f_{T,\,ik}\,\vartheta = 0 \tag{73.4}$$

die thermischen Dehnungen bei einer kleinen Temperaturänderung. (73.4) ist die Gleichgewichtsbedingung für die Temperatur $T+\vartheta$. Die thermischen Dehnungen $\varepsilon_{mn}^{\text{th}}$ selbst erhält man durch Umkehrung[2] der Gl. (73.4)

$$\varepsilon_{mn}^{\text{th}} = -\tfrac{1}{2}\sum_{i,\,k} f_{mn,\,ik}^{-1}\,f_{T,\,ik}\cdot\vartheta. \tag{73.4a}$$

Die Änderung der thermischen Dehnung mit der Temperatur, *den thermischen Ausdehnungskoeffizienten*

$$\alpha_{mn} = \frac{\partial\varepsilon_{mn}^{\text{th}}}{\partial\vartheta},$$

erhält man zu

$$\alpha_{mn} = -\tfrac{1}{2}\sum_{ik} f_{mn,\,ik}^{-1}\,f_{T,\,ik}; \quad \sum_{m,\,n} f_{ik,\,mn}\,\alpha_{mn} = -\tfrac{1}{2}\,f_{T,\,ik}. \tag{73.4b}$$

Die Größen $f_{T,\,ik}$ beschreiben also im wesentlichen die thermische Ausdehnung.
Die innere Energie wird nach (72.8)

$$u = f - (T+\vartheta)\,\frac{\partial f}{\partial\vartheta}$$

oder

$$u = u_0 + \tfrac{1}{2}\sum_{\substack{i,\,k\\m,\,n}} f_{ik,\,mn}\,\varepsilon_{ik}\,\varepsilon_{mn} - \tfrac{1}{2}f_{TT}\cdot\vartheta^2 - T\cdot\{f_{TT}\cdot\vartheta + \tfrac{1}{2}\sum_{i,\,k} f_{T,\,ik}\,\varepsilon_{ik}\}, \tag{73.5}$$

wobei $u_0 = f_0 - T s_0$ ist. Daraus erhält man die *spezifische Wärme bei konstantem Volumen*

$$c_V = \frac{\partial u}{\partial\vartheta}\bigg|_{\varepsilon_{ik}=0,\,\vartheta=0}; \quad c_V = -T f_{TT} \tag{73.5a}$$

und die *spezifische Wärme bei konstantem Druck*[3] c_p (hier bei verschwindenden äußeren Spannungen σ_{ik})

$$c_p = \frac{\partial u}{\partial\vartheta}\bigg|_{\sigma_{ik}=0,\,\vartheta=0}. \tag{73.5b}$$

---

[1] Der Dampfdruck p des Kristalls soll vernachlässigt werden. Sonst wäre die Gleichgewichtsbedingung durch $f_{ik} = -p\,\delta_{ik}$ zu ersetzen.

[2] Die Bildung der Reziproken erfolgt genau so wie bei den elastischen Konstanten (Ziff. 53).

[3] Bei *verschwindenden* äußeren Spannungen dient die Wärmezufuhr *nur* zur Erhöhung der inneren Energie.

Die innere Energie bei verschwindenden äußeren Spannungen erhält man aus (73.5), wenn man dort an Stelle der Dehnungen die thermischen Dehnungen einsetzt. Daher wird

$$c_p = -T f_{TT} - \frac{T}{2} \sum_{i,k} f_{T,ik} \alpha_{ik}. \tag{73.5c}$$

Die Differenz der spezifischen Wärmen ist

$$c_p - c_V = -\frac{T}{2} \sum_{i,k} f_{T,ik} \alpha_{ik} = T \sum_{\substack{i,k \\ m,n}} \alpha_{ik} f_{ik,mn} \alpha_{mn}. \tag{73.5d}$$

Aus der *Entropie* nach (72.10)

$$s = -\frac{\partial f}{\partial \vartheta}; \quad s = s_0 - f_{TT} \cdot \vartheta - \frac{1}{2} \sum_{i,k} f_{T,ik} \varepsilon_{ik} \quad \text{mit} \quad s_0 = -f_T \tag{73.6}$$

erhält man *bei adiabatischen Änderungen* ($s = s_0$) einen Zusammenhang zwischen Temperatur und Verformung

$$\vartheta = -\frac{\sum\limits_{i,k} f_{T,ik}\, \varepsilon_{ik}}{2 f_{TT}}. \tag{73.6a}$$

Bei adiabatischen Vorgängen hat mit (73.6a) die innere Energie die Form

$$u = u_0 + \frac{1}{2} \sum_{\substack{i,k \\ m,n}} f_{ik,mn} \varepsilon_{ik} \varepsilon_{mn} - \frac{1}{8 f_{TT}} \cdot \sum_{\substack{i,k \\ m,n}} f_{T,ik} \cdot f_{T,mn} \varepsilon_{ik} \varepsilon_{mn}, \tag{73.7}$$

und die Spannungen erhält man nach (72.1a) durch Differentiation der inneren Energie nach den Verzerrungen

$$\sigma_{ik} = \left(\frac{\partial u}{\partial \varepsilon_{ik}}\right)_{\mathrm{ad}}; \quad \sigma_{ik} = \sum_{m,n} \left\{ f_{ik,mn} - \frac{f_{T,ik} \cdot f_{T,mn}}{4 f_{TT}} \right\} \varepsilon_{mn}. \tag{73.7a}$$

Dieser Zusammenhang zwischen Spannungen und Verzerrungen wird durch *die adiabatischen elastischen Konstanten*

$$f_{ik,mn}^{\mathrm{ad}} = f_{ik,mn} - \frac{f_{T,ik} \cdot f_{T,mn}}{4 f_{TT}} \tag{73.7b}$$

beschrieben. Drückt man hier noch $f_{T,ik}$ durch die Ausdehnungskoeffizienten und f_{TT} durch c_V aus, so ist die Differenz zwischen adiabatischen und isothermen elastischen Konstanten

$$f_{ik,mn}^{\mathrm{ad}} - f_{ik,mn} = \frac{T}{c_V} \cdot \sum_{\substack{s,t \\ s',t'}} f_{ik,st} f_{mn,s't'} \alpha_{st} \alpha_{s't'}. \tag{73.7c}$$

Den Zusammenhang zwischen isothermen und adiabatischen elastischen Konstanten benötigt man bei der Umrechnung der bei der Untersuchung von Schallschwingungen gemessenen adiabatischen Konstanten auf die isothermen Konstanten. In den Tabellenwerken sind meist die isothermen Konstanten angegeben, auch die theoretischen Berechnungen behandeln normalerweise die isothermen Größen. Die Unterschiede sind im allgemeinen nicht sehr groß[1], sie betragen etwa 1% [*32*]. W. Voigt [*33*] hat einen (73.7c) entsprechenden Ausdruck für die Differenzen der elastischen Moduln gegeben.

---

[1] Dann kann man auf der rechten Seite von (73.7c) $f_{ik,mn}$ näherungsweise durch $f_{ik,mn}^{\mathrm{ad}}$ ersetzen und damit sind die isothermen Konstanten in einfacher Weise durch die adiabatischen Konstanten ausgedrückt.

Bei kubischen Kristallen ist alles besonders einfach. Dort ist $f_{T,ik}=f_{T,s}\cdot\delta_{ik}$ und es gibt auch nur eine Konstante der thermischen Dehnung $\alpha_{st}=\alpha\,\delta_{st}$. Die thermische Dehnung ist isotrop, der Kristall dehnt sich nach allen Richtungen gleich aus. Die isothermen und adiabatischen elastischen Konstanten haben kubische Symmetrie, so wie sie bei der Ableitung der elastischen Konstanten aus der potentiellen Energie in Abschnitt D immer gewonnen wurde. Im kubischen Kristall ist damit:

$$c_{11}^{\mathrm{ad}}-c_{11}^{\mathrm{is}}=\frac{T\alpha^2}{c_V}\cdot(c_{11}^{\mathrm{is}}+2c_{12}^{\mathrm{is}})^2=c_{12}^{\mathrm{ad}}-c_{12}^{\mathrm{is}}.$$

$$c_{44}^{\mathrm{ad}}-c_{44}^{\mathrm{is}}=0,$$

$$c_p-c_V=T\alpha^2\cdot3\,(c_{11}^{\mathrm{is}}+2c_{12}^{\mathrm{is}})=\frac{T(3\alpha)^2}{\varkappa^{\mathrm{is}}}.$$

α ist der lineare, 3α der kubische Ausdehnungskoeffizient.

74. Endliche Verzerrungen. Bisher wurden immer nur kleine Verzerrungen aus dem Gleichgewichtszustand betrachtet, um die Komplikationen bei endlichen Verzerrungen zu vermeiden. Die Beschreibung des verformten Zustandes eines Kristalls durch die Verzerrungen v_{ik} bzw. ε_{ik} ist eigentlich nur für kleine (infinitesimale) Verzerrungen gestattet. Genau genommen sind nur die in ε_{ik} linearen Glieder der Entwicklung (73.1) richtig, nicht dagegen die quadratischen Glieder, die bisher fast ausschließlich diskutiert wurden. Die Verhältnisse bei endlichen Verzerrungen werden hier nur behandelt, um die bisherigen Betrachtungen im ganzen zu untermauern, von einem anderen Standpunkt aus zu begründen und zu zeigen, in welchen Fällen die Ergebnisse revidiert werden müssen. Es zeigt sich, daß bei Verschwinden der in ε_{ik} linearen Glieder auch die quadratischen Glieder richtig sind. Nur solche Fälle sind bisher behandelt worden.

Die Größen v_{ik} der homogenen Verzerrung beschreiben zwar den Zustand des verzerrten Kristalls eindeutig, ε_{ik} ist aber kein Maß für die tatsächlich auftretenden Verzerrungen. Man muß ja verlangen, daß die Verzerrungsgrößen verschwinden, wenn der Kristall eine (endliche) Rotation ausführt. Bei einer infinitesimalen Rotation ($v_{ik}=-v_{ki}$; $\varepsilon_{ik}=0$) verschwinden die bisher definierten Verzerrungen, nicht aber bei einer endlichen Rotation

$$1+v=D, \tag{74.1}$$

wobei D die orthogonale Matrix ist, welche die Rotation beschreibt. Man muß sich also nach Verzerrungsgrößen umsehen, die auch bei endlichen Rotationen verschwinden. Eine Größe, welche sich bei Rotationen nicht ändert, ist der Abstand zweier Punkte. Und so ist es ganz natürlich, zuerst zu untersuchen, wie der Abstand zweier Punkte sich bei einer homogenen Verformung ändert. Ist $\Re$ der zwei Punkte verbindende Ortsvektor im unverformten Zustand, so führt eine homogene Verformung $\Re$ in $\Re'$ über

$$\Re'=(1+v)\,\Re. \tag{74.2}$$

Das Abstandsquadrat ist

$$\Re'^2=((1+v)\,\Re\cdot(1+v)\,\Re)=(\Re\cdot(1+v')\,(1+v)\,\Re) \tag{74.3}$$

und die Änderung des Abstandsquadrats durch die homogene Verformung beträgt

$$\Re'^2-\Re^2=(\Re,(v+v'+v'v)\,\Re). \tag{74.4}$$

So liegt es nahe, einen neuen Verzerrungstensor durch

$$\mathcal{V} = \frac{v + v'}{2} + \frac{v' v}{2},$$
$$\mathcal{V}_{ik} = \frac{v_{ik} + v_{ki}}{2} + \frac{1}{2} \sum_l v_{li} v_{lk}$$

$$(74.5)$$

einzuführen[1]. Dann gilt:

$$\mathfrak{R}'^2 - \mathfrak{R}^2 = (\mathfrak{R}, 2\,\mathcal{V}\,\mathfrak{R}). \qquad (74.4a)$$

Bei kleinen Verformungen kann man in (74.4) das quadratische Glied vernachlässigen und $\mathcal{V}$ wird mit dem bisher immer benutzten Verzerrungstensor $\varepsilon = \frac{v + v'}{2}$ identisch. Bei endlichen Verzerrungen aber liefert nur $\mathcal{V}$ eine vernünftige Beschreibung. Nur $\mathcal{V}$, aber nicht ε, verschwindet bei einer reinen Drehung nach Gl. (74.1):

$$2\,\mathcal{V} = (D - 1) + (D' - 1) + (D' - 1)(D - 1) = D'D - 1 = 0, \qquad (74.6)$$

da für orthogonale Matrizen $D'D = 1$ ist.

Im übrigen wird man auch von der Gittertheorie her ganz von selbst auf diese Größe geführt, wenn man die Energie einer Zelle und ihre Änderung bei einer homogenen Verformung berechnen will. Für primitive Gitter mit Zentralkräften ist die Energie der Zelle

$$\varepsilon_Z = \tfrac{1}{2} \sum_m \varphi(\mathfrak{R}^m). \qquad (74.7)$$

Die potentielle Energie $\varphi(\mathfrak{R})$ hängt nur vom Betrage $|\mathfrak{R}|$ ab. Aus Gründen der mathematischen Bequemlichkeit führt man besser an Stelle von φ eine Funktion ein, welche nur vom Quadrat des Abstandes abhängt:

$$\varphi(\mathfrak{R}) = \psi(\mathfrak{R}^2). \qquad (74.8)$$

Die Energie der Zelle

$$\varepsilon_Z = \tfrac{1}{2} \sum_m \psi\left(\mathfrak{R}^{m2}\right) \qquad (74.7a)$$

ist dann bei zusätzlicher homogener Verformung

$$\varepsilon_Z = \tfrac{1}{2} \sum_m \psi\left(\mathfrak{R}^{m2} + (\mathfrak{R}^m \cdot 2\,\mathcal{V}\,\mathfrak{R}^m)\right). \qquad (74.9)$$

Bei kleinen Verformungen kann man ε_Z nach $(\mathfrak{R}^m \cdot 2\,\mathcal{V}\,\mathfrak{R}^m)$ entwickeln mit dem Ergebnis

$$\varepsilon_Z = \tfrac{1}{2} \sum_m \left\{ \psi\left(\mathfrak{R}^{m2}\right) + \psi'\left(\mathfrak{R}^{m2}\right)(\mathfrak{R}^m \cdot 2\,\mathcal{V}\,\mathfrak{R}^m) + \tfrac{1}{2}\psi''\left(\mathfrak{R}^{m2}\right)(\mathfrak{R}^m \cdot 2\,\mathcal{V}\,\mathfrak{R}^m)^2 + \cdots \right\}, \qquad (74.10)$$

wobei ψ' und ψ'' die erste und zweite Ableitung von ψ bedeuten. Die Energiedichte u bezogen auf das unverformte Zellvolumen V_Z wird

$$u_Z = \frac{\varepsilon_Z}{V_Z} = \frac{\varepsilon_Z^0}{V_Z} + \sum_{i,k} C_{ik}\,\mathcal{V}_{ik} + \tfrac{1}{2} \sum_{\substack{i\,k \\ m\,n}} C_{ik,mn}\,\mathcal{V}_{ik}\,\mathcal{V}_{mn} \qquad (74.11)$$

mit ε_Z^0 als Energie der Zelle im umverformten Zustand und mit den Koeffizienten

$$C_{ik} = \frac{1}{V_Z} \left(\frac{\partial \varepsilon_Z}{\partial \mathcal{V}_{ik}} \right)_{v_{st} = 0}, \qquad (74.11a)$$

$$C_{ik,mn} = \frac{1}{V_Z} \cdot \left(\frac{\partial^2 \varepsilon_Z}{\partial \mathcal{V}_{ik}\,\partial \mathcal{V}_{mn}} \right)_{v_{st} = 0}. \qquad (74.11b)$$

---

[1] Auch die Änderung des skalaren Produkts zweier Vektoren $\mathfrak{R}_1$ und $\mathfrak{R}_2$ enthält nur $\mathcal{V}$:
$(\mathfrak{R}'_1, \mathfrak{R}'_2) - (\mathfrak{R}_1, \mathfrak{R}_2) = (\mathfrak{R}_1, 2\,\mathcal{V}\,\mathfrak{R}_2).$

Die in (74.11) auftretenden Koeffizienten sind symmetrisch in ik und mn, da der Verzerrungstensor $\mathcal{V}_{ik}$ selbst symmetrisch ist. Ferner ist $C_{ik,mn}$ offensichtlich symmetrisch gegen Vertauschung von mn mit ik.

Die Entwicklung (74.11) mit den Koeffizienten (74.11 a, b) würde allgemein gelten. Bei Zentralkräften wird

$$C_{ik} = \frac{1}{V_Z} \sum_m \psi'(\mathfrak{R}^{m2}) X_i^m X_k^m , \qquad (74.12\text{a})$$

$$C_{ik,mn} = \frac{2}{V_Z} \sum_m \psi''(\mathfrak{R}^{m2}) X_i^m X_k^m X_m^m X_n^m \qquad (74.12\text{b})$$

oder, da $\psi' = \dfrac{d}{dR^2}\, \psi = \dfrac{1}{2R}\dfrac{d}{dR}\, \varphi$ und $\psi'' = \dfrac{1}{4}\dfrac{1}{R}\dfrac{d}{dR}\cdot\dfrac{1}{R}\dfrac{d}{dR}\cdot \varphi ,$

$$C_{ik} = \frac{1}{2V_Z} \sum_m \frac{\varphi'(\mathfrak{R}^m)}{|\mathfrak{R}^m|} X_i^m X_k^m = \frac{1}{2V_Z} \sum_m \varphi_i(\mathfrak{R}^m)\, X_k^m , \qquad (74.13\text{a})$$

$$C_{ik,mn} = \frac{1}{2V_2}\cdot \sum_m \left\{ \frac{\varphi''(\mathfrak{R}^m)}{|\mathfrak{R}^m|^2} - \frac{\varphi'(\mathfrak{R}^m)}{|\mathfrak{R}^m|^3} \right\} X_i^m X_k^m X_m^m X_n^m \quad \left(\varphi'(\mathfrak{R}) = \frac{d\varphi}{dR}\right). \quad (74.13\text{b})$$

Bei infinitesimaler Verformung v_{ik} darf man nur das mit C_{ik} behaftete Glied berücksichtigen, überdies kann dann $\mathcal{V}_{ik}$ durch ε_{ik} ersetzt werden. Die C_{ik} sind die äußeren Spannungen im Ausgangszustand nach[1] (72.7) und (72.9):

$$\sigma_{ik} = C_{ik}. \qquad (74.14)$$

Die Entwicklung der Energie bis zu in v_{ik} quadratischen Gliedern enthält einen Ausdruck der Form

$$\tfrac{1}{2}\sum_{\substack{i,k \\ m,n}} C_{ik,mn}\, \varepsilon_{ik}\, \varepsilon_{mn}$$

und einen Anteil

$$\tfrac{1}{2}\sum_{i,k,l} C_{ik}\, v_{li}\, v_{lk},$$

der von dem Glied zweiter Ordnung in $\mathcal{V}_{ik}$ stammt. Die elastische Energiedichte $u_{\text{el}} = u_Z - \dfrac{\varepsilon_Z^0}{V_Z}$ wäre demnach unter Vernachlässigung von Gliedern höherer als dritter Ordnung

$$u_{\text{el}} = \sum_{i,k} C_{ik}\, \varepsilon_{ik} + \tfrac{1}{2}\sum_{i,k,l} C_{ik}\, v_{li}\, v_{lk} + \tfrac{1}{2}\sum_{\substack{i,k \\ m,n}} C_{ik,mn}\, \varepsilon_{ik}\, \varepsilon_{mn}. \qquad (74.15)$$

Die elastische Dichte läßt sich gar nicht mehr durch den Verzerrungstensor der elastischen Theorie ausdrücken. Wenn man dagegen vom spannungsfreien Gleichgewichtszustand ausgeht, dann verschwindet C_{ik} und damit auch das störende Glied zweiter Ordnung[2]. Die Gleichgewichtsbedingung $C_{ik}=0$ ist nach (74.13 a) mit der bisher immer verwendeten Gleichgewichtsbedingung, z.B. (14.4), identisch. Geht man also vom Gleichgewichtszustand mit verschwindenden äußeren Spannungen aus, so wird die Energiedichte

$$u_{\text{el}} = \tfrac{1}{2}\sum_{\substack{i,k \\ m,n}} C_{ik,mn}\, \varepsilon_{ik}\, \varepsilon_{mn} \qquad (74.15\text{a})$$

---

[1] Bei rein elastischer Energie ohne thermische Einflüsse kann in (72.7) und (72.9) an Stelle von f die elastische Energie u_{el} eingesetzt werden.

[2] Der Anteil $\tfrac{1}{2}\sum_{i,k,l} C_{ik} v_{li} v_{lk}$ in (74.15) ist genau der Term, der in (71.8) die Symmetrieeigenschaften der elastischen Konstanten störte, der aber auch dort unter Berücksichtigung der Gleichgewichtsbedingung wegfällt.

mit Koeffizienten, welche die richtigen Symmetrieeigenschaften besitzen. Alle Ergebnisse, die in den vorangehenden Abschnitten erhalten wurden, bleiben somit ungeändert, da der Ausgangszustand stets als Gleichgewichtszustand angenommen wurde und die Dichten, sowohl der elastischen als auch der freien Energie (in Ziff. 73), immer nur rein quadratisch in den Verzerrungen waren. Wenn man äußere Spannungen berücksichtigen will, so muß man den durch (74.15) ausgedrückten veränderten Eigenschaften der elastischen Koeffizienten Rechnung tragen[1].

Der Gebrauch der Größen $\mathcal{V}_{ik}$ wurde hier nur für Zentralkräfte plausibel gemacht. Tatsächlich können aber auch in allgemeineren Fällen die Dichten nur von den $\mathcal{V}_{ik}$ abhängen, da die Dichten rotationsinvariant sein müssen. Im übrigen ist die Entwicklung nach den richtigen Verzerrungsgrößen häufig bequemer, weil man bei der Berechnung der elastischen Konstanten aus der Energie der Zelle gleich die richtigen Werte bekommt und keinen Anteil, bei dem man sich erst noch davon überzeugen muß, daß er im Gleichgewicht verschwindet.

Die Gleichgewichtsbedingung bei gegebener Temperatur

$$\frac{\partial F}{\partial A_{ik}} = 0 \tag{74.16}$$

legt die Daten der Zelle $(\overline{A}_{ik})$ im thermischen Gleichgewicht bei verschwindenden äußeren Spannungen fest. Gl. (74.16) ist einfach der Ausdruck dafür, daß die freie Energie bei gegebener Temperatur und Teilchenzahl ein Minimum hat. Der einzige Unterschied zu der in den früheren Abschnitten benutzten Gleichgewichts-Bedingung ist der, daß an Stelle der rein mechanischen, elastischen Energie die freie Energie tritt. Im nächsten Abschnitt wird gezeigt, unter welchen Umständen man mit der alten Gleichgewichtsbedingung rechnen kann. F ist eine Funktion der Temperatur und des „Volumens", wobei das Volumen durch die Angabe einer homogenen Verformung $\overline{v}$ aus dem Gleichgewichtszustand $(\overline{A}_{ik}, \overline{V})$ zur Temperatur T beschrieben werden soll. Wenn man die Zustandsgleichung ganz allgemein aufstellen will, muß man außerdem wissen, wie man die Spannungen bei endlichen Verformungen aus der freien Energie berechnen kann. F kann nun nicht von den Größen $\overline{v}$ der homogenen Verformung selbst abhängen, sondern nur von den in

$$\overline{V} = \frac{\overline{v} + \overline{v}'}{2} + \frac{\overline{v}' \overline{v}}{2}$$

zusammengefaßten Verzerrungen:

$$F = F(\overline{V}, \overline{V}_{ik}, T). \tag{74.17}$$

Die Änderung der freien Energie bei konstantem T bekommt man aus der Arbeit der äußeren Spannungen bei einer überlagerten, infinitesimalen Verformung dv zu

$$dF = V \sum_{i,k} \sigma_{ik}\, dv_{ik} = V \sum_{i,k} \sigma_{ik}\, d\varepsilon_{ik}; \qquad \frac{1}{V}\frac{\partial F}{\partial \varepsilon_{ik}} = \sigma_{ik}. \tag{74.18}$$

Dabei ist V das Volumen, σ_{ik} die Spannungen in dem durch $\overline{v}$ beschriebenen verformten Zustand. Um (74.18) auswerten zu können, muß man wissen, wie $\overline{V}$ sich durch eine zusätzliche infinitesimale Verformung ändert. $d\overline{V}$ kann nur den

---

[1] Hat man örtlich (langsam) veränderliche Verschiebungen, so erhält man die entsprechende elastische Energiedichte, indem man v_{ik} durch die Verschiebungsableitungen $s_{i|k}$ ersetzt. Die Bewegungs-Gleichungen erhält man durch Einsetzen dieser Dichte in die LAGRANGE-Dichte.

symmetrischen Anteil von dv, also $d\varepsilon$ enthalten, da eine infinitesimale überlagerte Rotation nichts ändern darf. Ein Vektor $\overline{\mathfrak{R}}$ des Ausgangszustandes wird durch die homogene Verformung $\overline{v}$ in einen Vektor $\mathfrak{R}$ überführt:

$$\mathfrak{R} = (1 + \overline{v})\,\overline{\mathfrak{R}}. \tag{47.19}$$

Eine zusätzliche Verformung dv führt $\mathfrak{R}$ in $\mathfrak{R}'$ über:

$$\mathfrak{R}' = (1 + dv)\,\mathfrak{R}. \tag{74.20}$$

Die homogene Verformung, die $\overline{\mathfrak{R}}$ in $\mathfrak{R}'$ überführt, ist damit

$$\mathfrak{R}' = (1 + dv)\,(1 + \overline{v})\,\overline{\mathfrak{R}} = (1 + \overline{v} + dv + dv \cdot \overline{v})\,\overline{\mathfrak{R}}. \tag{74.21}$$

Damit ist die Änderung von $\overline{v}$

$$d\overline{v} = dv\,(1 + \overline{v}) \tag{74.22}$$

und die Änderung von $\overline{\mathcal{V}} = \tfrac{1}{2}\,(\overline{v} + \overline{v}' + \overline{v}'\overline{v})$:

$$2d\,\overline{\mathcal{V}} = (1 + \overline{v}')\,d\overline{v} + d\overline{v}'\,(1 + \overline{v}), \tag{74.23}$$

$$2d\,\overline{\mathcal{V}} = (1 + \overline{v}')\,dv\,(1 + \overline{v}) + (1 + \overline{v}')\,d\overline{v}'\,(1 + \overline{v}) = 2\,(1 + \overline{v}')\,d\varepsilon\,(1 + \overline{v}), \tag{74.23a}$$

$$d\,\overline{\mathcal{V}} = (1 + \overline{v}')\,d\varepsilon\,(1 + \overline{v}). \tag{74.23b}$$

Nun ist aber nach (74.23 b)

$$\sum_{i,k} \frac{\partial F}{\partial \overline{\mathcal{V}}_{ik}}\,d\overline{\mathcal{V}}_{ik} = \sum_{\substack{i,k \\ l,s}} \frac{\partial F}{\partial \overline{\mathcal{V}}_{ik}} \cdot (\delta_{il} + \overline{v}_{li})\,(\delta_{sk} + \overline{v}_{sk})\,d\varepsilon_{ls} = V \sum_{l,s} \sigma_{ls}\,d\varepsilon_{ls}\,; \tag{74.24}$$

also erhält man die Spannungen

$$\sigma_{ls} = \frac{1}{V} \sum_{i,k} (\delta_{li} + \overline{v}_{li})\,(\delta_{sk} + \overline{v}_{sk})\,\frac{\partial F}{\partial \overline{\mathcal{V}}_{ik}} \tag{74.25}$$

durch eine verhältnismäßig komplizierte Operation[1]. Wenn man nur kleine Verformungen betrachtet, so geht Gl. (74.25) in

$$\sigma_{ls} = \frac{1}{V}\ \frac{\partial F}{\partial \overline{\varepsilon}_{ls}} = \frac{\partial f}{\partial \varepsilon_{ls}} = \sum_{m,n} C_{ls,mn}\,\overline{\varepsilon}_{mn} \tag{74.26}$$

über. Dabei sind Beiträge von kleinerer Größenordnung, die quadratisch in ε_{ik} wären, vernachlässigt worden. Diese Definition der Spannungen wurde auch bisher benutzt. $\sigma_{ls} = \partial f/\partial \varepsilon_{ls}$ gilt dann bis auf in ε_{ls} quadratische Größen, aber auch nur dann, wenn f keinen in ε_{ls} linearen Anteil enthält. Damit ist sowohl die Form der Entwicklung bei kleinen Verzerrungen als auch die Berechnung der Spannungen in ihrer bisherigen Form richtig, wenn man vom Gleichgewichtszustand ausgeht.

Um die unnötigen Komplikationen, die durch die Einführung endlicher Verzerrungen, entstehen, zu vermeiden, werden wir im folgenden immer [nach (74.16)] vom spannungsfreien Gleichgewichtszustand ausgehen und nur kleine Änderungen betrachten, wobei man also nach dem Vorstehenden nichts von der Theorie endlicher Verformungen zu wissen braucht. Nur dann können wir mit den bisherigen Definitionen von Spannungen und Verzerrungen weiter operieren.

---

[1] V ist mit $\overline{V}$ in der folgenden Weise verknüpft
$$V = |1 + v|\,\overline{V} = \sqrt{|1 + v|\,|1 + v'|}\ \overline{V} = \sqrt{|1 + 2\,\mathcal{V}|}\ \overline{V}.$$

F. Thermodynamik der Kristalle in der harmonischen Näherung.

75. Die thermodynamischen Größen. Benutzen wir, wie bisher ausschließlich, als Näherung die Entwicklung der potentiellen Energie bis zu quadratischen Gliedern, unter der Annahme, daß die höheren Entwicklungsglieder klein sind, so ist die Thermodynamik der Kristalle außerordentlich einfach. Zunächst treten bei einer homogenen Verzerrung des Kristalls bei Entwicklung um die verzerrte Lage keine linearen Glieder in den Verschiebungen auf, da diese wegen der Translationsbedingungen verschwinden[1]. Die quadratischen Glieder der Entwicklung um die verformte Lage bleiben gleich. Die Säkulargleichung und die Eigenfrequenzen, sowie ihre Verteilung hängen also nicht von der homogenen Verformung ab[2]. Sie können daher nach den bisher behandelten Methoden ermittelt werden. Die quantenmechanische Energie des Systems setzt sich zusammen aus der elastischen Energie $U_{el}(v_{ik})$ sowie den Beiträgen, welche die einzelnen Oszillatoren liefern:

$$E \ldots_{N_J} \ldots = U_{el}(v_{ik}) + \sum_{J=1}^{3N} \hbar \omega_J \left(N_J + \tfrac{1}{2} \right) \tag{75.1}$$

(ω_J sind die Eigenfrequenzen des Systems, $J = 1, \ldots, 3N$; $N_J = 0, 1, 2, 3 \ldots$). Die Zustandssumme ist dann

$$Z = e^{-\frac{U_{el}}{kT}} \prod_{J=1,\ldots 3N} \sum_{n=0}^{\infty} e^{-\frac{\hbar \omega_J}{kT} \left(n + \frac{1}{2} \right)} \tag{75.2}$$

und die freie Energie

$$F = -kT \ln Z = U_{el} + \sum_J \frac{\hbar \omega_J}{2} + kT \sum_J \ln \left(1 - e^{-\frac{\hbar \omega_J}{kT}} \right). \tag{75.3}$$

Die innere Energie wird

$$U = U_{el} + \sum_J \frac{\hbar \omega_J}{2} + \sum_J \frac{\hbar \omega_J}{e^{\frac{\hbar \omega_J}{kT}} - 1} \tag{75.4}$$

und die Entropie

$$S = -k \sum_J \left\{ \ln \left(1 - e^{-\frac{\hbar \omega_J}{kT}} \right) - \frac{\hbar \omega_J}{kT} \cdot \frac{1}{e^{\frac{\hbar \omega_J}{kT}} - 1} \right\}. \tag{75.5}$$

---

[1] Im homogen verzerrten Gitter wirkt keine Kraft auf ein Atom.

[2] Die Randbedingung der Periodizität bedeudet die Vorgabe eines festen Volumens, des Periodizitätsvolumens. Dadurch können die Eigenfrequenzen vom Volumen bzw. der Verformung abhängen. Bei konstanten $\Phi_{ik}^{\mathfrak{h}}$ ändern sich zwar das Raumgitter und das reziproke Gitter, die Frequenzen aber bleiben gleich. Man sieht das am besten an der Darstellung des Frequenz-Tensors (47.4):

$$t_{ik}(\mathfrak{k}) = \sum_{\mathfrak{h}} \Phi_{ik}^{\mathfrak{h}} e^{-i \mathfrak{k} \, \mathfrak{R}^{\mathfrak{h}}}$$

mit den $\mathfrak{k}$-Werten (47.7)

$$\mathfrak{k} = \frac{2\pi}{N'} B\mathfrak{m}; \quad N'^3 = N.$$

Mit $\mathfrak{R}^{\mathfrak{h}} = A\mathfrak{h}$ wird

$$t_{ik} = \sum_{\mathfrak{h}} \Phi_{ik}^{\mathfrak{h}} e^{-\frac{2\pi}{N'} \mathfrak{m} \mathfrak{h}}.$$

Die Form des Raumgitters A und des reziproken Gitters B gehen gar nicht in die Frequenzbestimmung ein. Solange die Kopplungsparameter sich nicht ändern, sind die einzelnen Frequenzen unabhängig von homogenen Verformungen. Bei nichtprimitiven Gittern verhält es sich genau so.

Jede dieser thermodynamischen Größen zerfällt additiv in einen Anteil, der nur von den Verzerrungen abhängt, und einen zweiten Anteil, der nur die Temperatur enthält. Daher fallen alle in Ziff. 71 besprochenen Effekte, wie thermische Ausdehnung, die Unterschiede der beiden spezifischen Wärmen und die Unterschiede zwischen adiabatischen und isothermen elastischen Konstanten fort. Tatsächlich sind die gemessenen Effekte dieser Art auch relativ klein, so daß die quadratische Näherung unter normalen Bedingungen (nicht zu hohe Temperaturen und Spannungen) sehr gut ist. Die Effekte höherer Ordnung können dann meist als kleine Störung behandelt werden. Die thermische Zustandsgleichung[1]

$$\frac{1}{V}\left(\frac{\partial F}{\partial \varepsilon_{ik}}\right)_T = \sigma_{ik} = \frac{1}{V}\left(\frac{\partial U_{el}}{\partial \varepsilon_{ik}}\right)_T \tag{75.6}$$

wurde in Abschnitt D ausführlich behandelt. Sie enthält die ganze bisher besprochene elastische Theorie. Zur Auswertung der calorischen Zustandsgleichung genügt es, den temperaturabhängigen Anteil der inneren Energie allein zu diskutieren. Die Gleichgewichtsbedingung bezieht sich auf U_{el}, so wie sie bisher immer angenommen wurde.

76. Calorische Eigenschaften und Zusammenhang mit dem Spektrum. Der von den Schwingungen abhängige Anteil der inneren Energie ist

$$U_s = \sum_J \varepsilon(\omega_J, T). \tag{76.1}$$

Dabei bedeutet $\varepsilon(\omega, T)$ den Beitrag eines linearen Oszillators zur thermischen Energie

$$\varepsilon(\omega, T) = \frac{\hbar\omega}{2} + \frac{\hbar\omega}{e^{\frac{\hbar\omega}{kT}} - 1} = \frac{\hbar\omega}{2}\operatorname{Cot}\frac{\hbar\omega}{2kT}. \tag{76.2}$$

Da die Eigenfrequenzen für makroskopische Volumina praktisch dicht verteilt sind, so kann man unter Benutzung der spektralen Verteilung $Z(\omega)\,d\omega$ die innere Energie durch

$$U_s = \int \varepsilon(\omega, T)\, Z(\omega)\, d\omega \tag{76.3}$$

ausdrücken.

Man sieht also, daß die calorischen Eigenschaften eines Kristalls durch die spektrale Verteilung der Eigenschwingungen schon vollständig bestimmt sind. Wir werden hier nur qualitativ auf die Verhältnisse eingehen, da die Bemühungen zur Bestimmung des Spektrums und der Zusammenhang mit den calorischen Erscheinungen in dem nachfolgenden Artikel von M. Blackman ausführlich referiert werden.

Man kann aber qualitativ an Hand des Ausdruckes (76.3) den Verlauf der inneren Energie und der spezifischen Wärme schon recht gut übersehen. Die Entwicklung von $\varepsilon(\omega, T)$ nach Potenzen von $\frac{\hbar\omega}{kT}$ lautet[2]

$$\varepsilon(\omega, T) = kT\sum_{n=0}^{\infty}\frac{B_{2n}}{(2n)!}\left(\frac{\hbar\omega}{kT}\right)^{2n} = kT\left\{1 + \frac{1}{12}\left(\frac{\hbar\omega}{kT}\right)^2 - \frac{1}{30\cdot 4!}\left(\frac{\hbar\omega}{kT}\right)^4 + \cdots\right\}. \tag{76.4}$$

Für sehr hohe Temperaturen ($kT \gg \hbar\omega$) erhält man für $\varepsilon(\omega, T)$ den klassischen Wert kT und für den absoluten Nullpunkt die „Nullpunktsenergie" $\hbar\omega/2$ pro Oszillator.

---

[1] U_{el} hängt bei kleinen Verformungen um die Gleichgewichtslage nur von $\varepsilon_{ik} = \frac{1}{2}(v_{ik} + v_{ki})$ ab.

[2] Die B_{2n} sind die Bernoullischen Zahlen:
$$B_0 = 1; \quad B_2 = \tfrac{1}{6}; \quad B_4 = -\tfrac{1}{30}; \quad B_6 = \tfrac{1}{42} \text{ usw.}$$

Die T-Abhängigkeit für sehr tiefe Temperaturen läßt sich leicht überblicken. Außer dem Beitrag zur Nullpunktsenergie liefern dann nur noch diejenigen Frequenzen einen Beitrag, für welche $\hbar\omega \lesssim kT$ ist, bei tiefen Temperaturen also nur noch sehr kleine Frequenzen. In diesem Bereich kennt man aber das Spektrum genau. Denn die kleinen Frequenzen entsprechen elastischen Schwingungen und deren Spektrum ist proportional zu ω^2, wobei die Proportionalitätskonstante α nur von den elastischen Konstanten des Kristalls abhängt (Ziff. 54). Daher ist dann[1] $\left(\text{mit } E_0 = \sum_J \dfrac{\hbar\omega_J}{2}\right)$.

$$U_s = E_0 + \int_0^\infty \alpha\omega^2\, d\omega\, \frac{\hbar\omega}{e^{\frac{\hbar\omega}{kT}} - 1} = E_0 + \alpha\hbar\left(\frac{kT}{\hbar}\right)^4 \int_0^\infty \frac{\eta^3\, d\eta}{e^\eta - 1}. \tag{76.5}$$

Die innere Energie im Grenzfall hoher und tiefer Temperaturen ist demnach

$$U_s = \begin{cases} 3NkT & \text{für hohe Temperaturen (DULONG-PETITsches Gesetz)} \\ E_0 + \tilde{\alpha}\, T^4 & \text{für tiefe Temperaturen} \end{cases} \tag{76.6}$$

und die spezifische Wärme

$$C_V = \begin{cases} 3Nk & \text{für hohe Temperaturen} \\ 4\tilde{\alpha}\, T^3 & \text{für tiefe Temperaturen.} \end{cases} \tag{76.7}$$

Ferner kann man auch ohne große Mühe die Abweichungen vom klassischen Verhalten für hohe Temperaturen angeben, indem man die Entwicklung (76.4) benutzt [34]:

$$U_s = 3NkT \cdot \sum_{n=0}^\infty \frac{B_{2n}}{(2n)!}\left(\frac{\hbar}{kT}\right)^{2n} \cdot \overline{\omega^{2n}}, \tag{76.8a}$$

$$C_V = 3Nk\left\{1 - \frac{1}{12}\frac{\hbar^2\,\overline{\omega^2}}{(kT)^2} + \frac{1}{240}\frac{\hbar^4\,\overline{\omega^4}}{(kT)^4} - + \cdots\right\}. \tag{76.8b}$$

Hier werden nur die Mittelwerte der geraden Potenzen von ω über die spektrale Verteilung benötigt:

$$\overline{\omega^{2n}} = \frac{1}{3N}\sum_J \omega_J^{2n} = \frac{1}{3N}\int \omega^{2n} Z(\omega)\, d\omega = \frac{\int \omega^{2n} Z(\omega)\, d\omega}{\int Z(\omega)\, d\omega}. \tag{76.9}$$

Diese Mittelwerte kann man aber direkt aus den Kopplungsparametern bekommen[2] (41.13) und (41.14):

$$\overline{\omega^2} = \frac{1}{3Ns}\sum_{m,\mu,i} \frac{\Phi{}_{i\;i}^{\mu\;\mu}{}^{m\,m}}{M_\mu} = \frac{1}{3s}\sum_{\mu,i} \frac{\Phi{}_{i\;i}^{\mu\;\mu}{}^{0}}{M_\mu}, \tag{76.10}$$

$$\overline{\omega^4} = \frac{1}{3Ns}\sum_{\substack{m,\mu,i \\ n,\nu,k}} \frac{\left\{\Phi{}_{i\;k}^{\mu\;\nu}{}^{m\,n}\right\}^2}{M_\mu M_\nu} = \frac{1}{3s}\sum_{\substack{\mathfrak{h} \\ \mu,\nu \\ i,k}} \frac{\left\{\Phi{}_{i\;k}^{\mu\;\nu}{}^{\mathfrak{h}}\right\}^2}{M_\mu M_\nu}. \tag{76.10a}$$

Die Summation ist dabei über alle $\mathfrak{m}, \mathfrak{n}$ innerhalb des Periodizitätsvolumens V zu erstrecken, während μ, ν von 1 bis s läuft. Da aber $\Phi{}_{i\;i}^{\mu\;\mu}{}^{m\,m} = \Phi{}_{i\;i}^{\mu\;\mu}{}^{0}$ von $\mathfrak{m}$ gar nicht abhängt, so bekommt man in (76.10) N-mal den gleichen Ausdruck. In

---

[1] Bei tiefen Temperaturen spielt die obere Grenze (die hohen Frequenzen) des Integrals keine Rolle. Daher kann der Integrationsbereich bis ∞ erstreckt werden.
[2] N ist hier die Zahl der Zellen im Volumen V, s die Zahl der Atome in einer Zelle.

(76.10a) dagegen hängt der Summand nur von $\mathfrak{m} - \mathfrak{n} = \mathfrak{h}$ ab, das gibt auch wieder N-mal den gleichen Anteil, wobei nunmehr über *alle* $\mathfrak{h}$ zu summieren ist, da die Reichweite der Kopplung als klein gegen die Ausdehnung des Volumens angenommen werden kann.

Kennt man die Kopplungsparameter, so kann man also aus (76.10) sofort die Größen ableiten, die den Verlauf der spezifischen Wärme bei hohen Temperaturen entscheiden. Im kubisch flächenzentrierten Gitter liegen die Verhältnisse besonders einfach, wenn man sich auf eine Kopplung nächster Nachbarn beschränkt. Im primitiven Gitter ist allgemein

$$\overline{\omega^2} = \frac{1}{3M} \sum_i \Phi_{i\,i}^{\;0}, \tag{76.11}$$

$$\overline{\omega^4} = \frac{1}{3M^2} \sum_{\substack{\mathfrak{h} \\ i,k}} \{\Phi_{i\,k}^{\;\mathfrak{h}}\}^2. \tag{76.11a}$$

Die $\Phi_{i\,i}^{\;0}$ entnimmt man aus (37.8), und (37.9). Damit wird

$$\overline{\omega^2} = -\frac{4}{M}(\alpha' + 2\beta'). \tag{76.12}$$

Die $\Phi_{ik}^{\;\mathfrak{h}}$ für $\mathfrak{h} \neq 0$ haben die Form $\begin{Bmatrix} \beta' & \gamma' & 0 \\ \gamma' & \beta' & 0 \\ 0 & 0 & \alpha' \end{Bmatrix}$ (Tabelle 9 in Ziff. 37). Die Summation (76.11a) ist sehr einfach, da alle Nachbarn das gleiche Resultat liefern. Denn die Kopplungsmatrizen zu verschiedenen Nachbarn unterscheiden sich nur durch Umstellungen der Werte α', β' und γ', und da in (76.11a) jeweils die Quadratsumme aller Elemente der Kopplungsmatrix steht, so sind alle Beiträge einander gleich. Dann erhält man[1]

$$\begin{aligned}
\overline{\omega^4} &= \frac{1}{3M^2} \cdot 12\,\{\alpha'^2 + 2\beta'^2 + 2\gamma'^2\} + \{\overline{\omega^2}\}^2 \\
&= \frac{1}{M^2}\{16\,(\alpha' + 2\beta')^2 + 4\alpha'^2 + 8\beta'^2 + 8\gamma'^2\}.
\end{aligned} \tag{76.12a}$$

Schließlich kann man in diesem besonderen Fall, $\overline{\omega^2}$ und $\overline{\omega^4}$ noch durch die elastischen Konstanten nach (63.6) ausdrücken, weil hier die Zahl der unabhängigen Kopplungsparameter gerade so groß ist wie die Anzahl der elastischen Konstanten:

$$\overline{\omega^2} = \frac{2a}{M}c_{44} + \frac{a}{M}c_{11}, \tag{76.13}$$

$$\overline{\omega^4} = \frac{a^2}{4M^2}\{7c_{11}^2 + 2c_{12}^2 + 22c_{44}^2 + 4c_{44}(c_{12} - 3c_{11}\}. \tag{76.13a}$$

Wenn man also die Kopplungsparameter in dieser Weise mit den elastischen Konstanten verknüpft, so entscheiden diese überhaupt das thermische Verhalten des Kristalls in diesem angenommenen „Modell". Die Verhältnisse liegen hier bei hohen Temperaturen sogar erheblich einfacher als bei tiefen Temperaturen. Denn die Abweichungen bei hohen Temperaturen können nach Gl. (76.13) unmittelbar durch die elastischen Konstanten ausgedrückt werden, während das elastische Spektrum, welches bei tiefen Temperaturen eingeht, meist ziemlich mühselig numerisch ermittelt werden muß. Im ganzen ist das hier besprochene Modell sehr plausibel und, wenn man schon keine anderen als elastische Daten

---

[1] Der zweite Summand in (76.12a) kommt vor dem Gliede ($\mathfrak{h} = 0$) in (76.11a).

zur Verfügung hat, das einzig brauchbare. Für Metalle und auch für die Edelgase, bei denen die Kopplungsparameter stark mit der Entfernung abnehmen (bei Metallen noch mehr als bei den Edelgasen), ist die Näherung nächster Nachbarwechselwirkung durchaus gerechtfertigt.

Auch bei den einfachen Ionengittern vom Typ NaCl oder CsCl kann man $\overline{\omega^2}$ leicht angeben, da der elektrostatische Anteil in $\overset{0}{\Phi}{}^{\mu}_{i}{}^{\mu}_{i}$ verschwindet[1]. $\overset{0}{\Phi}{}^{\mu}_{i}{}^{\mu}_{i} s$ ist die rücktreibende Kraft in Richtung i, wenn man ein Ion μ in Richtung i um s auslenkt, während alle übrigen Ionen stehenbleiben. Es ist daher proportional zur zweiten Ableitung des Potentials $\overline{\Psi}_{ii}$, das alle anderen Ionen an der Ruhelage des ausgelenkten Ions aufbauen. Dann ist $\sum_i \overset{0}{\Phi}{}^{\mu}_{i}{}^{\mu}_{i} \approx \Delta\overline{\Psi}$, und da die Ladungsdichte an der betrachteten Stelle verschwindet, so ist $\sum_i \overset{0}{\Phi}{}^{\mu}_{i}{}^{\mu}_{i} = 0$ und die elektrostatischen Kräfte liefern keinen Beitrag[2]. Wenn man sich auf Zentralkräfte zwischen nächsten Nachbarn (l) beschränkt, so[3] ist (Ziff. 38):

$$\overset{M}{\underset{}{\Phi}}{}^{\mu}_{i}\overset{0}{{}^{\mu}_{k}} = \delta_{ik}\left\{\frac{z}{3}\,\varphi''(l) + \frac{2}{3}\,\frac{z\,\varphi'(l)}{l}\right\}, \tag{76.14}$$

$$\overline{\omega^2} = \frac{1}{6}\left(\frac{1}{M_1} + \frac{1}{M_2}\right)z\left\{\varphi'' + \frac{2\varphi'}{l}\right\}. \tag{76.14a}$$

Drückt man nun noch $\varphi'' + 2\dfrac{\varphi'}{l}$ durch die Kompressibilität $\varkappa$ mit Hilfe von (30.3a) aus, so wird daraus

$$\overline{\omega^2} = \frac{9V_Z}{6\,l^2\varkappa}\left(\frac{1}{M_1} + \frac{1}{M_2}\right) = \begin{cases} \dfrac{3l}{\varkappa}\left(\dfrac{1}{M_1} + \dfrac{1}{M_2}\right) & \text{für NaCl-Typ,} \\[2mm] \dfrac{4l}{\sqrt{3}\,\varkappa}\left(\dfrac{1}{M_1} + \dfrac{1}{M_2}\right) & \text{für CsCl-Typ,} \end{cases} \tag{76.15}$$

eine Formel die ganz ähnlich gebaut ist wie Gl. (69.16), welche die Dispersionsfrequenz ω_0 durch die Kompressibilität und Gitterkonstante ausdrückt.

77. Spektrum und spezifische Wärme. Die erste Aussage über das Spektrum der Schwingungen eines einfachen festen Körpers stammt von EINSTEIN [35]. Er nahm an, daß im wesentlichen nur *eine* Frequenz im Spektrum vorkommt. Diese Frequenz kann man sich etwa so ermittelt denken, daß man die Schwingungen eines Atoms bei festgehaltenen Nachbarn bestimmt (bei kubischen Kristallen schwingt dann das Atom in jeder Richtung mit der gleichen Frequenz[4] ω_E). Das Spektrum ist monochromatisch; es enthält nur eine einzige Frequenz ω_E:

$$Z_E(\omega) = 3N\,\delta(\omega - \omega_E). \tag{77.1}$$

Ist $kT \gg \hbar\omega_E$, so bekommt man den klassischen Wert für die spezifische Wärme, ist $kT \ll \hbar\omega_E$, so erhält man einen exponentiellen Abfall zu tiefen Temperaturen. Offenbar kann man durch $\hbar\omega_E = k\Theta_E$ eine charakteristische Temperatur Θ_E definieren, oberhalb derer das Verhalten des Kristalls klassisch ist. Die spezifische Wärme in diesem Modell ist dann

$$C_V^E(T) = 3N\,k\,P\left(\frac{\Theta_E}{T}\right) \quad \text{mit} \quad P(\eta) = \frac{\eta^2}{(e^\eta - 1)^2}. \tag{77.2}$$

---

[1] M. BLACKMANN: Proc. Roy. Soc. Lond., Ser. A 181, 58 (1942).
[2] Das gilt für alle Ionengitter.
[3] (76.14a) nach (76.10a) mit $3s = 6$.
[4] Jedes Atom verhält sich wie ein isotroper räumlicher Oszillator und ist damit drei linearen Oszillatoren der Frequenz ω_E äquivalent.

Obwohl dieser Ansatz sicher nicht richtig ist, da man ja weiß, daß das Spektrum sehr viele verschiedene Frequenzen enthält, so kann man doch in manchen Fällen Teile des Spektrums durch einen solchen Einstein-Term näherungsweise beschreiben. So enthält das Gitterspektrum in der Nähe der Grenzfrequenzen meist ziemlich ausgeprägte Spitzen, die man nach (77.1) beschreiben kann. Ferner geht schon aus der Behandlung des Spektrums der linearen Kette mit zwei Massen hervor, daß die Frequenzen des optischen Zweiges für sehr verschiedene Massen nahezu monochromatisch sind. Man wird also in solchen Fällen den optischen Zweig recht gut durch einen monochromatischen Anteil ersetzen können.

Der nächst einfache Ansatz stammt von Debye [*36*]. Aus den elastischen Konstanten kann man die Form des Spektrums bei kleinen Frequenzen bestimmen. Debye nahm an, daß man das elastische Spektrum auch zu höheren Frequenzen hin näherungsweise extrapolieren kann. Da man aber weiß, daß im ganzen nur $3N$ Frequenzen vorhanden sind, so muß das elastische Spektrum bei einer Frequenz ω_D abgeschnitten werden, damit die Gesamtzahl der Frequenzen $3N$ wird:

$$Z_D(\omega) = \begin{cases} 9N\,\dfrac{\omega^2}{\omega_D^3} & \text{für} \quad 0 \leq \omega \leq \omega_D; \\ 0 & \text{sonst} \end{cases} \qquad \int\limits_0^{\omega_D} Z(\omega)\,d\omega = 3N. \qquad (77.3)$$

Die charakteristische Temperatur dieser Theorie ist die Debye-Temperatur Θ_D: $\hbar\omega_D = k\Theta_D$. Sie kann allein aus elastischen Daten ermittelt werden. Ist der Kristall elastisch isotrop, so wird (54.9)

$$Z_D(\omega) = \frac{V}{2\pi^2}\left\{\frac{1}{c_l^3} + \frac{2}{c_t^3}\right\}\omega^2 \qquad (77.4)$$

und danach also

$$\frac{1}{\omega_D^3} = \frac{V}{18\pi^2 N}\cdot\left\{\frac{1}{c_l^3} + \frac{2}{c_t^3}\right\}. \qquad (77.5)$$

Bei anisotropen Kristallen muß das elastische Spektrum (ω_D) numerisch ermittelt werden.

Nach der Debyeschen Theorie ist die spezifische Wärme

$$C_V^D(T) = \frac{d}{dT}\int\limits_0^{\omega_D} \frac{Z_D(\omega)\,\hbar\omega}{e^{\frac{\hbar\omega}{kT}} - 1}\,d\omega = 3Nk\cdot D\!\left(\frac{\Theta_D}{T}\right) \qquad (77.6)$$

mit

$$D(\eta) = \frac{3}{\eta^3}\int\limits_0^{\eta} \frac{\xi^4\,d\xi}{(e^\xi - 1)^2}; \qquad D(\eta) \approx \frac{3}{\eta^3}\cdot\frac{4\pi^4}{15} \quad \text{für} \quad \eta \gg 1. \qquad (77.6\,\text{a})$$

Tatsächlich stimmte diese einfache Debyesche Theorie erstaunlich gut mit den damals bekannten Messungen überein (Fig. 45), so daß die um die gleiche Zeit entstandenen Versuche, das Spektrum aus der Gittertheorie zu begründen (Born, v. Karman [*37*]), daneben zunächst fast unbeachtet blieben. Wie groß der Erfolg dieser Theorie war, zeigt sich schon allein darin, daß die Meßergebnisse über spezifische Wärme[1] meist in der Form angegeben werden, daß man die Debyesche Temperatur als Funktion der Temperatur angibt. Darunter ist folgendes

---

[1] Die Debyesche Theorie ist zunächst einmal für einatomige Substanzen gedacht, kann aber auch für mehratomige Substanzen verwandt werden, falls die Massenunterschiede nicht zu groß sind (z.B. KCl).

zu verstehen: Man bestimmt zu jedem gemessenen Wert $C_V^{\mathrm{exp}}(T)$ diejenige Temperatur $\Theta(T)$, welche nach (77.6) $C_V^{\mathrm{exp}}(T)$ ergibt:

$$C_V^{\mathrm{exp}}(T) = C_V^D\left(\frac{\Theta(T)}{T}\right). \tag{77.7}$$

Wäre die DEBYEsche Theorie streng richtig, so müßte dieses so bestimmte Θ von der Temperatur unabhängig sein. Bei Abweichungen von der DEBYEschen

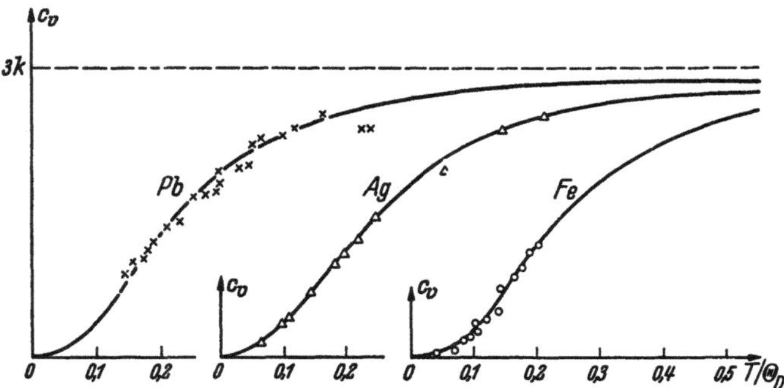

Fig. 45. Spezifische Wärme pro Atom von Blei, Silber und Eisen aufgetragen über T/Θ_D. Die benutzten Θ_D-Werte sind: Blei 88° K, Silber 215° K, Eisen 453° K.

Theorie, also vom DEBYEschen Spektrum, wird Θ_D temperaturabhängig. In der Fig. 46a sind einige DEBYEsche Kurven für $\Theta = 200°$ K, $300°$ K, $400°$ K ein-

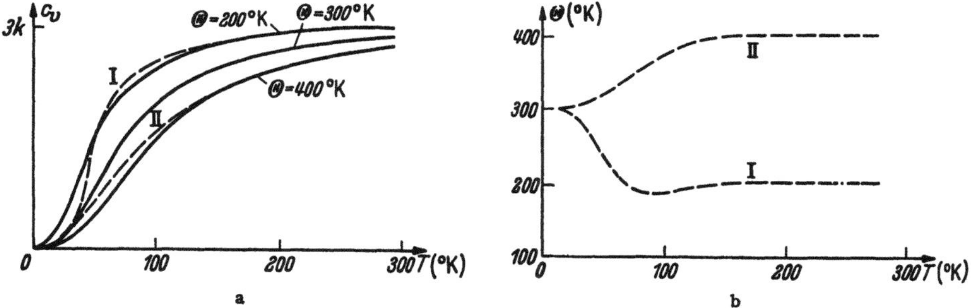

Fig. 46a u. b. a Spezifische Wärme nach DEBYE mit charakteristischen Temperaturen von 200, 300 und 400° K. „Experimenteller" Verlauf der spezifischen Wärme für zwei charakteristische Fälle (I und II). b DEBYE-Temperatur Θ als Funktion der Temperatur für die spezifischen Wärmen nach I und II.

gezeichnet. Man hat also die experimentelle spezifische Wärme in dieses Diagramm einzutragen und zu jeder Temperatur den entsprechenden Θ-Wert zu ermitteln. Bei den einfachen Stoffen lassen sich dann zwei Gruppen unterscheiden. Bei der ersten Gruppe (I in Fig. 46a) nimmt die DEBYEsche Temperatur mit zunehmender Temperatur im wesentlichen ab, bei der zweiten Gruppe (II in Fig. 46a) nimmt sie zu. Zu der ersten Gruppe gehören die Alkalien (Li, Na, K), zur zweiten Gruppe die meisten anderen Metalle. Fig. 47 zeigt den experimentellen Verlauf für Wolfram (Gruppe I) und für Lithium (Gruppe II).

Diese Unterschiede kann man qualitativ recht gut verstehen [38]. Nach (76.8b) ist für hohe Temperaturen

$$C_V = 3Nk\left\{1 - \frac{1}{12}\frac{\hbar^2\overline{\omega^2}}{k^2 T^2} + \cdots\right\}. \tag{77.8}$$

Setzt man hier $\overline{\omega^2}$ nach dem Debyeschen Spektrum ein,

$$\overline{\omega^2}^D = \frac{\int\limits_0^{\omega_D} \omega^4\, d\omega}{\int\limits_0^{\omega_D} \omega^2\, d\omega} = \frac{3}{5}\,\omega_D^2,$$

so erhält man

$$C_V^D = 3\,N\,k\left(1 - \frac{1}{20}\,\frac{\Theta_D^2}{T^2} + \cdots\right), \tag{77.8a}$$

$$C_V = 3\,N\,k\left(1 - \frac{1}{20}\,\frac{\Theta_D^2}{T^2}\,\frac{\overline{\omega^2}}{\overline{\omega^2}^D}\right). \tag{77.8b}$$

Durch Vergleich folgt, daß Θ für hohe Temperaturen $T \gtrless \Theta_D$ durch

$$\Theta_\infty^2 = \Theta_D^2 \cdot \frac{\overline{\omega^2}}{\overline{\omega^2}^D} \tag{77.9}$$

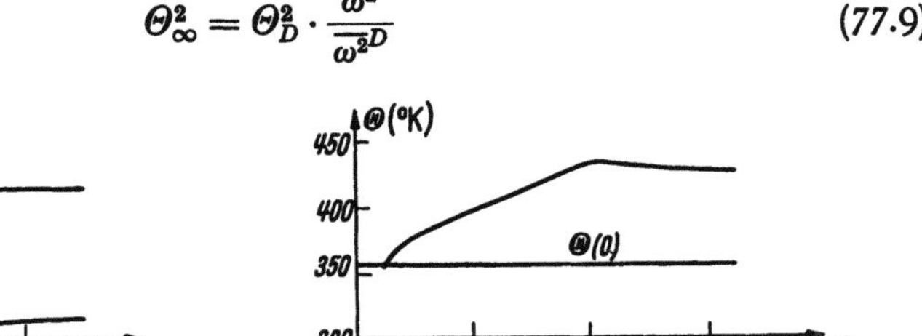

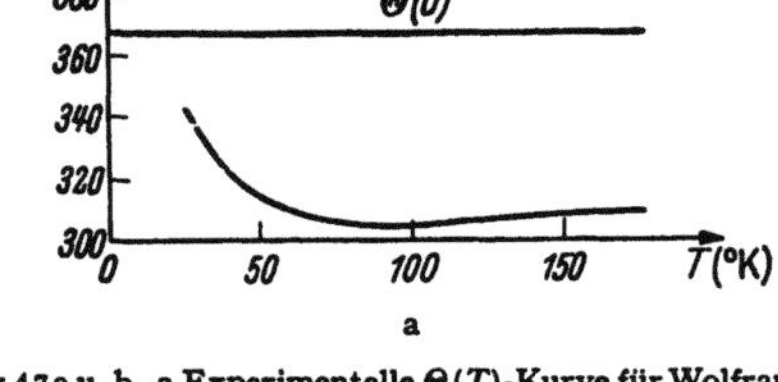

Fig 47 a u. b. a Experimentelle $\Theta(T)$-Kurve für Wolfram (Gruppe I). b Experimentelle $\Theta(T)$ Kurve für Lithium (Gruppe II) $\Theta(0)$ ist beide Male die aus den elastischen Konstanten bestimmte Debye-Temperatur.

gegeben sein sollte. Man kann also sofort entscheiden, ob die Debye-Temperatur für hohe Temperaturen unterhalb oder oberhalb von $\Theta_D = \Theta(0)$, der Debye-Temperatur bei $T = 0$, die aus den elastischen Daten allein berechnet wird,

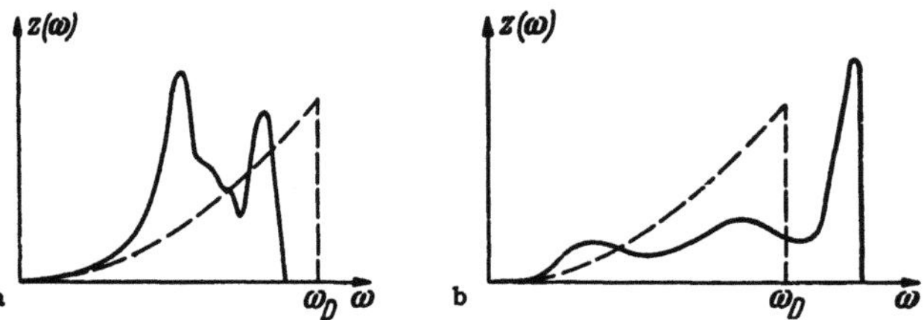

Fig. 48. Gitterspektrum und Debye-Spektrum für Wolfram (a) und Lithium (b). Die Darstellung ist auf gleiches ω_D für beide Substanzen bezogen.

liegt, wenn man weiß, wie das Verhältnis der mittleren Frequenzquadrate nach der richtigen Gittertheorie zu dem der Debyeschen Theorie ist. Fig. 48 zeigt die gittertheoretisch ermittelten Spektren für Wolfram und Lithium. Aus dieser Abbildung wird dann sofort·klar, daß für Wolfram (Gruppe I) $\dfrac{\overline{\omega^2}}{\overline{\omega^2}^D} < 1$; $\Theta_\infty < \Theta(0)$, während für Lithium (Gruppe II) $\dfrac{\overline{\omega^2}}{\overline{\omega^2}^D} > 1$; $\Theta_\infty > \Theta(0)$ sein muß.

Auch die Form dieser Spektren kann man ohne weitere Rechnung qualitativ einsehen. Wenn man nämlich die Debyesche Theorie zu verfeinern sucht (im isotropen Material), so wird man zunächst nicht mehr die transversalen Wellen und longitudinalen Wellen gemeinsam behandeln. Denn aus der Gittertheorie weiß man ja, daß es N Ausbreitungsvektoren gibt und daß zu jedem Ausbreitungs-vektor gerade drei Polarisationen gehören. Nimmt man nun an, daß auch für große $\mathfrak{k}$-Werte die Schwingungen noch in Longitudinal- und Transversalschwin-gungen zerfallen, so muß man beide Anteile getrennt behandeln und jedem Anteil eine eigene Abschneidefrequenz (ω_D^l und ω_D^t) so zuordnen, daß in dem longitudi-nalen Zweig des Spektrums gerade N Frequenzen und im transversalen Anteil $2N$ Frequenzen erfaßt werden[1]. Nun liegen im allgemeinen die longitudinalen Schallgeschwindigkeiten höher als die Transversalgeschwindigkeiten (bei Al und W, die annähernd isotrop sind: $c_l/c_t \sim 2$), so daß die Abschneidefrequenz des Longitudinalanteils wesentlich höher liegt.

Die Verhältnisse sind in Fig. 49a dargestellt. Gestrichelt eingezeichnet ist der Verlauf des von DEBYE angenommenen Spektrums. Im elastischen An-fangsspektrum liefern die longitudinalen Schwingungen wegen ihrer höheren Geschwindigkeit einen viel geringeren Beitrag als die transversalen Wellen.

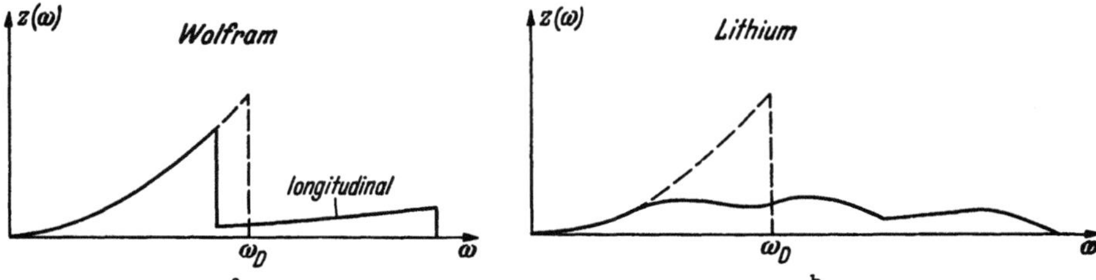

Fig. 49a u. b. a Spektrum des elastisch isotropen Kontinuums bei getrennter Behandlung von Longitudinal- und Transversalwellen im Vergleich zum DEBYEschen Spektrum. b Elastisches Spektrum eines stark anisotropen elastischen Kontinuums [Lithium nach K. FUCHS: Proc. Roy. Soc. Lond., Ser. A 157, 444 (1936)].

Die DEBYE-Frequenz ω_D fällt fast mit der Abschneide-Frequenz der trans-versalen Wellen zusammen. Die hohen longitudinalen Frequenzen werden durch den DEBYEschen Ansatz vollständig unterdrückt. Tatsächlich ist diese Inkonsequenz der DEBYEschen Theorie der tiefere Grund für ihren Erfolg. Denn der Einfluß der Gitterstruktur bewirkt, daß die Wellen mit kleineren Wellenlängen im Vergleich zur elastischen Theorie auch kleinere Frequenzen haben[2]. Die Berücksichtigung der Gittertheorie verschiebt das Spektrum zu kleineren Frequenzen. Dieser Effekt der Gittertheorie wird beim DEBYEschen Ansatz durch die Vernachlässigung der hohen Frequenzen wenigstens näherungs-weise berücksichtigt. Wenn man sich daraufhin das Gitterspektrum von Wolfram noch einmal ansieht, so kann man dort diesen Sachverhalt ganz gut erkennen. Das Spektrum entspricht etwa dem elastischen Spektrum der Fig. 49a, welches in Richtung kleiner Frequenzen zusammengedrückt wurde. Das erste Maximum würde der Grenzfrequenz der Transversalwellen, das zweite Maximum den Longitudinalwellen entsprechen. Die höchste Gitterfrequenz liegt jedenfalls in der Nähe der DEBYEschen Abschneidefrequenz. Wenn man aber die DEBYEsche

---

[1] Es ist nach (54.8a) u. (54.8b): $\omega_D^l = c_l \cdot \left\{ \dfrac{6\pi^2 N}{V} \right\}^{\frac{1}{3}}$ und $\omega_D^t = c_t \cdot \left\{ \dfrac{6\pi^2 N}{V} \right\}^{\frac{1}{3}}$. Die Wellen-längen $2\pi c/\omega$, bei denen abgeschnitten wird, haben in beiden Fällen die Größenordnung der Gitterkonstante.

[2] Betrachtet man z. B. eine stehende Welle in einem eindimensionalen Gitter, bei dem die gesamte Masse in den Schwingungsbäuchen konzentriert ist, so ist bei dem entsprechenden Zustand im Kontinuum immer noch ein großer Teil der Masse um die Knotenpunkte der Welle verteilt und nimmt praktisch an der Bewegung nicht teil. Ein Gitter verhält sich bei Schwingungen mit Wellenlängen von der Größenordnung der Gitterkonstante immer träger als ein Kontinuum gleicher Massendichte. Daher liegen die Gitterfrequenzen tiefer als die des elastischen Kontinuums.

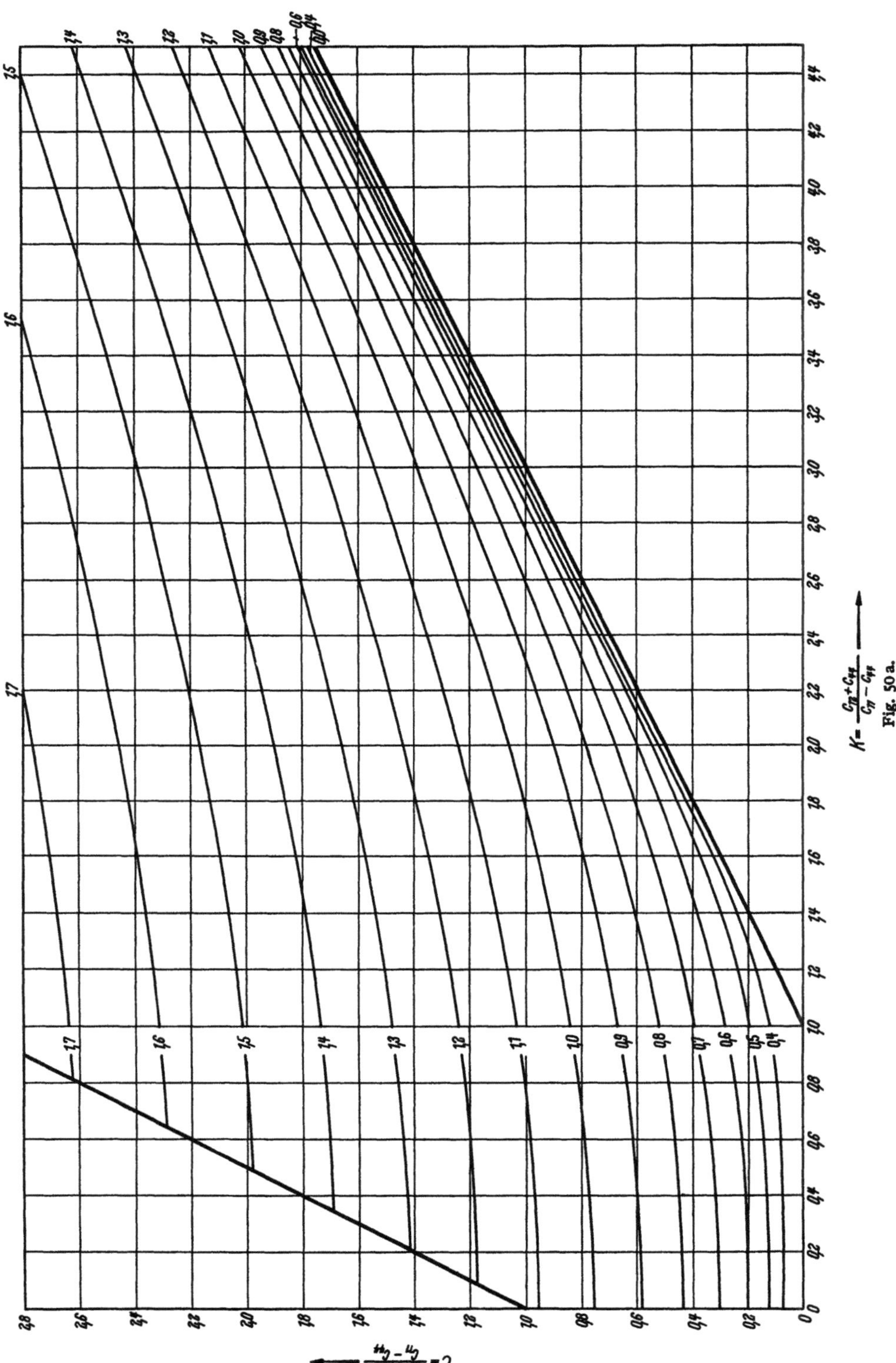

Fig. 50a.

Theorie wirklich in der beschriebenen Weise verfeinern wollte, dann geriete man in krassen Widerspruch zum Experiment. Dann würde z. B. Wolfram auch zu den Substanzen der Gruppe II gehören. Es wird später noch gezeigt werden, wie man die DEBYEsche Theorie wirklich verbessern kann.

Bei einem stark anisotropen Kontinuum liegen die Verhältnisse qualitativ anders. Es gibt im allgemeinen keine Longitudinal- und Transversalwellen mehr. Die Polarisationsverhältnisse und die Schallgeschwindigkeiten hängen stark von

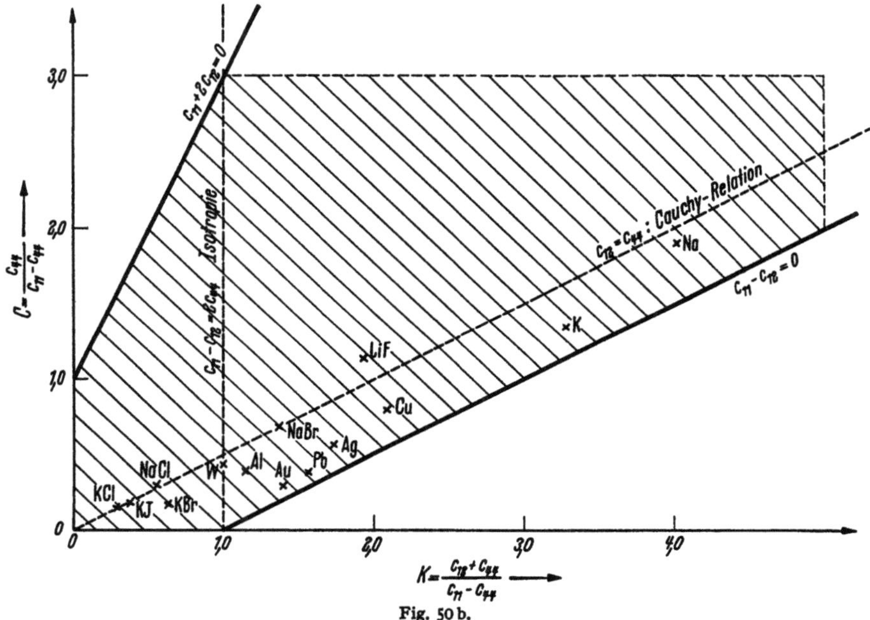

Fig. 50b.

Fig. 50a u. b. a Zur Berechnung der DEBYE-Frequenz kubischer Kristalle. Die DEBYE-Frequenz ω_D ist nach einer Methode von S. L. QUIMBEY und P. M. SUTTON [Phys. Rev. 91, 1122 (1953)] numerisch berechnet worden. Danach ist:

$$\omega_D = 2\pi \left\{\frac{3s}{4\pi V_z}\right\}^{\frac{1}{3}} \cdot \left\{\frac{c_{11}-c_{44}}{\varrho}\right\}^{\frac{1}{2}} \cdot J(C,K)$$

$\left(V_z \text{ Volumen der Elementarzelle, } s \text{ Zahl der Atome in } V_z, \varrho \text{ Massendichte, } C = \dfrac{c_{44}}{c_{11}-c_{44}}, K = \dfrac{c_{12}+c_{44}}{c_{11}-c_{44}}\right)$. Die Höhen-linien von J sind in der Figur eingezeichnet. J selbst kann durch Interpolation leicht ermittelt werden. Die Genauigkeit beträgt etwa 2%. b Der Bereich, für den die Berechnung der DEBYE-Frequenz nach Fig. 50a ausgeführt wurde, ist schraffiert. Die Geraden $c_{11}+2c_{12}=0$ und $c_{11}-c_{12}=0$ begrenzen den elastisch möglichen Bereich. Eingezeichnet sind ferner Isotropiebedingung und CAUCHY-Relation, sowie die experimentellen Daten für einige Substanzen.

der Richtung der Ausbreitungs-Vektoren ab. Man würde dann zu jedem Raum-winkel-Element um eine Richtung des Ausbreitungs-Vektors ein eigenes Spektrum nach Fig. 49a bekommen, jedoch mit drei Abschneidefrequenzen[1], da es drei verschiedene Schallgeschwindigkeiten gibt. Die Spektren für verschiedene Raum-winkel-Elemente sind zudem bei starker Anisotropie auch sehr verschieden, so daß man im ganzen gesehen bei der Aufsummation über die verschiedenen Raum-winkel-Elemente ein im Vergleich zum isotropen elastischen Kontinuum viel ausgeglicheneres Spektrum erhält. Fig. 49b zeigt ein solches elastisches Spektrum für Lithium. Die Anisotropie hat die Tendenz, die Frequenzen im Vergleich zum DEBYE-Spektrum zu höheren Frequenzen zu verschieben, während der

---

[1] Es wird jeweils bei gleichen Werten von $|\mathfrak{k}| = k_0$ abgeschnitten. Alle möglichen $\mathfrak{k}$-Werte liegen innerhalb einer Kugel vom Radius k_0. Der Wert von k_0 wird so bestimmt, daß die Zahl der möglichen $\mathfrak{k}$-Werte $\dfrac{V}{(2\pi)^3} \cdot \dfrac{4\pi}{3} k_0^3$ gleich N ist.

Tabelle 24. „DEBYE-*Temperaturen" kubischer Kristalle.*

Die Θ_D-Werte (in den Abbildungen durch einen Kreis mit Kreuz gekennzeichnet) sind aus Fig. 50 entnommen, die Θ_∞-Werte (gestrichelt) sind unter Annahme nächster Nachbar-Wechselwirkung über die elastischen Konstanten berechnet. Nach Möglichkeit sind die elastischen Daten bei 0° K benutzt, zusätzlich sind ferner noch die Werte für Zimmertemperatur (RT.) angegeben. Im allgemeinen gibt das berechnete Θ_∞ ganz gut den Verlauf der spezifischen Wärme bei relativ hohen Temperaturen wieder. Die Abweichungen kommen durch die Wechselwirkung weiterer Nachbarn und durch den Einfluß der anharmonischen Glieder zustande. (Bei den Metallen ist zu beachten, daß bei tiefen Temperaturen der Elektronenanteil die spezifische Wärme entscheidet und daher die sich entwickelte Gittertheorie der spezifischen Wärme nicht mehr zutrifft.)

Stoff	$c_{\alpha\beta}$ (0° K) $[c_{\alpha\beta}$ (R T.)] in $10^{11} \left[\dfrac{\text{dyn}}{\text{cm}^2}\right]$	Θ_D [°K]	Θ_∞ [°K]	
Cu[4,2]	$c_{11} = 18,2$ [17,0] $c_{12} = 13,0$ [12,3] $c_{44} = 8,1$ [7,53]	347 [333]	337 [326]	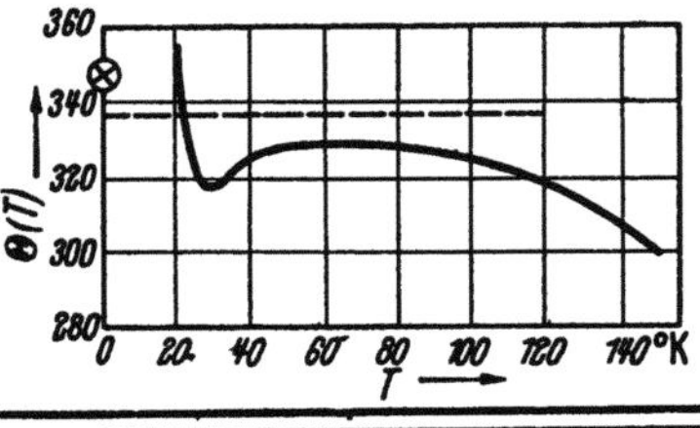
Ag[5,6]	$c_{11} = 14,2$ [12,0] $c_{12} = 10,6$ [8,97] $c_{44} = 5,16$ [4,36]	239 [215,5]	234 [214]	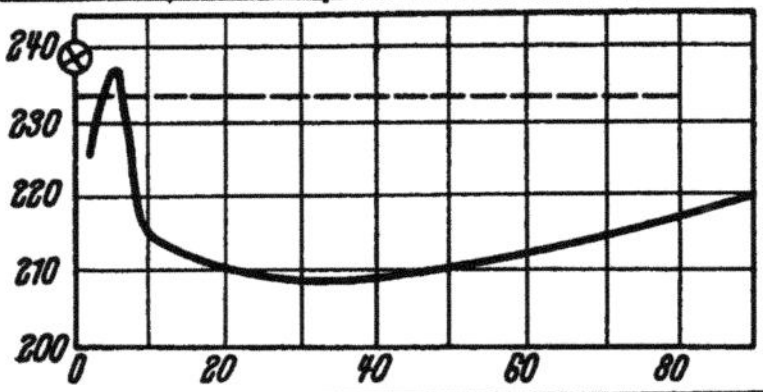
Al[2,4]	$c_{11} = 11,4$ [10,8] $c_{12} = 6,2$ [6,2] $c_{44} = 3,18$ [2,84]	430 [405]	394 [379]	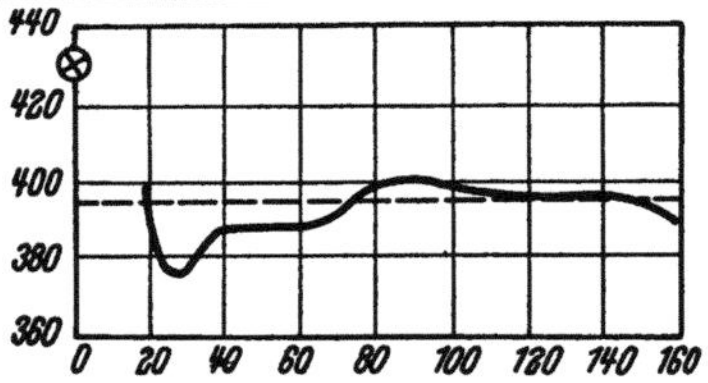
NaCl[1,7]	$c_{11} = 5,85$ [4,86] $c_{12} = 1,17$ [1,17] $c_{44} = 1,339$ [1,271]	322 [306]	310 [293]	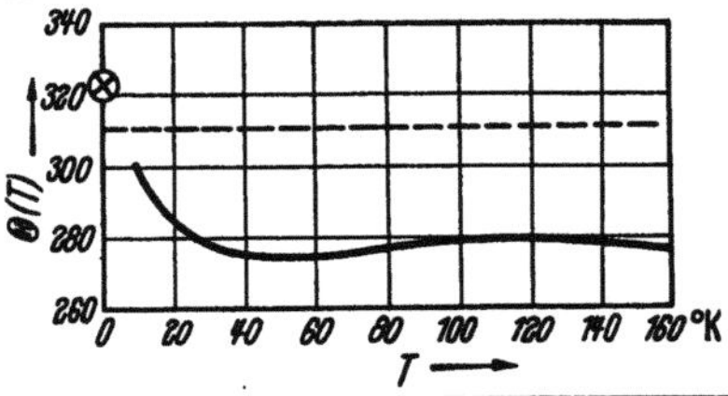
KCl[1,7]	$c_{11} = 4,95$ [4,05] $c_{12} = 0,6$ [0,6] $c_{44} = 0,669$ [0,634]	233 [221]	246 [232]	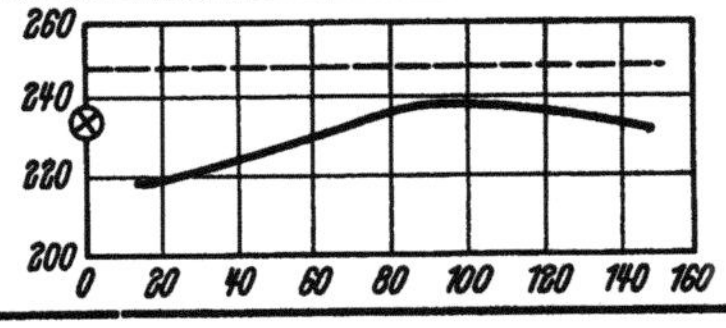
LiF[1,2]	$c_{11} =$ [11,77] $c_{12} =$ [4,33] $c_{44} =$ [6,28]	[717]	[685]	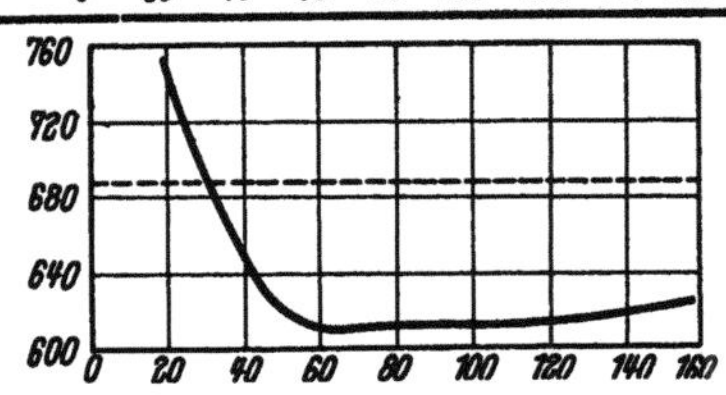

Tabelle 24. (Fortsetzung.)

Stoff	$\dfrac{1}{\varkappa}$ (RT.) in $10^{11}\left[\dfrac{\mathrm{dyn}}{\mathrm{cm}^2}\right]$	Θ_∞ [°K]	
KBr[1, 8]	1,54	185	
KJ[1, 9]	1,176	155,2	
RbJ[1, 10]	1,08	116,3	
RbBr[1, 10]	1,22	132,7	

Stoff[11]	RbCl	NaJ	NaBr	KF	LiJ	LiCl	LiBr	CsJ	CsCl	CsBr
$\dfrac{1}{\varkappa}\left[10^{11}\dfrac{\mathrm{dyn}}{\mathrm{cm}^2}\right]$ (RT.)	1,36	1,4	1,96	3,07	1,38	2,78	2,0	1,08	1,69	1,42
Θ_∞ [°K]	175,8°	201,0°	243,0°	333,0°	331,0°	463,0°	387,0°	93,6°	165,8°	118,8°

[1] K. Clusius: Z. Naturforsch. 4a, 430 (1949). $\Theta(T)$ von NaCl, KCl, LiF, KBr, KJ, RbJ, RbBr.

[2] E. Goens: Ann. d. Phys. 38, 456 (1940). Die elastischen Konstanten bei 0° K von Cu, Al.

[3] L. Bergmann: Ultraschall, S. 428. 1949. Die elastischen Konstanten von LiF bei RT.

[4] International Crit. Tables V, p. 83ff. $\Theta(T)$ für Cu und Al aus den spezifischen Wärmen berechnet.

[5] R. B. Leighton: Rev. mod. Phys. 20, 165 (1948). $\Theta(T)$ und die elastischen Konstanten von Ag bei 0° K.

[6] H. Röhl: Ann. d. Phys. 16, 887 (1933). Die elastischen Konstanten von Ag bei RT.

[7] M. A. Durand: Phys. Rev. 50, 449 (1936). Die elastischen Konstanten von CaCl und KCl bei 0° K und RT.

[8] J. K. Galt: Phys. Rev. 73, 1460 (1948). Kompressibilität von KBr.

[9] P. W. Bridgman: Proc. Amer. Acad. 64, 19 (1929). Kompressibilität von KJ.

[10] Landolt-Börnstein: Berlin: Springer 1927. Kompressibilität von RbCl, NaJ, NaBr KF, LiF, LiCl, LiBr, CsJ, CsCl, CsBr.

Einfluß des Gitters gerade die umgekehrte Tendenz hat. Bei starker Anisotropie wird man erwarten, daß der Gittereinfluß nicht mehr ausreicht, das elastische Spektrum so weit zu kleineren Frequenzen zu verschieben, daß es noch innerhalb der Debyeschen Näherung verläuft. Dann muß Θ_∞ größer sein als $\Theta(0)$, weil man dann qualitativ ein Gitterspektrum bekommt, wie es für Lithium in Fig. 48 dargestellt ist.

Diese Diskussion ist rein qualitativ und soll zeigen, wo etwa die Anwendungsgrenzen der Debyeschen Theorie liegen. Was die Diskussion des Einflusses der Anisotropie betrifft[1], so kann man natürlich aus dem elastischen Verhalten allein im allgemeinen keine Aussagen über das Gitterspektrum bzw. den Wert von $\overline{\omega^2}$ machen, der allein den Verlauf bei hohen Temperaturen entscheidet. Ferner ist zu bedenken, daß auch bei elastischer Isotropie relativ hohe Werte von $\overline{\omega^2}/\overline{\omega^2}^D$ möglich sind, wenn z.B. die longitudinale Schallgeschwindigkeit (c_{11}) sehr viel größer als die Transversal-Geschwindigkeit (c_{44}) ist. Dann reicht der Gittereinfluß auch nicht mehr aus, um $\overline{\omega^2}/\overline{\omega^2}^D < 1$ zu erzwingen. Eine starke Streuung der elastischen Frequenzen begünstigt große Werte von $\overline{\omega^2}/\overline{\omega^2}^D$, die Streuung kann etwa durch starke Anisotropie oder durch sehr verschiedene Werte von c_{11} und c_{44} im isotropen Material zustandekommen. In diesem Sinne ist der Einfluß der Anisotropie zu verstehen[2].

Jedenfalls hat man für den Verlauf $\Theta(T)$ zwei Fixpunkte: $\Theta(0) = \Theta_D$ kann aus elastischen Daten allein berechnet werden, der Θ-Wert für hohe Temperaturen dagegen

$$\Theta_\infty^2 = \frac{\overline{\omega^2}}{\overline{\omega^2}^D}\,\Theta_0^2 = \frac{5}{3}\,\frac{\hbar^2\,\overline{\omega^2}}{k^2}$$

kann nur mit Hilfe der Gittertheorie bestimmt werden. Die Berechnung von Θ_∞ ist sogar relativ einfach, wenn man die Kopplungsparameter kennt. In den Fällen, wo man die Kopplungsparameter in guter Näherung durch die elastischen Konstanten allein ausdrücken kann, also in den flächenzentrierten Gittern, hat man durch die elastischen Konstanten den ganzen Verlauf der spezifischen Wärme in der Hand. Die Berechnung von Θ_D aus elastischen Daten in kubischen Gittern erfordert mühsame numerische Rechenarbeit. In Fig. 50 ist ein Schema angegeben, aus dem man für kubische Kristalle die Debye-Frequenz unmittelbar entnehmen kann[3]. Tabelle 24 zeigt die Zusammenstellung von Θ_D und Θ_∞ für einige kubische Kristalle. Die Θ_D-Werte sind aus Fig. 50 ermittelt, die Werte für Θ_∞ der flächenzentrierten Metalle sind aus (76.13) berechnet, die Θ_∞-Werte für die Alkalihalogenide aus (76.15).

---

[1] Vgl. die Diskussion von M. Blackmann im nachfolgenden Artikel (Ziff. 18).

[2] Für ein isotropes flächenzentriertes Gitter mit nächster Nachbarwechselwirkung allein wird mit $c_{11} \gg c_{44}$ nach (76.13) und (77.5) $\dfrac{\overline{\omega^2}}{\overline{\omega^2}^D} \cong \dfrac{1}{7}\left(2 + \dfrac{c_{11}}{c_{44}}\right)$. In diesem Modell gehören auch isotrope Substanzen zur Gruppe II, wenn $c_{11} \gtrsim 5\,c_{44}$ ist. Daß die Kombination $c_{11} + 2\,c_{44}$ der elastischen Konstanten den Verlauf bei hohen Temperaturen weitgehend entscheidet, kann man auch daran erkennen, daß $\overline{\omega^2}^{el}$ nach dem elastischen Spektrum (Fig. 49b) bis auf einen Faktor 1,2 genau (76.13) liefert: $\overline{\omega^2} = \dfrac{a}{M}(c_{11} + 2\,c_{44})$ und $\overline{\omega^2}^{el} \approx \dfrac{a}{M}(c_{11} + 2\,c_{44}) \cdot 1,2$. Der allgemeine Ausdruck für $\overline{\omega^2}^{el}$ ist:

$$\overline{\omega^2}^{el} = \frac{(3\pi^2)^{\frac{2}{3}}}{15} \cdot \frac{c_{11} + c_{22} + c_{33} + 2(c_{44} + c_{55} + c_{66})}{\varrho \cdot V_Z^{\frac{2}{3}}}\,.$$

[3] Die Rechnungen zu Fig. 50 wurden durch K. Schröder unter Mitwirkung von U. v. Hagenow auf der Rechen-Maschine G 1 durchgeführt, die vom Max Planck-Institut für Physik freundlicherweise zur Verfügung gestellt wurde.

Fig. 51 zeigt eine Zusammenstellung des Energie-Inhalts, der spezifischen Wärme und der Spektren nach EINSTEIN, DEBYE und der Gittertheorie. Die spezifischen Wärmen unterscheiden sich in der gewählten Auftragung gar nicht sehr stark voneinander. Die Auftragung $\Theta(T)$ ist sehr viel empfindlicher gegen

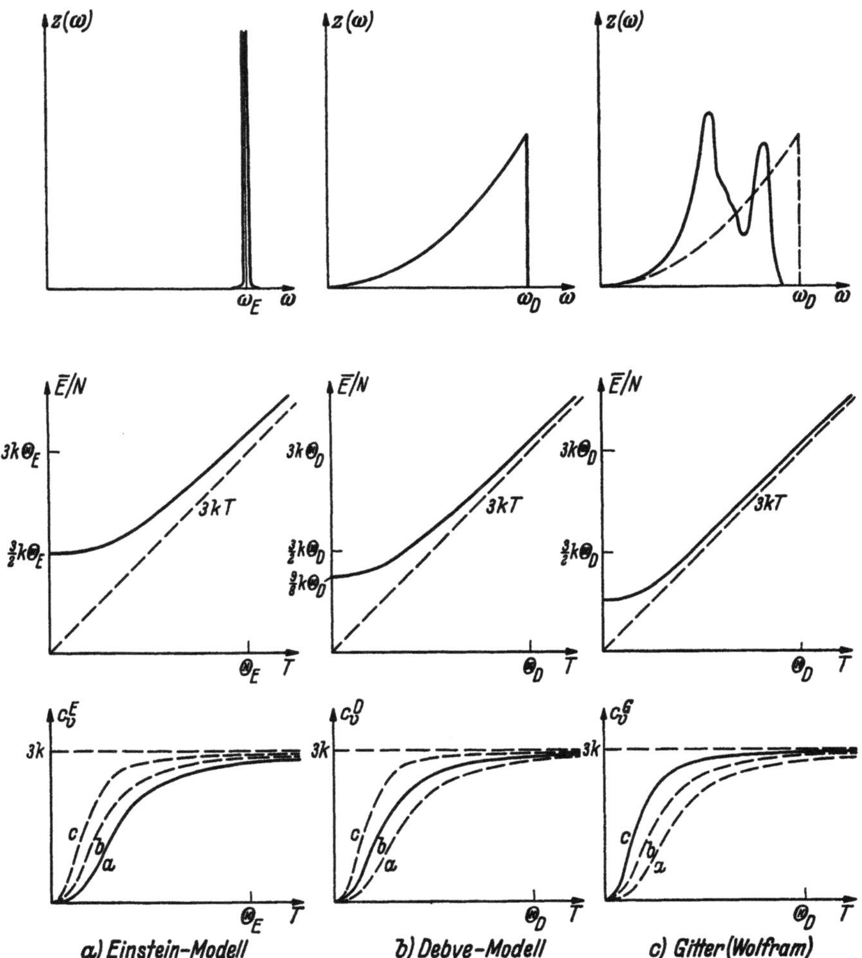

Fig. 51 a—c. Spektrum $Z(\omega)$, Energieinhalt $\overline{E}/N$ und spezifische Wärme C_V nach EINSTEIN (a), nach DEBYE (b) und nach der Gittertheorie (c) für Wolfram. ω_E ist gleich ω_D gewählt worden. Zum besseren Vergleich sind bei der spezifischen Wärme alle drei Kurven gezeichnet. Man kann C_V^D mit C_V^G praktisch zur Deckung bringen, wenn man einen etwas kleineren Θ_D-Wert wählt.

Abweichungen. Man kann die DEBYEsche Kurve weitgehend für mäßig hohe Temperaturen mit der spezifischen Wärme der Gittertheorie in Übereinstimmung bringen, wenn man den DEBYEschen Θ-Wert etwas kleiner wählt, nämlich $\Theta_D = \Theta_\infty$. Der Verlauf von $\Theta(T)$ für Wolfram, das auch hier als Beispiel gewählt ist, zeigt nach Fig. 47a von etwa 50° K ab wieder einen konstanten Θ-Wert. Dieser Θ-Wert entspricht dem Θ_∞ der Gittertheorie. Es ist daher kein Wunder, daß die elastisch berechneten DEBYE-Temperaturen besser mit den experimentellen Daten übereinstimmen, wenn man die elastischen Daten bei höheren

Temperaturen, etwa bei Zimmertemperatur, benutzt. Denn die elastischen Konstanten nehmen mit wachsender Temperatur ab (vgl. Abschnitt G) und liefern daher auch kleinere Θ-Werte als die elastischen Daten bei tiefen Temperaturen, die man eigentlich verwenden müßte. *Die Abnahme von Θ mit der Temperatur ist der Normalfall.* Auch das T^3-Gesetz der spezifischen Wärme, welches experimentell gut bestätigt ist, wird dadurch vorgetäuscht, daß $\Theta(T)$ für mäßig hohe Temperaturen wieder konstant wird. Nach der Debyeschen Ableitung ist das T^3-Gesetz sicher für sehr tiefe Temperaturen mit dem Debyeschen Θ_D richtig. Die Gültigkeit dieses T^3-Verlaufs ist aber auf wenige °K beschränkt und wird normalerweise gar nicht gemessen. Nach der Debyeschen Theorie sollte aber das T^3-Gesetz bis etwa $\tfrac{1}{2}\Theta_D$ gültig sein. Daher stellt man bei Wolfram zwischen 50° K und 150° K wieder ein T^3-Gesetz fest. Der zugeordnete Θ-Wert ist aber das Θ_∞ der Gittertheorie.

Obwohl hier auf die Spektren und die spezifische Wärme nicht weiter eingegangen werden soll, da diese Verknüpfung in dem nachfolgenden Artikel von Blackman behandelt wird, so mußte doch die Debyesche Theorie ausführlich besprochen werden. Denn man kann mit der Debyeschen Näherung nicht nur die spezifische Wärme qualitativ (und wenigstens näherungsweise quantitativ) richtig beschreiben, sondern auch andere thermische Eigenschaften der Kristalle wie die thermischen Schwingungen der einzelnen Atome.

78. Darstellung des Spektrums durch Debye- und Einstein-Terme. Hier soll noch kurz ein Verfahren besprochen werden, das es gestattet, das Gitterspektrum näherungsweise so zu bestimmen, daß die spezifische Wärme sowohl bei hohen als auch bei tiefen Temperaturen richtig wiedergegeben wird. Dieser gleich zu besprechende Ansatz ist eine konsequente Weiterführung der Debyeschen Theorie unter Zuhilfenahme der Erkenntnisse der Gittertheorie.

Bei kleinen Frequenzen ist das elastische Spektrum sicher richtig. Daher wird man für kleine Frequenzen den Debyeschen Ansatz beibehalten. Für sehr tiefe Temperaturen wird dann die spezifische Wärme richtig beschrieben. Bei hohen Temperaturen wird der Verlauf der spezifischen Wärme durch $\overline{\omega^2}$ und $\overline{\omega^4}$ festgelegt. Es liegt nahe, ein Spektrum so aufzubauen, daß es für kleine Frequenzen dem elastischen Spektrum entspricht, und es so zu ergänzen, daß $\overline{\omega^2}$ und $\overline{\omega^4}$ den richtigen gittertheoretischen Wert haben. Dann hat die spezifische Wärme bei hohen *und* bei tiefen Temperaturen den richtigen Verlauf, während der Verlauf im Zwischengebiet noch näherungsweise richtig sein wird. Die aus diesem Ansatz gewonnene spezifische Wärme hat dann den Charakter einer Interpolationsformel zwischen hohen und tiefen Temperaturen.

Ein Spektrum dieser Art kann man sicher auf vielerlei Weise aufbauen. Eine Möglichkeit, die durch die Form der Gitterspektren nahegelegt wird, ist die: Man setze das Spektrum aus einem Debye- und einem Einstein-Term zusammen:

$$Z(\omega) = 3N\left\{\frac{3\omega^2}{\omega_D^3} + \eta\,\delta(\omega - \omega_E)\right\}. \tag{78.1}$$

η ist der Bruchteil der Frequenzen, die in dem monochromatischen Einstein-Term ω_E zusammengefaßt sind. Der Debyesche elastische Anteil muß aber nun bei einer kleineren Frequenz ω_G abgeschnitten werden, damit die Gesamtzahl der Frequenzen $3N$ bleibt. Das Spektrum (78.1) ist durch drei Parameter bestimmt: die Abschneidefrequenz ω_G des elastischen Spektrums, die Lage ω_E des Einstein-Terms und η. Diese drei Größen bestimmt man aus der Forderung, daß $\overline{\omega^2}$ und $\overline{\omega^4}$ den richtigen gittertheoretischen Wert haben sollen und daß die Gesamtzahl der Frequenzen $3N$ sein muß:

$$\int Z(\omega)\,d\omega = 3N, \qquad \left(\frac{\omega_G}{\omega_D}\right)^3 + \eta = 1, \qquad (78.2\text{a})$$

$$\int Z(\omega)\,\omega^2\,d\omega = 3N\overline{\omega^2}, \qquad \frac{3}{5}\left(\frac{\omega_G}{\omega_D}\right)^5 + \eta\left(\frac{\omega_E}{\omega_D}\right)^2 = \frac{\overline{\omega^2}}{\omega_D^2}, \qquad (78.2\text{b})$$

$$\int Z(\omega)\,\omega^4\,d\omega = 3N\overline{\omega^4}, \qquad \frac{3}{7}\left(\frac{\omega_G}{\omega_D}\right)^7 + \eta\left(\frac{\omega_E}{\omega_D}\right)^4 = \frac{\overline{\omega^4}}{\omega_D^4}. \qquad (78.2\text{c})$$

Das führt zu einer Gleichung zehnten Grades für ω_G/ω_D, deren Lösung man aus einem Nomogramm entnehmen kann [39]. Aus (78.2a) und (78.2b) bekommt

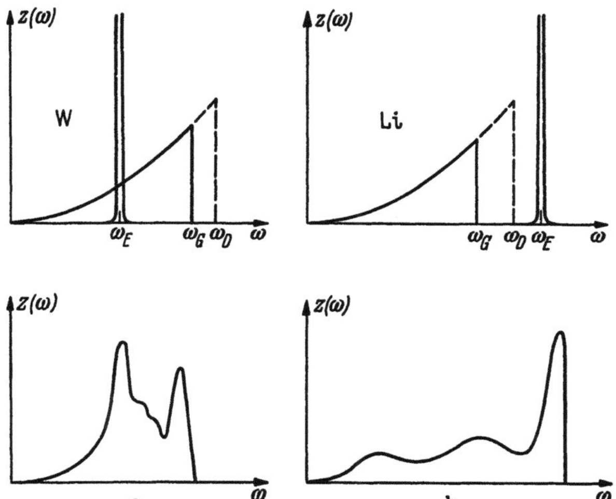

Fig. 52a u. b. Gitterspektrum und Annäherung durch DEBYE- und EINSTEIN-Terme nach (78.1) a Wolfram $\eta = 0{,}33$, $\Theta_D = 367°$ K, $\Theta_E = 193°$ K, $\Theta_G = 321°$ K. b Lithium $\eta = 0{,}45$, $\Theta_D = 354°$ K, $\Theta_E = 400°$ K, $\Theta_G = 290°$ K.

man dann η und ω_E. Hat man sich auf diese Weise die Bestimmungsstücke des Spektrums verschafft, so erhält man die spezifische Wärme

$$C_V = 3N k\left\{(1-\eta)\,D\left(\frac{\Theta_G}{T}\right) + \eta\,P\left(\frac{\Theta_E}{T}\right)\right\} \qquad (78.3)$$

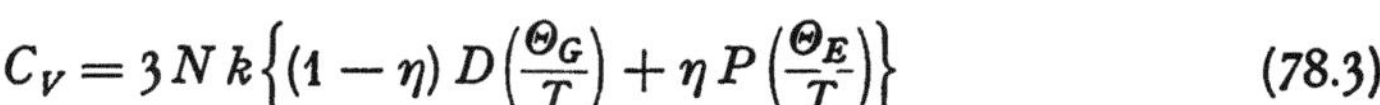

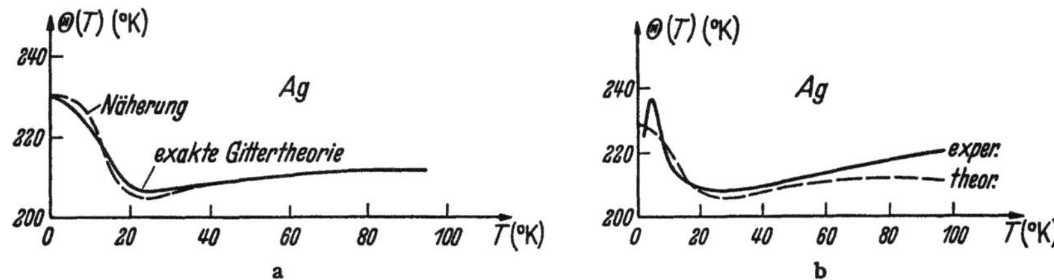

Fig. 53a u. b. $\Theta(T)$-Kurven für Silber. a Vergleich der Näherung durch DEBYE- und EINSTEIN-Terme mit dem exakten gittertheoretischen Verlauf [nach R. B. LEIGHTON: Rev. Mod. Phys. 20, 265 (1948)]. b Vergleich mit dem experimentellen Verlauf. Die Abweichungen bei tiefen Temperaturen werden durch den Elektronenanteil der spezifischen Wärme bewirkt.

(mit $\hbar\omega_G = k\Theta_G$ und $\hbar\omega_E = k\Theta_E$). Da D und P tabelliert sind, kann man den Verlauf der spezifischen Wärme leicht quantitativ verfolgen. Dieser Ansatz hat überdies den Vorteil, daß numerische Berechnungen weitgehend vermieden werden. Bei der Berechnung der spezifischen Wärme aus der Gittertheorie muß zunächst das Spektrum numerisch ermittelt werden, die Integration über das Spektrum erfordert weiteren numerischen Aufwand.

Bei den flächenzentrierten Gittern mit nächster Nachbarwechselwirkung kann man dann wieder alles durch die elastischen Daten ausdrücken. Der schwierigste Teil der Rechnung ist die Bestimmung von ω_D. Auch die spezifische Wärme zweiatomiger Gitter kann mit diesem Ansatz näherungsweise beschrieben werden. Wenn man dieses Verfahren z.B. für die zweiatomige lineare Kette durchführt[1], so liegt bei sehr verschiedenen Massen der Einstein-Term genau bei der Frequenz des optischen Zweiges und enthält die Zahl der Schwingungen, die den optischen Frequenzen zugeordnet werden müssen. Insofern ist dieser Ansatz dann eine konsequente Weiterentwicklung der Debyeschen Theorie, die auch auf Gitter mit verschiedenen Massen angewandt werden kann[2].

Fig. 52 zeigt auf diese Weise bestimmte Spektren für Wolfram und Lithium [39]. Der Einstein-Term liegt jeweils an der Stelle, wo auch die Gitterfrequenzen eine starke Anhäufung zeigen[3]. Fig. 53 zeigt den Vergleich mit dem gittertheoretisch exakt gerechneten und dem experimentellen Verlauf der spezifischen Wärme.

79. Mikroskopische Größen und Temperatur. Bisher sind nur makroskopische thermodynamische Größen, wie innere Energie und spezifische Wärme, behandelt worden. Die Gittertheorie gibt in Verbindung mit der statistischen Mechanik aber auch vollständige Auskunft über den Einfluß der Temperatur auf die Bewegung der einzelnen Atome. Um diese mikroskopischen Temperatureffekte zu studieren, geht man zweckmäßig auf die Zerlegung der Verschiebungen nach stehenden Wellen (Normalkoordinaten) zurück. Es soll hier nur der Fall des primitiven Gitters behandelt werden, die Verallgemeinerung auf nichtprimitive Gitter ergibt sich daraus von selbst. Man geht von der Zerlegung (49.3) aus

$$s_i^m = \sum_{\mathfrak{k},s} a_s^{\mathfrak{k}}\, \frac{e_i^{(s)}(\mathfrak{k})\, e^{i\,\mathfrak{k}\,\overline{\mathfrak{R}}^m}}{\sqrt{N}}, \tag{79.1a}$$

$$E = \sum_{\mathfrak{k},s} \underbrace{\frac{M}{2}\dot{a}_s^{*\,\mathfrak{k}}\dot{a}_s^{\mathfrak{k}}}_{E_{\text{kin}}} + \underbrace{\frac{M}{2}\omega_s^2(\mathfrak{k})\,a_s^{*\,\mathfrak{k}}a_s^{\mathfrak{k}}}_{E_{\text{pot}}}, \tag{79.1b}$$

mit den Nebenbedingungen

$$e^{(s)}(-\mathfrak{k}) = -e^{(s)}(\mathfrak{k}); \quad a_s^{-\mathfrak{k}} = -a_s^{*\,\mathfrak{k}} \tag{79.1c}$$

und geht zu reellen Koordinaten über:

$$a_s^{\mathfrak{k}} = \frac{\alpha_s^{\mathfrak{k}} - i\,\beta_s^{\mathfrak{k}}}{\sqrt{2}}; \quad \alpha_s^{-\mathfrak{k}} = -\alpha_s^{\mathfrak{k}}; \quad \beta_s^{-\mathfrak{k}} = \beta_s^{\mathfrak{k}} \quad \text{für} \quad \mathfrak{k} \neq 0, \tag{79.2}$$

$$\alpha_s^0 = -i\,\beta_s^0. \tag{79.2a}$$

Da nun $\alpha_s^{\mathfrak{k}}, \beta_s^{\mathfrak{k}}$ und $\alpha_s^{-\mathfrak{k}}, \beta_s^{-\mathfrak{k}}$ durch (79.2) verknüpft sind, so hat man nun $3N$ reelle Normalkoordinaten. Dabei muß man sich auf eine Hälfte der Elementarzelle des reziproken Gitters beschränken, die etwa durch $k_x > 0$ definiert sei.

---

[1] W. Brenig u. M. Schröder: Z. Physik **132**, 312 (1952).

[2] Mit dieser Näherung kann man auch statistische Spektren mit Erfolg behandeln. Statistische Spektren treten z.B. in Legierungen auf, dort sind bei vollständiger Unordnung die Massen auf die Gitterplätze statistisch verteilt. Auch die Bindungskräfte können statistisch verteilt sein. Es kann vorkommen, daß die Massen und Bindungskräfte nicht statistisch verteilt sind, sondern einem bestimmten Verteilungsgesetz genügen (z.B. bei vorliegender Nahordnung). Die freie Energie hängt dann über das Spektrum von der Verteilung ab. F. J. Dyson: Phys. Rev. **92**, 1331 (1953). — A. N. Men u. A. N. Orlov: Ber. Akad. Wiss. UdSSR. **90**, Nr. 5, 753 (1953). — I. Prigogine u. Mitarb.: Physica **20**, 383, 516 (1954).

[3] Das braucht nicht allgemein richtig zu sein.

Dann wird[1]

$$s_i^m = \frac{\beta_i^0}{\sqrt{N}} + \sum_{k_x>0,\,s} e_i^{(s)}(\mathfrak{k}) \cdot \left\{ \alpha_s^{\mathfrak{k}} \sqrt{\frac{2}{N}} \cos \mathfrak{k}\,\overline{\mathfrak{R}}^m + \beta_s^{\mathfrak{k}} \sqrt{\frac{2}{N}} \sin \mathfrak{k}\,\overline{\mathfrak{R}}^m \right\}, \qquad (79.3\,\mathrm{a})$$

$$E = \sum_i \frac{M}{2}\,(\dot{\beta}_i^0)^2 + \sum_{k_x>0,\,s} \frac{M}{2}\left\{ (\dot{\alpha}_s^{\mathfrak{k}})^2 + (\dot{\beta}_s^{\mathfrak{k}})^2 \right\} + \frac{M}{2}\,\omega_s^2(\mathfrak{k})\left\{ (\alpha_s^{\mathfrak{k}})^2 + (\beta_s^{\mathfrak{k}})^2 \right\}. \qquad (79.3\,\mathrm{b})$$

Die Verschiebungen sind zerlegt nach stehenden Wellen, die unabhängig voneinander sind. Ferner weiß man aus der Quantenmechanik des linearen Oszillators, daß die thermische Verteilung der Amplituden eines einzelnen Oszillators eine GAUSS-Verteilung ist[2]

$$w(\alpha_s^{\mathfrak{k}})\, d\alpha_s^{\mathfrak{k}} = \frac{1}{\sqrt{2\pi \overline{(\alpha_s^{\mathfrak{k}})^2}}}\, e^{-\dfrac{(\alpha_s^{\mathfrak{k}})^2}{2\,\overline{(\alpha_s^{\mathfrak{k}})^2}}}\, d\alpha_s^{\mathfrak{k}}. \qquad (79.4)$$

Dabei ist $w(\alpha_s^{\mathfrak{k}})\, d\alpha_s^{\mathfrak{k}}$ die Wahrscheinlichkeit dafür, die Amplitude zwischen $\alpha_s^{\mathfrak{k}}$ und $\alpha_s^{\mathfrak{k}} + d\alpha_s^{\mathfrak{k}}$ vorzufinden. Der Mittelwert (oder Erwartungswert) des Amplitudenquadrats ist

$$\frac{M}{2}\,\omega_s^2(\mathfrak{k})\,\overline{(\alpha_s^{\mathfrak{k}})^2} = \frac{1}{2}\,\varepsilon(\omega_s(\mathfrak{k}),\,T); \qquad \overline{(\alpha_s^{\mathfrak{k}})^2} = \frac{\varepsilon(\omega_s(\mathfrak{k}),\,T)}{M\,\omega_s^2(\mathfrak{k})}. \qquad (79.5)$$

Da die Oszillatoren unabhängig voneinander sind, so ist die Verteilung für die Oszillatoren das Produkt der Verteilung der einzelnen Amplituden nach (79.5)

$$W(\ldots \alpha_s^{\mathfrak{k}} \ldots \beta_s^{\mathfrak{k}} \ldots) = \cdots w(\alpha_s^{\mathfrak{k}}) \cdot \cdots \cdot w(\beta_s^{\mathfrak{k}}) \ldots. \qquad (79.6)$$

Da man nun in der Zerlegung (79.3) die Verteilung der Normalkoordinaten kennt, so kann man im Prinzip aus (79.3) die Verteilungsfunktionen für einzelne Verschiebungen oder Kombinationen von Verschiebungen direkt ermitteln[3]. Für die Berechnungen von solchen Verteilungsfunktionen muß man wissen, daß eine von den Normalkoordinaten linear abhängige Größe dann ebenfalls eine GAUSS-Verteilung besitzt. Hier werden nur einige einfache Probleme dieser Art besprochen.

Der Abstand zwischen zwei Punkten im Gitter ist thermischen Schwankungen unterworfen. Da es nur auf den Abstand der Punkte ankommen kann, so wählen wir einen Gitterpunkt im Ursprung und einen in $\overline{\mathfrak{R}}^{\mathfrak{h}} = \overline{A}\,\mathfrak{h}$. Damit ist deren Abstand

$$\overline{\mathfrak{R}}^{\mathfrak{h}} + \mathfrak{s}^{\mathfrak{h}} - \mathfrak{s}^0 = \overline{\mathfrak{R}}^{\mathfrak{h}} + \sum_{\cdot k_x>0,\,s} e^s(\mathfrak{k}) \left\{ \alpha_s^{\mathfrak{k}} \sqrt{\frac{2}{N}}\left(\cos \mathfrak{k}\,\overline{\mathfrak{R}}^{\mathfrak{h}} - 1 \right) + \beta_s^{\mathfrak{k}} \sqrt{\frac{2}{N}} \sin \mathfrak{k}\,\overline{\mathfrak{R}}^{\mathfrak{h}} \right\}. \qquad (79.7)$$

Da $\overline{\alpha_s^{\mathfrak{k}}}$ nach (79.4) verschwindet, ist der mittlere Abstand gleich $\overline{\mathfrak{R}}^{\mathfrak{h}}$ selbst. Im Mittel liegen also die Atome in den Abständen des idealen Gitters; es gibt keine

---

[1] $\mathfrak{k} = 0$ muß gesondert behandelt werden. Hier kann man $e_i^{(s)}(0) = \delta_{is}$ setzen. $\dfrac{\beta_i^0}{\sqrt{N}} = \dfrac{1}{N} \sum_m s_i^m$ ist die i-Komponente der Schwerpunktsverschiebung.

[2] Für die $\beta_s^{\mathfrak{k}}$ gilt das gleiche.

[3] Die Verteilungsfunktion für die s_i^m selbst ergibt sich einfach durch Einsetzen der zu (79.3a) reziproken Transformation in (79.6), da die Funktionaldeterminante der (orthogonalen) Transformation 1 ist. Für hohe Temperaturen geht die Verteilung in die aus der klassischen Statistik bekannte Verteilung $W(\ldots s_i^m \ldots) \approx \exp\left\{ -\dfrac{1}{kT} \cdot \dfrac{1}{2} \sum_{\substack{mn\\ik}} \Phi_{ik}^{mn}\, s_i^m\, s_k^n \right\}$ über.

thermische Ausdehnung. Ein Maß für die thermischen Schwankungen ist der Mittelwert des Abstandsquadrates:

$$\overline{\left(\overline{\mathfrak{R}}^{\mathfrak{h}} + \mathfrak{s}^{\mathfrak{h}} - \mathfrak{s}^{0}\right)^{2}} = \left(\overline{\mathfrak{R}}^{\mathfrak{h}}\right)^{2} + 2\overline{\mathfrak{R}}^{\mathfrak{h}} \cdot \overline{\left(\mathfrak{s}^{\mathfrak{h}} - \mathfrak{s}^{0}\right)} + \overline{\left(\mathfrak{s}^{\mathfrak{h}} - \mathfrak{s}^{0}\right)^{2}} = \left(\overline{\mathfrak{R}}^{\mathfrak{h}}\right)^{2} + \overline{\left(\mathfrak{s}^{\mathfrak{h}} - \mathfrak{s}^{0}\right)^{2}}. \quad (79.8)$$

Die Schwankungen dieser Größe sind demnach durch

$$\overline{\left(\mathfrak{s}^{\mathfrak{h}} - \mathfrak{s}^{0}\right)^{2}} = \overline{\left\{ \sum_{k_x > 0,\,s} e^{(s)}(\mathfrak{k}) \cdot \sqrt{\frac{2}{N}} \cdot \left[\alpha_s^{\mathfrak{k}}(\cos \mathfrak{k}\,\overline{\mathfrak{R}}^{\mathfrak{h}} - 1) + \beta_s^{\mathfrak{k}} \sin \mathfrak{k}\,\overline{\mathfrak{R}}^{\mathfrak{h}}\right] \right\}^{2}} \quad (79.9)$$

gegeben. Da aber die einzelnen Normalkoordinaten unabhängig sind und im Mittel verschwinden, so setzen sich die Schwankungen (79.9) additiv aus den Anteilen der einzelnen Normalkoordinaten zusammen[1]

$$\left.\begin{aligned}
\overline{\left(\mathfrak{s}^{\mathfrak{h}} - \mathfrak{s}^{0}\right)^{2}} &= \sum_{k_x > 0,\,s} \frac{2}{N} \cdot \left\{ \overline{\left(\alpha_s^{\mathfrak{k}}\right)^{2}}(\cos \mathfrak{k}\,\overline{\mathfrak{R}}^{\mathfrak{h}} - 1)^{2} + \overline{\left(\beta_s^{\mathfrak{k}}\right)^{2}} \sin^{2} \mathfrak{k}\,\overline{\mathfrak{R}}^{\mathfrak{h}} \right\} \\
&= \sum_{k_x > 0,\,s} \frac{4}{N} \overline{\left(\alpha_s^{\mathfrak{k}}\right)^{2}} \left\{ 1 - \cos \mathfrak{k}\,\overline{\mathfrak{R}}^{\mathfrak{h}} \right\}.
\end{aligned}\right\} \quad (79.9\text{a})$$

Damit ergibt sich schließlich nach (79.5)

$$\overline{\left(\mathfrak{s}^{\mathfrak{h}} - \mathfrak{s}^{0}\right)^{2}} = \frac{8}{N} \sum_{k_x > 0,\,s} \overline{\left(\alpha_s^{\mathfrak{k}}\right)^{2}} \sin^{2} \frac{\mathfrak{k}\,\overline{\mathfrak{R}}^{\mathfrak{h}}}{2} = \frac{8}{NM} \sum_{k_x > 0,\,s} \frac{\varepsilon(\omega_s(\mathfrak{k}), T)}{\omega_s^{2}(\mathfrak{k})} \sin^{2} \frac{\mathfrak{k}\,\overline{\mathfrak{R}}^{\mathfrak{h}}}{2}. \quad (79.9\text{b})$$

Der Nenner ω^{2} stört dabei nicht, da für $\mathfrak{k} = 0$ [selbst wenn man zu einer beliebig feinen Unterteilung der $\mathfrak{k}$-Werte übergeht $(N \to \infty)$], wo die Frequenzen verschwinden, auch $\sin^{2} \frac{\mathfrak{k}\,\overline{\mathfrak{R}}^{\mathfrak{h}}}{2}$ von der gleichen Größenordnung Null wird. Man kann sogar im räumlichen Fall und für größere Abstände $\overline{\mathfrak{R}}^{\mathfrak{h}}$ wo der $\sin^{2} \frac{\mathfrak{k}\,\overline{\mathfrak{R}}^{\mathfrak{h}}}{2}$-Term mit $\mathfrak{k}$ sehr stark schwankt, $\sin^{2} \frac{\mathfrak{k}\,\overline{\mathfrak{R}}^{\mathfrak{h}}}{2}$ durch $\frac{1}{2}$ ersetzen und an Stelle der Summation eine Integration über das Frequenzspektrum ausführen. Da das Spektrum bei kleinen Frequenzen proportional zu ω^{2} ist, so spielt auch hier das ω^{2} im Nenner keine wesentliche Rolle. Mit dieser Abschätzung wird dann[2]

$$\overline{\left(\mathfrak{s}^{\mathfrak{h}} - \mathfrak{s}^{0}\right)^{2}} = \frac{2}{MN} \int \frac{\varepsilon(\omega, T)}{\omega^{2}} Z(\omega)\, d\omega \quad \text{für große Abstände,} \quad (79.10)$$

$$\overline{\left(\mathfrak{s}^{\mathfrak{h}} - \mathfrak{s}^{0}\right)^{2}} = \frac{6}{M} \overline{\left(\frac{\varepsilon(\omega, T)}{\omega^{2}}\right)}^{\text{Spektrum}}, \quad (79.10\text{a})$$

wobei durch „Spektrum" angedeutet werden soll, daß der Mittelwert über die spektrale Verteilung gemeint ist. Setzt man hier noch das Debyesche Spektrum ein, so wird

$$\overline{\left(\mathfrak{s}^{\mathfrak{h}} - \mathfrak{s}^{0}\right)^{2}} = \frac{18}{M\omega_D^{3}} \int\limits_{0}^{\omega_D} \varepsilon(\omega, T)\, d\omega. \quad (79.10\text{b})$$

Das Schwankungsquadrat ist unabhängig von der Entfernung der beiden Punkte (jedenfalls für große Entfernungen) und kann nach (79.10b) in seinem Verlauf mit der Temperatur leicht diskutiert werden. Der Verlauf nach (79.10b) ist in Fig. 54 dargestellt. In den Grenzfällen sehr hoher und tiefer Temperaturen

---

[1] Die $e^{(s)}(\mathfrak{k})$ sind Einheitsvektoren: $e^{(s)}(\mathfrak{k}) \cdot e^{(s)}(\mathfrak{k}) = 1$ und $\overline{\left(\alpha_s^{\mathfrak{k}}\right)^{2}}$ ist gleich $\overline{\left(\beta_s^{\mathfrak{k}}\right)^{2}}$.

[2] Bei der Umwandlung von (79.9b) in (79.10) tritt ein Faktor $\frac{1}{2}$ auf, denn in (79.9b) wird nur über $k_x > 0$ summiert und nur die Hälfte aller Frequenzen erfaßt.

bekommt man aus (79.10b)

$$\overline{\left(\mathfrak{z}^{\mathfrak{h}}-\mathfrak{z}^{0}\right)^{2}} = \begin{cases} \dfrac{18}{M\omega_D^2}\cdot kT & \text{für hohe Temperaturen} \\[2mm] \dfrac{18}{M\omega_D^2}\cdot\dfrac{\hbar\omega_D}{4} = \dfrac{18}{M\omega_D^2}\cdot\dfrac{k\Theta_D}{4} & \text{für } T=0. \end{cases} \qquad (79.11)$$

Um einen Überblick über die Größenordnung der Schwankungseffekte zu erhalten, soll (79.10b) für ein isotropes flächenzentriertes Gitter diskutiert werden. Ist die longitudinale Schallgeschwindigkeit c_l wesentlich größer als c_t, so besteht das elastische Spektrum praktisch nur aus dem Transversalanteil (54.8b):

$$Z_{\text{el}}(\omega) \approx \frac{V}{\pi^2 c_t^3}, \qquad (79.12)$$

und die DEBYE-Frequenz wird

$$\omega_D = c_t\cdot\left\{\frac{9\pi^2 N}{V}\right\}^{\frac{1}{3}}. \qquad (79.12a)$$

Mit dem isotropen Schubmodul $G\,(G=c_{44})$ ist

$$c_t^2 = \frac{G}{\varrho}; \quad \text{mit } \varrho=\frac{M}{V_Z}, \quad \frac{N}{V}=\frac{1}{V_Z} \quad \text{und } V_Z=\frac{l^3}{\sqrt{2}}$$

wird aus (79.12a)

$$\omega_D^2 = 19\,\frac{Gl}{M}. \qquad (79.12b)$$

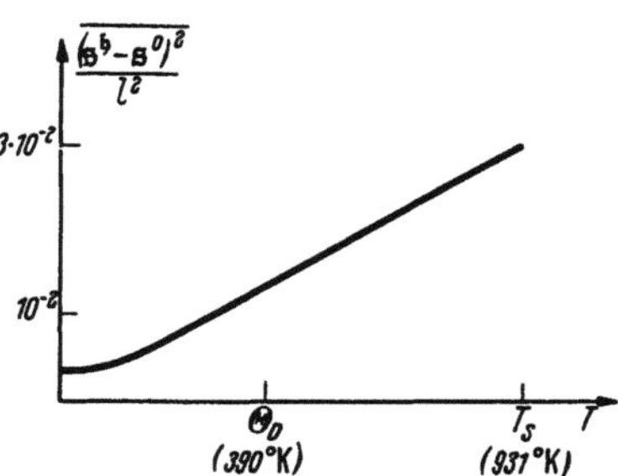

Fig. 54. Schwankungsquadrat der Entfernung zweier Atome $\overline{(\mathfrak{z}^{\mathfrak{h}}-\mathfrak{z}^{0})^2}$ bezogen auf den Abstand l nächster Nachbarn in Abhängigkeit von der Temperatur [nach (79.11a) für Aluminium].

Schließlich kann man noch den Schubmodul durch die Schmelztemperatur T_s ausdrücken, da es eine empirische Beziehung der Form $Gl^3 \approx 30\,kT_s$ bei den flächenzentrierten Gittern gibt[1] (Tabelle 25):

$$\omega_D^2 \approx 6\cdot 10^2\,\frac{kT_s}{Ml^2}. \qquad (79.12c)$$

Tabelle 25. DEBYE-*Temperaturen* Θ_D *und Schmelztemperaturen* T_s *für einige flächenzentrierte Metalle.* (Die letzte Spalte enthält $\dfrac{Gl^3}{kT_s}$, hier ist G der vielkristalline (isotrope) Schubmodul und l der Abstand nächster Nachbarn.)

Substanz	Θ_D (exp) [°K]	T_s [°K]	$\dfrac{Gl^3}{kT_s}$
Pb	88	600	27
Ag	215	1234	26
Au	190	1336	26
Cu	315	1367	28
Al.	390	931	35

Mit diesen Abschätzungen wird

$$\frac{\overline{\left(\mathfrak{z}^{\mathfrak{h}}-\mathfrak{z}^{0}\right)^{2}}}{l^2} \approx \frac{3\cdot 10^{-2}}{T_s}\cdot \begin{cases} T & \text{für } T\gtrsim\Theta_D \\[2mm] \dfrac{\Theta_D}{4} & \text{für } T=0. \end{cases} \qquad (79.11a)$$

---

[1] Von den in Tabelle 25 aufgeführten flächenzentrierten Metallen ist nur Aluminium annähernd isotrop. Die Diskussion trifft also eigentlich nur für Aluminium zu. Bei den anderen Metallen ist der isotrope Schubmodul von vielkristallinem Material verwandt worden. Vgl. G. LEIBFRIED, Z. Physik **124**, 344 (1950). Die Θ-Werte sind für Ein- und Vielkristalle gleich. Man erhält so wenigstens einen größenordnungsmäßigen Überblick über die Größe der Schwankungen.

In der Nähe des Schmelzpunktes erhält man ein auf den Abstand nächster Nachbarn l bezogenes relatives Schwankungsquadrat von e wa $3 \cdot 10^{-2}$, am absoluten Nullpunkt entsprechend weniger etwa $3 \cdot 10^{-3}$ (Fig. 54). Die Nullpunkts-Schwankungen sind durchaus vergleichbar mit den thermischen Schwankungen bei hohen Temperaturen, da die Debye-Temperaturen für diese Substanzen alle in der Größenordnung der Zimmertemperatur liegen. Diese Schwankungen sind für die Untersuchung von Kristallen mit Röntgenlicht oder Elektronenwellen von großer Bedeutung. Insbesondere können dabei auch die Nullpunkts-Schwankungen experimentell nachgewiesen werden[1].

Die relativen Schwankungen, bezogen auf den Abstand der Atome, nehmen mit wachsendem Abstand stark ab, da die absolute Schwankung konstant ist. Man findet häufig die Auffassung, daß man eine Schwankung für die Bewegung eines Atoms um seine Ruhelage angeben kann, also z.B. $\overline{(\mathfrak{s}^0)^2}$. Diese Größe kann man zwar ausrechnen, wenn man in (79.3a) den Schwerpunkt wegläßt. Man erhält dann[2]

$$\overline{(\mathfrak{s}^0)^2} = \frac{1}{NM} \int \frac{\varepsilon(\omega, T)}{\omega^2} Z(\omega) \, d\omega$$

und mit den oben eingeführten Abschätzungen

$$\frac{\overline{(\mathfrak{s}^0)^2}}{l^2} \approx \frac{1,5}{T_s} 10^{-2} \cdot \begin{cases} T & \text{für } T \gtrsim \Theta_D \\ \dfrac{\Theta_D}{4} & \text{für } T = 0. \end{cases}$$

Das kann man als Schwankung eines Atoms um seine Ruhelage ansehen. Die lineare Schwankung wäre dann $\frac{1}{3}\overline{(\mathfrak{s}^0)^2}$, die Wurzel aus diesem Ausdruck ist ein Maß für die lineare Verschmierung

$$\left\{ \frac{1}{3} \overline{(\mathfrak{s}^0)^2} \right\}^{\frac{1}{2}} \approx l \cdot 10^{-1} \begin{cases} \sqrt{\dfrac{T}{T_s}} \\ \sqrt{\dfrac{\Theta_D}{4 T_s}} . \end{cases}$$

Es muß aber betont werden, daß die Fragestellung nach der Bewegung eines Atoms um seine Ruhelage eigentlich sinnlos ist, da es nur auf relative Bewegungen ankommen kann. Tatsächlich ist ja die Lage des Schwerpunkts $\left(\dfrac{1}{\sqrt{N}} \beta_i^0 \right)$ völlig undeterminiert. Die Schwerpunktsverschiebung ist ja auch bei der Berechnung von $\overline{(\mathfrak{s}^0)^2}$ weggelassen worden. Was man eigentlich ausgerechnet hat, sind die Schwankungen der Lage eines einzelnen Atoms gegen den Schwerpunkt. Diese Fragestellung hat einen physikalischen Sinn. Nun erkennt man, daß die Schwankungen der Lagen der einzelnen Atome bezogen auf den Schwerpunkt überall von der Größenordnung $l/10$ sind[3]. Vom Schwerpunkt aus gesehen sind die Lagen der einzelnen Atome bis auf diese kleinen Schwankungen die idealen Lagen des Gitters.

Es gibt einen Fall, der ganz deutlich zeigt, wie vorsichtig man in der Beurteilung solcher Schwankungen sein muß. Bei der linearen Kette kann man genau das gleiche Verfahren durchführen. Der einzige Unterschied ist der, daß die Polarisationsvektoren wegfallen. Die Formeln bleiben, abgesehen von Zahlenfaktoren, gleich. Wollte man nun die Schwankungen eines Atoms wie oben oder die relativen Schwankungen zwischen zwei Atomen nach einer Gl. (79.10) entsprechenden Formel berechnen, so ergibt sich ein divergentes Resultat. Denn das Spektrum bei kleinen ω-Werten ist bei der linearen Kette konstant und das ω^2 im Nenner des Integrals (79.10) liefert die Divergenz. Tatsächlich bedeutet dieses Ergebnis nur, daß

---

[1] Die Nullpunkts-Schwingungen machen sich z.B. bei der Streuung von Elektronenwellen nur bemerkbar bei Elektronen, die nicht zum thermischen Gleichgewicht gehören. Beim elektrischen Widerstand, der ja auch durch eine Streuung der Elektronenwellen der Leitungselektronen an den thermisch bedingten Abweichungen des idealen Gitteraufbaus zustande kommt, fallen die Nullpunkseffekte weg.

[2] $\overline{(\mathfrak{s}^0)^2}$ unterscheidet sich von (79.10) gerade um einen Faktor $\frac{1}{2}$.

[3] Die Verteilungsfunktion für $\mathfrak{s}^0$ ist eine Gauss-Funktion $w(\mathfrak{s}^0) \, d\mathfrak{s}^0 \approx e^{-\frac{(\mathfrak{s}^0)^2}{2\overline{(\mathfrak{s}^0)^2}}} \, d\mathfrak{s}^0$. Die einzelnen Komponenten s_x^0, s_y^0, s_z^0 sind unabhängig voneinander. Ihre Schwankungen sind gleich. Das gilt nur für die kubischen (primitiven) Gitter.

die Schwankungen von der Zahl N der Atome der linearen Kette abhängen. Die verhältnisse liegen im linearen Gitter vollkommen anders als im Raumgitter. Das Schwankungsquadrat des Abstandes zwischen zwei Atomen der Kette nimmt (bei hohen Temperaturen!) proportional zum Abstand der beiden Atome zu. Das kann man leicht einsehen, wenn man sich auf den klassischen Grenzfall bei hohen Temperaturen und Federbindungen zwischen nächsten Nachbarn beschränkt. Dann ist die Wahrscheinlichkeits-Verteilung für den Abstand u zweier Nachbarn:

$$w(u)\,du \approx e^{-\frac{f u^2}{2kT}}\,du$$

und es ist $\overline{u^2} = kT/f$. Nun sind die Abstände verschiedener Nachbarn unkorreliert; die gesamte Verteilung ist ein Produkt $w(u_{01})\,w(u_{12}) \ldots w(u_{n-1\,n})$.

Daher ist die Schwankung des Abstands-Quadrates für zwei Atome in der Entfernung $n\,a$ gleich dem n-fachen Schwankungs-Quadrat der Entfernung zweier Nachbarn: $\overline{(s^n - s^0)^2} = n\,kT/f$.

Die relativen Schwankungen bezogen auf den Abstand selbst werden zwar klein, auch die mittleren Lagen stimmen; die absoluten Schwankungen dagegen sind ungeheuer groß. Das Schwankungsquadrat eines Atoms der Kette gegen den Schwerpunkt ist $\tfrac{1}{6} N kT/f$. Daher braucht man sich nicht zu wundern, daß bei der Berechnung der „Schwankung eines einzelnen Atoms" nichts Vernünftiges herauskommt. Beim räumlichen Gitter hat man nicht nur eine Linie, längs deren einen Bindung der Atome vorliegt, sondern sehr viele Verbindungsmöglichkeiten. Dadurch werden die Schwankungen so weit reduziert, daß die absoluten Schwankungen eines einzelnen Atoms in dem oben erwähnten Sinne von der gleichen Größenordnung sind wie die Schwankungen des Relativabstandes benachbarter Atome. Gleichzeitig zeigt diese Betrachtung auch, daß man bei der Übertragung von Ergebnissen an der linearen Kette auf das Raumgitter vorsichtig sein muß.

Geht man in (79.3 a) zur Kontinuums-Näherung über

$$s_i(\mathfrak{R}) = \frac{\beta_i^0}{\sqrt{N}} + \sum_{k_x > 0,\, s} \mathfrak{e}_s^{(s)}(\mathfrak{k}) \sqrt{\frac{2}{N}}\, \{\alpha_s^{\mathfrak{k}} \cos \mathfrak{k}\,\mathfrak{R} + \beta_s^{\mathfrak{k}} \sin \mathfrak{k}\,\mathfrak{R}\}, \qquad (79.13)$$

so kann man auch noch andere mechanische Größen (etwa die thermischen Spannungen) berechnen, da man jetzt die zur Definition der Spannungen oder Verzerrungen benötigten Differentiationen ausführen kann[1]. Unter den gleichen Voraussetzungen wie bisher, nämlich Isotropie, $c_l \gg c_t$ und Anwendung der Debyeschen Näherung, ergibt sich für die thermischen Schubspannungen τ

$$\frac{\overline{\tau^2}}{G^2} \approx \frac{U_s(T)}{5\,G\,V}, \qquad (79.14)$$

und speziell für flächenzentrierte Gitter und hohe Temperaturen:

$$\frac{\overline{\tau^2}}{G^2} \approx \frac{kT}{G\,l^3}. \qquad (79.14a)$$

Berechnet wird dabei $\overline{\tau^2}$ an irgendeinem Punkt des Kontinuums. $\overline{\tau^2}$ ist unabhängig von der Lage des Punktes und $\bar{\tau}$ verschwindet. Ferner ist es bei Isotropie gleichgültig, welche Schubspannungs-Komponente gewählt wird. Vom Gitter aus gesehen bedeutet diese Berechnung eine näherungsweise Bestimmung der mittleren Spannung oder besser der damit verbundenen mittleren Verzerrung über wenigstens eine Gitterzelle. Insofern ist (79.14) als eine verhältnismäßig grobe Näherung anzusehen. Die Verteilung der Schubspannung ist wieder eine Gauss-Verteilung

$$w(\tau)\,d\tau = \frac{1}{\sqrt{2\pi\overline{\tau^2}}}\, e^{-\frac{\tau^2}{2\overline{\tau^2}}}\,d\tau. \qquad (79.15)$$

Die Schubspannung wurde deswegen hier herausgegriffen, weil sie auch sonst bei Metallen eine ausgezeichnete Rolle in der plastischen Verformung spielt. Ein

---

[1] G. Leibfried: Z. Physik **124**, 344 (1950).

Vergleich soll zeigen, in welcher Größenordnung die thermischen Spannungen im Vergleich zu den sonstigen Spannungs-Größen liegen. Es gibt zunächst eine elastische Grenze τ_{el}, die Schubspannung unter welcher ein Einkristall mit der plastischen Verformung beginnt, dann eine entsprechende Spannung τ_m, unter welcher der Kristall reißt, und drittens eine theoretische Schubfestigkeit τ_{theor}, die in der Größenordnung $G/2\pi$ liegt[1]. Tabelle 26 zeigt eine Zusammenstellung der Werte für Aluminium. Die thermische Spannung ist überraschend groß.

Tabelle 26. *Schubspannungen für Aluminium* $G \cong 2500\ kp/mm^2$; $\overline{\tau^2}$ *für Zimmertemperatur.*

τ_{el}	τ_m	$\sqrt{\overline{\tau^2}}$	τ_{theor}
$1{,}6 \cdot 10^{-5}\ G$	$1{,}6 \cdot 10^{-3}\ G$	$7 \cdot 10^{-2}\ G$	$1{,}6 \cdot 10^{-1}\ G$
$0{,}04\ kp/mm^2$	$4\ kp/mm^2$	$175\ kp/mm^2$	$400\ kp/mm^2$

Diese Beispiele sollten die Verwendbarkeit der Debyeschen Theorie an einigen Problemen demonstrieren. Die so erzielten Abschätzungen liefern sicher immer ein einigermaßen zutreffendes Resultat. Doch muß man bei der unbedenklichen Verwendung des Debyeschen Ansatzes immer dann Vorsicht walten lassen, wenn Polarisationseffekte eine ausschlaggebende Rolle spielen, so etwa in der Theorie der elektrischen Leitfähigkeit. Dort sind die longitudinalen Wellen die Ursache für Streuung von Elektronen. Eine unbedenkliche Anwendung der Debyeschen Idee unterdrückt aber im allgemeinen die longitudinalen Komponenten der Gitterschwingungen fast vollständig. Ferner ist zu berücksichtigen, daß auch bei elastischer Isotropie die Wellen mit größeren $\mathfrak{k}$-Werten nicht mehr rein longitudinal oder transversal sind. Die hohen $\mathfrak{k}$-Werte überwiegen aber im Spektrum. Jedesmal dann also, wenn im Ergebnis der Rechnung die Polarisationsvektoren explizit stehen bleiben, sollte man den Debyeschen Ansatz nicht kritiklos verwenden.

80. Verteilungen und Korrelationen. Schon die Behandlung der Schwankungen des Abstandes zweier Atome zeigt, daß die Bewegungen der Atome des Gitters nicht unabhängig voneinander erfolgen[2]. Das ist auch anschaulich klar, denn die Temperaturbewegung der Atome wird durch statistisch unabhängige Wellen beschrieben, welche den Kristall durchlaufen. Wären nur lange Wellen angeregt, so würden benachbarte Atome immer gleichsinnig schwingen und ihr Abstand würde sich praktisch nicht ändern. Sind dagegen kurze Wellen vorhanden, und ist der Abstand der Atome von der Größenordnung einer halben Wellenlänge, so schwingen die Atome in Gegenphase und die Schwankungen werden besonders groß. Es sollen hier nun einige einfache Beispiele besprochen werden, die zeigen, wie die Beziehungen zwischen den Bewegungen einzelner Atome aussehen[3].

Zuerst sollen zwei Atome eines kubisch primitiven Gitters ins Auge gefaßt werden. Ein Atom liegt im Koordinaten-Ursprung, das andere auf der X-Achse in ha. Dann kann man die Verteilungen für die X- und Y-Komponenten der Verschiebungs-Differenzen berechnen. Dazu braucht man nur die mittleren Quadrate, da die Verteilung selbst eine Gauss-Funktion sein muß[4]. Die

---

[1] Vgl. den Artikel von A. Seeger in diesem Band, für τ_{th} Ziff. 99.

[2] In (79.9) sieht man das daran, daß $\overline{(\mathfrak{z}^{\mathfrak{h}} - \mathfrak{z}^0)^2}$ von der Entfernung der beiden Atome $\mathfrak{R}^{\mathfrak{h}}$ abhängt. Für große Entfernungen fällt die Entfernungsabhängigkeit weg, die Bewegungen sind dann unabhängig. Nur dieser Fall wurde in Ziff. 79 behandelt.

[3] Die folgenden Zeichnungen und funktionellen Zusammenhänge sind aus der Dissertation von G. Barsch (Göttingen 1955) entnommen.

[4] Es wird nur die Verteilung jeder Größe für sich untersucht. Die beiden Verteilungen sind nicht unabhängig voneinander.

Berechnung der Größen $\overline{(s_x^{ha}-s_x^0)^2}$ und $\overline{(s_y^{ha}-s_y^0)^2}$ erfolgt genau so wie in Ziff. 79. Allerdings bleiben nun in den Formeln die Polarisationsvektoren explizit stehen, was die Auswertung beträchtlich erschwert. Die Resultate sollen hier nur in Form einer Tabelle (27) angegeben werden. Es sind nur die beiden Grenzfälle

Tabelle 27. *Quadratische Mittelwerte von Verschiebungsdifferenzen in Abhängigkeit von der Entfernung ha bei hohen und tiefen Temperaturen.*

$$\left(\eta = h\,(6\pi^2)^{\frac{1}{3}}\,;\ \ Si(\eta) = \int\limits_0^\eta \frac{\sin t}{t}\,dt \right)$$

	Hohe Temperaturen	$T=0$
$\dfrac{\overline{(s_x^{ha}-s_x^0)^2}}{2\,\overline{s_x^2}}$	$1 - \dfrac{4}{3}\dfrac{Si\,\eta}{\eta} + \dfrac{\sin\eta}{\eta^3} - \dfrac{\cos\eta}{\eta^2}$	$1 - \dfrac{18}{5}\cdot\dfrac{1}{\eta^2} + \dfrac{6}{5}\left(\dfrac{\cos\eta}{\eta^2} + 2\dfrac{\sin\eta}{\eta^3}\right)$
$\dfrac{\overline{(s_y^{ha}-s_y^0)^2}}{2\,\overline{s_y^2}}$	$1 - \dfrac{5}{6}\dfrac{Si\,\eta}{\eta} - \dfrac{1}{2}\left(\dfrac{\sin\eta}{\eta^3} - \dfrac{\cos\eta}{\eta^2}\right)$	$1 - \dfrac{6}{5}\dfrac{1}{\eta^2} + \dfrac{6}{5}\left(2\dfrac{\cos\eta}{\eta^2} - \dfrac{\sin\eta}{\eta^3}\right)$

hoher Temperaturen $(T > \Theta_D)$ und $T = 0$ aufgeführt. Die Berechnungen erfolgen unter Annahme der DEBYEschen Theorie, wobei für die verschiedenen Polarisationen verschiedene Abschneidefrequenzen eingeführt werden[1]. Zur Verein-

fachung der Verhältnisse ist Isotropie und ein Verhältnis der Schallgeschwindigkeiten $c_l/c_t = 2$ vorausgesetzt. Der Verlauf von $\dfrac{\overline{(s_x^{ha}-s_x^0)^2}}{2\,\overline{s_x^2}}$ und $\dfrac{\overline{(s_y^{ha}-s_y^0)^2}}{2\,\overline{s_y^2}}$ in Abhängigkeit von der „Entfernung" h ist in Fig. 55 dargestellt. Für große Entfernungen sind die Bewegungen unkorreliert[2]:

$$\frac{\overline{(s_x^{ha}-s_x^0)^2}}{2\,\overline{s_x^2}} = 1\,;$$

$$\overline{(s_x^{ha})^2} = \overline{(s_x^0)^2} = \overline{s_x^2}\,;\quad \overline{s_x^{ha}\cdot s_x^0} = 0.$$

Da bei tiefen Temperaturen die kurzen Wellen relativ mehr angeregt sind, so ist bei tiefen Temperaturen die Entfernung, von der ab die Bewegungen

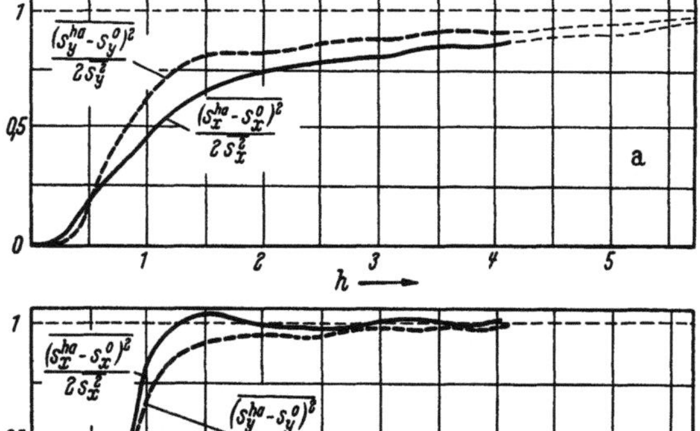
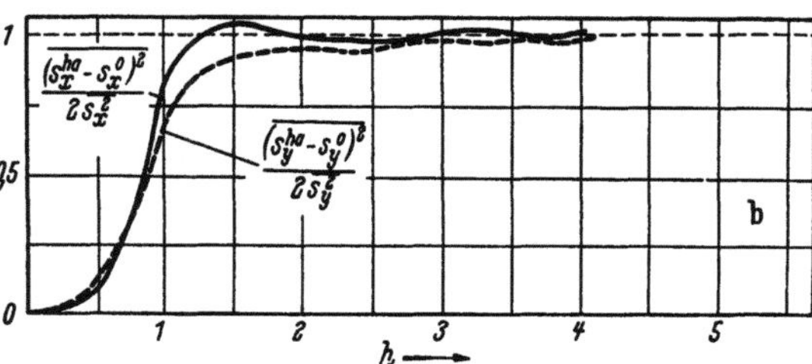

Fig. 55a u. b. Mittelwerte der Quadrate von Verschiebungs-Differenzen im kubisch primitiven Gitter in Abhängigkeit von der Entfernung ha. a Hohe Temperaturen $(T \gg \Theta_D)$. b $T=0$.

praktisch unkorreliert werden, kleiner als bei hohen Temperaturen.

Ein anderes Beispiel ist die Korrelation zwischen zwei Verschiebungs-Differenzen. Betrachtet man zwei benachbarte, auf der X-Achse im Koordinaten-Ursprung gelegene Atome eines kubisch primitiven Gitters (Fig. 56), so kann

---

[1] Man muß sich dann darüber klar sein, daß die Frequenzen dieses Ansatzes zu hoch liegen (Fig. 49).

[2] $\overline{s_x^2}$ und $\overline{s_y^2}$ sind die Mittelwerte der Verschiebungsquadrate relativ zum Schwerpunkt (Ziff. 79). $\left(\text{In kubischen Kristallen } \overline{s_x^2} = \overline{s_y^2} = \overline{s_z^2} = \dfrac{1}{3}\overline{s^2} = \overline{\left(\dfrac{\varepsilon(\omega, T)}{M\omega^2}\right)^{\text{Spektrum}}} \right).$

man nach der Wahrscheinlichkeit fragen, wie groß die Verschiebungsdifferenz zweier ebenfalls benachbarter Atome ist, wenn diese auch auf der X-Achse (u') oder senkrecht zur Verbindungslinie der beiden ersten Atome auf der Y-Achse (u'') liegen. Die Verschiebungen u', u'' sind mit den Verschiebungen u korreliert. Das heißt: Wenn man u vorgibt, dann hängt der Mittelwert $\overline{u'}$ von u ab $(\overline{u'} = \gamma' u)$. Der Korrelations-Koeffizient γ' hängt von der Entfernung ab und ist für die beiden diskutierten Fälle verschieden. Der Verlauf von γ' und γ'' ist in Fig. 57 dargestellt. γ ist unter den gleichen Voraussetzungen berechnet worden wie die Verteilung der Verschiebungsdifferenzen des vorigen Absatzes. Die Korrelation dieser „Verzerrungen" nimmt sehr schnell mit der Entfernung ab und ist in Entfernungen der dreifachen Gitterkonstante praktisch schon Null. Bei hohen Temperaturen, für die Fig. 56 gilt, ist γ temperaturunabhängig.

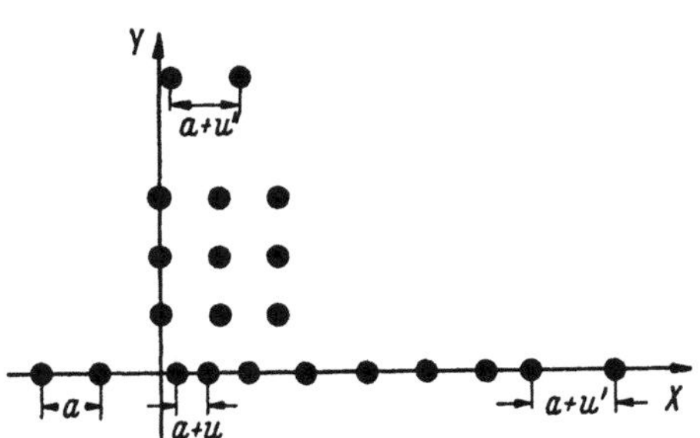

Fig. 56. Zur Korrelation zwischen Verschiebungsdifferenzen. Die Verschiebungsdifferenz u ist fest. Gefragt wird nach dem Mittelwert von u': $\overline{u'} = \gamma' u$ oder u'': $\overline{u''} = \gamma'' u$.

Ein drittes Beispiel ist die Verteilung von Schubspannungen τ über größere Volumina, die schon viele Atome enthalten. Gesucht ist die Wahrscheinlichkeit $w_n(\tau_0)\, d\tau_0$ dafür, daß in einem gegebenen Volumen von n Atomen τ überall zwischen τ_0 und $\tau_0 + d\tau_0$ liegt. Geht man von der Verteilung (79.15)

$$w(\tau)\, d\tau = \frac{1}{\sqrt{2\pi\,\overline{\tau^2}}}\, e^{-\frac{\tau^2}{2\,\overline{\tau^2}}}\, d\tau \tag{80.1}$$

aus, die für einen Punkt des Kontinuums ausgerechnet ist, und nimmt man an, daß dieser Ausdruck näherungsweise für die Umgebung eines einzelnen Atoms

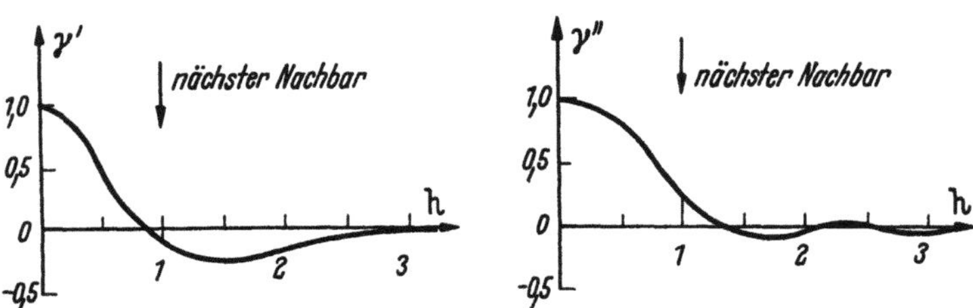

Fig. 57. Verlauf der Korrelationskoeffizienten γ' und γ'' in Abhängigkeit von der Entfernung ha im kubisch primitiven Gitter bei hohen Temperaturen.

gilt, so kann man unter der weiteren Voraussetzung, daß die Verteilungen an verschiedenen Atomen des herausgegriffenen Volumens unabhängig voneinander sind, $w_n(\tau)$ zu

$$w_n(\tau_0)\, d\tau_0 = \left\{ \int\limits_{\tau_0}^{\infty} w(\tau)\, d\tau \right\} n\, w(\tau_0)\, d\tau_0 \tag{80.2}$$

angeben. Die Wahrscheinlichkeit dafür, daß z. B. die Schubspannung überall größer als Null ist, ergibt sich zu

$$\int\limits_{0}^{\infty} w_n(\tau_0)\, d\tau = \left\{ \int\limits_{0}^{\infty} w(\tau)\, d\tau \right\}^n = \frac{1}{2^n},$$

ist also schon für ein nur wenige Atome enthaltendes Volumen außerordentlich klein. Leider ist es bisher nicht gelungen zu entscheiden, ob eine Berücksichtigung der Korrelations-Effekte dieses Resultat wesentlich verbessern kann. In den meisten physikalischen Fragestellungen kommt es aber nicht darauf an, zu wissen, ob die Spannungen *überall* zwischen τ_0 und $\tau_0 + d\tau_0$ liegen, sondern es interessiert die Verteilung der mittleren Schubspannung $\tilde{\tau}_0 = \frac{1}{n} \sum_{i=1}^{n} \tau_i$ in dem herausgegriffenen Volumen. Wieder kann man unter den obigen Voraussetzungen unabhängiger Verteilungen an den verschiedenen Stellen des herausgegriffenen Volumens das Resultat sofort angeben

$$w_n(\tilde{\tau}_0)\, d\tilde{\tau}_0 = \frac{1}{\sqrt{\dfrac{2\pi\,\overline{\tau^2}}{n}}}\, e^{-\frac{n\,\overline{\tilde{\tau}_0^2}}{2\,\overline{\tau^2}}}\, d\tilde{\tau}_0; \tag{80.3}$$

denn die Verteilung muß eine GAUSS-Funktion sein und bei Unabhängigkeit der Spannungen an den einzelnen Punkten ist

$$\overline{\tilde{\tau}_0^2} = \frac{1}{n^2} \overline{\left(\sum_i \tau_i\right)^2} = \frac{\overline{\tau^2}}{n}.$$

Hier kann man zeigen, daß die Berücksichtigung der Korrelation Gl. (80.3) bestätigt, wenn die linearen Abmessungen des Volumens groß gegen die Gitterabstände und die Temperaturen hoch sind. Im übrigen kann man Gl. (80.3) auch anschaulich so verstehen, daß man bei der Bildung des Mittelwerts $\overline{\tilde{\tau}_0^2}$ einfach die kurzen Wellen ausschließt; denn die Schwingungen mit Wellenlängen, die kleiner als die Lineardimensionen des betrachteten Volumens sind, liefern zu der mittleren Schubspannung $\tilde{\tau}_0$ sicher keinen Beitrag[1].

Diese Beispiele zeigen, wie man die DEBYEsche Theorie noch anderweitig verwenden kann. Bei einer genaueren Diskussion muß man aber darauf achten, daß die Frequenzen dieses Ansatzes im allgemeinen zu hoch liegen. Das könnte man bei hohen Temperaturen dadurch korrigieren, daß man die Abschneide-Frequenzen entsprechend tiefer wählt. Bei tiefen Temperaturen sind die Darstellungen exakt, da dort nur die Wellen eingehen, die durch die elastische Theorie erfaßt werden. Ferner ist zu berücksichtigen, daß die Polarisationsverhältnisse bei kurzen Wellen im allgemeinen nicht durch longitudinale und transversale Polarisation ausreichend dargestellt werden können. Die Ergebnisse dieser Ziffer zeigen aber jedenfalls qualitativ die Abhängigkeit der Korrelations-Effekte von der Entfernung und der Temperatur.

G. Die höheren Entwicklungs-Glieder der potentiellen Energie.

81. Die lineare einatomige Kette. *α) Berechnung der Zustandssumme.* Am einfachsten läßt sich das Verhalten der linearen Kette mit Wechselwirkung nächster Nachbarn bei hohen Temperaturen übersehen. Gleichzeitig ist dies auch das einzige Beispiel, wo man die Berechnung der thermischen Größen ohne grobe Näherung durchführen kann. Ist $\varphi(X)$ die potentielle Energie zwischen zwei Atomen der Kette (Fig. 58), so sei die Entwicklung von φ um die Gleichgewichtslage

---

[1] Gl. (80.3) stimmt mit der, aus thermodynamischen Überlegungen gewonnenen, Formel von R. BECKER [Phys. Z. **26**, 919 (1925)] $w_n(\tilde{\tau}_0) \approx e^{-\frac{n\,V_Z\,\tilde{\tau}_0^2}{2kT}}$ praktisch überein. C. CRUSSARD, Rep. Solvay Conf. 1951, S. 345, hat gleichfalls Ergebnisse dieser Art diskutiert.

$\bar{a}\,(\varphi'(\bar{a})=0)$ bis zu einschließlich Gliedern vierter Ordnung

$$\left.\begin{aligned}\varphi = \varphi(\bar{a}) + \frac{1}{2}\,\bar{f}\,\bar{u}^2 + \frac{1}{3!}\,\bar{g}\,\bar{u}^3 + \frac{1}{4!}\,\bar{h}\,\bar{u}^4 \\ [\text{mit } \bar{f}=\varphi''(\bar{a}); \ \bar{g}=\varphi'''(\bar{a}) \text{ und } \bar{h}=\varphi''''(\bar{a})].\end{aligned}\right\} \qquad (81.1)$$

$\bar{u}$ ist die Verschiebungs-Differenz der beiden benachbarten Atome, etwa n und $n+1$, wenn die Verschiebungen von $\bar{a}$ aus gezählt werden:

$$X^{n+1} - X^n - \bar{a} = \bar{s}^{n+1} - \bar{s}^n = \bar{u}_n.$$

Im Zustandsintegral für $N+1$ Atome kann der Anteil der kinetischen Energie sofort ausintegriert werden

$$\left.\begin{aligned}Z &= (2\pi M k T)^{\frac{N}{2}} \int e^{-\frac{1}{kT}\Phi(\bar{s}^0,\ldots,\bar{s}^N)}\,d\bar{s}^0\ldots d\bar{s}^N \\ &= (2\pi M k T)^{\frac{N}{2}} \int e^{-\frac{1}{kT}\sum\limits_0^{N-1}\varphi(\bar{u}_n)}\,d\bar{u}_0\ldots d\bar{u}_{N-1}.\end{aligned}\right\} \qquad (81.2)$$

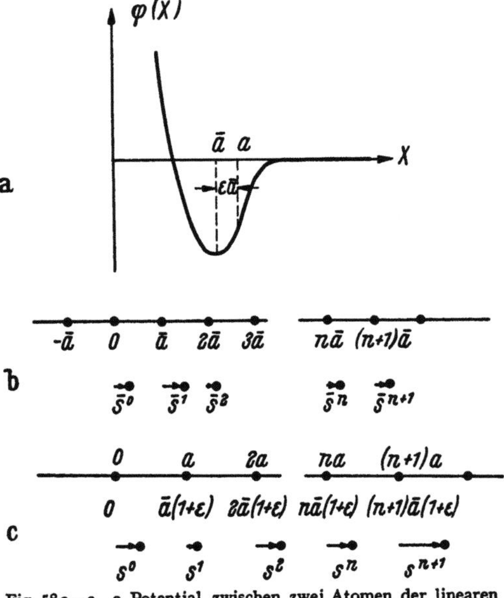

Fig. 58a—c. a Potential zwischen zwei Atomen der linearen Kette. $\bar{a}$ ist die Gleichgewichtslage bei Wechselwirkung zwischen nächsten Nachbarn: $a=\bar{a}+\varepsilon\bar{a}$ ist die verzerrte Lage. b Entwicklung um die Gleichgewichtslagen $n\bar{a}$ mit den Verschiebungen $\bar{s}^n$. c Entwicklung um die verzerrten Lagen na mit den Verschiebungen s^n.

Der Anteil der potentiellen Energie bleibt noch zu berechnen[1]. Die Länge der Kette kann man dann entweder durch eine Periodizitäts-Bedingung $\bar{s}_0 = \bar{s}^{N+1}$ oder durch die Forderung $X^N - X^0 - N\bar{a} = \sum\limits_0^{N-1} \bar{u}_n = 0$ berücksichtigen. Will man die Zustands-Summe in Abhängigkeit von der Länge oder der Dehnung der Kette haben, so entwickelt man zweckmäßig um die gedehnte Lage $a=(1+\varepsilon)\,\bar{a}$. Die Länge der Kette ist dann Na. Bezeichnet man die Verschiebungen aus der verzerrten Lage mit s^n, so ist die Vorgabe der Länge Na gleichbedeutend mit $s^0 = s^{N+1}$ oder

$$\sum\limits_0^{N-1} u_n = 0.$$

Dann wird das Zustands-Integral in Abhängigkeit von der Dehnung ε und der Temperatur

$$Z(\bar{a}, \varepsilon, T) = (2\pi M k T)^{\frac{N}{2}} \int e^{-\frac{1}{kT}\sum\limits_0^{N-1}\varphi(u_n)}\,du_0\ldots du_{N-1} \qquad (81.3)$$

mit der Nebenbedingung $\sum\limits_0^{N-1} u_n = 0$. Die Entwicklung von φ um die verzerrte Lage a lautet

$$\varphi = \varphi(a) + e\,u + \frac{1}{2}\,f\,u^2 + \frac{1}{3!}\,g\,u^3 + \frac{1}{4!}\,h\,u^4, \qquad (81.4)$$

---

[1] Den Schwerpunkt der Kette denke man sich fest.

wobei die Koeffizienten der Entwicklung aus Gl. (81.1) entnommen werden können:

$$e(\varepsilon) = \varphi'(a) \quad = \bar{f}\,\bar{a}\,\varepsilon + \frac{1}{2}\,\bar{g}\,(\bar{a}\,\varepsilon)^2 + \frac{1}{3!}\,\bar{h}\,(\bar{a}\,\varepsilon)^3, \tag{81.5a}$$

$$f(\varepsilon) = \varphi''(a) \quad = \bar{f} + \bar{g}\,\bar{a}\,\varepsilon + \tfrac{1}{2}\bar{h}(\bar{a}\,\varepsilon)^2, \tag{81.5b}$$

$$g(\varepsilon) = \varphi'''(a) \quad = \bar{g} + \bar{h}\,\bar{a}\,\varepsilon, \tag{81.5c}$$

$$h(\varepsilon) = \varphi''''(a) = \bar{h}. \tag{81.5d}$$

Wegen der Nebenbedingung verschwindet das in u_n lineare Glied der Entwicklung im Zustands-Integral. Führt man die Nebenbedingung als δ-Funktion in den Integranden von (81.3) ein

$$\delta\left(\sum u_n\right) = \frac{1}{2\pi} \int\limits_{-\infty}^{+\infty} dt\, e^{-i t \sum u_n}, \tag{81.6}$$

so wird

$$Z(\bar{a}, \varepsilon, T) = (2\pi M k T)^{\frac{N}{2}} \frac{1}{2\pi} \int\limits_{-\infty}^{+\infty} e^{N z(t)}\, dt \tag{81.7}$$

mit der Bezeichnung

$$e^{z(t)} = \int du\, e^{-\frac{1}{kT}\left\{\varphi(a) + \frac{f}{2} u^2 + \frac{g}{3!} u^3 + \frac{h}{4!} u^4\right\} - i t u}. \tag{81.8}$$

Für große Zahlen N kann die Integration in (81.7) nach der Sattelpunkts-Methode ausgeführt werden[1]. Dazu bestimmt man die Stelle t_0, für die $z'(t_0) = 0$ ist. Dann ist näherungsweise (asymptotisch)[2]

$$\int dt\, e^{N z(t)} \approx e^{N z(t_0)}. \tag{81.9}$$

Das Zustands-Integral

$$Z \approx (2\pi M k T)^{\frac{N}{2}} \frac{e^{N z(t_0)}}{2\pi} \tag{81.10}$$

liefert dann die freie Energie

$$F = - k T \ln Z = - k T \frac{N}{2} \ln 2\pi M k T - k T N \ln z(t_0), \tag{81.11}$$

wenn man die nicht zu N proportionalen Glieder vernachlässigt.

Zur Bestimmung von $z(t_0)$ geht man folgendermaßen vor. Zunächst ist

$$e^{z(t)} = e^{-\frac{\varphi(a)}{kT}} \int du\, e^{-\frac{f u^2}{2kT} - \left[\frac{1}{kT}\left(\frac{g}{3!} u^3 + \frac{h}{4!} u^4\right) + i u t\right]}. \tag{81.12}$$

Die Größen g und h sollen als Störung behandelt werden (kleine Verzerrungen!). Wenn sie verschwinden, ist $z(t) \approx -t^2$ und $t_0 = 0$. Damit ist auch t_0 von der Größenordnung g, h klein. Dann entwickelt man den Integranden von Gl. (81.12) unter dieser Voraussetzung bis zu Gliedern dritter Ordnung

$$
\left.
\begin{aligned}
e^{z(t)} = e^{-\frac{\varphi(a)}{kT}} \int du\, e^{-\frac{f u^2}{kT}} \cdot \Bigg\{ &1 - \left[\frac{1}{kT}\left(\frac{g}{3!} u^3 + \frac{h}{4!} u^4\right) + i u t\right] + \\
&+ \frac{1}{2}\left[\frac{1}{kT}\left(\frac{g}{3!} u^3 + \frac{h}{4!} u^4\right) + i u t\right]^2 - \frac{1}{3!}\left[\frac{1}{kT}\left(\frac{g}{3!} u^3 + \frac{h}{4!} u^4\right) + i u t\right]^3 \Bigg\}.
\end{aligned}
\right\} \tag{81.12a}
$$

---

[1] Will man die Sattelpunktsmethode vermeiden, so kann man an Stelle der freien Energie (gegebene Verzerrung) die freie Enthalpie (gegebener Druck) benutzen. Vgl. auch J. S. DUGDALE u. D. K. C. MACDONALD: Phys. Rev. **96**, 57 (1954). — D. K. C. MACDONALD u. S. K. ROY: Phys. Rev. **97**, 673 (1955).

[2] Daneben steht noch multiplikativ ein Glied der Form $\{N z''(t_0)\}^{-\frac{1}{2}}$. Bei der Bildung der freien Energie liefert dieses Glied einen Beitrag der Größenordnung $\ln N$ und kann gegen die anderen Beiträge vernachlässigt werden.

Die benötigten Integrationen $\int du\, e^{-\frac{fu^2}{2kT}}\, u^\nu\, du$ können leicht ausgeführt werden. Aus dieser Gleichung für $z(t)$ bestimmt man t_0. Führt man noch die Mittelwerte über die harmonische Verteilung

$$\overline{u^\nu}^h = \frac{\int du\, e^{-\frac{fu^2}{2kT}}\, u^\nu}{\int du\, e^{-\frac{fu^2}{2kT}}} \qquad (81.13)$$

ein, so wird schließlich nach einer einfachen Rechnung

$$\left. e^{Nz(t_0)} = e^{-\frac{N\varphi(a)}{kT}} \cdot \left\{ \int e^{-\frac{fu^2}{2kT}}\, du \right\}^N \times \right.$$
$$\left. \times \left\{ 1 - \frac{h}{4!\,kT}\overline{u^4}^h + \frac{1}{2}\left(\frac{g}{3!\,kT}\right)^2 \overline{u^6}^h - \frac{1}{2}\frac{\left(\frac{g}{3!\,kT}\right)^2 [\overline{u^4}^h]^2}{\overline{u^2}^h} \right\}^N \cdot \right\} \quad (81.14)$$

Hier sind nur Glieder, die proportional zu h und g^2 sind, berücksichtigt worden. Anteile proportional zu h^2 sind vernachlässigt.

Das letzte unterstrichene Glied in (81.14) ist eine Folge der Nebenbedingung. Man erkennt das, wenn man die Nebenbedingung wegläßt und mit (81.12a) für $t=0$ vergleicht. Wenn man die Nebenbedingung in dem Zustandsintegral (81.2) wegläßt, so läßt man die Länge der Kette unbestimmt. Man erhält dann das Zustandsintegral beim „Druck" Null. Der Anteil der potentiellen Energie sieht dann genau so aus wie (81.14), nur mit dem Unterschied, daß überall die Größen $\bar{a}, \bar{f}, \bar{g}$ und $\bar{h}$ auftreten, weil man um a entwickelt hat, und daß das letzte Glied in (81.14) fortfällt. Die entsprechende Energie und spezifische Wärme sind dann für den Druck Null definiert.

Damit wird die freie Energie

$$\left. F = N\,\varphi(a) - \frac{N}{2}kT \ln 2\pi M kT - N kT \ln \int du\, e^{-\frac{fu^2}{2kT}} - \right.$$
$$\left. - N kT \left\{ -\frac{h\,\overline{u^4}^h}{4!\,kT} + \frac{1}{2}\left(\frac{g}{3!\,kT}\right)^2 \overline{u^6}^h - \frac{1}{2}\frac{\left(\frac{g}{3!\,kT}\right)^2 [\overline{u^4}^h]^2}{\overline{u^2}^h} \right\}, \right\} \quad (81.15)$$

wobei der Logarithmus des Anteils der Störglieder mit g, h entwickelt worden ist. Setzt man für die harmonischen Mittelwerte

$$\overline{u^2}^h = \frac{kT}{f}, \qquad (81.16a)$$

$$\overline{u^4}^h = 3\left(\frac{kT}{f}\right)^2, \qquad (81.16b)$$

$$\overline{u^6}^h = 15\left(\frac{kT}{f}\right)^3 \qquad (81.16c)$$

ein, so wird

$$\left. F = \underbrace{N\,\varphi(a)}_{U_{\text{el}}} \underbrace{- \frac{N}{2}kT \ln 2\pi M kT - \frac{N}{2}kT \ln \frac{2\pi kT}{f}}_{F_s} - \right.$$
$$\left. \underbrace{- N kT \left\{ -\frac{\bar{h}kT}{8\bar{f}^2} + \frac{5}{24}\frac{\bar{g}^2 kT}{\bar{f}^3} - \frac{3}{24}\frac{\bar{g}^2 kT}{\bar{f}^3} \right\}}_{F_{\text{anh}}}. \right\} \quad (81.15\text{a})$$

In den Störgliedern sind die Entwicklungskoeffizienten von (81.1) eingesetzt, dabei sind Glieder, welche nicht proportional zu $\bar{h}$ oder $\bar{g}^2$ sind, vernachlässigt.

Die freie Energie besteht aus vier Anteilen: der elastischen Energie U_{el}; einem Anteil an kinetischer und potentieller Energie, bei der die geänderte Federkonstante $f(\varepsilon)$ eingeht (diese beiden Terme werden zur freien Schwingungsenergie F_s zusammengefaßt); einem zusätzlichen Anteil der anharmonischen Glieder F_{anh}.

F_s hängt über die Federkonstante f von der Verzerrung und den anharmonischen Größen ab. F_{anh} hängt im Rahmen der Näherung nicht mehr von der Verzerrung ε ab.

β) *Die thermische Ausdehnung.* ε^{th} der Kette ergibt sich aus der Gleichgewichtsbedingung

$$\left(\frac{\partial F}{\partial \varepsilon}\right)_T = 0; \quad \left(\frac{\partial U_{el}}{\partial \varepsilon}\right)_T + \left(\frac{\partial F_s}{\partial \varepsilon}\right)_T = 0. \tag{81.17}$$

Unter Vernachlässigung höherer Glieder in ε ist

$$\frac{dU_{el}}{d\varepsilon} = N\frac{d}{d\varepsilon}\varphi\big(\bar{a}(1+\varepsilon)\big) = N\bar{f}\bar{a}^2\varepsilon, \tag{81.18a}$$

$$\left(\frac{\partial F_s}{\partial \varepsilon}\right)_T = \frac{NkT}{2}\frac{1}{f}\frac{\partial f}{\partial \varepsilon} = \frac{NkT}{2\bar{f}}\cdot\bar{g}\,\bar{a}, \tag{81.18b}$$

also

$$\left(\frac{\partial F}{\partial \varepsilon}\right)_T \cong N\left\{\bar{f}\bar{a}^2\varepsilon + \frac{kT}{2\bar{f}}\bar{g}\,\bar{a}\right\} = 0. \tag{81.17a}$$

Die thermische Ausdehnung ist daher

$$\varepsilon^{th} = -\frac{\bar{g}}{2\bar{f}^2\bar{a}}kT \tag{81.19a}$$

und der thermische Ausdehnungskoeffizient α

$$\alpha = -\frac{\bar{g}}{2\bar{f}^2\bar{a}}k. \tag{81.19b}$$

Man kann dieses Ergebnis noch in einer etwas allgemeineren Form schreiben:

$$\varepsilon^{th} = -\frac{\bar{g}}{2\bar{f}^2\bar{a}}\bar{\varepsilon}_{At}(T) \tag{81.20a}$$

und

$$\alpha = -\frac{\bar{g}}{2\bar{f}^2\bar{a}}c_{At}(T). \tag{81.20b}$$

$\bar{\varepsilon}_{At}(T)$ ist die mittlere thermische Energie eines Atoms und c_{At} die entsprechende spezifische Wärme. Für hohe Temperaturen ist $\bar{\varepsilon}_{At}=kT$, und man kommt auf Gl. (81.19) zurück. Bei der Ableitung von (81.19), die auf hohe Temperaturen zugeschnitten war, kann man allerdings nicht sehen, daß Gl. (81.20) eine allgemeinere Bedeutung zukommt. Für tiefe Temperaturen verschwindet der Einfluß der anharmonischen Glieder, und man kommt auf die Gleichgewichtsbedingung für das Minimum der elastischen Energie allein zurück. ε^{th} nach (81.19) verschwindet. Bei tiefen Temperaturen ist aber die klassische Rechnung falsch. Die Nullpunkts-Schwingungen liefern bereits eine Abweichung von der elastischen Gleichgewichtslage über die anharmonischen Glieder, deren Größe aus (81.20) entnommen werden kann. Am absoluten Nullpunkt geht in die Abweichungen von der elastischen Gleichgewichtslage die Nullpunktsenergie pro Atom ein (Ziff. 83).

Die elastische Konstante der Kette, die hier im wesentlichen durch die Federbindung $f(\varepsilon)$ beschrieben ist, hängt über die thermische Ausdehnung von der

Temperatur ab

$$f(T) = f(\varepsilon^{\mathrm{th}}) \cong \bar{f} + \bar{g}\,\bar{a}\,\varepsilon^{\mathrm{th}} = \bar{f} - \frac{\bar{g}^2}{2\bar{f}^2}\,\bar{\varepsilon}_{\mathrm{At}}\,. \tag{81.21}$$

Sie nimmt mit wachsender Temperatur ab. Auf Grund der höheren Entwicklungsglieder in (81.1) hängt die Federbindung[1] und damit die elastische Konstante von der Verzerrung ab.

γ) *Die spezifische Wärme* erhält man aus der inneren Energie

$$\left.\begin{aligned} U &= F - T\left(\frac{\partial F}{\partial T}\right)_{\varepsilon} \\ &= N\,\varphi(a) + N\,kT + N\,(kT)^2 \cdot \left\{-\frac{1}{8}\frac{\bar{h}}{\bar{f}^2} + \frac{5}{24}\frac{\bar{g}^2}{\bar{f}^3} - \frac{3}{24}\frac{\bar{g}^2}{\bar{f}^3}\right\}. \end{aligned}\right\} \tag{81.22}$$

Daher wird die spezifische Wärme bei konstantem Volumen

$$\left.\begin{aligned} C_V &= N\,k\left\{1 + kT\left[-\frac{\bar{h}}{4\bar{f}^2} + \frac{5\bar{g}^2}{12\bar{f}^3} - \frac{3\bar{g}^2}{12\bar{f}^3}\right]\right\} \\ &= N\,k\left\{1 + kT\left[\frac{\bar{g}^2}{6\bar{f}^3} - \frac{\bar{h}}{4\bar{f}^2}\right]\right\}. \end{aligned}\right\} \tag{81.23}$$

Die spezifische Wärme bei konstantem „Druck" kann man entweder nach den Beziehungen (73.5 d) umrechnen, oder man kann sich überlegen, daß man unter Weglassen der Nebenbedingung $\sum u_n = 0$ bei der (81.20) entsprechenden Operation die mittlere Energie und daraus die spezifische Wärme beim Druck Null erhält. Deswegen ist dieses Glied (unterstrichen) immer explizit mitgeführt worden. Die spezifische Wärme beim Druck Null ist dann durch (81.23) gegeben, wenn man das letzte Glied streicht

$$C_p = N\,k\left\{1 + kT\left[\frac{5\bar{g}^2}{12\bar{f}^3} - \frac{\bar{h}}{4\bar{f}^2}\right]\right\}; \qquad C_p - C_v = N\,k^2\,T\cdot\frac{3\bar{g}^2}{12\bar{f}^2}\,. \tag{81.24}$$

Die beiden spezifischen Wärmen stimmen nicht mehr überein. Sie hängen beide bei hohen Temperaturen linear von der Temperatur ab[2]. Im allgemeinen scheint der experimentelle Verlauf bei Kristallen so zu sein, daß C_p oberhalb und C_V unterhalb des klassischen Werts verläuft[3]. Diesen Verlauf kann man durch geeignete Wahl der Anharmonizitäts-Konstanten $\bar{g}$ und $\bar{h}$ darstellen.

82. Die thermische Zustandsgleichung des Kristalls [40]. Bei der linearen Kette besteht die Energie aus drei Anteilen: $F = U_{\mathrm{el}} + F_s + F_{\mathrm{anh}}$. Beim Raumgitter wird man eine ähnliche Unterteilung vermuten. Da F_{anh} bei der linearen Kette in erster Näherung nicht von der Verzerrung abhängt, so wird man bei der Aufstellung der thermischen Zustandsgleichung zunächst auch nur U_{el} und F_s berücksichtigen. Die anharmonischen Glieder in der Entwicklung der potentiellen Energie machen sich in F_s dadurch bemerkbar, daß die Kopplungsparameter

---

[1] Man muß hier zwischen mehreren „Federkonstanten" unterscheiden. Bei elastisch isothermen Beanspruchungen verhält sich die Kette, als ob sie aus Federn der Federkonstante $\bar{f} - \dfrac{\bar{g}^2}{\bar{f}^2}\,kT + \dfrac{\bar{h}}{2\bar{f}}\,kT$ bestünde; bei adiabatischen Vorgängen hat man statt dessen

$$\bar{f} - \frac{3}{4}\frac{\bar{g}^2}{\bar{f}^2}\,kT + \frac{\bar{h}}{2\bar{f}}\,kT\,.$$

[2] Vgl. G. Damköhler: Ann. Phys. **24**, 2 (1935).

[3] A. Eucken: Lehrbuch der chemischen Physik, Bd. II/2, S. 672. Leipzig: Akademische Verlags-Gesellschaft 1944. Vgl. dagegen den nachfolgenden Artikel von M. Blackman, Ziff. 20.

von der Verzerrung des Gitters abhängen. Die Berechnung von F_s erfolgt dann so: Für irgendeinen homogen verzerrten Zustand des Gitters entwickelt man die potentielle Energie um die verzerrten Lagen. Aus den Kopplungsparametern, die jetzt von der Verzerrung abhängig sind, ermittelt man nach den in Abschnitt D besprochenen Verfahren die Eigenfrequenzen, die damit auch von der Verzerrung abhängig sind[1]. Ist A die Matrix der Basisvektoren des verzerrten Gitters, dann hängen die Eigenfrequenzen ω_J von A ab und die freie Energie des Schwingungsanteils ist nach (75.3)

$$F_s = \sum_J \frac{\hbar \omega_J(A)}{2} + kT \sum_J \ln\left(1 - e^{-\frac{\hbar \omega_J(A)}{kT}}\right). \tag{82.1}$$

Die elastische Energie ist

$$U_{\mathrm{el}} = N\, \varepsilon_Z(A), \tag{82.2}$$

wenn $\varepsilon_Z(A)$ die Energie der Zelle im verzerrten Zustand ist. Die für die Diskussion der thermischen Zustandsgleichung benutzte Näherung der freien Energie

$$F = U_{\mathrm{el}} + F_s \tag{82.3}$$

hat die gleiche Form wie die freie Energie der harmonischen Näherung. Hier aber hängen die Frequenzen von den Verzerrungen ab, ferner enthält die elastische Energie jetzt Glieder, die nicht mehr quadratisch in den Verzerrungskomponenten sind.

Bei primitiven Gittern würde die Gleichgewichtsbedingung

$$\left(\frac{\partial F}{\partial A_{ik}}\right)_T = \frac{\partial U_{\mathrm{el}}}{\partial A_{ik}} + \left(\frac{\partial F_s}{\partial A_{ik}}\right)_T \tag{82.4}$$

sein. Aus Gl. (82.4) können dann die Daten der Zelle in Abhängigkeit von der Temperatur berechnet werden. Die früher immer benutzte Gleichgewichtsbedingung $\partial U_{\mathrm{el}}/\partial A_{ik}$ wird durch den Schwingungsanteil der freien Energie ergänzt. Auch am absoluten Nullpunkt wird (82.4) nicht mit der früheren Bedingung identisch, da die Nullpunktsenergie über die Frequenzen von den Daten der Zelle abhängt. Nur wenn dieser Einfluß klein ist, kommt man auf die rein elastische Bedingung zurück. Hat man die Daten der Zelle für eine bestimmte Temperatur ermittelt, so kann man nach den Überlegungen von Ziff. 73 die elastischen Konstanten, die thermische Ausdehnung und die sonstigen Größen der thermischen Zustandsgleichung bestimmen.

Aus dieser Darstellung der freien Energie kann man aber *nicht* die Abweichungen der kalorischen Effekte durch die anharmonischen Glieder bekommen. Bei der linearen Kette ist F_{anh} hauptsächlich für die kalorischen Abweichungen verantwortlich. Dieses Glied ist hier gar nicht berücksichtigt worden. Will man aus $U_{\mathrm{el}} + F_s$ die spezifische Wärme bei konstantem Volumen ermitteln, so hat diese genau die gleiche Form wie die spezifische Wärme des idealen harmonischen Gitters, wobei die Frequenzen nun aus den Kopplungsparametern zu ermitteln sind, die zu der Gleichgewichtslage bei der betreffenden Temperatur gehören[2]. Da die thermische Ausdehnung aber nicht sehr groß ist, so ändern sich auch die Frequenzen nur wenig mit der Temperatur. Ist kT groß gegen $\hbar\omega_{\max}(A)$, so erhält man auf jeden Fall den idealen Wert $3Nk$ für die spezifische Wärme bei konstantem Volumen. Für die Abweichungen vom idealen Verhalten ist der gar nicht berücksichtigte Anteil F_{anh} entscheidend.

---

[1] Die periodische Randbedingung bedeutet „konstantes Volumen", daher erhält man wirklich aus der entsprechenden Zustandssumme die freie Energie.

[2] Die Frequenzen hängen zwar über die thermische Dehnung von der Temperatur ab. Diese Abhängigkeit spielt aber bei der Berechnung der inneren Energie und der spezifischen Wärme bei konstantem Volumen keine Rolle. Denn die Frequenzen hängen *nur* über die Verzerrungen von der Temperatur ab, die Verzerrungen werden aber bei der Bildung der inneren Energie und von C_V konstant gehalten.

In einem Spezialfall ist die thermische Zustandsgleichung besonders leicht zu übersehen. In kubischen Kristallen ist die thermische Ausdehnung isotrop. In einem flächenzentrierten Gitter wird dann der Abstand l nächster Nachbarn eine Funktion der Temperatur. $l(T)$ beschreibt eindeutig die Temperatur-Abhängigkeit der Gitterstruktur. Wenn nun alle Frequenzen in gleicher, noch näher zu erläuternder Weise von l abhängen, so gelangt man zu der Zustandsgleichung von Grüneisen und Mie [41].

Sind die durch F_s bewirkten Änderungen nur klein, so kann man um die Gleichgewichtslage l_0 der elastischen Energie entwickeln (25.8):

$$U_{el}(l) = U_{el}(l_0) + \frac{1}{2}\,\frac{9NV_Z}{\varkappa\,l_0^2}\,(l-l_0)^2, \tag{82.5a}$$

$$F_s = F_s(l_0) + \sum_J \left\{ \frac{\hbar}{2} + \frac{\hbar}{e^{\frac{\hbar\omega_J(l_0)}{kT}}} \right\} \left(\frac{d\omega_J}{dl} \right)_{l_0} (l-l_0). \tag{82.5b}$$

Ist nun $d\omega_J/dl$ proportional[1] zu ω_J

$$\left(\frac{d\omega_J}{dl} \right)_{l_0} = -\frac{3\gamma}{l_0}\,\omega_J(l_0), \tag{82.6}$$

so ist damit

$$F_s = F_s(l_0, T) - \frac{3\gamma(l-l_0)}{l_0} \cdot \left\{ \sum_J \frac{\hbar\omega_J}{2} + \frac{\hbar\omega_J}{e^{\frac{\hbar\omega_J}{kT}} - 1} \right\}, \tag{82.7}$$

$$F_s = F_s(l_0, T) - \frac{3\gamma(l-l_0)}{l_0}\,U_s(l_0, T). \tag{82.7a}$$

Aus der Gleichgewichts-Bedingung

$$\frac{\partial F}{\partial l} = 0\,; \quad \frac{9NV_Z}{\varkappa\,l_0^2}\,(l-l_0) = \frac{3\gamma}{l_0}\,U_s(l_0, T) \tag{82.8}$$

erhält man

$$l(T) - l_0 = \frac{\gamma\varkappa l_0}{3V_Z}\,\frac{U_s}{N} = \frac{\gamma\varkappa l_0}{3V_Z}\,\bar\varepsilon_{At} \tag{82.9}$$

und daraus den linearen thermischen Ausdehnungskoeffizienten

$$\alpha = \frac{\partial}{\partial T}\,\frac{l(T)-l_0}{l_0} = \frac{\gamma\varkappa}{3V_Z}\,c_{At}. \tag{82.10}$$

Hier ist $\bar\varepsilon_{At}$ die thermische Energie pro Atom in der harmonischen Näherung, c_{At} die entsprechende spezifische Wärme.

Dieser Ansatz ist tatsächlich bei vielen Stoffen erfolgreich. Die Grüneisen-Konstante γ hat überdies für viele Stoffe nahezu den gleichen Zahlenwert von der Größenordnung 2 (Tabelle 28). Danach wäre also γ nach

$$\gamma = \frac{3V_Z\alpha}{\varkappa c_{At}} \tag{82.11}$$

nahezu von der Temperatur unabhängig[2].

Meist verknüpft man mit diesen Betrachtungen die Vorstellung, daß F_s nur vom Volumen des Kristalls abhängt. F_s hat dann einen ähnlichen Charakter wie die in Ziff. 71 behandelten Volumenkräfte bei Metallen, seine Berücksichtigung führt zu einer Zerstörung der Cauchy-Relationen, selbst wenn U_{el} nur Zentralkräfte enthält. Wenn man hauptsächlich an eine

---

[1] Die Grüneisen-Konstante γ ist ursprünglich durch $\dfrac{d\omega_J}{dV_Z} = -\dfrac{\gamma}{V_Z}\,\omega_J$ definiert. Daher ist in der Definitionsgleichung (80.6) der Faktor 3 hinzugefügt.

[2] Diese Beziehung wurde zuerst von Grüneisen angegeben. Er verwandte bei der Ableitung die Miesche Theorie, die hier nicht behandelt wurde.

Wechselwirkung nächster Nachbarn denkt, so werden die Abstände zwischen diesen bei Scherungen teils verkürzt, teils verlängert. Die Änderung der Bindungskräfte wird ebenfalls positive und negative Anteile enthalten, so daß F_s sich näherungsweise bei Scherungen nicht ändert, also nur vom Volumen abhängt. Will man F_s durch die Debyesche Näherung approximieren, so läuft das darauf hinaus, daß die Debye-Frequenz nur vom Volumen abhängt:

$$\frac{d\Theta_D}{dV} = -\gamma\,\frac{\Theta_D}{V}\,.$$

Tabelle 28. *Thermische Zustandsgrößen kubischer Kristalle* (Zimmer-Temperatur).

	Kubischer Ausdehnungs-Koeffizient $3\alpha\cdot10^5$	$\varkappa\,[10^{-12}\mathrm{dyn^{-1}cm^2}]$	Molwärme C_V [erg/grad]	Molvolumen V [cm³]	Grüneisen-Konstante $\gamma=\dfrac{3\alpha C_V}{\varkappa V}$
Na . . .	216	15,8	26,0	23,7	1,25
K	250	33	25,8	45,5	1,34
Cu . . .	49,2	0,75	23,7	7,1	1,96
Ag . . .	57	1,01	24,2	10,3	2,40
Al. . . .	67,8	1,37	22,8	10,0	2,17
C	2,9	0,16	5,66	3,42	1,10
Fe . . .	33,6	0,6	24,8	8,1	1,60
Pt. . . .	26,7	0,38	24,5	9,2	2,54
NaCl . .	121	4,2	48,3	27,1	1,61
KCl . . .	114	5,6	49,7	37,5	1,54
KBr . . .	126	6,7	48,4	43,3	1,68
KJ . . .	128	8,6	48,7	53,2	2,12

(Nach A. Eucken: Lehrbuch der Chemischen Physik, S. 675. Leipzig: Akademische Verlagsgesellschaft 1944.)

83. Einfache Beispiele für die Mie-Grüneisen-Zustandsgleichung. Man kann einige einfache Beispiele angeben, bei denen die Frequenzen in der durch Gl. (82.6) geforderten Weise von der Verzerrung des Kristalls abhängen. Das einfachste Beispiel ist wieder die lineare Kette mit nächster Nachbarwechselwirkung. Es sollen nur die kubischen Glieder (g) der Entwicklung der potentiellen Energie mitgeführt werden, da dieses Glied nach den Ausführungen von Ziff. 81 hauptsächlich für die thermische Dehnung verantwortlich ist.

Hat das Potential zwischen zwei Nachbaratomen die Entwicklung

$$\varphi = \varphi(l_0) + \frac{f}{2}\,(l-l_0)^2 + \frac{g}{3!}\,(l-l_0)^3,\tag{83.1}$$

so hängt die Stärke der Feder $f=\varphi''(l)$ über die Anharmonizität von l ab:

$$f(l) = f + g\,(l-l_0).\tag{83.2}$$

Die Frequenzquadrate sind proportional zu $f(l)$, vgl. (42.7a) und (43.2a)

$$\omega_m^2 = \frac{4f(l)}{M}\sin^2\frac{\pi}{N}\,m;\quad m = -\left(\frac{N}{2}-1\right),\ldots,\frac{N}{2}.\tag{83.3}$$

Dann ist

$$\omega_m^2(l) = \omega_m^2(l_0)\,\frac{f(l)}{f},\tag{83.4}$$

$$\omega_m(l) = \omega_m(l_0)\cdot\sqrt{1+\frac{g}{f}\,(l-l_0)}\tag{83.4a}$$

und

$$\left(\frac{d\omega_m(l)}{dl}\right)_{l=l_0} = \omega_m(l_0)\,\frac{g}{2f}\,.\tag{83.5}$$

Gl. (83.5) ist gerade die geforderte Beziehung (82.6). Die Berechnung der thermischen Dehnung führt für hohe Temperaturen zu dem schon abgeleiteten Resultat (81.19a). Der allgemeine Zusammenhang für beliebige, insbesondere tiefe Temperaturen ist durch (81.20a) gegeben.

Auch für ein flächenzentriertes Gitter mit Federbindungen zwischen nächsten Nachbarn kann man mit einer Entwicklung des Potentials der Form (83.1) die Beziehung (82.6) verifizieren. Die Stärke der Feder hängt in genau der gleichen Weise von l ab wie bei der linearen Kette. Da alle Frequenzen wieder proportional der Wurzel aus der Federstärke sind, gilt Gl. (83.5) dort auch. Die Grüneisen-Konstante ist durch die Anharmonizität g der Feder bestimmt

$$\gamma = -\frac{g\,l_0}{6f} \tag{83.6}$$

und da γ nach den Werten der Tabelle 27 etwa 2 ist, so gilt

$$-\frac{g\,l_0}{f} \approx 10. \tag{83.7}$$

Man muß aber im räumlichen Fall doch mit der Beurteilung der Federbindung vorsichtig sein. Die Federbindung stellt nicht den Idealfall einer harmonischen Kopplung dar. Bei räumlichen Gittern ändern sich die Kopplungsparameter auch bei reiner Federbindung mit der Verzerrung; denn eine gespannte Feder liefert andere Kopplungsparameter als eine ungespannte. Die Federkräfte erfüllen auch nicht die Bedingung, die an die Kopplungsparameter zweiter Ordnung gestellt werden müssen, daß nämlich die Kraft auf einen Gitterbaustein proportional zur Auslenkung des Nachbarn ist. Bei Auslenkungen in Richtung der Feder ist das richtig, dagegen nicht bei Auslenkungen senkrecht zur Lage der Feder. Im linearen Gitter, wo nur Auslenkungen in Federrichtung vorkommen, ist die Federbindung rein harmonisch, im Raumgitter nicht. Allerdings liegen die Verhältnisse numerisch so [wegen Gl. (83.7)], daß die durch f bewirkte Anharmonizität klein gegen den Anteil von g ist.

Bei diesem einfachen Modell kann man auch noch eine andere physikalische Eigenschaft der Anharmonizität, den Druck-Koeffizienten der Kompressibilität, mit γ oder g verknüpfen. Ohne Berücksichtigung von F_s ist der Druck nach (25.6)

$$p = -\frac{l}{3V_Z}\frac{d\varepsilon_Z(l)}{dl}, \tag{83.8}$$

$$p = -\frac{l}{3V_Z}\frac{z}{2}\left(f(l-l_0)+\frac{g}{2}(l-l_0)^2\right) \tag{83.8a}$$

und die Kompressibilität nach (25.7)

$$\frac{1}{\varkappa} = \frac{l^2}{9V_Z}\frac{d^2\varepsilon_Z}{dl^2} - \frac{2l}{9V_Z}\frac{d\varepsilon_Z}{dl}, \tag{83.9}$$

$$\frac{1}{\varkappa} \approx \frac{z}{2}\cdot\frac{l_0^2}{9V_Z}f - p(l)\left(\frac{2}{3}-\frac{g\,l_0}{3f}\right) = \frac{1}{\varkappa_0} - p(l)\left(\frac{2}{3}-\frac{g\,l_0}{3f}\right) \tag{83.9a}$$

also bei Vernachlässigung des Gliedes mit $(l-l_0)^2$ in Gl. (83.8a) beim Einsetzen für $p(l)$ in (83.9a):

$$\varkappa \approx \varkappa_0 + \varkappa_0^2\left(\frac{2}{3}-\frac{g\,l_0}{3f}\right)p. \tag{83.10}$$

Bei kleinen Abweichungen von l_0 oder kleinen Drucken ist $\varkappa$ zunächst konstant ($=\varkappa_0$) und ändert sich in erster Näherung proportional zum Druck. Der Druck-Koeffizient der Kompressibilität ist damit

$$\left(\frac{d\varkappa}{dp}\right)_{p=0} = \varkappa_0^2\left(\frac{2}{3}-\frac{g\,l_0}{3f}\right). \tag{83.11}$$

Der Summand $\frac{g}{3}$ in Gl. (83.11) liefert schon ohne Berücksichtigung von g eine Abhängigkeit der Kompressibilität vom Druck; er kann aber wegen (83.7) für eine Abschätzung gestrichen werden:

$$\frac{1}{\varkappa_0^2}\left(\frac{d\varkappa}{dp}\right)_0 \approx -\frac{g\,l_0}{3f} = 2\gamma. \tag{83.11a}$$

$\frac{1}{\varkappa_0^2}\left(\frac{d\varkappa}{dp}\right)_0$ sollte also von der Größenordnung 4 sein. Die experimentellen Werte liegen in der durch (83.11a) geforderten Größenordnung[1].

Die thermische Dehnung wird nach Gl. (82.9) und dem Wert von $\varkappa = \varkappa_0$ nach (83.9a)

$$l(T) - l_0 = \frac{6\gamma}{z\,l_0\,f}\,\bar{\varepsilon}_{\mathrm{At}} = -\frac{g}{z\,f^2}\,\bar{\varepsilon}_{\mathrm{At}} \tag{83.12}$$

und für hohe Temperaturen

$$l(T) - l_0 = -\frac{3g\,k\,T}{z\,f^2}. \tag{83.12a}$$

Die Größe von f und g kann man dann offenbar aus der Kompressibilität und irgendeinem der anharmonischen Effekte bestimmen.

84. Borns Behandlung der thermischen Zustandsgleichung bei hohen Temperaturen. Bei bekannten Wechselwirkungs-Potentialen zwischen den Atomen des Gitters kann man die elastische Energie nach den Methoden des Abschnitts C berechnen. Dagegen ist eine Berechnung des Schwingungsanteils der freien Energie F_s hoffnungslos kompliziert, wenn man keine vereinfachenden Annahmen einführt. F_s ist nach Gl. (82.1)

$$F_s = \sum_J \left\{\frac{\hbar\omega_J}{2} + kT\ln\left(1 - e^{-\frac{\hbar\omega_J}{kT}}\right)\right\} = kT\sum_J \ln\left(2\,\mathrm{Sin}\,\frac{\hbar\omega_J}{2kT}\right). \tag{84.1}$$

Bei tiefen Temperaturen ist

$$F_s = \sum_J \frac{\hbar\omega_J}{2} \tag{84.2}$$

und bei hohen Temperaturen

$$F_s = kT\sum_J \ln\frac{\hbar\omega_J}{kT} \tag{84.3}$$

Die Ausdrücke für hohe und tiefe Temperaturen lassen sich leicht näherungsweise behandeln.

Den Bornschen Gedanken kann man in der folgenden Weise ausdrücken: Zu berechnen ist nach Gl. (84.3) $\sum \ln\omega_J = 3N\frac{\sum \ln\omega_J}{3N}$ oder anders ausgedrückt der Mittelwert von $\ln\omega$ über die spektrale Verteilung. Die Frequenzen sowie die spektrale Verteilung hängen von den Daten der Zelle, also vom Verzerrungszustand des Kristalls ab. Die kleinen Frequenzen liefern keinen wesentlichen Beitrag, weil die spektrale Verteilung dort proportional zu ω^2 ist. Bei den hohen Frequenzen aber bewirkt der Logarithmus, daß die Schwankungen in $\ln\omega$ stark vermindert sind. Diese logarithmische Mittelwertbildung ist ziemlich unempfindlich, das soll heißen: Die Größen $\overline{\ln\omega}$, $\ln\bar{\omega}$ und $\frac{1}{2}\ln\overline{\omega^2}$ sind nicht sehr voneinander verschieden, so daß sie in erster Näherung als gleich angenommen werden können. Man sieht das besonders gut am Debyeschen Spektrum, das

---

[1] Zum Beispiel bei Zimmertemperatur (nach Landolt-Börnstein: Physikalisch-Chemische Tabellen) Pb: 3; Au: 6; Cu: 5; Al: 2,5; Ag: 4,5; NaCl: 2,6; KCl, KBr, KJ: 2,3.

man zu einer Abschätzung der Fehler, die bei einer Vertauschung der obigen Mittelwerte entstehen, gut verwenden kann. Hier ist

$$\overline{\ln \omega} = \int\limits_0^{\omega_D} \ln \omega \cdot \frac{3\omega^2}{\omega_D^3}\, d\omega = \ln \omega_D - \frac{1}{3}, \tag{84.4a}$$

$$\ln \overline{\omega} = \ln \int\limits_0^{\omega_D} \frac{3\omega^3}{\omega_D^3}\, d\omega = \ln \left(\omega_D \cdot \frac{3}{4}\right) \approx \ln \omega_D - \frac{1}{3} + \frac{1}{18}, \tag{84.4b}$$

$$\frac{1}{2} \ln \overline{\omega^2} = \frac{1}{2} \ln \omega_D^2 \cdot \frac{3}{5} = \ln \omega_D - \frac{1}{3} + \frac{1}{9}. \tag{84.4c}$$

Die Mittelwerte[1] unterscheiden sich demnach, wenn man ω auf ω_D bezieht, um etwa 20%. Im allgemeinen sind die Gitterspektren noch wesentlich konzentrierter als die Debye-Verteilung, so daß hier die Mittelwerte sich noch weniger unterscheiden [43].

Bei hohen Temperaturen kann man so F_s durch $\overline{\omega^2}$ ausdrücken:

$$F_s = \frac{3 N k T}{2} \ln \frac{\hbar^2 \overline{\omega^2}}{(k T)^2}. \tag{84.5}$$

$\overline{\omega^2}$ kann man aber leicht bestimmen [(76.11) und (38.1a)]:

$$\overline{\omega^2} = \frac{1}{3M} \sum_i \Phi_{ii}^0 = \sum_{\mathfrak{h}, i} \varphi_{ii}(A\mathfrak{h}) \tag{84.6}$$

(für primitive Gitter und Zentralkräfte),

$$\overline{\omega^2} = \frac{1}{3M} \sum_{\mathfrak{h}} \Delta \varphi (A\mathfrak{h}). \tag{84.6a}$$

Damit erhält man einen vollständigen, näherungsweise gültigen Ausdruck für die freie Energie pro Zelle

$$f_Z = \frac{1}{2} \sum_{\mathfrak{h}} \varphi(A\,\mathfrak{h}) + \frac{3}{2} kT \ln \left\{ \frac{\hbar^2}{3 M (k T)^2} \sum_{\mathfrak{h}} \Delta \varphi (A\,\mathfrak{h}) \right\}. \tag{84.7}$$

Dieser Ausdruck ist genau so zu behandeln wie die elastische Energie einer Zelle. Zunächst bestimmt man die Gleichgewichtsdaten der Zelle, die durch das Minimum von f_Z bestimmt sind. Dadurch erhält man die Gitterdaten in Abhängigkeit von der Temperatur. Dann entwickelt man um diese Gleichgewichtslage bis zu quadratischen Gliedern in überlagerten homogenen Verzerrungen und bestimmt daraus die isothermen elastischen Konstanten sowie deren Temperaturabhängigkeit. Auf diese Weise sind von Born und Mitarbeitern ([42], [43]) die thermischen Zustandsgleichungen für primitive kubische Gitter numerisch ausgewertet worden. Die Ergebnisse sind dort in Form von Diagrammen dargestellt. Abstoßungs- und Anziehungsgesetze wurden als Potenzgesetze dargestellt und die Rechnungen für verschiedene Exponenten durchgeführt. Es muß aber betont werden, daß die Ergebnisse letzten Endes doch nur qualitative Bedeutung haben können. Denn bei so großen Änderungen der Gitterdaten, wie sie bei hohen Temperaturen berechnet und beobachtet werden, spielt sicher der Anteil F_{anh} noch eine wesentliche Rolle.

---

[1] Es kommt für die thermische Zustandsgleichung nicht so sehr auf den Absolutwert von $\overline{\ln \omega}$, als auf die Ableitung nach den Verzerrungen an. Dann wird die Situation noch günstiger.

Dem Ausdruck (84.7) für die freie Energie einer Zelle kann man ansehen, daß trotz der Annahme von Zentralkräften die CAUCHY-Relationen nicht mehr gelten. Die elastischen Konstanten werden ja aus f_Z genau so bestimmt wie früher aus der elastischen Energie der Zelle ε_Z. Der Schwingungsanteil in (84.7) hat aber ausgesprochenen Nicht-Zentralkraft-Charakter. In ihm stehen die Beiträge der einzelnen Atompaare nicht additiv nebeneinander, sondern sie werden durch den Logarithmus zu einer Einheit verschmolzen, so wie es bei einer Mehrkörper-Kraft sein würde.

Den Anteil der Schwingungsenergie am absoluten Nullpunkt kann man in der gleichen Weise abschätzen[1]

$$F_s = \frac{3N\hbar}{2}\,\overline{\omega} \approx \frac{3N\hbar}{2}\,\sqrt{\overline{\omega^2}}\,. \tag{84.8}$$

Auch hier bringt der Ersatz von $\overline{\omega}$ durch $\sqrt{\overline{\omega^2}}$ keinen großen Fehler. Für das DEBYEsche Spektrum wäre:

$$\overline{\omega}^D = 0{,}75\,\omega_D \quad \text{und} \quad \sqrt{\overline{\omega^2}^D} = 0{,}775\,\omega_D\,.$$

Mit dieser Darstellung kann man dann auch den Einfluß der Nullpunktsenergie auf die Gittereigenschaften abschätzen[2].

Im ganzen Temperaturgebiet kann man dann F_s durch

$$F_s = 3NkT\ln\left(2\,\mathrm{Sin}\,\frac{\hbar\sqrt{\overline{\omega^2}}}{2kT}\right) \tag{84.9}$$

approximieren[3]. Für hohe Temperaturen geht dieser Ansatz in Gl. (84.5), für $T=0$ in Gl. (84.8) über.

Alle diese Darstellungen sind nur sinnvoll, wenn die durch die Berücksichtung von F_s bewirkten Effekte nicht zu groß sind. Am absoluten Nullpunkt gehen die reziproken Massen in $\overline{\omega^2}$ und auch in die thermische Zustandsgleichung ein. Bei Substanzen mit kleinen Massen machen sich die Schwingungseffekte besonders stark bemerkbar, z.B. bei festem Helium. Hier können die Verhältnisse so liegen, daß die Gleichgewichtslage des wirklichen Gitters an einer Stelle liegt, wo das Gitter von der elastischen Energie aus beurteilt instabil werden würde und daher $\overline{\omega^2}$ unter Umständen negativ wird. Dann hat dieses hier besprochene Verfahren keinen Sinn mehr. Die Änderungen sind viel zu groß, als daß man wenigstens noch näherungsweise von der elastischen Energie ausgehen könnte.

Von BORN[4] [44] ist in der letzten Zeit ein Verfahren angegeben worden, mit dem auch große Schwingungsamplituden behandelt werden können. Man entwickelt wieder die potentielle Energie, läßt die Gleichgewichtslagen offen und

---

[1] C. DOMB u. L. SALTER: Phil. Mag. **43**, 1083 (1952). — Der Ersatz von $\overline{\omega}$ durch $\sqrt{\overline{\omega^2}}$ in der Nullpunktsenergie wird häufig dadurch verschleiert, daß man die DEBYEsche Theorie benutzt. Hier ist die Nullpunktsenergie

$$3N\,\frac{\hbar\,\overline{\omega}^D}{2} = 3N\cdot 3\,\frac{\hbar\omega_D}{4} = \frac{9N}{8}\,k\Theta_D\,.$$

Die DEBYE-Temperatur Θ_D wird dann durch das Θ_∞ der Gittertheorie (Ziff. 77) ersetzt. An Stelle des Faktors $\tfrac{9}{8}$ in (84.8) tritt $\tfrac{3}{2}\sqrt{\tfrac{3}{5}} = 1{,}45$, was im Rahmen der Näherung unerheblich ist.

[2] J. S. DUGDALE u. D. K. C. MacDONALD: Phil. Mag. **45**, 811 (1954); dort weitere Zitate.

[3] Das entspricht der Darstellung der Schwingungsenergie durch einen EINSTEIN-Term mit $\omega_E = \sqrt{\overline{\omega^2}}$.

[4] Ferner hat BORN in dieser Arbeit die Frage aufgeworfen, ob und in welchem Maße die ideale Gittertheorie überhaupt gültig ist, d.h. ob die grundlegenden Gleichungen mit Einschluß der anharmonischen Effekte ein ideales Gitter als Lösung zulassen. BORN hat

versucht den Hamilton-Operator möglichst gut durch ein System von linearen Oszillatoren zu approximieren. Die Lagen, um die entwickelt worden ist, werden nachträglich dadurch bestimmt, daß sie mit den mittleren thermischen Lagen identifiziert werden. Die mittleren Lagen selbst sind erst durch die Zustandssumme definiert. Auf diese Weise ist man sicher, daß die Abweichungen von den so definierten Gleichgewichtslagen nicht allzugroß werden und daß der Einfluß der anharmonischen Glieder möglichst klein wird. Auch die Frequenzen und die Normalkoordinaten dieses Problems können erst nachträglich bestimmt werden. Von D. J. Hooton[1] ist dieses Verfahren auf festes Helium angewandt worden.

85. Diskussion der Bornschen Zustandsgleichung bei nächster Nachbar-Wechselwirkung im flächenzentrierten Gitter. Das einfachste Beispiel für die Bornsche Behandlung der thermischen Zustandsgleichung ist das flächenzentrierte kubische Gitter mit Wechselwirkung zwischen nächsten Nachbarn allein. Zuerst muß der Gleichgewichtsabstand nächster Nachbarn $l(T)$ bestimmt werden. Nach Gl. (84.7) ist die freie Energie einer Zelle[2]

$$f_Z = \frac{z}{2}\,\varphi(l) + \frac{3kT}{2}\ln\left\{\frac{\hbar^2 z}{3M(kT)^2}\left(\varphi'' + \frac{2\varphi'}{l}\right)\right\} \tag{85.1}$$

und die Gleichgewichts-Bedingung

$$\left(\frac{\partial f_Z}{\partial l}\right)_T = 0; \qquad \frac{z}{2}\,\varphi' + \frac{3kT}{2}\cdot\frac{\varphi''' + \dfrac{2\varphi''}{l} - \dfrac{2\varphi'}{l^2}}{\varphi'' + \dfrac{2\varphi'}{l}} = 0. \tag{85.2}$$

Ist die potentielle Energie wieder durch

$$\varphi = \varphi(l_0) + \frac{f}{2}(l - l_0)^2 + \frac{g}{3!}(l - l_0)^3 \tag{85.3}$$

gegeben, und sind die Auslenkungen aus der elastischen Ruhelage l_0 klein, so wird die Gleichgewichts-Bedingung

$$zf(l - l_0) \cong -3kT\,\frac{g + \dfrac{2f}{l_0}}{f}, \tag{85.2a}$$

und die thermische Dehnung ist

$$l(T) - l_0 = -\frac{3kT}{z}\cdot\frac{g + \dfrac{2f}{l_0}}{f^2}. \tag{85.4}$$

Das stimmt mit dem Ergebnis (83.12a) überein, wenn man $2f/l_0$ gegen g vernachlässigt [$2f/l_0 \approx -g/5$ nach (83.7)].

---

die Vermutung geäußert, daß die anharmonischen Glieder, im wesentlichen die „thermische Dehnung", die Fernordnung des Gitters zerstören können und daß die normale Gittertheorie nur für Kristalldimensionen richtig ist, für die die „thermische Dehnung" unterhalb einer Gitterkonstante bleibt. Die mathematische Frage ist nicht entschieden. Die Röntgen-Untersuchungen lassen aber keinen Einfluß der Temperatur auf die Fernordnung erkennen. Wenn man mit dieser Auffassung die Mosaikstruktur der Kristalle erklären will, so könnte man höchstens an eine beim Schmelzpunkt erzeugte Fernordnung denken, die auf die obige Weise zustande gekommen und eingefroren ist. Aber auch hier weisen die Experimente in eine andere Richtung. ((Vgl. den Artikel von Seeger in diesem Bande.)

[1] D. J. Hooton: Phil. Mag. Ser. 7 **46**, 422, 433 (1955). Z. f. Phys. **142**, 42 (1955).

[2] Es ist $\varphi_{ik}(l) = \delta_{ik}\dfrac{\varphi'(l)}{l} + \left(\dfrac{\varphi''}{l^2} - \dfrac{\varphi'}{l^3}\right)X_i X_k$ und $\displaystyle\sum_{n.\,N.} X_i X_k = \frac{z}{3}\delta_{ik}\,l^2$,

also $\displaystyle\sum_{\mathfrak{h}} \Delta\varphi(A\,\mathfrak{h}) = z\left\{\varphi''(l) + \frac{2\varphi'(l)}{l}\right\}.$

Hat man den Gleichgewichts-Abstand $l(T)$ oder $\overline{A}(T)$ bestimmt, so entwickelt man nun die freie Energie der Zelle

$$f_z = \frac{1}{2} \sum_{\mathfrak{h}} \varphi(A\,\mathfrak{h}) + \frac{3\,k\,T}{2} \ln\left\{\frac{\hbar^2}{3M(k\,T)^2} \sum_{\mathfrak{h}} \varDelta\,\varphi\,(A\,\mathfrak{h})\right\} \tag{85.5}$$

um die Gleichgewichtslage $\overline{A}$. Am besten macht man das hier mit den richtigen Verzerrungstensoren $\mathcal{V}_{ik}$ von Gl. (74.5), damit man nicht unnötig Glieder mitnehmen muß, die schließlich doch, wegen der Gleichgewichts-Bedingung verschwinden. Die linearen Glieder in $\mathcal{V}_{ik}$ verschwinden wegen der Gleichgewichts-Bedingung (85.2), und für die quadratischen Glieder können dann an Stelle der $\mathcal{V}_{ik}$ die Verzerrungen ε_{ik} der elastischen Theorie eingesetzt werden.

Die Entwicklung einer Funktion $G(\mathfrak{R}^2)$ sieht nach Gl. (74.10) so aus:

$$G\big(\mathfrak{R}^2 + (\mathfrak{R}, 2\mathcal{V}\,\mathfrak{R})\big) = G(\mathfrak{R}^2) + \frac{d}{dR^2}\,G\cdot(\mathfrak{R}, 2\mathcal{V}\,\mathfrak{R}) + \frac{1}{2}\frac{d}{dR^2}\cdot\frac{d}{dR^2}\,G\cdot(\mathfrak{R}, 2\mathcal{V}\,\mathfrak{R})^2, \tag{85.6}$$

oder, wenn man $\dfrac{2\,d}{d\,R^2} = \dfrac{1}{R}\dfrac{d}{dR}$ als Differential-Operator O einführt,

$$G\big(\mathfrak{R}^2\cdot(\mathfrak{R}, 2\mathcal{V}\,\mathfrak{R})\big) = G + (OG)\cdot(\mathfrak{R}, \mathcal{V}\,\mathfrak{R}) + \tfrac{1}{2}(O^2 G)(\mathfrak{R}, \mathcal{V}\,\mathfrak{R})^2. \tag{85.6a}$$

Der elastische und der Schwingungsanteil

$$\varDelta\varphi(\mathfrak{R}) = 3\,O\,\varphi + R^2\,O^2\,\varphi \tag{85.7}$$

der freien Energie enthalten nur Funktionen, welche vom Betrage $|\mathfrak{R}|$ oder $\mathfrak{R}^2$ abhängen.

Die Entwicklung des elastischen Anteils ist dann dieselbe wie bisher:

$$f_z^{\text{el}} = \tfrac{1}{2}\sum_{\text{n. N.}}\varphi(\mathfrak{R}) = \tfrac{1}{2}\sum_{\text{n. N.}}\varphi(\overline{\mathfrak{R}}) + \sum_{\substack{\text{n. N.}\\ i,k}}(O\,\varphi)\cdot\overline{X}_i\overline{X}_k\mathcal{V}_{ik} + \sum_{\substack{\text{n. N.}\\ i,k,m,n}}\tfrac{1}{2}(O^2\varphi)\,\overline{X}_i\overline{X}_k\overline{X}_m\overline{X}_n\cdot\mathcal{V}_{ik}\mathcal{V}_{mn} \tag{85.8}$$

$$f_{z,ik}^{\text{el}} = \frac{1}{2}(O\,\varphi(l))\sum_{\text{n. N.}}\overline{X}_i\overline{X}_k = \frac{1}{2}(O\,\varphi(l))\cdot\frac{z\,l^2}{3}, \tag{85.9a}$$

$$f_{z,ik,mn}^{\text{el}} = \frac{1}{2}(O^2\varphi(l))\sum_{\text{n. N.}}\overline{X}_i\overline{X}_k\overline{X}_m\overline{X}_n. \tag{85.9b}$$

Die Koeffizienten der quadratischen Entwicklung des elastischen Anteils sind totalsymmetrisch, wie es für Zentralkräfte auch sein muß. Die Entwicklung des Schwingungsanteils hat dann die Form

$$\sum_{\text{n. N.}} G(\mathfrak{R}) = \sum_{\text{n. N.}}\{G(\overline{\mathfrak{R}}) + (O\,G(\overline{\mathfrak{R}}))(\mathfrak{R},\mathcal{V}\,\overline{\mathfrak{R}}) + \tfrac{1}{2}(O^2\,G(\overline{\mathfrak{R}}))(\mathfrak{R},\mathcal{V}\,\overline{\mathfrak{R}})^2\} \tag{85.10}$$

mit

$$G(\mathfrak{R}) = \varDelta\varphi(\mathfrak{R}).$$

Dieser Ausdruck steht noch unter dem Logarithmus, infolgedessen wird

$$f_z^S = f_z^S(\overline{A}) + \frac{3\,k\,T}{2}\ln\left\{1 + \frac{\displaystyle\sum_{\text{n. N.}}[(O\,G)(\overline{\mathfrak{R}},\mathcal{V}\,\overline{\mathfrak{R}}) + \tfrac{1}{2}(O^2\,G)(\overline{\mathfrak{R}},\mathcal{V}\,\overline{\mathfrak{R}})^2]}{\displaystyle\sum_{\text{n. N.}} G(\overline{\mathfrak{R}})}\right\}, \tag{85.11}$$

und die Entwicklung des Logarithmus muß bis zu quadratischen Gliedern durchgeführt werden, damit man auch alle in $\mathcal{V}$ quadratischen Glieder erhält. Daher wird das in den Verzerrungen V lineare Glied $\left(\ln(1+\eta)=\eta-\dfrac{\eta^2}{2}\right)$:

$$f_Z^{S,V}=\frac{3kT}{2}\frac{\sum\limits_{\text{n.N.}}(OG)\,(\overline{\mathfrak{R}},V\overline{\mathfrak{R}})}{\sum\limits_{\text{n.N.}}G(\overline{\mathfrak{R}})}\qquad(85.12)$$

und das quadratische Glied

$$f_Z^{S,V^2}=\frac{3kT}{2}\cdot\left\{\frac{1}{2}\frac{\sum\limits_{\text{n.N.}}(O^2G)\,(\overline{\mathfrak{R}},V\overline{\mathfrak{R}})^2}{\sum\limits_{\text{n.N.}}G(\overline{\mathfrak{R}})}-\frac{1}{2}\left[\frac{\sum\limits_{\text{n.N.}}(OG)\,(\overline{\mathfrak{R}},V\overline{\mathfrak{R}})}{\sum\limits_{\text{n.N.}}G(\overline{\mathfrak{R}})}\right]^2\right\}.\qquad(85.13)$$

Der lineare Koeffizient in V verschwindet wegen der Gleichgewichts-Bedingung (85.2). Die Forderung, daß der lineare Koeffizient verschwinden soll, ist identisch mit der Bedingung für das Gleichgewicht unter verschwindenden äußeren Spannungen. Die Koeffizienten der quadratischen Glieder ergeben zusammen die isothermen elastischen Konstanten

$$C_{ik,mn}=\frac{1}{V_Z}f_{Z,ik,mn}=\frac{1}{V_Z}(f_{Z,ik,mn}^{el}+f_{Z,ik,mn}^{S}),\qquad(85.14)$$

wobei $f_{Z,ik,mn}^{S}$, der Koeffizient von $\tfrac{1}{2}V_{ik}V_{mn}$ in Gl. (85.13), durch

$$f_{Z,ik,mn}^{S}=\frac{3kT}{2}\left\{\frac{O^2G(l)}{zG(l)}\sum\limits_{\text{n.N.}}\overline{X}_i\overline{X}_k\overline{X}_n\overline{X}_m-\left[\frac{OG(l)}{zG(l)}\right]^2\cdot\sum\limits_{\text{n.N.}}\overline{X}_i\overline{X}_k\cdot\sum\limits_{\text{n.N.}}\overline{X}_n\overline{X}_m\right\},\qquad(85.15)$$

$$f_{Z,ik,mn}^{S}=\frac{3kT}{2}\left\{\frac{O^2G}{zG}\cdot\sum\limits_{\text{n.N.}}\overline{X}_i\overline{X}_k\overline{X}_m\overline{X}_n-\left(\frac{OG}{G}\right)^2\frac{l^2}{9}\delta_{ik}\delta_{mn}\right\}\qquad(85.15\,\text{a})$$

gegeben ist[1]. Der elastische Anteil liefert totalsymmetrische elastische Konstante, der Schwingungsanteil dagegen nicht. Das erkennt man an dem letzten Glied von (85.15a).

Die Ergebnisse und der weitere Verlauf der einfachen, aber etwas umständlichen Rechnung sind in Tabelle 29 zusammengefaßt. Tabelle 30 erläutet die Symbole $O\varphi, OG$ usw. Tabelle 29 enthält zunächst die allgemeinen Ausdrücke für die elastischen Konstanten. Dabei ist an Stelle von kT die Größe $\bar{\varepsilon}$ eingesetzt worden. $\bar{\varepsilon}$ ist die thermische, mittlere Energie pro Freiheitsgrad der harmonischen Näherung. Damit kann man wenigstens näherungsweise den Verlauf nicht nur bei hohen Temperaturen, sondern im ganzen Temperaturgebiet überblicken. Man erkennt schon bei den allgemeinen Ausdrücken, daß die Cauchy-Relationen nicht mehr gelten. Ferner sieht man, daß die beiden Schubmoduln c_{44} und $\dfrac{c_{11}-c_{12}}{2}$ wie bei der idealen Federbindung immer in einem Verhältnis 2:1 stehen. Die zweite Zeile enthält die elastischen Konstanten im idealen Fall, also bei verschwindendem Anharmonizitäts- und Temperatureinfluß. Sie sind mit den aus der elastischen Energie der Zelle abgeleiteten Konstanten (63.6) identisch. Die dritte Zeile enthält die Entwicklung für kleine Abweichungen aus der idealen Lage; dabei können in den mit $\bar{\varepsilon}$ behafteten Termen die Werte für $l=l_0$ eingesetzt werden. In der vierten Zeile ist die Entwicklung komplett durchgeführt.

---

[1] Die Ausdrücke sind so allgemein gehalten, daß sie für jede Nachbarwechsel-Wirkung mit kubischer Umgebung gelten. Man kann sie demnach auch für die Alkali-Halogenide verwenden. In f^S kommt der elektrostatische Beitrag (76.14) nicht vor und wenn man nächste Nachbar-Wechselwirkung voraussetzt, so hat man die Formeln (85.15) für die primitiv kubische Umgebung (NaCl) oder für die raumzentrierte Umgebung (CsCl) auszuwerten.

Es sind aber nur die größten Glieder beibehalten worden. Da gl_0/f von der Größenordnung 10 ist, so sind nur die in gl_0/f quadratischen Glieder berücksichtigt. Die letzte Zeile enthält schließlich das numerische Ergebnis, wobei die GRÜNEISEN-Konstante zur Abkürzung eingeführt ist.

An diesem Ergebnis kann man qualitativ alles übersehen. Zuerst fällt auf, daß die Abnahme der elastischen Daten nicht von der Stärke der Bindung abhängt. Wenn man die potentielle Energie um einen Faktor vergrößern würde, so ändern sich zwar f und g um diesen Faktor, aber g/f, also γ, ändert sich nicht[1]. Das sieht man schon an Gl. (85.7); dort ändert sich bei einer Vergrößerung von φ die elastische Energie; der Vergrößerungs-Faktor steht aber bei dem Schwingungsanteil unter dem Logarithmus und liefert daher bei der thermischen Zustandsgleichung keinen Beitrag. Die relative Änderung der elastischen Konstanten ist klein bei starker Bindung (Metalle und Ionen-Kristalle) und groß bei schwacher Bindung (Edelgase). Die Änderungen der elastischen

[1] Das erläutert gleichzeitig die Bedeutung der GRÜNEISEN-Konstante γ. Daß γ überhaupt nahezu konstant für verschiedene Substanzen ist, bedeutet, daß die Form der Bindungskräfte nahezu gleich ist; nur die Stärke der Bindung variiert in dem hier erläuterten Sinne. Das ist natürlich als eine ganz grobe Schematisierung aufzufassen, wenn man bedenkt, wie verschieden die Bindungskräfte in Edelgasen, Ionenkristallen und Metallen sind.

Tabelle 29. *Temperaturabhängigkeit der elastischen Konstanten eines flächenzentrierten Gitters.*

	c_{11}	c_{12}	c_{44}
Allgemeiner Wert	$l\sqrt{2}\left\{O^2\varphi + \dfrac{3\bar{\varepsilon}}{z}\dfrac{O^2 G}{G} - \dfrac{\bar{\varepsilon}}{6}\dfrac{(OG)^2}{G^2}\right\}$	$l\sqrt{2}\left\{\dfrac{1}{2}O^2\varphi + \dfrac{3\bar{\varepsilon}}{2z}\dfrac{O^2 G}{G} - \dfrac{\bar{\varepsilon}}{6}\dfrac{(OG)^2}{G^2}\right\}$	$l\sqrt{2}\left\{\dfrac{1}{2}O^2\varphi + \dfrac{3\bar{\varepsilon}}{2z}\dfrac{O^2 G}{G}\right\}$
Wert für $\bar{\varepsilon} = 0,$ $g = 0$	$\sqrt{2}\,\dfrac{f}{l_0}$	$\dfrac{1}{\sqrt{2}}\dfrac{f}{l_0}$	$\dfrac{1}{\sqrt{2}}\dfrac{f}{l_0}$
Entwicklung für kleine Abweichungen $(l-l_0)$ mit $z = 12$	$\dfrac{\sqrt{2}\,f}{l_0} + \dfrac{\sqrt{2}(gl_0-f)}{l_0^2}(l-l_0) + \dfrac{\bar{\varepsilon}}{l_0^3}\cdot\dfrac{1}{2\sqrt{2}}\times$ $\times\dfrac{gl_0-6f}{f} - \dfrac{\bar{\varepsilon}}{l_0^3}\cdot\dfrac{1}{3\sqrt{2}}\cdot\left(\dfrac{gl_0+2f}{f}\right)^2$	$\dfrac{f}{\sqrt{2}\,l_0} + \dfrac{gl_0-f}{\sqrt{2}\,l_0^2}(l-l_0) + \dfrac{\bar{\varepsilon}}{l_0^3}\cdot\dfrac{1}{4\sqrt{2}}\times$ $\times\dfrac{gl_0-6f}{f} - \dfrac{\bar{\varepsilon}}{l_0^3}\dfrac{1}{3\sqrt{2}}\left(\dfrac{gl_0+2f}{f}\right)^2$	$\dfrac{f}{\sqrt{2}\,l_0} + \dfrac{gl_0-f}{\sqrt{2}\,l_0^2}(l-l_0) + \dfrac{\bar{\varepsilon}}{l_0^3}\dfrac{1}{4\sqrt{2}}\dfrac{gl_0-6f}{f}$
Für $l-l_0 \cong -\dfrac{g}{f^2}\cdot\dfrac{\bar{\varepsilon}}{4}$ und $gl_0 \gg f$	$\dfrac{\sqrt{2}\,f}{l_0} - \dfrac{\bar{\varepsilon}}{l_0^3}\left(\dfrac{gl_0}{f}\right)^2\left\{\dfrac{1}{2\sqrt{2}} + \dfrac{1}{3\sqrt{2}}\right\}$	$\dfrac{f}{\sqrt{2}\,l_0} - \dfrac{\bar{\varepsilon}}{l_0^3}\cdot\left\{\dfrac{gl_0}{f}\right\}^2\cdot\left\{\dfrac{1}{4\sqrt{2}} + \dfrac{1}{3\sqrt{2}}\right\}$	$\dfrac{f}{\sqrt{2}\,l_0} - \dfrac{\bar{\varepsilon}}{l_0^3}\cdot\left(\dfrac{gl_0}{f}\right)^2\cdot\dfrac{1}{4\sqrt{2}}$
Mit der GRÜNEISEN-Konstante $\gamma \cong -\dfrac{gl_0}{6f}$	$\dfrac{\sqrt{2}\,f}{l_0} - \dfrac{\bar{\varepsilon}}{l_0^3}\cdot\gamma^2\cdot\dfrac{30}{\sqrt{2}}$	$\dfrac{f}{\sqrt{2}\,l_0} - \dfrac{\bar{\varepsilon}}{l_0^3}\gamma^2\cdot\dfrac{21}{\sqrt{2}}$	$\dfrac{f}{\sqrt{2}\,l_0} - \dfrac{\bar{\varepsilon}}{l_0^3}\gamma^2\cdot\dfrac{9}{\sqrt{2}}$

Konstanten mit der Temperatur verhalten sich etwa wie $3:2:1$. In Fig. 59 ist der Verlauf der elastischen Konstanten mit der Temperatur dargestellt, so wie sie aus einer ausführlichen, numerischen Auswertung unter Berücksichtigung der Wechselwirkung auch mit weiter entfernten Atomen gewonnen wurden (M. Gow [43]). Die gewählten Potenzen m für das Anziehungs-Potential und n für das abstoßende Potential sind $m=6$ und $n=14$. Die Übereinstimmung mit der hier diskutierten groben Näherung ist ausgezeichnet. Die verwandten Potentiale mit Potenzen von 6 und 14 fallen ja auch so stark mit der Entfernung ab, daß die gute Übereinstimmung nicht verwunderlich ist.

Tabelle 30. *Bedeutung der Symbole in Tabelle 29.*

Symbol	ausgedrückt durch $\varphi(l)$	Wert für $l = l_0$
$O\varphi$	$\dfrac{\varphi'}{l}$	0
$O^2\varphi$	$\dfrac{\varphi''}{l^2} - \dfrac{\varphi'}{l^3}$	$\dfrac{f}{l_0^2}$
G	$\varphi'' + \dfrac{2\varphi'}{l}$	f
OG	$\dfrac{\varphi'''}{l} + \dfrac{2\varphi''}{l^2} - \dfrac{2\varphi'}{l^3}$	$\dfrac{g}{l_0} + \dfrac{2f}{l_0^2}$
O^2G	$\dfrac{\varphi''''}{l^2} + \dfrac{\varphi'''}{l^3} - \dfrac{6\varphi''}{l^4} + \dfrac{6\varphi'}{l^5}$	$\dfrac{g}{l_0^3} - \dfrac{6f}{l_0^4}$

Bei dieser Rechnung ist durchweg $\bar\varepsilon$ gleich kT gesetzt worden. Für tiefe Temperaturen, etwa unterhalb der halben Debye-Temperatur, ist der Verlauf nicht mehr linear. Fig. 60 zeigt die experimentellen Werte der elastischen Konstanten für Aluminium. Auch hier verhalten sich die Temperatur-Koeffizienten der elastischen Konstanten etwa wie $3:2:1$, obwohl das Modell nächster Nachbar-Wechsel-

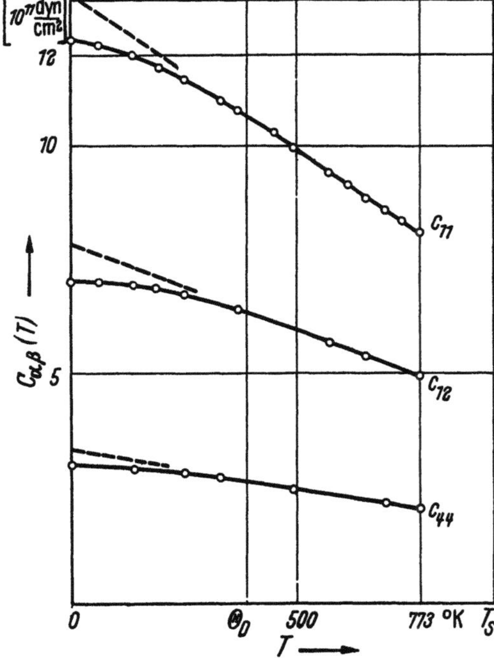

Fig. 59. Berechneter Verlauf der elastischen Konstanten eines flächenzentrierten Gitters mit der Temperatur. Der Verlauf ist zunächst linear, bei höheren Temperaturen nehmen die elastischen Daten noch stärker mit der Temperatur ab, dieser Verlauf ist nicht mitgezeichnet (nach M. Gow [44]).

Fig. 60. Temperaturabhängigkeit der elastischen Konstanten von Aluminium [nach P. M. Sutton: Phys. Rev. 91, 816 (1953)]. Bei hohen Temperaturen ist der Verlauf linear. Extrapoliert man den linearen Verlauf auf $T=0$, so erhält man die elastischen Daten aus der elastischen Energie allein (ohne Nullpunktsenergie).

wirkung mit Zentralkräften sicher nicht mehr zutrifft. Die Extrapolation des linearen Verlaufs bei hohen Temperaturen zu $T=0$ liefert die idealen elastischen

Konstanten ohne Berücksichtigung der Nullpunktsenergie. Der Einfluß der Nullpunktsenergie ist bei Aluminium offenbar nicht sehr groß.

86. CAUCHY-Relationen. Nunmehr ist man in der Lage, das Problem der CAUCHY-Relationen erneut aufzugreifen. Die Bedingungen für die Gültigkeit der CAUCHY-Relationen sind:

1. Alleinige Berücksichtigung der elastischen Energie (Φ).
2. Zentralkräfte.
3. Jedes Teilchen ist Symmetriezentrum.

Die erste Bedingung ist wenigstens näherungsweise erfüllt, wenn die „thermischen" Schwingungen so klein sind, daß man mit der harmonischen Näherung (Φ_2) auskommt. Spielen dagegen die anharmonischen Glieder eine wesentliche Rolle, so erhält man Abweichungen von den CAUCHY-Relationen, auch dann, wenn die Bedingungen 2 und 3 erfüllt sind. Die Abweichungen sind bereits am absoluten Nullpunkt vorhanden, sind dort bei kleinen beteiligten Massen besonders groß, und wachsen mit zunehmender Temperatur.

Die zweite Bedingung ist auf Grund der quantenmechanischen Berechnungen von Φ im allgemeinen nicht erfüllt. Besonders auffallend sind in dieser Hinsicht die Metalle. Aber auch schon die klassische Berücksichtigung der Polarisierbarkeit in Ionengittern liefert Mehrkörperkräfte.

Die Voraussetzungen für die Gültigkeit der CAUCHY-Relationen sind also im allgemeinen nicht erfüllt. Sie können immer nur näherungsweise richtig sein. Die Abweichungen können dann einen Einblick in die Größe der anharmonischen Glieder und der Mehrkörperkräfte vermitteln.

87. Calorische Zustandsgleichung. Zur Aufstellung der calorischen Zustandsgleichung benötigt man den anharmonischen Anteil der freien Energie. Die ersten Arbeiten zu dieser Fragestellung stammen von M. BORN und E. BRODY [45] und E. SCHRÖDINGER [46]. BORN und BRODY haben die Rechnungen mit Hilfe der Quantentheorie durchgeführt, SCHRÖDINGER hat gezeigt, daß ihr Resultat bei hohen Temperaturen aus der klassischen statistischen Mechanik abgeleitet werden kann. Die Ergebnisse stimmen mit denen der linearen Kette qualitativ überein. Bei hohen Temperaturen zeigt die spezifische Wärme einen linearen Verlauf, der durch die Glieder dritter Ordnung (Φ_3) und vierter Ordnung (Φ_4) geliefert wird. Φ_3 ergibt positive Beiträge zur spezifischen Wärme, und das Vorzeichen der Beiträge von Φ_4 ist offen (vgl. C_p und C_v der linearen Kette in Ziff. 81).

Das Prinzip der Behandlung soll am klassischen Zustands-Integral erläutert werden. Die HAMILTON-Funktion besteht aus einem Anteil H_0, der die kinetische Energie und die quadratischen Glieder der potentiellen Energie enthält[1], und einem anharmonischen Anteil Φ' ,der nur von den Koordinaten abhängt und die Glieder höherer Ordnung in den Verschiebungen enthält. Diese Glieder sollen als kleine Störung betrachtet werden. Das Zustands-Integral ist

$$Z(T, V, N) = \int e^{-\frac{1}{kT}(H_0 + \Phi')}\, d p_1 \ldots d q_{3N}. \tag{87.1}$$

Eine Entwicklung des Zustands-Integrals nach Potenzen der Störung Φ' ist nicht unmittelbar möglich. Man könnte daran denken, den Teil des Integranden,

---

[1] Die Entwicklung braucht nicht notwendig um die elastische Gleichgewichtslage zu erfolgen. Man kann, wie in den vorigen Ziffern, die Gleichgewichtslage noch offen lassen und nachträglich aus dem Minimum der freien Energie bestimmen. Die Randbedingung des konstanten Volumens kann man etwa durch die Vorgabe eines Periodizitäts-Volumens erzwingen, wobei es zweckmäßig ist, in (87.1) zu Normalkoordinaten überzugehen, bei denen die Randbedingung durch die Auswahl der f-Werte befriedigt ist.

welcher die Störung enthält, also exp $(-\Phi'/kT)$, nach Potenzen von Φ' zu entwickeln und auf diese Weise eine Entwicklung von Z zu bekommen. Das geht deswegen nicht, weil Φ' genau wie H_0 eine Größe ist, die proportional zur Teilchenzahl N ist. Φ'/kT ist also immer groß gegen 1, unabhängig von der Temperatur. Eine Entwicklung von Z selbst kommt demnach nicht in Frage[1]. Es ist

$$Z = e^{-\frac{F}{kT}}; \tag{87.2}$$

dabei ist die freie Energie F proportional der Teilchenzahl N. Aus der statistischen Thermodynamik weiß man, daß es unvernünftig ist, solche pathologischen Funktionen wie Z, die die Teilchenzahl im Exponenten enthalten, zu entwickeln[2]. Die Größe, welche eine Entwicklung gestattet, ist der Logarithmus von Z oder, was bis auf einen Faktor dasselbe ist, die freie Energie $F = -kT \ln Z$. Zur Durchführung der Entwicklung von $\ln Z$ schreibt man (87.1) in der Form

$$Z(\delta) = \int e^{-\frac{H_0 + \delta\Phi'}{kT}} dp_1 \dots dq_{3N}, \tag{87.1a}$$

versieht also die Störung Φ' mit einem Faktor δ und entwickelt nach Potenzen von δ. Die Entwicklung ist zugleich eine solche nach Potenzen von Φ'. δ dient nur dazu, um die Ordnung der Entwicklung zu indicieren und wird nach durchgeführter Entwicklung gleich 1 gesetzt.

Die Entwicklung von $\ln Z$ ist dann

$$\ln Z(\delta) = \ln Z(0) + \frac{\partial \ln Z}{\partial \delta}\bigg|_{\delta=0} \cdot \delta + \frac{1}{2} \frac{\partial^2 \ln Z(\delta)}{\partial \delta^2}\bigg|_{\delta=0} \cdot \delta^2 + \cdots, \tag{87.3}$$

$$\ln Z(\delta) = \ln Z(0) + \frac{Z'(0)}{Z(0)} \delta + \frac{1}{2}\left\{\frac{Z''(0)}{Z(0)} - \left(\frac{Z'(0)}{Z(0)}\right)^2\right\}\delta^2 + \cdots, \tag{87.3a}$$

wobei die Ableitungen nach δ durch einen Strich gekennzeichnet sind. Aus Gl. (87.1a) folgt nun

$$Z(0) = \int e^{-\frac{H_0}{kT}} dp_1 \dots dq_{3N}, \tag{87.4a}$$

$$Z'(0) = \int e^{-\frac{H_0}{kT}} \cdot \left(-\frac{\Phi'}{kT}\right) \cdot dp_1 \dots dq_{3N}, \tag{87.4b}$$

$$Z''(0) = \int e^{-\frac{H_0}{kT}} \cdot \left(-\frac{\Phi'}{kT}\right)^2 dp_1 \dots dq_{3N}. \tag{87.4c}$$

Aus (87.4a) bis (87.4c) folgt:

$$\frac{Z'(0)}{Z(0)} = \frac{\int e^{-\frac{H_0}{kT}} \left(-\frac{\Phi'}{kT}\right) dp_1 \dots dq_{3N}}{\int e^{-\frac{H_0}{kT}} dp_1 \dots dq_{3N}} = -\frac{\overline{\Phi'}^h}{kT}, \tag{87.5a}$$

$$\frac{Z''(0)}{Z(0)} = \overline{\left(\frac{\Phi'}{kT}\right)^2}^h, \tag{87.5b}$$

wobei die Mittelwertstriche mit dem Symbol h Mittelwerte über die harmonische Verteilung $e^{-\frac{H_0}{kT}}$ darstellen; also wird

$$\ln Z = \ln Z(0) - \frac{\overline{\Phi'}^h}{kT} + \frac{1}{2}\cdot\left\{\frac{\overline{(\Phi')^2}^h}{(kT)^2} - \left(\frac{\overline{\Phi'}^h}{kT}\right)^2\right\} + \cdots \tag{87.4d}$$

---

[1] Diese Entwicklung würde gleichzeitig eine Entwicklung nach Potenzen von N sein.
[2] Dieser Gesichtspunkt ist in vielen Darstellungen nicht klar zum Ausdruck gebracht.

und die freie Energie

$$F = -kT \ln Z(0) + \underbrace{\overline{\Phi'^h}}_{F_0} + \underbrace{\frac{1}{2kT}\left\{(\overline{\Phi'^h})^2 - \overline{(\Phi')^{2h}}\right\}}_{F_2} + \cdots. \tag{87.6}$$

Diese Form der Entwicklung garantiert, daß die einzelnen Entwicklungsglieder der freien Energie alle proportional zu N sind, obwohl Φ' selbst proportional zu N ist.

Nimmt man nur die Glieder dritter und vierter Ordnung mit: $\Phi' = \Phi_3 + \Phi_4$, so wird

$$F = F_0 + \overline{\Phi_4^h} + \frac{1}{2kT}\left\{(\overline{\Phi_4^h})^2 - \overline{\Phi_3^{2h}} - \overline{\Phi_4^{2h}}\right\} \cdots, \tag{87.6a}$$

$$F = F_0 + \overline{\Phi_4^h} - \frac{1}{2kT}\overline{\Phi_3^{2h}}; \tag{87.6b}$$

denn $\overline{\Phi_3^h}$ und $\overline{\Phi_3\Phi_4^h}$ verschwinden, da sie nur ungerade Potenzen der Verschiebungen enthalten. $\overline{\Phi_4^h}$ ist proportional zu T^2, $\overline{\Phi_3^{2h}}$ proportional zu T^3 und $\overline{\Phi_4^{2h}}$ proportional zu T^4. Daher ist in Gl. (87.6b) der in Φ_4 quadratische Anteil weggelassen worden. Dann ist der Zusatzterm zur freien Energie F_0 des ungestörten Oszillatoren-Systems proportional zu T^2. Gl. (87.6b) ist vollkommen äquivalent zu (81.15). Die spezifische Wärme bei konstantem Volumen ist damit [vgl. (72.11)]

$$C_V = 3Nk + k\left\{\frac{\overline{\Phi_3^{2h}}}{(kT)^2} - \frac{2\overline{\Phi_4^h}}{kT}\right\} \tag{87.7}$$

und ändert sich bei hohen Temperaturen linear mit der Temperatur. Die Glieder dritter Ordnung geben positive Beiträge, während das Vorzeichen von Φ_4 offen ist. Wenn man mit Zentralkräften zwischen nächsten Nachbarn allein arbeitet, so ist das Resultat, abgesehen von Zahlenfaktoren, das gleiche wie bei der linearen Kette. Die Anharmonizitäts-Konstante dritter Ordnung g könnte man aus der thermischen Ausdehnung bestimmen, die Konstante h von Φ_4 aus der spezifischen Wärme. Das experimentelle Material ist recht spärlich (vgl. den Artikel von BLACKMAN), ebenso verhält es sich mit den theoretischen Arbeiten, so daß eine weitergehende Diskussion zur Zeit noch aussteht.

Auch die quantentheoretische Zustandssumme läßt sich in genau der gleichen Weise behandeln [47]. Hier kann man die Zustandssumme in der Form

$$Z(\delta, V, T, N) = Z(\delta) = \sum_\alpha \left(\Psi_\alpha, e^{-\frac{H_0 + \delta\Phi'}{kT}}\Psi_\alpha\right) \tag{87.8}$$

darstellen. Dabei sind die Ψ_α Funktionen aus einen vollständigen und normierten Orthogonalsystem von Funktionen der Kernkoordinaten. H_0 und Φ' sind nunmehr Operatoren, die auf diese Funktionen wirken. Die Summe über α durchläuft alle Funktionen des vollständigen Systems. Die Ψ_α können als die Eigenfunktionen zu H_0 gewählt werden. In diesem Falle ist die Darstellung besonders einfach. Wenn man die Störung vernachlässigt, so geht Gl. (87.8) in die Zustandssumme des ungestörten Oszillatoren-Systems

$$Z(0) = \sum_\alpha \left(\Psi_\alpha, e^{-\frac{H_0}{kT}}\Psi_\alpha\right) = \sum_\alpha e^{-\frac{E_\alpha}{kT}}; \quad H_0\Psi_\alpha = E_\alpha\Psi_\alpha \tag{87.8a}$$

über. Sie wurde in den vorhergehenden Abschnitten eingehend diskutiert. Die Matrixelemente

$$\left(\Psi_\alpha, e^{-\frac{H_0 + \delta\Phi'}{kT}}\Psi_\beta\right) = M_{\alpha\beta}(\delta) \tag{87.9}$$

können nach δ entwickelt werden:

$$M_{\alpha\beta} = e^{-\frac{E_\alpha}{kT}} \delta_{\alpha\beta} + \delta\,\Phi'_{\alpha\beta} \left\{ \frac{e^{-\frac{E_\alpha}{kT}}}{(E_\alpha - E_\beta)} + \frac{e^{-\frac{E_\beta}{kT}}}{(E_\beta - E_\alpha)} \right\} + \delta^2 \sum_\gamma \Phi'_{\alpha\gamma}\,\Phi'_{\gamma\beta} \times$$

$$\times \left\{ \frac{e^{-\frac{E_\alpha}{kT}}}{(E_\alpha - E_\beta)(E_\alpha - E_\gamma)} + \frac{e^{-\frac{E_\gamma}{kT}}}{(E_\gamma - E_\alpha)(E_\gamma - E_\beta)} + \frac{e^{-\frac{E_\beta}{kT}}}{(E_\beta - E_\alpha)(E_\beta - E_\gamma)} \right\} + \cdots \qquad (87.9\,\mathrm{a})$$

(mit $\Phi'_{\alpha\beta} = (\Psi_\alpha,\,\Phi'\Psi_\beta)$).

Daher sind die Diagonalelemente $M_{\alpha\alpha}$, die zur Berechnung von (87.8) benötigt werden[1]

$$M_{\alpha\alpha} = e^{-\frac{E_\alpha}{kT}} + \delta\,\Phi'_{\alpha\alpha}\cdot e^{-\frac{E_\alpha}{kT}}\cdot\left(-\frac{1}{kT}\right) +$$

$$+ \delta^2 \left\{ \sum_\gamma \Phi'_{\alpha\gamma}\,\Phi'_{\gamma\alpha}\cdot e^{-\frac{E_\alpha}{kT}}\cdot \frac{e^{\frac{E_\alpha - E_\gamma}{kT}} - 1 - \frac{E_\alpha - E_\gamma}{kT}}{(E_\alpha - E_\gamma)^2} \right\}. \qquad (87.9\,\mathrm{b})$$

Damit wird

$$Z(0) = \sum_\alpha e^{-\frac{E_\alpha}{kT}}, \qquad (87.10\,\mathrm{a})$$

$$Z'(0) = \sum_\alpha -\frac{\Phi'_{\alpha\alpha}}{kT}\,e^{-\frac{E_\alpha}{kT}}, \qquad (87.10\,\mathrm{b})$$

$$Z''(0) = \sum_{\alpha,\gamma} 2\,\Phi'_{\alpha\gamma}\,\Phi'_{\gamma\alpha}\cdot \frac{e^{\frac{E_\alpha - E_\gamma}{kT}} - 1 - \frac{E_\alpha - E_\gamma}{kT}}{(E_\alpha - E_\gamma)^2}\,e^{-\frac{E_\alpha}{kT}}. \qquad (87.10\,\mathrm{c})$$

Mit diesen Ausdrücken kann man in Gl. (87.4) eingehen und erhält das quantenmechanische Analogon[2] der Entwicklung der freien Energie F nach Potenzen der Störung Φ'.

H. Wärmeleitung in Isolatoren.

88. Übersicht. In der harmonischen Näherung sind die einzelnen Gitterwellen (Eigenschwingungen) unabhängig voneinander, ihre Anregungsstärke ist durch die Temperatur gegeben. Bringt man den Kristall lokal auf eine höhere Temperatur, erhöht man also die Energie an einer bestimmten Stelle, so muß sich die zugeführte Energie annähernd mit Schallgeschwindigkeit durch den Kristall aus-

---

[1] Die Art der Entwicklung ist die gleiche, wie sie z. B. bei der Diracschen zeitabhängigen Störungsrechnung angewandt wird.

[2] Wenn man den Bruch in (87.10 c) durch seinen Wert an der Stelle $E_\alpha = E_\gamma$ ersetzen darf:

$$\left. \frac{e^{\frac{E_\alpha - E_\gamma}{kT}} - 1 - \frac{E_\alpha - E_\gamma}{kT}}{(E_\alpha - E_\gamma)^2} \right|_{E_\alpha = E_\gamma} = \frac{1}{2(kT)^2},$$

dann ist der quantentheoretische Ausdruck mit (87.6) identisch und ist verhältnismäßig einfach. Die harmonischen Mittelwerte in (87.6) sind dann so zu bilden wie die Mittelwerte der Verschiebungen und Verschiebungsquadrate in Ziff. 79, bei denen auch die Quantentheorie in den Verteilungen der Normalkoordinaten berücksichtigt ist. Für das in Φ' lineare Glied ist das jedenfalls richtig. Das quadratische Glied muß aber bei tiefen Temperaturen nach (87.10c) behandelt werden. Für $T = 0$ erhält man die aus der Schrödingerschen Störungsrechnung bekannte Entwicklung des Grundzustandes nach Potenzen der Störung.

Bei Berücksichtigung der Anharmonizität ist es nicht sicher, ob die Debyesche Theorie bei tiefen Temperaturen genau richtig ist, daß also die spezifische Wärme allein aus elastischen Daten ermittelt werden kann.

breiten. Die Verhältnisse liegen etwa so wie bei der Ausstrahlung von Schallwellen in einer linearen Kette, bei welcher ein Atom dauernd angestoßen wird. In dem Modell der harmonischen Näherung gibt es daher keinen Wärme-Widerstand. Die Unabhängigkeit der Gitterwellen verhindert ferner die Einstellung des thermischen Gleichgewichts. Jede Gitterwelle behält ihre Energie, eine thermische Verteilung der Energien bei beliebigem Ausgangszustand kommt nicht zustande.

Die ersten Ansätze einer Theorie der Wärmeleitung in Kristallen gehen auf DEBYE [48] zurück. DEBYE nahm an, daß die höheren Entwicklungsglieder eine Kopplung der Gitterschwingungen bewirken und daß diese Kopplung näherungsweise durch eine mittlere freie Weglänge L beschrieben werden kann. Bedeutet v eine mittlere Schallgeschwindigkeit, so ist L/v die Zeit, die eine über das thermische Gleichgewicht hinaus angeregte Gitterschwingung braucht, um sich dem thermischen Gleichgewicht anzugleichen. Diese Kopplung der Schwingungen ist auch eine Ursache der mechanischen Dämpfung von Schallwellen. Zur Abschätzung der Wärmeleitfähigkeit λ verwandte DEBYE die aus der Gastheorie bekannte Formel

$$\lambda = \tfrac{1}{3}\, c_v \cdot v \cdot L.$$

Hier ist c_v die spezifische Wärme der Volumeneinheit, v eine mittlere, im wesentlichen temperaturunabhängige Schallgeschwindigkeit. Im Rahmen der elastischen Kontinuumstheorie wurde dann die freie Weglänge berechnet. Die freie Weglänge ergibt sich als proportional zu $1/T$. Dann ist bei hohen Temperaturen die Wärmeleitfähigkeit ebenfalls proportional zu $1/T$, denn c_v ist bei hohen Temperaturen konstant. Bei tiefen Temperaturen wird die freie Weglänge schließlich so groß, daß die Kristallabmessungen die freie Weglänge bestimmen [49], [50]. In diesem Gebiet ist dann also L konstant, und λ ist proportional der spezifischen Wärme (T^3). Qualitativ stimmen diese Ergebnisse mit den Experimenten überein. Quantitativ ist die Übereinstimmung nicht sehr befriedigend. Ferner stellt sich bei einer genaueren Analyse heraus, daß die elastische Kontinuumstheorie gar nicht in der Lage ist, eine endliche Wärmeleitfähigkeit zu liefern. Erst durch die Gittertheorie kann die Wärmeleitung erklärt werden.

PEIERLS [49] hat die Grundgleichungen der Gittertheorie zur Bestimmung der Wärmeleitfähigkeit aufgestellt und qualitativ diskutiert. Allerdings ist die Lösung der Gleichungen so schwierig, daß man nur mit sehr rohen Näherungen Aussicht auf eine erfolgreiche Behandlung hat. Zur Diskussion des qualitativen Verlaufs (Fig. 61) hat man drei verschiedene Temperaturgebiete zu berücksichtigen:

1. Hohe Temperaturen ($T \gtrsim \Theta_D$): L und λ sind proportional zu $1/T$.
2. Tiefe Temperaturen ($T \ll \Theta_D$): L und λ sind proportional zu $\exp(\Theta_D/dT)$.
3. Sehr tiefe Temperaturen: L ist konstant und λ ist proportional zu T^3.

Dieser Verlauf stimmt mit dem experimentellen Material befriedigend überein[1]. Von einer quantitativen Übereinstimmung kann man deshalb noch nicht sprechen, weil eine Berechnung der Wärmeleitfähigkeit aus der Gittertheorie bisher noch nicht vollständig durchgeführt ist. PEIERLS hat die Konstante d des Exponentialgesetzes für die freie Weglänge zu 2 abgeschätzt. Die experimentellen Werte liegen auch in dieser Größenordnung [53]. Daß die freie Weglänge einem solchen exponentiellen Gesetz gehorcht, kann man verhältnismäßig leicht einsehen. Eine Berechnung des genauen Wertes von d ist dagegen außerordentlich schwierig.

---

[1] Eine zusammenfassende Darstellung von R. BERMAN findet sich in [51]. Die Fig. 61 sind aus Arbeiten von R. BERMAN und A. EUCKEN [52] entnommen. L ist im allgemeinen am Schmelzpunkt eine Zehnerpotenz größer als die Gitterabstände.

Hinzu kommt, daß die Wechselwirkung der Gitterwellen miteinander nicht allein für die Wärmeleitung verantwortlich ist, denn die freie Weglänge wird auch durch Gitterfehler (Fremdatome, Versetzungen, Korngrenzen) begrenzt[1]. Bei hohen Temperaturen überwiegt der Einfluß der Kopplung der Gitterschwingungen. Bei tiefen Temperaturen spielen die Gitterfehler die entscheidende Rolle. Wir besprechen hier nur die Wärmeleitung des fehlerfreien Gitters, ferner beschränken wir uns auf die Diskussion primitiver Gitter. Von den höheren Entwicklungsgliedern der potentiellen Energie berücksichtigen wir nur das Glied dritter Ordnung[2] Φ_3. Dieses liefert bei hohen Temperaturen eine zu $1/T$ proportionale Wärmeleitfähigkeit. Ein merklicher Einfluß der weiteren Glieder müßte sich in einer Abweichung von der Proportionalität zu $1/T$ bemerkbar machen. Bei den einfachen Gittern findet man nahezu immer Pro-

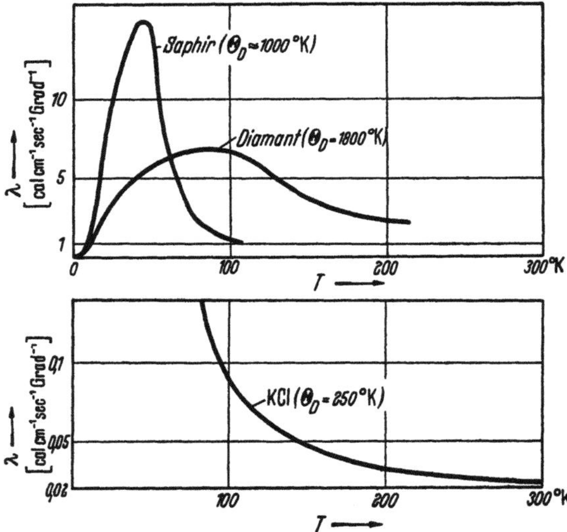

Fig. 61. Abhängigkeit der Wärmeleitfähigkeit von der Temperatur (nach [51] und [52]).

portionalität zu $1/T$ [57]. Daher können die Glieder vierter Ordnung nicht sehr viel zur Wärmeleitfähigkeit beitragen. In den nächsten Ziffern werden die Grundgleichungen zur Berechnung der Wärmeleitfähigkeit aufgestellt. Die möglichen Lösungsverfahren werden besprochen und qualitativ diskutiert. Für eine quantitative Diskussion muß auf die entsprechenden Originalarbeiten verwiesen werden. Außerdem werden bei der Berechnung der Wärmeleitfähigkeit meist so einschneidende Voraussetzungen gemacht, daß eine quantitative Diskussion schon deshalb nicht lohnend erscheint, weil man zur Zeit die Tragweite der Voraussetzungen noch nicht recht übersehen kann.

Die Wärmeenergie wird in Isolatoren durch die Gitterwellen transportiert, dagegen erfolgt der Wärmetransport in Metallen bei normalen Temperaturen hauptsächlich durch die Leitungselektronen. Die Wärmeleitfähigkeit der Metalle ist bei Zimmertemperatur um ein bis zwei Zehnerpotenzen größer als die bei Isolatoren gemessenen Werte. Der Energietransport durch die Gitterschwingungen spielt nur eine untergeordnete Rolle und kann praktisch vernachlässigt werden. Anders verhält es sich bei tiefen Temperaturen; denn die Gitterleitfähigkeit wächst sehr viel schneller mit abnehmender Temperatur als die metal-

---

[1] Eine Diskussion dieser Einflüsse ist von P. Klemens [54] durchgeführt worden. Die Abhängigkeit der freien Weglänge von der Frequenz der Wellen wird für die verschiedenen Möglichkeiten bestimmt und die Wärmeleitfähigkeit daraus berechnet. Die unbekannten absoluten Werte werden dem experimentellen Verlauf angepaßt.

[2] Von Pomeranchuk [55] und Herpin [56] wurde behauptet, daß die kubischen Glieder (Φ_3) nicht zur Berechnung der Wärmeleitfähigkeit ausreichen und daß auch unter Berücksichtigung von Φ_3 die Wärmeleitfähigkeit unendlich groß wird. Die langen longitudinalen Wellen sollten den divergierenden Beitrag zur Wärmeleitfähigkeit liefern. Dieses Ergebnis beruht darauf, daß das isotrope, elastische Kontinuum als Grundlage verwandt wird. Φ_3 liefert nach der Gittertheorie eine endliche Wärmeleitfähigkeit (vgl. auch [54]). Nach den oben genannten Autoren sollten die Glieder vierter Ordnung die Wärmeleitfähigkeit ergeben. Dann sollte λ bei hohen Temperaturen proportional zu $T^{-\frac{4}{3}}$ sein. Für das anisotrope elastische Kontinuum vgl. auch C. Herring, Phys. Rev. **95**, 954 (1954).

lische Leitfähigkeit; bei tiefen Temperaturen können beide Beiträge durchaus vergleichbar sein. Die Beiträge sind auch sicher nicht additiv. Man müßte bei der Behandlung dieses Problems die Kopplung der Gitterwellen unter sich, der Elektronenwellen unter sich und die Kopplung der Elektronen mit den Gitterwellen berücksichtigen. Eine durchgeführte Theorie dieser Erscheinungen liegt bisher nicht vor. In manchen Fällen, bei denen die Kopplung zwischen Gitter und Elektronen verhältnismäßig schwach ist, scheint eine additive Zerlegung in Gitter- und Elektronen-Anteil möglich zu sein (vgl. [57] S. 761 und 1373). Im folgenden wird nur die Wärmeleitfähigkeit von Isolatoren behandelt.

89. Die Energieströmung. Zur Beschreibung der Energieströmung braucht man die in Ziff. 49 gegebene Zerlegung der Gitterschwingungen nach fortschreitenden Gitterwellen. In einem Periodizitäts-Volumen V mit N Atomen gibt es $3N$ Schwingungen dieser Art. Sie sind durch N mögliche Ausbreitungsvektoren $\mathfrak{k}$ und durch jeweils drei Polarisationen $\mathfrak{e}^{(s)}(\mathfrak{k})$ gekennzeichnet. Enthält eine Welle die Energie $\varepsilon_s^{\mathfrak{k}}$, so wird diese Energie mit der zugeordneten Gruppengeschwindigkeit-

$$\mathfrak{v}_s^{\mathfrak{k}} = \frac{\partial \omega_s^{\mathfrak{k}}}{\partial \mathfrak{k}} \tag{89.1}$$

transportiert. Hier wird $\omega_s^{\mathfrak{k}}$ als kontinuierliche Funktion des Ausbreitungsvektors angesehen. Das ist gestattet, wenn N sehr groß ist. Die Dichte der Energieströmung dieser Welle $\mathfrak{q}_s^{\mathfrak{k}}$ ist dann

$$\mathfrak{q}_s^{\mathfrak{k}} = \frac{\varepsilon_s^{\mathfrak{k}}}{V} \cdot \mathfrak{v}_s^{\mathfrak{k}}. \tag{89.2}$$

Die gesamte Energie- oder Wärmestrom-Dichte $\mathfrak{q}$ erhält man durch Summation über alle vorkommenden Gitterwellen:

$$\mathfrak{q} = \frac{1}{V} \sum_{\mathfrak{k},\,s} \varepsilon_s^{\mathfrak{k}} \, \mathfrak{v}_s^{\mathfrak{k}}. \tag{89.3}$$

Die Wellen mit kleinen Gruppengeschwindigkeiten können also zum Energiestrom nicht viel beitragen. Bei der linearen Kette (Ziff. 42) ist sofort ersichtlich, daß die Gruppengeschwindigkeit der langen Wellen die Schallgeschwindigkeit ist. Zu kürzeren Wellenlängen hin nimmt die Gruppengeschwindigkeit ab; sie verschwindet bei der Grenzfrequenz. Im Raumgitter liegen die Verhältnisse ganz analog[1]. Bei zweiatomigen Gittern ist die Frequenz im optischen Zweig nahezu konstant, wenn die Massen sehr verschieden sind. Die Gruppengeschwindigkeiten der Wellen des optischen Zweiges sind dann sehr klein und liefern keinen wesentlichen Beitrag zum Wärmestrom. Die optischen Wellen fallen für die Wärmeleitung praktisch aus.

Sind die $\varepsilon_s^{\mathfrak{k}}$ nicht scharf gegeben, liegt also eine Verteilung der Energiewerte vor, so ist der Wärmestrom mit den Mittelwerten $\overline{\varepsilon_s^{\mathfrak{k}}}$ zu bilden. Im thermischen Gleichgewicht sind für die $\varepsilon_s^{\mathfrak{k}}$ die thermischen Mittelwerte $\overline{\varepsilon_s^{\mathfrak{k}}}^{\,T} = \varepsilon(\omega_s^{\mathfrak{k}}, T)$ einzusetzen:

$$\mathfrak{q} = \frac{1}{V} \sum_{\mathfrak{k},\,s} \varepsilon(\omega_s^{\mathfrak{k}}, T) \, \mathfrak{v}_s^{\mathfrak{k}}. \tag{89.4}$$

---

[1] Bei isotropen Stoffen hat die Gruppengeschwindigkeit im elastischen Gebiet die Richtung des Ausbreitungsvektors, bei anisotropen Stoffen ist das nicht mehr der Fall. Aber auch bei isotropen Kristallen bewirkt der Gittereinfluß, daß bei kürzeren Wellenlängen die Gruppengeschwindigkeit nicht mehr allgemein die Richtung des Ausbreitungsvektors hat.

Der Wärmestrom verschwindet, da mit $\omega_s^{\mathfrak{k}}$ auch $\varepsilon(\omega_s^{\mathfrak{k}}, T)$ in $\mathfrak{k}$ symmetrisch ist $(\omega_{-\mathfrak{k}}^s = \omega_s^{\mathfrak{k}})$, während $\mathfrak{v}_s^{\mathfrak{k}}$ nach Gl. (89.1) in $\mathfrak{k}$ antisymmetrisch ist $(\mathfrak{v}_{-\mathfrak{k}}^s = -\mathfrak{v}_s^{\mathfrak{k}})$. Für die quantentheoretische Behandlung ist es zweckmäßig, an Stelle der mittleren Energie $\overline{\varepsilon_s^{\mathfrak{k}}}$ die mittleren Besetzungszahlen $\overline{\varepsilon_s^{\mathfrak{k}}} = \hbar\,\omega_s^{\mathfrak{k}}(\overline{N_s^{\mathfrak{k}}} + \tfrac{1}{2})$ einzuführen, die im thermischen Gleichgewicht durch

$$\overline{N_s^{\mathfrak{k}}}^{\,T} = \frac{1}{e^{\frac{\hbar\,\omega_s^{\mathfrak{k}}}{kT}} - 1} \tag{89.5}$$

bestimmt sind. Bei der Bildung des Wärmestroms fällt die Nullpunktsenergie heraus:

$$\mathfrak{q} = \frac{1}{V}\sum_{\mathfrak{k},s} \hbar\,\omega_s^{\mathfrak{k}}\,\overline{N_s^{\mathfrak{k}}}\cdot\mathfrak{v}_s^{\mathfrak{k}}. \tag{89.6}$$

Im stationären wärmeleitenden Zustand bewirkt der gegebene kleine Temperaturgradient eine kleine Abweichung der mittleren Besetzungszahlen von der thermischen Verteilung $\overline{N_s^{\mathfrak{k}}}^{\,T}$:

$$\overline{N_s^{\mathfrak{k}}} = \overline{N_s^{\mathfrak{k}}}^{\,T} + n_s^{\mathfrak{k}}. \tag{89.7}$$

Nur die Abweichungen vom Temperaturgleichgewicht liefern dann einen Beitrag zum Wärmetransport:

$$\mathfrak{q} = \frac{1}{V}\sum_{\mathfrak{k},s} \hbar\,\omega_s^{\mathfrak{k}}\,n_s^{\mathfrak{k}}\,\mathfrak{v}_s^{\mathfrak{k}}. \tag{89.8}$$

Das Ziel der Bemühungen ist die Berechnung der Größen $n_s^{\mathfrak{k}}$, die proportional zum Temperaturgradienten sein müssen:

$$n_s^{\mathfrak{k}} = -\sum_l \alpha_{s,l}^{\mathfrak{k}}\,\frac{\partial T}{\partial X_l}. \tag{89.9}$$

Daraus berechnet man dann die Wärmestrom-Komponenten

$$q_k = -\frac{1}{V}\sum_{\mathfrak{k},s,l} \hbar\,\omega_s^{\mathfrak{k}}\,\alpha_{s,l}^{\mathfrak{k}}\,v_{s,k}^{\mathfrak{k}}\,\frac{\partial T}{\partial X_l}, \tag{89.10}$$

$$q_k = -\sum_l \lambda_{kl}\,\frac{\partial T}{\partial X_l}. \tag{89.10a}$$

Die Größe

$$\lambda_{kl} = \frac{1}{V}\sum_{\mathfrak{k},s} \hbar\,\omega_s^{\mathfrak{k}}\,\alpha_{s,l}^{\mathfrak{k}}\,v_{s,k}^{\mathfrak{k}} \tag{89.11}$$

ist der Tensor der Wärmeleitfähigkeit. Er ist symmetrisch, obwohl diese Symmetrie in Gl. (89.11) noch nicht ersichtlich ist. In kubischen Kristallen ist die Wärmeleitfähigkeit λ eine skalare Größe:

$$\mathfrak{q} = -\lambda\,\mathrm{grad}\,T. \tag{89.12}$$

90. Die zeitlichen Änderungen der Besetzungszahlen. Zur rechnerischen Behandlung teilt man den unendlichen Kristall in Teil-Volumina (V, N) auf (Fig. 62). Diese Einteilung ist identisch mit einer Aufteilung in Periodizitäts-Volumina, nur muß man hier den verschiedenen Volumina bei Vorgabe eines Temperaturgradienten jeweils verschiedene Temperaturen zuordnen. Eine solche Aufteilung ist notwendig, da sie die einzige Möglichkeit zur Beschreibung eines Temperaturgradienten in einer Wellentheorie darstellt. Wenn das Temperaturgefälle so klein ist, daß sich die Temperaturen benachbarter Bereiche nur wenig unterscheiden, so kann man die mittleren Besetzungszahlen $\overline{N_s^{\mathfrak{k}}}$, die zunächst nur für jeden Teilbereich diskontinuierlich definiert sind, praktisch als kontinuierliche Funktionen $\overline{N_s^{\mathfrak{k}}}(\mathfrak{R})$ des Ortes ansehen. Die Form der Bereiche ist unwesentlich; am einfachsten wählt man eine Unterteilung in würfelförmige Gebiete.

Die mittlere Anregungsstärke einer Welle $(\mathfrak{k}, s)$ in einem hervorgehobenen Teilbereich ändert sich zeitlich durch zwei verschiedene Prozesse. Erstens verändern sich die Besetzungszahlen durch die Energieströmung, die den Rand des ins Auge gefaßten Gebietes durchsetzt:

Änderung von $\overline{N_s^{\mathfrak{k}}}$ durch Konvektion $\overline{\overset{\bullet}{N_{s|K}^{\mathfrak{k}}}}$. Zweitens bewirkt die Wechselwirkung der Wellen in dem hervorgehobenen Volumen eine zeitliche Änderung der Besetzungszahlen: $\overline{\overset{\bullet}{N_{s|W}^{\mathfrak{k}}}}$. Im stationären Zustand ist $\overline{N_s^{\mathfrak{k}}}$ zeitlich konstant

$$\overline{\overset{\bullet}{N_{s|K}^{\mathfrak{k}}}} + \overline{\overset{\bullet}{N_{s|W}^{\mathfrak{k}}}} = 0. \qquad (90.1)$$

Das ist die grundlegende „BOLTZMANNsche Stoßgleichung" zur Berechnung der stationären Verteilung.

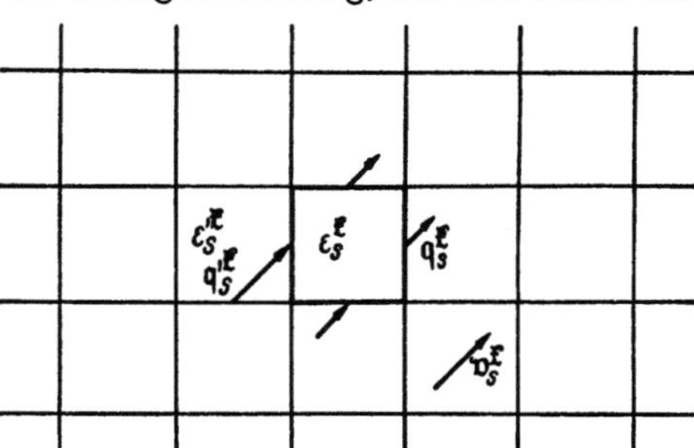

Fig. 62. Unterteilung des Kristalls in würfelförmige Bereiche. Die Energie der Welle $(\mathfrak{k}, s)$ in dem stark umrandeten Teilbereich $\varepsilon_s^{\mathfrak{k}}$ nimmt durch Konvektion zu, wenn die Energie der Teilbereiche nach rechts hin abnimmt $(\varepsilon_s'^{\mathfrak{k}} > \varepsilon_s^{\mathfrak{k}})$.

Die konvektive Änderung der Energiedichte $\overline{\overset{\bullet}{\varepsilon}_{s\,K}^{\mathfrak{k}}}/V$ gewinnt man aus der Divergenz der Energieströmung:

$$\frac{\overline{\overset{\bullet}{\varepsilon}_{s\,K}^{\mathfrak{k}}}}{V} = -\,\mathrm{div}\left(\mathfrak{v}_s^{\mathfrak{k}}\,\frac{\overline{\varepsilon_s^{\mathfrak{k}}(\mathfrak{R})}}{V}\right). \qquad (90.2)$$

Schreibt man diese Gleichung auf die Besetzungszahlen um, so ergibt sich

$$\overline{\overset{\bullet}{N}_{s\,K}^{\mathfrak{k}}} = -\,\mathfrak{v}_s^{\mathfrak{k}}\cdot\mathrm{grad}\,\overline{N_s^{\mathfrak{k}}}(\mathfrak{R}). \qquad (90.2\mathrm{a})$$

Setzt man hier die Zerlegung

$$\overline{N_s^{\mathfrak{k}}} = \overline{N_s^{\mathfrak{k}}}^{T} + n_s^{\mathfrak{k}} \qquad (90.3)$$

ein, so liefern nur die thermischen Mittelwerte einen Beitrag zur konvektiven Änderung. Denn die $n_s^{\mathfrak{k}}$ hängen nur von dem (konstanten) Temperaturgefälle ab; sie hängen nicht von $\mathfrak{R}$ ab und verschwinden bei der Bildung von $\overline{\overset{\bullet}{N}_{s|K}^{\mathfrak{k}}}$. Da $\overline{N_s^{\mathfrak{k}}}^{T}(\mathfrak{R})$ vom Ort nur über die Temperatur abhängt

$$\overline{N_s^{\mathfrak{k}}}^{T} = \left(e^{\frac{\hbar\,\omega_s^{\mathfrak{k}}}{k\,T(\mathfrak{R})}} - 1\right)^{-1}, \qquad (90.4)$$

so wird schließlich

$$\overline{N_{s|K}^{\mathfrak{k}}} = -\,\frac{\partial\overline{N_s^{\mathfrak{k}}}^{T}}{\partial T}\cdot(\mathfrak{v}_s^{\mathfrak{k}}\cdot\mathrm{grad}\,T). \qquad (90.5)$$

Damit ist der konvektive Anteil der Stoßgleichung (90.1) durch den Temperaturgradienten ausgedrückt.

Die Änderung durch Wechselwirkung der Wellen ist zunächst eine Funktion aller Besetzungszahlen:

$$\dot{N}^{\mathfrak{k}}_{s|W} = G\left(\dots, \overline{N^{\mathfrak{k}}_s}, \dots\right). \tag{90.6}$$

Die spezielle Form von G muß noch näher untersucht werden. Auf jeden Fall aber muß G im thermischen Gleichgewicht verschwinden, da dann überhaupt keine zeitlichen Änderungen mehr auftreten dürfen $\left(G(\dots, \overline{N^{\mathfrak{k}}_s}^T, \dots) = 0; \dot{\overline{N^{\mathfrak{k}}_s}}^T_{|W} = 0\right)$. Entwickelt man G nach den kleinen Größen $n^{\mathfrak{k}}_s$, so wird also, unter alleiniger Berücksichtigung des in $n^{\mathfrak{k}}_s$ linearen Gliedes, $\dot{\overline{N^{\mathfrak{k}}_s}}_{|W}$ eine lineare Funktion der $n^{\mathfrak{k}}_s$

$$\dot{\overline{N^{\mathfrak{k}}_s}}_{|W} = \dot{n}^{\mathfrak{k}}_{s|W} = \sum_{\mathfrak{k}',s'} G^{\mathfrak{k}\mathfrak{k}'}_{ss'} n^{\mathfrak{k}'}_{s'}. \tag{90.6a}$$

Die Formulierung (90.6a) ist nicht besonders zweckmäßig, da $G^{\mathfrak{k}\mathfrak{k}'}_{ss'}$ keine einfachen Eigenschaften hat. Es zeigt sich, daß die Größe

$$P^{\mathfrak{k}\mathfrak{k}'}_{ss'} = -4k\,\mathrm{Sin}^2\frac{\hbar\omega^{\mathfrak{k}}_s}{2kT}\cdot G^{\mathfrak{k}\mathfrak{k}'}_{ss'} \tag{90.7}$$

symmetrisch in den Indexpaaren $(\mathfrak{k}, s)$ und $(\mathfrak{k}', s')$ ist. Daher schreibt man (90.6a) besser in der Form

$$\dot{n}^{\mathfrak{k}}_{s|W} = -\frac{1}{4k\,\mathrm{Sin}^2\dfrac{\hbar\omega^{\mathfrak{k}}_s}{2kT}}\cdot\sum_{\mathfrak{k}',s'} P^{\mathfrak{k}\mathfrak{k}'}_{ss'} n^{\mathfrak{k}'}_{s'}. \tag{90.6b}$$

Die Wechselwirkungsmatrix $P^{\mathfrak{k}\mathfrak{k}'}_{ss'}$ ist nicht nur symmetrisch, sie ist auch positiv semidefinit; d.h., es ist immer

$$\sum_{\substack{\mathfrak{k},s\\\mathfrak{k}',s'}} P^{\mathfrak{k}\mathfrak{k}'}_{ss'} n^{\mathfrak{k}}_s n^{\mathfrak{k}'}_{s'} \geqq 0 \quad \text{für alle } n^{\mathfrak{k}}_s. \tag{90.8}$$

In Gl. (90.8) gilt bis auf eine Ausnahme immer das $>$-Zeichen. Nur in dem trivialen Fall, daß $n^{\mathfrak{k}}_s$ eine (kleine) Temperaturerhöhung δT beschreibt, gilt das Gleichheitszeichen:

$$\tilde{n}^{\mathfrak{k}}_s = \frac{\partial\overline{N^{\mathfrak{k}}_s}^T}{\partial T}\cdot\delta T, \quad \dot{\tilde{n}}^{\mathfrak{k}}_{s|W} = 0, \quad \sum_{\mathfrak{k}',s'} P^{\mathfrak{k}\mathfrak{k}'}_{ss'}\tilde{n}^{\mathfrak{k}'}_{s'} = 0.$$

Die Stoßgleichung nimmt damit folgende Form an:

$$\sum_{\mathfrak{k}',s'} P^{\mathfrak{k}\mathfrak{k}'}_{ss'} n^{\mathfrak{k}'}_{s'} = -4k\,\mathrm{Sin}^2\frac{\hbar\omega^{\mathfrak{k}}_s}{2kT}\cdot\frac{\partial\overline{N^{\mathfrak{k}}_s}^T}{\partial T}\cdot(\mathfrak{v}^{\mathfrak{k}}_s\cdot\mathrm{grad}\,T). \tag{90.9}$$

Da nun

$$\frac{\partial\overline{N^{\mathfrak{k}}_s}^T}{\partial T} = \frac{\hbar\omega^{\mathfrak{k}}_s}{4kT^2}\cdot\frac{1}{\mathrm{Sin}^2\dfrac{\hbar\omega^{\mathfrak{k}}_s}{2kT}}$$

ist, so wird schließlich

$$\sum_{\mathfrak{k}',s'} P^{\mathfrak{k}\mathfrak{k}'}_{ss'} n^{\mathfrak{k}'}_{s'} = -\frac{\hbar\omega^{\mathfrak{k}}_s}{T^2}\,(\mathfrak{v}^{\mathfrak{k}}_s\,\mathrm{grad}\,T). \tag{90.9a}$$

Aus diesem linearen, inhomogenen Gleichungssystem müssen die $n^{\mathfrak{k}}_s$ bestimmt werden. Die Gl. (90.9a) entsprechende homogene Gleichung hat offenbar nach dem oben Gesagten eine einzige Lösung $\tilde{n}_s^{\mathfrak{k}}$, die eine Temperaturerhöhung beschreibt. Die Lösbarkeitsbedingung, daß nämlich die Inhomogenität orthogonal zur Lösung der homogenen Gleichung sein muß, ist offenbar erfüllt; denn die Inhomogenität ist wegen des Faktors $\mathfrak{v}_s^{\mathfrak{k}}$ in $\mathfrak{k}$ antisymmetrisch, während $\tilde{n}_s^{\mathfrak{k}}$ in $\mathfrak{k}$ symmetrisch ist. Die formale Auflösung der Gln. (90.9a) kann durch eine gleichfalls symmetrische Matrix $R_{ss'}^{\mathfrak{k}\mathfrak{k}'}$ beschrieben werden[1]

$$n_s^{\mathfrak{k}} = - \sum_{\mathfrak{k}',s'} R_{ss'}^{\mathfrak{k}\mathfrak{k}'} \frac{\hbar \omega_{s'}^{\mathfrak{k}'}}{T^2} \cdot (\mathfrak{v}_{s'}^{\mathfrak{k}'} \cdot \operatorname{grad} T). \tag{90.10}$$

Der Wärmestrom wird nach Gl. (88.8)

$$q_k = - \frac{\hbar^2}{V T^2} \cdot \sum_{\substack{\mathfrak{k},s \\ \mathfrak{k}',s' \\ l}} R_{ss'}^{\mathfrak{k}\mathfrak{k}'} \omega_s^{\mathfrak{k}} \omega_{s'}^{\mathfrak{k}'} \cdot v_{s,k}^{\mathfrak{k}} \cdot v_{s',l}^{\mathfrak{k}'} \cdot \frac{\partial T}{\partial X_l}, \tag{90.11}$$

und die Wärmeleitfähigkeit wird

$$\lambda_{kl} = \frac{\hbar^2}{V T^2} \cdot \sum_{\substack{\mathfrak{k},s \\ \mathfrak{k}',s'}} R_{ss'}^{\mathfrak{k}\mathfrak{k}'} \omega_s^{\mathfrak{k}} \omega_{s'}^{\mathfrak{k}'} v_{s,k}^{\mathfrak{k}} v_{s',l}^{\mathfrak{k}'}. \tag{90.12}$$

Aus dieser Darstellung ist die Symmetrie des Tensors der Wärmeleitfähigkeit ersichtlich.

91. Die Glieder dritter Ordnung. Die Zerlegungen der Verschiebungen nach fortschreitenden Gitterwellen hat die folgende Form [vgl. (49.13)]:

$$s_i^m = \sum_{\mathfrak{k},s} \eta_s^{\mathfrak{k}} e_i^{(s)}(\mathfrak{k}) \frac{e^{i\mathfrak{k}\overline{\mathfrak{R}}^m}}{\sqrt{N}} \cdot \{b_s^{\mathfrak{k}} - b^{*-\mathfrak{k}}_{\ \ s}\} \quad \text{mit} \quad \eta_s^{\mathfrak{k}} = \sqrt{\frac{\hbar}{2M\omega_s^{\mathfrak{k}}}}. \tag{91.1}$$

Die HAMILTON-Funktion H_0 der harmonischen Näherung

$$H_0 = \sum_{\mathfrak{k},s} \hbar \omega_s^{\mathfrak{k}} b^{*\mathfrak{k}}_{\ \ s} b_s^{\mathfrak{k}} \tag{91.2}$$

enthält die kinetische Energie und die potentielle Energie der quadratischen Näherung. Sie muß durch die Glieder höherer Ordnung ergänzt werden. Berücksichtigt man nur das Glied dritter Ordnung Φ_3, so wird die HAMILTON-Funktion

$$H = H_0 + \Phi_3, \tag{91.3}$$

wobei der anharmonische Anteil durch

$$\Phi_3 = \frac{1}{3!} \sum_{\substack{m,n,o\ (\text{in } V) \\ i,k,l}} \Phi_{ikl}^{mno} s_i^m s_k^n s_l^o \tag{91.4}$$

gegeben ist. Setzt man hier die Verschiebungen (91.1) ein, so wird

$$\Phi_3 = \frac{1}{3!} \sum_{\substack{\mathfrak{k},\mathfrak{k}',\mathfrak{k}'' \\ s,s',s''}} \Phi_{ss's''}^{\mathfrak{k}\mathfrak{k}'\mathfrak{k}''} \{b_s^{\mathfrak{k}} - b^{*-\mathfrak{k}}_{\ \ s}\} \{b_{s'}^{\mathfrak{k}'} - b^{*-\mathfrak{k}'}_{\ \ s'}\} \{b_{s''}^{\mathfrak{k}''} - b^{*-\mathfrak{k}''}_{\ \ s''}\}, \tag{91.5}$$

wobei

$$\left. \begin{aligned} \Phi_{ss's''}^{\mathfrak{k}\mathfrak{k}'\mathfrak{k}''} &= \sum_{i,k,l} \eta_s^{\mathfrak{k}} \eta_{s'}^{\mathfrak{k}'} \eta_{s''}^{\mathfrak{k}''} \cdot e_i^{(s)}(\mathfrak{k}) \cdot e_k^{(s')}(\mathfrak{k}') e_l^{(s'')}(\mathfrak{k}'') \cdot \frac{1}{N^{\frac{3}{2}}} \times \\ &\qquad \times \sum_{m,n,o\ (\text{in } V)} \Phi_{ikl}^{mno} e^{i\mathfrak{k}\overline{\mathfrak{R}}^m + i\mathfrak{k}'\overline{\mathfrak{R}}^n + i\mathfrak{k}''\overline{\mathfrak{R}}^o} \end{aligned} \right\} \tag{91.6}$$

ist.

---

[1] $R_{ss'}^{\mathfrak{k}\mathfrak{k}'}$ ist nicht die Reziproke zu $P_{ss'}^{\mathfrak{k}\mathfrak{k}'}$. Wegen der Null-Lösung $\tilde{n}_s^{\mathfrak{k}}$ existiert die Reziproke nicht.

Die Größen $\Phi_{s\,s'\,s''}^{\mathfrak{l}\,\mathfrak{l}'\,\mathfrak{l}''}$ haben eine Reihe von wichtigen Eigenschaften. Da $\Phi_{i\,k\,l}^{m\,n\,o}$ symmetrisch bezüglich Vertauschung der Indexpaare (m, i), (n, k) und (o, l) ist, so ist auch $\Phi_{s\,s'\,s''}^{\mathfrak{l}\,\mathfrak{l}'\,\mathfrak{l}''}$ gegen Vertauschung seiner Indexpaare symmetrisch:

$$\Phi_{s\,s'\,s''}^{\mathfrak{l}\,\mathfrak{l}'\,\mathfrak{l}''} = \Phi_{s'\,s\,s''}^{\mathfrak{l}'\,\mathfrak{l}\,\mathfrak{l}''} \quad \text{usw.} \tag{91.7}$$

Da die einfachen Translationen Deckoperationen sind, so folgt genau wie bei den Gliedern zweiter Ordnung (Ziff. 36)

$$\Phi_{i\,k\,l}^{m\,n\,o} = \Phi_{i\quad k\quad l}^{m+\mathfrak{h}\;\,n+\mathfrak{h}\;\,o+\mathfrak{h}} . \tag{91.8}$$

Aus der bei primitiven Gittern immer vorhandenen Deckoperation der Inversion folgt

$$\Phi_{i\quad k\quad l}^{-m\;-n\;-o} = - \Phi_{i\,k\,l}^{m\,n\,o} , \tag{91.9}$$

und das Verschwinden der Kräfte bei gemeinsamer Verschiebung aller Atome des Gitters liefert

$$\sum_{n,\,o} \Phi_{i\,k\,l}^{m\,n\,o} = 0 . \tag{91.10}$$

Aus Gl. (91.9) liest man ab, daß $\Phi_{s\,s'\,s''}^{\mathfrak{l}\,\mathfrak{l}'\,\mathfrak{l}''}$ rein imaginär ist[1]. Die Beziehung (91.10) zeigt, daß die elastische Theorie in erster Näherung keinen Beitrag zu $\Phi_{s\,s'\,s''}^{\mathfrak{l}\,\mathfrak{l}'\,\mathfrak{l}''}$ liefern kann. Die elastische Kontinuumstheorie würde ja einer Entwicklung der Exponentialfunktion in (91.6) entsprechen. Der in den Ausbreitungsvektoren lineare Term liefert dann keinen Beitrag. Denn bei festem m sind die $\Phi_{i\,k\,l}^{m\,n\,o}$ nur von Null verschieden, wenn n und o in der näheren Umgebung von m liegen. Dann kann man bei festem m aber ebenso gut über *alle* n und o in (91.6) summieren, und (91.6) verschwindet dann. Die eigentlichen elastischen Beiträge sind aber die Glieder dritter Ordnung in den Ausbreitungsvektoren. Die wichtigste Beziehung folgt aus Gl. (91.8), da man mit Hilfe dieser Gleichung die entscheidende Summe in (91.6) umformen kann:

$$\left. \begin{aligned} &\sum_{\substack{m\,(\text{in }V) \\ n,\,o}} \Phi_{i\,k\,l}^{m\,n\,o}\, e^{i\mathfrak{l}\,\overline{\mathfrak{R}}^m + i\mathfrak{l}'\overline{\mathfrak{R}}^n + i\mathfrak{l}''\overline{\mathfrak{R}}^o} \\ &= \sum_{\substack{m\,(\text{in }V) \\ n,\,o}} \Phi_{i\quad k\quad l}^{0,\,n-m,\,o-m}\, e^{i(\mathfrak{l} + \mathfrak{l}' + \mathfrak{l}'')\overline{\mathfrak{R}}^m + i\mathfrak{l}'(\overline{\mathfrak{R}}^n - \overline{\mathfrak{R}}^m) + i\mathfrak{l}''(\overline{\mathfrak{R}}^o - \overline{\mathfrak{R}}^m)} . \end{aligned} \right\} \tag{91.11}$$

Dafür kann man auch schreiben

$$\sum_{m\,(\text{in }V)} e^{i(\mathfrak{l} + \mathfrak{l}' + \mathfrak{l}'')\overline{\mathfrak{R}}^m} \cdot \sum_{n,\,o} \Phi_{i\,k\,l}^{0,\,n,\,o}\, e^{i\mathfrak{l}'\,\overline{\mathfrak{R}}^n + i\mathfrak{l}''\,\overline{\mathfrak{R}}^o} , \tag{91.11a}$$

da es gleichgültig ist, ob man über alle ganzen Vektoren (n, o) oder $(n - m, o - m)$ bei festem m summiert. Da die Summe über n und o nicht mehr von m abhängt, so enthält $\Phi_{s\,s'\,s''}^{\mathfrak{l}\,\mathfrak{l}'\,\mathfrak{l}''}$ also einen Faktor

$$\delta_P^{\mathfrak{l}+\mathfrak{l}'+\mathfrak{l}''} = \frac{1}{N} \sum_{m\,(\text{in }V)} e^{i(\mathfrak{l}+\mathfrak{l}'+\mathfrak{l}'')\overline{\mathfrak{R}}^m} . \tag{91.12}$$

---

[1] Wenn man das herausgegriffene Volumen symmetrisch zum Ursprung legt.

Dieser ist nur dann von Null verschieden, wenn $\mathfrak{l}+\mathfrak{l}'+\mathfrak{l}''$ ein Vektor des reziproken Gitters ist:

$$\delta_P^{\mathfrak{l}+\mathfrak{l}'+\mathfrak{l}''} = \begin{cases} 1, & \text{wenn } \mathfrak{l}+\mathfrak{l}'+\mathfrak{l}'' = 2\pi B\,\mathfrak{m} \text{ für alle ganzen } \mathfrak{m} \\ 0 & \text{sonst}. \end{cases} \tag{91.13}$$

Bei Zentralkräften ist

$$\Phi_3 = \frac{1}{2\cdot 3!} \sum_{\substack{\mathfrak{m}\,(\text{in } V)\\ \mathfrak{n}}} \varphi_{ikl}(\overline{A}\,\mathfrak{n})\bigl(s_i^{\mathfrak{m}+\mathfrak{n}} - s_i^{\mathfrak{m}}\bigr)\bigl(s_k^{\mathfrak{m}+\mathfrak{n}} - s_k^{\mathfrak{m}}\bigr)\bigl(s_l^{\mathfrak{m}+\mathfrak{n}} - s_l^{\mathfrak{m}}\bigr) \tag{91.14}$$

mit der Abkürzung

$$\varphi_{ikl} = \frac{\partial \varphi(\mathfrak{R})}{\partial X_i\,\partial X_k\,\partial X_l}. \tag{91.14a}$$

Setzt man hier die Verschiebungen (91.1) ein, so wird

$$\left.\begin{aligned}
\Phi_3 &= \frac{1}{2\cdot 3!\,N^{\frac{3}{2}}} \cdot \sum_{\substack{\mathfrak{l},\mathfrak{l}',\mathfrak{l}''\\ s,s',s''\\ i,k,l}} \eta_s^{\mathfrak{l}}\,\eta_{s'}^{\mathfrak{l}'}\,\eta_{s''}^{\mathfrak{l}''}\, e_i^{(s)}(\mathfrak{l})\, e_k^{(s')}(\mathfrak{l}')\, e_l^{(s'')}(\mathfrak{l}'') \cdot \sum_{\substack{\mathfrak{m}\,(\text{in } V)\\ \mathfrak{n}}} e^{i\,(\mathfrak{l}+\mathfrak{l}'+\mathfrak{l}'')\,\overline{\mathfrak{R}}^{\mathfrak{m}}} \times \\
&\quad \times \varphi_{ikl}(\overline{A}\,\mathfrak{n})\cdot\{e^{i\,\mathfrak{l}\,\overline{\mathfrak{R}}^{\mathfrak{n}}} - 1\}\cdot\{e^{i\,\mathfrak{l}'\,\overline{\mathfrak{R}}^{\mathfrak{n}}} - 1\}\{e^{i\,\mathfrak{l}''\,\overline{\mathfrak{R}}^{\mathfrak{n}}} - 1\} \times \\
&\quad \times \{b_s^{\mathfrak{l}} - b^{*-\mathfrak{l}}_{s}\}\{b_{s'}^{\mathfrak{l}'} - b^{*-\mathfrak{l}'}_{s'}\}\{b_{s''}^{\mathfrak{l}''} - b^{*-\mathfrak{l}''}_{s''}\}.
\end{aligned}\right\} \tag{91.15}$$

Dann ist

$$\left.\begin{aligned}
\Phi_{s\,s'\,s''}^{\mathfrak{l}\,\mathfrak{l}'\,\mathfrak{l}''} &= \sum_{ikl} \frac{1}{2N^{\frac{1}{2}}} \cdot \eta_s^{\mathfrak{l}}\,\eta_{s'}^{\mathfrak{l}'}\,\eta_{s''}^{\mathfrak{l}''}\, e_i^{(s)}(\mathfrak{l})\, e_k^{(s')}(\mathfrak{l}')\, e_l^{(s'')}(\mathfrak{l}'')\,\delta_P^{\mathfrak{l}+\mathfrak{l}'+\mathfrak{l}''} \times \\
&\quad \times \sum_{\mathfrak{n}} \varphi_{ikl}(\overline{A}\,\mathfrak{n})\{e^{i\,\mathfrak{l}\,\overline{\mathfrak{R}}^{\mathfrak{n}}} - 1\}\{e^{i\,\mathfrak{l}'\,\overline{\mathfrak{R}}^{\mathfrak{n}}} - 1\}\{e^{i\,\mathfrak{l}''\,\overline{\mathfrak{R}}^{\mathfrak{n}}} - 1\}.
\end{aligned}\right\} \tag{91.16}$$

Dafür kann man unter Ausnützung der Eigenschaften des δ_P-Symbols auch

$$\left.\begin{aligned}
\Phi_{s\,s'\,s''}^{\mathfrak{l}\,\mathfrak{l}'\,\mathfrak{l}''} &= \sum_{i,k,l} \frac{1}{N^{\frac{1}{2}}} \cdot \eta_s^{\mathfrak{l}}\,\eta_{s'}^{\mathfrak{l}'}\,\eta_{s''}^{\mathfrak{l}''}\, e_i^{(s)}(\mathfrak{l})\, e_k^{(s')}(\mathfrak{l}')\, e_l^{(s'')}(\mathfrak{l}'')\,\delta_P^{\mathfrak{l}+\mathfrak{l}'+\mathfrak{l}''} \times \\
&\quad \times \sum_{\mathfrak{n}} \varphi_{ikl}(\overline{A}\,\mathfrak{n})\{e^{i\,\mathfrak{l}\,\overline{\mathfrak{R}}^{\mathfrak{n}}} + e^{i\,\mathfrak{l}'\,\overline{\mathfrak{R}}^{\mathfrak{n}}} + e^{i\,\mathfrak{l}''\,\overline{\mathfrak{R}}^{\mathfrak{n}}}\}
\end{aligned}\right\} \tag{91.17}$$

einsetzen.

Schon in dem einfachsten Fall der Zentralkräfte sind die Koeffizienten $\Phi_{s\,s'\,s''}^{\mathfrak{l}\,\mathfrak{l}'\,\mathfrak{l}''}$ außerordentlich komplizierte Funktionen. Ihre genaue Berechnung erfordert die Kenntnis der vollständigen Polarisationsverhältnisse der Gitterschwingungen.

Für das flächenzentrierte Gitter mit alleiniger Berücksichtigung nächster Nachbarwechselwirkung wird

$$\varphi_{ikl}(\overline{A}\,\mathfrak{n}) = \left(g - \frac{3f}{l}\right)\frac{\overline{X}_i^{\mathfrak{n}}\,\overline{X}_k^{\mathfrak{n}}\,\overline{X}_l^{\mathfrak{n}}}{l^3} + \frac{f}{l^2}\cdot\{\delta_{kl}\overline{X}_i^{\mathfrak{n}} + \delta_{il}\overline{X}_k^{\mathfrak{n}} + \delta_{ik}\overline{X}_l^{\mathfrak{n}}\}, \tag{91.18}$$

wobei $f = \varphi''(l)$ als Federkonstante und $g = \varphi'''(l)$ als die Anharmonizität der Federbindung auftritt. Da nach (83.7) $|g| \approx 10\,\frac{f}{l}$ ist, so kann man für eine Abschätzung die mit f behafteten Glieder vernachlässigen, zumal sie sich wegen des verschiedenen Vorzeichens bei der Bildung der Summe über $\mathfrak{n}$ noch teilweise kompensieren.

$$\varphi_{ikl}(\overline{A}\,\mathfrak{n}) \approx \frac{g}{l^3}\,\overline{X}_i^{\mathfrak{n}}\,\overline{X}_k^{\mathfrak{n}}\,\overline{X}_l^{\mathfrak{n}}. \tag{91.18a}$$

Mit diesen Vernachlässigungen ist also

$$\Phi_{s\,s'\,s''}^{\mathfrak{l}\,\mathfrak{l}'\,\mathfrak{l}''} = \frac{g}{2\,l^3\,N^{\frac{1}{2}}}\,\delta_P^{\mathfrak{l}+\mathfrak{l}'+\mathfrak{l}''}\cdot\eta_s^{\mathfrak{l}}\,\eta_{s'}^{\mathfrak{l}'}\,\eta_{s''}^{\mathfrak{l}''}\times$$
$$\times\sum_{\text{n.N.}}\left(e^{(s)}(\mathfrak{l})\cdot\mathfrak{R}\right)\left(e^{i\mathfrak{l}\mathfrak{R}}-1\right)\left(e^{(s')}(\mathfrak{l}')\cdot\mathfrak{R}\right)\left(e^{i\mathfrak{l}'\mathfrak{R}}-1\right)\cdot\left(e^{(s'')}(\mathfrak{l}'')\cdot\mathfrak{R}\right)\left(e^{i\mathfrak{l}''\mathfrak{R}}-1\right),\quad(91.19)$$

$$\Phi_{s\,s'\,s''}^{\mathfrak{l}\,\mathfrak{l}'\,\mathfrak{l}''} = \frac{g}{l^3\,N^{\frac{1}{2}}}\cdot\delta_P^{\mathfrak{l}+\mathfrak{l}'+\mathfrak{l}''}\cdot\eta_s^{\mathfrak{l}}\,\eta_{s'}^{\mathfrak{l}'}\,\eta_{s''}^{\mathfrak{l}''}\times$$
$$\times\sum_{\text{n.N.}}\left(e^{(s)}(\mathfrak{l})\cdot\mathfrak{R}\right)\left(e^{(s')}(\mathfrak{l}')\cdot\mathfrak{R}\right)\left(e^{(s'')}(\mathfrak{l}'')\cdot\mathfrak{R}\right)\left(e^{i\mathfrak{l}\mathfrak{R}}+e^{i\mathfrak{l}'\mathfrak{R}}+e^{i\mathfrak{l}''\mathfrak{R}}\right).\quad(91.19\text{a})$$

Die Summen sind dabei über alle 12 nächsten Nachbarn des Ursprungs im flächenzentrierten Gitter ($|\mathfrak{R}| = l$) zu erstrecken. Auch mit diesen stark vereinfachenden Annahmen sind die Ausdrücke noch sehr kompliziert.

92. Quantentheorie der Wechselwirkung. Beim Übergang zur Quantentheorie wird der Hamilton-Operator für das Gitter

$$H = H_0 + \Phi_3.\quad(92.1)$$

Bei H_0 hat man den Nullpunktsterm zu berücksichtigen

$$H_0 = \sum_{\mathfrak{l},s}\hbar\omega_s^{\mathfrak{l}}\left(b^{\dagger\,\mathfrak{l}}_s\,b_s^{\mathfrak{l}} + \tfrac{1}{2}\right),\quad(92.2)$$

während in Φ_3 für b und b^* direkt die entsprechenden Operatoren b und $b^\dagger$ eingesetzt werden können:

$$\Phi_3 = \frac{1}{3!}\sum_{\substack{\mathfrak{l},\mathfrak{l}',\mathfrak{l}''\\s,s',s''}}\Phi_{s\,s'\,s''}^{\mathfrak{l}\,\mathfrak{l}'\,\mathfrak{l}''}\left\{b_s^{\mathfrak{l}} - b^{\dagger\,-\mathfrak{l}}_s\right\}\left\{b_{s'}^{\mathfrak{l}'} - b^{\dagger\,-\mathfrak{l}'}_{s'}\right\}\left\{b_{s''}^{\mathfrak{l}''} - b^{\dagger\,-\mathfrak{l}''}_{s''}\right\}.\quad(92.2\text{a})$$

Φ_3 soll als Störung behandelt werden, H_0 ist der Hamilton-Operator des ungestörten Problems. Die Eigenwerte und Eigenzustände des ungestörten Problems sind bekannt. Sie können durch einen Satz von $3N$ ganzen Zahlen (Quantenzahlen) $N_s^{\mathfrak{l}}$ charakterisiert werden. $\Psi(\ldots, N_s^{\mathfrak{l}}, \ldots)$ ist Eigenfunktion zu H_0 zum Eigenwert $E(\ldots, N_s^{\mathfrak{l}}, \ldots)$:

$$H_0\,\Psi(\ldots, N_s^{\mathfrak{l}}, \ldots) = E(\ldots, N_s^{\mathfrak{l}}, \ldots)\,\Psi(\ldots, N_s^{\mathfrak{l}}, \ldots),\quad(92.3)$$

$$E(\ldots, N_s^{\mathfrak{l}}, \ldots) = \sum_{\mathfrak{l},s}\hbar\omega_s^{\mathfrak{l}}(N_s^{\mathfrak{l}} + \tfrac{1}{2}).\quad(92.3\text{a})$$

Die Eigenzustände bilden ein vollständiges, normiertes und orthogonales System von Zuständen

$$\left(\Psi(\ldots, N'^{\mathfrak{l}}_s, \ldots),\ \Psi(\ldots, N_s^{\mathfrak{l}}, \ldots)\right) = \cdots\delta_{N'^{\mathfrak{l}}_s,\,N_s^{\mathfrak{l}}}\cdots.\quad(92.4)$$

Die Wirkung der Operatoren $b^{\dagger\,\mathfrak{l}}_s$ und $b_s^{\mathfrak{l}}$ auf die Eigenzustände lassen sich aus der Quantentheorie des linearen Oszillators ebenfalls leicht ermitteln[1]. Die Operatoren $b^{\dagger\,\mathfrak{l}}_s$ erhöhen die Quantenzahl $N_s^{\mathfrak{l}}$ um eins, während alle anderen Quantenzahlen unverändert bleiben:

$$b^{\dagger\,\mathfrak{l}}_s\,\Psi(\ldots, N_s^{\mathfrak{l}}, \ldots) = \sqrt{N_s^{\mathfrak{l}} + 1}\cdot\Psi(\ldots, N_s^{\mathfrak{l}} + 1, \ldots),\quad(92.5\text{a})$$

---

[1] G. Wentzel: Quantentheorie der Wellenfelder. (Wien: Franz Deuticke 1943) oder R. Becker u. G. Leibfried: Z. Physik **125**, 347 (1948).

während die Operatoren $b_s^{\mathfrak{k}}$ die Zahl $N_s^{\mathfrak{k}}$ um eine Einheit erniedrigen

$$b_s^{\mathfrak{k}}\,\Psi\left(\ldots,N_s^{\mathfrak{k}},\ldots\right)=\sqrt{N_s^{\mathfrak{k}}}\,\Psi\left(\ldots,N_s^{\mathfrak{k}}-1,\ldots\right). \tag{92.5 b}$$

Damit kennt man die Wirkung des Operators Φ_3 auf die Eigenzustände des ungestörten Problems und kann nun nach der DIRACschen Störungsrechnung die Übergangswahrscheinlichkeiten zwischen den ungestörten Zuständen berechnen. Die Übergangswahrscheinlichkeit $W_{\ldots,\,N'^{\,\mathfrak{k}}_{s},\,\ldots\,;\,\ldots,\,N^{\mathfrak{k}}_{s},\,\ldots}$ zwischen zwei Zuständen $\Psi\left(\ldots,N'^{\,\mathfrak{k}}_{s},\ldots\right)$ und $\Psi\left(\ldots,N^{\mathfrak{k}}_{s},\ldots\right)$, die durch die Störung Φ_3 vermittelt wird, ist das Absolutquadrat des Matrixelements von Φ_3 zwischen

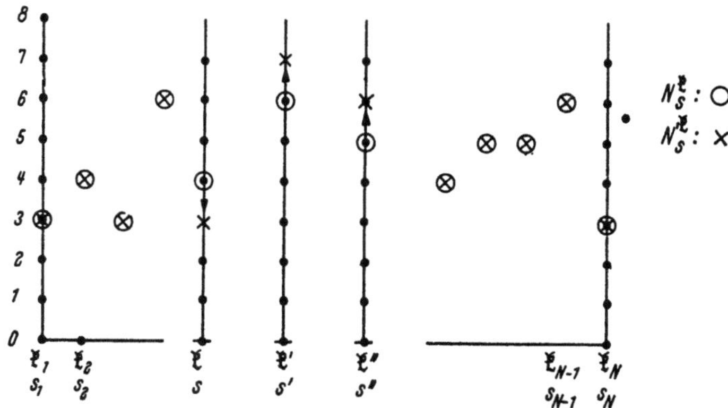

Fig. 63. Mögliche Übergänge zwischen zwei Zuständen. Der Anfangszustand $N^{\mathfrak{k}}_s$ ist durch Kreise, der Endzustand $N'^{\,\mathfrak{k}}_s$ durch Kreuze gekennzeichnet. An drei Stellen springen die Quantenzahlen um $+1$ oder -1, alle anderen Quantenzahlen bleiben gleich.

den beiden beteiligten Zuständen und enthält als Faktor noch eine δ-Funktion, welche die Erhaltung der Energie ausdrückt[1]:

$$W_{\ldots,\,N'^{\,\mathfrak{k}}_{s},\,\ldots\,;\,\ldots,\,N^{\mathfrak{k}}_{s},\,\ldots}$$
$$=\frac{2\pi}{\hbar}\,\delta\big(E\left(\ldots,N'^{\,\mathfrak{k}}_{s},\ldots\right)-E\left(\ldots,N^{\mathfrak{k}}_{s},\ldots\right)\big)\cdot\Big|\Phi_{3,\,\ldots,\,N'^{\,\mathfrak{k}}_{s},\,\ldots\,;\,\ldots,\,N^{\mathfrak{k}}_{s},\,\ldots}\Big|^2, \tag{92.6}$$

$$E\left(\ldots,N'^{\,\mathfrak{k}}_{s},\ldots\right)-E\left(\ldots,N^{\mathfrak{k}}_{s},\ldots\right)=\sum_{\mathfrak{k},\,s}\hbar\omega_s^{\mathfrak{k}}\left(N'^{\,\mathfrak{k}}_{s}-N^{\mathfrak{k}}_{s}\right), \tag{92.6a}$$

$$\Phi_{3,\,\ldots,\,N'^{\,\mathfrak{k}}_{s},\,\ldots\,;\,\ldots,\,N^{\mathfrak{k}}_{s},\,\ldots}=\left(\Psi\left(\ldots,N'^{\,\mathfrak{k}}_{s},\ldots\right),\ \Phi_3\,\Psi\left(\ldots,N^{\mathfrak{k}}_{s},\ldots\right)\right). \tag{92.6b}$$

Die Verwendung der δ-Funktion in (92.6) ist eigentlich nur dann berechtigt, wenn man den Übergang zu unendlich großem Volumen V macht. Dann sind die Ausbreitungsvektoren, Frequenzen und Energien kontinuierlich verteilt. Solange man noch mit endlichem V rechnet, steht die δ-Funktion für eine Funktion des Flächeninhaltes 1, die an der Stelle $E(\ldots N'\ldots)-E(\ldots N\ldots)$ ein sehr steiles Maximum hat, deren Breite aber noch viele Frequenzwerte umfaßt.

Die Berechnung der Matrixelemente ist ziemlich einfach. Φ_3 enthält nur Produkte von drei b-Operatoren. Jeder dieser Operatoren vermindert oder erhöht die Quantenzahlen des Anfangszustandes $\Psi\left(\ldots,N^{\mathfrak{k}}_{s},\ldots\right)$ an jeweils einer Stelle um 1. Die Matrixelemente (92.6b) können also nur dann von Null verschieden sein, wenn die $N^{\mathfrak{k}}_{s}$ sich von den $N'^{\,\mathfrak{k}}_{s}$ nur an drei Stellen gerade um $+1$ oder -1 unterscheiden und im übrigen gleich sind (Fig. 63). Zur Berechnung der

[1] L. J. SCHIFF: Quantum Mechanics, (McGraw-Hill, New York, 1949) p. 189ff. — D. J. BLOCHINZEW: Grundlagen der Quantenmechanik, (Deutscher Verlag der Wissenschaften, Berlin 1953) p. 297ff.

Tabelle 31. *Übergangswahrscheinlichkeiten.*

	$\mathfrak{t},s$	$\mathfrak{t}',s'$	$\mathfrak{t}'',s''$	Matrix-Element	Übergangswahrscheinlichkeit	Änderung von $N_s^{\mathfrak{t}}: \varDelta N_s^{\mathfrak{t}}$
I	○↓×	○↓×	○↓×	$\{N_s^{\mathfrak{t}} N_{s'}^{\mathfrak{t}'} N_{s''}^{\mathfrak{t}''}\}^{\frac{1}{2}}\, \Phi_{s\,s'\,s''}^{\mathfrak{t}\;\mathfrak{t}'\;\mathfrak{t}''}$	$N_s^{\mathfrak{t}} N_{s'}^{\mathfrak{t}'} N_{s''}^{\mathfrak{t}''}\left|\Phi_{s\,s'\,s''}^{\mathfrak{t}\;\mathfrak{t}'\;\mathfrak{t}''}\right|^2 \frac{2\pi}{\hbar^2}\,\delta\left(-\omega_s^{\mathfrak{t}}-\omega_{s'}^{\mathfrak{t}'}-\omega_{s''}^{\mathfrak{t}''}\right)$	-1
II	○↓×	×↑○	×↑○	$\{N_s^{\mathfrak{t}}(N_{s'}^{\mathfrak{t}'}+1)(N_{s''}^{\mathfrak{t}''}+1)\}^{\frac{1}{2}}\, \Phi_{s\;s'\;s''}^{\mathfrak{t}\;-\mathfrak{t}'\;-\mathfrak{t}''}$	$N_s^{\mathfrak{t}}(N_{s'}^{\mathfrak{t}'}+1)(N_{s''}^{\mathfrak{t}''}+1)\left|\Phi_{s\;s'\;s''}^{\mathfrak{t}\;-\mathfrak{t}'\;-\mathfrak{t}''}\right|^2 \frac{2\pi}{\hbar^2}\,\delta\left(-\omega_s^{\mathfrak{t}}+\omega_{s'}^{\mathfrak{t}'}+\omega_{s''}^{\mathfrak{t}''}\right)$	-1
III	×↑○	○↓×	×↑○	$\{(N_s^{\mathfrak{t}}+1)N_{s'}^{\mathfrak{t}'}(N_{s''}^{\mathfrak{t}''}+1)\}^{\frac{1}{2}}\, \Phi_{s\;s'\;s''}^{-\mathfrak{t}\;\mathfrak{t}'\;-\mathfrak{t}''}$	$(N_s^{\mathfrak{t}}+1)N_{s'}^{\mathfrak{t}'}(N_{s''}^{\mathfrak{t}''}+1)\left|\Phi_{s\;s'\;s''}^{-\mathfrak{t}\;\mathfrak{t}'\;-\mathfrak{t}''}\right|^2 \frac{2\pi}{\hbar^2}\,\delta\left(\omega_s^{\mathfrak{t}}-\omega_{s'}^{\mathfrak{t}'}+\omega_{s''}^{\mathfrak{t}''}\right)$	$+1$
IV	×↑○	×↑○	○↓×	$\{(N_s^{\mathfrak{t}}+1)(N_{s'}^{\mathfrak{t}'}+1)N_{s''}^{\mathfrak{t}''}\}^{\frac{1}{2}}\, \Phi_{s\;s'\;s''}^{-\mathfrak{t}\;-\mathfrak{t}'\;\mathfrak{t}''}$	$(N_s^{\mathfrak{t}}+1)(N_{s'}^{\mathfrak{t}'}+1)N_{s''}^{\mathfrak{t}''}\left|\Phi_{s\;s'\;s''}^{-\mathfrak{t}\;-\mathfrak{t}'\;\mathfrak{t}''}\right|^2 \frac{2\pi}{\hbar^2}\,\delta\left(\omega_s^{\mathfrak{t}}-\omega_{s'}^{\mathfrak{t}'}-\omega_{s''}^{\mathfrak{t}''}\right)$	$+1$
V	○↓×	○↓×	×↑○	$-\{N_s^{\mathfrak{t}}N_{s'}^{\mathfrak{t}'}(N_{s''}^{\mathfrak{t}''}+1)\}^{\frac{1}{2}}\, \Phi_{s\;s'\;s''}^{\mathfrak{t}\;\mathfrak{t}'\;-\mathfrak{t}''}$	$N_s^{\mathfrak{t}}N_{s'}^{\mathfrak{t}'}(N_{s''}^{\mathfrak{t}''}+1)\left|\Phi_{s\;s'\;s''}^{\mathfrak{t}\;\mathfrak{t}'\;-\mathfrak{t}''}\right|^2 \frac{2\pi}{\hbar^2}\,\delta\left(-\omega_s^{\mathfrak{t}}-\omega_{s'}^{\mathfrak{t}'}+\omega_{s''}^{\mathfrak{t}''}\right)$	-1
VI	○↓×	×↑○	○↓×	$-\{N_s^{\mathfrak{t}}(N_{s'}^{\mathfrak{t}'}+1)N_{s''}^{\mathfrak{t}''}\}^{\frac{1}{2}}\, \Phi_{s\;s'\;s''}^{\mathfrak{t}\;-\mathfrak{t}'\;\mathfrak{t}''}$	$N_s^{\mathfrak{t}}(N_{s'}^{\mathfrak{t}'}+1)N_{s''}^{\mathfrak{t}''}\left|\Phi_{s\;s'\;s''}^{\mathfrak{t}\;-\mathfrak{t}'\;\mathfrak{t}''}\right|^2 \frac{2\pi}{\hbar^2}\,\delta\left(-\omega_s^{\mathfrak{t}}+\omega_{s'}^{\mathfrak{t}'}-\omega_{s''}^{\mathfrak{t}''}\right)$	-1
VII	×↑○	○↓×	○↓×	$-\{(N_s^{\mathfrak{t}}+1)N_{s'}^{\mathfrak{t}'}N_{s''}^{\mathfrak{t}''}\}^{\frac{1}{2}}\, \Phi_{s\;s'\;s''}^{-\mathfrak{t}\;\mathfrak{t}'\;\mathfrak{t}''}$	$(N_s^{\mathfrak{t}}+1)N_{s'}^{\mathfrak{t}'}N_{s''}^{\mathfrak{t}''}\left|\Phi_{s\;s'\;s''}^{-\mathfrak{t}\;\mathfrak{t}'\;\mathfrak{t}''}\right|^2 \frac{2\pi}{\hbar^2}\,\delta\left(\omega_s^{\mathfrak{t}}-\omega_{s'}^{\mathfrak{t}'}-\omega_{s''}^{\mathfrak{t}''}\right)$	$+1$
VIII	×↑○	×↑○	×↑○	$-\{(N_s^{\mathfrak{t}}+1)(N_{s'}^{\mathfrak{t}'}+1)(N_{s''}^{\mathfrak{t}''}+1)\}^{\frac{1}{2}}\, \Phi_{s\;s'\;s''}^{-\mathfrak{t}\;-\mathfrak{t}'\;-\mathfrak{t}''}$	$(N_s^{\mathfrak{t}}+1)(N_{s'}^{\mathfrak{t}'}+1)(N_{s''}^{\mathfrak{t}''}+1)\left|\Phi_{s\;s'\;s''}^{-\mathfrak{t}\;-\mathfrak{t}'\;-\mathfrak{t}''}\right|^2 \frac{2\pi}{\hbar^2}\,\delta\left(\omega_s^{\mathfrak{t}}+\omega_{s'}^{\mathfrak{t}'}+\omega_{s''}^{\mathfrak{t}''}\right)$	$+1$
	$\mathfrak{t},s$	$\mathfrak{t}',s'$	$\mathfrak{t}'',s''$			

Tabelle 32. *Zur Berechnung der Matrixelemente von Φ_3.*

$\bar{\mathfrak{k}}, \bar{s}$	$\bar{\mathfrak{k}}', \bar{s}'$	$\bar{\mathfrak{k}}'', \bar{s}''$	Faktor von $b_s^{\mathfrak{k}}\, b_{s'}^{\dagger\,\mathfrak{k}'}\, b_{s''}^{\dagger\,\mathfrak{k}''}$ in (92.7)	
$\mathfrak{k}, s$	$-\mathfrak{k}', s'$	$-\mathfrak{k}'', s''$	$\dfrac{1}{3!}\ \Phi_{s\ \ s'\ \ s''}^{\mathfrak{k}\ -\mathfrak{k}'\ -\mathfrak{k}''}$	zweiter Summand in (92.7)
$\mathfrak{k}, s$	$-\mathfrak{k}'', s''$	$-\mathfrak{k}', s'$	$\dfrac{1}{3!}\ \Phi_{s\ \ s''\ \ s'}^{\mathfrak{k}\ -\mathfrak{k}''\ -\mathfrak{k}'}$	
$-\mathfrak{k}', s'$	$\mathfrak{k}, s$	$-\mathfrak{k}'', s''$	$\dfrac{1}{3!}\ \Phi_{s'\ s\ \ s''}^{-\mathfrak{k}'\ \mathfrak{k}\ -\mathfrak{k}''}$	dritter Summand in (92.7)
$-\mathfrak{k}'', s''$	$\mathfrak{k}, s$	$-\mathfrak{k}', s'$	$\dfrac{1}{3!}\ \Phi_{s''\ s\ \ s'}^{-\mathfrak{k}''\ \mathfrak{k}\ -\mathfrak{k}'}$	
$-\mathfrak{k}', s'$	$-\mathfrak{k}'', s''$	$\mathfrak{k}, s$	$\dfrac{1}{3!}\ \Phi_{s'\ \ s''\ s}^{-\mathfrak{k}'\ -\mathfrak{k}''\ \mathfrak{k}}$	vierter Summand in (92.7)
$-\mathfrak{k}'', s''$	$-\mathfrak{k}', s'$	$\mathfrak{k}, s$	$\dfrac{1}{3!}\ \Phi_{s''\ \ s'\ s}^{-\mathfrak{k}''\ -\mathfrak{k}'\ \mathfrak{k}}$	

$$\text{Faktor von } b_s^{\mathfrak{k}}\, b_{s'}^{\dagger\,\mathfrak{k}'}\, b_{s''}^{\dagger\,\mathfrak{k}''} \text{ in (92.7):}\quad \Phi_{s\ \ s'\ \ s''}^{\mathfrak{k}\ -\mathfrak{k}'\ -\mathfrak{k}''}$$

Matrixelemente schreibt man Φ_3 in der Form

$$\left.\begin{aligned}
\Phi_3 = \frac{1}{3!} \sum_{\substack{\bar{\mathfrak{k}},\bar{\mathfrak{k}}',\bar{\mathfrak{k}}'' \\ \bar{s},\bar{s}',\bar{s}''}} \Phi_{\bar{s}\,\bar{s}'\,\bar{s}''}^{\bar{\mathfrak{k}}\,\bar{\mathfrak{k}}'\,\bar{\mathfrak{k}}''} \cdot &\Big\{ b_{\bar{s}}^{\bar{\mathfrak{k}}}\, b_{\bar{s}'}^{\bar{\mathfrak{k}}'}\, b_{\bar{s}''}^{\bar{\mathfrak{k}}''} + b_{\bar{s}}^{\bar{\mathfrak{k}}}\, b_{\bar{s}'}^{\dagger\,-\bar{\mathfrak{k}}'}\, b_{\bar{s}''}^{\dagger\,-\bar{\mathfrak{k}}''} + \\
+ b_{\bar{s}}^{\dagger\,-\bar{\mathfrak{k}}}\, b_{\bar{s}'}^{\bar{\mathfrak{k}}'}\, b_{\bar{s}''}^{\dagger\,-\bar{\mathfrak{k}}''} &+ b_{\bar{s}}^{\dagger\,-\bar{\mathfrak{k}}}\, b_{\bar{s}'}^{\dagger\,-\bar{\mathfrak{k}}'}\, b_{\bar{s}''}^{\bar{\mathfrak{k}}''} - b_{\bar{s}}^{\bar{\mathfrak{k}}}\, b_{\bar{s}'}^{\bar{\mathfrak{k}}'}\, b_{\bar{s}''}^{\dagger\,-\bar{\mathfrak{k}}''} - \\
- b_{\bar{s}}^{\bar{\mathfrak{k}}}\, b_{\bar{s}'}^{\dagger\,-\bar{\mathfrak{k}}'}\, b_{\bar{s}''}^{\bar{\mathfrak{k}}''} &- b_{\bar{s}}^{\dagger\,-\bar{\mathfrak{k}}}\, b_{\bar{s}'}^{\bar{\mathfrak{k}}'}\, b_{\bar{s}''}^{\bar{\mathfrak{k}}''} - b_{\bar{s}}^{\dagger\,-\bar{\mathfrak{k}}}\, b_{\bar{s}'}^{\dagger\,-\bar{\mathfrak{k}}'}\, b_{\bar{s}''}^{\dagger\,-\bar{\mathfrak{k}}''} \Big\}
\end{aligned}\right\} \tag{92.7}$$

und untersucht die Wirkung der einzelnen Summanden. Dazu faßt man drei feste Stellen $(\mathfrak{k},s)$, $(\mathfrak{k}',s')$ und $(\mathfrak{k}'',s'')$ ins Auge, an denen sich die Quantenzahlen vom Anfangszustand $(\ldots N_s^{\mathfrak{k}}\ldots)$ und Endzustand $(\ldots N'^{\mathfrak{k}}_s\ldots)$ gerade um eins unterscheiden sollen. Die Ergebnisse sind in Tabelle 31 zusammengefaßt. Das erste und letzte Glied in (92.7) liefern keinen Beitrag, da der Energiesatz verletzt wird[1]. Wir wollen hier nur die Spalte II diskutieren. Sie gehört zu einem Übergang

$$N'^{\mathfrak{k}}_s = N_s^{\mathfrak{k}} - 1; \quad N'^{\mathfrak{k}'}_{s'} = N_{s'}^{\mathfrak{k}'} + 1; \quad N'^{\mathfrak{k}''}_{s''} = N_{s''}^{\mathfrak{k}''} + 1. \tag{92.8}$$

Die entsprechenden Glieder kommen in der Summe (92.7) genau sechsmal mit jeweils gleichem Faktor vor: In Tabelle 32 sind die einzelnen Beiträge aufgeführt. Wegen der Symmetrie der Koeffizienten $\Phi_{s\,s'\,s''}^{\mathfrak{k}\,\mathfrak{k}'\,\mathfrak{k}''}$ sind die Beiträge alle gleich, der Faktor $1/3!$ entfällt. Die von den Besetzungszahlen $N_s^{\mathfrak{k}}$ abhängigen Faktoren bekommt man aus Gl. (92.5). So erhält man das einzelne zu einem bestimmten Übergang gehörende Matrixelement. Das Quadrat liefert dann zusammen mit dem Energiesatz die Übergangswahrscheinlichkeit. Dabei ist noch ein Faktor $\hbar$ aus der δ-Funktion herausgezogen, der Energiesatz also mit Hilfe der Frequenzen ausgedrückt worden. Die Besetzungszahl $N_s^{\mathfrak{k}}$ ändert sich bei diesem Vorgang um $+1\,(\varDelta N_s^{\mathfrak{k}} = +1)$. Die anderen Angaben der Tabelle 31 erhält man auf die gleiche Weise.

---

[1] Der Energiesatz verlangt in beiden Fällen: $\omega_s^{\mathfrak{k}} + \omega_{s'}^{\mathfrak{k}'} + \omega_{s''}^{\mathfrak{k}''} = 0$. Da die Frequenzen stets positiv sind, so ist das nur möglich, wenn $\mathfrak{k}=\mathfrak{k}'=\mathfrak{k}''=0$ ist, und dann ist $\Phi_{s\,s'\,s''}^{0\,0\,0}=0$.

Die möglichen Prozesse sind durch zwei „Erhaltungssätze" eingeschränkt. Der Energiesatz ist in der δ-Funktion enthalten, der Erhaltungssatz der Wellenzahl wird durch die in $\Phi_{s\,s'\,s''}^{\mathfrak{l}\,\mathfrak{l}'\,\mathfrak{l}''}$ enthaltene Größe $\delta_P^{\mathfrak{l}+\mathfrak{l}'+\mathfrak{l}''}$ charakterisiert. So enthält die Zeile II der Tabelle 31 nur Prozesse, die die Bedingungen

$$\omega_s^{\mathfrak{l}} = \omega_{s'}^{\mathfrak{l}'} + \omega_{s''}^{\mathfrak{l}''} \tag{92.9a}$$

und

$$\mathfrak{l} = \mathfrak{l}' + \mathfrak{l}'' + 2\pi B\mathfrak{m} \tag{92.9b}$$

erfüllen. Für Prozesse der Zeile 5 wäre entsprechend:

$$\omega_s^{\mathfrak{l}} + \omega_{s'}^{\mathfrak{l}'} = \omega_{s''}^{\mathfrak{l}''}, \tag{92.10a}$$

$$\mathfrak{l} + \mathfrak{l}' = \mathfrak{l}'' + 2\pi B\mathfrak{m}. \tag{92.10b}$$

Die in den Beziehungen (92.9) und (92.10) ausgedrückten Erhaltungssätze stehen in einer gewissen Analogie zu Energie- und Impulssatz für Teilchen. Häufig pflegt man diesen Tatbestand dadurch zu beschreiben, daß man von Phononen redet, die eine Energie $\hbar\omega$ und einen Impuls $\hbar\mathfrak{l}$ besitzen sollen. Zeile II der Tabelle 31 würde in diesem Bild einem Prozeß entsprechen, bei welchem ein Phonon $(\mathfrak{l}, s)$ in zwei andere Phononen $(\mathfrak{l}', s')$ und $(\mathfrak{l}'', s'')$ zerfällt. Erhaltung von Energie und Impuls wird durch die Gln. (92.9) ausgedrückt, wenn man $\mathfrak{m} = 0$ setzt. Tatsächlich aber ist diese Beschreibung sehr irreführend, denn $\hbar\mathfrak{l}$ ist nicht der Impuls einer Gitterschwingung. Man kann sich an Hand von Gl. (47.2) leicht davon überzeugen, daß sämtliche Gitterschwingungen der harmonischen Näherung keinen Impuls besitzen. Der Impuls wird allein durch die Schwerpunktsbewegung $(\mathfrak{l} = 0)$ geliefert. Auch die Form des Wellenzahl-Erhaltungssatzes, die ja mehrere Möglichkeiten $(2\pi B\mathfrak{m})$ zuläßt, zeigt, daß es sich nicht um den Impulssatz handeln kann. Man sollte daher besser von einer Auswahlregel und nicht von einem Erhaltungssatz sprechen.

Auch in der klassischen Elastizitätstheorie trifft man auf eine Schwierigkeit dieser Art, die unmittelbar mit diesen falschen Impulsen verknüpft ist. Wenn man, wie es in den modernen Feldtheorien üblich ist, aus der Lagrange-Dichte der elastischen Theorie einen Energie-Impulstensor ableitet, so haben die Impulskomponenten dieses Tensors nicht die Bedeutung von Impulsdichten. Die Energiedichte und die Energieströmung kommen richtig heraus. Der Impulssatz der elastischen Theorie ist in der elastischen Bewegungsgleichung enthalten, die Bewegungsgleichungen haben hier gerade die Form eines Erhaltungssatzes. Die falschen Impulssätze hängen unmittelbar damit zusammen, daß die Lagrange-Dichte der elastischen Theorie nicht explizit vom Ort abhängt, sondern nur vom Verschiebungsfeld. Man kann leicht nachweisen, daß diese Eigenschaft aus der Invarianz der Lagrange-Funktion der Gittertheorie gegen Translationen um ganzzahlige Vielfache der Basisvektoren entstammt. Diese Translation geht beim Übergang zur elastischen Theorie in eine infinitesimale Translation über und sorgt dafür, daß die Lagrange-Dichte nicht explizit vom Ort abhängt. Genau diese Translationen liefern aber nach (91.8) die $\delta_P^{\mathfrak{l}+\mathfrak{l}'+\mathfrak{l}''}$. Die Erhaltungssätze der elastischen Theorie entsprechen dann genau den Bedingungen (92.9b) und (92.10b) mit $\mathfrak{m} = 0$. In diesem Fall handelt es sich dann um wirkliche Erhaltungssätze[1] und nicht um eine Auswahlregel; der Zusammenhang zwischen den drei Ausbreitungsvektoren ist eindeutig.

Die vorkommenden Prozesse kann man etwa in der folgenden Art anschaulich beschreiben. Nach Gl. (92.9) verliert die Welle $(\mathfrak{l}, s)$ ein Quant; dafür tritt infolge der Wechselwirkung in den Wellen $(\mathfrak{l}', s')$ und $(\mathfrak{l}'', s'')$ je ein Quant hinzu. Die Welle $(\mathfrak{l}, s)$ spaltet in den beiden Wellen $(\mathfrak{l}', s')$ und $(\mathfrak{l}'', s'')$ auf. („Ein Phonon zerfällt in zwei andere Phononen.") Die Beziehungen zwischen den beteiligten Ausbreitungsvektoren sind nicht eindeutig. Nach Peierls bezeichnet man die

---

[1] Im elastischen Gebiet kann man leicht verifizieren, daß eine sehr enge Beziehung zwischen den richtigen und falschen Impulsen existiert in dem Sinne, daß bei der Erzeugung eines Phonons (etwa bei der Röntgenstreuung) stets mit der entsprechenden Schallwelle eine Schwerpunktsbewegung erzeugt werden muß, deren Impuls gerade $\hbar\mathfrak{l}$ ist. $\hbar\mathfrak{l}$ ist nicht der Impuls der Schallwelle, sondern der Impuls der mit der Schallwelle notwendig verknüpften Schwerpunktsbewegung. Im elastischen Gebiet kann man damit die Aussage, daß der Impuls eines Phonons $\hbar\mathfrak{l}$ sei, begründen. Für die klassische Theorie dieses Impulses vgl. W. Brenig: Z. Physik 142 (im Druck), für die Quantentheorie G. Süssmann (erscheint in Z. Naturforschung).

Prozesse mit $m = 0$ als *Normalprozesse*. Das sind die Prozesse, welche in einer elastischen Kontinuumstheorie allein auftreten würden. Alle anderen Prozesse mit $m \neq 0$ bezeichnet man als *Umklapp-Prozesse*, weil die Richtungen der Vektoren gegenüber denen, die man nach dem normalen Impulssatz für „Phononen" erwarten würde, umgeklappt sind. Fig. 64 zeigt die Lage der Ausbreitungsvektoren für einen Normal- und einen Umklapp-Prozeß.

Ein anderer möglicher Prozeß ist nach Gl. (92.10) der Zusammenstoß zweier Wellen $(\mathfrak{k}, s)$ und $(\mathfrak{k}', s')$ und der daraus resultierende Zuwachs der Welle $(\mathfrak{k}'', s'')$

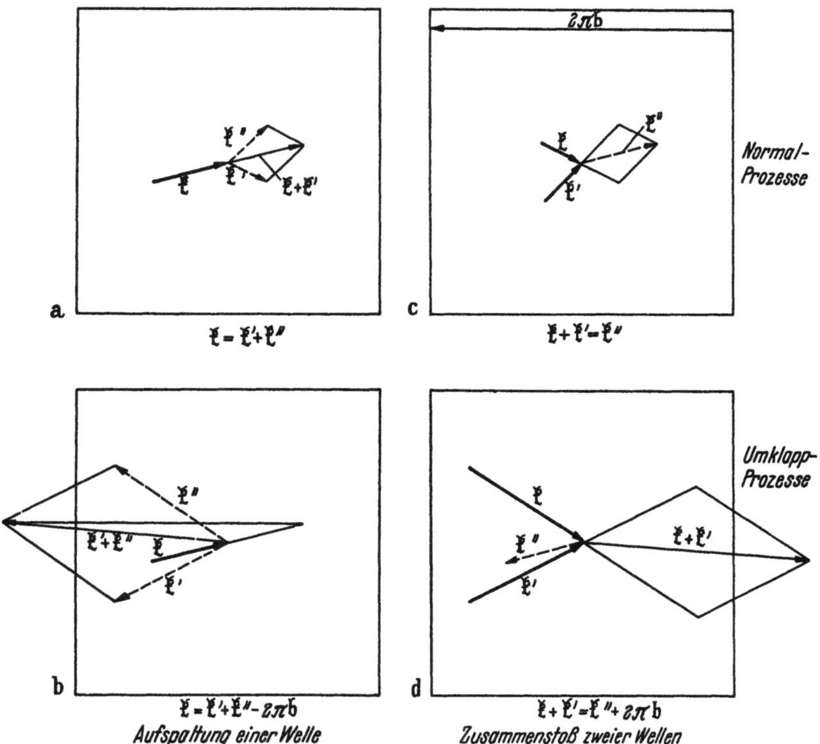

Fig. 64a—d. Mögliche-Wechselwirkungsprozesse dreier Wellen. a Aufspaltung einer Welle $\mathfrak{k}$, Normalprozeß. b Aufspaltung einer Welle $\mathfrak{k}$, Umklap-Prozeß. c Zusammenstoß zweier Wellen $\mathfrak{k}$, $\mathfrak{k}'$ Normalprozeß. d Zuammenstoß zweier Wellen $\mathfrak{k}$ und $\mathfrak{k}'$ Umklap-Prozeß.

(„Zwei Phononen stoßen zusammen und vereinigen sich zu einem neuen Phonon"). Auch hier kann man zwischen Normal- und Umklapp-Prozessen unterscheiden (Fig. 64).

In den Fig. 64 ist jeweils ein quadratisches Netz zugrunde gelegt. Die Kanten der eingezeichneten Quadrate sind die 2π-fachen Basisvektoren des reziproken Gitters. Das Quadrat selbst ist das 2π-fache der Elementarzelle des reziproken Gitters. Bei der Beschreibung des Gitterzustandes durch $\mathfrak{k}$-Vektoren muß man sich auf eine Elementarzelle des reziproken Gitters festlegen, da die Welle $\mathfrak{k}$ mit der Welle $\mathfrak{k} + 2\pi B \, m$ identisch ist. Betrachtet man nun z. B. einen Zusammenstoß, so kann es sein, daß der Vektor $\mathfrak{k} + \mathfrak{k}'$ aus dem gewählten Bereich herausfällt. Die dabei angeregte Gitterschwingung $\mathfrak{k} + \mathfrak{k}'$ in Fig. 64d ist identisch mit der Welle $\mathfrak{k}''$, da $\mathfrak{k}''$ und $\mathfrak{k} + \mathfrak{k}'$ sich nur um $2\pi b$ unterscheiden. Prozesse dieser Art sind Umklapp-Prozesse. Wir werden sehen, daß die Umklapp-Prozesse für das Zustandekommen der Wärmeleitung entscheidend sind. Wären sie nicht vorhanden, so gäbe es keine Lösung der BOLTZMANNschen Stoßgleichung. In der elastischen Kontinuumstheorie gibt es diese für die Gitterstruktur typischen Prozesse nicht, dann gibt es auch keine Wärmeleitung.

An den Prozessen, die durch Φ_3 bewirkt werden, sind jeweils drei Wellen beteiligt. Allgemein ist die Zahl der beteiligten Wellen gleich dem Grade der Entwicklung[1], Φ_4 z.B. induziert Prozesse, an denen vier Wellen beteiligt sein müssen.

Bei jedem der in Tabelle 31 aufgeführten Prozesse nimmt die Quantenzahl $N_s^{\mathfrak{k}}$ um eine Einheit ab oder zu. Die Formeln gelten für die Übergänge zwischen zwei Zuständen. Im allgemeinen kann man das Gitter nicht durch einen quantentheoretischen Zustand beschreiben, sondern nur durch eine Verteilung von Zuständen, wobei jeder Zustand mit einer gewissen Wahrscheinlichkeit vorkommt. Die zeitliche Änderung der mittleren Besetzungszahlen $\overline{N}_s^{\mathfrak{k}}$ in einer Zeit δt ist dann $\Delta N_s^{\mathfrak{k}} \cdot \delta t$, multipliziert mit der Übergangswahrscheinlichkeit nach Tabelle 31, gemittelt über die Verteilung und summiert über alle $\mathfrak{k}'$, $\mathfrak{k}''$, s', s''. $\overline{\dot{N}}_{s|W}^{\mathfrak{k}}$ besteht damit aus den sechs in Tabelle 31 aufgeführten nichtverschwindenden Prozessen (II…VII). Die Prozesse mit $\Delta N_s^{\mathfrak{k}} = 1$ treten mit positivem Vorzeichen auf ($N_s^{\mathfrak{k}}$ nimmt zu), die anderen mit negativem Vorzeichen. Für die auftretenden Quantenzahlen können die Mittelwerte eingesetzt werden. Denn da die Verteilungen der einzelnen Quantenzahlen in erster Näherung unabhängig voneinander sind, so sind die Mittelwerte der Produkte gleich dem Produkt der Mittelwerte, solange $(\mathfrak{k}, s)$, $(\mathfrak{k}', s')$ und $(\mathfrak{k}'', s'')$ voneinander verschieden sind[2]. So erhält man schließlich

$$\overline{\dot{N}}_{s|W}^{\mathfrak{k}} = \sum_{\substack{\mathfrak{k}',\,\mathfrak{k}'' \\ s',\,s''}} \frac{2\pi}{\hbar^2} \left| \Phi_{s\,s'\,s''}^{\mathfrak{k}\,\mathfrak{k}'\,\mathfrak{k}''} \right|^2 \cdot$$

$$\left\{ \delta\left(\omega_s^{\mathfrak{k}} - \omega_{s'}^{\mathfrak{k}'} + \omega_{s''}^{\mathfrak{k}''}\right)\left[\left(\overline{N}_s^{\mathfrak{k}} + 1\right) \overline{N^{-\mathfrak{k}'}_{s'}}\left(\overline{N_{s''}^{\mathfrak{k}''}} + 1\right) - \overline{N}_s^{\mathfrak{k}}\left(\overline{N^{-\mathfrak{k}'}_{s'}} + 1\right)\overline{N_{s''}^{\mathfrak{k}''}}\right] + \right.$$

$$+ \delta\left(\omega_s^{\mathfrak{k}} + \omega_{s'}^{\mathfrak{k}'} - \omega_{s''}^{\mathfrak{k}''}\right)\left[\left(\overline{N}_s^{\mathfrak{k}} + 1\right)\left(\overline{N_{s'}^{\mathfrak{k}'}} + 1\right)\overline{N^{-\mathfrak{k}''}_{s''}} - \overline{N}_s^{\mathfrak{k}}\,\overline{N_{s'}^{\mathfrak{k}'}}\left(\overline{N^{-\mathfrak{k}''}_{s''}} + 1\right)\right] +$$

$$\left. + \delta\left(\omega_s^{\mathfrak{k}} - \omega_{s'}^{\mathfrak{k}'} - \omega_{s''}^{\mathfrak{k}''}\right)\left[\left(N_s^{\mathfrak{k}} + 1\right) N^{-\mathfrak{k}'}_{s'} N^{-\mathfrak{k}''}_{s''} - N_s^{\mathfrak{k}}\left(N^{-\mathfrak{k}'}_{s'} + 1\right)\left(N^{-\mathfrak{k}''}_{s''} + 1\right)\right]\right\}. \tag{92.11}$$

Hier ist davon Gebrauch gemacht worden, daß

$$\left| \Phi_{s\,s'\,s''}^{\mathfrak{k}\,\mathfrak{k}'\,\mathfrak{k}''} \right|^2 = \left| \Phi_{\;s\;\;s'\;\;s''}^{-\mathfrak{k}\,-\mathfrak{k}'\,-\mathfrak{k}''} \right|^2$$

ist, daß die Frequenzen nicht vom Vorzeichen von $\mathfrak{k}$ abhängen und daß die δ-Funktion nicht vom Vorzeichen ihres Arguments abhängt[3]. Die erste Zeile in (92.11) entspricht den Beiträgen der Zeilen III und VI der Tabelle 31, die zweite Zeile IV und V, die dritte Zeile VII und II.

---

[1] Das ist nur richtig, solange man sich auf die hier diskutierte erste Näherung beschränkt.

[2] Bei gleichen $\mathfrak{k}$-Werten müßte man die entsprechenden Glieder für sich behandeln. Diese Glieder kommen aber nur selten vor, und ferner liefert die Entwicklung nach kleinen Abweichungen $n_s^{\mathfrak{k}}$ das gleiche Resultat.

[3] Bei hohen Temperaturen erhält man die (92.11) entsprechende Gleichung für die zeitliche Änderung der mittleren Energie $\overline{\dot{\varepsilon}}_s^{\mathfrak{k}}$ einer Welle $\left(\varepsilon_s^{\mathfrak{k}} = \hbar\,\omega_s^{\mathfrak{k}}\,\overline{N}_s^{\mathfrak{k}}\right)$ auch ohne quantentheoretische Rechnungen. $\overline{\dot{\varepsilon}}_s^{\mathfrak{k}}$ erhält man dann mit einem der Diracschen Näherung analogen Verfahren, wobei als entscheidende Annahme eingeht, daß die Phasen der einzelnen Wellen statistisch verteilt sind (Hypothese der „molekularen" Unordnung).

93. Allgemeine Diskussion der Stoßgleichung. Für eine allgemeine Diskussion ist es zweckmäßig, die vielen in Gl. (92.11) auftretenden Glieder zusammenzufassen. Dies geschieht durch die formale Einführung negativer Polarisationsindizes mit den Definitionen

$$\omega_{-s}^{\mathfrak{l}} = -\,\omega_{s}^{\mathfrak{l}}, \tag{93.1a}$$

$$\overline{N_{-s}^{-\mathfrak{l}}} + \overline{N_{s}^{\mathfrak{l}}} + 1 = 0, \tag{93.1b}$$

$$\left|\Phi_{s\,s'\,s''}^{\mathfrak{l}\,\mathfrak{l}'\,\mathfrak{l}''}\right|^2 = D_{s\,s'\,s''}^{\mathfrak{l}\,\mathfrak{l}'\,\mathfrak{l}''} \quad \text{(für positive } s, s', s'');\qquad D_{-s\,s'\,s''}^{\mathfrak{l}\,\mathfrak{l}'\,\mathfrak{l}''} = -\,D_{s\,s'\,s''}^{\mathfrak{l}\,\mathfrak{l}'\,\mathfrak{l}''}. \tag{93.1c}$$

Damit wird[1]

$$\left.\begin{aligned}
\dot{\overline{N_{s;W}^{\mathfrak{l}}}} = \frac{2\pi}{\hbar^2} \sum_{\substack{\mathfrak{l}',\,\mathfrak{l}'' \\ s',\,s'' \gtreqless 0}} D_{s\,s'\,s''}^{\mathfrak{l}\,\mathfrak{l}'\,\mathfrak{l}''}\,\delta\left(\omega_{s}^{\mathfrak{l}} + \omega_{s'}^{\mathfrak{l}'} + \omega_{s''}^{\mathfrak{l}''}\right) \times \\[4pt]
\times \left\{\left(\overline{N_{s}^{\mathfrak{l}}} + 1\right)\left(\overline{N_{s'}^{\mathfrak{l}'}} + 1\right)\left(\overline{N_{s''}^{\mathfrak{l}''}} + 1\right) - \overline{N_{s}^{\mathfrak{l}}}\,\overline{N_{s'}^{\mathfrak{l}'}}\,\overline{N_{s''}^{\mathfrak{l}''}}\right\}.
\end{aligned}\right\} \tag{93.2}$$

Die Mittelwerte für die thermische Verteilung sind

$$\overline{N_{s}^{\mathfrak{l}}}^{\,T} = \frac{1}{e^{\frac{\hbar\omega_{s}^{\mathfrak{l}}}{kT}} - 1}, \tag{93.3a}$$

$$\overline{N_{-s}^{-\mathfrak{l}}}^{\,T} = \overline{N_{s}^{\mathfrak{l}}}^{\,T}\left(\omega_{-s}^{\mathfrak{l}}\right) = -\left(\overline{N_{s}^{\mathfrak{l}}}^{\,T} + 1\right) \tag{93.3b}$$

und die Abweichungen

$$\overline{N_{s}^{\mathfrak{l}}} = \overline{N_{s}^{\mathfrak{l}}}^{\,T} + n_{s}^{\mathfrak{l}} \quad \text{mit} \quad n_{-s}^{-\mathfrak{l}} + n_{s}^{\mathfrak{l}} = 0. \tag{93.4}$$

Setzt man diese Entwicklung in (93.2) ein, so verschwinden die Glieder, welche die $n_{s}^{\mathfrak{l}}$ nicht enthalten[2], und das in $n_{s}^{\mathfrak{l}}$ lineare Glied erhält einen Faktor

$$\overline{N_{s'}^{\mathfrak{l}'}}^{\,T} + \overline{N_{s''}^{\mathfrak{l}''}}^{\,T} + 1 = \frac{1}{2}\cdot\frac{\mathrm{Sin}\,\dfrac{\hbar\left(\omega_{s'}^{\mathfrak{l}'} + \omega_{s''}^{\mathfrak{l}''}\right)}{2kT}}{\mathrm{Sin}\,\dfrac{\hbar\omega_{s'}^{\mathfrak{l}'}}{2kT}\cdot\mathrm{Sin}\,\dfrac{\hbar\omega_{s''}^{\mathfrak{l}''}}{2kT}}. \tag{93.5}$$

Die Faktoren von $n_{s'}^{\mathfrak{l}'}$ und $n_{s''}^{\mathfrak{l}''}$ ergeben sich hieraus durch cyclische Vertauschung. Da die δ-Funktion als Faktor auftritt, so kann man in Gl. (93.5) für $\omega_{s'}^{\mathfrak{l}'} + \omega_{s''}^{\mathfrak{l}''}$ auch $-\omega_{s}^{\mathfrak{l}}$ einsetzen. Damit wird dann

$$\left.\begin{aligned}
\dot{\overline{N_{s|W}^{\mathfrak{l}}}} = \dot{n}_{s|W}^{\mathfrak{l}} = -\frac{\pi}{\hbar^2}\cdot\sum_{\substack{\mathfrak{l}',\,\mathfrak{l}'' \\ s',\,s'' \gtreqless 0}} \frac{D_{s\,s'\,s''}^{\mathfrak{l}\,\mathfrak{l}'\,\mathfrak{l}''}\cdot\delta\left(\omega_{s}^{\mathfrak{l}} + \omega_{s'}^{\mathfrak{l}'} + \omega_{s''}^{\mathfrak{l}''}\right)}{\mathrm{Sin}\,\dfrac{\hbar\omega_{s}^{\mathfrak{l}}}{2kT}\cdot\mathrm{Sin}\,\dfrac{\hbar\omega_{s'}^{\mathfrak{l}'}}{2kT}\cdot\mathrm{Sin}\,\dfrac{\hbar\omega_{s''}^{\mathfrak{l}''}}{2kT}} \times \\[6pt]
\times \left\{n_{s}^{\mathfrak{l}}\,\mathrm{Sin}^2\,\frac{\hbar\omega_{s}^{\mathfrak{l}}}{2kT} + n_{s'}^{\mathfrak{l}'}\,\mathrm{Sin}^2\,\frac{\hbar\omega_{s'}^{\mathfrak{l}'}}{2kT} + n_{s''}^{\mathfrak{l}''}\,\mathrm{Sin}^2\,\frac{\hbar\omega_{s''}^{\mathfrak{l}''}}{2kT}\right\}.
\end{aligned}\right\} \tag{93.6}$$

---

[1] Die Glieder aus (93.2) bei positivem s mit $s' < 0$, $s'' > 0$ entsprechen dem ersten Glied von (92.11), $s' > 0$; $s'' < 0$ dem zweiten Glied; $s' < 0$, $s'' < 0$ dem dritten Glied; $s' > 0$, $s'' > 0$ fällt wegen des Energiesatzes aus und liefert keinen Beitrag.

[2] Setzt man die thermischen Mittelwerte in (93.2) ein, so entsteht ein Faktor

$$\exp\!\left(\frac{\hbar}{kT}\left(\omega_{s}^{\mathfrak{l}} + \omega_{s'}^{\mathfrak{l}'} + \omega_{s''}^{\mathfrak{l}''}\right)\right) - 1,$$

der wegen des Energiesatzes verschwindet.

Hier erkennt man sofort, daß die Wärmeleitfähigkeit für hohe Temperaturen proportional zu $1/T$ sein muß. Denn nach (93.6) ist $\dot{n}^{\mathfrak{k}}_{s|W}$ proportional zu T für so hohe Temperaturen, daß man $\mathrm{Sin}\,\dfrac{\hbar\omega}{2kT}$ überall durch $\dfrac{\hbar\omega}{2kT}$ ersetzen darf. Die rechte Seite der Stationaritätsbedingung

$$\dot{n}^{\mathfrak{k}}_{s|W} = \frac{\partial \overline{N}^{\mathfrak{k}}_{s}{}^{T}}{\partial T}\cdot\left(\mathfrak{v}^{\mathfrak{k}}_{s}\cdot\mathrm{grad}\,T\right)$$

ist für hohe Temperaturen konstant. Daher ist $n^{\mathfrak{k}}_{s}$ und damit auch die Wärmeleitfähigkeit proportional zu $1/T$.

Alle in (93.6) auftretenden Faktoren sind stets positiv; denn es ist[1] mit

$$\frac{\hbar\omega^{\mathfrak{k}}_{s}}{2kT}=\beta^{\mathfrak{k}}_{s}$$

$$\frac{D^{\mathfrak{k}\,\mathfrak{k}'\,\mathfrak{k}''}_{s\,s'\,s''}}{\mathrm{Sin}\,\beta\,\mathrm{Sin}\,\beta'\,\mathrm{Sin}\,\beta''}=\frac{\left|\varPhi^{\mathfrak{k}\,\mathfrak{k}'\,\mathfrak{k}''}_{s\,s'\,s''}\right|^{2}}{|\,\mathrm{Sin}\,\beta\,\mathrm{Sin}\,\beta'\,\mathrm{Sin}\,\beta''\,|}\geq 0. \tag{93.7}$$

An Gl. (93.6) kann man nun leicht erkennen, daß $\dot{n}^{\mathfrak{k}}_{s|W}$ verschwindet, wenn

$$n^{\mathfrak{k}}_{s}=\mathrm{Const}\cdot\frac{\omega}{\mathrm{Sin}^{2}\dfrac{\hbar\omega}{2kT}} \tag{93.8}$$

ist, weil dann der Faktor $\omega+\omega'+\omega''$ auftritt. Man überzeugt sich leicht, daß dieser Ansatz einer kleinen Temperaturerhöhung entspricht und keine Energieströmung besitzt $\left(n^{\mathfrak{k}}_{s}=n^{-\mathfrak{k}}_{s}\right)$. Wenn es keine Umklapp-Prozesse geben würde, so wäre der Ansatz

$$n^{\mathfrak{k}}_{s}=\frac{\mathfrak{k}\cdot\mathfrak{C}}{\mathrm{Sin}^{2}\dfrac{\hbar\omega}{2kT}} \tag{93.9}$$

mit beliebigem konstantem Vektor $\mathfrak{C}$ möglich. Dann würde auch $\dot{n}^{\mathfrak{k}}_{s|W}$ verschwinden, da wegen des Faktors $\delta^{\mathfrak{k}+\mathfrak{k}'+\mathfrak{k}''}_{P}$ unter Vernachlässigung der Umklapp-Prozesse $\mathfrak{k}+\mathfrak{k}'+\mathfrak{k}''$ verschwinden muß. Diese Verteilung besitzt einen Energiestrom. Es würde also eine stationäre Verteilung mit nichtverschwindendem Energiestrom ohne Temperaturgefälle möglich sein. Dann aber gibt es keine Wärmeleitfähigkeit[2]. Man kann das auch so ausdrücken, daß die Boltzmannsche Gl. (90.9a) keine Lösung mehr hat, weil die Lösung (93.9) der homogenen Gl. (90.9a) nicht mehr orthogonal zur Inhomogenität ist. Daran erkennt man, daß die Umklapp-Prozesse ganz entscheidend in den Mechanismus der Wärmeleitung eingehen und daß die elastische Kontinuumstheorie keine Wärmeleitfähigkeit liefern kann.

Jetzt kann man sich auch leicht davon überzeugen, daß, wie in (90.8) behauptet wurde, stets

$$\sum_{\substack{\mathfrak{k},\mathfrak{k}'\\s,s'>0}} P^{\mathfrak{k}\,\mathfrak{k}'}_{s\,s'}\,n^{\mathfrak{k}}_{s}\,n^{\mathfrak{k}'}_{s'}\geq 0 \tag{93.10}$$

gilt. Denn nach Gl. (90.6b) ist

$$\sum_{\substack{\mathfrak{k},\mathfrak{k}'\\s,s'>0}} P^{\mathfrak{k}\,\mathfrak{k}'}_{s\,s'}\,n^{\mathfrak{k}}_{s}\,n^{\mathfrak{k}'}_{s'}=-4k\cdot\sum_{\substack{\mathfrak{k}\\s>0}}\mathrm{Sin}^{2}\frac{\hbar\omega}{2kT}\,n^{\mathfrak{k}}_{s}\,\dot{n}^{\mathfrak{k}}_{s|W}. \tag{93.11}$$

---

[1] Wo keine Verwechslungen zu befürchten sind, schreiben wir künftig β für $\beta^{\mathfrak{k}}_{s}$, β' für $\beta^{\mathfrak{k}'}_{s'}$ und β'' für $\beta^{\mathfrak{k}''}_{s''}$, desgleichen für die Frequenzen ω, ω' und ω'' und Polarisationen $\mathfrak{e}$, $\mathfrak{e}'$ und $\mathfrak{e}''$.

[2] Würde man trotzdem versuchen, eine Wärmeleitfähigkeit zu berechnen, so würde eine unendliche Wärmeleitfähigkeit resultieren.

Dafür kann man wegen $n_{-s}^{-\mathfrak{l}} = - n_s^{\mathfrak{l}}$ und $\dot{n}_{-s|W}^{-\mathfrak{l}} = - \dot{n}_{s|W}^{\mathfrak{l}}$ auch

$$\sum_{\substack{\mathfrak{l},\mathfrak{l}'\\s,s'>0}} P_{ss'}^{\mathfrak{l}\,\mathfrak{l}'}\, n_s^{\mathfrak{l}}\, n_{s'}^{\mathfrak{l}'} = - 2k \sum_{\substack{\mathfrak{l}\\s\gtrless 0}} \mathrm{Sin}^2 \frac{\hbar\omega}{2kT}\, n_s^{\mathfrak{l}}\, \dot{n}_{s|W}^{\mathfrak{l}} \tag{93.11a}$$

setzen. Schließlich wird nach einer leichten Umrechnung unter Ausnutzung der Symmetrieeigenschaften der Koeffizienten (93.7)

$$\left.\begin{aligned} \sum_{\substack{\mathfrak{l},\mathfrak{l}'\\s,s'>0}} P_{ss'}^{\mathfrak{l}\,\mathfrak{l}'}\, n_s^{\mathfrak{l}}\, n_{s'}^{\mathfrak{l}'} &= \frac{2\pi k}{3\hbar^2} \cdot \sum_{\substack{\mathfrak{l},\mathfrak{l}',\mathfrak{l}''\\s,s',s''\gtrless 0}} \frac{\left|\Phi_{ss's''}^{\mathfrak{l}\,\mathfrak{l}'\,\mathfrak{l}''}\right|^2}{|\mathrm{Sin}\,\beta\,\mathrm{Sin}\,\beta'\,\mathrm{Sin}\,\beta''|} \times \\ &\times \delta(\omega+\omega'+\omega'')\left\{ n_s^{\mathfrak{l}}\,\mathrm{Sin}^2\beta + n_{s'}^{\mathfrak{l}'}\,\mathrm{Sin}^2\beta' + n_{s''}^{\mathfrak{l}''}\,\mathrm{Sin}^2\beta'' \right\}^2 . \end{aligned}\right\} \tag{93.12}$$

Hier erkennt man den definiten Charakter der quadratischen Form (93.10). Der Ausdruck (93.12) verschwindet für den Ansatz (93.8) und auch für (93.9), wenn man die Umklapp-Prozesse vernachlässigt.

Wenn man sich in (93.6) wieder von den negativen Polarisations-Indices befreit, so bekommt man die Größen $P_{ss'}^{\mathfrak{l}\,\mathfrak{l}'}$ und kann sich dann leicht überzeugen, daß $P_{ss'}^{\mathfrak{l}\,\mathfrak{l}'}$ eine symmetrische Matrix ist. Man sieht auch schon an (93.6), daß nur bei Abspaltung des Faktors $\mathrm{Sin}^2 \dfrac{\hbar\omega_s^{\mathfrak{l}}}{2kT}$ symmetrische Verhältnisse vorliegen. Wir werden $\dot{n}_{s|W}^{\mathfrak{l}}$ aber nur noch in der Form (93.6) gebrauchen.

94. Diagonalglieder der Stoßmatrix und freie Weglänge. Würde man aus (93.6) nur die Diagonalglieder benutzen, so würde $\dot{n}_{s|W}^{\mathfrak{l}}$ außerordentlich einfach

$$\dot{n}_{s|W}^{\mathfrak{l}} = - \frac{n_s^{\mathfrak{l}}}{\tau_s^{\mathfrak{l}}}, \tag{94.1}$$

wobei $\tau_s^{\mathfrak{l}}$ aus den Diagonalgliedern der exakten Gleichungen entnommen werden kann. Die physikalische Bedeutung der Einstellzeit $\tau_s^{\mathfrak{l}}$ ist, daß sie die Zeit angibt, in der eine über das thermische Gleichgewicht hinaus angeregte Welle sich der thermischen Verteilung wieder anpaßt. Dabei sollen alle anderen Wellen thermisch verteilt sein $\left(\overline{N_s^{\mathfrak{l}}} = \overline{N_s^{\mathfrak{l}}}^T + n_s^{\mathfrak{l}};\ \overline{N_{s'}^{\mathfrak{l}'}} = \overline{N_{s'}^{\mathfrak{l}'}}^T\ \text{für}\ {}_{s'}^{\mathfrak{l}'} \neq {}_s^{\mathfrak{l}}\right)$. Die Lösung von Gl. (94.1) ist dann

$$n_s^{\mathfrak{l}}(t) = n_s^{\mathfrak{l}}(0)\, e^{-\dfrac{t}{\tau_s^{\mathfrak{l}}}}, \tag{94.2}$$

Nach einer Zeit $\tau_s^{\mathfrak{l}}$ ist die Anregung der Welle auf $1/e$ abgeklungen und hat die entsprechende Energie auf andere Wellen übertragen. Als freie Weglänge dieser Welle, die mit der Geschwindigkeit $v_s^{\mathfrak{l}}$ läuft, würde man

$$L_s^{\mathfrak{l}} = v_s^{\mathfrak{l}}\,\tau_s^{\mathfrak{l}} \tag{94.3}$$

ansetzen.

Näherungsweise wird man versuchen, überhaupt mit den Diagonal-Gliedern von (93.6) auszukommen, die freie Weglänge für eine Welle also so zu bestimmen, als ob die anderen Schwingungen thermisch verteilt wären. Dann ist die Stoß-gleichung

$$- \frac{n_s^{\mathfrak{l}}}{\tau_s^{\mathfrak{l}}} = \frac{\partial \overline{N_s^{\mathfrak{l}}}^T}{\partial T}\,(\mathfrak{v}_s^{\mathfrak{l}} \cdot \mathrm{grad}\,T) \tag{94.4}$$

also

$$n_s^{\mathfrak{l}} = - \tau_s^{\mathfrak{l}} \frac{\overline{\partial N_s^{\mathfrak{l}}}^{T}}{\partial T} (\mathfrak{v}_s^{\mathfrak{l}} \cdot \operatorname{grad} T). \tag{94.4a}$$

Die k-Komponente des Wärmestroms

$$\mathfrak{q} = \frac{1}{V} \sum_{\mathfrak{l},s} n_s^{\mathfrak{l}} \hbar \omega_s^{\mathfrak{l}} \mathfrak{v}_s^{\mathfrak{l}}$$

wird

$$q_k = - \frac{1}{V} \sum_{\substack{\mathfrak{l},s \\ l}} \tau_s^{\mathfrak{l}} v_{s,k}^{\mathfrak{l}} v_{s,l}^{\mathfrak{l}} \cdot \underbrace{\hbar \omega_s^{\mathfrak{l}} \frac{\overline{\partial N_s^{\mathfrak{l}}}^{T}}{\partial T}}_{c_s^{\mathfrak{l}}} \cdot \frac{\partial T}{\partial X_l}, \tag{94.5}$$

$$q_k = - \frac{1}{V} \sum_{\substack{\mathfrak{l},s \\ l}} L_s^{\mathfrak{l}} v_s^{\mathfrak{l}} c_s^{\mathfrak{l}} \cdot \frac{v_{s,l}^{\mathfrak{l}} v_{s,k}^{\mathfrak{l}}}{(v_s^{\mathfrak{l}})^2} \cdot \frac{\partial T}{\partial X_l} \tag{94.5a}$$

und man erhält den Wärmeleitfähigkeits-Tensor zu

$$\lambda_{kl} = \frac{1}{V} \sum_{\mathfrak{l},s} L_s^{\mathfrak{l}} v_s^{\mathfrak{l}} c_s^{\mathfrak{l}} \frac{v_{s,l}^{\mathfrak{l}} v_{s,k}^{\mathfrak{l}}}{(v_s^{\mathfrak{l}})^2}. \tag{94.6}$$

In diesen Gleichungen ist $c_s^{\mathfrak{l}}$ die „spezifische Wärme" einer Eigenschwingung

$$c_s^{\mathfrak{l}} = \hbar \omega_s^{\mathfrak{l}} \frac{\overline{\partial N_s^{\mathfrak{l}}}^{T}}{\partial T}.$$

In kubischen Kristallen wird der letzte, die Geschwindigkeiten enthaltende Faktor $\tfrac{1}{3}$, da der Wärmeleitfähigkeits-Tensor im kubischen Fall skalar ($\lambda_{kl} = \lambda \delta_{kl}$) sein muß:

$$\lambda = \frac{1}{3V} \sum_{\mathfrak{l},s} L_s^{\mathfrak{l}} v_s^{\mathfrak{l}} c_s^{\mathfrak{l}}. \tag{94.7}$$

Das ist die in der einleitenden Ziff. 88 benutzte Formulierung, in der die Wärmeleitfähigkeit durch eine mittlere freie Weglänge, eine mittlere Geschwindigkeit und die spezifische Wärme der Volumeneinheit ausgedrückt wurde[1].

Nach (93.6) ist dann

$$\frac{1}{\tau_s^{\mathfrak{l}}} = \frac{\pi}{\hbar^2} \cdot \sum_{\substack{\mathfrak{l}', \mathfrak{l}'' \\ s', s'' \gtrless 0}} \frac{|\Phi_{s\,s'\,s''}^{\mathfrak{l}\,\mathfrak{l}'\,\mathfrak{l}''}|^2}{|\operatorname{Sin}\beta \operatorname{Sin}\beta' \operatorname{Sin}\beta''|} \cdot \delta(\omega + \omega' + \omega'') \operatorname{Sin}^2\beta, \tag{94.8}$$

wenn man dort die Terme $n_{s'}^{\mathfrak{l}'} = n_s^{\mathfrak{l}}$ und $n_{s''}^{\mathfrak{l}''} = n_s^{\mathfrak{l}}$ wegen ihrer geringen Häufigkeit unterdrückt.

Für tiefe Temperaturen kann man leicht eine grobe Abschätzung geben. Da die Umklapp-Prozesse überhaupt erst ein Zustandekommen der Wärmeleitfähigkeit ermöglichen, so werden sie für die tatsächliche Einstellzeit entscheidend sein. Bei sehr tiefen Temperaturen kommen nur die ganz kleinen $\mathfrak{l}$-Werte in (94.7) für einen Wärmetransport in Frage. Aus Fig. 64 entnimmt man, daß dann sowohl $\mathfrak{l}'$ als auch $\mathfrak{l}''$ nahe am Rande der Elementarzelle des reziproken Gitters gelegen sein müssen, damit ein solcher Prozeß überhaupt möglich ist.

---

[1] Bei hohen Temperaturen ist $c_s^{\mathfrak{l}} = k$, dann ist $\lambda = \frac{1}{3} \frac{3Nk}{V} \cdot \overline{Lv} = \frac{1}{3} c_s^{\mathfrak{l}} \overline{Lv}$, wobei $\overline{Lv}$ der Mittelwert von $L_s^{\mathfrak{l}} v_s^{\mathfrak{l}}$ über alle Schwingungen ist.

(Wegen der δ-Funktion in (94.8) kommt sogar nur der als Zusammenstoß gekennzeichnete Vorgang in Frage.) Die Frequenzen dieser Wellen liegen in der Größenordnung der maximalen Gitterfrequenzen, also etwa bei ω_D, wenn man die DEBYEsche Theorie benutzen will. Für diese Frequenzen kann $\operatorname{Sin}\beta'$ durch

$$e^{\beta'} = e^{\frac{\hbar\omega_D}{2kT}} = e^{\frac{\Theta_D}{2T}} \text{ und } \operatorname{Sin}\beta'' \text{ ebenfalls durch } e^{\frac{\Theta_D}{2T}}$$

ersetzt werden. Die freie Weglänge enthält dann einen Faktor $e^{\Theta_D/T}$ und steigt demnach exponentiell mit der reziproken Temperatur an. Bei mäßig tiefen Temperaturen braucht man aber wenigstens zwei Vektoren $\mathfrak{f}'$ und $\mathfrak{f}''$, welche etwa den halben Abstand vom Nullpunkt bis zum Rand der reziproken Elementarzelle besitzen, so daß dann die freie Weglänge proportional zu $e^{\Theta_D/2T}$ wird. Die Wärmeleitfähigkeit besitzt dann im wesentlichen diese exponentielle Temperaturabhängigkeit.

Bei hohen Temperaturen wird $\operatorname{Sin}\beta = \beta = \dfrac{\hbar\omega}{2kT}$ und daher

$$\lambda = \frac{k}{3V} \cdot \sum_{\mathfrak{f},s} \cdot (v_s^{\mathfrak{f}})^2 \cdot \tau_s^{\mathfrak{f}} \tag{94.7a}$$

mit

$$\frac{1}{\tau_s^{\mathfrak{f}}} = \frac{\pi}{\hbar^2} \cdot \frac{2kT}{\hbar}\,\omega^2 \sum_{\substack{\mathfrak{f}',\mathfrak{f}'' \\ s',s''\gtrless 0}} \frac{\left|\Phi_{s\,s'\,s''}^{\mathfrak{f}\,\mathfrak{f}'\,\mathfrak{f}''}\right|^2}{|\omega\omega'\omega''|}\,\delta(\omega+\omega'+\omega''). \tag{94.8a}$$

Setzt man hier den Wert von $\left|\Phi_{s\,s'\,s''}^{\mathfrak{f}\,\mathfrak{f}'\,\mathfrak{f}''}\right|^2$ nach (91.19a) ein, so wird

$$\left.\begin{aligned}
\frac{1}{\tau_s^{\mathfrak{f}}} &= \frac{2\pi kT}{N}\left(\frac{g^2}{8M^?}\right) \sum_{\substack{\mathfrak{f}',\mathfrak{f}'' \\ s',s''\gtrless 0}} \frac{\delta_P^{\mathfrak{f}+\mathfrak{f}'+\mathfrak{f}''}\,\delta(\omega+\omega'+\omega'')}{\omega'^2\omega''^2} \times \\
&\quad \times \left\{\sum_{\text{n. N.}} \frac{(e\,\mathfrak{R})\,(e'\,\mathfrak{R})\,(e''\,\mathfrak{R})}{l^3}\cdot(e^{i\mathfrak{f}\mathfrak{R}}+e^{i\mathfrak{f}'\mathfrak{R}}+e^{i\mathfrak{f}''\mathfrak{R}})\right\}^2.
\end{aligned}\right\} \tag{94.8b}$$

Eine exakte Berechnung dieser Größe ist ziemlich hoffnungslos, weil man dazu erstens die Polarisationsvektoren genauer analysieren und zweitens die durch die δ-Symbole dargestellten Interferenzbedingungen berücksichtigen muß. Eine ganz grobe Näherung, die im Grunde nur auf eine Dimensionsanalyse hinausläuft, ist folgende: Man ersetzt $\delta(\omega+\omega'+\omega'')$ durch die reziproke Grenzfrequenz $1/\omega_D$, verschmiert die δ-Funktion also so weitgehend, daß sie die ganze Elementarzelle umfaßt. Der letzte Faktor, der die Summe über die nächsten Nachbarn enthält, ist dimensionslos und wird durch eine Konstante ersetzt, so daß die Polarisationen ebenfalls keine Rolle mehr spielen. ω' und ω'' werden ebenfalls durch ω_D ersetzt. Die allein stehen bleibende Summe $\sum_{\mathfrak{f}',\mathfrak{f}''}\delta_P^{\mathfrak{f}+\mathfrak{f}'+\mathfrak{f}''}$ ist dann gleich N, so daß also

$$\frac{1}{\tau_s^{\mathfrak{f}}} = \text{Const}\,\frac{kT\,g^2}{M^3\,\omega_D^5}\,; \qquad L = \text{Const}\,\frac{M^3\,\omega_D^5\,v}{kT\,g^2} \tag{94.8c}$$

wird. Damit ergibt sich für die Wärmeleitfähigkeit

$$\lambda = \text{Const}\,\frac{N}{V}\,\frac{M^3\,\omega_D^5\cdot v^2}{T\,g^2}, \tag{94.9}$$

wobei v eine mittlere Schallgeschwindigkeit ist.

An dieser Form kann man dann wenigstens die Größen erkennen, welche die Wärmeleitung bei hohen Temperaturen beeinflussen. Nun ist $M\omega_D^2 \approx f$ und

$v l \approx \omega_D$, so daß

$$\frac{1}{\tau} = \text{Const} \cdot \omega_D \frac{kT\, g^2}{f^3} \quad \text{und} \quad L = \text{Const} \cdot l \frac{f^3}{kT \cdot g^2} \tag{94.8d}$$

ist. Den Ausdruck f^3/g^2 kann man praktisch durch kT_S, wo T_S die Schmelztemperatur ist, ersetzen[1]. Damit ist schließlich

$$\frac{1}{\tau} = \text{Const} \cdot \omega_D \cdot \frac{T}{T_S} \quad \text{und} \quad L = \text{Const} \cdot l \frac{T_S}{T}. \tag{94.8e}$$

Aus der Wärmeleitfähigkeit

$$\lambda = \frac{1}{3} \frac{3Nk}{V} \cdot L\, v \tag{94.9a}$$

kann man dann die Konstante in Gl. (94.8e) für die freie Weglänge abschätzen, wenn man noch für die mittlere Gruppengeschwindigkeit v den aus einer weiteren Abschätzung folgenden Wert $v \approx \tfrac{1}{4} c_l$ einsetzt (c_l longitudinale Schallgeschwindigkeit, $c_l = 1/\sqrt{\varkappa\varrho}$). Die in (94.9a) zum Ausdruck kommenden Abhängigkeiten gelten viel allgemeiner, als es nach deren Ableitung zu vermuten wäre. Für die Edelgase, die einzigen Substanzen, auf die das Modell zutreffen würde, sind keine Wärmeleitfähigkeiten gemessen. Die abgeschätzten Formeln werden aber auch für andere Gitter einigermaßen zutreffend sein, vorausgesetzt daß die Bindung nächster Nachbarn einen überwiegenden Beitrag liefert. Für die kubischen Substanzen ergibt sich eine recht gute Übereinstimmung mit dem experimentellen Verlauf. Die Temperaturabhängigkeit proportional zu $1/T$ wird ja bei allen Substanzen für hohe Temperaturen bestätigt. Aber auch der Faktor in (94.8e) für die freie Weglänge variiert nicht sehr stark. Die freie Weglänge am Schmelzpunkt ist von der Größenordnung der zehnfachen Gitterkonstante[2].

---

[1] Diese Beziehung ist als eine empirische Relation aufzufassen. Sachlich gehört sie in den Abschnitt G. f^3/g^2 läßt sich durch den Abstand nächster Nachbarn l, die Grüneisen-Konstante γ und die Kompressibilität $\varkappa$ ausdrücken:

$$\frac{f^3}{g^2} = \frac{3\, l^3}{36 \sqrt{8} \cdot \gamma^2 \cdot \varkappa} = \frac{3\, V_z}{36 \cdot 2\gamma^2 \varkappa}.$$

Die nebenstehende Übersicht zeigt die Werte für einige flächenzentrierte Substanzen. Die näherungsweise Gültigkeit der Beziehung $\dfrac{3\, V_Z}{36 \cdot 2\gamma^2 \varkappa} \approx k\, T_S$ ist aber nicht auf flächenzentrierte Substanzen, und auch nicht auf Metalle, beschränkt.

Substanz	$\dfrac{f^3}{g^2}$	kT_S	T_S
	in 10^{-14} erg		in °K
Al	10,9	13	931
Ag	12,4	17	1234
Cu	18	18,9	1367
Pt	26,1	28,2	2047

Den Inhalt dieser Beziehung kann man durch eine Betrachtung des Potentialverlaufs

$$\varphi(l) = \varphi(l_0) + \frac{f}{2}(l - l_0)^2 + \frac{g}{3!}(l - l_0)^3$$

deutlich machen. Wenn man vom Minimum $l = l_0$ des Potentials ausgeht, so steigt die potentielle Energie zunächst quadratisch an, erreicht wegen des anharmonischen Gliedes für größere l-Werte ein Maximum, um dann wieder abzufallen. Die Energiedifferenz zwischen Minimum und Maximum ist etwa f^3/g^2. Bei der durch $kT = f^3/g^2$ definierten Temperatur reicht die thermische Energie gerade aus, um diese Energieschwelle zu überwinden.

[2] A. Eucken [Ann. Phys. 34, 185 (1911)] hat seinerzeit schon auf diesen Tatbestand aufmerksam gemacht. Er hat darauf hingewiesen, daß die Wärmeleitfähigkeit am Schmelzpunkt für viele Substanzen nahezu gleich ist. Außer der freien Weglänge geht in die Wärmeleitfähigkeit noch die Gitterkonstante und die mittlere Schallgeschwindigkeit ein. Diese Größen variieren aber nicht sehr stark, so daß mit der freien Weglänge auch die Wärmeleitfähigkeit am Schmelzpunkt näherungsweise einen konstanten Wert hat.

Die Gittersummen, die hier in so grober Weise angenähert wurden, kann man auch noch besser unter Beachtung der Interferenzbedingungen abschätzen [1]. Das Ergebnis für die Wärmeleitfähigkeit ist etwa das gleiche. Die freien Weglängen am Schmelzpunkt kommen dabei um etwa einen Faktor 2 zu groß heraus, was in Anbetracht der Näherungen, welche man bei der Auswertung der Summen immer noch machen muß, befriedigend mit den experimentellen Werten übereinstimmt. Die genauere Berechnung zeigt, daß die Einstellzeiten für longitudinale und transversale Wellen sehr verschieden aussehen. Für die langen longitudinalen Wellen ist

$$\frac{1}{\tau_l^{\mathfrak{k}}} \qquad \text{proportional zu } |\mathfrak{k}|^2,\ |\mathfrak{k}|^3 \text{ und } \underline{|\mathfrak{k}|}^4,$$

für die langen transversalen Wellen ist

$$\frac{1}{\tau_t^{\mathfrak{k}}} \qquad \text{proportional zu } \underline{|\mathfrak{k}|},\ |\mathfrak{k}|^2,\ |\mathfrak{k}|^3 \text{ und } \underline{|\mathfrak{k}|}^4.$$

Dabei sind die unterstrichenen $|\mathfrak{k}|$-Potenzen Glieder, die beim elastisch isotropen Kontinuum allein auftreten würden, die anderen Glieder Zusätze, welche durch Berücksichtigung der Gittertheorie hinzukommen. Die rein elastische Theorie würde somit für die Wärmeleitfähigkeit ein divergentes Resultat liefern, da die langen longitudinalen Wellen einen Beitrag $\tau_l^{\mathfrak{k}}$ proportional zu $1/|\mathfrak{k}|^4$ ergeben, was bei der Ausführung der Summe über $\mathfrak{k}$ in Gl. (94.7a) unendlich ergibt [2]. Die Zusatzglieder der Gittertheorie sorgen dafür, daß die Beiträge der langen Longitudinal-Wellen endlich bleiben.

95. Variationsverfahren. Die Berechnung der Wärmeleitfähigkeit mit Hilfe der freien Weglänge, die in Ziff. 94 behandelt wurde, erscheint bedenklich, weil man mit freien Weglängen operiert, die *einer* aus dem thermischen Gleichgewicht angeregten Welle entsprechen, die Verteilung der Besetzungszahlen aber im wärmeleitenden Zustand von der thermischen Verteilung abweicht. Man muß auch die Nichtdiagonalglieder der Stoßmatrix berücksichtigen.

Die Stoßgleichung (90.9a)

$$\sum_{\substack{\mathfrak{k},\mathfrak{k}'\\ s,s'}} P_{ss'}^{\mathfrak{k}\mathfrak{k}'}\, n_{s'}^{\mathfrak{k}'} + \frac{\hbar\,\omega_s^{\mathfrak{k}}}{T^2}\,(\mathfrak{v}_s^{\mathfrak{k}}\,\mathrm{grad}\,T) = 0 \qquad (95.1)$$

läßt sich nun, wie jedes lineare Gleichungssystem mit symmetrischen Koeffizienten, aus einem Extremalprinzip gewinnen. Gl. (95.1) ist die Bedingung dafür, daß die Funktion

$$G(\dots n_s^{\mathfrak{k}}\dots) = -\frac{1}{2}\sum_{\mathfrak{k},s'} P_{ss'}^{\mathfrak{k}\mathfrak{k}'}\, n_s^{\mathfrak{k}}\, n_{s'}^{\mathfrak{k}'} - \frac{1}{T^2}\sum_{\mathfrak{k},s}\hbar\,\omega_s^{\mathfrak{k}}(\mathfrak{v}_s^{\mathfrak{k}}\,\mathrm{grad}\,T)\, n_s^{\mathfrak{k}} \qquad (95.2)$$

der Besetzungszahlen ein Maximum hat. Der Wert von G im Maximum ist

$$G_{\max} = \frac{1}{2}\sum_{\substack{\mathfrak{k},\mathfrak{k}'\\ s',s'}} P_{ss'}^{\mathfrak{k}\mathfrak{k}'}\, n_s^{\mathfrak{k}}\, n_{s'}^{\mathfrak{k}'} = -\frac{1}{2T^2}\cdot\sum_{\mathfrak{k},s}\hbar\,\omega_s^{\mathfrak{k}}\, n_s^{\mathfrak{k}}(\mathfrak{v}_s^{\mathfrak{k}}\,\mathrm{grad}\,T). \qquad (95.3)$$

Daß dies Extremum ein Maximum ist, erkennt man daran, daß die Stoßmatrix positiv semidefinit ist. $G_{\max}$ kann durch den Wärmestrom q (89.8) ausgedrückt werden

$$G_{\max} = -\frac{V}{2T^2}\,(\mathfrak{q}\cdot\mathrm{grad}\,T) \qquad (95.3\,\mathrm{a})$$

---

[1] E. Schlömann: Diplomarbeit Göttingen 1953.

[2] $\sum\limits_{\mathfrak{k}}$ ist durch $\dfrac{1}{V_Z}\int d\mathfrak{k} = \dfrac{1}{V_Z}\int |\mathfrak{k}|^2 d|\mathfrak{k}|$ zu ersetzen. Die Beiträge dürfen also höchstens proportional zu $|\mathfrak{k}|^2$ sein, wenn (94.7a) existieren soll. Vgl. die Fußnote 2 von S. 292.

und, da für kubische Kristalle $\mathfrak{q} = -\lambda\,\mathrm{grad}\,T$ ist, durch die Wärmeleitfähigkeit

$$G_{\mathrm{max}} = \frac{V(\mathrm{grad}\,T)^2}{2\,T^2}\,\lambda. \qquad (95.3\,\mathrm{b})$$

Die Wärmeleitfähigkeit ist danach durch G_{max} gegeben.

Dieses Resultat fordert dazu heraus, die Wärmeleitfähigkeit in der folgenden Weise zu berechnen. Man macht einen plausiblen Ansatz für die Besetzungszahlen $n_s^{\mathfrak{l}}$, der eine Anzahl freier Parameter enthält. Die Parameter werden so gewählt, daß G möglichst groß wird. Bei dieser Näherung erhält man eine untere Grenze für die Wärmeleitfähigkeit, durch Einführung weiterer Parameter kann λ nur vergrößert werden.

Bei einem einparametrigen Ansatz

$$n_s^{\mathfrak{l}} = \alpha\,f_s^{\mathfrak{l}} \qquad (95.4)$$

mit dem freien Parameter α, wird

$$\left.\begin{aligned}
G &= -\frac{1}{2}\,\alpha^2 \sum_{\substack{\mathfrak{l},\,\mathfrak{l}' \\ s,\,s'}} P_{s,\,s'}^{\mathfrak{l}\mathfrak{l}'}\,f_s^{\mathfrak{l}}\,f_{s'}^{\mathfrak{l}'} - \alpha\,\frac{1}{T^2} \sum_{\mathfrak{l},\,s} \hbar\,\omega_s^{\mathfrak{l}}\,f_s^{\mathfrak{l}}\,(\mathfrak{v}_s^{\mathfrak{l}}\,\mathrm{grad}\,T) \\
&= -\frac{1}{2}\,\alpha^2\,P - \alpha\,Q.
\end{aligned}\right\} \qquad (95.5)$$

α wird so bestimmt, daß G maximal wird. Dann ist

$$\alpha = -\frac{Q}{P}\,\alpha \qquad (95.6)$$

und

$$G_{\mathrm{max}} = \frac{Q^2}{2P}. \qquad (95.7)$$

Man muß also $f_s^{\mathfrak{l}}$ so wählen, daß Q möglichst groß und P möglichst klein wird. Ein Ansatz, der diese Bedingungen offenbar erfüllt, ist (93.9):

$$n_s^{\mathfrak{l}} = \frac{\mathfrak{l}\cdot\mathfrak{C}}{\mathrm{Sin}^2\dfrac{\hbar\,\omega_s^{\mathfrak{l}}}{2kT}} = \alpha\cdot\frac{\mathfrak{l}\,\mathrm{grad}\,T}{\mathrm{Sin}^2\dfrac{\hbar\,\omega_s^{\mathfrak{l}}}{2kT}}, \qquad (95.8)$$

wobei der noch freie Vektor $\mathfrak{C}$ durch $\alpha\,\mathrm{grad}\,T$ ersetzt worden ist. Mit diesem Ansatz fallen nämlich in P nach (93.12) die Normalprozesse fort und P wird daher sicher besonders klein[1]. Damit erhält man einen expliziten Ausdruck für die Wärmeleitfähigkeit. Im übrigen ist die Richtung von $\mathrm{grad}\,T$ im kubischen Kristall gleichgültig, $\mathrm{grad}\,T$ kann etwa in Richtung der Würfelachse gelegt werden. Der Betrag des Temperaturgradienten fällt bei der Bildung von λ heraus. Freilich führt die Behandlung von (95.7) mit dem Ansatz (95.8) auf die gleichen Gittersummen wie die Berechnung der freien Weglänge. Die Berechnung gestaltet sich aber deswegen etwas einfacher, weil nur die Umklapp-Prozesse berücksichtigt werden müssen.

Für die Einzelheiten der weiteren Rechnung muß auf die Originalarbeit [58] verwiesen werden. Es wurde das gleiche Modell verwandt, wie es in den vorigen Ziffern besprochen wurde (flächenzentriertes Gitter mit nächster Nachbar-Wechselwirkung). Die Ergebnisse

---

[1] Läßt man den Vektor $\mathfrak{C}$ beliebig, so hat man im Prinzip drei freie Parameter. Es läßt sich aber zeigen, daß man damit nichts gewinnt, weil mit diesem Ansatz schließlich doch herauskommt, daß $\mathfrak{C} \sim \mathrm{grad}\,T$ sein muß. $f_s^{\mathfrak{l}}$ ist nicht völlig willkürlich wählbar. Gl. (95.8) erfüllt aber die Symmetrieforderungen, die an die Lösungen der Stoßgleichungen gestellt werden müssen. Der Energiestrom zu (95.8) hat die Richtung des Temperaturgradienten.

sind genau wie bei der freien Weglänge durch Gitterkonstante, GRÜNEISEN-Konstante und Schmelztemperatur dargestellt und können so mit den Wärmeleitfähigkeiten anderer Substanzen, auf die das Modell nicht zutrifft, verglichen werden. Die Ergebnisse hinsichtlich der Temperaturabhängigkeit und der numerischen Werte der freien Weglänge stimmen mit den in Ziff. 94 diskutierten Abhängigkeiten überein. In Anbetracht der groben Näherungen, die zur Abschätzung der Gittersummen verwandt werden, ist die numerische Übereinstimmung erstaunlich gut.

Im ganzen ist die Situation bei der Theorie der Wärmeleitung so, daß man die Grundgleichungen aufstellen kann, aber vorderhand nur einen qualitativen Überblick über den Temperaturverlauf der Wärmeleitfähigkeit bekommt. Insbesondere war es bisher nicht möglich, feinere Züge, wie die Unterschiede zwischen verschiedenen Gitterstrukturen, herauszuarbeiten.

96. Gesichtspunkte zur Wärmeleitung der Alkali-Halogenide. Tabelle 33 zeigt eine Übersicht über die Wärmeleitfähigkeit der Alkali-Halogenide. Ferner sind

Tabelle 33. *Wärmeleitfähigkeiten der Alkali-Halogenide* (nach [52]).

α_{th} thermischer Ausdehnungskoeffizient $[10^{-6}\cdot{}^\circ\mathrm{K}^{-1}]$ bei Zimmertemperatur. Wärmeleitfähigkeit λ_{RT}. und $\lambda_{83^\circ\mathrm{K}}$ in cal cm^{-1} sec^{-1} grad^{-1} bei Zimmertemperatur und bei 83° K. m/M Massenverhältnis.

Innerhalb jeder Metall-Gruppe stehen α_{th}, m/M, λ_{RT} in der oberen Zeile; der Wert $\lambda_{83^\circ\mathrm{K}}$ steht in der unteren Zeile (in der λ_{RT}-Spalte).

| | | 7 | | | 23 | | | 39 | | | 85,5 | | | 133 | | |
| | | **Li** | | | **Na** | | | **K** | | | **Rb** | | | **Cs** | | |
		α_{th}	m/M	λ_{RT}	α_{th}	m/M	λ_{RT}	α_{th}	m/M	λ_{RT}	α_{th}	m/M	λ_{RT}	α_{th}	m/M	λ_{RT}
19	F	0,92	0,37		0,98	0,83	**0,025**	1,0	0,49	**0,017**	0,99	0,22			0,14	
							0,124			0,057						
35,5	Cl	1,22	0,2		1,10	0,65	**0,023**	1,01	0,9	**0,023**	1,04	0,41	**0,0047**		0,27	
							0,09			0,138			0,07			
78	Br	1,4	0,09		1,19	0,29	**0,0057**	1,1	0,5	**0,0087**	1,19	0,9	**0,009**		0,59	
							0,012			0,023			0,016			
127	J	1,67	0,055		1,35	0,18		1,25	0,31	**0,0073**		0,67	**0,0077**		0,96	
										0,03			0,014			

dort die thermischen Ausdehnungs-Koeffizienten angegeben als Maß für die Anharmonizität. Bei einer Durchsicht der Daten für hohe Temperaturen (hier Zimmertemperatur) fällt sofort auf, daß die Substanzen mit nahezu gleichen Massen die größte Wärmeleitfähigkeit besitzen[1].

---

[1] Die Schmelztemperaturen der Alkali-Haglogenide liegen alle bei etwa 1000° K. Die aufgeführten Gitter haben alle die gleiche Struktur und nahezu gleiche Ausdehnungskoeffizienten.

Eine Theorie für nichtprimitive Gitter mit verschiedenen Massen läßt sich in der gleichen Weise durchführen wie für primitive Gitter. Die Gleichungen werden dann nur entsprechend komplizierter. Eine Abschätzung der Wärmeleitfähigkeit für diesen Fall liegt noch nicht vor. Man kann aber wenigstens den Gang mit dem Massenverhältnis qualitativ verstehen, wenn man sich überlegt, daß in die Wärmeleitung die Gruppengeschwindigkeit eingeht. Die Dispersionskurven in räumlichen Gittern haben qualitativ den gleichen Verlauf wie in dem in Ziff. 46 behandelten Beispiel der linearen Kette mit ungleichen Massen. Bei gleichen Massen hat man praktisch ein durchgehendes akustisches Spektrum, bei sehr verschiedenen Massen einen akustischen Zweig mit normalen Gruppengeschwindigkeiten, die bei hohen Frequenzen abfallen, aber einen optischen Zweig mit einem sehr flachen Dispersionsverlauf und daher kleinen Gruppengeschwindigkeiten. Bei kleinem Massenverhältnis werden daher die optischen Zweige nur einen verhältnismäßig kleinen Beitrag zur Wärmeleitung liefern können.

J. Verschiedene Probleme.

97. Dampfdruck. Die Zustandssumme (75.2) des Kristalls geht in entscheidender Weise in den Verlauf des Dampfdrucks P mit der Temperatur ein. Die Zustandssumme soll hier nur in der harmonischen Näherung berücksichtigt werden. Zur Ableitung der Dampfdruckformel für einatomige Substanzen betrachte man ein Volumen V, welches N Atome enthält und von einem Temperaturbad T umgeben ist (Fig. 65). N_K Atome sind kristallisiert, N_D Atome befinden sich in der Dampfphase. Die entsprechenden Volumina sind V_K und V_D. Bezüglich der Teilchenzahlen und der Volumina ist das System abgeschlossen

$$N_D + N_K = N \quad \text{und} \quad V_D + V_K = V. \quad (97.1)$$

Die Volumina sind unmittelbar durch die Teilchenzahlen bestimmt, da in der harmonischen Näherung $V_K/N_K = V_Z$ konstant ist, wenn man von der zu vernachlässigenden Kompression der Zelle durch den Dampfdruck selbst absieht. Zu berechnen ist N_D und V_D in Abhängigkeit von der Temperatur. Daraus erhält man den Dampfdruck

$$P(T) = \frac{N_D}{V_D} kT, \quad (97.2)$$

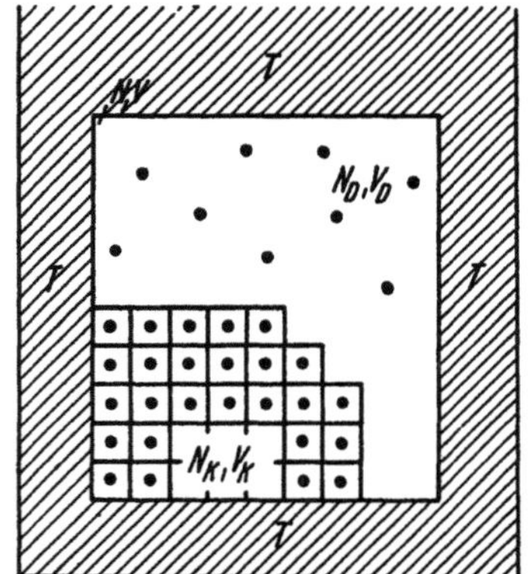

Fig. 65. Zur Ableitung des Dampfdrucks. Ein Volumen V mit N Atomen ist von einem Wärmebad der Temperatur T umgeben. N_K Atome sind kristallisiert, $N_D = N - N_K$ Atome sind verdampft. V_K und V_D sind die entsprechenden Volumina.

weil die Dampfdichten im allgemeinen so klein sind, daß man die Druckformel des idealen Gases verwenden kann.

Die quantenmechanisch möglichen Energiewerte des Kristalls sind nach Gl. (75.1) bei Vernachlässigung des dort enthaltenen elastischen Anteiles

$$E_\lambda^K = \sum_J \hbar \omega_J (N_\lambda^J + \tfrac{1}{2}). \quad (97.3)$$

Sie hängen über die Frequenzen ω_J vom Volumen und damit von der Teilchenzahl N_K ab. Wenn man die Atome als unterscheidbare Teilchen ansieht (Boltzmann-Statistik), so ist jeder Energiewert nach Gl. (97.3) $N_K!$-fach entartet. Denn jede der $N_K!$ Vertauschungsmöglichkeiten der kristallisierten Atome führt zu einem neuen quantenmechanischen Zustand mit dem gleichen Eigenwert der

Energie[1]. Die quantenmechanisch möglichen Energiewerte von N_D Atomen eines idealen Gases in einem Volumen V_D seien

$$E_\sigma^D = E_\sigma^D(N_D, V_D).$$ (97.4)

Der tiefste mögliche Energiewert (97.4) soll verschwinden. Die Indicierung der Energiewerte (97.4) mit σ bezieht sich auf die quantenmechanisch möglichen Zustände des idealen Gases. Gleiche Energiewerte (97.4) bei Entartung kommen also so oft vor, wie es mögliche Zustände zu diesem Energiewert gibt. Die Energiewerte des Kristalls und des Dampfes haben verschiedene Nullpunkte der Energieskala. Als Grundzustand von (97.3) ist der elastische Gleichgewichtszustand des Kristalls mit der Energie Null gewählt worden, während der Grundzustand des Dampfes ruhenden Teilchen mit verschwindender kinetischer Energie entspricht. Die beiden Energieskalen unterscheiden sich daher gerade um die Bindungsenergie pro Atom ε des Kristalls. Der Grundzustand des Gesamtsystems ist der aus N Atomen bestehende Kristall. Die möglichen Energiewerte des Gesamtsystems setzen sich additiv aus den Energiewerten (97.3) und (97.4) zusammen, dabei ist aber für die Überführung von N_D Atomen in den Grundzustand des Dampfes noch die Energie $N_D\,\varepsilon$ aufzubringen. Infolgedessen sind die Energiewerte des gesamten Systems

$$E(N_D) = E_\sigma^D(N_D) + N_D\,\varepsilon + E_\lambda^K(N_K),$$ (97.5)

wenn man die kleine energetische Kopplung zwischen Dampf und Kristall vernachlässigt. Dieser Eigenwert ist $N_K!$-fach entartet. Er bezieht sich auf einen Zustand, in dem sich N_D fest gewählte Teilchen $(1, 2, 3 \ldots N_D)$ im Dampf befinden, während die restlichen Teilchen $(N_D+1, \ldots, N)$ kristallisiert sind. Da es für den Energiewert aber gleichgültig sein muß, welche Teilchen sich im Dampf befinden, und da man $\binom{N}{N_D} = \dfrac{N}{N_D!\,N_K!}$ Möglichkeiten hat, aus N Atomen N_D Atome herauszugreifen, so ist der wirkliche Entartungsgrad des Eigenwertes (97.5)

$$\binom{N}{N_D} N_K! = \frac{N!}{N_D!}.$$

Denn die Vertauschung von Dampf- und Kristallatomen bei festem N_D ändert den Energiewert nicht, muß aber als neuer Zustand in der Zustandssumme des Gesamtsystems mitgezählt werden.

Der Wert (97.5) kommt also in der Zustandssumme des Gesamtsystems

$$Z(N, V, T) = \sum_{N_D=0}^{N} \sum_{\lambda,\sigma} \frac{N!}{N_D!} e^{-\frac{1}{kT} \cdot \{E_\sigma^D(N_D) + N_D\varepsilon + E_\lambda^K(N_K)\}}$$ (97.6)

gerade $N!/N_D!$ mal vor. Bei der Ausführung der Summe ist die Nebenbedingung (97.1) $N_D+N_K=N$ zu berücksichtigen. Bei festem N_D liefert die Summation über σ und λ

$$Z(N, V, T) = \sum_{N_D=0}^{N} \frac{N!}{N_D!} Z_D(N_D, V_D) Z_K(N_K) e^{-\frac{N_D\varepsilon}{kT}}$$ (97.6a)

wobei

$$Z_D(N_D, V_D) = \sum_\sigma e^{-\frac{E_\sigma^D(N_D)}{kT}}$$ (97.7)

---

die Zustandssumme des idealen Gases mit N_D Atomen in V_D und

$$Z_K(N_K) = \sum_\lambda e^{-\frac{E_\lambda^K(N_K)}{kT}} \tag{97.8}$$

die in Ziff. 75 ff. diskutierte Zustandssumme des Kristalls in der harmonischen Näherung ist. Sowohl Z_D als auch Z_K enthalten die Teilchenzahlen in exponentieller Form

$$Z_D = z_D^{N_D}, \tag{97.7a}$$

$$Z_K = z_K^{N_K}. \tag{97.8a}$$

Daher wird

$$Z = \sum_{N_D=0}^{N} \frac{N!}{N_D!} z_D^{N_D} z_K^{N_K} e^{-\frac{N_D \varepsilon}{kT}}. \tag{97.6b}$$

Der Summand in (97.6b) ist nach der Art seiner Herleitung die relative Wahrscheinlichkeit dafür, unter den gegebenen Bedingungen (N, V, T) gerade N_D Atome im Dampf vorzufinden. Man könnte nun die Mittelwerte $\overline{N}_D$ und daraus den Dampfdruck nach (97.2) berechnen. Es ist aber einfacher und führt zum gleichen Ergebnis, wenn man stattdessen den wahrscheinlichsten Wert bestimmt. Der wahrscheinlichste Wert bestimmt sich daraus, daß sich die Wahrscheinlichkeit

$$W(N_D) = \frac{N!}{N_D!} z_D^{N_D} z_K^{N_K} e^{-\frac{N_D \varepsilon}{kT}} \tag{97.9}$$

nicht ändert, wenn man N_D durch N_D-1 ersetzt, wobei die Nebenbedingung $N_D + N_K = N$ zu beachten ist. Der wahrscheinlichste Wert von N_D ist also durch

$$\frac{N!}{N_D!} z_D^{N_D} z_K^{N_K} e^{-\frac{N_D \varepsilon}{kT}} = \frac{N!}{(N_D-1)!} z_D^{(N_D-1)} z_K^{(N_K+1)} e^{-\frac{(N_D-1)\varepsilon}{kT}} \tag{97.10}$$

oder durch

$$N_D = \frac{z_D}{z_K} e^{-\frac{\varepsilon}{kT}} \tag{97.10a}$$

gegeben.

Die Zustandsumme des idealen Gases läßt sich leicht ausrechnen [59]

$$Z_D = \left(\frac{2\pi M kT}{\hbar^2}\right)^{\frac{3 N_D}{2}} V_D^{N_D}, \tag{97.11}$$

$$z_D = \left(\frac{2\pi M kT}{\hbar^2}\right)^{\frac{3}{2}} V_D, \tag{97.11a}$$

und die Zustandsumme des Kristalls ist ebenfalls im Prinzip bekannt (vgl. Ziff. 75):

$$\ln Z_K = -\frac{1}{kT} \sum_J \left\{\frac{\hbar \omega_J}{2} + kT \ln\left(1 - e^{-\frac{\hbar \omega_J}{kT}}\right)\right\} = -\sum_J \ln\left(2 \operatorname{Sin} \frac{\hbar \omega_J}{2kT}\right), \tag{97.12}$$

$$\ln Z_K = -3 N_K \cdot \overline{\ln\left(2 \operatorname{Sin} \frac{\hbar \omega}{2kT}\right)}^{\text{Spektrum}}, \tag{97.12a}$$

$$z_K = e^{\frac{\ln Z_K}{N_K}} = e^{-\frac{f_K}{kT}}, \tag{97.12b}$$

wobei f_K die freie Schwingungsenergie pro Atom ist.

$$f_K = 3\,kT \ln\left(2 \operatorname{Sin} \frac{\hbar\omega}{2\,kT}\right)^{\overline{\text{Spektrum}}} . \tag{97.12c}$$

Mit (97.11) und (97.12) wird

$$\frac{N_D}{V_D} = \left(\frac{2\pi M\,kT}{\hbar^2}\right)^{\frac{3}{2}} e^{\frac{f_K - \varepsilon}{kT}} , \tag{97.13}$$

und der Dampfdruck

$$P(T) = \left(\frac{2\pi M}{\hbar^2}\right)^{\frac{3}{2}} (kT)^{\frac{5}{2}} e^{\frac{f_K - \varepsilon}{kT}} . \tag{97.14}$$

Damit hat man eine vollständige Beschreibung des Dampfdrucks in Abhängigkeit von der Temperatur, wobei als einzige noch zu berechnende Größe die freie Schwingungsenergie des Kristalls pro Atom f_K eingeht. Solange man den Dampf als ideales Gas behandeln kann und das spezifische Volumen V_D/N_D des Dampfes groß gegen das spezifische Volumen $V_K/N_K = V_Z$ des Kristalls ist, erhält man die Verdampfungswärme pro Atom q_V aus der CLAUSIUS-CLAPEYRON-Gleichung [59] zu

$$q_V = kT^2 \frac{d\ln P}{dT} , \tag{97.15}$$

$$q_V = kT^2 \left\{ \frac{5}{2T} + \frac{\partial f_K}{\partial T} \cdot \frac{1}{kT} - \frac{f_K - \varepsilon}{kT^2} \right\} , \tag{97.15a}$$

$$q_V = \frac{5}{2} kT + \varepsilon - u_K . \tag{97.15b}$$

Hier ist

$$u_K = f_K - T\frac{\partial f_K}{\partial T} = 3 \left\{ \frac{1}{2}\hbar\omega + \frac{\hbar\omega}{e^{\frac{\hbar\omega}{kT}} - 1} \right\}^{\overline{\text{Spektrum}}} = 3\,\overline{\varepsilon(\omega, T)}^{\,\text{Spektrum}}$$

die mittlere thermische, innere Energie pro Teilchen.

Am absoluten Nullpunkt ist $u_K = f_K$ gleich der Nullpunktsenergie pro Atom $u_K(0)$; beide Größen ändern sich bei tiefen Temperaturen proportional zu T^4. Die Verdampfungsenergie am absoluten Nullpunkt q_0 ist die Bindungsenergie ε, vermindert um die Nullpunktsenergie pro Teilchen. Bei hohen Temperaturen ist $u_K = 3\,kT$ und, falls man das DEBYEsche Spektrum verwendet, nach Gl. (84.4a):

$$f_K = 3\,kT \ln\frac{3\hbar\omega_D}{kT} .$$

Also ist

$$P(T) = \begin{cases} \left(\dfrac{2\pi M}{\hbar^2}\right)^{\frac{3}{2}} (kT)^{\frac{5}{2}}\, e^{-\frac{q_0}{kT}} & \text{für tiefe Temperaturen} \\[2.5ex] \dfrac{(18\pi M\omega_D^2)^{\frac{3}{2}}}{\sqrt{kT}} \cdot e^{-\frac{\varepsilon}{kT}} & \text{für hohe Temperaturen} \end{cases} \tag{97.16}$$

und

$$q(T) = \begin{cases} q_0 + \frac{5}{2} kT & \text{für tiefe Temperaturen} \\[1.5ex] \varepsilon - \frac{1}{2} kT & \text{für hohe Temperaturen.} \end{cases} \tag{97.17}$$

Die Nullpunktsenergie macht im allgemeinen nicht sehr viel aus, und meist ist auch $\varepsilon \gg kT$, so daß die Verdampfungswärme in einem großen Temperaturbereich etwa ε ist.

Bei der Ableitung der Dampfdruckformel ist vorausgesetzt worden, daß die Teilchen unterscheidbar sind. Aus diesem Grunde mußte die BOLTZMANN-Statistik verwendet werden. Tatsächlich sind aber die abgeleiteten Formeln völlig unabhängig von der Statistik der Teilchen, jedenfalls solange, als die Dampfdichten so klein sind, daß sich die Statistik noch nicht an der Zustandsgleichung des Dampfes bemerkbar macht. Genau so hängen die thermischen Eigenschaften des Kristalls nicht von der Statistik ab, welcher die Teilchen genügen. Wenn man ununterscheidbare Teilchen voraussetzt, die der Bose- oder der Fermi-Statistik genügen sollen, so ändert sich folgendes [59]:

1. Z_D nach Gl. (97.11) ist durch $N_D!$ zu dividieren.
2. Die Eigenwerte (97.3) des Kristalls sind nicht mehr entartet.
3. Die Zustandssumme des Gesamtsystems ist durch $N!$ zu dividieren.

Wenn man diese Änderungen berücksichtigt, erhält man für die Zustandssumme des gesamten Systems wieder Gl. (97.6) ohne den Faktor $N!$. An der Ableitung der Dampfdruckformel ändert sich nichts.

Daß sich an den thermischen Eigenschaften des Kristalls nichts ändert, sieht man folgendermaßen: Wenn die Atome unterscheidbar wären (Boltzmann-Statistik), so erhielte die Zustandssumme einen Faktor $N_K!$, da die Energiewerte (97.3) $N_K!$-fach entartet wären. Die freie Energie erhielte einen Zusatz $-kT \ln N_K!$, der weder bei der inneren Energie noch in der thermischen Zustandsgleichung in Erscheinung träte. Änderungen der Teilchenzahlen, wobei dieser Zusatz eine Rolle spielen würde, werden bei der Diskussion der thermischen Eigenschaften nicht behandelt. Wenn die Atome der Bose- oder der Fermi-Statistik genügen, so gehören zu jedem Energie-Eigenwert (97.3) $N_K!$ verschiedene Zustände, die durch Vertauschen der Teilchenkoordinaten auseinander hervorgehen. Diese verschiedenen Zustände müssen im Falle der Bose-Statistik zu einer symmetrischen Eigenfunktion, im Falle der Fermi-Statistik zu einer antisymmetrischen Eigenfunktion zusammengefaßt werden. Zu jedem Energie-Eigenwert (97.3) gehört ein einziger symmetrischer oder antisymmetrischer Zustand. Dann sind die Energie-Eigenwerte (97.3) nur einfach entartet und der Faktor $N_K!$ entfällt. Das ist die Form der Zustandssumme, mit der in den Abschnitten E, F und G gerechnet wurde.

98. Verknüpfung der Schmelztemperatur mit den Daten der Gittertheorie. Es gibt eine ganze Reihe von Beziehungen, welche die Schmelztemperatur T_S durch Daten der Gittertheorie ausdrücken. Es sollen hier einige dieser Beziehungen diskutiert werden. Schließlich wird gezeigt, daß alle diese Beziehungen äquivalent sind. Zwei Verknüpfungen dieser Art wurden bereits erwähnt (Tabelle 25 in Ziff. 79 und Fußnote 1 S. 312). Auch hier soll als Modell das flächenzentrierte Gitter mit Wechselwirkung nächster Nachbarn benutzt werden, damit man den Tatbestand klarer erkennen kann.

Zunächst gibt es zwei Beziehungen, die nur Daten der harmonischen Näherung benutzen. Die bekannteste ist die Lindemannsche Schmelzpunktsformel [60]. Lindemann ging von der Vorstellung aus, daß die Größe der thermischen Schwingungen über den Schmelzpunkt entscheidet: „Wenn die thermischen Schwingungen so groß geworden sind, daß die wahren Bereiche benachbarter Atome sich berühren, ist die Schmelztemperatur erreicht." Entscheidend ist also eine bestimmte thermische Schwingungsamplitude bezogen auf den Abstand nächster Nachbarn. Diese Größen sind in Ziff. 79 berechnet worden und eine der Lindemannschen Formel äquivalente Beziehung wurde dort benutzt, um die thermischen Schwankungen durch die Schmelztemperatur auszudrücken. Eine völlig andersartige Begründung der Lindemann-Formel kann man durch eine Analyse der thermischen Schubspannungen erhalten [61]: „Wenn die thermische Schubspannung die theoretische Schubfestigkeit erreicht, schmilzt der Kristall." Beide Auffassungen führen zu der gleichen Beziehung. Im isotropen Material lautet sie:

$$G\, l^3 \approx 30\, k\, T_S .$$

G ist der Schubmodul (vgl. Tabelle 25). Das flächenzentrierte Gitter ist anisotrop und besitzt zwei verschiedene Schubmoduln $G' = c_{44} = \dfrac{f}{\sqrt{2}\,l}$ und $G'' = \dfrac{c_{11} - c_{12}}{2} = \dfrac{f}{2\sqrt{2}\,l}$ nach Tabelle 17. Da der kleinere Schubmodul über den Schmelzpunkt entscheiden dürfte, so kann man die vermutete Beziehung $G'' l^3 \approx 30\, k\, T_S$ in der Form

$$f\, l^2 \approx 85\, k\, T_S \tag{98.1}$$

schreiben. Man kann die Federbindung durch die DEBYE-Frequenz, durch die DEBYE-Temperatur oder auch durch die Ultrarotfrequenzen der Ionengitter ausdrücken. Sachlich wird der Inhalt aller dieser Schmelzpunktsformeln durch Gl. (98.1) ausgedrückt. Daß diese „Berechnung" der Schmelztemperatur tatsächlich das Richtige trifft und sogar numerisch zutreffende Werte liefert, zeigt Tabelle 25.

Andere Verfahren benutzen Daten der anharmonischen Näherung. Eine Beziehung dieser Art [62] wurde in Ziff. 94 benutzt, um die freie Weglänge der Gitterwellen durch T_S auszudrücken:

$$\frac{f^3}{g^2} \approx k\, T_S . \tag{98.2}$$

Ihre anschauliche Bedeutung ist folgende: „Bei der Schmelztemperatur reicht die thermische Energie $k\, T_S$ aus, um das durch die Anharmonizität g erzeugte Maximum der Potentialkurve zu erreichen" (vgl. Fußnote 1, S. 312). Von M. BORN [63] wurde eine andere Begründung praktisch der gleichen Formel gegeben: „Bei der Schmelztemperatur verschwindet der Schubmodul", nämlich auf Grund der durch die anharmonischen Glieder bewirkten Abnahme des Schubmoduls mit der Temperatur[1].

Es sieht zunächst etwas merkwürdig aus, daß man die Schmelztemperatur auf zwei ganz verschiedene Weisen durch Gitterdaten ausdrücken kann. Die beiden Formulierungen (98.1) und (98.2) können aber durch die GRÜNEISEN-Konstante ineinander umgeformt werden. Die GRÜNEISEN-Konstante γ

$$\gamma \approx - \frac{g\, l}{6\, f} \tag{98.3}$$

liegt ja für die meisten Kristalle etwa bei 2. Infolgedessen kann man Gl. (98.2) in

$$\frac{f^3}{g^2} = \frac{f\, l^2}{36\, \gamma^2} \approx k\, T_S ; \quad f\, l^2 \approx 140\, k\, T_S \tag{(98.2a)}$$

umformen. Dann stimmt Gl. (98.2a), abgesehen von einem Zahlenfaktor der Größenordnung 1, mit Gl. (98.1) überein[2].

---

[1] Nach den Daten der Tabelle 29 nehmen die elastischen Konstanten linear mit der Temperatur ab. Die beiden Schubmoduln verschwinden an der gleichen Stelle, nämlich bei $\dfrac{f^3}{g^2} = \dfrac{1}{4}\, k\, T$. Die entsprechende Schmelztemperatur würde um einen Faktor 4 zu hoch liegen. Nach den ausführlichen numerischen Rechnungen von BORN nehmen die elastischen Daten bei höheren Temperaturen wesentlich stärker als linear ab, so daß die Schmelztemperatur dadurch wesentlich reduziert wird. Im übrigen sind die Schmelzpunktsformeln nur Größenordnung-Beziehungen.

[2] Weitere Schmelzpunktsformeln mit ähnlichen Begründungen finden sich bei K. F. HERZFELD und M. GOEPPERT-MAYER: Phys. Rev. 46, 995 (1934); N. v. RASCHEWSKI: Z. Physik 40, 214 (1927); W. BRAUNBEK: Z. Physik 38, 549 (1926).

Obwohl der Schmelzpunkt durch Beziehungen dieser Art zum Teil erstaunlich genau dargestellt wird, so kann man doch nicht behaupten, daß man damit eine Theorie des Schmelzens besitzt. Alle hier erwähnten Vorstellungen gehen davon aus, daß der Zustand des Kristalls sich mit wachsender Temperatur dem flüssigen Zustand annähert, etwa dadurch, daß der Kristall seine Schubfestigkeit verliert, und dadurch in den flüssigen Zustand versetzt wird. Tatsächlich aber stehen am Schmelzpunkt zwei Phasen im Gleichgewicht, die Flüssigkeit und der Kristall, der noch alle Merkmale eines festen Körpers aufweist. Es kann nicht die Rede davon sein, daß die Schubfestigkeit des Kristalls am Schmelzpunkt verschwinden würde. Daher kann man eigentlich alle diese Schmelzpunkts-Beziehungen nur als nützliche empirische Relationen betrachten.

Im Grunde kann man auch gar nicht erwarten, mit einer Gittertheorie, die mit kleinen Verschiebungen aus regelmäßig angeordneten Gleichgewichtslagen operiert, den flüssigen Zustand beschreiben zu können. Eine Theorie des Schmelzens muß imstande sein, zu erklären, daß eine ferngeordnete Phase, der Kristall, und eine flüssige Phase, die nur noch eine Nahordnung besitzt, nebeneinander bestehen können. Die Gittertheorie als Ausgangspunkt ist zu einseitig, um eine Beschreibung beider Phasen zu ermöglichen. Die hier vertretenen Auffassungen sind viel eher geeignet, die Erweichungstemperatur glasartiger Substanzen zu erklären.

99. Endliche Scherungen und theoretische Schubfestigkeit.

Fig. 66 zeigt die Verschiebungen der X–Y-Ebene eines kubisch primitiven Gitters bei einer Scherung

$$s_x = \gamma Z. \tag{99.1}$$

Die entsprechende Schubspannung $\tau = \sigma_{xz}$ ist bei kleinen Verschiebungen im elastischen Gebiet nach Gl. (52.2)

$$\tau = c_{44} \cdot \gamma = c_{44} \cdot \frac{s_x}{a}. \tag{99.2}$$

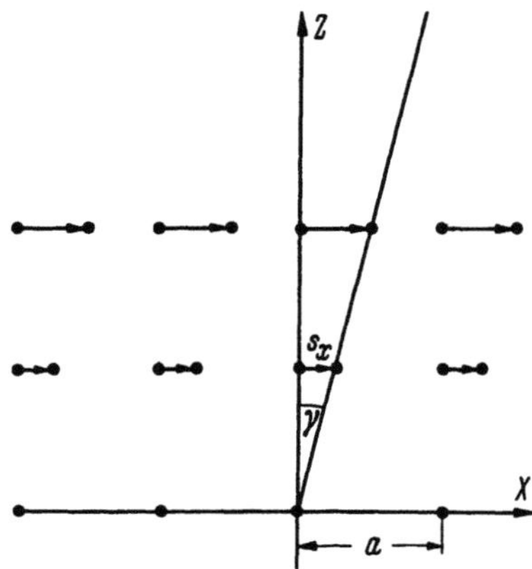

Fig. 66. Scherung eines kubisch primitiven Gitters entlang der Ebene $Z=0$ in Richtung der X-Achse.

Bei größeren Verschiebungen treten Abweichungen von diesem linearen Gesetz auf. Wenn man die Kräfte zwischen den Atomen des Gitters kennt, so kann man die Schubspannung in Abhängigkeit von der Verschiebung s_x berechnen. Eine Abschätzung des Verlaufs von $\tau(s_x)$ hat R. Peierls [64] gegeben. Wie man aus der Abbildung unmittelbar erkennt, muß $\tau(s_x)$ eine in s_x periodische und ungerade Funktion mit der Periode a sein. Wenn man $\tau(s_x)$ durch eine Fourier-Reihe darstellt

$$\tau(s_x) = \sum_{n=1}^{\infty} \tau_n \sin\left(2\pi n \frac{s_x}{a}\right) \tag{99.3}$$

und nur das erste Glied dieser Reihe beibehält

$$\tau(s_x) \approx \tau_1 \sin\left(2\pi \frac{s_x}{a}\right), \tag{99.3 a}$$

so muß dieser Ausdruck für kleine Verschiebungen in (99.2) übergehen. Dann ist also

$$\tau(s_x) \approx \frac{c_{44}}{2\pi} \sin\left(2\pi \frac{s_x}{a}\right). \tag{99.4}$$

Der maximale Wert von τ nach (99.4) ist offenbar die Schubfestigkeit des Gitters gegen die Scherung (99.1):

$$\tau_{\max} = \frac{c_{44}}{2\pi}. \tag{99.5}$$

Diese Größe pflegt man auch als theoretische Schubfestigkeit zu bezeichnen. Zu ihrer Abschätzung ist nur der Schubmodul für die zugrunde gelegte Scherung und die Geometrie des Gitters verwendet worden[1]. Die theoretischen Festigkeiten werden, außer bei Kristallen von mikroskopischen Dimensionen, nie erreicht, da schon bei tausendfach kleinerer Schubspannung plastische Verformung einsetzt[2].

Die Kräfte zwischen den Atomen des Gitters sind im allgemeinen nicht so gut bekannt, daß eine genauere Analyse des Verlaufs der Schubspannung lohnend erscheinen würde. Dagegen kann man z.B. bei den Alkalien den Verlauf quantitativ recht gut verfolgen. Denn auch bei endlichen Scherungen kann man bei diesen Metallen damit rechnen, daß praktisch nur die elektrostatischen Anteile berücksichtigt werden müssen und daß auch die Wechselwirkungsenergie der Metall-Ionen im Verlauf der Scherung nicht ins Spiel kommt.

Literatur.

Zusammenfassende Darstellungen.

[1] BORN, M., and K. HUANG: Dynamical Theory of Crystal Lattices. The International Series of Monographs on Physics. (The Clarendon Press, Oxford 1954.) Eine vollständige Darstellung der Gittertheorie unter Einschluß der elektrischen und optischen Erscheinungen, aber ohne Berücksichtigung der Metalle.

[2] BORN, M.: Atomtheorie des festen Zustandes. In Fortschritte der mathematischen Wissenschaften, 2. Aufl. Leipzig u. Berlin: B. G. Teubner 1923. Eine noch keineswegs veraltete Darstellung der Gittertheorie. Es werden aber nur Zentralkräfte behandelt.

[3] SEITZ, F.: Modern Theory of Solids. International Series in pure and applied Physics. New York u. London: McGraw-Hill 1940. Behandlung der Kristallbindung auf quantenmechanischer Grundlage. Besonders ausführliche Diskussion der Metalle.

[4] SLATER, J. C.: Quantum Theory of Matter. International Series in pure and applied Physics. London: McGraw-Hill 1953. Ausführliche, aber mehr qualitative Diskussion der interatomaren Wechselwirkung und Bindung.

[5] KITTEL, C.: Introduction to Solid State Physics. New York: J. Wiley & Sons, London: Chapman & Hall 1953. Eine leicht lesbare Einführung in die Probleme der Physik fester Körper.

Abschnitt B.

[6] BORN, M.: Nachr. Akad. Wiss. Göttingen 1951, Nr. 6.

[7] BORN, M., u. R. OPPENHEIMER: Ann. Phys., Lpz. 84, 457 (1927).

[8] HUANG, K., and A. RHYS: Proc. Roy. Soc. Lond., Ser. A 204, 406 (1950).

Abschnitt C.

[9] GOMBAS, P.: Theorie und Lösungsmethoden des Mehrteilchenproblems der Wellenmechanik. Basel: Birkhäuser 1950.

[10] LÖWDIN, P. O.: A theoretical investigation into some properties of ionic crystals. Uppsala 1948.

[11] MARGENAU, H.: VAN DER WAALS-FORCES, Rev. Mod. Phys. 11, 1 (1939).

[12] JONES, I. E., and A. E. INGHAM: Proc. Roy. Soc. Lond. 107, 636 (1925).

[13] EUCKEN, A.: Lehrbuch der Chemischen Physik, Bd. II/2, S. 1183. Leipzig: Akademische Verlagsgesellschaft 1944.

[14] FRANK, F. C.: Phil. Mag. 41, 1287 (1950).

[15] HOJENDAHL, K.: Kgl. danske Vid. Selsk., mat.-fys. Medd. 16 (2), 138 (1938).

[16] EVJEN, H. M.: Phys. Rev. 39, 680 (1932).

[17] EWALD, P. P.: Ann. Phys. 64, 250 (1921).

[18] MADELUNG, E.: Phys. Z. 19, 524 (1918).

---

[1] Im allgemeinen liegen nicht so einfache Verhältnisse vor wie bei der c_{44}-Scherung des kubisch primitiven Gitters. Aber auch bei Scherungen, bei denen komplizierter gebaute Ebenen gegeneinander geschert werden, kann man eine ähnliche Entwicklung durchführen und so die Schubspannung für große Verschiebungen analysieren. Vgl. G. LEIBFRIED und H. D. DIETZE: Z. Physik 131, 113 (1951).

[2] Vgl. Tabelle 26 und den Artikel von A. SEEGER über plastische Verformung in diesem Band.

[19] HUND, F.: Z. Physik **34**, 833 (1925).
[20] BORN, M., u. J. E. MAYER: Z. Physik **75**, 1 (1932).
[21] LANDSHOFF, R.: Z. Physik **102**, 201 (1936).
[22] JENSEN, H.: Z. Physik **101**, 141, 164 (1936).

Abschnitt D.

[23] KUN HUANG: Proc. Roy. Soc. Lond., Ser. A **203**, 178 (1950).
[24] BRENIG, W.: Z. Naturforsch. **9a**, 560 (1954). Z. Phys. **142**, 163 (1955).
[25] LEDERMANN, W.: Proc. Roy. Soc. Lond., Ser. A **182**, 362 (1944). Vgl. auch M. BORN u. K. HUANG, Dynamical Theory of Crystal Lattices, Appendix IV. Oxford 1954.
[26] VOIGT, W.: Lehrbuch der Kristallphysik. Leipzig: B. G. Teubner 1910.
[27] HEARMON, R. F. S.: Rev. Mod. Phys. **18**, 409 (1946).
[28] LEIBFRIED, G.: Z. Physik **129**, 307 (1951).
[30] FUCHS, K.: Proc. Roy. Soc. Lond., Ser. A **157**, 444 (1936).
[31] BEGBIE, G. H., and M. BORN: Proc. Roy. Soc. Lond., Ser. A **188**, 179 (1947).

Abschnitt E.

[32] HEARMON, R. F. S.: Rev. Mod. Phys. **18**, 409 (1946).
[33] VOIGT, W.: Lehrbuch der Kristall-Physik. Leipzig u. Berlin: B. G. Teubner 1910.

Abschnitt F.

[34] THIRRING, H.: Phys. Z. **14**, 867 (1913).
[35] EINSTEIN, A.: Ann. Phys. **22**, 180 (1907).
[36] DEBYE, P.: Ann. Phys. **39**, 789 (1912).
[37] BORN, M., u. TH. v. KARMAN: Phys. Z. **14**, 15 (1913).
[38] LEIBFRIED, G., u. W. BRENIG: Fortschr. Phys. **1**, 187 (1953).
[39] LEIBFRIED, G., u. W. BRENIG: Z. Physik **134**, 451 (1953).

Abschnitt G.

[40] BORN, M.: Proc. Cambridge Phil. Soc. **39**, 100 (1943).
[41] MIE, G.: Ann. Phys. **11**, 657 (1903). — GRÜNEISEN, E.: Ann. Phys. **26**, 393 (1908).
[42] BORN, M., and M. BRADBURN: Proc. Cambridge Phil. Soc. **39**, 104 ff. (1943).
[43] GOW, M. M.: Proc. Cambridge Phil. Soc. **40**, 151 (1944).
[44] BORN, M.: Festschrift Akad. Wiss. Göttingen 1951 (Math.-Phys. Kl.).
[45] BORN, M., u. E. BRODY: Z. Physik **6**, 140 (1921).
[46] SCHRÖDINGER, E.: Z. Physik **11**, 170 (1922).
[47] SCHAFROTH, M. R.: Helv. phys. Acta **24**, 645 (1951).

Abschnitt H.

[48] DEBYE, P.: Vorträge über kinetische Theorie der Materie und Elektrizität. Berlin 1914.
[49] PEIERLS, R.: Ann. Phys. **3**, 1055 (1929). — Ann. Inst. Poincarè **5**, 177 (1935).
[50] CASIMIR, H. G. B.: Physica, Haag **5**, 595 (1938).
[51] BERMAN, R.: Adv. Physics **2**, 103 (1953). Zusammenfassende Darstellung über Wärmeleitung im ganzen Temperaturgebiet mit vollständiger Literatur.
[52] EUCKEN, A., u. G. KUHN: Z. phys. Chem. **134**, 193 (1928).
[53] BERMAN, R., F. E. SIMON and J. WILKS: Nature, Lond. **168**, 277 (1951).
[54] KLEMENS, P.: Proc. Roy. Soc. Lond., Ser. A **208**, 108 (1951).
[55] POMERANCHUK, I.: J. Phys. USSR. **4**, 259 (1941).
[56] HERPIN, A.: Ann. de Phys. **7**, 91 (1952).
[57] EUCKEN, A.: Lehrbuch der Chemischen Physik, Bd. II/2, S. 753 ff. Leipzig: Akademische Verlagsgesellschaft 1944.
[58] LEIBFRIED, G., u. E. SCHLÖMANN: Nachr. Göttinger Akad. **2a**, 71 (1954).

Abschnitt J.

[59] BECKER, R.: Theorie der Wärme. Berlin: Springer 1955. — FOWLER, R. H., u. E. A. GUGGENHEIM: Statistical Thermodynamics. Cambridge 1952. — TOLMAN, R. C.: The Principles of Statistical Mechanics. Oxford 1938.
[60] LINDEMANN, F. A.: Phys. Z. **11**, 609 (1910).
[61] LEIBFRIED, G.: Z. Physik **127**, 344 (1950).
[62] SCHLÖMANN, E.: Diplomarbeit Göttingen 1953.
[63] BORN, M.: J. Chem. Phys. **7**, 591 (1939).
[64] PEIERLS, R.: Proc. Phys. Soc. **52**, 34 (1940).

The Specific Heat of Solids.

By

M. BLACKMAN.

With 27 figures.

I. Initial Stages of the Theory.

1. Introductory remarks. The heat capacity of a solid is measured experimentally as $C_p = \left(\frac{\varDelta Q}{\varDelta T}\right)_p$ where $\varDelta Q$ is the heat input, $\varDelta T$ the change in temperature, and p is the pressure, which is constant. The heat capacity which is obtained from most theoretical calculations is C_v, that pertaining to constant volume, which is equal to $\left(\frac{\partial U}{\partial T}\right)_V$ where U is the internal energy and V the volume. The assumption is made here that the internal energy is a function of two parameters only, in this case T and V, though the concept of heat capacity can be generalized to include other parameters. A relation linking C_p and C_v can be obtained from general thermodynamical considerations viz.

$$C_p - C_v = \beta^2 \, VT/\varkappa \tag{1.1}$$

where β is the coefficient of volume expansion and $\varkappa$ the isothermal compressibility.

The term "specific heat" is customarily used as a synonym for "heat capacity per gram". In most theoretical calculations the heat capacity per gram molecule is the natural quantity to calculate, since this then refers to the properties of a fixed number of particles.

The calculation of the heat capacity resolves itself into the determination of the dependence of the internal energy of a solid on temperature. The classical theory starts with the postulate that the solid is in a state of stable equilibrium; it must then be possible to express the potential energy of the solid as a quadratic function of the components of the displacement of the individual particles in the solid—this function being of such a type that it is possible to change it into a sum of squares of the transformed displacements. This is done by an ortho-normal transformation which changes the displacements into normal co-ordinates. The same transformation will also change the kinetic terms in the energy of the solid into a sum of squared terms in the new kinetic co-ordinates. The total energy associated with the displacements of the particles from their equilibrium position then takes the form of a sum of the energies of linear harmonic oscillators, and the general transformation can be shown to be of the Hamiltonian type.

The mean energy of the system can now be obtained by the application of BOLTZMANN statistics, each squared term in the energy contributing $\frac{1}{2}kT$ to the mean energy (where k is BOLTZMANN's constant). The contribution to the heat capacity C_v is hence k per linear oscillator, and the total heat capacity is $3Nk$ where N is the total number of particles in the solid. For a two-dimensional lattice this would be $2Nk$, and for a linear chain Nk.

If N is Avogadro's number, the magnitude of C_v is 5.955 cal./°K; this is the theoretical form of the Dulong and Petit law which states that C_p is about 6.2 for a large number of solids.

The general nature of the assumptions involved in the classical derivation made the deviations from the Dulong and Petit law (e.g. in diamond and in boron) particularly puzzling. It was a major step forward and in a sense the final step, when Einstein[1] applied the quantum theory of Planck to the motion of particles in a solid. For a linear oscillator this theory replaced the mean energy kT by the quantity $\bar{\varepsilon}$ where

$$\bar{\varepsilon} = \frac{h\nu}{e^{\frac{h\nu}{kT}} - 1}. \tag{1.2}$$

Here ν is the frequency of vibration of the oscillator and h is Planck's constant. In the Einstein theory of specific heat the motion of particles in a solid is idealized by assuming that a representative particle vibrates in the potential field of all the others (these being taken at rest) and that the potential field is isotropic. The energy of the particle can then be written as the energy of three linear harmonic oscillators each associated with the same value of the frequency. If there are N particles in the solid it then follows that

$$\left. \begin{aligned} C_v &= 3N \frac{d}{dT} \left(\frac{h\nu}{e^{\frac{h\nu}{kT}} - 1} \right) \\ &= 3N \left(\frac{\Theta}{T} \right)^2 \frac{1}{4 \operatorname{Sin}^2 \left(\frac{\Theta}{2T} \right)} \\ &= 3N \operatorname{E} \left(\frac{\Theta}{T} \right) \end{aligned} \right\} \tag{1.3}$$

where $\Theta = h\nu/k$ and N is taken as Avogadro's number. The Einstein function E has then the following properties: At high temperature $(T \gg \Theta)$,

$$3N \operatorname{E} \left(\frac{\Theta}{T} \right) = 3R \left(1 - \frac{1}{12} \frac{\Theta^2}{T^2} + \cdots \right), \tag{1.4}$$

and at low temperatures $(T \ll \Theta)$,

$$3N \operatorname{E} \left(\frac{\Theta}{T} \right) = 3R \frac{\Theta^2}{T^2} e^{-\frac{\Theta}{T}}, \tag{1.5}$$

where $R = Nk$ is the gas constant per gram atom.

The formula (1.3) was tested by Einstein on the experimental results on diamond obtained by Weber[2] between 200° K and 1200° K, a good fit being obtained with $\Theta = 1320°$ though there were deviations at the low temperature end.

Einstein gave in addition a method of calculating the characteristic frequency ν from a knowledge of the compressibility and the density of the solid, which is still of service (see Sect. 26).

The development of the theory of specific heats was stimulated by a systematic series of measurements due to Nernst and his collaborators. These showed[3] that the Einstein formula gave values for the heat capacity of copper and potassium chloride which were too low at the lowest temperatures, if the Θ values were fitted to the high temperature measurements. It was however found possible,

---

[1] A. Einstein: Ann. Phys., Lpz. **22**, 180 (1907).
[2] H. F. Weber: Pogg. Ann. **154**, 367, 553 (1875).
[3] W. Nernst and F. A. Lindemann: Berl. Ber. 494, (1911).

by a suitable choice of the temperature scale, to superimpose the heat capacity curves of a large number of solids—which pointed to the existence of a single parameter controlling the heat capacity curve.

A search for a suitable formula led NERNST and LINDEMANN to the expression

$$C_v = \frac{3N}{2}\left[\mathrm{E}\left(\frac{\Theta}{T}\right) + \mathrm{E}\left(\frac{\Theta}{2T}\right)\right] \tag{1.6}$$

for the heat capacity per gram atom, where Θ is an empirical parameter. This NERNST-LINDEMANN formula gave good agreement with experiment over the whole range of measurement. It was however by no means clear as to what the theoretical interpretation of the formula was likely to be. In fact the reason for the success of the formula, and a theoretical background to the formula was provided only when detailed calculations on the vibrational spectra of lattices[1] showed the existence of two peaks in the spectrum, one at roughly half the frequency of the other.

The NERNST-LINDEMANN formula remained therefore on a purely empirical footing and an advance in the theoretical interpretation came via new solutions of the problem of handling the vibrations of a solid. Two methods were worked out independently and almost simultaneously by DEBYE[2] and by BORN and VON KARMAN[3]. Both of these calculations concentrated on determining the asymptotic form of the vibrational spectrum at low frequencies, in contrast to the EINSTEIN theory which is essentially concerned with high frequencies (or, to be more exact, with relatively high temperatures).

2. DEBYE theory. The distribution of frequencies in a solid was considered by DEBYE from the point of view of an elastic continuum; the problem actually treated was that of the volume vibrations of an elastic sphere of isotropic material, taking the effect of the boundary into account. The distribution function itself was obtained for the case of high frequencies (short waves), where the boundary conditions cease to have any influence, and takes the form of a ν^2 law. A very much simpler, though less exact, derivation has been given, which is essentially the same as that used in the derivation of the RAYLEIGH-JEANS law for the distribution of frequencies of electromagnetic waves in a cavity; this is contained in most standard textbooks on thermodynamics and theoretical physics and will not be repeated here. It should however be noted that the actual form of the boundary conditions will not alter the ν^2 law as long as the wavelength of the vibrations is sufficiently short. This is one of the limiting conditions on the validity of the law; the other is of a different type and is due to the substitution of a continuum for a crystal. This point had been noted by DEBYE, who stated that the wavelength of the vibrations must be long compared with the crystal spacing— which is certainly the correct condition. This second limiting factor is by far the more important of the two in the comparison of theory and experiment.

The exact form of the distribution function found by DEBYE for an isotropic elastic continuum is given by

$$\begin{aligned} \varrho(\nu) &= 4\pi\left(\frac{1}{c_l^3} + \frac{2}{c_t^3}\right)V\nu^2 \\ &= a\,\nu^2 \end{aligned} \right\} \tag{2.1}$$

where V is the volume of the crystal, and c_l, c_t are the velocities of the longitudinal and transverse waves respectively.

---

[1] M. BLACKMAN: Proc. Roy. Soc. Lond., Ser. A **148**, 384 (1935).
[2] P. P. DEBYE: Ann. Phys., Lpz. **39**, 789 (1912).
[3] M. BORN and TH. v. KARMAN: Phys. Z. **13**, 297 (1912).

This formula is applied to a crystalline medium with the proviso that it holds up to a cut off frequency ν_D, which is such that the total number of normal vibrations has the correct value, namely $3N$ if N is the number of particles in the solid. This means that

$$\int_0^{\nu_D} a\,\nu^2\,d\nu = 3N, \quad \text{or} \quad \nu_D = \left(\frac{9N}{a}\right)^{\frac{1}{3}}. \tag{2.2}$$

The heat capacity can then be calculated simply as a sum over EINSTEIN's specific heat functions,

$$c_v = \sum_\nu \mathrm{E}\left(\frac{h\nu}{kT}\right) = \int_0^{\nu_D} a\,\nu^2\left(\frac{h\nu}{kT}\right)^2 \frac{k\,e^{\frac{h\nu}{kT}}}{\left(e^{\frac{h\nu}{kT}}-1\right)^2}\,d\nu = 9N\,k\,\frac{T^3}{\Theta_D^3}\int_0^{x_D}\frac{x^4 e^x}{(e^x-1)^2}\,dx, \tag{2.3}$$

where

$$\Theta_D = h\nu_D/k \quad \text{and} \quad x_D = \Theta_D/T.$$

If N is taken as AVOGADRO's number this function is here termed $\mathrm{D}(\Theta_D/T)$. This terminology differs from that originally employed (though it is now usual), but as it is the function for which detailed tables [1,2] exist it seems best to retain a well known symbol.

The properties of the function D were investigated in detail by DEBYE. At high temperatures it can be expanded in a power series in x_D in the form

$$\frac{\mathrm{D}(x_D)}{3R} = 1 - \frac{x_D^2}{20} + \frac{x_D^4}{560} - \frac{x_D^6}{18144} + \cdots \tag{2.4}$$

which is a good approximation (in the form given above) even for $x_D = 2$.

At low temperatures i.e. for sufficiently large values of x_D, the integration (2.3) can be extended to infinity and the integral evaluated by expanding $(1-e^{-x})^{-2}$ in powers of e^{-x}. This yields

$$C_v = 3R\,\frac{4\pi^5}{5}\,\frac{T^3}{\Theta_D^3}. \tag{2.5}$$

The T^3 law is one of the characteristic features of the DEBYE theory and holds, with an accuracy of 1% or better, for x_D values which are greater than twelve.

The evaluation of the integral by this type of expansion can be carried out even when the integration extends to x_D and not to infinity. The expression found by DEBYE is

$$\frac{\mathrm{D}(x_D)}{3R} = \frac{4\pi^5}{5}\frac{1}{x_D^3} - \frac{3x_D}{e^{x_D}-1} - 12 x_D \sum_1^{\infty} e^{-n x_D}\left(\frac{1}{n x_D} + \frac{3}{n^2 x_D^2} + \frac{6}{n^3 x_D^3} + \frac{6}{n^4 x_D^4}\right) \tag{2.6}$$

which is valid (within an accuracy of one per cent) down to $x_D = 2$, if the first four terms in the series are used.

The main features of the specific heat function of DEBYE are

(i) that it is a universal function for all solids, determined by one parameter Θ_D in the form Θ_D/T,

(ii) that it follows a T^3 law for $\Theta_D/T > 12$.

A further important feature of the DEBYE theory is the relation of the characteristic temperature Θ_D to the elastic constants of the solid. From (2.1) and (2.2) it follows that

$$\nu_D^3 = \frac{4\pi}{9}\,\frac{V}{N}\left(\frac{1}{c_l^3} + \frac{2}{c_t^3}\right). \tag{2.7}$$

The velocity of the transverse and longitudinal waves can be expressed in terms of the elastic moduli of the isotropic solid. In terms of the compressibility $\varkappa$ and

---

[1] J. A. BEATTIE: J. Math. Phys. (M.I.T.) 6 (1) (1926/27).
[2] F. SIMON: GEIGER-SCHEEL's Handbuch der Physik, Bd. 10. 1926.

POISSON's ratio σ and the density ϱ we can write

$$\frac{1}{c_l^3} + \frac{2}{c_t^3} = \varrho^{\frac{3}{2}} \varkappa^{\frac{3}{2}} \left\{ 2 \left[\frac{2(1+\sigma)}{3(1-2\sigma)} \right]^{\frac{3}{2}} + \left[\frac{1+\sigma}{3(1-\sigma)} \right]^{\frac{3}{2}} \right\} = \varrho^{\frac{3}{2}} \varkappa^{\frac{3}{2}} f(\sigma). \qquad (2.8)$$

The value of $\Theta_D = h\nu_D/k$ was calculated by DEBYE from (2.8) using data on polycrystalline materials. A comparison of these values with specific heat data taken from recent work at moderately high temperatures is shown below, where for the sake of clarity the respective Θ values are labelled Θ (elastic) and Θ (sp.ht.).

Table 1.

Metal	ϱ	$\varkappa \times 10^{12}$	$f(\sigma)$	Θ (elastic)	Θ (sp. ht.)
Al	2.71	1.36	10.2	399	396
Cu	8.96	0.74	10.5	329	313
Ag	10.53	0.92	15.4	212	220
Au	19.21	0.6	24.7	166	186
Cd	8.63	2.4	7.89	168	164
Sn	7.28	1.9	8.50	185	165
Pb	11.32	2.0	61.0	72	86
Bi	9.78	3.2	8.90	111	111
Pt	21.39	0.40	17.1	226	220

This remarkable degree of agreement was already evident insofar as data were available at the time when DEBYE's paper was written. The comparison of the DEBYE function with the results of experiments on specific heats was equally successful. The first detailed comparison made in a review by SCHRÖDINGER[1] showed that the experimental specific heat curves could be reduced to a single curve, by scaling T, which coincided with the DEBYE function. This has since been widely reproduced and requires no further comment. Even the T^3 law was found to hold for some substances (cf. Table 2) though the examples, FeS_2 and CaF_2[†] are hardly among the simplest of solids.

Table 2. *The T^3 law.*

CaF$_2$			FeS$_2$		
$T\,°K$	C_v	$C_v^{\frac{1}{3}}/T$	$T\,°K$	C_v	$C_v^{\frac{1}{3}}/T$
17.5	0.0670	0.232	27.5	0.1097	0.174
19.9	0.1028	0.236	29.8	0.1385	0.173
21.5	0.1316	0.237	32.9	0.179	0.171
23.5	0.1680	0.235	35.8	0.232	0.172
25.6	0.218	0.235	38.3	0.295	0.174
27.6	0.276	0.236	42.2	0.402	0.175
29.1	0.331	0.238	46.7	0.536	0.174
34.0	0.536	0.239	49.0	0.622	0.174
36.8	0.663	0.237	51.7	0.712	0.173
37.8	0.713	0.238	54.3	0.844	0.174
39.8	0.836	0.237	56.9	0.952	0.173

The successes were however such that it is hardly surprising that the DEBYE theory established itself as *the* theory. The alternative formulation of a specific heat theory by BORN and v. KARMAN, though mentioned for example in the text

---

[1] E. SCHRÖDINGER: GEIGER-SCHEEL's Handbuch der Physik, Bd. 10. 1926.
[†] A. EUCKEN and F. SCHWERS: Verh. dtsch. phys. Ges. **15**, 578 (1913).

of SCHRÖDINGER's review[1] in 1926, did not achieve more than a footnote in a later comprehensive account in 1929 by EUCKEN[2]. The basic principles of this theory (rather than the application to specific heat theory actually made) formed the starting point of the fresh attack on the theory of the specific heat of crystals which was begun in 1934[3].

II. The BORN-v. KARMAN theory.

3. The linear chain containing identical particles. The essential point in the BORN-v. KARMAN theory is their method of calculating the frequencies of the vibrations of a lattice. The simplest example is that of a linear chain consisting of N particles of mass m bound to each other by elastic forces acting between neighbours only. The distance apart of the particles is a. If the particles are labelled with the suffix n, and the displacements are termed u_n, the energy E of the lattice can be written as

$$E = \sum \frac{m}{2} \dot{u}_n^2 + \sum \frac{\alpha}{2} (u_{n+1} - u_n)^2. \tag{3.1}$$

The equations of motion of a particle take the form

$$m \ddot{u}_n = \alpha (u_{n+1} + u_{n-1} - 2u_n) \tag{3.2}$$

for all except for the end particles. The boundary conditions used are cyclic, i.e.

$$u_{n+N} = u_n \tag{3.3}$$

which avoids the question of handling the end atoms. That this does not seriously affect the distribution of frequencies is a point which has been discussed at some length recently[4].

The cyclic boundary condition suggests the form of the solution, namely

$$u_n = u\, e^{i(\omega t + n\varphi)}, \tag{3.4}$$

where from (3.3)

$$\varphi = \frac{2\pi k}{N}, \tag{3.5}$$

where

$$k = 1, 2, 3 \ldots N.$$

Inserting (3.4) into (3.2) leads to the expression

$$\left. \begin{aligned} \omega^2 &= \frac{2\alpha}{m}(1 - \cos\varphi) \\ \omega &= \omega_0 |\sin\tfrac{1}{2}\varphi| \end{aligned} \right\} \tag{3.6}$$

or

which relates the angular frequency $\omega = 2\pi\nu$ (ν being the frequency of a normal vibration) to the phase φ. A mathematical form for the vibrational spectrum of the linear chain can then be found. If we define $\varrho(\nu)$ as the number of frequencies between ν and $\nu + d\nu$, then, with $\nu_0 = \omega_0/2\pi$,

$$\varrho(\nu) = \frac{2N}{\pi} \frac{1}{(\nu_0^2 - \nu^2)^{\frac{1}{2}}} \tag{3.7}$$

[1] E. SCHRÖDINGER: GEIGER-SCHEEL's Handbuch der Physik, Bd. 10. 1926.
[2] A. EUCKEN: WIEN-HARMS Handbuch der experimentellen Physik, Bd. 6/1. 1929.
[3] M. BLACKMAN: Proc. Roy. Soc. Lond., Ser. A **148**, 384 (1935).
[4] M. BORN: Proc. Phys. Soc. Lond. **54**, 362 (1942).

the factor 2 being necessary as there are in general two values of k for a particular value of the frequency.

In the limit of long vibrational waves (low frequencies) it is possible to write (3.2) in the appropriate form for a linear elastic continuum. Writing.

$$\frac{\partial u}{\partial x} = \frac{u_{n+1} - u_n}{a}; \qquad \frac{\partial^2 u}{\partial x^2} = \frac{1}{a}\left[\frac{u_{n+1} - u_n}{a} - \frac{u_n - u_{n-1}}{a}\right]$$

the equations of motion take the form

$$\frac{\partial^2 u}{\partial t^2} = \frac{\alpha a^2}{m}\frac{\partial^2 u}{\partial x^2} \tag{3.8}$$

i.e. the phase velocity of the waves is $c_p = a\,(\alpha/m)^{\frac{1}{2}}$.

The phase velocity can be obtained quite generally if one relates the phase φ to a wavelength λ, the relation being in this case

$$\varphi = \frac{2\pi a}{\lambda}. \tag{3.9}$$

The phase velocity $c = \nu\lambda$ becomes, using (3.6)

$$c = \frac{\pi a \nu}{\arcsin(\nu/\nu_0)}. \tag{3.10}$$

This quantity is equal to c_p for small frequencies but decreases steadily to a value of $\frac{2}{\pi} c_p$ at the maximum value of the frequency. The group velocity $c_g = \frac{d\nu}{d\tau}$, where $\tau = \lambda^{-1}$, is on the other hand given by

$$c_g = \pi a \nu_0\left(1 - \frac{\nu^2}{\nu_0^2}\right)^{\frac{1}{2}} \tag{3.11}$$

which is equal to c_p for small frequencies but decreases steadily to zero at the maximum frequency.

As regards the spectrum itself the form is evident from (3.7). It is constant at low frequencies as is to be expected for a linear continuum, and has an infinity at $\nu = \nu_0$.

4. The linear "diatomic" chain. Here the basic cell of the lattice contains two particles of mass m and μ respectively, the distance between neighbouring particles being a. The particles are numbered as $2n$ and $2n+1$ respectively in the general lattice cell, the displacements as u_{2n} and u_{2n+1}.

With the same binding constant α as in Sect. 3 the equations of motion of these representative particles become

$$\left.\begin{aligned}m\,\ddot{u}_{2n} &= \alpha\,(u_{2n+1} + u_{2n-1} - 2\,u_{2n}) \\ \mu\,\ddot{u}_{2n+1} &= \alpha\,(u_{2n+2} + u_{2n} - 2\,u_{2n+1}).\end{aligned}\right\} \tag{4.1}$$

Using cyclic boundary conditions, the displacements have the form

$$u_{2n} = u'e^{i[\omega t + 2n\varphi]}, \qquad u_{2n+1} = u''e^{i[\omega t + (2n+1)\varphi]}. \tag{4.2}$$

If there are N cells in the lattice the cyclic boundary conditions

$$u_{2n+2N} = u_{2n}, \qquad u_{2n+1+2N} = u_{2n+1}$$

lead to the following expression for the phase angle φ:

$$\varphi = \frac{\pi k}{N} \tag{4.3}$$

where $k = 1, 2 \ldots N$.

Substituting the solutions (4.2) into (4.1) leads to two simultaneous equations for the amplitudes u', u'' which are compatible only if the determinant of the coefficients of u' and u'' vanishes, i.e.

$$\begin{vmatrix} -m\omega^2 + 2\alpha & -2\alpha\cos\varphi \\ -2\alpha\cos\varphi & -\mu\omega^2 + 2\alpha \end{vmatrix} = 0 \tag{4.4}$$

or

$$\omega^2 = \frac{\alpha}{m\mu}\left[m + \mu \pm (\mu^2 + m^2 + 2\mu m \cos 2\varphi)^{\frac{1}{2}}\right]. \tag{4.5}$$

The two solutions are completely separate in an ω, φ diagram, there being a high frequency branch and a low frequency branch (see Fig. 1). The solutions are periodic in the sense that $\omega^2(\varphi + \pi) = \omega^2(\varphi)$, and they are furthermore symmetrical about the point $\varphi = \pi/2$.

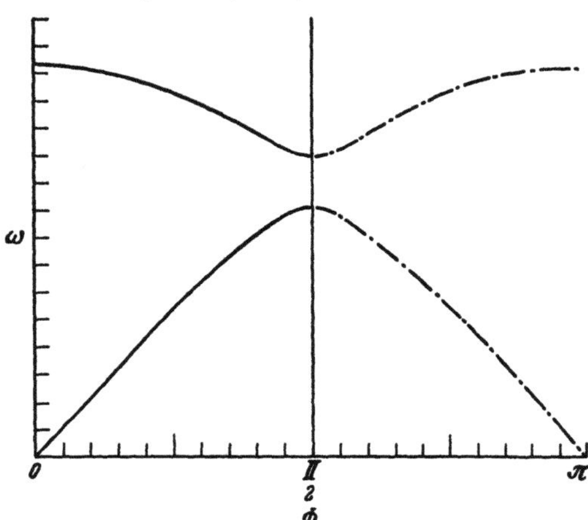

Fig. 1. The angular frequency for a diatomic chain as a function of the phase angle.

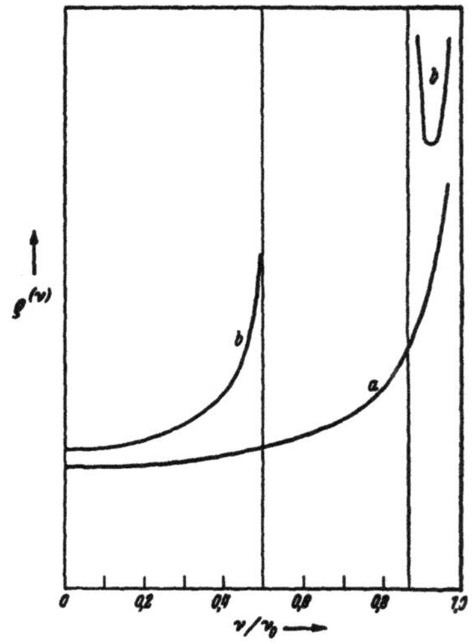

Fig. 2. Density of normal vibrations of a linear chain (a) $m/\mu = 1$; (b) $m/\mu = 3$. The maximum frequency is ν_0 in each case.

The solution of the frequency equation associated with high frequencies only, is termed the "optical" branch, the other solution the "acoustic" branch as this gives in the limit of low frequencies the frequencies (and wave velocities) of the elastic continuum. This terminology sometimes leads to confusion; it is therefore necessary to point out that the highest frequency in the acoustic branch will not in general differ appreciably from the lowest frequency of the optical branch. These two frequencies are in fact obtained by putting $\varphi = \pi/2$ into (4.5) and are respectively

$$\nu_1 = \left(\frac{2\alpha}{4\pi^2 m}\right)^{\frac{1}{2}}; \quad \nu_2 = \left(\frac{2\alpha}{4\pi^2 \mu}\right)^{\frac{1}{2}}. \tag{4.6}$$

They are therefore related by $(m/\mu)^{\frac{1}{2}}$.

The two branches are further characterised by the fact that the amplitudes of neighbouring particles have the same sign in the acoustic branch, opposite signs in the optical branch. The amplitude of one of the two types of particles becomes zero at $\varphi = \pi/2$.

The wavelength associated with a particular vibration is defined in terms of the phase difference between similar particles in neighbouring lattice cells.

The lattice distance is now $2a$. Hence

$$\lambda = \frac{2\pi a}{\varphi} \tag{4.7}$$

where because of the properties of (4.5) the range of φ is to be extended only from 0 to $\pi/2$.

The vibrational spectrum can be calculated as $\varrho(\nu) = 2\dfrac{dk}{d\nu}$. This leads to the form found in Fig. 2, there being three points of infinite density, these occuring at ends of the frequency branches. There is a characteristic gap between the two parts of the frequency spectrum. This property of the linear chain has given rise to the general idea that there will always be such a gap in the case of a crystal containing particles of differing mass. Recent work[1] on ionic crystals has shown that this is by no means the case, for the spectrum as a whole, even when the mass ratio is considerable.

5. The three-dimensional lattice. The three-dimensional lattice considered by BORN and V. KARMAN is a simple cubic Bravais lattice containing one particle of mass M per cell, these being labelled by indices l, m, n. It is assumed that there are elastic forces between first neighbours (force constant α) and between second neighbours (force constant γ). The components of the displacement of a particle are termed u, v, w, these being parallel to the x, y, z axes respectively of the cubic lattice. A typical equation of motion for the x component of the displacement of particle (l, m, n) is given below:

$$\begin{aligned}
M\ddot{u}_{l,m,n} = \alpha\,[u_{l+1,m,n} &+ u_{l-1,m,n} - 2u_{l,m,n}] + \\
&+ \gamma\,[u_{l+1,m,n+1} + u_{l+1,m+1,n} + u_{l+1,m,\,n-1} + u_{l+1,m-1,n} - 4u_{l,mn} + \\
&+ u_{l-1,m,n+1} + u_{l-1,m+1,n} + u_{l-1,m,n-1} + u_{l-1,m-1,n} - 4u_{l,m,n} + \\
&+ v_{l+1,m+1,n} + v_{l-1,m-1,n} - v_{l+1,m-1,n} - v_{l-1,m+1,n} \\
&+ w_{l+1,m,n+1} + w_{l-1,m,n-1} - w_{l+1,m,\,n-1} - w_{l-1,m,n+1}]\,.
\end{aligned} \tag{5.1}$$

The forces introduced here might appear to be of the central force type, but they are best considered as being due to elastic springs ("bed spring" model). In fact if one did introduce central forces between the particles in a simple cubic lattice, the lattice would be found to be dynamically unstable. In the original work another type of force was introduced which depended on the change of angle of the bonds between particles; this has been omitted, partly for simplicity, and partly because it appears that the form actually quoted is incomplete.

The solution of (5.1) and of the two similar equations for $\ddot{v}_{l,m,n}$ and $\ddot{w}_{l,m,n}$ are obtained by assuming the following typical form the components of the displacement,

$$u_{l,m,n} = u\,e^{i(\omega t + l\varphi + m\psi + n\chi)} \quad \text{etc.} \tag{5.2}$$

where the phases φ, ψ, χ take on values fixed by the (cyclic) boundary conditions. Taking the lattice to be a cube containing N cells along a side, i.e. N^3 cells in all, the boundary conditions are

$$u_{l+N,\,m+N,\,n+N} = u_{l,m,n} \quad \text{etc.} \tag{5.3}$$

heﾑce

$$\varphi = \frac{2\pi p}{N}, \qquad \psi = \frac{2\pi q}{N}, \qquad \chi = \frac{2\pi r}{N}, \tag{5.4}$$

where p, q, r are integers running from 1 to N. The equations of motion lead to three simultaneous equations for the amplitudes u, v, w and the compatibility

[1] E. V. SAYRE and J. J. BEAVER: J. Chem. Phys. **18**, 584 (1950).

condition to the following determinant for the angular frequentcy ω,

$$\begin{vmatrix} -M\omega^2 + A(\varphi, \psi, \chi) & B(\varphi, \psi) & B(\varphi, \chi) \\ B(\psi, \varphi) & -M\omega^2 + A(\psi, \chi, \varphi) & B(\psi, \chi) \\ B(\chi, \varphi) & B(\chi, \psi) & -M\omega^2 + A(\chi, \varphi, \psi) \end{vmatrix} = 0$$

where

$$\left.\begin{aligned} A(x, y, z) &= 2\alpha(1 - \cos x) + 4\gamma(2 - \cos x \cos y - \cos x \cos z) \\ B(x, y) &= 4\gamma \sin x \sin y. \end{aligned}\right\} \tag{5.5}$$

This leads to three types of solutions, known as the three acoustic branches.

No detailed examination of this equation was made by Born and v. Karman, and hence no information on the spectrum was obtained. The main object of their work was to obtain an expression for the heat capacity of a solid in a form not restricted to a particular lattice. This was obtained by a drastic approximation. It was assumed that the surfaces of constant frequency were spherical in "phase space" (i.e. the space in which φ, ψ, χ are the cartesian axes), that the three frequency branches could be superimposed without distinction and further that, the frequency depended on the distance in phase space in the same manner as in the one-dimensional case. The total energy of the crystal is then written as

$$E = 3N^3 \frac{3}{(2\pi)^3} \int_0^{2\pi} \frac{h\nu}{e^{\frac{h\nu}{kT}} - 1} \Phi^2 d\Phi, \tag{5.6}$$

where Φ is related to the frequency ν by the equation

$$\nu = \nu_0 |\sin \tfrac{1}{2}\Phi|. \tag{5.7}$$

This procedure can be regarded as equivalent to choosing a particular form of the vibrational spectrum, which turns out[1] to be

$$\varrho(\nu) = \frac{72 N^3}{(2\pi)^3} \frac{\text{arc}\sin [(\nu/\nu_0)]^2}{(\nu_0^2 - \nu^2)^{\frac{1}{2}}}. \tag{5.8}$$

This has the ν^2 form for low frequencies with an infinity at the end of the spectrum (as in the one-dimensional case).

The heat capacity function for the solid then depends on only one parameter $\Theta_0 = h\nu_0/k$ in the form Θ_0/T, where Θ_0 has to be chosen empirically. The actual function itself does not differ greatly from a suitably chosen Debye function. If one considers an actual example calculated by Born and v. Karman, one can interpret the specific heat values they obtained in terms of Θ_D values at each temperature given, and so obtain some idea of the relation of the two theories. Allowing for slight errors in calculation the Born-v. Karman function corresponds to a Θ_D value falling with temperature. In fact the fall is a good deal greater than appears from the table, as it follows from the expression (5.8) for the spectrum that the limiting value of Θ_D at low temperatures is $\frac{\pi}{2}\Theta_0$ i.e.

Table 3. Born-v. Karman function ($\Theta_0 = 185$).

$T\,^{\circ}K$	C_v	Θ_D
86.0	4.41	215
70.0	3.85	217
63.2	3.46	220
52.8	2.84	220
39,0	1.74	221
33.7	1.26	226
30.1	0.82	240
26.9	0.65	236
22.8	0.37	244

290, while it can be shown by a fairly simple analysis that the limiting value at high temperatures is 213.

---

[1] M. Blackman: Rep. Progr. Phys. **8**, 11 (1941).

There is little doubt that the BORN-v. KARMAN function gives a less good fit with the experimental data than the DEBYE function. It suffers further from a much less obvious derivation, nor does it link the specific heat data with elastic data for the solid. It is therefore not surprising that the theory should have attracted less attention than the DEBYE theory, though it is astonishing that this has occurred without any critical investigation.

III. The Lattice Theory of Specific Heats.

6. Initial applications. The calculations of BORN and v. KARMAN were followed by an ingenious application of their work to the evaluation of the heat capacity of crystals at relatively high temperatures. THIRRING[1] showed that it is sufficient for this purpose to construct only the secular determinant for the frequencies of vibration of a lattice, e.g. (5.5) and it is not necessary to know the vibrational spectrum. The THIRRING method is based on the expansion of the expression for the mean energy of a linear harmonic oscillator in powers of $(h\nu/kT)$ where ν is the frequency. Writing the mean energy as

$$\bar{\varepsilon} = \frac{1}{2} h\nu + \frac{h\nu}{e^{\frac{h\nu}{kT}} - 1} \tag{6.1}$$

this expansion takes the form

$$\bar{\varepsilon} = kT \left[1 - \sum_{n=1}^{\infty} (-1)^n \frac{B_n}{(2n)!} \left(\frac{h\nu}{kT} \right)^{2n} \right] \tag{6.2}$$

where B_n are BERNOULLI numbers, the first six of which are

$$\left. \begin{array}{lll} B_1 = \dfrac{1}{6}, & B_2 = \dfrac{1}{20}, & B_3 = \dfrac{1}{42}, \\[2mm] B_4 = \dfrac{1}{30}, & B_2 = \dfrac{5}{56}, & B_6 = \dfrac{691}{2730}. \end{array} \right\} \tag{6.3}$$

The expansion is convergent for $(h\nu/kT) < 2\pi$.

The heat capacity of the linear oscillator then becomes

$$\frac{d\bar{\varepsilon}}{dT} = k \left[1 + \sum_{n=1}^{\infty} (-1)^n \frac{(2n-1) B_n}{(2n)!} \left(\frac{h\nu}{kT} \right)^{2n} \right]. \tag{6.4}$$

In the case of a lattice it is merely necessary to sum the expression (6.4) for all the frequencies of the normal vibrations i.e.

$$C_v = k \left[3N + \sum_{n=1}^{\infty} (-1)^n \frac{(2n-1) B_n}{(2n)!} \left(\frac{h}{kT} \right)^{2n} \sum_{\nu} \nu^{2n} \right]. \tag{6.5}$$

The first of these sums $\sum \nu^2$ is equal to the sum of the diagonal terms in the determinant for the frequencies. This can be converted into an integration over the phases (φ, ψ, χ) which occur in (5.5), to take a special case. The higher order terms $\sum \nu^{2n}$ can be obtained by raising the matrix of the relevant terms in the determinant to the nth power, and again summing over all diagonal elements. This procedure does rapidly become rather involved and it is in general not feasible to approach the limiting value of $(h\nu/kT)$.

---

[1] H. THIRRING: Phys. Z. **14**, 867 (1913); **15**, 127, 180 (1914).

Using a BORN-V. KARMAN model in which the constants were fitted from elastic data, THIRRING worked out the heat capacity per gram mole of rocksalt, sylvine, iron pyrites and calcium fluoride. Two examples of the agreement obtained are shown in Table 4.

The agreement obtained is remarkably good in view of later work by KELLER-MANN[1] and by JONA[2] on the vibrational spectra of ionic crystals. These suggest that the vibrational spectrum will show characteristic differences from that which would be expected from a BORN-V. KARMAN model, particularly at the high frequency end of the spectrum which is the region which is important in the THIRRING work. This illustrates how insensitive the specific heat can be to the exact form of the vibrational spectrum.

The THIRRING method can be useful in checking the accuracy of calculations employing a vibrational spectrum obtained directly from the secular determinant.

Table 4.

NaCl			KCl		
$T\,^\circ$K	C_p (obs.)	C_v (calc.)	$T\,^\circ$K	C_p (obs.)	C_v (calc.)
83.4	3.75	3.71	86.0	4.26	4.29
81.4	3.54	3.67	76.6	4.11	3.95
69.0	3.13	3.09	70.0	3.79	3.66
67.0	3.06	3.02	62.9	3.36	3.36

For example the writer (in unpublished work) has compared the specific heat of a face-centred cubic lattice with that obtained by LEIGHTON[3] from his vibrational spectrum at moderately high temperatures. The THIRRING method gave the same results as those quoted by LEIGHTON down to $T = \Theta/4$ to a very high degree of accuracy. The method would also be useful in checking the influence of systematically changing a parameter (e.g. a mass ratio) on the specific heats of a series of similar lattices.

7. BORN's lattice theory. The main development of lattice theory, from the point of view of heat capacity, consisted in the extension of the work of BORN and v. KARMAN to a general theory of the vibrations of crystals. This development, due to BORN[4], pertained originally to crystals where the forces between particles were of a central type.

Taking a cell whose basic lattice vectors are $\boldsymbol{a}_1$, $\boldsymbol{a}_2$, $\boldsymbol{a}_3$, the particles in the basic cell are labelled with the index k and their position in the cell is given by the vector $\boldsymbol{r}_k$. The position of particles in any other cell is described by the vector

$$\boldsymbol{r}_k^l = \boldsymbol{r}_k + \boldsymbol{r}^l \tag{7.1}$$

where

$$\boldsymbol{r}^l = l_1\,\boldsymbol{a}_1 + l_2\,\boldsymbol{a}_2 + l_3\,\boldsymbol{a}_3 \tag{7.2}$$

and l is a shorthand notation for (l_1, l_2, l_3).

The vector distance between particle k in cell l and particle k' in the basic cell is

$$\boldsymbol{r}_{kk'}^l = \boldsymbol{r}_k^l - \boldsymbol{r}_{k'} = \boldsymbol{r}_k - \boldsymbol{r}_{k'} + \boldsymbol{r}^l. \tag{7.3}$$

Similarly the vector distance between any two particles in different cells is given by

$$\boldsymbol{r}_{kk'}^{l-l'} = \boldsymbol{r}_k^l - \boldsymbol{r}_{k'}^{l'}. \tag{7.4}$$

[1] E. W. KELLERMANN: Proc. Roy. Soc. Lond., Ser. A **178**, 17 (1941).
[2] M. JONA: Phys. Rev. **60**, 823 (1941).
[3] R. B. LEIGHTON: Rev. Mod. Phys. **20**, 165 (1948).
[4] M. BORN: Atomtheorie des festen Zustandes. 1923.

The potential energy for a pair of particles in the lattice can be written as

$$\Phi(|r_{kk'}^{l-l'}|) \equiv \Phi_{kk'}^{l-l'}(r) \tag{7.5}$$

when the assumption of central forces is made. The total potential energy of the lattice is the sum of such pairs over the lattice, care being taken that each pair is counted once only.

When the particles of the lattice are displaced from their equilibrium position by an amount u_k^l (for the kth particle in cell l) the distance between two particles can be written as

$$r = |r_{kk'}^{l-l'} + u_{kk'}^{ll'}| \tag{7.6}$$

where

$$u_{kk'}^{ll'} = u_k^l - u_{k'}^{l'}. \tag{7.7}$$

The potential energy $\Phi(r)$ can be expanded as a power series in the components of the displacements, and this is done to the second order. In the expression for the total potential energy of the lattice, the terms linear in the components of the displacement will vanish because of the equilibrium condition.

The equations of motion of the lattice then take the form

$$m_k \ddot{u}_{kx}^l - \sum_{k'} \sum_{l'} \sum_y (\Phi_{kk'}^{l-l'})_{xy}\, u_{k'y}^{l'} = 0 \tag{7.8}$$

where m_k is the mass of particle k, and $(\Phi_{kk'}^{l-l'})_{xy}$ is the second order derivative with respect to x and y, taken at the position $r = |r_{kk'}^{l-l'}|$. The vibrational frequencies of the lattice can be obtained, if one assumes plane wave solutions of (7.8) of the form

$$u_k^l = U_k\, e^{-i\omega t} e^{i\tau(s\cdot r_k^l)}. \tag{7.9}$$

Here $\tau = 2\pi/\lambda$, where λ is the wavelength, ω the angular frequency and s is a unit vector in the direction of the normal to the wave front.

With this solution (7.8) becomes

$$\omega^2 m_k U_{kx} + \sum_{k'} \sum_y \begin{bmatrix} kk' \\ xy \end{bmatrix} U_{k'y} = 0 \tag{7.10}$$

where

$$\begin{bmatrix} kk' \\ xy \end{bmatrix} = \sum_l (\Phi_{kk'}^l)_{xy}\, e^{-i\tau(s\cdot r_{kk'}^l)}. \tag{7.11}$$

With s particles in the unit cell (7.10) represents $3s$ linear equations. This system of equations has non-trivial solutions only when the determinant of the coefficients vanishes. To every allowed value of the phases $\tau(s\cdot a_i)$ there are $3s$ solutions for the angular frequency ω. Of these solutions, three tend to the value zero when the wavelength λ tends to infinity. The other $(3s-3)$ solutions tend to constant values of ω^2.

The general solutions of the first type are termed acoustical branches, the other type being referred to as optical branches.

The equations of motion can, in the limit of large values of the wavelength, be handled by expanding the displacements and the frequency as a power series in τ, the terms as far as τ^2 being particularly relevant as far as the acoustical branches are concerned. The second order equations (when allowance has been made for the first order equations if necessary) lead to a determinantal expression for the frequencies which can be arranged in a form identical with that for the velocity of propagation of waves in an elastic continuum. These equations determine the behaviour of the vibrational spectrum at sufficiently low frequencies. It is evident from the type of expansion that the wavelengths involved must all be large compared with the magnitude of the basic lattice vectors. The frequencies for which this holds will, however, be different for transverse waves and for longitudinal waves, to take a particular example, and it is not evident without a detailed examination below what frequencies the expansion is valid in a particular lattice.

The frequencies of vibration of the lattice are specified by the allowed values of $\tau(s \cdot a_i)$ and these in turn are fixed by the boundary conditions. The cyclic conditions originally introduced by Born and v. Karman were generalized by Born for any lattice. It is specified that the lattice has the same shape as the basic cell, i.e. it is a parallelepiped of sides $n\,a_1$, $n\,a_2$, $n\,a_3$. The lattice then contains $n^3 = N$ cells. This lattice is embedded in an infinite lattice of the same type, and the boundary conditions are then

$$u_k^{l_1+n,\,l_2+n,\,l_3+n} = u_k^{l_1,\,l_2,\,l_3}. \tag{7.12}$$

The displacements must then contain terms of the form

$$e^{i(l_1\varphi_1 + l_2\varphi_2 + l_3\varphi_3)} \tag{7.13}$$

where

$$\varphi_i = \frac{2\pi}{n}\,p_i \quad (i = 1, 2, 3) \tag{7.14}$$

and p_1, p_2, p_3 are integers.

If one compares the forms (7.14) and (7.9) it will be seen that the boundary conditions specify the allowed frequencies. The phases φ_i can be plotted in a "phase space" and will form a simple cubic lattice the limits of which are given by

$$-\pi \leq \varphi_1,\, \varphi_2,\, \varphi_3 \leq +\pi. \tag{7.15}$$

The "lattice distance" will be $2\pi/n$ and there will be $N = n^3$ points in the lattice. The equations for the frequencies of the lattice will yield $3\,s$ frequencies for each of these points. The total number of frequencies $3\,s\,N$ is equal to the number of normal vibrations of a lattice containing $s\,N$ particles.

Besides the description in "phase space", other modes of description are possible. Writing

$$\varphi_i = \tau\,(s \cdot a_i) = 2\,\pi\Big(a_i \cdot \frac{s}{\lambda}\Big) \tag{7.16}$$

we can put

$$\frac{s}{\lambda} = f_1\,b_1 + f_2\,b_2 + f_3\,b_3 \tag{7.17}$$

where b_1, b_2, b_3 are basic vectors in reciprocal space, i.e.

$$b_i = \frac{[a_j \times a_k]}{V_a} \tag{7.18}$$

where V_a is the volume of the cell.

It then follows that

$$f_i = \frac{1}{2\pi}\,\varphi_i = \frac{p_i}{n}. \tag{7.19}$$

The vibrations can therefore be described as points in the reciprocal lattice cell. These points form a Bravais lattice the basic vectors of which are $\frac{1}{n}\,b_i$, and the points will fill one complete reciprocal lattice cell. The origin is taken at the centre of the cell and the values of f_i range from $-\frac{1}{2}$ to $+\frac{1}{2}$.

Another possibility which is a variant of the above is to use reciprocal space, but with a different boundary. The allowed region in reciprocal space forms the first Brillouin zone, to use the terminology of metal theory. This construction can be helpful in that it makes direct use of the symmetry of the crystal. It has been applied in calculations by Kellermann[1] and by Leighton[2].

8. The Born-Begbie model. The lattice theory of Born is restricted in the main to the case where the potential interaction between particles is a function only of their distance apart. This implies a definite functional relationship between the second derivatives of the potential which occur in the secular determinant for the frequencies of vibration.

This model has been generalized by Born and Begbie by allowing quasi-elastic forces to act between any two particles. The description then becomes formally the same as before, but the second derivatives $(\Phi_{kk'}^{l-l'})_{xy}$ have now to be determined by a different method. In practical applications[3,4], interactions are assumed to exist between a particle and a limited group of neighbours. This limits the total number of possible force constants. Symmetry considerations are then applied to reduce further the number of independent constants, which are to be determined from experimental data such as the various elastic moduli, and the Raman frequencies of the lattice.

The force constants introduced into the theory as second derivatives of a general potential interaction, must satisfy certain general relationships which follow from invariance towards translation and rotation of the lattice. These are given by Born and Begbie and in a more general form by Huang[5].

The use of quasi-elastic forces goes back to the original work of Born and v. Karman. A general potential interaction was introduced by Fine[6] in his investigation of the vibrational spectrum of a body-centred cubic lattice; the number of independent constants was also reduced by using the symmetry properties of the particular lattice considered.

9. Deductions from Born's lattice theory. The most important immediate deduction from Born's description of waves in a lattice concerns the form of the vibrational spectrum for low frequencies.

Since the points in phase space (via which the frequencies are determined) are uniformly distributed in a cube, it follows that the number of vibrations, for one frequency branch associated with an element of volume in phase space is

$$\frac{N}{(2\pi)^3} \Delta\varphi_1, \Delta\varphi_2, \Delta\varphi_3 \tag{9.1}$$

where N is the total number of particles in the lattice. If points in reciprocal space are considered, the number of points can be written as

$$\frac{N}{V_b} \Delta V_b \tag{9.2}$$

where V_b is the volume of a cell in reciprocal space, and ΔV_b an element of volume in this space. Using polar co-ordinates in the space, we can write (9.2) as

$$\frac{N}{V_b} \sigma^2 \Delta\sigma\Delta\Omega = N V_a \sigma^2 \Delta\sigma\Delta\Omega \tag{9.3}$$

---

[1] E. W. Kellermann: Phil. Trans. Roy. Soc. Lond., Ser. A **238**, 513 (1940).
[2] R. B. Leighton: Rev. Mod. Phys. **20**, 165 (1948).
[3] M. Born and G. H. Begbie: Proc. Roy. Soc. Lond., Ser. A **188**, 179 (1947).
[4] G. Smith: Phil. Trans. Roy. Soc. Lond., Ser. A **241**, 105 (1948).
[5] K. Huang: Proc. Roy. Soc. Lond., Ser. A **203**, 178 (1950).
[6] P. C. Fine: Phys. Rev. **56**, 355 (1939).

where σ is the radial co-ordinate, equal to the reciprocal of the wavelength, $\Delta\Omega$ is an element of solid angle and $V_a = V_b^{-1}$ is the volume of the original unit cell.

BORN's analysis of the equations of motion of the crystal in the case of long waves shows that the velocity c of the waves is a constant in a particular direction in the crystal, for each of the three acoustic branches, i.e.

$$v = c_j \sigma \qquad (j = 1, 2, 3) \tag{9.4}$$

where c_j depends on the direction. Substituting in (9.3) we obtain, for the number of points,

$$N V_a \Delta\Omega \frac{1}{c_j^3} v^2 \Delta v \tag{9.5}$$

for a particular frequency branch. The total number of vibrations between v and $v + \Delta v$ can then be written as

$$\Delta n = v^2 \Delta v \, 4\pi N V_a \int \left(\frac{1}{c_1^3} + \frac{1}{c_2^3} + \frac{1}{c_3^3} \right) \frac{d\Omega}{4\pi}. \tag{9.6}$$

The total volume of the lattice V is equal to NV_a, and defining

$$F = \frac{4\pi}{3} \int \sum_{j=1}^{3} \frac{1}{c_j^3} \frac{d\Omega}{4\pi} \tag{9.7}$$

the number of vibrations Δn becomes

$$\Delta n = 3 V F v^2 \Delta v. \tag{9.8}$$

This is the general form of the v^2 law.

In the particular case of an elastically isotropic crystal the velocities become independent of the direction in the crystal. There are now only two independent values of the velocity, there being two transverse waves and one longitudinal wave associated with a particular direction of propagation.

Here F takes on the form

$$F = \frac{4\pi}{3} \left(\frac{1}{c_l^3} + \frac{2}{c_t^3} \right) \tag{9.9}$$

where c_l and c_t are the velocities of the longitudinal and the transverse waves respectively. In this particular case the v^2 law has the form originally given by DEBYE.

A further, rather less general, deduction from BORN's lattice theory is a generalization of the DEBYE theory to cover, in particular, those cases where the crystal contains more than one particle per cell. This is based on the division of the solutions of the secular determinant for the frequencies of vibration of the lattice into acoustic and optical branches. The optical branches were considered to contain only a narrow range of frequencies; these were approximated to a single average frequency and their contribution to the heat capacity by a single EINSTEIN function.

This assumption was based on the vibrational spectrum of the diatomic chain since no detailed examination of the vibrational spectrum of a three-dimensional lattice existed at the time. It has become evident since then, that particularly where ionic forces are concerned this approximation is certainly poor. The frequency spread in one of the optical frequency branches can be at least as large as for the acoustic branches.

These acoustic branches were each represented by a DEBYE spectrum with a suitable average Θ value for each branch. The heat capacity of the crystal can then be written in the form

$$C_v = \sum_{j=1}^{3} \mathrm{D}^*(\overline{\Theta}_j/T) + \sum_{j=4}^{3s} \mathrm{E}^*(\overline{\Theta}_j/T) \tag{9.10}$$

where s is the number of particles per cell and the DEBYE and EINSTEIN function are to be suitably normalized. If each of these has the value R at sufficiently high temperatures, C_v is the heat capacity per gram molecule.

The $\overline{\Theta}_j$ values for the acoustic branches have to be evaluated with care. In particular it is necessary to ensure that C_v has the correct form at very low temperatures. If one writes

$$\overline{\Theta}_j = \frac{h}{k}\,\overline{v}_j = \frac{h}{k}\,\overline{c}_j\left(\frac{3}{4\pi V_a}\right)^{\frac13} \tag{9.11}$$

where V_a is the volume of the cell of the crystal, it is necessary that

$$\frac{1}{\overline{c}_j^3} = \int \frac{1}{c_j^3}\frac{d\Omega}{4\pi} \tag{9.12}$$

for each value of j.

Such values can be deduced if the elastic constants of the solid are known. The optical frequencies v_4 to v_{3s} can be obtained in some instances if these are taken to be the same as the fre-
quencies at which the solid shows minimum transmission in the infra red. Calculations on these lines were made by FÖRSTERLING[1] for rocksalt, sylvine, and calcium fluoride and reasonable agreement was obtained with experimental values of the heat capacity.

The above approximate theory, though it does represent in some respects an improvement on the DEBYE theory, does not in general afford a better approach to the vibra-tional spectrum in those cases where the acoustic and optical branches

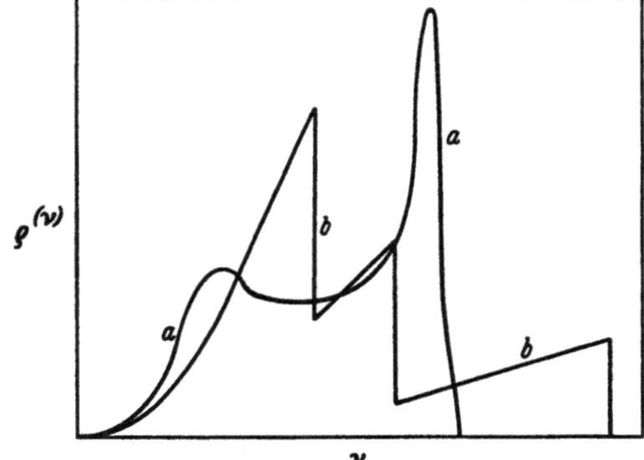

Fig. 3. Comparison of the spectrum of a lattice, curve (a), with the sum of three DEBYE spectra, curve (b), fitted to the low frequency end of each of the three frequency branches.

are not well separated. This has, it is true, only become clear since complete vibrational spectra have worked been out. Even in the simple case of one particle per cell, where (9.10) reduces to the sum of three DEBYE terms the representation can be a good deal worse than that afforded by a single DEBYE term. An example of what the approximation can mean is shown in Fig. 3, in which the vibrational specttum of a simple cubic lattice[2] is compared with that obtained from the superposition of three DEBYE spectra, the constants of which were determined from the properties of the lattice for low frequencies[3].

IV. The Calculation of Average Velocities.

10. The case of cubic crystals. The behaviour of the vibrational spectrum for low frequencies depends, as is seen from (9.6), on a mean velocity which we will term c_m, defined as

$$\frac{3}{c_m^3} = \int \sum_{j=1}^{3} \frac{1}{c_j}\frac{d\Omega}{4\pi}. \tag{10.1}$$

[1] K. FÖRSTERLING: Z. Physik 3, 9 (1920).
[2] M. BLACKMAN: Proc. Roy. Soc. Lond., Ser. A 159, 416 (1937).
[3] M. BLACKMAN: Rep. Progr. Phys. 8, 11 (1941).

This mean velocity will in its turn determine the magnitude of the heat capacity of a crystal at very low temperatures, exactly as in the Debye theory. A fair amount of effort has been devoted to the devising of methods of calculating this quantity.

In principle there is no reason why the velocities should not be calculated directly using the determinant for the velocity of propagation of elastic waves c which follows from the standard theory of the elasticity of solids. In the case of cubic crystals this determinant takes the form

$$\begin{vmatrix} -\varrho c^2 + c_{11}p^2 + c_{44}(q^2+r^2) & (c_{12}+c_{44})\,pq & (c_{12}+c_{44})\,pr \\ (c_{12}+c_{44})\,qp & -\varrho c^2 + c_{11}q^2 + c_{44}(r^2+p^2) & (c_{12}+c_{44})\,qr \\ (c_{12}+c_{44})\,rp & (c_{12}+c_{44})\,rq & -\varrho c^2 + c_{11}r^2 + c_{44}(p^2+q^2) \end{vmatrix} = 0 \quad (10.2)$$

where ϱ is the density of the solid, c_{ik} are the elastic constants of the crystal and p, q, r are the direction cosines of the wave vector with respect to the cubic axes.

In the case of a crystal without many symmetry elements, the straightforward procedure is probably no more laborious than any other method. For cubic crystals a number of special methods have been devised to facilitate computation, some of which can be applied more generally, and these will be dealt with below. It should, however, be borne in mind that when a fair degree of accuracy (say $\frac{1}{4}\%$) is desired it is doubtful whether there is any real gain in time.

The oldest and best known of the general methods is due to Hopf and Lechner[1], which is based on replacing c_j^{-3} by a function more suited to calculation. To explain the method it is best to refer to (10.2) again, written in a more convenient form. If

$$z = \frac{\varrho c^2 - c_{44}}{c_{11} - c_{44}}, \quad K = \frac{c_{12} + c_{44}}{c_{11} - c_{44}} \quad (10.3)$$

the equation (10.2) becomes

$$\begin{vmatrix} z^2 - p^2 & K\,pq & K\,pr \\ K\,qp & z^2 - q^2 & K\,qr \\ K\,rp & K\,rq & z^2 - r^2 \end{vmatrix} = 0. \quad (10.4)$$

In the same notation, (10.1) becomes

$$\frac{3}{c_m^3} = \left(\frac{\varrho}{c_{11} - c_{44}}\right)^{\frac{3}{2}} \int \sum_{j=1}^{3} \frac{1}{(z_j + \zeta)^{\frac{3}{2}}} \frac{d\Omega}{4\pi} \quad (10.5)$$

where $\zeta = c_{44}/(c_{11} - c_{44})$.

Since the values of the velocity will vary over a definite range, the function $(z+\zeta)^{-\frac{3}{2}}$ is approximated over this range by a power series, i.e.

$$(z+\zeta)^{-\frac{3}{2}} \cong \sum_{n=0}^{5} a_n z^n. \quad (10.6)$$

The range of z chosen by Hopf and Lechner was from $z=0$ to $z=1$, which means that ϱc^2 varies from c_{44} to c_{11}. This is certainly adequate for many crystals (such as some alkali halides) for which c_{12}/c_{11} and c_{44}/c_{11} are small. The coefficients a_n are chosen such that the two functions are equal at $z_m = 0.2m\,(m=0,1\ldots5)$. The integral (10.5) then involves $\sum_j z_j^n$ which are determined from (10.4), and the integration is carried out over powers of the direction cosines.

---

[1] L. Hopf and G. Lechner: Verh. dtsch. phys. Ges. **16**, 643 (1914).

It would seem a fairly obvious point that in other cases the range over which the two functions should be fitted should be first determined by an examination of either (10.2) or (10.4). This is referred to in the American literature as an extension of HOPF and LECHNER's method due to DURAND[1].

What does not seem well known is that these limits can be determined quite simply, as the extreme values of the velocity will be found for cubic crystals to be associated with a few special directions in the crystal. If one looks for the solutions of (10.2) along (a) the cube axes, (b) the face diagonals, (c) the space diagonals, these will be found to be

$$\left. \begin{array}{lll} \text{(a)} & \varrho\, c^2 = c_{44}\ \text{(twice)}, & \varrho\, c^2 = c_{11}, \\ \text{(b)} & \varrho\, c^2 = c_{44}, \quad \varrho\, c^2 = \tfrac{1}{2}(c_{11} - c_{12}), & \varrho\, c^2 = \tfrac{1}{2}(c_{11} + c_{12} + 2c_{44}), \\ \text{(c)} & \varrho\, c^2 = \tfrac{1}{3}(c_{11} - c_{12} + c_{44})\ \text{(twice)}, & \varrho\, c^2 = \tfrac{1}{3}(c_{11} + 2c_{12} + 4c_{44}) \end{array} \right\} \quad (10.7)$$

and the extreme values of the velocities will be contained in this set.

In the particular case of silicon for example, for which $c_{11} = 1.69$, $c_{12} = 0.653$, $c_{44} = 0.801$ (in units of 10^{11} dynes/cm.²), the minimum of z in (10.5) is -0.32 and the maximum 1.43. It is important that the lowest values of the velocity, or $(z + \zeta)$, should be accurately represented in the interpolation as the low values are more heavily weighted in the formula for the average velocity. KEESOM and PEARLMAN[2] have evaluated c_m for silicon, for instance, using the range $z = 0$ to $z = \tfrac{1}{3}(1 + 2\zeta)$ the upper limit of which is 0.94. They have given the explicit values for the coefficients a_n and the remainder of the evaluation of c_m in such a manner as to allow their tables to be used in any suitable case without much additional calculation. It is, however, not obvious that the method can be applied immediately to the case of silicon though it is possible that the error is small.

When the range of z becomes large the number of terms in the power series in (10.6) has to be increased and the calculation tends to become laborious as is the case for the alkali metals[3].

Another method for obtaining an accurate evaluation of c_m has recently been given by QUIMBY and SUTTON[4]. Considering again (10.5) one can write

$$\frac{1}{(z_j + \zeta)^{\frac{3}{2}}} \frac{d\Omega}{4\pi} = \frac{1}{(z_j + \zeta)^{\frac{3}{2}}} \frac{d\Omega}{dz_j} \frac{dz_j}{4\pi}. \qquad (10.8)$$

The calculation proceeds by first finding $d\Omega/dz_j$, for which a numerical method is given. Once this is known as a function of z_j a numerical integration will yield c_m. This method, described by QUIMBY[5] as "facile", is claimed to give an accuracy of at least 0.25%. It does apparently involve numerical work to a high order of accuracy and it is not clear whether the labour involved is small compared with a direct calculation of c_m.

A number of approximate methods have also been developed. These methods depend on the fact that for certain values of the elastic constants the surfaces of constant velocity (or of constant frequency) have simple geometrical forms.

The first of these, due to BORN and v. KARMAN[6], is applicable when the crystals are nearly isotropic. The condition for isotropy is

$$c_{11} - c_{12} = 2c_{44} \qquad (10.9)$$

[1] M. DURAND: Phys. Rev. 50, 449 (1936).
[2] P. H. KEESOM and N. PEARLMAN: Phys. Rev. 88, 398 (1952).
[3] K. FUCHS: Proc. Roy. Soc. Lond., Ser. A 153, 622 (1936); 157, 44 (1936).
[4] S. L. QUIMBY and P. M. SUTTON: Phys. Rev. 91, 1122 (1953).
[5] S. L. QUIMBY: Phys. Rev. 95, 916 (1954).
[6] M. BORN and TH. v. KARMAN: Phys. Z. 14, 15 (1913).

and when this is nearly fulfilled the magnitude of

$$K - 1 = \frac{c_{12} - c_{11} + 2c_{44}}{c_{11} - c_{44}} \tag{10.10}$$

is small compared with unity. In this case the solutions of (10.4), to the first order in $(K - 1)$, take the form

$$\left.\begin{aligned} z_1 &= 0, \\ z_2 &= -2(K - 1)\,[p^2 q^2 + q^2 r^2 + r^2 p^2], \\ z_3 &= 1 + 2(K - 1)\,[p^2 q^2 + q^2 r^2 + r^2 p^2]. \end{aligned}\right\} \tag{10.11}$$

Inserting these solutions into (10.1) one obtains

$$\frac{3}{c_m^3} = \varrho^{\frac{3}{2}}\left[\frac{2}{c_{44}^{\frac{3}{2}}} + \frac{1}{c_{22}^{\frac{3}{2}}} + \frac{3}{5}(c_{12} - c_{11} + 2c_{44})\left(\frac{1}{c_{44}^{\frac{5}{2}}} - \frac{1}{c_{11}^{\frac{5}{2}}}\right)\right]. \tag{10.12}$$

This method was applied to the case of rocksalt, and the elastic constants of tungsten also satisfy the condition for the formula to be applied.

When the ratios c_{12}/c_{11}, c_{44}/c_{11} are small an approximate method suggested by Blackman[1,2] seems to give good results. The method amounts to the neglect of the non-diagonal terms in (10.2), the geometrical basis for which was discussed in the first paper. The resulting expression for c_m is given by

$$c_m = \left(\frac{c_{11}\,c_{44}^2}{\varrho^3}\right)^{\frac{1}{6}}. \tag{10.13}$$

The values $\Theta(B)$ found in special cases, together with a comparison with the value found for sylvine by Hopf and Lechner, Θ(H.L.), are given in Table 5.

Another approximate formula has been obtained[3] designed to cover cases where the ratio $(c_{11} - c_{12})/c_{11}$ is very small. This is, as has been mentioned above, a particularly difficult case to handle as the spread of velocities is unusually high. The method used is based on the geo-

Table 5.

Substance	c_{11}	c_{12}/c_{11}	c_{44}/c_{11}	$\Theta(B)$	Θ(H.L.)
KCl	3.75	0.053	0.175	227	230
KBr	3.33	0.174	0.185	179	—
KI	2.67	0.160	0.152	132	—

metrical properties of surfaces of constant frequency, and is to that extent similar to the method used in deriving (10.13). The calculation is, however, less clear cut and a numerical factor was left open and fitted so as to agree with the value obtained for Lithium by Fuchs. The formula obtained is

$$c_m^3 = 0.525\,\varrho^{-\frac{3}{2}}\,[c_{44}(c_{11} - c_{12})\,(c_{11} + c_{12} + 2c_{44})]^{\frac{1}{2}}. \tag{10.14}$$

A comparison of the Θ values (Θ_1) obtained using (10.14) with those calculated by other methods Θ_2 is shown in Table 6.

Table 6.

Substance	Li	Na	K	Cu	Pb	Ag	Au	Al
Θ_1	(351)	147	82	355	91	203	160	400
Θ_2	354	144	77	342	85	212	158	394

[1] M. Blackman: Proc. Roy. Soc. Lond., Ser. A **148**, 384 (1935).
[2] M. Blackman: Proc. Roy. Soc. Lond., Ser. A **149**, 126 (1935).
[3] M. Blackman: Phil. Mag. **42**, 1441 (1951).

What is rather surprising is the wide range of apparent validity of (10.14), as the elastic constants of most of the metals do not indicate as large an anisotropy as to suggest that the formula should be readily applicable.

11. Hexagonal crystals. The determinant from which the velocity of waves in a close packed hexagonal crystal is determined can be simplified considerably if the symmetry of the crystal is taken into account. The elastic constants are invariant with respect to a rotation about the hexagonal axis, and hence the solutions can be studied in any plane containing that axis. If the direction cosines of the wave vector in the plane are termed m and n respectively, n pertaining to the hexagonal axis $(m^2 + n^2 = 1)$, the third order determinant is reducible and the solutions take the form

$$\text{(a)} \quad \varrho\, c^2 = \tfrac{1}{2}(c_{11} - c_{12})\, m^2 + c_{44}\, n^2 ,$$

$$\text{(b)} \quad \begin{vmatrix} -\varrho\, c^2 + c_{11}\, m^2 + c_{44}\, n^2 & (c_{13} + c_{44})\, m\, n \\ (c_{13} + c_{44})\, m\, n & -\varrho\, c^2 + c_{33}\, n^2 + c_{44}\, m^2 \end{vmatrix} = 0, \qquad (11.1)$$

where c is the velocity, ϱ the density of the crystal, and c_{ik} are the elastic constants.

Since the velocity c depends only on $n = \cos\vartheta$, the integrations in the expression

$$\frac{3}{c_m^3} = \sum_{j=1}^{3} \int \frac{1}{c_j^3(\vartheta)} \frac{1}{2} \sin\vartheta\, d\vartheta \qquad (11.2)$$

can be carried out either by direct integration [case (a)] or numerically [case (b)]. This is the method used by GRÜNEISEN[1] in calculating Θ values (termed Θ_1) for zinc and cadmium.

An alternative method used by HONNEFELDER[2] replaces $c_j^{-3}\,(\cos\vartheta)$ by a polynomial in $\cos\vartheta$ i.e. the calculation is of the HOPF-LECHNER type. A comparison of the results is given in Table 7, the latter values being labelled Θ_2.

The discrepancy for cadmium suggests that a recalculation should be made when heat capacity measurements have been carried out at sufficiently low temperatures.

Table 7.

Substance	Θ_1	Θ_2
Zinc . . .	305	301
Cadmium .	189	172

V. The Vibrational Spectrum.

12. Direct numerical calculations. The study of the vibrational spectrum of solids which had remained in abeyance with a knowledge of the one-dimensional case, was started in 1934[3] with an examination of the two-dimensional square network—the two-dimensional form of the BORN-V. KARMAN model described in Sect. 5. Using the same notation as before, the frequencies of vibration of the lattice are determined by the determinant

$$\begin{vmatrix} -m\,\omega^2 + A\,(\varphi_1;\varphi_2) & B\,(\varphi_1, \varphi_2) \\ B\,(\varphi_1, \varphi_2) & -m\,\omega^2 + A\,(\varphi_2;\varphi_1) \end{vmatrix} = 0$$

where

$$\left. \begin{aligned} A\,(\varphi_1;\varphi_2) &= 2\alpha\,(1 - \cos\varphi_1) + 4\gamma\,(1 - \cos\varphi_1 \cos\varphi_2) \\ B\,(\varphi_1, \varphi_2) &= 4\gamma \sin\varphi_1 \sin\varphi_2 . \end{aligned} \right\} \qquad (12.1)$$

[1] E. GRÜNEISEN: Z. Physik **26**, 250 (1924).
[2] K. HONNEFELDER: Z. phys. Chem., Abt. B **21**, 53 (1933).
[3] M. BLACKMAN: Proc. Roy. Soc. Lond., Ser. A **148**, 385 (1935).

Here the force constant for "first neighbours" is α as before, and γ the force constant for "second neighbours". The angular velocity is again denoted by ω, and the mass of a particle is m.

The frequency spectrum was obtained in a particular case where $\gamma/\alpha = 0.05$, by constructing curves of constant frequency in φ space for each of the two types of solution of (12.1) (contour method). The areas between these curves are measured. The distribution function is then

$$\varrho(\nu) = \frac{N}{(2\pi)^2} \lim_{\Delta\nu \to 0} \left(\frac{\Delta A}{\Delta \nu}\right), \qquad (12.2)$$

where ΔA is the area between two curves associated with frequencies whose difference is $\Delta\nu$. In practice an average value of $\varrho(\nu)$ was of course determined.

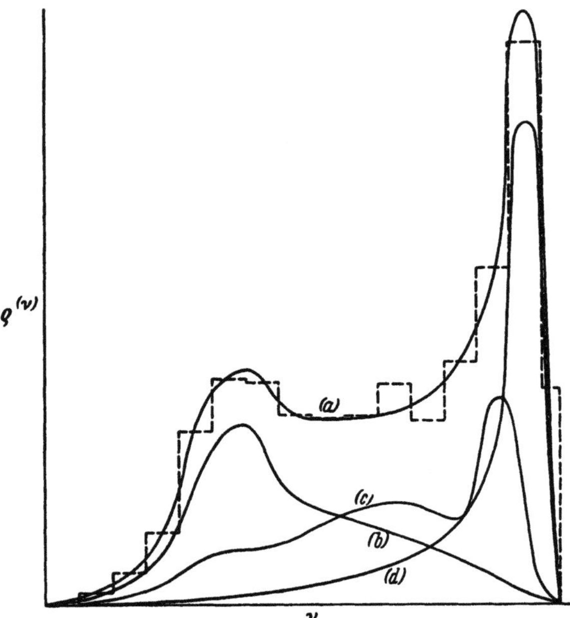

Fig. 4. The vibrational spectrum of a simple cubic lattice ($\gamma/\alpha = 0.05$), curve (a). The three frequency branches are shown separately as (b), (c), and (d).

The vibrational spectrum showed two peaks one associated with each of the two solutions, and the form of the spectrum differed considerably from a DEBYE spectrum or a combination of two DEBYE spectra. The features of the spectrum showed in fact the general behaviour found subsequently for a large variety of three-dimensional lattices; the general relations between the specific heats of these two-dimensional lattices and the corresponding two-dimensional DEBYE continua show all the effects which distinguish the specific heat of crystals from the specific heat predicted by DEBYE.

The first example of the vibrational spectrum of a three-dimensional lattice was published in 1937[1]. A particular case of the BORN-V. KARMAN model was used (see Sect. 5) in which γ/α was chosen to be 0.05. A different method of obtaining the spectrum was used—the sampling method. The phase space was replaced by a finite grid of points and the frequencies were calculated for a selection of these points. It is necessary to know how many of these points lie in given frequency intervals, and hence it is not essential to calculate all the frequencies; it suffices to know whether the frequency lies in a given region and this can be seen without calculation once a sufficient number of points have been dealt with.

The spectrum (Fig. 4) shows the double maximum which has turned out to be characteristic of so many lattices; it also shows some of the features of the vibrational spectrum of the individual frequency branches. The particular model chosen is strongly anisotropic in its elastic behaviour ($c_{44}/c_{11} = 0.10$) in the sense that the shear modulus is very low.

This calculation was followed by a number of others based either on the sampling method or on the construction of surfaces of constant frequency in phase

---

[1] M. BLACKMAN: Proc. Roy. Soc. Lond., Ser. A 159, 416 (1937).

space or reciprocal space. FINE[1] investigated a body centred cubic lattice, introducing forces between a particle and its eight "first neighbours" and its six "second neighbours". The number of constants was reduced by symmetry arguments and further by assuming that the lattice was elastically isotropic. The remaining independent constants were fitted to the elastic constants of tungsten (which is isotropic). The vibrational spectrum found by FINE is shown in Fig. 5.

The spectrum of particular ionic crystals of the alkali halide type was investigated by KELLERMANN[2] and by JONA[3], who evaluated the lattice coefficients of the type (7.11) for long range COULOMB forces. In the first investigation rocksalt was studied, in the second potassium chloride. In both cases a fair amount of experimental data is available, as to elastic constants, absorption frequency in the infra red, and specific heats as a function of temperature. The vibrational

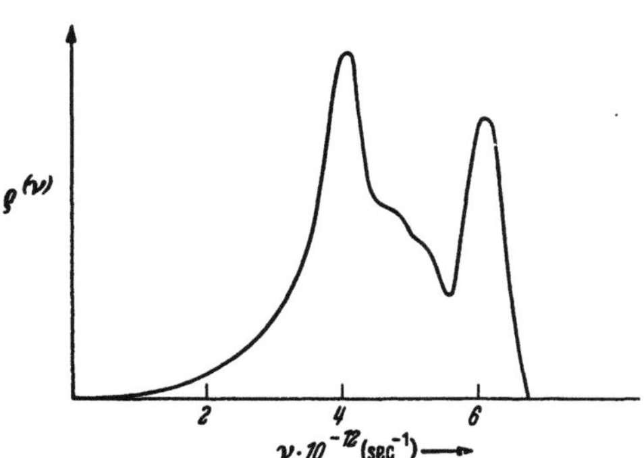

Fig. 5. The vibrational spectrum of a body centred lattice fitted to the elastic constants of tungsten.

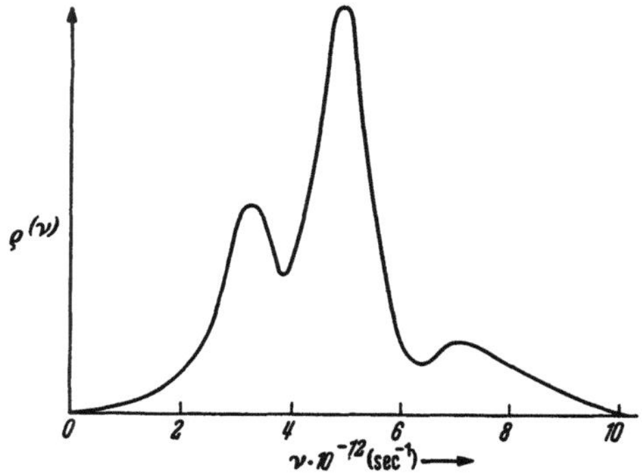

Fig. 6. The vibrational spectrum of rocksalt.

spectra, obtained by fitting the unknown constants to elastic constants and the absorption frequency, should therefore provide specific heat curves which can be directly compared with experiment (see Sect. 19).

The main features of these vibrational spectra (Fig. 6, 7) are the same as those obtained for short range forces, but there is an additional feature in the form of a lengthy tail. This is characteristic of ionic crystals, and is produced by one of the optical branches which has a predominantly longitudinal character. This optical branch is broad on a frequency scale, a feature which renders an approximation of all optical branches by a single frequency particularly doubtful. It will further be noted that the vibrational spectrum of rocksalt does not split into two separate parts despite the difference in mass of the two ions. In fact even when the mass ratio is very large, the splitting which might have been expected from Sect. 4, is not in evidence. This is made apparent by the work of SAYRE and BEAVER[4] on the vibrational spectra of sodium hydride and sodium deuteride using an ionic force model.

The investigations on the vibrational spectra were extended by SMITH[5] to the case of diamond. The interaction used was of the BORN-BEGBIE type for first neighbours, and symmetry considerations were used to reduce the number of independent constants. Second neighbour forces were also introduced, these being

[1] P. C. FINE: Phys. Rev. 56, 355 (1939).
[2] E. W. KELLERMANN: Phil. Trans. Roy. Soc. Lond., Ser. A 238, 513 (1940).
[3] M. JONA: Phys. Rev. 60, 823 (1941).
[4] E. V. SAYRE and J. J. BEAVER: J. Chem. Phys. 18, 584 (1950).
[5] H. SMITH: Phil. Trans. Roy. Soc. Lond., Ser. A 241, 105 (1948).

assumed to have the character of central forces (see Sect. 19). The independent force constants were fitted to the (three) elastic constants and the Raman frequency. The vibrational spectrum was calculated using the sampling method, the main feature being the prominence of the high frequency peak (Fig. 8). Calculations on similar lines were carried out by Hsieh[1] for germanium and for silicon yielding spectra similar in character to that for diamond.

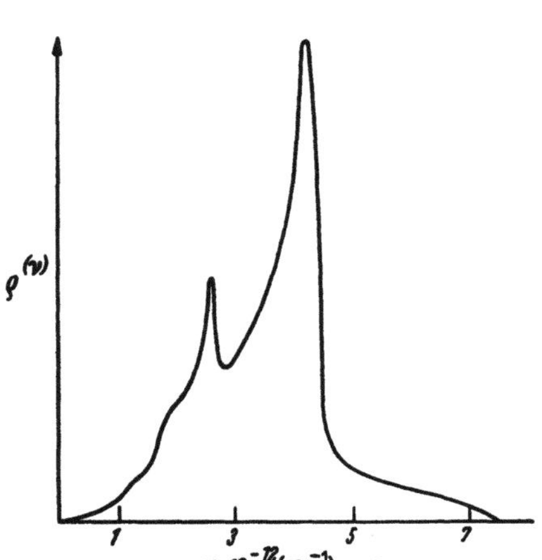

Fig. 7. The vibrational spectrum of sylvine.

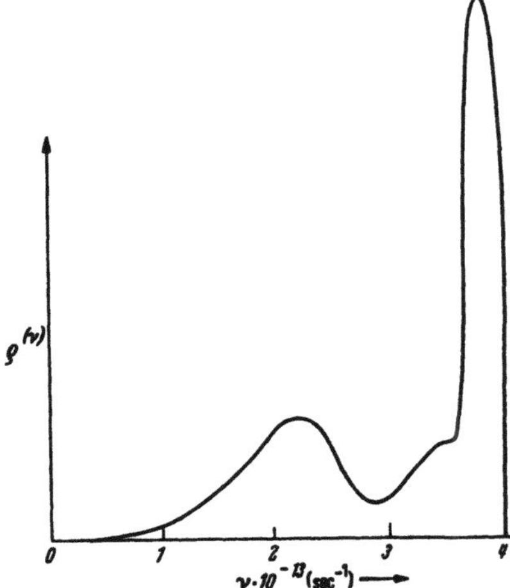

Fig. 8. The vibrational spectrum of diamond.

The case of face centred cubic crystals was studied in some detail by Leighton[2]. A model of the Born-v. Karman type was used for first and second neighbours, allowing lattices to be considered for which the Cauchy relations do not

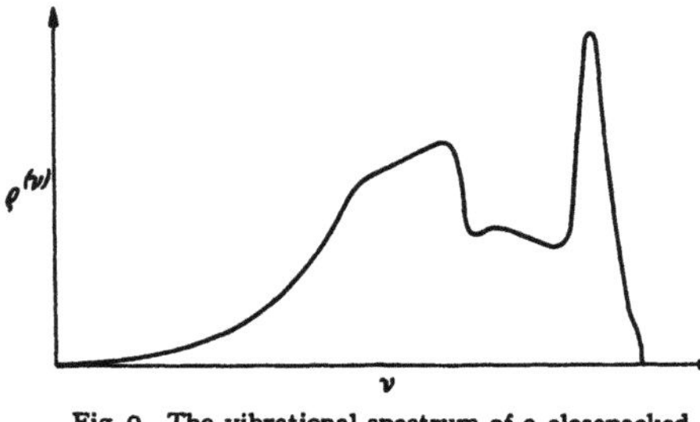

Fig. 9. The vibrational spectrum of a closepacked cubic lattice.

hold. The equations for the frequency were solved accurately for selected directions in reciprocal space, and using the symmetry properties of the lattice a reasonably accurate interpolation could be made for other directions. Contour surfaces of constant frequency were then calculated and the volume of these was found by constructing plaster casts. Differencing the volumes gave the frequency distribution. One of the curves so obtained is shown in Fig. 9. In this case only nearest neighbours were considered. The results were applied to the case of silver, fitting force constants to the elastic constants. It is a moot point as to whether this method of handling the vibrational properties of a metal is justified, though it is becoming increasingly popular.

The calculations of Leighton should be particularly useful in cases such as solid argon, krypton, etc., for which the force law used would form a reasonable model.

A rather different approach to the calculation of the vibrational spectrum of a metal has been made by Leibfried and Brenig[3]. A central force model was

[1] Y. S. Hsieh: J. Chem. Phys. 22, 306 (1954).
[2] R. B. Leighton: Rev. Mod. Phys. 20, 165 (1948).
[3] G. Leibfried and W. Brenig: Z. Physik 134, 451 (1953).

used together with what are termed "volume forces", i.e. the change of energy of the conduction electrons is assumed to be a function of the change of volume only. This assumption has been used by FUCHS[1], with marked success, to account for the elastic constants of the alkali metals. It is not clear how reliable the assumption would be when applied to vibrations of short wave length. Only a few of the frequencies of vibration of the lattice were calculated for lithium, using this model, so the resulting spectrum is not likely to be an accurate representation.

The comparison of the specific heat curves resulting from the theoretical vibrational spectra with the experimental results for crystals, will be given in Sect. 19.

13. The method of "moments". As was seen above (Sect. 6) the calculation of the heat capacity of a crystal at high temperatures can be carried out, if one knows the values of the frequency "moments", these being

$$\mu_{2n} = \overline{\nu^{2n}} = \int_0^{\nu_m} \nu^{2n}\, \varrho(\nu)\, d\nu \Big/ \int_0^{\nu_m} \varrho(\nu)\, d\nu \tag{13.1}$$

where $\varrho(\nu)$ is the distribution function for the frequencies, ν_m is the maximum frequency of the lattice and n is an integer.

It was first pointed out by MONTROLL[2] that the vibrational spectrum itself could also be calculated if all these moments are known. The moments themselves can be obtained from the secular equation for the frequencies. If the elements in this determinant (excluding the frequency) are considered to form a matrix M, then

$$\sum_\nu \nu^2 = \int_0^{\nu_m} \nu^2\, \varrho(\nu)\, d\nu = \text{Trace}\,(M)$$

and

$$\sum_\nu \nu^{2n} = \int_0^{\nu_m} \nu^{2n}\, \varrho(\nu)\, d\nu = \text{Trace}\,(M^n). \tag{13.2}$$

The principle of the method of moments can best be understood by considering in some detail a particular example[2]. If we define the quantity

$$G(x) = \left(\frac{2}{\pi}\right)^{\frac{1}{2}} \int_0^\infty \varrho(\nu) \cos \nu x\, d\nu \tag{13.3}$$

then it follows from the FOURIER integral theorem that

$$\varrho(\nu) = \left(\frac{2}{\pi}\right)^{\frac{1}{2}} \int_0^\infty G(x) \cos \nu x\, dx. \tag{13.4}$$

Returning to (13.3) we can expand $\cos \nu x$, and rewrite the expression in the form

$$\begin{aligned}
G(x) &= \left(\frac{2}{\pi}\right)^{\frac{1}{2}} \int_0^\infty \sum_{n=0}^\infty \frac{(-1)^n (\nu x)^{2n}}{(2n)!}\, \varrho(\nu)\, d\nu \\
&= \left(\frac{2}{\pi}\right)^{\frac{1}{2}} \sum_{n=0}^\infty \frac{(-1)^n x^{2n}}{(2n)!} \int_0^\infty \nu^{2n}\, \varrho(\nu)\, d\nu \\
&= \left(\frac{2}{\pi}\right)^{\frac{1}{2}} \int_0^\infty \varrho(\nu)\, d\nu \sum_{n=0}^\infty \frac{(-1)^n x^{2n}}{(2n)!}\, \mu_{2n}
\end{aligned} \tag{13.5}$$

<hr>

[1] K. FUCHS: Proc. Roy. Soc. Lond., Ser. A **157**, 444 (1936).
[2] E. W. MONTROLL: J. Chem. Phys. **11**, 481 (1943); **12**, 98 (1944).

where μ_{2n} are the moments defined above. The extension of the integration to infinity is irrelevant as $\varrho(\nu)$ is zero if values of ν are greater than ν_m.

It then follows from (13.4) that

$$\varrho(\nu) = \frac{2}{\pi} \int\limits_0^\infty \varrho(\nu')\, d\nu' \int\limits_0^\infty dx \sum_{n=0}^\infty \frac{(-1)^n x^{2n} \mu_{2n} \cos \nu x}{(2n)!}. \tag{13.6}$$

It is evident that one would have to carry out a numerical integration for every value of ν.

In practice a different approach is used and the calculation is approximate rather than exact. It is not practicable to use the full range of moments, and this results in the spectrum being inaccurate at low frequencies. It appears, however, from the results that vibrational spectra obtained by this method are not inferior to those found by the more direct approach.

The simple cubic Born-v. Karman lattice was investigated by Montroll for various values of the parameter γ/α (see Sect. 5). Where comparison is possible (for $\gamma/\alpha = 0.05$) good agreement was found with the spectrum found earlier by Blackman[1]. Montroll and Peaslee[2] also investigated body centred cubic lattices obtaining results which agree with the earlier work of Fine.

The vibrational spectra found for particular lattices and a series of force parameters will prove useful in testing out new methods of handling the secular equation for the frequencies.

14. Inversion of specific heat curves. The problem of "inversion" of specific heat curves is one which has been considered ever since the importance of the spectrum was realised. This resolves itself into two distinct questions, (a) whether the mathematical inversion can be carried through in a form which allows the spectrum to be calculated given a specific heat curve, (b) whether the experimental specific heat curves, which are inevitably associated with a certain error and which pertain to crystals whose volume does not remain fixed, can be used to produce satisfactory vibrational spectra.

The analytic solution of the inversion of the relation

$$C_v = \int\limits_0^\infty \varrho(\nu)\, E\left(\frac{h\nu}{kT}\right) d\nu \tag{14.1}$$

was obtained by Montroll[3], by the method of Fourier transforms. He obtained the distribution function $\varrho(\nu)$ in the form of the double integral

$$\varrho(\nu)\, d\nu = \frac{1}{2\pi} \int\limits_{-\infty}^{+\infty} \frac{du}{\zeta(2+iu)\,\Gamma(3+iu)} \int\limits_0^\infty c(\Theta)\,(\nu\Theta)^{iu}\, du \tag{14.2}$$

where $\zeta(z)$ is the Riemann zeta function, $\Theta = h/kT$, and $c(\Theta) = c_v(T)/k$.

So far this relation has not been used to obtain any spectra, partly because tables of the complex zeta functions are not available.

Another formulation which avoids the use of complex functions has been given by Kroll[4]. Here the distribution function is found in the form $\varrho(z)$ where

[1] M. Blackman: Proc. Roy. Soc. Lond., Ser. A **159**, 417 (1937).
[2] E. W. Montroll and D. Paeslee: J. Chem. Phys. **12**, 98 (1944).
[3] E. W. Montroll: J. Chem. Phys. **10**, 218 (1942).
[4] W. Kroll: Progr. Theor. Phys. **8**, 457 (1952).

$z = \nu/\nu_0$ and ν_0 is a suitably chosen standard frequency,

$$\varrho(z) = \frac{2}{\pi} \int\limits_0^\infty dt\, \gamma(zt) \int\limits_0^\infty du\, F(u) \cos ut. \tag{14.3}$$

Here

$$\gamma(w) = \sum_{n=1}^\infty \frac{\mu(n)}{n^2} Re \left\{ \frac{J_4\left[2(iw/n)^{\frac{1}{2}}\right]}{i(w/n)^2} \right\} \tag{14.4}$$

where $\mu(n)$ is the MOEBIUS function defined by the relation[1]

$$\frac{1}{\zeta(x)} = \sum_{n=1}^\infty \frac{\mu(n)}{n^x} \tag{14.5}$$

and $\zeta(x)$ is the RIEMANN zeta function. The function $F(y)$ is related to the specific heat function $c_v(T)$. If in this function we put $y = kT/h\nu_0$, then

$$c(y) = ky^3 F(y). \tag{14.6}$$

Again no practical application of the method has so far been published. In fact the only attempt to calculate a vibrational spectrum from specific heat data has been made by GRAYSON-SMITH and STANLEY[2] using a much less rigorous approach. They use an expansion of the spectral distribution in terms of a FOURIER series, which in principle is infinite, but in practice is used as a finite series.

The specific heat is written in the form

$$\tau^2 \gamma(\tau) = \frac{3R}{p} \sum_{n=1}^\infty n \int\limits_0^\infty t^2 g(t)\, e^{-\frac{nt}{\tau}}\, dt \tag{14.7}$$

where

$$c(T) = \gamma(\tau), \quad \tau = p\, kT/h, \quad p\nu = t, \quad \varrho(\nu) = g(t),$$

and p is a numerical parameter. The EINSTEIN function occurring in the expression for the specific heat has been expanded in an exponential series.

The density function is represented by a FOURIER series in the form

$$t^2 g(t) = \frac{2p}{\pi} \sum_{m=1}^\infty a(1 - \cos mt)/m \tag{14.8}$$

and $\gamma(\tau)$ then takes the form

$$\gamma(\tau) = 3R \sum_{m=1}^\infty a_m \left(\cot m\pi\tau - \frac{1}{m\pi\tau} \right). \tag{14.9}$$

The coefficients a_m must be such that $\gamma(\tau)$ has the correct form at high and at low temperatures, i.e. $\gamma(\tau) = 3R$ and $\gamma(\tau) \sim \tau^3$ respectively. Further, the coefficients must be chosen so as to represent as accurately as possible the chosen specific heat curve over the intervening temperature range. The parameter p is chosen so as to bring the important values of τ into an accessible range. A limited number of terms is used, six being considered sufficient.

This method was applied to the specific heat curve of bismuth. It was found that the distribution function was very sensitive to the detailed specific heat curve in the region where (dc_v/dT) is large —so much so that a slight change in

[1] K. KNOPP: Infinite Series. London: Blackie 1928.
[2] H. GRAYSON-SMITH and J. P. STANLEY: J. Chem. Phys. **18**, 236 (1950).

the method of drawing a smooth curve through the experimental points produced a marked change in the resulting spectrum.

This rather disappointing result is a not unexpected feature, and is likely to be found with any of the inversion methods. It is merely another aspect of the well known fact that the specific heat curve is remarkably insensitive to changes in the vibrational spectrum.

It would seem advisable to make use of the vibrational spectra already calculated to test any of the inversion methods. The specific heat curve resulting from a given spectrum can be worked out to a high degree of accuracy, and the standard of accuracy itself can be varied. One would then be able to find some guide as to the effect of errors in the specific curve on the vibrational spectrum.

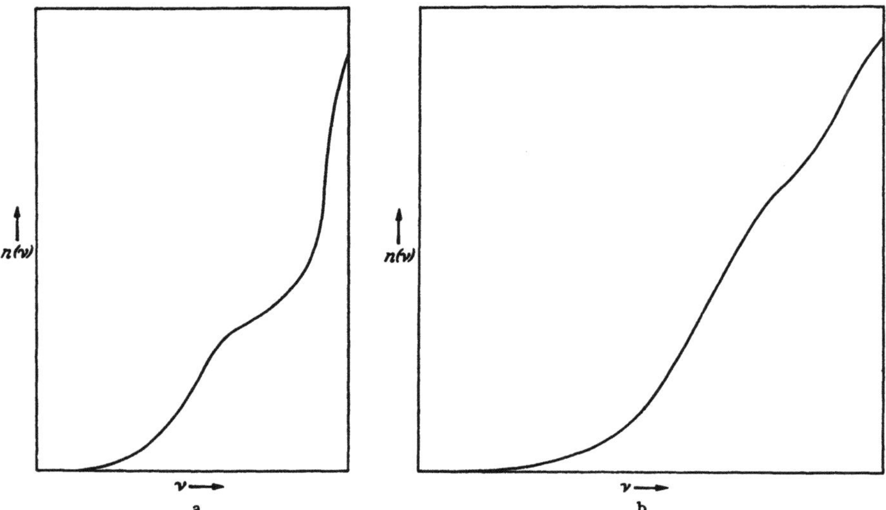

Fig. 10a and b. The integral spectrum of (a) diamond (b) the close-packed cubic lattice.

It might be useful to apply a tested method to obtain the vibrational spectrum for a "standard" metal, sodium for instance, for which no calculations based on metal theory have so far been made.

It may very well turn out to be the case, however, that one will have to be satisfied with some function rather less detailed than the vibrational spectrum. It would seem worthwhile in this connection, to consider seriously the properties of the "integral spectrum". The function

$$n(\nu) = \int_0^\nu \varrho(\nu)\, d\nu \tag{14.10}$$

is a monotonic increasing function of the frequency ranging from zero to $3\,SN$ at the extreme end of the spectrum (where S is the number of particles per cell of the lattice and N is the number of cells). It is also known (see Sect. 17) that the derivative (which is equal to $\varrho(\nu)$) will in general be a finite (and of course positive) quantity. Now the heat capacity can be written as

$$c_v(T) = \int_0^\infty \varrho(\nu)\, \mathrm{E}\left(\frac{h\nu}{kT}\right) d\nu = \left[\mathrm{E}\left(\frac{h\nu}{kT}\right) n(\nu)\right]_0^\infty - \int_0^\infty n(\nu)\, \frac{d}{d\nu}\left[\mathrm{E}\left(\frac{h\nu}{kT}\right)\right] d\nu. \tag{14.11}$$

Since $n(0) = 0$, $n(\nu) = 3\,SN$ if $\nu > \nu_m$, and $\mathrm{E}\left(\dfrac{h\nu}{kT}\right)$ tends to zero for sufficiently large values of ν and a given value of T, it follows that

$$c_v(T) = -\int_0^\infty n(\nu)\,\frac{dE}{d\nu}\,d\nu. \qquad (14.12)$$

Since the derivative of the EINSTEIN function can be calculated accurately, a knowledge of $n(\nu)$ suffices in the calculation of the heat capacity. It will also suffice in the calculation of any other physical quantity in which the distribution function $\varrho(\nu)$ enters via an integral.

Examples of $n(\nu)$ for some of the lattices considered in Sect. 12 are given in Fig. 10.

15. The use of X-ray data. The diffraction of X-rays from crystals is influenced by the vibrations of the crystal lattice. The intensity of the BRAGG reflections from a given set of planes decreases, for instance, as the temperature of the crystal and hence the amplitude of the vibrations, is increased. Besides this, the crystal will scatter X-rays when it is set in a direction for which the LAUE conditions do not hold. The intensity of this scattering will depend on the crystal setting, on the temperature, and on the properties of the crystal.

The first effect is well known and its main features are described in the DEBYE-WALLER theory. The second was discussed in some detail by WALLER[1] but its significance was not appreciated for some time. The WALLER theory has been worked out in detail and extended by various authors (see BORN[2]) and its experimental consequences have been studied in many laboratories (see LONSDALE[3]).

The main features of this "thermal spot" theory can be discussed without calculation. A progressive wave in the crystal will produce a disturbance from the regular arrangement; if this is sufficiently small the effect on the scattering can be represented in reciprocal space by an extra point in each reciprocal cell. This point is distant τ from the origin of each cell, the direction of τ being the direction of propagation of the wave and its magnitude equal to the reciprocal wavelength. In a BRAVAIS lattice the intensity associated with this spot is proportional to

$$\frac{\bar{\varepsilon}}{m\,\omega^2}\,(\boldsymbol{\xi}\cdot\boldsymbol{H})^2. \qquad (15.1)$$

Here $\bar{\varepsilon}$ is the mean energy associated with the vibration, m is the mass of the particle in the unit cell, and ω is the angular frequency associated with the vibration. The amplitude of the disturbance is $\boldsymbol{\xi}$, and $\boldsymbol{H}$ is the reciprocal vector drawn from the origin of the reciprocal lattice to the "thermal spot" considered. In the case of crystal vibrations there will be at least three waves associated with a given propagation vector. These will have different frequencies, in general, and a different direction of the displacement, i.e. the intensity of the "thermal spot" will be proportional to

$$\sum_{j=1}^{3}\frac{\bar{\varepsilon}_j}{m\,\omega_j^2}\,(\boldsymbol{\xi}_j\cdot\boldsymbol{H})^2. \qquad (15.2)$$

The vibrations of a crystal can be characterised by points in reciprocal space which fill uniformly a complete cell in this space (or a complete BRILLOUIN zone).

---

[1] I. WALLER: Uppsala Univ. Arskr. **1925**.
[2] M. BORN: Rep. Progr. Phys. **9**, 294 (1943).
[3] K. LONSDALE: Rep. Progr. Phys. **9**, 256 (1943).

It is then possible in principle to obtain the frequencies of vibration of the lattice, if the X-ray intensities are known, as it is possible to work over a number of reciprocal lattice cells (which allows different vectors H to be used).

The direction of the amplitudes of the normal vibrations can be obtained if the equations of motion of the lattice are known. In particular if vibrations of long wavelength are considered, the equations of motion of an elastic continuum can be used. Hence for sufficiently small values of τ, the elastic constants of the solid can

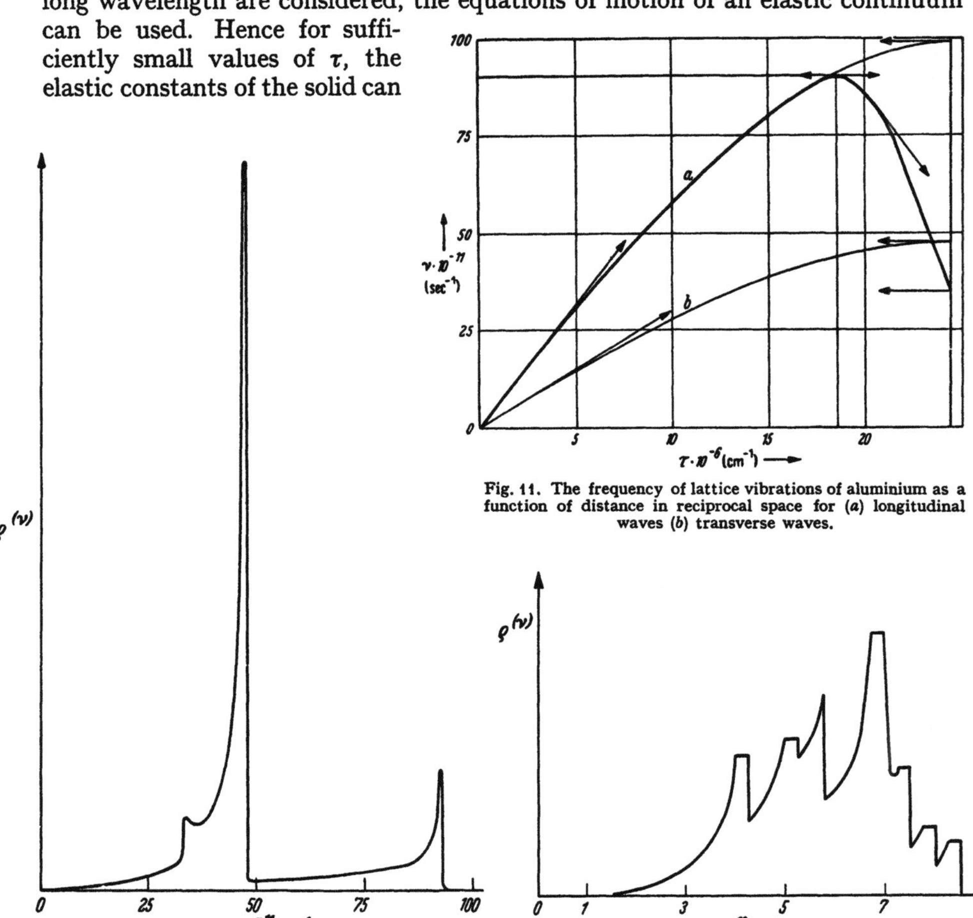

Fig. 11. The frequency of lattice vibrations of aluminium as a function of distance in reciprocal space for (a) longitudinal waves (b) transverse waves.

Fig. 12. The vibrational spectrum of aluminium constructed by Olmer using X-ray data.

Fig. 13. The vibrational spectrum of iron constructed by Curien using X-ray data.

be determined[1]. These determinations are in themselves valuable as they are obtained for lattice waves which control the specific heat at very low temperatures.

If, however, one wishes to obtain the higher frequencies, it is necessary to go further. What is done in experiment so far is to consider special cases of (15.2). In crystals with high symmetry (such as the face centred or body centred cubic crystals) the vibrations along special axes (e.g. the cube axis, the face diagonal or the space diagonal) are of purely transverse and purely longitudinal character. If therefore the intensity of the thermal scattering is studied along such directions

---

[1] K. Lonsdale: Rep. Progr. Phys. 9, 256 (1943). — W. Wooster and G. N. Ramachandran: Acta crystallogr. 4, 431 (1951).

in reciprocal space that the H vectors are either parallel or perpendicular to the displacements, the summation in (15.2) reduces to a single term. It is hence possible to obtain curves of the frequency as a function of the reciprocal wavelength for vibrations along selected directions in the crystal. Examples of such curves are shown in Fig. 11. It is interesting to note that these do indeed have the form which has been calculated from various theoretical models. This applies particularly to the transverse waves; the longitudinal waves in the particular case shown have a peak frequency at a value of $\tau = \lambda_1^{-1}$ which is below the extreme value.

These curves are not in themselves sufficient to allow the spectrum to be obtained. OLMER[1] who studied aluminium found that the curves in the three selected directions differ little and assumed that all directions in reciprocal space were equivalent. The BRILLOUIN zone is replaced by a sphere and the resultant spectrum for aluminium is shown in Fig. 12. The corresponding frequency curves for iron, found by CURIEN[2] differ considerably; an interpolation method due to HOUSTON[3] was used to obtain the spectrum shown in Fig. 13.

In principle the X-ray method, together with methods using neutron diffraction, should yield the whole of the vibrational spectrum without recourse to approximations. It is to be hoped that experiments will be carried out with this aim in view.

16. The use of approximate methods. HOUSTON's method, mentioned above, of obtaining the vibrational spectrum using a few frequency curves has been used by several authors. Assuming that the frequency is known as a function of distance τ in reciprocal space along a given direction, it follows that

$$F(\nu) = \tau^2 \left(\frac{d\tau}{d\nu}\right) \cdot N V_a \tag{16.1}$$

will be the density of vibrations per unit solid angle for this particular direction (see 9.3). This will be a function of the polar angles ϑ, φ in the reciprocal space. One can therefore write

$$F(\nu, \vartheta, \varphi) = \sum_{i=0}^{\infty} f_i(\nu)\, y_i(\vartheta, \varphi) \tag{16.2}$$

where only those spherical harmonics need to be considered which are invariant to the transformations characteristic of the particular lattice considered. For simple cubic crystals these will be cubic harmonics[4]. The total distribution function will then be

$$\varrho(\nu) = \int F(\nu, \vartheta, \varphi)\, d\Omega = 4\pi\, y_0 f_0(\nu). \tag{16.3}$$

In practice HOUSTON chooses only three terms in (16.1). The method was tested by comparing the approximate spectrum with the known spectrum of a simple cubic lattice[5]. The approximate spectrum shows a number of infinities which are certainly spurious; and while it bears some resemblance to the spectrum calculated by the direct method, it can hardly be called a good representation. It does give the main features of the specific heat curve, but that is the most that can be said for the method.

It is certainly necessary that approximate methods should be examined. The investigation of the vibrational spectra, of the specific heats, of complex

[1] P. OLMER: Bull. Soc. franç. Minér. **71**, 144 (1948).
[2] H. CURIEN: Bull. Soc. franç. Minér. **75**, 345 (1952).
[3] W. H. HOUSTON: Rev. Mod. Phys. **20**, 161 (1948).
[4] H. BETHE and F. C. VON DER LAGE: Phys. Rev. **71**, 612 (1947).
[5] M. BLACKMAN: Proc. Roy. Soc. Lond., Ser. A **159** 416 (1937).

crystals is a formidable task by the usual methods and a new technique would be highly desirable.

It is, however, surprising that vibrational spectra produced by obviously inadequate methods should be labelled as that pertaining to a particular substance (e.g. Bauer[1], Curien[2]). The ability to achieve reasonable agreement with specific heat data does not seem to be a good reason for designating some monstrosity as the vibrational spectrum of a particular solid. There should be reasonable grounds for believing that the spectrum is a close approximation to the actual spectrum before any such label is applied.

17. The exact form of the vibrational spectrum. Most of the vibrational spectra discussed so far have been approximate in some respect or other; in the three-dimensional case no part of the vibrational spectrum is obtained by mathematically exact methods—though the low frequency end of the spectrum where the ν^2 law holds asymptotically can be calculated independently. An exception is the case of a linear chain where exact expressions for the distribution function have been obtained. These spectra (see Fig. 2) show infinities at the ends of the frequency branches except at $\nu=0$. The density function has the form

$$\varrho(\nu) = \frac{k}{(|\nu_1^2 - \nu^2|)^{\frac{1}{2}}} \tag{17.1}$$

in the neighbourhood of one of these critical points. It has long been known that the linear chain is not necessarily always associated with one infinity even if there is only one frequency branch, despite the impression to the contrary that exists in the literature[3]. A careful investigation of the linear ionic chain by Broch[4] showed that there are two infinities in the spectrum when the masses of the ions are taken as equal and the non-Coulomb part of the forces between ions of different type are assumed to be the same.

Interest in the exact form of the vibrational spectrum was stimulated mainly by the work of Montroll[5] on the two-dimnesional Born-v. Karman lattice (see Sect. 12). Using a particular value of the ratio of the force constants γ/α, namely 0.25, the equation (12.1) for the frequency is separable and has the solutions

$$\left.\begin{array}{l} \nu_a^2 = \tfrac{1}{8}\nu_L^2\,(4 - \cos\varphi_1 - \cos\varphi_2 - 2\cos\varphi_1\cos\varphi_2) \\[4pt] \nu_b^2 = \tfrac{1}{8}\nu_L^2\,(2 - \cos\varphi_1 - \cos\varphi_2) \end{array}\right\} \tag{17.2}$$

where ν_a, ν_b refer to the two frequency branches and ν_L is the maximum frequency. In this case it is possible to find directly the area enclosed by a curve of constant frequency in φ space. The derivative of this expression then gives the distribution function for a particular branch, i.e.

$$\varrho(\nu_1) = \frac{N}{4\pi^2}\lim_{\Delta\nu\to 0}\frac{1}{\Delta\nu}\iint\limits_{\nu_1<\nu<\nu_1+\Delta\nu} d\varphi_1\,d\varphi_2 \tag{17.3}$$

where N is the number of particles (and cells) in the lattice. Writing $f=\nu/\nu_L$ the calculation shows that

$$\varrho_a(\nu) = \frac{24\,f}{\pi^2\nu_L(2-3f^2)}\,K\,[3f^2/(2-3f^2)] \quad \text{if} \quad f^2 \le \frac{1}{3}$$

[1] E. Bauer: Phys. Rev. **92**, 58 (1953).
[2] H. Curien: Bull. Soc. franç. Minér. **71**, 144 (1948).
[3] L. van Hove: Phys. Rev. **89**, 1189 (1953).
[4] E. K. Broch: Proc. Cambridge Phil. Soc. **33**, 485 (1937).
[5] E. W. Montroll: J. Chem. Phys. **15**, 575 (1947).

and

$$\varrho_a(\nu) = \frac{8}{\pi^2 f \nu_L} K\left[3 f\left(\frac{2}{3} - f^2\right)^{\frac{1}{2}}\right] \quad \text{if} \quad \frac{1}{3} < f^2 \le \frac{2}{3} \tag{17.4}$$

for the lower frequency branch. The function K is an elliptic integral defined as

$$K(k) = \int_0^1 \frac{dx}{[(1-x^2)(1-k^2 x^2)]^{\frac{1}{2}}} . \tag{17.5}$$

In the neighbourhood of $f^2 = \frac{1}{3}$, k tends to unity and the elliptic integral has the form
$$K(k) \sim \ln\left[4/(1-k^2)\right]$$
i.e.

$$\varrho_a(\nu) \sim \frac{12 f}{\pi^2 \nu_L} \ln\left[\frac{4}{(1-3f^2)}\right] \tag{17.6}$$

i.e. there is a logarithmic infinity at $f^2 = (\gamma/\nu_L)^2 = \frac{1}{3}$.

A similar logarithmic infinity is found in the upper frequency branch at $f^2 = \frac{3}{4}$. In both cases the density function has a finite value at the high frequency end of the branch.

It was further shown by MONTROLL that the same mathematical properties of the functions $\varrho(\nu)$ are found for all values of γ/α.

That these features are quite general for two-dimensional lattices and have a geometrical origin was first pointed out by SMOLLETT[1]. If one considers surfaces in the space whose axes are ν, φ_1, φ_2 then the infinities, for instance, can be seen to be associated with saddle points on these surfaces. At all such critical points a necessary condition is that

$$\frac{\partial \nu}{\partial \varphi_1} = 0, \quad \frac{\partial \nu}{\partial \varphi_2} = 0. \tag{17.7}$$

These points can usually be found by inspection of the frequency equations. Since the behaviour of the frequency at $\nu = 0$ (i.e. $\varphi_1 = \varphi_2 = 0$) is well known we can exclude this point and write (17.7) as

$$\frac{\partial \nu^2}{\partial \varphi_1} = 0, \quad \frac{\partial \nu^2}{\partial \varphi_2} = 0.$$

If one expands ν^2 in the neighbourhood of such points, then

$$\nu^2 = A + B(\varphi_1')^2 + C(\varphi_2')^2 \tag{17.8}$$

where φ_1', φ_2' are phases measured from $(\varphi_1^0, \varphi_2^0)$ at which (17.7) is taken to hold. It is assumed that B and C are finite, an assumption which is not always trivial. In the more general case which contains the product terms $\varphi_1 \varphi_2$, one can obtain the form (17.8) by a rotation of axes.

If B and C are positive and the point considered is $(0, \pi)$ or $(\pi, 0)$, the contours of constant frequency, in the neighbourhood, have the form shown in Fig. 14. The contribution to the distribution function is

$$g(\nu) = \frac{1}{4\pi^2} \frac{d}{d\nu} \iint d\varphi_1 \, d\varphi_2 \tag{17.9}$$

where the integral is simply the elliptical area enclosed by the contour curve, i.e.

$$g(\nu) = \frac{1}{4\pi^2} \frac{d}{d\nu}\left[\frac{\pi}{4} \frac{(\nu^2 - A)}{\sqrt{BC}}\right]$$
$$= \frac{1}{4\pi^2} \frac{\nu\pi}{2} \frac{1}{\sqrt{BC}}$$

<hr>

[1] M. SMOLLETT: Proc. Phys. Soc. Lond., Ser. A 65, 109 (1952).

and when ν^2 tends to A, this becomes

$$g(\nu) = \frac{1}{8\pi} \frac{\nu_0 \pi}{\sqrt{BC}} \qquad (17.10)$$

i.e. a constant. The same applies when B and C are both negative. This effect is produced by a maximum (or a minimum) in the frequency surface.

A saddle point is characterised by a change of sign of one of the terms in (17.8) e.g.

$$\nu^2 = A - B(\varphi_1')^2 + C(\varphi_2')^2 \qquad (17.11)$$

where B and C are positive. Assuming that $\nu^2 < A$ and that the relevant point is $(0, \pi)$, the contour line has the form shown in Fig. 15, in the neighbourhood of

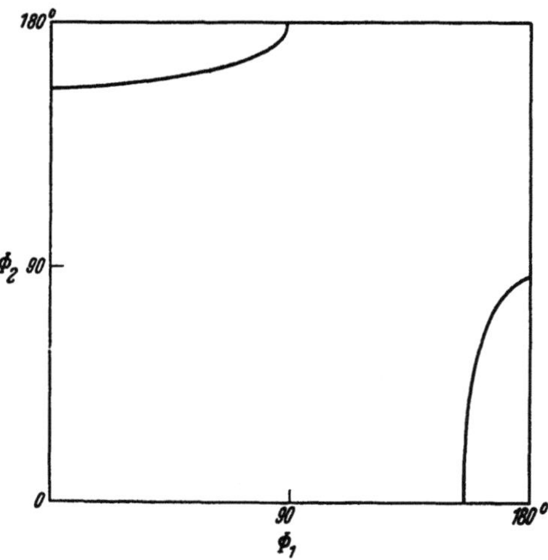

Fig. 14. Contour curves in the neighbourhood of a critical point, representing a maximum in the frequency surface of a two-dimensional lattice.

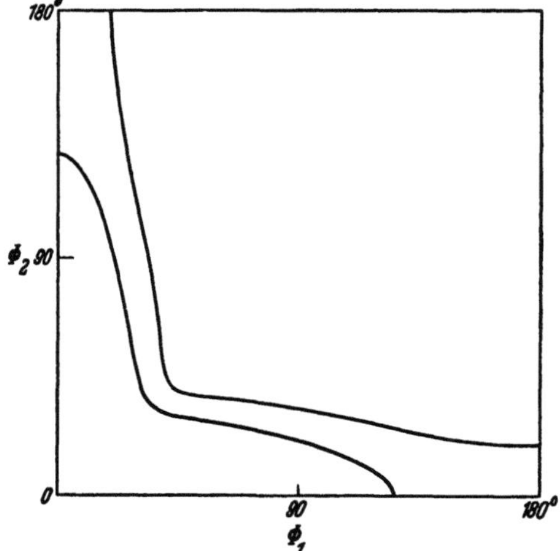

Fig. 15. Contour curves in the neighbourhood of a critical point representing a saddle point in the frequency surface of a two-dimensional lattice.

this point. The contribution to the density function arising from this region is

$$f(\nu) = \frac{1}{4\pi^2} \frac{d}{d\nu} \int_{\varphi_2'=0}^{\varphi_2'=\varphi_2'^{(1)}} \varphi_1' \, d\varphi_2' \qquad (17.12)$$

the integration being carried to a point sufficiently far out for the rest of the integration to be independent of small changes in the frequency when this is close to the value $\sqrt{A}$,

Substituting for φ_1' from (17.11) we obtain

$$f(\nu) = -\frac{\nu}{4\pi^2 \sqrt{BC}} \ln\left(\frac{A - \nu^2}{C}\right) + \text{const.} \qquad (17.13)$$

Hence as ν^2 tends to A we obtain the logarithmic infinity found by MONTROLL by analytic methods from the frequency equations.

This type of analysis was used in a slightly different form by VAN HOVE[1] in a general treatment of the analytic discontinuities to be expected in the vibra-

---

[1] L. VAN HOVE: Phys. Rev. **89**, 1189 (1953).

tional spectrum of a lattice. The frequency ν in the neighbourhood of a point C in reciprocal space, at which the first derivatives of ν are zero, is written in the form

$$\nu = \nu_C + A \sum_{\alpha=1}^{3} \varepsilon_\alpha \xi_\alpha^2 \qquad (17.14)$$

where ξ_α are the components of the vector $\boldsymbol{\xi} = \boldsymbol{q} - \boldsymbol{q}_C$, the vectors $\boldsymbol{q}$ and $\boldsymbol{q}_C$ being vectors in reciprocal space and $\varepsilon_\alpha = \pm 1$.

The density of normal vibrations is defined as

$$\varrho(\nu_C) = N V_a \lim_{\Delta\nu \to 0} \sum_{j=1}^{3S} \frac{1}{\Delta\nu} \iiint_{\nu+\Delta\nu > \nu_c > \nu} d\tau_j. \qquad (17.15)$$

Here N is the total number of cells, S is the number of particles per cell, V_a is the volume of the basic cell in the crystal and the integration is taken over a cell in reciprocal space. It will be seen that

$$\int \varrho(\nu)\, d\nu = 3\, S\, N$$

in the three-dimensional case, since the volume of the cell in reciprocal space is the reciprocal of V_a.

The above expression (17.15) can be transformed into a surface integration. The volume enclosed by neighbouring contours can be written as

$$\iint d S\, \Delta n \qquad (17.16)$$

where Δn is the magnitude of the normal from one surface to the other, taken at a point 0 in dS. We can express Δn in the form

$$\Delta n = \Delta q_x \cos\beta_1 = \Delta q_y \cos\beta_2 = \Delta q_z \cos\beta_3 \qquad (17.17)$$

where Δq_x, Δq_y, Δq_z are the distances along three cartesian axes in reciprocal space of the point 0 in dS, on the first contour, from the second contour. The angles β are the direction cosines of the normal. The frequency difference $\Delta\nu$ between the contours can be written as

$$\Delta\nu = \frac{\partial\nu}{\partial q_x} \Delta q_x = \frac{\partial\nu}{\partial q_y} \Delta q_y = \frac{\partial\nu}{\partial q_z} \Delta q_z \qquad (17.18)$$

Hence

$$\left(\frac{dn}{d\nu}\right) = \left[\left(\frac{\partial\nu}{\partial q_x}\right)^2 + \left(\frac{\partial\nu}{\partial q_y}\right)^2 + \left(\frac{\partial\nu}{\partial q_z}\right)^2\right]^{-\frac{1}{2}} \qquad (17.19)$$

and

$$\varrho(\nu) = N V_a \sum_j \iint \frac{d S_j}{|\mathrm{grad}\,\nu|}. \qquad (17.20)$$

This relation will hold in the one- and two-dimensional case also if obvious modifications are made. It will also hold after any linear transformation in reciprocal space which leaves the volume invariant.

The integral can now be considered for a particular frequency branch which contains the critical point, and restricted to the neighbourhood of this point. One then obtains the following scheme:

α) *Two-dimensional lattice*

(a) $\varepsilon_1 = \varepsilon_2 = -1$
$\qquad \varrho(\nu) = \begin{cases} C + \pi N V_a/2A + 0(\nu - \nu_c) & \text{for} \quad \nu < \nu_c, \\ C + 0(\nu - \nu_c) & \text{for} \quad \nu > \nu_c, \end{cases}$

(b) $\varepsilon_1 = -\varepsilon_2 = \pm 1$
$\qquad \varrho(\nu) = C - \dfrac{N V_a}{2A} \ln\left|1 - \dfrac{\nu}{\nu_c}\right| + 0(\nu - \nu_c),$

(c) $\varepsilon_1 = \varepsilon_2 = 1$
$\qquad \varrho(\nu) = \begin{cases} C + 0(\nu - \nu_c) & \text{for} \quad \nu < \nu_c, \\ C + \dfrac{\pi N V_a}{2A} + 0(\nu - \nu_c) & \text{for} \quad \nu > \nu_c, \end{cases}$

β) *Three-dimensional lattice.*

(a) $\varepsilon_1 = \varepsilon_2 = -\varepsilon_3 = -1$
$\qquad \varrho(\nu) = \begin{cases} C + 0(\nu - \nu_c) & \text{for} \quad \nu < \nu_c, \\ C - (2\pi N V_a/3 A^{\frac{3}{2}})(\nu - \nu_c)^{\frac{1}{2}} + 0(\nu - \nu_c) & \text{for} \quad \nu > \nu_c, \end{cases}$

(b) $\varepsilon_1 = \varepsilon_2 = -\varepsilon_3 = 1$
$\qquad \varrho(\nu) = \begin{cases} C - (2\pi N V_a/3 A^{\frac{3}{2}})(\nu_c - \nu)^{\frac{1}{2}} + 0(\nu - \nu_c) & \text{for} \quad \nu < \nu_c, \\ C + 0(\nu - \nu_c) & \text{for} \quad \nu > \nu_c, \end{cases}$

(c) $\varepsilon_1 = \varepsilon_2 = \varepsilon_3 = 1$
$\qquad \varrho(\nu) = \begin{cases} C + 0(\nu - \nu_c) & \text{for} \quad \nu < \nu_c, \\ C + (2\pi N V_a/3 A^{\frac{3}{2}})(\nu - \nu_c)^{\frac{1}{2}} + 0(\nu - \nu_c) & \text{for} \quad \nu > \nu_c. \end{cases}$

It was further shown by van Hove, from topological considerations, that the frequency distribution must contain a certain number of singular points. In the three-dimensional lattice the frequency distribution is continuous, but the derivative $(d\varrho/d\nu)$ has at least two infinite discontinuities and also takes the value $-\infty$ at the upper end of the spectrum. In the two-dimensional lattice the frequency distribution has at least one logarithmic infinity in each frequency branch and at least one finite discontinuity, one of these being found at the upper end of the spectrum.

The two-dimensional lattices studied in detail by Montroll and by Smollett show the features deduced from general considerations. The two-dimensional ionic lattice investigated by Smollett shows a further feature, namely that one cannot always find an expansion of the form (17.14) and then a special examination is needed before one can decide what contribution to the distribution is made by such a singular point.

The simple cubic Born-v. Karman lattice has recently been analyzed again by Newell[1] with the express purpose of demonstrating the existence of discontinuities in $(d\varrho/d\nu)$. No such analysis has been carried through for ionic crystals, though it seems likely that expansions of the type (17.14) are justified at most critical points at which the derivatives of the frequency (with respect to the phases) vanish. The high frequency end of the spectrum will, however, not in general have the same character as in crystals with nearest neighbour forces, i.e. $(d\varrho/d\nu)$ infinite; this end point has peculiar properties for non-cubic ionic crystals[2].

While details of the analytic character of the frequency distribution are not of supreme importance in the consideration of the specific heats of crystals, these may be significant in the second order Raman effect in crystals[3]. One of the main points of controversy in this connection has centred round the relatively sharp maxima in the Raman spectra which are not easy to envisage if the frequency distribution in each frequency branch contains only broad maxima.

---

[1] G. F. Newell: J. Chem. Phys. **21**, 1877 (1953).
[2] M. Blackman: Proc. Phys. Soc. Lond., Ser. A **65**, 392 (1952).
[3] H. Smith: Phil. Trans. Roy. Soc. Lond., Ser. A **241**, 105 (1948).

VI. Comparison of Theory and Experiment.

18. Comments on the Debye theory. The remarkable initial successes of the Debye theory in representing the variation of the heat capacity with temperature have been discussed in Sect. 2. The position had changed somewhat by 1929 when Eucken[1] published an extensive review of the experimental and the theoretical position. Discrepancies of two types had become apparent.

The first and perhaps less serious aspect was that it was not possible to represent the whole of the results by means of a single Θ_D value. A great deal of data is now available on this point and it is possible to examine this data from more than one angle. In the representation of the experimental results it has become customary to use a $\Theta_D - T$ plot. Since the Debye specific heat function is a unique function of T/Θ_D, it is possible to represent the vibrational heat capacity of a solid at various temperatures by means of a set of Θ_D values (provided the heat capacity is suitably normalized). The $\Theta_D - T$ plots provide a useful survey of the experimental results. It should perhaps be noted that this plot can mask effects as well as exhibit them, and there is very little point in using it unless one has good reason to believe that only vibrational effects contribute to the measured heat capacity.

In the case of face centred cubic metals the variations are on the whole small and appear to be much the same for most of the metals. Examples are shown in Fig. 16.

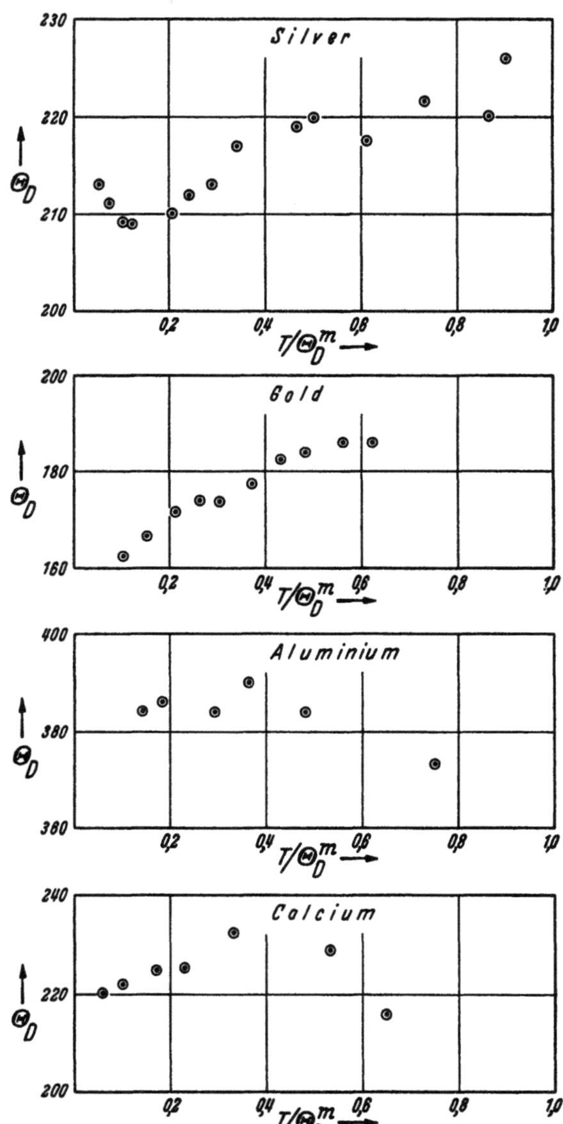

Fig. 16. $\Theta_D - T$ plots for face centred cubic crystals. Θ_D^m represents an average value of Θ_D.

The hexagonal metals show a change with the variation of c/a ratio (Fig. 17). To exhibit the effects on one diagram one can work with reduced values of Θ_D and T, i.e. $\Theta_D/\Theta_D^{(1)}$ and $T/\Theta_D^{(1)}$. It is then important to choose $\Theta_D^{(1)}$ consistently for the different metals. The choice made here is to take $\Theta_D^{(1)}$ equal to value of Θ_D

---

[1] A. Eucken: Wien-Harms Handbuch der Experimentalphysik, Bd. 6 (I). 1929.

when $T \sim \Theta_D$. It will be noted that $\Theta_D/\Theta_D^{(1)}$ is nearly the same for all the metals at low values of the temperature. This point alone disposes of the idea that zinc and cadmium[1] have an anomalous $\Theta_D - T$ variation because they have "two-dimensional" characteristics induced by the relatively large c/a ratio. Any such behaviour would at the very least be characterised by a value of $\Theta_D/\Theta_D^{(1)}$ smaller than unity at the lowest temperatures.

The body centred metals do not appear to conform to a particular pattern. Sodium and potassium show a practically constant Θ_D value, whereas lithium shows a marked increase of Θ_D with temperature. On the other hand tungsten shows a falling Θ_D value. The case of lithium might be reconsidered in the light of the work of Barrett[2] which shows a transformation

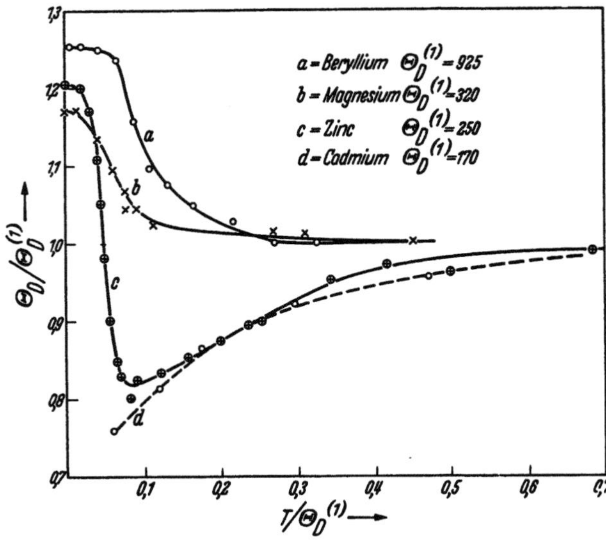

Fig. 17. Reduced $\Theta_D - T$ curves for hexagonal crystals.

below liquid air temperatures; it is associated with cold working but as lithium is rather a special case it would be reassuring to have X-ray evidence that measurements refer to a well defined and unique crystal at all temperatures.

The diamond type structures (Fig. 18) show curves of the same general type but with marked variations in the values for the heavier elements. These show the greatest known deviations from the straight line plot expected on the Debye theory. The curves shown are identical with those given by Hill and Parkinson[3] except that $\Theta_D^{(1)}$ is substituted for what is termed Θ_∞, this being the Θ_D value found at high temperatures. This quantity Θ_∞ has a theoretical meaning for a mathematical lattice model in that this will have a limiting Θ_D value at a sufficiently high temperature. It has no obvious meaning when dealing with an actual crystal and it seems better to use a designation which is directly related to experimental data.

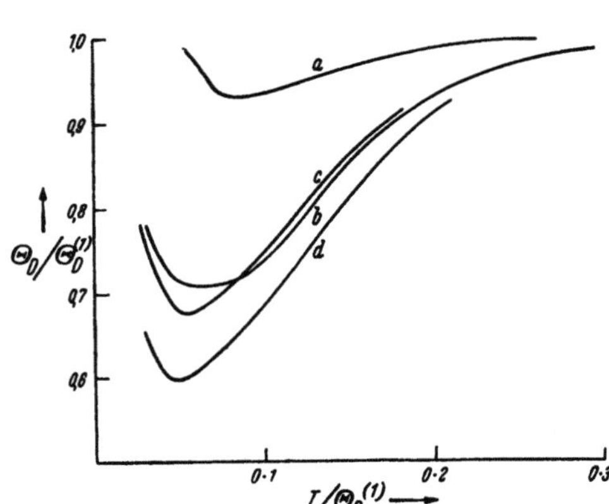

Fig. 18. Reduced $\Theta_D - T$ curves for diamond type crystals: (a) diamond $\Theta_D^{(1)} = 1960$. (b) silicon $\Theta_D^{(1)} = 660$. (c) germanium $\Theta_D^{(1)} = 390$. (d) grey tin $\Theta_D^{(1)} = 240$.

The alkali halides[4] (Fig. 19) show a general tendency to a falling Θ_D value, with increasing temperature, for crystals containing light ions, changing over to

---

[1] This follows from the knowledge of Θ (elastic) which indicates that $\Theta_D/\Theta_D^{(1)} = 1.1$ at very low temperatures.

[2] C. S. Barrett: Phys. Rev. 72, 243 (1947).

[3] R. W. Hill and D. H. Parkinson: Phil. Mag. 63, 309 (1952).

[4] K. Clusius et al.: Z. Naturforsch. 4a, 430 (1949).

a rising curve for crystals containing heavy ions. It should be noted, however, in the latter case that measurements have not been made at temperatures low enough for a complete statement to be made. The case of potassium iodide is so anomalous as to suggest that it would be worth while to investigate this

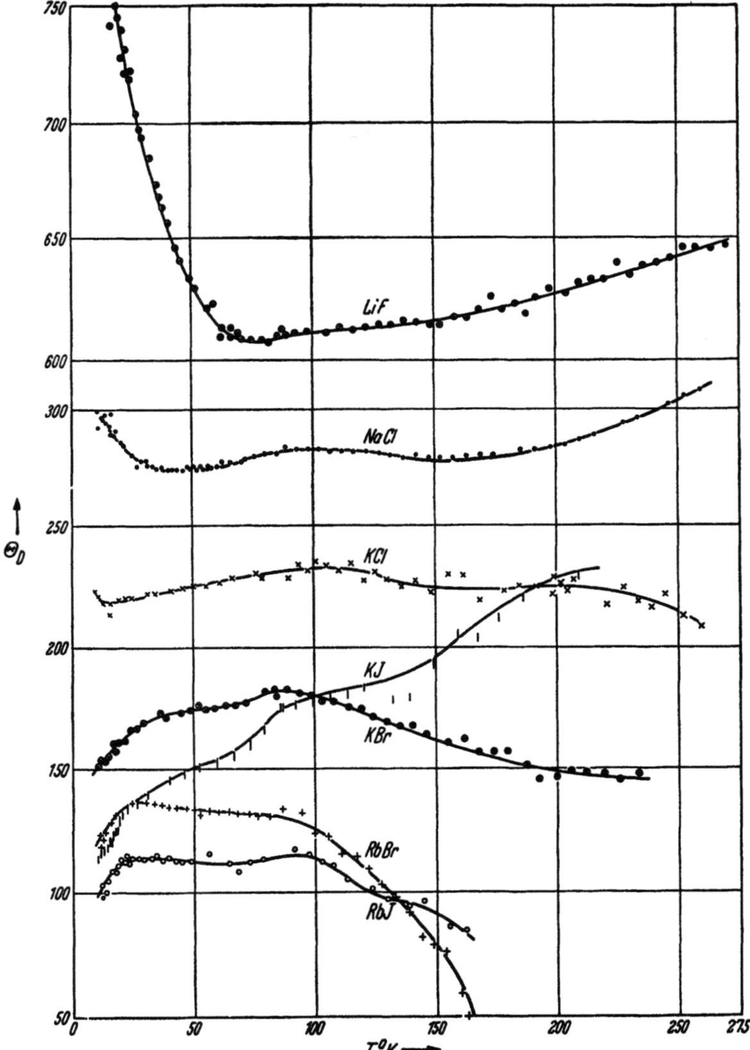

Fig. 19. $\Theta_D - T$ plots for alkali halides.

substance again; none of the other physical properties suggests that it should depart so strongly from the behaviour of other members of the alkali halide series.

That deviations from the Debye theory were to be expected was pointed out by Eucken on the ground that the Debye theory was derived for elastic isotropic media, whereas most crystals are not isotropic. This is a point of view which has received support, e.g. the large variation in the Θ_D value of lithium[1] has been attributed to this anisotropy. It is difficult to see why so much emphasis has been

---

[1] K. Fuchs: Proc. Roy. Soc. Lond., Ser. A **157**, 144 (1936).

placed on this point even if it is an associated factor. It should for instance be expected that sodium and potassium would show the same behaviour as lithium, as their anisotropy is just as large—but they do not. If one takes the criterion of anisotropy used by FUCHS[1], namely the magnitude of $2c_{44}/(c_{11}-c_{12})$, one can compare the ratio of the maximum and minimum values of Θ_D with the value of this factor for various cubic crystals (see Table 8). The factor will be unity for isotropic cubic crystals.

It can therefore be taken as established that there is little to be said for the "anisotropy" argument. There does not seem to be any reason why the DEBYE theory should not be applied, as an approximate theory, for all monatomic crystals at any rate. Even in the isotropic case one still has two independent elastic constants and by suitably varying these one can cover a great variety of cases. As the specific heat is a property averaged over a large number of vibrations, the condition of elastic isotropy does not appear to be very relevant.

Table 8.

Substance	Anisotropy factor	$\Theta_D^{max}/\Theta_D^{min}$
Lithium . .	7.9	1.33
Sodium . .	8.2	1.07
Silicon . .	1.54	1.34
Germanium	1.65	1.42
Diamond. .	1.30	1.07
Silver . . .	4.10	1.16

In the main the DEBYE theory gives a reasonable, though by no means detailed, agreement with experiment in the sense that the deviations of the $\Theta_D - T$ curve from a straight line rarely exceeds 20% and in a good many cases does not exceed 10%. It is therefore still possible to quote Θ_D values for all substances, though the actual value chosen will to some extent depend on the problem considered. To achieve consistency the Θ_D value chosen for Table 9 has been taken at

Table 9.

Element	Θ_D	Element	Θ_D	Element	Θ_D	Substance	Θ_D	Substance	Θ_D
Li	430	Cu	310	W	315	LiF	650	KI	175
Na	160	Pb	86	Hg	90	NaCl	275	RbBr	132
K	99	Cr	405	Be	980	KCl	230	RbI	115
Al	380	Ca	230	Mg	330	KBr	180		
Ag	220	Mo	375	Zn	240				
Au	185	Pt	225	Cd	165				

$T \approx \Theta/2$. This temperature is sufficiently high to give a fair agreement over most of the specific heat curve, and sufficiently low for errors in the magnitude of the $(c_p - c_v)$ correction to be small.

The second major discrepancy between DEBYE theory and experiment which became apparent in EUCKEN's review is the difference in the Θ_D value calculated from specific heats at low temperature and the Θ value calculated from elastic data. Three cases, namely cadmium, zinc, and zinc blende seemed particularly serious as the specific heat had been measured to a temperature $T < \Theta_D/12$ for which the T^3 law ought to hold. In the T^3 region the Θ (elastic) value should agree with the Θ_D value.

It was generally accepted that the T^3 region had been reached in these cases, so much so that an attempt was made by GRÜNEISEN and GOENS[2] to justify the difference theoretically. It is now agreed that this explanation is incorrect; it is indeed difficult to see how a discrepancy can exist at sufficiently low temperatures, if one accepts the ν^2 law as valid for low frequencies.

---

[1] K. FUCHS: Proc. Roy. Soc. Lond., Ser. A **157**, 144 (1936).
[2] E. GRÜNEISEN and E. GOENS: Z. Physik **26**, 235 (1924).

An explanation of the difference shown in Table 10 was suggested as one of the first deductions [2] from the lattice theory of specific heats. This is that there can be a marked variation in Θ_D at temperatures where one should, on DEBYE theory, expect the T^3 law to hold. A simple lattice model [1] showed a marked decrease in Θ_D value with temperature as this is increased from the absolute zero, followed by a minimum and a subsequent increase. It was therefore suggested that measurements at lower temperatures would show a rise in Θ_D value and that the discrepancy would disappear at sufficiently low temperatures.

Such measurements have been carried out on zinc by KEESOM and VAN DEN ENDE [2] and by SMITH [3] to a temperature of $1.6°$ K, where the electronic specific heat predominates. If one subtracts a linear term for this electronic part, the $\Theta_D - T$ curve for the vibrational heat capacity can be constructed with moderate accuracy. The final value $\Theta_D = 303$ is in good agreement with Θ (elastic), which is 305, even though the latter should be increased by a few per cent to allow for the variation of elastic constants with temperature. Recently Dr. MARTIN (of Queen Mary College, London) has measured the heat capacity of zinc blende at very low temperatures, at the writer's suggestion. The $\Theta_D - T$ curve shows a rise as the temperature is lowered below $19°$ K, and though a final constant region was not attained the discrepancy between theory and experiment is now fairly small.

Table 10.

Substance	Θ (elastic)	$\Theta_D (T)$	$T°$K
Zinc	309	205	15
Cadmium . . .	180	128	10
Zinc blende . .	350	270	19

There are very few cases in which a comparison of this type is possible, in fact there are very few cases in which one is reasonably certain that the T^3 region has been reached. These are listed in Table 11.

Table 11.

Substance	Θ_D	Θ (elastic)	T	T_s
Potassium chloride [4] .	233	246	$\sim 0°$ K	$4°$ K
Germanium [5].	362	375	$\sim 0°$ K	7
Lithium fluoride [6] . .	750	—	$\sim 0°$ K	18
Zinc	303	312	$\sim 0°$ K	4

It would certainly be desirable to add to this list particularly as far as non-metals are concerned. On the whole, however, it seems reasonable to conclude that there is no disagreement at sufficiently low temperatures.

The region of temperature in which the T^3 law holds can also be stated in several cases. Here again it is desirable to have more measurements, but it does seem established that the T^3 region does not start at $T = \Theta_D/12$. The criterion chosen for Table 11 is constancy of Θ_D values to 1%. The temperature at which this T^3 region starts is termed T_s, and the values of T_s are shown in Table 11.

This indicates that the T^3 region starts at $T_s \approx \Theta_D/50$ which was suggested originally [7] as a convenient rough figure. It does not seem likely that there would be any very definite figure for T_s; in fact one would expect this to vary from case to case, with the DEBYE value of $\Theta_D/12$ as the upper limit.

19. Lattice theory and experiment. Most, if not all, of the difficulties which have arisen in the comparison of DEBYE theory and experiment disappear when

[1] M. BLACKMAN: Proc. Roy. Soc. Lond., Ser. A **149**, 117 (1935).

[2] W. H. KEESOM and J. VAN DEN ENDE: Proc. Acad. Sci. Amsterd. **35**, 143 (1932).

[3] P. L. SMITH: Oxford Thesis. 1954.

[4] P. H. KEESOM and N. PEARLMAN: Phys. Rev. **91**, 1354 (1953).

[5] P. H. KEESOM and N. PEARLMAN: Phys. Rev. **91**, 1347 (1953).

[6] G. O. JONES and D. L. MARTIN: Phil. Mag **45**, 649 (1954).

[7] M. BLACKMAN: Proc. Roy. Soc. Lond., Ser. A **149**, 117 (1935).

once it is conceded that the properties of the crystal, as distinct from those of the continuum, should be used. The vibrational spectra of crystals show such marked differences from a DEBYE spectrum, that it is not surprising that deviations from DEBYE theory are found. On the contrary, what is surprising is that the DEBYE theory should be such a good approximation.

In using the vibrational spectra of crystals (see Sect. 12) to find the specific heat, it is necessary to consider the assumptions made in the original calculations. In all cases it is assumed that the frequencies are independent of volume, i.e. the

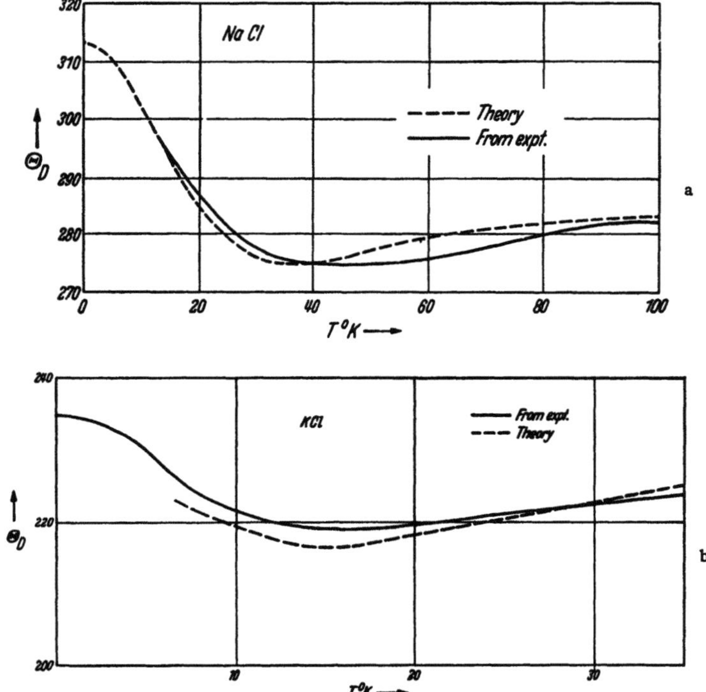

Fig. 20 a and b. Comparison of theory and experiment (a) for rocksalt (b) for sylvine.

effect of the expansion of the crystal on the force constants is ignored. These constants are fitted to elastic constants at room temperature in many cases. It would be best to use elastic constants at very low temperatures and to confine the comparison with specific heat data to low temperatures in the main. Otherwise one should, strictly speaking, attempt to calculate the free energy of the lattice and obtain the heat capacity at constant volume or at constant pressure from the free energy.

Table 12.

Magnesium Oxide		Potassium Chloride		Sodium Chloride	
T/ϑ_0	Θ/Θ_0	T/Θ_0	Θ/Θ_0	T/ϑ_0	Θ/Θ_0
0.0	1.000	0.661	1.022	0.875	1.027
0.317	1.016	0.900	1.039	1.25	1.063
0.592	1.034	1.138	1.052	1.50	1.100

Some idea of the effect of the change in volume of a crystal can be obtained by considering the variation of the Θ (elastic) value in consequence of the variation in elastic constants with temperature[1]. In Table 12, Θ_0 is the value extrapolated to the absolute zero, the designation "elastic" being omitted. This indicates a decrease of about 5% in Θ (elastic) between $T=0$ and $T\approx\Theta$. The variation is much smaller below $T=\Theta/3$ and it is in this region that accurate comparisons can be made.

The comparison between theory and experiment for the ionic crystals KCl and NaCl is shown in Fig. 20 in the form of a Θ_D-T plot. As here COULOMB forces were used, the comparison is particularly interesting though it should be realised that the spectra (see Fig. 6, 7) were not calculated in a particularly exact manner. The number of points used in phase space was not large and though opinions differ on what effect this would have on accuracy, the fact is that no comparisons have been made between exact and less exact calculations. This is a point to be borne in mind in all the cases discussed.

A number of comparisons can be made for the diamond structures (see Fig. 21). All of these are based on vibrational spectra calculated by the method of SMITH[2], the spectra themselves being very similar in type. The comparison shows fair agreement, and the type of divergence between theory and experiment is similar in all three cases. The curves given for germanium and silicon are based on the theoretical Θ_D

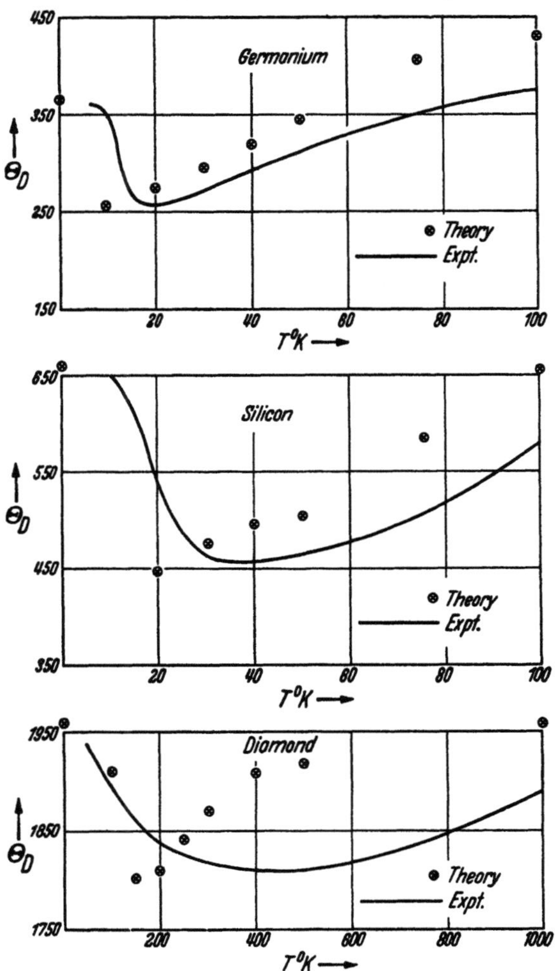

Fig. 21. Comparison of theory and experiment for germanium, silicon and diamond.

values given by HSIEH[3] and the experimental Θ_D values found by HILL and PARKINSON[4] for germanium and by KEESOM and PEARLMAN[5] for silicon. The conclusion drawn here is, however, different from that arrived at by HSIEH, namely that there was a considerable discrepancy between theory and experiment in these two cases. His conclusion appears to be due to a misreading of the experimental data.

In connection with the general difference between theory and experiment, it is surprising that one of the features of the calculation by SMITH should have

[1] M. DURAND: Phys. Rev. **50**, 453 (1936).
[2] H. SMITH: Phil. Trans. Roy. Soc. Lond., Ser. A **188**, 179 (1947).
[3] Y.-C. HSIEH: J. Chem. Phys. **22**, 306 (1954).
[4] R. W. HILL and D. H. PARKINSON: Phil. Mag. **63**, 309 (1952).
[5] P. H. KEESOM and N. PEARLMAN: Phys. Rev. **88**, 397 (1952).

escaped comment. The force constants used in the theory are of two types, for first neighbours and for second neighbours. The latter, together with the particles at the origin of lattice cells, form a face centred cubic lattice; to reduce the number of independent constants, it was assumed that the contribution from second neighbour forces to the elastic constants would be "the same as for central forces". What is actually assumed is that, for these contributions, $c'_{11} = \frac{1}{2}c'_{12} = \frac{1}{2}c'_{44}$. These relations would certainly hold for a face centred cubic lattice with central

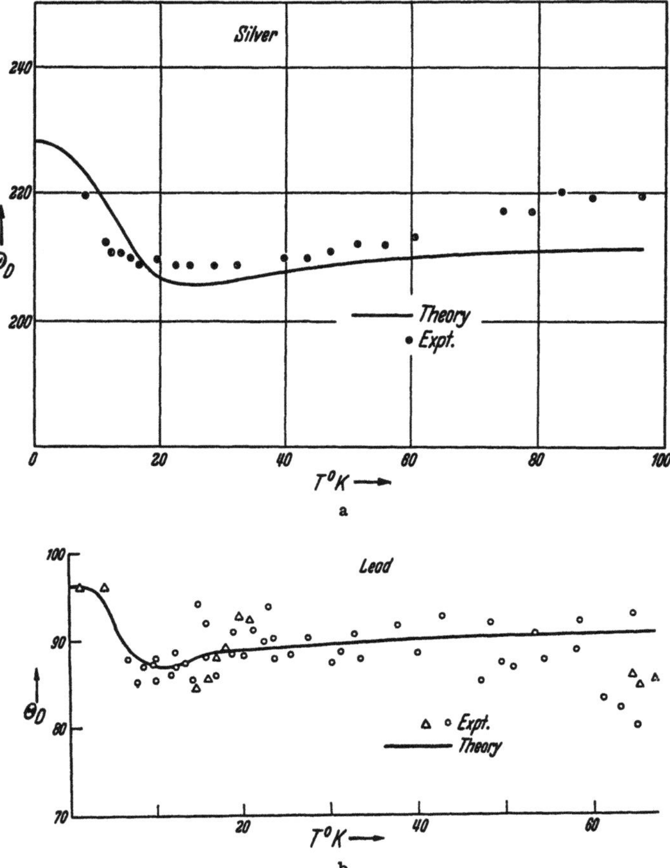

Fig. 22 a and b. Comparison of theory and experiment (a) for silver (b) for lead.

forces in the equilibrium state. The condition of equilibrium is, however, essential. There is no particular reason to suppose that this would hold in the case of second neighbours in diamond type structures and hence the conditions imposed on the second neighbour forces are purely empirical.

A further point which ought to be mentioned is that a maximum has been found in the $\Theta_D - T$ curve for diamond at about $50°\mathrm{K}$ in recent work by DE Sorbo[1]. The previous experimental work by Pitzer[2] and Magnus[3] used in the comparison of theory and experiment in Fig. 21, did not extend to this temperature. The effect found by DE Sorbo is certainly unexpected on the theoretical

[1] W. DE Sorbo: J. Chem. Phys. 21, 877 (1953).
[2] K. S. Pitzer: J. Chem. Phys. 6, 68 (1938).
[3] A. Magnus: Ann. d. Phys., Lpz. 70, 322 (1923).

calculations made so far. More experimental work on this effect and on the properties of diamonds used in the experiment is, however, desirable before attempts are made at a theoretical explanation.

A careful set of calculations has been made by LEIGHTON (see Sect. 12) on face centred cubic crystals. He used a model with forces between first neighbours and second neighbours. The assumptions were sufficiently general to include non-central forces. Two vibrational spectra (one of which is shown in Fig. 9) were worked out in much more detail than has usually been the case. The type of $\Theta_D - T$ curve found can be seen in Fig. 22. This type of curve would be particularly suitable for comparison with the corresponding curves obtained from the heat capacity of solidified rare gases, particularly those in which the zero point energy is small, e.g. xenon, krypton and possibly argon. So far, however, no experimental data have been published.

The $\Theta_D - T$ curves have, however, been used to compare theory and experiment in the case of silver[1] by LEIGHTON, and more recently by DAUNT[2] for lead. There is no doubt that the theoretical $\Theta_D - T$ curves do have the same form as the experimental curves.

It should be emphasized that no valid reasons have been advanced to show that it is justified to represent a metal by a force model involving what amounts to elastic forces between a selected group of particles. It is necessary to repeat that the vibrational properties of a metal still need to be discussed, because the undoubted success of the force models tends to obscure this point.

The fit obtained by applying LEIGHTON's calculations to silver and to lead is shown in Fig. 22. In both cases the electronic contribution to the heat capacity at low temperatures has been subtracted.

This survey shows that the systematic application of lattice theory does, on the whole, account for the deviations from DEBYE theory shown in the measurements of the specific heat of crystals. While it is perhaps too soon to speak of an exact agreement between theory and experiment, the agreement is certainly as good as can be expected at the present stage of the theory.

20. Specific heats at high temperatures. The theory of the heat capacity of solids at high temperatures has not been reconsidered since the work of BORN and BRODY[3] and of SCHRÖDINGER[4]. There have been a number of measurements of c_p but from the theoretical point of view it has been usual to consider C_v only. Since

$$C_v = \left(\frac{\partial F}{\partial T}\right)_v$$

it is necessary to formulate an expression for the free energy F of a crystal at high temperatures where the vibrations are not harmonic. BORN and BRODY have attempted this by expanding the energy of a crystal to the third and the fourth order in the displacements of the particles in a solid. The result is that

$$C_v = 3R(1 + \sigma T) \tag{20.1}$$

where σ is the difference of two terms, and the sign of σ is not determined. A simpler derivation by SCHRÖDINGER leads to the same result.

On the experimental side the difficulty has been that in order to deduce C_v one needs to know a number of other properties of a crystal [cf. eq. (1.1)]. EUCKEN

[1] W. H. KEESOM and J. VAN DEN ENDE: Proc. Acad. Sci. Amsterd. **35**, 143 (1932).
[2] J. G. DAUNT et al.: Phys. Rev. **88**, 1182 (1952).
[3] M. BORN and BRODY: Z. Physik **6**, 132 (1921).
[4] E. SCHRÖDINGER: Z. Physik **11**, 170 (1922).

and Dannöhl[1] made an analysis of the $(c_p - c_v)$ relation for a number of substances but have relied on the assumption that the Grüneisen constant γ (Sect. 29) is independent of temperature. This allows one to deduce the compressibility, when the expansion coefficient is known. It is, however, more than doubtful that this is correct. The only case for which all the data appear to be available is that of rocksalt. This has been used by Siegel and Hunter[2] to obtain C_v values.

It is noteworthy that the result is significantly different from that obtained by Eucken and Dannöhl. There is no definite evidence that the C_v value rises to a maximum and then drops appreciably below the Dulong and Petit value, which was the main conclusion of the earlier work. The point on the graph (Fig. 23) which is given at 1000° K is considered uncertain.

The specific heat of metals at high temperatures presents a similar, rather sorry, spectacle of lack of data to calculate C_v. If one considers cases where the conduction electrons behave more or less normally, it is not difficult to estimate the additional term to be added to the lattice specific heat. In the case of silver this term will be about 0.047 (cals per mole per degree) at $T = 300°$ K. The effect is comparatively small. It can be much larger for the transition elements, e.g. platinum and palladium[3], where the linear term in the heat capacity at very low temperatures is markedly larger than the corresponding term in silver.

A much larger contribution is found in ferromagnetic metals. The details of this extra contribution have been considered by Stoner[4], Mott[5] and more recently by Hunt[6].

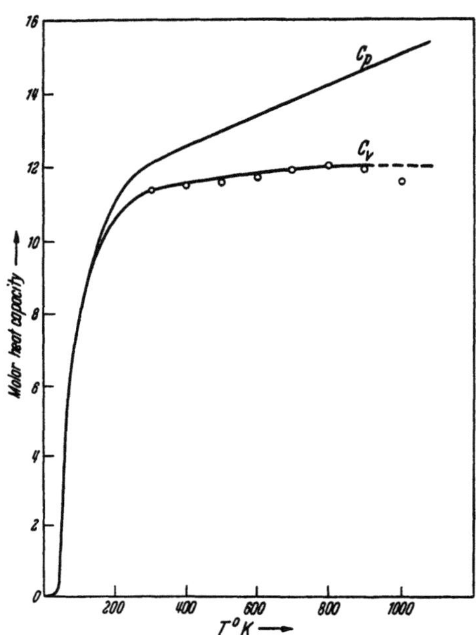

Fig. 23. Molar heat capacity of rocksalt at high temperatures.

As regards the lattice contribution to C_v one is in no better position to make predictions than in the case of ionic crystals. The position is, if anything, worse. It is in principle possible to calculate C_v for ionic crystals, using for example the free energy by a method developed by Born[7]. It is, however, not possible to formulate an equally satisfactory expression in the case of metals.

VII. General Comments on the Vibrational Spectrum and Specific Heats.

The general form of the vibrational spectrum is now well understood. Whatever the particular form the spectrum may take, the vibrational heat capacity will be a monotonic increasing function of the temperature, since this heat capa-

[1] A. Eucken and W. Dannöhl: Z. Elektrochem. 40, 814 (1934).
[2] S. Siegel and L. Hunter: Phys. Rev. 61, 84 (1942).
[3] F. Seitz: Modern Theory of Solids. New York: McGraw-Hill 1940.
[4] E. C. Stoner: Proc. Roy. Soc. Lond., Ser. A 169, 339 (1939).
[5] N. F. Mott: Proc. Roy. Soc. Lond., Ser. A 152, 43 (1935).
[6] K. L. Hunt: Proc. Roy. Soc. Lond., Ser. A 216, 103 (1953).
[7] M. Born: J. Chem. Phys. 7, 591 (1939).

city can always be represented as a sum of EINSTEIN functions which have this character. It therefore follows that any local maximum in the heat capacity curve, however small, must be attributed to some other effect.

21. The low frequency end of the spectrum. A general feature of the heat capacity curve seems to be the initial drop in the Θ_D value as the temperature of the solid is raised from very low temperatures. This property has been found for ionic crystals, e.g. rocksalt and sylvine, and for metals, e.g. zinc and silver once the electronic part of the heat capacity has been subtracted.

The effect was first found theoretically[1] for BORN-v. KARMAN models and is associated with a particular feature of the vibrational spectrum for low frequencies. This tends to rise faster than ν^2 for low values of the frequency ν. This behaviour can best be understood in terms of a plot of the frequency ν against $\tau = \lambda^{-1}$ in a particular direction in the lattice. Such curves (see Fig. 11) deviate from a straight line in the sense that $d\nu/d\tau$ decreases initially with increasing τ; it is of course constant for very small values of τ. The quantity $d\nu/d\tau$ is the group velocity of elastic waves, which will certainly decrease to zero as the edge of the BRILLOUIN zone is reached (or it may have a zero value before this is reached). If one assumes that this behaviour is characteristic of any crystal, $d\nu/d\tau$ will always decrease initially. We then write, for small τ,

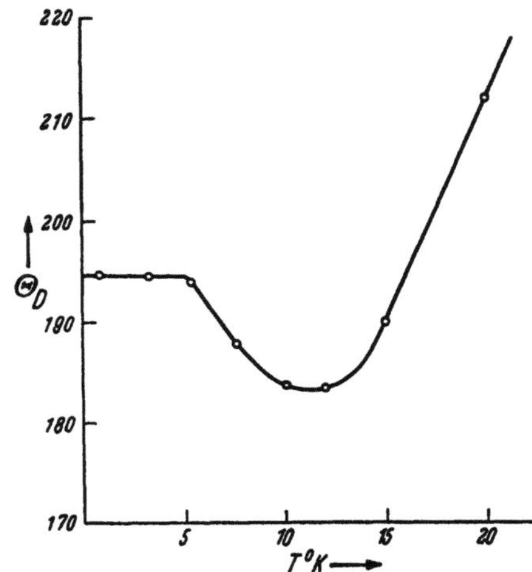

Fig. 24. Θ_D-T plot for a diatomic chain.

$$\frac{d\nu}{d\tau} = a - b\,\tau^2 \qquad (21.1)$$

where a and b are positive, for a particular direction in the crystal. Hence

$$\nu = a\,\tau - \frac{b}{3}\,\tau^3$$

and

$$\tau = \frac{\nu}{a} + \frac{b}{3}\,\frac{\nu^3}{a^4}\,. \qquad (21.2)$$

Since the density of normal vibrations is proportional to $\tau^2\,d\tau$, it follows that the contribution to the density will be proportional to $\sigma(\nu)$ where

$$\sigma(\nu) = a_1\,\nu^2 + b_1\,\nu^4 \qquad (21.3)$$

where a_1 and b_1 are positive. This form will lead to a $\Theta_D - T$ curve in which Θ_D decreases initially with T; this effect will be found even when the general trend of the $\Theta_D - T$ curve is to rise with increasing temperature.

The simplest example of this behaviour is found in the diatomic linear chain. One can express the heat capacity of such a chain in terms of a one-dimensional DEBYE function, and obtain a $\Theta_D - T$ plot in this case[2]. The particular example (Fig. 24) shown has a mass ratio of 8:1 and the $\Theta_D - T$ curve rises steeply except in the initial stage. This particular effect is very clearly marked, rather surprisingly so as it was the first example of the effect to be studied.

[1] M. BLACKMAN: Proc. Roy. Soc. Lond., Ser. A **148**, 384 (1934).
[2] M. BLACKMAN: Proc. Roy. Soc. Lond., Ser. A **149**, 117 (1935).

The corresponding three-dimensional case has also been investigated[1] for Born-v. Karman lattices. It has been found to exist quite generally for monatomic lattices of this type. For lattices of the rocksalt type (but with quasi-elastic forces) it is found that there is an extra contribution to the ν^4 term in the density [cf. eq. (20.3)], which depends on the square of the mass difference and is always positive. A further investigation by the writer (unpublished) shows that a similar term will occur for ionic crystals. From the experimental angle only three ionic crystals, NaCl, KCl and LiF have been examined at sufficiently low temperatures to allow this effect to be discussed. All show the decrease of Θ_D with T in the initial stages. It is true that LiF which has the largest variation of Θ_D at low temperatures (see Fig. 19) has also the largest mass ratio. This cannot be considered as proving the "mass difference effect", as there are two factors which influence the variation; it is probable that the real cause is not the mass difference. It would be interesting in this connection to investigate other halides such as KI and KBr as these possess a strongly rising $\Theta_D - T$ curve in the region so far covered by experiment. The mass ratio in the case of KI is very much the same as for LiF. As regards the general property of an initially falling Θ_D for ionic crystals, it should be noted that the $\nu - \tau$ curves found theoretically by Kellermann[2] for rocksalt have the form of eq. (20.3) for small τ.

The combination of an initial fall in Θ_D with a generally rising $\Theta_D - T$ curve leads to a feature which was for a time a puzzling result in the experimental work. The $\Theta_D - T$ curve has a minimum which can occur at reasonably low temperatures ($T < \Theta_D/12$); then measurements carried as far as this minimum would show an apparent T^3 law. The Θ_D values associated with this T^3 region would not agree with the Θ (elastic) values but would be lower. Such cases of a "pseudo T^3" region do occur (cf. Sect. 18).

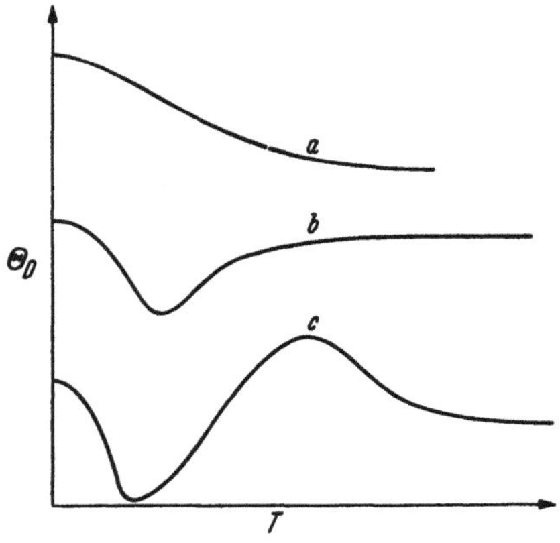

22. Types of $\Theta_D - T$ curves. A knowledge of the general form and properties of the vibrational spectrum leads one to expect certain general types of $\Theta_D - T$ curves[3] which are shown in Fig. 25. Most of the experimental curves fall into categories (a) and (b), though (b) seems to be the commonest type (see Fig. 16 to 19). It is found for instance in cubic metals and in alkali halides and appears therefore to have no relation to bonding or to detailed crystal structure. An example of (c) occurs apparently in the case of potassium bromide (see Fig. 19) and of (a) in the case of beryllium (see Fig. 17).

Fig. 25. Theoretical types of $\Theta_D - T$ curves.

Some of the sets of $\Theta_D - T$ curves might well suggest that there is a relation between the crystal structure and a definite type of curve. The curves for the diamond structures (Fig. 18) have very much the same trend, as is also the case for the close packed cubic metals. The similarities are, however, due less to the crystal structure than to the similarity in the relative magnitudes of the forces between atoms or ions. If one plots for instance the elastic constants (suitably reduced) of a group of cubic crystals in a suitable diagram[4], the substances having

[1] M. Blackman: Proc. Cambridge Phil. Soc. **33**, 94 (1937).
[2] E. W. Kellermann: Phil. Trans. Roy. Soc. Lond., Ser. A **238**, 1513 (1940).
[3] M. Blackman: Proc. Roy. Soc. Lond., Ser. A **149**, 117 (1935).
[4] M. Blackman: Proc. Roy. Soc. Lond., Ser. A **164**, 62 (1938).

the same structure usually lie close together in this diagram (Fig. 26). These also have as a rule the same type of $\Theta_D - T$ curve. Where they lie far apart the $\Theta_D - T$ curves are very different. Examples of this are tungsten and lithium (both body centred cubic) or lithium fluoride and potassium bromide. The general conclusion is that there is no specific crystal effect on the $\Theta_D - T$ curves. There are only certain typical $\Theta_D - T$ curves which are characteristic of certain simple lattices, e.g. close packed cubic or close packed hexagonal. A number of crystals are in a certain sense an approximation to these ideal types.

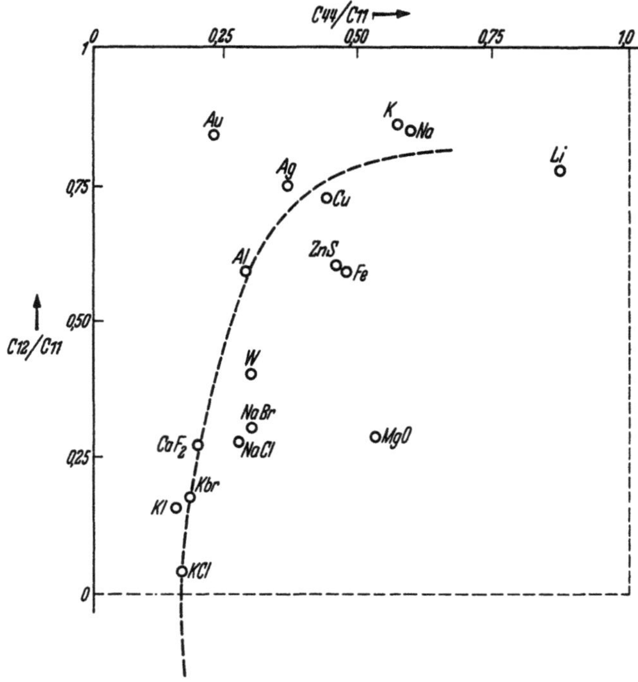

Fig. 26. Plot of the reduced elastic constants for cubic crystals.

23. Relation between Debye theory and lattice theory.

The lattice theory of specific heats offers no particularly simple relation between specific heat and temperature; in fact it offers no relation which can be expressed in a reasonable form for any crystal. Each case has to be worked out more or less laboriously. It is, therefore, advantageous both to experimental and theoretical physicists to retain the notation and the mathematical apparatus of the Debye theory, which offers a relatively simple and familiar "formula". The use of $\Theta_D - T$ graphs bridges the gap between the two theories. As noted above the deviations of the $\Theta_D - T$ curves from the Debye straight line are not in general very large.

It is of some interest to enquire whether this experimental result is to be expected on theoretical grounds. The Debye theory is essentially a one parameter theory and there are no obvious reasons for supposing that lattice theory would follow suit. On the contrary one would at first sight expect anything but a one parametric representation. This can be seen by considering the Θ_D values to be expected for a crystal at high and at low temperatures. High temperatures are here defined as being such that the first two terms in the Thirring expansion (Sect. 6) suffice; low temperatures are such that the T^3 law holds and hence $\Theta_D = \Theta$ (elastic).

At high temperatures we can define a Θ value by comparing the Thirring expansion with the corresponding expansion on the Debye theory. This leads to

$$\Theta_D^2 (\text{H. T.}) = \frac{h^2}{k^2}\,\frac{5}{3}\,\frac{\int \varrho(\nu)\,\nu^2\,d\nu}{\int \varrho(\nu)\,d\nu}\,. \tag{23.1}$$

At low temperatures we merely work out Θ (elastic) for the particular crystal.

On the Debye theory these two Θ values are equal. If we consider a general lattice on the other hand it becomes clear that these quantities need not be equal. One can for instance choose the elastic constants (while still retaining dynamical stability) so as to make Θ (elastic) as small as desired. This can be done, in a cubic crystal, by choosing a very small value of the shear modulus c_{44}. The value of the mean velocity c_m (cf. Sect. 10) and hence the value of Θ (elastic) will in this case be controlled almost entirely by the c_{44} value and will tend to zero as c_{44} tends to zero. On the other hand provided the value of c_{11} for instance (or the compressibility) is kept constant the value of Θ_D (H.T.) will be practically unchanged. One can hence, in principle at any rate, vary the value of the ratio $R = \Theta\,(\text{el.})/\Theta_D(\text{H.T.})$ over a wide range.

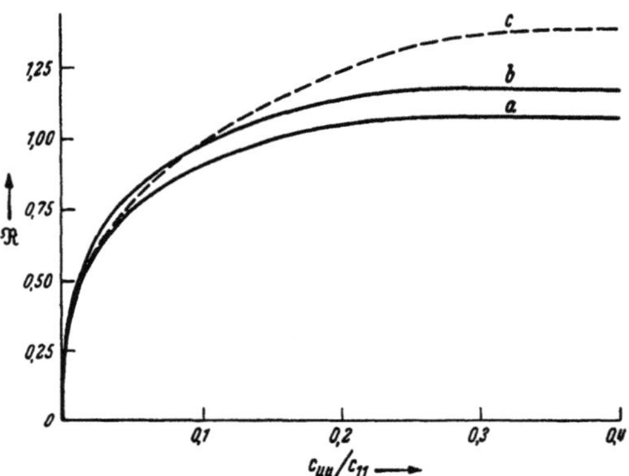

Fig. 27. The ratio of Θ_D values at high and at low temperatures as a function of c_{44}/c_{11} for lattices of (a) rocksalt type and equal masses (b) caesium chloride type and equal masses (c) simple cubic type.

This statement can be supplemented by quoting the results of calculations for specific cases[1]. Three cases have been considered, (a) a simple cubic Born- v. Karman model, (b) an ionic lattice of the rocksalt type, (c) an ionic lattice of the caesium chloride type. In (a) the ratio of the force constants for first and second neighbours was varied. In (b) and (c) the masses of the ions were taken as equal and the ratio R can be arranged in a form in which it depends on the magnitude of the parameter c_{44}/c_{11}. In these crystals $c_{12} = c_{44}$. The value of R was determined over a wide range of the parameter (see Fig. 27).

The results confirm the conclusion that one can vary R from zero upwards, and show further that the ratio R becomes more or less constant over a wide range of values of the parameter—a result which is rather surprising. The value of R in this range is 1.06 for the rocksalt type lattices and 1.16 for the caesium type lattices. This behaviour seems to be one of the reasons why the Debye theory appears to be such a good approximation.

VIII. On Θ Values.

24. Introductory remarks. The definition of a Θ value is that it is equal to $h\nu/k$, where ν is either a characteristic frequency or some average frequency. A great deal of confusion has been caused by the assumption that Θ values derived from different physical properties of a solid should be equal. Such an assumption may have been justified in the early stages of specific heat theory, but it has long

---

[1] M. Blackman: Proc. Roy. Soc. Lond., Ser. A **181**, 58 (1942).

outlived its usefulness. To misquote GEORGE ORWELL[1], if all Θ values are equal, some are a good deal more equal than others.

It would seem advisable to restrict the term Θ_D to the representation of specific heat data only; even here, since Θ_D is not a constant, it is worthwhile on occasion to indicate the temperature or temperature range. In all other cases Θ values should be labelled in such a way that their origin is made evident. This is, it is true, rather cumbersome but any survey of the history of specific heats suggests that one is well advised to sacrifice elegance to clarity.

The simplest case is that of Θ (elastic), i.e. the Θ value derived from the elastic constants of a solid (see Sect. 10). This is equal to Θ_D if both are measured at sufficiently low temperatures. Otherwise they are not in general equal, though it may be possible to derive a relation between them at other temperatures for a theoretical lattice model.

25. Θ values from infra red data. One of the earliest methods of estimating Θ values in the case of ionic crystals, is to use the frequency associated with the residual rays ("Reststrahlen"). In cubic crystals of the rocksalt, or the caesium chloride, type there is only one vibration active in the infra red. In this transverse vibration the positive and negative ions are in antiphase, and the wavelength is equal to tbat of the incident radiation. This natural frequency can best be observed by studying the transmission of infra red through a very thin film of the particular substance, the minimum of transmission occurring at the characteristic frequency. These measurements were carried out by CZERNY[2] and his collaborators, but this represents a rather later stage in infra red measurements. The earlier measurements were made on the reflection of infra red from the surface of crystals and the position of the maximum of the reflection was chosen to evaluate the frequency. The position of the reflection maximum is related in a complicated manner to that of the transmission minimum. It is determined principally by the minimum of the refractive index which is found on the short wave side of the absorption maximum. Hence higher frequencies are found if one uses the reflection maximum. If one terms the two Θ values Θ_A (I.R.) and Θ_R (I.R.), it is rather curious to find that Θ_R (I.R.) agrees remarkably well with the average value of Θ_D, whereas the Θ_A (I.R.) values are definitely lower (see Table 14 below).

The position of the absorption frequency is the same as that of the main maximum in the vibrational spectrum of ionic crystals such as rocksalt and sylvine. As the vibrational spectrum extends a considerable distance beyond this maximum, it is not surprising that the Θ_A values are low compared with Θ_D. In fact, if one uses the results of KELLERMANN's calculations one can relate the two values, where Θ_D refers to the limiting DEBYE value at high temperatures. This relation is

Table 13.

Substance	R (theor.)	R (expt.)
LiF	1.44	1.48
NaCl	1.23	1.28
KBr	1.15	1.16
KCl	1.16	1.13

$$R^2 = \left(\frac{\Theta_A}{\Theta_D}\right)^2 = \left(\frac{6}{5} - \frac{\pi}{9}\frac{e^2 \varkappa}{r_0^4}\right), \tag{25.1}$$

where $\varkappa$ is the compressibility, e the electronic charge and $2r_0$ the lattice spacing. One can compare the theoretical relation with the experimental value, this being in the main a check of the theoretical model; it does, however, make the difference between Θ_A and Θ_D evident.

---

[1] G. ORWELL: Animal Farm. London: Martin Secker and Warburg Ltd. 1945.
[2] M. CZERNY and R. B. BARNES: Z. Physik **72**, 447 (1931).

As far as Θ_R (I.R.) is concerned, it will be clear from the above discussion that the good empirical fit with experiment is to be regarded as due to a combination of favourable circumstances and is not based on a direct relation between the two quantities. This is made more evident if one allows for the fact that in many cases there are two peaks in the reflection from cubic ionic crystals, only the main one being used in the calculation.

26. Θ values from compressibility and melting point. A number of relations have been derived either from some simple lattice model or on dimensional grounds, between a Θ value and the compressibility $\varkappa$ of a lattice. The first of these appears to be due to Madelung[1]; a similar relation was also derived by Einstein[2]. This Θ value, which we will term $\Theta_\varkappa$, has the form

$$\Theta_\varkappa = A\, \varkappa^{-\frac{1}{2}}\, \mu^{-\frac{1}{3}}\, \varrho^{-\frac{1}{6}} \tag{26.1}$$

where A is a constant, ϱ the density, and μ the atomic or molecular weight of the substance considered. While in using a model, a value of the constant can be obtained, it is an empirical fact that the value of A will vary according to the nature of the lattice if one attempts to fit the formula to the known Θ_D values. In all cases the $\Theta_\varkappa$ values are derived, strictly speaking, for a high frequency vibration of the lattice and hence insofar as they approximate to Θ_D values, they do so at relatively high temperatures. Their chief merit is that they give an estimate of Θ_D when no specific heat data is available for a particular solid.

A derivation of a formula of type (26.1) has been given for certain ionic crystals[3] (the rocksalt and caesium chloride types). This is based on the evaluation of $\overline{\nu^2}$ when $T \gg \Theta_D$ (see Sect. 6). In the ionic crystals, nearest neighbour repulsive forces together with coulomb forces were used, and a simple form results. For crystals of the rocksalt type one obtains

$$\Theta_\varkappa = \frac{h}{k}\, \frac{1}{2\pi} \cdot \left(\frac{5 r_0}{m\varkappa}\right)^{\frac{1}{2}}, \tag{26.2}$$

where $\varkappa$ is, again, the compressibility, m is the reduced mass of the ions and $2 r_0$ is the lattice spacing. The theory shows that $\Theta_\varkappa$ is equal to Θ_D at high temperatures in the model used, and should be compared with Θ_D (expt.) only in this limit. In Table 14 below, taken from a paper by Clusius, Perlick and Goldmann[4], the comparison is made and is remarkably good. It is less good for silver chloride and silver bromide but it is unlikely that the ionic model used is a particularly good approximation in these cases.

The corresponding formula to eq. (26.2) in the case of caesium chloride structures is

$$\Theta_\varkappa = \frac{h}{k}\, \frac{1}{2\pi} \left(\frac{10 a}{9 m\varkappa}\right)^{\frac{1}{2}}, \tag{26.3}$$

where a is the lattice spacing. No data seem to be available to test the correspondence between $\Theta_\varkappa$ and Θ_D.

Another of the well known relations for Θ values is due to Lindemann[5], based on a simple picture of the melting of a solid, though the relation can also be obtained on dimensional grounds. This again has been used with some success to predict Θ_D values where no other methods are available. The Lindemann

[1] E. Madelung: Phys. Z. **11**, 898 (1910).
[2] A. Einstein: Ann. Phys., Lpz. **34**, 170, 590 (1911); **35**, 679 (1911).
[3] M. Blackman: Proc. Roy. Soc. Lond., Ser. A **181**, 58 (1942).
[4] K. Clusius et al.: Z. Naturforsch. **4a**, 430 (1949).
[5] F. Lindemann: Phys. Z. **11**, 609 (1910).

relation is

$$\Theta_T = B\left(\frac{T_M}{M\,V^{\frac{2}{3}}}\right)^{\frac{1}{2}}, \qquad (26.4)$$

where M is the mean atomic weight, V is the mean atomic volume, and T_M the melting point. The "constant" B is, however, not constant but varies somewhat with the type of crystal. The agreement which can be obtained, is shown in Table 14 with $B = 115$.

27. The temperature dependence of the reflection of X-rays. The movement of the particles in a lattice causes a change in the reflection of X-rays from the lattice. One aspect of this has been discussed in Sect. 15. Besides this diffuse scattering there is a change in the total intensity of the BRAGG reflections from a particular set of planes. The theory of this temperature effect is well known under the name of the DEBYE-WALLER theory. The intensity is found to depend on the temperature in the form $I = I_0 e^{-2M}$ where M can be written as

Table 14.

Substance	Θ_T	Θ_R (I.R.)	Θ_A (I.R.)	$\mathfrak{E}_{\varkappa}$ (BLACKMAN)	Θ_D (expt.)
LiF	1020	845	440	686	607–750
NaCl	294	276	235	292	275–300
KCl	229	226	203	233	218–235
KBr	171	176	162	185	152–183
KI	119	153	141	162	115–200
RbBr	123	143	126	136	120–135
Rb I	109	122	111	119	100–118

$$M = 8\,\pi^2\,\overline{u_z^2}\,\sin^2\varphi/\lambda^2. \qquad (27.1)$$

Here φ is the BRAGG angle, λ the wavelength of X-rays, and $\overline{u_z^2}$ is the mean square deviation of the component of the displacement along the direction z which is perpendicular to the reflecting planes. For cubic crystals this quantity will be independent of the choice of the direction of z, otherwise it has the properties of a second order tensor.

Considering monatomic cubic crystals one can express the displacement in terms of the normal vibrations of the crystal, and hence in terms of the mean energy of the normal vibration. One then finds

$$M = \frac{2}{3}\,\frac{\sin^2\varphi}{\lambda^2}\,\frac{1}{N\,m}\sum_\nu \frac{P\!\left(\dfrac{h\nu}{kT}\right)}{\nu^2}, \qquad (27.2)$$

where N is the total number of particles in the crystal, m the atomic mass, ν the frequency of a normal vibration and

$$P\!\left(\frac{h\nu}{kT}\right) = \frac{1}{2}\,h\nu + \frac{h\nu}{e^{\frac{h\nu}{kT}} - 1}.$$

If the vibrational spectrum has the DEBYE form, then one is led to the DEBYE-WALLER formula

$$M = \frac{6\,h^2}{m}\,\frac{1}{k\,\Theta}\left(\frac{\sin\varphi}{\lambda}\right)^2\left(\frac{\Phi(x)}{x} + \frac{1}{4}\right), \qquad (27.3)$$

where $x = h\nu_D/kT = \Theta_D/T$, ν_D the cut off frequency of the DEBYE spectrum, and

$$\Phi(x) = \frac{1}{x}\int_0^{x_D}\frac{\xi\,d\xi}{e^\xi - 1}. \qquad (27.4)$$

On this theory, the Θ value found experimentally, which we shall term Θ (X.R.), should be the same as the Θ_D value found from specific heat data.

This is, however, not the case if one starts from a vibrational spectrum which differs from that of DEBYE[1]. In that event one has to return to eq. (27.2) and write the formula as

$$M = \left(\frac{\sin \varphi}{\lambda}\right)^2 \frac{2}{m} \frac{\int \varrho(\nu) P\left(\frac{h\nu}{kT}\right)\nu^{-2}\, d\nu}{\int \varrho(\nu)\, d\nu}. \tag{27.5}$$

At high temperatures this reduces to

$$M = \left(\frac{\sin \varphi}{\lambda}\right)^2 \frac{2kT}{m} \frac{\int \varrho(\nu)\nu^{-2}\, d\nu}{\int \varrho(\nu)\, d\nu}, \tag{27.6}$$

whereas the DEBYE-WALLER formula becomes

$$M = \left(\frac{\sin \varphi}{\lambda}\right)^2 \frac{6kT}{m} \frac{h^2}{k^2\Theta^2(\text{X.R.})}. \tag{27.7}$$

Hence if we interpret the experimental results in terms of the DEBYE-WALLER formula, we can write

$$\frac{1}{\Theta^2(\text{X.R.})} = \frac{k^2}{h^2} \frac{\frac{1}{3}\int \varrho(\nu)\nu^{-2}\, d\nu}{\int \varrho(\nu)\, d\nu}. \tag{27.8}$$

Hence if one knows the vibrational spectrum one can calculate $\Theta(\text{X.R.})$ at high temperatures and relate it to the Θ_D value at high temperatures. The number of suitable vibrational spectra is unfortunately somewhat limited, but a fair selection is given in Table 15. The Θ (elastic) value is added for comparison.

<table>
<tr><td colspan="4" align="center">Table 15.</td><td colspan="4" align="center">Table 16.</td></tr>
<tr><td>Type of spectrum</td><td>Θ (X.R.)</td><td>Θ_D</td><td>Θ (elastic)</td><td>Substance</td><td>Θ (X.R.) expt.</td><td>Θ_D (high temps.)</td><td>Θ (elastic)</td></tr>
<tr><td>Simple cubic . . . .</td><td>121</td><td>144</td><td>132</td><td></td><td></td><td></td><td></td></tr>
<tr><td>Face centred cubic . .</td><td>189</td><td>182</td><td>209</td><td>KCl[2]</td><td>240</td><td>230</td><td>230</td></tr>
<tr><td>Sylvine . . . .</td><td>220</td><td>230</td><td>230</td><td>Li[3]</td><td>352</td><td>430</td><td>354</td></tr>
<tr><td>Diamond . . . . . .</td><td>1911</td><td>1960</td><td>1910</td><td>Al[4]</td><td>415</td><td>380</td><td>394</td></tr>
</table>

It will be seen that the general tendency is for the $\Theta(\text{X.R.})$ to be lower than Θ (elastic) and also lower than Θ_D. The discussion of Θ (X.R.) at lower temperatures is complicated by the existence of the zero point energy. It is not then possible to translate the results uniquely into the language of the DEBYE-WALLER theory, though it is of course possible to work out the M values. The difficulty disappears if the relative intensity at different temperatures is considered, as the zero point energy term will then be cancelled out (provided one is permitted to ignore the effect of the expansion of the lattice). It is then possible to construct Θ (X.R.)$-T$ curves for a given vibrational spectrum. At very low temperatures Θ (X.R.) will then be equal to Θ_D and to Θ (elastic), and the typical curve seems to be one falling with temperature, rather similar to curve (a) in Fig. 25.

The experimental results usually yield only an average value of Θ (X.R.). Only a few substances have been investigated and of these even fewer can be compared with lattice theory. Including KCl among the monatomic crystals Table 16 gives a survey of what seems to be available.

[1] M. BLACKMAN: Proc. Cambridge Phil. Soc. **33**, 381 (1937).
[2] R. W. JAMES and G. W. BRINDLEY: Proc. Roy. Soc. Lond., Ser. A **117**, 214 (1927).
[3] G. PANKOW: Helv. phys. Acta **9**, 88 (1936).
[4] R. W. JAMES, G. W. BRINDLEY and R. G. WOOD: Proc. Roy. Soc. Lond., Ser. A **125**, 401 (1929).

The experimental values do seem to be somewhat higher than the Θ (elastic) value, though one would have expected them to be lower. The fact that Θ (X.R.) is an average value between low and high temperature would partly account for this, but it is not clear that it can wholly account for the discrepancy. It is, however, evident in the case of lithium that there is a marked difference between Θ (X.R.) and Θ_D.

28. Θ values from electrical resistance. A large number of measurements have been made of the variation with temperature of the electrical resistance of pure metals. These have been used to determine a Θ value (termed here Θ (E.R.) by a method suggested by GRÜNEISEN[1]. This is based on the BLOCH[2] theory of the resistance of metals; this theory leads to an expression for the resistance in two extreme cases at low temperatures ($T \ll \Theta$) and at high temperatures ($T \gg \Theta$). GRÜNEISEN suggested a formula which has the theoretical form in the two limiting cases. The ratio of the specific resistance which is written as σT to that at high temperatures $\sigma_\infty T$ is assumed to have the form

$$\frac{\sigma}{\sigma_\infty} = \frac{20}{x^4} \int_0^x \frac{\xi^4}{e^\xi - 1} - \frac{4x}{e^x - 1}, \tag{28.1}$$

where $x = \Theta/T$.

The form is empirical in nature and the Θ values are chosen to give the best fit with experiment. The correlation of such Θ values with Θ_D values is on the whole surprisingly good as is shown in Table 17.

Table 17.

	Substance							
	Li	Na	Cu	Ag	Au	Pb	Al	W
Θ (E.R.)	363	202	333	203	175	86	395	333
Θ_D	340–430	159	330–310	212	168–186	82–88	385	357–305

The result of this agreement has been twofold. It has led to suggestions that in those cases where there are disagreements, the heat capacity might be due in part to effects other than vibrational. It has also had the effect of obscuring the basic features of the BLOCH theory.

In particular it seems to have been widely overlooked that, in the BLOCH theory, the interactions of electrons with longitudinal waves only are responsible for the electrical resistance. The conclusion which therefore should be drawn is that if a Θ value is to be compared with Θ (X.R.) it should be one pertaining to longitudinal waves only[3]. One can, for instance, calculate on the DEBYE pattern a Θ value for longitudinal waves only, using the elastic constants for an isotropic crystal such as tungsten. This we will term Θ_L. In the case of other metals one can obtain an average Θ_L value, by finding an average longitudinal velocity. These Θ_L values turn out to be larger than Θ (E.R.) by from 30% to 100%. While it is possible to argue[4] that one should allow for the dispersion of the longitudinal waves, which would make the numerical value closer to that actually found in sodium, it would not greatly improve the agreement in all cases nor would it be consistent with the assumption of a constant Θ value.

[1] E. GRÜNEISEN: Ann. Phys., Lpz. **16**, 530 (1933).
[2] F. BLOCH: Z. Physik **52**, 555 (1928); **59**, 208 (1929).
[3] M. BLACKMAN: Proc. Phys. Soc. Lond., Ser. A **64**, 681 (1951).
[4] P. G. KLEMENS: Proc. Phys. Soc. Lond., Ser. A **65**, 71 (1952).

It seems more reasonable to suppose that all types of waves do actually contribute to the electrical resistance. In the present state of the theory, however, the main conclusion is that there is no clear cut reason to expect Θ (E.R.) values to coincide with Θ_D values.

29. Θ values from the expansion coefficient. The use of expansion coefficients to obtain Θ values (which we will term Θ (dil.)) was first investigated by GRÜNEISEN[1].

The principle of the relation between expansion coefficient and specific heat can be described briefly. The free energy of a crystal can be considered as the sum of the free energies of the normal vibrations, if the zero of free energy is suitably chosen and if the temperature is not too high. The free energy of a linear oscillator is

$$f = kT \ln\left(1 - e^{-\frac{h\nu}{kT}}\right), \tag{29.1}$$

where in the general case the frequency can be considered as a function of the volume of the crystal. Hence the total free energy F can be written as

$$F = F_0 + \sum_\nu kT \ln\left(1 - e^{-\frac{h\nu}{kT}}\right). \tag{29.2}$$

The term F_0 contains the potential energy as well as the zero point energy. It will depend on the volume but not explicitly on the temperature.

It then follows from thermodynamic considerations that

$$\beta = \frac{\varkappa}{V} \sum_\nu \gamma_\nu \, \mathrm{E}\left(\frac{h\nu}{kT}\right), \tag{29.3}$$

where β is the coefficient of dilatation, $\varkappa$ the compressibility, V the volume of the crystal and

$$\gamma_\nu = -\frac{\partial \log \nu}{\partial \log V}. \tag{29.4}$$

If the quantity γ_ν is assumed to be independent of the frequency, it then follows that

$$\beta = \gamma \varkappa c_v / V \tag{29.5}$$

where γ is GRÜNEISEN's constant. If this formula is accepted at its face value it shows that over a wide region of temperature the volume expansion coefficient is proportional to the heat capacity. In the case of simple crystals one would expect γ to be positive, and for some substances it does appear that γ is nearly constant. Fitting the experimental results to a DEBYE type curve will yield a Θ value.

In Table 18 a number of such results are given with the corresponding Θ_D value.

Table 18.

	Substance					
	Pt	Cu	Au	Diamond	CaF$_2$	FeS$_2$
Θ (dil.)	236	325	180	1860	474	645
Θ_D	225	310	185	1940	479	620

The only really detailed theoretical analysis of the expansion of crystals has been made by BORN[2] for isotropic alkali halides; this should apply reasonably

---

[1] E. GRÜNEISEN: In WIEN-HARMS Handbuch der Experimentellen Physik, Bd. 8 (II). 1929.
[2] M. BORN: Atomtheorie des festen Zustandes. Berlin: J. B. Teubner 1923.

well to the case of rocksalt. It was found that β is proportional to T^3 at low temperatures, but γ in (28.5) varied with temperature from $\gamma=1.47$ at low temperatures to $\gamma=2.20$ at high temperatures. This certainly shows that the GRÜNEISEN theory is not exact. What is rather more disturbing is that the expansion coefficients of zinc blende[1] and of silicon[2] have been found to be negative at low temperatures, while positive at high temperatures. This is in flat contradiction to what one would expect on the GRÜNEISEN theory.

A rather more general analysis of expansion coefficients[3] shows that a number of approximations have to be made to obtain in a reasonably simple form, the expansion coefficient along the crystal axes. For a cubic crystal the expansion coefficient takes the form

$$\alpha = k\,\mathrm{D}\left(\frac{\Theta}{T}\right). \tag{29.6}$$

In the more general crystal the expansion coefficients along the crystal axes are linear combinations of the above forms. For hexagonal crystals, for example.

$$\left.\begin{aligned}
\alpha_\perp &= (S_{11} + S_{12})\,q_\perp + S_{13}\,q_\| \\
\alpha_\| &= 2\,S_{13}\,q_\perp + S_{33}\,q_\|,
\end{aligned}\right\} \tag{29.7}$$

where $q_\perp$ and $q_\|$ are proportional to DEBYE functions and the S_{ik} are the elastic moduli in VOIGT's notation. It is possible to obtain a reasonable fit[4] to the expansion coefficients along the axes, to explain for instance the negative expansion coefficient along the c axis, $\alpha_\perp$, at low temperatures in the case of zinc. It is, however, not possible to link the Θ values so obtained with those necessary to explain the specific heat data.

Bibliography.

a) Books and reviews.

[1] BORN, M.: Atomtheorie des festen Zustandes. Berlin: J. B. Teubner 1923. — One of the classics of the theory of solids. A comprehensive account of the properties of crystals based on the central force model.

[2] SCHRÖDINGER, E.: In GEIGER-SCHEELS Handbuch der Physik, Bd. 10. 1926. — An excellent review of the theory of specific heats, containing in particular a detailed survey of the DEBYE theory and its relation to experiment.

[3] EUCKEN, A.: In WIEN-HARMS Handbuch der Experimental-Physik, Bd. 8 (1). 1929. — A comprehensive survey of the experimental and theoretical aspects of specific heats.

[4] BLACKMAN, M.: Rep. Progr. Phys. 8 (1941). — A survey of the theory of specific heat of solids, from the point of view of vibrational spectra.

[5] LEIBFRIED, G., and W. BRENIG: Fortschr. Phys. 1, No. 5 (1953). — A review of the theory of the vibrational properties and of the vibrational spectra of crystals.

[6] BORN, M., and K. HUANG: Dynamical theory of lattices. Oxford: Clarendon Press 1955. — A detailed account of the deformation and the vibrations of solids based on very general assumptions. It contains also a review of the vibrational spectra of crystals.

b) Papers.

[7] EINSTEIN, A.: Ann. Phys., Lpz. 22, 180 (1907). — The EINSTEIN theory of specific heats.

[8] DEBYE, P. P.: Ann. Phys., Lpz. 39, 789 (1912). — The DEBYE theory of specific heats.

[9] BORN, M., and TH. V. KARMAN: Phys. Z. 13, 297 (1912). — The "cyclic" lattice and the dynamics of simple cubic crystals, leading to an approximate function for the heat capacity of crystals.

---

[1] H. ADENSTEDT: Ann. Phys., Lpz. 26, 69 (1936).
[2] H. D. V. ERFLING: Ann. Phys., Lpz. 41, 467 (1942).
[3] E. GRÜNEISEN: In GEIGER-SCHEELS Handbuch der Physik, Bd. 10 (1). 1926.
[4] E. GRÜNEISEN and E. GOENS: Z. Physik 29, 141 (1924).

382   Bibliography.

[*10*] BLACKMAN, M.: Proc. Roy. Soc., Lond., Ser. A **148**, 385 (1935). — The vibrational spectrum of a two-dimensional lattice.

[*11*] BLACKMAN, M.: Proc. Roy. Soc., Lond., Ser. A **159**, 416 (1937). — The vibrational spectrum of a three-dimensional lattice.

[*12*] KELLERMANN, E. W.: Phil. Trans. Roy. Soc., Lond., Ser. A **238**, 513 (1940). — The vibrational spectrum of rocksalt.

[*13*] LEIGHTON, R. B.: Rev. Mod. Phys. **20**, 165 (1948). — The vibrational spectrum of face centred cubic lattices.

[*14*] SMITH, H.: Phil. Trans. Roy. Soc., Lond., Ser. A **241**, 105 (1948). — The vibrational spectrum of diamond.

[*15*] MONTROLL, E. W.: J. Chem. Phys. **11**, 481 (1943). — The method of "moments applied to the vibrational spectrum of simple cubic lattices.

[*16*] MONTROLL, E. W.: J. Chem. Phys. **15**, 575 (1947). — An investigation of the vibrational spectrum of two-dimensional lattices showing the logarithmic infinity in the spectrum.

[*17*] SMOLLETT, M.: Proc. Phys. Soc. Lond., Ser. A **65**, 109 (1952). — Geometrical interpretation of the singularities in the spectrum of two-dimensional lattices.

[*18*] HOVE, L. VAN: Phys. Rev. **89**, 1189 (1953). — A mathematical analysis of the singularities in the vibrational spectrum of lattices.

[*19*] OLMER, P.: Bull. Soc. franç. Minér. **71**, 144 (1948). — Diffuse X-ray scattering used to construct an approximate vribrational spectrum for Aluminium.

Theorie der Gitterfehlstellen.

Von

A. Seeger.

Mit 161 Figuren.

1. Einleitung. Die Theorien der Kristallstruktur und der Kristallkohäsion beziehen sich primär auf sog. Idealkristalle, bei denen keinerlei Abweichungen vom regelmäßigen Gitterbau der Kristalle auftreten. Als Beispiele hierfür seien die Bornsche Gittertheorie der Ionenkristalle und derjenige Teil der Elektronentheorie der Metalle genannt, der die Bindungsfestigkeit und Stabilität der Metallstrukturen behandelt. Schon sehr frühzeitig hat sich die Theorie jedoch auch mit den Abweichungen vom idealen Kristallbau befaßt, die in Wirklichkeit immer auftreten. Der hierbei am gründlichsten studierte Problemkreis ist die Theorie der Gitterschwingungen und der spezifischen Wärme der Kristalle.

Die thermischen Schwingungen der Atome stellen verhältnismäßig milde Störungen des idealen Kristallbaus[1] dar. Dementsprechend läßt sich ihre Theorie, von derjenigen des Idealgitters ausgehend, weitgehend deduktiv und in formaler Geschlossenheit durchführen. Erst in neuerer Zeit hat sich die theoretische Festkörperphysik gründlicher mit stärkeren Abweichungen vom idealen Kristallbau, den eigentlichen *Gitterfehlern*, befaßt. Die theoretische Behandlung ihrer *physikalischen Eigenschaften* ist, da es sich ja hier nicht mehr um kleine Abweichungen vom idealen Kristallbau handelt, wesentlich komplizierter als diejenige der Gitterschwingungen und dementsprechend längst noch nicht abgeschlossen. Befriedigender liegen die Verhältnisse bei den *geometrischen Eigenschaften* der Gitterfehler, die sich heute schon in einiger Vollständigkeit überblicken lassen und die wir deshalb in Abschnitt A zum Ausgangspunkt der systematischen Diskussion der Abweichungen vom idealen Kristallbau nehmen werden.

Eine Systematik der Abweichungen des in Wirklichkeit auftretenden „*Realkristalls*" von dem vollkommen regelmäßig gebauten „*Idealkristall*" ist von verschiedenen Autoren gegeben worden. F. Seitz[2] geht von 6 primären Kristallfehlern („imperfections") aus, nämlich a) Phononen (Quanten der Gitterschwingungen), b) Elektronen und Defektelektronen, c) Excitonen, d) Gitterlücken (Leerstellen) und Zwischengitteratomen, e) Fremdatomen auf Gitter- oder Zwischengitterplätzen und f) Versetzungen. Hinzu treten noch drei vorübergehende Störungen („transient" imperfections), nämlich g) Photonen (Quanten der elektromagnetischen Strahlung jeder Wellenlänge), h) geladene Teilchenstrahlen (schnelle positive oder negative Ionen, Elektronen und Positronen, geladene Mesonen) und i) elektrisch neutrale Teilchen (Neutronen, neutrale Mesonen, Neutrinos). Seitz behandelt insbesondere die Wechselwirkung zwischen diesen neun verschiedenen Arten von Störungen und die genetischen Zusammenhänge zwischen ihnen.

H. Pick[3] hat eine etwas andere Einteilung der Abweichungen der Realkristalle von den Idealkristallen gegeben. Er unterscheidet:

---

[1] Wegen der Definition des Idealkristalls s. Ziff. 2.
[2] F. Seitz: [1], S. 3.
[3] H. Pick: Naturwiss. **41**, 346 (1954).

α) Chemische Fehlordnung. Jeder Kristall weist einen gewissen Gehalt an Fremdstoffen auf, der sich nur in ganz seltenen Fällen unter 10^{-6} herabdrücken läßt.

β) Strukturelle Fehlordnung. Hierher gehören alle Abweichungen der Lage der Kristallbausteine (Atome bzw. Ionen) von der vollkommen regelmäßigen Anordnung des Idealgitters.

γ) Elektrische Fehlordnung. Diese ist definiert als die Abweichung der elektrischen Ladungsverteilung im Kristall von der strengen Periodizität des Idealkristalls. Die chemische und strukturelle Fehlordnung ist fast immer auch mit einer elektrischen Fehlordnung verknüpft, doch gibt es auch Fälle, bei denen man in guter Näherung von einer elektrischen Fehlordnung ohne zugehörige chemische oder strukturelle Fehlordnung sprechen kann (freie Elektronen und Defektelektronen, Excitonen, Polaronen).

Das vorliegende Kapitel befaßt sich mit den Gitterfehlern in sog. *fast fehlerfreien Kristallen*[1]. Dabei werden in erster Linie die mechanischen Eigenschaften und Wirkungen der *strukturellen Fehlordnung* und nur ganz gelegentlich und ohne jeden Anspruch auf Vollständigkeit die damit verknüpfte elektrische Fehlordnung sowie die chemische Fehlordnung betrachtet werden. Ganz ausgeschieden werden alle diejenigen Vorgänge in Kristallen, deren wesentliches Kennzeichen die Anregung von Elektronen oder Defektelektronen, sei es durch thermische Energie oder elektromagnetische Strahlung, ist. Da ein großer Teil der heutigen Kenntnisse über strukturelle Fehler in Molekül-, Valenz- und Ionenkristallen dem experimentellen und theoretischen Studium solcher elektronischen Vorgänge zu verdanken ist und die Untersuchung dieser Fehler sich oft sachlich gar nicht von der Untersuchung optischer und elektrischer Eigenschaften abtrennen läßt, wird das Schwergewicht unserer detaillierteren Ausführungen bei den *Metallen* liegen.

Auf die Eigenschaften von Fehlstellen bei den übrigen Typen von kristallinen Festkörpern werden wir so weit eingehen, daß die Unterschiede zu den Verhältnissen bei Metallen deutlich hervortreten.

A. Überblick über die Gitterfehler.

2. Idealer und fast fehlerfreier Kristall. Ein wirklicher Kristall enthält eine Vielzahl von Abweichungen vom idealen Kristallbau. Im thermischen Gleichgewicht befinden sich stets eine Anzahl Ionen oder Atome auf Zwischengitterplätzen, während manche Gitterplätze unbesetzt sind und Leerstellen oder Gitterlücken bilden. In Verbindungskristallen ist es darüber hinaus noch möglich, daß sich Atome und Ionen auf Gitterstellen eines anderen Verbindungspartners befinden. Infolge der thermischen Bewegung ist in einem bestimmten Augenblick nur ein kleiner Bruchteil aller Gitterbausteine genau an seinem Platze, und selbst wenn man durch Annäherung an den absoluten Nullpunkt den Einfluß der thermischen Bewegung ausschaltet, so bleibt doch stets die sog. Nullpunktsbewegung, d.h. die durch teilweise Festlegung des Ortes eines Atoms im Gitter bedingte quantenmechanische Impulsunsicherheit zurück.

Als genau definiertes, idealisiertes Bild des wirklichen Kristalls wurde der sog. *Idealkristall* eingeführt. Die in einem Kristall vorhandenen verschiedenartigen Ionen bzw. Atome, die wir durch einen Index p unterscheiden, werden als punktförmig gedacht. Ihr Ort sei, nachdem die oben erwähnten Unvollkommenheiten sowie etwaige elastische Verspannungen durch Verschiebungen der Atome bzw. durch zeitliche Mittelbildung eliminiert sind, ein Gitter von

---

[1] Wegen genauer Definitionen der verwendeten Begriffe s. Ziff. 2.

Punkten $A, B, C, D \ldots$ Diese Punkte befinden sich dann an den Stellen mit den Ortsvektoren

$$\mathfrak{r}_{pq} = n_1 \mathfrak{a}_1 + n_2 \mathfrak{a}_2 + n_3 \mathfrak{a}_3 + \mathfrak{R}_{pq}. \tag{2.1}$$

Die n_i sind irgendwelche ganze Zahlen, die $\mathfrak{a}_i$ sind drei nichtkomplanare Vektoren, die eine Elementarzelle des betreffenden Kristalls aufspannen, und $\mathfrak{R}_{pq}$ ist der Ortsvektor der verschiedenen Ionen innerhalb der Elementarzelle, wobei Ionen derselben Art durch den Index q abgezählt werden. q läuft dabei von 1 bis Q_p, der Gesamtzahl der Ionen der p-ten Art in der Elementarzelle.

Wählt man die $\mathfrak{a}_i$ so, daß die Q_p die kleinstmöglichen Werte annehmen, so heißen sie primitive Gittervektoren. Die zugehörigen Elementarzellen werden primitive Elementarzellen[1] und das Gitter

$$\mathfrak{r} = \sum_{i=1}^{3} n_i \mathfrak{a}_i \tag{2.2}$$

wird das BRAVAIS-Gitter oder „Translationsgitter" des betreffenden Kristalls genannt. Für die Kennzeichnung der Versetzungen in einem Kristall spielt das BRAVAIS-Gitter die Hauptrolle (s. Ziff. 37). Von den 14 verschiedenen möglichen Translationsgittern[2] sind für die Anwendungen der Theorie der Versetzungen bis jetzt das kubisch-primitive Gitter $\varGamma_c$, das kubisch-flächenzentrierte Gitter $\varGamma_c'$, das kubisch-raumzentrierte Gitter $\varGamma_c''$ und das hexagonale Gitter $\varGamma_h$ wichtig geworden.

Dem eben definierten Idealkristall K stellen wir nun den wirklichen Kristall K' gegenüber[3], wobei zur Erleichterung der folgenden Diskussion angenommen werde, daß die thermische und die Nullpunktsbewegung durch Bildung des Zeitmittels über die Schwingungen der Atome eliminiert sei.

Ein solcher wirklicher Kristall kann auf vielerlei Arten vom Idealkristall abweichen. Elastische Spannungen bewirken eine Ortsabhängigkeit der Gitterparameter. Der Kristall kann aus mehreren Körnern bestehen oder verzwillingt sein, und schließlich wird er sich nicht, wie Gl. (2.1) angibt, ins Unendliche erstrecken, sondern allseitig begrenzt sein[4]. Alle diese Abweichungen vom Idealgitterbau einschließlich der bereits oben aufgezählten möglichen Gitterfehler zerstören die Gittersymmetrie, so daß im mathematisch strengen Sinne einem in der Natur vorkommenden wirklichen Gitter gar keine Symmetrie zukommt. Da man jedoch (etwa durch röntgenographische Methoden) praktisch immer die Symmetriebeziehungen des idealen Gitters auffinden konnte, zeigt dies, daß in den meisten Kristallen nur ein kleiner Teil des Gesamtvolumens eine falsche Struktur aufweist, d.h., daß diese Kristalle „fast fehlerfrei" sind[5].

Eine genauere Definition dessen, was als fast fehlerfreier Kristall bezeichnet werden soll, erhält man auf folgende Weise [61]: Drei Ionen A', B', C' werden drei in entsprechender Lage liegende Gitterpunkte A, B, C als „Bilder" im „Bild-

---

[1] Im allgemeinen gibt es zu einem bestimmten Gitter verschiedene primitive Elementarzellen, die jedoch alle das gleiche Volumen haben. Manchmal bezeichnet man diejenige unter ihnen, die die kleinste Oberfläche hat, als die gedrungenste primitive Elementarzelle.

[2] Alle 14 verschiedenen Translationsgitter sind bei P. EWALD, Handbuch der Physik, Bd. 23/2, 2. Aufl. 1933, abgebildet. Vgl. auch Ziff. 8 des Artikels von H. JAGODZINSKI in diesem Bande.

[3] Die Betrachtung eines Idealkristalles neben dem wirklichen Kristall beim Studium von Gitterfehlern geht auf F. C. FRANK [61] zurück.

[4] Wir betrachten im folgenden die Kristalloberfläche jedoch nicht als eine Fehlstelle und gehen nur gelegentlich auf ihre Wechselwirkung mit den eigentlichen Gitterfehlern ein. Hinsichtlich der Theorie der Kristalloberfläche vgl. man [16] und C. HERRING [7], S. 1.

[5] Bei verzwillingten oder aus mehreren Körnern bestehenden Kristallen werden natürlich nur die Übergangszonen als fehlgeordnet betrachtet.

kristall" K zugeordnet. Im allgemeinen wird es möglich sein, zu einem vierten Ion D', das mit den drei anderen ein Tetraeder aufspannt, eindeutig ein Ion im Bildkristall anzugeben (etwa dadurch, daß sich entsprechende Tetraederwinkel in K und K' weniger voneinander unterscheiden als bei jeder anderen Wahl). Indem man diesen Prozeß fortsetzt, erhält man zu einem im Gitter von Atom zu Atom fortschreitenden Weg $\mathfrak{C}'$ einen zugeordneten „Bildweg" $\mathfrak{C}$. Kristallbereiche, in denen der Bildweg eindeutig bestimmt ist, heißen „gut"; solche, in denen man nicht mehr in eindeutiger Weise auf Grund obiger Konstruktion $\mathfrak{C}$ finden kann, heißen „schlecht". Beispiele für schlechte Bereiche sind Korngrenzen oder andere Gebiete, in denen Atome nicht von der richtigen Zahl von Nachbarn umgeben sind (Fig. 1).

Als „fast fehlerfrei" wird ein Kristall bezeichnet, dessen schlechte Bereiche nur einen kleinen Bruchteil des Gesamtvolumens einnehmen. Um eindeutige Orientierungsbeziehungen zu gewährleisten, müssen topologische Merkwürdigkeiten wie der von Frank [61] erwähnte „Möbius-Kristall" ausgeschlossen werden.

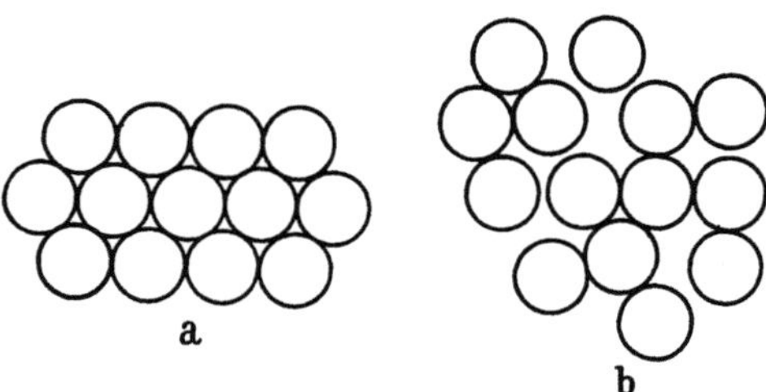

Fig. 1a u. b. Beispiele für einen guten (a) und einen schlechten (b) Kristallbereich.

Man kann die schlechten Bereiche in einem fast fehlerfreien Kristall durch ganz in gutem Gebiet verlaufende Flächen einschließen und die so erfaßten Gitterfehler nach der Anzahl der Dimensionen einteilen, in denen sie größere als nur atomare Ausdehnung aufweisen. Es ergibt sich auf diese Weise die folgende Systematik[1]:

Erstreckung des Gitterfehlers in

2 Dimensionen: Korngrenze oder Zwillingsgrenze;

1 Dimension: Versetzungslinie;

0 Dimensionen: Atomare Fehlordnung, wie Gitterlücken, Zwischengitteratome, Atome auf falschen Gitterplätzen (bei Verbindungen und geordneten Legierungen), Assoziation von Gitterlücken usw.

Die letzte Gruppe unterscheidet sich dadurch grundsätzlich von den beiden ersten Fehlstellentypen, daß einige ihrer Gitterfehler im thermodynamischen Gleichgewicht bei höheren Temperaturen in meßbarer Anzahl vorhanden sein *können*, obwohl sie nach Kaltverformung, Abschrecken, Bestrahlung durch Teilchenstrahlen im allgemeinen in *höherer* als der Gleichgewichtskonzentration vorhanden sein werden. Versetzungslinien, Korngrenzen oder Zwillingsgrenzen entsprechen wohl im ganzen Existenzbereich einphasiger fester Körper Nicht-Gleichgewichtszuständen[2,3].

---

[1] Ein Gitterfehler muß in mindestens einer Richtung eine Abmessung von höchstens der Größenordnung weniger Atomabstände aufweisen, da es sich andernfalls nicht um einen Gitterfehler, sondern um eine zweite Phase handeln würde.

[2] In dieser Allgemeinheit gilt diese Aussage nur dann, wenn Oberflächen- und Grenzflächeneffekte außer acht bleiben. Wie R. L. Fullman gezeigt hat (s, J. H. Hollomon [9], S. 1), kann bei starker Anisotropie der Oberflächen- bzw. Grenzflächenenergie der thermodynamisch tiefste Zustand manchmal nicht ein Einkristall, sondern ein polykristallines Aggregat sein. Der Grund hierfür ist, daß die Orientierungsunterschiede in einem solchen Aggregat es unter Umständen ermöglichen, die Oberflächen- bzw. Grenzflächenenergie so stark zu vermindern, daß die Energieerhöhung infolge der Gegenwart von Korngrenzen überkompensiert wird. Ein Beispiel für einen solchen Fall stellt der Kugelgraphit im Gußeisen dar, bei dem die kristallographische c-Achse immer etwa radial weist.

[3] Hinsichtlich der Versetzungen werden wir dieses Ergebnis bei der Betrachtung der freien Energie einer Versetzung in Ziff. 61 ausführlicher besprechen.

Die eben skizzierte Einteilung ist noch etwas roh. Wir werden sie im nächsten Abschnitt mit Hilfe des sog. „BURGERS-Umlaufs" verfeinern.

3. Systematik der Gitterfehler. *α) BURGERS-Umlauf und BURGERS-Vektor*[1]. Zur quantitativen Beschreibung der in Ziff. 2 aufgeführten Gitterfehler eignet sich der sog. BURGERS-*Umlauf.* Darunter versteht man einen im guten Bereich des wirklichen Kristalls von Atom zu Atom fortschreitenden Weg $\mathfrak{B}'$, dessen Anfangs- und Endpunkt zusammenfallen. Der zugehörige Bildweg $\mathfrak{B}$ braucht sich natürlich dann nicht zu schließen, wenn $\mathfrak{B}'$ schlechtes Kristallgebiet umfährt (s. als Beispiel Fig. 2). Der Vektor $\mathfrak{b}$, der vom Endpunkt von $\mathfrak{B}$ zum Anfangspunkt zurückführt, heißt der BURGERS-*Vektor* des Umlaufs. Da $\mathfrak{B}'$ sich nur durch gutes Kristallgebiet erstreckt und der BURGERS-Umlauf somit eine ganze Zahl von

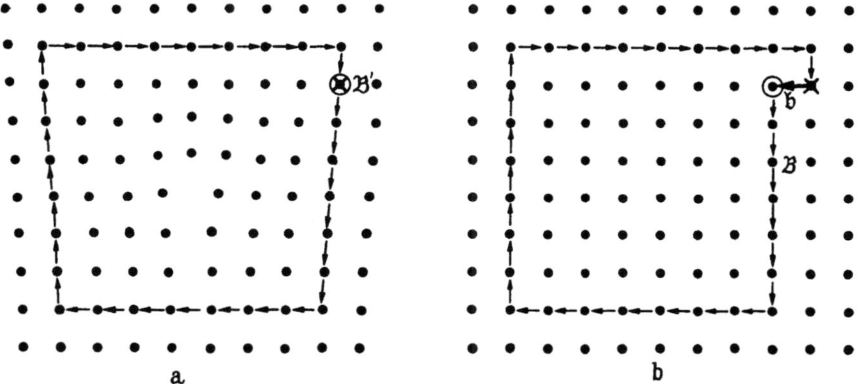

Fig. 2a u. b. BURGERS-Umlauf $\mathfrak{B}'$ im wirklichen Kristall (a), $\mathfrak{B}$ im Bildkristall (b); ⊙: Anfangspunkt; ✕: Endpunkt. In diesem Beispiel schließt sich $\mathfrak{B}$ nicht. Der in (b) vom Endpunkt zum Anfangspunkt zurückführende Vektor ist der BURGERS-Vektor $\mathfrak{b}$.

primitiven Elementarzellen umfaßt, muß $\mathfrak{b}$ ein Gittervektor im BRAVAIS-Gitter der betrachteter Kristallstruktur sein[2]. Im Sinne der Vektorrechnung ist $\mathfrak{b}$ ein freier Vektor, da man ja innerhalb des guten Kristallgebietes den BURGERS-Umlauf einschließlich Anfangs- und Endpunkt beliebig verschieben kann und der Vektor $\mathfrak{b}$ dabei nach Größe und Richtung erhalten bleibt.

β) Nulldimensionale Fehlstellen. Unter einer nulldimensionalen Fehlstelle wird ein schlechtes Kristallgebiet verstanden, das in allen drei Raumdimensionen atomare Abmessungen aufweist. Die Trennfläche zwischen gutem und schlechtem Gebiet hat in diesem Falle immer die Zusammenhangsverhältnisse einer Kugeloberfläche. Ein BURGERS-Umlauf, der ein solches Gebiet umfährt, ergibt immer $\mathfrak{b} = 0$, da man ja den BURGERS-Umlauf bei gleichbleibendem Burgersvektor durch Verschiebungen im guten Gebiet auf einen Punkt zusammenziehen kann (Fig. 3).

Eine solche nulldimensionale Fehlstelle kann man beseitigen, indem in dem schlechten Gebiet die Anordnung, die Zahl oder die Beschaffenheit der Gitterbausteine so geändert wird, daß man es durch geringe elastische Verspannungen mit dem übrigen Kristall zu einem einheitlichen guten Gebiet zusammenfügen kann. Je nach der Art der dafür notwendigen Veränderungen hat man es dabei mit einer Leerstelle, einem Leerstellenpaar, Atomen auf Zwischengitterplätzen, Verunreinigungen oder Ausscheidungen, Atomen auf falschen Gitterplätzen oder anderem mehr zu tun.

---

[1] J. M. BURGERS: [60].
[2] Wir werden später (Ziff. 45) die Definition des BURGERS-Umlaufs erweitern und dann auch BURGERS-Vektoren betrachten, die keine Gittervektoren im BRAVAIS-Gitter sind.

Historisch gesehen, hat sich unsere Kenntnis dieser atomaren Fehlordnung vor allem am Studium der elektrischen und optischen Eigenschaften fester Körper, insbesondere von Ionenkristallen, entwickelt. Deren Behandlung ist nicht die Aufgabe des vorliegenden Kapitels; dementsprechend werden wir in Abschnitt B vor allem die *mechanischen* Eigenschaften der atomaren Fehlordnung betrachten.

γ) *Eindimensionale Fehlstellen.* Eindimensionale Fehlstellen erstrecken sich im wesentlichen längs offener oder geschlossener Linien im Kristall; die Trennfläche zwischen gutem und schlechtem Gebiet ist eine Röhre mit einem Durchmesser von atomaren Dimensionen. Ein Beispiel hierfür ist eine nadelförmige Ausscheidung in einem sonst fehlerfreien Kristall. Die zugehörige Trennfläche

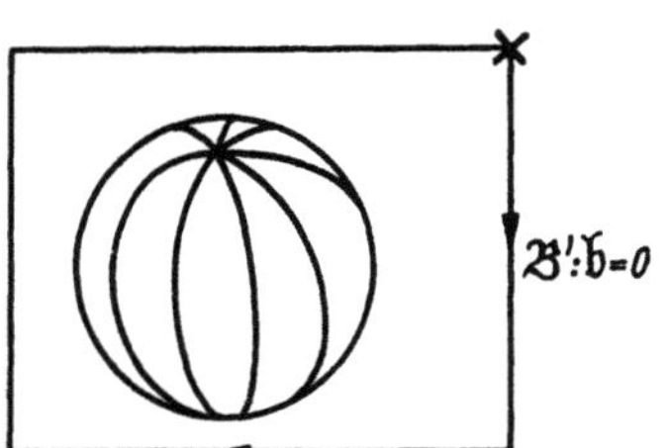

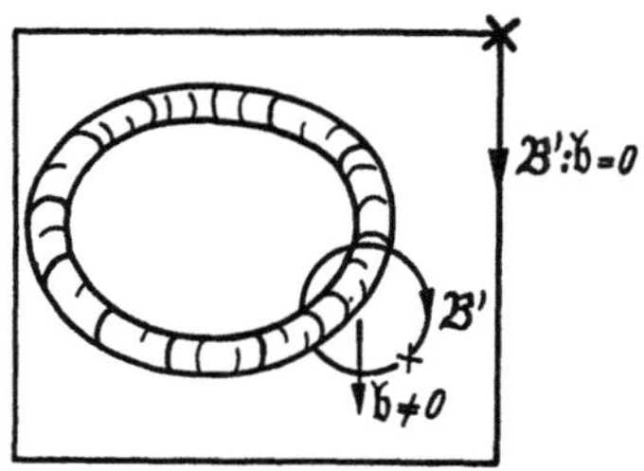

Fig. 3. Burgers-Umlauf um eine topologische Kugel ergibt immer den Burgers-Vektor Null.

Fig. 4. Burgers-Umlauf um einen Torus kann einen endlichen Burgers-Vektor $\mathfrak{b}$ ergeben.

hat in diesem Fall ebenfalls die Zusammenhangsverhältnisse einer Kugel, und nach der oben gegebenen Argumentation ist in diesem Fall der Burgers-Vektor eines Umlaufes $\mathfrak{B}'$ um die Nadel Null.

Will man einen von Null verschiedenen Burgers-Vektor erhalten, so muß man schlechte Gebiete betrachten, die entweder den Zusammenhang eines Torus (oder noch kompliziertere Zusammenhangsverhältnisse) aufweisen (Fig. 4) oder sich von Kristalloberfläche zu Kristalloberfläche erstrecken (Fig. 5). In solchen Fällen ist es möglich, für Burgers-Umläufe, die sich nicht durch Verschiebungen des Weges innerhalb guten Gebietes auf einen Punkt zusammenziehen lassen, nichtverschwindende Burgers-Vektoren zu erhalten.

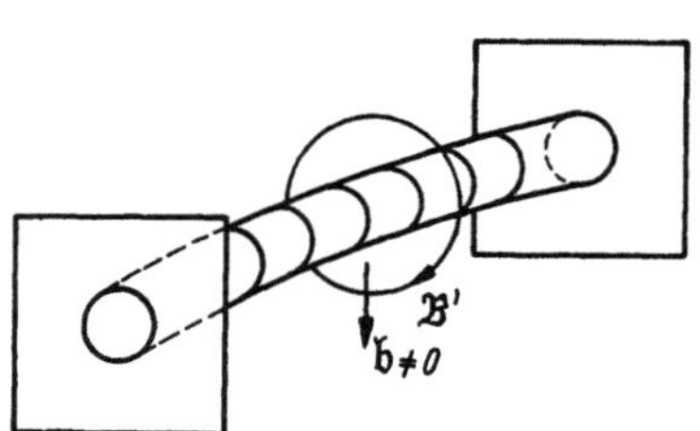

Fig. 5. Burgers-Umlauf um eine sich von Kristalloberfläche zu Kristalloberfläche entstehende Fehlstelle kann einen endlichen Burgers-Vektor ergeben.

Ergibt sich der Burgers-Vektor tatsächlich als endlicher Gittervektor, so sagt man, der zugehörige Burgers-Umlauf habe eine *Kristallversetzung* (bzw. eine Gruppe von Kristallversetzungen) umfahren. Kristallversetzungen spielen eine große Rolle bei der Deutung der mechanischen Eigenschaften kristalliner Festkörper; dementsprechend werden wir sie in Abschnitt C sehr ausführlich behandeln.

Aus obigem kann man sofort ersehen, daß sich eine Versetzung nicht dadurch beseitigen läßt, daß man Atome in das schlechte Gebiet einfügt oder aus ihm herausnimmt. Durch solche Veränderungen bleibt ja der Burgers-Vektor ungeändert, und solange er von Null verschieden ist, umfährt der Burgers-Umlauf schlechtes Gebiet. Eine Versetzungslinie ist also von einer Reihe von Leerstellen oder Zwischengitteratomen derselben geometrischen Form wesentlich verschieden und kann nicht durch diese ersetzt werden. Auf den Zusammenhang zwischen Leerstellen, Zwischengitteratomen und Versetzungen werden wir später (Ziff. 43 und 44) ausführlich zurückkommen.

δ) *Zweidimensionale Fehlstellen.* Bei der Betrachtung der schlechten Gebiete, welche nur in einer einzigen Dimension einen Durchmesser von atomaren Abmessungen aufweisen, wollen wir von vornherein den trivialen Fall ausschließen, daß man das schlechte Gebiet durch Wegnehmen und Hinzufügen von Atomen in gutes Kristallgebiet verwandeln kann, d.h., daß es sich lediglich um eine ausgedehnte Ansammlung von atomarer Fehlordnung, z.B. eine Kondensation von Leerstellen, einen Riß im Kristallinnern, eine GUINIER-PRESTON-Zone oder ähnliches handelt.

Wird dies ausgeschlossen, so bleiben im wesentlichen zwei Möglichkeiten (oder eine Kombination von beiden):

1. Die Kristallteile besitzen eine verschiedene Orientierung auf beiden Seiten der fehlgeordneten Zone. Dieser Fall ist realisiert bei einer Korngrenze oder bei einer Zwillingsgrenze zwischen sog. Orientierungszwillingen.

2. Die unmittelbar an die fehlgeordnete Schicht anschließenden Kristallteile sind gegeneinander um einen Vektor verschoben, der, auch wenn man kleine elastische Verzerrungen zuläßt, kein Gittervektor ist. Solche Fälle sind realisiert bei sog. „Translationszwillingen" (s. unten) und bei den Grenzen zwischen den Antiphasen-Bereichen geordneter Legierungen, wenn die geordnete Struktur als neue Kristallstruktur aufgefaßt wird.

Die vorstehende Unterteilung beruht auf rein geometrischen Unterscheidungen. Nimmt man noch energetische Gesichtspunkte hinzu, so ergibt sich die folgende Einteilung [53]:

1. Die Fehlordnungsenergie pro Atom im schlechten Gebiet ist groß und vergleichbar mit der Schmelzwärme pro Atom. Dies ist der Fall bei Korngrenzen mit großen Korngrenzenwinkeln und bei nichtkohärenten Zwillingsgrenzen. In diesen Fällen ist Zahl und Anordnung der nächsten Nachbarn eines Atoms in der Grenzfläche deutlich verschieden von derjenigen im idealen Kristall.

2. Die Fehlordnungsenergie ist klein gegenüber der Schmelzwärme. Beispiele hierfür sind die oben erwähnten Grenzflächen der Anti-Phasen-Bereiche geordneter Legierungen, kohärente Zwillingsgrenzen zwischen Orientierungszwillingen und die Grenzebenen zwischen Translationszwillingen. Zwei gleichorientierte Kristalle derselben Struktur und Zusammensetzung bezeichnet man nach F. C. FRANK [61] dann als Translationszwillinge, wenn sie längs einer Ebene gegeneinander um einen Vektor verschoben sind, der nicht Gittervektor im BRAVAIS-Gitter der betreffenden Kristallstruktur ist, und wenn diese Verwachsungsebene eine sehr kleine Grenzflächenenergie aufweist. Letzteres wird z.B. dann der Fall sein, wenn die Zahl nächster Nachbarn für Atome in oder an der Grenzfläche dieselbe wie im idealen Kristall ist.

Die vorstehend erwähnten Arten von Fehlordnungen werden wir in Abschnitt F näher besprechen und auf ihre Zusammenhänge mit den Versetzungen hin untersuchen. Dabei werden wir unter „Zwillingen" durchweg sog. „Orientierungszwillinge" verstehen. „Translationszwillinge" sind bis jetzt vor allem als sog. „Stapelfehler", besonders für die Theorie der Versetzungen in dichtesten Kugelpackungen wichtig geworden. Da sie sich außerdem in einigen Eigenschaften von den in Abschnitt F zu untersuchenden Fehlstellen grundsätzlich unterscheiden — sie können z.B. im Gegensatz zu Korngrenzen im Kristallinnern endigen — werden wir sie in einem eigenen Abschnitt D „Stapelfehler" behandeln.

4. Besondere Gitterfehler in speziellen Materialien. In Ziff. 3 haben wir alle Gitterfehler klassifiziert, die in einer einheitlichen Phase im allgemeinen auftreten. Dazu kommen als weitere mögliche Fehlstellen in Festkörpern die Grenzen zwischen verschiedenen Phasen, auf die wir in Abschnitt F ganz kurz eingehen werden.

Außerdem gibt es noch Typen von Fehlstellen, die nur in besonderen Materialien auftreten können. Die Grenzflächen von Antiphasenbereichen geordneter Legierungen wurden bereits erwähnt; sie besitzen eine Bedeutung für die Theorie der Versetzungen in geordneten Legierungen (Ziff. 51), da sie auf Versetzungslinien endigen können.

Ferner sind hier zu erwähnen die Blochwände in ferromagnetischen Werkstoffen und ihre Analoga in ferroelektrischen, antiferromagnetischen, ferrimagnetischen und antiferroelektrischen Materialien, die allerdings keine Fehler des eigentlichen Gitterbaues sind. Sie weisen jedoch zweifellos Wechselwirkungen mit Korngrenzen und Versetzungen auf, die von Bedeutung für die theoretische Interpretation der Eigenschaften der betreffenden Stoffe sind. Bis jetzt liegen aber fast keine Resultate derartiger Untersuchungen vor, so daß wir nicht näher darauf eingehen werden.

B. Atomare Fehlordnung.

5. Überblick über die atomare Fehlordnung. Unter atomarer Fehlordnung verstehen wir die in Ziff. 3 definierte nulldimensionale Fehlordnung, bei der ja das zu einer Gitterfehlstelle gehörende schlechte Gebiet in allen Raumrichtungen eine Ausdehnung von atomaren Dimensionen hat. In Ziff. 2 war die Sonderstellung erwähnt worden, die die atomare Fehlordnung gegenüber höherdimensionalen Fehlordnungen dadurch besitzt, daß gewisse atomare Fehler im thermischen Gleichgewicht vorhanden sein können, während bei den übrigen Gitterfehlern dies nur in Ausnahmefällen zutrifft.

Es ist zweckmäßig, neben den seither betrachteten Einteilungen der Gitterfehler noch eine Unterteilung in *Kristallbaufehler* und *Eigenfehlstellen* einzuführen. Diese Unterteilung hat mit der oben erwähnten thermodynamischen Klassifizierung gemeinsam, daß ebenfalls die ein- und zweidimensionale Fehlordnung fast ausnahmslos derselben Gruppe, nämlich den Kristallbaufehlern zuzurechnen ist, während sich die Gesamtheit der atomaren Fehlordnung auf beide Gruppen aufteilt.

Die *Kristallbaufehler* sind dadurch gekennzeichnet, daß sie entweder durch das Kristallwachstum in den Kristall hereinkommen (Korngrenzen, Versetzungen, Verunreinigungen), oder durch recht gewaltsame Eingriffe wie Bestrahlung mit geladenen oder ungeladenen Teilchen im Kristall entstehen (Fremdatome durch Kernumwandlung und anderes mehr), oder schließlich durch langsam verlaufende Diffusionsprozesse in den Kristall eingeführt werden [Fremdatome auf Gitterplätzen (Substitutions-Mischkristalle) oder auf Zwischengitterplätzen (z.B. C- und N-Atome in α-Eisen)].

Die Kristallbaufehler umfassen alle jene Störungen, die typisch für den *Realkristall* im Gegensatz zum Idealkristall sind. Als *Eigenfehlstellen* bezeichnen wir hingegen alle jene Fehlstellen, die aus einem bei sehr tiefen Temperaturen eventuell vorhandenen Idealkristall durch bloße Temperaturerhöhung entstehen könnten. Beispiele für solche Eigenfehlordnungen sind die in Ziff. 6 näher zu definierende Schottkysche und Frenkelsche Fehlordnung, die Unordnungserscheinungen in geordneten Mischphasen und anderes mehr. Wir werden später sehen, daß es wegen dieser Eigenfehlordnung prinzipiell nicht möglich ist, bei endlichen Temperaturen einen Idealkristall zu haben, so daß es wohl gerechtfertigt ist, für sie einen eigenen Namen einzuführen.

Bei der Definition der Eigenfehlordnung haben wir keine Rücksicht darauf genommen, ob sie im thermischen Gleichgewicht ist oder nicht. Es ist in der Tat möglich, durch Kaltverformung oder Abschrecken Eigenfehlstellen in höherer als der Gleichgewichtskonzentration zu erhalten. Sollen Fälle wie die Erzeugung von Eigenfehlordnung durch Kaltverformung oder Bestrahlung ausgeschlossen werden, so sprechen wir von *thermischer Fehlordnung*, die als die im thermischen Gleichgewicht vorhandene oder entstandene Eigenfehlordnung definiert ist. Durch Abschrecken erhält man also in dieser Terminologie „eingefrorene thermische Fehlordnung".

Es sei erwähnt, daß es einige Fälle gibt, deren Unterbringung in der obigen Einteilung nicht ganz frei von Willkür ist. Es ist z.B. denkbar (vgl. Ziff. 48), daß sich beim Abschrecken unter Umständen Gitterlücken zu größeren Agglomeraten kondensieren und schließlich einen Versetzungsring bilden können, der in diesem Falle aus der thermischen Fehlordnung entstanden wäre. Dieselbe Art von Versetzungen kann jedoch durch wesentlich den gleichen Vorgang auch beim Wachstum aus der Schmelze entstehen, in welchem Falle sie nach Obigem einen Kristallbaufehler darstellt. Solche Grenzfälle sind jedoch selten, so daß die obige Unterteilung auch vom praktischen Standpunkt aus wohl gerechtfertigt erscheint.

Die Behandlung der atomaren Fehlordnung wird so geschehen, daß wir zunächst die Theorie der Eigenfehlordnung besprechen (Abschnitte I a—I c). Dabei werden wir auf die Ordnungs-Unordnungs-Umwandlungen nicht speziell eingehen. Es sei diesbezüglich auf die in der Bibliographie angegebene Literatur sowie auf den Beitrag von U. Dehlinger (Ausscheidungen und Umwandlungen) in diesem Bande verwiesen. Die Theorie der chemischen Fehlordnung wird ebenfalls nur sehr knapp behandelt werden (Abschnitt I e). Etwas ausführlicher werden wir in Abschnitt II auf die durch Bestrahlung mit Teilchenstrahlen zu erzeugenden strukturellen Fehler in Festkörpern eingehen, da die Bestrahlung mit Teilchenstrahlen sich sehr wahrscheinlich in den nächsten Jahren zu einer wertvollen Untersuchungsmethode der Festkörperphysik entwickeln wird. Als ein Beispiel für den Zusammenhang elektrischer und struktureller Fehlordnung werden wir in Abschnitt I d die durch Eigenfehlstellen in Metallen hervorgerufene Widerstandsänderung in einigen einfachen Fällen behandeln und schließlich in Abschnitt III an Hand der bei Erholungsmessungen beobachteten Aktivierungsenergien einen Vergleich der durch Abschrecken, Bestrahlen und Kaltverformung in einem speziellen Material (Kupfer) erzeugten Fehlordnung durchführen.

I. Allgemeine Theorie der atomaren Fehlordnung.

a) Eigenfehlordnung im thermischen Gleichgewicht (thermische Fehlordnung).

6. Einfache Beispiele für die thermische Fehlordnung in Kristallen. Bevor wir in Ziff. 7 mit der thermodynamisch-statistischen Theorie der thermischen Fehlordnung beginnen, sollen in der vorliegenden Ziffer an Hand einfachster Beispiele die wichtigsten Arten der Fehlordnung eingeführt werden. Die Anschauung, daß ein Kristall bei höheren Temperaturen stets eine gewisse Anzahl von unbesetzten Gitterplätzen (sog. Leerstellen oder Gitterlücken) und häufig auch von Atomen oder Ionen auf Zwischengitterplätzen enthält, wurde von J. Frenkel[1], C. Wagner, W. Schottky[2] und W. Jost[3], begründet. Es gibt zwei grundsätzlich

---

[1] J. Frenkel: Z. Physik **35**, 652 (1926).
[2] C. Wagner u. W. Schottky: Z. phys. Chem., Abt. B **11**, 163 (1930).
[3] W. Jost: J. Chem. Phys. **1**, 466 (1933).

verschiedene Möglichkeiten, solche Leerstellen und Zwischengitteratome bzw. -ionen zu erzeugen. Sie sind in Fig. 6 und Fig. 7 am Beispiel eines einfach kubischen Gitters illustriert.

Fig. 6 stellt einen Fall dar, in dem Leerstellen dadurch entstanden sind, daß Atome an die Kristalloberfläche gewandert sind und leere Gitterplätze zurückgelassen haben. In diesem Fall einer sog. Schottkyschen *Fehlordnung* ist die Dichte gegenüber derjenigen des fehlordnungsfreien Kristalls verringert. Das Gegenstück hierzu bildet die „Anti-Schottky-Fehlordnung", die dadurch entsteht, daß Atome von der Kristalloberfläche her sich auf Zwischengitterplätze im Kristallinnern begeben. In diesem Fall, der in Wirklichkeit äußerst selten auftritt, vergrößert sich die Kristalldichte durch die Fehlordnung.

Das Gegenstück zur Schottkyschen Fehlordnung, deren charakteristisches Kennzeichen der Austausch von Gitterbausteinen zwischen Kristallinnerem und

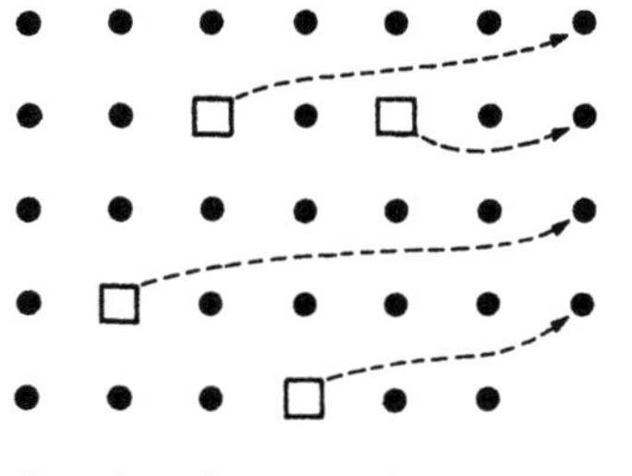

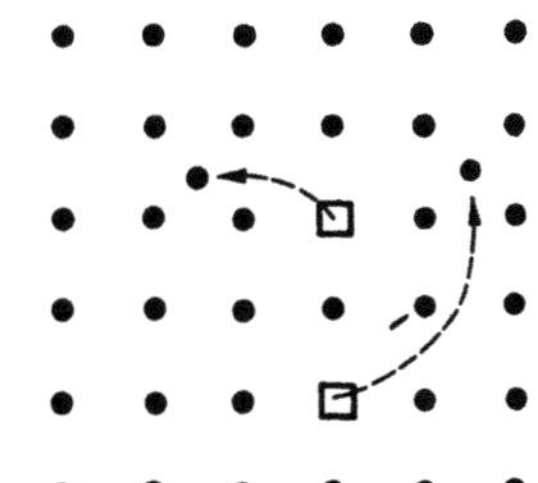

Fig. 6. Schottkysche Fehlordnung: Atome wandern an die Kristalloberfläche unter Zurücklassung von Gitterlücken (Leerstellen).

Fig. 7. Frenkelsche Fehlordnung: Zwischengitteratome und Gitterlücken sind in gleicher Konzentration vorhanden.

Kristalloberfläche ist, bildet die Frenkel*sche Fehlordnung* (Fig. 7), bei der im Kristallinneren eine gleiche Anzahl von Leerstellen und von Zwischengitteratomen gebildet werden. Auch hier können Dichteänderungen auftreten, da die Gitterexpansion durch die Zwischengitteratome im allgemeinen die Gitterkontraktion infolge der Anwesenheit von Gitterlücken überkompensieren wird[1].

Das Beispiel der Fig. 6 und 7 betrifft einen Elementkristall. Bei Verbindungen können dieselben Fehlordnungsarten entweder für einen oder für mehrere Verbindungspartner auftreten. In Fig. 8—10 illustrieren wir die möglichen einfachen Fälle für eine Struktur der Zusammensetzung AB.

Fig. 8 zeigt Frenkelsche Fehlordnung, wie sie nach heutiger Auffassung[2] in guter Näherung in AgBr und AgCl bei Raumtemperatur und darunter realisiert ist. In Fig. 9 ist eine Schottkysche Fehlordnung abgebildet, wie sie in den Alkali-Halogeniden auftritt[3] (A = Alkali-Ionen, B = Halogen-Ionen). Fig. 10 gibt schließlich noch ein Beispiel für eine Anti-Schottkysche Fehlordnung. Eine solche ist bei geeigneter Vorbehandlung in ZnO vorhanden[4]. (B^* = neutrale

---

[1] Wegen des Zusammenhangs zwischen der aus makroskopischen Messungen ermittelten Dichteänderung bei Anwesenheit atomarer Fehlstellen und den röntgenographisch bestimmten Änderungen der Gitterparameter vergleiche man P. H. Miller jr. u. B.R. Russell: J. Appl. Phys. **23**, 1163 (1953); **24**, 1248 (1953); J. Teltow: Ann. Phys., Lpz. **12**, 111 (1953); Ch. R. Berry: J. Appl. Phys. **24**, 658 (1953); J. D. Eshelby: J. Appl. Phys. **24**, 1249 (1953). Zwischen den neueren Untersuchungen herrscht Übereinstimmung darüber, daß man unter den üblichen experimentellen Bedingungen keinen Unterschied im Resultat der beiden genannten Meßmethoden finden sollte.

[2] Zusammenfassung über die Silberhalogenide: F. Seitz [20]. Die an der Fehlordnung teilnehmenden Gitterbausteine sind Ag⁺-Ionen.

[3] Zusammenfassungen über die Alkali-Halogenide: F. Seitz [18], [19].

[4] F. Stöckmann: Z. Physik **127**, 563 (1950).

Zinkatome, welche bei höheren Temperaturen thermisch in Zn$^+$-Ionen und Elektronen dissoziieren).

Außer diesen einfachen Grundtypen gibt es natürlich noch kompliziertere Möglichkeiten, wie das gleichzeitige Auftreten von FRENKELscher und SCHOTTKYscher Fehlordnung, die Assoziation von Leerstellen zu Leerstellenpaaren oder anderen Komplexen und anderes mehr. Wir werden auf einen Teil dieser Möglichkeiten später zurückkommen.

Die vorstehend genannten und zur Erläuterung der verschiedenen Arten von Fehlordnungen verwendeten Beispiele bezogen sich alle auf Eigenfehlordnungen im thermischen Gleichgewicht. Es ist jedoch üblich, die Begriffe FRENKELsche

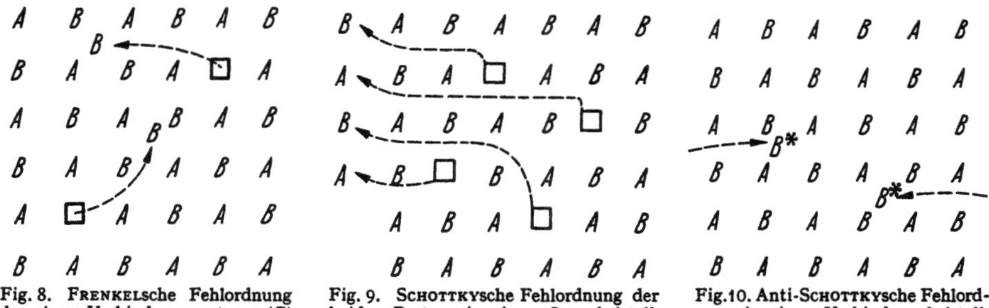

Fig. 8. FRENKELsche Fehlordnung des einen Verbindungspartners (B) in einem Verbindungskristall AB.

Fig. 9. SCHOTTKYsche Fehlordnung der beiden Partner in einem Ionenkristall.

Fig. 10. Anti-SCHOTTKYsche Fehlordnung in einem Verbindungskristall. B^* = Neutrale Atome.

und SCHOTTKYsche Fehlordnung auch dann zu verwenden, wenn die Fehlordnung durch Bestrahlung, Kaltverformung usw. erzeugt wurde und sich deshalb nicht im thermodynamischen Gleichgewicht befindet.

7. Grundlagen der Theorie der thermischen Fehlordnung. Obwohl die Erzeugung der in Ziff. 6 beschriebenen Fehlordnungen mit einem beträchtlichen Energieaufwand verknüpft ist (er beträgt selbst in den energetisch günstigsten Fällen rund 1 eV pro fehlgeordnetem Atom oder Ion), treten sie doch schon bei mäßig hohen Temperaturen in meßbarer Stärke auf[1]. Der Grund hierfür ist, daß die Fehlordnung nicht nur die Energie, sondern auch die Entropie des Kristalls vergrößert, so daß der Übergang von einem idealen zu einem fehlgeordneten Kristall sehr wohl mit einer Erniedrigung der freien Energie verknüpft sein kann. Zu jeder Temperatur gehört im thermischen Gleichgewicht eine ganz bestimmte Konzentration von Leerstellen und Zwischengitteratomen. Es erscheint von diesem Standpunkt aus eigentlich ungerechtfertigt, diese Abweichungen von der idealen geometrischen Anordnung der Kristallbausteine als „Kristallfehler" zu bezeichnen, da ja ein „fehlerfreier" Kristall bei höheren Temperaturen prinzipiell nicht möglich ist. Da der von uns benützte Sprachgebrauch jedoch allgemein eingeführt ist, werden wir ihn trotz dieses Mangels beibehalten.

Es soll nun die Zahl der FRENKELschen Fehlstellen in einem Kristall berechnet werden, der N Atome derselben Art sowie N' mögliche Plätze für Zwischengitteratome enthält. Wir machen dabei die folgenden drei Idealisierungen:

1. Das Kristallvolumen wird konstant gehalten. Die Energie einer Fehlstelle ist temperaturunabhängig.

2. Die Fehlstellen werden unabhängig voneinander angenommen.

3. Die Eigenfrequenzen der Gitterschwingungen werden durch die Zwischengitteratome und die Leerstellen nicht verändert.

---

[1] Zum Vergleich möge die Angabe dienen, daß kT bei Raumtemperatur $\frac{1}{40}$ eV beträgt.

Haben n Atome ihre Gitterplätze verlassen, so gibt es

$$\frac{N'!}{(N'-n)!\,n!}$$

Möglichkeiten, sie auf Zwischengitterplätzen anzuordnen, während die Leerstellen auf

$$\frac{N!}{(N-n)!\,n!}$$

Weisen angeordnet werden können. Die Entropievergrößerung ist somit

$$S_n = k\left[\log\frac{N!}{(N-n)!\,n!} + \log\frac{N'!}{(N'-n)!\,n!}\right], \tag{7.1}$$

was nach der Stirlingschen Formel näherungsweise

$$S_n = k\left[N\log N - (N-n)\log(N-n) - n\log n + \atop + N'\log N' - (N'-n)\log(N'-n) - n\log n\right] \tag{7.2}$$

ergibt.

Die Arbeit, die aufgewendet werden muß, um ein Atom reversibel auf einen von der zurückbleibenden Fehlstelle weit entfernten Gitterplatz zu bringen, sei W_F, so daß die Zunahme der inneren Energie

$$U_n = n\,W_F \tag{7.3}$$

ist. Die bei einer bestimmten Temperatur auftretende Zahl n von Frenkelschen Fehlstellenpaaren erhält man aus der freien Energie

$$F = U_n - T\,S_n \tag{7.4}$$

auf Grund der Bedingung

$$\left(\frac{\partial F}{\partial n}\right)_T = 0. \tag{7.5}$$

Unter Berücksichtigung von Gl. (7.2) ergibt dies

$$W_F = k\,T\log\frac{(N-n)(N'-n)}{n^2}, \tag{7.6}$$

woraus, da unter den oben gemachten Voraussetzungen n klein gegenüber N und N' sein muß,

$$n = \sqrt{N\cdot N'}\cdot\exp\left\{-\frac{1}{2}\frac{W_F}{k\,T}\right\} \tag{7.7}$$

folgt. Die Zahl der Frenkelschen Fehlstellenpaare nimmt somit exponentiell mit der Temperatur zu, und zwar mit einer Aktivierungsenergie

$$Q = \frac{1}{2}W_F. \tag{7.8}$$

Die Rechnung für Schottkysche Fehlstellen verläuft unter den gleichen Voraussetzungen wie oben ähnlich: Die Energie zur Bildung einer Gitterlücke nach dem Schottkyschen Mechanismus sei W_S; dann ist die freie Energie für einen Kristall mit N Atomen und n Schottkyschen Fehlstellen[1]

$$F = n\cdot W_S - k\,T\log\frac{N!}{n!\,(N-n)!}. \tag{7.9}$$

---

[1] Dabei ist die für das Endergebnis Gl. (7.11) belanglose Tatsache vernachlässigt, daß durch die Schottkysche Fehlordnung der Kristall vergrößert wird und daß somit für die Anordnung der Leerstellen nicht N, sonden $N+n$ Gitterplätze zur Verfügung stehen.

Die Minimalbedingung (7.5) gibt

$$W_S = k\,T \log \frac{N - n}{n} \tag{7.10}$$

oder in derselben Näherung wie Gl. (7.7)

$$n = N \cdot \exp\left\{- \frac{W_S}{k\,T}\right\}. \tag{7.11}$$

Im Gegensatz zu Gl. (7.8) ist also bei der thermischen Erzeugung von SCHOTTKY-schen Fehlstellen die Aktivierungsenergie Q direkt durch die Fehlstellenenergie W_s gegeben.

Die vorstehende Diskussion galt für Kristalle, die nur aus einer einzigen Atomart aufgebaut sind (monoatomare Kristalle). Wir haben nun noch den praktisch äußerst wichtigen Fall zu betrachten, daß ein Kristall aus zwei verschiedenen Atom- bzw. Ionenarten besteht. Hierher gehören die Alkali-Halogenide und die Silber-Halogenide.

Hinsichtlich der FRENKELschen Fehlordnung treten bei einem zweiatomigen Kristall gegenüber Gl. (7.7) keine wesentlichen Änderungen auf. Jede der beiden Atomarten kann eine FRENKELsche Fehlordnung besitzen, welche der Gl. (7.7) gehorcht. In Wirklichkeit ist diejenige vorherrschend und im allgemeinen allein vorhanden, welche die niedrigere Aktivierungsenergie besitzt.

Die Verhältnisse bei der SCHOTTKYschen Fehlordnung ändern sich bei einem Ionenkristall gegenüber einem monoatomaren Kristall insofern, als der elektrischen Neutralität des Kristalls wegen Leerstellen nur in Paaren auftreten können. Ist W_P die für die Erzeugung eines Paares von SCHOTTKY-Fehlstellen benötigte Energie, so ist die Anzahl dieser Paare in einem Kristall mit N Ionenpaaren gegeben durch

$$n = N \cdot \exp\left(- \frac{W_P}{2\,k\,T}\right). \tag{7.12}$$

Gl. (7.12) gilt zunächst unter der Voraussetzung, daß man ein solches Fehlstellenpaar, das sich ja infolge der elektrostatischen Kräfte anzieht, als unabhängig betrachten darf. Inwieweit dies zutrifft, kann man, wenn die zur vollständigen Dissoziation eines Paares benachbarter ungleichnamiger Gitterlücken benötigte Energie V bekannt ist, folgendermaßen abschätzen:

Die Ausdehnung der zu Gl. (7.7) führenden Rechnung auf den Fall von n dissoziierten und m undissoziierten Leerstellen-Paaren für einen Kristall mit insgesamt N Ionen-Paaren ergibt neben Gl. (7.12) die Gleichung[1]

$$m = 6\,N \cdot \exp\left(\frac{V - W_P}{k\,T}\right) \tag{7.13}$$

Der Faktor 6 in Gl. (7.13) muß für das NaCl-Gitter eingefügt werden, weil es in diesem für Paare benachbarter Gitterlücken insgesamt sechs Orientierungsmöglichkeiten gibt. Für die CsCl-Struktur beträgt der entsprechende Faktor 8. Aus Gl. (7.12) und (7.13) leitet man ab, daß das Verhältnis von nicht-dissoziierten zu dissoziierten Leerstellenpaaren

$$\frac{m}{n} = 6 \cdot \exp\left(\frac{V - \frac{1}{2} W_P}{k\,T}\right). \tag{7.14}$$

beträgt. Wir werden auf Gl. (7.14) in Ziff. 10β bei der Besprechung eines Zahlenwertes für V zurückkommen.

---

[1] Siehe hierzu Ziff. 10β.

Die SCHOTTKYsche und die FRENKELsche Fehlordnung sind lediglich Spezialfälle der allgemeinen Fehlordnung, bei der gleichzeitig Leerstellen und Zwischengitteratome auftreten, jedoch in verschiedenen Konzentrationen. Die Theorie dieses allgemeinen Falles ist von WAGNER und SCHOTTKY[1] gegeben worden; hierbei ist gleichzeitig noch die Vertauschung der Gitterplätze zweier Arten von Atomen oder Ionen berücksichtigt. Die Aktivierungsenergien für die verschiedenen Prozesse liegen in der Größenordnung einiger Elektronenvolt, so daß schon verhältnismäßig kleine Unterschiede in den Aktivierungsenergien dazu führen, daß der Fehlordnungstyp mit der niedrigsten Fehlordnungsenergie über alle anderen dominiert. Dies gibt die Berechtigung, davon zu sprechen, daß bei einer bestimmten Kristallart FRENKELsche, SCHOTTKYsche oder Anti-SCHOTTKYsche Fehlordnung auftreten.

8. Verfeinerung der Theorie. Wir besprechen nunmehr Konsequenzen und Möglichkeiten zur Beseitigung der drei einschränkenden Voraussetzungen, die wir in Ziff. 7 machen mußten.

MOTT und GURNEY[2] haben mit Hilfe eines sog. EINSTEIN-Modells eines festen Körpers (jedes Atom eines fehlerfreien Kristalls schwinge mit derselben Frequenz ν) untersucht, welchen Einfluß die thermische Ausdehnung des Kristalls und die Änderung der Frequenz ν in der Umgebung einer Fehlstelle auf die Konzentration der Fehlstellen im thermischen Gleichgewicht hat. Sie finden, daß die Zahl der Fehlstellen gegenüber den Gl. (7.7) und (7.11) um einen Faktor vergrößert wird, der bei SCHOTTKY-Fehlstellen von der Größenordnung 10^3 bis 10^4 sein kann, der bei FRENKEL-Fehlstellen jedoch wesentlich kleiner sein wird. Fügt man diesen Faktor in den entsprechenden Gleichungen ein, so hat man für W_S bzw. W_F die Aktivierungsenergien für die Schaffung einer SCHOTTKY- bzw. FRENKEL-Fehlstelle am absoluten Nullpunkt einzusetzen.

Man kann diesen Korrekturen, die für einen Vergleich von theoretischen und experimentellen Ergebnissen ganz wesentlich sind, in allgemeiner Form folgendermaßen Rechnung tragen: In Gl. (7.1) und (7.4) war nur die „Mischungsentropie" der Fehlstellen berücksichtigt worden. Es gibt jedoch außer dem Mischungsanteil der Entropie noch weitere Ursachen für eine Entropieänderung bei Schaffung von Fehlstellen. Als Beispiel sei die Änderung der Schwingungsfrequenzen der Gitterschwingungen in der Umgebung einer Fehlstelle genannt. Bezeichnet G' die Änderung der freien Enthalpie ohne die in Ziff. 7 behandelte Mischungsentropie S_n bei der Bildung einer Fehlstelle, so ist die Änderung der freien Enthalpie bei der Bildung von n Fehlstellen gegeben durch

$$G = n\, G' - T\, S_n. \tag{8.1}$$

Die Gleichgewichtskonzentration n der Fehlstellen bei einer gegebenen Temperatur T und unter *konstantem Druck p* ergibt sich aus der Bedingung

$$\left.\frac{\partial G}{\partial n}\right|_{p=\text{const}} = 0. \tag{8.2}$$

In analoger Weise wie in Ziff. 7 leitet sich hieraus die Zahl der SCHOTTKY-Fehlstellen im thermischen Gleichgewicht in der Form

$$n = N \cdot e^{-G'_S/kT} \tag{8.3}$$

---

[1] C. WAGNER u. W. SCHOTTKY: Z. phys. Chem., Abt. B **11**, 163 (1931). Siehe auch [*28*], S. 98ff.

[2] N. F. MOTT u. R. W. GURNEY: [*17*], S. 29ff, Wegen einer kritischen Diskussion der Verhältnisse sowie quantitativer Vergleiche mit experimentellen Daten sehe man G. H. VINEYARD u. G. J. DIENES: Phys. Rev. **93**, 265 (1953).

und die Zahl der FRENKEL-Fehlstellen in der Form

$$n = (N \cdot N')^{\frac{1}{2}}\, e^{-G_F'/2kT} \tag{8.4}$$

ab.

Zu Gl. (8.3) und (8.4) sind zwei Bemerkungen zu machen:

1. Sie gelten unter der Bedingung konstanten Drucks, tragen also der thermischen Ausdehnung bereits Rechnung.

2. G' teilt sich auf in die Enthalpie H und in einen von der Entropie S' (abzüglich der Mischungsentropie) herrührenden Anteil, beide pro Fehlstelle bzw. pro Fehlstellenpaar gerechnet. Es gilt also

$$G' = H - T S', \tag{8.5}$$

so daß sich beispielsweise Gl. (8.3) in der Form

$$n = N \cdot e^{S_S'/k} \cdot e^{-H_S/kT} \tag{8.6}$$

schreibt. Da H_S die bei der Temperatur T und bei gegebenem Druck zu leistende Arbeit bei der Schaffung einer Fehlstelle ist, hängt es selbst von der Temperatur ab (etwa infolge der Temperaturabhängigkeit der elastischen Konstanten). Nimmt man diese Temperaturabhängigkeit in der Form

$$H = H_0\,(1 - \alpha\,T) \tag{8.7}$$

an, so scheint es zunächst, als ob man für die durch die Gleichung

$$Q = -\,k \cdot \frac{d \log n}{d\,(1/T)} \tag{8.8}$$

definierte Aktivierungsenergie Q den Wert H_0 einzusetzen hätte. Da jedoch mit der Temperaturvariation von H auch eine solche von S gemäß der Gleichung[1]

$$T \left(\frac{\partial S}{\partial T}\right)_p = \left(\frac{\partial H}{\partial T}\right)_p \tag{8.9}$$

verbunden ist, erhält man bei beliebiger Temperaturabhängigkeit, wie man durch Einsetzen von Gl. (8.6) in (8.8) leicht bestätigt, stets die im allgemeinen temperaturabhängige Aktivierungsenergie H_S bzw. $\frac{1}{2} H_F$[†].

Neben den schon erwähnten Abschätzungen von MOTT und GURNEY liegen noch Abschätzungen von S' für die Bildung von Leerstellen in flächenzentriert kubischen Metallen von LE CLAIRE vor, welche je nach Annahme auf Werte zwischen 1 cal/mol · Grad und 5 cal/mol · Grad führen. Wegen der Einzelheiten sei auf die Originalarbeit verwiesen[2]. Berechnungen von H_F oder H_S unter Berücksichtigung der Temperaturabhängigkeit scheinen noch nicht veröffentlicht worden zu sein; die in Ziff. 10 mitzuteilenden Resultate beziehen sich sämtlich auf den absoluten Nullpunkt.

Die vorstehend abgeleiteten Formeln sind in ihrem Gültigkeitsbereich nur noch dadurch eingeschränkt, daß S' und H als von der Fehlstellenkonzentration

---

[1] Gl. (8.9) ist leicht aus den bekannteren Formeln $G = H - TS$ und $S = -(\partial G/\partial T)_p$ abzuleiten.

[†] Da die Versuchsführung bei festen Körpern meist unter konstantem Druck erfolgt, handelt es sich bei den experimentell bestimmten Größen eigentlich um Aktivierungsenthalpien und nicht um Aktivierungsenergien. Da sich jedoch der letztgenannte Ausdruck in der Literatur allgemein eingeführt hat, werden auch wir ihn, besonders bei der Diskussion experimenteller Ergebnisse, gebrauchen.

[2] A. D. LE CLAIRE: Acta met. **1**, 438 (1953).

unabhängig angenommen wurde, d.h. daß einer eventuellen Wechselwirkung zwischen den Fehlstellen keine Rechnung getragen wurde. In Ionenkristallen hat man bei weiterer Verbesserung der Theorie in erster Linie der elektrostatischen Wechselwirkung zwischen geladenen Fehlstellen Rechnung zu tragen, was in einer Arbeit von Spicar[1] geschehen ist.

Für monoatomare Kristalle haben Stripp und Kirkwood[2] mit Hilfe der klassischen Statistik den Einfluß von Leerstellen auf die thermodynamischen Funktionen des Gesamtkristalles untersucht. Sie finden, daß zwischen Leerstellen eine anziehende Kraft wirkt, deren Potential bei hinreichend großem Abstand R der Leerstellen proportional zu R^{-6} ist, sich also in dieser Hinsicht wie die van der Waalssche Wechselwirkung zwischen elektrisch neutralen Atomen verhält.

9. Physikalische Wirkungen der thermischen Fehlordnung. Die ersten Überlegungen über die Eigen-Fehlordnung von Kristallen wurden im Zusammenhang mit der Deutung der elektrolytischen Leitfähigkeit von Ionenkristallen angestellt[3]. Auch beim weiteren Studium dieser Fehlordnung standen elektrische sowie optische Eigenschaften von Ionenkristallen im Vordergrund. Diese Erscheinungen, auf die wir nicht näher eingehen, sind von Mott und Gurney [17] zusammenfassend behandelt worden[4].

Neben der elektrolytischen Leitfähigkeit wird auch die Elektronen-Leitfähigkeit von Ionenkristallen durch die thermische Fehlordnung beeinflußt[5]. Es handelt sich jedoch hierbei vor allem um eine Abhängigkeit der Zahl der Ladungsträger vom Fehlordnungsgrad und nicht so sehr um eine Beeinflussung der Beweglichkeit. Bei Metallen hingegen wirkt sich die thermische Fehlordnung vor allem in einer zusätzlichen Streuung der Leitfähigkeitselektronen, also auf die Beweglichkeit der Ladungsträger aus. Die theoretischen Untersuchungen hierüber werden in Ziff. 17 und 18 referiert werden. Experimentelle Beobachtungen über eine exponentielle Widerstandszunahme mit der Temperatur, die sehr wahrscheinlich auf die thermische Fehlordnung zurückgeht, liegen an Alkalimetallen[6] und an den Edelmetallen Kupfer und Gold[7] vor. Die experimentell ermittelte Aktivierungsenergie für diese Widerstandserhöhung liegt in den beiden letztgenannten Fällen in der für die Bildung von Schottky-Fehlstellen zu erwartenden Größenordnung und wird in Ziff. 11 bei der Diskussion der Aktivierungsenergien mitverwendet werden.

Neben dem elektrischen Zusatzwiderstand wurde an den Alkalimetallen bei Annäherung an den Schmelzpunkt auch eine — wohl ebenfalls der Bildung von Schottky-Fehlstellen zuzuschreibende — Erhöhung der spezifischen Wärme gefunden[8]. Auch an Blei und Aluminium liegen derartige Resultate vor[9].

Wie zuerst Mott und Gurney [17] gezeigt haben, sollte mit der thermischen Bildung von Leerstellen eine durch die Formel

$$\frac{1}{V}\frac{dV}{dT} = \frac{v}{V}\cdot\frac{W_0}{kT}\cdot\frac{n}{T} \tag{9.1}$$

---

[1] Vgl. Ziff. 10β, S. 401.

[2] K. F. Stripp u. J. G. Kirkwood: J. Chem. Phys. **22**, 1575 (1954).

[3] J. Frenkel: Z. Physik **35**, 652 (1926).

[4] Siehe auch die Berichte von F. Seitz [18], [19] [20].

[5] Über den Zusammenhang von Fehlordnungserscheinungen und elektrischer Leitfähigkeit in Verbindungskristallen s. auch K. Hauffe [21].

[6] D. K. C. MacDonald: J. Chem. Phys. **21**, 177, 2097 (1953).

[7] C. J. Meechan u. R. R. Eggleston: Acta met. **2**, 680 (1954).

[8] D. K. C. MacDonald: [13], S. 383. Hier Hinweise auf weitere Literatur.

[9] T. E. Pochapsky: Acta met. **1**, 747 (1953).

gegebene zusätzliche thermische Ausdehnung verbunden sein ($V =$ Kristall-volumen, $v =$ Atomvolumen, $W_0 =$ Bildungsenergie der Leerstellen, $n =$ Zahl der Leerstellen im Volumen V). Im allgemeinen ist sie neben der gewöhnlichen ther-mischen Ausdehnung vernachlässigbar. Sie scheint noch nicht experimentell nachgewiesen zu sein[1].

Eine sehr große Bedeutung besitzt die thermische Fehlordnung für die Fremd-und Selbstdiffusion in festen Körpern sowie für die chemische Reaktionsfähigkeit kristalliner Festkörper. Auf die Selbstdiffusion in Kristallen gehen wir in Ziff. 15 kurz ein; wegen der chemischen Reaktionen in Kristallen und an Kristalloberflächen sei auf die in der Bibliographie angegebene Literatur zu diesem Thema verwiesen.

b) Die Aktivierungsenergie für die Bildung von Eigenfehlstellen.

10. Theoretische Berechnungen. *α) Allgemeines.* Ziff. 7 und 8 befaßten sich mit der Berechnung der im thermischen Gleichgewicht vorhandenen Anzahl von Fehlstellen unter der Voraussetzung, daß die Aktivierungsenergien für ihre Bildung bekannt sind. In der vorliegenden Ziffer sollen die wichtigsten Ergebnisse zur Theorie dieser Aktivierungsenergien zusammengestellt werden. Wie schon oben erwähnt, wurden bis jetzt nur Rechnungen über die Zahlenwerte der Aktivierungsenergien am absoluten Nullpunkt und nicht über ihre Temperaturab-hängigkeit bekannt.

Am einfachsten liegen die Verhältnisse bei Festkörpern, die nur aus einer Art von Atomen bestehen (sog. monoatomare Festkörper) und deren Atome mit einer potentiellen Energie $V(r)$ aufeinander wirken, die nur vom interatomaren Abstand r abhängt. Dieser Fall ist näherungsweise bei den festen Phasen der Edelgase verwirklicht.

Unter den genannten Voraussetzungen ist die Energie W_S zur Schaffung einer SCHOTTKY-Fehlstelle am absoluten Nullpunkt gleich der Bindungsenergie pro Atom. Dies ist folgendermaßen leicht einzusehen [17]: Die Kohäsionsenergie pro Atom ist gegeben durch

$$U = -\tfrac{1}{2}\sum_k V(r_k), \tag{10.1}$$

wobei r_k der Abstand eines herausgegriffenen Atoms von einem anderen Atom des Kristalls ist und die Summation sich über alle diese Atome erstreckt. Der Faktor $\tfrac{1}{2}$ war in Gl. (10.1) einzuführen, um Wechselwirkungen zwischen einem Paar von Atomen nicht doppelt zu zählen. Entfernt man ein Atom aus dem Kri-stallgitter, so hat man die Arbeit

$$U_1 = -\sum_k V(r_k) \tag{10.2}$$

zu leisten. Lagert man jedoch, wie dies für eine SCHOTTKYsche Fehlstelle defini-tionsgemäß der Fall ist, das Atom an der Kristalloberfläche an, so gewinnt man die Energie $-\tfrac{1}{2} U_1$ zurück, so daß sich als Bildungsenergie einer SCHOTTKY-Fehl-stelle gerade

$$W_S = U, \tag{10.3}$$

also die Bindungsenergie pro Atom ergibt[2].

---

[1] Die mit der Einführung von Leerstellen in Kristallgittern verknüpfte Dichteänderung bei konstanter Temperatur wurde hingegen schon mehrfach nachgewiesen, z.B. bei der Be-strahlung von KCl, KBr und NaCl mit Röntgenstrahlen. Siehe die zusammenfassende Dar-stellung [19].

[2] Dies trifft in Strenge allerdings nur zu, wenn während der Schaffung der SCHOTTKY-Fehlstelle das übrige Gitter starr bleibt.

Für Frenkelsche Fehlstellen, oder allgemein für Zwischengitteratome, gibt es keinen Fall, in dem man die Fehlstellenenergie in ähnlich einfacher Weise angeben kann, da die Energie für Zwischengitteratome von dem ihnen zur Verfügung stehenden Volumen abhängt.

β) *Ionenkristalle.* Die vorstehende Abschätzung für die Energie einer Schottky-Fehlstelle gilt weder für Ionenkristalle noch für Metalle. W. Jost[1] hat darauf hingewiesen, daß man bei Ionenkristallen außer der Bindungsenergie pro Atom (Madelung-Energie und Abstoßung der Ionenrümpfe) noch die in der Umgebung einer Leerstelle auftretende Polarisation zu berücksichtigen hat. Ist Φ das elektrostatische Potential dieser Polarisation am Ort der Leerstelle und q die Ladung des von seinem Gitterplatz entfernten Ions, so ist die Energie der Schottky-Fehlstelle gegeben durch

$$W_S = U - q\,\Phi. \tag{10.4}$$

Das zusätzliche Potential hat zwei verschiedene Ursachen: Durch die Störung der Gittersymmetrie werden die Ionen auf Gitterplätzen auch bei hochsymmetrischen Kristallen wie NaCl polarisiert. Außerdem erfahren sie Verschiebungen auf die Leerstelle zu. Das durch diese Effekte erzeugte elektrostatische Potential ist von Jost[1,2], Mott und Littleton[3] sowie Rittner, Huntner und du Pré[4,5] in verschiedenen Näherungen berechnet worden.

Die unter Berücksichtigung der Polarisationseffekte errechneten Energien W_P für die Bildung eines dissoziierten Leerstellenpaares am absoluten Nullpunkt in einigen Alkali-Halogeniden sind in Tabelle 1 angegeben.

Tabelle 1. *Bildungsenergie W_P (= doppelte Aktivierungsenergie) für die Bildung eines räumlich getrennten Paares von Leerstellen in einigen Alkali-Halogeniden nach [17].*

	NaCl	KCl	KBr
W_P [eV]	1,86	2,08	1,92

Mott und Littleton haben ferner die Energie für die Bildung einer Frenkel-Fehlstelle in NaCl (Na$^+$-Ion auf Zwischengitterplatz, Leerstelle im Na$^+$-Gitter) zu 2,9 eV berechnet. Obwohl dieser Zahlenwert wegen rechnerischer Schwierigkeiten wohl weniger genau als die in Tabelle 1 angegebenen Werte ist, so kann man doch mit Sicherheit sagen, daß die thermische Bildung von Schottky-Fehlstellen in den Alkali-Halogeniden in viel stärkerem Maße als die Bildung von Frenkel-Fehlstellen stattfindet. (Die Bildungsenergie für eine Frenkel-Fehlstelle im Halogen-Ionen-Gitter ist noch größer als die obige Abschätzung für die Kationen angibt.)

Wie in Ziff. 7 erwähnt, hat man mit der Möglichkeit zu rechnen, daß sich ein Paar ungleichnamig geladener Leerstellen in einem Ionenkristall zu einem elektrisch neutralen Komplex zusammenlagert. Ein derartiger Komplex würde keinen Beitrag zur elektrolytischen Leitfähigkeit geben. Elementare elektrostatische Betrachtungen ergeben für die Dissoziationsenergie eines solchen Komplexes in einem Kristall mit der statischen Dielektrizitätskonstanten $\varkappa_0$ den Näherungswert

$$V = \frac{q^2}{\varkappa_0\,r_0} \tag{10.5}$$

[1] W. Jost: J. Chem. Phys. **1**, 466 (1933).
[2] W. Jost u. G. Nehlep: Z. phys. Chem., Abt. B **32**, 1 (1936).
[3] N. F. Mott u. M. J. Littleton: Trans. Faraday Soc. **34**, 485 (1938).
[4] E. S. Rittner, R. A. Huntner u. F. K. du Pré: J. Chem. Phys. **17**, 198 (1949).
[5] R. A. Huntner, E. S. Rittner u. F. K. du Pré: J. Chem. Phys. **17**, 204 (1949).

($r_0 =$ Abstand der ungleichnamigen Ionen), der für NaCl 0,98 eV beträgt. Die genaueren Rechnungen von Reitz und Gammel[1] haben für NaCl $V = 0,89$ eV ergeben. Verwendet man diesen Zahlenwert zusammen mit dem experimentell bestimmten Wert $W_P = 2,02$ eV (Ziff. 11α), so entnimmt man aus Gl. (7.14), daß bei NaCl die Zahl der undissoziierten Leerstellenpaare bei 550° C gleich und oberhalb dieser Temperatur sogar größer als die Zahl der dissoziierten Paare sein sollte. Da die nach Ziff. 14 verhältnismäßig leicht beweglichen, elektrisch neutralen Doppel-Leerstellen zwar zur Selbstdiffusion, nicht aber zur elektrolytischen Leitfähigkeit beitragen sollten, kann diese Voraussage durch einen Vergleich der elektrolytischen Leitfähigkeit mit dem Koeffizienten der Selbstdiffusion geprüft werden. Das Ergebnis derartiger Untersuchungen (Ziff. 14) spricht ziemlich eindeutig gegen eine so große Konzentration von assoziierten Leerstellen, wie sie gemäß der obigen Betrachtung vorhanden sein sollte. Man hat daraus zu folgern, daß der von Reitz und Gammel[1] berechnete Wert für V wesentlich zu hoch ist. Eine Abschätzung, welcher bei den verschiedenen in dieser Hinsicht untersuchten Kristallen (NaCl, KCl, NaBr) der größte mit den Messungen noch verträgliche Wert von V ist, liegt noch nicht vor.

In Wirklichkeit liegen die Verhältnisse wesentlich komplizierter, als bei der Ableitung der Gl. (7.14) angenommen worden war. Da die Coulomb-Wechselwirkung zwischen den Leerstellen eine weitreichende Wechselwirkung ist, kann eine teilweise Dissoziation zweier ungleichnamiger Gitterlücken stattfinden, bei der die Dissoziationsarbeit nicht voll aufgebracht werden muß und sich dennoch eine wesentliche Vergrößerung der Konfigurationsentropie ergibt. Die Theorie dieser teilweisen Assoziation ist von E. Spicar[2] gegeben worden. Dabei werden jene Kationenplätze zusammen behandelt, die auf einer Kugelschale um einen herausgegriffenen Anionenplatz als Mittelpunkt liegen. Diese Kugelschalen werden von innen nach außen abgezählt, und zwar derart, daß die nächsten Nachbarn zum Kugelmittelpunkt auf der nullten Schale liegen. s_i gebe die Zahl der Kationenplätze auf der i-ten Schale an.

m_i bezeichnet die Gesamtzahl der Kationenlücken, die auf i-ten Schalen um Anionenlücken herum liegen; V_i sei die Dissoziationsarbeit, die für die vollständige Trennung eines solchen Paares aufzuwenden ist. Nach Spicar gilt dann für einen Kristall mit N Ionenpaaren näherungsweise (der Einfachheit halber ist als einziger Entropie-Beitrag die Konfigurations-Entropie berücksichtigt)

$$m_i = s_i N \exp\left(\frac{V_i - W_P}{kT}\right) \qquad i = 0, 1, 2, \dots . \tag{10.6}$$

Gl. (10.6) reduziert sich für die innerste Schale (bei NaCl ist $s_0 = 6$) auf Gl. (7.13).

Als frei werden in dieser Theorie solche Paare von Gitterlücken betrachtet, die einen größeren Abstand als die kritische Länge der Bjerrumschen Leitfähigkeitstheorie (s. [35]), nämlich

$$q = \frac{(Ze)^2}{2\varkappa_0 kT} \tag{10.7}$$

haben ($\pm Z \cdot e =$ Ionenladung). Bei 1000° K ist in NaCl $q = 2,66 \cdot a$ ($a =$ Gitterkonstante). Die Anzahl der freien Leerstellenpaare ergibt sich zu

$$n = N \cdot \exp\left(- \frac{W_P - (2e^2/\varkappa_0 q) \cdot \dfrac{x}{1 + x}}{2kT}\right) \tag{10.8}$$

mit

$$x = \frac{2\sqrt{2\pi}\,|e| \cdot q}{\sqrt{\varkappa_0 \cdot k \cdot T}} \cdot \sqrt{\frac{n}{V}} \tag{10.9}$$

($V =$ Kristallvolumen). Gegenüber Gl. (7.12) tritt also in Gl. (10.8) ein Korrekturglied auf, das selbst wiederum von n abhängt und das eine Vergrößerung der Zahl der freien Gitterlücken bei gegebener Temperatur bewirkt. Der größtmögliche Wert des Korrekturgliedes

[1] J. R. Reitz u. J. L. Gammel: J. Chem. Phys. 19, 894 (1951).
[2] E. Spicar: Unveröffentlichte Ergebnisse. Herrn Spicar in Göteborg sei auch an dieser Stelle für die Mitteilung und Diskussion seiner Resultate gedankt.

(in der Nähe des Schmelzpunktes) beträgt bei NaCl

$$\left(\frac{2 \cdot e^2}{\varkappa_0 q} \cdot \frac{\varkappa}{1 + \varkappa}\right)_{\max} = 0{,}065 \text{ eV}. \tag{10.10}$$

Dies bedeutet, daß die an Gl. (7.14) geknüpften Aussagen praktisch nicht geändert werden und somit zu Recht bestehen.

$\gamma)$ *Metalle.* Rechnungen über die zur Bildung von Eigenfehlstellen in Metallen erforderlichen Energien liegen vor allem für Kupfer vor. Wegen der großen mathematischen Schwierigkeiten, die mit der Behandlung der Wechselwirkungen der $3\,d^{10}$-Rümpfe verbunden sind, können sie keine allzu große absolute Genauigkeit beanspruchen.

Huntington und Seitz[1] haben als Bildungsenergie für eine Schottky-Fehlstelle in Cu 1,4 eV erhalten. Eine etwas genauere Rechnung von Huntington[2] ergab den Zahlenwert $W_S = 1{,}23$ eV[3]. Huntington[4] (siehe auch [5]) hat ferner die Energie für die Bildung einer Anti-Schottky-Fehlstelle in Cu, also diejenige Energie, die zur Überführung eines Kupferatoms von der Kristalloberfläche auf einen Zwischengitterplatz benötigt wird, zu etwa 3,4 eV berechnet.

Von Bartlett und Dienes[6] wurde darauf hingewiesen, daß die Energie eines Paares von unmittelbar nebeneinander liegenden Leerstellen in Kupfer niedriger sein wird als die Summe der Energie zweier einzelner Leerstellen. Man kann sich auf folgende Weise eine Abschätzung der Größenordnung der Dissoziationsenergie eines solchen Leerstellenpaares in Cu verschaffen[6]:

Man denke sich, wie oben bei der Betrachtung der Edelgaskristalle, die Bindungsenergie U auf „Bindungsstriche" zwischen Nachbaratomen verteilt. Da jedes Kupferatom zwölf Nachbarn hat, entfällt auf einen „Bindungsstrich" die Energie $U/6$ [vgl. Gl. (10.1)]. Bei der Bildung einer Leerstelle werden zwölf Bindungsstriche unterbrochen, bei der Anlagerung des herausgenommenen Atoms an der Oberfläche jedoch sechs neue Bindungsstriche gebildet, so daß die Energiebilanz

$$W_S = (12 - 6)\,\frac{U}{6} - W_{\mathrm{el}}^{(1)} \tag{10.11}$$

lautet, wobei $W_{\mathrm{el}}^{(1)}$ die bei der Bildung der Schottky-Fehlstelle durch Elektronenumlagerung zu gewinnende Energie berücksichtigt. Der experimentelle Wert für U ist 3,52 eV, so daß sich mit $W_S = 1{,}2$ eV für Cu der Zahlenwert $W_{\mathrm{el}}^{(1)} = 2{,}3$ eV ergibt. Wird ein Nachbaratom der Leerstelle an die Kristalloberfläche gebracht, so hat man nur elf Bindungsstriche zu unterbrechen, so daß die Energiebilanz für diesen Vorgang

$$W_S' = (11 - 6)\,\frac{U}{6} - W_{\mathrm{el}}^{(2)} \tag{10.12}$$

lautet. Die Dissoziationsenergie ist somit gegeben durch

$$E_{\mathrm{diss}} = W_S - W_S' = \frac{U}{6} - \left(W_{\mathrm{el}}^{(1)} - W_{\mathrm{el}}^{(2)}\right). \tag{10.13}$$

Bartlett und Dienes haben abgeschätzt, daß $W_{\mathrm{el}}^{(1)} - W_{\mathrm{el}}^{(2)}$ sehr klein ist und geben als Näherungswert für die Dissoziationsenergie in Cu

$$E_{\mathrm{diss}} = 0{,}59 \text{ eV} \tag{10.14}$$

an.

[1] H. B. Huntington u. F. Seitz: Phys. Rev. **61**, 315 (1942).
[2] H. B. Huntington: Phys. Rev. **61**, 325 (1942).
[3] Wegen des experimentellen Wertes dieser Aktivierungsenergie, der wesentlich größeren Anspruch auf Genauigkeit erheben kann, s. Ziff. 30.
[4] H. B. Huntington: Phys. Rev. **91**, 1092 (1953).
[5] J. S. Koehler u. F. Seitz: [*13*], S. 222, insbesondere S. 230.
[6] J. H. Bartlett u. G. J. Dienes: Phys. Rev. **89**, 848 (1953).

HUNTINGTON[1] hat die Verhältnisse bei anderen Metallen, wie Zink und den kubisch-raumzentrierten Alkalimetallen, qualitativ diskutiert. Bei den Alkalimetallen ist zu erwarten, daß die Energie für die Bildung eines Zwischengitteratomes vergleichbar ist mit derjenigen für die Bildung einer Leerstelle, da der oben erwähnte große Unterschied in Cu auf die bei den Alkalimetallen fehlende abstoßende Wirkung der d-Schalen nahe benachbarter Atome zurückgeht.

F. G. FUMI[2] benützt folgendes Verfahren zur Abschätzung der Energie einer SCHOTTKY-Fehlstelle in einem einwertigen Metall:

1. Ein einfach positiv geladenes Ion wird von seinem Gitterplatz entfernt. Seine Ladung werde über den ganzen Kristall gleichförmig verteilt, um die Ladung des zugehörigen Valenzelektrons zu kompensieren. Der leere Gitterplatz wirkt in elektrostatischer Hinsicht wie ein nullwertiges Verunreinigungsatom und stößt die Leitfähigkeitselektronen in seiner Umgebung so ab, daß nur noch eine lokalisierte Störung V_{st} des elektrostatischen Potentials zurückbleibt. Dabei vergrößert sich die Energie der (als freies Elektronengas zu behandelnden) Leitfähigkeitselektronen um einen Betrag E_1.

2. Man baue das von seinem Gitterplatz entfernte Ion an der Kristalloberfläche an und lasse das Elektronengas in das vergrößerte Kristallvolumen expandieren. Dabei wird seine kinetische Energie vermindert. Die Energieänderung beträgt, da die FERMI-Energie ζ bei gegebener Elektronenzahl proportional zu (Kristallvolumen)$^{-\frac{2}{3}}$ und die mittlere kinetische Energie pro Elektron gleich $\frac{3}{5}\zeta$ ist,

$$E_2 = -\frac{2}{3}\cdot\frac{3}{5}\zeta = -\frac{2}{5}\zeta. \tag{10.15}$$

Bei den Edelmetallen kommt hierzu noch ein negativer Energiebeitrag E_3, der der Möglichkeit einer energetisch günstigeren Neuanordnung der der Gitterlücke benachbarten Ionen Rechnung trägt.

FUMI benützt zur Berechnung des Energiebeitrages E_1 das in Ziff. 17 zu besprechende JONGENBURGER-ABÈLES-Potential, bei der das Potential V_{st} der Störung innerhalb einer Kugel vom Radius $a = r_s \left(\frac{4\pi}{3}r^3 = \text{Atomvolumen}\right)$ als konstant angenommen und sein Zahlenwert durch die FRIEDELsche Bedingung (Gl. 17.8) bestimmt wird. Eine exakte Behandlung des Problems gibt für einwertige Metalle

$$E_1 = 0{,}573\,\zeta. \tag{10.16}$$

Der Zahlenwert von E_1 hängt überraschend wenig von dem verwendeten Potential ab. Wird der Radius a der Kugel so gewählt, daß $V_{st}=\infty$ wird, so ergibt sich $E_1=0{,}572\,\zeta$. Geht man wie JONGENBURGER (siehe Ziff. 17) von dem HARTREE-FOCK-Potential des Cu$^+$-Ions aus, so findet man[3] $E_1=0{,}566\,\zeta$.

FUMI verwendet für den Gesamtbeitrag der Elektronen zur Fehlstellenenergie den Zahlenwert

$$E_1 + E_2 = \frac{1}{6}\zeta, \tag{10.17}$$

der nach dem oben Gesagten besonders für Cu gute Resultate ergeben sollte. Der von der Neuanordnung der Nachbarn herrührende Energiebeitrag wird von FUMI für Cu im Anschluß an HUNTINGTON zu

$$E_3 = -0{,}3\ \text{eV} \tag{10.18}$$

---

[1] H. B. HUNTINGTON: Phys. Rev. **61**, 325 (1942).
[2] F. G. FUMI: 10. Solvay Kongreß für Physik, Brüssel 1954. — Phil. Mag. **46**, 1007 (1955). Herrn Prof. FUMI danke ich für die Überlassung seines Manuskripts vor der Veröffentlichung.
[3] H. STEHLE: Unveröffentlicht.

abgeschätzt. Für Au dürfte E_3 etwa ebenso groß, für Ag hingegen dem Betrage nach etwas kleiner als für Cu sein. In Tabelle 2 ist für Ag $E_3 = -0,2$ eV zugrundegelegt. Tabelle 2 vergleicht die so ermittelten Werte mit experimentellen Daten für die Bildungsenergie von Leerstellen in den Edelmetallen[1] (wegen deren Herkunft siehe Ziff. 30 und 31).

Die Übereinstimmung zwischen den theoretischen und den experimentellen Werten ist sehr gut, so daß die Fumische Methode als das zur Zeit zuverlässigste Verfahren zur Berechnung von Aktivierungsenergie für die Leerstellenbildung in einwertigen Metallen erscheint[2].

Tabelle 2. *Theoretische Werte (nach* Fumi) *sowie experimentelle Werte für die Aktivierungsenergie* W_S *der Bildung von Gitterlücken in den Edelmetallen in eV.*

	Cu	Ag	Au
Fermi-Energie	7,04	5,51	5,54
$E_1 + E_2 = \tfrac{1}{8}\zeta$	1,17	0,92	0,92
E_3	$-0,3$	$-0,2$	$-0,3$
W_S (theoretisch)	0,87	0,72	0,62
W_S (experimentell)	0,90	0,8	0,67

11. Experimentelle Bestimmungen von Aktivierungsenergien. Ein Vergleich der theoretisch berechneten Aktivierungsenergien mit den gemessenen Aktivierungsenergien ist verhältnismäßig schwierig. Wie in Ziff. 15 gezeigt werden wird, gestatten Messungen des Selbst-Diffusionskoeffizienten zunächst nur, die Summe zweier Aktivierungsenergien zu bestimmen, nämlich der Bildungsenergie für eine Fehlstelle und der Aktivierungsenergie für deren Wanderung um einen Atomabstand. In einigen Fällen ist es jedoch möglich, die Abhängigkeit der Fehlstellenzahl von der Temperatur und damit die Aktivierungsenergie für die Entstehung von Fehlstellen experimentell oder halbexperimentell zu bestimmen.

α) *Ionenkristalle.* Unter der durch experimentelle und theoretische Ergebnisse gestützten Annahme, daß die elektrolytische Leitfähigkeit der Alkali-Halogenide überwiegend durch die Wanderung von Metallionen-Leerstellen zustande kommt, ist es möglich, aus Messungen über die Temperaturabhängigkeit der elektrolytischen Leitfähigkeit bei variablen Zusätzen zweiwertiger Metall-Ionen die Anzahl von Schottky-Fehlstellen in einem chemisch reinen Kristall zu bestimmen. Interpretiert man die Änderung der elektrolytischen Leitfähigkeit durch die zweiwertigen Zusätze als eine Änderung der *Zahl*, nicht aber der Beweglichkeit der Ladungsträger, so kann man Rückschlüsse auf die Zahl der Schottky-Fehlstellen im Eigenleitungsgebiet (d.h. in dem Temperaturgebiet, in dem die Wirkung der Fremdmetallzusätze vernachlässigt werden kann) ziehen[3].

Wir geben in Tabelle 3 einige auf diese Weise gefundene Energien W_p für die Bildung von Leerstellenpaaren in Alkali-Halogeniden an [die Aktivierungsenergien betragen nach Gl. (7.12) die Hälfte dieser Werte]. Ein Vergleich mit den Ergebnissen von Mott und Littleton (s. Tabelle 1) zeigt, daß die theoretischen Werte zwar kleiner als die experimentell ermittelten Aktivierungsenergien sind, aber doch immerhin die richtige Größenordnung ergeben. Aus der Zahl der bei einer bestimmten Temperatur vorhandenen Schottky-Fehlstellen kann man auf die Aktivierungsentropie bei der Bildung eines solchen Fehlstellenpaares

---

[1] Wegen der Alkalimetalle vgl. Ziff. 31 β.

[2] Eine gewisse, praktisch nicht sehr bedeutende Unsicherheit kommt bei der Anwendung auf Edelmetalle dadurch herein, daß man den Beitrag der d-Elektronen zur Kohäsionsenergie nicht genau kennt. Nach J. Friedel (private Mitteilung) besteht diese überwiegend in einer Korrelation zwischen d-Elektronen und den Leitfähigkeitselektronen, während die Wechselwirkung zwischen den abgeschlossenen d-Schalen benachbarter Atome (sog. van der Waalssche Energie), die sich in der Bildungsenergie für Leerstellenenergien bemerkbar machen würde, demgegenüber zurücktritt.

[3] Näheres über die Methode s. Ziff. 14.

Tabelle 3. *Experimentelle Werte für die zur Bildung eines Leerstellen-Paares in einigen Alkali-Halogeniden benötigte Energie W_P.*

	Alkalihalogenid						
	KCl	NaCl	NaBr	LiF	LiCl	LiBr	LiI
Autoren und Meßwerte (in [eV])	a) 2,01 b) 2,4	c) 2,02 d) 2,12 e) 2,06	f) 1,64 g) 1,68	h) 2,68	h) 2,12	h) 1,80	h) 1,34

Literaturangaben. a) C. WAGNER u. P. HANTELMANN: J. Chem. Phys. **18**, 72 (1950); b) H. KELTING u. H. WITT: Z. Physik **126**, 697 (1949) [nach F. SEITZ [19] ist der unter b) genannte Wert zuverlässiger als der unter a) genannte]; c) H. W. ETZEL u. R. J. MAURER: J. Chem. Phys. **18**, 1231 (1950), elektrische Leitfähigkeit; d) wie c), jedoch aus Selbstdiffusion von Na$^+$; f) wie d), jedoch nach g) zur Berücksichtigung der Beweglichkeit von Br$^-$ korrigiert; g) H. W. SCHAMP, jr., u. E. KATZ: Phys. Rev. **94**, 828 (1954). h) Y. HAVEN: Rev. trav. chim. **69**, 1259, 1471, 1505 (1950) (s. auch [19]). In e) wurde statt der elektrolytischen Leitfähigkeit im Eigenleitungsgebiet zur Auswertung Messungen der Selbstdiffusion verwendet. Über die Berechtigung dieses Vorgehens wird in Ziff. 14 gesprochen werden. Sie beruht letztlich darauf, daß es bis jetzt nicht möglich gewesen ist, die Existenz von Doppel-Leerstellen, welche wohl zur Selbstdiffusion, nicht aber zur elektrolytischen Leitfähigkeit beitragen, nachzuweisen.

schließen. Nach den in Tabelle 3 unter a) und c) genannten Messungen ergibt sich für die Aktivierungsentropie S'', die durch die Gleichung

$$n = N \exp\left(\frac{S''}{k}\right) \exp\left(-\frac{Q}{kT}\right) \tag{11.1}$$

definiert ist ($n =$ Zahl der Fehlstellenpaare, $N =$ Zahl der Ionenpaare im Kristall, $Q = \frac{1}{2} W_P =$ Aktivierungsenergie), für NaCl der Wert $S'' = 1,7\,k$ und für KCl der Wert $S'' = 4\,k$. Diese Meßwerte haben die von MOTT und GURNEY [17] abgeschätzte Größenordnung[1]. Für den Bruchteil der leeren Gitterplätze am Schmelzpunkt ergibt sich sowohl bei NaCl wie bei KCl 10^{-4}. Ebenso wie bei den Metallen Kupfer und Gold findet man auch hier, daß beim Vergleich zweier chemisch ähnlicher Stoffe eine größere Aktivierungsenergie durch eine größere Aktivierungsentropie in der Weise kompensiert wird, daß sich in der Nähe des Schmelzpunktes etwa dieselbe Gleichgewichtskonzentration von Fehlstellen ergibt.

β) Metalle. Einen Versuch zur Bestimmung der Aktivierungsenergie für die Bildung von SCHOTTKY-Fehlstellen in Edelmetallen haben MEECHAN und EGGLESTON[2] gemacht. Sie zeigen, daß sich die Temperaturabhängigkeit des elektrischen Widerstandes von Cu- und Au-Drähten experimentell in der Form

$$R = A + BT + CT^2 + D \exp\left\{-\frac{Q}{kT}\right\} \tag{11.2}$$

darstellen läßt. Das nur bei hohen Temperaturen merkliche Zusatzglied $D \exp\{-Q/kT\}$ wird als Wirkung von SCHOTTKY-Fehlstellen gedeutet. Für die Aktivierungsenergie Q, die nach dieser Deutung gleich der Aktivierungsenthalpie H_S für die Bildung einer SCHOTTKY-Fehlstelle ist, ergibt sich für Cu

$$Q = (0,90 \pm 0,05)\ \text{eV}, \tag{11.3}$$

und für Au

$$Q = (0,67 \pm 0,07)\ \text{eV}. \tag{11.4}$$

---

[1] Vgl. Ziff. 8.

[2] C. J. MEECHAN u. R. R. EGGLESTON: Acta met. **2**, 680 (1954). Wegen ähnlicher Messungen an Alkalimetallen siehe Ziff. 31 β.

Legt man diese Werte zugrunde, so kann man mit Hilfe der in Ziff. 17 abgeleiteten theoretischen Zahlenwerte für die Widerstandserhöhung durch Leerstellen die Entropieänderung S_S bei der Bildung von Leerstellen in Cu und Au berechnen. Man erhält für Cu

$$S_S = 1{,}7 \cdot k = 3{,}4 \frac{\text{cal}}{\text{Mol} \cdot \text{Grad}}, \tag{11.5}$$

und für Au

$$S_S = 0{,}5 \cdot k = 1 \frac{\text{cal}}{\text{Mol} \cdot \text{Grad}}. \tag{11.6}$$

Diese Werte fallen in den von Le Claire[1] abgeschätzten Bereich. Für die Konzentration der Leerstellen am Schmelzpunkt ergibt sich aus den Messungen von Meechan und Eggleston und den theoretischen Daten von Ziff. 17 für beide Metalle größenordnungsmäßig derselbe Wert, nämlich $\frac{1}{200}$ bei Au und $\frac{1}{400}$ bei Cu.

Selbst wenn bekannt ist, daß die Selbstdiffusion in einem Kristall durch die Bewegung von Leerstellen erfolgt, kann man, wie oben angedeutet, aus der Aktivierungsenergie für Selbstdiffusion nicht direkt auf die Aktivierungsenergie für die Schaffung von Leerstellen schließen. Le Claire[1] sowie Buffington und Cohen[2] haben versucht, aus Diffusionsmessungen in halbempirischer Weise Näherungswerte für H_S zu ermitteln. Bevor das in Ziff. 10 besprochene Fumische Verfahren vorlag, stellten diese Methoden die einzige Möglichkeit dar, ohne spezielle Rechnungen Voraussagen über die Bildungsenergie von Fehlstellen zu machen. Wir gehen daher auf sie etwas näher ein, zumal es sich um eine interessante Erweiterung der Zenerschen halbempirischen Theorie der Aktivierungsentropie für die Wanderung von Leerstellen handelt (vgl. Ziff. 13 und 15). Es muß jedoch betont werden, daß bei den einwertigen Metallen die neueste Entwicklung der theoretischen und experimentellen Ergebnisse eine Reihe von Unzulänglichkeiten aufgedeckt hat. Diese hängen zum Teil mit der Vernachlässigung des Einflusses der Fermi-Energie des Elektronengases (vgl. Ziff. 10γ) zusammen; sie sind in Ziff. 31 beim Vergleich mit den experimentellen Daten näher diskutiert.

Die Grundannahme der Verfahren ist, daß bei allen Metallen derselben Struktur und ähnlicher Natur der Bindungskräfte Aktivierungsenergien und -entropien in gleicher Weise von Sublimationswärme, elastischen Konstanten, Gitterparametern usw. abhängen. Le Claire[1] nimmt z.B. an, daß die Sublimationswärme pro Atom U (= Bindungsenergie pro Atom) durch einen für Cu, Ag, Au und Pb gleichen Proportionalitätsfaktor mit H_S verknüpft ist, d.h. daß die Gleichung

$$H_S = k_1 \cdot U \tag{11.7}$$

gilt. Da entsprechende Annahmen auch für die übrigen in die Gleichung für den Diffusionskoeffizienten eingehenden Größen gemacht werden, kann man durch Vergleich der experimentellen Resultate bei verschiedenen Metallen k_1 bestimmen. Als Mittelwert für die vier genannten Metalle ergibt sich mit einem mittleren Fehler von etwa 5%

$$k_1 = 0{,}215. \tag{11.8}$$

Die von Le Claire benützten Bindungsenergien U und die daraus folgenden Werte für H_S sind in Tabelle 4 angegeben.

Von ähnlichen Gedanken ausgehend haben Buffington und Cohen[2] einen für alle kubisch-flächenzentrierten Metalle einheitlichen Zusammenhang zwischen

[1] A. D. Le Claire: Acta met. 1, 438 (1953).
[2] F. S. Buffington u. M. Cohen: Acta met. 2, 660 (1954).

der Aktivierungsenergie Q_D der Selbstdiffusion und H_S postuliert, nämlich

$$H_S = k^* \, Q_D. \tag{11.9}$$

Durch Vergleich mit dem Experiment finden die Autoren, daß

$$0{,}26 \leq k^* \leq 0{,}36 \tag{11.10}$$

gilt. Die mit den Extremwerten von k^* gemäß Gl. (11.10) errechneten Werte von H_S sind in Tabelle 4 eingetragen.

Tabelle 4. *Aktivierungsenthalpien H_S für die Bildung von* Schottky-*Fehlstellen in einigen flächenzentriert-kubischen Metallen gemäß Gl. (11.7) und Gl. (11.9). Die Werte für die Bindungsenergien pro Atom U der betreffenden Metalle sind aus* Le Claire[1], *die Werte für die Aktivierungsenergien für die Selbstdiffusion Q_D sind aus* Dorn[2] *entnommen. Bei Cu wurde für Q_D ein Mittelwert aus mehreren experimentellen Bestimmungen[3,4] verwendet.*

		Metall			
		Cu	Ag	Au	Pb
U	[eV]	3,46	2,94	3,85	2,02
Q_D	[eV]	2,09	2,00	1,96 †	1,2
$H_S = k_1 U$	[eV]	0,74	0,63	0,83	0,43
$H_S = k^* Q_D$ { Minimum		0,54	0,52	0,51	0,32
$\qquad\qquad$ { Maximum		0,75	0,72	0,71	0,45

c) Diffusion von Eigenfehlstellen.

Eigenfehlstellen können durch das Kristallgitter wandern. Zwischengitteratome bewegen sich dabei von einem Zwischengitterplatz zu einem benachbarten, während die Bewegung einer Gitterlücke dadurch erfolgt, daß ein der Lücke benachbartes Atom in die Gitterlücke springt und dabei auf seinem eigenen Platz eine Leerstelle zurückläßt. Entsprechendes gilt für die Bewegung komplizierterer Eigenfehlstellen, z.B. von Leerstellenpaaren. Da jedoch zwischen zwei benachbarten Gleichgewichtslagen einer Fehlstelle eine Energieschwelle liegt, kann diese Bewegung nur erfolgen, wenn die betreffende Aktivierungsenergie zur Verfügung steht. Wird diese Aktivierungsenergie für die Fehlstellenwanderung ganz oder größtenteils durch thermische Schwankungen aufgebracht, so spricht man von der *Diffusion* der Fehlstellen.

12. Der Diffusionskoeffizient. Die treibende Kraft für einen nicht verschwindenden Teilchenstrom einer bestimmten Teilchen- oder Fehlstellenart ist der Gradient im chemischen Potential μ_i der betreffenden Teilchenart. Da grad μ_i auch dann von Null verschieden sein kann, wenn die Konzentration c_i der zu betrachtenden Teilchen räumlich konstant ist, kann man einen Teilchenstrom auch ohne Konzentrationsgradienten erhalten. Der Einfachheit wegen wollen wir uns jedoch auf den Fall beschränken, daß räumliche Variationen von μ_i ausschließlich von solchen der Konzentration c_i herrühren. Dann muß der Teilchenstrom $\mathfrak{J}$ eine Funktion der räumlichen Ableitungen der Konzentration c_i

---

[1] A. D. Le Claire: Acta met. **1**, 438 (1953).

[2] J. E. Dorn: Paper No. 9, Symposium on creep and fracture of metals at high temperatures, Teddington 1954.

[3] M. S. Maier u. H. R. Nelson: Trans. Amer. Inst. Min. Metallurg. Engrs. **147**, 39 (1942).

[4] A. Kuper, H. Letaw jr., L. Slifkin, E. Sonder u. C. T. Tomizuka: Phys. Rev. **96**, 1224 (1954).

† Dies ist ein neuerer, von H. C. Gatos u. A. D. Kurtz [Trans. Amer. Inst. Metallurg. Engrs. **200**, 616 (1954)] bestimmter Wert.

sein. Der einfachste hierfür mögliche Ansatz im Falle von nur einer Teilchenart ist

$$\mathfrak{J} = - D \cdot \operatorname{grad} c. \qquad (12.1)$$

D ist der Diffusionskoeffizient der betreffenden Teilchen- oder Fehlstellenart. Bei nicht kubischen Kristallen ist D kein Skalar mehr, sondern ein symmetrischer Tensor zweiter Stufe.

Kombiniert man Gl. (12.1) mit der Bedingung für die Erhaltung der Teilchenzahl

$$\operatorname{div} \mathfrak{J} = - \frac{\partial c}{\partial t}, \qquad (12.2)$$

so erhält man schließlich die sog. Wärmeleitungs- bzw. Diffusionsgleichung

$$\frac{\partial c}{\partial t} = \operatorname{div} (D \operatorname{grad} c), \qquad (12.3)$$

die in der Regel als Ausgangspunkt zur phänomenologischen Behandlung von Diffusionsproblemen dient.

Die vorstehende Definition von D macht nur von phänomenologischen Begriffen Gebrauch. Man kann jedoch D auch aus atomistisch-statistischen Überlegungen heraus definieren und auf andere Größen zurückführen. Hat man ein System, dessen Zustand durch eine Variable x beschrieben wird, welche statistisch von der Zeit t abhängt („random walk" — Brownsche Bewegung), so kann man[1] nach den Gesetzen der Wahrscheinlichkeits-Rechnung zeigen, daß die Focker-Plancksche Differentialgleichung

$$\frac{\partial u}{\partial t} = O u \qquad (12.4)$$

erfüllt sein muß. Hier bedeutet O einen bestimmten, bei Frank und Mises[1] angegebenen Differentialoperator unendlich hoher Ordnung und $u = u(x, t)$ die Wahrscheinlichkeit, daß sich das System zur Zeit t zwischen x und $x + dx$ befindet.

Unter den bei der Wärmebewegung ohne äußere Kräfte geltenden Bedingungen reduziert sich Gl. (12.4) auf die Diffusionsgleichung (12.3), wobei D durch die Gleichung

$$D = \frac{1}{2\tau} \int\limits_{-\infty}^{+\infty} y^2\, w(x, y, \tau)\, dy \qquad (12.5)$$

definiert ist. In Gl. (12.5) bedeutet τ ein hinreichend kurz gewähltes Zeitintervall[2], y die Verschiebung des Systems in diesem Zeitintervall und $w(x, y, \tau)$ die Wahrscheinlichkeit dafür, daß sich das System im Zeitintervall τ von der Ausgangslage x um ein zwischen y und $y + dy$ gelegenes Stück verschoben hat. Gl. (12.5) stellt eine Formulierung der sog. Einsteinschen Beziehung dar, wonach der Diffusionskoeffizient gegeben ist durch das durch 2τ geteilte mittlere Verschiebungsquadrat in der Zeit τ.

Gl. (12.5) macht keinerlei Voraussetzungen über die Schrittweite, mit der unser System in benachbarte Zustände übergeht. Sind nur Sprünge um diskrete

---

[1] Ph. Frank u. R. v. Mises: Die Differential- und Integralgleichungen der Mechanik und Physik, 2. Aufl., Teil II, S. 594 ff. Braunschweig 1935. — Wegen einer elementaren Darstellung der Theorie vgl. man z. B. G. Joos, Lehrbuch der theoretischen Physik, 8. Aufl., S. 532 ff., Leipzig 1954.

[2] In bekannter Weise muß natürlich andererseits das Zeitintervall τ so groß gewählt werden, daß statistische Betrachtungen anwendbar bleiben. Nur dann ist D wirklich von τ unabhängig.

Längen Δx_i möglich, wie dies bei Diffusionsproblemen in Kristallen in sehr guter Näherung der Fall ist, so bekommt man statt Gl. (12.5) den Ausdruck

$$D = \tfrac{1}{2} \sum_i \Gamma_i \, \Delta x_i^2, \tag{12.6}$$

wobei Γ_i die Häufigkeit ist, mit der das diffundierende Teilchen die Sprünge von Typus i ausführt.

Gl. (12.6) kann oft dadurch vereinfacht werden, daß die Γ_i sämtlich gleich Γ gesetzt werden dürfen. Dies trifft in den uns interessierenden Fällen von kubischen Gittern (insbesondere kubisch-flächenzentrierten und kubisch-raumzentrierten Gittern) zu, in denen sich somit

$$D = g\, a^2\, \Gamma \tag{12.7}$$

ergibt, wobei a die Gitterkonstante des kubischen Gitters und g einen numerischen Faktor bedeutet, der von der Kristallstruktur, der Art der Fehlstelle und dem Diffusionsmechanismus abhängt. Für die Diffusion von *Leerstellen* von Gitterplatz zu Gitterplatz ist $g = \tfrac{1}{12}$ für das kubisch-flächenzentrierte Gitter[1] und $g = \tfrac{1}{8}$ für das kubisch-raumzentrierte Gitter.

Die Plätze für *Zwischengitteratome* im kubisch-flächenzentrierten Gitter sind die Würfelmitte und die Kantenmittelpunkte des Elementarwürfels. Diese Plätze bilden selbst wieder ein kubisch-flächenzentriertes

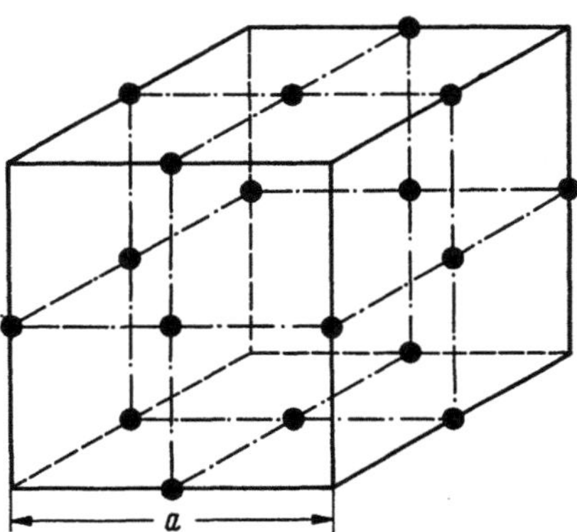

Fig. 11. Zwischengitterplätze im kubisch-raumzentrierten Gitter. Die (nicht gezeichneten) Gitterplätze befinden sich in der Würfelmitte und in den Würfelecken.

Gitter mit derselben Gitterkonstanten wie das ursprüngliche Gitter[2], so daß sich für Zwischengitterplatz-Diffusion hier ebenfalls $g = \tfrac{1}{12}$ ergibt[3].

Etwas komplizierter liegen die Verhältnisse im kubisch-raumzentrierten Gitter, für das die Zwischengitterlagen in Fig. 11 gezeichnet sind. Wir wollen die Berechnung von g für dieses Beispiel durchführen[4], und zwar für die Diffusion in x-Richtung. Nur bei $\tfrac{2}{3}$ aller in einer Netzebene senkrecht zur x-Achse liegenden Zwischergitterpositionen ist ein Sprung in Richtung der x-Achse auf einen benachbarten Zwischengitterplatz möglich. Faßt man nur diese Zwischengitterplätze ins Auge, so ergeben $\tfrac{1}{4}$ der Schritte eine Schrittweite $a/2$ in x-Richtung, $\tfrac{1}{4}$ der Schritte dieselbe Schrittweite in $-x$-Richtung, während $\tfrac{1}{2}$ aller Schritte die x-Koordinate ungeändert läßt. Da Γ die Häufigkeit bedeutet, mit der einer dieser Schritte auftritt, erhält man

$$D = \frac{1}{2}\,\Gamma \cdot \frac{2}{3}\left(\frac{1}{4}\cdot\frac{a^2}{4} + \frac{1}{4}\cdot\frac{a^2}{4} \right), \tag{12.8}$$

so daß sich in diesem Falle $g = \tfrac{1}{24}$ ergibt.

---

[1] A. D. Le Claire: Phil. Mag. **42**, 673 (1951).

[2] Das materielle kubisch-flächenzentrierte Gitter entspricht beispielsweise dem Kationen-Gitter in einem NaCl-Kristall, während das Gitter der Zwischengitterplätze dem Anionen-Gitter entspricht.

[3] Dies gilt nur für die Diffusion von Fremdatomen auf Zwischengitterplätzen, wie etwa C- oder N-Atomen im Eisen. Bei der Diffusion von Zwischengitteratomen des Grundgitters hat man noch mit der zusätzlichen Möglichkeit zu rechnen, daß sich ein dem Zwischengitteratom benachbartes Atom von einem Gitterplatz auf einen Zwischengitterplatz begibt und daß das ursprüngliche Zwischengitteratom auf den freigewordenen Gitterplatz nachrückt (vgl. Ziff. 13).

[4] C. Zener: [1], S. 289.

Die Häufigkeit Γ für einen Sprung in einer der möglichen Richtungen kann mit Hilfe der sog. absoluten Theorie der Reaktionsgeschwindigkeiten[1,2,3] berechnet werden.

Die Grundgedanken der absoluten Berechnung von Γ sind folgende (s. [32]):

1. Die Bewegung der Atome bei der Diffusion darf in adiabatischer Näherung behandelt werden. Dies bedeutet, daß die Energie eines Atoms sich zu jedem Zeitpunkt additiv aus zwei Anteilen zusammensetzt, nämlich seiner kinetischen Energie und seiner potentiellen Energie, wobei letztere so berechnet wird, als ob alle Atome in dem jeweiligen Augenblick in Ruhe wären.

2. Die potentielle Energie der Atome wird quantenmechanisch berechnet.

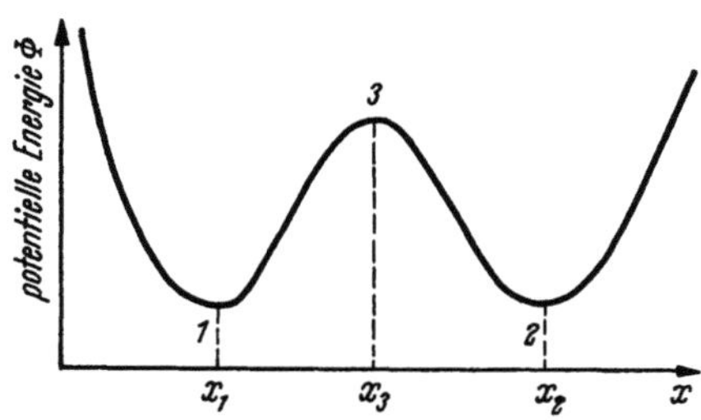
Fig. 12. Verlauf der potentiellen Energie längs der direkten Verbindungslinie (x-Richtung) zwischen zwei Gleichgewichtslagen x_1 und x_2.

3. Potentielle und kinetische Energie der diffundierenden Atome ergeben sich nach den Gesetzen der statistischen Mechanik, und zwar insbesondere auch dann, wenn das Gesamtsystem, in dem diese Diffusion abläuft, noch nicht seinen Gleichgewichtszustand erreicht hat.

4. Während der Diffusion bewegen sich die Atome von einer stabilen Gleichgewichtslage 1 (s. Fig. 12) über ein Energiemaximum 3 in eine zweite stabile Gleichgewichtslage 2. Betrachtet man nicht nur *eine* Konfigurationskoordinate wie in Fig. 12, wo der Verlauf der potentiellen Energie nur längs des direkten Weges 1—2 aufgetragen ist, sondern auch die übrigen Konfigurationskoordinaten, so ist die Lage 3 ein Sattelpunkt.

Bei der Anwendung der Theorie auf Diffusionsprobleme genügt es im allgemeinen, die Bewegung der Atome klassisch zu behandeln (nicht jedoch die Berechnung der potentiellen Energie — vgl. 2.). Quantenmechanische Korrekturen zu der hier gegebenen klassischen Behandlungsweise sind von Wigner[4] u. a. berechnet worden; sie spielen höchstens bei der Diffusion von sehr leichten Atomen, wie etwa Wasserstoffatomen, eine Rolle.

Die folgende klassisch-statistische Berechnung von Γ wurde zuerst von Wert[5] gegeben; wegen einer vereinfachten Diskussion eines eindimensionalen Modells sei auf Zener[6] verwiesen. Das diffundierende Atom befinde sich (Fig. 12) in der Potentialmulde der Gleichgewichtslage 1 (Koordinate x_1) und diffundiere in die Potentialmulde der Gleichgewichtslage 2 (Koordinate x_2). x sei die Koordinate längs der Verbindungslinie 1—2, x_3 sei der Ort des Maximums der potentiellen Energie zwischen 1 und 2.

Wir fassen nunmehr eine Gruppe von N voneinander unabhängigen und gleichen Atomen ins Auge, die sich sämtlich unter der Wirkung des eben beschriebenen Verlaufs der potentiellen Energie und im Wärmeaustausch mit einem Temperaturbad der Temperatur T bewegen sollen. Die lineare Dichte dieser Atome im Punkt x_3 sei n_3, die mittlere Geschwindigkeit der sich in diesem Punkte in $+ x$-Richtung bewegenden Atome sei $\bar{v}$. Bezeichnet g' die Zahl der äquivalenten

[1] H. Eyring: J. Chem. Phys. 3, 107 (1935).
[2] S. Glasstone, K. J. Laidler u. H. Eyring: The Theory of Rate Processes. New York: McGraw-Hill Book Co. 1941.
[3] H. Eyring, J. Walter u. G. E. Kimball: Quantum Chemistry, Kap. XVI. New York: J. Wiley 1944.
[4] E. Wigner: Phys. Rev. 40, 749 (1932).
[5] C. A. Wert: Phys. Rev. 79, 601 (1950).
[6] C. Zener: [1], S. 289.

Wege, die eine Diffusion aus x_1 heraus gestatten, so ist die Häufigkeit, mit der eine Potentialmulde verlassen wird, gegeben durch[1]

$$\Gamma = g'\, n_3\, \frac{\bar{v}}{N}\,.\tag{12.9}$$

Nach den Gesetzen der statistischen Mechanik ist

$$\frac{n_3}{N} = \frac{\int\limits_{-\infty}^{+\infty}\!\!\cdots\!\int \exp\left[-\,\Phi(x_3, y, z, q_i)/kT\right] dy\,dz \cdot \prod_i dq_i}{\int\limits_{-\infty}^{+\infty}\!\!\cdots\!\int \exp\left[-\,\Phi(x, y, z, q_i)/kT\right] dx \cdot dy \cdot dz \cdot \prod_i dq_i}\,.\tag{12.10}$$

Hierbei ist $\Phi(x, y, z, q_i)$ die potentielle Energie des Systems, wenn sich das diffundierende Atom im Punkt x, y, z befindet. Die q_i sind die Lagekoordinaten aller jener benachbarten Atome, die sich während des Diffusionsvorganges etwas verschieben.

Der Mittelwert $\bar{v}$ der „positiven" Geschwindigkeit ist gegeben durch

$$\bar{v} = \frac{\int\limits_{0}^{\infty} \frac{p_x}{M} \exp\left[-\,\frac{p_x^2}{2MkT}\right] dp_x}{\int\limits_{-\infty}^{+\infty} \exp\left[-\,\frac{p_x^2}{2MkT}\right] dp_x}\,,\tag{12.11}$$

wobei M die Masse, p_x die x-Komponente des Impulses des diffundierenden Teilchens bezeichnet. Die Auswertung von Gl. (12.11) gibt

$$\bar{v} = \sqrt{\frac{kT}{2\pi M}}\,.\tag{12.12}$$

Man kann, wenn die Höhe der Potentialschwelle groß gegen kT ist, Gl. (12.10) dadurch etwas vereinfachen, daß man die potentielle Energie Φ in der Umgebung von x_1 in der Form

$$\Phi(x, y, z, q_i) = \Phi(x_1, y, z, q_i) + \tfrac{1}{2} K (x - x_1)^2\tag{12.13}$$

schreibt. Das Integral über x läßt sich dann ausführen, so daß man schließlich an Stelle von Gl. (12.9)

$$\Gamma = g' \frac{\int\limits_{-\infty}^{+\infty}\!\!\cdots\!\int \exp\left[-\,\Phi(x_3, y, z, q_i)/kT\right] dy \cdot dz \cdot \prod_i dq_i}{\int\limits_{-\infty}^{+\infty}\!\!\cdots\!\int \exp\left[-\,\Phi(x_1, y, z, q_i)/kT\right] dy \cdot dz \cdot \prod_i dq_i} \cdot \frac{\sqrt{K}}{2\pi\sqrt{M}}\tag{12.14}$$

erhält. Der letzte Faktor in Gl. (12.14) stellt gerade die Frequenz

$$\nu = \frac{1}{2\pi}\sqrt{\frac{K}{M}}\tag{12.15}$$

der Oszillationen in der Potentialmulde in x-Richtung dar, ist also von der Größenordnung der DEBYE-Frequenz, während der zweite Faktor das Verhältnis der

---

[1] Die quantenmechanische Form von Gl. (12.9) enthält noch den Durchlaßkoeffizienten der Energieschwelle, der bei der hier durchgeführten klassischen Behandlungsweise gleich 1 oder 0 gesetzt wurde, je nachdem, ob die Energie der diffundierenden Teilchen ausreicht, um die Potentialschwelle zu überwinden oder nicht.

Zustandsintegrale[1] für ein Teilchen ist, welches sich in der durch den Punkt x_3 bzw. durch den Punkt x_1 gehenden $y-z$-Ebene bewegen kann. Man kann somit statt Gl. (12.14) auch schreiben[1]:

$$\Gamma = g'\,\nu\,\exp\left\{-\frac{\Delta G}{kT}\right\}. \tag{12.16}$$

ΔG ist hierbei die Änderung der freien Enthalpie des Systems, wenn ein Atom, das parallel zur $y-z$-Ebene frei schwingen kann, isotherm und unter konstantem Druck von der Lage x_1 in die Lage x_3 gebracht wird.

Neben Gl. (12.16) gibt es noch andere Gleichungen, die ebenfalls aus der Theorie der Reaktionsgeschwindigkeiten abgeleitet wurden und die deshalb einen engen Zusammenhang mit Gl. (12.16) aufweisen. Als Beispiel werde die Gleichung

$$\Gamma = g'\,\frac{kT}{h}\,\exp\left(-\frac{\Delta G^*}{kT}\right) \tag{12.17}$$

genannt. Sie unterscheidet sich von Gl. (12.16) dadurch, daß bei ihrer Herleitung die Entwicklung (12.13) nicht verwendet wurde. Separiert man in Gl. (12.17) den Freiheitsgrad in x-Richtung für das Atom in x_1 ab und vernachlässigt höhere Potenzen von $h\nu/kT$, so kommt man zu Gl. (12.16) zurück. Dabei ändert sich jedoch die Bedeutung des Exponenten in diesen Gleichungen: ΔG^* bedeutet nämlich die Änderung der freien Enthalpie, wenn ein bei x_1 befindliches Teilchen mit unbeschränkten Schwingungsmöglichkeiten in die Lage x_3 gebracht wird, und seine Bewegung in x_3 nur parallel zur $y-z$-Ebene erfolgt. Anfangs- und Endpunkt für die Berechnung von ΔG^* haben also eine verschiedene Zahl von Freiheitsgraden und können aus diesem Grunde nicht stetig ineinander übergeführt werden. Da im Gegensatz zu ΔG^* die in Gl. (12.16) benützte Änderung der freien Enthalpie in einem Gedankenexperiment ermittelt werden kann, besitzt Gl. (12.16) bei allen Versuchen, Γ aus einem atomistischen Modell zu berechnen, einen Vorteil gegenüber Gl. (12.17) und anderen, ähnlich gebauten und unter etwas anderen Voraussetzungen abgeleiteten Formeln.

Es empfiehlt sich, ΔG gemäß der Gleichung

$$\Delta G = H_W - T\,S_W \tag{12.18}$$

in einen Enthalpie- und in einen Entropieanteil zu zerlegen. Wir nennen H_W die Wanderungsenthalpie und S_W die Wanderungsentropie.

Die Ausführungen von Ziff. 10 über den Zusammenhang der gemessenen Aktivierungsenergie Q und der Aktivierungsenthalpie H_W sowie die Ausführungen über die Temperaturabhängigkeit von Aktivierungsenergie und Aktivierungsentropie übertragen sich auf den hier untersuchten Fall. Über Berechnungen und Abschätzungen von H_W und S_W für die verschiedenen Eigenfehlstellen werden wir in Ziff. 13 und 14 berichten.

13. Aktivierungsenergien und Aktivierungsentropien für die Wanderung von Eigenfehlstellen in Metallen. Die Aktivierungsenergie für die Diffusion von Zwischengitteratomen in Cu ist von Huntington und Seitz[2] sowie von Huntington[3] untersucht worden. Es zeigte sich dabei, daß die niedrigste Schwellenenergie nicht dann zu überwinden ist, wenn, wie in Fig. 13a durch einen Pfeil angedeutet, das Cu-Zwischengitteratom sich direkt auf einen der zwölf benachbarten Zwischengitterplätze begibt, sondern wenn der in Fig. 13b dargestellte

[1] K. H. Herzfeld: Kinetische Theorie der Wärme, In Müller-Pouillets Lehrbuch der Physik, 11. Aufl., Bd. III/2, S. 148. Braunschweig 1925.
[2] H. B. Huntington u. F. Seitz: Phys. Rev. 61, 315 (1942).
[3] H. B. Huntington: Phys. Rev. 91, 1092 (1953). Korrektur Acta. Met. 2, 554 (1954).

Mechanismus wirkt. Er besteht darin, daß das Cu-Zwischengitteratom ein benachbartes, auf einem Gitterplatz sitzendes Cu-Atom vor sich her schiebt, es
auf einen Zwischengitterplatz drängt und sich selbst an seine Stelle setzt. Ein
Zwischenstadium dieses Prozesses ist in Fig. 13b dargestellt. Wie man sieht,
hat diese Art der Diffusion von Zwischengitteratomen mit der Diffusion von Leerstellen die Eigenschaft gemeinsam, daß die Atome selbst sich nur über Entfernungen von der Größen-Ordnung der Gitterkonstanten bewegen, und daß lediglich ein bestimmter gestörter Zustand im Gitter sich über größere Strecken hin

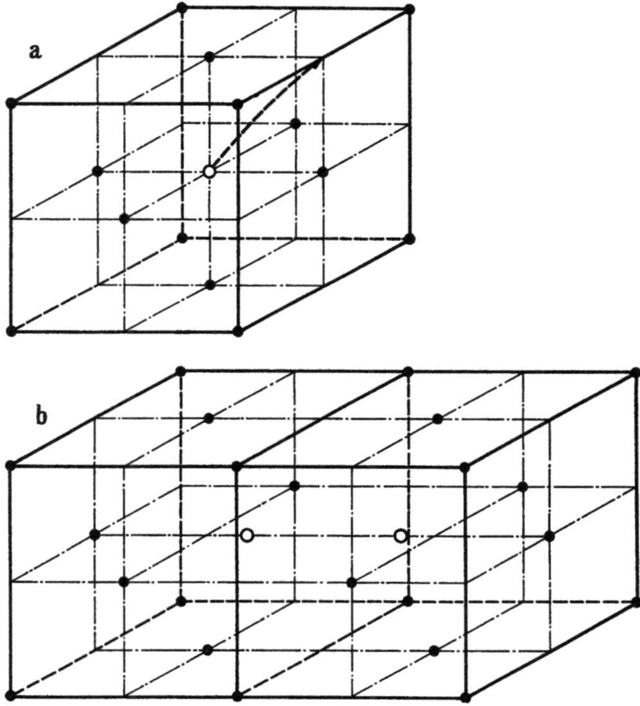

Fig. 13a u. b. Zwischengitterdiffusion im kubisch-flächenzentrierten Gitter. a Zwischengitteratom in Zwischengitterlage
mit voller kubischer Symmetrie. b Zwischengitter-Paar.

bewegt. Dieser Zustand wurde von SEITZ[1] „interstitialcy" genannt. Wir werden
die Bezeichnung „Zwischengitter-Paar" verwenden.

In Fig. 13 ist das Ausweichen der Nachbarn eines Zwischengitteratoms bzw.
eines Zwischengitter-Paares vernachlässigt. Unter Berücksichtigung dieser „Relaxation" der nächsten Nachbarn haben HUNTINGTON und SEITZ[2] berechnet,
daß etwa 0,5 eV benötigt werden, um von der Situation Fig. 13a in die Sattel-
punkts-Konfiguration, die etwa Fig. 13b entspricht, überzugehen. In einer
späteren Arbeit hat HUNTINGTON[3] auch noch das Ausweichen von etwas weiter
entfernten Nachbaratomen berücksichtigt und gefunden, daß die Konfiguration
Fig. 13a eine um etwa 0,25 eV höhere Energie als das Zwischengitter-Paar
Fig. 13b habe. Die Möglichkeit, daß Fig. 13a der stabilen Gleichgewichtslage
und Fig. 13b der Sattelpunktskonfiguration entspricht, kann jedoch nicht mit

[1] F. SEITZ: Acta crystallogr. **3**, 355 (1950).
[2] H. B. HUNTINGTON u. F. SEITZ: Phys. Rev. **61**, 315 (1942).
[3] H. B. HUNTINGTON: Phys. Rev. **91**, 1092 (1953). Korrektur Acta. Met. **2**, 554 (1954).

Sicherheit ausgeschlossen werden. Diese Unsicherheit im Endergebnis der Rechnung rührt davon her, daß das Resultat als kleine Differenz zweier großer Energiebeträge gefunden wird. Aus diesem Grunde ist es auch nicht zweckmäßig, den zahlenmäßigen Resultaten allzuviel Bedeutung zuzumessen, zumal der experimentelle Wert für die Wanderungsenergie, wie wir in Ziff. 30 zeigen werden, wesentlich höher als die theoretischen Werte, nämlich bei 0,7 eV liegt[1].

Aus Ziff. 10 geht hervor, daß bei einem Metall wie Kupfer Zwischengitteratome im thermischen Gleichgewicht praktisch nicht auftreten können, so daß der vorstehend besprochene Mechanismus bei der Diffusion unter normalen Bedingungen keine Rolle spielt. Dagegen ist natürlich eine Diffusion von Zwischengitteratomen möglich, wenn sie durch Bestrahlung oder Kaltverformung in größerer als Gleichgewichtskonzentration entstanden sind. Aus solchen Experimenten wurde auch der oben erwähnte experimentelle Wert entnommen.

Die Aktivierungsenergie für die Wanderung einer Leerstelle in Kupfer wurde von Huntington[2] in der Größenordnung 1 eV gefunden. Dabei wurde jedoch ein Beitrag zur Energie im Sattelpunkt zwischen zwei benachbarten stabilen Gleichgewichtslagen vernachlässigt. Eine Abschätzung seiner Größenordnung liefert als obere Grenze für die Wanderungsenergie einer Leerstelle etwa 1,7 eV, so daß der wirkliche Wert für H_W wohl etwas höher als 1 eV liegen wird.

J. H. Bartlett und G. J. Dienes[3] haben berechnet, welche Aktivierungsenergie für die Wanderung eines Paares benachbarter Leerstellen in einem Kupfergitter erforderlich ist. Sie verwenden ein Morse-Potential für die Wechselwirkung benachbarter Atome und sind auf diese Weise in der Lage, auch ohne ausführliche Rechnungen Näherungswerte für das Verhältnis der Wanderungsenergien von einfachen und doppelten Leerstellen anzugeben. Das Ergebnis ist, daß die Aktivierungsenergie für ein Leerstellenpaar nur etwa ein Drittel bis die Hälfte derjenigen für eine einzelne Leerstelle beträgt.

Die vorstehenden Rechnungen können keine sehr große absolute Genauigkeit beanspruchen. Dies wird schon dadurch deutlich, daß bis jetzt noch keine befriedigende Berechnung der Bindungsenergie von Cu unter Einschluß des Beitrags der d-Elektronen gelungen ist, obwohl die Berechnung der Bindungsenergie eine einfachere Aufgabe als die Berechnung von Aktivierungsenergien darstellt. Doch sollte der allgemeine Charakter der Resultate zutreffend sein, und zwar nicht nur für Cu, sondern für alle dichtest gepackten metallischen Strukturen. In dieser Hinsicht ist vor allem das Ergebnis zu erwähnen, daß die Wanderungsenergien von Zwischengitteratomen und von Leerstellenpaaren wesentlich niedriger sind als diejenige von Einzelleerstellen.

Über Berechnungen von Aktivierungsentropien für die Wanderung von Zwischengitteratomen und Leerstellen in Cu berichten Huntington, Shirn und Wajda[4]. An einem Einstein-Modell wurden die Änderungen der Schwingungsfrequenzen, die vor allem Änderungen in den Abstoßungskräften zwischen den Ionenrümpfen zugeschrieben werden, in der Sattelpunktskonfiguration berechnet. Es ergibt sich für die Wanderung eines Zwischengitteratoms $S_W \approx -4,3\,k$ und für die Wanderung einer Leerstelle $S_W \approx k$. Im vorliegenden Fall rührt die negative Wanderungsentropie für Zwischengitteratome von der starken lokalen Erhöhung der Dichte und der damit verbundenen Vergrößerung der Schwingungsfrequenzen her.

---

[1] Wegen einer möglichen Erklärung dieser Diskrepanz vgl. man Ziff. 30 und Ziff. 72.
[2] H. B. Huntington: Phys. Rev. **61**, 325 (1942).
[3] J. H. Bartlett u. G. J. Dienes: Phys. Rev. **89**, 848 (1953).
[4] H. B. Huntington, G. A. Shirn u. E. S. Wajda: Phys. Rev. **91**, 246 (1953).

Die Möglichkeit negativer Aktivierungsentropien für die Fehlstellenwanderung
wurde auch von DIENES[1] untersucht. Er kommt zu dem Ergebnis, daß negative
Aktivierungsentropien sogar für die Wanderung von Leerstellen möglich seien,
und zwar insbesondere bei kleinen Aktivierungsenthalpien.

Eine zwar nicht auf quantenmechanische Rechnungen, sondern auf phäno-
menologische Betrachtungen gegründete, aber bei der Deutung der gemessenen
Diffusionskoeffizienten sehr erfolgreiche Theorie für S_W hat C. ZENER[2] gegeben.
Er geht aus von der Gleichung

$$S_W = -\frac{d\,\Delta G}{dT} = -\Delta G_0 \frac{d(\Delta G/\Delta G_0)}{dT}, \tag{13.1}$$

in der ΔG die in Gl. (12.16) eingeführte Änderung der Enthalpie beim Übergang
eines Teilchens aus der Gleichgewichtslage 1 (Fig. 12) in die Sattelpunktslage 3,
und ΔG_0 ihr Wert für $T=0$ ist. Da beim Hindurchzwängen durch die Sattelpunktskonfiguration das Gitter elastisch verspannt wird, nimmt ZENER an, daß
die Temperaturabhängigkeit von ΔG im wesentlichen gleich derjenigen des
Schubmoduls ist[3], und daß man ferner ΔG_0 durch die Aktivierungsenthalpie H
ersetzen darf. Es soll also gelten

$$\frac{d}{dT}\left(\frac{\Delta G}{\Delta G_0}\right) = \frac{d}{dT}\left(\frac{\mu}{\mu_0}\right). \tag{13.2}$$

Aus Gl. (13.1) ergibt sich auf diese Weise

$$S_W = -H\frac{d}{dT}\left(\frac{\mu}{\mu_0}\right). \tag{13.3}$$

Nach den Messungen von KÖSTER[4] nimmt, wenn man von der Korngrenzen-
relaxation bei höheren Temperaturen absieht, der Schubmodul der meisten polykristallinen Metalle linear mit der Temperatur ab. Führt man als Maß dieser
Abnahme die Konstante

$$\beta = -T_S\frac{d}{dT}\left(\frac{\mu}{\mu_0}\right) \tag{13.4}$$

($T_S =$ Schmelztemperatur) ein, so kann man statt Gl. (13.3) auch

$$S_W \approx \beta\frac{H}{T_S} \tag{13.5}$$

schreiben. Aus einer nach den KÖSTERschen Messungen angefertigten Tabelle
der β-Werte bei ZENER[2] entnimmt man, daß β für die Mehrzahl der untersuchten
Metalle in dem verhältnismäßig engen Bereich zwischen 0,25 und 0,45 liegt.
Man wird somit eine gewisse Korrelation zwischen dem temperaturunabhängigen
Anteil der Diffusionskoeffizienten verschiedener Metalle und exp (H/T_S) erwarten.
Ein solcher empirischer Zusammenhang war in der Tat schon früher von DIENES[5]
bemerkt worden.

Als ein besonderer Erfolg der ZENERschen Theorie von Γ ist zu werten, daß
sie über einen weiten Temperaturbereich hinweg die absolute Größe des Diffusionskoeffizienten für die Zwischengitterdiffusion von Kohlenstoff in α-Eisen
recht genau zu berechnen erlaubte[6]. Als eine Schwäche der Theorie erscheint

---

[1] G. J. DIENES: Phys. Rev. **89**, 185 (1953).
[2] C. ZENER: J. Appl. Phys. **22**, 372 (1951).
[3] Wir schreiben in vorliegendem Abschnitt B für den Schubmodul μ und für seinen
Wert bei $T=0$ μ_0, um Verwechslungen mit der freien Enthalpie zu vermeiden.
[4] W. KÖSTER: Z. Metallkde **39**, 1 (1948).
[5] G. J. DIENES: J. Appl. Phys. **21**, 1189 (1950). Siehe auch G. J. DIENES: J. Appl.
Phys. **22**, 848 (1951).
[6] C. WERT: Phys. Rev. **79**, 601 (1950).

es zur Zeit, daß sie immer positive Werte für S_W liefert, während nach den oben besprochenen atomtheoretischen Untersuchungen von Huntington u. a. und Dienes S_W auch negativ werden kann.

Zur *experimentellen Ermittlung* von Wanderungs-Aktivierungs-Energien und -Entropien stehen prinzipiell zwei Wege zur Verfügung. Der eine besteht darin, daß durch geeignete Vorbehandlung wie Kaltverformung, Bestrahlung mit Teilchenstrahlen, Abschrecken usw. die zu untersuchende Fehlstelle in das Material eingeführt und dann ihre Wanderung durch Messung der damit verbundenen Einstellung der Ordnung in abgeschreckten Legierungen oder der Erholung des elektrischen Widerstandes verfolgt wird. Der zweite Weg besteht in einem genaueren Studium der Daten für Selbst- und Fremddiffusion, wobei natürlich Voraussetzung ist, daß die betreffende Fehlstelle am Diffusionsmechanismus tatsächlich teilnimmt.

Beide Methoden erlauben nur dann zuverlässige Ergebnisse abzuleiten, wenn ein hinreichend umfassendes experimentelles Material sowie theoretische Gesichtspunkte zu seiner Auswertung zur Verfügung stehen, da man ja im allgemeinen bei einer der genannten Vorbehandlungen verschiedene Arten von Fehlstellen in das Material eingeführt hat, deren Einflüsse erst getrennt und identifiziert werden müssen, und da ja auch der Diffusionsmechanismus und damit die Art der diffundierenden Fehlstelle oft nicht a priori bekannt ist.

Für eine Untersuchung der erstgenannten Art, d.h. ein vergleichendes Studium der Erholung nach Kaltverformung, Bestrahlung und Abschrecken scheinen bis jetzt nur an Kupfer hinreichende experimentelle Daten vorzuliegen. Wir werden diesen Vergleich in Ziff. 29 und 30 durchführen. Über die Selbstdiffusion in Metallen steht dagegen ein etwas umfassenderes empirisches Material zur Verfügung, das wir in Ziff. 15 soweit betrachten werden, als es für einen Vergleich mit der Theorie von Interesse ist.

14. Aktivierungsenergien und -entropien für die Wanderung von Eigenfehlstellen in Ionenkristallen. Einen kurzen Überblick über die Berechnung von Aktivierungsenergien für die Wanderung von Eigenfehlstellen in Ionenkristallen gibt Jost[1]. Als allgemeines Resultat kann man sagen, daß in einem Verbindungskristall vom Typus AB die Wanderungsenergie für Zwischengitteratome wesentlich von der relativen Größe der beiden Ionenarten abhängen wird und daß sie für die kleineren Ionen auch den kleineren Wert haben wird. Auch bei der Diffusion von Leerstellen ist eine solche Korrelation, wenn auch in geringerem Maße, zu erwarten. Der Grund dafür ist, daß sich auch hier die Ionen, in deren Teilgitter sich Leerstellen befinden, bei der Wanderung dieser Leerstellen durch einen Sattelpunkt der Energie hindurchzwängen müssen, wobei natürlich die kleineren Ionen etwas begünstigt sind. Besonders leicht kann bei AB-Ionenkristallen die Diffusion eines Leerstellenpaares, bestehend aus benachbarten Gitterlücken in je einem der beiden Teilgitter, erfolgen. Die Rechnungen an NaCl bestätigen diese allgemeinen Überlegungen. Mott und Littleton[2] haben als Wanderungsenergie für eine Na-Lücke 0,51 eV und für eine Cl-Lücke 0,56 eV berechnet. Dienes[3] hat als Aktivierungsenergie für die Wanderung eines neutralen Leerstellenpaares in NaCl den Wert 0,38 eV erhalten.

Eine grobe Abschätzung der Aktivierungsentropien bei der Diffusion von Leerstellen oder Zwischengitteratomen in Kristallen vom NaCl-Typus haben Mott und Gurney [17] gegeben. Sie finden, daß S_W/k zwischen 2 und 9 liegt.

[1] W. Jost: [28], S. 163ff.
[2] N. F. Mott u. M. J. Littleton: Trans. Faraday Soc. **34**, 485 (1938).
[3] G. J. Dienes: J. Chem. Phys. **16**, 620 (1948).

Über die Aktivierungsenergien und Aktivierungsentropien für die Diffusion von Gitterlücken im Kationengitter von Alkali-Halogenid- und Silber-Halogenid-kristallen liegt ein ziemlich ausführliches experimentelles Material vor. Der Grund hierfür ist, daß man, wie zuerst KOCH und WAGNER[1] gezeigt haben, durch Einbau zweiwertiger Metallionen (z.B. Cd^{++}) in das Kationengitter in diesem eine Leerstelle pro eingebautem zweiwertigem Ion erhält. Aus Gründen der elektrischen Neutralität muß ja jedes zweiwertige Ion zwei einwertige Ionen ersetzen. Die Messung der elektrolytischen Leitfähigkeit bei so tiefen Temperaturen, daß thermische Bildung von Leerstellen oder Zwischengitteratomen vernachlässigt werden kann, liefert Werte für die Aktivierungs*energien*, die zur Wanderung dieser Gitterlücken notwendig sind. Die Ermittlung von Aktivierungs-*entropien* ist dadurch außerordentlich erschwert, daß sehr wahrscheinlich ein Teil der Leerstellen mit den zweiwertigen Ionen assoziiert ist und somit nur ein Teil der insgesamt vorhandenen Kationenlücken an der Stromleitung teilnimmt. Die Theorie dieser Assoziation und ihres Einflusses auf die Interpretation der Experimente ist von LIDIARD[2] gegeben worden. Ihre Anwendung auf die Messungen von ETZEL und MAURER[3] (elektrolytische Leitung durch Na^+-Lücken in NaCl mit $CdCl_2$) ergaben dieselbe *Wanderungsenergie* für die Na^+-Lücken von 0,9 eV wie die ohne Berücksichtigung der weitreichenden Wechselwirkungen erfolgte Auswertung von ETZEL und MAURER. Dagegen erhöhte sich die *Beweglichkeit* der Na^+-Lücken um rund 30% und die für die vollständige Dissoziation eines Komplexes aus Cd^{++} und benachbarter Na^+-Lücke benötigte Energie von $V =$ 0,3 eV (MAURER und ETZEL) auf $V = 0,34$ eV (LIDIARD). Der letztgenannte Wert stimmt ganz gut mit den Berechnungen von BASSANI und FUMI[4] ($V = 0,38$ eV — s. Ziff. 20) überein.

Hat man auf diese Weise die Aktivierungsenergie H_W für die Wanderung der Gitterlücken gefunden, so kann man durch Vergleich mit Leitfähigkeitsmessungen im Eigenleitungsbereich oder mit Messungen der Selbstdiffusion, die unter gewissen Voraussetzungen (s. unten) beide als Aktivierungsenergie

$$Q = H_W + \frac{W_P}{2} \tag{14.1}$$

liefern, die zur Bildung eines Leerstellenpaares aufzuwendende Energie W_P finden. Die in Tabelle 3 angegebenen Werte von W_P wurden auf diese Weise ermittelt.

In Tabelle 5 sind eine Anzahl neuerer Meßwerte für H_W in Alkali-Halogeniden zusammengestellt. Wie man sieht, fällt für NaCl der von MOTT und LITTLETON berechnete Wert zu niedrig aus.

Wegen ausführlicheren Diskussioneh der in Tabelle 5 benützten sowie weiterer Messungen, auch über Silberhalogenide, sei auf [17], [19] und [20] verwiesen. Ferner sei noch erwähnt, daß auch Messungen der dielektrischen Relaxation zum Studium der Aktivierungsenergien für Fehlstellenwanderung in Ionenkristallen verwendet wurden und zum Teil mit den aus Leitfähigkeitsmessungen gefundenen Daten korreliert werden konnten. Im großen und ganzen sind jedoch bis jetzt die Ergebnisse kompliziert und theoretisch wenig verstanden, so daß auf die Originalarbeiten [5],[6],[7] sowie auf die Diskussion in [19] verwiesen sei[8].

---

[1] E. KOCH u. C. WAGNER: Z. phys. Chem., Abt. B **38**, 295 (1937).

[2] A. B. LIDIARD: Phys. Rev. **94**, 29 (1954).

[3] H. W. ETZEL u. R. J. MAURER: J. Chem. Phys. **18**, 72 (1950).

[4] F. BASSANI u. F. G. FUMI: Nuovo Cim. **11**, 274 (1954).

[5] R. G. BRECKENRIDGE: J. Chem. Phys. **16**, 959 (1948); **18**, 913 (1950). [1]. S. 219.

[6] B. W. HENVIS, J. W. DAVISSON u. E. BURSTEIN: Phys. Rev. **82**, 774 (1951).

[7] Y. HAVEN: J. Chem. Phys. **21**, 171 (1953).

[8] Siehe jedoch die neueren Arbeiten von Y. HAVEN ([13], S. 261) und von A. B. LIDIARD ([13], S. 283).

In Tabelle 3 und 5 sind bei der Ermittlung von H_W und W_P auch Diffusions-messungen verwendet worden. Ob dies erlaubt ist, hängt eng mit der Frage nach der Gültigkeit der sog. Einsteinschen Beziehung

$$\frac{\sigma_i}{D_i} = \frac{Ne^2}{kT} \tag{14.2}$$

Tabelle 5. *Wanderungs-Aktivierungsenergie H_W für Gitterlücken in Alkali-Halogeniden. Hinter den Meßwerten ist angegeben, ob der betreffende Wert aus Messungen der Diffusion des Anions (D_A) oder des Kations (D_K) oder aus Leitfähigkeitsmessungen (L) entnommen ist.*

Alkali-Halogenid	NaCl	NaBr	NaBr	KCl
Diffundierende Ionenart	Na^+	Na^+	Br^-	K^+
Autoren, Meßwerte (in eV), Meßmethoden	a) 0,78 (L) b) 0,85 (L) c) 0,83 (L) c) 0,77 $(D_K + L)$ e) 0,85 (L)	c) 0,84 (L) d) 0,80 (L)	d) 1,18 $(D_A + L)$	e) 0,68 $(D_K + L)$
Alkali-Halogenid	LiF	LiCl	LiBr	Li J
Diffundierende Ionenart	Li^+	Li^+	Li^+	Li^+
Autoren, Meßwerte (in eV), Meßmethoden	f) 0,65 (L)	f) 0,41 (L)	f) 0,39 (L)	f) 0,38 (L)

Literaturangaben. a) C. Wagner u. P. Hantelmann: J. Chem. Phys. **18**, 72 (1950); b) H. W. Etzel u. R. J. Maurer: J. Chem. Phys. **18**, 1003 (1950); c) D. Mapother, H. N. Crooks u. R. J. Maurer: J. Chem. Phys. **18**, 1231 (1950); d) H. W. Schamp, jr., u. E. Katz: Phys. Rev. **94**, 828 (1954); e) J. F. Aschner: Thesis Urbana 1954 (bei KCl unter Benützung von W_P nach Kelting und Witt, Tabelle 3); f) Y. Haven: Rec. trav. chim. **69**, 1471 (1950).

zusammen, in der σ_i und D_i spezifische Leitfähigkeit bzw. Koeffizient der Selbst-diffusion der Ionenart i, N die Zahl der Ionenpaare pro Volumeinheit und e die Ionenladung bedeutet. Die Einsteinsche Beziehung (14.2) muß immer dann erfüllt sein, wenn Selbstdiffusion und Ladungstransport durch genau die gleiche, elektrisch geladene Fehlstellenart erfolgt (z.B. durch einzelne Gitterlücken). Diffundieren jedoch auch noch neutrale Komplexe, z. B. Assoziate ungleichnamiger Ionen, oder Komplexe aus Kationenlücken und zweiwertigen Metallionen, so sollte Gl. (14.2) zwischen den makroskopischen Werten von σ und D nicht gelten.

Die Prüfung von Gl. (14.2) ist im Gebiet der Eigenleitung sowohl hinsichtlich der Diffusion des Kations in NaCl[1], NaBr[1] und KCl[2] als auch hinsichtlich der Diffusion des Anions in NaBr[3] durchweg innerhalb der Meßgenauigkeit und nach Berücksichtigung gewisser theoretischer Korrekturen positiv ausgefallen. Lediglich Witt[4] fand für die Selbstdiffusion von K^+ in KCl, daß der Meßwert von D_i im Mittel das 2,4fache des aus der Leitfähigkeit berechneten Wertes betrug. Diese Diskrepanz ist jedoch, wie Witt[4] darlegt, nicht durch die Bildung von Leer-stellenpaaren zu erklären, sondern muß andere Ursachen haben. Aus der Gesamt-heit der vorliegenden Experimente hat man somit zu schließen, daß im Eigen-leitungsgebiet von KCl, NaCl und NaBr keine Bildung von elektrisch neutralen

---

[1] D. Mapother, H. N. Crooks u. R. Maurer: J. Chem. Phys. **18**, 1231 (1950).

[2] J. F. Aschner: Phys. Rev. **94**, 771 (1954).

[3] H. W. Schamp, jr., u. E. Katz: Phys. Rev. **94**, 828 (1954). In dieser Arbeit wurde zur Prüfung von Gl. (14.2) die Tatsache benützt, daß ein Beitrag von elektrisch neutralen Leer-stellenpaaren zur Selbstdiffusion von Na^+ auch die Selbstdiffusion von Br^- beeinflussen müßte.

[4] H. Witt: Z. Physik **134**, 186 (1953).

Leerstellenpaaren stattfindet (vgl. Ziff. 10β). Im Störleitungsgebiet wurden hingegen wiederholt Abweichungen von Gl. (14.2) gefunden, die mindestens teilweise von der Diffusion von Komplexen aus Fremdionen und Gitterlücken herrühren[1].

15. Die Selbstdiffusion in Metallen. Für die Erforschung der Selbstdiffusionsvorgänge in den typischen Ionenkristallen wie Alkali- oder Silber-Halogeniden stellt die Untersuchung der elektrolytischen Leitfähigkeit ein außerordentlich leistungsfähiges Hilfsmittel dar, worauf wir schon in Ziff. 14 hingewiesen haben. Da feste Elektrolyte in Bd. 20 behandelt werden, befassen wir uns in der vorliegenden Ziffer nur mit dem Mechanismus der Selbstdiffusion in der zweiten gut untersuchten Klasse fester Stoffe, den Metallen und ihren Legierungen.

Das Interesse an dem Mechanismus der Diffusion in Metallen und Legierungen ist außerordentlich gestiegen infolge der Entdeckung[2,3] des KIRKENDALL-Effektes und seiner Bestätigung in zahlreichen experimentellen Untersuchungen der letzten Jahre[4]. In seiner einfachsten Form kann der KIRKENDALL-Effekt folgendermaßen beschrieben werden: Man fügt zwei Legierungen verschiedener Konzentration, etwa Cu und α-Messing zusammen, und markiert die Grenzfläche (in [3] geschah dies mit Hilfe von Molybdän-Drähten, die in die Grenzfläche eingelegt waren). Läßt man bei höherer Temperatur die Konzentrationsunterschiede sich ausgleichen, so findet man nach einiger Zeit eine beträchtliche und nicht durch Nebenumstände erklärbare Verschiebung der Kupfer-α-Messing-Grenzfläche gegenüber ihrer ursprünglichen, durch die Molybdändrähtchen gekennzeichneten Lage. Im vorliegenden Beispiel erfolgt die Verschiebung nach der Cu-Seite; gleichzeitig bildet sich auf der Messing-Seite eine gewisse Porosität aus. Die Interpretation dieses experimentellen Befundes ist, daß die eingelegten Molybdändrähte ihre Lage unverändert beibehalten haben, daß aber die Zink-Atome schneller vom Messing in das Kupfer als die Kupferatome in der umgekehrten Richtung diffundiert sind. Diese Interpretation führt direkt auf die Folgerung, daß die Diffusion nicht dadurch erfolgt sein kann, daß benachbarte Zink- und Kupferatome ihre Plätze vertauscht haben. Mögliche Erklärungen des Befundes wären, daß die beiden Komponenten unabhängig voneinander über Zwischengitterplätze diffundiert sind oder daß die Diffusion durch die Bewegung von Leerstellen erfolgt ist, wobei im letztgenannten Fall eine größere Wahrscheinlichkeit dafür bestände, daß ein der Leerstelle benachbartes Zn-Atom auf den leeren Gitterplatz springt als dies für ein entsprechendes Cu-Atom der Fall ist. Die beobachteten Verschiebungen der Grenzflächen sind wesentlich größer, als man auf Grund der Leerstellenkonzentration der thermischen Fehlordnung erwarten würde. Bei einem Leerstellenmechanismus der Diffusion muß man somit annehmen, daß sich im Kupfer Quellen und im Messing Senken für Leerstellen befinden (z.B. Korngrenzen und Versetzungen — vgl. Ziff. 26. Siehe zu diesen Fragen auch [31]).

Eine phänomenologische Deutung des KIRKENDALL-Effektes hat DARKEN[5] gegeben. Er zeigte, daß wenn die Diffusionsvorgänge auf ein mit den Grenz-

---

[1] Wegen einer kritischen Diskussion der vorliegenden Ergebnisse vgl. Y. HAVEN: [13], S. 261.

[2] E. O. KIRKENDALL: Trans. Amer. Inst. Min. Metallurg. Engrs. **147**, 104 (1942).

[3] A. D. SMIGELSKAS u. E. O. KIRKENDALL: Trans. Amer. Inst. Min. Metallurg. Engrs. **171**, 130 (1947).

[4] Auch an Alkalihalogenid-Einkristallen (KCl—RbCl) wurde neuerdings ein KIRKENDALL-Effekt beobachtet. Siehe F. G. FUMI: [13], S. 429. — G. CHIAROTTI u. F. G. FUMI: Konferenz über Fehlstellen in Ionenkristallen, Varenna 1954 [Suppl. Nuovo Cimento **1**, 118 (1955)].

[5] L. S. DARKEN: Trans. Amer. Inst. Min. Metallurg. Engrs. **175**, 184 (1948).

flächenmarkierungen fest verbundenes Koordinatensystem bezogen werden, man zur Beschreibung der Diffusion der beiden Komponenten zwei, im allgemeinen verschiedene „partielle" Diffusionskoeffizienten verwenden muß, die die Diffusion jeder der beiden Komponenten relativ zu den Markierungen beschreiben. Sie entsprechen also den mit Hilfe radioaktiver Zusätze gemessenen Diffusionskoeffizienten in den betreffenden Legierungen.

Schon vor der Entdeckung des Kirkendall-Effektes waren theoretische Untersuchungen über den Mechanismus der Selbstdiffusion in Metallen angestellt worden. Die in Ziff. 10 und 13 referierten Berechnungen von Huntington und Seitz[1,2] waren im Hinblick auf die Ermittlung des Diffusionsmechanismus in metallischem Kupfer unternommen worden.

Wir untersuchen nunmehr die einzelnen, für die Selbstdiffusion denkbaren Mechanismen:

α) *Selbstdiffusion über Leerstellen.* Die Aktivierungsenergie und Aktivierungsentropie für die Wanderung einer Leerstelle um einen Gitterplatz, d.h. für den Übergang eines Atoms von einem besetzten Gitterplatz A nach einem benachbarten leeren Gitterplatz B, waren in Ziff. 13 besprochen worden. Wir bezeichnen die dort H_W bzw. S_W genannten Größen jetzt mit H_2 und S_2. Ein solcher Diffusionsschritt von A nach B ist aber nur möglich, wenn der Platz B wirklich leer ist. Die Wahrscheinlichkeit dafür ist gerade gleich der Konzentration c der Gitterlücken. Unter Benützung von Gl. (12.7) und (12.16) erhält man unter den für diese Gleichungen geltenden Voraussetzungen für den Koeffizienten der Selbstdiffusion

$$D = c\, g\, g'\, \exp\left(S_2/k\right) \cdot \exp\left(-H_2/kT\right) a^2 \nu, \tag{15.1}$$

was man für das kubisch-raumzentrierte und das kubisch-flächenzentrierte Gitter, bei denen $g g' = 1$ ist, auch einfacher

$$D = a^2 \nu\, c\, \exp\left(S_2/k\right) \cdot \exp\left(-H_2/kT\right) \tag{15.2}$$

schreiben kann[3]. c selbst ist durch die Aktivierungsenergie H_S und die Aktivierungsentropie S_S für die Bildung von Schottky-Fehlstellen, die wir jetzt H_1 bzw. S_1 nennen wollen, bestimmt, so daß man schließlich für den Selbstdiffusionskoeffizienten die Gleichung

$$D = a^2\, \nu\, e^{S/k} \cdot e^{-H/kT} \tag{15.3}$$

findet, wobei

$$H = H_1 + H_2 \tag{15.4}$$

die Aktivierungsenergie der Selbstdiffusion und

$$S = S_1 + S_2 \tag{15.5}$$

die Aktivierungsentropie für die Selbstdiffusion ist.

β) *Selbstdiffusion über Zwischengitterplätze.* Hier gelten dieselben Gleichungen wie für die Diffusion über Leerstellen, wobei jetzt H_2 und S_2 Aktivierungsenergie und Aktivierungsentropie für die Wanderung von Zwischengitteratomen (Ziff. 13) und H_1 und S_1 die entsprechenden Größen für die Bildung von Zwischengitteratomen sind.

---

[1] H. B. Huntington u. F. Seitz: Phys. Rev. **61**, 315 (1942).

[2] H. B. Huntington: Phys. Rev. **61**, 325 (1942).

[3] Bei Gl. (15.2) ist vernachlässigt, daß eine gewisse Korrelation zwischen einer Leerstelle und einem Atom besteht, welche ihre Plätze eben getauscht haben. Dieser Effekt ist wohl in Anbetracht der noch nicht allzu großen Meßgenauigkeit von D vernachlässigbar. Siehe J. Bardeen und C. Herring: [6], S. 87. Wegen des Zahlenwerts des Korrekturfaktors vgl. auch Y. Haven: [13], S. 261.

γ) Selbstdiffusion durch direkten Austausch von Atomen[1]. Für das kubisch-flächenzentrierte Gitter ist ein solcher Platzwechsel zwischen Nachbaratomen in Fig. 14 dargestellt. Hier ist die Aktivierungsenthalpie H die Arbeit, die geleistet werden muß, um den in Fig. 14 eingezeichneten, mit zwei Atomen belegten Ring in seine Sattelpunktskonfiguration zu drehen, und die zugehörige Aktivierungsentropie die dabei verbundene Entropieänderung, die im wesentlichen von den veränderten Schwingungsmöglichkeiten der Atome herrührt. Um den Diffusionskoeffizienten für den Austauschmechanismus im vorliegenden Fall zu ermitteln, hat man dem in Ziff. 12 gegebenen Verfahren entsprechend die möglichen Schritte entlang einer der Koordinatenachsen abzuzählen. Ein herausgegriffenes Atom im kubisch-flächenzentrierten Gitter kann durch Tausch mit insgesamt vier Nachbaratomen einen Schritt um $a/2$ in $+x$-Richtung tun. Zu jeder dieser vier Möglichkeiten gibt es zwei mögliche Sattelpunktskonfigurationen (den beiden Rotationsmöglichkeiten eines Ringes entsprechend). Man erhält somit:

$$D = \frac{1}{2} \cdot 4 \cdot 2 \left(\frac{a^2}{4} + \frac{a^2}{4} \right) \nu\, e^{S/k} \cdot e^{-H/kT} \quad (15.6)$$

oder

$$D = 2a^2 \nu\, e^{S/k} e^{-H/kT}. \quad (15.7)$$

ν bedeutet die Schwingungsfrequenz des Ringes in seiner Gleichgewichtslage, ist also etwa gleich der DEBYE-Frequenz ν_0. Auf die zahlenmäßige Größe der Aktivierungs-

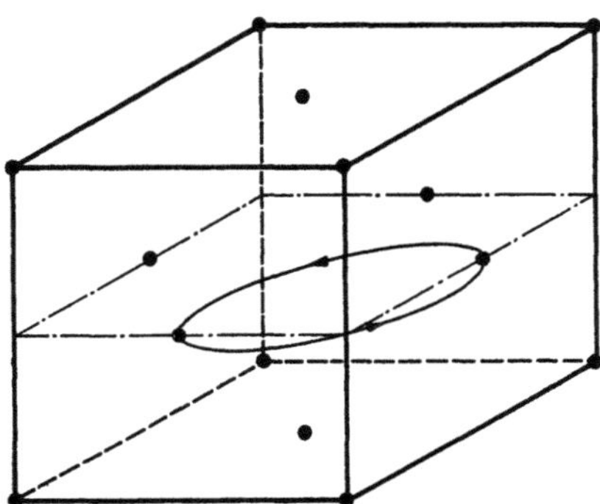

Fig. 14. Diffusion im kubisch-flächenzentrierten Gitter durch Austausch nächster Nachbarn.

energie werden wir unten zurückkommen. Sie ist jedoch im allgemeinen so groß, daß andere Prozesse wesentlich geringeren Energieaufwand erfordern und deshalb viel häufiger auftreten.

δ) Selbstdiffusion durch einen Ringmechanismus. Wir haben eben den direkten Austausch zwischen Nachbaratomen als Ringmechanismus aufgefaßt und dies zur Berechnung von D verwendet. ZENER[2] hat darauf hingewiesen, daß erstens diese Idee verallgemeinerungsfähig ist und man sich auch Ringe, welche drei, vier oder mehr Atome umfassen, denken kann, und daß zweitens die Aktivierungsenergie H für die Diffusion in einem solchen, mehr als zwei Atome umfassenden Ring niedriger als für direkten Austausch sein kann. Wir werden in Zukunft von einem Ringmechanismus der Selbstdiffusion nur dann sprechen, wenn mehr als zwei Atome an einem Ring beteiligt sind.

Fig. 15 gibt einen Dreier-Ring, Fig. 16 einen Vierer-Ring im kubisch-flächenzentrierten Gitter wieder. Fig. 17 stellt einen Vierer-Ring im kubisch-raumzentrierten Gitter dar. (Ein Dreier-Ring mit Diffusionssprüngen auf Nachbarplätze ist im kubisch-raumzentrierten Gitter nicht möglich.) Die Aktivierungsenergien sind von ZENER[2] für die beiden letztgenannten Mechanismen durch Vergleich der betreffenden Sattelpunktskonfigurationen mit den zugehörigen stabilen Gleichgewichtslagen berechnet worden. Zur Berechnung des Diffusionskoeffizienten bei bekannter Aktivierungsenthalpie H und Aktivierungsentropie S hat man ähnliche Abzählungen wie oben anzustellen. In Fig. 16 wird z. B. ein herausgegriffenes Atom A durch einen einzigen Ring auf einen bestimmten Nachbarplatz B

---

[1] C. ZENER: [1], S. 289.
[2] C. ZENER: Acta crystallogr. **3**, 346 (1950). Der erste Hinweis auf einen Ringmechanismus als denkbaren Mechanismus der Selbstdiffusion scheint sich in [17], S. 52 zu finden.

gebracht, in Fig. 17 hat man dagegen drei mögliche Ringe [das Atom 0, 0, 0 kann in die Lage $\frac{1}{2}, \frac{1}{2}, \frac{1}{2}$ durch Ringe in den Ebenen (10$\bar{1}$), (0$\bar{1}$1) und ($\bar{1}$10) gebracht werden]. Durch diese Abzählungen ergibt sich für den Vierer-Ring im kubisch-flächenzentrierten Gitter wieder Gl. (15.7), für einen Vierer-Ring im kubisch-raumzentrierten Gitter jedoch

$$D = 3\,a^2\,\nu\,e^{S/k} \cdot e^{-H/kT}. \qquad (15.8)$$

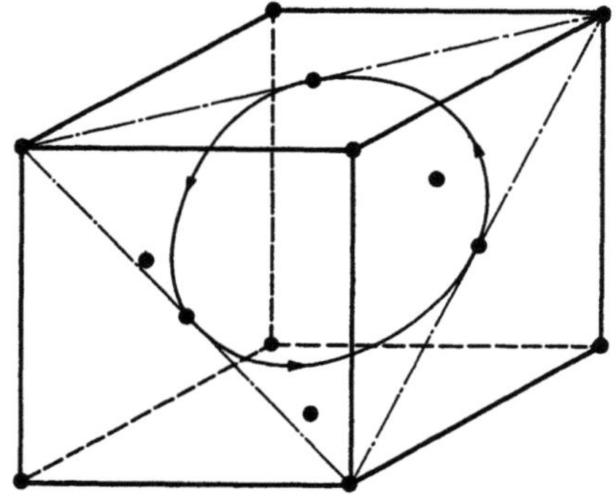

Fig. 15. Diffusion im kubisch-flächenzentrierten Gitter über einen Dreier-Ring.

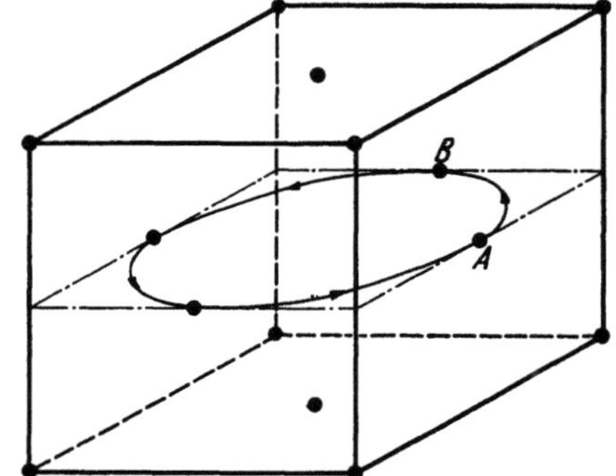

Fig. 16. Diffusion im kubisch-flächenzentrierten Gitter über einen Vierer-Ring.

Neben den vier oben aufgezählten hauptsächlichen Mechanismen für die Selbstdiffusion in Metallen ist noch ein Vorschlag von Seitz[1] zu erwähnen, wonach die Selbstdiffusion statt durch einzelne Leerstellen durch die Wanderung

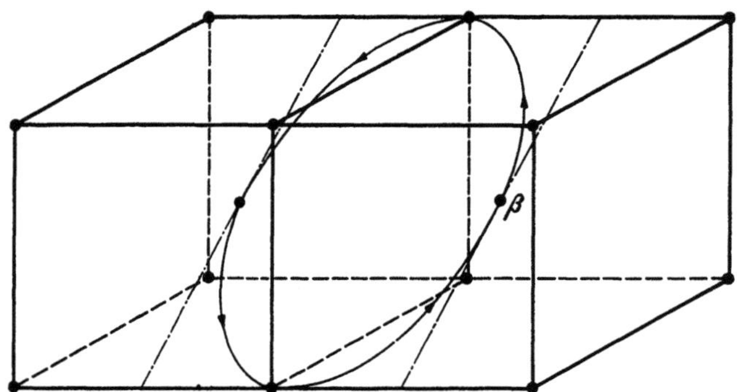

Fig. 17. Diffusion im kubisch-raumzentrierten Gitter über einen Vierer-Ring.

von Leerstellenpaaren, die ja eine niedrigere Wanderungsenergie besitzen, erfolgen soll. Wir haben die zu diesem Prozeß gehörenden Aktivierungs-Energien und -Entropien in Ziff. 10 und 13 besprochen.

Als letzten Diffusions-Mechanismus nennen wir schließlich noch einen von Paneth[2] im kubisch-raumzentrierten Gitter betrachteten Mechanismus. Paneth nimmt an, daß ein Zwischengitteratom im kubisch-raumzentrierten Gitter in der Position $\frac{1}{4}, \frac{1}{4}, \frac{1}{4}$ auf einer Würfeldiagonale sitzt[3] und daß die übrigen Atome auf

---

[1] F. Seitz: Adv. Physics **1**, 1 (1952).

[2] H. R. Paneth: Phys. Rev. **80**, 708 (1950).

[3] Dieser Zwischengitterplatz ist keineswegs der geräumigste im kubisch-raumzentrierten Gitter. Die beiden nächsten Gitterplätze sind nämlich nur um $0{,}43\,a$ von ihm entfernt, während in dem geräumigeren Zwischengitterplatz ($\frac{1}{2}\,\frac{1}{4}$ 0) die vier nächsten Nachbarn den Abstand $0{,}56\,a$ haben. ($\frac{1}{4}\,\frac{1}{4}\,\frac{1}{4}$) ist jedoch der „weichste" Zwischengitterplatz, da die beiden Nachbar-

dieser Diagonale etwas ausweichen. Es entsteht ein komprimiertes Gebiet, das eine gewisse Verwandtschaft mit einer eindimensionalen Versetzung aufweist und dem PANETH den Namen „crowdion" gegeben hat. Nach den Rechnungen von PANETH sind im Falle von Na etwa acht Atome auf der Würfeldiagonale merklich aus ihren Lagen im Idealgitter heraus verschoben. Zur Bildung eines solchen „crowdion" an der Kristalloberfläche (oder an einer Stufenversetzung) werden etwa 0,2 eV benötigt. Die Aktivierungsenergie für die Bewegung der crowdions, welche entlang der Würfeldiagonalen erfolgt, ist auch sehr klein. Sie beträgt nach PANETH größenordnungsmäßig 0,3 eV. Aus einer Betrachtung der übrigen, von uns oben aufgezählten Mechanismen schließt PANETH, daß bei den Alkalien der crowdion-Mechanismus die niedrigste Aktivierungsenergie aufweist und deshalb die Selbstdiffusion in diesen Metallen durch ihn erfolgt, doch setzt er dabei zweifellos die Bildungsenergie von Leerstellen zu groß an (vgl. Ziff. 31β).

Wir haben die Energien für die Diffusion der vorstehend besprochenen Fehlstellen schon behandelt mit Ausnahme der Mechanismen (γ) und (δ) deren genauer Besprechung wir uns jetzt zuwenden. HUNTINGTON und SEITZ[1] haben die Aktivierungsenergie für den direkten Austausch zweier Nachbaratome in Cu zu 10,3 eV berechnet. Erfolgte die Selbstdiffusion durch einen Platztausch nächster Nachbarn, so wäre dieser Wert die Aktivierungsenergie für die Selbstdiffusion. Bei Cu und wohl auch bei den anderen dichtest gepackten Metallen ist jedoch nach den oben gemachten Angaben die Aktivierungsenergie für Selbstdiffusion durch den Löchermechanismus wesentlich niedriger. Man hat daraus zu schließen, daß in diesen Metallen der direkte Austausch praktisch nichts zur Selbstdiffusion beiträgt.

Wesentlich anders liegen die Verhältnisse beim Ringmechanismus. ZENER[2] hat die Verhältnisse für einen Vierer-Ring in Cu näher untersucht und gefunden, daß die elektrostatische Energie in der Sattelpunktkonfiguration, die beim direkten Austausch von Nachbaratomen rund die Hälfte der Aktivierungsenergie ausmacht, sehr klein wird. Deshalb erhält man in derselben Näherung, wie sie für die übrigen Rechnungen über Fehlstellen in Cu verwendet wurde, als Aktivierungsenergie für die Diffusion durch Vierer-Ringe in Kupfer rund 4 eV. Dieser Wert ist wesentlich niedriger als derjenige für die Diffusion durch direkten Austausch oder über Zwischengitteratome, liegt jedoch immer noch etwas höher als die Aktivierungsenergie für die Selbstdiffusion durch Leerstellen-Wanderung.

Der experimentelle Wert für die Selbstdiffusion in Kupfer beträgt[3] $H = 2,09$ eV. Alle berechneten Werte liegen also etwas zu hoch, doch kommt dem experimentellen derjenige für den Leerstellenmechanismus am nächsten. Aus diesem Grunde hat man anzunehmen, daß letzterer der in Wirklichkeit auftretende Diffusionsmechanismus ist. Wie oben erwähnt wurde, weist das Auftreten eines KIRKENDALL-Effekts sowie die damit verbundene Porosität darauf hin, daß bei der Diffusion in Cu und α-Messing entweder Leerstellen oder Zwischengitteratome oder beides eine Rolle spielen. Nach der Theorie ist von diesen Möglichkeiten die Leerstellendiffusion eindeutig bevorzugt, so daß man den KIRKENDALL-Effekt in Cu und den übrigen dichtest gepackten Metallen als experimentellen Beweis

---

atome sehr leicht entlang der Würfeldiagonale ausweichen können. PANETH hat berechnet, daß nur 5 kcal/mol benötigt werden, um in Na ein Atom von der Kristalloberfläche auf diesen Zwischengitterplatz zu bringen. Dieses Zahlenresultat ist jedoch nur für die Alkalimetalle, nicht aber für die anderen kubisch-raumzentrierten Metalle typisch, da nur die Alkalimetalle einen gegenüber dem interatomaren Abstand kleinen Durchmesser der abgeschlossenen innerer Schalen besitzen.

[1] H. B. HUNTINGTON u. F. SEITZ: Phys. Rev. **76**, 1728 (1949).
[2] C. ZENER: Acta crystallogr. **3**, 346 (1950).
[3] Siehe die Angaben in Tabelle 4.

für die Löcherdiffusion ansehen kann[1,2]. Auf Grund der bis jetzt vorliegenden Experimente kann jedoch die Möglichkeit nicht ganz ausgeschlossen werden, daß auch in diesen Metallen ein Teil des Diffusionsstromes durch den Ringmechanismus getragen wird. Da es jedoch sehr merkwürdig wäre, wenn die Aktivierungsenergien für den Leerstellen- und den Ringmechanismus nahezu gleich wären, ist es allgemein üblich und wohl auch berechtigt, die gemessenen Aktivierungsenergien der Selbstdiffusion in kubisch-flächenzentrierten Metallen auf Grund der Leerstellendiffusion zu interpretieren. Diese sind dann die Summe aus Bildungsenergie und Wanderungsenergie der Leerstellen, so daß man bei Kenntnis einer dieser beiden Energien sowie der Selbstdiffusionsenergie die andere berechnen kann.

In Ziff. 11 war über die Methoden von Le Claire[3] sowie von Buffington und Cohen[4] zur Analyse der Diffusionsdaten durch Vergleich der Metalle gleicher Struktur berichtet worden. Le Claire korreliert mit Hilfe der Zenerschen Gedankengänge die Aktivierungsentropie S_2 mit der Temperaturabhängigkeit von Schubmodul und Dichte (näheres s. S. 425). Er findet, daß die untersuchten kubisch-flächenzentrierten Metalle nur dann das von der Theorie geforderte einheitliche Verhalten zeigen, wenn für die Auswertung der Leerstellenmechanismus benützt wird. Ein Ringmechanismus kann bei diesen Metallen dagegen mit ziemlicher Sicherheit ausgeschlossen werden.

Für kubisch-raumzentrierte Metalle liegen keine so umfassenden Rechnungen wie für Cu vor, außerdem ist auch das experimentelle Material über die Selbstdiffusion viel spärlicher als für die kubisch-flächenzentrierten Metalle. Bei den Alkalimetallen (insbesondere Lithium und Natrium — s. Ziff. 31β) scheint die Selbstdiffusion über Leerstellen zu erfolgen. Bei den schwereren kubisch-raumzentrierten Metallen ist zu erwarten, daß der Vierer-Ringmechanismus in engen Wettbewerb mit der Diffusion durch Leerstellenwanderung treten wird. Es ist denkbar, daß es von den Einzelheiten der Elektronenstruktur dieser Metalle abhängt, welcher der beiden Mechanismen bei den einzelnen Metallen überwiegt.

Le Claire[3] hat die Diffusionsdaten für α-Fe und W für Leerstellen-, Zwischengitterplatz- und Vierer-Ringdiffusion ausgewertet und gefunden, daß ein Ringmechanismus diese Daten am besten beschreibt[5]. Buffington und Cohen[4], deren Verfahren allerdings auf die Leerstellen-Diffusion beschränkt ist, halten auf Grund ihrer Analyse auch den Leerstellen-Mechanismus als mit den experimentellen Daten verträglich. Sie weisen ferner auf Messungen an β-Messing[6] hin, welche einen Kirkendall-Effekt ergeben haben, so daß zumindest in dieser raumzentrierten Legierung Löcherdiffusion eine wesentliche Rolle spielt. Da jedoch, wie oben erwähnt, sowohl die experimentellen wie die theoretischen Ergebnisse noch sehr unvollständig sind, wäre es wohl verfrüht, Abschließendes zur

---

[1] Wegen einer Zusammenstellung der bis etwa Ende 1952 untersuchten kubisch-flächenzentrierten Systeme mit Kirkendall-Effekt siehe [31].

[2] Wegen einer Diskussion der Bedingungen für das Auftreten der Porosität und des Zusammenhangs mit der Darkenschen phänomenologischen Theorie der Diffusion in binären Substitutionsmischkristallen s. F. Seitz: Acta met. 1, 355 (1953).

[3] A. D. Le Claire: Acta met. 1, 438 (1953).

[4] F. S. Buffington u. M. Cohen: Acta met. 2, 660 (1954).

[5] Auf Grund der Verschiedenheit der empirischen Werte für die Aktivierungsentropie der Selbstdiffusion bei kubisch-flächenzentrierten und kubisch-raumzentrierten Metallen hatte schon C. Zener [J. Appl. Phys. 22, 372 (1951)] vermutet, daß bei den raumzentrierten Metallen im Gegensatz zu den flächenzentrierten Metallen ein Ring-Mechanismus wesentlich sei.

[6] R. W. Baluffi u. L. L. Seigle: Private Mitteilung. Siehe auch U. S. Landergren u. R. F. Mehl: J. Metals 5, 153 (1953).

Frage des Diffusionsmechanismus in den kubisch-raumzentrierten Metallen sagen zu wollen.

Wir haben am Ende von Ziff. 13 die Prüfung der ZENERSchen Theorie der Aktivierungsentropie S_2 für die Fehlstellenwanderung bis zur Besprechung der Selbstdiffusion zurückgestellt. Es handelt sich hier also um den Vergleich von gemessenem und berechnetem, durch Gl. (15.9) definiertem Anteil D_0 des Koeffizienten der Selbstdiffusion

$$D = D_0\, e^{-H/kT}. \tag{15.9}$$

Wie schon in Ziff. 13 erwähnt, ergibt sich D_0 bei der Diffusion von Kohlenstoff in α-Fe in vorzüglicher Übereinstimmung mit der Theorie.

Beim Leerstellenmechanismus im kubisch-raumzentrierten und kubisch-flächenzentrierten Gitter ist nach Gl. (15.3)

$$D_0 = a^2 \nu\, e^{S/k}, \tag{15.10}$$

wobei S die in Gl. (15.5) angegebene Bedeutung hat. ν ist etwa gleich der DEBYE-Frequenz, S/k nach der ZENERSchen Theorie immer positiv und von der Größenordnung 1—6, so daß man für D_0 Werte zwischen 10^{-2} cm²/sec und 10^1 cm²/sec erwartet. In der Tat liegen die meisten der an reinen Metallen gemessenen Werte für D_0 in diesem Bereich.

Einen quantitativen Vergleich von Experiment und Theorie hat LE CLAIRE[1] unternommen. Er verfeinert die ZENERSche Theorie der Wanderungsentropie S_2 für Leerstellen dadurch, daß er auch noch die Temperaturabhängigkeit der Dichte ϱ in der Form

$$\varrho = \varrho_0 + \varrho'\, T \tag{15.11}$$

mit in Rechnung setzt. Bezeichnet M das Atomgewicht und

$$\mu = \mu_0 - \mu'\, T \tag{15.12}$$

den (als linear von der Temperatur abhängend angenommenen) Schubmodul, so ergibt sich

$$S_2 = -\, k_2\, \frac{M\mu_0}{\varrho_0}\left(\frac{\mu'}{\mu_0} - \frac{\varrho'}{\varrho_0}\right), \tag{15.13}$$

$$H_2 = k_2\, \frac{M\mu_0}{\varrho_0}. \tag{15.14}$$

Die dimensionslose Konstante k_2 spielt in den Gl. (15.13) und (15.14) dieselbe Rolle wie die Konstante k_1 in Gl. (11.7). Sie sollte, wenn in allen betrachteten kubisch-flächenzentrierten Metallen die Selbstdiffusion durch Löcherwanderung erfolgt und die zur Berechnung von S_2 benützte Theorie zutreffend ist, für diese Metalle etwa gleich ausfallen. In Ziff. 11 war erwähnt worden, daß sich k_1 mit recht geringer Streuung für die vier Metalle Cu, Ag, Au und Pb aus den Meßwerten von D_0 als konstant ergibt[2]. Ähnliches gilt für k_2, für das man den Mittelwert

$$k_2 = 0{,}215 \tag{15.15}$$

mit einem mittleren Fehler von 11,5% erhält. Dabei war die Bildungsentropie $S_1 = 0$ gesetzt worden in der Annahme, daß der damit begangene Fehler sich dadurch größtenteils kompensiert, daß gemäß Gl. (15.12) der makroskopische

---

[1] A. D. LE CLAIRE: Acta met. **1**, 438 (1953).

[2] Siehe jedoch die Kritik der LE CLAIREschen Werte der Aktivierungs*energien* der Edelmetalle in Ziff. 31 α.

Schubmodul an Stelle der etwas stärker temperaturabhängigen lokalen elastischen Konstanten in der unmittelbaren Umgebung der Leerstelle verwendet wurde.

Diese Untersuchungen dürfen wohl als starker Hinweis auf die Brauchbarkeit der Zenerschen Theorie auch bei der Selbstdiffusion in kubisch-flächenzentrierten Metallen gewertet werden. Die Daten über die Fremddiffusion, die eine Streuung von D_0 über einen viel größeren Bereich, nämlich von 10^{-9} cm²/sec bis etwa 10^1 cm²/sec zeigen, sind für eine quantitative Untersuchung ungeeignet, da hier oft und in experimentell bis jetzt schlecht kontrollierbarer Weise die Diffusion entlang „short-circuits", wie Korngrenzen und Versetzungen, eine Rolle spielt[1].

Eine Schwäche der Zenerschen Theorie ist es, daß sie immer positive S ergibt[2], während nach den in Ziff. 13 erwähnten atomtheoretischen Rechnungen sich unter Umständen auch negative Werte ergeben können. Ein solcher Fall, bei dem auch die in Ziff. 13 erwähnte Voraussetzung einer kleinen Aktivierungsenergie Q für Selbstdiffusion zutrifft, scheint Sn zu sein. Tabelle 6 gibt die von Fensham[3] an Einkristallen gemessenen Werte

Tabelle 6. *Konstanten der Selbstdiffusion in Zinn für Diffusion parallel der a- und c-Achse.*

	Diffusion parallel zur	
	a-Achse	*c*-Achse
D_0 [cm² sec⁻¹]	$(9{,}2 \pm 2) \cdot 10^{-8}$	$(3{,}6 \pm 1) \cdot 10^{-6}$
Q [cal/Mol] †	$(6{,}7 \pm 1) \cdot 10^{3}$	$(9{,}4 \pm 0{,}5) \cdot 10^{3}$

für D_0 und Q (bzw. H) wieder[4]. Man sieht, daß die Meßwerte für D_0 mit einer Diffusion durch Leerstellen nur dann verträglich sind, wenn S negativ ist.

d) Elektrischer Widerstand von Eigenfehlstellen.

16. Vorbemerkung. Wir hatten schon oben die Bedeutung erwähnt, die die Leitfähigkeitsänderungen durch strukturelle Fehlordnung für die Entwicklung der heutigen Auffassung über Auftreten und Eigenschaften von Eigenfehlstellen in *Ionenkristallen* gehabt haben und in Ziff. 11 und 14 einige der durch Untersuchung der elektrolytischen Leitfähigkeit gewonnenen Resultate besprochen. Im vorliegenden Abschnitt sollen die bis jetzt vorliegenden theoretischen Ergebnisse über den Einfluß von Eigenfehlstellen auf die elektrische Leitfähigkeit von *Metallen* besprochen werden.

Fremdatome, Zwischengitteratome, Leerstellen, Versetzungen und überhaupt jede Art von Irregularität im Kristallgitter erhöhen infolge der zusätzlichen Streuung der Elektronen den elektrischen Widerstand eines Metalls. Die Berechnung dieser Widerstandserhöhung gehört sachlich in das Gebiet der Elektronentheorie der Metalle[5]. Da jedoch Widerstandsmessungen das wichtigste Hilfs-

---

[1] Auch die *Selbst*diffusion entlang Korngrenzen und Versetzungslinien ist quantitativ untersucht und nachgewiesen worden. Siehe z.B. D. Turnbull und R. E. Hoffmann [Acta met. **2**, 419 (1954)] und A. A. Henderson und E. S. Machlin [Trans. Amer. Inst. Min. Metallurg. Engrs. **200**, 1035 (1954)]. Sie scheint jedoch bei den üblichen experimentellen Bestimmungen von D keine so störende Rolle zu spielen wie die „short-circuits" bei der Fremddiffusion.

[2] Primär macht die Zenersche Theorie nur eine Aussage über den von der Leerstellenwanderung herrührenden Entropieanteil S_2 an der Aktivierungsentropie für Selbstdiffusion $S = S_1 + S_2$. Da jedoch die Aktivierungsentropie S_1 für die Bildung von Leerstellen wohl immer positiv ist, sind negative S mit der Zenerschen Theorie grundsätzlich unvereinbar.

† 23 030 cal/Mol = 1 eV.

[3] P. J. Fensham: Austr. J. Sci. Res. A **3**, 91 (1950); **4**, 229 (1951).

[4] Wegen einer Diskussion der Anisotropie von D_0 unter besonderer Berücksichtigung von Sn, s. H. B. Huntington [6], S. 69 und J. F. Nicholas: Acta met. **3**, 178 (1955).

[5] Vgl. den Beitrag von H. Jones in Bd. 19 dieses Handbuches.

mittel zur Feststellung von Zahl und Art der bei Kaltverformung, Bestrahlung oder Abschrecken erzeugten Fehlstellen sind, berichten wir in den folgenden beiden Ziffern über die bisher erhaltenen theoretischen Resultate zur Widerstandserhöhung durch *Eigenfehlstellen*. Theoretische Ergebnisse in ähnlichem Umfange liegen auch über *Versetzungen* vor, worauf wir in Ziff. 81 näher eingehen werden.

Voraussetzung für eine Berechnung der Elektronenstreuung an einer Fehlstelle in einem Metall ist, daß man die Elektronenstruktur des Metalls kennt und die Eigenschaften der Elektronen rechnerisch beherrscht. Dies ist in befriedigendem Umfang bis jetzt nur bei den *einwertigen* Metallen der Fall, weshalb sich die Ausführungen der Ziff. 17, 18 und 81 ausschließlich auf diese Metalle beschränken.

Eine Anwendung der in Ziff. 17 abzuleitenden Resultate war in Ziff. 11 bei der Bestimmung der Leerstellen-Konzentration in der thermischen Fehlordnung von Cu und Au gemacht worden. Weitere Anwendungen werden im Abschnitt III bei der Behandlung der Erholungsexperimente besprochen werden. Eine ausführliche Zusammenstellung experimenteller Resultate über die Widerstandsänderung durch Gitterfehler ist in [39] enthalten.

17. Elektrischer Widerstand von Gitterlücken in einwertigen Metallen. Das bis jetzt am ausführlichsten behandelte Beispiel ist dasjenige einer Leerstelle in Kupfer[1]. Es wurden dabei die folgenden Voraussetzungen gemacht:

a) Die Leitfähigkeits-Elektronen dürfen als frei behandelt werden.

b) Die Übergangswahrscheinlichkeit für den Übergang eines Elektrons aus einem Zustand mit dem Wellenvektor $\mathfrak{k}$ in einen Zustand mit dem Wellenvektor $\mathfrak{k}'$ hängt nur von dem Winkel ϑ zwischen den beiden Wellenvektoren ab.

c) Die Streuung durch Leerstellen und die Streuung durch die thermischen Schwingungen überlagern sich additiv, d.h. die MATTHIESSENsche Regel gilt.

Unter diesen Voraussetzungen ist die Änderung des spezifischen Widerstandes gegeben durch

$$\Delta \varrho = c \frac{\hbar k}{n e^2} A, \tag{17.1}$$

wobei c die Konzentration der Leerstellen, e die Elektronenladung, n die Zahl der freien Elektronen pro Atom, $k (= 2\pi/\lambda)$ die Wellenzahl der Elektronen an der FERMI-Oberfläche und

$$A = \int (1 - \cos\vartheta)\, I(\vartheta)\, d\omega \tag{17.2}$$

ist[2]. In Gl. (17.2) ist die Integration über alle Raumrichtungen zu erstrecken; $I(\vartheta)$ bedeutet die Intensität der Streuwelle pro Raumwinkel 1 in Richtung ϑ, wenn die Intensität der einfallenden Welle 1 Elektron pro Flächen- und Zeiteinheit beträgt.

Unter Verwendung der HARTREEschen effektiven Kernladungszahl für ein Cu-Ion schließt JONGENBURGER, daß der Verlauf der potentiellen Energie eines Elektrons um eine Leerstelle in Kupfer bei Vernachlässigung der Ionenverschiebung in der Nähe der Leerstelle durch die Funktion

$$V(r) = 48 \frac{a_H}{r} \exp\left(-2,5 \frac{r}{a_H}\right) \cdot E_{\text{Ryd}} \tag{17.3}$$

---

[1] P. JONGENBURGER: Appl. Sci. Res. B **3**, 237 (1953).
[2] Die Definition von A in Gl. (17.2) und damit auch Gl. (17.5) weichen von den Formeln für den integralen Wirkungsquerschnitt ab. Der Gewichtsfaktor $(1 - \cos\vartheta)$ ist dadurch bedingt, daß eine Streuung in Vorwärtsrichtung nichts zum elektrischen Widerstand beiträgt.

dargestellt werden kann, wobei a_H der Bohrsche Wasserstoffradius und $E_{\text{Ryd}} =$ 13,54 eV die Rydberg-Energie ist.

Bekanntlich[1] kann man die Lösung der Schrödinger-Gleichung für ein rotationssymmetrisches Problem, bei dem die potentielle Energie $V(r)$ der Elektronen im Unendlichen rascher als r^{-1} gegen Null geht, asymptotisch in der Form

$$\psi \sim \sum_{l=0}^{\infty} c_l \frac{1}{kr} \sin\left(kr - l\frac{\pi}{2} + \eta_l\right) \cdot P_l(\cos\vartheta) \tag{17.4}$$

schreiben, wobei $P_l(\cos\vartheta)$ das l-te Legendresche Polynom darstellt. Der effektive Streuquerschnitt A drückt sich in den asymptotischen Phasen folgendermaßen aus[2]

$$A = \frac{4\pi}{k^2}\left\{\sum_{l=0}^{\infty}(2l+1)\sin^2\eta_l - 2\sum_{l=0}^{\infty}(l+1)\cdot\sin\eta_l\cdot\sin\eta_{l+1}\cos(\eta_l - \eta_{l+1})\right\}. \tag{17.5}$$

Die numerische Auswertung durch Jongenburger[3] ergab für eine Leerstelle in Cu

$$A = 2,2 \cdot 10^{-16}\,\text{cm}^2, \tag{17.6}$$

was einer Widerstandsänderung

$$\Delta\varrho = 1,25\,\mu\Omega\,\text{cm}/\%\ \text{Leerstellen} \tag{17.7}$$

entspricht.

Die Berechnung der asymptotischen Phasen zum Zwecke der Auswertung von Gl. (17.5) erlaubt eine gewisse Kontrolle der Richtigkeit des verwendeten Potentials und der Rechnung. Die Wellenfunktionen der Leitfähigkeitselektronen werden nämlich in der Umgebung einer Störstelle so modifiziert, daß die Ladung der Störstelle vollkommen durch die Elektronen abgeschirmt wird. Beträgt die Aufladung der Störstelle Ze, so drückt sich diese Bedingung nach Friedel[4] in den asymptotischen Phasen η_l folgendermaßen aus:

$$Z = -\frac{2}{\pi}\sum_{l=0}^{\infty}(2l+1)\eta_l. \tag{17.8}$$

Im vorliegenden Beispiel gibt Gl. (17.8) bei Berücksichtigung der ersten drei Phasenkonstanten $Z = 0,95$, was in hinreichend guter Übereinstimmung mit dem theoretischen Wert $Z = 1$ ist.

Gl. (17.8) ist von Jongenburger[3] und Abelès[5] dazu verwendet worden, um $\Delta\varrho$ für alle einwertigen Metalle ohne Verwendung einer speziellen Potentialfunktion $V(r)$, die ja für jedes Metall eine eigene numerische Auswertung erfordern würde, abzuschätzen. Es wird dabei der folgende Verlauf der potentiellen Energie der Elektronen zugrunde gelegt:

$$V(r) = \begin{cases} V_0 & r \leq a \\ 0 & r > a. \end{cases} \tag{17.9}$$

Das Potential soll also innerhalb einer Kugel vom Radius a konstant sein. a wird gleich dem Radius r_s derjenigen Kugel gewählt, die als Rauminhalt gerade

[1] N. F. Mott u. H, S. W. Massey: The Theory of Atomic Collisions, 2. Aufl., Kap. 2. Oxford: Oxford Univ. Press 1949.

[2] Siehe auch K. Huang: Proc. Phys. Soc. **60**, 161 (1948). — Die η_l sind in Gl. (17.5) und (17.8) für Elektronen mit der maximalen Wellenzahl k zu nehmen.

[3] P. Jongenburger: Appl. Sci. Res. B **3**, 237 (1953).

[4] J. Friedel: Phil. Mag. **43**, 153 (1952).

[5] F. Abelès: C. R. Acad. Sci. Paris **237**, 796 (1953).

das Atomvolumen im Metall hat (WIGNER-SEITZsche Atomkugel). JONGEN-BURGER hat auch noch andere Werte von a untersucht, aber gefunden, daß $a < r_s$ im Falle von Cu eine weniger gute Übereinstimmung mit dem auf dem oben behandelten genauern Wege berechneten Wert von A gibt.

Setzt man $a = r_s$, so wird $ka = 1{,}92$. Die Phasen η_l und damit der effektive Wirkungsquerschnitt A hängen dann nur noch von

$$k_0 a \equiv \frac{a}{\hbar} \sqrt{2m V_0} \qquad (17.10)$$

ab. Man kann somit Gl. (17.8) zur Bestimmung von V_0 verwenden. Auf diese Weise ergibt sich $k_0 a = 1{,}80$ und

$$\frac{\Delta \varrho}{r_s} = 92\ \Omega/\%\ \text{Leerstellen}. \qquad (17.11)$$

Die Zahlenwerte für die einwertigen Metalle sind in Tabelle 7 angegeben.

Tabelle 7. *Elektrischer Widerstand von Leerstellen in einwertigen Metallen.*

	Cu	Ag	Au	Li	Na	K	Rb	Cs
$\Delta \varrho\ [\mu\,\Omega\,\text{cm}/\%\ \text{Leerstellen}]$	1,3	1,5	1,5	1,6	2,0	2,4	2,6	2,8

JONGENBURGER[1] und DEXTER[2] haben den Einfluß der Verschiebung der an die Leerstelle angrenzenden Ionen untersucht und im Falle von Cu gefunden, daß er neben dem oben berechneten Effekt vernachlässigt werden kann.

DEXTER[2] hat ebenfalls den elektrischen Widerstand einer Leerstelle in Cu berechnet und einen kleineren Wert als oben angegeben erhalten. Da jedoch in seiner Rechnung die FRIEDELsche Bedingung Gl. (17.8) nicht erfüllt ist, sehen wir den Zahlenwert Gl. (17.7) als zuverlässiger an.

Der Widerstand eines Leerstellenpaares ist noch nicht berechnet worden; er hängt natürlich von der Orientierung des Paares gegenüber der einfallenden Welle ab. Er wird sehr wahrscheinlich etwas kleiner als der von zwei getrennten Leerstellen verursachte Widerstand sein, so daß man in Cu größenordnungsmäßig mit einer Widerstandserhöhung durch eventuell vorhandene Leerstellenpaare von

$$\Delta \varrho = 2\,\mu\,\Omega\,\text{cm}/\%\ \text{Leerstellenpaare} \qquad (17.12)$$

rechnen darf.

18. Elektrischer Widerstand von Zwischengitteratomen. Der Beitrag von Zwischengitteratomen in Cu zum spezifischen Widerstand wurde von DEXTER[2] zu

$$\Delta \varrho = 0{,}6\,\mu\,\Omega\,\text{cm}/\%\ \text{Zwischengitteratome} \qquad (18.1)$$

berechnet. Da jedoch auch hier die FRIEDELsche Bedingung (17.8) nicht erfüllt und außerdem der Einfluß der Verschiebung der Nachbaratome vernachlässigt ist, ist dieser Zahlenwert wohl ebenfalls zu klein. P. JONGENBURGER[3] erhält mit Berücksichtigung von Gl. (17.8) sowie der Gitterverzerrungen als Widerstandserhöhung durch Zwischengitteratome in Kupfer

$$\Delta \varrho \approx 5\,\mu\,\Omega\,\text{cm}/\%\ \text{Zwischengitteratome}. \qquad (18.2)$$

[1] P. JONGENBURGER: Appl. Sci. Res. B **3**, 237 (1953).
[2] D. L. DEXTER: Phys. Rev. **87**, 768 (1952).
[3] P. JONGENBURGER: Nature, Lond. **175**, 546 (1955).

Der effektive Streuquerschnitt A [Gl. (17.1)] wurde hierbei additiv zusammengesetzt aus dem Anteil der Streuung am eigentlichen Zwischengitteratom und aus der Streuung infolge der Gitterverzerrung in der Umgebung des Zwischengitteratoms. Erstere wurde, wie in Ziff. 17 beschrieben, auf Grund eines Kastenpotentials ($Z = -1$) behandelt; letztere durch einen Vergleich mit der Streuung an Wärmeschwingungen abgeschätzt. Das Endergebnis dürfte die richtige Größenordnung, insbesondere im Vergleich zur Streuung an Leerstellen, geben, doch kann es aus folgenden Gründen keine allzu hohe Genauigkeit beanspruchen: 1. Das Ergebnis hängt ziemlich stark von der Wahl von a [Gl. (17.9)] ab, 2. die beiden oben aufgeführten Streumechanismen sind sicherlich nicht streng additiv, da die Gitterverzerrungen auch mit einer Ladungsverschiebung verknüpft sind. 3. Die Abschätzung des elektrischen Widerstandes der Gitterverzerrungen ist verhältnismäßig grob. Sie ergibt jedoch in anderen Fällen ganz gute Resultate.

Quantitative Untersuchungen über die Streuung an Zwischengitteratomen in anderen Metallen als Cu liegen noch nicht vor. Für die Streuung von Elektronen an Zwischengitteratomen scheint es kein dem in Ziff. 17 besprochenen analoges Verfahren zu geben, das mit einer einzigen Zahlenrechnung die Resultate für alle einwertigen Metalle zugleich gibt.

e) Chemische Fehlordnung.

19. Chemische Fehlordnung in Metallen. Die Theorie der chemischen Fehlordnung in Metallen ist die Theorie verdünnter fester Lösungen in Metallen. Wenn die Fremdatome einen wesentlich kleineren Atomradius als die Wirtsatome haben, so werden sie sich im allgemeinen auf Zwischengitterplätzen in das Metall einlagern. Beispiele hierfür bilden Wasserstoff-, Kohlenstoff- und Stickstoffatome in vielen Metallen. Bis jetzt ist vom Standpunkt der Elektronentheorie aus nur die Einlagerung von Wasserstoffatomen bzw. von Protonen näher behandelt worden[1].

Die Elektronentheorie der primären Legierungsphasen, die die Lehre von metallischen Verunreinigungen in Metallkristallen mit umfaßt, ist erst in allerneuester Zeit durch Friedel entwickelt worden. Wegen Einzelheiten sei auf zusammenfassende Darstellungen verwiesen[2, 3]. Das wichtigste allgemeine Ergebnis der Theorie ist, daß es für die Frage der Löslichkeitsgrenze, der Komplexbildung von gelösten Atomen usw. darauf ankommt, ob die Wirtsatome oder die gelösten Atome die größere Zahl von Valenz-Elektronen im Sinne der Hume-Rotheryschen Regeln besitzen. Ist die Valenz der Grundgitteratome kleiner (Beispiele: Cu mit Zn- oder Al-Zusätzen), so erhält man, wenn sich keine anderen Faktoren, z.B. die relative Größe der Legierungspartner, ungünstig auswirken, einen weiten Homogenitätsbereich für die primäre Phase. Ist dagegen die Valenz der gelösten Atome kleiner (Beispiele: Cu-Zusätze zu Zn oder Al), so treten Komplikationen auf. Beispiele hierfür sind sehr kleiner Homogenitätsbereich der primären Phase, Bildung von intermetallischen Phasen oder Auftreten von Guinier-Preston-Zonen.

Als ein sehr wertvolles Hilfsmittel zum Studium der Zwischengittereinlagerungen in Metallen haben sich Messungen der anelastischen Erscheinungen erwiesen[4]. Für das Studium der feineren Einzelheiten von Substitutions-Legierungen werden neben den klassischen Röntgen-Methoden in Zukunft vor allem Experimente mit Kernspin- und Kernquadrupol-Resonanzen eine wachsende Bedeutung erhalten[5].

---

[1] J. Friedel: Phil. Mag. **43**, 153 (1952).

[2] J. Friedel: Adv. Physics **3**, 446 (1954).

[3] J. Friedel: 10. Solvay-Kongreß für Physik, Brüssel 1954.

[4] Wegen einer zusammenfassenden Darstellung der Verwendbarkeit anelastischer Meßmethoden für metallphysikalische Untersuchungen sei auf C. Wert [8], S. 225 verwiesen.

[5] Siehe z. B. N. Bloembergen u. T. J. Rowland: Acta met. **1**, 731 (1953) sowie N. Bloembergen: [13], S. 1.

20. Chemische Fehlordnung in Ionenkristallen. Über die chemischen Fehlordnungen in Nichtmetallen liegt noch keine abgerundete Theorie vor. Bei Ionenkristallen ist es jedoch möglich, auf der Grundlage der BORN-MAYERschen Theorie (vgl. den Artikel von G. LEIBFRIED in diesem Bande) in Einzelrechnungen Einlagerungs- und Assoziationsenergien zu ermitteln. Wir berichten in dieser Ziffer über die hierüber vorliegenden Untersuchungen, die zum Teil auch bei SEITZ [19] besprochen sind.

Wie in Ziff. 14 dargelegt worden ist, spielt für die experimentelle Bestimmung der Kationen-Leerstellen-Dichte in den Alkali-Halogeniden die Abhängigkeit der elektrolytischen Leitfähigkeit von der Konzentration zweiwertiger Metallionen-Zusätze eine große Rolle. Für eine quantitative Auswertung der Meßresultate ist jedoch eine Kenntnis der Assoziationsenergie für die Anlagerung von Leerstellen an die zweiwertigen Ionen notwendig. Der erste Versuch einer Berechnung dieser Assoziationsenergie wurde von REITZ und GAMMEL[1] für den Fall von Cd^{++} in NaCl unternommen. Eine umfassendere und genauere theoretische Berechnung solcher Assoziationsenergien sowie einen Vergleich mit experimentellen Daten haben BASSANI und FUMI[2] durchgeführt; ihre Resultate sind in Tabelle 8 wiedergegeben.

Tabelle 8. *Assoziationsenergien in eV für die Anlagerung von Kationen-Lücken an zweiwertige Verunreinigungen in NaCl und KCl.*

	Cd	Ca	Sr
NaCl	0,38	0,38	0,45
KCl	0,32	0,32	0,39

P. BRAUER[3] hat die MOTT-LITTLETONsche Berechnung der Energie einer Gitterlücke in NaCl durch Berücksichtigung der elastischen Verzerrungen auf den Fall ausgedehnt, daß ein Metall-Ion durch ein Thallium-Atom ersetzt worden ist. Es ergibt sich, daß der Einbau von Tl in NaCl mit wesentlich größerem Energieaufwand verbunden ist als derjenige in KCl. Dieses verschiedene Verhalten rührt von den relativen Größenverhältnissen der Ionen her. Die Folgerung, daß Tl in KCl gut, in NaCl dagegen fast gar nicht eingebaut wird, ist durch Experimente über die Lumineszenzfähigkeit von Tl-aktiviertem NaCl bzw. KCl bestätigt. Eine etwas genauere Diskussion des Grundzustandes sowie des bei der Lumineszenz angeregten Zustandes eines Tl^+-Ions in KCl hat WILLIAMS[4] gegeben.

II. Bestrahlung kristalliner Festkörper mit Teilchenstrahlen („radiation damage").

21. Überblick. Das Studium der Wirkungen von schnellen Neutronen und anderen schnellen Teilchen, wie Spaltprodukten bei Kernspaltungen, auf die mechanischen Eigenschaften von festen Körpern, insbesondere von Metallen, wurde im Zusammenhang mit der Errichtung der ersten Kernreaktoren begonnen. Ein großer Teil der bei der Fortführung dieser Untersuchungen gewonnenen Erfahrungen und Erkenntnisse wird wohl noch längere Zeit nicht allgemein zugänglich sein. Es sind jedoch in den letzten Jahren eine Reihe von zusammenfassenden Darstellungen über bestimmte Problemkreise erschienen, die einen Einblick in dieses Gebiet ermöglichen [40] bis [46]. Wir werden versuchen, in diesem Abschnitt einen Überblick über jene Fragen zu geben, die in einem engen Zusammenhang mit anderen Untersuchungsmethoden fester Körper, wie

---

[1] J. R. REITZ u. J. L. GAMMEL: J. Chem. Phys. **19**, 894 (1951).
[2] F. BASSANI u. F. G. FUMI: Phil. Mag. **45**, 228 (1954). — Nuovo Cim. **11**, 274 (1954).
[3] P. BRAUER: Z. Naturforsch. **7a**, 372 (1952).
[4] F. E. WILLIAMS: J. Chem. Phys. **19**, 457 (1951).

Kaltverformung, Abschrecken und anderes mehr stehen und die sich in Zukunft vielleicht befruchtend auf letztere auswirken werden[1].

Der Zusammenhang zwischen der Bombardierung fester Körper durch schnelle Teilchen („radiation damage") und den klassischen Verfahren zum experimentellen Studium fester Körper besteht darin, daß, wenn die Elektronen Zeit und Gelegenheit haben, sich mit der thermischen Bewegung im Festkörper ins Gleichgewicht zu setzen, das Verhalten der Festkörper bei mechanischen, elektrischen usw. Untersuchungen vollständig durch die *Anordnung* der Atome und Ionen bestimmt wird. Es ist unabhängig von dem *Weg*, auf dem die Gitterbausteine auf ihre Plätze gelangt sind. Da man gleiche oder ähnliche Fehlstellen, wie sie z.B. durch Erhitzen und Abschrecken eines Kristalls entstehen, auch durch Bestrahlung erzeugen kann, bedeutet dies, daß das Studium bestrahlter Stoffe die theoretischen Vorstellungen über Erzeugungsweise und Wirkung derartiger Fehlstellen zu prüfen und zu erweitern gestattet.

Wir werden zunächst in Ziff. 22 die allgemeine Theorie der Bremsung energiereicher Teilchenstrahlen durch Materie behandeln und zeigen, daß für die Erzeugung struktureller Fehlordnung in Kristallen elastische Stöße elektrisch neutraler Teilchen die Hauptrolle spielen. Die dadurch hervorgerufene Unordnung wird, nach Möglichkeit quantitativ, in Ziff. 23 diskutiert werden. Einige experimentelle Untersuchungen hierüber, die für das allgemeine Studium von Fehlstellen wertvoll sind, werden in Ziff. 24 besprochen werden.

22. Abriß der Theorie des Durchgangs schneller Teilchen durch Materie. Für eine wirkungsvolle Bestrahlung kommen vor allem als ungeladene Teilchen Neutronen und als geladene Teilchen Protonen, Deuteronen, α-Teilchen und Ionen schwererer Atome in Frage. Elektronen rufen nur bei sehr hohen Energien strukturelle Veränderungen hervor. Sie sind gerade aus diesem Grunde, wie wir in Ziff. 23 sehen werden, für die Untersuchung von feineren Einzelheiten der Strahlungs-Schädigung in Kristallen wichtig geworden.

Neutronen unterscheiden sich dadurch von den geladenen Teilchen, daß ihr Wirkungsquerschnitt für Stöße mit Atomen sehr klein ist. Für die durch Neutronenbestrahlung hervorgerufene Fehlordnung in Festkörpern sind bei schnellen Neutronen die elastischen Zusammenstöße, bei denen ein Teil der kinetischen Energie der Neutronen in kinetische Energie der Atome umgewandelt wird, wesentlich. Die Wirkungen unelastischer Stöße (Kernumwandlungen und Kernspaltungen) werden, von gewissen Fällen bei Halbleitern und Isolatoren abgesehen, von denjenigen elastischer Stöße und ihrer Folgeerscheinungen überdeckt.

Wegen der Kleinheit des Wirkungsquerschnittes für Stöße schneller Neutronen mit Atomen[2] sind diese Stöße so selten, daß wir sie als voneinander unabhängig betrachten können. Bei großen Energien überwiegen die elastischen Stöße zahlenmäßig bei weitem über die unelastischen Stöße. Die bei einem elastischen Zusammenstoß auf ein Atom übertragene Energie ist um so größer, je niedriger die Masse des Atoms ist. Die von einem stoßenden Teilchen mit der Masse M_1 und der Energie E auf ein ursprünglich ruhendes Teilchen mit der Masse M_2 übertragene Energie ist

$$\Delta E = E \cdot \frac{4 M^2}{M_1 M_2} \sin^2 \frac{\vartheta}{2}, \tag{22.1}$$

wobei

$$M = \frac{M_1 M_2}{M_1 + M_2} \tag{22.2}$$

---

[1] Siehe zu den hier besprochenen Fragen auch den zusammenfassenden Bericht von K. Lintner u. E. Schmid: Ergebn. exakt. Naturw. **28**, 302 (1955).

[2] *Für Neutronen mit einer Energie* $E \gtrsim 5000$ eV ist der Wirkungsquerschnitt von der Größenordnung 10^{-24} cm².

die reduzierte Masse des Systems und ϑ der Winkel ist, um den das stoßende Teilchen, im Schwerpunktsystem gemessen, abgelenkt wird. Im allgemeinen wird das gestoßene Atom ebenfalls eine große kinetische Energie besitzen und beim Stoß seine Hüllenelektronen ganz oder teilweise verloren haben. Es verhält sich demnach nach dem Stoß wie die oben erwähnten, als sog. Primärteilchen zur Bombardierung verwendeten geladenen Teilchen. Die Strahlungsschädigung durch schnelle Neutronen wird im wesentlichen durch die von ihnen getroffenen und mit kinetischer Energie ausgestatteten Atome bzw. Ionen (sog. Sekundärteilchen) hervorgerufen, so daß sich die Wirkung der Neutronenbestrahlung, wenn wir, was wir hier tun können, von Kernumwandlungen und Kernspaltungen absehen, nicht wesentlich von derjenigen geladener Teilchenstrahlen unterscheidet. Wir beherrschen somit die hauptsächlich interessierenden Phänomene, wenn wir die Bestrahlungsfehlordnung als Funktion von Masse, Ladung und Energie der eingestrahlten Teilchen kennen.

Die Bremswirkung von Materie für schnelle geladene Teilchen hat bei der Erforschung des Atombaus eine große Rolle gespielt. An neueren Zusammenfassungen der hierüber entwickelten Theorie sei auf die Darstellungen von N. F. Mott und H. S. W. Massey[1], N. Bohr[2] sowie H. Bethe und J. Ashkin[3] verwiesen[4].

Geladene Teilchen können natürlich ebenso wie Neutronen elastisch mit den Atomen und Ionen des durchstrahlten Stoffes zusammenstoßen. Für die dabei übertragene kinetische Energie gilt ebenfalls Gl. (22.1), so daß auch hier bei gleichem Ablenkwinkel die Energieübertragung um so größer ist, je weniger sich die Massen der beiden Stoßpartner voneinander unterscheiden. Infolge der elektrischen Ladung kommen jedoch gegenüber den Neutronen zwei neue Effekte hinzu: Geladene Teilchen können mit Atomen dadurch wechselwirken, daß sie einen Teil ihrer Energie an deren Hüllenelektronen abgeben und dadurch Ionisation (oder auch nur Elektronen-Anregung) hervorrufen. Die Energie, welche an das bei der Ionisation zurückbleibende Ion übertragen wird, kann so gering sein, daß es im Falle eines kristallinen Festkörpers, mit dem wir uns im folgenden besonders befassen werden, seinen Gitterplatz nicht verläßt. In diesem Falle erzeugt also die Bestrahlung keine strukturelle, sondern nur eine elektrische Fehlordnung. — Der zweite zusätzliche Effekt bei geladenen Teilchen rührt daher, daß diese selbst infolge ihrer Wechselwirkung mit der Umgebung Elektronen abgeben oder auch aufnehmen und somit während ihrer Bewegung ihre Ladung verändern können. Der Mittelwert ihrer Ladung ist, wie wir sogleich sehen werden, eine Funktion ihrer Geschwindigkeit.

Das wichtigste allgemeine Ergebnis der Theorie dieser Ionisationsvorgänge, das schon in der klassisch-mechanischen Behandlung des Problems durch J. J. Thomson[5] zu Tage tritt, ist, daß es für die Ionisationswirkung und damit auch für den Ionisationszustand eines geladenen Teilchens mit der Masse M, der Geschwindigkeit v und der kinetischen Energie $E = \frac{1}{2} M v^2$ † nicht auf die Energie E

---

[1] H. F. Mott u. H. S. W. Massey: The Theory of Atomic Collisions, 2. Aufl., insbes. Kap. 12. Oxford: Clarendon Press 1949.

[2] N. Bohr: Kgl. danske Vid. Selsk., mat.-fys. Medd. 18, No. 8 (1948).

[3] H. A. Bethe u. J. Ashkin: Passage of Radiation through Matter. In E. Segrè, Experimental Nuclear Physics, Bd. I, Teil II. New York: J. Wiley & Sons 1953.

[4] Vgl. auch Bd. 34 dieses Handbuches.

[5] J. J. Thomson: Phil. Mag. [6] 23, 449 (1912).

† Dies gilt natürlich nur für Geschwindigkeiten $v \ll c$. Die uns hier interessierenden Phänomene spielen sich jedoch weit unterhalb des relativistischen Energiebereiches ab, so daß wir auf relativistische Effekte nicht einzugehen brauchen [vgl. jedoch Gl. (23.1), die sich aber auf Elektronen als Primärteilchen bezieht].

dieses Teilchens, sondern nur auf seine Geschwindigkeit ankommt bzw. auf die Energie

$$\varepsilon = \frac{m}{M} E = \frac{1}{2} m v^2, \tag{22.3}$$

die ein Elektron ($m = $ Elektronenmasse) derselben Geschwindigkeit v hätte.

Wir besprechen zunächst den Ionisationsgrad eines rasch bewegten Teilchens in Wechselwirkung mit Materie. Es ist anschaulich klar, daß ein schnell bewegtes Teilchen im allgemeinen mehr Elektronen verloren und damit einen größeren Ionisationsgrad haben wird als ein langsam bewegtes. Für diesen Ionisationsgrad als Funktion der Teilchengeschwindigkeit v liefert die Theorie folgende Abschätzung: Ein Teilchen verliert etwa s Elektronen, wenn die Bahngeschwindigkeit u_s des s-ten Elektrons etwa gleich v ist. Bedeutet I_s die zur s-fachen Ionisierung eines Atoms notwendige Energie, so ist u_s definiert durch die Gleichung

$$I_s = \tfrac{1}{2} m u_s^2. \tag{22.4}$$

Man kann also mit Hilfe des in Gl. (22.3) eingeführten Parameters ε die Bedingung für s-fache Ionisierung auch in der Form

$$\varepsilon = I_s \tag{22.5}$$

schreiben. Ein schweres Ion vermindert somit während der allmählichen Abbremsung durch die umgebende Materie seine Ladung durch Einfang von Elektronen. Wegen der genaueren Diskussion dieses Einfangvorgangs und des dynamischen Gleichgewichts zwischen Einfang und Ionisation sei auf die Darstellung von N. Bohr verwiesen[1].

Die Behandlung der ionisierenden Wirkung eines elektrisch geladenen Teilchens ist nur dann einfach, wenn das Teilchen so schnell ist, daß die Hüllenelektronen keine Zeit haben, sich während des Stoßes umzuordnen und die elektrostatische Wirkung der stoßenden Ladung abzuschirmen. In diesem Falle ergibt sich für die Energiedissipation durch Ionisation pro Längeneinheit[2]

$$-\frac{dE}{dx} = 2 \frac{z^2 e^4}{\varepsilon} N Z \log \frac{\varepsilon}{B}. \tag{22.6}$$

In Gl. (22.6) bedeutet e die Elementarladung, ze die Ladung des stoßenden Teilchens, Z und N Ordnungszahl und Anzahl pro Volumeneinheit der stationären Atome. B ist eine zweckmäßigerweise empirisch zu bestimmende „effektive Anregungsspannung" und der Größenordnung nach ein geometrischer Mittelwert über die Anregungsspannungen der Hüllenelektronen der stationären Teilchen. Gl. (22.6) gilt nur für $\varepsilon \gg B$. In diesem Bereich überwiegt die Bremsung infolge der Ionisierung bei weitem über diejenige durch elastische Stöße und zwar etwa im Verhältnis von Protonenmasse zu Elektronenmasse. Für sehr kleine Werte von ε sind die Verhältnisse jedoch gerade umgekehrt. Das einfallende Teilchen ist in diesem Falle elektrisch neutral, so daß wir den Energieverlust infolge seiner ionisierenden Wirkung neben den elastischen Stößen vernachlässigen können. Die durch die elastischen Stöße übertragene Energie wird im Falle eines Kristallgitters zwar zum Teil in der Form von Gitterschwingungen über den ganzen Kristall dissipiert, ist aber im allgemeinen ausreichend, um Atome aus ihren Gitterplätzen herauszuschlagen. Durch diese elastischen Stöße werden also sekundäre und tertiäre schnelle Teilchen sowie Leerstellen und Zwischengitteratome erzeugt.

---

[1] N. Bohr: Kgl. danske Vid. Selsk., mat.-fys. Medd. **18**, No. 8 (1948).
[2] N. F. Mott u. H. S. W. Massey: The Theory of Atomic Collisions, 2. Aufl., S. 271. Oxford 1949. Siehe auch F. Seitz [*40*].

Da die Veränderungen der Eigenschaften bestrahlter Kristalle in der Regel gerade durch diese strukturelle Fehlordnung bestimmt werden, interessieren wir uns für den Bereich $\varepsilon \gtrsim B$ und insbesondere für jene Geschwindigkeit v_0, unterhalb welcher der Energieverlust durch Ionisierung hinter der Energieübertragung durch elastische Stöße zurücktritt. Ein einfallendes Teilchen beginnt ja erst dann bleibende strukturelle Veränderungen in einem Kristall hervorzurufen, wenn seine Geschwindigkeit unter den Wert v_0 gesunken ist.

Leider ist gerade der Geschwindigkeitsbereich um v_0 theoretisch sehr wenig erforscht. Handelt es sich bei den einfallenden Teilchen um Elektronen, so kann man sofort sagen, daß dann keine Ionisationsprozesse mehr auftreten, wenn ε kleiner als die Ionisierungsspannung I_0 der am lockersten gebundenen Elektronen ist. Bei der Bestrahlung mit schweren Teilchen kann man auf Grund der Herleitung von Gl. (22.6), die ja durch eine Mittelung über die Ionisierungsenergien aller Hüllenelektronen der stationären Atome gewonnen wurde, schließen, daß die Ionisierung für $\varepsilon < I_0$ sehr schwach werden wird. SEITZ [40] nimmt an, daß die Ionisierung durch schwere Teilchen für $\varepsilon \lesssim I_0/8$ ganz aufhört und dann nur noch elastische Stöße vorkommen. Eine von der eben diskutierten Ursache im Prinzip unabhängige Beendigung der Ionisierungswirkung tritt natürlich dann ein, wenn das schnelle Teilchen seine Geschwindigkeit so weit reduziert hat, daß es durch Einfang von Elektronen neutral geworden ist. Die beiden Kriterien für das Aufhören der Ionisierung fallen in dem praktisch wichtigen und bei der Neutronenbestrahlung von monoatomaren Kristallen immer auftretenden Fall zusammen, daß die strukturelle Fehlordnung von Teilchen mit derselben Ordnungszahl Z wie die auf Gitterplätzen sitzenden Atome erzeugt wird.

Die vorstehenden Ausführungen bezogen sich in erster Linie auf Isolatoren, da wir auf das Vorhandensein eines Gases von Metallelektronen nicht eingegangen sind. SEITZ [40] hat gezeigt, daß in dem eben erwähnten Sonderfall gleicher Ordnungszahl Z der Stoßpartner die Energiedissipation durch Anregung des Elektronengases und durch elastische Stöße dann etwa gleich sind, wenn

$$\varepsilon = \varepsilon_0 \equiv \frac{E_{\mathrm{Ryd}} Z^{\frac{2}{3}}}{250\,n} \tag{22.7}$$

ist. $E_{\mathrm{Ryd}} = 13,54$ eV ist hierbei die RYDBERG-Energie; n ist die Zahl der freien Elektronen pro Atom[1]. Für Kupfer ($n = 1$, $Z = 29$) ist $\varepsilon_0 = 2,8$ eV, was einer kinetischen Energie $E = 324000$ eV entspricht. Nach dem oben besprochenen Kriterium über den Ionisationsgrad des bewegten Teilchens wird dieses für $\varepsilon \lesssim 5$ eV nicht mehr oder nur schwach ionisiert sein, so daß wir in dem Bereich, in dem die hauptsächlichste Energiedissipation durch elastische Stöße erfolgt, den Stoß neutraler Teilchen zu untersuchen haben (Ziff. 23).

Die vorstehende allgemeine Diskussion gestattet es, einige Aussagen über den Charakter und die Stärke der durch Bestrahlung erzeugten Fehlordnung für verschiedene Primärstrahlungen zu machen. Ein prinzipieller Unterschied zwischen Neutronen und geladenen Primärteilchen besteht darin, daß die Bestrahlungsschädigung bei Neutronenbeschuß fast ausschließlich durch losgeschlagene Atome der bestrahlten Substanz erfolgt. Die Zentren besonders starker Beeinflussung der Kristallstruktur sind wegen der großen Eindringtiefe und der großen freien Weglänge der Neutronen mehr oder weniger gleichmäßig über die ganze Probe zerstreut. Da die Neutronen nur indirekt Ionisation hervorrufen, ist der

---

[1] Wegen der Fälle, bei denen die Annahme gleicher Ordnungszahl nicht zutrifft, sei auf die bei SEITZ [40] wiedergegebenen ausführlicheren Formeln verwiesen.

Anteil an der kinetischen Energie der Neutronen, der für die Erzeugung struktureller Fehlordnung zur Verfügung steht, ziemlich groß und von der Größenordnung 50%.

Geladene Teilchen weisen eine viel geringere Eindringtiefe als Neutronen auf, so daß die Bestrahlungsschädigung auf eine Oberflächenschicht beschränkt ist, deren Tiefe mit zunehmender kinetischer Energie wächst. Bei der Bestrahlung mit geladenen Teilchen wird der größte Teil der ursprünglichen Energie auf Ionisation und damit letztlich auf Wärmeerzeugung verwendet, so daß eine starke Temperaturerhöhung der gesamten Probe auftritt.

Innerhalb der Gruppe der geladenen Teilchen ergibt sich eine Unterscheidung dadurch, daß das Kriterium für den Übergang von vorherrschender Ionisierung zu überwiegender Erzeugung struktureller Fehlordnung durch die Geschwindigkeit und nicht durch die Energie gegeben ist. Während bei der Bestrahlung mit schweren Spaltprodukten von Kernzertrümmerungen pro Teilchen eine Energie von der Größenordnung 10^5 bis 10^6 eV für elastische Stöße mit Atomen zur Verfügung steht, beträgt die entsprechende Energie bei Protonen nur 10^3 bis 10^4 eV. Obwohl die beiden Extremfälle gemeinsam haben, daß diese Energien auf relativ engem Raume in strukturelle Fehlordnung bzw. Wärmeenergie umgewandelt werden, unterscheiden sich doch je nach der Natur der geladenen Teilchen und damit der zur Verfügung stehenden Energie die Ausdehnungen der durch ein Teilchen stark beeinflußten Kristallbereiche und somit wohl auch die Wirkungen auf Härte, elektrischen Widerstand usw.

23. Die Erzeugung struktureller Fehlordnung durch neutrale Teilchen und Elektronen. Wie wir oben gesehen haben, geschieht die Energieabgabe eines einen Kristall durchquerenden schnellen Teilchens erst dann überwiegend in elastischen Zusammenstößen mit stationären Atomen, wenn seine Geschwindigkeit so gering geworden ist, daß sich seine Elektronenhülle durch Anlagerung von Elektronen vervollständigt hat und das Teilchen als elektrisch neutral behandelt werden darf. Die bei höheren Geschwindigkeiten vorherrschende Ionisierung von Atomen (bzw. Anregung des Elektronengases in Metallen) ruft deswegen keine merkliche strukturelle Fehlordnung hervor, weil die Kopplung zwischen freien Elektronen und den Atomen und Ionen des Kristalls verhältnismäßig gering ist. Bevor durch Übertragung der Elektronenenergie auf die Atome eine zur Erzeugung von Frenkel-Fehlstellen hinreichend starke lokale Erhitzung auftreten kann, ist die Energie schon über einen weiten räumlichen Bereich infolge der Wechselwirkung der Elektronen untereinander dissipiert worden.

Wir können uns somit für die Diskussion der durch Beschuß mit schweren Teilchen (Atome, Ionen, Neutronen) in einem Kristall erzeugten strukturellen Fehlordnung auf die elastischen Stöße neutraler Atome miteinander beschränken. Diese können 2 Effekte hervorrufen: Empfängt ein Atom durch einen Stoß Energie, ohne seinen Gitterplatz zu verlassen, so wird es einen Teil dieser Energie an seine Nachbaratome abgeben und auf diese Weise eine lokale Erwärmung des Gitters hervorrufen. Dies wird der vorherrschende Prozeß sein, wenn die beim Stoß übertragene Energie klein ist. Eine solche lokale Erhitzung kann, wenn sie hinreichend stark ist, im Prinzip alle jene Effekte hervorrufen, die man durch rasches Erhitzen und Wieder-Abkühlen eines Kristalles hervorrufen kann. Ein wesentlicher Unterschied gegenüber Abschreckversuchen besteht jedoch darin, daß die Erhitzung nur sehr kurze Zeit andauert, so daß sich im allgemeinen der der erreichten Höchsttemperatur entsprechende Gleichgewichtszustand nicht einstellt und somit auch nicht einfrieren läßt.

Die zweite Wirkung der elastischen Stöße, die bei großen übertragenen Energien vorherrscht, ist die Schaffung von FRENKEL-Fehlstellen. In diesem Fall muß also ein Atom unter Zurücklassung einer Leerstelle aus seinem Gitterplatz herausgeschlagen werden. Je nach der Größe seiner kinetischen Energie kann dieses selbst wieder durch elastische Stöße Atome aus ihren Gitterplätzen herauswerfen oder aber auch alsbald auf einem Zwischengitterplatz zur Ruhe kommen. Damit einer dieser beiden Prozesse stattfinden kann, muß eine gewisse Mindestenergie E_d auf das betreffende Atom übertragen worden sein. Würde das Atom auf reversible Weise seinen Gitterplatz verlassen, so würde diese Mindestenergie etwa gleich der doppelten Kohäsionsenergie, also bei den Stoffen großer Bindungsfestigkeit von der Größenordnung 10 eV sein. F. SEITZ [40] nahm an, daß unter den in Wirklichkeit herrschenden nichtreversiblen Bedingungen für Kristalle großer Bindungsfestigkeit (Bindungsenergie $U \approx 3$ bis 4 eV), wie Cu, Diamant und Ge, $E_d = 25$ eV eine gute Näherung ist[1].

Diese Schätzung wurde durch Experimente überraschend gut bestätigt. Zum Nachweis diente die Bestrahlung mit sehr schnellen Elektronen. Während langsame Elektronen nur Ionisierung, aber keine bleibenden Veränderungen in der Atomanordnung in einem Kristall hervorrufen können, ist das bei sehr energiereichen Elektronen möglich, wie zuerst M. M. MILLS gezeigt hat[2]. Der Zusammenhang zwischen E_d und der zur Erzeugung von FRENKEL-Fehlstellen notwendigen Mindestenergie $E_{\min}$ der Elektronen ist

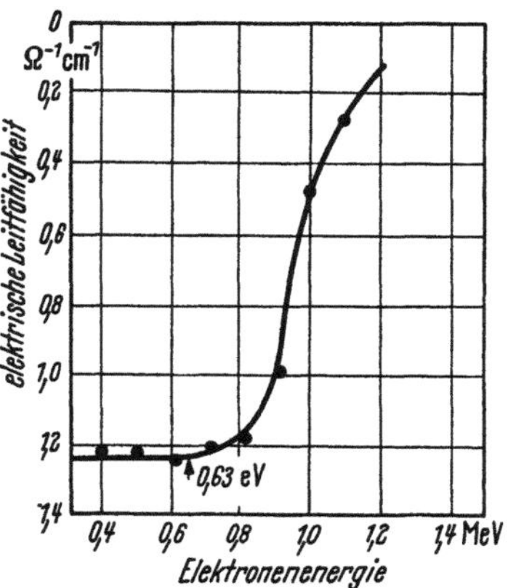

Fig. 18. Bestimmung der Mindestenergie E_d für die Erzeugung von Zwischengitteratomen aus der elektrischen Leitfähigkeit von n-Germanium beim Beschießen mit Elektronen verschiedener Energie. $E_{\min}=0{,}63$ MeV.

$$E_d = \frac{2 E_{\min} m}{M_2} \left(\frac{E_{\min}}{m c^2} + 2 \right). \qquad (23.1)$$

Hier bedeutet c die Lichtgeschwindigkeit, m die Elektronenmasse und M_2 die Masse des getroffenen Atoms. Im Falle von Germanium, an dem die ersten derartigen Versuche durchgeführt wurden, entspricht $E_d = 25$ eV eine Mindestenergie $E_{\min} = 0{,}54$ MeV.

Fig. 18 (entnommen aus [43]) gibt die von E. KLONTZ und K. LARK-HOROWITZ[3] gemessene elektrische Leitfähigkeit von n-Germanium an, das mit Elektronen verschiedener, in Fig. 18 angegebener Energie bombardiert worden war. Dabei wurde für jeden Meßpunkt dieselbe Zahl einfallender Elektronen verwendet. Wie man sieht, ergibt sich unterhalb einer etwa 0,63 MeV betragenden Schwellenenergie keine Leitfähigkeitserniedrigung durch die Bestrahlung mehr, was nach dem oben Gesagten so zu deuten ist, daß die Elektronen-Energie nicht mehr zur Schaffung von Zwischengitteratomen ausgereicht hat. Der aus Gl. (23.1) mit $E_{\min} = 0{,}63$ MeV folgende Wert von E_d beträgt 32 eV.

---

[1] Als Anhaltspunkt für die Zahl der erzeugten Fehlstellen mag die Angabe dienen, daß nach SEITZ u. Mitarb. (siehe [13], insbesondere S. 231) für $E_d = 25$ eV ein von einem eingeschossenen Teilchen (Proton, Deuteron) losgeschlagenes Atom (von uns als Sekundärteilchen bezeichnet) durchschnittlich insgesamt sechs Paare von FRENKEL-Fehlstellen erzeugt. — H. B. HUNTINGTON [Phys. Rev. 93, 1414 (1954)] hat für Cu eine quantenmechanische Berechnung von E_d unter verschiedenen Annahmen durchgeführt. $E_d = 25$ eV liegt innerhalb des Unsicherheitsbereichs der theoretischen Resultate.

[2] Wegen einer kurzen Beschreibung der Theorie sowie der Experimente (E. KLONTZ) am Germanium s. K. LARK-HOROWITZ in H. K. HENISCH: Semiconducting Materials, S. 47. London: Butterworths Scientific Publ. 1951.

[3] E. E. KLONTZ u. K. LARK-HOROWITZ: Phys. Rev. 82, 763 (1951); 86, 643 (1952).

Noch bessere Übereinstimmung mit dem geschätzten Wert für E_d haben Messungen mit schnellen Elektronen an Cu-Fe-Legierungen und an Cu ergeben. Eggen und Laubenstein[1] haben aus Messungen der Widerstandsänderung in Cu in Abhängigkeit von der Elektronen-Energie für E_{min} den Wert $(0,49 \pm 0,02)$ MeV und damit nach Gl. (23.1) als Mindestenergie für die Entfernung eines Cu-Atoms aus seinem Gitterplatz durch einen elastischen Stoß $E_d = (25 \pm 1)$ eV erhalten. Ähnliche Messungen von Denney[2] an Cu-Fe haben $E_d = 25 \pm 2$ eV ergeben[3].

In den älteren theoretischen Arbeiten über Bestrahlung von Kristallen wurde angenommen, daß die Zerstörung der Fernordnung (vgl. Ziff. 24 γ) in geordneten Legierungen durch sog. „thermal spikes" zustande kommt[4], welche als etwa 10^{-11} sec andauernde lokale Erhitzungen auf etwa $10^4\,°$K längs der Bahn eines schnellen Teilchens beschrieben werden. Brinkman[5] hat zuerst darauf hingewiesen, daß die Vorstellung, daß der größte Teil benachbarter Atome im Wirkungsbereich eines solchen „thermal spike" ihre Plätze gewechselt und deshalb die Fernordnung in einer geordneten Legierung zerstört habe, damit unverträglich ist, daß im selben Bereich nach dem Wiederabkühlen die Mehrzahl der durch elastische Stöße entstandenen Frenkel-Fehlstellen erhalten geblieben sein soll. Infolge der starken Erhitzung sollte vielmehr der weitaus größte Teil der Leerstellen und Zwischengitteratome miteinander rekombiniert haben.

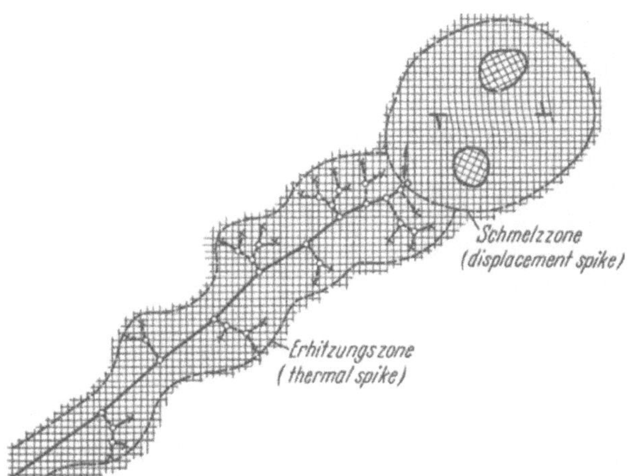

Fig. 19. Schematische Darstellung der Erzeugung von Gitterstörungen durch ein neutrales energiereiches Teilchen. Bis zum Pfeil ‡ werden längs der Bahn vor allem Frenkel-Fehlstellen erzeugt; die Bahn selbst endet in einer sog. Schmelzzone. (Nach J. A. Brinkman.)

Nimmt man mit Brinkman[5] als unmöglich an, daß die durch Stöße geschaffenen Zwischengitteratome erhalten bleiben und räumlich an derselben Stelle die Ordnung einer Legierung zerstört wird, so wird man zwangsläufig auf eine räumliche Unterteilung der Wirkungen eines schnellen Teilchens nach Art der Fig. 19 geführt. Bis zum Pfeil ‡ sind die längs der Teilchenbahn durch elastische Stöße geschaffenen Leerstellen und Zwischengitteratome so weit voneinander getrennt, daß die mit der Abbremsung der Sekundär- und Tertiärteilchen verbundene Temperaturerhöhung gering genug ist, um die Mehrzahl der Atome auf ihren Gitterplätzen zu belassen. Im Falle einer geordneten Legierung wird hier die Ordnung zwar vermindert, aber nicht zerstört. Wegen des Geschwindigkeitsverlustes des Primärteilchens werden jedoch gegen Ende der Bahn hin, etwa vom Pfeil ‡ an, Leerstellen und Zwischengitteratome in so großer räumlicher Dichte erzeugt werden, daß sie im Durchschnitt nur noch um wenige Atomabstände

---

[1] D. T. Eggen u. M. J. Laubenstein: Phys. Rev. **91**, 238 (1953).
[2] J. Denney: Phys. Rev. **92**, 531 (1953).
[3] Siehe jedoch R. A. Dugdale ([*13*], S. 246), wonach bei der Bestrahlung von Cu₃Au mit 0,3 MeV-Elektronen ($E_d = 13,5$ eV für Cu-Atome entsprechend) schwache Ordnungseffekte auftreten.
[4] A. Seitz: [*42*].
[5] J. A. Brinkman: J. Appl. Phys. **25**, 961 (1954).

voneinander getrennt sind. Die damit verbundene Wärmeentwicklung reicht
aus, um ein gewisses Gebiet in der Umgebung des Bahn-Endpunktes weit über
den Schmelzpunkt zu erhitzen. Ein solcher geschmolzener Bereich im Innern
eines festen Körpers steht natürlich unter einem sehr großen hydrostatischen
Druck, so daß der Schmelzpunkt wesentlich höher als bei Atmosphärendruck
liegen wird. Wir werden diesem Umstand bei der unten zu gebenden Abschätzung
der Größe der „*Schmelzzone*" (engl.: „displacement spike"), wie wir diesen
Bereich nennen wollen, Rechnung tragen.

Über die strukturelle Beschaffenheit der Schmelzzone nach dem Erstarren
ist bis jetzt noch sehr wenig bekannt. In Fig. 19 ist sie so gezeichnet, daß sich
einige Mikrokriställchen sowie ein Versetzungsring gebildet haben. Ferner werden
sich natürlich Zwischengitteratome und Leerstellen in einer Konzentration
finden, wie sie etwa der thermischen Fehlordnung am Schmelzpunkt entspricht.
Eine Aktivierungsenergie von etwa 0,1 eV, die bei der Erholung des elektrischen
Widerstandes von bestrahltem Kupfer und Silber beobachtet wurde (s. Ziff. 24 γ
und Ziff. 29), ist wohl Umordnungen innerhalb von Schmelzzonen zuzuschreiben,
da sie bei plastisch verformten Kupfereinkristallen nicht gefunden wurde. Man
hat den sich mit dieser Aktivierungsenergie abspielenden Vorgang mit Störungen
in Verbindung zu bringen, die schon bei kleinem Anstoß in eine energetisch
günstigere Lage übergehen können. Als Beispiele hierfür sind z.B. die Ver-
werfungen zwischen Mikrokriställchen, sehr enge und deswegen unter einer
starken Linienspannung stehende Versetzungsringe und andere, im Vergleich zu
FRENKEL-Fehlstellen starke Störungen des regelmäßigen Kristallbaues zu nennen.

Diese Interpretation der Schmelzzonenstruktur und der beobachteten Aktivierungsenergien wird auch durch einen Vergleich mit den von HILSCH und Mitarbeitern[1] erhaltenen Resultaten über dünne Metallfilme, welche bei 4,2° K aufgedampft worden waren, nahegelegt. Diese Filme, die unmittelbar nach dem Auf-
dampfen wohl aus zahlreichen Mikrokriställchen bestanden haben, zeigten eine
starke Erholung schon im Temperaturbereich um 20° K. Dieses Verhalten hat
sich auch im Modellversuch verfolgen lassen[2].

Wie die sogleich zu gebenden Abschätzungen zeigen werden, ist das Auftreten von Schmelzzonen vor allem bei den nicht allzu leichten Elementen,
d.h. etwa von einer Ordnungszahl $Z = 10$ an aufwärts, zu erwarten. Bei den
schweren Metallen bzw. Legierungen scheinen in der Tat sehr deutliche experimentelle Hinweise auf die Existenz und die Wirkungen von Schmelzzonen in
bestrahlten Stoffen vorhanden zu sein. In erster Linie sind hier die Beobachtungen von J. M. DENNEY[3] an einer Cu-Fe-Legierung mit 2,4 Gewichtsprozent Fe
zu nennen. Bei 700° C scheidet sich zunächst in einer solchen Legierung para-
magnetisches γ-Fe aus, das durch plastische Verformung in die stabile Form des
α-Eisens übergeführt wird, welches der Legierung ferromagnetische Eigenschaften
erteilt. Es ist bekannt, daß man diese Bildung einer ferromagnetischen Ausscheidung nicht durch thermische oder mechanische Behandlung rückgängig
machen kann, es sei denn, man erhitzt die Legierung über die Grenze des zwei-
phasigen Gebietes hinaus. DENNEY hat beobachtet, daß der Anteil der ferromagnetischen Ausscheidung bei zunehmender Bestrahlung mit 9 MeV-Protonen
abnimmt. Dies kann nicht durch die Bildung von FRENKEL-Fehlstellen, wohl
aber durch die Schmelzzonen erklärt werden. Ferner spricht für die Existenz

---

[1] R. HILSCH u. Mitarb.: W BUCKEL u. R. HILSCH: Z. Physik **132**, 420 (1952); **138**, 109
(1954). — W. RÜHL: Z. Physik **138**, 121 (1954). — W. BUCKEL: Z. Physik **138**, 136 (1954). —
R. HILSCH u. A. SCHERTEL: Z. Physik (demnächst).
[2] R. HILSCH: Z. Physik **138**, 432 (1954).
[3] J. M. DENNEY: Phys. Rev. **94**, 1417 (1954).

von Schmelzzonen das Verhalten bestrahlter Ordnungsphasen (s. S. Siegel[1]), insbesondere von β-Messing, das zwar nicht durch gewöhnliches Abschrecken, wohl aber durch Bestrahlen unterhalb der Zimmertemperatur in einen metastabilen ungeordneten Zustand überführt werden kann[2]. Die Deutung dieses Resultates ist, daß sich die Ordnung so schnell einstellt, daß die ungeordnete Phase sich nicht einfrieren läßt; es sei denn durch das außerordentlich schnelle Erhitzen und Wiederabschrecken in einer Schmelzzone. Schließlich sei als experimenteller Hinweis auf die Existenz der Schmelzzonen noch auf die schon oben erwähnten, sich bei sehr tiefen Temperaturen abspielenden Erholungsvorgänge nach Bestrahlung hingewiesen.

Daneben gibt es in denselben Materialien auch experimentelle Stützen für eine starke Vermehrung der Zahl der Leerstellen und Zwischengitteratome bei Bestrahlung. Für das Auftreten zahlreicher *Leerstellen* spricht die Zunahme der Mikrodiffusions-Geschwindigkeit[3], die sich z.B. in einer Vergrößerung der Ordnung bei Beginn der Bestrahlung bzw. in einer rascheren Einstellung der Ordnung bei der Bombardierung von Legierungen mit eingefrorener Unordnung äußert[4]. Eine Möglichkeit zum Nachweis der durch Bestrahlung erzeugten *Zwischengitteratome* besteht darin, daß sie nach Dienes[5] eine Vergrößerung des Elastizitätsmoduls bewirken, während die Mehrzahl der anderen Fehlstellen, wie Leerstellen, Versetzungen, Fremdatome auf Gitterplätzen und Korngrenzen zu einer Verminderung des Elastizitätsmoduls Anlaß geben. Quantitativ liegen die Verhältnisse so, daß bei Frenkel-Fehlstellen der Einfluß der Zwischengitteratome überwiegt, so daß eine Erhöhung des Schubmoduls resultiert. Nach den Angaben von Dienes[5] ist eine derartige Zunahme des Elastizitätsmoduls bei Neutronenbestrahlung tatsächlich gefunden worden. Nach Tucker und Sampson[6] ist es ferner gelungen, die Vergrößerung der Gitterkonstanten durch Zwischengitteratome an neutronenbestrahlten Kristallen nachzuweisen.

Durch die vorstehend geschilderten Beobachtungen scheint die Existenz von Schmelzzonen einerseits und von Leerstellen und Zwischengitteratomen andererseits bei bestrahlten Kristallen mit hinreichend großer Ordnungszahl experimentell gesichert zu sein. Es soll nun noch im Anschluß an Brinkman[7] abgeschätzt werden, von welcher Ordnungszahl Z ab man mit dem Auftreten einer Schmelzzone zu rechnen hat.

Brinkman nimmt an, daß sich das abgeschirmte Coulomb-Potential eines neutralen Atoms der Ordnungszahl Z in der Form

$$\Phi(r) = \frac{Z\,e}{r}\,e^{-\frac{r}{a}} \tag{23.2}$$

darstellen läßt. Die Konstante a wird so gewählt, daß man in möglichst gute Übereinstimmung mit dem Thomas-Fermischen Atommodell kommt. Man hat hierfür

$$a = C \cdot Z^{-\frac{1}{3}} \cdot a_H \tag{23.3}$$

[1] S. Siegel: [45].

[2] R. R. Eggleston u. F. E. Bowman: J. Appl. Phys. **24**, 229 (1953).

[3] Versuche zum Nachweis einer Vergrößerung der Diffusionsgeschwindigkeit für makroskopische Diffusion sind bis jetzt fehlgeschlagen. Siehe z.B. R. D. Johnson u. A. B. Martin: J. Appl. Phys. **23**, 1245 (1952).

[4] Daß es sich hierbei um eine Leerstellendiffusion und nicht um eine Diffusion von Zwischengitteratomen handelt, wird in Ziff. 24 gezeigt werden.

[5] G. J. Dienes: Phys. Rev. **86**, 228 (1952). Siehe auch F. R. N. Nabarro: Phys. Rev. **87**, 665 (1952) und G. J. Dienes: Phys. Rev. **87**, 666 (1952).

[6] C. W. Tucker u. J. B. Sampson: Acta met. **2**, 433 (1954).

[7] J. A. Brinkman: J. Appl. Phys. **25**, 961 (1954).

zu setzen, wobei $a_H = 0{,}5282 \cdot 10^{-8}$ cm der BOHRsche Wasserstoffradius ist. Für die Konstante C ergibt sich ein Zahlenwert von der Größenordnung 2. Beschränkt man sich auf Ordnungszahlen $Z > 10$, so kann man nach den von E. J. WILLIAMS[1] untersuchten Gültigkeitsbedingungen den Stoß zweier Atome mit dem Potential (23.2) klassisch behandeln. Das am meisten interessierende Ergebnis ist dabei, mit welchem Wirkungsquerschnitt $\sigma_{\Delta E}$ das einfallende Teilchen (Energie E) eine größere Energie als einen bestimmten Wert ΔE auf seine Stoßpartner (mit gleicher Masse und Ordnungszahl) überträgt.

Statt des Wirkungsquerschnittes $\sigma_{\Delta E}$ geben wir in Fig. 20 die freie Weglänge $l_{\Delta E}$ zwischen zwei derartigen Stößen an, für die bei dichtest gepackten Metallen mit dem Atomabstand r_0 die Formel

$$l_{\Delta E} = \frac{r_0^3}{1{,}4 \cdot \sigma_{\Delta E}} \tag{23.4}$$

gilt. $l_{\Delta E}$ kann mit Hilfe der für alle Metalle geltenden, in Fig. 20 dargestellten Funktion $G(x)$ näherungsweise in der Form

$$l_{\Delta E} = \frac{r_0^3 Z^{\frac{2}{3}}}{a_H^2} \, G\!\left(\frac{E \cdot \Delta E}{Z^{\frac{14}{3}}} \right) \tag{23.5}$$

geschrieben werden. Gl. (23.5) muß für Energien E, welche von derselben Größenordnung wie ΔE sind, versagen. Man sieht dies sofort daran, daß die freie Weglänge für $E = \Delta E$ unendlich groß werden muß. Eine nähere Untersuchung zeigt,

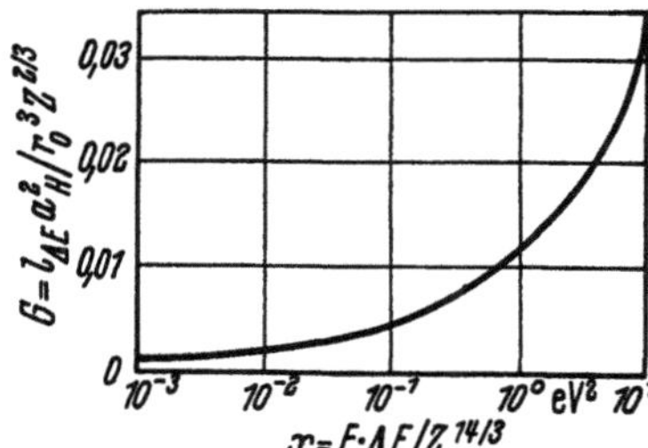

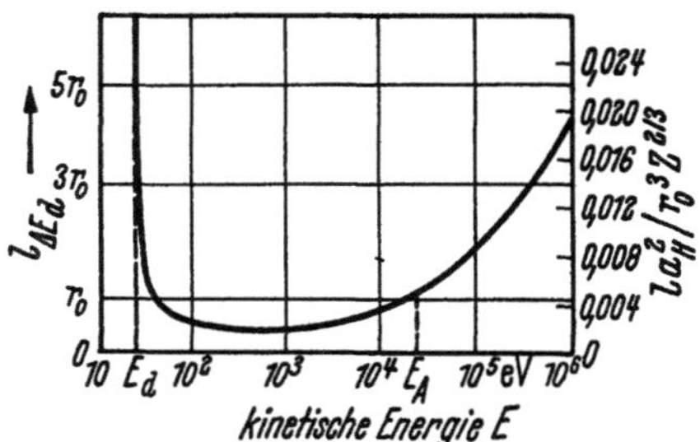

Fig. 20. Freie Weglänge $l_{\Delta E}$ zwischen den elastischen Stößen eines Atoms mit Ordnungszahl Z und kinetischer Energie E nach BRINKMAN. Die Ordnungszahl des Stoßpartners ist ebenfalls gleich Z angenommen.

Fig. 21. Abhängigkeit der freien Weglänge $l_{\Delta E_d}$ für elastische Stöße zwischen Cu-Atomen mit Energieübertragung $\Delta E \geqq E_d = 25$ eV von der kinetischen Energie E des einfallenden Teilchens.

daß man für kleine E keine universelle Kurve, welche für alle Metalle gilt, angeben kann. Fig. 21 gibt den für Cu etwa zu erwartenden Verlauf von $l_{\Delta E}$ unter der Annahme, daß $\Delta E = E_d = 25$ eV ist.

Als Bedingung für den Beginn der Schmelzzone werde angenommen, daß im Punkt A in Fig. 21 die freie Weglänge zwischen 2 Stößen, bei denen eine Energie $> E_d$ übertragen und somit ein Atom aus seinem Gitterplatz herausgeworfen wird, gerade gleich r_0 geworden ist. Die hierzu gehörende Energie E_A ist in Fig. 21 eingetragen.

In Tabelle 9 sind für eine Reihe von Metallen Näherungswerte E_A angegeben, für welche die Bildung einer Schmelzzone zu erwarten ist. Wie man sieht, liegt E_A für die Alkalimetalle (vermöge ihrer verhältnismäßig lockeren Packung) so niedrig, daß praktisch die ganze, in elastischen Stößen abgegebene Energie zur Bildung von FRENKEL-Fehlstellen verwendet wird. Bei den in Tabelle 9 angegebenen schweren und fest gebundenen Metallen steht dagegen eine ziemlich große Energie zur Erzeugung einer Schmelzzone zur Verfügung.

---

[1] E. J. WILLIAMS: Rev. Mod. Phys. **17**, 217 (1945).

Tabelle 9. *Energie E_A eines schnellen Atoms, bei der für $E_d = 25$ eV mit dem Beginn der Bildung einer Schmelzzone zu rechnen ist.*

Für die leichter gebundenen Metalle (Na, K, eventuell Al) ist $E_d = 25$ eV sicher keine gute Schätzung. Deshalb hat man bei diesen in Wirklichkeit etwas andere Werte für E_A als in Tabelle 9 angegeben zu erwarten.

	Metalle							
	Na	Al	K	Fe	Cu	Ag	W	Au
Z	11	13	19	26	29	47	74	79
r_0 [Å]	3,708	2,856	4,618	2,476	2,551	2,882	2,734	2,878
E_A [eV]	180	1200	140	20000	23000	31000	110000	80000

Zur Bestimmung der Größe der Schmelzzonen werde angenommen, daß die Energie E_A ganz zum Erhitzen der Schmelzzone verwendet wird. Die Schmelzwärme pro Atom beträgt bei Atmosphärendruck etwa 0,1 bis 0,2 eV; um die Schmelzpunkterhöhung infolge des erhöhten Druckes im Kristallinnern zu berücksichtigen, werde angenommen, daß die im Durchschnitt auf jedes Atom in der Schmelzzone entfallende Energie 1 eV beträgt. Dann enthält, wie ein Vergleich mit Tabelle 9 zeigt, ein Schmelzbereich in Cu etwa $2 \cdot 10^4$ Atome, was für eine kugelförmige Schmelzzone einen Durchmesser von rund 75 Å ergibt. Ähnliche Zahlenwerte ergeben sich experimentell aus den Denneyschen Messungen[1] über die Abnahme des Ferromagnetismus in Cu-Fe-Legierungen bei Protonenbestrahlung, wenn angenommen wird, daß jedes Proton ungefähr eine Schmelzzone erzeugte und die Präparatdicke etwa gleich der Eindringtiefe der Protonen war. Man muß aus obigem schließen, daß der Durchmesser der in einer Schmelzzone entstandenen Versetzungsringe höchstens von der Größenordnung 100 Å ist, so daß sie eine sehr starke Tendenz zur Annihilation unter der Wirkung ihrer eigenen Linienspannung aufweisen, was im Einklang mit den beobachteten niedrigen Aktivierungsenergien ist.

Geht man aus von der Konzentration der in einer Schmelzzone einfrierbaren Frenkel-Fehlstellen, die etwa von der Größenordnung 10^{-3} sein wird, so findet man, daß die Gesamtzahl der Frenkel-Fehlstellen bei Neutronenbestrahlung in dem hier behandelten Modell für schwere Metalle wie Cu bedeutend kleiner als nach dem Seitzschen Modell ist, nach welchem die elastischen Stöße nur Frenkel-Fehlstellen erzeugen sollen. Bei leichten Elementen, wie Na oder Al, unterscheiden sich die beiden Modelle wegen der Kleinheit der Schmelzzone nicht wesentlich voneinander, so daß man, wie wir es hier getan haben, zur experimentellen Unterscheidung zwischen ihnen Versuche an schweren Metallen, z.B. Cu und seinen Legierungen, heranziehen muß.

24. Die Wirkung der Bestrahlung auf spezielle Stoffklassen und Stoffeigenschaften. Eine theoretische Diskussion der in den verschiedenen Arten von Festkörpern, wie Metallen, Halbleitern, Ionenkristallen, keramischen Stoffen und Molekülkristallen zu erwartenden und zu beobachtenden Wirkungen der Bestrahlung ist von Slater [41] gegeben worden. Einen systematischen Überblick über die bis März 1952 zur Verfügung stehende theoretische und experimentelle Literatur über Bestrahlungswirkungen in den oben genannten Materialien gibt Dienes [43]. Ferner sei auf die ausführliche Zusammenfassung von Lintner und Schmid[2] verwiesen.

Außer diesen drei allgemeinen Zusammenfassungen sind noch eine Reihe von Berichten über speziellere Fragen erschienen. Die Bestrahlung von Halbleitern wird von K. Lark-Horowitz[3], ausgewählte Probleme der Bestrahlung von Metallen (elektrisches und mechanisches Verhalten von bestrahltem Kupfer, Legierungen mit Ordnungs-Unordnungs-Umwand-

---

[1] J. M. Denney: Phys. Rev. **95**, 1417 (1954).
[2] K. Lintner u. E. Schmid: Ergebn. exakt. Naturw. **28**, 302 (1955).
[3] K. Lark-Horowitz: In H. K. Henisch: Semiconducting Materials, S. 47. London: Butterworths Scient. Publ. 1951.

lungen, aushärtbare Legierungen) werden von S. Siegel [45] behandelt. Die Beeinflussung der *mechanischen* Eigenschaften fester Körper, insbesondere von Hochpolymeren und von Metallen, bespricht J. Dienes [44]. Wegen einer Darstellung der chemischen Wirkungen der Bestrahlung, die hier ganz ausgelassen wurde, sei auf eine Zusammenfassung von M. Burton[1] verwiesen.

Bei der Vielzahl der vorliegenden experimentellen Arbeiten über die Veränderung der Eigenschaften bestrahlter kristalliner Materialien können wir hier nicht mehr als eine kleine Auswahl aus den veröffentlichten Untersuchungen besprechen. Sie wird vor allem Arbeiten umfassen, deren Ergebnisse in späteren Abschnitten verwendet werden.

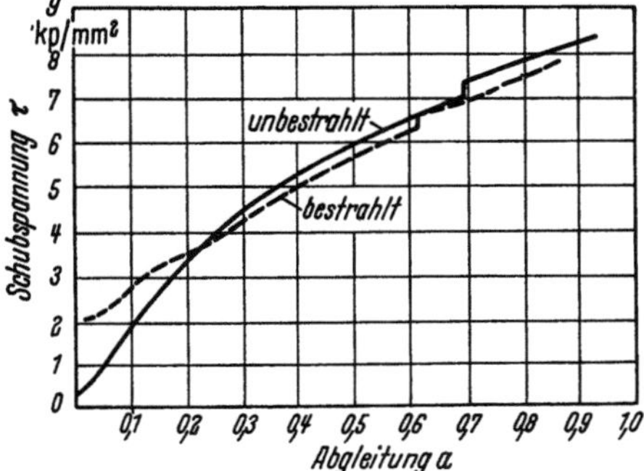

Fig. 22. Verfestigungskurve von bestrahlten und unbestrahlten Kupfer-Einkristallen nach T. H. Blewitt, R. R. Coltman und F. A. Sherrill (nach [43]). Die Bestrahlungsdosis betrug ungefähr $2 \cdot 10^{18}$ Neutronen/cm². Die Diskontinuitäten der Verfestigungskurven bei $a \approx 0{,}7$ rühren von einer zusätzlichen Bestrahlung mit $2 \cdot 10^{18}$ Neutronen/cm² her.

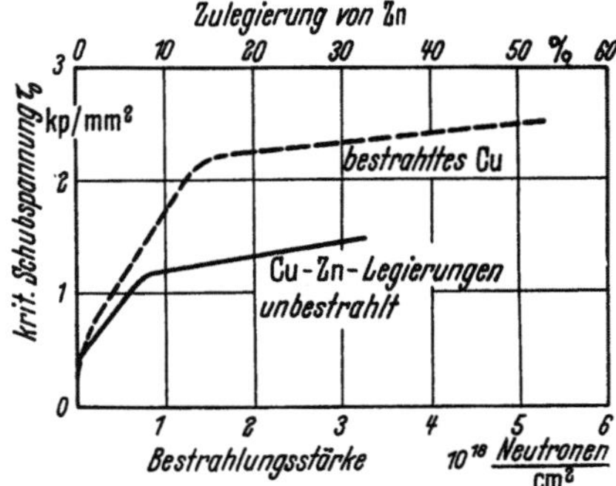

Fig. 23. Kritische Schubspannung von Kupfer-Einkristallen als Funktion der Bestrahlungsdosis sowie von Messing-Einkristallen als Funktion der Zink-Konzentration nach T. H. Blewitt und Mitarbeiter (entnommen aus [45]) (Raumtemperatur).

α) Auswirkung der Bestrahlung auf mechanische Eigenschaften von Metallen. Wir geben zunächst einige Resultate über die Veränderung von Spannungs-Dehnungs-Kurven und kritischen Schubspannungen von Kupfer-Einkristallen durch Neutronenbestrahlung. Fig. 22 gibt die Verfestigungskurve eines unbestrahlten und eines mit Neutronen bestrahlten Kupfer-Einkristalls wieder. Die Verfestigungskurve des bestrahlten Kristalls erinnert an diejenige von α-Messing-Einkristallen, die ebenfalls eine höhere kritische Schubspannung als reines Kupfer zeigt und bei höheren Verformungsgraden unterhalb der Verfestigungskurve von Cu verläuft. Diese Analogie wird noch weiter gestützt durch den ähnlichen Verlauf der kritischen Schubspannung τ_0 von neutronenbestrahlten Kupfer-Einkristallen mit

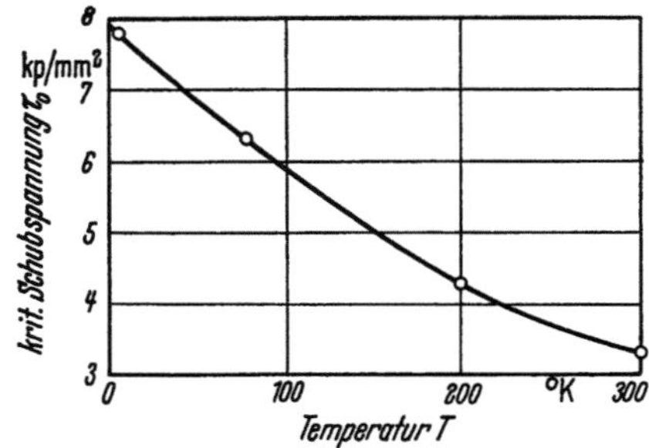

Fig. 24. Temperaturabhängigkeit der kritischen Schubspannung von Kupfereinkristallen, die mit einer Dosis von etwa $6 \cdot 10^{18}$ Neutronen/cm² bestrahlt waren. [Siehe T. H. Blewitt: Phys. Rev. 91, 1115 (1953).]

zunehmender Bestrahlungsdosis und von Messing-Einkristallen mit wachsendem Zinkgehalt (Fig. 23). Schließlich ist in Fig. 24 noch die Temperaturabhängigkeit der kritischen Schubspannung von bestrahlten Kupfer-Einkristallen angegeben, die ebenfalls an diejenige von Messing-Einkristallen erinnert.

Diese enge Verwandtschaft der Erscheinungen in den mit Neutronen bestrahlten Kupfer-Einkristallen und in Kupfer-Zink-Legierungen legt die Vermutung nahe, daß die Bewegung von Versetzungen im bestrahlten Material durch Wolken von Leerstellen, Zwischengitteratomen usw. behindert wird, die sich in der

---

[1] M. Burton: Ann. Rev. Phys. Chem. 1, 113 (1950).

unmittelbaren Umgebung der Versetzungen angereichert haben. Dies würde insbesondere die starke Temperaturabhängigkeit der kritischen Schubspannung verständlich machen. Eine derartige Anreicherung von atomaren Fehlstellen an Versetzungslinien ist bei Kupfer deswegen möglich, weil die Versetzungen in Kupfer und einigen anderen Metallen in sehr starkem Maße in sog. Halbversetzungen aufgespalten sind. Eine solche Aufspaltung erschwert die Aufnahme von Zwischengitteratomen und Leerstellen durch Versetzungen ganz außerordentlich (näheres s. Ziff. 74).

Obwohl nach der vorstehenden Diskussion das Verhalten von bestrahlten Kupferkristallen plausibel erscheint, liegt bis jetzt weder eine experimentelle noch eine theoretische Prüfung der entwickelten Anschauung vor. Insbesondere ist bis jetzt noch nicht geklärt worden, ob und in welchem Ausmaß „Schmelzzonen" im bestrahlten Kupfer bei der Veränderung der mechanischen Eigenschaften mitwirken. Daß die durch Bestrahlung entstandenen FRENKEL-Fehlstellen die Festigkeit von Kupfer erhöhen können, ergibt sich aus der Beobachtung[1], daß Bombardierung mit 1 MeV-Elektronen die Härte erhöht. Bei einer solchen Behandlung können keine Schmelzzonen auftreten, so daß der gesamte Effekt Zwischengitteratomen und Leerstellen zuzuschreiben ist.

Über die Änderung der mechanischen Eigenschaften anderer Metalle als Kupfer liegen bis jetzt nur sehr wenig Resultate vor. Es scheint jedoch, daß insbesondere hinsichtlich der Erholungsfähigkeit dieser Änderungen sich die einzelnen Metalle recht verschieden verhalten können. So wird z.B. berichtet[2], daß sich mechanische Eigenschaften und elektrischer Widerstand von neutronenbestrahltem Aluminium schon im Temperaturbereich $-80°C$ bis $-20°C$ erholen, während sich bei Kupfer die mechanischen Eigenschaften zusammen mit einem kleinen Rest der Widerstandsänderung erst zwischen $300°C$ und $400°C$ erholen.

β) Auswirkung der Bestrahlung auf den elektrischen Widerstand von Metallen. Über die Änderung des elektrischen Widerstandes von Metallen bei Bestrahlung liegt eine ausgedehnte experimentelle Literatur vor, die in [39] sowie von VAN BUEREN[3] (unter besonderer Berücksichtigung der an Cu gewonnenen Resultate) zusammengestellt ist. Fig. 25 gibt ein Beispiel für die Zunahme des elektrischen Widerstandes von Kupfer mit zunehmender Bestrahlung durch Deuteronen.

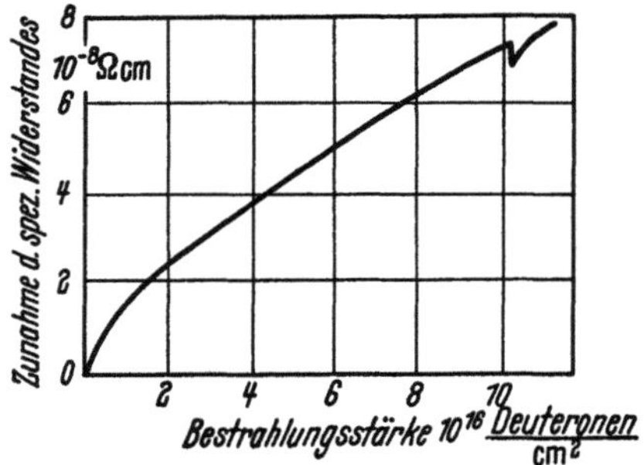

Fig. 25. Änderung des spezifischen Widerstandes von Kupferdrähten durch Neutronenbestrahlung bei $-180°C$ [A. W. OVERHAUSER: Phys. Rev. **90**, 393 (1953)]. Intensität der Bestrahlung 10^{16} Deuteronen/cm² je Stunde.

Während der Bestrahlung wurde die Probe auf $-180°C$ gehalten. Die Unstetigkeit in der Kurve bei etwa 10^{17} Deuteronen/cm² rührt davon her, daß die Bestrahlung dort 22 Std unterbrochen wurde, wobei der Kristall auf einer Temperatur von $-185°C$ gehalten wurde. Wie man sieht, trat selbst bei dieser tiefen Temperatur eine Erholung des elektrischen Widerstandes ein. Dementsprechend hat man auch das Abbiegen der Widerstands-Dosis-Kurve als einen Erholungseffekt zu deuten. Die durch Bombardieren mit Deuteronen geschaffene Widerstandserhöhung erholt sich demnach zum Teil schon bei sehr tiefen Temperaturen.

[1] C. E. DIXON u. C. J. MEECHAN: Phys. Rev. **91**, 237 (1953).
[2] A. W. McREYNOLDS, W. AUGUSTYNIAK, M. McKEOWN u. D. B. ROSENBLATT: Phys. Rev. **94**, 1417 (1954).
[3] H. G. VAN BUEREN: Z. Metallkde. **46**, 272 (1955).

Bestrahlungsversuche mit 12 MeV-Deuteronen, bei denen die Proben auf 12° K bzw. 16° K gehalten wurden, wurden von COOPER, KOEHLER und MARX[1] durchgeführt. Selbst bei diesen äußerst niedrigen Temperaturen zeigte sich noch eine gewisse Abhängigkeit der Widerstandsänderung von der Untersuchungstemperatur.

In Tabelle 10 ist für Deuteronenbestrahlung bei 12° K und bei 135° K[2] die Zunahme des spezifischen Widerstandes angegeben, und zwar einmal der aus der Anfangssteigung der Kurven vom Typus der Fig. 25 ermittelte Wert und zum

Tabelle 10. *Änderung des spezifischen Widerstandes $\Delta \varrho$ verschiedener Metalle (in $10^{-7}\Omega$ cm) bei Bestrahlung mit 10^{17} Deuteronen/cm². Deuteronenenergie 12 MeV.*

	Cu	Ag	Au
$\Delta \varrho$, extrapoliert aus der anfänglichen Widerstandszunahme bei 12° K	2,3	2,6	3,8
$\Delta \varrho$, bei Bestrahlung mit 10^{17} Deuteronen/cm² bei 12° K tatsächlich gemessen	1,9	2,0	3,1
$\Delta \varrho$, extrapoliert aus der anfänglichen Widerstandszunahme bei 135° K	0,9	1,4	2,6
$\Delta \varrho$, bei Bestrahlung mit 10^{17} Deuteronen/cm² bei 135° K tatsächlich gemessen	0,6	1,0	1,9

zweiten der bei einer Bestrahlung mit 10^{17} Deuteronen/cm² tatsächlich gemessene Wert. In Tabelle 11 sind die von COOPER, KOEHLER und MARX[1] gefundenen Resultate über die Anteile der gesamten Widerstandsänderung angegeben, welche nach dem Anlassen der bei 12° K bestrahlten Proben bei verschiedenen Temperaturen permanent zurückbleiben. Diese Autoren beobachteten die erste starke Widerstandsabnahme bei Kupfer bei einer Temperatur von etwa 40° K, bei Silber bei etwa 35° K, während bei Gold ein solcher wohldefinierter Erholungsprozeß im untersuchten Temperaturbereich nicht aufzutreten scheint. Diese Erholungsvorgänge, denen eine äußerst kleine Aktivierungsenergie zuzuschreiben ist, spielen sich wohl innerhalb oder an den Grenzen der in Ziff. 23 besprochenen Schmelzzonen ab, in denen sicher schon bei Mithilfe sehr geringer thermischer Energien Umlagerungen

Tabelle 11. *Zurückbleibender Bruchteil der Widerstandsänderung beim Anlassen von verschiedenen Metallen, die bei 12° K mit 10^{17} Deuteronen/cm² bestrahlt worden waren.*

Anlaß-temperatur	Cu	Ag	Au
35° K	0,90	0,78	0,97
45° K	0,50	0,77	0,93
77° K	0,41	0,69	0,86
220° K	0,25	0,32	0,55
300° K	0,07	0,10	0,10

möglich sind. Auf die mögliche Verwandtschaft dieser Vorgänge mit den von HILSCH an aufgedampften Filmen beobachteten wurde schon in Ziff. 23 hingewiesen.

Oberhalb von 220° K tritt wiederum eine etwas raschere Abnahme des Widerstandes ein, die bei Kupfer etwa bei 255° K, bei Silber etwa bei 240° K und bei Gold etwa bei 285° K beendet ist. Zum Vergleich mit entsprechenden Untersuchungen über die Widerstandsänderung nach Kaltverformung ist in Fig. 26 eine aus anderen Versuchen[3] stammende Kurve über die Abnahme des elektrischen Widerstandes bei Cu-Proben, die vor jeder Messung 2 min lang auf der angegebenen Temperatur gehalten worden waren, wiedergegeben. Man sieht, daß der Abfall

---

[1] H. G. COOPER, J. S. KOEHLER u. J. W. MARX: Phys. Rev. **94**, 496 (1954); **97**, 599 (1955).
[2] J. W. MARX, H. G. COOPER u. J. W. HENDERSON: Phys. Rev. **88**, 106 (1952).
[3] R. R. EGGLESTON: Acta met. **1**, 679 (1953).

in dem oben genannten Temperaturbereich nach Kaltverformung weniger steil als nach der Bestrahlung mit α-Teilchen ist.

Von verschiedenen Autoren wurde die Kinetik der Widerstandsabnahme in den einzelnen Erholungsstufen untersucht[1-4]. Einfache Verhältnisse hinsichtlich des zeitlichen Verlaufs der isothermen Erholung sind jedoch nur in seltenen Fällen zu erwarten. Im allgemeinen wird die meist nicht sehr gut bekannte Wechselwirkung der verschiedenartigen, bei der Bestrahlung entstehenden Fehlstellen die Verhältnisse kompliziert machen. Aus diesem Grunde beschränken wir uns im wesentlichen auf die Diskussion der beobachteten Aktivierungsenergien oder, wenn diese nicht gemessen sein sollten, der Erholungstemperaturen, die ja einen engen Zusammenhang mit den Aktivierungsenergien aufweisen. Die bis jetzt an Kupfer aufgefundenen derartigen Resultate sind in Ziff. 29 in Tabelle 14 zusammengestellt. Wegen Zusammenstellungen für andere Metalle vergleiche man [39].

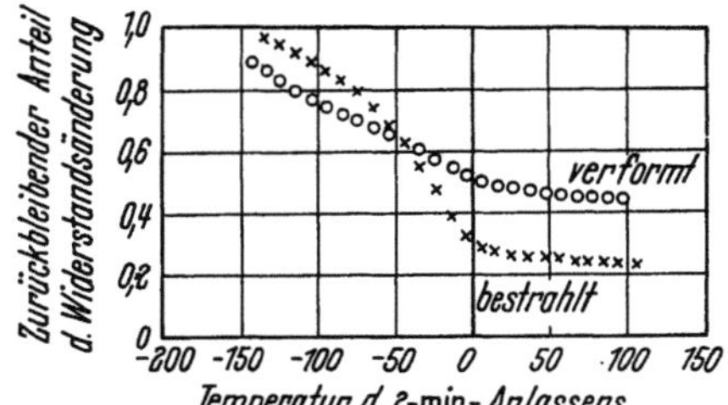

Fig. 26. Erholung der durch Kaltverformung (Torsion in Helium-Bad) und Bestrahlung mit 34,5 MeV-α-Teilchen (17,2 · 10⁻³ Amp. Std/cm²) in Kupfer hervorgerufenen Änderung des elektrischen Widerstands. Jeder Meßpunkt wurde nach zweiminütigem Anlassen bei der angegebenen Temperatur im Helium-Bad aufgenommen.

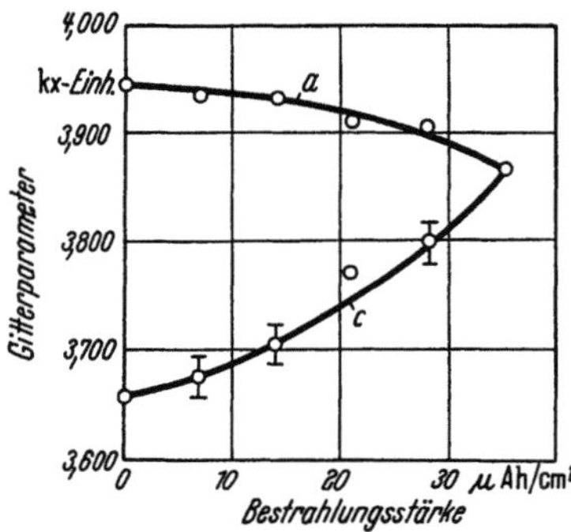

Fig. 27. Veränderung der Gitterparameter c und a einer geordneten CuAu-Legierung bei Bestrahlung mit 33 MeV-Teilchen nach Martin, Austermann, Eggleston, McGee und Tarpinian (entnommen aus [43]).

γ) *Auswirkung der Bestrahlung auf den Ordnungszustand von Legierungen.* Die ersten Experimente über die Bombardierung von metallischen Ordnungsphasen mit Neutronen wurden von Siegel[5] veröffentlicht. Bei geordneten CuAu-Legierungen ergab sich bei der Bestrahlung eine sehr starke Widerstandszunahme, während die Widerstandsänderung bei ungeordneten Legierungen derselben Zusammensetzung viel geringer war. Es liegt deshalb nahe, die sehr starke Widerstandsvergrößerung der geordneten Legierung einem teilweisen Übergang in den ungeordneten Zustand zuzuschreiben. Diese Deutung ließ sich durch röntgenographische Untersuchungen bestätigen.

Die Zerstörung der Ordnung durch Teilchenbestrahlung läßt sich in besonders einfacher Weise an einer geordneten CuAu-Legierung demonstrieren[6]. Diese Legierung ist nur im ungeordneten Zustand kubisch. Im geordneten Zustand ist sie tetragonal verzerrt. Fig. 27 zeigt an Hand der Resultate von röntgenographischen Bestimmungen der Gitterkonstanten, wie mit zunehmender Bestrahlung der geordneten Legierung die Tetragonalität allmählich verschwindet und die Legierung in den kubischen, ungeordneten Zustand übergeht. Wird die spröde geordnete Phase von CuAu durch thermische Behandlung in den duktilen un-

---

[1] R. R. Eggleston: Acta met. **1**, 679 (1953).
[2] J. A. Brinkman, C. E. Dixon u. C. J. Meechan: Acta met. **2**, 38 (1954).
[3] A. W. Overhauser: Phys. Rev. **90**, 393 (1953).
[4] J. W. Marx, H. G. Cooper u. J. W. Henderson: Phys. Rev. **88**, 106 (1952).
[5] S. Siegel: Phys. Rev. **75**, 1823 (1949).
[6] A. B. Martin, S. B. Austerman, R. E. Eggleston, J. F. McGee u. M. Tarpinian: Phys. Rev. **81**, 664 (1951).

geordneten Zustand übergeführt, so sinkt die Härte ab. Bei der Zerstörung der Ordnung durch Bestrahlung steigt jedoch die Härte weiter an. Dies zeigt, daß die Bestrahlung nicht etwa denjenigen Zustand herstellt, den man durch Abschrecken der ungeordneten Legierung erhält, sondern einen mit zusätzlichen strukturellen Fehlern behafteten Zustand.

Wie in Ziff. 23 dargelegt wurde, kann diese Zerstörung der Fernordnung geordneter Legierungen als experimenteller Beweis für eine räumliche Unterteilung der Wirkung geladener Teilchen in einem kristallinen Festkörper hinreichend hoher Ordnungszahl angesehen werden. Neben Bereichen, in denen die hauptsächliche bleibende Wirkung der Bestrahlung in der Bildung von FRENKEL-Fehlstellen besteht, gibt es andere, in denen eine außerordentlich starke Erhitzung und mit größter Wahrscheinlichkeit ein lokales Aufschmelzen stattfindet. Daß die Erzeugung von FRENKEL-Fehlstellen nicht ausreicht, um die Fernordnung in einer geordneten Legierung zu zerstören, haben Versuche[1, 2] an geordnetem Cu_3Au, das mit 1 MeV-Elektronen bestrahlt wurde, ergeben. Aus der für elastische Stöße zwischen Elektronen und Atomen geltenden Gl. (23.1) kann man entnehmen, daß auf die Kupferatome Energien von höchstens 50 eV übertragen werden, so daß die von 1 MeV-Elektronen erzeugte strukturelle Fehlordnung im wesentlichen aus Gitterlücken und Zwischengitteratomen bestehen wird. In der Tat blieb die Ordnung der mit Elektronen bestrahlten Legierungen erhalten.

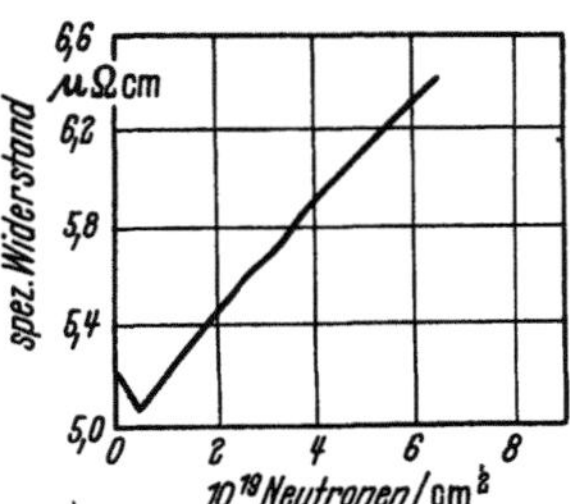

Fig. 28. Spezifischer Widerstand einer geordneten Cu_3Au-Legierung während der Bestrahlung mit Neutronen bei 80° C nach GLICK, BROOKS, WITZIG and JOHNSON.

GLICK, BROOKS, WITZIG und JOHNSON[3] haben gezeigt, daß Neutronenbestrahlung auch zu einer zusätzlichen Ordnung von Legierungen führen kann. Bei der Bestrahlung ungeordneter Proben nimmt nämlich der elektrische Widerstand bei Temperaturen von etwa 50°C, bei denen unter normalen Umständen der Ordnungsgrad vollkommen eingefroren ist, etwas ab (Fig. 28). Bei Beginn der Bestrahlung geordneter Proben tritt ebenfalls vor dem durch Verminderung der Ordnung bedingten Widerstandsanstieg eine Widerstandsabnahme auf. Diese Befunde werden am einfachsten dadurch erklärt, daß durch die Bestrahlung Fehlstellen entstanden sind, welche in dem Temperaturbereich um 50 bis 80°C eine gewisse Beweglichkeit besitzen und dadurch eine Annäherung der Ordnung an ihren Gleichgewichtswert erlauben. Mit einer solchen Vergrößerung der Ordnung ist bei den Kupfer-Gold-Legierungen eine Abnahme des elektrischen Widerstandes verbunden.

Aus der Temperaturabhängigkeit und der Kinetik dieser Ordnungseinstellung kann man Rückschlüsse auf die durch die Bestrahlung entstandenen Fehlstellen ziehen. Sofern die Temperatur hinreichend hoch ist, um ihnen eine genügende Beweglichkeit zu verleihen, können auf jeden Fall Gitterlücken und Assoziationen von solchen zur Einstellung der Ordnung beitragen, da ja ihre Bewegung unter normalen Bedingungen beim Anlassen bei höheren Temperaturen die Einstellung des Gleichgewichtszustandes herbeiführt. Schwieriger liegen die Verhältnisse hinsichtlich der Wirkung von Zwischengitteratomen. Erfolgt deren Diffusion durch den in Ziff. 13 diskutierten „intersticialcy"-Mechanismus, bei dem sich immer wieder neue Atome auf Zwischengitterplätze begeben, so ist durch die Diffusion

[1] J. ADAM, A. GREEN u. R. A. DUGDALE: Phil. Mag. 43, 1216 (1952).
[2] C. E. DIXON, C. J. MEECHAN u. J. A. BRINKMAN: Phil. Mag. 44, 449 (1953).
[3] H. L. GLICK, F. C. BROOKS, W. F. WITZIG u. W. E. JOHNSON: Phys. Rev. 87, 1074 (1952).

von Zwischengitteratomen im Prinzip eine Annäherung an den Ordnungsgrad des Gleichgewichtszustandes möglich. Ob jedoch diese Annäherung wirklich stattfindet, erfordert in jedem Falle eine genauere Diskussion, die für die Legierung Cu_3Au von Brinkman, Dixon und Meechan[1] gegeben wurde.

Die genannten Autoren kommen zu dem Schluß, daß die Wanderung von Zwischengitteratomen in diesem Fall nur sehr wenig zur Einstellung der Ordnung beitragen kann. Dies rührt davon her, daß die Goldatome einen wesentlich größeren Atomradius als die Kupferatome haben. Aus diesem Grunde ist es in einer Cu_3Au-Legierung viel leichter, ein Cu-Atom auf einen Zwischengitterplatz zu bringen als ein Au-Atom. Brinkman, Dixon und Meechan schätzen ab, daß die Energie eines Au-Zwischengitteratoms um etwa 5 eV größer als diejenige eines Cu-Zwischengitteratoms ist. Es ist demnach für ein Cu-Zwischengitteratom praktisch unmöglich, sich auf den Platz eines Au-Atoms zu setzen und dieses in eine Zwischengitterposition zu drängen. Es kann nur Platzwechsel mit Cu-Atomen durchführen und deshalb nicht zur Einstellung der Ordnung beitragen. Ein Au-Zwischengitteratom dagegen wird wegen des damit verbundenen Energiegewinnes sich bevorzugt auf einen Cu-Platz begeben und dann für die weitere Vergrößerung der Ordnung ausfallen. Dieses Argument ist natürlich nicht auf die Legierung Cu_3Au beschränkt, sondern gilt immer dann, wenn nennenswerte Größenunterschiede zwischen den Legierungspartnern bestehen, also bei den meisten Legierungen mit Ordnungsphasen. Die vorstehenden Überlegungen lassen sich auf Versuche[1] über die Veränderunen des elektrischen Widerstandes bei Bestrahlung geordneter und ungeordneter Cu_3Au-Proben mit Protonen anwenden, deren Resultate in Tabelle 12 zusammengestellt sind.

Tabelle 12.

Bestrahlungsversuche mit 9 MeV-Protonen an geordneter und ungeordneter Cu_3Au-Legierung.
Alle Widerstandsmessungen sind bei $-180°$ C ausgeführt.

Behandlung	Spezifischer Widerstand [$\mu\,\Omega$ cm]		Bemerkungen
	geordnete Probe O	ungeordnete Probe U	
Ursprünglicher spezifischer Widerstand	1,70	10,10	
Bestrahlung mit $5 \cdot 10^{17}$ Protonen/cm² unterhalb $-100°$C	5,95	10,75	Widerstandszunahme von $0{,}65\,\mu\Omega$cm ist der Erzeugung struktureller Fehler, Rest von $3{,}6\,\mu\Omega$cm der Zerstörung der Ordnung zuzuschreiben.
Anlassen zwischen $-60°$ C und $0°$C	5,35	10,15	Da Widerstandsabnahme bei O und U gleich, nur Verringerung der Fehlstellenzahl, keine Einstellung der Ordnung.
Anlassen zwischen $0°$ C und $130°$ C	4,70	Abnahme des Widerstandes kleiner als $0{,}05\,\mu\Omega$cm	Einstellung der Ordnung in O, aber nicht in U

Über die Interpretation dieser Meßergebnisse sind in der letzten Spalte von Tabelle 12 einige Angaben gemacht. Es wurde dabei vorausgesetzt, daß die beobachteten Widerstandsänderungen zum Teil von einer Änderung des Ordnungszustandes und zum Teil von der Erzeugung struktureller Fehler, unter denen hier

---

[1] J. A. Brinkman, C. E. Dixon u. C. J. Meechan: Acta met. **2**, 38 (1954).

Zwischengitteratome, Leerstellen usw. sowie die in den Schmelzzonen entstandenen Fehlstellen, wie Korngrenzen, Versetzungen oder ähnliches verstanden seien, herrühren. Die Annahme, daß diese beiden Wirkungen sich additiv überlagern, ist nicht wesentlich, sollte aber etwa der Wirklichkeit entsprechen.

Aus der Tatsache, daß sich bei der ersten Erholungsstufe unterhalb der Zimmertemperatur der Widerstand in den Proben O und U gleich ändert, schließen BRINKMAN, DIXON und MEECHAN, daß in ihr die Zwischengitteratome, die bei der Bestrahlung wohl in etwa gleicher Zahl in beiden Proben erzeugt worden waren, durch Diffusionsprozesse allmählich verschwinden. Für dieses Verschwinden ist hauptsächlich die Rekombination mit Leerstellen verantwortlich, die ja, da sie im wesentlichen durch die Bildung von FRENKEL-Fehlstellen bei der Bestrahlung entstanden sind, in etwa derselben Konzentration wie die Zwischengitteratome vorhanden sind. Man kann jedoch durch ein einfaches Argument einsehen, daß dieser Rekombinationsprozeß nicht bis zur Annihilierung aller Gitterlücken ablaufen kann. Während nämlich mit fortschreitender Annihilierung die Wahrscheinlichkeit, eine Leerstelle zu treffen, für ein diffundierendes Zwischengitteratom immer kleiner wird, bleibt die Wahrscheinlichkeit für den Einfang in einer Versetzungslinie, einer Korngrenze oder in einer Schmelzzone fast ungeändert, so daß von einer gewissen Konzentration ab die Zwischengitteratome an den letztgenannten Fehlstellen verschwinden und eine über der Gleichgewichtskonzentration liegende Restkonzentration an Gitterlücken zurücklassen. Dieser zurückgebliebene Rest der Gitterlücken wird beim Erhöhen der Anlaßtemperatur selbst beweglich und kann durch sein Verschwinden an Versetzungslinien, sowie durch die mit der Leerstellenwanderung verbundene Annäherung an das Ordnungsgleichgewicht den elektrischen Widerstand weiter herabsetzen. Aus der sehr verschieden starken Widerstandsabnahme in diesem Bereich bei den beiden Proben O und U hat man zu schließen, daß nur in ersterer eine wesentliche Vergrößerung der Fernordnung sich abspielt. Dies wird durch den Befund von SYKES und EVANS[1] verständlich, daß die Vergrößerung der Ordnung innerhalb schon vorhandener Ordnungsbereiche viel leichter stattfindet als die Bildung solcher Bereiche. Man darf wohl mit Recht annehmen, daß bei der vor Beginn der Bestrahlung wohlgeordneten Probe O das Gerüst der geordneten Bereiche erhalten geblieben ist, während bei der aus dem ungeordneten Zustand abgeschreckten Probe U erst eine Bildung von Ordnungskeimen erforderlich ist.

Nach dem Vorstehenden sollte die Geschwindigkeit, mit der sich infolge von Bestrahlung die Ordnung einstellt, strukturempfindlich sein und insbesondere von der Versetzungsdichte abhängen. Dies müßte sich an Proben nachweisen lassen, die verschieden stark plastisch verformt worden sind und in denen zwischen Verformung und Bestrahlung durch geeignete Wärmebehandlung derselbe Ordnungsgrad hergestellt worden ist. Derartige Versuche scheinen noch nicht vorzuliegen. Es gibt jedoch Messungen von BLEWITT und COLTMAN[2], die auf eine Abhängigkeit der Lebensdauer der Leerstellen und damit auch der Geschwindigkeit der Ordnungseinstellung von der Häufigkeit der Schmelzzonen hinweisen. Wir gehen auf ihre Meßergebnisse nicht im einzelnen ein, sondern erwähnen nur, daß sie am einfachsten durch eine Annihilationsmöglichkeit von Gitterlücken an Schmelzzonen gedeutet werden können.

Die aus den experimentellen Daten der Tabelle 12 abgeleiteten Ergebnisse über die Beweglichkeit von Eigenfehlstellen in Cu_3Au in gewissen Temperaturintervallen werden wir in Ziff. 29 mit ähnlichen Resultaten, die an Kupfer

---

[1] C. SYKES u. H. EVANS: J. Inst. Met. **58**, 255 (1936).
[2] T. H. BLEWITT u. R. R. COLTMAN: Acta met. **2**, 549 (1954).

gewonnen worden sind, vergleichen. Es wird sich dort im wesentlichen dasselbe Bild ergeben, woraus man schließen kann, daß sich die Verhältnisse beim Übergang von Kupfer zu Cu_3Au nicht wesentlich ändern. Daß dieses Resultat nicht für alle Legierungen zu gelten braucht, kann man aus den in Fig. 30 dargestellten Ergebnissen[1] über die Abnahme des elektrischen Widerstandes beim Anlassen von bestrahltem β-Messing entnehmen. In Fig. 29 ist zunächst das schon in Ziff. 23 angezogene Resultat dargestellt, daß durch Bestrahlung von β-Messing bei $-146°$ C mit 33 MeV-Teilchen der elektrische Widerstand um rund 100% geändert werden kann. Da diese Änderung 4- bis 5mal größer ist als man bei vergleichbarer Bestrahlungsstärke in Kupfer beobachtet, hat man diesen Effekt wohl der Zerstörung der Ordnung zuzuschreiben. Fig. 30 zeigt, wie bei stufenweisem Anlassen diese Widerstandsänderung bei verhältnismäßig tiefen Temperaturen

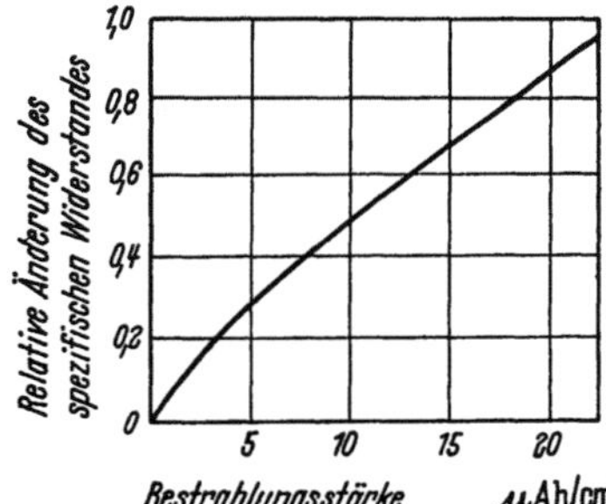

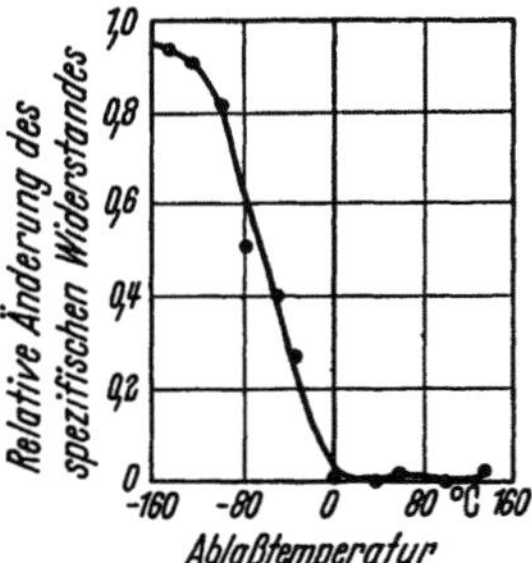

Fig. 29. Relative Änderung des spezifischen Widerstandes von β-Messing bei Bestrahlung mit 33 MeV-α-Teilchen unterhalb $-100°$ C. Alle Widerstandsmessungen sind bei $-146°$ C gemacht.

Fig. 30. Widerstandsänderung bei stufenweisem Anlassen von jeweils 5 min bei den angegebenen Temperaturen nach der in Fig. 29 dargestellten Bestrahlung. Widerstandsmessung bei $-146°$ C.

wieder zurückgeht. Sie bildet somit einen direkten Beweis für die gegenüber Kupfer stark vergrößerte Beweglichkeit der Gitterlücken in β-Messing, die ja wohl auch für die Unmöglichkeit verantwortlich ist, den ungeordneten Zustand durch Abschrecken einzufrieren.

III. Vergleichende Untersuchung der atomaren Fehlordnung mit verschiedenen experimentellen Methoden.

25. Vorbemerkungen. Es wurde schon wiederholt betont, daß gleiche oder ähnliche Gitterfehler auf sehr verschiedene Weise, z.B. durch Kaltverformung, Zuführung thermischer Energie, Bestrahlung mit verschiedenen Arten von Teilchenstrahlen, in einen Kristall eingeführt werden können. Da jedoch bei einer bestimmten Versuchsführung meist verschiedene Arten von Gitterfehlern erzeugt werden, ist es im allgemeinen nicht möglich, aus einer einzigen Versuchsserie Aufschluß über Anzahl und Eigenschaften derselben zu erhalten. Es drängt sich somit die Notwendigkeit für vergleichende Betrachtungen verschiedener Behandlungsmethoden auf. Der Zweck dieses Abschnittes III ist es, eine solche vergleichende Betrachtungsweise durchzuführen und daraus möglichst zuverlässige Werte für Bildungs- und Wanderungsenergien der in Abschnitt I betrachteten Eigenfehlstellen abzuleiten.

Ein hinreichend umfassendes Material, das eine solche Untersuchung mit guten Aussichten durchzuführen erlaubt, liegt bis jetzt nur über Metalle vor, auf die wir uns deshalb beschränken werden. Auch innerhalb der Metalle stehen experimentelle Daten in einer Vollständigkeit, die uns unser Ziel tatsächlich zu

---

[1] R. R. Eggleston u. F. E. Bowman: J. Appl. Phys. **24**, 229 (1953).

erreichen gestattet, nur an Kupfer zur Verfügung. Wir werden jedoch auch auf die an anderen Metallen gewonnenen Ergebnisse gelegentlich eingehen.

Die allgemeinen Grundlagen über die Eigenfehlstellen haben wir in Abschnitt I, die Theorie ihrer Erzeugung durch Bestrahlung in Abschnitt II besprochen. Wir müssen diese Darlegungen noch durch eine Diskussion über die Art und Weise ergänzen, auf die im thermischen Gleichgewicht oder durch plastische Verformung Eigenfehlstellen entstehen (Ziff. 26). Außerdem haben wir noch die durch Abschrecken erhaltenen Resultate (Ziff. 27) sowie die Erholung nach Kaltverformung zu betrachten (Ziff. 28).

Bei den vorliegenden experimentellen Ergebnissen handelt es sich vorwiegend um Messungen der Änderung des elektrischen Widerstandes beim Abschrecken, beim Bestrahlen und bei der plastischen Verformung sowie um die Messung der Zeit- und Temperaturabhängigkeit seiner Erholung. Es liegen jedoch auch einige, wenn auch nicht so umfangreiche Daten über die Erholung der Änderungen anderer Eigenschaften wie Dichte, Härte und anderen mehr vor. Die Synthese dieser experimentellen Resultate sowie die Ableitung von Aktivierungsenergien aus ihnen werden wir in Ziff. 29 bis 31 durchführen. Damit wird die Behandlung der atomaren Fehlordnung abgeschlossen sein.

26. **Quellen und Senken für Eigenfehlstellen.** Bei der hier zu gebenden Diskussion über die Entstehung von Eigenfehlstellen können wir uns auf FRENKELsche und SCHOTTKYsche (bzw. Anti-SCHOTTKYsche) Fehlstellen beschränken. Andere Fehlstellen, wie Leerstellenpaare, können sich in leicht ersichtlicher Weise durch Assoziation zweier Gitterlücken bilden.

Die Bildung von FRENKEL-Fehlstellen erfordert keine in Einzelheiten gehenden Betrachtungen. Da ja hierbei immer Leerstellen und Zwischengitteratome paarweise entstehen, können, sofern die benötigte Energie zur Verfügung steht, an jeder beliebigen Stelle im Kristallinnern FRENKEL-Fehlstellen geschaffen werden oder auch durch Rekombination verschwinden.

Anders liegen die Verhältnisse dagegen bei SCHOTTKY-Fehlstellen. (Die folgende Diskussion gilt mutatis mutandis auch für Anti-SCHOTTKYsche Fehlstellen, auf die wir uns im folgenden nur noch gelegentlich beziehen werden.)

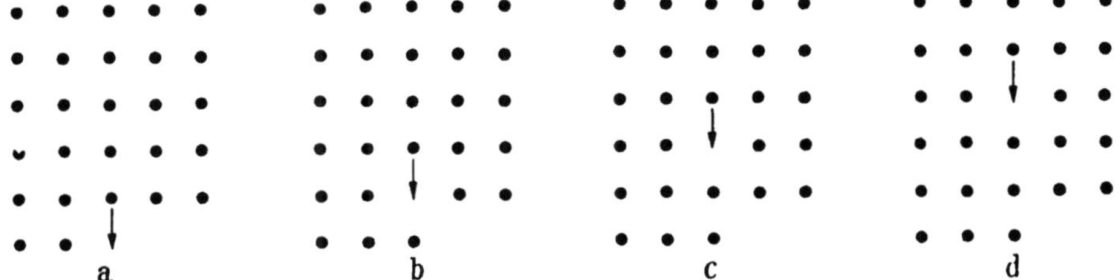

Fig. 31 a—d. Allmähliches Einwandern einer Gitterlücke von der Kristalloberfläche her. Die Pfeile deuten die Bewegung der Atome zwischen je zwei aufeinanderfolgenden Bildern an.

Die ursprüngliche Ansicht war, daß eine SCHOTTKY-Fehlstelle tatsächlich an der Kristalloberfläche gebildet werde und die Gitterlücke allmählich in das Kristallinnere einwandere, wie dies in Fig. 31 dargestellt ist.

Wäre die Kristalloberfläche der einzige Ort, an dem SCHOTTKY-Fehlstellen entstehen oder verschwinden können, so müßten alle mit der Bildung von Gitterlücken verbundenen Prozesse eine ausgeprägte Abhängigkeit von den Kristallabmessungen zeigen, da es ja von diesen abhängen würde, wie rasch sich die thermodynamisch zu errechnende Gleichgewichtskonzentration tatsächlich einstellt. Eine solche Abhängigkeit konnte bis jetzt noch nicht nachgewiesen werden.

Reicht somit die Bildung der Schottky-Fehlstellen an der Kristalloberfläche nicht aus, um die experimentellen Ergebnisse quantitativ verstehen zu lassen, so bietet sich als nächstliegende Möglichkeit eine Bildung oder Rückbildung von Gitterlücken an Korngrenzen an. Es muß jedoch, da andernfalls Einkristalle ein anomales Verhalten zeigen würden, eine weitere Möglichkeit zur Bildung von Schottky-Fehlstellen im Kristallinnern geben.

F. R. N. Nabarro[1] hat zuerst erkannt, daß eine solche Möglichkeit bei Anwesenheit von Stufenversetzungen oder, genauer ausgedrückt, von Versetzungsstücken mit teilweisem Stufencharakter vorhanden ist. Wir werden in Abschnitt C auf Versetzungen und ihre Wechselwirkung mit atomarer Fehlordnung in Einzelheiten eingehen. Hier sollen deshalb nur einige vorläufige Ausführungen, die sich auf kubisch-primitive Kristalle beschränken, gegeben werden.

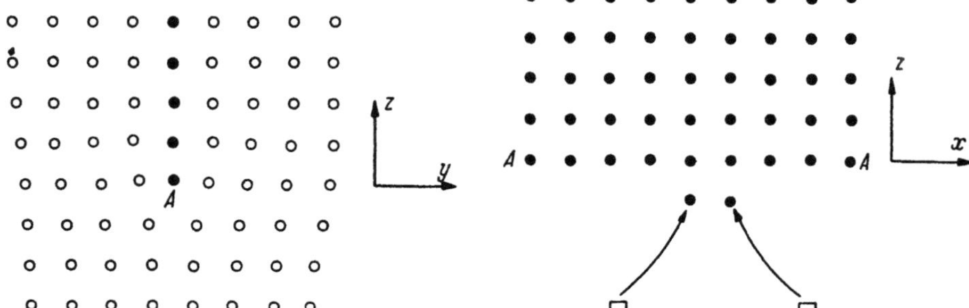

Fig. 32. Schnitt durch eine Stufenversetzung in kubisch-primitivem Gitter. Die Versetzung befindet sich an der mit *A* bezeichneten Stelle und erstreckt sich linienförmig senkrecht zur Zeichenebene. „Eingeschobene" Netzebene durch Vollkreise dargestellt.

Fig. 33. Die in Fig. 32 mit ausgefüllten Kreisen gezeichnete „eingeschobene" Netzebene der Versetzungslinie, an die zwei Atome angebaut wurden, wodurch zwei Gitterlücken im Kristall erzeugt worden sind.

Ein Schnitt durch einen eine Stufenversetzung enthaltenden Kristall ist in Fig. 32 gezeichnet. Die Atomanordnung hat man sich periodisch senkrecht zur Zeichenebene fortgesetzt zu denken. Der Buchstabe *A* bezeichnet den Durchstoßpunkt der Versetzungslinie durch die Zeichenebene. Man sieht, daß man längs der Linie *A* eine Reihe Atome der mit ausgefüllten Kreisen bezeichneten „eingeschobenen" Netzebene herausnehmen und sie auf Zwischengitterplätze bringen kann. Die Versetzungslinie *A* wird dadurch um eine Netzebene angehoben. Entfernt man die Zwischengitteratome aus dem Bereich der Wechselwirkung mit der Versetzungslinie, so hat man insgesamt dieselbe Energie aufzuwenden, wie wenn eine entsprechende Anzahl Anti-Schottky-Fehlstellen an der Kristalloberfläche gebildet worden wäre. Dasselbe gilt, wenn irgendwo im Kristallinnern Gitterlücken geschaffen werden und die von ihren Plätzen entfernten Atome längs der Linie *A* an die „eingeschobene" Netzebene angefügt werden. Auch hier ist die pro Gitterlücke insgesamt aufzuwendende Arbeit gleich derjenigen für die Schaffung von Schottky-Fehlstellen durch Einwandern von Gitterlücken von der Kristalloberfläche her.

Bis jetzt wurde angenommen, daß jeweils eine ganze Gittergerade längs der Linie *A* eingefügt oder herausgenommen wurde. Dies ist jedoch ein äußerst unwahrscheinlicher Prozeß. Werden nur einige Atome zusätzlich in eine Versetzung eingebaut, wie dies Fig. 33 zeigt, so wird die Versetzungslinie, die ja dann von einer Netzebene in eine benachbarte überwechseln muß, verlängert, so daß eine zusätzliche Energie zur Bildung der Leerstellen erforderlich ist. In diesem Fall müßte ein Unterschied in den Aktivierungsenergien für Leerstellenbildung an der

---

[1] F. R. N. Nabarro: [2], S. 75.

Oberfläche und an Versetzungslinien bestehen, der bis jetzt ebenfalls noch nicht experimentell gefunden wurde.

Diese Schwierigkeiten lösen sich dadurch, daß in Wirklichkeit Versetzungslinien praktisch nie in einer einzigen Netzebene verlaufen, sondern immer wieder aus benachbarten Netzebenen überwechseln. Solche Stellen, wie z. B. der Punkt B in Fig. 34, an denen die Versetzungslinie von einer Ebene zur nächsten springt, werden „Sprünge" (engl. „jogs") genannt. An solchen Sprüngen, die, wie in Ziff. 43 und 44 dargelegt werden wird, während der Bewegung der Versetzung oder auch im thermischen Gleichgewicht entstanden sein können, ist es möglich, einzelne Gitterlücken ohne zusätzlichen Energieaufwand zu bilden. Ein derartiger Sprung vermag sich unter Zurücklassen von Gitterlücken entlang der Versetzungslinie fortzubewegen.

Der zuletzt genannte Prozeß, nämlich die Erzeugung atomarer Fehlordnung durch die Bewegung von Sprüngen in Versetzungslinien, bildet wohl den unter den meisten experimentellen Bedingungen wichtigsten Prozeß zur Aufrechterhaltung und Einstellung der Gleichgewichtskonzentration der thermischen Fehlordnung. Er ist jedoch, und zwar in einer gegenüber dem bisherigen etwas abgewandelten, in Ziff. 44 zu besprechenden Form, auch für die Vergrößerung der Konzentration der Gitterlücken und Zwischengitteratome während der

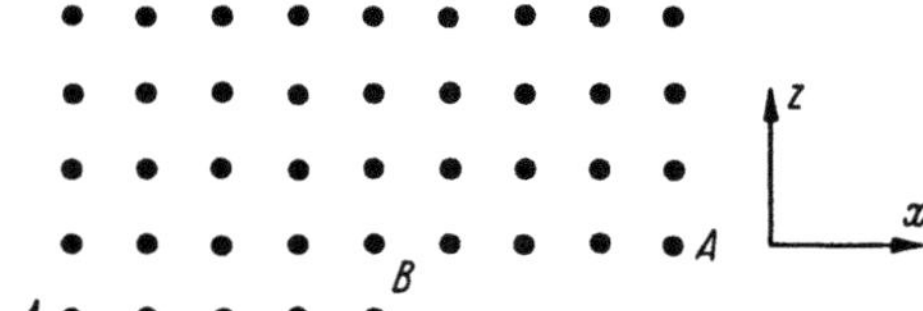

Fig. 34. Eingeschobene Netzebene wie in Fig. 33, jedoch mit einem einzelnen Sprung in der Versetzungslinie an der Stelle B. Je nachdem, ob sich B nach rechts oder links bewegt, entstehen Gitterlücken oder Zwischengitteratome.

plastischen Verformung von Kristallen, die ja im wesentlichen in einer Bewegung von Versetzungslinien besteht, verantwortlich. Dadurch erklärt sich der in den folgenden Ziffern noch näher zu besprechende Befund, daß Eigenfehlstellen ganz wesentlich zur Widerstandserhöhung der Metalle bei plastischer Verformung beitragen. Auch bei Ionenkristallen liegen experimentelle Hinweise auf eine Vermehrung der Eigenfehlstellen bei plastischer Verformung vor. Wie SEITZ[1] gezeigt hat, läßt sich die Beobachtung[2], daß durch plastische Verformung die Ionenleitfähigkeit von NaCl stark ansteigt, durch die Erzeugung einer großen Zahl von Gitterlücken nach den oben erwähnten Mechanismen erklären.

Zusammenfassend ist zu sagen, daß in den meisten Fällen Versetzungslinien, bzw. die in ihnen befindlichen Sprünge, die für die Gleichgewichtseinstellung maßgebenden Senken und Quellen der Eigenfehlstellen bilden. Die Abklingzeit eines Überschusses von Eigenfehlstellen über die Gleichgewichtskonzentration weist somit einen engen Zusammenhang mit Dichte und Anordnung der im Kristall vorhandenen Versetzungslinien auf.

27. Einfrieren von thermischer Fehlordnung durch Abschrecken. α) *Allgemeines.* Aus den theoretischen Berechnungen der Aktivierungsenergien in Cu, über die wir in Ziff. 10 berichtet haben, kann man größenordnungsmäßig schließen, daß die thermische Fehlordnung in den Edelmetallen selbst bei sehr hohen Temperaturen fast ausschließlich aus Gitterlücken besteht und daß nur ein sehr geringer Bruchteil davon zu Leerstellenpaaren assoziiert sein wird. Durch die Messung der beim Abschrecken auftretenden Erhöhung des elektrischen Widerstandes gegenüber dem Gleichgewichtswert und durch die Untersuchung der Erholung beim Anlassen kann man im Prinzip sowohl die Bildungsenergie als auch die Wanderungsenergie der eingefrorenen Fehlstellen, also im Falle der

---

[1] F. SEITZ: Phys. Rev. **80**, 239 (1950).
[2] Z. GYULAI u. D. HARTLY: Z. Physik **51**, 378 (1928).

Edelmetalle der Leerstellen und der sich daraus beim Abkühlen bildenden Kondensationskomplexe, bestimmen.

Bei einer vorgegebenen Abkühlungsgeschwindigkeit gibt es eine bestimmte Ausgangstemperatur T_e, die wir sogleich näher abschätzen werden, unterhalb derer die thermische Fehlordnung fast vollständig eingefroren wird. Beim Abschrecken von Temperaturen größer als T_e wird etwa die der Temperatur T_e entsprechende Gleichgewichtskonzentration eingefroren werden. Mißt man an Hand der Widerstandserhöhung den Gang der Zahl der eingefrorenen Fehlstellen mit der Abschrecktemperatur T_a, so kann man hieraus die Aktivierungsenergie für die Bildung der thermischen Fehlstellen ermitteln.

Die Wanderungs-Aktivierungsenergie der eingefrorenen Fehlstellen läßt sich an Hand der Widerstandserholung beim Anlassen verfolgen, da ja die Fehlstellen, sobald sie durch Temperaturerhöhung ihre Beweglichkeit zurückgewonnen haben, durch Diffusion zu Senken zu gelangen und auf diese Weise die Gleichgewichtskonzentration wieder herzustellen suchen. Durch geeignete Kombination dieser beiden Meßmethoden ist es im Prinzip auch möglich, Aktivierungsenergien für die beim Abschrecken eventuell sich bildenden Fehlstellen-Agglomerate zu ermitteln.

Sind Gitterlücken infolge Abschreckens in einer höheren als der Gleichgewichtskonzentration vorhanden, so haben sie eine Tendenz, sich zu Agglomeraten zusammenzuballen. Dieser Vorgang ist analog zu der Ausscheidung aus übersättigten Mischkristallen (s. U. Dehlinger in diesem Bande) und kann als eine „Ausscheidung von Gitterlücken" betrachtet und mathematisch behandelt werden. Während Seitz[1] beim Kirkendall-Effekt die auftretende Porenbildung durch eine derartige „Ausscheidung" theoretisch untersucht hat, scheint noch keine theoretische Behandlung des entsprechenden Problems beim Abschrecken oder bei der Kaltverformung veröffentlicht worden zu sein. In [53] ist erwähnt, daß H. Brooks die Bildung von Versetzungsringen in {111}-Ebenen des kubisch-flächenzentrierten Gitters als Keimbildungsproblem behandelt und gefunden hat, daß sehr große, mit der Gleichgewichtskonzentration am Schmelzpunkt vergleichbare Übersättigungen an Gitterlücken vorhanden sein müssen, wenn eine solche Keimbildung stattfinden soll (vgl. Ziff. 48).

Wir wollen nunmehr im Anschluß an Seitz[2] diejenige Ausgangstemperatur T_e für das Abschrecken ermitteln, unterhalb der die Fehlstellen praktisch vollständig eingefroren werden. Wie wir in Ziff. 26 gesehen haben, wirken in einem Einkristall von makroskopischen Dimensionen Versetzungslinien als Quellen und Senken zur Aufrechterhaltung der Gleichgewichtskonzentration der thermischen Fehlordnung. In einem gut erholten Einkristall wird die Versetzungsdichte von der Größenordnung 10^7 bis 10^8 Versetzungslinien/cm² sein, so daß eine Leerstelle rund 10^7 Diffusionsschritte machen muß, bis sie auf eine Versetzungslinie trifft und an einem „jog" von der Versetzung aufgenommen wird. Die Zeit, die sie dafür benötigt, ist etwa

$$t_g = \frac{10^7}{\nu_0} \exp\left(-\frac{S_W}{k}\right) \exp\left(+\frac{H_W}{kT}\right), \qquad (27.1)$$

wobei H_W und S_W Aktivierungs-Energie und Aktivierungs-Entropie für Leerstellenwanderung bedeuten. Bei Cu ist, wie wir unten zeigen werden, $H_W = 1{,}2$ eV. Wir setzen ferner $S_W/k = 2$ und $\nu_0 = 5 \cdot 10^{12}$ sec^{-1} und erhalten daraus

$$t_g = 3{,}5 \cdot 10^{-7} \cdot 10^{5000/T} \text{ sec} \qquad (T \text{ in } °\text{K}). \qquad (27.2)$$

---

[1] F. Seitz: Acta met. 1, 355 (1953).
[2] F. Seitz: Acta crystallogr. 3, 355 (1950).

Für $T = 800°$ K gibt Gl. (27.2) als die zur Einstellung des Gleichgewichts etwa erforderliche Zeit $t_g = \frac{1}{2}$ sec. Dies bedeutet, daß man in Cu die Gleichgewichtskonzentration von Leerstellen bei 500 bis 600° C durch rasches Abschrecken einfrieren kann. Durch Verwendung sehr kleiner Proben läßt sich der Wert von T_c vielleicht noch etwas vergrößern, doch sollte die Größenordnung von T_c durch die obige Abschätzung richtig wiedergegeben werden.

Bei der praktischen Verwendung der Abschreckmethode hat man auf zwei besonders offenkundige Fehlerquellen zu achten. Ist die Probe stark verunreinigt, so kann es sein, daß bei Raumtemperatur ausgeschiedene Verunreinigungen bei höheren Temperaturen in Lösung gehen und man beim Abschrecken eine übersättigte Lösung erhält. Dies würde systematische Meßfehler bei der Widerstandsänderung sowohl durch Abschrecken als auch durch Anlassen mit sich bringen. Aus diesem Grunde ist die Verwendung sehr reiner Proben wesentlich. Der zweite, hauptsächliche Fehler kann durch innere Spannungen infolge des Temperaturgradienten im Material entstehen. Dieser Störeffekt kann durch Vergleich von Proben sehr verschiedener Dimensionen kontrolliert werden.

β) Reine Metalle. Die einzigen bis jetzt vorliegenden Abschreckexperimente an reinen Metallen scheinen diejenigen von KAUFFMAN und KOEHLER[1] an Golddrähten zu sein, die in 10^{-2} sec von hohen Temperaturen auf Raumtemperatur und sofort anschließend auf die Temperatur der flüssigen Luft abgekühlt wurden. Für die Abnahme des elektrischen Widerstandes beim Anlassen auf etwa $-10°$C wurde eine Aktivierungsenergie von $(0,4 \pm 0,14)$ eV beobachtet. Durch dieses Anlassen war etwa $1/_3$ der Widerstandserhöhung rückgängig zu machen, die restlichen $2/_3$ waren erst durch Anlassen auf Temperaturen zwischen 100 und 500°C zu beseitigen.

Die beobachtete Aktivierungsenergie von 0,4 eV ist wohl ziemlich sicher der Wanderung von Leerstellenpaaren oder anderen Aggregationen von Leerstellen zuzuschreiben. Die Aktivierungsenergie der Selbstdiffusion von Au beträgt nämlich 1,9 bis 2,0 eV[2], während die Aktivierungsenergie für die Bildung von Gitterlücken in Au nach Ziff. 11 0,6 bis 0,8 eV ist. Man muß deshalb annehmen, daß die Aktivierungsenergie für die Wanderung von Leerstellen zwischen 1,4 und 1,7 eV liegt und daß somit nicht die erste Stufe mit der Aktivierungsenergie 0,4 eV, sondern erst die zweite Erholungsstufe, bei der die Aktivierungsenergie nicht genau bekannt ist, der Wanderung von einzelnen Leerstellen entspricht. Zu einer verläßlichen Bestimmung der Aktivierungsenergie für die *Bildung* von Leerstellen durch Variation der Ausgangstemperatur T_a für das Abschrecken reicht die Genauigkeit der Versuche nicht aus.

In neuester Zeit sind weitere Ergebnisse von Abschreckversuchen an Golddrähten bekannt geworden[3,4]. LASAREW und OWTSCHARENKO[3] fanden als Wanderungsenergie beim Anlassen der abgeschreckten Proben 0,52 eV, was innerhalb des Streubereichs der oben erwähnten Messungen von KOEHLER und KAUFFMAN fällt. Als Bildungsenergie der thermischen Fehlordnung (die wohl ausschließlich aus Leerstellen besteht) wurde aus der Abhängigkeit des Zusatzwiderstandes von der Abschrecktemperatur 0,78 eV ermittelt. Die beiden Aktivierungsenergien addieren sich *nicht* zur Aktivierungsenergie der Selbstdiffusion in Gold und sind damit mit der oben gegebenen Interpretation im Einklang (siehe auch Ziff. 29).

KAUFFMAN und KOEHLER[4] haben als neuere Meßwerte an Gold eine Wanderungsenergie von $0,68 \pm 0,03$ eV und eine Bildungsenergie von $1,28 \pm 0,03$ eV angegeben, die sie als Wanderungsenergie bzw. Bildungsenergie von Leerstellen interpretieren. Im Lichte des oben

---

[1] J. W. KAUFFMAN u. J. S. KOEHLER: Phys. Rev. **88**, 149 (1952). Siehe jedoch die unten sowie in Ziff. 31 besprochenen Experimente von LASAREW u. OWTSCHARENKO an Gold- und Platindrähten.

[2] H. C. GATOS u. A. D. KURTZ: Trans. Amer. Inst. Min. Metallurg. Engrs. **200**, 616 (1954).

[3] B. G. LASAREW u. O. N. OWTSCHARENKO: Dokl. Akad. Nauk SSSR. **100**, 875 (1955).

[4] J. W. KAUFFMAN u. J. S. KOEHLER: Phys. Rev. **97**, 555 (1955).

Gesagten und der in Ziff. 31 zusammengefaßten Ergebnisse erscheint jedoch die Übereinstimmung der Summe dieser Aktivierungsenergien mit derjenigen der Selbstdiffusion, auf die sich Kauffman und Koehler vor allem stützen, als zufällig, zumal da die Analyse der Versuchsdaten nach Abschnitt α ergibt, daß es wohl nicht möglich war, beim Abschrecken von den höchsten verwendeten Temperaturen (900° C) die Leerstellen einigermaßen vollständig einzufrieren.

γ) *Legierungen mit Fernordnung.* Wie schon oben erwähnt, sind bis jetzt keine weiteren Abschreckexperimente an reinen Metallen veröffentlicht worden. Dagegen liegen verschiedene Untersuchungen an Legierungen vor (s. [39]), von denen wir diejenigen von Brinkman, Dixon und Meechan[1] an Cu_3Au näher besprechen wollen. Diese Autoren verfolgen an Hand von Widerstandsmessungen die Geschwindigkeit, mit der sich die Ordnung der aus dem ungeordneten Gebiet abgeschreckten Legierung einstellt. Sie beobachten eine Zunahme dieser Geschwindigkeit mit zunehmender Abschrecktemperatur T_a. Liegt T_a oberhalb von etwa 650°C, so wird die Einstellgeschwindigkeit von der Ausgangstemperatur unabhängig.

Diese Temperatur $T_e \approx 650°$ C entspricht etwa unserer obigen Abschätzung für die Einfrierbarkeit von Gitterlücken. Man hat somit wohl die gemessene Widerstandsverminderung nach Abschrecken und Anlassen bei etwa 150°C der allmählichen Einstellung der Ordnung durch diffundierende, in Nichtgleichgewichtskonzentration vorhandene Leerstellen zuzuschreiben. Eine genaue Ermittlung der Aktivierungsenergie für diese Leerstellendiffusion war wegen des komplizierten Verlaufs der kinetischen Kurven, der seinerseits durch den komplexen Mechanismus der Ordnungseinstellung bedingt ist, nicht möglich. Da jedoch auch Erholungstemperatur (hier etwa 150°C) und Aktivierungsenergie einen gewissen, in Gl. (27.2) benützten Zusammenhang haben, ist es möglich, durch Vergleich mit Erholungsexperimenten an Kupfer die zugehörige Aktivierungsenergie näherungsweise zu bestimmen (vgl. Tabelle 14).

δ) *Legierungen mit Nahordnung.* Es ist praktisch nicht möglich, durch Diffusionsmessungen (etwa mit radioaktiven Zusätzen) an abgeschreckten Legierungen Quantitatives über Zahl und Beweglichkeit eingefrorener Leerstellen zu erfahren. Der Grund hierfür ist, daß innerhalb der Zeit, in der Diffusionsmessungen durchgeführt werden können, die Leerstellen die Gleichgewichtskonzentration erreicht haben. Wie Le Claire[2] und Nowick[3] gezeigt haben, können jedoch im Falle von abgeschreckten Substitutions-Mischkristallen anelastische Messungen an die Stelle einer direkten Bestimmung des Diffusionskoeffizienten treten.

Es handelt sich um einen zuerst von Zener in α-Messing erkannten und später auch interpretierten[4] Relaxationseffekt, nämlich die sog. spannungsinduzierte Ausrichtung gelöster Atome. In Legierungen, in denen die Atome der Matrix und die gelösten Atome verschiedene Größe haben, ordnen sich letztere nach Zener unter der Wirkung einer äußeren Spannung mit Hilfe diffusionsartiger Bewegungen so in kristallographischen Vorzugsrichtungen an, daß der äußere Zwang möglichst gering wird. Beim Anlegen einer Wechselschubspannung geeigneter Frequenz gibt dies zu einer zusätzlichen Dämpfung Anlaß. Wie Le Claire und Mitarbeiter[5] gezeigt haben, ist es zutreffender und allgemeiner, diese Dämpfungserscheinung einer spannungsinduzierten Einstellung der *Nahordnung* zuzuschreiben. Sie sollte dementsprechend in allen festen Lösungen mit Nahordnung, d.h. also

---

[1] J. A. Brinkman, C. E. Dixon u. C. J. Meechan: Acta met. **2**, 38 (1954).

[2] A. D. Le Claire: Phil. Mag. **42**, 673 (1951).

[3] A. S. Nowick: Phys. Rev. **88**, 925 (1952).

[4] S. C. Zener: Elasticity and Anelasticity of Metals, S. 111 ff. Chicago: University of Chicago Press 1948.

[5] B. G. Childs u. A. D. Le Claire: Acta met. **2**, 718 (1954). — A. D. Le Claire u. W. Lomer: Acta met. **2**, 731 (1954). Siehe auch A. S. Nowick: Progr. Met. Phys. **4**, 1 (1953).

praktisch in allen hinreichend konzentrierten Substitutions-Mischkristallen auftreten. (Hat man eine allzu verdünnte feste Lösung vorliegen, so kann man keinen nennenswerten Grad von Nahordnung mehr erwarten.)

Ausführliche Untersuchungen mit dieser Methode liegen an abgeschreckten α-AgZn-Legierungen vor[1,2,3]. Auch hier wurde zunächst das allgemeine Resultat bestätigt, daß, wie zu erwarten, die Aktivierungsenergie für den Relaxationsvorgang etwa gleich derjenigen für die Volumdiffusion in der betreffenden Legierung ist[4]. Man hat dabei allerdings mit einer gewissen Differenz zwischen den beiden Aktivierungsenergien zu rechnen, die davon herrührt, daß nach Ausweis des KIRKENDALL-Effektes die beiden Partner einer kubisch-flächenzentrierten Substitutionslegierung ihre Gitterplätze verschieden schnell mit benachbarten Leerstellen tauschen (vgl. Ziff. 15). Für die makroskopisch gemessene Diffusionsgeschwindigkeit von Leerstellen ist deshalb bei einem großen Unterschied zwischen den partiellen Diffusionskoeffizienten der beiden Partner der größere maßgebend. Für die spannungsinduzierte Einstellung der Nahordnung, also für den hier zu betrachtenden Relaxationsvorgang, ist jedoch der kleinere der beiden partiellen Diffusionskoeffizienten entscheidend.

Die letzte Behauptung kann man mit einem von NOWICK[5] stammenden Argument folgendermaßen leicht einsehen: Wenn die Legierung hinreichend konzentriert ist, so hat fast jedes Atom der Sorte A, die den größeren partiellen Diffusionskoeffizienten haben soll, mindestens zwei A-Nachbarn, so daß die A-Atome vollständige Ketten innerhalb des Kristalls bilden. Da nach Voraussetzung die Leerstellen ihre Plätze viel häufiger mit A- als mit B-Atomen tauschen, spielt sich die Selbstdiffusion in der Legierung in erster Linie innerhalb der A-Ketten ab. Sie kann deshalb zur Einstellung oder Veränderung der Nahordnung nichts beitragen. Hierfür zählen nur die Platzwechsel, an denen auch B-Atome beteiligt sind.

Der eben diskutierte Unterschied in den Aktivierungsenergien, der bei α-Messing nicht merklich zu sein scheint (vgl. Fußnote 4), wurde von NOWICK und SLADEK[2] bei Ag—Zn in der Tat beobachtet. Sie finden eine Aktivierungsenergie $H_0 = (19,7 \pm 0,5)$ kcal/Mol für die Einstellung der Nahordnung und einen kleineren Wert von etwa $H_2 = 17$ kcal/Mol für das Abklingen der Überschußkonzentration der eingefrorenen Gitterlücken.

Für die Diskussion der Versuche an Ag—Zn verwenden wir die folgenden Bezeichnungen:

Wie in Ziff. 15 bezeichnen H_1 und S_1 die Aktivierungs-Energie und -Entropie für die Bildung von Leerstellen, H_2 und S_2 die entsprechenden Größen für deren Wanderung, wie sie sich in der Selbstdiffusion äußern. Die nach obigem hiervon etwas verschiedene Aktivierungs-Energie und -Entropie für diejenigen Platzwechsel der Leerstellen, die zur Einstellung der Ordnung unter der Wirkung der angelegten Spannung beitragen, werde H_0 und S_0 genannt. Die Meßtemperatur sei T, die Ausgangstemperatur für das Abschrecken sei T_a und die Temperatur, von der ab beim Abschrecken die thermische Fehlordnung eingefroren wird, sei T_e.

---

[1] A. S. NOWICK: Phys. Rev. **82**, 551 (1951).

[2] A. S. NOWICK u. R. J. SLADEK: Acta met. **1**, 131 (1953).

[3] A. E. ROSWELL u. A. S. NOWICK: Trans. Amer. Inst. Min. Metallurg. Engrs. **197**, 1259 (1953).

[4] Wegen eines Vergleichs der aus Dämpfungsmessungen und aus Diffusionsmessungen ermittelten Aktivierungsenergien für α-Messung verschiedener Zusammensetzung, der eine sehr gute Übereinstimmung liefert, siehe B. G. CHILDS u. A. D. LE CLAIRE: Acta met. **2**, 718 (1954).

[5] A. S. NOWICK: Progr. Met. Phys. **4**, 1 (1953).

Da die Einstellung der Nahordnung Platzwechsel von beiden Arten von Atomen nötig macht, erscheint es als eine brauchbare Annahme, die Relaxationszeit τ für die Einstellung der Nahordnung unter Spannung mit der mittleren Häufigkeit dieser Platzwechsel zu verknüpfen. Bezeichnet c die Konzentration der Gitterlücken und g die Koordinationszahl der nächsten Nachbarn im Gitter, so erhält man die Gleichung

$$\tau^{-1} = g\,\alpha\,\nu\,c\,\exp\left(\frac{S_0}{k}\right)\exp\left(-\frac{H_0}{kT}\right). \tag{27.3}$$

α ist ein Faktor von der Größenordnung 1, der sich nach Nowick[1] theoretisch zu etwa 0,4 ergibt, der aber aus geeigneten Diffusionsmessungen auch empirisch bestimmt werden kann[2].

Wären die Leerstellen in ihrer Gleichgewichtskonzentration $\bar{c}$ vorhanden, so würde natürlich

$$\bar{c} = e^{S_1/k} \cdot e^{-H_1/kT} \tag{27.4}$$

gelten. Ist die unmittelbar nach dem Abschrecken erhaltene Leerstellenkonzentration $c(0)$ groß gegen die Gleichgewichtskonzentration $\bar{c}$, so wird für das zeitliche Abklingen des Leerstellenüberschusses näherungsweise die Gleichung

$$c(t) = c(0) \cdot e^{-t/t_a} \tag{27.5}$$

gelten, wo t_a eine Abklingzeit und

$$c(0) = e^{S_1/k} \cdot e^{-H_1/kT_s} \tag{27.6}$$

ist. Für die Relaxationszeit gilt nach Gl. (27.3) und (27.5)

$$\tau = \tau(0) \cdot e^{t/t_a}, \tag{27.7}$$

$$\tau(0) = \tau_0(0)\,e^{H_0/kT}, \tag{27.8}$$

$$\tau_0(0) = \frac{1}{g\,\alpha\,\nu}\,e^{-(S_0 + S_1)/k} \cdot e^{H_1/kT_s}. \tag{27.9}$$

Aus der Temperaturabhängigkeit der sofort nach dem Abschrecken gemessenen Relaxationszeit $\tau(0)$ kann in der üblichen Weise H_0 und $\tau_0(0)$ ermittelt werden. Führt man Messungen bei so hohen Temperaturen aus, daß die Leerstellen im Gleichgewicht sind, so gilt gemäß Gl. (27.3) und (27.4)

$$\bar{\tau} = \bar{\tau}_0\,e^{H_r/kT} \tag{27.10}$$

mit

$$\bar{\tau}_0 = \frac{1}{g\,\alpha\,\nu}\,e^{-(S_0+S_1)/k}. \tag{27.11}$$

Unter diesen Bedingungen ist die Aktivierungsenergie des Relaxationsvorganges

$$H_r = H_0 + H_1. \tag{27.12}$$

Durch derartige Messungen bei verschiedenen Temperaturen kann man somit direkt H_r und $\bar{\tau}_0$ ermitteln. Kombiniert man diese Resultate mit der Messung von H_0 nach Gl. (27.8), so erhält man die Aktivierungsenergie H_1 für die Bildung von Gitterlücken. Durch Einsetzen plausibler Werte für α und ν ($\approx$ Debye-Frequenz ν_0) kann man aus Gl. (27.11)

$$S_r = S_0 + S_1 \tag{27.13}$$

und außerdem durch Kombination von Gl. (27.9) und (27.11) die Temperatur T_c bestimmen, die der eingefrorenen Konzentration der Leerstellen entspricht.

---

[1] A. S. Nowick: Phys. Rev. 88, 925 (1952).
[2] Siehe B. G. Childs u. A. D. Le Claire: Acta met. 2, 718 (1954).

Leider ist es nicht möglich, aus den bis jetzt geschilderten Messungen Werte für S_1 und S_0 allein zu erhalten. Wenn die ZENERsche Theorie der Aktivierungs-Entropien zutrifft, so müssen diese beiden Größen positiv sein. Als erste Näherung möge deshalb angenommen werden, daß

$$S_0 = S_1 = \tfrac{1}{2} S, \qquad (27.14)$$

sei. Unter dieser Annahme kann aus Gl. (27.6) die Konzentration $c(0)$ der eingefrorenen Leerstellen berechnet werden.

Bis jetzt haben wir nur die Informationen besprochen, die durch unmittelbar nach dem Abschrecken erfolgende Relaxationsmessungen gewonnen werden können. Es sei nun noch die Auswertung von Messungen während des Abklingens der eingefrorenen Überschußkonzentration von Gitterlücken diskutiert. Man kann annehmen, daß der *Mechanismus* dieser allmählichen Annäherung an die Gleichgewichtskonzentration unabhängig ist von der Temperatur, bei der er stattfindet. Lediglich die *Sprungfrequenz* der Leerstellen hängt von dieser Temperatur ab und zwar über die oben eingeführte Aktivierungsenergie H_2. Dies bedeutet, daß

$$t_a \sim \exp\left(\frac{H_2}{kT}\right) \qquad (27.15)$$

ist, oder, etwas allgemeiner und nicht an die spezielle Form von Gl. (27.5) gebunden, daß $c/c(0) = \tau(0)/\tau$ eine von T unabhängige Funktion der normierten Zeit

$$t' = t \, \exp\left[-\frac{H_2}{k}\left(\frac{1}{T} - \frac{1}{T_1}\right)\right] \qquad (27.16)$$

ist. Dabei bedeutet T_1 eine beliebig gewählte Bezugstemperatur. Bei den Versuchen an α-AgZn ist dies näherungsweise der Fall, wenn man $H_2 = H_0$ setzt. Man kann aber auch die hierbei sich zeigenden Abweichungen von einem einheitlichen Verlauf der Abklingkurven dazu benützen, um H_2 zu bestimmen. Man erhält den oben angegebenen Näherungswert $H_2 = 17$ kcal. Diesen Wert kann man wiederum dazu verwenden, die mittlere Lebensdauer der eingefrorenen Leerstellen abzuschätzen. Es ergibt sich, daß sie etwa 10^6 Platzwechsel ausführen müssen, bevor sie in einer Senke verschwinden können. Dies ist, wie ein Vergleich mit den Ausführungen in Abschnitt α zeigt, in gutem Einklang mit der in Ziff. 26 besprochenen Vorstellung, daß Versetzungslinien die Senken und Quellen für die Eigenfehlordnung bilden[1].

Die Richtigkeit der eben genannten Vorstellung konnte durch die folgende Versuchsführung noch erhärtet werden: Die Proben wurden bei Raumtemperatur 1% gedehnt und vor dem Abschrecken 30 sec bei 400° C geglüht. Diese Wärmebehandlung reicht aus, um die bei der Verformung erzeugte Eigenfehlordnung auf den Gleichgewichtswert abklingen zu lassen, ist aber kurz genug, um eine starke Erholung der Festigkeitseigenschaften, die von einer Auflösung der bei der Verformung entstandenen Versetzungslinien herrühren würde, zu vermeiden. In der Tat ergibt sich, daß $\tau(0)$ als Maß für die Zahl der eingefrorenen Leerstellen durch diese Vorbehandlung nicht beeinflußt wird, während die Einstellung des Gleichgewichts viel rascher als ohne Vorverformung erfolgt.

---

[1] Es erscheint zunächst überraschend, daß man experimentell, einer Annihilation der Leerstellen an Versetzungen entsprechend, 10^6 Platzwechsel beobachtet. Da die Konzentration der eingefrorenen Leerstellen 10^{-3} bis 10^{-4} ist, beträgt der mittlere Abstand zwischen ihnen nur rund 10 Atomabstände. Daß sich diese Leerstellen nicht sofort zusammenlagern, um als Paare viel rascher diffundieren zu können, liegt wohl daran, daß die Kraft zwischen Leerstellen eine sehr kleine, diejenige zwischen Versetzungen und Leerstellen dagegen eine große Reichweite hat (s. Ziff. 8 und 62).

In Tabelle 13 sind die Meßresultate, die abgeleiteten Größen, sowie die für die Auswertung der Messungen benützten Annahmen zusammengestellt. Es wurde dabei angenommen, daß — was nur annäherungsweise zutrifft — Aktivierungs-Energien und Aktivierungs-Entropien nicht von der Temperatur abhängen.

Es zeigt sich, daß auch bei dieser Legierung, wie wir schon oben an den reinen Metallen Au und Cu gefunden haben, die Aktivierungsenergie für die *Bildung* von Leerstellen beträchtlich kleiner ist als jene für die *Wanderung* der Gitterlücken. Der in Tabelle 13 angegebene Wert von $c(0)$ erscheint als verhältnismäßig groß,

Tabelle 13. *Auswertung der anelastischen Messung von* Nowick *und* Sladek [Acta met. **1**, 131 (1953)] *an einer 70 Ag/30 Zn Legierung.*

Messung bei hohen Temperaturen (Gleichgewicht)	$H_r = 31{,}5$ kcal/Mol $= 1{,}4$ eV	Log $(\bar{\tau}_0/\text{sec}) = -14.30$
Messung im abgeschreckten Zustand	$H_0 = 19{,}7$ kcal/Mol $= 0{,}85$ eV $H_2 \sim 17$ kcal/Mol $= 0{,}7$ eV	Log $(\tau_0(0)/\text{sec}) = -10.48$
Direkt abgeleitete Größen	$H_1 = 11{,}8$ kcal/Mol $= 0{,}51$ eV	$T_e = 365°$ C
Annahmen für die weitere Auswertung	$\alpha = 0{,}4$; $\nu = 4 \cdot 10^{12}$ sec^{-1}; $S_1 = S_0 = \tfrac{1}{2} S_r$	
Weitere abgeleitete Größen	$S_r/k = 2{,}3$ $\quad c(0) = 5 \cdot 10^{-4}$	

doch hat man zu bedenken, daß der gegebene Wert durch die Annahmen über α und die Aufteilung von S_r in S_0 und S_1 stark beeinflußt wird und deshalb wesentlich höher als der wirkliche Wert liegen kann.

28. Erholung nach Kaltverformung. Die theoretischen Arbeiten zur Kristallplastizität haben ergeben, daß durch Kaltverformung sehr verschiedenartige Gitterfehler in ein kristallines Material eingeführt werden. Die Untersuchung dieser Gitterfehler ist in zweifacher Hinsicht von Interesse: Sie vermag erstens Aufschluß zu geben über deren Natur und Eigenschaften, und sie kann zweitens zu einem genaueren Verständnis der Vorgänge bei der plastischen Verformung von Kristallen beitragen.

Die zweckmäßigste Methode zur experimentellen Untersuchung dieser Fehlstellen ist die Messung der Erholung möglichst vieler Materialeigenschaften, die bei der plastischen Verformung eine Veränderung erlitten haben, verbunden mit kalorimetrischen Bestimmungen der bei jeder einzelnen Erholungsstufe freiwerdenden inneren Energie. Dieses Programm ist bis jetzt in einigem Umfange an einheitlichem Material nur von Boas[1] und Mitarbeitern[2,3] durchgeführt worden und zwar an vielkristallinem Kupfer und Nickel. Fig. 35 und 36 geben die mit einer Differentialmethode gemessene Wärmeentwicklung bei einer Aufheizgeschwindigkeit der Proben im Thermostaten von 6° C/min und außerdem die Resultate von Härtemessungen sowie von Bestimmungen des elektrischen Widerstandes wieder. Durch röntgenographische Messungen wurde festgestellt, daß während der verstärkten Wärmeabgabe bei 600° C im Falle von Ni und bei 300° C im Falle von Cu das Material rekristallisiert hat, so daß die Änderung von Härte und elektrischer Leitfähigkeit in diesen Bereichen nicht überraschend ist.

[1] W. Boas: [*13*], S. 212.
[2] L. M. Clarebrough, M. E. Hargreaves, D. Mitchell u. G. W. West: Proc. Roy. Soc. Lond., Ser. A **215**, 507 (1952).
[3] L. M. Clarebrough, M. E. Hargreaves u. G. W. West: Phil. Mag. **44**, 913 (1953).

Außerdem liegen noch Dichtebestimmungen vor; in den in Fig. 35 und 36 gezeichneten Fällen ergab sich in jedem der drei Temperaturbereiche verstärkter Wärmeabgabe eine relative Dichtezunahme um $^1/_{4000}$, so daß die gesamte relative Dichteänderung bei Ni $^1/_{2000}$, bei Cu $^1/_{4000}$ betrug.

Aus der Tatsache, daß bei Ni die erste Abnahme des elektrischen Widerstandes beim Aufheizen ohne eine gleichzeitige Abnahme der Härte stattfindet, hat man zu schließen, daß bei diesem Erholungsvorgang die Zahl der Versetzungen praktisch unverändert bleibt und daß sein wesentliches Kennzeichen eine Verminderung der Eigenfehlordnung ist.

BOAS[1] nimmt an, daß in dieser Stufe der durch die Verformung geschaffene Überschuß an Gitterlücken verschwindet. Aktivierungsenergie für den betreffenden Vorgang (aus der Verschiebung des Maximums der Aufheizkurve mit der

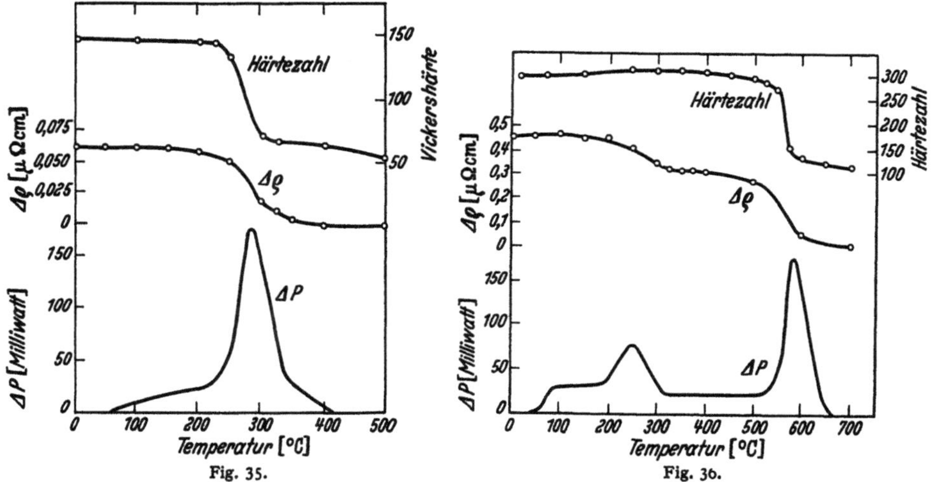

Fig. 35. VICKERS-Härte, Unterschied $\Delta\varrho$ des spezifischen elektrischen Widerstands zwischen verformter und unverformter Probe sowie Unterschied in der Leistungsabgabe ΔP von verformter und unverformter Probe bei tordierten Kupferproben.

Fig. 36. Die in Fig. 35 angegebenen Meßdaten, jedoch für tordierte Nickelproben.

Aufheizgeschwindigkeit ermittelt) sowie freiwerdende Wärmemenge, Widerstandsänderung und Dichteänderung sind damit im Einklang. Für die Widerstandsänderung durch Gitterlücken ergibt sich z.B. nach dieser Deutung rund 5 μΩ cm/% Leerstellen, was in Anbetracht der in Ziff. 17 gefundenen Werte für die Edelmetalle, die ja bei Raumtemperatur die 3- bis 5fache Leitfähigkeit von Ni haben, recht plausibel ist.

Da sich bei der Rekristallisation das gesamte Gefüge ändert, sind die eben besprochenen Widerstandsmessungen nicht geeignet, um bindende Schlüsse über den Beitrag der bei der Verformung entstandenen Versetzungen zur Widerstandsänderung zu ziehen. Es stehen zwar theoretische Werte für den elektrischen Widerstand von Versetzungen zur Verfügung; da jedoch über das zahlenmäßige Verhältnis von Versetzungslänge zu Leerstellenanzahl in verformten Metallen zunächst nichts bekannt ist, kann man auf rein theoretischem Wege die angeschnittene Frage nicht entscheiden. Die Theorie liefert indessen das Ergebnis (s. Ziff. 81), daß die Widerstandsänderung durch eine Versetzungslinie sehr stark anisotrop ist. Sie ist Null parallel zur Versetzungslinie und ein Maximum

---

[1] W. BOAS: [13], S. 212. Wegen Einzelheiten siehe J. F. NICHOLAS: Phil. Mag. **46**, 87 (1955) sowie Ziff. 31γ.

senkrecht zur Versetzungslinie. Wäre der elektrische Zusatzwiderstand eines verformten Metalles überwiegend durch Versetzungen bestimmt, so müßte sich diese Anisotropie bei geeigneter Versuchsführung an Einkristallen nachweisen lassen. Versuche an Al-Einkristallen, die bei der Temperatur des flüssigen Heliums verformt wurden, haben jedoch innerhalb der Meßgenauigkeit keine Anisotropie des elektrischen Widerstandes ergeben[1]. Aus diesem Befund und aus dem Erholungsverhalten des elektrischen Widerstands und der Fließspannung[1] kann man schließen, daß der überwiegende Teil der Widerstandsänderung bei plastischer Verformung von Al nicht von Versetzungen (oder Stapelfehlern) herrühren kann, sondern von Leerstellen, Zwischengitteratomen, Leerstellenassoziationen usw. herrühren muß. Wegen der Verhältnisse bei verformtem Kupfer, bei dem fast die Hälfte der gesamten Widerstandsänderung von Versetzungen (und Stapelfehlern) herrühren kann, vergleiche man den Artikel Kristallplastizität in Teil II dieses Bandes, insbesondere Ziff. 21.

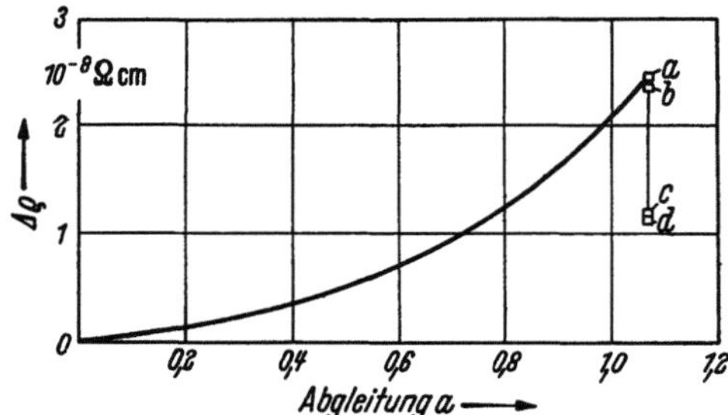

Fig. 37. Änderung $\Delta \varrho$ des spezifischen elektrischen Widerstands eines bei 4,2° K zugverformten Kupfereinkristalles. *a* gibt den erreichten Endwert bei 4,2° K, *b* den nach 16 Std Anlassen auf 78° K erhaltenen Widerstandswert an. *c* und *d* bezeichnen die Widerstandswerte nach 16 Std bzw. 40 Std Anlassen bei 300° K. Alle Widerstandsmessungen bei 4,2° K.

Über die Widerstandsänderung und ihre Erholung in plastisch verformten Metallen liegt ein sehr ausgedehntes Versuchsmaterial vor, das in [*39*] und unter spezieller Berücksichtigung des Kupfers von van Bueren[2] zusammengestellt worden ist. Untersuchungen über die Erholung von Härte, elektrischem Widerstand und Thermokraft oberhalb der Raumtemperatur bei zahlreichen verformten Edelmetallen und Übergangsmetallen sowie bei einigen ihrer Legierungen haben Tammann und Mitarbeiter[3-6] angestellt. Sie ergaben in vielen Fällen eine ziemlich starke Beeinflußbarkeit der Erholungseigenschaften durch Zulegierungen.

Fast alle bis jetzt vorliegenden Untersuchungen über die Änderungen und Erholbarkeit des elektrischen Widerstandes von Metallen beziehen sich auf Vielkristalle, was einen quantitativen Vergleich mit den theoretischen Überlegungen zum Verformungsmechanismus (vgl. den Artikel über Kristallplastizität in diesem Band) sehr erschwert. Über einige Ergebnisse einer an Kupfer-Einkristallen durchgeführten Arbeit[7] werden wir unten kurz berichten. Es ist jedoch zu erwähnen, daß die Widerstandsänderung, als Funktion der Verformung aufgetragen, bei Vielkristallen etwa 10mal größer ist als bei Einkristallen. Betrachtet man sie jedoch bei einer bestimmten Spannung, so ist die Widerstandsänderung bei Vielkristallen rund 10mal kleiner als bei Einkristallen. Das hieraus folgende Resultat, daß der Unterschied zwischen Ein- und Vielkristallen wegfällt, wenn man die Widerstandsänderung als Funktion des Produkts Spannung mal Dehnung aufträgt, ist ein Ausdruck der Tatsache, daß die Zahl der bei der Verformung erzeugten Fehlstellen und damit auch die durch sie hervorgerufene Widerstandsänderung durch die Verformungsarbeit bestimmt ist.

[1] A. Sosin u. J. S. Koehler: Phys. Rev. **94**, 1422 (1954).
[2] H. G. van Bueren: Z. Metallkde. **46**, 272 (1955).
[3] G. Tammann u. K. L. Dreyer: Ann. Phys., Lpz. **16**, 111, 657 (1933).
[4] G. Tammann u. G. Bandel: Ann. Phys., Lpz. **16**, 120 (1933).
[5] G. Tammann u. G. Moritz: Ann. Phys., Lpz. **16**, 667 (1933).
[6] G. Tammann u. V. Caglioti: Ann. Phys., Lpz. **16**, 680 (1933).
[7] T. H. Blewitt, R. R. Coltman u. J. K. Redman: [*13*], S. 369.

Fig. 37 gibt die Änderung des elektrischen Widerstandes für einen bei der Temperatur des flüssigen Heliums verformten Kupfer-Einkristall sowie das Ergebnis von Erholungsmessungen an[1]. Das für unsere spätere Diskussion (Ziff. 29) wesentliche Ergebnis ist, daß sich der elektrische Zusatzwiderstand nach dem Anlassen auf 78° K innerhalb der Meßgenauigkeit nicht geändert hat, daß er jedoch bei weiterem Anlassen auf 300° K sich um mehr als die Hälfte erholt, während sich die Verfestigung bei diesen Temperaturen noch als unverändert erweist.

29. Zusammenstellung und Deutung von Erholungsdaten für Cu und Cu_3Au. In Tabelle 14 sind die gemessenen Aktivierungsenergien und — da diese nicht immer bekannt sind — die Temperaturintervalle der einzelnen Erholungsstufen, für die Erholung der durch plastische Verformung oder Bestrahlung mit Teilchenstrahlen in Kupfer hervorgerufenen Änderungen des elektrischen Widerstandes eingetragen. Leider sind keine Abschreckversuche an Kupfer veröffentlicht, so daß wir für diese Vorbehandlung keine Daten angeben können.

Tabelle 14 enthält außerdem die über die Erholung von Widerstandsänderungen von bestrahltem oder abgeschrecktem Cu_3Au veröffentlichten Resultate. Es liegen auch experimentelle Daten[2] über Cu_3Au-Proben vor, welche nach dem Abschrecken plastisch verformt wurden. Da sich aber diese Ergebnisse kaum von den an bestrahlten Cu_3Au-Proben gemessenen[2] unterscheiden, sind sie nicht aufgenommen worden. Wie schon in Ziff. 24 ausgeführt worden war, besteht eine so große Ähnlichkeit zwischen dem bei „reinem" Kupfer und bei Cu_3Au-Legierungen beobachteten Erholungsverhalten, daß es gerechtfertigt und zweckmäßig erscheint, diese beiden Stoffe zusammen zu betrachten.

In Tabelle 14 sind die experimentell gefundenen Werte in 5 Gruppen eingeteilt. Auf die Existenz einzelner dieser Erholungsstufen ist schon von verschiedenen Autoren hingewiesen worden. Das Verdienst, erkannt zu haben, daß sich die Gesamtheit der Resultate in diese 5 Stufen einordnet, kommt VAN BUEREN[3] zu. Tabelle 14 stellt ebenso wie Fig. 38 eine erweiterte und ergänzte Form einer von ihm gegebenen Zusammenstellung der Meßwerte dar. Wir besprechen nunmehr die einzelnen Stufen und ihre mutmaßliche Deutung.

Stufe I. Diese Stufe mit einem Erholungsintervall zwischen 35° K und 45° K und somit wohl mit einer Aktivierungsenergie von der Größenordnung 0,1 eV wurde nur ein einziges Mal beobachtet und zwar bei einem Bestrahlungsexperiment. Dies ist dadurch bedingt, daß bei den übrigen in Tabelle 14 verwerteten Bestrahlungsarbeiten nur Temperaturen oberhalb derjenigen der flüssigen Luft untersucht werden konnten. Da jedoch die Untersuchung der bei 4,2° K verformten Kupfer-Einkristalle keine Erholung zwischen 4,2° K und 78° K ergab (vgl. Ziff. 28), hat man Stufe I als typisch für Kristalle anzusehen, welche mit schweren Teilchen (nicht Elektronen[4]) bestrahlt worden sind. Wir schreiben die mit ihr verbundene Aktivierungsenergie von etwa 0,1 eV der Umordnung von Mikrokriställchen innerhalb von Schmelzzonen zu. Zugunsten dieser Auffassung ist vor allem anzuführen, daß Aktivierungsenergien derselben Größenordnung beim Anlassen von Metallfilmen beobachtet werden[5], welche auf eine auf der Temperatur des flüssigen Heliums gehaltene Unterlage aufgedampft worden sind, und

---

[1] T. H. BLEWITT, R. R. COLTMAN u. J. K. REDMAN: [13], S. 369.
[2] R. A. DUGDALE u. A. GREEN: Phil. Mag. **45**, 163 (1954).
[3] H. G. VAN BUEREN: Z. Metallkde. **46**, 272 (1955).
[4] Über Stufe I liegen keine Beobachtungen an *elektronen*bestrahlten Metallen vor. Die experimentellen Ergebnisse von H. Y. FAN u. K. LARK-HOROVITZ [13], S. 232, zeigen, daß das Erholungsverhalten von Germanium bei 90° K nach Deuteronenbestrahlung und nach Elektronenbestrahlung verschieden ist.
[5] Siehe S. 439.

Tabelle 14. *Zusammenstellung der Aktivierungsenergien Q bzw. Temperaturintervalle T für die verschiedenen Erholungsstufen von Cu und Cu_3Au nach Bestrahlung, plastischer Verformung und Abschreckung.* α gibt die Erholung des Widerstandes für jede Erholungsstufe in Prozenten der gesamten Änderung an. Beim Vergleich der α-Werte verschiedener Untersuchungen hat man zu beachten, daß die Ausgangstemperatur verschieden sein kann.

Autoren	Bemerkungen über Versuchs-bedingungen usw.	Stufe I			Stufe II			Stufe III			Stufe IV			Stufe V		
		T [°K]	Q [eV]	α [%]	T [°K]	Q [eV]	α [%]	T [°K]	Q [eV]	α [%]	T [°K]	Q [eV]	α [%]	T [°K]	Q [eV]	α [%]
Bestrahlung von Cu (vgl. Ziff. 24).																
COOPER, KOEHLER und MARX[1]	Bestrahlung bei 12° K 12 MeV-Deuteronen 10^{17} Deuteronen/cm²	35 bis 45		40	45 bis 220		25	220 bis 255		20						
OVERHAUSER[2]	Bestrahlung bei ~90° K 12 MeV-Deuteronen 10^{17} Deuteronen/cm²	nicht untersucht			90 bis 220	<0,54	50	~240	0,68	25	nur sehr schwach		~4	>440		21
MARX, COOPER und HENDERSON[3]	Bestrahlung bei ~130° K 12 MeV-Deuteronen ~10^{17} Deuteronen/cm²	nicht untersucht			<190	~0,2				~20						
EGGLESTON[4]	Bestrahlung bei ≦120° K 35 MeV-α-Teilchen $13 \cdot 10^{-6}$ Amp-Std/cm²	nicht untersucht			<210		25	210 bis 270	0,72	~45	nur sehr schwach		~4	520 bis 570	2,12	25
McREYNOLDS, AUGUSTYNIAK, McKEOWN und ROSENBLATT[5]	Bestrahlung bei 80 bis 120° K $1,3 \cdot 10^{19}$ Neutronen/cm²	nicht untersucht						210 bis 270	~0,6	65	270 bis 570	wohl teil-weise Stu-fe V zu-zurechnen		570 bis 670	2,0	
Bestrahlung von Cu_3Au (vgl. Ziff. 24).																
BRINKMAN, DIXON und MEECHAN[6]	Bestrahlung bei ≦170° K 9 MeV-Protonen $5 \cdot 10^{17}$ Protonen/cm²	nicht untersucht			nicht untersucht			210 bis 270		92	270 bis 400		<8			
DUGDALE und GREEN[7]	Bestrahlung bei ≦313° K 0,5 und 1 MeV-Elektronen 10^{17} Elektronen/cm²	nicht untersucht			nicht untersucht			nicht untersucht			340 bis 400	0,9 (?)				

Kaltverformung von Cu (vgl. Ziff. 28).

Beobachter	Art der Verformung													
MANINTVELD[8]	leichte Verformung von Vielkristallen bei 90° K	nicht untersucht	140 bis 210	0,2	18	240 bis 310	0,88	18						
MANINTVELD[9]	starke Verformung von Vielkristallen bei 90° K	nicht untersucht	$\lesssim 200$	0,25	25	220 bis 270	0,82	25						
EGGLESTON[10]	starke Verformung von Vielkristallen bei 4° K	nicht untersucht	130 bis 200	0,38 bis 0,5	25	210 bis 280	0,59 bis 0,76	25						
BOWEN, EGGLESTON und KROPSCHOT[11,6]	starke Verformung von Vielkristallen bei Raumtemperatur								370 bis 520	1,19	65			
SMART, SMITH und PHILLIPS[12]	starke Verformung von Vielkristallen bei Raumtemperatur								370 bis 520	1,1				
TAMMANN und DREYER[13]	bei Raumtemperatur gewalzte Drähte								370 bis 470			tritt auf, wenn Cu gewisse Zusätze enthält		
BOAS[14]	Torsion von Vielkristallen bei Raumtemperatur								400 bis 500		20	500 bis 610		80
BLEWITT, COLTMAN und REDMAN[15]	Verformung von Einkristallen bei 4,2° K	nicht gefunden	Widerstandsabnahme in beiden Stufen zusammen etwa 60%											

Abschrecken von Cu₃Au (vgl. Ziff. 27).

Beobachter	Art der Verformung													
BRINKMAN, DIXON und MEECHAN[6]	Einstellung der Ordnung nach Abschrecken aus dem ungeordneten Gebiet								370 bis 480					
DUGDALE GREEN[7]	Einstellung der Ordnung nach Abschrecken aus dem ungeordneten Gebiet								340 bis 400	0,9 (?)				

die wohl aus zahlreichen kleinen Kristallbereichen bestehen. Der außerordentlich große Fehlstellengehalt derartiger Schichten konnte im Falle von KJ experimentell demonstriert werden[1].

Bei dieser Deutung erwartet man einen Erholungs*bereich*, wie er von Cooper, Koehler und Marx bei Au gefunden wurde, während der *scharfe Abfall* des Widerstandes beim Anlassen, wie er bei Cu zusätzlich beobachtet wird, nicht recht verständlich ist. Die bei Cu auftretende, offenbar wohldefinierte Aktivierungsenergie könnte von der Rekombination sehr nahe benachbarter Frenkel-Paare herrühren (H. B. Huntington, private Mitteilung). Bei Bestrahlung entstehen solche Paare in verhältnismäßig großer Zahl, bei welchen gerade etwa die kritische Energie E_d (Ziff. 23) übertragen wurde. Die Separation der Leerstellen und Zwischengitteratome und damit auch die Aktivierungsenergie für die Rekombination derartiger bei tiefen Temperaturen „gerade noch" stabilen Paare können selbst bei chemisch ähnlichen Metallen durchaus verschieden sein. Dadurch werden die oben erwähnten, auf den ersten Blick sehr überraschenden Unterschiede zwischen Cu und Au verständlich.

Stufe II. Diese Stufe, die ein ziemlich breites Erholungsintervall von etwa 100° K bis 200° K und Aktivierungsenergien zwischen 0,2 eV und 0,5 eV zeigt, tritt sowohl an bestrahlten wie an verformten Proben auf. Der Höhe der Aktivierungsenergien nach könnte man sie entweder mit der Wanderung von Leerstellenpaaren oder größeren Leerstellenagglomeraten oder mit der Wanderung von Zwischengitteratomen in Verbindung bringen. Verschiedene Nebenumstände sprechen jedoch eindeutig für die erste und gegen die zweite Interpretation. Es ist hier zunächst anzuführen, daß die oben angegebene Streuung der Aktivierungs-Energien tatsächlich reell zu sein scheint[2]. Bei der Wanderung von Zwischengitteratomen wäre dies schwer zu verstehen, während sie sich bei der von uns bevorzugten Deutung leicht als eine Abhängigkeit der Wanderungsenergie eines Leerstellen-Agglomerats von seiner Form und Größe erklärt. Eine Aktivierungs-Energie von ähnlicher Größe, nämlich von $(0,4 \pm 0,14)$ eV wurde bei Abschreckungsversuchen an Gold gefunden (vgl. Ziff. 27β). Sie ist ziemlich sicher assoziierten Leerstellen zuzuschreiben. Eine andere Deutung ist für diesen Meßwert wohl kaum möglich, da die Energie für die Wanderung einzelner Gitterlücken in Gold wesentlich höher liegen muß (s. unten) und Zwischengitteratome bei den Edelmetallen wohl kaum in meßbarer Anzahl im thermischen Gleichgewicht gebildet und somit auch nicht durch Abschrecken eingefroren werden können.

---

[1] F. Fischer: Z. Physik **139**, 328 (1954).

[2] Vgl. z.B. die allmähliche Abnahme des elektrischen Widerstands beim Anlassen von bestrahlten Edelmetallen bei H. G. Cooper, J. S. Koehler u. J. W. Marx: Phys. Rev. **97**, 599 (1955).

Literaturangaben zu Tabelle 14.

[1] H. G. Cooper, J. S. Koehler u. J. W. Marx: Phys. Rev. **94**, 496 (1954); **97**, 599 (1955).
[2] A. W. Overhauser: Phys. Rev. **90**, 393 (1953).
[3] J. W. Marx, H. G. Cooper u. J. W. Henderson: Phys. Rev. **88**, 106 (1952).
[4] R. E. Eggleston: Acta met. **1**, 679 (1953).
[5] A. W. McReynolds, W. Augustyniak, M. McKeown u. D. B. Rosenblatt: Phys. Rev. **94**, 1417 (1954); **98**, 418 (1955).
[6] J. A. Brinkman, C. E. Dixon u. C. J. Meechan: Acta met. **2**, 38 (1954).
[7] R. A. Dugdale u. A. Green: Phil. Mag. **45**, 163 (1954).
[8] J. A. Manintveld: Nature, Lond. **169**, 623 (1952).
[9] J. A. Manintveld: Diss. Delft 1954. Zit. nach van Bueren[16], sowie [*39*].
[10] R. R. Eggleston: J. Appl. Phys. **23**, 1400 (1952).
[11] D. Bowen, R. R. Eggleston u. R. H. Kropschot: J. Appl. Phys. **23**, 630 (1952).
[12] J. S. Smart, A. A. Smith u. A. J. Phillips: Trans. Amer. Inst. Min. Metallurg. Engrs. **143**, 272 (1941). Siehe auch [*39*], S. 65f.
[13] G. Tammann u. K. L. Dreyer: Ann. Phys., Lpz. **16**, 111, 657 (1933).
[14] W. Boas: [*13*], S. 212.
[15] T. H. Blewitt, R. R. Coltman, and J. K. Redman: [*13*] S. 369.
[16] H. G. van Bueren: Z. Metallkde. **46**, 272 (1955).

Der durch Bestrahlung mit 20 MeV-Deuteronen herabgesetzte Schubmodul von Kupfer erholt sich in dem Intervall der Stufe II zu rund einem Drittel[1], was mit der Deutung, daß in diesem Temperaturbereich Leerstellen-Agglomerate zu wandern beginnen und dann durch Verschwinden in Senken den elektrischen Widerstand herabsetzen, verträglich ist. Man hat jedoch bei der Interpretation von Veränderungen des Schubmoduls von bestrahlten Materialien deswegen Vorsicht walten zu lassen, weil die Bewegung von Versetzungslinien unter der Wirkung einer äußeren Schubspannung eine Erniedrigung des Schubmoduls vortäuschen kann. Bei Bestrahlung kann die Zahl der FRENKEL-Fehlstellen im Verhältnis der Zahl der Versetzungen so stark anwachsen, daß letztere durch die Anlagerung von atomaren Fehlstellen in ihrer Umgebung blockiert und ihrer

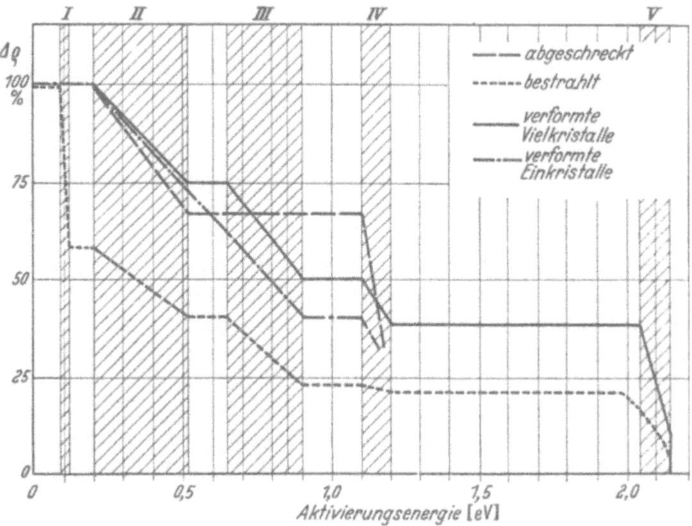

Fig. 38. Schematische Darstellung der Erholung der Änderung $\Delta\varrho$ des spezifischen elektrischen Widerstands von Kupfer nach Kaltverformung, Bestrahlung und Abschrecken in fünf Erholungsstufen I bis V.

Bewegungsmöglichkeiten beraubt werden. In einem solchen Falle darf man dann nicht mehr folgern, daß die Erhöhung des Moduls durch das *Verschwinden* einer Fehlstellenart bedingt war, welche den Schubmodul herabgesetzt hatte.

Die Deutung des zur Stufe II gehörenden Spektrums von Aktivierungs-Energien durch die Bewegung von Leerstellen-Agglomeraten macht folgende, in [46] erwähnte Beobachtung von T. H. BLEWITT verständlich: Kupfer-Einkristalle, die bei tiefen Temperaturen einer verhältnismäßig leichten, etwa 10^{15} Deuteronen je cm² äquivalenten Neutronenbestrahlung ausgesetzt wurden, zeigen das zu Stufe II gehörende Spektrum von Aktivierungsenergien bei der Erholung der elektrischen Leitfähigkeit *nicht*. Außerdem findet sich in diesem Falle auch keine Bestrahlungserholung („radiation annealing"), worunter man das in Fig. 25 dargestellte Abbiegen der Widerstandskurve bei sehr kleinen Bestrahlungsstärken sowie die in Ziff. 24β erwähnte Abhängigkeit der Widerstandsänderung von der Temperatur der Bestrahlung selbst bei Temperaturen von der Größenordnung 15° K versteht. Dieses Ergebnis ist so zu deuten, daß bei der Bestrahlung zunächst neben Schmelzzonen und Zwischengitteratomen nur einzelne Leerstellen gebildet werden. Erst mit zunehmender Zahl der erzeugten FRENKEL-Fehlstellen finden sich Gitterlücken zu Agglomeraten zusammen und bewirken damit

---

[1] H. DIECKAMP u. E. C. CRITTENDEN: Phys. Rev. **94**, 1418 (1954).

nach Ziff. 17 einen verlangsamten Anstieg des elektrischen Widerstandes mit zunehmender Bestrahlung.

Stufe III. Als Alternative zu der für Stufe II gegebenen Deutung hat man die hier gemessene Aktivierungsenergie von rund 0,72 eV der Wanderung von Zwischengitteratomen und die damit verbundene Abnahme des elektrischen Widerstandes der Annihilation von Zwischengitteratomen zuzuschreiben. Entsprechend der in Ziff. 24γ gegebenen Diskussion erfolgt diese Annihilation teilweise mit den bei den fraglichen Temperaturen praktisch unbeweglichen Gitterlücken und teilweise an Versetzungen, Korngrenzen oder Schmelzzonen.

Für diese Deutung gibt es neben den mit Stufe II zusammenhängenden auch noch direkte Argumente. Eines davon ist in Ziff. 24γ bereits ausführlich diskutiert worden: Die Erholungsstufe III führt nicht zur Vergrößerung der Ordnung in einer bestrahlten, ferngeordneten Cu₃Au-Legierung (Tabelle 12) und kann deswegen nicht mit Leerstellen, sondern höchstens mit Zwischengitteratomen zusammenhängen. Auch bei Abschreckversuchen an Cu₃Au (s. die Diskussion der Stufe IV) fand sich keine Andeutung dieses Erholungsintervalls.

Da der Hauptteil der Zwischengitteratome durch Rekombination mit Gitterlücken verschwindet und diese bei Bestrahlung in größenordnungsmäßig gleicher Anzahl wie die Zwischengitteratome gebildet wurden, sollte in dieser Stufe der Widerstand im Laufe der Zeit nach Maßgabe einer Reaktion zweiter Ordnung abnehmen. Wie Overhauser[1] gezeigt hat, ist dies in der Tat der Fall. Schließlich ist noch zu erwähnen, daß nach plastischer Verformung bei tiefen Temperaturen beim Anlassen im allgemeinen der Schubmodul zunimmt, sich aber bei Cu gerade im Temperaturintervall um 200°K (bei Al bei etwa 150°K) verkleinert[2]. Da die obigen Bemerkungen über eine etwaige Blockierung der Versetzungen wegen deren großen Anzahl hier nicht anwendbar sind, ist dieser Effekt am einfachsten durch das Verschwinden von Zwischengitteratomen zu erklären.

Overhauser[3] hat das Verhältnis zwischen der in Stufe III freiwerdenden Energie ΔE und der Widerstandsabnahme $\Delta \varrho$ zu

$$\frac{\Delta E}{\Delta \varrho} = 1{,}7 \cdot 10^6 \ \frac{\text{cal/Gramm}}{\Omega\,\text{cm}} \tag{29.1}$$

gemessen. Legt man für die Bildungsenergie einer Leerstelle den experimentellen Wert 0,9 eV (Ziff. 11β) und für die Bildungsenergie eines Zwischengitteratoms den theoretischen Wert 3,4 eV (Ziff. 10γ) zugrunde, so erhält man einen elektrischen Widerstand der Frenkel-Fehlstellen von

$$\Delta \varrho = 9{,}2\,\mu\Omega\,\text{cm}, \tag{29.2}$$

während der theoretische Wert nach Ziff. 17 und 18

$$\Delta \varrho \approx 6{,}3\,\mu\Omega\,\text{cm} \tag{29.3}$$

beträgt. Die nicht sehr große Diskrepanz zwischen dem experimentellen und dem theoretischen Wert kann einerseits von der Ungenauigkeit des heute bekannten Werts für den effektiven Streuquerschnitt eines Zwischengitteratoms (Ziff. 18) herrühren, andererseits aber auch dadurch bedingt sein, daß die oben gemachte Annahme einer vollständigen Rekombination der Zwischengitteratome mit Leerstellen nicht zutrifft. Es ist z.B. denkbar, daß sich ein Teil der Zwischengitteratome als plattenförmige Einlagerung ausscheidet. (Eine Annihilation der Zwischengitteratome an Versetzungen würde das Verhältnis $\Delta E/\Delta \varrho$ nicht merklich ändern.)

Stufe IV. Diese Stufe mit einem Erholungsintervall bei etwa 100°C wird vor allem in abgeschreckten und verformten Proben beobachtet. In bestrahlten Proben tritt sie entweder gar nicht oder nur sehr schwach auf. Dies hat eine Reihe

<hr>

[1] A. W. Overhauser: Phys. Rev. **90**, 393 (1953).
[2] E. C. Crittenden jr. u. H. Dieckamp: Phys. Rev. **91**, 232 (1953).
[3] A. W. Overhauser: Phys. Rev. **94**, 1551 (1954).

von Autoren zu dem Schluß geführt, daß der sich in dieser Stufe in Kupfer mit einer Aktivierungsenergie von rund 1,2 eV abspielende Vorgang in irgend einer Weise mit einer vermehrten Versetzungsdichte verknüpft sein muß, die bei den abgeschreckten Proben mit den Abschreckspannungen zusammenhängen könnte. Es ist jedoch recht unwahrscheinlich, daß beim Abschrecken der zur Untersuchung verwendeten, meist sehr dünnen Proben, ein so starkes plastisches Fließen aufgetreten ist, daß merkliche Effekte infolge einer Vergrößerung der Versetzungsdichte auftreten konnten.

Die Aktivierungsenergie dieser Stufe ist am genauesten von BRINKMAN, DIXON und MEECHAN[1] durch eine sorgfältige Analyse der Erholungsisothermen des Widerstandes von verformten Kupferdrähten und von BOWEN, EGGLESTON und KROPSCHOT[2] bestimmt worden. Sie ergab sich zu $(1{,}19 \pm 0{,}01)$ eV. Diese Aktivierungsenergie stimmt so gut mit der als Differenz zwischen der Diffusionsenergie 2,09 eV und der Bildungsenergie von Leerstellen in Kupfer von $(0{,}90 \pm 0{,}05)$ eV (Ziff. 11β) zu errechnenden Wanderungsenergie für Leerstellen überein, daß die Identifizierung der Stufe IV mit der Wanderung und dem Verschwinden von Gitterlücken an Versetzungen, Korngrenzen u. dgl. außerordentlich naheliegend erscheint (vgl. auch Ziff. 30).

Weitere Stützen für diese Interpretation sind, daß die von BRINKMAN, DIXON und MEECHAN durchgeführte theoretische Behandlung der Diffusion der Leerstellen aus einem kugelförmigen, von Senken freien Gebiet heraus, an dessen Oberfläche sie annihiliert werden, sehr gute Übereinstimmung mit den gemessenen Erholungsisothermen ergab. Bestimmt man aus ihren Resultaten den mittleren Diffusionsweg der Leerstellen bis zur Annihilation, so findet man größenordnungsmäßig 10 Gitterkonstanten, was in Anbetracht der sehr starken Verformung des Versuchsmaterials ein plausibler Wert ist.

Ferner spricht für die hier gegebene Deutung, daß, wie wir in Ziff. 24γ gesehen haben, die in Stufe IV wandernden und schließlich verschwindenden Fehlstellen die Einstellung der Ordnung in Cu_3Au-Legierungen zu beschleunigen vermögen, was naturgemäß am einfachsten durch die Wanderung von Gitterlücken zu erklären ist. Die Tatsache, daß Stufe IV in verformten und abgeschreckten Proben zwar sehr deutlich, in bestrahlten Proben dagegen nur sehr schwach auftritt, ist nach dem oben Ausgeführten sehr leicht dadurch zu verstehen, daß bei der Bestrahlung Gitterlücken und Zwischengitteratome in größenordnungsmäßig gleicher Anzahl entstanden sind und die Mehrzahl der Gitterlücken deshalb schon bei tieferer Temperatur infolge Rekombination mit den leichter beweglichen Zwischengitteratomen verschwunden ist.

Bei Versuchen von R. A. DUGDALE und A. GREEN[3] an aus dem ungeordneten Zustand abgeschreckten und dann verformten und mit Elektronen bestrahlten Cu_3Au-Legierungen wurden Aktivierungsenergien gemessen, die zwischen denen von Stufe III und Stufe IV liegen. Da jedoch jeweils nur zwei verschiedene Meßtemperaturen zur Bestimmung dieser Aktivierungsenergien verwendet wurden, die Streuung der angegebenen Werte ziemlich groß ist und einen deutlichen Gang mit der Meßtemperatur zeigt, müssen wir annehmen, daß diese Autoren einen komplexen, nicht durch eine einzige Aktivierungsenergie beschreibbaren Vorgang beobachtet haben, an dem Gitterlücken und Zwischengitteratome beteiligt waren. Daß die von den Autoren angegebene, gemittelte Aktivierungsenergie von 0,9 eV nicht reell sein kann, ersieht man daraus, daß

---

[1] J. A. BRINKMAN, C. E. DIXON u. C. J. MEECHAN: Acta met. **2**, 38 (1954).
[2] D. B. BOWEN, R. R. EGGLESTON u. R. H. KROPSCHOT: J. Appl. Phys. **23**, 630 (1952).
[3] R. A. DUGDALE u. A. GREEN: Phil. Mag. **45**, 163 (1954).

sie bei 0° C 100 Std nach dem Abschrecken noch keine Veränderung des Widerstandes der ungeordneten Legierung festgestellt haben, obwohl die mit einer Aktivierungsenergie von 0,9 eV diffundierenden Leerstellen in dieser Zeit größenordnungsmäßig 10^3 Schritte gemacht und durch ihre Annihilation sowie eine eventuelle Vergrößerung der Ordnung den elektrischen Widerstand merklich herabgesetzt haben müßten. Dagegen ist der Befund damit im Einklang, daß beim Abschrecken vor allem Leerstellen mit einer Wanderungsenergie von rund 1,2 eV eingefroren wurden, die ja bei 0° C praktisch unbeweglich sind.

Stufe V. Diese Stufe, bei der eine Aktivierungsenergie von etwa 2,1 eV gemessen wurde, fällt bei hinreichend reinem Kupfer mit der Erholung der Härte infolge von Rekristallisation zusammen. Die Aktivierungsenergie stimmt innerhalb der Fehlergrenzen mit derjenigen für die Selbstdiffusion überein, so daß diese Stufe durch Gleichgewichtskonzentration und Wanderung von Gitterlücken kontrolliert zu werden scheint. Da hierbei sicher auch Bewegungen von Versetzungen und Gefügeneubildung, also Prozesse, die über den Rahmen unserer gegenwärtigen Beobachtungen hinausführen, stattfinden, gehen wir auf Stufe V, die übrigens auch bei der Erholung der kritischen Schubspannung von neutronenbestrahlten Kupfer-Einkristallen gefunden wurde[1], hier nicht näher ein.

30. Die Aktivierungsenergien der atomaren Fehlordnung in Kupfer. In Fig. 38 und in Tabelle 15 sind noch einmal die wichtigsten Daten über die Erholbarkeit des elektrischen Widerstandes in den fünf verschiedenen, in Ziff. 29 ausführlich diskutierten Erholungsstufen nach verschiedenen Vorbehandlungen zusammen-

Tabelle 15. *Zusammenfassende Darstellung über das Auftreten der verschiedenen Erholungsstufen nach Bestrahlung, plastischer Verformung und Abschrecken bei Cu und Cu_3Au.*
In der Spalte „Prozeß" sind die für die Kinetik jeder Stufe maßgebenden Vorgänge eingetragen. Die angegebenen Aktivierungsenergien stellen die wahrscheinlichsten, von etwaigen Sekundäreinflüssen befreiten Werte dar. [Vgl. A. Seeger, Z. Naturforschg. **10a**, 251 (1955).]

		Stufe			
	I	II	III	IV	V
Erholungsintervall [°K]	35 bis 45	130 bis 220	220 bis 270	370 bis 470	$\sim$500
Aktivierungsenergie [eV]	$\sim$0,1	0,2 bis 0,5	0,72	1,19	2,09
Prozeß	Umlagerung in Schmelzzonen	Wanderung von Leerstellenagglomeraten	Wanderung von Zwischengitteratomen	Wanderung von einzelnen Gitterlücken	Selbstdiffusion
Auftreten nach Vorbehandlung — Bestrahlung	tritt auf	tritt bei genügend starker Bestrahlung auf	tritt auf	tritt nur sehr schwach auf	tritt auf
Auftreten nach Vorbehandlung — Plastische Verformung	tritt nicht auf	tritt auf	tritt auf	tritt auf	tritt auf
Auftreten nach Vorbehandlung — Abschrecken	nicht untersucht, tritt wahrscheinlich nicht auf	tritt auf	tritt nicht auf	tritt auf	nicht untersucht

---

[1] J. K. Redman, R. R. Coltman u. T. H. Blewitt: Phys. Rev. **91**, 448 (1953).

gefaßt. Tabelle 15 enthält außerdem noch die Angabe des Vorganges, der nach den Darlegungen in Ziff. 29 die Kinetik jeder einzelnen Stufe bestimmt. Darüber hinaus sind noch gewisse „idealisierte" Aktivierungsenergien angegeben, die als „Bestwerte" anzusehen sind, welche von Nebeneinflüssen wie Hereinspielen einer benachbarten Erholungsstufe oder Wechselwirkung mit Versetzungen befreit sind.

Unsere Zuordnung stimmt, zumindest hinsichtlich der Stufen III und IV, mit der von BRINKMAN, DIXON und MEECHAN[1] gegebenen überein. Dagegen unterscheidet sie sich ganz wesentlich von derjenigen der meisten anderen Autoren (z. B.[2], [39], [46]), die eine Deutung der Meßergebnisse versucht haben. Diese Deutungsversuche gehen meist von den theoretischen Ergebnissen von HUNTINGTON und SEITZ (Ziff. 13α) aus und halten deshalb die Aktivierungsenergie der Stufe III für zu hoch, um der Bewegung von Zwischengitteratomen zugeordnet zu werden. Sie müssen dann Stufe III der Bewegung von Leerstellen zuordnen und Stufe IV in irgendeiner Form mit Versetzungen, z. B. mit deren „Klettern" (Ziff. 43), in Verbindung bringen. Dieser Interpretation ist entgegenzuhalten, daß wegen der niedrigen Stapelfehlerenergie (Abschnitt D) nach SEEGER[3] die Aktivierungsenergie für das Klettern von Versetzungen in Kupfer gleich der Aktivierungsenergie für die Selbstdiffusion ist, so daß das Klettern Stufe V zuzuschreiben ist. Darüber hinaus

Tabelle 16. *Experimentelle Bestwerte für die wichtigsten Aktivierungsenergien der Eigenfehlordnung in Kupfer.*

Vorgang	Aktivierungsenergie [eV]
Selbstdiffusion	2,09
Bildung von Gitterlücken . . .	0,90
Wanderung von Gitterlücken . .	1,19
Wanderung von Zwischengitteratomen	0,72
Wanderung von Leerstellenaggregaten (je nach Größe und Form)	0,2 bis 0,5

bildet die Zuordnung der Leerstellenwanderung zu Stufe IV einen der experimentell am besten gesicherten Punkte unseres Schemas. Wie in Ziff. 15 dargelegt wurde, ist die Aktivierungsenergie der Selbstdiffusion in kubisch-flächenzentrierten Metallen die Summe der Aktivierungsenergien für die Leerstellenbildung und für die Leerstellenwanderung. Bei der Diskussion der Stufe IV in Ziff. 29 wurde jedoch gerade gezeigt, daß die Aktivierungsenergie der Stufe IV plus der direkt gemessenen Bildungsenergie der Leerstellen (Ziff. 11β) innerhalb der Fehlergrenzen die Aktivierungsenergie der Selbstdiffusion ergibt.

Die Diskussion der an Cu gewonnenen experimentellen Resultate zur atomaren Fehlordnung abschließend, kann man somit sagen, daß die hier gegebene Deutung im Gegensatz zu anderen Deutungsversuchen in sich konsistent und experimentell gut gesichert erscheint und als Ausgangspunkt für die Erklärung weitergehender experimenteller Ergebnisse, z. B. bei anderen Metallen, verwendet werden kann. Tabelle 16 faßt noch einmal die wichtigsten experimentell bestimmten Aktivierungsenergien für Eigenfehlstellen in Kupfer zusammen.

Ein Vergleich der Tabelle 16 mit den in Ziff. 13 gemachten Ausführungen über die Aktivierungsenergien für die Wanderung der Eigenfehlstellen in Kupfer zeigt, daß für die Wanderung von einzelnen Leerstellen und Leerstellenpaaren experimentelle und theoretische Werte innerhalb der Fehlergrenzen übereinstimmen. Dies gilt jedoch nicht für die Wanderung von Zwischengitteratomen, für die der von HUNTINGTON angegebene theoretische Wert viel zu niedrig liegt. Der Grund dafür ist zur Zeit noch nicht sicher bekannt. Es ist jedoch zu

---

[1] J. A. BRINKMAN, C. E. DIXON u. C. J. MEECHAN: Acta met. 2, 38 (1954).
[2] H. G. VAN BUEREN: Z. Metallkde. 46, 272 (1955).
[3] A. SEEGER: [13], S. 391.

vermuten, daß er in folgendem liegt: Nach Huntington[1] sind die Energien für die in Fig. 13a und b dargestellten, während der Diffusion eines Zwischengitteratoms auftretenden Konfigurationen so wenig voneinander verschieden, daß man nicht sicher sagen kann, welche der beiden die niedrigere potentielle Energie hat. Dies legt die Vermutung nahe, daß keine der beiden Konfigurationen die für die Aktivierungsenergie maßgebende Sattelpunktskonfiguration ist, sondern daß diese durch eine bis jetzt noch nicht berechnete Zwischenlage zwischen Fig. 13a und b gegeben ist. Einem ganz ähnlich gelagerten Falle werden wir in Ziff. 72 bei der Diskussion der Energie gewisser Versetzungen als Funktion ihres Ortes im Kristall begegnen. Dabei liegt ebenfalls zwischen zwei Gleichgewichtslagen, die auf Grund der Translationssymmetrie äquivalent sind, noch eine weitere Gleichgewichtslage, der etwa dieselbe Energie zukommt, obwohl sie einer ganz anderen Atom-Anordnung entspricht. Wir erwarten deshalb, daß bei der Wanderung eines Zwischengitteratoms die Periode der für die Aktivierungsenergie maßgebenden Potentialvariationen ebenso wie bei der Bewegung jener Versetzungen gerade halb so groß ist wie aus Symmetriebetrachtungen folgt.

31. Die Aktivierungsenergien der atomaren Fehlordnung in einigen anderen Metallen und Legierungen. α) *Edelmetalle.* Wie in Ziff. 25 betont wurde, steht ein hinreichend umfassendes experimentelles Material, das eine willkürfreie Zuordnung von Aktivierungsenergien zu den wichtigsten, in einem verformten, bestrahlten oder abgeschreckten Metall sich abspielenden atomaren Prozessen nach Art von Tabelle 16 erlaubt, nur für Kupfer zur Verfügung. Da jedoch das Gesamtbild dieser Erscheinungen wohl bei allen Edelmetallen gleich ist, kann man versuchen, die über Erholungsprozesse an Silber und Gold vorliegenden vereinzelten Daten durch einen Vergleich mit den in Ziff. 29 und Ziff. 30 an Kupfer gewonnenen Erkenntnissen zu vervollständigen und zu interpretieren.

Die wichtigsten, über Silber und Gold bis jetzt zur Verfügung stehenden Daten sind in Tabelle 11 und Tabelle 17 sowie in Fig. 39 enthalten. Die in Tabelle 17 zusammengefaßten Angaben über die Aktivierungsenergien Q_1 und Q_2 der Erholung des elektrischen Widerstandes verformter Edelmetalldrähte wurden von Manintveld[2] aus der Erholungs*kinetik* erschlossen. Man kann außerdem auch noch Näherungswerte für die Aktivierungsenergien aus den Erholungs*intervallen* bei den Manintveldschen Versuchen, wie sie in Fig. 39 wiedergegeben sind, entnehmen, wenn als Bezugswerte für die Umrechnung der Temperaturen in Erholungsenergien die Angaben von Tabelle 16 zugrunde gelegt werden. Auch die so erhaltenen Werte, die wohl etwas zuverlässiger als die Angaben für Q_1 und Q_2 sind, sind in Tabelle 17 berücksichtigt.

Tabelle 17. *Die von* Manintveld *angegebenen Aktivierungsenergien Q_1 (Stufe II) und Q_2 (Stufe III) sowie die wichtigsten Aktivierungs-Energien für die atomare Fehlordnung bei den Edelmetallen in eV.* (Herkunft der Werte siehe Text.)

	Cu	Ag	Au
Q_1 (Manintveld)	0,20	0,18	0,29
Q_2 (Manintveld).	0,88	0,65	0,69
Wanderungsenergie für Leerstellengruppen (Stufe II)	0,2 bis 0,5	0,15 bis 0,35	0,2 bis 0,55
Wanderungsenergie für Zwischengitteratome . .	0,72	~0,6	0,72
Wanderungsenergie für Leerstellen	1,19	~1,2	1,2
Bildungsenergie für Leerstellen	0,90	~0,8	0,67
Aktivierungsenergie der Selbstdiffusion	2,09	2,0	1,9

[1] H. B. Huntington: Phys. Rev. **91**, 1092 (1953). — Acta met. **2**, 554 (1954).
[2] J. A. Manintveld: Nature, Lond. **169**, 623 (1952).

Über die Stufen II und III der Widerstandserholung nach Beschießen von Cu, Ag und Au (sowie von Ni und Ta) mit 12 MeV-Deuteronen bei etwa $-145°$ C liegen Messungen von MARX, COOPER und HENDERSON[1] vor, die ein mit den MANINTVELDschen Resultaten verträgliches Bild ergaben, aber für eine quantitative Auswertung ungeeignet sind.

Über Stufe I kann man aus Tabelle 11 entnehmen, daß sie bei gleicher Vorbehandlung für Ag und Au weniger deutlich ausgeprägt ist als für Cu. Wenn sie bei Au überhaupt auftritt, so liegt sie bei tieferen Temperaturen als bei Cu und weist dementsprechend eine kleinere Aktivierungsenergie auf.

An sonstigen, für die Aufstellung von Tabelle 17 verwertbaren Messungen sind zunächst diejenigen der Aktivierungsenergie der Selbstdiffusion, die bei allen 3 Edelmetallen vorliegen (vgl. Tabelle 4) und die Ergebnisse der Abschreckversuche an Au (Ziff. 27) zu nennen, welche mit einer Aktivierungsenergie von $(0,4 \pm 0,14)$ eV eine recht gute Übereinstimmung mit den Angaben von Tabelle 17 (Wanderungsenergie für Leerstellengruppen, aus den MANINTVELTschen Resultaten errechnet) ergeben.

In Ziff. 11β (insbesondere Tabelle 4) ist der Versuch von LE CLAIRE besprochen worden, durch eine vergleichende Analyse der Selbstdiffusionsdaten für die kubischflächenzentrierten Metalle (und insbesondere für die Edelmetalle) die Aktivierungsenergie der Selbstdiffusion Q_D in ihre beiden Be-

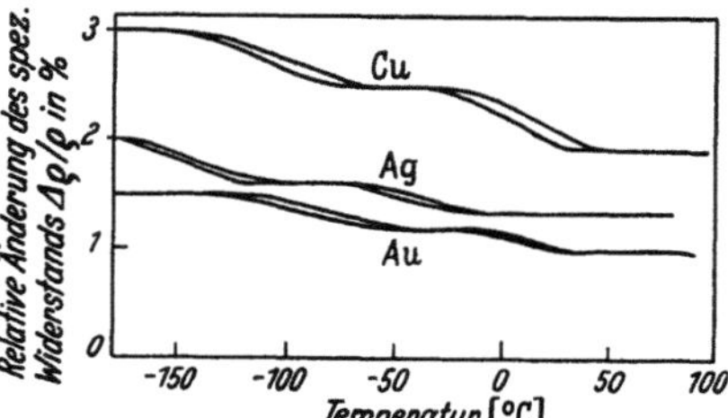

Fig. 39. Erholung des elektrischen Widerstandes von Edelmetalldrähten, die bei $-183°$ C verformt worden waren, in Abhängigkeit von der Anlaßtemperatur. Alle Widerstandsmessungen sind bei $-183°$ C gemacht. Die obere und untere Kurve für jedes Metall bezieht sich auf 15 min bzw. 45 min Anlaßzeit.

standteile H_1 für die Leerstellenbildung und H_2 für die Leerstellenwanderung zu zerlegen. Im Lichte der unten zu besprechenden empirischen Resultate enthält jedoch diese Analyse eine wesentliche Schwäche: Da über die Entropieänderung S_1 (in Ziff. 11 S_S genannt) bei der Bildung einer Leerstelle willkürliche Annahmen gemacht wurden, stützt sich die von LE CLAIRE benützte Homologie ganz auf H_1 (in Ziff. 11 H_S genannt). Wesentlich physikalischer, weil auch Verschiedenheiten von S_1 innerhalb verschiedener Metalle in Betracht ziehend, wäre die Annahme gleicher Leerstellenkonzentration der Edelmetalle am jeweiligen Schmelzpunkt gewesen.

Die Resultate von EGGLESTON und MEECHAN Gln. (11.3) und (11.4) zeigen, daß im Gegensatz zu den Erwartungen nach Tabelle 4 Au eine niedrigere Bildungsenergie für Leerstellen besitzt als Cu. Wir haben in Tabelle 17 für Au den von EGGLESTON und MEECHAN gefundenen Wert benützt, da die entsprechende Angabe dieser Autoren für Cu durch die Analyse der Ziff. 29 und 30 innerhalb der Fehlergrenzen bestätigt wurde und ihre Methode somit als zuverlässig gelten kann.

Verständlich wird das Verhalten von Cu und Au, wenn man die Überlegung von FUMI (Ziff. 10) mit heranzieht. FUMI faßt eine Gitterlücke als ein nullwertiges Verunreinigungsatom auf und leitet das plausible Ergebnis ab, daß die elektrostatische Abschirmung der dadurch verursachten Störung in der Ladungsverteilung durch die Leitfähigkeitselektronen einen Energieaufwand erfordert, der proportional zur FERMI-Energie der Leitfähigkeitselektronen ist. Da Cu eine kleinere Gitterkonstante als Au hat, ergibt diese Abschirmung einen Energiebeitrag, der für Cu größer als für Au ist. Man sieht, daß bei den einwertigen

---

[1] J. W. MARX, H. G. COOPER u. J. W. HENDERSON: Phys. Rev. **88**, 106 (1952).

Metallen der von Le Claire nicht berücksichtigte Einfluß der Fermi-Energie ganz wesentlich ist[1].

Um schließlich auch noch die Aktivierungs-Energie für die Selbstdiffusion in Silber entsprechend verwerten zu können, machen wir die Annahme, daß das Verhältnis H_1/H_2 in reinem Silber dasselbe ist wie in der in Ziff. 27 ausführlich besprochenen Legierung α-AgZn. Die auf diese Weise errechneten Aktivierungsenergien sind ebenfalls in Tabelle 17 eingetragen. Wie bei Cu ist auch bei Ag H_1 etwas größer als man auf Grund von Tabelle 4 erwarten würde.

Von den Edelmetall-Legierungen sind ausführlich nur Cu_3Au sowie α-AgZn untersucht. Wie schon in Ziff. 29 dargelegt, unterscheiden sich die Ergebnisse an Cu_3Au nicht wesentlich von den an Cu gefundenen. Über die Messungen an AgZn wurde bereits in Ziff. 27 ausführlich berichtet, so daß wir darauf nicht näher einzugehen brauchen.

Von Childs und Le Claire[2] wurde zwar mit anelastischen Messungen der Diffusionskoeffizient in α-Messing verschiedener Zusammensetzung bei „tiefen" Temperaturen ermittelt und in sehr guter Übereinstimmung mit den direkten Bestimmungen bei hohen Temperaturen gefunden, doch können daraus, im Gegensatz zu den oben erwähnten Messungen an AgZn, keine experimentellen Werte für H_1 und H_2 erschlossen werden, da keine Abschreckversuche durchgeführt wurden. Es wäre außerordentlich wertvoll, wenn solche Abschreckungsversuche, mit anelastischen Messungen kombiniert, an weiteren Legierungssystemen durchgeführt würden.

β) Alkalimetalle. Noch geeigneter für einen Vergleich theoretischer und experimenteller Ergebnisse als die Edelmetalle erscheinen die ebenfalls einwertigen Alkalimetalle. Bei diesen fallen die Unsicherheiten weg, die mit der Wechselwirkung der abgeschlossenen Elektronenschalen benachbarter Atome zusammenhängen[3]. Allerdings ist es bei den Alkalimetallen im Gegensatz zu den Edelmetallen nicht möglich, den Mechanismus der Selbstdiffusion theoretisch mit einiger Sicherheit vorauszusagen, da hier der Panethsche Mechanismus (Ziff. 15) in engen Wettbewerb mit der Diffusion durch Leerstellenwanderung tritt.

Aus Selbstdiffusionsmessungen ist die Aktivierungsenergie der Selbstdiffusion Q_D nur für Na[4] (einschließlich ihrer Druckabhängigkeit[5]) bekannt, doch stehen für Li, Na und Rb Werte zur Verfügung, die auf mehrere voneinander unabhängige Weisen aus Kernspin-Resonanzmessungen bestimmt wurden[6]. In Tabelle 18 sind die so erhaltenen Mittelwerte für Q_D eingetragen.

Tabelle 18 enthält ferner Aktivierungsenergien für die Bildung von Fehlstellen in Alkalimetallen, die von MacDonald und Mitarbeitern aus der Temperaturabhängigkeit des elektrischen Widerstandes[7] (ähnlich der in Ziff. 11 β besprochenen bei Cu und Au) sowie aus einem anomalen Anstieg der spezifischen Wärme bei Annäherung an den Schmelzpunkt[8] bestimmt worden sind. In Tabelle 18

---

[1] Diese Kritik gilt auch für das Selbstdiffusionsmodell von N. H. Nachtrieb und G. S. Handler: Acta met. **2**, 797 (1954).

[2] B. G. Childs u. A. D. Le Claire: Acta met. **2**, 718 (1954).

[3] Vgl. die Ausführungen in Ziff. 10.

[4] N. H. Nachtrieb, E. Catalano u. J. A. Weil: J. Chem. Phys. **20**, 1185 (1952).

[5] N. H. Nachtrieb, J. A. Weil, E. Catalano u. A. W. Lawson: J. Chem. Phys. **20**, 1189 (1952).

[6] C. P. Slichter: [13], S. 52. — D. F. Holcomb u. R. E. Norberg: Phys. Rev. **98**, 4 (1955). Dort auch Angaben über frühere Literatur.

[7] D. K. C. MacDonald: J. Chem. Phys. **21**, 177 (1953).

[8] D. K. C. MacDonald: [13], S. 383. Über Na und K liegen auch noch frühere Daten von L. G. Carpenter, J. Chem. Phys. **21**, 2244 (1953) vor, die jedoch wohl weniger genau sind und die kleinere Werte zwischen 0,2 eV und 0,3 eV ergaben.

sind ferner die FERMI-Energien ζ der Alkalimetalle nach FUMI[1] sowie die sich daraus nach FUMI mit dem JONGENBURGER-ABELÈSschen Potential ergebenden Aktivierungsenergien H_S für die Bildung von Leerstellen eingetragen.

Wie man sieht, stimmen die theoretischen und experimentellen Werte für die Bildungsenergie besonders bei K so gut überein, wie man dies bei der Unsicherheit des Wertes von m^* erwarten kann. Bei Na entspricht die Differenz zwischen der Aktivierungsenergie Q_D und der Bildungsenergie, die nach Ziff. 15 gleich der Wanderungsenergie der Fehlstellen ist, in ihrer Kleinheit den theoretischen Erwartungen[1]. Man kann somit sagen, daß die experimentellen Ergebnisse mit der Auffassung verträglich sind, daß die Selbstdiffusion in Li, Na und K durch die Wanderung von Leerstellen erfolgt und daß die durch Messungen der Temperaturabhängigkeit des elektrischen Widerstands und der spezifischen Wärme direkt beobachteten Fehlstellen Gitterlücken sind. Die Größenordnung der Meßwerte wäre allerdings auch mit dem PANETHschen Selbstdiffusions-Mechanismus verträglich, doch sind die PANETHschen Rechnungen nicht genau genug, um einen quantitativen Vergleich zuzulassen. Im Falle von Na spricht die Beobachtung[2], daß der Diffusionskoeffizient mit wachsendem Druck abnimmt, ziemlich eindeutig gegen den PANETHschen und für den Leerstellenmechanismus. Nach dem Prinzip vom kleinsten Zwang muß in diesem Fall der für die Diffusion verantwortliche Gitterfehler das Kristallvolumen vergrößern, wie dies zwar bei einer SCHOTTKY-Fehlstelle, nicht aber bei einer Anti-SCHOTTKY-Fehlstelle (von der Kristalloberfläche her eingewandertes Zwischengitteratom) der Fall ist.

CARPENTER sowie MACDONALD und Mitarbeiter[3] haben vergeblich versucht, durch Abschrecken von Na von 90 bis 95° C auf 4,2° K einen nennenswerten Bruchteil der bei höheren Temperaturen zu beobachtenden Eigenfehlstellen einzufrieren. Das negative Ergebnis dieser Experimente ist mit der Vorstellung im Einklang, daß die Selbstdiffusion in Na durch die Bewegung von Leerstellen erfolgt und daß die Aktivierungsenergie für deren Wanderung sehr klein und nach Tabelle 18 durch $0{,}45 - 0{,}39 = 0{,}06$ eV gegeben ist.

Tabelle 18. *Diffusions- und Fehlstellenenergien in Alkalimetallen.* (Sämtliche Angaben in Elektronenvolt — Herkunft der Werte siehe Text.)

	Metalle				
	Li	Na	K	Rb	Cs
Aktivierungsenergie der Selbstdiffusion Q_D aus Selbstdiffusionsmessungen	—	$0{,}45_4$ $\pm 0{,}03$	—	—	—
Aktivierungsenergie der Selbstdiffusion Q_D aus Kernspin-Resonanzmessungen	$0{,}57$ $\pm 0{,}02$	$0{,}43_5$ $\pm 0{,}03$	—	$0{,}41$	—
Bildungsenergie der Eigenfehlstellen aus Messungen der spezifischen Wärme	—	—	$0{,}39$ $\pm 0{,}2$	$0{,}27_5$	—
Bildungsenergie der Eigenfehlstellen aus Messungen des elektrischen Widerstands	$0{,}40_4$ $\pm 0{,}02$	$0{,}39_5$ $\pm 0{,}05$	$0{,}39_5$ $\pm 0{,}05$	$0{,}60$	—
FERMI-Energie ζ	$3{,}30$	$3{,}20$	$2{,}14$	$1{,}83$	$1{,}58$
$H_S = \tfrac{1}{6}\zeta$	$0{,}55$	$0{,}53$	$0{,}36$	$0{,}31$	$0{,}26$

Weniger eindeutig sind die experimentellen Ergebnisse bei Rb[3]. Hier ergibt der anomale Anstieg der spezifischen Wärme bei Annäherung an den Schmelzpunkt eine Aktivieruugsenergie von $0{,}27_5$ eV. Für die Zuordnung dieses Wertes zur Bildung von Leerstellen spricht die gute Übereinstimmung mit den theoretischen Werten von Tabelle 18. Der anomale Anstieg des elektrischen Widerstandes ergibt eine Aktivierungsenergie von $0{,}60$ eV, die sich

---

[1] P. G. FUMI: Phil. Mag. **46**, 1007 (1955). Die effektive Masse m^* der Leitfähigkeitselektronen wurde überall gleich der Elektronenmasse m gesetzt mit Ausnahme von Li, wo sie nach H. BROOKS $m^* = m/0{,}69$ beträgt. (D. PINES: 10. Solvay Kongreß für Physik, Brüssel 1954.)

[2] N. H. NACHTRIEB, J. A. WEIL, E. CATALANO und A. W. LAWSON: J. Chem. Phys. **20**, 1189 (1952). — N. H. NACHTRIEB u. G. S. HANDLER: Acta met. **2**, 797 (1954).

[3] Siehe D. K. C. MACDONALD: [*13*], S. 383.

bei höherem Druck vergrößert. Sollte sich dieser Unterschied als reell erweisen, so hat man wohl anzunehmen, daß diese Aktivierungsenergie einer zweiten Fehlstellenart zuzuordnen ist, die einen wesentlich größeren Wirkungsquerschnitt für die Elektronenstreuung besitzt als die in Messungen der spezifischen Wärme zutage tretenden Fehlstellen. Die Druckabhängigkeit des Widerstandseffektes spricht gegen eine Zuordnung dieses Effekts zu den Panethschen „crowdions".

γ) Übergangsmetalle. Nicholas[1] hat die kalorimetrischen und Erholungsmessungen von Clarebrough, Hargreaves und West an verformtem polykristallinem Nickel (vgl. Ziff. 28) näher analysiert. Den zwischen 200° C und 300° C ablaufenden Erholungsvorgang (Abb. 36) schreibt er der Wanderung von Leerstellen zu. Für diesen Vorgang findet er aus der Veränderung der kalorimetrischen Kurve mit der Aufheizgeschwindigkeit die Aktivierungsenergie $H_2 = (0,98 \pm 0,05)$ eV. Aus der freiwerdenden Wärmemenge und der Dichteänderung bei der Erholung schließt Nicholas, daß die bei ihrer Annihilation freiwerdende und damit auch die zu ihrer Bildung aufzuwendende Energie H_1 rund 1,6 eV pro Leerstelle beträgt. Die Summe $H_1 + H_2$ sollte gleich der Aktivierungsenergie der Selbstdiffusion sein, welche in Übereinstimmung hiermit zwischen 2,6 und 2,9 eV liegt[2].

Schließlich sei noch die Messung einer Wanderungsenergie in Platin erwähnt, die überhaupt die erste experimentelle Bestimmung einer solchen Größe war; Dugdale[3] fand als Aktivierungsenergie der Erholung des elektrischen Widerstandes bei neutronenbestrahltem wie bei kaltverformtem Pt rund 1,2 eV. Es handelte sich hier sicher um Stufe IV (Wanderung von Leerstellen). Dies zeigen Abschreckversuche von Lasarew u. a.[4], die als Bildungsenergie der eingefrorenen Fehlstellen 1,18 eV und als deren Wanderungsenergie 1,1 eV ergaben. Leider ist die Aktivierungsenergie für Selbstdiffusion in Pt nicht gemessen. Nach Seeger[5] kann sie aber nicht größer sein als die für Hochtemperatur-Kriechen gefundene, die nach Dorn[6] etwa 2,4 eV beträgt, während die Summe der von Lasarew u. a. beobachteten Aktivierungsenergien etwa 2,3 eV ist. Aktivierungsenergien von 1,1 bis 1,2 eV für die Wanderung und von 1,2 eV für die Leerstellenbildung sind somit in Einklang mit allen über Pt bekannten Daten.

C. Versetzungen.

I. Geometrische Theorie der Versetzungen.

32. Vorbemerkungen. Versetzungen sind von allen in Abschnitt A erwähnten Gitterfehlstellen diejenigen, über die die umfangreichsten theoretischen Resultate vorliegen. Dies liegt daran, daß Versetzungen einerseits im Vergleich zu Eigenfehlstellen hinreichend komplizierte Gitterstörungen sind, um ein vielfältiges Erscheinungsbild zu geben, daß sie aber andererseits im Gegensatz zu Korngrenzen sich durch einige wenige einfache, meist geometrische Begriffe charakterisieren lassen, so daß es möglich ist, von einfachen Grundvorstellungen ausgehend ihre Theorie deduktiv aufzubauen. In der Tat wird es sich zeigen, daß wir bei der Entwicklung der Versetzungstheorie nur ganz selten experimentelle Hinweise werden mitbenützen müssen.

[1] J. F. Nicholas: Phil. Mag. **46**, 87 (1955).
[2] H. Burgess u. R. Smoluchowski: J. Appl. Phys. **26**, 491 (1955).
[3] R. A. Dugdale: Phil. Mag. **43**, 912 (1952) — [*13*], S. 246.
[4] B. G. Lazarew u. O. N. Owtscharenko: Dokl. Akad. Nauk SSSR. **100**, 875 (1955)
[5] A. Seeger: [*13*], S. 391.
[6] J. E. Dorn: Paper No. 9 in Symposium on Creep and Fracture of Metals at High Temperatures. Teddington 1954.

Die Theorie der Versetzungen läßt sich in natürlicher Weise in zwei Teile zerlegen, die wir hier die geometrische und die mathematische Versetzungstheorie nennen. Die *geometrische* Theorie der Versetzungen befaßt sich mit allen jenen Eigenschaften der Versetzungen, die sich durch im wesentlichen geometrische Überlegungen aus den oben erwähnten Grundvorstellungen ableiten lassen, und knüpft unmittelbar an die Ausführungen in Ziff. 3 an. Das Hauptziel ist die Klassifizierung und Aufzählung der in den verschiedenen Kristallstrukturen möglichen Versetzungslinien.

Die *mathematische* Theorie der Versetzungen umfaßt die Lehre von allen jenen rechnerisch erfaßbaren Eigenschaften der Versetzungen, die über die geometrisch behandelbaren Eigenschaften hinausgehen. Hierher gehören Fragen nach der Energie einer Versetzung, den zwischen und auf Versetzungen wirkenden Kräften, dem elektrischen Widerstand von Versetzungen u. a. m.

Der vorliegende Abschnitt I über die geometrische Theorie der Versetzungen ist unterteilt in die Lehre von den vollständigen Versetzungen, bei denen wie in Ziff. 3 der Burgers-Vektor ein Gittervektor im Bravais-Gitter der zu betrachtenden Kristallstruktur ist, und in die Lehre von den unvollständigen Versetzungen, bei denen der Burgers-Vektor die eben genannte Bedingung nicht erfüllt. Der erste Teil behandelt jene Eigenschaften, die für alle Versetzungen unabhängig von der Kristallstruktur gelten, während der zweite Teil sich mit den Eigenschaften in ganz speziellen Gittern befaßt. Dies bringt es natürlich mit sich, daß wir uns bei der Diskussion der unvollständigen Versetzungen, um nicht ins Uferlose zu geraten, auf einige wenige, praktisch besonders wichtige Kristallstrukturen beschränken müssen.

Obwohl die genauere Diskussion der Kräfte und Energien Abschnitt II vorbehalten bleiben soll, werden wir, um Wiederholungen möglichst zu vermeiden, auch in Abschnitt I von diesen Begriffen Gebrauch machen und zwar insbesondere in Ziff. 36 und 44. In der letztgenannten Ziffer spielt besonders der Begriff der Linienenergie einer Versetzung eine wesentliche Rolle. Er ist der Inbegriff der Tatsache, daß einer Versetzungslinie Energie (überwiegend elastischer Natur) zukommt, die etwa proportional ihrer Länge ist und sich deshalb näherungsweise durch eine Linienenergie oder auch durch eine Linienspannung beschreiben läßt.

a) Vollständige Versetzungen.

33. Burgers-Vektor und Erhaltungssätze. In Ziff. 3 war der Burgers-Vektor $\mathfrak{b}$ eines Burgers-Umlaufs $\mathfrak{B}'$ um ein linienförmiges fehlgeordnetes Kristallgebiet definiert worden. Ist $\mathfrak{b}$ nicht gleich Null, so bezeichnet man diesen Vektor als Burgers-Vektor der umlaufenen Versetzungslinie. Um sein Vorzeichen eindeutig festzulegen, hat man den Umlaufsinn von $\mathfrak{B}$ und $\mathfrak{B}'$ willkürlich, aber in einer für eine bestimmte Untersuchung beizubehaltenden Weise zu wählen. Bei einer Umkehr der Umlaufungsrichtung kehrt sich das Vorzeichen von $\mathfrak{b}$ um. Wir legen ferner einen positiven Durchlaufungssinn in der Weise fest, daß positive Versetzungsrichtung und Burgers-Umlauf zusammen eine Rechtsschraube bilden.

Umfährt ein Burgers-Umlauf mehrere Versetzungslinien, so weist dieser Umlauf als Burgers-Vektor die vektorielle Summe der Burgers-Vektoren der einzelnen Linien auf, vorausgesetzt, daß der Umlaufungssinn für alle Versetzungen einheitlich gewählt worden ist. Man darf also, wenn man sich für die Wirkungen in großem Abstand von einer Gruppe von Versetzungen interessiert, deren individuelle Burgers-Vektoren addieren und spricht dann vom *resultierenden* Burgers-Vektor dieser Gruppe.

Aus der Definition des Burgers-Vektors folgt, daß er längs einer unverzweigten Versetzungslinie konstant ist, so daß er wirklich als kennzeichnende Eigenschaft einer bestimmten Versetzung aufgefaßt werden kann. Indem man an einer Verzweigungsstelle einer Versetzungslinie („Versetzungsknoten") die Burgers-Umläufe um die einzelnen Zweige wie auch um die gesamte Versetzung betrachtet (Fig. 40), findet man ohne weiteres, daß die Summe der Burgers-Vektoren der zum Knoten hinführenden Versetzungslinien gleich der Summe derjenigen Burgers-Vektoren ist, die zu weggehenden Versetzungen gehören. Ändert man die Definition des Umlaufungssinnes vorübergehend so ab, daß vom Knoten aus betrachtet alle Versetzungen in gleichem Sinne (z.B. im Uhrzeigersinn) umlaufen werden, so gilt für die Summe der einzelnen Burgers-Vektoren $\mathfrak{b}_i$ der sich am Knoten treffenden Versetzungslinien

$$\sum_i \mathfrak{b}_i = 0. \qquad (33.1)$$

Alle eben besprochenen Eigenschaften haben ihr Analogon in Gesetzen über die Stromstärke in einem Netzwerk linearer elektrischer Leiter. Der Burgers-Vektor stellt, wie sich später zeigen wird (Ziff. 54), in der Tat ein vektorielles Analogon zur skalaren Stromstärke dar und kann füglich als *elastischer Strom* bezeichnet werden.

Die Definition von $\mathfrak{b}$ im Bildkristall K war gewählt worden, um die Gültigkeit der obigen Sätze in möglichst einfacher Form zu gewährleisten. Da der wirkliche Kristall K' in der Umgebung einer Versetzungslinie elastisch verspannt ist (vgl. z.B. Fig. 2), hängt der $\mathfrak{b}$ entsprechende Vektor $\mathfrak{b}'$ im wirklichen Kristall von der Wahl des Anfangs- und Endpunktes von $\mathfrak{B}'$ ab. Er ist somit kein freier Vektor und besitzt nicht dieselben einfachen Eigenschaften wie $\mathfrak{b}$. Trotzdem ist es für manche Überlegungen nützlich, ihn einzuführen. Wir nennen ihn den *lokalen Burgers-Vektor* $\mathfrak{b}'$.

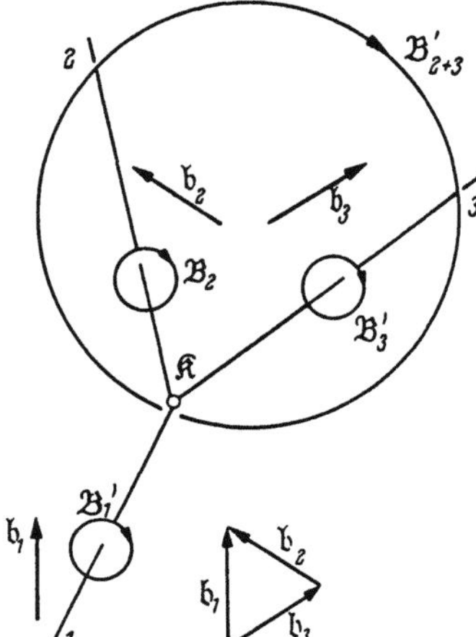

Fig. 40. Erhaltungssatz für Burgers-Vektoren an einem Versetzungsknoten $\mathfrak{K}$. Der Burgers-Vektor des Umlaufs $\mathfrak{B}'_{2+3}$ ist einerseits gleich demjenigen von $\mathfrak{B}'_1$ und andererseits gleich der Summe der Burgers-Vektoren von $\mathfrak{B}'_2$ und $\mathfrak{B}'_3$.

Schließlich sei noch erwähnt, daß man im Anschluß an Burgers [60] den Betrag des Burgers-Vektors

$$b = |\mathfrak{b}| \qquad (33.2)$$

Versetzungsstärke nennt.

34. Kinematische Eigenschaften der Versetzungen. Die Bedeutung der Versetzungen für die plastische Verformung (vgl. den Artikel über Kristallplastizität in diesem Bande) beruht in erster Linie darauf, daß sich die als Versetzung beschriebene Gitterstörung durch einen Kristall hindurchbewegen und dieser dadurch Gestaltsänderungen erfahren kann[1]. Ähnlich wie die Wanderung einer Gitterlücke ist auch die Bewegung einer Versetzung nur eine kurze Beschreibung der Wirkung viel komplizierterer Bewegungen der einzelnen Gitterbausteine. Während eine Versetzung über makroskopische Entfernungen fortschreiten kann, erfahren die einzelnen Atome dabei höchsten Verschiebungen vom Betrage des Burgers-Vektors.

---

[1] Da sich bei einer derartigen Gestaltsänderung die Energie des Gesamtsystems (Kristall plus die an ihm angreifenden äußeren Kräfte) ändert, wirkt auf eine Versetzung bei Anwesenheit äußerer Kräfte eine Kraft. Auf die genaue Definition und die Berechnung dieser Kraft werden wir in Ziff. 55 eingehen.

Dieser Sachverhalt wird durch Fig. 41 illustriert. P' und Q' mögen zwei benachbarte Atome auf einem BURGERS-Umlauf $\mathfrak{B}'$ sein, der die in Lage 1 befindliche Versetzungslinie mit BURGERS-Vektor $\mathfrak{b}$ umschließt (Fig. 41a). Fig. 41b zeigt den zugehörigen Umlauf im Bildkristall. Bewegt sich nun die Versetzungslinie zwischen den Atomen P' und Q' hindurch in eine neue Lage 2, so ändert sich am Verlauf von $\mathfrak{B}$ dabei gar nichts. Führt man jedoch jetzt den $\mathfrak{B}$ entsprechenden Umlauf $\mathfrak{B}'$ im wirklichen Kristall wieder durch, so findet man, daß Anfangs- und Endpunkt nicht mehr zusammenfallen, sondern daß sie sich um den lokalen BURGERS-Vektor $\mathfrak{b}'$ gegeneinander verschoben haben (Fig. 41c). Dasselbe gilt für die Atome P' und Q'. Man sieht also, daß sich zwei Punkte im Kristall, zwischen denen sich eine Versetzung hindurch bewegt hat, um die Strecke $\mathfrak{b}$ (von elastischen Verzerrungen abgesehen) verschoben haben.

B. A. BILBY[1] hat dafür eine Regel angegeben, die in Übereinstimmung mit der Vorzeichenwahl in Ziff. 33 ist:

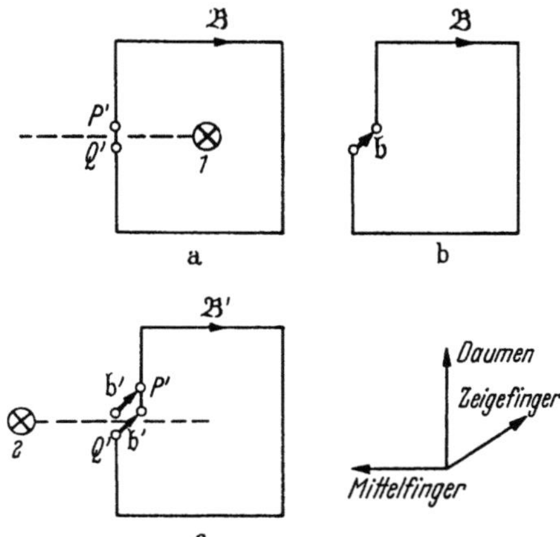

Man wähle eine Richtung der Versetzungslinie als positiv und beschreibe den BURGERS-Umlauf im Uhrzeigersinn um diese Richtung. Man bilde aus Daumen, Zeigefinger und Mittelfinger der rechten Hand ein rechtwinkliges Koordinatensystem, bei dem der Zeigefinger in die positive Richtung der Versetzungslinie und der Mittelfinger in die Bewegungsrichtung der Versetzungslinie zeigt. Durch diese beiden Richtungen wird die von der Versetzung überstrichene Ebene aufgespannt. Bewegt sich die Versetzung, so wird der Kristall auf derjenigen Seite der Ebene, auf die der Daumen zeigt, gegen die andere Seite um den (lokalen) BURGERS-Vektor verschoben.

Fig. 41 a—c. Die bei der Bewegung der Versetzung von 1 nach 2 sich ergebende gegenseitige Verschiebung der Atome P' und Q'. a und c wirklicher Kristall, b Bildkristall. Erläuterung siehe Text.

Aus der vorstehenden Diskussion folgt, daß die Bewegung eines Stückes einer Versetzungslinie nur dann ohne Volumänderung erfolgt, wenn der BURGERS-Vektor in der Ebene liegt, in der sich die Versetzungslinie bewegt. In allen anderen Fällen müssen bei der Bewegung der Versetzung entweder Zwischengitteratome oder Gitterlücken geschaffen werden[2]. Im Beispiel der Fig. 41 entstehen Gitterlücken, da sich die Punkte P' und Q' nicht nur parallel zur Bewegungsebene der Versetzung, sondern auch senkrecht hierzu voneinander entfernt haben.

Ist $\mathfrak{n}$ der Normalvektor der überstrichenen Fläche (positiv gerechnet in der Richtung, in der nach obiger Konstruktion der Daumen zeigt), so ist, wenn die Versetzung mit lokalem BURGERS-Vektor $\mathfrak{b}'$ eine Fläche F überstrichen hat, die Volumänderung

$$\Delta V = F\,\mathfrak{b}' \cdot \mathfrak{n}. \tag{34.1}$$

Es gibt also im allgemeinen eine bestimmte Ebene, auf der die Versetzungsbewegung ohne Volumänderungen erfolgen kann. Bewegungen von Versetzungen, die ohne Volumänderungen vonstatten gehen, heißen *Gleitbewegungen* oder

---

[1] B. A. BILBY: Research **4**, 387 (1951).
[2] Dies gilt jedoch nicht, wenn die Versetzung sich nicht in einem einheitlichen Kristall befindet, sondern in der Grenzfläche zwischen zwei kristallinen Phasen liegt (vgl. Ziff. 98).

konservative Bewegungen. Aus diesem Grunde nennt man die spezielle Ebene, die durch den BURGERS-Vektor $\mathfrak{b}$ und durch ein Linienelement $d\mathfrak{s}$ einer Versetzungslinie aufgespannt ist, die *Gleitebene* einer Versetzungslinie. Ihr Normalenvektor $\mathfrak{n}^*$ ist durch

$$\mathfrak{n}^* = \frac{\mathfrak{b} \times d\mathfrak{s}}{|\mathfrak{b} \times d\mathfrak{s}|} \tag{34.2}$$

definiert und erfüllt die Gleichung

$$\mathfrak{n}^* \cdot \mathfrak{b} = 0. \tag{34.3}$$

Eine beliebig im Raum verlaufende Versetzungslinie besitzt keine einheitliche Gleitebene. Vielmehr gehört zu jedem Linienelement $d\mathfrak{s}$ der Versetzung gemäß Gl. (34.2) eine besondere Gleitebene. Die Gesamtheit dieser Gleitebenen umhüllt einen Zylinder, die sog. *Gleitfläche,* dessen Mantellinien parallel zum BURGERS-Vektor der Versetzung sind (Fig. 42). Soll eine Versetzungslinie ihre Gleitfläche verlassen, so sind dazu im allgemeinen nichtkonservative, also mit Volumänderungen verbundene Bewegungen notwendig. Die einzige Ausnahme hiervon bilden Versetzungsstücke, die parallel zum BURGERS-Vektor verlaufen. Jede die Versetzungslinie enthaltende Ebene genügt dann der Gl. (34.3) so daß Versetzungslinien der erwähnten speziellen Orientierungen — (man nennt sie Schraubenversetzungen, vgl. Ziff. 35) — in jeder Richtung gleiten können.

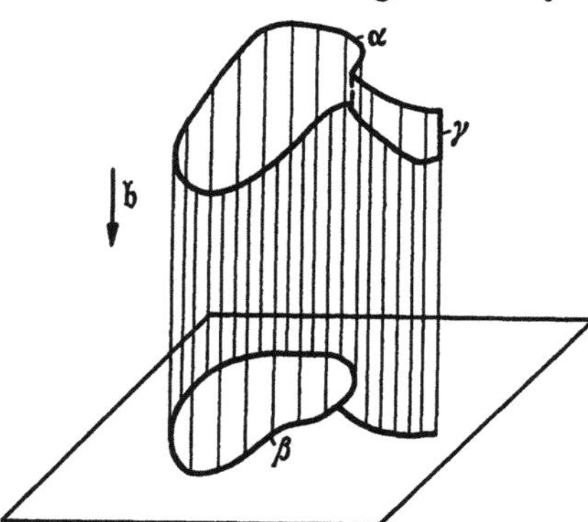

Fig. 42. Gleitfläche einer Versetzungslinie. α Räumlich verlaufende Versetzungslinie. β Projektion der Versetzungslinie durch die Gleitfläche auf eine Ebene senkrecht zum BURGERS-Vektor. γ stellt ein Beispiel von Quergleitung dar (vgl. Ziff. 35).

Für die Anwendung der Versetzungstheorie auf die Plastizität der Kristalle werden Formeln benötigt, die einen Zusammenhang zwischen den Gleitbewegungen

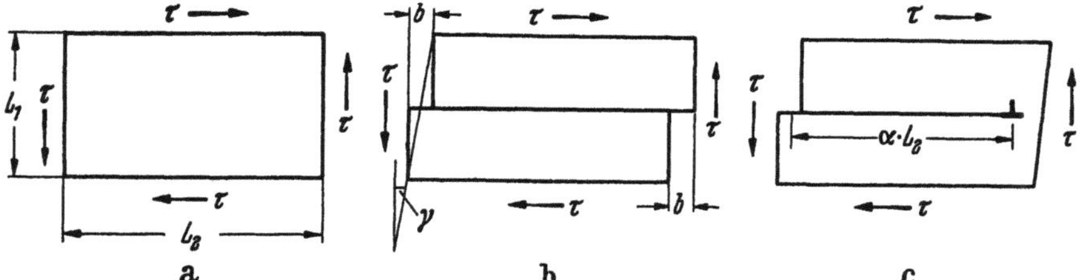

Fig. 43 a—c. Makroskopische Scherung durch Bewegung einer Versetzungslinie (siehe Text).

der Versetzungen und der dadurch bewirkten makroskopischen Scherung γ im Gleitsystem (in diesem Zusammenhang meist als Abgleitung a bezeichnet) geben. Der einfachste Fall ist in Fig. 43 a u. b dargestellt: Eine Versetzung der Stärke b durchquert ein makroskopisches Kristallstück, das senkrecht zur Gleitebene die Ausdehnung L_1 hat. Die Scherung im Gleitsystem der Versetzung ist dann[1]

$$\gamma = a = \frac{b}{L_1}. \tag{34.3}$$

Etwas schwieriger liegt der Fall dann, wenn, wie in Fig. 43 c dargestellt, die Versetzung nicht den ganzen Kristall, sondern nur einen Bruchteil α des Gesamt-

---

[1] Die Verwendung von γ als Maß für die Scherung hier und in Ziff. 58 ist von der in Ziff. 35 einzuführenden zur Kennzeichnung des Versetzungscharakters zu unterscheiden.

durchmessers durchwandert hat. Die einfachste mögliche Annahme, die in der elastizitätstheoretischen Behandlung der Versetzungen (Ziff. 55) näher begründet werden wird, ist, daß die Abgleitung gegenüber Gl. (34.3) ebenfalls um den Faktor α reduziert wird:

$$\gamma = a = \frac{\alpha b}{L_1}. \tag{34.4}$$

Für die praktische Anwendung am häufigsten gebraucht wird eine Formel, die man aus Gl. (34.4) leicht ableiten kann und die die Abgleitung angibt, welche N Versetzungen pro Volumeneinheit desselben Gleitsystems mit der Versetzungsstärke b hervorrufen, wenn sie eine Fläche F ihrer Gleitebene überstreichen. Sie lautet

$$a = N F b. \tag{34.5}$$

Die Diskussion der Gleitfläche bezog sich nur auf konservative Bewegungen. Auf den Mechanismus der nichtkonservativen Bewegungen, das sog. Klettern, werden wir in Ziff. 43 näher eingehen.

35. Der Charakter der Versetzungen. Stufenversetzungen und Schraubenversetzungen. Wir betrachten zunächst geradlinige Versetzungen. Vom Standpunkt unserer bisherigen Diskussion ist eine Versetzung durch die Angabe des Burgers-Vektors und des räumlichen Verlaufs der Linie bestimmt. Man kann jedoch, wenn man von der kristallographischen Orientierung der Versetzung absieht, eine geradlinige Versetzung schon allein durch die Angabe des Winkels zwischen Burgers-Vektor $\mathfrak{b}$ und einem Einheitsvektor $\mathfrak{s}$ in Richtung der Versetzungslinie[1] kennzeichnen. Leibfried und Dietze[2] nennen eine Versetzungslinie eine γ-Versetzung, wenn die Gleichung

$$\mathfrak{b} \cdot \mathfrak{s} = b \cdot \sin \gamma \tag{35.1}$$

gilt. Als einfache Grenzfälle betrachten wir 0°- und 90°-Versetzungen.

Eine 0°-Versetzung ist in Fig. 2a gezeichnet (man hat sich das Bild periodisch senkrecht zur Zeichenebene fortgesetzt zu denken). In diesem speziellen Fall sind Burgers-Vektor und Versetzungslinie parallel zu je einer Würfelkante des kubisch primitiven Gitters. Man sieht, daß man eine 0°-Versetzung durch Einfügen einer im Kristallinnern endigenden Netzebene[3] erzeugen kann. Folgt man einer solchen eingeschobenen Netzebene, so befindet sich die Versetzungslinie dort, wo man in einer *Stufe* in eine benachbarte Netzebene überzugehen hat. Man nennt deshalb 0°-Versetzungen allgemein *Stufenversetzungen* (engl. *edge-dislocations*).

Für Stufenversetzungen haben sich die folgenden beiden Abkürzungen in graphischen Darstellungen eingeführt:

$$\perp = \nabla. \tag{35.1}$$

Das Zeichen $\perp$ ist so zu verstehen, daß der waagrechte durchgehende Strich die Lage der Gleitebene, der darauf endigende senkrechte Strich die Stellung der eingeschobenen Ebene angeben soll. Stufenversetzungen mit entgegengesetzt gleichen Burgers-Vektoren haben also den senkrechten Strich in Gl. (35.1) auf verschiedenen Seiten. Entsprechendes gilt für das Zeichen ∇, bei dem wiederum der lange waagrechte Strich die Lage der Gleitebene angeben soll, bei dem jedoch

---

[1] In der hier benützten Bezeichnungsweise ist dieser Winkel $90° - \gamma$.
[2] G. Leibfried u. H.-D. Dietze: Z. Physik **131**, 113 (1951).
[3] Dies gilt speziell für den vorliegenden Fall. In anderen Fällen von 0°-Versetzungen hat man mehrere parallele Ebenen einzuschieben (vgl. Ziff. 42, insbesondere Fig. 57a, 59a und 60a).

die Spitze des Dreiecks nach der Seite zeigt, auf der eine Netzebene fehlt (in Analogie zu der keilförmigen Auflockerung der Kristallstruktur auf dieser Seite der Versetzung). Es ist also

$$\top = \triangle. \tag{35.2}$$

Das Bild einer 90°-Versetzung (ebenfalls kubisch-primitives Gitter, Versetzungslinie und BURGERS-Vektor parallel zur Würfelkante) ist in Fig. 44 dargestellt. Wie man sieht, bilden die Netz-„Ebenen" eine in sich zusammenhängende Schraubenfläche mit der Versetzungslinie als Schraubenachse und der Versetzungsstärke b als Ganghöhe. Aus diesem Grunde nennt man eine 90°-Versetzung eine *Schraubenversetzung* (engl. *screw-dislocation*).

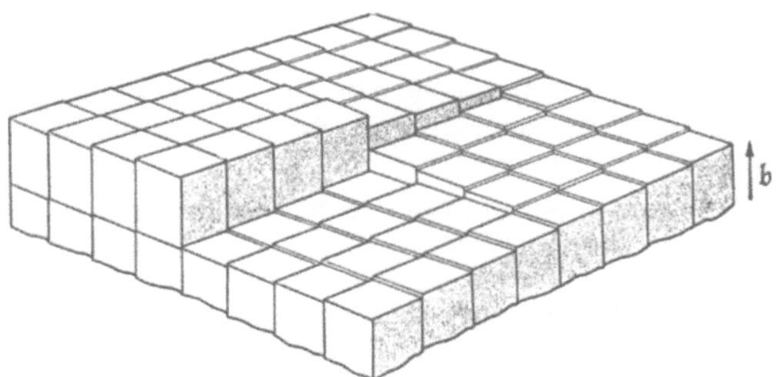

Fig. 44. Schraubenversetzung im kubisch-primitivem Gitter. (Nach F. C. FRANK.)

Zur graphischen Darstellung von Schraubenversetzungen verwenden wir die Zeichen

$$\otimes \quad \text{und} \quad \odot,$$

je nachdem, ob der BURGERS-Vektor in die Zeichenebene hineinzeigt (gefiederter Pfeil) oder herausweist (Pfeil mit Spitze).

Historisch wurde zuerst die Stufenversetzung in der Theorie der plastischen Verformung benützt[1-3]. Erst im Jahre 1939 führte J. M. BURGERS [60] die Schraubenversetzung in die Diskussion ein und zeigte, daß beide eben besprochenen Versetzungstypen nur spezielle Fälle einer allgemeinen, beliebig im Raum oder in der Ebene verlaufenden Versetzungslinie darstellen.

Es ist demnach richtiger, Stufenversetzungen und Schraubenversetzungen nicht als verschiedene Versetzungstypen, sondern als spezielle Orientierungen von Kristallversetzungen aufzufassen. Statt von der Orientierung der Versetzungslinie gegenüber ihrem BURGERS-Vektor spricht man auch (zur leichteren Unterscheidbarkeit von der Orientierung gegenüber dem Kristall) vom *Charakter* einer Versetzungslinie. Daß sich der Charakter einer gekrümmten Versetzungslinie längs der Linie im allgemeinen ändert, zeigt Fig. 45, in welcher der allmähliche Übergang von einem Versetzungsstück mit Stufencharakter in ein solches mit Schraubencharakter dargestellt ist. Ändert sich bei der Bewegung einer Versetzungslinie ihre geometrische Form, so ist damit im allgemeinen auch eine Änderung des Charakters jedes einzelnen Versetzungsstückes verbunden.

Aus der Definition der Schraubenversetzungen geht hervor, daß sie keine eindeutig bestimmte Gleitebene besitzen: Jede die Versetzungslinie enthaltende Ebene ist eine geometrisch mögliche Gleitebene. Trotzdem ist in der Regel eine

[1] G. I. TAYLOR: Proc. Roy. Soc. Lond. **145**, 362 (1934).
[2] E. OROWAN: Z. Physik **89**, 634 (1934).
[3] M. POLANYI: Z. Physik **89**, 660 (1934).

spezielle dieser Ebenen ausgezeichnet, die man dann als Gleitebene der Schraubenversetzung im engeren Sinne bezeichnet. Meistens ist diese Gleitebene diejenige der angrenzenden Versetzungsstücke, die ja einen gewissen Anteil Stufencharakter aufweisen und deshalb eine wohlbestimmte Gleitebene haben. Außerdem geht natürlich die Gleichwertigkeit aller Ebenen der durch die Versetzungslinie bestimmten Zone verloren, wenn man die Kristallstruktur in Betracht zieht. Man kann deshalb für viele Diskussionen annehmen, daß in einer bestimmten Kristallstruktur einer Schraubenversetzung ein diskreter Satz von Ebenen als Gleitebenen zur Verfügung steht.

Geht eine Schraubenversetzung von ihrer seitherigen Gleitebene auf eine neue über, so spricht man von *Quergleitung* (engl. *cross-slip*). Ein Beispiel für

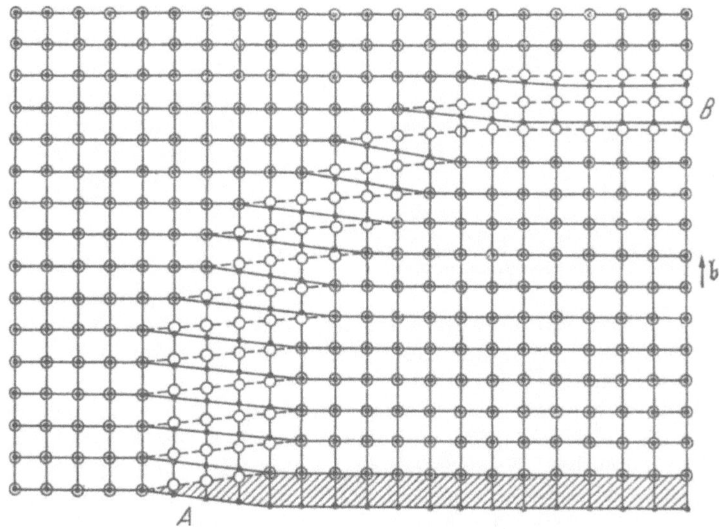

Fig. 45. Allmählicher Übergang von Stufenversetzung (*B*) zu einer Schraubenversetzung (*A*) bei einer Orientierungsänderung der Versetzungslinie. Ausgefüllte Kreise: Atome in Netzebene unmittelbar oberhalb der Gleitebene; offene Kreise: Atome in Netzebene unmittelbar unterhalb der Gleitebene (nach [53]).

Quergleitung gibt Fig. 42, in der ein Stück Versetzungslinie mit Schraubencharakter gezeichnet ist, das die Gleitfläche des Rests der Versetzung durch Wechsel seiner Gleitebene verlassen hat.

36. Versetzungsreaktionen.

In Ziff. 3 war gezeigt worden, daß unter den dort zugrunde gelegten Voraussetzungen [BURGERS-Umlauf verläuft ganz im guten Kristallgebiet — über andere Fälle (sog. Teilversetzungen) s. Ziff. 45] der BURGERS-Vektor immer ein Gittervektor im BRAVAISschen Translationsgitter der betreffenden Kristallstruktur ist. Es hat deshalb den Anschein, als ob man für jede Kristallstruktur eine ungeheuer große Anzahl verschiedener BURGERS-Vektoren und damit verschiedenartiger Versetzungen zu erwarten habe.

Daß dies nicht so ist, und daß man bei der Diskussion der in einem Kristall zu erwartenden Versetzungen mit einer endlichen Zahl von BURGERS-Vektoren auskommt, liegt an der Möglichkeit von *Versetzungsreaktionen*. Ein Beispiel einer Versetzungsreaktion ist folgendes: Zwei parallele Versetzungslinien mit den BURGERS-Vektoren $\mathfrak{b}_1$ und $\mathfrak{b}_2$, welche auf derselben Gleitebene oder auch auf zwei sich schneidenden verschiedenen Gleitebenen gelegen sind, können zu einer einzigen Versetzungslinie mit dem BURGERS-Vektor

$$\mathfrak{b}_3 = \mathfrak{b}_1 + \mathfrak{b}_2 \tag{36.1}$$

zusammentreten (Fig. 46). Außer einer solchen Vereinigung zweier Versetzungslinien zu einer einzigen sind auch andere Arten von Versetzungsreaktionen möglich, z.B. die Dissoziation einer Versetzung in zwei oder mehrere Versetzungen und Umlagerungen von mehreren Versetzungen nach dem Schema

$$\mathfrak{b}_1 + \mathfrak{b}_2 \rightleftharpoons \mathfrak{b}_3 + \mathfrak{b}_4 \tag{36.2}$$

oder in noch komplizierterer Weise.

Im allgemeinen sind die auf beiden Seiten einer solchen Reaktionsgleichung stehenden Versetzungen energetisch nicht gleichwertig. Der Grund dafür ist, daß jede Versetzungslinie eine gewisse Energie besitzt (im allgemeinen pro Längeneinheit der Linie gerechnet), die in ziemlich komplizierter Weise vom BURGERS-Vektor, von der Orientierung und dem Charakter der Versetzung und von den anisotropen elastischen Konstanten des Kristalls abhängt. Auf die genaue Form dieser Abhängigkeit in einigen Spezialfällen werden wir in Ziff. 75 näher eingehen. Es wird sich dabei zeigen, daß die Abhängigkeit der Versetzungsenergie von den

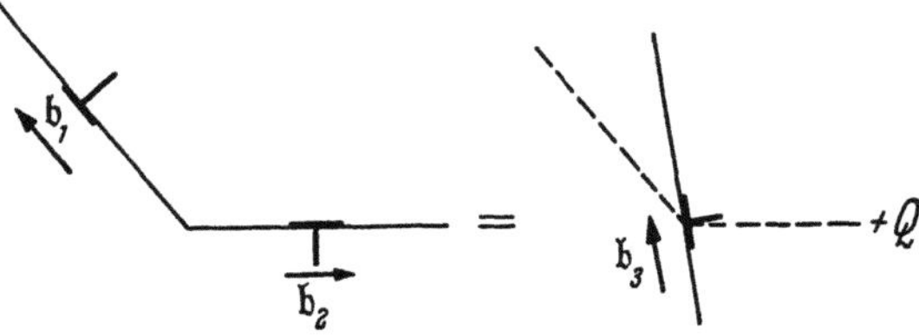

Fig. 46. Beispiel einer Versetzungsreaktion. Die beiden Versetzungslinien mit BURGERS-Vektoren $\mathfrak{b}_1$ und $\mathfrak{b}_2$ lagern sich zu einer einzigen Versetzungslinie mit BURGERS-Vektor $\mathfrak{b}_3$ zusammen. Dabei tritt eine „Energietönung" (proportional zu Q) auf.

oben aufgezählten Faktoren schwach ist, mit Ausnahme derjenigen von der Versetzungsstärke b, und daß die Energie einer Versetzung proportional zum Quadrat des BURGERS-Vektors ist.

Man kann sich somit nach einem Vorschlag von F. C. FRANK[1] einen Überblick über die relative Größe und das Vorzeichen der bei einer Versetzungsreaktion auftretenden „Energietönung" verschaffen, indem man die Energie jeder einzelnen Versetzung proportional b^2 annimmt und voraussetzt, daß die Partner auf jeder Seite der Reaktionsgleichung vor und nach der Reaktion räumlich so weit voneinander getrennt sind, daß sie keine energetische Wechselwirkung miteinander aufweisen. Die Energiebilanz für die Reaktion Gl. (36.2) lautet dann

$$b_1^2 + b_2^2 \rightleftharpoons b_3^2 + b_4^2 + Q, \tag{36.3}$$

wo Q proportional der beim Ablauf der Reaktion von links nach rechts freiwerdenden Energie ist.

Im Falle der Gl. (36.1) kann man die Energietönung beim Zusammentreten von $\mathfrak{b}_1$ und $\mathfrak{b}_2$ zu $\mathfrak{b}_3$ explizit angeben; sie berechnet sich aus der Gleichung

$$\mathfrak{b}_1^2 + \mathfrak{b}_2^2 = (\mathfrak{b}_1 + \mathfrak{b}_2)^2 + Q \tag{36.4}$$

zu

$$Q = -2\,\mathfrak{b}_1 \cdot \mathfrak{b}_2. \tag{36.5}$$

Aus Gl. (36.5) ersieht man, daß in der hier verwendeten Näherung zwei parallele Versetzungslinien sich anziehen, wenn ihre BURGERS-Vektoren einen stumpfen Winkel miteinander bilden, und daß sie sich abstoßen, wenn sie einen spitzen Winkel miteinander bilden. Indifferentes Gleichgewicht herrscht dann, wenn die beiden BURGERS-Vektoren aufeinander senkrecht stehen. Offensichtlich bildet diese' Faustregel die vektorielle Verallgemeinerung der aus der Elektrizitätslehre bekannten Regel, daß gleichgerichtete Ströme sich abstoßen und entgegengesetzt gerichtete sich anziehen.

[1] F. C. FRANK: Physica, Haag 15, 131 (1949).

37. Stabile Versetzungen. Gl. (36.5) kann als Stabilitätskriterium für Versetzungen mit großen BURGERS-Vektoren verwendet werden. Läßt sich ein BURGERS-Vektor $\mathfrak{b}_3$ so in zwei geometrisch mögliche BURGERS-Vektoren $\mathfrak{b}_1$ und $\mathfrak{b}_2$ zerlegen, daß das Produkt $\mathfrak{b}_1 \cdot \mathfrak{b}_2$ positiv ist, so sagt man, daß die Versetzung mit dem BURGERS-Vektor $\mathfrak{b}_3$ *instabil* gegenüber der Dissoziation in zwei Versetzungen mit den BURGERS-Vektoren $\mathfrak{b}_1$ und $\mathfrak{b}_2$ ist. Wegen des mit dieser Dissoziation verbundenen Energiegewinns darf man annehmen, daß solche instabilen Versetzungen in Wirklichkeit nicht auftreten. Ist eine derartige Zerlegung auf keine Weise möglich, so bezeichnet man die Versetzung als *stabil*. Außerdem gibt es noch den Fall unentschiedener Stabilität, bei dem $\mathfrak{b}_1 \cdot \mathfrak{b}_2 = 0$ ist. In diesem Falle hängt es von den in unserer Betrachtung vernachlässigten Einflüssen und insbesondere von den am Versetzungsorte wirkenden elastischen Spannungen ab, ob eine Dissoziation eintritt oder nicht.

Man sieht, daß die Beschränkung auf stabile Versetzungen die Zahl der in einer Kristallstruktur möglichen BURGERS-Vektoren sehr stark einschränkt. Wir werden nunmehr für die wichtigsten Strukturen (s. Fig. 47) die möglichen stabilen BURGERS-Vektoren aufzählen. Dabei soll die Länge des Elementarwürfels bei den kubischen Strukturen mit a, der Abstand nächster Nachbarn in der Basisebene des hexagonalen Gitters mit a und die Höhe der hexagonalen Elementarzelle mit c bezeichnet werden.

α) *Translationsgitter kubisch primitiv.* Hierher gehören das kubisch primitive Gitter (zumindest näherungsweise realisiert bei Po) und die CsCl-Struktur. Die kürzesten BURGERS-Vektoren sind $\langle 100 \rangle$ mit der Länge $b = a$. Die Stabilität der BURGERS-Vektoren $\langle 110 \rangle$ (Länge $b = a\sqrt{2}$) gegenüber einer Dissoziation in zwei Vektoren vom Typ $\langle 100 \rangle$ und der BURGERS-Vektoren $\langle 111 \rangle$ (Länge $b = a \cdot \sqrt{3}$) gegenüber einer Dissoziation in drei Vektoren vom Typ $\langle 100 \rangle$ oder in ein Paar $\langle 100 \rangle$ und $\langle 110 \rangle$ ist unentschieden. Alle anderen möglichen BURGERS-Vektoren sind instabil gegenüber einer Dissoziation in die schon aufgeführten Vektoren.

β) *Translationsgitter kubisch raumzentriert.* Kürzeste mögliche BURGERS-Vektoren sind $\frac{1}{2}\langle 111 \rangle$ mit der Länge $b = \frac{1}{2}\sqrt{3} \cdot a$. Nächst-längere BURGERS-Vektoren sind $\langle 100 \rangle$ mit der Länge $b = a$. Die aufgeführten BURGERS-Vektoren sind stabil, alle weiteren möglichen BURGERS-Vektoren sind instabil. Strukturen mit kubisch raumzentriertem Translationsgitter stellen den einzigen möglichen Fall kubischer Strukturen dar, in dem BURGERS-Vektoren verschiedener Länge stabil sind.

γ) *Translationsgitter kubisch flächenzentriert.* Hierher gehören das kubischflächenzentrierte Gitter, das NaCl-Gitter und das Zinkblende- (Diamant-) Gitter. Die kürzesten BURGERS-Vektoren sind $\frac{1}{2}\langle 110 \rangle$ mit der Länge $b = \dfrac{a\sqrt{2}}{2}$. Die nächst-längeren BURGERS-Vektoren sind $\langle 100 \rangle$ mit der Länge $b = a$. Ihre Stabilität gegenüber einer Dissoziation in ein Paar vom Typus $\frac{1}{2}\langle 110 \rangle$ ist unentschieden. Alle weiteren BURGERS-Vektoren sind instabil.

δ) *Translationsgitter hexagonal.* Wir betrachten in erster Linie die hexagonale dichteste Kugelpackung. Auf die anderen hexagonalen Strukturen (z.B. Wurtzit-Struktur, Ni—As-Struktur u. a. m.) gehen wir nicht ein. Die kürzesten BURGERS-Vektoren sind diejenigen, die zu nächsten Nachbarn in der Basisebene hinweisen, nämlich $\frac{1}{3}\langle 11\bar{2}0 \rangle$ mit Länge $b = a$. Weitere stabile BURGERS-Vektoren sind [0001] mit der Länge $b = c$. Die Stabilität der BURGERS-Vektoren $\frac{1}{3}\langle 11\bar{2}3 \rangle$ mit der Länge $b = \sqrt{a^2 + c^2}$ gegenüber einer Dissoziation in einen Vektor vom

Typ $\frac{1}{3}\langle11\bar{2}0\rangle$ und einen vom Typ $\langle0001\rangle$ ist unentschieden. Alle anderen möglichen Burgers-Vektoren sind instabil.

Man hat also im hexagonalen Gitter zwei verschiedene Arten von Burgers-Vektoren, die, da sie orthogonal zueinander sind, keine stabilen Kombinationen

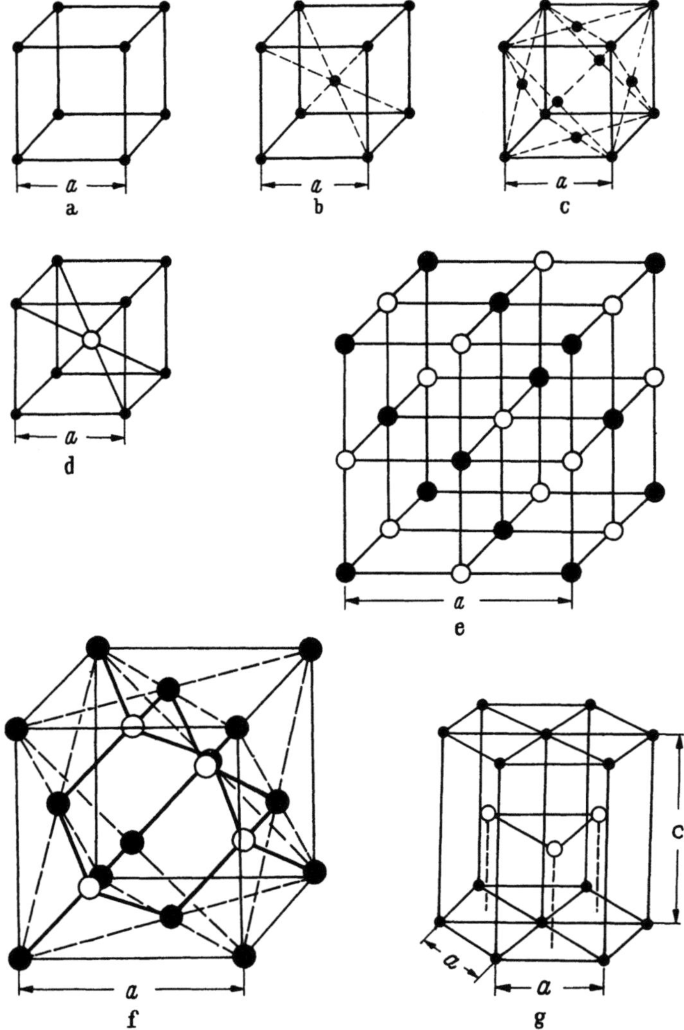

Fig. 47 a—g. Die wichtigsten Kristallstrukturen. a Kubisch-primitives Gitter, b kubisch-raumzentriertes Gitter; c kubisch-flächenzentriertes Gitter; d CsCl-Typus; e NaCl-Typus; f Zinkblende-Struktur (wenn nur eine Art von Atomen vorhanden ist: Diamant-Struktur); g hexagonale dichteste Kugelpackung.

miteinander bilden können. Wir bezeichnen Versetzungen mit Burgers-Vektoren $\frac{1}{3}\langle11\bar{2}0\rangle$ als a-Versetzungen, solche mit Burgers-Vektoren [0001] als c-Versetzungen.

Die Diskussion der vorstehenden Beispiele hat ergeben, daß man in den meisten Strukturen nur solche stabile Versetzungen zu erwarten hat, deren Burgers-Vektoren nächste Nachbarn im Translationsgitter verbinden, die also in die Richtung dichtest gepackter Gittergeraden zeigen. In den beiden Translationsgittern, in denen noch Versetzungen mit einem zweiten Satz von Burgers-

Vektoren stabil sind (kubisch-raumzentriertes und hexagonales Translationsgitter) besitzen diese eine wesentlich höhere Energie, so daß sie aus energetischen Gründen wohl seltener auftreten werden. Nach der Versetzungstheorie der plastischen Verformung (s. den Artikel über Kristallplastizität in diesem Bande) ist die makroskopisch zu beobachtende Gleitrichtung parallel zur Richtung des BURGERS-Vektors der beim Gleiten sich bewegenden Versetzungen. Bis jetzt wurde — von theoretisch verständlichen Ausnahmen abgesehen — in allen untersuchten plastisch verformbaren Kristallstrukturen die dichtest besetzte Richtung im zugehörigen BRAVAIS-Gitter als Gleitrichtung gefunden, so daß der empirische Befund mit der obigen Diskussion im Einklang ist.

38. Die Gleitebene. Die Diskussion des zweiten Bestimmungsstückes einer Versetzung, die nicht zufällig einen reinen Schraubencharakter hat, der Gleitebene, ist leider wesentlich schwieriger als diejenige des BURGERS-Vektors. Die Energie einer Versetzung hängt *indirekt* von der Lage der Gleitebene ab und zwar über die Anisotropie der elastischen Eigenschaften und die Fehlordnungsenergie im Versetzungszentrum. Wir werden diese Verhältnisse an Hand einiger Beispiele in Ziff. 75 erörtern. Diese energetische Abhängigkeit ist jedoch im allgemeinen nicht so ausgeprägt wie diejenige von der Versetzungsstärke, so daß man bis jetzt nur in wenigen Fällen definierte theoretische Angaben über die bevorzugte Gleitebene machen kann.

Die Beobachtung der makroskopischen Gleitebenen, die nach der Versetzungstheorie der plastischen Verformung mit den Gleitebenen der bei der Verformung sich bewegenden Versetzungen übereinstimmen, ergibt experimentelle Aussagen über die Gleitebenen der Versetzungen. In vielen Fällen werden in derselben Kristallstruktur mehrere kristallographisch ungleichwertige Gleitebenen beobachtet (im kubisch-raumzentrierten Gitter z.B. {110}, {112}, {123}), so daß sich die theoretische Unsicherheit auch in den Experimenten widerspiegelt. Im Falle der kubisch-flächenzentrierten Metalle und der hexagonalen Metalle Zn, Cd und Mg ist jedoch experimentell gesichert, daß die dichtest gepackten Ebenen dieser Strukturen (also {111} und (0001)) die Hauptrolle als Gleitebenen spielen. Der größte Teil unserer detaillierten Ausführungen über Struktur und Energetik der Versetzungen in diesen beiden, praktisch wohl wichtigsten metallischen Strukturen wird sich deshalb mit Versetzungen der Gleitebenen {111} bzw. (0001) befassen.

39. Versetzungsknoten. Als Versetzungsknoten bezeichnet man eine Stelle, an der mehrere Versetzungslinien mit lauter verschiedenen BURGERS-Vektoren zusammentreffen. Die wichtigste Eigenschaft der an einem Knoten zusammenlaufenden Versetzungslinien ist schon als Gl. (33.1) abgeleitet worden.

In manchen Fällen ist überhaupt kein Versetzungsknoten möglich. Beispiele hierfür bilden die Strukturen mit kubisch primitivem BRAVAIS-Gitter, sofern wir uns, wie man es für die Diskussion der Verhältnisse in wirklichen Kristallen wohl muß, auf die stabilen Versetzungen mit BURGERS-Vektoren ⟨100⟩ beschränken. In diesem Fall muß nämlich für jede zum Knoten hinführende Versetzung auch eine mit demselben BURGERS-Vektor weglaufen, so daß man nach obiger Definition keinen Knoten erhält. Der Grund dafür ist, daß die Vektoren ⟨100⟩ alle entweder orthogonal oder antiparallel zueinander sind, so daß man nicht durch Linearkombination von [100] und [010] den Vektor [001] aufbauen kann. Wegen der Orthogonalität von [0001] zu den in der Basisebene des hexagonalen Gitters liegenden Vektoren gilt entsprechendes für Knoten in hexagonalen Strukturen unter Beteiligung von **c**-Versetzungen: sofern man sich auf stabile Versetzungen beschränkt, sind sie unmöglich. Dagegen gibt es stabile

Knoten zwischen a-Versetzungen allein, z.B. den Dreierknoten, an dem sich Versetzungen mit den Burgers-Vektoren [wir verwenden für die folgenden Beispiele die Vorzeichenkonvention von Gl. (33.1)]

$$\tfrac{1}{3}[11\bar{2}0], \quad \tfrac{1}{3}[1\bar{2}10], \quad \tfrac{1}{3}[\bar{2}110] \tag{39.1}$$

treffen. Wir nennen ferner als Beispiele für Dreierknoten im kubisch-flächenzentrierten Gitter

$$\tfrac{1}{2} \cdot [110], \quad \tfrac{1}{2} \cdot [\bar{1}01], \quad \tfrac{1}{2} \cdot [0\bar{1}\bar{1}], \tag{39.2}$$

im kubisch-raumzentrierten Gitter

$$\tfrac{1}{2} \cdot [11\bar{1}], \quad \tfrac{1}{2} \cdot [1\bar{1}1], \quad [\bar{1}00], \tag{39.3}$$

und als Beispiel für einen Viererknoten im kubisch-raumzentrierten Gitter

$$\tfrac{1}{2} \cdot [111], \quad \tfrac{1}{2} \cdot [\bar{1}1\bar{1}], \quad \tfrac{1}{2} \cdot [\bar{1}\bar{1}1], \quad \tfrac{1}{2} \cdot [1\bar{1}\bar{1}]. \tag{39.4}$$

Neben der Frage der Existenz der Knoten interessiert vor allem die Frage ihrer Beweglichkeit. Für deren Diskussion beschränken wir uns auf Dreierknoten (die Erweiterung auf Viererknoten ist unschwer durchzuführen) sowie auf den Fall so tiefer Temperaturen, daß nichtkonservative Bewegungen ausgeschlossen sind und wir nur Gleitbewegungen der einzelnen Versetzungslinien zu betrachten brauchen. Um jeder Versetzung unabhängig von Zusatzüberlegungen eine eindeutig bestimmte Gleitebene zuschreiben zu können, schließen wir den Fall aus, daß eine der drei Versetzungen eine reine Schraubenversetzung ist.

Im allgemeinsten Falle werden die drei Versetzungslinien drei verschiedene Gleitebenen haben. Im kubisch-flächenzentrierten Gitter ist dies auch dann möglich, wenn nur Gleitebenen der Form {111} zugelassen sind, wie man aus der zu Beispiel (39.2) gehörigen Gleitebenen-Zuordnung

$$(1\bar{1}1), \quad (111), \quad (11\bar{1}) \tag{39.5}$$

ersehen kann. Entsprechendes kann natürlich nicht für die hexagonale dichteste Kugelpackung gelten. Wenn hier als Gleitebenen nur Basisebenen auftreten sollen, so müssen alle Versetzungen des Beispiels (39.1) dieselbe Gleitebene haben.

Wenn die drei an einem Knoten sich treffenden Versetzungen lauter verschiedene Gleitebenen aufweisen, so haben diese nur einen einzigen Punkt, eben den Knotenpunkt, gemeinsam, so daß sich dieser nicht durch Gleiten bewegen kann. Wirkt auf den Kristall eine Schubspannung, so wird zwar ein solcher Knoten festbleiben, doch werden sich die an ihm endigenden Versetzungslinien in Bewegung setzen. Dabei kann es natürlich sein, daß ein genügend langes Stück einer dieser Versetzungen reinen Schraubencharakter bekommt, durch Quergleitung auf die Gleitebene einer der beiden anderen Versetzungen übergeht und so die Unbeweglichkeit des Knotenpunktes aufhebt. Die Wahrscheinlichkeit für diesen Prozeß hängt von Kristallstruktur, äußerer Spannung und anderem mehr ab und muß in jedem einzelnen Falle gesondert diskutiert werden.

Die Diskussion der verbleibenden Möglichkeiten ist einfach: haben die drei Versetzungen insgesamt nur zwei verschiedene Gleitebenen, wie dies im Falle des Beispiels (39.2) bei der Gleitebenenzuordnung

$$(1\bar{1}1), \quad (1\bar{1}1), \quad (11\bar{1}) \tag{39.6}$$

zutrifft, so kann sich der Knoten längs der Schnittgeraden der beiden Gleitebenen, im vorliegenden Beispiel also parallel zur Richtung [011] bewegen. Haben schließlich alle drei Versetzungen eine gemeinsame Gleitebene [im Beispiel (39.2) wäre dies die $(1\bar{1}1)$-Ebene], so ist der Knotenpunkt in dieser Ebene frei beweglich.

40. Versetzungsquellen. Unbewegliche Versetzungsknoten sind von großer Bedeutung für die Grundlagen der Versetzungstheorie der plastischen Verformung. Der Grund dafür ist, daß ein Kristall, der Versetzungslinien enthält, einer äußeren Schubspannung dadurch nachgibt, daß er sich durch die Bewegung der Versetzungen plastisch verformt. Wäre nicht ein Teil der im Kristallinnern vorhandenen Versetzungslinien unbeweglich, so würden schon nach kleinen Verformungen alle Versetzungen an die Kristalloberfläche gelangt sein

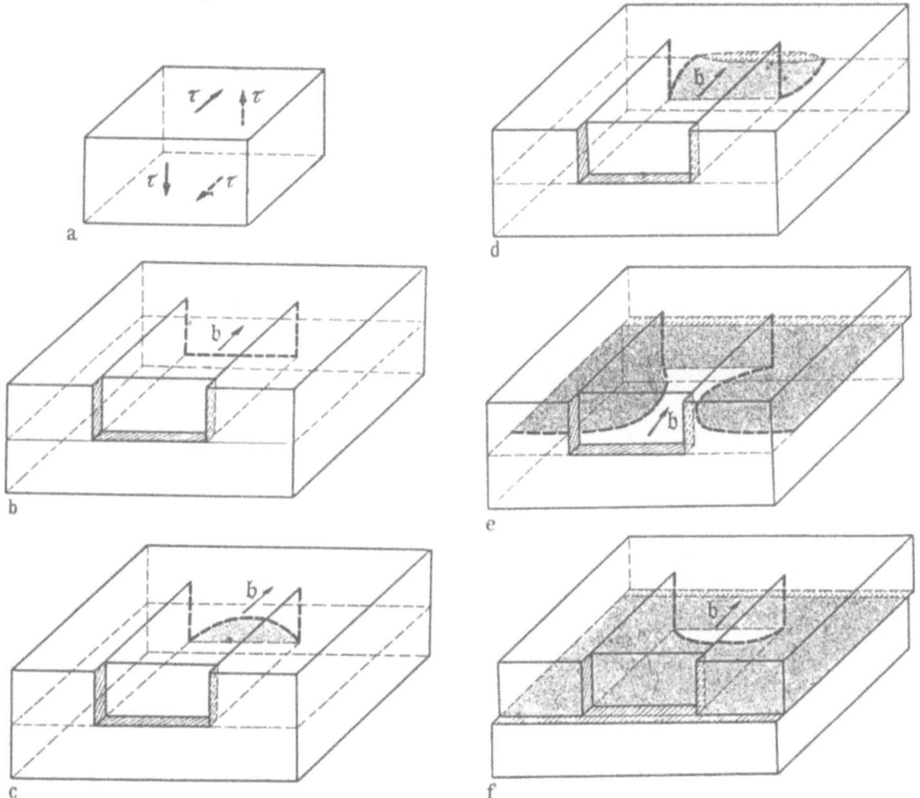

Fig. 48a—f. Beispiel für eine FRANK-READ-Quelle. Unter der Wirkung der in a gezeichneten Schubbeanspruchung setzt sich ein Teil der in b gezeichneten U-förmigen Versetzungslinie in Bewegung. Wie c—f zeigen, wird dabei eine endliche Abgleitung erzeugt, aber der ursprüngliche Zustand der Versetzungslinie wieder hergestellt.

und der Kristall die theoretische Schubfestigkeit zurückerhalten haben. Dieses Verhalten wird jedoch in keinem Falle beobachtet; auch dann nicht, wenn nach den obigen Darlegungen gar keine unbeweglichen Knoten vorhanden sein sollten. Man wird somit zu der Anschauung geführt, daß es noch eine zweite Art von Bewegungsbehinderung für Versetzungen geben muß. Die nächstliegende und wohl auch zutreffende Vermutung hierzu ist, daß ein gewisser Teil der Versetzungen andere Gleitebenen als die makroskopisch beobachtbaren besitzt. Die Beweglichkeit dieser Versetzungen kann jedoch so gering sein, daß sie unter den praktisch auftretenden Spannungen sich nicht bewegen und somit als die benötigten Verankerungen wirken können[1].

---

[1] Diese Verhältnisse werden in Ziff. 72 näher diskutiert werden. Dort wird auch ein Maß für die Beweglichkeit einer Versetzungslinie, die sog. PEIERLS-Spannung, eingeführt werden.

F. C. Frank und W. T. Read[1] haben gezeigt, wie man beim Vorhandensein solcher Verankerungspunkte mit einer einzigen Versetzungslinie sehr große Abgleitungen erhalten kann. Fig. 48b zeigt einen Kristall, der eine U-förmige Versetzungslinie enthält. Die beiden senkrechten Stücke der gezeichneten Stufenversetzung sollen unbeweglich sein, dagegen soll die horizontale Stufenversetzung unter der Wirkung der in Fig. 48a dargestellten Schubbeanspruchung gleiten können. In Fig. 48c hat sich diese Versetzung etwas ausgebaucht, in Fig. 48d hat sie den Kristallrand erreicht und eine Gleitstufe auf der Kristalloberfläche erzeugt. In Fig. 48e ist bereits der größte Teil der Gleitebene von der Versetzung überstrichen. Schließlich werden sich die beiden Zweige der Versetzungslinie wieder vereinigen und nur noch ein kurzes Versetzungsstück zurücklassen (Fig. 48f), so daß die ursprüngliche Versetzungsanordnung im wesentlichen wieder hergestellt ist. Der Kristall ist jedoch im Laufe der geschilderten Versetzungsbewegung

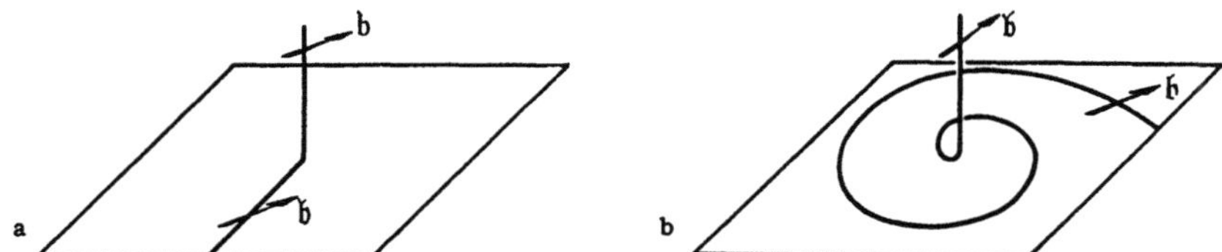

Fig. 49a u. b. Ein besonders einfacher Fall einer Frank-Read-Quelle mit einer L-förmigen Versetzung.

längs der Gleitebene um die Strecke b abgeglitten. Da sich dieser Prozeß jedoch sehr viele Male wiederholen kann, stellt der von Frank und Read angegebene Mechanismus eine Möglichkeit dafür dar, wie eine Versetzungslinie sehr große Abgleitungen auf einer einzigen Gleitebene erzeugen kann. Die betreffende Versetzungsanordnung bezeichnen wir als „ebene Frank-Read-Quelle". Nach heutiger Auffassung hat man in diesem Mechanismus und seinen Abwandlungen, auf die wir sogleich eingehen werden, die Ursache für die in Metallen zu beobachtende große, oft viele 100% betragende Verformbarkeit zu erblicken. Derartige Anordnungen, die, von einer begrenzten ursprünglichen Länge der Versetzungen ausgehend, die Möglichkeit zu großen Abgleitungen geben, nennt man *Versetzungsquellen.*

Eine Abart des in Fig. 48 dargestellten Mechanismus, die ebenfalls von F. C. Frank und W. T. Read[1] schon betrachtet wurde, stellt eine L-förmige an Stelle einer U-förmigen Versetzung dar. Hier kann, wenn die Beweglichkeiten der Versetzungen geeignet sind, der eine Arm des L um den anderen als Achse rotieren und auf diese Weise sich zu einer Spirale aufwinden (Fig. 49). Solche L-förmige Versetzungen können auch während der Verformung gebildet werden, wenn sich Versetzungen mit gleichem Burgers-Vektor, aber verschiedenen Gleitebenen durchschneiden (Fig. 50)[2].

Eine weitere Möglichkeit zu Frank-Read-Quellen bilden natürlich unbewegliche Versetzungsknoten. In Fig. 51 sind zwei solche Knoten gezeichnet, die eine Folge von Versetzungsringen erzeugen und damit ebenso wirken können wie die U-Anordnung von Fig. 48[3].

---

[1] F. C. Frank u. W. T. Read: Phys. Rev. **79**, 722 (1950).

[2] Dieser von W. T. Read [*53*] besprochene Mechanismus ist eine besonders einfache Möglichkeit, Versetzungsquellen durch Gleitung auf sich schneidenden Ebenen zu erzeugen. Wegen weiterer Möglichkeiten s. E. Orowan [*10*], Kap. 3.

[3] Wenn der Kristall hinreichend weit ausgedehnt ist, so schließen sich auch bei der Anordnung Fig. 48 die beiden Versetzungsarme zusammen, bevor die Versetzung den Kristallrand erreicht hat. In diesem Fall sendet die Quelle natürlich ebenfalls eine Folge von Versetzungsringen aus.

Bei Versetzungsquellen, die von Versetzungs-Knoten gebildet werden, gibt es jedoch auch noch allgemeinere Möglichkeiten, auf die zuerst Cottrell und Bilby[1] hingewiesen haben. Fig. 51 ist nämlich insofern speziell, als die festen Arme der Versetzungsquelle Burgers-Vektoren aufweisen, die parallel zur Gleitebene der beweglichen Versetzung sind. Der allgemeine, von Cottrell und Bilby betrachtete Fall ist, daß die Burgers-Vektoren der festen Arme eines Dreierknotens (von Cottrell und Bilby „Pol-Versetzungen" genannt) eine Komponente senkrecht zur Gleitebene der umlaufenden Versetzung aufweisen. Wie in Fig. 52 angegeben, benützen wir für die Diskussion die Konvention, daß alle Burgers-Umläufe vom Knoten aus gesehen im Gegenuhrzeigersinn stattfinden sollen.

Es gilt dann

$$\mathfrak{b}_1 + \mathfrak{b}_2 + \mathfrak{b}_3 = 0 \qquad (40.1)$$

und, wenn $\mathfrak{n}_1$ die Gleitebenennormale der Versetzung 1 bezeichnet,

$$\mathfrak{n}_1 \cdot \mathfrak{b}_2 + \mathfrak{n}_1 \cdot \mathfrak{b}_3 = 0. \qquad (40.2)$$

Umläuft die Versetzungslinie 1 die Polversetzung 2 im Sinne von deren Burgers-Umlauf, so verschiebt sie sich pro Umlauf senkrecht zu ihrer Gleitebene um die Strecke

$$(\mathfrak{n}_1 \cdot \mathfrak{b}_2)\,\mathfrak{n}_1 = -\,(\mathfrak{n}_1 \cdot \mathfrak{b}_3)\,\mathfrak{n}_1. \qquad (40.3)$$

Sie windet sich also jetzt nicht mehr wie in Fig. 49b zu einer ebenen, sondern zu einer räumlichen Spirale auf.

Betrachtet man Versetzungsquellen, bei denen wie in Fig. 53 zwei Versetzungsknoten als Verankerungspunkte dienen, so gibt es im wesentlichen zwei verschiedene Möglichkeiten:

1. Die Komponenten senkrecht zur Gleitebene der Versetzung 1 der entsprechenden Polversetzungen an beiden Knoten sind entgegengesetzt gleich, d.h.

$$\begin{aligned}(\mathfrak{n}_1 \cdot \mathfrak{b}_2^*) &= -\,(\mathfrak{n}_1 \cdot \mathfrak{b}_2^{**}) \\ &= -\,(\mathfrak{n}_1 \cdot \mathfrak{b}_3^*) = (\mathfrak{n}_1 \cdot \mathfrak{b}_3^{**}).\end{aligned} \right\} \qquad (40.4)$$

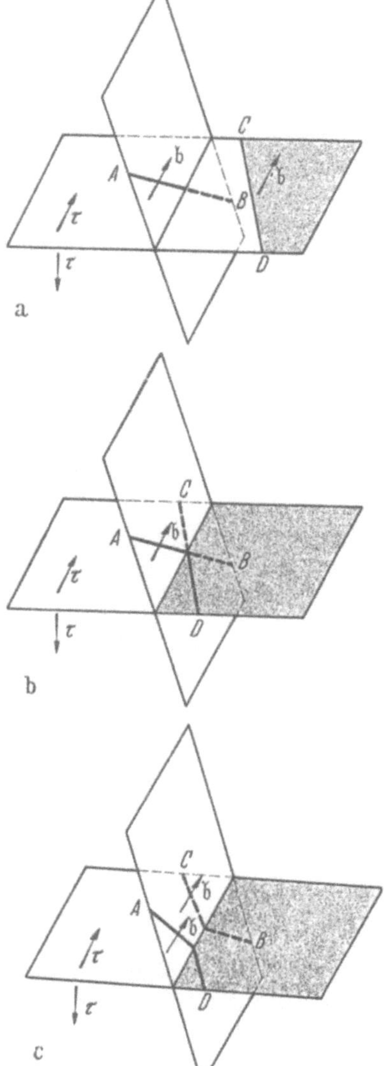

Fig. 50a—c. Bildung L-förmiger Versetzungsquellen beim Durchschneiden zweier Versetzungslinien mit gleichem Burgers-Vektor, aber verschiedenen Gleitebenen.

Dann bilden sich genau wie in Fig. 51 geschlossene Versetzungsringe in der Gleitebene der Versetzung 1. Eine solche Anordnung nennen wir, da die einzelnen Ringe nunmehr auf parallelen Ebenen liegen, eine „räumliche Frank-Read-Quelle"[2].

---

[1] A. H. Cottrell u. B. A. Bilby: Phil. Mag. **42**, 573 (1951).

[2] B. A. Bilby ([*13*], S. 124), der die relative Häufigkeit des Auftretens ebener und räumlicher Frank-Read-Quellen im kubisch-flächenzentrierten Gitter abgeschätzt hat, bezeichnet die räumlichen Frank-Read-Quellen als *Kegel-Quellen* (engl. cone sources).

2. Die eben bezeichneten Komponenten sind nicht entgegengesetzt gleich, also

$$(\mathfrak{n}_1 \cdot \mathfrak{b}_2^*) = - (\mathfrak{n}_1 \cdot \mathfrak{b}_3^*) \neq - (\mathfrak{n}_1 \cdot \mathfrak{b}_2^{**}) = (\mathfrak{n}_1 \cdot \mathfrak{l}_3^{**}). \tag{40.5}$$

In diesem Falle bilden sich um jeden der beiden Knoten herum wie in Fig. 52 Spiralen aus, die sich nicht durch Gleitbewegungen zu geschlossenen Ringen zusammenfügen können. Wir bezeichnen eine solche Versetzungsquelle als *Spiralquelle*.

Nimmt man an, daß in einem Kristall die Versetzungen netzwerkartig und in Versetzungsknoten zusammenhängend vorhanden sind (diese Annahme sollte

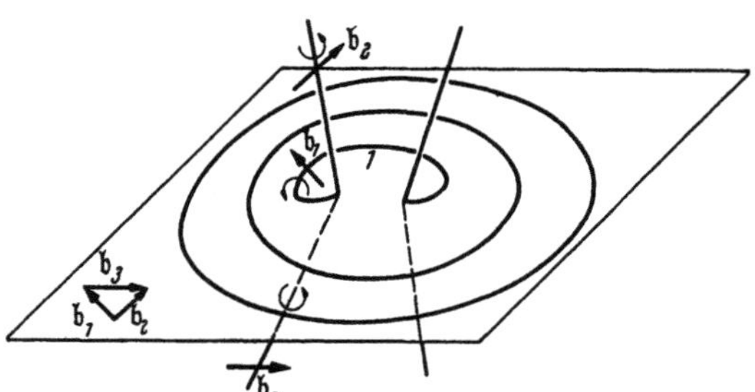

Fig. 51. Ebene Versetzungsquelle zwischen zwei Versetzungsknoten.

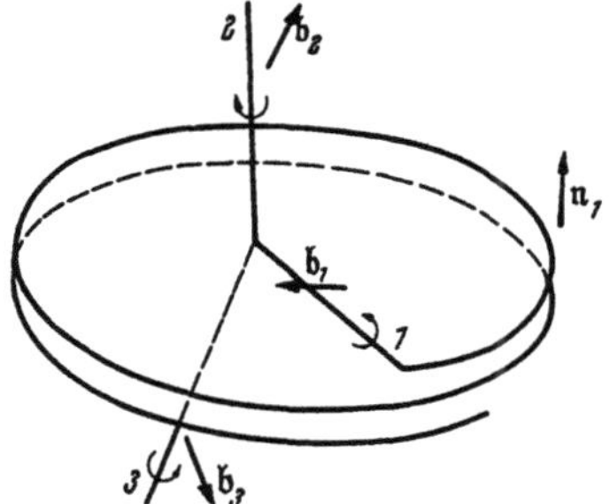

Fig. 52. L-förmige Versetzungsquelle mit Polversetzung. Sie erzeugt keine ebene, sondern eine räumliche Versetzungsspirale.

im kubisch-flächenzentrierten und im kubisch-raumzentrierten Gitter zutreffen), so kann man durch Abzählung der sich ergebenden Möglichkeiten feststellen,

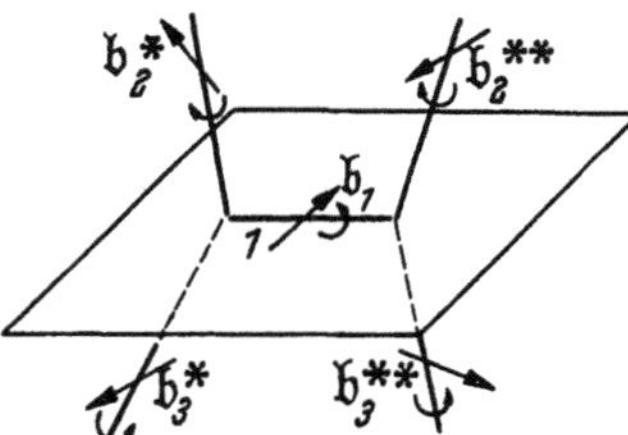

Fig. 53. Beispiel für eine Spiralquelle zwischen zwei Versetzungsknoten.

daß Spiral-Quellen und räumliche Frank-Read-Quellen wohl häufiger sind als ebene Frank-Read-Quellen.

Spiral-Quellen und räumliche Frank-Read-Quellen weisen einige charakteristische Unterschiede gegenüber ebenen Frank-Read-Quellen auf. Während letztere Anlaß zu extrem inhomogenen Abgleitungen geben, da ja auf einer einzigen Gleitebene sehr viele Versetzungsringe entstehen können, ergeben erstere eine „homogene" Abgleitung, weil bei ihnen die Gleitfläche schraubenflächenförmig gebaut ist und pro Ganghöhe der Schraubenfläche gerade eine Versetzungslinie die Gleitfläche überstreicht. Bei Vorgängen, bei denen homogene Scherungen beobachtet werden, z. B. Zwillingsbildungen und allotrope Umwandlungen, können deshalb Spiral-Quellen bzw. räumliche Frank-Read-Quellen eine wesentliche Rolle spielen[1-5] (vgl. Ziff. 98).

Die unterschiedlichen Auswirkungen der Versetzungs-Vervielfachung in Spiral-Quellen und in Frank-Read-Quellen (bei denen ja immer geschlossene Ringe entstehen) sind bis jetzt — abgesehen von dem oben erwähnten Unterschied zwischen homogener und inhomogener Abgleitung — verhältnismäßig wenig diskutiert worden[6]. Wir erwähnen zwei Möglichkeiten:

[1] A. H. Cottrell, u. B. A. Bilby: Phil. Mag. **42**, 573 (1951).
[2] N. Thompson, u. D. J. Millard: Phil. Mag. **43**, 422 (1952).
[3] A. Seeger: Z. Metallkde **44**, 247 (1953).
[4] B. A. Bilby: Phil. Mag. **44**, 782 (1953).
[5] Z. S. Basinski u. J. W. Christian: Phil. Mag. **44**, 791 (1953).
[6] Siehe jedoch B. A. Bilby: [*13*], S. 124. — T. Suzuki: Sci. Rep. Res. Justs Tôhoku Univ. A **6**, 309 (1954). — H. Suzuki: J. Phys. Soc. Jap. **9**, 531 (1954).

Bei einer aus zwei Versetzungsknoten gebildeten Spiral-Quelle können sich zwei Versetzungslinien mit entgegengesetztem Vorzeichen auf parallelen Netzebenen sehr nahe kommen und sich — entweder durch Quergleitung oder durch nichtkonservative Bewegungen — unter der Wirkung der zwischen ihnen herrschenden sehr starken anziehenden Kräfte annihilieren. In diesem Falle würde ebenfalls ein geschlossener Versetzungsring entstehen, der jedoch an einer Stelle von einer Gleitebene zu einer parallelen überspringen würde. Wie wir in Ziff. 42 zeigen werden, wird jedoch auch ein ursprünglich in einer einzigen Ebene E liegender Ring beim Durchschneiden von Versetzungslinien, die einen BURGERS-Vektor mit einer Komponente senkrecht zu E haben, solche „Sprünge" erhalten, so daß der prinzipielle Unterschied zwischen Spiral-Quellen und FRANK-READ-Quellen verloren geht.

Eine Möglichkeit, die bei Spiral-Quellen und bei räumlichen FRANK-READ-Quellen wahrscheinlicher ist als bei ebenen FRANK-READ-Quellen, ist, daß die sich ausbreitenden Versetzungsringe auf ein von einer zweiten Quelle kommendes Ringsystem treffen, das sich auf derselben oder auf einer benachbarten parallelen Gleitebene ausbreitet. Bei ebenen FRANK-READ-Quellen wird dies nur selten eintreten. Stammen die Versetzungen jedoch aus Spiral-Quellen oder räumlichen FRANK-READ-Quellen, so sind sie nicht mehr auf einzelne Ebenen konzentriert, sondern überstreichen ein gewisses Kristallvolumen, so daß die Wahrscheinlichkeit des Aufeinandertreffens größer ist. Es können in diesem Falle Versetzungsreaktionen zwischen Versetzungslinien verschiedener Quellen auftreten und sich auf diese Weise verschiedene Quellgebiete vereinigen.

41. Sprünge („jogs") in Versetzungslinien. Bei der Diskussion der Gleitfläche in Ziff. 34 waren Versetzungen betrachtet worden, die längs einer beliebigen Raumkurve verlaufen. Selbst wenn in einem unverformten Kristall zunächst solche allgemeine Versetzungslinien vorhanden wären, würde nach hinreichend starker plastischer Verformung des Kristalls ein anderer Versetzungsverlauf vorherrschen. Da ja die Gleitverformung des Kristalls überwiegend durch Gleitbewegungen der einzelnen Versetzungslinien erfolgt, liegen die bei der Verformung durch einen Quellenmechanismus neu gebildeten Versetzungsstücke fast alle in ihren Gleitebenen. Es wird jedoch dabei immer wieder vorkommen, daß eine Versetzungslinie von einer Gleitebene in eine dazu parallele benachbarte Gleitebene übergeht. Das Versetzungsstück, das gewissermaßen von einer Gleitebene auf die andere springt, wird als *Versetzungssprung* (engl. „dislocation jog") bezeichnet (vgl. Fig. 54).

Ein Versetzungssprung (kurz „Sprung" genannt) ist, wie aus obigem hervorgeht, ein Stück einer Versetzungslinie und besitzt somit denselben BURGERS-Vektor wie die übrigen Teile der Versetzung. Aus BURGERS-Vektor und Richtung des Sprungs (den wir in Zukunft der Einfachheit halber immer als geradlinig annehmen wollen) ergeben sich Gleitebene (die natürlich von der Gleitebene der übrigen Versetzung immer verschieden ist) und Charakter des Sprungs.

Bei den Bewegungen eines Sprungs hat man zwischen konservativen und nichtkonservativen Bewegungen gemäß Ziff. 34 zu unterscheiden. Die Wichtigkeit der Versetzungssprünge beruht vor allem auf ihrer Fähigkeit, nichtkonservative Bewegungen, die definitionsgemäß mit Volumänderungen verbunden sind, auszuführen. Atomistisch gesprochen bedeuten diese Volumänderungen Erzeugung entweder von Gitterlücken oder von Zwischengitteratomen. Ein Beispiel hierfür hatten wir schon in Ziff. 26, insbesondere in Fig. 34 kennengelernt. Der dort dargestellte Fall ist ein Sprung in einer Stufenversetzung im kubisch-primitiven Gitter. Der BURGERS-Vektor ist parallel zur y-Richtung.

Die Gleitebene des Sprungs steht also senkrecht auf der in Fig. 34 als Zeichenebene gewählten x—z-Ebene. Eine Bewegung des Sprungs in x-Richtung ist somit, da sie nicht in der Gleitebene erfolgt, eine nichtkonservative Bewegung. Wie wir in Ziff. 26 gesehen haben, werden dabei in der Tat je nach der Bewegungsrichtung Zwischengitteratome oder Gitterlücken erzeugt.

Die in Fig. 34 zugrunde gelegten Verhältnisse sind in Fig. 55 noch einmal schematisch dargestellt. Wie man sieht, bildet hier der Sprung in einer Stufenversetzung selbst wieder eine Stufenversetzung. In Fig. 56 ist schematisch angegeben, wie die in Fig. 44 dargestellte Schraubenversetzung im kubisch primitiven Gitter verlaufen würde, wenn sie einen Sprung enthielte. Auch hier hat

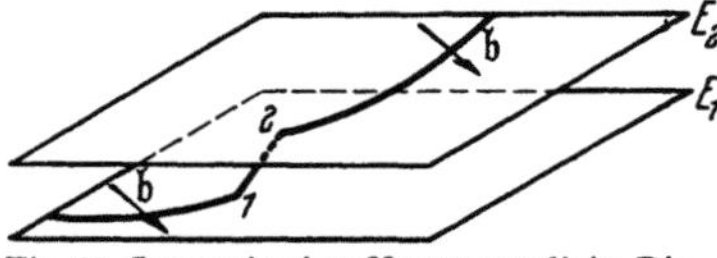

Fig. 54. Sprung in einer Versetzungslinie. Die Versetzung „springt" zwischen den Stellen 1 und 2 von einer Gleitebene E_1 auf eine dazu parallele Gleitebene E_2.

der Sprung reinen Stufencharakter. Betrachtet man allgemeinere Fälle als die bisherigen, insbesondere auch kompliziertere Kristallstrukturen, so enthalten Sprünge im allgemeinen auch einen gewissen Schraubencharakter. Sie können jedoch nie reinen Schraubencharakter besitzen und sind deswegen immer in der Lage, nichtkonservative Bewegungen auszuführen.

Man kann die nichtkonservativen, also mit Erzeugung von Zwischengitteratomen oder Leerstellen verbundenen Bewegungen von Sprüngen in zwei Klassen einteilen, je nachdem, ob die Versetzungslinie, in der sich der Sprung befindet, dabei selbst konservative oder nichtkonservative Bewegungen ausführt. Den

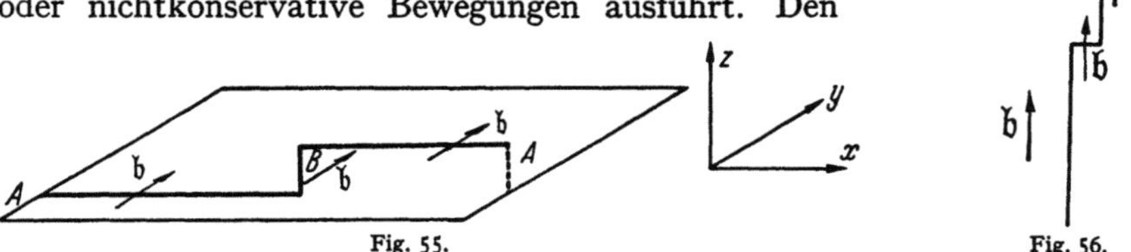

Fig. 55.

Fig. 56.

Fig. 55. Schematische Darstellung eines Sprungs in einer Stufenversetzung in kubisch-primitivem Gitter (vgl. Fig. 34).

Fig. 56. Schematische Darstellung eines Sprungs in einer Schraubenversetzung in kubisch-primitivem Gitter.

ersten Fall, der für Versetzungslinien mit überwiegendem Schraubencharakter typisch ist, werden wir in Ziff. 44, den zweiten Fall, das sog. Klettern der Stufenversetzungen, werden wir in Ziff. 43 behandeln.

42. Sprünge und Sprungbildung in speziellen Gittern. In Ziff. 26 wurden einige der wichtigsten Eigenschaften der Sprünge in Versetzungslinien besprochen und am Beispiel des kubisch-primitiven Gitters näher erläutert. Dieses Beispiel ist in mancherlei Hinsicht sehr speziell. Wir werden deshalb den Diskussionen des vorliegenden Abschnitts drei Kristallstrukturen zugrunde legen, die erstens praktisch wichtig sind und die zweitens zusammengenommen einen Querschnitt durch die vielfältigen auftretenden Möglichkeiten geben.

Die zu betrachtenden Beispiele sind:

1. das kubisch-flächenzentrierte Gitter als Beispiel für ein Translationsgitter,
2. die hexagonale dichteste Kugelpackung als monoatomare Struktur mit Basis,
3. die Steinsalz-Struktur als Beispiel eines Ionengitters.

Gleichzeitig diskutieren wir noch die *Entstehung* der Sprünge, über die wir in Ziff. 41 noch nichts gesagt hatten. Wie Seeger[1] gezeigt hat, muß man hinsichtlich der Entstehung der Sprünge zwei Typen unterscheiden, die verschie-

---

[1] A. Seeger: [13], S. 391.

dene Eigenschaften haben können und die Diffusionssprünge (diffusional jogs) und Durchschneidungs-Sprünge (intersection jogs) genannt werden.

Wir erläutern zunächst die beiden Erzeugungsweisen am Beispiel des kubisch-flächenzentrierten Gitters, bei dem es sich zeigen wird, daß die sich auf verschiedene Weise ergebenden Sprünge gleich sind. Dies gilt jedoch nur für Translationsgitter und nicht für unsere beiden anderen Beispiele.

Um einfache Verhältnisse zu᾽ haben, betrachten wir nur Sprünge in Versetzungslinien mit reinem Stufencharakter. Außerdem vernachlässigen wir eine etwaige Aufspaltung in Halbversetzungen (Ziff. 49) und nehmen an, daß alle auftretenden BURGERS-Vektoren vom Typus $\frac{1}{2}\langle 110\rangle$ und alle Gleitebenen {111}-Ebenen sind.

Unter diesen Voraussetzungen ist eine Stufenversetzung im kubisch-flächenzentrierten Gitter durch zwei eingeschobène {110}-Halbebenen charakterisiert, die in Fig. 57a zusammen mit den für unsere Diskussion zu verwendenden Orientierungsbeziehungen dargestellt sind. In Fig. 57d ist die Kante der eingeschobenen Ebenen noch einmal abgebildet zusammen mit drei Atomen, die sich durch Diffusionsprozesse an diese Kante angelagert haben. Dabei sind zwei verschiedene Arten von Diffusionssprüngen entstanden. Konstruiert man die Gleitebenen der beiden Sprünge, so findet man, daß der linke die Gleitebene (001) und der rechte die Gleitebene ($\bar{1}$10) hat. Diese Ebenen sind die zweit-dichtest bzw. dritt-dichtest belegten Netzebenen des kubisch-flächenzentrierten Gitters.

Fig. 57e zeigt die Verhältnisse an der Kante der eingeschobenen Netzebenen, nachdem einige Atome durch Diffusionsprozesse entfernt wurden. Es sind wiederum dieselben beiden Arten von Sprüngen entstanden, die wir als „elementare Sprünge" bezeichnen können, da sich aus ihnen kompliziertere, z. B. von einer {111}-Gleitebene auf die übernächste parallele {111}-Ebene führende, Sprünge aufbauen lassen.

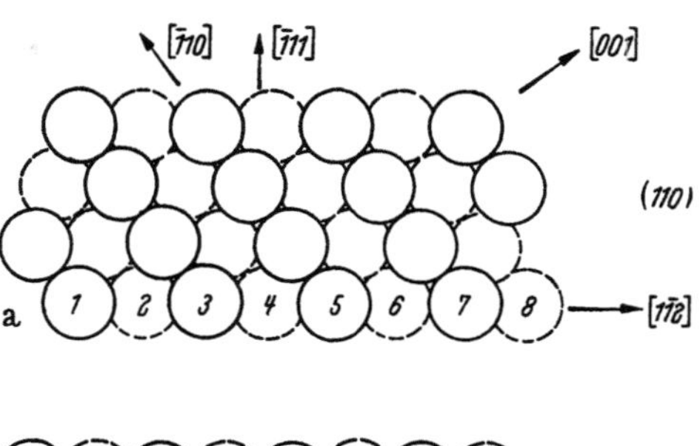

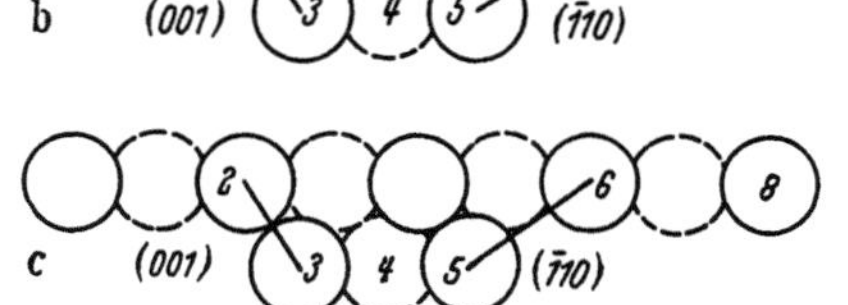

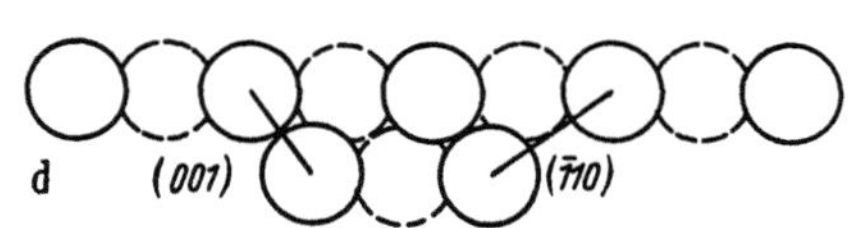

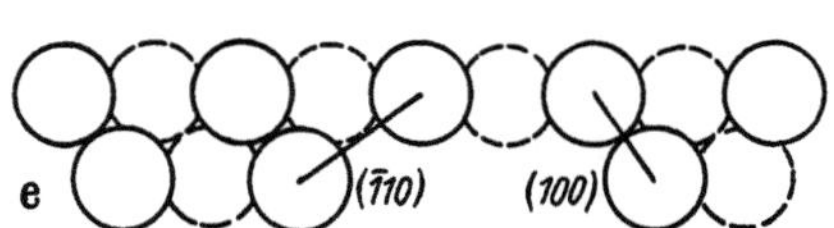

Fig. 57a—e. Sprünge in Stufenversetzungen in kubisch-flächenzentriertem Gitter. a Das eingeschobene Netzebenenpaar einer Stufenversetzung. Die mit ausgezogenen und gestrichelten Kreisen bezeichneten beiden Netzebenen haben den Abstand $\frac{a\sqrt{2}}{4}$ voneinander. (a = Kantenlänge des Elementarwürfels.) b Bildung von Sprüngen beim Schneiden mit Versetzungen, deren BURGERS-Vektor in der Zeichenebene liegt. Die Zahlen geben die Verschiebungen der Atome gegenüber a an. c Bildung von Sprüngen beim Schneiden mit Versetzungen, deren BURGERS-Vektoren weder in der Zeichenebene noch in der Gleitebene ($\bar{1}$11) liegen. d Sprünge durch Anlagerung von Atomen an die in a gezeichneten Netzebenen. e Sprünge durch Herausnahme von Atomen aus den in a gezeichneten Netzebenen (bzw. Anlagerung von Gitterlücken).

Bei der Bildung durch Diffusionsprozesse entstehen die beiden, in Fig. 57d und e gezeichneten Arten von Sprüngen stets in Paaren. Die Energie, die zur Bildung je eines elementaren Sprunges aufgewendet werden muß, ist wohl für die beiden Arten etwas verschieden. Bei der Bildung eines Paares im thermischen Gleichgewicht tritt als Aktivierungsenergie die halbe Summe der für die beiden einzelnen Sprünge erforderlichen Energiebeträge auf. Der Faktor $\frac{1}{2}$ im Ausdruck für die Aktivierungsenergie kommt, wie wir in Ziff. 7 bei der statistischen Behandlung der Frenkel-Fehlstellen gesehen hatten, daher, daß pro Paar insgesamt *zwei* voneinander unabhängige Sprünge bei der Abzählung der möglichen Zustände zu berücksichtigen sind.

Außer durch Diffusionsprozesse können Sprünge auch beim Überschneiden von Versetzungslinien in verschiedenen Gleitebenen entstehen. Eine einfache Regel über Verlauf und Gleitebene der so gebildeten Sprünge ist von Seeger und Blank[1] angegeben worden unter der Voraussetzung, daß der Burgers-Vektor der durchschnittenen Versetzung groß gegen den Abstand nächster Nachbarn ist. Ein solcher Fall ist in Fig. 58 dargestellt, in der die in ihrer Gleitebene E wandernde Versetzungslinie 1 im Punkt A eine zweite, die Ebene E durchdringende Versetzungslinie schneidet. Nach den Ausführungen von Ziff. 34 erleiden zwei Punkte der Versetzung 1, die auf verschiedenen Seiten von A liegen, beim Überkreuzen der beiden Versetzungen eine relative Verschiebung

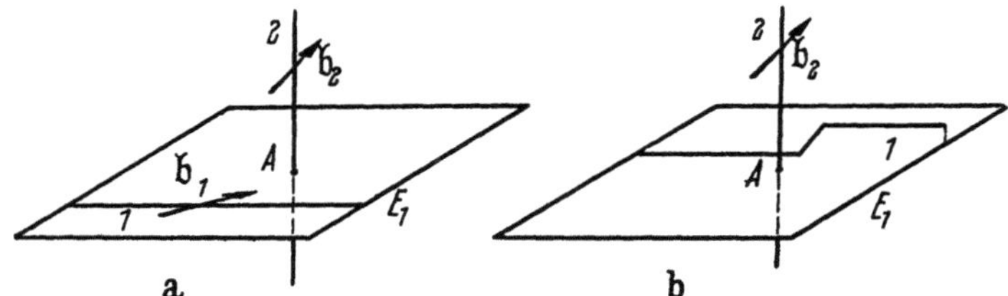

Fig. 58a u. b. Schematische Darstellung der Sprungbildung in einer Versetzungslinie beim Durchschneiden der Versetzungslinie 2. A Durchschneidungspunkt. a Vor dem Durchschneiden; b nach dem Durchschneiden mit Sprung in Linie 1.

um den Burgers-Vektor b_2. Hat b_2 eine Komponente senkrecht zu E, so wird dadurch ein Teil der Versetzungslinie in eine andere Gleitebene gehoben. Die Übergangsstelle bildet einen Versetzungssprung. Wegen einer etwas genaueren Diskussion der Verhältnisse, insbesondere über das Ausmaß, in dem Gleitbewegungen der Versetzung 1 einen Teil der durch die Verschiebung um b_2 bewirkten Verlängerung wieder rückgängig machen können, sei auf Seeger und Blank verwiesen.

In den meisten praktisch auftretenden Fällen hat man jedoch, um die Gleitebene eines beim Schneiden von zwei Versetzungslinien auftretenden Sprungs zu finden, etwas andere, auf die betreffende Kristallstruktur näher eingehende Überlegungen anzuwenden. Diese sind für den Fall des kubisch-flächenzentrierten Gitters in Fig. 57a, b und c, illustriert. Man hat im vorliegenden Beispiel in dem die Sprungbildung in einer Versetzung mit der Gleitebene $(\bar{1}11)$ und mit der „eingeschobenen" Ebene (110) stattfindet, die folgenden drei Fälle zu unterscheiden:

1. Der Burgers-Vektor b_2 der schneidenden Versetzung liegt in der Gleitebene $(\bar{1}11)$ der Versetzungslinie 1 (Fig. 58). In diesem Falle erhält man in der Versetzung 1 keinen Sprung, da sich diese Linie in ihrer Gleitebene frei bewegen kann und unter der Wirkung ihrer Linienspannung (Ziff. 60) einen möglichst geradlinigen Verlauf anstrebt.

2. Der Burgers-Vektor b_2 liegt in der Ebene (110), ist also entweder $b_2 = \frac{1}{2} \times$ $[1\bar{1}0]$ oder $b_2 = \frac{1}{2} \cdot [\bar{1}10]$. Wie sich in diesem Falle, in dem also b_2 in der Zeichenebene von Fig. 57 liegt, die in Fig. 57a numerierten Atome verschieben, ist in Fig. 57b dargestellt. Wie man sieht, erhält man je nach Vorzeichen von b_2 einen der beiden Sprünge mit den Gleitebenen (001) und $(\bar{1}10)$.

---

[1] A. Seeger u. H. Blank: Z. Naturforsch. 9a, 262 (1954).

3. Der BURGERS-Vektor b_2 ist zur Zeichenebene von Fig. 57 geneigt und somit gegeben durch $\pm\frac{1}{2}\cdot[011]$ oder $\pm\frac{1}{2}\cdot[01\bar{1}]$. In diesem Falle bewegen sich Atome aus der einen der beiden in Fig. 57 gezeichneten Netzebenen in die andere. Für zwei Fälle sind diese Bewegungen in Fig. 57c durch die Numerierung der Atome angedeutet.

Wie man sieht, entstehen bei allen denkbaren Erzeugungsweisen von elementaren Sprüngen in Stufenversetzungen im flächenzentriert kubischen Gitter nur zwei Arten von verschiedenen Sprüngen. Dieses Ergebnis wurde zuerst von BLANK[1] erhalten. Es sei ausdrücklich erwähnt, daß beim Schneiden in jeder der sich kreuzenden Versetzungslinien nur ein einzelner solcher Sprung entsteht, so daß Durchschneidungs-Sprünge im Gegensatz zu Diffusionssprüngen einzeln auftreten können. Die beiden Arten von elementaren Sprüngen haben etwas verschiedene Eigenschaften; neben ihrer Energie sollte auch die „Reibungskraft", die bei der Bewegung eines Sprungs auftritt, etwas verschieden sein und zwar für den Sprung mit der {110}-Gleitebene, die ja eine weniger dicht belegte Ebene als {100} und {111} ist, etwas größer als für den {100}-Sprung ausfallen.

Bei den beiden anderen hier zu besprechenden Kristallstrukturen fassen wir uns etwas kürzer und verweisen auf die ausführlichere Behandlung[2] an anderer Stelle. Fig. 59a zeigt die beiden eingeschobenen Netzebenen für eine Stufenversetzung in der hexagonalen dichtesten Kugelpackung. Wie man sieht, und wie wir später (Ziff. 47) ausführlicher besprechen werden, unterscheidet sich die relative Anordnung zweier benachbarter Basis-Netzebenen (0001) gar nicht von

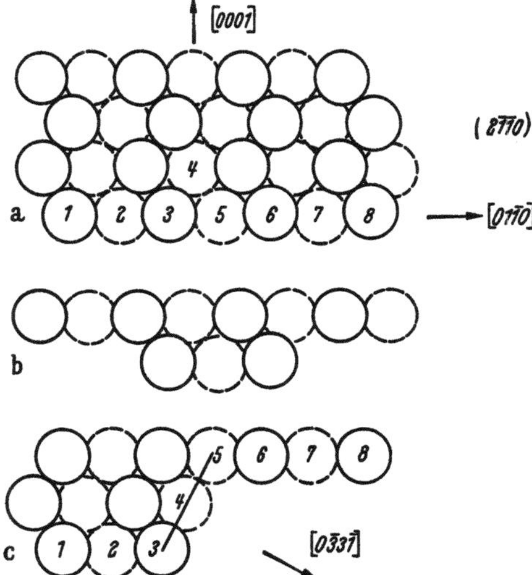

Fig. 59a—c. Sprünge in einer Stufenversetzung in der hexagonalen dichtesten Kugelpackung. a Das eingeschobene Netzebenenpaar einer Stufenversetzung. Der Abstand der beiden Ebenen ist $a/2$. a Gitterparameter in der Basisebene. b Ein durch Anlagern von Atomen an die in a gezeichneten Ebenen gebildetes Paar von Diffusionssprüngen. c Ein Durchschneidungs-Sprung in der hexagonalen dichtesten Kugelpackung.

derjenigen zweier aufeinanderfolgender {111}-Ebenen im kubisch-flächenzentrierten Gitter. Die Unterschiede zwischen diesen beiden Strukturen treten erst zu Tage, wenn drei oder mehr aufeinanderfolgende dicht belegte Ebenen zugleich betrachtet werden. Dementsprechend unterscheiden sich, wie Fig. 59b zeigt, die elementaren Diffusionssprünge in der hexagonalen dichtesten Kugelpackung auch nicht von den in Fig. 57d bzw. Fig. 57e dargestellten des kubisch-flächenzentrierten Gitters, da ja nur an der Kante der eingeschobenen Ebenen einzelne Atome zugefügt bzw. weggenommen wurden.

Ganz anders, und für alle Nicht-Translationsgitter (von Sonderfällen abgesehen) typisch, liegen hingegen die Verhältnisse bei der Bildung von Sprüngen durch Überkreuzen. Zur Erzeugung solcher Sprünge kommen BURGERS-Vektoren $\pm[0001]$ in Betracht, da die übrigen BURGERS-Vektoren von stabilen Versetzungen in der Basisebene liegen und somit beim Kreuzen keine Sprungbildung auftritt. Der dabei resultierende Sprung, der die Gleitebene $(0\bar{3}3\bar{1})$ besitzt, ist in Fig. 59c gezeichnet. Er unterscheidet sich von den elementaren

---

[1] H. BLANK: Diplomarbeit Stuttgart 1954.
[2] A. SEEGER: [13], S. 391.

Diffusionssprüngen vor allem dadurch, daß in ihm die Versetzungslinie von einer Gleitebene zur übernächsten und nicht nur zur nächsten parallelen Netzebene springt.

Ein derartiger Sprung kann durch Anlagern von Atomen oder Gitterlücken in 2 Diffusionssprünge zerlegt werden. Eine solche „Dissoziation" vergrößert natürlich die Entropie des Systems. Ob sie bei höheren Temperaturen tatsächlich in wesentlichem Umfang stattfindet, hängt von der Dissoziationsenergie und damit vor allem, wie wir in Ziff. 74 sehen werden, von der Stapelfehlerenergie in dem betreffenden Gitter ab.

Auch bei unserem letzten Beispiel, der NaCl-Struktur, werden wir das Resultat finden, daß Diffusionssprünge und Durchschneidungs-Sprünge voneinander verschieden sind. Fig. 60 zeigt dies für den in dieser Struktur wohl wichtigsten Stufenversetzungstyp mit Burgers-Vektor [110] und Gleitebene ($1\bar{1}0$). In Fig. 60a ist die Anordnung der positiven und negativen Ionen in dem eingeschobenen Netzebenenpaar dieser Struktur dargestellt. Fig. 60b zeigt die beiden durch Diffusionsprozesse entstehenden elementaren Sprünge. Sie tragen entgegengesetzt gleiche elektrische Ladungen und zwar, wie N. F. Mott und F. Seitz[1] unabhängig voneinander gezeigt haben, vom Betrage einer halben Ionenladung. Die Richtigkeit dieser Behauptung ergibt sich am einfachsten daraus, daß einerseits die Ladungen der beiden Sprungtypen entgegengesetzt gleich sind, und daß man andererseits den einen in den anderen durch Hinzufügen einer Ionenladung überführen kann. Infolge ihrer elektrischen Ladung können diese Sprünge auf freie Elektronen und Defektelektronen eine Anziehung ausüben und dadurch nach dem Vorschlag von Seitz[1] als Keime für die Entstehung des latenten Bildes in AgCl oder AgBr, die ja beide ebenfalls die NaCl-Struktur aufweisen, wirken.

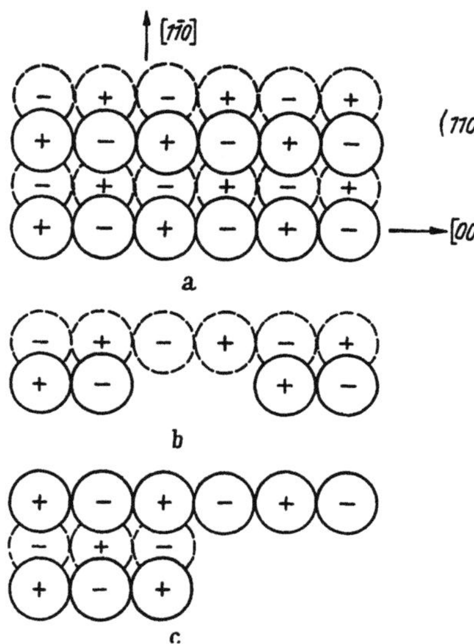

Fig. 60a—c. Sprünge in einer Stufenversetzung in einer NaCl-Struktur. a Das eingeschobene Netzebenenpaar einer Stufenversetzung. Der Abstand der beiden Ebenen ist $\frac{1}{4}a\sqrt{2}$ (a Kantenlänge des Elementarwürfels). b Zwei elektrisch geladene Diffusionssprünge. c Ein (elektrisch neutraler) Durchschneidungssprung.

Im Gegensatz zu diesen elektrisch geladenen Sprüngen können beim Durchschneiden von vollständigen Versetzungen immer nur elektrisch neutrale Sprünge entstehen. Man hat hier hinsichtlich der Orientierung des Burgers-Vektors $\mathfrak{b}_2$ dieselben 3 Fälle wie beim kubisch-flächenzentrierten Gitter zu unterscheiden[2]. Sofern sich überhaupt ein Sprung ergibt, ist er von der in Fig. 60c dargestellten Art und ersichtlich elektrisch neutral. Ähnlich wie in der hexagonalen dichtesten Kugelpackung ist auch hier durch Diffusionsprozesse eine Zerlegung in zwei elementare Diffusionssprünge möglich. Die Dissoziationsarbeit ist dabei im wesentlichen durch die Coulomb-Energie zweier halber Ionenladungen im Abstand $a/2$ gegeben und dementsprechend von der Größenordnung 0,2 eV. Dies bedeutet, daß bei tiefen Temperaturen nur ein kleiner Teil der durch Überkreuzen von Versetzungslinien gebildeten Sprünge in elektrisch geladene Diffusionssprünge zerfallen sein wird. Dies bildet möglicherweise die Erklärung der

---

[1] F. Seitz: [20].
[2] A. Seeger: [13], S. 391.

Beobachtungen von HEDGES und MITCHELL[1] über die Entstehung eines latenten Bildes in plastisch verformtem AgBr und deren Abhängigkeit von der Wärmebehandlung (vgl. hierzu [2]).

Zusammenfassend und unsere durch Betrachtungen an speziellen Strukturen erhaltenen Ergebnisse verallgemeinernd kann man sagen, daß in Translationsgittern die elementaren, d.h. durch die einfachsten denkbaren Prozesse gebildeten, Sprünge bei Entstehung durch Diffusion und Überkreuzen von Versetzungslinien gleich sind, daß sie jedoch bei Gittern mit Basis im allgemeinen verschieden sind und nur unter Aufbringung der Dissoziationsarbeit ineinander übergehen und daß bei Ionenkristallen zwar die Durchschneidungs-Sprünge, nicht aber die Diffusionssprünge elektrisch neutral sind. Die elektrische Ladung von Diffusionssprüngen in Ionenkristallen kann besondere, sich in elektrischen und optischen Eigenschaften bemerkbar machende Wirkungen hervorrufen.

43. Klettern („climb") von Versetzungen. Nachdem in Ziff. 42 die Entstehung der Sprünge in Versetzungslinien behandelt worden ist, wenden wir uns nunmehr ihren Bewegungen und zwar insbesondere ihren nichtkonservativen Bewegungen zu. In der vorliegenden Ziffer werden wir die nichtkonservative *Bewegung* von Sprüngen *entlang ihrer Versetzungslinie* besprechen. In Ziff. 44 wird die nichtkonservative Bewegung von Sprüngen behandelt werden, die von ihrer Versetzungslinie, die selbst im wesentlichen Gleitbewegungen ausführt, „*mitgeschleppt*" werden.

Wie in Ziff. 41 dargestellt, kann man an Hand der „Gleitebene" der Sprünge beurteilen, ob eine bestimmte Sprungbewegung konservativ ist oder nicht. Betrachtet man nur Stufen- und Schraubenversetzungen, so ergibt sich aus diesen Überlegungen, daß Sprünge in einer *Schraubenversetzung* sich *entlang* der Schraubenversetzung *konservativ* bewegen, daß ihre Bewegung aber dann *nichtkonservativ*, also mit der Erzeugung von Zwischengitteratomen oder Leerstellen verbunden ist, wenn die Sprünge, wie in Fig. 64 angedeutet, von der Schraubenversetzung gewissermaßen „*mitgeschleppt*" werden. Bei *Stufenversetzungen* liegen die Verhältnisse *gerade umgekehrt*.

Da ein Kristall, der Versetzungslinien enthält, im allgemeinen nicht im thermischen Gleichgewicht ist, haben Leerstellen immer die Tendenz, an Sprünge in Versetzungslinien hinzuwandern oder von ihnen wegzuwandern. Denkt man sich eine Versetzungslinie der Einfachheit halber als geschlossene Schleife, so wird diese im allgemeinen Sprünge enthalten. Je nach den am Orte eines Sprungs herrschenden Spannungen werden sich die Sprünge unter Aufnahme oder Abgabe von Zwischengitteratomen entlang des Versetzungsringes bewegen. Eine einmalige Umrundung der gesamten Versetzungsschleife durch einen elementaren Diffusionssprung bewirkt in den in Ziff. 42 betrachteten einfachen Fällen ein Anheben der Versetzungslinie um genau eine Netzebene, so daß sich hier ein Prozeß abspielt, der Versetzungslinien aus ihren Gleitebenen in parallele Ebenen hebt. Durch diesen Vorgang kann eine Versetzung der Wirkung äußerer Spannungen oder Kräften zwischen Versetzungslinien auch unter Bedingungen nachgeben, unter denen durch Gleitbewegungen allein die freie Energie des Gesamtsystems nicht vermindert werden könnte. Derartige Prozesse spielen sicher bei vielen Erholungsvorgängen sowie beim Hochtemperatur-Kriechen von Kristallen eine ganz entscheidende Rolle. Wegen des allmählichen Herauf- bzw. Herabsteigens der Versetzungslinien (etwas genauer ausgedrückt: ihrer Anteile mit Stufencharakter) nennt man diesen Prozeß „*Klettern*" von Versetzungslinien

---

[1] J. M. HEDGES u. J. M. MITCHELL: Phil. Mag. **44**, 223 (1953).
[2] A. SEEGER: [*13*], S. 391.

(engl. „climbing"). Da das Klettern der Versetzungen nicht ohne die Diffusion von Eigenfehlstellen (in den meisten praktisch wichtigen Fällen wohl von Gitterlücken oder von Agglomeraten aus solchen) stattfinden kann, bezeichnet man den beschriebenen Prozeß als die „Diffusion von Versetzungen" im Gegensatz zu den Gleitbewegungen, die ja nicht mit der gleichzeitigen Bewegung von Eigenfehlstellen gekoppelt sind und deshalb viel schneller als das Klettern ablaufen können.

Aus dem Vorstehenden geht hervor, daß das Klettern nur dann stattfindet, wenn die Temperatur hoch genug ist, um Selbstdiffusionsvorgänge hinreichend rasch ablaufen zu lassen. Außerdem müssen Sprünge in einer Versetzungslinie entweder bereits vorhanden sein oder gebildet werden können. Zur Diskussion der hier herrschenden Verhältnisse[1] greifen wir der Einfachheit halber den Fall heraus, daß die Selbstdiffusion ausschließlich durch Gitterlücken erfolgt.

Nach einer plastischen Verformung wird zunächst die Dichte der Sprünge in einem Versetzungsring wegen des vorangegangenen Durchschneidens von Versetzungslinien größer sein als es dem thermischen Gleichgewicht entspricht. Ist G_j die Änderung der freien Energie (ohne Mischungsentropie) bei der Bildung eines *Paares* von *Diffusionssprüngen*, so ist die lineare Konzentration der Sprünge in einer Stufenversetzung (mit dem Atomabstand als Längeneinheit) im thermisches Gleichgewicht gegeben durch

$$c_j = \exp\left(-\frac{G_j}{2\,kT}\right). \tag{43.1}$$

Die Annihilation von einander bei ihrer Wanderung entlang der Versetzungslinie begegnenden Sprüngen von entgegengesetztem Charakter (vgl. z. B. die $\{100\}$- und $\{110\}$-Sprünge im kubisch-flächenzentrierten Gitter) wird zunächst so lange über die Neubildung von Sprungpaaren überwiegen, bis der Gleichgewichtswert Gl. (43.1) erreicht ist. Dieser wird dann zusammen mit der Aktivierungsenergie der Selbstdiffusion für die Geschwindigkeit des Kletterns verantwortlich sein.

Es kann jedoch auch Fälle geben, in denen G_j so groß ist, daß in den betreffenden Kristallen praktisch keine thermische Bildung von Sprüngen stattfindet. Dann kommt es für die Frage, ob nach Erreichen eines stationären Zustandes ein Versetzungsring weiterhin klettern kann, entscheidend darauf an, ob der durch Vektoraddition ermittelte resultierende Burgers-Vektor aller von dem Ring umfaßten Versetzungslinien eine Komponente senkrecht zur Ringebene hat oder nicht. Ist ersteres der Fall, so muß der Versetzungsring einen Sprung enthalten, der durch Diffusionsprozesse allein nicht eliminiert werden kann und somit die Möglichkeit gibt, ein stationäres Klettern zu erhalten. Wegen der Anwendung dieser Überlegungen auf das stationäre Kriechen kubisch-flächenzentrierter Metalle bei hohen Temperaturen sei auf die Originalarbeit verwiesen[1].

Für das Klettern gibt es Mechanismen, die zu den in Ziff. 40 beschriebenen Versetzungsquellen analog sind und die es gestatten, aus einer begrenzten ursprünglichen Länge von Stufenversetzungen im Kristall eine praktisch unbegrenzte Zahl von Leerstellen bzw. Zwischengitteratomen zu entnehmen. Wegen Einzelheiten und Literaturangaben sehe man [63].

44. Die Bewegung von Versetzungslinien mit Sprüngen. Wir besprechen in der vorliegenden Ziffer den Einfluß, den Sprünge auf die Gleitbewegung von Versetzungslinien haben. Fig. 61 zeigt eine γ-Versetzung (Ziff. 35) mit einem Sprung. Dieser kann sich *konservativ* nur auf der schraffiert eingezeichneten

---

[1] A. Seeger: [13], S. 391.

Gleitebene bewegen. Da konservative Bewegungen der Versetzung nur in deren Gleitebene möglich sind, heißt dies, daß sich bei Gleitbewegungen der Sprung nur längs des Schnitts der beiden Ebenen, also längs einer Linie, bewegen kann.

Auf die für die Bewegung einer Versetzung mit konstanter Geschwindigkeit nötigen Kräfte werden wir erst später eingehen (Ziff. 72). Es ist jedoch plausibel, daß diese Kräfte für einen Sprung etwas größer sein werden als bei einer langen, in einer dichtgepackten Ebene verlaufenden Versetzungslinie. Betrachten wir den Spezialfall einer 0°-Versetzung, so dürfte diese Erhöhung der „Reibung" die einzige hemmende Wirkung des Sprungs auf die Gleitbewegung der Versetzung sein.

Die Verhältnisse sind jedoch anders, wenn wir keine reine Stufenversetzung vor uns haben. Dann muß der Sprung während des Fortschreitens der Versetzungslinie auch eine Bewegung parallel zur Versetzungslinie ausüben. Dies bedeutet, daß das Verhältnis von Geschwindigkeit des Sprungs und Geschwindigkeit der Versetzung um so größer wird, je näher γ dem Werte 90° kommt. Da die oben erwähnte Reibungskraft mit wachsender Geschwindigkeit stark ansteigt und ein Erreichen der Schallgeschwindigkeit unmöglich macht[1], bedeutet dies, daß ein Sprung eine um so stärkere Behinderung der Gleitbewegung einer Versetzungslinie darstellt, je stärker der Schraubencharakter ist. Hat man schließlich im Grenzfalle $\gamma = 90°$ eine reine Schraubenversetzung, so ist überhaupt keine konservative Bewegung des Sprungs in der Fortschreitrichtung der Versetzungslinie mehr möglich.

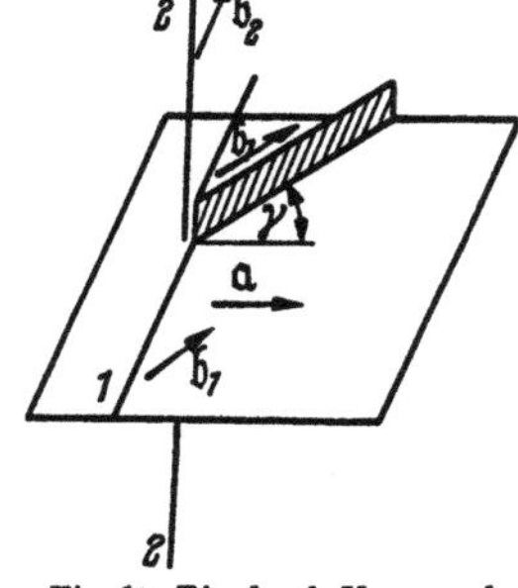

Fig. 61. Ein durch Kreuzen der Versetzungslinie 2 in der Linie 1 erzeugter Versetzungssprung, dessen Gleitebene schraffiert gezeichnet ist. Der Vektor $\mathfrak{a}$ gibt die Fortschreitrichtung der Versetzungslinie 1 an.

In diesem Falle muß, wenn das Gleiten der Versetzungslinie nicht zum Stillstand kommen soll, eine der beiden folgenden Möglichkeiten eintreten:

1. Eine Versetzungslinie enthält mehrere Sprünge, die nicht alle das gleiche Vorzeichen haben. Die Sprünge bewegen sich, teilweise unter der Wirkung der zwischen ihnen herrschenden anziehenden Kräfte, parallel zur Versetzungslinie und annihilieren sich beim Zusammentreffen mit entgegengesetzten Sprüngen. Dadurch kann die Bewegungshemmung soweit vermindert werden, daß das Gleiten fortschreiten kann.

2. Es findet eine nichtkonservative Bewegung von Sprüngen, also eine Erzeugung von Zwischengitteratomen bzw. von Leerstellen statt. Die dafür aufzuwendende Arbeit wird von der an der Versetzungslinie angreifenden Kraft, eventuell unter Mithilfe thermischer Energie, geleistet. Zur genaueren Diskussion dieses Mechanismus hat man drei mögliche Grenzfälle zu unterscheiden:

a) Die auf die Versetzungslinie wirkende Kraft ist groß genug, um ohne Mithilfe thermischer Energie die bei der nichtkonservativen Bewegung der Sprünge auftretenden Zwischengitteratome oder Leerstellen zu erzeugen. In diesem Fall entsteht eine Perlenkette von Eigenfehlstellen in der Spur eines jeden Sprungs (Fig. 62). Der Abstand der einzelnen Fehlstellen in dieser Kette hängt vom BURGERS-Vektor und insbesondere vom Charakter der erzeugenden Versetzungslinie ab. Ist die Versetzungsstärke b gleich dem Abstand benachbarter Atome, so gilt im Falle eines Translationsgitters für den Abstand d der einzelnen Zwischengitteratome bzw. Leerstellen die Formel

$$d = \frac{b}{\sin \gamma}. \tag{44.1}$$

---

[1] Vgl. hierzu die Diskussion in Abschnitt C II d.

Gl. (44.1) sowie entsprechende, in komplizierteren Fällen geltende Formeln lassen sich am einfachsten durch die Zerlegung der Sprungbewegung in einen Zick-Zack-Weg ableiten.

b) Die Bildung von Zwischengitteratomen und Gitterlücken kann nur mit Hilfe einer wesentlichen Beteiligung der thermischen Energie stattfinden. Da in diesem Falle zwischen der Bildung aufeinanderfolgender Eigenfehlstellen eine gewisse Zeit vergeht, wird sich im allgemeinen der Sprung durch Gleitbewegungen

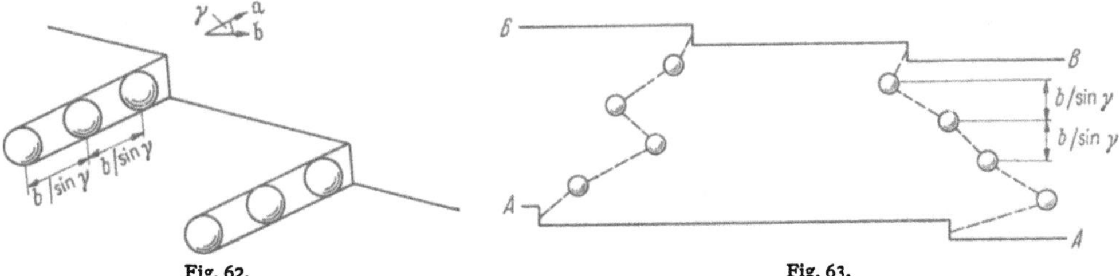

Fig. 62.   Fig. 63.

Fig. 62. Erzeugung von Leerstellenketten in der Spur von Sprüngen. a Fortschreitrichtung der Versetzung mit Sprüngen. b Burgers-Vektor.

Fig. 63. Schematische Darstellung der Erzeugung räumlich disperser Gitterlücken durch die Bewegung von Sprüngen in Versetzungslinien. Während des Fortschreitens der Versetzung aus der Lage A in die Lage B legen die Sprünge den gestrichelt gezeichneten Weg zurück.

von der letzten von ihm erzeugten Eigenfehlstelle wegbewegt haben. Deshalb entstehen Zwischengitteratome und Leerstellen nicht in Ketten, sondern räumlich verteilt (Fig. 63).

c) Da die für die Bildung von Zwischengitteratomen benötigte Energie in vielen Fällen (z.B. bei Cu, s. Ziff. 10γ) viel größer ist als die zur Bildung von Leerstellen aufzubringende Energie, werden die unter a) und b) genannten Mechanismen in diesen Fällen vor allem für die Erzeugung von Gitterlücken in Frage kommen. Im Falle von Kupfer liegen aber überzeugende empirische Argumente vor, daß bei der plastischen Verformung dieses Metalls, also bei der Bewegung von Versetzungslinien, in der Tat Zwischengitteratome erzeugt werden

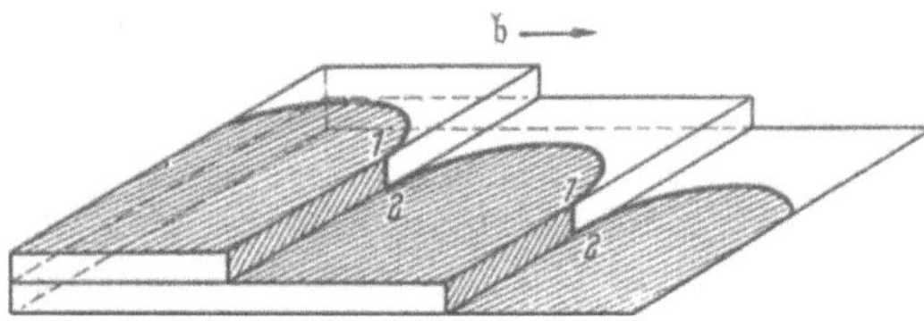

Fig. 64. Versetzungslinie baucht sich zwischen Sprüngen aus. Die von der Versetzung einschließlich Sprüngen überstrichene Fläche ist schraffiert gezeichnet. Die mit 1 und 2 bezeichneten Versetzungsstücke haben entgegengesetztes Vorzeichen und deshalb eine Tendenz, sich zu annihilieren. Dabei bleibt eine Reihe von Eigenfehlstellen zurück.

(vgl. Ziff. 29). Die für die Entstehung der Zwischengitteratome erforderliche Energie wird sehr wahrscheinlich in der Weise aufgebracht, daß sich die Sprünge zunächst nicht bewegen und die Versetzungslinie sich zwischen ihnen, wie in Fig. 64 dargestellt, ausbaucht. Hinter den Sprüngen treffen 2 Versetzungslinien zusammen, welche entgegengesetztes Vorzeichen haben und die, falls die ursprüngliche Orientierung einer Schraubenversetzung entspricht, Stufencharakter haben. Zwei derartige Stufenversetzungen, die eine Gitterkonstante voneinander entfernt in parallelen Gleitebenen liegen, sind aber, wie aus Fig. 65 hervorgeht, gerade einer Reihe von Zwischengitteratomen (bzw. bei umgekehrten Burgers-Vektoren der Versetzungen einer Reihe von Gitterlücken) äquivalent. Da sich bei diesem Ausgleich zweier ungleichnamiger Versetzungen die Gesamtlänge der Versetzungen sehr verkürzt, sieht man, daß die Energie für die Erzeugung der Zwischengitteratome bei diesem Prozeß zunächst in Form von Linienenergie der

Versetzungen gespeichert ist. Die bei der Annihilation freiwerdende Energie reicht auf jeden Fall aus, um eine Reihe von Zwischengitteratomen zu erzeugen. Ob sie darüber hinaus dem Gitter soviel thermische Energie zuführt, daß eine lokale Diffusion der Zwischengitteratome und damit eine disperse Verteilung stattfindet, kann man ohne detaillierte Betrachtung des Annihilationsmechanismus nicht sagen.

Für den Abstand der auf die eben geschilderte Weise entstehenden Eigenfehlstellen bei einer γ-Versetzung gelten ebenfalls Gl. (44.1) bzw. geeignete erweiterte Gleichungen. Das „Vorzeichen" der Eigenfehlstellen, d.h. ob Zwischengitteratome oder Leerstellen entstehen, kann man hier durch anschauliche Betrachtungen, Fig. 65 entsprechend, beurteilen. Auch in den Fällen a) und b), in denen die Eigenfehlstellen durch andere Mechanismen entstehen, ist diese Gedankenkonstruktion nützlich, um die Art der von einem bestimmten Sprung mit vorgegebener Bewegungsrichtung erzeugten Eigenfehlstellen festzustellen.

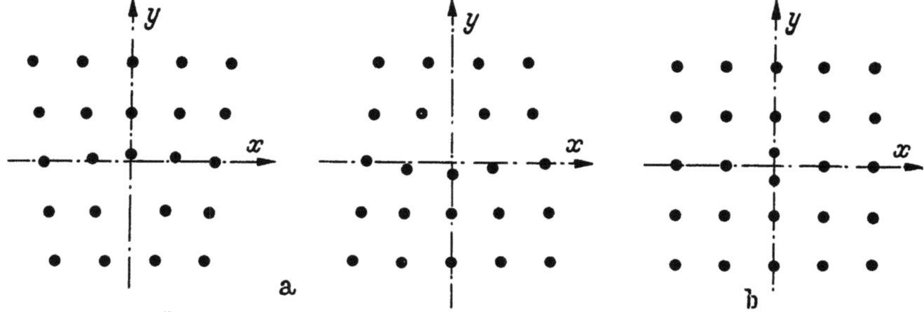

Fig. 65 a u. b. Durch Überlagerung von zwei Stufenversetzungen entgegengesetzten Vorzeichens, die in parallelen Gleitebenen übereinander liegen (a), erhält man eine Reihe von Zwischengitteratomen (b).

Die vorstehenden Betrachtungen waren, besonders hinsichtlich der energetischen Verhältnisse, weitgehend qualitativer Natur. Auf die quantitative Beschreibung wird, wenigstens teilweise, im Artikel über Kristallplastizität bei der Diskussion der Vorgänge bei der plastischen Verformung von Metallen eingegangen[1].

b) Unvollständige Versetzungen.

45. Definitionen. In Ziff. 32 hatten wir als unvollständige Versetzungen diejenigen bezeichnet, deren BURGERS-Vektor kein Gittervektor im BRAVAIS-Gitter der betreffenden Kristallstruktur ist. Dies ist aus verschiedenen Gründen nicht ausreichend zur Kennzeichnung der unvollständigen Versetzungen. Nach der in Ziff. 3 gegebenen Definition von BURGERS-Umlauf und BURGERS-Vektor ergibt sich der letztere beim Umlauf um eine Versetzung immer als Gittervektor im BRAVAIS-Gitter. Das bedeutet, daß wir, um zu einer präzisen Beschreibung unvollständiger Versetzungen zu gelangen, die Definition von BURGERS-Umlauf und BURGERS-Vektor erweitern müssen. Die nächstliegende Erweiterung ist der Verzicht auf die Forderung, daß der BURGERS-Umlauf ganz im guten Kristallgebiet verlaufen müsse.

In Ziff. 3δ hatten wir eine Einteilung der zweidimensionalen „schlechten" Kristallgebiete kennengelernt, bei der als Kennzeichen die Größe der Fehlordnungsenergie pro Atom im Vergleich zur Schmelzwärme pro Atom diente. Wir interessieren uns hier für jene Gruppe zweidimensionaler Fehlstellen, deren Fehlordnungsenergie klein gegen die Schmelzenergie ist und der, wie in Ziff. 3δ ausgeführt,

---

[1] Wegen einer genaueren Erörterung der Verhältnisse siehe A. SEEGER: Phil. Mag., demnächst.

kohärente Zwillingsgrenzen, Grenzflächen zwischen Anti-Phasenbereichen in geordneten Legierungen sowie die in Abschnitt D näher zu behandelnden Stapelfehler angehören. In der angelsächsischen Literatur werden solche flächenhaften fehlgeordneten Gebiete, deren spezifische Fehlordnungsenergie im Vergleich zur Schmelzwärme sehr niedrig ist, als „faults" bezeichnet. Wir werden sie „*Anordnungsfehler*" nennen, da bei den wichtigsten Beispielen dieser Fehlstellenart, z.B. den eben genannten, die *Zahl* der nächsten Nachbarn eines herausgegriffenen Atoms zwar gleich wie, die gegenseitige *Anordnung* dieser nächsten Nachbarn aber anders als im idealen Gitter ist.

Unter den Anordnungsfehlern gibt es solche, die im Innern eines einzelnen Kristallkorns endigen können und solche, bei denen das nicht der Fall ist. Zu den letzteren gehören z.B. Zwillingsgrenzen zwischen *Orientierungszwillingen*. Grenzflächen zwischen *Translationszwillingen* hingegen können im Kristallinnern aufhören. Ihre Berandung bildet ein Beispiel für eine unvollständige Versetzung. In Verbindung mit Orientierungszwillingen treten unvollständige Versetzungen dann auf, wenn die Grenzfläche zwischen zwei solchen Zwillingen nicht genau mit einer sehr dicht gepackten Netzebene der betreffenden Struktur zusammenfällt, sondern etwas dagegen geneigt ist (s. Schluß dieser Ziffer).

Nach diesen vorbereitenden Bemerkungen, die dartun sollten, daß unvollständige Versetzungen entweder *in* oder *am Rande* von Anordnungsfehlern auftreten, werden wir nunmehr die genaue Definition des Burgers-Vektors

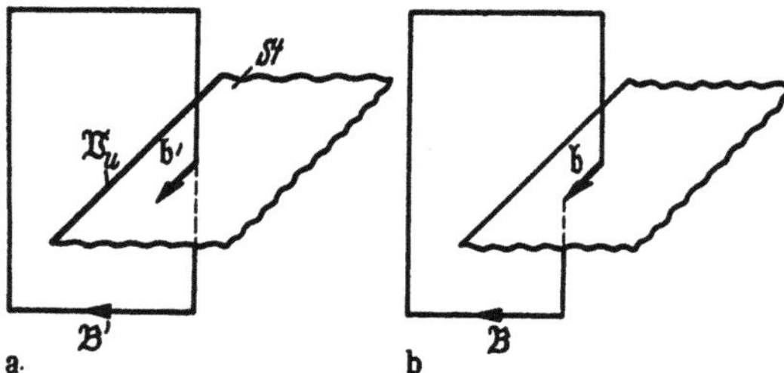

Fig. 66a u. b. Definition des Burgers-Vektors $\mathfrak{b}$ einer unvollständigen Versetzungslinie ($\mathfrak{B}_u$), die die Begrenzung eines Stapelfehlers (St) vom Typus I bildet. a Wirklicher Kristall. b Bildkristall.

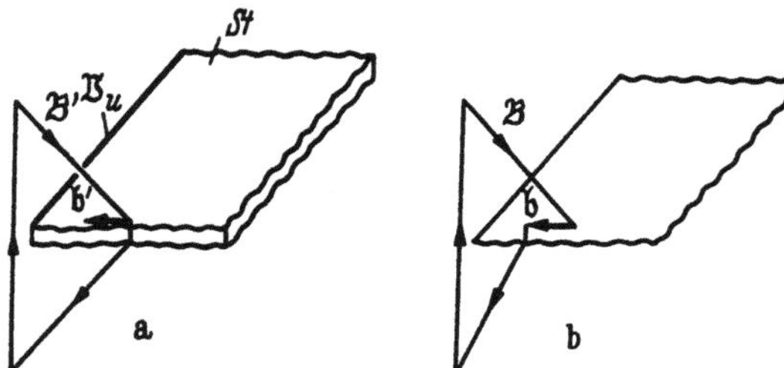

Fig. 67a u. b. Wie Fig. 66, aber mit einem Stapelfehler vom Typus II. a Wirklicher Kristall. b Bildkristall.

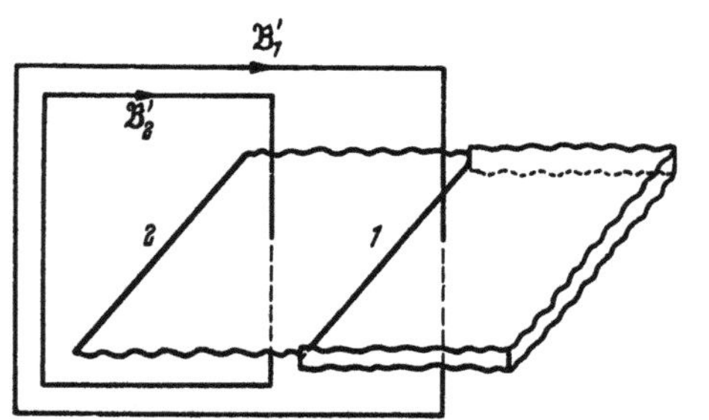

Fig. 68. Definition des Burgers-Vektors für eine unvollständige Versetzungslinie in der Übergangszone zwischen zwei verschiedenen Stapelfehlern.

unvollständiger Versetzungen geben [61]. Wir schließen dabei zunächst die Orientierungszwillinge aus und nehmen an, daß Kristallstruktur und Kristallorientierung auf beiden Seiten gleich sind. Das praktisch wichtigste Beispiel hierfür sind die Stapelfehler. Nach Frank [61] muß man dabei 2 Typen unterscheiden: Beim Typus I reicht die ungestörte Kristallstruktur bis an die gedachte Grenzfläche heran, während bei Typus II zwischen den beiden Kristallteilen mit ungestörter Struktur noch eine oder mehrere Netzebenen eingeschoben sind. Beim Typus I kann man den Burgers-Umlauf wie üblich wählen mit der einzigen Einschränkung, daß er auf der Grenzfläche zu beginnen und zu endigen hat (Fig. 66). Der Burgers-Vektor $\mathfrak{b}$ bzw. $\mathfrak{b}'$ ist hier also ein an die Grenzfläche gebundener Vektor.

Beim Typus II kommt außer der Einschränkung über Anfangs- und Endpunkt des Umlaufes noch die Bedingung hinzu, daß man die eingeschobenen Atomlagen senkrecht zu durchschreiten und im Bildgitter eine dazu parallele Strecke entsprechender Länge zurückzulegen hat (Fig. 67).

Hat man schließlich eine unvollständige Versetzung an der Grenze zwischen 2 Stapelfehlern, die entweder wie in Fig. 68 zwar in derselben Ebene liegen, aber verschiedene Typen darstellen, oder aber auf zwei gegeneinander geneigten Ebenen liegen, so ergibt sich ihr BURGERS-Vektor durch Subtraktion der BURGERS-Vektoren geeignet gewählter Umläufe, wie z. B. im Falle der Fig. 68 der Umläufe $\mathfrak{B}'_1$ und $\mathfrak{B}'_2$.

Die bei verzwillingten Kristallen über die durch obige Definitionen erfaßten Versetzungen hinaus noch auftretenden unvollständigen Versetzungen sind, wie schon oben angedeutet, mit der Möglichkeit verknüpft, daß bei nahezu kohärent verwachsenen Zwillingen die Verwachsungsfläche treppenförmig von einer Kohärenzebene zur nächsten springt. Aus diesem Grunde ist es nach FRANK [61] zweckmäßig, für die genaue Definition des BURGERS-Vektors der an den einzelnen Stufen dieser Treppe auftretenden unvollständigen Versetzungslinien als „Bildkristall" zwei in einer einheitlichen Netzebene kohärent verwachsene Idealkristalle zu benützen. Wegen der Einzelheiten sei auf [61] verwiesen.

46. Überblick. Aus den Ausführungen der Ziff. 45 geht hervor, daß man die Theorie der unvollständigen Versetzungen nicht in derselben formalen Geschlossenheit wie die der vollständigen Versetzungen entwickeln kann. Dies rührt davon her, daß man in jeder einzelnen Kristallstruktur untersuchen muß, ob Anordnungsfehler hinreichend niedriger Energie möglich sind und welche unvollständigen Versetzungen diese gegebenenfalls zulassen. FRANK und NICHOLAS[1] haben für die einfachsten und wichtigsten Kristallstrukturen (kubisch-primitives Gitter mit CsCl-Struktur, kubisch-flächenzentriertes Gitter mit NaCl-Struktur und Diamantstruktur, kubisch-raumzentriertes Gitter, hexagonale dichteste Kugelpackung mit Wurtzitstruktur) diese Untersuchung durchgeführt und die in diesen Strukturen möglichen unvollständigen Versetzungen klassifiziert und angegeben.

Ihre Resultate sind zu umfangreich, um hier wiedergegeben zu werden. Wir beschränken uns hier auf die Erörterung des praktisch weitaus wichtigsten Falles, nämlich der unvollständigen Versetzungen in den sog. dichtesten Kugelpackungen. Wegen der ausführlichen und systematischen Diskussion der hierbei auftretenden Probleme sei auf die Darstellung von READ[2] verwiesen. Wir begnügen uns mit der Behandlung derjenigen Fragestellungen, die für die Anwendung der Theorie bis jetzt wichtig geworden sind. Dabei kann ein großer Teil der Erörterungen fast unverändert aus Abschnitt a) übernommen werden, so daß wir nur die Besonderheiten, die unvollständige Versetzungen gegenüber vollständigen aufweisen, zu besprechen brauchen. Bevor wir mit der Betrachtung der unvollständigen Versetzungen in den dichtesten Kugelpackungen beginnen können, müssen wir zuerst den Aufbau dieser Strukturen durch Aufeinanderstapeln dichtest gepackter Netzebenen behandeln (Ziff. 47).

47. Der Aufbau der dichtesten Kugelpackungen aus dichtest gepackten Netzebenen. Gleichgroße Kugeln können nur auf eine einzige, in Fig. 69 dargestellte Weise in einer Ebene dicht gepackt werden. Solche dichtgepackten Netzebenen bilden die {111}-Ebenen des flächenzentriert kubischen Gitters und die Basisebenen der hexagonalen dichtesten Kugelpackung. Das gemeinsame Bauprinzip dieser beiden Strukturen ist, daß sie durch Aufeinanderstapeln solcher dichtest gepackten

---

[1] F. C. FRANK u. J. F. NICHOLAS: Phil. Mag. **44**, 1213 (1953).
[2] W. T. READ: [53], Kap. 7.

Netzebenen aufgebaut werden können. Die genaue Lage dieser Ebenen wird durch die Projektion der Kugelmittelpunkte parallel zur Stapelrichtung gekennzeichnet. In Fig. 69 sind die drei möglichen Projektionen der Kugelmittelpunkte mit A, B und C gekennzeichnet.

Jede Folge der Buchstaben A, B und C, bei der keine zwei gleichen Buchstaben aufeinanderfolgen, stellt eine dichteste Kugelpackung dar. Da das Aufeinanderfolgen zweier gleicher Buchstaben keine dichteste Kugelpackung mehr ergeben würde, kann man nach einem Vorschlag von F. R. N. Nabarro[1] mit 2 Symbolen, nämlich den „Stapeloperatoren" $\triangle$ und $\triangledown$, zur Darstellung der dichtesten Kugelpackungen auskommen. Man bezeichnet jede der Aufeinanderfolgen AB, BC, CA mit $\triangle$ und jede der Folgen AC, CB, BA mit $\triangledown$.

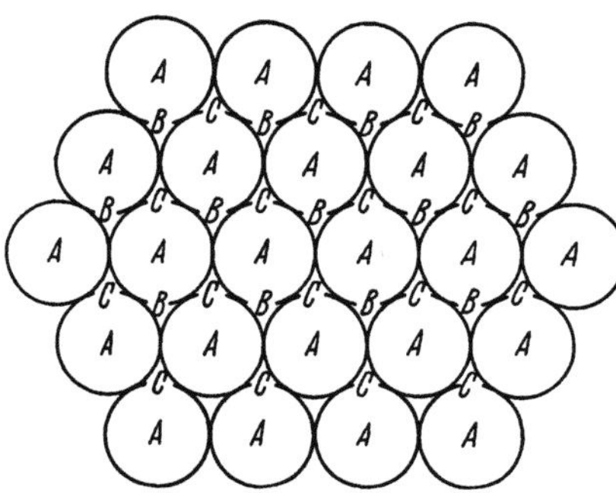

Fig. 69. Dichteste Kugelpackung in der Ebene. Die Buchstaben bezeichnen die möglichen Projektionen senkrecht zur Zeichenebene bei dichtesten Kugelpackungen im Raume. Die dichtest gepackten Richtungen in Fig. 69 entsprechen $\langle 110 \rangle$-Richtungen im kubisch-flächenzentriertem Gitter und $\langle 11\bar{2}0 \rangle$-Richtungen in der hexagonalen dichtesten Kugelpackung.

Mit dieser Symbolik stellt sich das flächenzentriert kubische Gitter (vgl. Fig. 57a) als $\triangle\triangle\triangle\triangle\triangle$ oder als $\triangledown\triangledown\triangledown\triangledown\triangledown$ dar. (Diese beiden Fälle unterscheiden sich nur durch ihre Orientierung. Sie bilden zusammen Zwillinge mit einer {111}-Zwillingsebene.) Die hexagonale dichteste Kugelpackung wird durch eine alternierende Folge von Stapeloperatoren, also durch $\triangle\triangledown\triangle\triangledown\triangle\triangledown$ dargestellt (vgl. Fig. 59a). Wie schon oben gesagt, ergibt jede beliebige Aufeinanderfolge von Stapeloperatoren, z. B. $\triangledown\triangle\triangledown\triangle\triangle\triangle\triangle\triangledown\triangledown\triangle$ eine dichteste Kugelpackung, doch treten nur die beiden eben betrachteten Strukturen, die wir die „einfachen Kugelpackungen" nennen wollen, in der Natur als stabile Kristallstrukturen von Elementen auf[2].

Bis jetzt wurde stillschweigend angenommen, daß der Abstand zwischen den dicht gepackten Netzebenen so sei, wie er sich aus der dichten Packung von Kugeln ergibt. Bei der kubisch dichtesten Packung wird die Einhaltung des richtigen Abstandes durch die Symmetrie des Gitters erzwungen. Läßt man einen von dem Normalabstand $c = a/\sqrt{3}$ ($a =$ Kantenlänge des Elementarwürfels) abweichenden Ebenenabstand zu, so erhält man keine kubische, sondern nur mehr eine trigonale Symmetrie. Dieser Fall ist in der geordneten Legierung CuPt realisiert, die in ungeordnetem Zustand ein kubisch flächenzentriertes Gitter besitzt. Bei der hexagonalen dichtesten Kugelpackung dagegen ist der Abstand $c = c/2$ (die hexagonalen Gitterparameter werden wie in Ziff. 37 mit a und c bezeichnet) nicht durch die Gittersymmetrie vorgeschrieben und somit ein freier Parameter der Struktur. Man findet deswegen sehr oft recht beträchtliche Abweichungen vom „Normalwert" $c = \sqrt{\tfrac{8}{3}}\,a$. Im üblichen, allerdings inkorrekten Sprachgebrauch, dem wir uns hier anschließen, bezeichnet man auch die Strukturen mit „unternormalem" oder „übernormalem" Achsenverhältnis c/a als hexagonale dichteste Kugelpackungen.

---

[1] Vgl. F. C. Frank: Phil. Mag. 42, 1014 (1951).

[2] Nach den röntgenographischen Befunden von W. Klemm u. H. Brommer [Z. anorg. allg. Chem. 241, 264 (1939)], besteht bei α-Praseodym und bei Neodym die Möglichkeit, daß die stabilen Strukturen hexagonale Strukturen mit einer Vier-Schichtfolge dichtest gepackter Ebenen sind. Eine genaue Strukturbestimmung scheint bis jetzt noch nicht veröffentlicht worden zu sein.

48. Stapelfehler. FRANKsche und SHOCKLEYsche unvollständige Versetzungen.
In Ziff. 47 war erwähnt worden, daß die in dichtesten Kugelpackungen kristallisierenden Elemente nur in einer der beiden „einfachen" Kugelpackungen (oder
auch wie Co in beiden) auftreten. Nach geeigneter Vorbehandlung (z. B. plastischer
Verformung, allotroper Umwandlung) findet man jedoch in manchen Fällen
gewisse Abweichungen von der ganz regelmäßigen Stapelfolge, nämlich die schon
in Ziff. 45 erwähnten Stapelfehler. Beispiele für Stapelfehler im kubisch flächenzentrierten Gitter sind

$$\nabla\nabla\nabla\triangle\nabla\nabla\nabla \qquad (48.1)$$

und

$$\nabla\nabla\nabla\triangle\triangle\nabla\nabla\nabla. \qquad (48.2)$$

In (48.1) wurde eine Netzebene herausgenommen, wobei die dichteste Packung
erhalten blieb (s. Fig. 70b). Da die ideale
Kristallstruktur in (48.1) auf beiden
Seiten bis an die Stapelfehlerebene heranreicht, haben wir in (48.1) einen Stapelfehler vom Typus I vor uns. Den Stapelfehler (48.2) kann man dagegen am einfachsten dadurch erzeugen, daß man,
wiederum unter Erhaltung der dichtesten
Kugelpackung, eine Netzebene einschiebt
(Fig. 70a). Er bildet somit ein Beispiel
für den Typus II.

Aus den beiden eben besprochenen
Arten von Stapelfehlern kann man alle
denkbaren Stapelfehler im kubischflächenzentrierten Gitter ableiten. Im
Vergleich dazu liegen die Verhältnisse
bei der hexagonalen dichtesten Kugelpackung etwas komplizierter. Hier entstehen Stapelfehler immer dann, wenn zwei oder mehr gleiche Stapeloperatoren
aufeinanderfolgen. Es gibt dabei insgesamt drei Möglichkeiten, aus denen man
alle weiteren aufbauen kann, nämlich

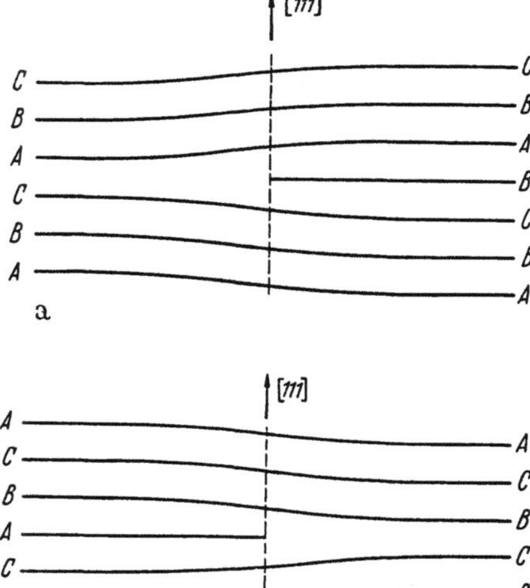

Fig. 70a u. b. Stapelfehler im kubisch-flächenzentriertem Gitter mit FRANKschen unvollständigen Versetzungen. Die Spuren der Gleitebenen dieser Versetzungen
sind gestrichelt eingezeichnet. Die Buchstaben A, B
und C geben die Projektionen der Kugelmittelpunkte
entsprechend Fig. 69 an. a Stapelfehler vom Typus II
mit positiver FRANKscher unvollständiger Versetzung.
b Stapelfehler vom Typus I mit negativer FRANKscher
unvollständiger Versetzung.

$$\nabla\triangle\nabla\triangle\triangle\nabla\triangle\nabla, \qquad (48.3)$$

$$\nabla\triangle\nabla\triangle\triangle\triangle\nabla\triangle\nabla \qquad (48.4)$$

und

$$\nabla\triangle\nabla\triangle\triangle\triangle\triangle\nabla\triangle\nabla. \qquad (48.5)$$

(48.3) kann erzeugt werden durch Herausnehmen einer Basisebene aus der hexagonalen dichtesten Kugelpackung, Verschieben der einen Kristallhälfte um eine
der Strecken AB, BC oder CA und anschließendes Zusammenfügen der beiden
Kristallhälften zur Wiederherstellung der dichten Packung. (Im Gegensatz zum
kubisch-flächenzentrierten Gitter würde man ohne die zwischengeschaltete Verschiebung parallel zur Basisebene keine dichte Packung erhalten.) Derselbe Stapelfehler ergibt sich auch, wenn man eine Basisebene einfügt und die Parallelverschiebung durchführt.

(48.4) kann erzeugt werden durch Verschiebung einer Kristallhälfte relativ zur
anderen um eine der drei Strecken AB, BC oder CA. [Durch diese Erzeugungsweise

erhält man übrigens beim kubisch-flächenzentrierten Gitter den Stapelfehler (48.1), also keinen neuen Fall.]

Stapelfehler (48.5) entsteht durch alleiniges Einschieben einer Basisebene in die hexagonale dichteste Kugelpackung ohne gleichzeitige tangentiale Verschiebung.

Auf die Energie dieser Stapelfehler sowie die bis jetzt zur Verfügung stehenden Methoden zu ihrer experimentellen Bestimmung werden wir in Abschnitt D eingehen. Wir wenden uns nunmehr der Diskussion der mit den Stapelfehlern im kubisch-flächenzentrierten Gitter verbundenen unvollständigen Versetzungen zu. Wegen einer Behandlung der entsprechenden Fragen bei den hexagonalen dichtesten Kugelpackungen sei auf die Darstellungen von Frank und Nicholas[1] und von Read[2] verwiesen.

Die *Gleitebene* einer unvollständigen Versetzung ist genau wie in Ziff. 34 durch das Linienelement einer Versetzungslinie und den Burgers-Vektor definiert. Neben der Gleitebene spielt aber für die kinematischen Eigenschaften einer unvollständigen Versetzung auch der mit ihr verbundene Stapelfehler eine wesentliche Rolle. Wenn Gleitebene und Stapelfehler zusammenfallen, so spricht man von einer *Shockleyschen unvollständigen Versetzung*, wenn dies nicht der Fall ist, von einer *Frankschen unvollständigen Versetzung*.

Wir betrachten zuerst die beiden einfachsten Beispiele für den Frankschen Fall[3]. In einem kubisch-flächenzentrierten Kristall sei eine (111)-Halbebene eingeschoben (Fig. 70a) bzw. herausgenommen (Fig. 70b). Die Begrenzung der eingeschobenen Ebenen bilden 2 Versetzungen, deren Burgers-Vektoren parallel bzw. antiparallel zur [111]-Richtung sind und deren Versetzungsstärke gerade gleich dem Abstand benachbarter {111}-Ebenen, also gleich c (s. Ziff. 47) ist. Die beiden Versetzungen haben, wenn für sie derselbe Durchlaufungssinn gewählt wird, entgegengesetzt gleiches Vorzeichen. Ihr Burgers-Vektor ist gegeben durch

$$\mathfrak{b}_F = \pm \tfrac{1}{3}[111]. \tag{48.6}$$

Die *Zuordnung* der beiden verschiedenen Vorzeichen zu den beiden verschiedenen Fällen der Fig. 70a und b ist Konventionssache, da man ja das Vorzeichen des Burgers-Vektors durch Umkehr des positiven Richtungssinns der Versetzung umkehren kann. Keine Konventionssache ist dagegen die *Verschiedenheit* der Vorzeichen in Gl. (48.6). Wie man sieht, hat man im Falle der Fig. 70a einen Stapelfehler vom Typus II, der Operatorenfolge (48.2) entsprechend und im Falle der Fig. 70b einen solchen vom Typus I, der Folge (48.1) entsprechend. Es ist üblich geworden, die mit dem Typus II verknüpfte unvollständige Versetzung eine positive, die mit dem Typus I verknüpfte eine negative Franksche unvollständige Versetzung zu nennen.

Würde eine der beiden, in Fig. 70 gezeichneten Versetzungslinien auf ihrer gestrichelt angedeuteten Gleitebene zu gleiten versuchen, so würde sie die dichteste Kugelpackung längs dieser Gleitebene zerstören. Der dafür nötige Energiebedarf ist sehr wahrscheinlich so groß, daß wir für alle praktisch auftretenden Fälle einen derartigen Prozeß ausschließen dürfen. Um eine solche Versetzungsbewegung zu erzwingen, müßten an einem Kristall Schubspannungen von der Größenordnung der theoretischen Schubfestigkeit angreifen (vgl. den Artikel über Kristallplastizität in diesem Bande, Ziff. 4). Dieses Resultat gilt immer dann, wenn Gleitebene und Stapelfehlerebene einer unvollständigen Versetzung nicht zusammenfallen. Wir haben also das Ergebnis erhalten, daß Franksche unvollständige

---

[1] F. C. Frank u. J. F. Nicholas: Phil. Mag. **44**, 1213 (1953).

[2] W. T. Read: [*53*], § 7,14.

[3] F. C. Frank: Proc. Phys. Soc. Lond., Ser. A **62**,202 (1949).

Versetzungen „*nicht gleitfähig*" (engl. „sessile"[1]) sind. Dagegen können diese Versetzungen, falls die Temperatur hinreichend hoch ist, um Selbstdiffusion zu gestatten, sehr leicht klettern, und zwar durch die Vergrößerung bzw. Verkleinerung des Stapelfehlers infolge der Anlagerung von Eigenfehlstellen am Rande des Stapelfehlers.

Aus dem Vorstehenden geht hervor, daß FRANKsche unvollständige Versetzungen nicht durch Gleitvorgänge gebildet werden können. Wenn sie in einem Kristall tatsächlich vorhanden sind, sind sie sehr wahrscheinlich durch Kondensation von Leerstellen oder Zwischengitteratomen auf einer {111}-Ebene entstanden. Die genauen Bedingungen für eine solche Kondensation sind heute noch nicht bekannt, so daß man über ihr Auftreten bis jetzt noch keine näheren Angaben machen kann. Sind aber FRANKsche unvollständige Versetzungen in einem Kristall gebildet worden, so stellen sie bei tiefen Temperaturen sehr wirksame Hindernisse für die Gleitung dar, da sie ja mit anderen Versetzungslinien genau so wie vollständige Versetzungen wechselwirken, aber im Gegensatz zu diesen nicht durch Gleitprozesse entfernt werden können.

Das Gegenstück zu den FRANKschen bilden die SHOCKLEYschen unvollständigen Versetzungen. Bei ihnen fallen, wie schon oben ausgeführt, Gleitebene und Stapelfehlerebene zusammen. Sie können deshalb unter Vergrößerung oder Verkleinerung ihres Stapelfehlers wandern. Dagegen können sie nicht klettern, ohne die dichteste Kugelpackung zu zerstören. Somit ist unter allen praktisch auftretenden Bedingungen ihre Bewegungsmöglichkeit auf reine Gleitbewegungen beschränkt.

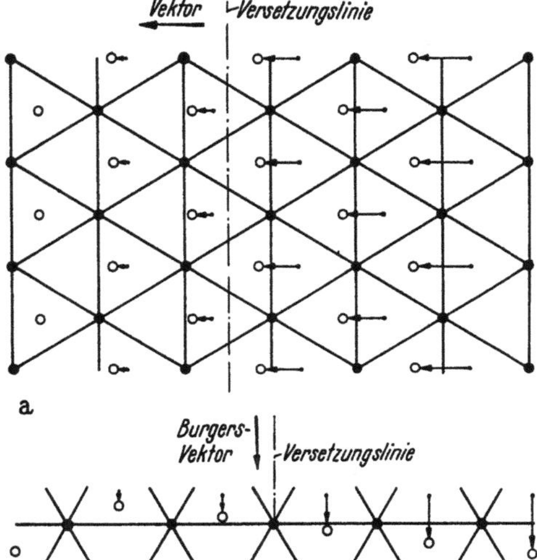

Fig. 71a u. b. Schematische Darstellung von SHOCKLEYschen unvollständigen Versetzungen. Die ausgefüllten Kreise geben die Lagen der Atome unterhalb der Gleitebene, die leeren Kreise die Lagen der Atome oberhalb der Gleitebene an. Die Pfeile deuten die Verschiebungen der Atome innerhalb der Versetzung an. Zur Vereinfachung ist die Verzerrung der Netzebene unterhalb der Gleitebene vernachlässigt. a Stufenversetzung (0°-Versetzung). b Schraubenversetzung (90° Versetzung).

SHOCKLEYsche unvollständige Versetzungen wurden im Zusammenhang mit der Zwillingsbildung im kubisch-flächenzentrierten Gitter zuerst von SEITZ und READ[2] und im Zusammenhang mit der plastischen Verformung von kubisch-flächenzentrierten Kristallen ausführlicher von HEIDENREICH und SHOCKLEY[3] diskutiert. Die einfachste Erzeugungsweise dieser Versetzungen ist, einen kubisch-flächenzentrierten Kristall längs einer {111}-Ebene aufzutrennen und die beiden Schnittufer parallel zur Trennungsfläche um eine der Strecken AB, BC oder CA,

---

[1] Um Verwechslungsmöglichkeiten mit einer anderen, von W. M. LOMER eingeführten Art von „sessile dislocations" vorzubeugen, hat man diese Eigenschaft der FRANKschen unvollständigen Versetzungen als „sessile im Sinne von FRANK" zu bezeichnen.

[2] F. SEITZ u. T. A. READ: J. Appl. Phys. **12**, 470 (1941).

[3] R. D. HEIDENREICH u. W. SHOCKLEY: [2], S. 57.

also um den Vektor $\frac{1}{8}\langle 211\rangle$, zu verschieben. Die Berandung des geglittenen Bereiches bildet dann eine Shockleysche unvollständige Versetzung mit einem Burgers-Vektor

$$\mathfrak{b}_S = \tfrac{1}{8}\langle 211\rangle. \tag{48.7}$$

In Fig. 71a und b sind die Atomlagen einer solchen Shockleyschen unvollständigen Versetzung für eine Stufen- und eine Schraubenversetzung angegeben. Bei einer Schraubenversetzung ist bemerkenswert, daß im vorliegenden Falle eine der unendlich vielen geometrischen Gleitebenen vor allen anderen physikalisch ausgezeichnet ist, nämlich die mit der Stapelfehlerebene zusammenfallende. Eine unvollständige Schraubenversetzung kann nur in dieser Ebene gleiten.

Ihre wichtigste Anwendung finden die Shockleyschen unvollständigen Versetzungen bei der sog. Aufspaltung vollständiger Versetzungen, deren Behandlung wir uns in Ziff. 49 zuwenden.

49. Aufgespaltene Versetzungen. Eine vollständige Versetzung im kubisch-flächenzentrierten Gitter mit Burgers-Vektor $\frac{1}{2}\langle 110\rangle$ kann formal durch eine Versetzungsreaktion (Ziff. 36) in zwei Shockleysche unvollständige Versetzungen zerlegt werden, z. B. nach der Gleichung

$$\tfrac{1}{2}[110] = \tfrac{1}{6}[211] + \tfrac{1}{6}[12\bar{1}]. \tag{49.1}$$

Liegt die vollständige Versetzung in der $(1\bar{1}\bar{1})$-Ebene, so wird im allgemeinen, wie zuerst Heidenreich und Shockley erkannt haben, diese Aufspaltung auch tatsächlich eintreten. Man kann sich darüber leicht Rechenschaft geben an Hand der Regeln Gl. (36.4) und (36.5) über die Energiebilanz einer solchen Versetzungsreaktion. Das Quadrat des Burgers-Vektors ist auf der linken Seite von Gl. (49.1) gleich $a^2/2$, während die Summe der Quadrate der Burgers-Vektoren auf der rechten Seite gleich $a^2/3$ ist. Nach Ziff. 37 bedeutet dies, daß eine in einer $\{111\}$-Ebene liegende Versetzung mit Burgers-Vektor $\frac{1}{2}\langle 110\rangle$ instabil gegen eine Aufspaltung gemäß Gl. (49.1) ist. Zwischen den beiden Shockleyschen unvollständigen Versetzungen, die man in diesem Zusammenhang auch häufig als Teilversetzungen oder Halbversetzungen bezeichnet, herrscht somit eine Abstoßung. Dieser abstoßenden Kraft wirkt jedoch die Oberflächenspannung des Stapelfehlers entgegen, der sich zwischen den beiden Teilversetzungen aufspannt, so daß sich schließlich ein endlicher Gleichgewichtsabstand zwischen den beiden Halbversetzungen einer solchen aufgespaltenen Versetzung („extended dislocation") ergibt.

Die genauere mathematische Behandlung dieser Aufspaltung (gemessen durch den Abstand der beiden Teilversetzungen) ergibt (Ziff. 73), daß sie in manchen Fällen nur rund einen Atomabstand beträgt und nur in Ausnahmefällen 20 Atomabstände übersteigt.

Genau dieselben Überlegungen lassen sich auf Versetzungslinien in der Basisebene der hexagonalen dichtesten Kugelpackung anwenden. Hier findet eine Aufspaltung vollständiger Versetzungen in Teilversetzungen gemäß der Reaktionsgleichung

$$\tfrac{1}{3}[2\bar{1}\bar{1}0] = \tfrac{1}{3}[1\bar{1}00] + \tfrac{1}{3}[10\bar{1}0] \tag{49.2}$$

statt. Die mathematische Behandlung erfolgt vollkommen analog zu derjenigen im kubisch-flächenzentrierten Gitter und wird gemeinsam mit dieser in Ziff. 73 durchgeführt werden.

Aus Fig. 57a und Fig. 59a kann entnommen werden, daß die $\{110\}$-Ebenen im kubisch-flächenzentrierten Gitter und die $\{2\bar{1}\bar{1}0\}$-Ebenen in der hexagonalen dichtesten Kugelpackung sich zu Paaren zusammenfassen lassen. Die beiden Netzebenen eines solchen Paares, die wir mit a und b bezeichnen wollen, sind gegeneinander parallel verschoben. Bei einer nicht aufgespalteten Stufenversetzung werden die beiden Ebenen a und b eines solchen Paares, wie in Fig. 57a und Fig. 59a, unmittelbar nebeneinander eingeschoben, während sie bei einer aufgespalteten Versetzung durch den Stapelfehler voneinander getrennt sind (Fig. 72).

Die Aufspaltung vollständiger Versetzungen ist von großer Bedeutung für die feineren Eigenschaften der Versetzungen in dichtesten Kugelpackungen und damit auch für das plastische Verhalten der im kubisch-flächenzentrierten Gitter und in der hexagonalen dichtesten Kugelpackung kristallisierenden Elemente.

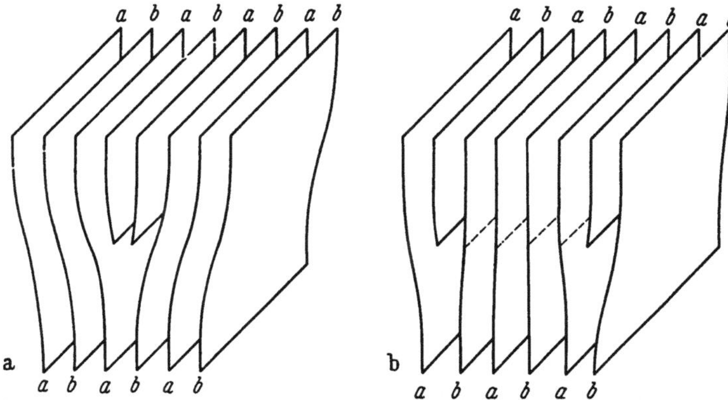

Fig. 72a u. b. Stufenversetzungen in der hexagonalen dichtesten Kugelpackung und im kubisch-flächenzentriertem Gitter. Die Bezeichnungen a und b beziehen sich auf die beiden verschiedenen Arten von $\langle 2\bar{1}\bar{1}0\rangle$ bzw. $\langle 110\rangle$-Ebenen (siehe Text). Fig. 72a stellt eine unaufgespaltene Stufenversetzung mit dichtest gepackter Ebene dar, Fig. 72b dieselbe Versetzung, jedoch mit einer Aufspaltung um etwa 2,5 Atomabstände. Die gestrichelten Geraden geben den Schnitt der Netzebenen mit dem Stapelfehler an.

Da es jedoch hierbei weitgehend auf die quantitativen Verhältnisse bei den einzelnen Metallen ankommt, werden wir die Mehrzahl dieser Fragen in Abschnitt C II (Mathematische Theorie der Versetzungen) behandeln.

Es sei hier lediglich eine Besonderheit aufgespalteter Schraubenversetzungen im kubisch-flächenzentrierten Gitter erwähnt: Durch die Aufspaltung in Halbversetzungen wird eine der beiden {111}-Ebenen, die einen gegebenen BURGERS-Vektor der Form $\frac{1}{2}\langle 110\rangle$ enthalten, vor der anderen {111}-Gleitebene sowie allen übrigen geometrisch möglichen Gleitebenen der betreffenden Zone ausgezeichnet. Ist die Aufspaltung in Halbversetzungen stark (d. h. größer als etwa ein Atomabstand), so hat dies eine beträchtliche Erschwerung der Quergleitung von Schraubenversetzungen zur Folge. Wir werden darauf in Ziff. 74 näher eingehen.

50. Ein Beispiel für Versetzungsreaktionen zwischen aufgespalteten Versetzungen. Die Aufspaltung von Versetzungslinien kann einen gewissen Einfluß aufs Ergebnis von Versetzungsreaktionen haben, da ja die Teilversetzungen miteinander reagieren können. Wir behandeln im folgenden ein Beispiel für einen solchen Fall, das auf COTTRELL[1] zurückgeht und das uns zugleich mit einer weiteren Art von unvollständigen Versetzungen im kubisch-flächenzentrierten Gitter bekanntmacht.

Wir betrachten eine Versetzungslinie mit BURGERS-Vektor $\frac{1}{2}[10\bar{1}]$, welche in der (111)-Ebene liegt, und eine Versetzung mit BURGERS-Vektor $\frac{1}{2}[011]$, die in

<hr>

[1] A. H. COTTRELL: Phil. Mag. **43**, 645 (1952).

der $(11\bar{1})$-Ebene liegen möge. Lomer[1] hat gezeigt, daß die Reaktion

$$\tfrac{1}{2}[10\bar{1}] + \tfrac{1}{2}[011] \to \tfrac{1}{2}[110] \tag{50.1}$$

unter Energiegewinn abläuft, wie man an Hand der Energieregel von Ziff. 36 leicht bestätigt. Die resultierende Versetzung hat die Richtung $[1\bar{1}0]$ und besitzt somit die Gleitebene (001).

Wenn die beiden ursprünglichen Versetzungen gemäß den Gleichungen

$$\tfrac{1}{2}[10\bar{1}] \to \tfrac{1}{6}[11\bar{2}] + \tfrac{1}{6}[2\bar{1}\bar{1}], \tag{50.2}$$

$$\tfrac{1}{2}[011] \to \tfrac{1}{6}[112] + \tfrac{1}{6}[\bar{1}21] \tag{50.3}$$

in Halbversetzungen aufgespalten sind, so können, und zwar unter größerem Energiegewinn als in Gl. (50.1), zwei der Halbversetzungen unter sich nach der Gleichung

$$\tfrac{1}{6}[2\bar{1}\bar{1}] + \tfrac{1}{6}[\bar{1}21] \to \tfrac{1}{6}[110] \tag{50.4}$$

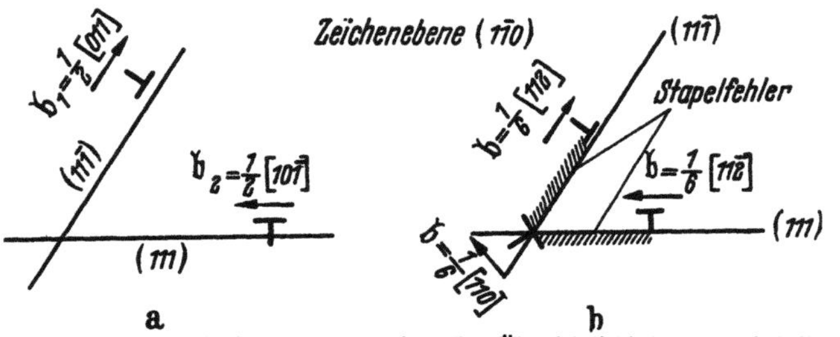

Fig. 73a u. b. Die Lomer-Cottrellsche Versetzungsreaktion. Der Übersichtlichkeit wegen sind die Schraubenanteile weggelassen. a Die beiden ursprünglich (unaufgespaltenen) Versetzungen vor der Reaktion. b Das Resultat der Reaktion der aufgespaltenen Versetzungen.

reagieren. Das Resultat dieser Reaktion ist schematisch in Fig. 73 b dargestellt. Auf den beiden Ebenen $(11\bar{1})$ bzw. (111) befinden sich Stapelfehlerstreifen, die auf der einen Seite durch Shockleysche unvollständige Versetzungen mit den Burgers-Vektoren $\tfrac{1}{6}[112]$ bzw. $\tfrac{1}{6}[11\bar{2}]$ begrenzt werden. Auf der anderen Seite hängen die beiden Stapelfehlerstreifen im Schnitt der beiden {111}-Ebenen zusammen. Diese Schnittlinie ist ebenfalls eine Versetzungslinie und zwar mit dem Burgers-Vektor $\tfrac{1}{6}[110]$.

Solche unvollständige Versetzungslinien mit Burgers-Vektoren $\tfrac{1}{6}\langle 110\rangle$ treten immer dann auf, wenn ein Stapelfehler von einer {111}-Ebene in eine andere umbiegt. Wegen einer genauen Beschreibung der Verhältnisse sei auf die Darstellung von Frank und Nicholas[2] verwiesen. Ihre Konsequenzen für die Frage der Beweglichkeit oder Unbeweglichkeit von Versetzungsknoten im kubisch-flächenzentrierten Gitter, welche von Versetzungen in {111}-Ebenen gebildet werden, sind sehr ausführlich von Thompson[3] diskutiert worden.

Die Cottrellsche Versetzung, wie man die oben besprochene und in Fig. 73 b dargestellte Kombination unvollständiger Versetzungen manchmal nennt, ist ein Beispiel für eine Versetzung, die weder klettern noch gleiten kann. Sie sollte, wenn sie durch obige Reaktion zwischen Versetzungen verschiedener Gleitsysteme gebildet wird, ein wirksames und schwer zu beseitigendes Hindernis für die Bewegung benachbarter Versetzungslinien sein. Aus diesem Grunde hat die Cottrell-Lomersche Versetzungsreaktion bei den Diskussionen zur Verfestigung

[1] W. M. Lomer: Phil. Mag. 42, 1327 (1951).
[2] F. C. Frank u. J. F. Nicholas: Phil. Mag. 44, 1213 (1953).
[3] N. Thompson: Proc. Phys. Soc. Lond., B 66, 481 (1953).

plastisch verformter kubisch-flächenzentrierter Metalle eine große Rolle gespielt (s. z. B. [*55*]).

51. Versetzungen in Legierungen mit Überstruktur. Zwischen Versetzungen in Legierungen mit Überstruktur und den in den vorangehenden Ziffern dieses Abschnittes besprochenen unvollständigen Versetzungen besteht ein enger Zusammenhang, auf den wir nunmehr kurz eingehen werden.

Die meisten Überstrukturen in Legierungen bilden sich durch eine Phasenumwandlung im festen Zustand unterhalb des Schmelzpunktes der betreffenden Legierung. Da die in einem unverformten Kristall vorhandenen Versetzungslinien sich bereits bei der Erstarrung bilden, sind die BURGERS-Vektoren dieser Versetzungen Gittervektoren des BRAVAIS-Gitters der am Schmelzpunkt stabilen, also im allgemeinen ungeordneten festen Phase (sofern man, was für die Zwecke der gegenwärtigen Diskussion durchaus erlaubt ist, von der Aufspaltung in Teilversetzungen absieht). Die geordnete Legierung hat jedoch meist ein anderes BRAVAIS-Gitter als die zugehörige ungeordnete Phase. Zum Beispiel hat ungeordnetes β-Messing die kubisch-raumzentrierte Struktur (Fig. 47b), also ein ebensolches BRAVAIS-Gitter, während geordnetes β-Messing die CsCl-Struktur (Fig. 47d) annimmt, also ein kubisch-primitives BRAVAIS-Gitter besitzt. Ähnliches gilt von der Legierung Cu_3Au, deren BRAVAIS-Gitter bei der Ordnungstemperatur von einem kubisch-flächenzentrierten Gitter in ein kubisch-primitives Gitter mit viermal so großer primitiver Elementarzelle überwechselt.

Durch diese Änderungen der BRAVAIS-Gitter am Umwandlungspunkt geordneter Legierungen werden die vollständigen Versetzungen der ungeordneten Strukturen zu unvollständigen Versetzungen der geordneten Strukturen. Die Rolle der Stapelfehler spielen hier die Grenzflächen zwischen den Anti-Phasenbereichen, die wir ja bereits in Ziff. 3 zusammen mit den Stapelfehlern bei der Aufzählung der zweidimensionalen Fehlstellen niedriger Energie erwähnt hatten. Diese Bereichs-Grenzflächen können also an Versetzungslinien endigen; bei der Bewegung einer solchen Versetzung wird die zugehörige Grenzfläche vergrößert oder verkleinert.

Im Vergleich zur Stapelfehlerenergie ist die Energie von Grenzflächen zwischen Antiphasenbereichen etwa um einen Faktor 10 niedriger. Dies äußert sich darin, daß bei den zu den aufgespaltenen Versetzungen analogen Versetzungsanordnungen (zwei durch eine Bereichsgrenze getrennten Halbversetzungen der Überstruktur) der Abstand zwischen den Teilversetzungen von der Größenordnung mehrerer 100 Å und die Kopplung zwischen ihnen so schwach ist, daß die Teilversetzungen einer vollständigen Versetzung für manche Zwecke als unabhängig voneinander angesehen werden dürfen. Wegen einer Diskussion der Verhältnisse bei β-CuZn, auch hinsichtlich der experimentell auftretenden Gleitrichtungen, sei auf die Darstellung von COTTRELL[1] verwiesen.

II. Mathematische Theorie der Versetzungen.

52. Überblick. Unter der mathematischen Versetzungstheorie verstehen wir im Gegensatz zur geometrischen Theorie (Abschnitt I) die *rechnerische* Behandlung von Versetzungseigenschaften. Das Kernstück der mathematischen Theorie bildet die Berechnung des Verzerrungs- und Spannungs-„Hofes" in der Umgebung einer Versetzungslinie. Jedoch gehören hierher noch viele andere Fragen, wie diejenigen nach der Energie von Versetzungen, den auf Versetzungen wirkenden Kräften, den Eigenschaften rasch bewegter Versetzungen, dem elektrischen Widerstand von Versetzungen in Metallen und anderem mehr.

---

[1] A. H. COTTRELL: [*9*], S. 131.

Die mathematischen Schwierigkeiten bei der Behandlung dieser Probleme sind oft sehr groß und noch nicht in allen Fällen befriedigend gelöst. Am abgeschlossensten liegt heute die Theorie der mechanischen Eigenschaften ruhender Versetzungen vor. Hier harren meist nur noch Einzelprobleme der Bearbeitung, für die jedoch häufig bereits Näherungslösungen vorliegen. Über diesen Teil der Theorie ist bereits eine zusammenfassende Darstellung erschienen [54], auf die wegen mancher Einzelfragen, die wir aus Raumgründen übergehen müssen, verwiesen sei. In [54] ist die Literatur über das mechanische Verhalten statischer Versetzungen bis etwa Anfang 1952 berücksichtigt.

Der Behandlung der mathematischen Versetzungstheorie liegt der folgende Plan zugrunde: In Abschnitt a) wird die Elastizitätstheorie der Versetzungen entwickelt. In ihm werden alle jene Eigenschaften der Versetzungen besprochen, für welche die Gitterstruktur der Kristalle nicht wesentlich ist und die sich deshalb kontinuumsmechanisch behandeln lassen. Hierunter fallen eine ganze Reihe für praktische Anwendungen äußerst wichtige Eigenschaften. Es sei hier vermerkt, daß die kontinuumstheoretische Auffassung der Versetzungen, die sich vollkommen unabhängig von der von uns zur Einführung der Versetzungen benützten gittertheoretischen Betrachtungsweise aufbauen läßt, wesentlich älter als die Auffassung der Versetzungen als Kristallfehler ist. Auch für andere Gitterfehlstellen, wie z.B. gelöste Fremdatome, ist es möglich und für manche Zwecke sehr nützlich, kontinuumsmechanische Modelle zu verwenden. Sachlich gehört ihre Behandlung eigentlich in Abschnitt B dieses Artikels; wegen des engen Zusammenhanges der dabei zu benützenden Methodik mit derjenigen der Versetzungstheorie werden diese Fragen ebenfalls in Abschnitt C II a), und zwar insbesondere in Ziff. 55, besprochen werden.

Es gibt jedoch auch viele Fragestellungen in der Versetzungstheorie, für deren Behandlung die Kombination von geometrischer Theorie und linearer Elastizitätstheorie, die in Abschnitt a) zugrunde gelegt wird, nicht ausreicht. Hierzu gehören vor allem die folgenden beiden Gruppen von Problemen:

1. In der unmittelbaren Umgebung einer Versetzungslinie treten so starke Verzerrungen auf, daß der Gültigkeitsbereich des Hookeschen Gesetzes und damit auch der linearen Elastizitätstheorie überschritten wird. Es ist deshalb erwünscht, eine Möglichkeit zur Berücksichtigung dieser nichtlinearen Effekte zu haben, die z.B. für die Behandlung der Wechselwirkung nahe benachbarter Versetzungslinien wesentlich sind.

2. Für eine Reihe von Fragen ist die Berücksichtigung der atomistischen Struktur der Kristalle wesentlich. Als Beispiel hierfür sei die periodische Variation der Versetzungsenergie bei der Bewegung der Versetzung durch den Kristall hindurch erwähnt. Die dadurch auftretende Energieschwelle zwischen zwei äquivalenten Gleichgewichtslagen kann in Analogie zu den entsprechenden Verhältnissen bei den Eigenfehlstellen als Wanderungsenergie bezeichnet werden.

Für die Behandlung derartiger Problemstellungen sind sog. „Versetzungsmodelle" ersonnen worden, die in der Literatur unter den Namen „Frenkelsches Modell" und „Peierlssches Modell" bekannt sind. Wir werden sie in Abschnitt b) besprechen, wobei wir aber ebenfalls nur auf eine Auswahl der bis jetzt behandelten speziellen Fragestellungen eingehen können.

Abschnitt c) bespricht die „Dynamik der Versetzungen". Hierher gehört z.B. die Abhängigkeit des Spannungs- und Verschiebungsfeldes in der Umgebung einer Versetzung von der Versetzungsgeschwindigkeit, aber auch die Behandlung der bei der Versetzungsbewegung auftretenden Reibungskräfte. Gerade dieser Problemkreis ist sehr kompliziert und nur unter großem mathematischem Aufwand zu behandeln. Wir werden uns deswegen auf ein Referat der bis jetzt erzielten Ergebnisse beschränken müssen.

Schließlich sollen in Abschnitt d) noch einige spezielle, nicht direkt mit mechanischen Eigenschaften zusammenhängende Fragen berührt werden, von denen wohl im Rahmen des im vorliegenden Kapitel behandelten Stoffes der elektrische Widerstand der Versetzungen die wichtigste ist.

a) Lineare Elastizitätstheorie statischer Versetzungen.

53. Grundlagen. In Abschnitt C I hatten wir die Versetzungen als Gitterfehlstellen behandelt. Daraus ließen sich eine ganze Reihe von Ergebnissen, besonders hinsichtlich der kinematischen Eigenschaften der Versetzungen, ableiten, doch war es nicht möglich, quantitative Aussagen über die Gitterverzerrungen in der weiteren Umgebung der Versetzung zu machen. Hier greift eine andere Betrachtungsweise ein, die in ihren Grundzügen von WEINGARTEN[1] und VOLTERRA[2] stammt und viel älter ist als die Auffassung der Versetzungen als Störungen eines Kristallgitters, nämlich die Betrachtung einer Versetzung als Eigenspannungszustand in einem elastischen Kontinuum.

Die Nützlichkeit dieser kontinuumsmäßigen Betrachtung der Versetzungen für Probleme der Kristallphysik beruht darauf, daß für das Spannungs- und Verzerrungsfeld in hinreichend großer Entfernung von einer Versetzungslinie Einzelheiten der Atomanordnung in unmittelbarer Nähe der Versetzung belanglos sind. Wie wir in den folgenden Ziffern sehen werden, wird das elastische „Fernfeld" einer Versetzung, auf das es für viele Probleme (z.B. für die Kräfte zwischen weit voneinander entfernten Versetzungen) allein ankommt, durch den Verlauf der Versetzungslinie und durch ihren BURGERS-Vektor eindeutig bestimmt.

Es folgen nunmehr einige Ergebnisse aus der Elastizitätstheorie anisotroper Medien, die wir in den nächsten Ziffern benötigen werden.

Wir verwenden die folgenden Bezeichnungen:

Ortsvektor $\mathfrak{r}$ (Komponenten x_i, bei speziellen Rechnungen auch x, y, z);

Vektor der elastischen Verschiebung $\mathfrak{s}$ (Komponenten s_i, bei speziellen Rechnungen auch u, v, w);

Tensor der elastischen Verzerrungen ε (Komponenten ε_{ik});

Spannungstensor σ (Komponenten σ_{ik});

Tensor der elastischen Konstanten (HOOKEscher Tensor) C (Komponenten C^{ik}_{mn});

Tensor der elastischen Koeffizienten $S = C^{-1}$ (Komponenten S^{ik}_{mn})[3].

Bei allgemeinen Formeln verwenden wir die EINSTEINsche Konvention über die Summierung über doppelt vorkommende Indices. Werden Differentiationen durch untere Indices bezeichnet, so werden die Koordinaten-Indices vor einem Komma, die Differentiations-Indices hinter diesem Komma angeordnet. Der Zusammenhang zwischen Verzerrungstensor und Verschiebungsvektor lautet in dieser Schreibweise:

$$\varepsilon_{mn} = \tfrac{1}{2}\left(s_{n,m} + s_{m,n}\right). \tag{53.1}$$

Der HOOKEsche Tensor C (und ebenso sein reziproker Tensor S) hat in einem kristallinen Medium niedrigster (trikliner) Symmetrie die folgenden Symmetrie-

---

[1] G. WEINGARTEN: Accad. Linc. Rend. [5] **10** (1. sem), 57 (1901).

[2] V. VOLTERRA: Ann. Ecole norm. sup [3] **24**, 400 (1907).

[3] Die Anordnung der Indices der Komponenten von C und S wurde nach Gesichtspunkten der Bequemlichkeit gewählt. Bei Rechnungen in krummlinigen Koordinaten müssen die vier Indices entweder alle kovariant oder alle kontrovariant sein.

eigenschaften:

$$C^{ik}_{mn} = C^{mn}_{ik} = C^{ki}_{mn} = C^{ik}_{nm}. \tag{53.2}$$

Der Zusammenhang zwischen C und den VOIGTschen elastischen Konstanten $c_{\alpha\beta} = c_{\beta\alpha}$ und zwischen S und den VOIGTschen elastischen Koeffizienten $s_{\alpha\beta} = s_{\beta\alpha}$, auf die sich die Angaben experimenteller Werte für elastische Materialeigenschaften[1] meist beziehen, wird durch Tabelle 19a und b gegeben.

Tabelle 19a. *Zusammenhang zwischen den Komponenten C^{ik}_{mn} des HOOKEschen Tensors und den VOIGTschen elastischen Konstanten $c_{\alpha\beta}$.*

$C^{ik}_{mn} \rightarrow$	11	22	33	23	31	12
11	c_{11}	c_{12}	c_{13}	c_{14}	c_{15}	c_{16}
22	c_{21}	c_{22}	c_{23}	c_{24}	c_{25}	c_{26}
33	c_{31}	c_{32}	c_{33}	c_{34}	c_{35}	c_{36}
23	c_{41}	c_{42}	c_{43}	c_{44}	c_{45}	c_{46}
31	c_{51}	c_{52}	c_{53}	c_{54}	c_{55}	c_{56}
12	c_{61}	c_{62}	c_{63}	c_{64}	c_{65}	c_{66}

Tabelle 19b. *Zusammenhang zwischen den Komponenten S^{ik}_{mn} des reziproken HOOKEschen Tensors und den VOIGTschen elastischen Koeffizienten $s_{\alpha\beta}$.*

$S^{ik}_{mn} \rightarrow$	11	22	33	23	31	12
11	s_{11}	s_{12}	s_{13}	$\tfrac{1}{2}\cdot s_{14}$	$\tfrac{1}{2}\cdot s_{15}$	$\tfrac{1}{2}\cdot s_{16}$
22	s_{21}	s_{22}	s_{23}	$\tfrac{1}{2}\cdot s_{24}$	$\tfrac{1}{2}\cdot s_{25}$	$\tfrac{1}{2}\cdot s_{26}$
33	s_{31}	s_{32}	s_{33}	$\tfrac{1}{2}\cdot s_{34}$	$\tfrac{1}{2}\cdot s_{35}$	$\tfrac{1}{2}\cdot s_{36}$
23	$\tfrac{1}{2}\cdot s_{41}$	$\tfrac{1}{2}\cdot s_{42}$	$\tfrac{1}{2}\cdot s_{43}$	$\tfrac{1}{4}\cdot s_{44}$	$\tfrac{1}{4}\cdot s_{45}$	$\tfrac{1}{4}\cdot s_{46}$
31	$\tfrac{1}{2}\cdot s_{51}$	$\tfrac{1}{2}\cdot s_{52}$	$\tfrac{1}{2}\cdot s_{53}$	$\tfrac{1}{4}\cdot s_{54}$	$\tfrac{1}{4}\cdot s_{55}$	$\tfrac{1}{4}\cdot s_{56}$
12	$\tfrac{1}{2}\cdot s_{61}$	$\tfrac{1}{2}\cdot s_{62}$	$\tfrac{1}{2}\cdot s_{63}$	$\tfrac{1}{4}\cdot s_{64}$	$\tfrac{1}{4}\cdot s_{65}$	$\tfrac{1}{4}\cdot s_{66}$

Das HOOKEsche Gesetz lautet:

oder

$$\sigma_{ik} = C^{ik}_{mn}\, \varepsilon_{mn} \tag{53.3a}$$

oder auch

$$\varepsilon_{mn} = S^{mn}_{ik}\, \sigma_{ik} \tag{53.3b}$$

$$\sigma_{ik} = C^{ik}_{mn}\, s_{m,n}. \tag{53.3c}$$

Bezeichnet $\mathfrak{k}$ (Komponenten k_i) die Dichte der Volumkräfte, so lauten die Gleichgewichtsbedingungen:

$$\sigma_{ik,k} + k_i = 0. \tag{53.4}$$

Durch Einsetzen von (53.3c) erhält man daraus die sog. elastischen Differentialgleichungen

$$C^{ik}_{mn} s_{m,nk} + k_i = 0, \tag{53.5a}$$

die wir mit einem tensoriellen Differentiationsoperator zweiter Ordnung $\boldsymbol{D}(V)$ auch in der Form

$$\boldsymbol{D}(V)\cdot\mathfrak{s} + \mathfrak{k} = 0 \tag{53.5b}$$

schreiben können.

Für die Integration der elastischen Differentialgleichungen ist es zweckmäßig, ihren GREENschen Tensor[2] für den unendlichen Raum, das sog. elastische Fundamentalintegral $\mathfrak{S}(\mathfrak{r})$ (Komponenten S_{nl}) einzuführen. Das elastische

---

[1] Vgl. hierzu den Artikel von G. LEIBFRIED in diesem Bande, oder auch E. SCHMID u. W. BOAS, Kristallplastizität, Berlin 1935. — W. BOAS u. J. K. MACKENZIE: Progr. Met. Phys. 2, 90 (1950). — E. SCHMID: STRAUMANN-Festschrift, S. 25. Stuttgart 1952.

[2] R. COURANT u. D. HILBERT: Methoden der mathematischen Physik, 2. Aufl., Bd. I, S. 341. Berlin 1931.

Fundamentalintegral verschwindet im Unendlichen und genügt den Gleichungen

$$C^{ik}_{mn} S_{ml,nk}(\mathfrak{r}) + \delta_{il} \cdot \delta(\mathfrak{r}) = 0 \qquad (53.6)$$

$$\left(\delta_{il} = \text{K\scriptsize RONECKER}\normalsize\text{sches Symbol}, \ \delta(\mathfrak{r}) = \prod_{i=1}^{3} \delta(x_i),\right.$$

$$\left.\delta(x_i) = \text{D\scriptsize IRAC}\normalsize\text{sche Deltafunktion}\right).$$

$\mathfrak{S}(\mathfrak{r})$ hat die Transformationseigenschaften eines symmetrischen Tensors zweiter Stufe; $S_{nl}(\mathfrak{r})$ stellt die Verschiebung $s_n(\mathfrak{r})$ dar, die eine im Ursprung $\mathfrak{r}=0$ in Richtung l angreifende Einheitskraft hervorruft. Das Fundamentalintegral ist eine homogene Funktion (-1)-ten Grades der Ortskoordinaten. Es kann nur für ein isotropes Medium sowie für hexagonale Symmetrie in geschlossener Form dargestellt werden, jedoch sind für kristalline Medien Näherungsformeln in Form von Reihenentwicklungen angegeben worden[1], die wohl für alle praktisch auftretenden Zwecke ausreichen.

Durch wiederholte Differentiation des Fundamentalintegrals nach x, y, z erhält man ein System von in den Ortskoordinaten homogenen Funktionen $(-m)$-ten Grades, die als F\scriptsize REDHOLM\normalsize sche Funktionen $(-m)$-ten Grades bezeichnet werden sollen (das Fundamentalintegral selbst umfaßt die F\scriptsize REDHOLM\normalsize schen Funktionen (-1)-ten Grades). Die F\scriptsize REDHOLM\normalsize schen Funktionen beschreiben, den Multipolen der Potentialtheorie entsprechend, die Verschiebungsfelder elastischer Singularitäten. Man vergleiche hierzu die M\scriptsize AXWELL\normalsize sche Erzeugungsweise der Kugelfunktionen $(-m)$-ten Grades durch $(m-1)$-fache Differentiation des Fundamental-Integrals der Potentialgleichung, der Funktion $1/(4\pi\,r)$.

Greifen an der Oberfläche R eines elastischen Körpers (Einheitsvektor in Normalenrichtung $\mathfrak{n}$, Komponenten n_i) Oberflächenkräfte mit der Flächendichte $\mathfrak{A}$ (Komponenten A_k) an, so muß auf R die Gleichgewichtsbedingung

$$\mathfrak{n} \cdot \boldsymbol{\sigma} = \mathfrak{A} \qquad (53.7)$$

erfüllt sein. Nach Gl. (53.3c) folgt aus (53.7) die Beziehung

$$n_i C^{ik}_{mn} s_{m,n} = A_k, \qquad (53.8a)$$

die man mit Hilfe eines tensoriellen Differentialoperators erster Ordnung $\boldsymbol{T}(\mathfrak{n}, \boldsymbol{V})$ auch in der Form

$$\boldsymbol{T}(\mathfrak{n}, \boldsymbol{V}) \cdot \mathfrak{s}(\mathfrak{r}) = \mathfrak{A} \qquad (53.8b)$$

schreiben kann.

Mit Hilfe des Operators $\boldsymbol{T}(\mathfrak{n}, \boldsymbol{V})$ läßt sich die aus Gl. (53.6) leicht abzuleitende Bedingung für die Normierung des Fundamentalintegrals in der Form

$$\lim_{\mathfrak{r}' \to \mathfrak{r}} \iint_{K} \boldsymbol{T}_K(\mathfrak{n}', \boldsymbol{V}') \cdot \mathfrak{S}(\mathfrak{r} - \mathfrak{r}')\, df' = \boldsymbol{I} \qquad (53.9)$$

schreiben. Hier ist die Integration über $\mathfrak{r}'$, und zwar über die Oberfläche einer Kugel zu erstrecken, die im Abstand $|\mathfrak{r}-\mathfrak{r}'|$ um den Punkt $\mathfrak{r}$ verläuft. $\boldsymbol{I}$ bedeutet den Einheitstensor zweiter Stufe. Der Index K am Operator $\boldsymbol{T}$ soll andeuten, daß dieser mit einer auf den Punkt $\mathfrak{r}$ hinweisenden positiven Normalen zu nehmen ist; die Striche an den Argumenten von $\boldsymbol{T}$ sollen andeuten, daß der Operator auf $\mathfrak{r}'$ wirkt.

In Ziff. 54 werden wir von dem B\scriptsize ETTI\normalsize schen *Reziprozitätstheorem* Gebrauch machen, das für einen elastischen Körper G mit Oberfläche R meist in der Form

$$\iiint_{G} \mathfrak{s}^{(1)} \cdot \mathfrak{k}^{(2)}\, d\tau + \iint_{R} \mathfrak{s}^{(1)} \cdot \mathfrak{A}^{(2)}\, df = \iiint_{G} \mathfrak{s}^{(2)} \cdot \mathfrak{k}^{(1)}\, d\tau + \iint_{R} \mathfrak{s}^{(2)} \cdot \mathfrak{A}^{(1)}\, df \qquad (53.10)$$

---

[1] Näheres bei E. K\scriptsize RÖNER\normalsize: Z. Physik **136**, 402 (1953).

geschrieben wird. $\mathfrak{z}^{(i)}$ bedeutet dabei die Verschiebung, die von im Kristall-innern G angreifenden Volumkräften $\mathfrak{k}^{(i)}$ und an der Kristalloberfläche R angreifenden Oberflächenkräften $\mathfrak{A}^{(i)}$ erzeugt wird. Drückt man die Kräfte in Gl. (53.10) mit Hilfe der Gl. (53.5b) und (53.8b) durch die zugehörigen Verschiebungen aus, so findet man, daß für zwei beliebige, gewissen Regularitäts-forderungen unterliegende elastische Verschiebungsfelder die Gleichung

$$\iiint\limits_{G} (\mathfrak{z}^{(1)} \cdot \boldsymbol{D} \cdot \mathfrak{z}^{(2)} - \mathfrak{z}^{(2)} \cdot \boldsymbol{D} \cdot \mathfrak{z}^{(1)})\, d\tau = \iint\limits_{R} (\mathfrak{z}^{(1)} \cdot \boldsymbol{T} \cdot \mathfrak{z}^{(2)} - \mathfrak{z}^{(2)} \cdot \boldsymbol{T} \cdot \mathfrak{z}^{(1)})\, df \qquad (53.11)$$

gilt. In dieser Form werden wir das Bettische Theorem in Ziff. 54 benützen.

Zum Abschluß dieser Zusammenstellung später benötigter Resultate gehen wir noch kurz auf einige mit den Kompatibilitätsbedingungen und der Verwendung von Spannungsfunk-tionen zusammenhängende Ergebnisse ein, wegen deren ausführlicher Behandlung auf die Darstellung von Kröner[1] verwiesen sei.

Bekanntlich sind in einem einfach zusammenhängenden elastischen Körper die Verschiebungen nur dort eindeutig zu definieren, wo die Verzerrungskomponenten die sog. Kompatibilitätsbedingungen erfüllen. Sind die Kompatibilitätsbedingungen erfüllt, so kann man auch sagen, daß eine bestimmte, Inkompatibilität genannte Eigenschaft des betreffenden Verzerrungszustandes Null ist. Das Maß dieser Eigenschaft ist ein symmetrischer Tensor zweiter Stufe („Inkompatibilität von $\boldsymbol{\varepsilon}$")

$$\eta = \operatorname{Ink} \varepsilon, \qquad (53.12)$$

mit dessen Hilfe sich die Kompatibilitätsbedingungen somit als

$$\eta = 0 \qquad (53.13)$$

schreiben. Der Operator Ink ist ein Differentialoperator zweiter Ordnung. Die Komponenten η_{kl} drücken sich mit Hilfe des total antisymmetrischen Tensors dritter Stufe $\epsilon_{\alpha\beta\gamma}$ (Levi-Civita-Tensor) sowie der Komponenten V_α des Nabla-Operators folgendermaßen aus[2]:

$$\eta_{kl} = \eta_{lk} = \epsilon_{ikm}\, \epsilon_{jln}\, V_i\, V_j\, \varepsilon_{mn}. \qquad (53.14)$$

Bei Problemen, bei denen Gl. (53.13) nicht identisch erfüllt ist und somit die Verschiebungen nicht eindeutig definiert werden können, ist es zweckmäßig, als Integrationshilfsmittel sog. Spannungsfunktionen einzuführen. Diese Spannungsfunktionen bilden die Komponenten χ_{ik} eines symmetrischen Tensors zweiter Stufe χ, von dessen sechs Komponenten allerdings nur drei unabhängig sind. Zwischen den sechs Komponenten bestehen Nebenbedingungen, deren Wahl in weiten Grenzen willkürlich ist. Eine für die in Ziff. 54 zu behandelnden Fragestel-lungen sehr zweckmäßige Wahl dieser Nebenbedingungen für isotrope Medien hat Kröner[1] angegeben. Er setzt als Nebenbedingungen

$$V_i \chi_{ik} = 0 \qquad (53.15)$$

an und erhält dann die folgenden Zusammenhänge zwischen χ und den Tensoren σ und η in einem isotropen Medium mit Schubmodul G und Poissonscher Querkontraktionszahl ν:

$$\sigma_{kl} = 2G\, \epsilon_{ikm}\, \epsilon_{jln}\, V_i\, V_j\! \left(\chi_{mn} + \frac{\nu}{1-\nu}\, \chi_{pp}\, \delta_{mn}\right), \qquad (53.16)$$

$$\Delta\Delta\, \chi_{ik} = \eta_{ik}. \qquad (53.17)$$

Um das Spannungsfeld einer vorgegebenen Verteilung von Inkompatibilitäten zu finden, hat man somit gemäß Gl. (53.17) die inhomogene Bipotentialgleichung zu lösen.

Die Methode läßt sich auf anisotrope Medien verallgemeinern. Man benötigt dazu einen Spannungsfunktionstensor Ψ_{ik}, welcher die Nebenbedingung

$$V_i \Psi_{ik} = 0 \qquad (53.15\,\mathrm{d})$$

befriedigt. An die Stelle von (53.16) und (53.17) treten die Gleichungen

$$\sigma_{kl} = \epsilon_{ikm}\, \epsilon_{jln}\, V_i\, V_j\, \mathsf{X}_{mn}^{pq}\, \Psi_{pq}. \qquad (53.16\,\mathrm{a})$$

$$f(V)\, \Psi_{ik} = \eta_{ik}. \qquad (53.17\,\mathrm{a})$$

[1] E. Kröner: Z. Physik **139**, 175 (1954).
[2] Wegen der Darstellung von Ink in cartesischen sowie in krummlinigen orthogonalen Koordinaten s. E. Kröner[1].

Hier bedeutet $f(V)$ die Determinante des Tensors $C^{ik}_{mn} V_i V_n$. Gl. (53.17a) ist also eine in $\partial/\partial x_i$ homogene Differentialgleichung sechster Ordnung, während Gl. (53.17) nur von vierter Ordnung ist. Der Tensor-Operator vierter Stufe X^{pq}_{mn} wurde bisher nur für kubische Medien explizit angegeben[1]. Hier besitzt er dieselben Symmetrie-Eigenschaften wie der HOOKEsche Tensor; also gilt

$$X^{pq}_{mn} = X^{pq}_{nm} = X^{qp}_{mn} = X^{mn}_{pq} . \tag{53.18}$$

Für seine Komponenten gilt:

$$X^{xx}_{xx} = (a_1 + a_2)\, \Delta + a_3\, \frac{\partial^2}{\partial x^2}; \quad X^{yy}_{xx} = a_2 \Delta; \quad 2X^{xy}_{xy} = a_4 \Delta + a_5 \frac{\partial^2}{\partial z^2} . \tag{53.19}$$

Alle anderen nicht verschwindenden Komponenten folgen hieraus durch cyclische Vertauschung von x, y, z. Für die Konstanten a_i gelten die Formeln

$$\left. \begin{aligned} &a_1 \equiv c_{11} c_{44}^2 (2c_{44} + \mu'); \quad a_2 \equiv c_{12} c_{44}^2 (2c_{44} + \mu') \\ &a_3 \equiv \mu'\, c_{44}(c_{11}^2 + c_{11} c_{12} - 2c_{12}^2 - 2c_{12} c_{44}) \\ &a_4 \equiv 2c_{11} c_{44}^3 + \mu'\, c_{44}^2 (c_{11} + c_{12}); \quad a_5 \equiv -\mu'\, c_{44}^2 (c_{11} + c_{12}), \end{aligned} \right\} \tag{53.20}$$

wobei

$$\mu' \equiv c_{11} - c_{12} - 2c_{44} \tag{53.21}$$

die Anisotropiekonstante der kubischen Kristalle ist. Durch den Fettdruck der elastischen Konstanten c_{ik} und μ' ist ausgedrückt, daß sie sich auf kubische Achsen beziehen (vgl. Ziff. 73).

54. Die elastizitätstheoretische Beschreibung einer Versetzung. Eine Versetzung ist nach Abschnitt I gekennzeichnet durch ihre Versetzungslinie $\mathfrak{B}$ mit Durchlaufungssinn und ihren BURGERS-Vektor $\mathfrak{b}$ (Komponenten b_i). In einem elastischen Kontinuum kann man eine solche Versetzung dadurch erzeugen, daß man in die Linie $\mathfrak{B}$ eine Fläche F einbeschreibt, deren positive Normale mit dem Umlaufungssinn von $\mathfrak{B}$ zusammen eine Rechtsschraube bildet (Fig. 74), das elastische Medium längs der Fläche F auftrennt und die positive Seite von F gegen die negative Seite um den Vektor $\mathfrak{b}$ verschiebt. Spart man einen schlauchförmigen Hohlraum längs der Linie $\mathfrak{B}$ aus (Fig. 75), füllt den entstandenen Spalt aus (bzw. entfernt überschüssiges Material) und stellt den mechanischen Zusammenhalt wieder her, so sind die Komponenten des Verzerrungstensors überall stetig und zweimal differenzierbar.

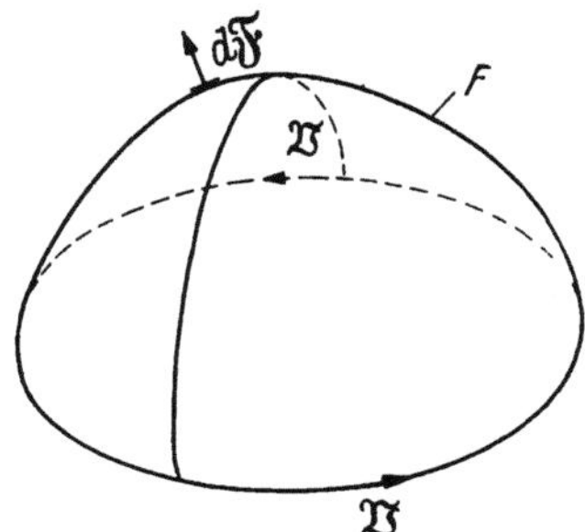

Fig. 74. Versetzungslinie $\mathfrak{B}$ mit eingespannter Fläche F. Umlaufungssinn von $\mathfrak{B}$ und positive Normalenrichtung von F bilden eine Rechtsschraube.

Das eben angegebene Resultat ist zuerst von WEINGARTEN[2], und zwar in allgemeinerer Form als hier formuliert, bewiesen worden. Das Wesentliche an der oben geschilderten Operation war, daß ein zunächst spannungsfreier, einfach zusammenhängender elastischer Körper durch die Aussparung des Hohltorus um die Linie $\mathfrak{B}$ herum in einen zweifach zusammenhängenden Körper verwandelt wurde, in dem dann durch eine gegenseitige Verschiebung $\mathfrak{b}$ der beiden Ufer der Fläche F ein Eigenspannungszustand erzeugt wurde. WEINGARTEN hat gezeigt[3], daß in einem solchen Eigenspannungszustand die Verzerrungskomponenten dann und nur dann stetig und zweimal differenzierbar sind, wenn die Verschiebung $\mathfrak{b}$ diejenige eines starren Körpers, also im allgemeinsten Fall eine Schraubung ist. Den in diesem allgemeinsten Falle entstehenden Verzerrungszustand, der von VOLTERRA[4] besonders ausführlich untersucht worden ist, nennt man eine VOLTERRAsche

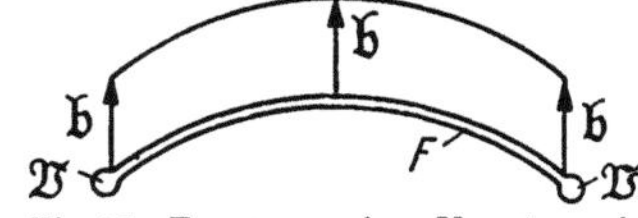

Fig. 75. Erzeugung einer Versetzung in einem elastischen Medium durch einen Schnitt längs der Fläche F.

---

[1] E. KRÖNER: Z. Physik **141**, 386 (1955).

[2] G. WEINGARTEN: Accad. Linc. Rend. [5] **10** (1. sem.), 57 (1901).

[3] Leicht zugängliche Beweise finden sich bei A. E. H. LOVE: A treatise on the mathematical theory of elasticity, 4. Aufl., S. 221 ff., Cambridge 1927 sowie bei F. R. N. NABARRO [54].

[4] V. VOLTERRA: Ann. École norm. sup. [3] **24**, 401 (1907).

Distorsion oder auch eine Volterrasche Versetzung. Die in der Kristallphysik auftretenden Versetzungen ergeben sich somit als Spezialfall der Volterraschen Versetzungen, wenn die oben erwähnte Schraubung zu einer starren Translation entartet.

Bei noch allgemeineren Verschiebungen der beiden Schnittufer gegeneinander, die also elastische Deformation der Ufer erfordern, werden die Kompatibilitätsbedingungen längs der Schnittfläche verletzt. Es entstehen dann allgemeine, flächenhafte Versetzungen, die zuerst von Somigliana[1] studiert wurden, aber längst nicht so gut untersucht sind wie die Volterraschen Versetzungen. Für manche Zwecke ist es vorteilhaft, Volterrasche Versetzungen als Grenzfälle Somiglianascher Versetzungen aufzufassen [62]. Wegen eines umfassenden Berichtes über die älteren Ergebnisse zur Theorie der Eigenspannungszustände sei auf die Darstellung von Neményi[2] verwiesen. — Bei unseren weiteren Erörterungen werden wir uns, sofern nicht etwas anderes ausdrücklich gesagt wird, auf die gewöhnlichen, durch den Burgers-Vektor $\mathfrak{b}$ gekennzeichneten Versetzungen beschränken.

Volterra[3] und Burgers [60] haben eine Darstellung des Verschiebungsfeldes einer Versetzung mit Burgers-Vektor $\mathfrak{b}$ als Oberflächenintegral über eine in die Versetzungslinie eingespannte Fläche F gegeben. Zur Ableitung dieser Formel für den allgemeinen anisotropen Fall wenden wir die Greensche Methode an. Dies heißt, daß wir vom Bettischen Theorem [Gl. (53.11)]

$$\iiint\limits_{G} [\mathfrak{s}^{(1)} \cdot \boldsymbol{D}(V) \cdot \mathfrak{s}^{(2)} - \mathfrak{s}^{(2)} \cdot \boldsymbol{D}(V) \cdot \mathfrak{s}^{(1)}] \, d\tau \\ = \iint\limits_{R} [\mathfrak{s}^{(1)} \cdot \boldsymbol{T}(\mathfrak{n}, V) \cdot \mathfrak{s}^{(2)} - \mathfrak{s}^{(2)} \cdot \boldsymbol{T}(\mathfrak{n}, V) \cdot \mathfrak{s}^{(1)}] \, df \tag{54.1}$$

auszugehen haben[4]. Für $\mathfrak{s}^{(1)}$ werde eine in G reguläre Verschiebung $\mathfrak{s}(\mathfrak{r}')$ eingesetzt, für $\mathfrak{s}^{(2)}$ das Fundamental-Integral $\mathfrak{G}(\mathfrak{r}-\mathfrak{r}')$. Das Integrationsgebiet G schließe den Punkt $\mathfrak{r}$ zunächst durch eine kleine Kugel K aus, so daß Gl. (54.1) in

$$\iiint\limits_{G-K} [\mathfrak{s}(\mathfrak{r}') \cdot \boldsymbol{D}(V') \cdot \mathfrak{G}(\mathfrak{r}-\mathfrak{r}') - \mathfrak{G}(\mathfrak{r}-\mathfrak{r}') \cdot \boldsymbol{D}(V') \cdot \mathfrak{s}(\mathfrak{r}')] \, d\tau' \\ = \iint\limits_{R} [\mathfrak{s}(\mathfrak{r}') \cdot \boldsymbol{T}(\mathfrak{n}', V') \cdot \mathfrak{G}(\mathfrak{r}-\mathfrak{r}') - \mathfrak{G}(\mathfrak{r}-\mathfrak{r}') \cdot \boldsymbol{T}(\mathfrak{n}', V') \cdot \mathfrak{s}(\mathfrak{r}')] \, df' + \\ + \iint\limits_{K} [\mathfrak{s}(\mathfrak{r}') \cdot \boldsymbol{T}_K(\mathfrak{n}', V') \cdot \mathfrak{G}(\mathfrak{r}-\mathfrak{r}') - \mathfrak{G}(\mathfrak{r}-\mathfrak{r}') \cdot \boldsymbol{T}_K(\mathfrak{n}', V') \cdot \mathfrak{s}(\mathfrak{r}')] \, df' \tag{54.2}$$

übergeht. Da gemäß Gl. (53.9)

$$\lim_{\mathfrak{r}' \to \mathfrak{r}} \iint\limits_{K} \mathfrak{s}(\mathfrak{r}') \cdot \boldsymbol{T}_K(\mathfrak{n}', V') \cdot \mathfrak{G}(\mathfrak{r}-\mathfrak{r}') \, df' = \mathfrak{s}(\mathfrak{r}) \tag{54.3}$$

ist, erhält man durch den Grenzübergang zu verschwindend kleiner Kugel K aus Gl. (54.2)

$$\mathfrak{s}(\mathfrak{r}) = \iint\limits_{R} \mathfrak{G}(\mathfrak{r}-\mathfrak{r}') \cdot \boldsymbol{T}(\mathfrak{n}', V') \cdot \mathfrak{s}(\mathfrak{r}') \, df' - \\ - \iint\limits_{R} \mathfrak{s}(\mathfrak{r}') \cdot \boldsymbol{T}(\mathfrak{n}', V') \cdot \mathfrak{G}(\mathfrak{r}-\mathfrak{r}') \, df' - \\ - \iiint\limits_{G} \mathfrak{G}(\mathfrak{r}-\mathfrak{r}') \cdot \boldsymbol{D}(V') \cdot \mathfrak{s}(\mathfrak{r}') \, d\tau'. \tag{54.4}$$

Führt man nach Gl. (53.5b) und Gl. (53.8b) wieder die Kräfte in die Integrale der Gl. (54.4) ein, so erhält man die wohl zuerst von Fredholm[5] aufgestellte und von Gebbia[6] ausführlich diskutierte Formel

$$\mathfrak{s}(\mathfrak{r}) = \iint\limits_{R} \mathfrak{G}(\mathfrak{r}-\mathfrak{r}') \cdot \mathfrak{A}(\mathfrak{r}') \, df' - \iint\limits_{R} \mathfrak{s}(\mathfrak{r}') \cdot \boldsymbol{T}(\mathfrak{n}', V') \cdot \mathfrak{G}(\mathfrak{r}-\mathfrak{r}') \, df' + \\ + \iiint\limits_{G} \mathfrak{G}(\mathfrak{r}-\mathfrak{r}') \cdot \mathfrak{k}(\mathfrak{r}') \, d\tau'. \tag{54.5}$$

---

[1] C. Somigliana: Accad. Linc. Rend. [5] 23 (1. sem.), 463 (1914); 24 (1. sem), 655 (1915). — Neuere Untersuchungen: E. H. Mann: Proc. Roy. Soc. Lond., Ser. A 199, 376 (1949). — J. L. Bogdanoff: J. Appl. Phys. 21, 1258 (1950).
[2] P. Neményi: Z. angew. Math. Mech. 11, 59 (1931).
[3] V. Volterra: Ann. École norm. sup [3] 24, 401 (1907).
[4] Wir folgen dabei E. Kröner: Diplomarbeit Stuttgart 1953.
[5] I. Fredholm: Acta math. 23, 1 (1900).
[6] M. Gebbia: Ann. di Math. [3] 7, 141 (1902).

Gl. (54.5) gilt für Punkte $\mathfrak{r}$ im Innern von G. Liegt $\mathfrak{r}$ auf dem Rand R oder außerhalb von G, so hat man die linke Seite von Gl. (54.5) durch $\frac{1}{2}\mathfrak{s}(\mathfrak{r})$ bzw. durch 0 zu ersetzen.

Zu der Gleichung für das Verschiebungsfeld einer Versetzungslinie gelangt man, indem man Gl. (54.5) auf den nach Fig. 75 zerschnittenen elastischen Körper anwendet. Die Oberfläche des Hohltorus um die Versetzungslinie $\mathfrak{B}$ herum sei kräftefrei, so daß auf diesem Teil von R die Dichte $\mathfrak{A}$ der Oberflächenkräfte verschwindet. Ferner möge die Dichte $\mathfrak{k}$ der Volumkräfte identisch Null sein. Es werde, je nach der Verschiebungsrichtung der Ufer von F, überschüssiges Material entfernt bzw. der entstandene Spalt ausgefüllt und dann durch Verschweißen der mechanische Zusammenhalt wieder hergestellt. Bei diesem Prozeß sind Oberflächenkräfte an jedem der beiden Ufer von F notwendig. Da sie jedoch an gegenüberliegenden Stellen der Verschweißungsfläche entgegengesetzt gleich sind, hebt sich ihr Beitrag zu Gl. (54.4) heraus. Es bleibt schließlich von Gl. (54.4) allein der Ausdruck

$$\mathfrak{s}(\mathfrak{r}) = - \iint\limits_{R} \mathfrak{s}(\mathfrak{r}') \cdot \boldsymbol{T}(\mathfrak{n}', \nabla') \cdot \mathfrak{S}(\mathfrak{r} - \mathfrak{r}')\, df', \tag{54.6}$$

in dem $\mathfrak{s}(\mathfrak{r}')$ die relative Verschiebung der beiden Ufer von R (Verschiebungssprung) ist. Nach Herleitung und Inhalt entspricht Gl. (54.6) der Gleichung für das skalare magnetische Potential einer magnetischen Doppelschicht. Man nennt deshalb die durch Gl. (54.6) gegebene Verschiebung zweckmäßigerweise diejenige einer *elastischen* Doppelschicht.

Aus der für beliebige Verschiebungen $\mathfrak{s}(\mathfrak{r}')$ längs der Schnittfläche, also für Somiglianasche Distorsionen, geltenden Formel (54.6) erhält man diejenige für eine gewöhnliche Versetzung mit Burgers-Vektor $\mathfrak{b}$, indem man

$$\mathfrak{s}(\mathfrak{r}') = \mathfrak{b} \tag{54.7}$$

setzt und die Integration nur über die Verschweißungsfläche erstreckt. Es kommt hierzu noch ein von der Integration über die Torusfläche herrührender Beitrag, der aber, wie eine genauere Untersuchung lehrt, durch Wahl eines hinreichend kleinen Torusdurchmessers beliebig klein gemacht werden kann [vgl. hierzu Gl. (56.4) sowie die Diskussion auf S. 522].

Dann ergibt sich als Umlaufintegral der Verschiebung bei einem einmaligen Umlauf um $\mathfrak{B}$ im Rechtsschraubensinn gerade $-\mathfrak{b}$, also

$$\oint d\mathfrak{s} = -\mathfrak{b}. \tag{54.8}$$

Es gilt also für eine gewöhnliche Versetzung mit Burgers-Vektor $\mathfrak{b}$

$$\mathfrak{s}(\mathfrak{r}) = - \iint\limits_{R} \mathfrak{b} \cdot \boldsymbol{T}(\mathfrak{n}', \nabla') \cdot \mathfrak{S}(\mathfrak{r} - \mathfrak{r}')\, df' \tag{54.9}$$

oder, wenn man $\mathfrak{n}'\, df'$ durch $-d\mathfrak{F}'$ (Komponenten $-dF_k'$) ersetzt und für $\boldsymbol{T}(\mathfrak{n}', \nabla')$ wieder die ausführliche Schreibweise einführt,

$$s_n(\mathfrak{r}) = \int\limits_{F} b_i\, C^{ik}_{lm}\, \nabla'_m\, S_{nl}(\mathfrak{r} - \mathfrak{r}')\, dF_k'. \tag{54.10}$$

Bei Leibfried[1] findet sich eine direkte Verifikation dieser Formel durch Anwendung des Gaußschen Satzes. Aus ihr geht auch die von uns nicht eigens bewiesene, zur Theorie des Magnetismus analoge Unabhängigkeit des durch Gl. (54.10) ausgedrückten Resultats von dem Verlauf der Fläche F bei gegebener Berandung $\mathfrak{B}$ hervor.

---

[1] G. Leibfried: Z. Physik 135, 23 (1953).

Wegen der eben genannten Unabhängigkeit von F kann man die Analogie zum magnetischen Fall noch weiter treiben und die Wirkung der elastischen Doppelschicht durch diejenige eines längs ihrer Berandung $\mathfrak{B}$ fließenden „elastischen Stromes" ersetzen, d.h. das Flächenintegral in ein Linienintegral umwandeln. Um diese Umwandlung durchzuführen, teilt man üblicherweise die Verschiebung $\mathfrak{s}(\mathfrak{r})$ in zwei Anteile gemäß

$$\mathfrak{s}(\mathfrak{r}) = \mathfrak{s}^{\mathrm{I}}(\mathfrak{r}) + \mathfrak{s}^{\mathrm{II}}(\mathfrak{r}) \tag{54.11}$$

auf. $\mathfrak{s}^{\mathrm{I}}(\mathfrak{r})$ drückt sich durch den räumlichen Winkel $\Omega(\mathfrak{r})$, unter dem die Versetzungslinie $\mathfrak{B}$ vom Punkte $\mathfrak{r}$ aus gesehen erscheint, folgendermaßen aus:

$$\mathfrak{s}^{\mathrm{I}}(\mathfrak{r}) = \frac{\mathfrak{b}}{4\pi}\,\Omega(\mathfrak{r}). \tag{54.12}$$

Gl. (54.12) ist ganz analog zu dem Ausdruck für das skalare Potential einer Stromschleife. Sie enthält jenen Anteil des Verschiebungsfeldes, der an der Fläche F einen Sprung macht (wenn man F als Trennfläche betrachtet) bzw. unendlich vieldeutig ist (wenn der gesamte elastische Körper mit Ausschluß des Hohltorus um die Versetzungslinie herum als zweifach zusammenhängend betrachtet wird). Peach und Koehler[1] haben eine Darstellung von $\Omega(\mathfrak{r})$ als Linienintegral gegeben.

Da $\Omega(\mathfrak{r})$ zwar die Potentialgleichung, nicht aber die komplizierteren elastischen Differentialgleichungen befriedigt, muß zu $\mathfrak{s}^{\mathrm{I}}(\mathfrak{r})$ noch ein Glied $\mathfrak{s}^{\mathrm{II}}(\mathfrak{r})$ hinzutreten, das eine eindeutige und stetige Funktion des Ortes ist und für die Erfüllung der elastischen Differentialgleichungen sorgt. Eine Darstellung von $\mathfrak{s}^{\mathrm{II}}(\mathfrak{r})$ als Linienintegral im allgemeinen anisotropen Fall findet sich bei Leibfried[2]. Die explizite Ausrechnung stößt auf die in Ziff. 53 bei der Besprechung des Fundamental-Integrals erwähnten Schwierigkeiten; man hat bei der Behandlung von Versetzungslinien in anisotropen Medien im allgemeinen eine der Näherungsmethoden von Burgers [60], Leibfried[2] oder Kröner[3] zu verwenden[4]. Ohne explizite oder implizite Verwendung des Fundamentalintegrals lassen sich nur zweidimensionale Probleme, bei denen also die Versetzungslinie geradlinig ist, lösen. Wir gehen darauf in Ziff. 56 näher ein.

Die oben gegebene Lösung für das Verschiebungsfeld einer Versetzungslinie ist insofern noch nicht eindeutig, als man, ohne an dem cyclischen Anteil des Verschiebungsfeldes etwas zu ändern, noch Glieder hinzufügen kann, die einer Verteilung elastischer Multipole (vgl. Ziff. 53) entsprechen. Mit Hilfe solcher Glieder könnte man kompliziertere Randbedingungen auf dem die Versetzungslinie umschließenden Hohltorus befriedigen. Solche komplizierteren Bedingungen würden bei einer vollständigen Behandlung der Kristallversetzungen in Form von Anschlußbedingungen zwischen dem elastisch zu behandelnden Außengebiet und dem atomistisch zu behandelnden Innengebiet auftreten. Bis jetzt ist jedoch eine derartige umfassende Untersuchungsmethode noch nicht verwendet worden. Gewisse Ansätze in dieser Richtung (Peierlssches Modell, vgl. Abschnitt C II b) haben ergeben, daß Gl. (54.9) sehr wahrscheinlich eine recht gute Annäherung an das wirkliche Verschiebungsfeld in der weiteren Umgebung der Versetzungs-

---

[1] M. Peach u. J. S. Koehler: Phys. Rev. **80**, 436 (1950).
[2] G. Leibfried: Z. Physik **135**, 23 (1953).
[3] E. Kröner: Z. Physik **136**, 402 (1953).
[4] Wie schon in Ziff. 53 erwähnt, kann das Fundamentalintegral nur bei isotropen Medien oder bei hexagonaler Symmetrie in geschlossener Form angegeben werden. Die explizite Form von Gl. (54.9) für ein isotropes Medium wurde von Burgers [60] gegeben (s. auch [54], insbesondere S. 292); für einen hexagonalen Kristall ist sie aus den Resultaten von E. Kröner[3] leicht herzuleiten.

linie darstellt[1]. Im Rahmen der elastizitätstheoretischen Betrachtung allein kann man die Verwendung von Gl. (54.9) ohne Hinzunahme der Beiträge höherer Multipole dadurch rechtfertigen, daß sie bei Annäherung an die Versetzungslinie (durch Verkleinerung des Durchmessers des Hohltorus) eine Singularität in den Verzerrungen von der niedrigsten überhaupt möglichen Ordnung ergibt. Im Falle von Gl. (54.9) sind nämlich Spannungen und Verzerrungen umgekehrt proportional zum Abstand von der Versetzungslinie; bei Berücksichtigung weiterer Glieder würden sie umgekehrt proportional zu höheren Potenzen dieses Abstandes werden.

Wir hatten im Vorstehenden mehrfach die Analogie zwischen magnetischen Problemen und solchen der Versetzungstheorie erwähnt. Dabei wurde insbesondere die elektrische Stromstärke zum BURGERS-Vektor, für die ja beide Erhaltungssätze in Form der KIRCHHOFFschen Regeln gelten (Ziff. 33) und das skalare Potential des Magnetfeldes zur elastischen Verschiebung in Parallele gesetzt. Die zweitgenannte Analogie legt es nahe, Spannungstensor σ und Verzerrungstensor ε zu magnetischer Induktion $\mathfrak{B}$ bzw. magnetischer Erregung $\mathfrak{H}$ in Analogie zu setzen, so daß der HOOKEsche Tensor C dem Permeabilitätstensor μ entspricht. Wie man sieht, haben alle Feldgrößen im elastischen Fall gerade eine um Eins höhere Stufe als im magnetischen Fall, so daß man nach zwei Tensoren zweiter Stufe suchen wird, die dem Vektor der elektrischen Stromdichte und dem magnetischen Vektorpotential analog sind. Diese Größen werden, wie man auf Grund unserer Analogie erwarten kann, besonders nützlich für die Berechnung des *Spannungsfeldes* einer Versetzungslinie sein. Aus Gl. (54.9) oder einer entsprechenden Darstellung sind die Spannungen nur in äußerst umständlicher Weise durch Anwendung des HOOKEschen Gesetzes zu erhalten[2], so daß wir uns von diesen neuen Feldgrößen eine wesentliche Vereinfachung der Spannungsberechnung versprechen dürfen.

Nach KRÖNER[3] bilden die gesuchten Analoga der Inkompatibilitätstensor η und der Tensor χ der Spannungsfunktionen, die in Ziff. 53 eingeführt worden sind. Die Beschreibung des Spannungsfeldes einer Versetzungslinie durch η und χ, die also dem BIOT-SAVARTschen Gesetz der Elektrodynamik entspricht, soll zunächst für ein isotropes Medium gegeben werden. Es gilt hier, wenn die Spannungsfunktionen so gewählt werden, daß Gl. (53.17) erfüllt ist

$$\chi_{ik}(\mathfrak{r}) = -\frac{1}{8\pi}\int_{\mathfrak{B}} \bar{\eta}_{ik}(\mathfrak{r}')\, r\, dl'. \qquad (54.13)$$

In Gl. (54.13) ist dl' der Betrag des vektoriellen Linienelementes $d\mathfrak{l}'$ der Versetzungslinie (Komponenten dl_k'). Die Integration ist im $\mathfrak{r}'$-Raum längs der Versetzungslinie $\mathfrak{B}$ zu erstrecken. Die Funktion $r = |\mathfrak{r} - \mathfrak{r}'|$ tritt deshalb in Gl. (54.13) auf, weil sie die sog. Hauptlösung (= Fundamentalintegral) der Bipotentialgleichung darstellt. Bei der Ableitung der Gl. (54.13) wurde angenommen, daß die Versetzungs*linie* $\mathfrak{B}$ die Idealisierung eines dreidimensionalen Gebietes darstellt, in dem η von Null verschieden ist. In $\bar{\eta}_{ik}$ ist dabei die Integration über den (im Vergleich zu den sonstigen Abmessungen des Problems kleinen) Querschnitt dieses Gebietes bereits berücksichtigt.

---

[1] Dies rührt zum Teil davon her, daß das nach Gl. (54.9) nächstgrößte Glied in der „Multipolentwicklung" um einen Faktor der Größenordnung b/r kleiner ist (r = Abstand des Aufpunktes vor der Versetzung), so daß das elastische „Fernfeld" auf jeden Fall durch Gl. (54.9) richtig wiedergegeben wird.

[2] Für die explizite Durchführung im isotropen Fall siehe M. PEACH u. J. S. KOEHLER: Phys. Rev. **80**, 436 (1950).

[3] E. KRÖNER: Z. angew. Phys. **7**, 249 (1955).

Bei der Anwendung der zunächst allgemeinen Gl. (54.13) auf Kristallversetzungen mit Burgers-Vektor $\mathfrak{b}$ (Komponenten b_l) ist $\bar{\eta}_{ik}$ ein auf $\mathfrak{r}$ wirkender Differentialoperator der Form[1]

$$\bar{\eta}_{ik}\,dl' = \tfrac{1}{2}\left(dl'_i\,b_l\,\epsilon_{klm}\,V_m + dl'_k\,b_l\,\epsilon_{ilm}\,V_m\right). \tag{54.14}$$

Wie man sieht, läßt sich eine Kristallversetzungslinie als eine Zone darstellen, in der eine gewisse *Doppel*verteilung [wegen der Differentiationsoperatoren in (54.14)] von elastischen Inkompatibilitäten vorhanden ist. Wählt man diese Betrachtungsweise, so braucht man die eigentliche Versetzungslinie nicht mehr durch einen Hohlzylinder aus dem elastischen Körper auszuschneiden, da sie jetzt ja keine singuläre Linie mehr ist, sondern ein schlauchförmiger Bereich mit einem Durchmesser von atomaren Dimensionen, in dem die Kompatibilitätsbedingungen Gl. (53.12) nicht erfüllt sind. Bei einer allgemeinen Volterraschen Distorsion liegen die Verhältnisse noch etwas einfacher, da hier der Inkompatibilitätstensor selbst als Maß der lokalen Stärke einer Versetzung erscheint, die Analogie zur elektrischen Stromdichte also vollständig wird. Ferner ist noch zu erwähnen, daß man, indem man die Idealisierung in Gl. (54.13) auf ein linienhaftes Inkompatibilitätsgebiet nicht durchführt, das Vorstehende zu einer Beschreibung Somiglianascher Versetzungen als flächenhafte Verteilungen von Inkompatibilitäten erweitern kann. Eine letzte Möglichkeit ist schließlich noch die Betrachtung allgemeiner, dreidimensionaler Inkompatibilitätsverteilungen. Durch sie lassen sich z. B. die elastischen Wirkungen der Magnetostriktion darstellen[2].

Setzt man Gl. (54.14) in Gl. (54.13) ein, so kann man die Reihenfolge von Differentiation und Integration vertauschen und erhält dann

$$\chi_{ik}(\mathfrak{r}) = -\frac{1}{8\pi}\,\mathbf{Sym}\,\{\epsilon_{klm}\,b_l\,V_m\,L_i(\mathfrak{r})\}. \tag{54.15}$$

Hierin bedeutet **Sym** den symmetrischen Anteil des zwischen geschweiften Klammern stehenden Tensors und

$$L_i(\mathfrak{r}) = \int\limits_{\mathfrak{B}} |\mathfrak{r} - \mathfrak{r}'|\,dl'_i. \tag{54.16}$$

Von Differentiationsprozessen abgesehen ist im Falle der Isotropie zur Berechnung des Spannungsfeldes einer Versetzungslinie, dessen Kenntnis für die meisten praktischen Probleme ausreicht, nur die Auswertung des verhältnismäßig einfachen Linienintegrals (54.16) notwendig. Nach der Integration von Gl. (54.16) längs der z-Achse erhält man aus Gl. (54.15) den in Gl. (56.9) angegebenen Ausdruck für die Airysche Spannungsfunktion $F(x, y)$, die bis auf einen konstanten Faktor mit der Komponente χ_{zz} des Spannungs-Funktionen-Tensors identisch ist. Die Lösung dieses zweidimensionalen Problems ist jedoch schon vorher auf anderem Wege gefunden worden. Der praktische Nutzen von Gl. (54.15) zeigt sich vor allem bei der Anwendung auf dreidimensionale Probleme. Gl. (54.15) gestattet beispielsweise, das Spannungsfeld einer aus geraden Stücken zusammengesetzten Versetzunglinie in elementaren Funktionen anzugeben.

In einem anisotropen Medium tritt an die Stelle von Gl. (54.13) die Gleichung[3]

$$\Psi_{ik}(\mathfrak{r}) = -\int\limits_{\mathfrak{B}} \bar{\eta}_{ik}(\mathfrak{r})\,U(\mathfrak{r})\,dl', \tag{54.13a}$$

wobei Ψ_{ik} die in Ziff. 53 eingeführte Spannungsfunktion und $U(\mathfrak{r})$ das Fundamentalintegral der Gl. (53.17a) ist, also der Differentialgleichung sechster Ordnung

$$f(V)\,U(\mathfrak{r}) = \delta(\mathfrak{r}) \tag{54.17}$$

genügt. Da Gl. (54.14) auch bei Anisotropie gilt, erhält man an Stelle von Gl. (54.15)

$$\Psi_{ik}(\mathfrak{r}) = -\,\mathbf{Sym}\,\{\epsilon_{klm}\,b_l\,V_m\,L_i^*(\mathfrak{r})\}, \tag{54.15a}$$

wobei

$$L_i^*(\mathfrak{r}) \equiv \int\limits_{\mathfrak{B}} U(\mathfrak{r})\,dl'_i \tag{54.16a}$$

---

[1] E. Kröner: Proc. Phys. Soc. Lond., Ser. A **68**, 53 (1955).
[2] G. Rieder: Examensarbeit Stuttgart 1955 (unveröffentlicht).
[3] E. Kröner: Z. Physik **141**, 386 (1955).

ist. Man kann zeigen[1], daß bei kubischen Kristallen mit einem Fehler von weniger als 3%

$$U(r) = \frac{c_0\, r^3}{96\pi\, c_{11}\, c_{44}^2} \qquad (54.18)$$

gesetzt werden kann. Dabei ist c_0 eine durch

$$\left.\begin{array}{c} c_0 = \displaystyle\int\limits_0^1 \frac{dx}{\sqrt{[1 + A\,x^2(1 - x^2)]\cdot\left[1 + A\left(x^2(1 - x^2) + \dfrac{1}{4}(1 - x^2)^2\right) + \dfrac{B\,x^2(1 - x^2)^2}{4}\right]}}\,, \\[3mm] A = \dfrac{\mu'(c_{11} + c_{12})}{c_{11}\,c_{44}}\,, \qquad B = \dfrac{\mu'^2(c_{11} + 2c_{12} + c_{44})}{c_{11}\,c_{44}^2} \end{array}\right\} \qquad (54.19)$$

gegebene Konstante [wegen μ' siehe Gl. (53.21)].

Da in den meisten Fällen die Genauigkeit von Gl. (54.18) größer als oben angegeben ist (bei Cu beträgt sie z.B. rund 1%), dürfte sie fast immer praktisch ausreichen. In dieser Näherung ist also die Ermittlung des Spannungsfeldes einer Versetzung in einem kubischen Kristall auf die Ausführung des Integrals

$$\int |\mathfrak{r} - \mathfrak{r}'|^3\, dl'$$

und auf Differentiationen gemäß Gl. (54.15a) und (53.16a) zurückgeführt.

55. Die auf eine Versetzungslinie und andere elastische Singularitäten wirkenden Kräfte. Am Ende von Ziff. 54 hatten wir auf die Wichtigkeit der Kenntnis des eine Versetzungslinie umgebenden Spannungsfeldes für die Lösung praktischer Probleme hingewiesen. Dies beruht darauf, daß, wie wir in dieser Ziffer im einzelnen zeigen werden, im Rahmen der Elastizitätstheorie für die Kraft auf ein Versetzungsstück der an seinem Ort herrschende Spannungszustand maßgebend ist. Die Kenntnis der Spannungsfelder einer Anordnung von Versetzungen erlaubt also die auf die einzelnen Versetzungen ausgeübten Kräfte zu berechnen.

Bevor wir uns mit der Ableitung der Kraftformel befassen, müssen wir einige allgemeinere Erörterungen über die auf elastische Singularitäten wirkenden Kräfte voranschicken. Unter „elastischen Singularitäten" verstehen wir mit ESHELBY [62] Spannungszustände in einem elastischen Körper, die als Modell für Gitterfehlstellen wie Versetzungslinien, Fremdatome und anderes mehr benützt werden. Alle bis jetzt verwendeten derartigen Modelle weisen als elastische Singularität ein Gebiet auf, in dem die Kompatibilitätsbedingungen verletzt, also Inkompatibilitäten vorhanden sind. Diese Inkompatibilitäten versetzen den elastischen Körper in einen Eigenspannungszustand, dem eine bestimmte elastische Energie, die sog. Selbstenergie der betreffenden elastischen Singularität, zukommt. Da für punkt- und linienförmige Singularitäten diese Selbstenergie unendlich groß ist, faßt man diese beiden Arten von Singularitäten für die folgenden Überlegungen zweckmäßigerweise als Grenzfälle dreidimensionaler oder zweidimensionaler Inkompatibilitätsverteilungen auf. Auf diese Weise können dann die allgemeinen Überlegungen unbeschadet der divergierenden Selbstenergie durchgeführt werden.

Versucht man dem Begriff der auf eine elastische Singularität in einem durch Volum- oder Oberflächenkräfte beanspruchten Körper wirkenden Kraft einen definierten Inhalt zu geben, so hat man davon auszugehen, daß auch im Gebiet endlicher Inkompatibilität die Gleichgewichtsbedingungen Gl. (53.4) erfüllt sein müssen. Auf die an der betreffenden Stelle befindliche Materie wirkt dementsprechend auch keine resultierende Kraft, die sie in Bewegung zu setzen sucht. Aus diesem Grunde kann man den Begriff „auf eine Versetzung wirkende Kraft" in einem anderen Sinne verwenden: Verschiebt man ein Versetzungsstück um

---

[1] E. KRÖNER: Z. Physik **141**, 386 (1955).

die Strecke δx_i und ändert sich dabei die potentielle Energie U des ganzen, die Versetzung enthaltenden Systems einschließlich der an ihm angreifenden äußeren Kräfte um δU, so ist die in der Richtung von x_i wirkende Kraftkomponente

$$K_i = -\frac{\partial U}{\partial x_i}, \qquad (55.1)$$

der Vektor der Kraft also, wenn $\delta \mathfrak{r}$ die Verschiebung der Versetzung andeutet,

$$\mathfrak{K} = -\operatorname{grad}_{\delta\mathfrak{r}} U. \qquad (55.1\,\mathrm{a})$$

Einen allgemeingültigen, das Vorhandensein von freien Oberflächen berücksichtigenden Ausdruck für die nach Gl. (55.1 a) definierte Kraft auf eine elastische Singularität hat Eshelby [62] gegeben. Er betrachtet dazu eine geschlossene Fläche Σ_0, innerhalb der die elastische Singularität liegen soll. Als starrer Körper betrachtet soll das von Σ_0 umschlossene Volumen unter der Wirkung der an ihm angreifenden Kräfte und Momente im Gleichgewicht sein. Dementsprechend ist Gl. (55.2) auch auf eine beliebige Kräfteverteilung ohne resultierende Kraft und ohne resultierendes Moment im Innern von Σ_0 anwendbar. Die Verschiebungen und Spannungen der elastischen Singularität in einem unendlich ausgedehnt gedachten elastischen Körper seien s_n und σ_{ij}, die entsprechenden Größen für den durch Kräfte außerhalb von Σ_0 hervorgerufenen Spannungszustand, der für die Kraft auf die Singularität maßgebend ist, seien s_n^A und σ_{ji}^A. Dann gilt für die Kraft auf die Singularität

$$K_i = \int_{\Sigma_0} (s_n^A\,\sigma_{nm,i} - \sigma_{nm}^A\,s_{n,i})\,d\Sigma_m, \qquad (55.2)$$

wobei die Integration über Σ_0 mit nach außen gerichteter positiver Normalen $d\vec{\Sigma}$ zu erstrecken ist. Als eine Voraussetzung für die Gültigkeit der Gl. (55.2), die jedoch in der Natur der Sache liegt, ist zu erwähnen, daß man die Verschiebung der Singularität in Richtung x_i definieren können muß. Wegen weiterer Voraussetzungen sowie anderer, für spezielle Rechnungen vielleicht zweckmäßigeren Formulierungen der Gl. (55.2) sei auf [62] verwiesen.

In vielen praktisch wichtigen Fällen läßt sich der Eshelbysche Ausdruck erheblich vereinfachen. Wir werden drei Spezialfälle besprechen:

1. Die auf eine Versetzungslinie von äußeren Kräften ausgeübte Kraft.

2. Die zwischen Versetzungslinien im gleichen elastischen Körper wirkende Kraft.

3. Die auf Fremdatome sowie zwischen Versetzungen und Fremdatomen wirkenden Kräfte.

1. Für die elementare, nicht von Gl. (55.2) Gebrauch machende Berechnung der auf eine einzelne Versetzungslinie wirkenden Kraft in einem durch äußere Kräfte beanspruchten elastischen, dem Hookeschen Gesetz gehorchenden Körper ist die Kenntnis eines zuerst von Colonnetti[1] in der hier benötigten Allgemeinheit bewiesenen Satzes erforderlich: Die elastische Energie eines sowohl durch äußere Kräfte beanspruchten als auch Eigenspannungen enthaltenden elastischen Körpers setzt sich additiv zusammen aus der elastischen Energie des äußeren Spannungszustandes (ohne Eigenspannungszustand) und des Eigenspannungszustandes (bei verschwindenden äußeren Kräften). Zwischen einem durch äußere Kräfte erzeugten und einem durch Inkompatibilitäten (bzw. Eigenspannungen) hervorgerufenen Spannungszustand gibt es also keine Wechselwirkungsenergie.

---

[1] G. Colonnetti: Accad. Linc. Rend. [5] 24 (1. Sem.), 404 (1915).

Dies hat zur Folge, daß man in einem dem HOOKEschen Gesetz gehorchenden elastischen Körper durch Verformungsexperimente die Anwesenheit von Versetzungen oder anderen elastischen Singularitäten nicht nachweisen kann, solange sich diese Singularitäten nicht bewegen[1].

Als einzige Änderung der potentiellen Energie U bei der Bewegung einer Versetzung in einem hinreichend großen elastischen Körper bei Anwesenheit äußerer Kräfte bleibt, wenn man von einer etwaigen Änderung der Selbstenergie der Versetzung absieht, somit die Arbeit, die diese äußeren Kräfte bei der Bewegung der Versetzung leisten. Sie ergibt sich, wenn σ der Spannungstensor des äußeren Spannungsfeldes ist, folgendermaßen[2,3]: Ist $\mathfrak{n}$ die Normale des von der Versetzungslinie überstrichenen Flächenelementes, so ist der zu diesem Flächenelement gehörige Spannungsvektor

$$\mathfrak{p} = \sigma \cdot \mathfrak{n}. \tag{55.3}$$

Wandert die Versetzungslinie zwischen zwei benachbarten Atomen P' und Q' hindurch (vgl. Fig. 41), so werden diese um den lokalen BURGERS-Vektor $\mathfrak{b}'$ gegeneinander verschoben. Die Arbeit, die pro Flächeneinheit der überstrichenen Fläche geleistet wird, ist also

$$\mathfrak{b}' \cdot \mathfrak{p} = \mathfrak{b}' \cdot \sigma \cdot \mathfrak{n} \tag{55.4}$$

Wird das Linienelement $d\mathfrak{l}$ der Versetzungslinie um $\delta\mathfrak{r}$ verschoben, so ist die geleistete Arbeit

$$-\delta U = (\mathfrak{b}' \cdot \sigma) \cdot [d\mathfrak{l} \times \delta\mathfrak{r}] = [(\mathfrak{b}' \cdot \sigma) \times d\mathfrak{l}] \cdot \delta\mathfrak{r}, \tag{55.5}$$

also wirkt auf das Versetzungselement die Kraft

$$d\mathfrak{K} = (\mathfrak{b}' \cdot \sigma) \times d\mathfrak{l}. \tag{55.6}$$

Dieses Ergebnis gilt sowohl für konservative wie für nichtkonservative Bewegungen. Bei der Ableitung von Gl. (55.6) wurde angenommen, daß die Änderung der Selbstenergie der Versetzung vernachlässigbar sei. Wegen einer Diskussion dieser Annahme sei auf [54] verwiesen.

Die durch Gl. (55.6) gegebene Kraft wirkt senkrecht zum Linienelement $d\mathfrak{l}$ der Versetzung, jedoch im allgemeinen nicht in der Gleitebene, welche durch den Normalenvektor $\mathfrak{n}'$ gekennzeichnet sein möge. Es gilt also

$$\mathfrak{n}' = \frac{\mathfrak{b}' \times d\mathfrak{l}}{|\mathfrak{b}' \times d\mathfrak{l}|}. \tag{55.7}$$

Die Kraftkomponente in der Gleitebene ist

$$\left. \begin{aligned} d\mathfrak{K}' &= d\mathfrak{K}(\mathfrak{n}' \cdot \mathfrak{n}') - \mathfrak{n}'(\mathfrak{n} \cdot d\mathfrak{K}) \\ &= \mathfrak{n}' \times [d\mathfrak{K} \times \mathfrak{n}']. \end{aligned} \right\} \tag{55.8}$$

Nach Gl. (55.6) ist

$$\left. \begin{aligned} d\mathfrak{K} \times \mathfrak{n}' &= [(\mathfrak{b}' \cdot \sigma) \times d\mathfrak{l}] \times \mathfrak{n}' \\ &= d\mathfrak{l}(\mathfrak{b}' \cdot \sigma \cdot \mathfrak{n}') - (\mathfrak{n}' \cdot d\mathfrak{l})(\mathfrak{b}' \cdot \sigma) \\ &= d\mathfrak{l}(\mathfrak{b}' \cdot \sigma \cdot \mathfrak{n}'). \end{aligned} \right\} \tag{55.9}$$

---

[1] Eine ausführliche Diskussion des COLONNETTIschen Theorems findet sich bei R. V. SOUTHWELL: An introduction to the theory of elasticity, Kap. III. Oxford: Oxford University Press 1936. Mehr oder minder allgemeine Beweise, die auf die Bedürfnisse der Versetzungstheorie zugeschnitten sind, sind in [53], [54], [55], [62] sowie bei B. A. BILBY [Proc. Phys. Soc. Lond., Ser. A 63, 191 (1950)] enthalten.

[2] M. PEACH u. J. S. KOEHLER: Phys. Rev. 80, 436 (1950).

[3] F. R. N. NABARRO: Phil. Mag. 42, 213 (1951).

Somit ist die gesuchte Kraftkomponente, die in der Gleitebene, und zwar immer senkrecht zum Versetzungselement $d\mathfrak{l}$, wirkt

$$d\,\mathfrak{K}' = [\mathfrak{n} \times d\mathfrak{l}]\,(\mathfrak{b}' \cdot \sigma \cdot \mathfrak{n}').\qquad(55.10)$$

Bezeichnet τ die Schubspannung im Gleitsystem, so ist

$$(\mathfrak{b}' \cdot \sigma \cdot \mathfrak{n}') = b'\,\tau.\qquad(55.11)$$

Wir können also unser Ergebnis folgendermaßen ausdrücken:

Die von äußeren Kräften herrührende auf eine Versetzungslinie wirkende Kraftkomponente in der Gleitebene ist immer senkrecht zur Versetzungslinie gerichtet und unabhängig vom Charakter der Versetzungslinie gleich dem Produkt aus (lokalem) Burgers-Vektor, Länge der Versetzung und der im Gleitsystem herrschenden Schubspannung.

Dieses Ergebnis ist zuerst in mehr heuristischer Weise für einen unter der Wirkung einer homogenen Schubbeanspruchung stehenden Kristall von Mott und Nabarro[1] abgeleitet und später von einer Reihe von Autoren ausführlich bewiesen worden.

Das eben formulierte Ergebnis kann man dazu verwenden, um die in Ziff. 34 plausibel gemachte, aber nicht streng abgeleitete Gl. (34.4) zu beweisen, welche die makroskopische Scherung für den Fall angibt, daß eine Versetzung nur ein Stück ihrer Gleitebene überstreicht. Man betrachte dazu einen einem homogenen Spannungszustand unterworfenen Kristall. Das gewünschte Ergebnis erhält man, indem man die aus mittlerer makroskopischer Scherung und der homogenen Spannung zu errechnende Arbeit gleich der von der Kraft (55.10) an der Versetzung geleisteten Arbeit setzt.

2. Für die Berechnung der von einer Versetzungslinie auf eine zweite ausgeübten Kraft gilt ebenfalls Gl. (55.6). Dabei bedeutet σ den Tensor der von der einen Versetzung am Orte der anderen, durch den Burgers-Vektor $\mathfrak{b}'$ gekennzeichneten Versetzung hervorgerufenen Spannungen. Dieses Ergebnis ist deswegen plausibel, weil Gl. (55.6) nur die am Versetzungsort herrschenden Spannungen enthält und es deswegen gleichgültig sein sollte, ob sie von äußeren Kräften oder von elastischen Singularitäten herrühren. Man kann dieses Argument dadurch zu einem wirklichen Beweis verschärfen, daß man die Versetzung, auf die die zu errechnende Kraft wirken soll, durch eine Trennfläche von allen anderen Quellen innerer Spannungen abtrennt und deren Wirkung durch geeignete Oberflächenkräfte auf der Trennfläche ersetzt. Entsprechendes gilt in einem endlichen oder elastische Inhomogenitäten (räumliche Variationen der elastischen Konstanten, in einem anisotropen Medium z.B. verschiedene Körner) enthaltenden elastischen Körper auch für die „Bildkräfte" der elastischen Singularitäten, durch die sich die Wirkungen der Kristalloberflächen und der Inhomogenitäten ausdrücken lassen [62].

3. Für die Berechnung der Kraft, die eine punktförmige elastische Singularität als Modell eines Fremdatoms (auf einem Zwischengitterplatz oder einem Gitterplatz) auf eine Versetzung ausübt, gilt das unter **2.** Gesagte ebenfalls, so daß auch für diesen Fall Gl. (55.6) und Gl. (55.10) zutreffen. Als Modell eines Substitutions-Fremdatoms in einem isotropen Medium verwendet man meist ein sog. „Dilatationszentrum" (bzw. bei einem kleineren Raumbedarf des Fremdatoms ein „Kompressionszentrum"[2]). Das Verschiebungsfeld dieser elastischen

---

[1] N. F. Mott u. F. R. N. Nabarro: [2], S. 1.
[2] A. E. W. Love: A treatise on the mathematical theory of elasticity, 4. Aufl., S. 187, Cambridge 1927.

Singularität ist im isotropen Falle durch

$$\mathfrak{z} = C\,\frac{\mathfrak{r}}{r^3} \tag{55.12}$$

und im Falle eines anisotropen Mediums allgemeiner durch die vektorielle Divergenz des Fundamentalintegrals, also durch

$$\mathfrak{z} = C'\,\mathrm{Div}\,\mathfrak{S}(\mathfrak{r}) \tag{55.13}$$

gegeben. C (bzw. C') ist ein Maß für die Stärke des Zentrums und wird durch den Raumbedarf des Fremdatoms bestimmt. Den Zusammenhang zwischen C und den Eigenschaften des Fremdatoms erhält man folgendermaßen: Das Fremdatom werde als eine elastische Kugel vom Radius $(1+\alpha)\,r_0$ aufgefaßt und in eine Kugel vom Radius r_0 (dem Radius des substituierten Atoms) eingezwängt. Man hat dabei dem Fremdatom definierte „elastische Eigenschaften", z.B. einen Kompressionsmodul K', zuzuschreiben[1]. Bezeichnen G und v Schubmodul und Poissonsche Querkontraktionszahl der (isotropen) Matrix, so erhält man[2] für das Verschiebungsfeld in der Matrix, das übrigens einem reinen Schubspannungszustand entspricht, Gl. (55.12) mit

$$C = r_0^3\,\frac{3\,K'}{3\,K' + 4\,G}\,\alpha. \tag{55.14}$$

Das Fremdatom selbst erfährt, je nach dem Vorzeichen von α, eine reine Kompression oder Dilatation. Wenn Fremdatom und Matrix gleiche elastische Eigenschaften zugeschrieben werden, so reduziert sich Gl. (55.14) auf

$$C = r_0^3\,\alpha\,\frac{(1 + v)}{3(1 - v)}. \tag{55.15}$$

Die Gl. (55.12) und (55.14) reichen zusammen mit der Spannungs-Dehnungs-Beziehung aus, um die Kräfte, die ein durch das vorstehende Modell beschreibbares Fremdatom auf ein Stück einer Versetzungslinie ausübt, zu berechnen. Um die auf das Fremdatom in einem Spannungsfeld wirkende Kraft zu ermitteln, kann man entweder die allgemeine Formel von Eshelby [62] verwenden, oder — was dasselbe Ergebnis liefert — die Arbeit betrachten, die zum Vergrößern einer Kugel vom Radius r_0 auf den sich schließlich einstellenden Radius

$$r_0' = r_0\left(1 + \alpha\,\frac{3\,K'}{3\,K' + 4\,G}\right) \tag{55.16}$$

entgegen den wirkenden Spannungen zu leisten ist. Es ergibt sich für die Kraft auf das Fremdatom

$$\mathfrak{K} = -\,12\,\pi\,C\,\frac{1 - v}{1 + v}\,\mathrm{grad}\,p, \tag{55.17}$$

wobei $p = -\tfrac{1}{3}\,\sigma_{ii}$ der von den äußeren Spannungen, Versetzungen usw. herrührende hydrostatische Druck am Kugelmittelpunkt ist. Gl. (55.17) gilt

---

[1] Die elastischen Verzerrungen in der Umgebung eines Zwischengitteratoms in Cu werden von H. B. Huntington [Acta met. **2**, 554 (1954)] dadurch genauer untersucht, daß zur Berechnung der Verschiebung nächster und übernächster Nachbaratome die interatomaren Kräfte verwendet werden und daß erst die Verschiebung der drittnächsten und noch weiter vom Zwischengitterplatz entfernten Atome elastizitätstheoretisch behandelt wird. Es ist dies ein Beispiel für die in Ziff. 53 erwähnte Kombination elastizitätstheoretischer und atomistischer Betrachtungsweise. Huntington findet, daß mit etwa 20% Genauigkeit $C = \tfrac{2}{3}\,r_0^3$ ist, wobei r_0 der Radius der Wigner-Seitzschen Atomkugel im Cu-Gitter ist.

[2] N. F. Mott u. F. R. N. Nabarro: Proc. Phys. Soc. Lond. **52**, 86 (1940).

unabhängig von der Größe des Kugelradius r_0, sofern das Material innerhalb und
außerhalb von r_0 gleiche elastische Eigenschaften hat. Ist dies nicht der Fall,
so treten weitere Glieder hinzu, die jedoch häufig vernachlässigt werden können
(vgl. hierzu den unten besprochenen Spezialfall einer Kugel mit verschiedenem
Elastizitätsmodul). Wie man durch Vergleich von Gl. (55.16) mit Gl. (55.14)
sieht und wie man auch leicht direkt zeigen kann, besteht zwischen der Konstanten C in den Gl. (55.12) und (55.17) und der sich nach dem Einbau des
Fremdatoms schließlich ergebenden relativen Vergrößerung des Radius r_0 [s.
Gl. (55.16)]

$$\delta = \alpha \frac{3K'}{3K' + 4G} \tag{55.18}$$

der Zusammenhang

$$C = r_0^3 \delta, \tag{55.19}$$

so daß man für viele Zwecke mit der Kenntnis der einen Größe δ statt zweier
Größen α und K' auskommt.

Zu den vorstehenden Resultaten sind noch drei Bemerkungen zu machen. Die erste
betrifft die zwischen zwei durch Kompressionszentren bzw. Dilatationszentren beschriebenen
Fremdatomen auftretenden Kräfte. In einem unendlich ausgedehnten elastisch isotropen
Körper sind sie Null, da die Fremdatome in der Matrix keine hydrostatischen Spannungen
hervorrufen, so daß nach Gl. (55.17) $\Re = 0$ ist. Dieses Ergebnis ändert sich im allgemeinen
jedoch, wenn man die durch elastische Inhomogenitäten oder freie Oberflächen hervorgerufenen Bildkräfte oder die Wirkung der Anisotropie mit in Betracht zieht.

Die zweite Bemerkung bezieht sich auf die infolge einer genaueren Berücksichtigung
der Kristalleigenschaften auftretenden Änderungen. Bekanntlich sind im Prinzip alle Kristalle elastisch anisotrop. Bei einem Fremdatom auf einem *Gitterplatz* einer der einfacheren,
in Fig. 47 dargestellten kubischen Strukturen hat die elastische Verzerrung in seiner Umgebung ebenfalls kubische Symmetrie, so daß die Verwendung von Gl. (55.13) bzw. im Falle
vernachlässigbarer Anisotropie von Gl. (55.12) gute Ergebnisse geben sollte. Für *Zwischengitteratome* in kubischen Strukturen und natürlich erst recht in Kristallen niedrigerer Symmetrie braucht dieses Ergebnis nicht zu gelten. Ein praktisch besonders wichtiges Beispiel
hierfür bilden Kohlenstoff- und Stickstoffatome in kubisch-raumzentrierten Gittern, die, wie
wir in Ziff. 15 erwähnt haben, in Zwischengitterplätzen auf den Würfelkanten eingelagert
werden. Die dadurch bewirkte Gitterverzerrung hat tetragonale Symmetrie. E. KRÖNER[1]
hat ein Verfahren entwickelt, um Probleme zu behandeln, bei denen die Verzerrungen von
dem verschiedenen Raumbedarf von Matrix und Einlagerung herrühren und dabei tetragonale Symmetrie (als Spezialfälle auch kubische und hexagonale Symmetrie umfassend)
herrscht. Für eine Berechnung der Wechselwirkung von C- und N-Atomen mit Versetzungen
im kubisch-raumzentrierten Gitter sollte eigentlich diese Methode verwendet werden. Bis
jetzt ist sie aber nur auf Keimbildungsprobleme angewendet worden.

Die dritte Bemerkung soll auf die besonderen Verhältnisse hinweisen, die entstehen, wenn
eine Einlagerung in einem elastischen Körper keinen anderen Raumbedarf als die Matrix,
wohl aber andere elastische Eigenschaften, z.B. einen vom Kompressionsmodul

$$K = \frac{2}{3} G \frac{1+\nu}{1-2\nu}$$

der Matrix verschiedenen Kompressionsmodul K' hat. In diesem Fall gibt ein Gradient des
hydrostatischen Drucks nur dann eine Kraft, wenn durch die Wirkung des hydrostatischen
Drucks p ein verschiedener Raumbedarf von Einlagerung und Matrix geschaffen wurde.
Man erwartet also, daß $\Re$ proportional zu

$$p \operatorname{grad} p \equiv \tfrac{1}{2} \operatorname{grad} p^2 \tag{55.20}$$

ist. Die genauere Rechnung bestätigt dies und liefert für einen kugelförmigen Einschluß
mit einem Radius r_0 die Gl. (55.17) mit

$$C = p \cdot \frac{r_0^3}{4G} \cdot \frac{3(K'-K)}{4G + 3K'}. \tag{55.21}$$

---

[1] E. KRÖNER: Acta met. 2, 302 (1954).

Gl. (55.21) gilt allerdings nur, wenn sich p innerhalb von r_0 nicht zu stark ändert (s. [62]). Die Spezialfälle für eine inkompressible Kugel ($K' = \infty$) und für einen Hohlraum ($K' = 0$) können aus Gl. (55.21) leicht abgeleitet werden.

Auf den allgemeinsten Fall, daß sowohl die elastischen Eigenschaften als auch der Raumbedarf der Einlagerungen von den entsprechenden Größen der Matrix verschieden sind, gehen wir hier nicht ein. Er wird durch die in [62] gegebene Theorie mit umfaßt.

Wir werden in späteren Ziffern wiederholt Gelegenheit haben, die hier gegebene allgemeine Diskussion an Hand spezieller Beispiele zu illustrieren. Auf die hier nicht behandelte Kraft zwischen verschiedenen Teilen derselben Versetzungslinie, die sich im Vorhandensein einer Linienspannung der Versetzungen äußert, werden wir in Ziff. 60 eingehen.

56. Gerade Versetzungslinien. Die praktische Ausrechnung der in Ziff. 54 abgeleiteten Formeln für Spannungsfeld und Verschiebungsfeld von Versetzungslinien bereitet selbst bei Beschränkung auf isotrope Medien schon bei verhältnismäßig einfachen geometrischen Formen der Versetzungslinien rechnerische Schwierigkeiten. Zum Beispiel läßt sich das Verschiebungsfeld einer kreisförmigen Versetzung selbst dann nicht mehr in geschlossener Form darstellen, wenn der BURGERS-Vektor senkrecht zur Ebene des Kreises steht und deshalb das ganze Problem rotationssymmetrisch ist.

Bei geradlinigen Versetzungen liegen die Verhältnisse günstiger. Hier lassen sich für isotrope Verhältnisse Spannungen und Verschiebungen explizit ausrechnen. Dabei ist es zweckmäßig, die Tatsache auszunützen, daß die Spannungen von derjenigen Raumkoordinate nicht abhängig sind, die in Richtung der Versetzungslinie verläuft (in dieser Ziffer ist dies die z-Richtung). Wir gehen aber auf die zur direkten Lösung dieser zweidimensionalen Probleme verwendeten

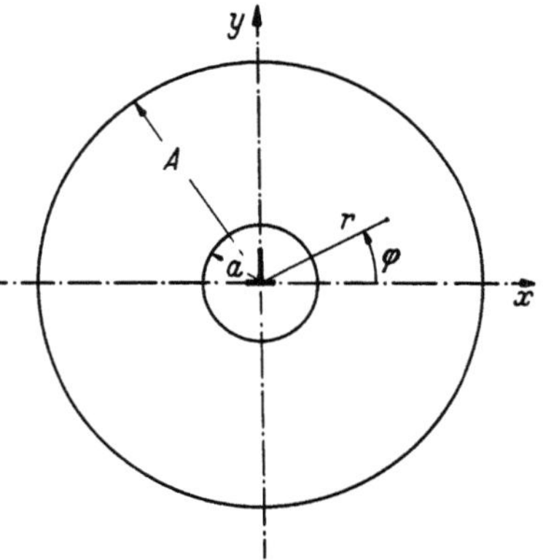

Fig. 76. Hohlzylinder mit Stufenversetzung. BURGERS-Vektor parallel zur x-Richtung.

Methoden nicht ein, da sie in der Literatur schon mehrfach besprochen wurden[1, 2] und wir in Ziff. 68β bei der Besprechung der elastischen Anisotropie Gelegenheit haben werden, darauf zurückzukommen. Wir geben statt dessen lediglich die Resultate an. Dabei verwenden wir die in Ziff. 53 für die Behandlung spezieller Fragen vorgesehene Bezeichnung der Raumkoordinaten mit x, y, z und der entsprechenden Verschiebungskomponenten mit u, v, w.

Das wichtigste Resultat allgemeiner Art ist, daß man zwei parallele Versetzungen in einem isotropen Medium, von denen eine Stufen- und die andere Schraubencharakter hat, als vollkommen unabhängig von einander behandeln kann. Die von Null verschiedenen Spannungskomponenten sind so, daß die beiden Versetzungsarten keine Kräfte aufeinander ausüben. Das Verschiebungsfeld einer Stufenversetzung hat nur u- und v-Komponenten, dasjenige einer Schraubenversetzung nur eine w-Komponente. Hat man eine γ-Versetzung, die parallel zur z-Richtung verläuft, so erhält man deren Spannungs- bzw. Verschiebungsfeld, indem man die entsprechenden Größen für Stufen- und Schraubenversetzung mit $\cos \gamma$ und $\sin \gamma$ multipliziert und addiert.

LEIBFRIED und LÜCKE haben das Spannungsfeld einer Stufenversetzung der Stärke b in der in Fig. 76 gezeichneten Lage berechnet. Die Versetzung verläuft in der Achse zweier Zylinder mit Radius a und A, deren Oberflächen spannungsfrei

---

[1] G. LEIBFRIED u. K. LÜCKE: Z. Physik **126**, 450 (1949).
[2] G. LEIBFRIED u. H.-D. DIETZE: Z. Physik **126**, 790 (1949).

sein sollen. Sie erhielten:

$$\begin{aligned}
\sigma_{xx} &= -\frac{y}{r^2}\left\{B_1\left(1+\frac{2x^2}{r^2}\right)-\frac{B_2}{r^4}(3x^2-y^2)-3\,B_3\,r^2\right\}, \\
\sigma_{yy} &= -\frac{y}{r^2}\left\{B_1\left(1-\frac{2x^2}{r^2}\right)+\frac{B_2}{r^4}(3x^2-y^2)-\;B_3\,r^2\right\}, \\
\sigma_{xy} &= \;\;\;\frac{x}{r^2}\left\{B_1\left(1-\frac{2y^2}{r^2}\right)-\frac{B_2}{r^4}(x^2-3\,y^2)-\;B_3\,r^2\right\}, \\
\sigma_{zz} &= \nu\,(\sigma_{xx}+\sigma_{yy}), \\
\sigma_{xz} &= 0, \\
\sigma_{yz} &= 0.
\end{aligned}\tag{56.1}$$

Dabei sind

$$r=\sqrt{x^2+y^2};\qquad \varphi=\arctan\frac{y}{x}\tag{56.2}$$

ebene Polarkoordinaten. Die Konstanten B_i bestimmen sich folgendermaßen:

$$\begin{aligned}
B_1 &= \frac{b}{2\pi}\,\frac{G}{1-\nu}, \\
B_2 &= B_1\,\frac{a^2A^2}{a^2+A^2}, \\
B_3 &= \frac{1}{a^2+A^2}\,B_1.
\end{aligned}\tag{56.3}$$

Macht man den Radius A des Außenzylinders unendlich, betrachtet also eine Stufenversetzung in einem unendlich ausgedehnten Körper, so wird $B_3=0$ und $B_2=a^2B_1$. Die von Null verschiedenen Spannungen lauten dann in Zylinderkoordinaten:

$$\begin{aligned}
\sigma_{rr} &= -B_1\,\frac{\sin\varphi}{r}\left(1-\frac{a^2}{r^2}\right), \\
\sigma_{\varphi\varphi} &= -B_1\,\frac{\sin\varphi}{r}\left(1+\frac{a^2}{r^2}\right), \\
\sigma_{r\varphi} &= \;\;\;B_1\,\frac{\cos\varphi}{r}\left(1-\frac{a^2}{r^2}\right), \\
\sigma_{zz} &= -2\nu\,B_1\,\frac{\sin\varphi}{r}.
\end{aligned}\tag{56.4}$$

Man sieht, daß die Forderung der Spannungsfreiheit der inneren Zylinderfläche, die hier dem in Ziff. 54 wiederholt erwähnten Hohltorus entspricht, Glieder mit r^{-3} in den Spannungen erforderlich macht. Wählt man jedoch a hinreichend klein (etwa von atomaren Dimensionen), so kann man den Beitrag dieser Glieder für nicht zu nahe an der Versetzung gelegene Aufpunkte vernachlässigen und bestätigt damit das Resultat unserer allgemeinen Diskussion von Ziff. 54, daß das Spannungsfeld einer Versetzung in ihrer weiteren Umgebung, von Einflüssen der Kristalloberfläche [Glieder mit B_3 in Gl. (56.1)!] abgesehen, wie r^{-1} abklingt.

Der Ausdruck für σ_{zz} in Gl. (56.1) zeigt, daß wir es hier mit einem ebenen Verzerrungszustand (im Gegensatz zu einem ebenen Spannungszustand mit $\sigma_{zz}=0$, aber $\varepsilon_{zz}\neq0$) zu tun haben. Dies hat zur Folge, daß man sich bei der Anwendung der Lösung auf einen in z-Richtung endlichen Kristall geeignete, in z-Richtung wirkende Kräfte angebracht denken muß, die für die Aufrechterhaltung der Spannung σ_{zz} sorgen. Betrachtet man jedoch keine geradlinige, sondern eine im Kristallinnern geschlossene Versetzungslinie, so sind solche zusätzliche Kräfte bei einem hinreichend ausgedehnten Kristall nicht notwendig.

Man kann die Versetzungsenergie — also die zwischen den Zylinderradien a und A aufgespeicherte elastische Energie — berechnen und erhält als Energie je Längeneinheit

$$E_L = \frac{G\,b^2}{4\pi(1-\nu)}\left(\log\frac{A}{a} - \frac{A^2-a^2}{A^2+a^2}\right). \tag{56.5}$$

Dieser Ausdruck divergiert logarithmisch mit a und A. Wir werden später darauf zurückkommen.

Wegen weiterer Formeln sei auf die Originalarbeit verwiesen. Wir geben hier nur noch Verschiebungen, Spannungen und AIRYsche Spannungsfunktion $F(x, y)$ für den Grenzfall an, daß $a \approx 0$ und $A = \infty$ ist:

$$\left.\begin{aligned}
u &= \frac{B_1}{G}\left\{(1-\nu)\left(\varphi - \frac{\pi}{2}\right) + \frac{x\,y}{2r^2}\right\}, \\[2mm]
v &= -\frac{B_1}{2G}\left\{(1-2\nu)\log\frac{r}{a} + \frac{x^2}{r^2}\right\},
\end{aligned}\right\} \tag{56.6}$$

$$\left.\begin{aligned}
\sigma_{xx} &\equiv \frac{\partial^2 F(x, y)}{\partial y^2} = -B_1\,\frac{y}{r^2}\,\frac{3x^2+y^2}{r^2}, \\[2mm]
\sigma_{xy} &\equiv -\frac{\partial^2 F(x, y)}{\partial x\,\partial y} = B_1\,\frac{x}{r^2}\,\frac{x^2-y^2}{r^2}, \\[2mm]
\sigma_{yy} &\equiv \frac{\partial^2 F(x, y)}{\partial x^2} = B_1\,\frac{y}{r^2}\,\frac{x^2-y^2}{r^2},
\end{aligned}\right\} \tag{56.7}$$

$$\left.\begin{aligned}
\sigma_{rr} &= \sigma_{\varphi\varphi} = -\frac{B_1}{r}\sin\varphi, \\[2mm]
\sigma_{r\varphi} &= \frac{B_1}{r}\cos\varphi,
\end{aligned}\right\} \tag{56.8}$$

$$F(x, y) = -\frac{B_1}{2}\,y\,\log(x^2+y^2) = -B_1\,r\,\sin\varphi\,\log r. \tag{56.9}$$

Man sieht, daß die Spannungskomponenten die Form

$$\sigma_{ik} = B_1\,f_{ik}(\varphi)\cdot\frac{1}{r} \tag{56.10}$$

haben. Die gemäß Ziff. 55 für die Kraft zwischen parallelen Versetzungslinien maßgebende Funktion $f_{xy}(\varphi)$ ist in Fig. 77 aufgetragen. Die Spannungskomponente σ_{xy} wird Null für $\varphi = 0$, $\pm 45°$, $\pm 135°$, $180°$. Wir werden darauf in Ziff. 57 zurückkommen.

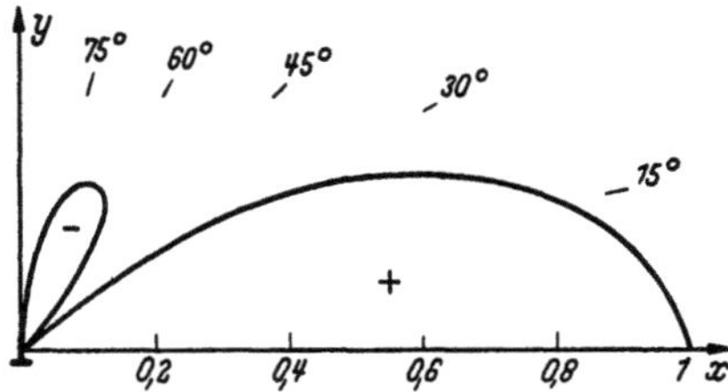

Fig. 77. Erster Quadrant der Spannungskomponente σ_{xy} der in Fig. 76 gezeichneten Stufenversetzung in ebenen Polarkoordinaten. Einheit für den Radius $\sigma_{xy}\cdot(x^2+y^2)^{\frac{1}{2}}$ ist $bG/2\pi(1-\nu)$. Die Länge des Radius gibt direkt die Funktion $f_{xy}(\varphi)$ von Gl. (56.10) an.

Wir wenden uns nunmehr der Diskussion einer parallel zur z-Richtung verlaufenden Schraubenversetzung mit Versetzungsstärke b zu. Wir verwenden ein Rechtssystem x, y, z. BURGERS-Vektor und positive Richtung der Versetzungslinie sollen parallel zur positiven z-Richtung sein. Die elastischen Differentialgleichungen sind im isotropen Falle erfüllt, wenn nur die w-Komponente der Verschiebung von Null verschieden ist und der Gleichung

$$\Delta w = 0 \tag{56.11}$$

genügt. Die der oben charakterisierten Schraubenversetzung entsprechende Lösung von Gl. (56.11) ist

$$w = -\frac{b}{2\pi}\,\varphi = -\frac{b}{2\pi}\,\arctan\frac{y}{x}. \tag{56.12}$$

Wie man sieht, hängt w nicht von r ab und stellt tatsächlich die einer Schraubenfläche entsprechende Verschiebung dar. Die von Null verschiedenen Spannungskomponenten sind

$$\sigma_{zx} = \frac{Gb}{2\pi} \cdot \frac{y}{x^2 + y^2}; \qquad \sigma_{zy} = -\frac{Gb}{2\pi} \cdot \frac{x}{x^2 + y^2}. \qquad (56.13)$$

Ein derartiger von der z-Koordinate unabhängiger Spannungszustand, bei dem nur die Spannungskomponenten σ_{zx} und σ_{zy} von Null verschieden sind, wird in der angelsächsischen Literatur als Gegenstück zu „plane strain" (wie bei der Stufenversetzung) als „anti-plane strain" bezeichnet.

Die von Null verschiedenen Verzerrungskomponenten sind durch

$$\left.\begin{array}{l} \varepsilon_{zx} = \dfrac{1}{2} \dfrac{\partial w}{\partial x} = \dfrac{b}{4\pi} \dfrac{y}{x^2 + y^2}\,, \\[3mm] \varepsilon_{zy} = \dfrac{1}{2} \dfrac{\partial w}{\partial y} = -\dfrac{b}{4\pi} \dfrac{x}{x^2 + y^2} \end{array}\right\} \qquad (56.14)$$

gegeben. Wie man sieht, treten bei einer Schraubenversetzung in einem isotropen Medium nur Scherungen und keine Volumdilatationen auf. In Zylinderkoordinaten sind überhaupt nur die Komponenten

$$\varepsilon_{\varphi z} = -\frac{b}{4\pi r}; \qquad \sigma_{\varphi z} = \frac{Gb}{2\pi} \frac{1}{r} \qquad (56.15)$$

von Null verschieden. Gl. (56.15) zeigt, daß der „Spannungshof" einer Schraubenversetzung rotanstiosymmetrisch ist.

Wie bei einer geraden Stufenversetzung im unendlich ausgedehnten Kristall divergiert auch im vorliegenden Falle die Energie pro Längeneinheit der Versetzung logarithmisch. Um einen endlichen Wert zu erhalten, denkt man sich das Spannungsfeld der Schraubenversetzung in einen Hohlzylinder mit den Radien A und a eingeschlossen. Fällt die Zylinderachse mit der Versetzungslinie zusammen, so bleibt dabei, wie man an Hand der Gl. (56.15) leicht einsieht, das oben diskutierte Spannungsfeld eine Lösung des Problems. Für die Energie einer Schraubenversetzung pro Längeneinheit ergibt sich

$$E_L = \frac{G b^2}{4\pi} \cdot \log \frac{A}{a}. \qquad (56.16)$$

Zu dem Vorstehenden sind nun noch zwei Ergänzungen zu machen, nämlich über den Einfluß der Kristallbegrenzungen und über die Kristallanisotropie.

Neben dem bei der Besprechung der Stufenversetzung in dieser Ziffer behandelten Beispiel einer Versetzung in einem begrenzten Kristall sind noch zahlreiche weitere derartige Probleme gelöst worden. Raummangel verbietet es, auf alle einzugehen. Die ausführlichste Zusammenstellung in geschlossener Form oder mit Hilfe unendlicher Reihen lösbarer Probleme, zum Teil auch das sog. Peierlssche Modell (Abschnitt C II b) mitberücksichtigend, stammt von Dietze[1]. In Ziff. 65 geben wir als Anhang eine aus der Dietzeschen Arbeit entnommene Zusammenstellung von Formeln für Oberflächenprobleme. Angaben über die bis Anfang 1952 veröffentlichten derartigen Lösungen finden sich bei Nabarro [54].

Berücksichtigt man die elastische Anisotropie der Kristalle, so ändern sich im allgemeinen Falle, d.h. bei beliebiger Orientierung der Versetzungslinie gegenüber den Kristallachsen, die Verhältnisse ziemlich stark. Sowohl für Stufenversetzungen als auch für Schraubenversetzungen sind alle drei Verschiebungskomponenten von Null verschieden. Man sagt deshalb, daß im allgemeinen anisotropen Falle Stufen- und Schraubenversetzungen nicht mehr unabhängig voneinander behandelt werden können, obwohl natürlich das Spannungsund Verschiebungsfeld einer γ-Versetzung nach wie vor durch lineare Überlagerung der Lösungen für Stufen- und Schraubenversetzung gewonnen werden.

---

[1] H.-D. Dietze: Diplomarbeit Göttingen 1949 (unveröffentlicht). — H.-D. Dietze u. G. Leibfried: Nachr. Akad. Wiss. Göttingen, math.-phys. Kl. IIa, demnächst.

Gerade Versetzungen in anisotropen Medien wurden nach zwei verschiedenen mathematischen Methoden, die natürlich zum selben Endresultat führen, unabhängig voneinander von Eshelby, Read und Shockley[1] und von Seeger und Schöck[2] untersucht. Für die praktische Rechnung erscheint die zweite Methode, die mit zwei Spannungsfunktionen F und $\varPhi$ arbeitet, etwas geeigneter zu sein als die erste, die eine Verallgemeinerung einer von Eshelby[3] für die Behandlung ebener Verzerrungszustände verwendeten Methode darstellt und die einen unnötig großen Gebrauch von komplexen Größen macht. Seeger und Schöck haben die Diskussion der gegenüber dem allgemeinsten Fall möglichen Spezialfälle erschöpfend durchgeführt und auf praktische Probleme angewendet. Wir werden deshalb die Erörterung dieser Verhältnisse bis zur Besprechung ihrer Arbeit aufschieben (Ziff. 68). Es sei erwähnt, daß die expliziten Ergebnisse bei Seeger und Schöck auf die Anwendung im Peierlsschen Modell zugeschnitten sind, während diejenigen von Eshelby, Read und Shockley die direkte Erweiterung der elastizitätstheoretischen Betrachtungen der vorliegenden Ziffer sind.

57. Kräfte zwischen geraden Versetzungslinien. Solange man im Gültigkeitsbereich der Elastizitätstheorie bleibt, ist die Berechnung von Kräften zwischen geradlinigen Versetzungen nur eine Anwendung der in Ziff. 56 besprochenen Ergebnisse über die Spannungsfelder solcher Versetzungslinien, da sich bei bekannten Spannungen aus Gl. (55.6) die Kraft auf eine Versetzung ergibt. Wir können uns deshalb hier auf die Diskussion einiger einfacher, praktisch wichtiger Beispiele beschränken.

Auch hier gilt, daß in mancher Hinsicht die Verhältnisse bei anisotropen Medien gänzlich anders liegen können als bei isotropen Körpern. Dies rührt davon her, daß im Anisotropen im allgemeinen alle 6 Spannungskomponenten von Null verschieden sind, während geradlinige Stufen- bzw. Schraubenversetzungen im Isotropen (in cartesischen Koordinaten) nur vier bzw. zwei nichtverschwindende Spannungskomponenten haben. Deshalb können in Wirklichkeit Kraftkomponenten vorhanden sein, die sich nach Ausweis der isotropen Theorie zu Null ergeben. Einige derartige Fälle sind von Leibfried[4] an Hand einer für nicht allzu große Abweichungen von der Isotropie gültigen Näherungstheorie diskutiert worden. Aber selbst wenn man nur die auch im Isotropen vorhandenen Kraftkomponenten betrachtet, kann sich das Bild beim Übergang zur Anisotropie sehr ändern, z.B. dadurch, daß die hohe Symmetrie der durch die Gl. (56.7) und (56.13) beschriebenen Spannungsfelder stark vermindert wird und die Flächen verschwindender Spannungskomponenten nicht mehr wie in diesen Gleichungen Ebenen, sondern komplizierte Zylinderflächen sind.

Nachdem wir die in der isotropen Betrachtungsweise liegende, nicht immer gerechtfertigte Spezialisierung betont haben, beschränken wir uns im folgenden auf isotrope Medien und besprechen zunächst die Kräfte zwischen parallelen Versetzungslinien.

Die Verhältnisse bei Schraubenversetzungen lassen sich verhältnismäßig kurz behandeln. Die Kraft zwischen zwei parallelen Versetzungslinien ist (im Sinne der Zylindergeometrie) eine Zentralkraft. Sämtliche Komponenten wirken bei ungleichnamigen Versetzungen anziehend, bei gleichnamigen Versetzungen abstoßend. Man kann deshalb aus parallelen Schraubenversetzungen desselben Vorzeichens keine stabilen Anordnungen aufbauen. Betrachtet man Schraubenversetzungen, die praktisch nur auf einer einzigen Gleitebene gleiten können (dies ist näherungsweise in hexagonal dichtest gepackten Strukturen mit stark übernormalem Achsenverhältnis der Fall), so ist für die die Gleitbewegungen bewirkenden Kräfte die Schubspannungskomponente im Gleitsystem maßgebend. Wie man aus den Gl. (56.13) entnehmen kann, sind unter diesen Umständen zwei

---

[1] J. D. Eshelby, W. T. Read u. W. Shockley: Acta met. **1**, 251 (1953).
[2] A. Seeger u. G. Schöck: Acta met. **1**, 519 (1953).
[3] J. D. Eshelby: Phil. Mag. **40**, 903 (1949).
[4] G. Leibfried: Z. Physik **135**, 23 (1953).

ungleichnamige Schraubenversetzungen dann im mechanischen Gleichgewicht, wenn sie den kleinstmöglichen Abstand voneinander haben, den sie durch zulässige Gleitbewegungen erreichen können.

Ohne Beschränkung der Gleitmöglichkeiten erhält man stabile Anordnungen von Schraubenversetzungen nur dann, wenn man mindestens zwei sich überkreuzende Scharen von Schraubenversetzungen hat. Solche Gitter von Schraubenversetzungen können in der Tat in der Grenzebene von zwei gegeneinander um eine senkrecht zur Grenzebene stehende Achse verdrehten Kristallkörnern vorhanden sein. Der Fall eines quadratischen Gitters zweier Scharen paralleler Versetzungslinien mit gleicher Versetzungsstärke ist bei Nabarro [54] unter Angabe von Originalliteratur ausführlich diskutiert. Dieser Fall ist jedoch noch ziemlich speziell, da nur in Ausnahmefällen in der betreffenden Grenzebene zwei aufeinander senkrechte Richtungen vorhanden sein werden, in denen Schraubenversetzungen verlaufen können. Etwas häufiger tritt der Fall auf, daß man in einer Ebene drei mögliche Richtungen für Schraubenversetzungen hat. Seeger[1] hat bewiesen, daß man genau dann ein stabiles ebenes Netzwerk von Schraubenversetzungen haben kann, das drei verschiedene Versetzungsrichtungen enthält, wenn eine dieser Richtungen den Winkel zwischen den beiden anderen halbiert.

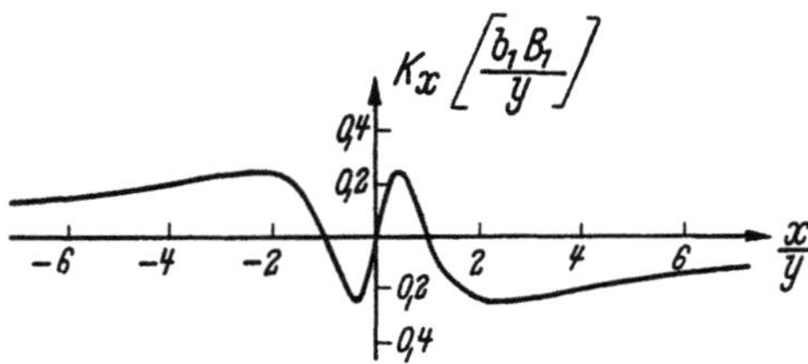

Fig. 78. Kraft K_x $\left(\text{in Einheiten } \dfrac{b_1 \cdot b \cdot G}{2\pi(1-\nu)}\right)$ auf eine Stufenversetzung mit Burgers-Vektor $(b_1, 0, 0)$ im Punkt x, y. Versetzung mit Burgers-Vektor $(b, 0, 0)$ befindet sich im Ursprung des Koordinatensystems.

Wesentlich komplizierter liegen die Verhältnisse bei Stufenversetzungen. Unterscheidet man nicht zwischen konservativen und nichtkonservativen Bewegungen, so gilt auch hier der Satz, daß sich zwei gleichnamige parallele Versetzungslinien stets abstoßen und zwei ungleichnamige stets anziehen, obwohl die dabei wirkenden Kräfte im allgemeinen keine Zentralkräfte mehr sind. Für die meisten praktischen Anwendungen ist jedoch bei den Stufenversetzungen eine Unterteilung in konservative und nichtkonservative Bewegungen notwendig. Wir beschränken uns hierbei auf den praktisch wichtigsten Fall, daß 2 Stufenversetzungen nicht nur parallele Linien, sondern auch parallele Gleitebenen haben. Dann ist für die zu konservativen Bewegungen führende Kraft die Komponente σ_{xy} in Gl. (56.7), die wir als Schubspannungskomponente im Gleitsystem häufig mit dem Buchstaben τ bezeichnen, maßgebend [vgl. Gl. (55.10) und Gl. (55.11)], während als treibende Kraft pro Längeneinheit für das Klettern der Versetzung (also für ihre Bewegung in y-Richtung) $b \cdot \sigma_{xx}$ wirkt. Letztere ist Null nur in der Gleitebene $y = 0$ der das Spannungsfeld hervorrufenden Versetzung. Die Schubspannungskomponente σ_{xy} wird im Gegensatz dazu in jeder Ebene $y = \text{const}$ im Endlichen an 3 Stellen Null mit alleiniger Ausnahme der Ebene $y = 0$, in der sie im Endlichen nirgends verschwindet, sondern die Form

$$\tau = B_1 \frac{1}{x} \tag{57.1}$$

hat. Die aus dem Spannungsfeld Gl. (56.7) errechnete, auf eine Stufenversetzung mit Burgers-Vektor $\mathfrak{b} = (b_1, 0, 0)$ pro Längeneinheit wirkende Kraftkomponente in x-Richtung kann aus Fig. 78 entnommen werden. Wird das Vorzeichen von b_1 umgekehrt, so kehrt sich auch das Vorzeichen von K_x um. Aus der Dar-

---

[1] A. Seeger: Versetzungen und Kristallplastizität. Habil.-Schr. Stuttgart 1954 (unveröffentlicht).

stellung von K_x, die übrigens mit derjenigen von Fig. 77 äquivalent ist, ersieht man, daß zwei gleichnamige Versetzungen dann eine gegenüber Gleitbewegungen stabile Lage einnehmen, wenn sie senkrecht zu ihren Gleitebenen übereinanderstehen (Fig. 79a), während zwei ungleichnamige Versetzungen dann stabil sind, wenn sie unter 45° zueinander stehen (Fig. 79b). Da bei hinreichend tiefen Temperaturen kein Klettern von Stufenversetzungen stattfindet, bedeutet dieser Befund, daß man aus parallelen Stufenversetzungen im Gegensatz zu Schraubenversetzungen in jeder Kristallstruktur stabile Anordnungen aufbauen kann. Solche Anordnungen spielen sicher eine große Rolle bei der Erschwerung der Versetzungsbewegung, die bei wachsender Abgleitung und damit wachsender Versetzungsdichte im allgemeinen beobachtet wird.

Über die Spannungsfelder einiger derartiger Anordnungen von Versetzungen liegen ausführliche Rechnungen vor. SEEGER[1] hat das Spannungsfeld einer unendlich ausgedehnten Wand nach Art der Fig. 79a übereinandergestellter Stufenversetzungen bzw. die potentielle Energie einer Stufenversetzung in diesem Spannungsfeld graphisch dargestellt. Von NABARRO [54] liegt eine Untersuchung über dieselbe Anordnung mit endlich vielen (n) Versetzungen vor. In Abständen, die groß gegen die Ausdehnung der Wand sind, wirkt diese Anordnung wie eine einzelne Versetzung mit n-facher Stärke, während sich die Verhältnisse in der näheren Umgebung der Versetzungswand nicht wesentlich von denen bei $n = \infty$ unterscheiden.

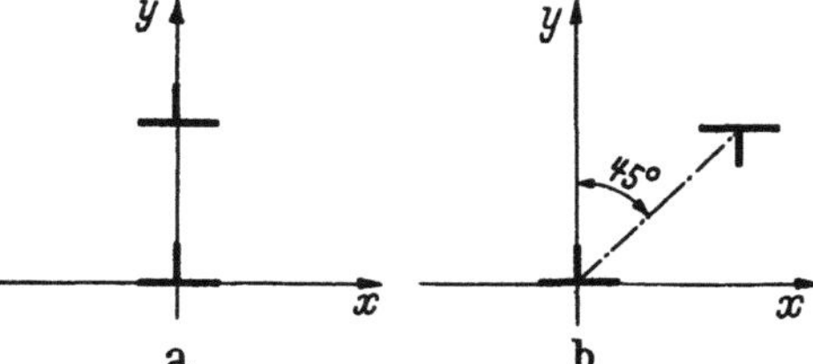

Fig. 79a u. b. Gegen Gleitbewegungen stabile Anordnungen paralleler Stufenversetzungen. a Gleichnamige Versetzungen, b ungleichnamige Versetzungen.

TAYLOR, KOEHLER und MASING haben Untersuchungen über Anordnungen von parallelen Stufenversetzungen beiderlei Vorzeichen in sog. „Versetzungsgittern" angestellt. Es sei diesbezüglich auf [54] verwiesen.

Die zwischen geraden Versetzungen, bei denen BURGERS-Vektoren oder Versetzungslinien nicht parallel zueinander sind, auftretenden Kräfte lassen sich leicht an Hand der Spannungsfelder und der Gl. (55.6) beurteilen. Die einfachsten hierbei möglichen Fälle der Wechselwirkung zweier Versetzungen, bei denen die Versetzungslinien oder ihre BURGERS-Vektoren senkrecht zueinander sind, hat NABARRO [54] systematisch diskutiert. Es muß jedoch betont werden, daß durch diese Überlegungen nur die durch die elastischen Spannungsfelder vermittelten, also weitreichenden Kräfte erfaßt werden. Die kurzreichenden, beim Durchkreuzen zweier Versetzungslinien auftretenden Kräfte, die z. B. zur Bildung von Sprüngen führen (Ziff. 42), bedürfen einer gesonderten Diskussion.

58. Versetzungen in Gleitzonen. Die Diskussion der zwischen Versetzungen wirkenden Kräfte in Ziff. 57 und an früheren Stellen bezog sich explizit meist auf Kräfte zwischen nur 2 Versetzungslinien. Da wir uns jedoch im Anwendungsbereich der linearen Elastizitätstheorie, also auch des Superpositionsprinzips befinden, kann man auch die zwischen $n (> 2)$ geradlinigen Versetzungen wirkenden Kräfte ermitteln und durch Variation der Koordinaten des Versetzungsorts die Gleichgewichtslagen der n Versetzungen unter der Wirkung der zwischen ihnen auftretenden Kräfte sowie etwaiger äußerer Schubspannungen finden. Ist jedoch n wesentlich größer als 2, so wird dieses Vorgehen unter Umständen recht beschwerlich, so daß für häufig auftretende Versetzungsanordnungen, deren

---

[1] A. SEEGER: Naturwiss. **38**, 526 (1951).

Gleichgewichtskonfiguration man zu ermitteln wünscht, einfachere Verfahren
sehr willkommen sind.

Ein Beispiel für eine derartige immer wieder auftretende Versetzungsanordnung ist durch den Versetzungs-Quellen-Mechanismus (Ziff. 40) gegeben. Ist
die äußere Schubspannung hinreichend groß, so sendet eine Versetzungsquelle
eine Folge von Versetzungsringen bzw. eine Versetzungsspirale aus. Man sollte
zunächst denken, daß dieser Prozeß erst dann aufhört, wenn der Kristall längs der
betreffenden Gleitebene vollkommen abgeschert ist. Daß dies in Wirklichkeit
nicht beobachtet wird, rührt daher, daß die vorderste Versetzung an einem
Hindernis aufgehalten wird und die nachfolgenden hinter sich aufstaut. Die auf
diese Weise entstehenden Versetzungsanordnungen, die wir Gleitzonen nennen,
werden im allgemeinen sehr kompliziert sein und von der Art des Hindernisses,
vom Charakter des aufgehaltenen Versetzungsstücks und anderem mehr abhängen.

Aus diesem Grunde ist es zweckmäßig, zunächst einen idealisierten Fall zu
betrachten, nämlich n parallele und gleichartige, in derselben Gleitebene angeordnete Versetzungslinien (Fig. 80). In Fig. 80 sind sie als Stufenversetzungen
gezeichnet, doch gelten die folgenden Rechnungen allge-
mein für γ-Versetzungen.

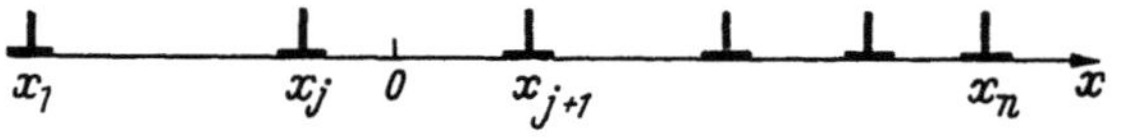

Fig. 80. Schnitt durch eine Gleitzone mit Stufenversetzungen.

Die Versetzungsstärke der
Versetzungen sei b; ihr Ort
auf der Gleitebene werde durch x_j $(j = 1, \ldots, n)$ gekennzeichnet. Dann ist die
von der j-ten Versetzung an der Stelle x hervorgerufene Schubspannung in der
Gleitrichtung

$$\tau = \frac{B}{x - x_j}. \tag{58.1}$$

In einem isotropen Medium ist für eine Stufenversetzung

$$B = B_1 = \frac{b \cdot G}{2\pi(1 - \nu)}, \tag{58.2}$$

für eine Schraubenversetzung

$$B = \frac{b \cdot G}{2\pi}, \tag{58.3}$$

und für eine γ-Versetzung

$$B = \frac{b\,G}{2\pi}\left(\frac{\cos\gamma}{(1 - \nu)} + \sin\gamma\right). \tag{58.4}$$

Gl. (58.1) gilt jedoch auch für anisotrope Medien, sofern der richtige, im allgemeinen etwas umständlich zu berechnende Wert von B eingesetzt wird. Einige
solche Berechnungen sind in Ziff. 68 durchgeführt. Die dort eingeführten Konstanten K_i hängen mit B durch die Gleichung

$$B = \frac{b}{2\pi K_i} \tag{58.5}$$

zusammen.

Die Einfachheit der Gl. (58.1), die für das folgende wesentlich ist, rührt davon
her, daß die zu betrachtenden Versetzungen alle in derselben Ebene liegen. Dies
trifft bei der Erzeugung durch eine ebene FRANK-READ-Quelle, nicht aber für
eine räumliche FRANK-READ-Quelle oder eine Spiralquelle zu. Da jedoch bei
letzteren der vertikale Abstand benachbarter Versetzungen im allgemeinen nur
eine Gitterkonstante beträgt, während der horizontale Abstand von der Größenordnung 10^1 bis 10^3 Gitterkonstanten ist, kann man die Ergebnisse auch auf die
aus Spiralquellen stammenden Gleitzonen anwenden.

Bezeichnet $\tau_a(x)$ diejenige Komponente der *äußeren* Spannung, die im Gleitsystem wirkt, so ergeben sich die n Gleichgewichtslagen x_j der Versetzungen aus den Gleichungen

$$\sum_{\substack{i=1 \\ i \neq j}}^{n} \frac{b \cdot B}{x_j - x_i} + b\,\tau_a(x_j) = 0 \qquad j = 1, 2, \ldots, n. \tag{58.6}$$

Zur Auflösung dieses Gleichungssystems haben ESHELBY, FRANK und NABARRO[1] die folgende elegante, von STIELTJES[2] stammende Methode verwendet:

Die x_i seien die Nullstellen des Polynoms

$$f(x) = \prod_{i=1}^{n} (x - x_i), \tag{58.7}$$

dessen logarithmische Ableitung bis auf den Faktor B gleich der von allen Versetzungen herrührenden Schubspannung ist:

$$\frac{f'(x)}{f(x)} = \sum_{i=1}^{n} \frac{1}{x - x_i}. \tag{58.8}$$

Die Schubspannung aller Versetzungen mit Ausnahme der j-ten ist

$$\sum_{\substack{i=1 \\ i \neq j}}^{i=n} \frac{B}{x - x_i} = B\left(\frac{f'(x)}{f(x)} - \frac{1}{x - x_j} \right), \tag{58.9}$$

woraus durch Grenzübergang $x_j \to x_i$

$$\sum_{\substack{i=1 \\ i \neq j}}^{n} \frac{B}{x_j - x_i} = \frac{1}{2}\,B\,\frac{f''(x_j)}{f'(x_j)} \tag{58.10}$$

folgt. Statt der Gl. (58.6) kann man somit auch schreiben

$$\left.\begin{aligned} f(x_j) &= 0 \\ B\,\frac{f''(x_j)}{2\,f'(x_j)} + \tau_a(x_j) &= 0 \end{aligned}\right\}\; j = 1, 2, \ldots, n. \tag{58.11}$$

Die Gl. (58.11) kann man zu

$$f''(x) + 2\,\frac{\tau_a}{B}\,f'(x) + q(n, x)\,f(x) = 0 \tag{58.12}$$

zusammenfassen, wenn es gelingt, eine Funktion $q(n, x)$ derart aufzufinden, daß Gl. (58.12) ein Polynom n-ten Grades mit n reellen, verschiedenen Nullstellen zur Lösung hat und $q(n, x)$ an keiner dieser Nullstellen einen Pol besitzt.

Sind $(m - n)$ Versetzungen vorhanden, die durch irgendwelche Hindernisse an gewissen Stellen x_α festgehalten werden, so tritt deren Schubspannung einfach zu $\tau_a(x)$ hinzu, so daß

$$f''(x) + 2\left\{ \frac{\tau_a(x)}{B} + \sum_{\alpha=n+1}^{m} \frac{1}{x - x_\alpha} \right\} \cdot f'(x) + q(n, x)\,f(x) = 0 \tag{58.13}$$

gilt. Da an den Stellen der „festgehaltenen" Versetzungen f'/f nicht zu verschwinden braucht, wird $q(n, x)$ an diesen Stellen im allgemeinen einfache Pole

---

[1] J. D. ESHELBY, F. C. FRANK u. F. R. N. NABARRO: Phil. Mag. **42**, 351 (1951).
[2] T. J. STIELTJES: Acta math. **6**, 321 (1885).

haben. Mit Hilfe der Substitutionen

$$F(x) = f(x) \prod_{\alpha=n+1}^{m} (x - x_\alpha) \tag{58.14}$$

und

$$Q(n, x) = q(n, x) - 2\frac{\tau_a(x)}{B} \sum_{\alpha=n+1}^{m} \frac{1}{x - x_\alpha} - \sum_{\alpha=n+1}^{m} \sum_{\substack{\beta=n+1 \\ \alpha \neq \beta}}^{m} \frac{1}{(x - x_\alpha)(x - x_\beta)} \tag{58.15}$$

kann man Gl. (58.13) in der einfachen Form

$$F''(x) + 2\frac{\tau_a(x)}{B} F'(x) + Q(n, x) F(x) = 0 \tag{58.16}$$

schreiben. Hier bedeutet $B \cdot F'(x)/F(x)$ das von allen m Versetzungen zusammen herrührende Spannungsfeld.

Einige aus anderen Zweigen der mathematischen Physik her bekannte Polynome erweisen sich als Lösungen der Gl. (58.16), welche in Zusammenhang mit der Versetzungstheorie von Interesse sind. Wegen Einzelheiten sei auf die Originalarbeit verwiesen. Solche Lösungen haben jedoch nur dann einen wirklichen Wert, wenn das Verteilungsgesetz ihrer Nullstellen bekannt ist. Ein einfaches derartiges Gesetz wird besonders für sehr große n gelten, so daß es naheliegend erscheint, nach einer Methode zu suchen, welche direkt dieses Verteilungsgesetz liefert.

Eine solche Methode hat Leibfried[1] angegeben. Sie hat neben dem Vorteil der Einfachheit und leichten Anwendbarkeit noch einen praktisch sehr wichtigen Vorzug: Sie läßt sich auch auf Fälle anwenden, in denen Versetzungen zweierlei Vorzeichens vorhanden sind. Auch die Eshelby-Frank-Nabarrosche Methode läßt sich für diesen Fall formulieren: Man braucht lediglich statt von Polynomen $F(x)$ von gebrochenen rationalen Funktionen auszugehen. Dann liefert $F'(x)/F(x)$ in der Tat ein von positiven und negativen Versetzungen herrührendes Spannungsfeld. Es ist jedoch leider bis jetzt noch nicht gelungen, bereits untersuchte Lösungen $F(x)$ für interessierende Probleme zu finden, so daß das Verfahren noch nicht verwendet worden ist und man auf die Leibfriedsche Methode angewiesen ist.

Leibfried nimmt an, daß n so groß ist, daß man die Anordnung der Versetzungen durch eine Versetzungsdichte $D(x)$ beschreiben kann. Die von der Versetzungsverteilung $D(x)$ herrührende Schubspannung an der Stelle ξ in der Gleitebene ist dann

$$\tau_v(\xi) = B \int_{-\infty}^{+\infty} \frac{D(x)}{\xi - x} dx. \tag{58.17}$$

Das Integral in Gl. (58.17) ist als Cauchyscher Hauptwert zu verstehen. Wo $D(x)$ von Null verschieden ist, muß die Summe aus äußerer und von den Versetzungen herrührender Schubspannung Null sein. Es gilt also

$$\tau_v(\xi) + \tau_a(\xi) = 0, \quad \text{wenn} \quad D(\xi) \neq 0. \tag{58.18}$$

Außerdem hat $D(x)$ noch gewissen Nebenbedingungen zu genügen, z.B. derjenigen, daß eine vorgegebene Gesamtzahl von Versetzungen vorhanden sein muß, oder daß die Versetzungen aus einem durch „festgehaltene" Versetzungen begrenzten Intervall nicht heraus können.

---

[1] G. Leibfried: Z. Physik **130**, 214 (1951).

LEIBFRIED[1] hat für eine Auswahl von praktisch interessierenden Fällen Lösungen angegeben[2]. Wir stellen hier einige zusammen:

I. Keine äußere Schubspannung. n gleichnamige Versetzungen im Intervall $-a \leq \xi \leq a$.

Integralgleichung:

$$\int_{-a}^{+a} \frac{D(x)\,dx}{\xi - x} = 0 \quad \text{für} \ -a \leq \xi \leq a. \qquad (58.19)$$

Lösung (Fig. 81a):

$$D(x) = \frac{n}{\pi}\,\frac{1}{(a^2 - x^2)^{\frac{1}{2}}}. \qquad (58.20)$$

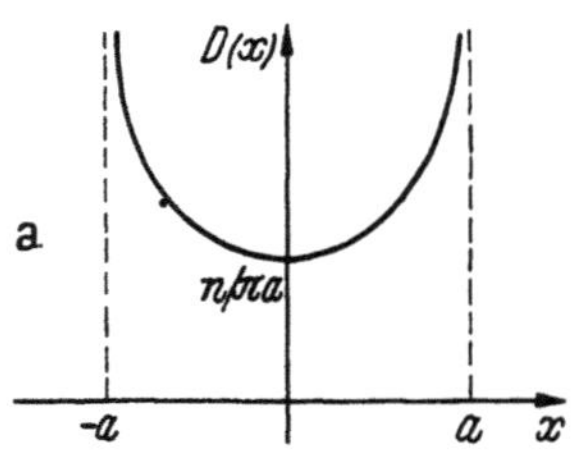

II. Konstante äußere Schubspannung τ_a. n gleichnamige Versetzungen im Intervall $-a \leq \xi \leq a$.

Integralgleichung:

$$\int_{-a}^{+a} \frac{D(x)\,dx}{\xi - x} = -\frac{\tau_a}{B} \quad \text{für} \ -a \leq \xi \leq a. \qquad (58.21)$$

Lösung:

$$D(x) = \frac{1}{\pi}\left(n - \frac{\tau_a \cdot x}{B}\right)\frac{1}{(a^2 - x^2)^{\frac{1}{2}}}. \qquad (58.22)$$

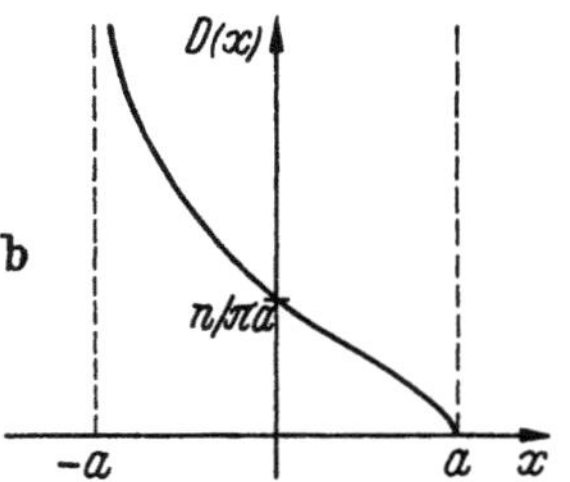

Gl. (58.22) gilt nur, wenn $D(x)$ nirgends negativ wird, also für

$$n \geq \frac{|\tau_a| \cdot a}{B}. \qquad (58.22a)$$

In Fig. 81b ist der Fall gezeichnet, daß das Gleichheitszeichen in Gl. (58.22a) erfüllt ist. Man kann in diesem Falle die rechte Begrenzung des Intervalls $-a \leq x \leq +a$ weglassen und erhält aus Gl. (58.22)

$$\left.\begin{array}{ll} D(x) = \dfrac{n}{\pi a}\sqrt{\dfrac{a-x}{a+x}} \quad \text{mit} \ a = \dfrac{n \cdot B}{|\tau_a|} & \text{für} \ |x| \leq a, \\[2mm] D(x) = 0 & \text{für} \ |x| > a; \end{array}\right\} \quad (58.23)$$

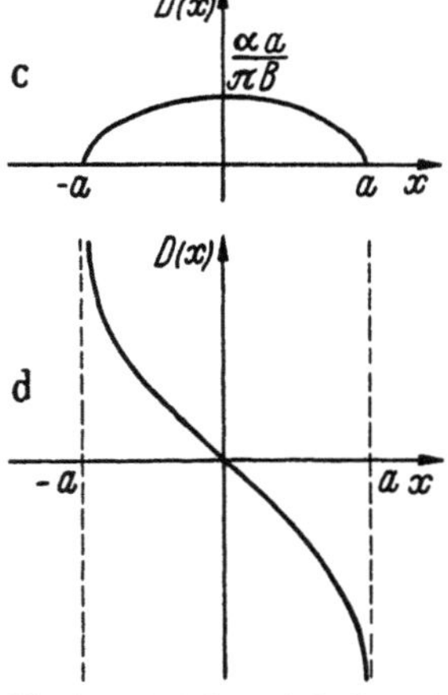

Gl. (58.23) stellt also die Lösung für den Fall dar, daß Versetzungen durch die Schubspannung τ_a von rechts gegen ein bei $x = -a$ befindliches Hindernis gedrückt werden. Die Folgerungen aus Gl. (58.23) stimmen mit den asymptotisch für große n mit der ESHELBY-FRANK-NABARRO-Methode abgeleiteten überein.

Die Länge des mit Versetzungen bedeckten Intervalls ist

$$2a = \frac{2n\,B}{|\tau_a|}; \qquad (58.24)$$

Fig. 81a—d. Schematische Darstellungen der Verteilungsfunktionen $D(x)$ für gerade Versetzungen in einer Gleitzone.

Intervall	äußere Schubspannung $\tau_a(x)$
a) $(-a, +a)$	0
b) $(-a, +\infty)$	$-nB/a$
c) $(-\infty, +\infty)$	$-2Bnx/a^2$
d) $(-a, +a)$	$\pi n_+ B/a$

Versetzungszahl

a)	n
b)	n
c)	n
d)	$n = 2n_+ = 2n_-$

---

[1] G. LEIBFRIED: Z. Physik **130**, 214 (1951).
[2] Die dabei auftretenden Integralgleichungen erster Art lassen sich auf Fälle zurückführen, die bei W. SCHMEIDLER, Integralgleichungen mit Anwendungen in Physik und Technik, Bd. I, Leipzig, Akademische Verlagsgesellschaft 1950, gelöst sind.

die Zahl der Versetzungen im Intervall $-a \leq x \leq -a+\xi$ ist für $\xi \ll a$

$$n(\xi) = \frac{2}{\pi} \sqrt{\frac{2\xi |\tau_a| n}{B}}. \tag{58.24a}$$

Auf die an der Stelle $x = -a$ festgehaltene Versetzung wirkt die Schubspannung[1]

$$\tau_f = n\tau_a. \tag{58.25}$$

III. n gleichnamige Versetzungen im Intervall $-a \leq \xi \leq a$. Äußere Schubspannung $\tau_a = \alpha \xi$.

Integralgleichung:

$$\int_{-a}^{+a} \frac{D(x)\,dx}{\xi - x} = -\frac{\alpha \xi}{B} \quad \text{für} \quad -a \leq \xi \leq a. \tag{58.26}$$

Lösung:

$$D(x) = \frac{1}{\pi} \left\{ \left(n - \frac{\alpha a^2}{2B} \right) \cdot \frac{1}{\sqrt{a^2 - x^2}} + \frac{\alpha}{B} (a^2 - x^2)^{\frac{1}{2}} \right\}. \tag{58.27}$$

Hieraus erhält man den Fall ohne äußere Begrenzung durch Hindernisse (Fig. 81 c) mit

$$a = \sqrt{\frac{2nB}{\alpha}}, \tag{58.28}$$

$$\begin{aligned} D(x) &= \frac{\alpha}{\pi B} \sqrt{a^2 - x^2} & -a \leq x \leq a, \\ D(x) &= 0 & |x| \geq a. \end{aligned} \right\} \tag{58.29}$$

IV. n_+ positive Versetzungen im Intervall $-a \leq x \leq -b$; $n_- = n_+$ negative Versetzungen im Intervall $b \leq x \leq a$. Äußere Schubspannung τ_a.

Integralgleichung:

$$\int_{-a}^{-b} \frac{D(x)\,dx}{\xi - x} + \int_{b}^{a} \frac{D(x)\,dx}{\xi - x} = -\frac{\tau_a}{B} \quad b \leq |x| \leq a. \tag{58.30}$$

Lösung:

$$\begin{aligned} D(x) &= \left(C - \frac{\tau_a x^2}{\pi B} \right) \cdot \frac{1}{\sqrt{(a^2 - x^2)(x^2 - b^2)}} & b \leq x \leq a, \\ D(x) &= \left(\frac{\tau_a x^2}{\pi B} - C \right) \cdot \frac{1}{\sqrt{(a^2 - x^2)(x^2 - b^2)}} & -b \leq x \leq -a. \end{aligned} \right\} \tag{58.31}$$

Die Konstante C hängt mit der Zahl der Versetzungen folgendermaßen zusammen:

$$n_+ = n_- = \frac{\tau_a a}{\pi B} E(k) - \frac{C}{a} K(k). \tag{58.32}$$

In Gl. (58.32) bedeuten $K(k)$ und $E(k)$ die vollständigen elliptischen Integrale 1. und 2. Gattung und

$$k^2 = 1 - \left(\frac{b}{a} \right)^2. \tag{58.33}$$

Für $k \ll 1$ gilt

$$n_+ = n_- \approx \frac{\tau_a(a - b)}{2B}, \tag{58.34}$$

---

[1] J. D. Eshelby, F. C. Frank u. F. R. N. Nabarro: Phil. Mag. **42**, 351 (1951). — Hier findet sich eine ausführliche Diskussion des vorliegenden Problems ohne die Einschränkung $n \gg 1$.

für $b \ll a$ gilt

$$n_+ = n_- \approx \frac{\tau_a a}{\pi B}\left\{1 - \frac{b^2}{2a^2}\left(\frac{1}{2} + \log\frac{4 \cdot a}{b}\right)\right\}. \tag{58.35}$$

Den größtmöglichen Wert von n_+ erhält man für $b = 0$. Es ergibt sich dann

$$D(x) = -\frac{\tau_a}{\pi B}\frac{x}{(a^2 - x^2)^{\frac{1}{2}}}, \tag{58.36}$$

$$n_+ = \frac{\tau_a \cdot a}{\pi B}. \tag{58.37}$$

Diese Lösung (Fig. 81 d) stellt den Fall dar, daß eine an der Stelle $x = 0$ befindliche FRANK-READ-Quelle die bei einer äußeren Schubspannung τ_a und vorgegebenen Hindernissen bei $x = \pm a$ maximal mögliche Anzahl von Versetzungen abgegeben hat. Bezeichne L_2 die gesamte Länge der Gleitebene und $\mathfrak{b}$ den BURGERS-Vektor der Versetzungen, so ist nach Gl. (34.4) die gesamte Abgleitung der FRANK-READ-Quelle im vorliegenden Falle ($L_1 =$ Höhe des Kristalls, vgl. Fig. 43)

$$\gamma_0 = \frac{|\mathfrak{b}|}{L_1 L_2}\int_{-\infty}^{+\infty} x\, D(x)\, dx = -\frac{|\mathfrak{b}|\cdot\tau_a\cdot a^2}{2B L_1 L_2}. \tag{58.38}$$

Gl. (58.38) läßt sich auf den Fall erweitern, daß $b \neq 0$ ist und die Spannung an der FRANK-READ-Quelle, also am Punkt $x = 0$, nicht verschwindet. Wir nehmen dabei an, daß

$$C = \frac{\tau_a \cdot b^2}{\pi B}. \tag{58.39}$$

ist. Dies entspricht dem Fall, daß $D(b) = 0$ ist, so daß man sich die Hindernisse an der Stelle $x = \pm b$ wegdenken kann und es tatsächlich mit einer Anordnung zu tun hat, welche als betätigte FRANK-READ-Quelle aufgefaßt werden kann. Für die Schubspannung erhält man aus

$$\tau(\xi) = -\tau_a + B\left\{\int_{-a}^{-b}\frac{D(x)\,dx}{\xi - x} + \int_{a}^{b}\frac{D(x)\,dx}{\xi - x}\right\} \tag{58.40}$$

den Ausdruck

$$\tau(\xi) = -\tau_a\sqrt{\frac{b^2 - \xi^2}{a^2 - \xi^2}}\qquad -b \leq \xi \leq b;\ |\xi| > a. \tag{58.41}$$

Die Schubspannung an der Quelle ist somit

$$\tau_Q = -\tau_a\frac{b}{a}. \tag{58.42}$$

Die Abgleitung ergibt sich zu

$$\gamma = \frac{|\mathfrak{b}|}{L_1 L_2}\int_{-\infty}^{+\infty} x\, D(x)\, dx = -\frac{\tau_a\cdot|\mathfrak{b}|}{2B L_1 L_2}(a^2 - b^2). \tag{58.43}$$

Man erhält zwischen der Abgleitung γ einer FRANK-READ-Quelle, die sich nur bei Spannungen $|\tau| > |\tau_Q|$ betätigt, und der äußeren Schubspannung τ_a den Zusammenhang (vgl. Fig. 82)

$$\gamma = \gamma_0\left(1 - \left(\frac{\tau_Q}{\tau_a}\right)^2\right), \tag{58.44}$$

wobei γ_0 durch Gl. (58.38) gegeben ist.

Die im vorstehenden gegebenen Gleichungen umfassen die praktisch wichtigsten Fälle, die bei der Diskussion von Gleitzonen auftauchen. Wir haben hierzu nur noch einige Bemerkungen nachzutragen:

1. Die hier besprochenen Ergebnisse stellen die asymptotischen Grenzfälle der Eshelby-Frank-Nabarro-Theorie für $n \to \infty$ dar. Durch Anwendung der W.K.B.-Methode kann man aus ihnen noch ein weiteres Glied in der asymptotischen Entwicklung der Schubspannungsfelder ableiten und damit in manchen Fällen den Anschluß an die algebraisch bestimmbaren Gleichgewichtslagen der Versetzungen bei sehr kleinen Versetzungszahlen gewinnen (vgl. Beginn dieser Ziffer).

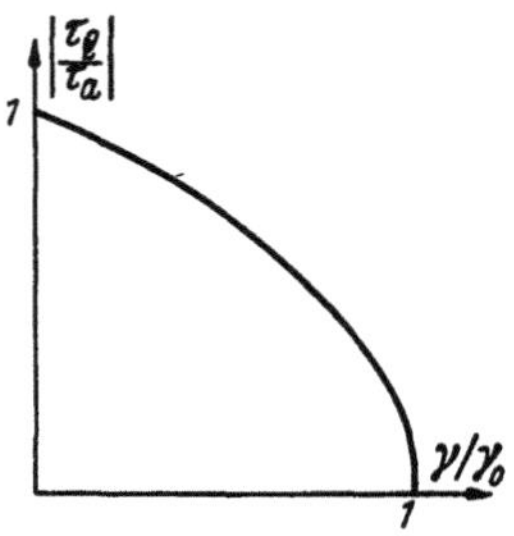

2. Neben den vorstehend besprochenen Problemen sind bei Leibfried[1] auch noch Fälle mit periodischen Anordnungen von positiven und negativen Versetzungen behandelt. Die Lösungen sind jedoch etwas kompliziert, so daß ihretwegen auf die Originalarbeit verwiesen sei.

3. Die vorstehenden Diskussionen über das Spannungsfeld von Gleitzonen bezogen sich immer nur auf die Schubspannungskomponente im Gleitsystem und in der Ebene der Gleitzone. Ist die Versetzungsverteilung $D(x)$ bekannt, so kann man die übrigen Spannungskomponenten durch lineare Superposition als Integraldarstellungen erhalten. Haasen und Leibfried[2] ist es gelungen, diese Integraldarstellungen mit Hilfe von komplexer Integration für Gleitzonen mit Stufenversetzungen in einem isotropen Medium auszuwerten. Man hat dabei die x- und y-Koordinaten als Real- und Imaginärteile einer komplexen Veränderlichen $x + iy$ anzusehen und auch die übrigen auftretenden Funktionen als komplexwertige Funktionen aufzufassen. Sind $\sigma_{xx}^a(x, y)$, $\sigma_{xy}^a(x, y)$ und $\sigma_{yy}^a(x, y)$ die Komponenten der äußeren Spannungen, so ist die äußere Schubspannung in der Gleitebene $y = 0$, in der die Versetzungsverteilung $D(x)$ vorliegen möge,

$$\tau_a(x) = \sigma_{xy}^a(x, 0). \tag{58.45}$$

Für die Spannungen gelten dann die Gleichungen [mit B_1 aus Gl. (56.3)]

$$\begin{aligned}
\sigma_{xy}(x, y) &= \sigma_{xy}^a(x, y) - \pi B_1 \{\Im D(x + iy) + y \Re D'(x + iy)\} - \\
&\quad - \Re \tau_a(x + iy) + y \Im \tau_a'(x + iy), \\
\sigma_{xx}(x, y) &= \sigma_{xx}^a(x, y) + \pi B_1 \{2 \Re D(x + iy) - y \Im D'(x + iy)\} - \\
&\quad - 2 \Im \tau_a(x + iy) - y \Re \tau_a'(x + iy), \\
\sigma_{yy}(x, y) &= \sigma_{yy}^a(x, y) + \pi B_1 y \Im D'(x + iy) + y \Re \tau_a'(x + iy).
\end{aligned} \tag{58.46}$$

Striche an den Funktionszeichen bedeuten dabei Ableitungen nach dem Argument; $\Re$ und $\Im$ bedeuten Real- und Imaginärteil der betreffenden Funktionen.

Wegen der expliziten Formeln für einige Spezialfälle der Gl. (58.46) sowie der ausführlichen Diskussion des Schubspannungsfeldes einer Gleitebene mit periodischen Anordnungen positiver und negativer Versetzungen sei auf die Originalarbeit verwiesen.

4. Die bisherigen Detailausführungen bezogen sich auf Gleitzonen mit geraden Versetzungslinien, die naturgemäß einheitlichen Charakter hatten. In Wirklichkeit sendet eine Frank-Read-Quelle geschlossene Versetzungsringe aus, die keinen einheitlichen Charakter haben und deshalb, je nach der Art der die Ringausbreitung aufhaltenden Hindernisse, sehr komplizierte Formen aufweisen können. Bis jetzt ist ein (allerdings etwas idealisiertes) Problem mit kreisförmigen Versetzungsringen streng gelöst worden: Aus einer Frank-Read-Quelle, deren Abmessung klein gegen R sei, werden unter der Wirkung der konstanten Schubspannung τ_a Versetzungsringe ausgeschickt, welche an einem Kreis mit Radius R aufgestaut werden. Um dieses Problem „streng" im Sinne der vorstehenden Erörterungen bei geraden Versetzungen zu lösen, macht Leibfried[3] die Annahme, daß man ein isotropes Medium ohne Querkontraktion, also $\nu = 0$, vorliegen hat. Dann ist das Schubspannungsfeld des Problems rotationssymmetrisch, und es gilt für die Verteilungsfunktion (ϱ = Radius in ebenen

Fig. 82. Zusammenhang zwischen Schubspannung τ_ϱ an einer Versetzungsquelle und Abgleitung γ der Quelle. (τ_a = äußere Schubspannung, γ_0 = maximal mögliche Abgleitung.)

[1] G. Leibfried: Z. Physik 130, 214 (1951).
[2] P. Haasen u. G. Leibfried: Nachr. Akad. Wiss. Göttingen, math.-phys. Kl. IIa 1954, 31.
[3] G. Leibfried: Z. angew. Phys. 6, 251 (1954).

Polarkoordinaten)

$$D(\varrho) = \frac{2}{\pi^2} \frac{\tau_a}{B} \frac{\varrho}{\sqrt{R^2 - \varrho^2}} \qquad (58.47)$$

mit

$$B = \frac{G\,|\mathfrak{b}|}{2\pi}. \qquad (58.48)$$

Es ist jedoch wohl etwas realistischer, Gl. (58.47) als Näherungslösung für ein Medium mit nicht verschwindender Querkontraktionszahl aufzufassen und für B einen durch Mittelung über Stufen- und Schraubenversetzungen erhaltenen Wert, z.B. für ein isotropes Medium

$$B = \frac{G\,|\mathfrak{b}|}{4\pi}\left(1 + \frac{1}{1-\nu}\right) \qquad (58.49)$$

einzusetzen. Berechnet man mit Hilfe von Gl. (58.47) die maximale Abgleitung einer FRANK-READ-Quelle in einer Gleitebene mit der Fläche F, so erhält man mit L_1 nach Fig. 43

$$\gamma_0 = \frac{4}{3\pi}\,|\mathfrak{b}|\,\frac{\tau_a}{B}\,\frac{R^3}{L_1 F}. \qquad (58.50)$$

Diese Gleichung weist eine große Ähnlichkeit mit Gl. (58.38) auf. Man beachte jedoch, daß γ_0 von der dritten Potenz von R abhängt.

59. Die Energie der Versetzungen. In dieser Ziffer befassen wir uns mit der Energie statischer Versetzungen am absoluten Nullpunkt. Auf die *freie* Energie einer Versetzung werden wir in Ziff. 61 kurz eingehen. Unter der Energie einer Versetzung oder einer Anordnung von Versetzungen verstehen wir hier die Arbeit, die notwendig ist, um die betreffende Anordnung in einem sonst keine inneren Spannungen enthaltenden elastischen Körper zu erzeugen. Oft sind zur Stabilisierung einer Versetzungsanordnung äußere Kräfte notwendig. Nach dem in Ziff. 55 mitgeteilten Satz von COLONNETTI kann man die von diesen Kräften geleistete Arbeit willkürfrei von der Energie der inneren Spannungen, im vorliegenden Falle also der Versetzungen, trennen. Aus diesem Grunde werden wir im folgenden meist gar nicht auf diese äußeren Kräfte eingehen. Für einige Spezialfälle haben wir die Energie von Versetzungslinien bereits in Ziff. 56 besprochen. Wir werden zunächst an Hand dieser Beispiele einige allgemeine Gesichtspunkte hervorheben, die bei der Diskussion der Versetzungsenergie wesentlich sind.

Aus Gl. (56.5) und Gl. (56.16) entnimmt man, daß die Energie einer Versetzung eine Größe ist, die sich nicht unabhängig von Nebeneinflüssen, wie z.B. der Größe des elastischen Körpers, in dem sich die Versetzung befindet, definieren läßt. In dieser Hinsicht ist es am zweckmäßigsten, die Energie pro Längeneinheit der Versetzungslinie zu betrachten, da diese von Größen wie Kristallabmessungen, Abstand zu anderen Versetzungen im allgemeinen nur logarithmisch, also sehr wenig, abhängt. Wenn nicht ausdrücklich das Gegenteil gesagt wird, werden wir in dieser Ziffer unter „Energie" die Energie der Längeneinheit der Versetzung verstehen. Für eine gerade Versetzungslinie in einem unendlich ausgedehnten Kristall ist die Energie unendlich, ebenso für eine Ansammlung positiver und negativer Versetzungen, sofern eine der beiden Arten im Überschuß vorhanden ist. Dagegen erhält man eine endliche Versetzungsenergie auch in einem unendlich ausgedehnt gedachten Kristall, wenn nur geschlossene Versetzungsringe vorhanden sind. Es wird also von der Art des zu behandelnden Problems bestimmt, ob man einen Kristall als unendlich ausgedehnt ansehen darf oder nicht.

In Ziff. 56 haben wir gesehen, daß die Energie einer geraden Versetzungslinie nicht nur von den äußeren Abmessungen des Kristalles abhängt, in dem die Versetzung enthalten ist, sondern auch von der Wahl des Durchmessers a der Hohlröhre, die wir um die eigentliche Versetzungslinie herumzulegen hatten. Dies rührt jedoch davon her, daß wir bei der Behandlung der Versetzungen die lineare Elastizitätstheorie kontinuierlicher Medien über ihren eigentlichen Gültigkeitsbereich hinaus beanspruchen. Bei Anwendung des HOOKEschen Gesetzes treten in der unmittelbaren Umgebung des Versetzungszentrums so große Verzerrungen auf, daß das HOOKEsche Gesetz nicht mehr gilt. Die Spannungen werden in Wirklichkeit nicht wie in der elastizitätstheoretischen Lösung unendlich, sondern bleiben endlich. Eine genauere Behandlungsweise, die sowohl die atomistische Struktur der Kristalle als auch die Abweichungen vom HOOKEschen Gesetz berücksichtigt, würde einen endlichen, wohldefinierten Beitrag des Versetzungszentrums zur Gesamtenergie der Versetzung geben. Leider liegt bis jetzt noch keine in jeder Hinsicht befriedigende Behandlung dieser Fragen vor. W. BRAGG[1] hat aus der Überlegung heraus, daß die im sog. Versetzungskern aufgespeicherte Energie nicht die Schmelzwärme des betreffenden Kristallgebietes übersteigen kann, eine bei Metallen in der Größenordnung 1 eV liegende obere Grenze für diesen Energiebeitrag pro Netzebene senkrecht zur Versetzungslinie abgeschätzt, die jedoch wahrscheinlich wesentlich zu hoch liegt. Für NaCl liegt eine leider nicht ausführlich veröffentlichte Berechnung von HUNTINGTON[2] vor, die ebenfalls rund 1 eV für die Energie pro Netzebene im Versetzungskern liefert. Bei Metallen ist es wohl die beste verfügbare Methode, die Energie des Versetzungszentrums mit Hilfe des PEIERLSschen Modells abzuschätzen. Wir werden darauf in Abschnitt b eingehen und dabei auch Zahlenwerte für Versetzungsenergien in praktisch interessierenden Fällen geben. Ferner werden wir in Abschnitt b noch einige weitere Einzelheiten, wie die Abhängigkeit der Versetzungsenergie von der Orientierung der Versetzung gegenüber dem Kristall, von der Aufspaltung in Teilversetzungen sowie die periodische Variation der Versetzungsenergie bei der Bewegung durch den Kristall hindurch untersuchen.

Betrachtet man eine statistische Anordnung von gleichviel positiven und negativen parallelen Versetzungslinien, so wird man einen guten Näherungswert für die Energie einer Versetzung erhalten, wenn man in Gl. (56.5) bzw. Gl. (56.16) für A den mittleren Abstand der ungleichnamigen Versetzungen voneinander einsetzt. Sind in einem Kristall rund 10^8 Versetzungslinien pro cm^2 vorhanden, so wird[3] $A/a \approx 10^4$, $\log (A/a) \approx 9$ und die Energie für ein Stück Stufenversetzung der Länge b etwa $b^3 G$. Für Aluminium ergibt dies 3,9 eV, für Kupfer 4,5 eV. Diese Energiewerte sind nur als größenordnungsmäßige Angaben gedacht. Sie liegen in der Größenordnung der Energien, die man zur Schaffung eines Zwischengitteratoms aufzuwenden hat, aber wesentlich höher als die Bildungsenergien von Gitterlücken.

Die vorstehende Diskussion bezog sich auf gerade Versetzungslinien. Interessante, aber auch sehr schwierige Probleme tauchen auf, wenn man die Abhängigkeit der Versetzungsenergie von der Form der Versetzungslinie zu berechnen wünscht. Die betreffenden Fragen sind in der Literatur meist in Verbindung mit der sog. „Linienspannung" von Versetzungen behandelt, deren Besprechung wir uns in Ziff. 60 zuwenden werden.

60. Die Linienspannung der Versetzungen. In Ziff. 59 hatten wir gesehen, daß gerade Versetzungen eine Energie pro Längeneinheit besitzen, die für plausible Versetzungsdichten bei Stufenversetzungen etwa $b^2 G$ und bei Schrauben-

---

[1] W. L. BRAGG: Symposium on internal stresses in metals and alloys, S. 221. London: Institute of Metals 1948.

[2] H. B. HUNTINGTON: Phys. Rev. **59**, 942 (1941). Eine ausführliche Veröffentlichung dieser und zusätzlicher Ergebnisse erfolgt demnächst (H. B. HUNTINGTON, private Mitteilung).

[3] Wir setzen $a \approx 1$ Å.

versetzungen rund $^2/_3$ dieses Wertes beträgt (b Versetzungsstärke, G Schubmodul). Bei einer Verlängerung einer Versetzungslinie um die Längeneinheit hat man diesen Energiebetrag aufzuwenden, den man deshalb als Linienenergie E_L oder auch als Linienspannung bezeichnet.

Bei der Anwendung der Versetzungstheorie auf Probleme der plastischen Verformung tauchen sehr oft Fragestellungen auf, bei denen man die zur Verlängerung einer Versetzungslinie um einen bestimmten Betrag benötigte Energie zu kennen wünscht, z.B. immer dann, wenn die Schubspannung τ im Gleitsystem im Kristallinnern nicht konstant, sondern räumlich veränderlich ist. Wäre $E_L = 0$, so würde im Gleichgewichtsfalle eine ganz in ihrer Gleitebene verlaufende Versetzungslinie den Linien $\tau = 0$ folgen. In Wirklichkeit treten aber, da das Vorhandensein der Linienspannung auf eine möglichst kleine Gesamtlänge der Versetzung hinwirkt, Abweichungen von diesem Verlauf auf, die in vielen praktischen Fällen ziemlich groß werden können.

Für die Behandlung derartiger Fragestellungen ist mit der Kenntnis der obigen Werte eigentlich recht wenig geholfen. Dies sieht man am Beispiel der Fig. 83, in der das Ausweichen einer ursprünglich geraden Versetzungslinie in der Umgebung eines für Versetzungen undurchdringlichen Einschlusses in der Gleitebene dargestellt ist. Wenn der Durchmesser des Einschlußes nur wenige Atomabstände beträgt, ist es falsch, die für die Verlängerung aufzuwendende Arbeit an Hand der Linienenergie der geraden Versetzung beurteilen zu wollen. Die gebogene Versetzung ist ja äquivalent mit einer geraden Versetzung minus der gestrichelt gezeichneten Versetzungsschleife. Die zum Ausbiegen der Versetzung aufzuwendende Energie ist durch die Form dieser Schleife bestimmt. In ihr liegen jedoch Versetzungsstücke verschiedenen Vorzeichens sehr nahe beieinander, so daß die zusätzliche elastische Verzerrung in der Umgebung der Versetzung sehr rasch nach außen abklingt und deshalb einen verhältnismäßig kleinen Beitrag zur Gesamtenergie liefert.

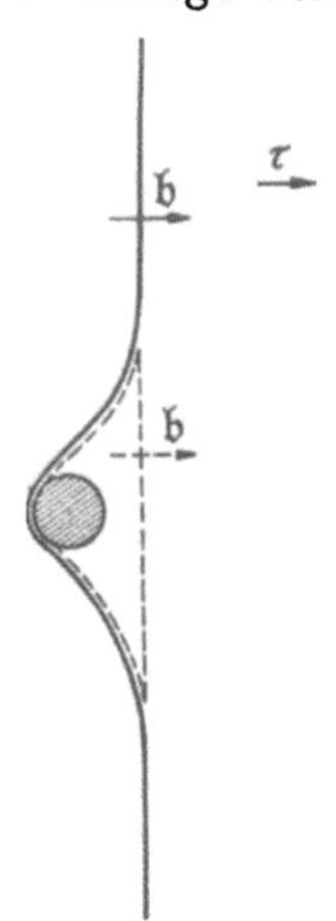

Fig. 83. Eine Versetzungslinie weicht einem undruchdringlichen Einschluß aus.

An vorliegendem Beispiel erkennt man, daß die Linienspannung einer Versetzung entlang einer Versetzungslinie verschiedene Werte annehmen kann (unter anderem auch deswegen, weil E_L vom Versetzungscharakter abhängt). Diese räumlich variable Linienspannung hängt jedoch, selbst wenn man vom Einfluß benachbarter Versetzungen absieht, keineswegs nur von lokalen Größen, wie Krümmung oder Charakter einer Versetzungslinie, sondern vom Gesamtverlauf der Versetzung ab.

Wie wir unten sehen werden, könnte man, wenn die Linienspannung längs einer Versetzungslinie bekannt wäre, die Form der Versetzungslinie aus einer gewöhnlichen Differentialgleichung bestimmen. In allen praktisch interessanten Fällen hängt jedoch die Linienspannung selbst wieder von der Form der Versetzungslinie ab, so daß hier ein außerordentlich kompliziertes Problem vorliegt. Seine strenge Formulierung führt auf eine Integralgleichung für die Linienspannung. Diese ist jedoch so kompliziert, daß ihre geschlossene Lösung nicht möglich erscheint. Aus diesem Grunde werden wir das vorliegende Problem gar nicht in voller Allgemeinheit formulieren, sondern sogleich Methoden zu seiner näherungsweisen Behandlung besprechen.

Als Vorbereitung dazu soll zuerst eine einfachere Aufgabe behandelt werden, nämlich die Berechnung der Selbstenergie einer Versetzungslinie bei gegebenem

35*

Verlauf der Versetzung. Die Selbstenergie läßt sich folgendermaßen verhältnismäßig einfach angeben: Man denke sich eine Versetzung $\mathfrak{B}$, die eine endliche Fläche F umfährt, dadurch erzeugt, daß man die Relativ-Verschiebung der beiden Ufer von F allmählich von Null auf den Endwert $\mathfrak{b}$ wachsen läßt. Ist σ der Tensor des Spannungsfeldes der Versetzungslinie, so ist die Arbeit, die für die Bildung der Versetzungslinie aufgewandt werden muß, und somit auch die Selbstenergie der Versetzung gegeben durch

$$ E = - \iint\limits_{F} \tfrac{1}{2}\,\mathfrak{b} \cdot \sigma \cdot d\mathfrak{F}. \tag{60.1} $$

In Gl. (60.1) hat man die positive Richtung von $d\mathfrak{F}$ so zu wählen, daß sie mit der positiven Richtung der Versetzungslinie wie bei einer Rechtsschraube zusammenhängt. Der Faktor $\tfrac{1}{2}$ rührt davon her, daß man bei der Berechnung der Selbstenergie Verschiebung und Spannungsfeld *allmählich* von Null an auf die in Gl. (60.1) enthaltenen Endwerte anwachsen läßt. Eine entsprechende Gleichung wie (60.1), jedoch ohne den Faktor $\tfrac{1}{2}$, gilt auch für die Wechselwirkungsenergie einer Versetzung mit einem von äußeren Kräften oder von anderen Versetzungen herrührenden Spannungsfeld σ. Wie oben besprochen, muß man, damit das Integral in Gl. (60.1) konvergiert, die nächste Umgebung der Versetzungslinie aus dem Integrationsbereich ausschließen.

In Ziff. 54 war dargelegt worden, daß das Spannungsfeld σ einer Versetzung nur von dem Verlauf der Versetzungslinie, nicht aber von der Fläche F abhängt, die in die Versetzungslinie eingespannt ist. Aus diesem Grunde muß sich Gl. (60.1) in ein Linienintegral über die Versetzungslinie $\mathfrak{B}$ umformen lassen. Stroh[1] hat für ein isotropes Medium diese Umformung explizit für den Fall angegeben, daß die Versetzung ganz in einer einheitlichen Gleitebene, welche als x, y-Ebene gewählt sein möge, verläuft. Das Ergebnis der Umformung lautet

$$ E = \oint\limits_{\mathfrak{B}} T(l)\, dl, \tag{60.2} $$

$$ T(l) = \frac{G\,b^{2}}{8\pi}\,\frac{1 - \nu \sin^{2}\gamma}{1 - \nu} \oint\limits_{\mathfrak{B}} \left[\frac{1}{r} - \frac{\nu \sin 2\gamma}{2\,(1 - \nu \sin^{2}\gamma)}\,\frac{dn}{dt}\,\frac{1}{r} \right] dt. \tag{60.3} $$

$T(l)$ ist eine für jeden Punkt P der Versetzungslinie definierte Funktion, die nach Gl. (60.2) als die lokale Linienenergie der Versetzung aufgefaßt werden kann. Die meisten Symbole in Gl. (60.3) haben die übliche Bedeutung. γ gibt gemäß Gl. (35.1) den Charakter der Versetzungslinie im Punkt P an. n und t sind cartesische Koordinaten in der $x - y$-Ebene mit Ursprung P, wobei die t-Richtung parallel und die n-Richtung senkrecht zur Versetzungslinie im Punkt P gewählt ist. $r = (n^{2} + t^{2})^{\frac{1}{2}}$ bedeutet den Abstand eines beliebigen Punktes der Versetzungslinie von P; dn/dt ist längs der gesamten Versetzungslinie zu nehmen. Um zu vermeiden, daß das Integral Gl. (60.3) divergiert, hat man die Integration bei einem geeignet gewählten Abschneideabstand r_0 vom Punkt P abzubrechen.

Außer in dem trivialen Fall gerader Versetzungslinien gelingt die Auswertung der Gl. (60.2) und (60.3) nur sehr selten. F. R. N. Nabarro [54] hat für einen kreisförmigen Versetzungsring mit in der Ringebene liegendem Burgers-Vektor und Radius R den folgenden Näherungsausdruck für die mittlere Linienspannung (Gesamtenergie geteilt durch Umfang) abgeleitet:

$$ E_L = \frac{b^{2}\,G}{8\pi}\left(1 + \frac{1}{1 - \nu}\right)\left(\log\frac{R}{r_0} - 2 + 2\log 2\right), \tag{60.4} $$

r_0 ist dabei der „innere Abschneideradius".

---

[1] A. N. Stroh: Proc. Phys. Soc. Lond., Ser. B **67**, 427 (1954).

In derselben Näherung wie Gl. (60.4) (d.h. mit Reihenentwicklungen für gewisse elliptische Integrale) hat Schöck[1] die Energie eines Halbkreises ausgerechnet (Fig. 85). Bei der in Fig. 84 gezeichneten Orientierung (geradliniges Stück hat Schraubencharakter) ergibt sich für die Gesamtenergie des Halbkreises

$$E = \frac{G\,b^2 R}{4}\left\{\left(\frac{1}{2} + \frac{2}{\pi}\right)\log\frac{R}{r_0} - 0{,}40 + \frac{1}{2}\left(\frac{1}{1-\nu}\right)\left(\log\frac{R}{r_0} - 0{,}46\right)\right\}. \quad (60.5)$$

Daraus erhält man die mittlere Linienspannung durch Division mit $(\pi + 2)R$.

Explizite Ergebnisse über die Energie von Versetzungslinien vorgegebener Form liegen darüber hinaus noch in folgenden Fällen vor, die besonders in Verbindung mit dem Peierlsschen Versetzungsmodell (Ziff. 68 ff) von Interesse sind.

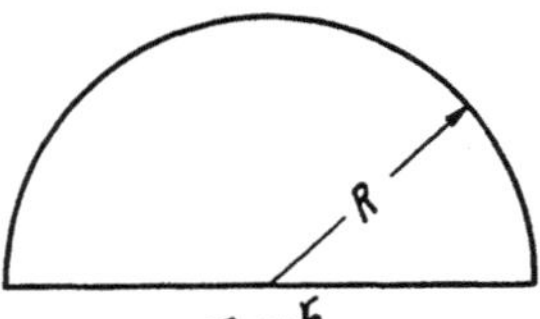

Fig. 84. Halbkreisförmige Versetzungslinie.

1. *„Zick-Zack-Versetzungen"* [2,3]. Es handelt sich hierbei um Versetzungslinien, die aus geraden Stücken zusammengesetzt sind, deren Richtungen von einer vorgegebenen Richtung nur wenig abweichen.

2. *Fast geradlinige Versetzungen* [1,4]. Hier handelt es sich um Versetzungslinien, deren Verlauf von einer vorgegebenen Geraden sehr wenig abweicht (höchstens etwa um die „Versetzungsweite "σ, vgl. Ziff. 69 α). In diesem Falle kann man allgemein die Energie der Anordnung durch die Fourier-Transformierte der Abweichung von der Geraden darstellen. Für einige praktisch wichtige Spezialfälle hat Schöck[1] explizite Resultate angegeben. Die mit der Behandlung dieser beiden Fälle verbundenen Rechnungen sind zu umfangreich, um hier wiedergegeben zu werden. In Fig. 85 ist als Anwendung des zweiten der genannten Fälle die Energiedifferenz

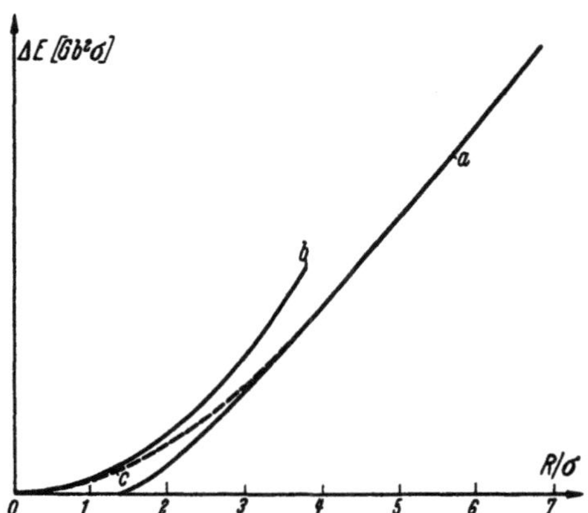

Fig. 85. Energiedifferenz ΔE zwischen der in Fig. 86 dargestellten Versetzungslinie mit halbkreisförmiger Ausbuchtung und der in Fig. 86 gestrichelt gezeichneten geraden Schraubenversetzung. $\sigma = $ Versetzungsweite.

Fig. 86. Versetzungslinie mit halbkreisförmiger Ausbuchtung.

zwischen der halbkreisförmig ausgebauchten Versetzungslinie von Fig. 86 und der gestrichelt gezeichneten geraden Versetzungslinie aufgetragen[1,4]. Kurve a ist unter Verwendung von Gl. (60.5) elastizitätstheoretisch berechnet worden. Kurve b gibt die mit Hilfe der oben erwähnten Fourier-Entwicklung im Peierlsschen Modell berechnete Energiedifferenz an. Dieses Ergebnis, das aus Gründen der mathematischen Einfachheit nicht für einen Kreisbogen, sondern für einen ähnlich geformten Parabelbogen ermittelt worden ist, ist besonders für kleine Auslenkungen zuverlässig, bei denen die elastizitätstheoretische Lösung versagen muß. Kurve c schließlich gibt eine plausible Interpolation zwischen den beiden durch entgegengesetzte Näherungen gewonnenen Kurven a und b.

[1] G. Schöck: Diss. Stuttgart 1954.
[2] N. F. Mott u. F. R. N. Nabarro: [2], S. 1.
[3] F. R. N. Nabarro: [54], insbesondere S. 372 ff.
[4] G. Schöck u. A. Seeger: [13], S. 340.

Die von γ abhängenden Faktoren in Gl. (60.3) schwanken längs einer Versetzungslinie nur in verhältnismäßig engen Grenzen, so daß man sie für manche Zwecke durch ihre Mittelwerte ersetzen kann. Wenn eine Versetzungslinie eine regelmäßige Form hat, so ist der Beitrag des Gliedes mit dn/dt zu $T(l)$ verhältnismäßig gering. Nach Überlegungen von Stroh[1] kann man unter diesen Annahmen die Linienspannung $E_L = T$ in der Form

$$T = \frac{G b^2}{4\pi} C \log \frac{R}{r_0} \qquad (60.6)$$

darstellen. Hierbei ist C eine Konstante von der Größenordnung 1, die im allgemeinen bei 1,1 bis 1,2 liegt, R ein „mittlerer Durchmesser" der zu betrachtenden Versetzungslinie und r_0 der Abschneideradius.

Der Vergleich von Gl. (60.6) mit genaueren Formeln ergibt, daß Gl. (60.6) dann eine gute Annäherung an die wirklichen Verhältnisse gibt, wenn R/r_0 hinreichend groß ist. Wie Fig. 85 zeigt, werden jedoch die bei kleinen R auftretenden Verhältnisse durch Gl. (60.6) nicht befriedigend beschrieben, so daß man in diesem Falle andere Formeln zu verwenden hat.

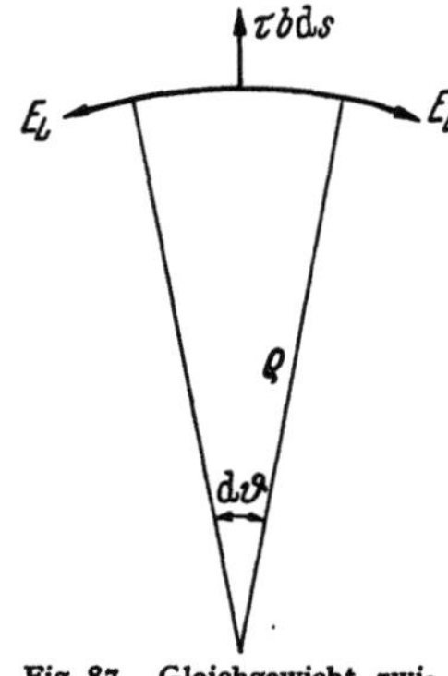

Fig. 87. Gleichgewicht zwischen äußerer Kraft und Linienspannung an einem Element einer Versetzungslinie.

Die bisherige Diskussion bezog sich auf die Berechnung der Energie einer Versetzungslinie bei vorgegebenem Verlauf der Versetzung. In Wirklichkeit hängt, wie oben erwähnt, der Verlauf der Versetzung bei vorgegebenen äußeren Spannungskomponenten von der Linienenergie ab. Man steht deshalb bei vielen praktisch interessierenden Fragestellungen vor der Aufgabe, gleichzeitig Verlauf und Linienenergie von Versetzungslinien zu bestimmen. Zur Lösung dieser äußerst komplizierten Aufgabe sind bis jetzt zwei Näherungsmethoden angegeben und praktisch erprobt worden.

Bei der ersten Methode nimmt man E_L als konstant längs der Versetzungslinie an und rechnet unter dieser Annahme den Verlauf der Versetzung bei gegebener Schubspannung τ im Gleitsystem aus. Wir beschränken uns der Einfachheit halber hierbei auf einen ebenen Verlauf der Versetzung, der durch eine Kurve $y(x)$ beschrieben werde. Die pro Längeneinheit auf die Versetzungslinie wirkende Kraft in der Gleitebene ist $b\tau$. Bedeutet ϱ den Krümmungsradius eines als klein angenommenen Elementes einer Versetzungslinie mit Länge ds, so ergibt sich als Gleichgewichtsbedingung bis auf Glieder höherer Ordnung in ds (vgl. Fig. 87)

$$b\tau\, ds = 2 E_L \frac{\vartheta}{2} = E_L \cdot \frac{ds}{\varrho}, \qquad (60.7)$$

also

$$E_L = \tau \varrho\, b \qquad (60.8)$$

oder auch

$$E_L \frac{\dfrac{d^2 y}{d x^2}}{\left\{1 + \left(\dfrac{d y}{d x}\right)^2\right\}^{\frac{3}{2}}} = \tau \cdot b. \qquad (60.9)$$

Ist die Neigung der Versetzungslinie gegen die Geraden $y = \text{const}$ überall klein, so kann man statt Gl. (60.9) auch

$$E_L \cdot \frac{d^2 y}{d x^2} = \tau b \qquad (60.10)$$

---

[1] A. N. Stroh: Proc. Phys. Soc. Lond., Ser. B **67**, 427 (1954).

schreiben. Gl. (60.10) entspricht vollständig der analogen Gleichung in der Theorie der Saiten. (Macht man die ausdrückliche Annahme $E_L = \text{const}$, die für die Gültigkeit der Gln. (60.7) bis (60.10) noch nicht notwendig ist, so spricht man von der „Saiten-Näherung" der Versetzungstheorie.)

Hat man für eine zahlenmäßig unbekannte, aber konstante Linienspannung E_L aus Gl. (60.9) bzw. (60.10) den Verlauf $y(x)$ der Versetzungslinie und das zugehörige Spannungsfeld bestimmt, so kann man durch Integration die Gesamtenergie und daraus schließlich einen mittleren Wert für die Energie pro Längeneinheit, die zugleich die Linienspannung E_L ist, finden. Der analytische Ausdruck dafür enthält jedoch noch E_L als Parameter und kann somit als Bestimmungsgleichung für diese Größe aufgefaßt und numerisch gelöst werden. Diese „self consistent" Methode ist zuerst von Seeger[1] angegeben und verwendet worden.

Die zweite allgemein verwendbare und bei genügendem Rechenaufwand wesentlich genauere Methode ist ein zuerst von Schöck[2] benutztes Variationsverfahren. Bei diesem nimmt man einen dem Problem angepaßten Verlauf $y(x, \alpha_i)$ der Versetzungslinien an, der noch freie Parameter enthält. Die Gesamtenergie wird als Funktion der α_i berechnet und durch Variation dieser Parameter zu einem Minimum gemacht.

Nach dieser allgemeinen Diskussion der Linienspannung und der Methoden zu ihrer Berechnung betrachten wir nun ein spezielles Beispiel für die Bestimmung des Verlaufs einer Versetzungslinie bei gegebener äußerer Schubspannung τ.

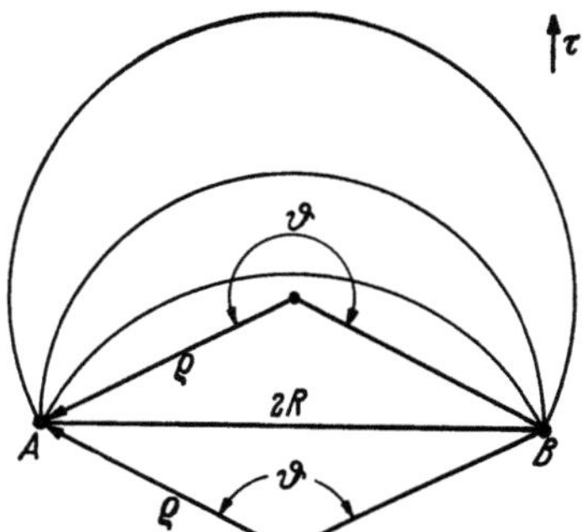

Fig. 88. Ausbauchen einer an zwei Punkten A und B festgehaltenen Versetzungslinie (Frank-Read-Quelle) unter der Wirkung einer Schubspannung τ.

Sind E_L und τ beide konstant, so ist die Gleichgewichtsform einer Versetzung ein Kreis bzw. ein Kreisbogen [vgl. Gl. (60.8)]. Ist eine Versetzung in 2 Punkten A und B festgehalten [unbewegliche Versetzungsknoten (Versetzungsquelle) oder harte Einschlüsse im Kristall (Orowan[3])], so gibt es unter den obigen Voraussetzungen über E_L und τ für gegebenes τ 2 Gleichgewichtslagen, für die Gl. (60.8) erfüllt ist. Die Arbeit, die die äußere Schubspannung leisten muß, um die Versetzungslinie von dem geraden Verlauf zwischen den Punkten A und B zu einem Kreisbogen mit dem Öffnungswinkel ϑ und Radius ϱ auszuweiten (Fig. 88), ergibt sich als Differenz zwischen der zur Verlängerung der Versetzung benötigten und der bei der Verschiebung der Versetzung gewonnenen Energie zu

$$E = E_L \cdot \varrho \cdot \vartheta - b\,\tau \left[\frac{\varrho^2\,\vartheta}{2} - \text{sgn}\,(\sin\vartheta) \cdot R \cdot \sqrt{\varrho^2 - R^2} \right] \qquad (60.11)$$

mit

$$\sin\vartheta/2 = \frac{R}{\varrho}. \qquad (60.12)$$

Wie eine genauere Diskussion zeigt, ist von den beiden nach Gl. (60.8) und Gl. (60.12) bei gegebenem τ möglichen Gleichgewichtsformen diejenige mit $0 \leq \vartheta \leq \pi/2$ stabil und diejenige mit $\pi/2 < \vartheta \leq \pi$ instabil. Die Differenz der zu diesen beiden Gleichgewichtslagen gehörenden Energien gemäß Gl. (60.11) gibt die

---

[1] A. Seeger: Z. Naturforsch. 9a, 856 (1954).

[2] G. Schöck: Diss. Stuttgart 1954. — G. Schöck u. A. Seeger: [13], S. 340.

[3] E. Orowan: Symposium on internal stresses in metals and alloys, S. 451. London: Institute of Metals 1948. Siehe auch [10], Kap. 3.

Aktivierungsenergie U für eine FRANK-READ-Quelle mit der Länge $2R$ an, die sich unter der Wirkung der Schubspannung τ in ihrer stabilen Gleichgewichtslage befindet. Führt man die „kritische Schubspannung" der FRANK-READ-Quelle ($= \tau$ für $\vartheta = \pi/2$)

$$\tau_k = \frac{E_L}{b \cdot R} \tag{60.13}$$

ein, so ergibt sich

$$U = \frac{2 E_L^2}{b \tau} \left[\arccos \frac{\tau}{\tau_k} - \frac{\tau}{\tau_k^2} \sqrt{\tau_k^2 - \tau^2} \right] \tag{60.14}$$

und bei Vernachlässigung höherer Glieder von $\dfrac{\tau_k - \tau}{\tau_k}$

$$U \approx \frac{8 \sqrt{2} E_L^2}{3 b} \frac{(\tau_k - \tau)^{\frac{3}{2}}}{\tau_k^{\frac{5}{2}}} . \tag{60.15}$$

Die eben skizzierte sowie einige andere Berechnungen von Aktivierungsenergien unter der Annahme $E_L = $ const werden bei F. R. N. NABARRO [54] ausführlich behandelt. Die Abhängigkeit der Aktivierungsenergie von der Größe

$$(\text{kritische minus angelegte Spannung})^{\frac{3}{2}}$$

ist für alle jene Probleme typisch, bei denen bei Annäherung an die kritische Spannung sich eine endliche kritische Länge der Versetzung (im vorliegenden Beispiel πR) ergibt. Wegen weiterer Beispiele für die Bestimmung des Verlaufs von Versetzungslinien, die unter der Wirkung vorgegebener Schubspannungen stehen, sei auf die in dieser Ziffer zitierten Arbeiten von SCHÖCK und von SEEGER verwiesen.

Aus neuerer Zeit liegen zwei weitere Untersuchungen über die elastische Energie von Versetzungslinien vor. BLIN[1] gibt die Wechselwirkungsenergie zweier beliebiger Versetzungen in einem elastisch isotropen Medium als längs der beiden Versetzungslinien zu erstreckende Integrale an.

Die schon mehrfach erwähnte Analogie der Versetzungslinien mit Linien elektrischer Ströme gestattet es nach KRÖNER[2], die Berechnung von elastischen Energien auf die Berechnung von tensoriellen Selbst- und Gegeninduktivitäten von Versetzungslinien zurückzuführen. Hat man ein System von Versetzungslinien $\mathfrak{B}_\nu$ mit BURGERS-Vektoren $\mathfrak{b}^\nu$ (Komponenten $\mathfrak{b}_i^\nu$), so kann man die gesamte elastische Energie in der Form

$$E = \tfrac{1}{2} \mathfrak{b}_i^\nu \, \mathfrak{b}_k^\mu \, M_{k i}^{\nu \mu} \tag{60.16}$$

schreiben. (Über doppelt vorkommende Indices wird summiert.) Die *Versetzungs-Gegeninduktivitäten*, die im allgemeinen nichtsymmetrische Tensoren zweiter Stufe sind, sind im anisotropen Fall durch

$$M_{k i}^{\nu \mu} \equiv - \int\limits_{\mathfrak{B}_\mu} \int\limits_{\mathfrak{B}_\nu} \epsilon_{jkm} \, \epsilon_{lin} \, \nabla_j \nabla_l \, X_{mp}^{nq} \, U(r) \, dl'_p \, dl_q \tag{60.17a}$$

und im isotropen Falle durch

$$M_{k i}^{\nu \mu} \equiv - \frac{G}{8 \pi} \int\limits_{\mathfrak{B}_\mu} \int\limits_{\mathfrak{B}_\nu} \epsilon_{jkm} \, \epsilon_{lin} \, \nabla_j \nabla_l \, r \left(\frac{1 + \nu}{1 - \nu} \, dl'_m dl_n + \delta_{mn} \, dl'_p dl_p \right) \tag{60.17b}$$

gegeben. Auch für den *Versetzungs-Selbstinduktionstensor* $(M_{k i}^{\nu \nu})$ einer Versetzungslinie $\mathfrak{B}_\nu$, der die elastische Selbstenergie dieser Versetzung mißt, gelten die Gln. (60.17). Man muß in diesem Falle die Integration im einen der Integrale über die Versetzungslinie $\mathfrak{B}_\nu$ und im anderen über eine im Abschneideabstand r_0 parallel zu $\mathfrak{B}_\nu$ verlaufende Linie $\mathfrak{B}_\mu (= \mathfrak{B}_{\nu + r_0})$ ausführen.

In Spezialfällen lassen sich die Doppel-Linienintegrale in Gln. (60.17) geschlossen auswerten, gegebenenfalls unter Verwendung der in Ziff. 54 erwähnten Näherung für $U(r)$,

[1] BLIN: Acta met. **3**, 199 (1955).
[2] E. KRÖNER: Z. Physik **141**, 386 (1955).

z.B. dann, wenn die Versetzungslinien aus lauter geraden Stücken bestehen. Ein weiteres geschlossen lösbares Problem ist die von FRANZ und KRÖNER[1] behandelte Wechselwirkung zweier koaxialer paralleler kreisförmiger Versetzungslinien, deren BURGERS-Vektoren $\mathfrak{b}$ senkrecht zur Kreisebene sind. Die Wechselwirkungsenergie ist in einem isotropen Medium

$$E_W = \frac{G}{1-\nu}\, \mathfrak{b}^2 \cdot R \cdot k \cdot (K(k) - E(k)), \qquad k^2 = \frac{1}{1 + \dfrac{d^2}{4R^2}}, \qquad (60.18)$$

wobei $K(k)$ und $E(k)$ die elliptische Normalintegrale erster und zweiter Gattung, R den Versetzungsradius und d den Versetzungsabstand bedeuten. Setzt man in Gl. (60.18) d gleich dem Abschneideabstand r_0, so erhält man die doppelte elastische Selbstenergie einer der beiden kreisförmigen Versetzungen.

61. Die thermodynamische Stabilität der Versetzungen. In Ziff. 2 hatten wir das Ergebnis vorweggenommen, daß Versetzungslinien wohl immer thermodynamischen Nichtgleichgewichtszuständen entsprechen. Um dieses Resultat näher begründen zu können, müssen wir erstens untersuchen, wie sich die freie Energie der Versetzungen von der bis jetzt allein betrachteten Energie am absoluten Nullpunkt unterscheidet und zweitens die Wahrscheinlichkeit betrachten, mit der Versetzungslinien in einem idealen Kristall unter der Wirkung von äußeren Spannungen entstehen.

Die ausführlichste Diskussion der freien Energie der Versetzungen hat COTTRELL [55] gegeben. Es zeigt sich, daß die in der *freien* Energie auftretenden Zusatzglieder neben den in Ziff. 59 betrachteten Energiebeiträgen des elastischen Spannungsfeldes und des Versetzungskerns vernachlässigbar sind. Es handelt sich hier

1. um eine Erniedrigung der freien Energie einer Versetzungslinie infolge der vergrößerten Schwingungsmöglichkeiten der Atome im Versetzungskern. Nach Abschätzungen von READ und SHOCKLEY[2] sowie COTTRELL [55] ist dieser Beitrag zur freien Energie pro Netzebene senkrecht zur Versetzungslinie von der Größenordnung $-kT$, liegt also bei Raumtemperatur dem Betrage nach zwischen 0,1 eV und 0,01 eV.

2. Um eine Erniedrigung der freien Energie infolge der Biegsamkeit einer Versetzungslinie, die eine Vergrößerung der Konfigurations-Entropie des Kristalls bedeutet. Selbst wenn die Versetzungslinie vollkommen biegbar wäre, was in Anbetracht ihrer großen Linienspannung keinesfalls zutrifft, wäre dieser Beitrag kaum größer als der unter 1. genannte.

3. Um eine Erniedrigung der freien Energie durch die Möglichkeit, daß eine als starr gedachte Versetzungslinie energetisch gleichwertige Lagen einnehmen kann, die durch eine Verschiebung um einen Gittervektor im BRAVAIS-Gitter (Ziff. 2) auseinander hervorgehen. Für einen Kristall makroskopischer Dimensionen ist dieser Beitrag zur freien Energie vollkommen vernachlässigbar.

4. Um eine Erniedrigung der freien Energie einer Versetzung infolge des Auftretens von Sprüngen im thermischen Gleichgewicht (vgl. Ziff. 43). Auch dieser Effekt kann neben der elastisch berechneten Linienenergie vernachlässigt werden.

Um einen Einblick in die Größenordnung der Spannungen zu erhalten, welche für eine thermische Erzeugung von Versetzungen notwendig ist, betrachten wir nach FRANK[3] einen kreisförmigen Versetzungsring, der unter der Wirkung einer Schubspannung vom Halbmesser $r = 0$ auf einen Endwert R ausgedehnt wird,

---

[1] H. FRANZ u. E. KRÖNER: Z. Metallkde. **46**, 639 (1955).
[2] W. T. READ u. W. SHOCKLEY: [1], S. 352.
[3] F. C. FRANK: [4], S. 89. Hier findet sich eine ausführlichere Diskussion der numerischen Verhältnisse als wir sie geben können.

wenn gleichzeitig im Gleitsystem die Schubspannung τ wirkt. Die dabei aufzuwendende Energie ergibt sich als Differenz der Energie des Versetzungsrings mit Radius R und der von der äußeren Schubspannung geleisteten Arbeit nach Gl. (55.10) und Gl. (60.4) zu

$$E = -\pi R^2 b \tau + \frac{b^2 G R}{4}\left(1 + \frac{1}{1-\nu}\right)\left(\log\frac{R}{r_0} - 2 + 2\log 2\right). \tag{61.1}$$

Mit wachsendem R wächst E nach Gl. (61.1), bis bei einem kritischen Radius, für den die Gleichung

$$R_{\text{krit}} = \frac{b G}{8\pi\tau}\left(1 + \frac{1}{1-\nu}\right)\left(\log\frac{R_{\text{krit}}}{r_0} - 1 + 2\log 2\right) \tag{61.2}$$

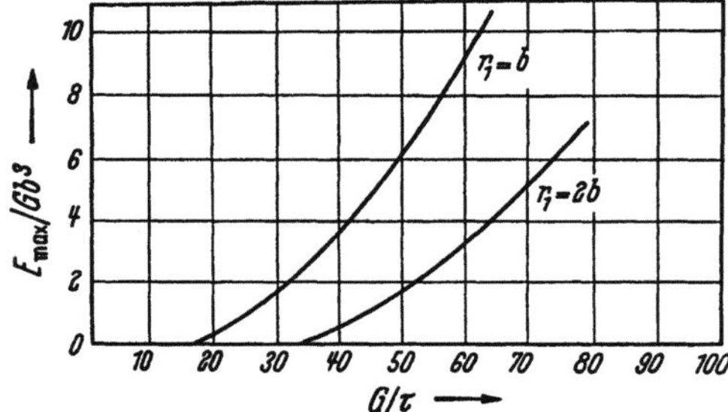

Fig. 89. Maximum E_{max} der potentiellen Energie für eine kreisförmige Versetzung mit Versetzungsstärke b als Funktion der äußeren Schubspannung τ. G Schubmodul.

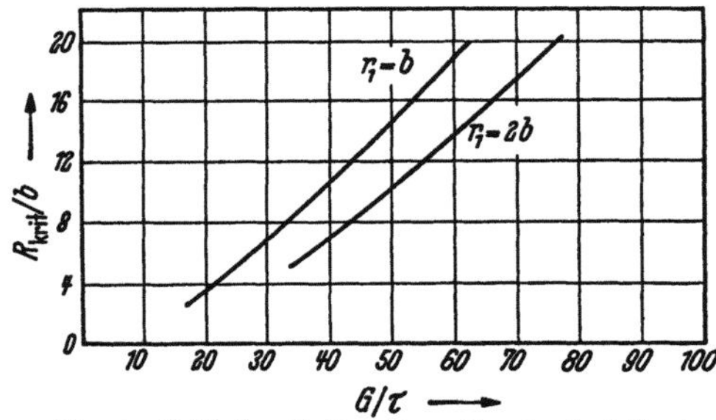

Fig. 90. Kritischer Radius R_{krit} für eine kreisförmige Versetzungslinie als Funktion der äußeren Schubspannung τ.

gilt, ein Maximalwert E_{max} der Energie erreicht wird. In Fig. 89 ist für verschiedene Werte des von Frank verwendeten Parameters

$$r_1 = 0{,}7\, r_0 \tag{61.3}$$

E_{max} und in Fig. 90 R_{krit} aufgetragen. Da nach dem Vorstehenden die Entropieglieder zur freien Energie nur wenig beitragen, muß man annehmen, daß praktisch keine thermische Erzeugung von Versetzungen stattfindet, wenn E_{max} den Wert $46kT$ übersteigt ($e^{-46} = 10^{-20}$). Bei Raumtemperatur würde für Cu ($Gb^3 \approx 4\,\text{eV}$) dieser Wert auf

$$\frac{E_{\text{max}}}{Gb^3} \approx \frac{1}{3} \tag{61.4}$$

führen. Dies bedeutet, daß für plausible Werte von r_0 eine Schubspannung τ von der Größenordnung $0{,}02\, G$, also der theoretischen Schubfestigkeit (s. Artikel Kristallplastizität, Ziff. 4) zur thermischen Erzeugung von Versetzungen erforderlich ist. Derartig große äußere Spannungen können an einem Kristall makroskopischer Abmessungen gar nicht angebracht werden, ohne daß der Kristall sich plastisch verformt. Die plastische Verformbarkeit von Einkristallen bei Spannungen, die um rund einen Faktor 10^3 unter den eben genannten Spannungen liegen, zeigt, daß in einem Kristall Versetzungen vorhanden sind, die auf eine andere als die eben betrachtete Weise in den Kristall hineingekommen sind und somit thermodynamischen Nichtgleichgewichtszuständen entsprechen.

Die heute allgemein akzeptierte Ansicht über den Ursprung der sich bei der plastischen Verformung von Einkristallen bemerkbar machenden Versetzungslinien ist, daß sie während der Nichtgleichgewichtsvorgänge beim Kristallwachstum gebildet werden. Auf einige der hier bestehenden Möglichkeiten werden wir in Ziff. 93 kurz hinweisen. In diesem Zusammenhang muß betont werden, daß die obigen Rechnungen für einen Idealkristall gelten. Hat man einen Kristall, der bereits elastische Singularitäten, z. B. Versetzungslinien enthält, so kann die lokale Schubspannung in deren nächster Umgebung so groß sein, daß eine spontane Entstehung von Versetzungslinien möglich ist. Diese Entstehungsart, die experimentell bis jetzt wohl noch nicht einwandfrei nachgewiesen ist, ist schon wiederholt bei theoretischen Überlegungen diskutiert worden[1].

62. Energetische Wechselwirkungen zwischen Versetzungen und atomaren Fehlstellen. Die durch ihre elastischen Spannungsfelder übertragenen Kräfte zwischen Versetzungslinien und atomaren Fehlstellen wurden in ihren Grundzügen bereits in Ziff. 55 behandelt. Außer durch elastische Wechselwirkungen können sich Gitterfehler auch noch auf andere Weise beeinflussen. Bei Metallen sei als Beispiel hierfür die elektrische Wechselwirkung zwischen Fremdatomen und Versetzungen genannt, die auf Veränderungen der Elektronenstruktur des Metalls in der Umgebung dieser Gitterfehler beruht und die wir in Ziff. 82 näher betrachten werden. Selbst unter den dort behandelten verhältnismäßig extremen Verhältnissen von in Kupfer gelösten mehrwertigen Fremdatomen ist die elektrische Wechselwirkung zwar nicht zu vernachlässigen, aber doch wesentlich geringer als die elastische Wechselwirkung. Aus diesem Grunde erscheint es gerechtfertigt, bei Metallen das Hauptaugenmerk auf die elastischen Wechselwirkungen zu richten. Bei Ionenkristallen können natürlich infolge der Polarisation des Gitters durch Fehlstellen zusätzliche Kräfte auftreten, die über das Folgende hinausgehende Betrachtungen erfordern.

Die im Spannungsfeld einer Versetzung auf eine atomare Fehlstelle wirkende Kraft läßt sich stets als negativer Gradient der potentiellen Energie U darstellen. Wird diese so normiert, daß sie im Unendlichen verschwindet, so gibt $-U = -U(\mathfrak{r})$ die „Bindung" der Fehlstelle an die Versetzung in jedem Punkt $\mathfrak{r}$ in der Umgebung der Versetzung an. Die Funktion $U(\mathfrak{r})$ ist aus den in Ziff. 55 abgeleiteten Formeln leicht zu gewinnen. Schwieriger ist es, den in Ziff. 55 eingeführten Konstanten r_0, α und K' Werte beizulegen. Man hilft sich meist dadurch, daß man für den nach Einbau in den Wirtskristall sich einstellenden Radius $r_0 (1 + \delta)$ der Fehlstelle Werte einsetzt, die kristallographischen Messungen entnommen sind.

Aus Gl. (55.17) und Gl. (55.19) erhält man

$$U = 12\pi \frac{1-\nu}{1+\nu} \delta\, r_0^3\, p. \tag{62.1}$$

Hierbei bedeutet $p = p(r)$ wie in Ziff. 55 den hydrostatischen Druck am Ort des Fremdatoms. Entnimmt man p aus den in Ziff. 56 angegebenen Spannungsfeldern geradliniger Versetzungen in isotropen Medien, so erhält man für eine Stufenversetzung in der in Fig. 76 dargestellten Orientierung die zuerst von BILBY[2] abgeleitete Formel

$$U = +\,4\,G\,\delta\,r_0^3\,b\,\frac{y}{x^2 + y^2} = +\,4\,G\,\delta\,r_0^3\,b\,\frac{\sin\varphi}{r} \tag{62.2}$$

$[r, \varphi =$ Ebene Polarkoordinaten, vgl. Gl. (56.2)].

Man sieht, daß eine Fehlstelle mit vergrößertem Raumbedarf (positivem δ) auf der Dilatationsseite einer Stufenversetzung ($\sin\varphi < 0$) angezogen ($U < 0$) und auf der Kompressionsseite ($\sin\varphi > 0$) abgestoßen wird.

Die entsprechenden Gleichungen geben für eine Schraubenversetzung

$$U \equiv 0, \tag{62.3}$$

[1] Siehe z. B. F. C. FRANK u. A. N. STROH: Proc. Phys. Soc. Lond., Ser. B **65**, 295 (1952) oder A. SEEGER: Z. Naturforsch. **8a**, 47 (1953).
[2] B. A. BILBY: Proc. Phys. Soc. Lond., Ser. A **63**, 191 (1950).

da das Spannungsfeld einer Schraubenversetzung ein reines Schubspannungsfeld ist. Gl. (62.3) gilt jedoch nur im Isotropen und nur, wenn die Schraubenversetzung einem von der Fehlstelle auf sie ausgeübten Drehmoment nicht folgen kann. Da das Spannungsfeld einer Schraubenversetzung in einem elastisch anisotropen Körper im allgemeinen eine hydrostatische Komponente aufweist, erhält man in einem anisotropen Medium selbst dann eine elastische Wechselwirkung zwischen Schraubenversetzungen und atomaren Fehlstellen, wenn letztere sich als „Dilatations-" bzw. „Kompressions-Zentren" mit dem Verschiebungsfeld Gl. (55.13) beschreiben lassen. Dies bedeutet, daß man praktisch immer auch eine Wechselwirkung zwischen atomaren Fehlstellen und Schraubenversetzungen hat.

In Ziff. 55 wurde bereits betont, daß für manche Fälle die Beschreibung eines Fremdatoms durch ein Dilatations-Zentrum der Wirklichkeit nicht gerecht wird. Die von Kohlenstoff- und Stickstoffatomen in α-Fe hervorgerufenen Verzerrungen haben z.B. nicht kubische, sondern nur tetragonale Symmetrie, was sich in der Tetragonalität des Martensits äußert. Berücksichtigt man diese Tetragonalität des Verschiebungsfeldes eines Einlagerungsatoms, so erhält man auch in einem elastisch isotropen Medium eine elastische Wechselwirkung zwischen Einlagerungsatomen und Schraubenversetzungen. Dies ist besonders von C. Crussard [64] betont worden, der auch einige Näherungsrechnungen hierüber angestellt hat.

Wie Nabarro[1] dargelegt hat, ist die Wechselwirkung der Kohlenstoffatome mit den Schubspannungskomponenten einer Versetzung in vielen Fällen wesentlicher als die Wechselwirkung mit der hydrostatischen Spannung. Der Grund dafür ist, daß im ersten Fall ein bedeutender Energiegewinn durch einen einzigen Sprung des Kohlenstoffatoms auf einen Nachbarplatz (was immer mit einer Änderung der Richtung der Tetragonalität verbunden ist) erzielt werden kann, während bei rein hydrostatischer Wechselwirkung die Atome einen unverhältnismäßig weiten Weg zurücklegen müssen, um eine entsprechende Energieverminderung hervorzurufen.

Cochardt, Schöck und Wiedersich[2] haben für ein elastisch isotropes Medium die Wechselwirkung von Stufen- und Schraubenversetzungen mit eingelagerten Kohlenstoffatomen unter Berücksichtigung der Tetragonalität der Verzerrungen genauer untersucht. Dabei wurden die Orientierungsbeziehungen des kubisch-raumzentrierten Gitters sowie die aus röntgenographischen Messungen bekannten Gitterkonstanten des Martensits in Funktion des Kohlenstoffgehalts benützt. Es ergab sich, daß die Wechselwirkung der Einlagerungsatome mit Schraubenversetzungen etwa ebensogroß ist wie diejenige mit Stufenversetzungen. Die Maximalenergie, mit der ein Kohlenstoffatom an eine Versetzung gebunden werden kann, beträgt in beiden Fällen rund 0,5 eV. In der Umgebung einer Schraubenversetzung gibt es drei symmetrisch gelegene Reihen von besonders günstigen Plätzen für die Fremdatome, während bei einer Stufenversetzung die Gitterplätze auf der Gleitebene und diejenigen auf der Dilatationsseite der Versetzung etwa gleich günstig sind [auf Grund von Gl. (62.2) hatte man bisher meist angenommen, daß die Kohlenstoffatome sich in einer einzigen Reihe unmittelbar unterhalb der „eingeschobenen Netzebene" anordneten]. Diese Verschiedenheit in der geometrischen Anordnung der günstigen Plätze hat zur Folge, daß die Sättigungskonzentration der Kohlenstoffatome in der Umgebung einer Versetzung wegen der geringeren gegenseitigen Behinderung bei einer Schraubenversetzung etwa doppelt so groß als bei einer Stufenversetzung ist. Sie beträgt für eine Schraubenversetzung bei Zimmertemperatur (d.h. der Temperatur, bei der sich das Gleichgewicht gerade noch durch die Diffusion der Kohlenstoffatome einstellen kann) etwa 15 Kohlenstoffatome pro Netzebene senkrecht zur Versetzung. Die mit dieser Segregation von Fremdatomen verbundene Erniedrigung der Linienenergie beläuft sich für eine Schraubenversetzung auf etwa 6% und für eine Stufenversetzung auf etwa die Hälfte dieses Wertes.

Unbedenklicher ist die Anwendung der Gl. (62.2) auf Gitterlücken in kubischen Metallen. Wir verwenden sie zur Berechnung derjenigen Energie, die zur

---

[1] F. R. N. Nabarro: [2], S. 38.
[2] A. W. Cochardt, G. Schöck u. H. Wiedersich: Acta met., demnächst.

Bildung einer Gitterlücke in Kupfer an einem Versetzungssprung erforderlich ist unter der Annahme, daß diese sich nicht sofort von der Versetzung löst, sondern im Spannungsfeld einer Halbversetzung gebunden bleibt. Wir setzen in Gl. (62.2), um Richtwerte zu erhalten, $\delta = -0,025^{1}$, $r = b$, $\sin \varphi = 1$, $G r_0^3 = \frac{1}{8} G b^3 \approx 0,5$ eV und erhalten $U = 0,05$ eV. Zusammen mit der aus Tabelle 16 entnommenen Bildungsenergie von 0,9 eV für eine freie Gitterlücke ergibt dies eine Bildungsenergie einer an eine Stufenversetzung gebundenen Leerstelle von

$$U_{\text{geb}} = (0,90 - 0,05)\ \text{eV} = 0,85\ \text{eV}. \qquad (62.4)$$

Benützt man den in Fußnote 1 auf S. 529 angegebenen Wert von C für ein Zwischengitteratom in Cu, so erhält man als Richtwert in gleicher Näherung wie Gl. (62.4) ($\sin \varphi = -1$)

$$U = 2\ \text{eV}, \qquad (62.5)$$

so daß im vorliegenden Falle die Bildungsenergie für ein „gebundenes" Zwischengitteratom gegenüber derjenigen eines „freien" Atoms wesentlich erniedrigt erscheint.

Als Abschluß dieser Diskussion der elastischen Wechselwirkung zwischen Versetzungslinien und atomaren Fehlstellen seien noch zwei weitergehende Anwendungen erwähnt:

1. Die Wechselwirkung von Versetzungen und Verunreinigungen wird dazu führen, daß bei hinreichend hohen Temperaturen die Fremdatome in die Nähe der Versetzungen wandern und durch geeignete Anlagerung an die Versetzungen die dort herrschenden Spannungen vermindern. Im Falle von Kohlenstoff (und Stickstoff) im Eisen ist diese Wechselwirkung von COTTRELL[2] und NABARRO[3] zur Erklärung von Effekten wie der Streckgrenze kohlenstoffhaltigen Eisens und der Blausprödigkeit des Stahles verwendet worden. Der zeitliche Verlauf dieser Anlagerung der Fremdatome an die Versetzungslinien, die für das sog. Altern der Stähle verantwortlich ist, ist von COTTRELL und BILBY[4] und später etwas genauer von HARPER[5] theoretisch untersucht worden.

2. COTTRELL und JASWON[6] haben die Bewegung von Versetzungen in deren Umgebung sich eine „Wolke" von Fremdatomen angesammelt hat, mathematisch behandelt. Es zeigt sich, daß es eine Bewegungsweise gibt, bei der die Versetzungen die Wolke mit sich schleppen und die Versetzungsgeschwindigkeit durch die Diffusionsgeschwindigkeit der Fremdatome bestimmt wird.

Wegen einer kurzen Darstellung der wichtigsten theoretischen Resultate[7] zu den eben erwähnten Fragen sowie einiger Anwendungen auf Experimente sei auf COTTRELL [55] verwiesen.

---

[1] F. B. HUNTINGTON u. F. SEITZ: Phys. Rev. **61**, 315 (1942).
[2] A. H. COTTRELL: [2], S. 30.
[3] F. R. N. NABARRO: [2], S. 38.
[4] A. H. COTTRELL u. B. A. BILBY: Proc. Phys. Soc. Lond., Ser. A **62**, 49 (1949).
[5] S. HARPER: Phys. Rev. **83**, 709 (1951).
[6] A. H. COTTRELL and M. A. JASWON: Proc. Roy. Soc. Lond., Ser. A **199**, 104 (1949).
[7] Diese Ergebnisse basieren sämtlich auf Gl. (62.2) bzw. einer sich nur um einen Faktor der Größenordnung 1 davon unterscheidenden Form der Wechselwirkung zwischen Fremdatomen und Versetzungen. Da man bei einer genaueren Behandlung der Wechselwirkung zwischen C- und N-Atomen und Versetzungen in α-Fe mit gewissen Abweichungen von den aus Gl. (62.2) abgeleiteten Resultaten, besonders hinsichtlich der Zahl der Fremdatome, die sich maximal in einer „Wolke" ansammeln können, rechnen muß, wäre eine Nachprüfung des Anwendungsbereiches der theoretischen Ergebnisse sehr erwünscht. Vgl. hierzu die oben erwähnten Untersuchungen von COCHARDT, SCHÖCK und WIEDERSICH.

63. Hohle Versetzungslinien. In Ziff. 54 hatten wir ausführlich darauf hingewiesen, daß Versetzungen in einem elastischen Körper als Analoga von elektrischen Stromfäden aufgefaßt werden können. Mit demselben Recht kann man sie auch als analog zu den Wirbellinien in einer reibungsfreien Flüssigkeit betrachten. Der skalaren Wirbelstärke entspricht der Burgers-Vektor, dem Vektor der Drehgeschwindigkeit entspricht die in Gl. (54.13) eingeführte tensorielle Größe $\bar{\eta}_{ik}$. Die Analogie Wirbellinie — Versetzungslinie wird besonders schön durch die Existenz hohler Versetzungslinien illustriert.

Aus der Hydromechanik ist bekannt, daß der Wirbelkern eines rasch, d.h. mit großer Wirbelstärke, rotierenden Wirbels, hohl, also frei von Flüssigkeit sein kann. Dasselbe kann bei Versetzungen großer Versetzungsstärke ($b \gtrsim 10$ Atomabstände) auftreten. Bei hohlen Versetzungen werden die starken Verzerrungen

Fig. 91. Hohle Schraubenversetzungen in einem SiC-Kristall nach Amelynckx. Vergr. 300mal.

und damit verbundenen großen elastischen Energiedichten vermieden auf Kosten einer Vergrößerung der Oberflächenenergie des Kristalls. Die Theorie dieser hohlen Versetzungen ist von Frank[1] gegeben worden. Die bis jetzt hierüber vorliegenden Beobachtungen, die in einigen Fällen die theoretischen Erwartungen bestätigt haben, in anderen Fällen jedoch trotz großer Versetzungsstärken keinen hohlen Versetzungskern erkennen lassen, sind bei Forty [65] diskutiert. Ein Beispiel für eine hohle Versetzungslinie bei Karborund ist in Fig. 91 dargestellt.

Die Franksche Theorie der Gleichgewichtsform hohler Versetzungen ist von Cabrera, Levine und Plaskett[2] auf die Nichtgleichgewichtsvorgänge beim Kristallabbau erweitert worden. Diese Autoren erhalten eine Bedingung für die kritische Untersättigung, bei der sich ein hohler Versetzungskern zu bilden beginnt.

64. Zusammenhang zwischen Versetzungsdichte und Gitterkrümmung. Ein plastisch verformter Kristall enthält im allgemeinen eine große Versetzungsdichte. Auch wenn nach dem Aufhören der zur Verformung führenden Beanspruchung keine äußeren Kräfte mehr wirken, so sind doch noch innere Spannungen vorhanden. Bei genügend hoher Temperatur findet eine Erholung solcher Art statt, daß sich ganz bestimmte Versetzungsanordnungen minimaler elastischer Energie einstellen. Das sind Anordnungen, bei denen die Fernfelder der

[1] F. C. Frank: Acta crystallogr. 4, 497 (1951).
[2] N. Cabrera, M. M. Levine u. J. S. Plaskett: Phys. Rev. 96, 1153 (1954).

Versetzungen sich möglichst weitgehend kompensieren, oder — gleichwertig damit — über größere Bereiche gemittelt die Spannungen verschwinden. NYE[1] hat für solche Quasigleichgewichtsverteilungen von Versetzungen den Zusammenhang zwischen Versetzungsdichte und makroskopischer Krümmung des Kristalls ausführlich untersucht. Bedeutet $\mathfrak{b}_i$ den BURGERS-Vektor einer bestimmten Versetzungsart, so ist es zweckmäßig, die vektorielle „Versetzungsliniendichte"[2] $\mathfrak{N}_i$ dieser Versetzungen sowie den Tensor 2. Stufe

$$\alpha = (\alpha_{kl}) = \mathfrak{N}_i\,\mathfrak{b}_i \qquad (64.1)$$

einzuführen. α kennzeichnet den „Versetzungszustand" des Kristalls; die Summation ist über alle vorkommenden Versetzungsarten zu erstrecken. Zwischen α und dem „Krümmungstensor"

$$\varkappa_{kl} = \frac{\partial \varphi_k}{\partial x_l} \qquad (64.2)$$

[$\vec{d\varphi}$ gibt die (kleine) Rotation eines Volumelementes beim Fortschreiten um $d\mathfrak{r}$ an] bestehen die Zusammenhänge

$$\alpha_{kl} = \varkappa_{kl} - \delta_{kl}\varkappa_{mm}, \qquad (64.3)$$
$$\varkappa_{kl} = \alpha_{kl} - \tfrac{1}{2}\delta_{kl}\alpha_{mm}. \qquad (64.4)$$

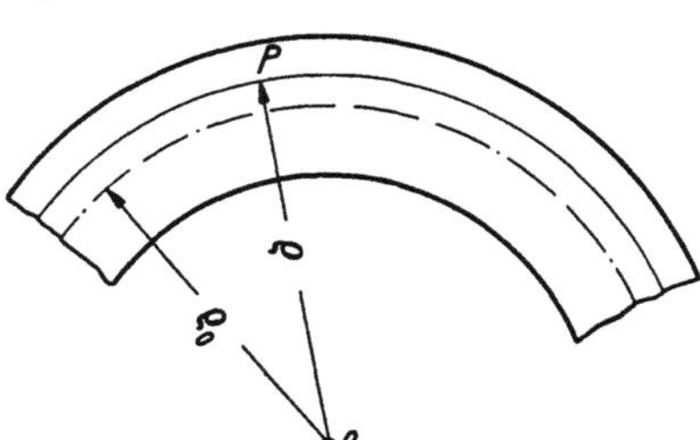

Fig. 92. Gleichförmige Biegung eines Kristalls. Die sog. neutrale Ebene geht in einen Kreiszylinder mit Radius ϱ_0 über.

NYE[3] behandelt eine Reihe von Spezialfällen dieser allgemeinen Beziehungen zwischen lokaler Krümmung eines Kristalls und seinem „Versetzungszustand", wobei zum Teil bedeutende Vereinfachungen gegenüber den oben aufgeführten allgemeinen Gleichungen auftreten. Ein besonders einfacher Fall ist die gleichförmige Biegung eines Kristalls (Fig. 92). Die „neutrale Fläche" des Kristalls ist ein Kreiszylinder mit Radius ϱ_0. Diese Deformation des Kristalls kann durch eine geeignete Verteilung von Stufenversetzungen hervorgerufen werden, deren Versetzungslinien parallel zur Zylinderachse 0 verlaufen. Die Dichte dieser Versetzungslinien in einem Punkt P ist gegeben durch

$$n = \frac{1}{b_p \cdot \varrho}, \qquad (64.5)$$

wobei b_p die Komponente des BURGERS-Vektors parallel zur neutralen Fläche ist. Obwohl Gl. (64.5) nur die algebraisch gerechnete Versetzungsdichte angibt, so gibt sie doch einen Anhaltspunkt für die Dichte der durch eine Verbiegung in einen Kristall eingeführten Versetzungen.

KRÖNER[4] hat gezeigt, daß diese Ergebnisse in die Elastizitätstheorie eingeordnet werden können, wenn man nichtsymmetrische Verzerrungstensoren ε zuläßt. In dieser erweiterten Theorie wird ε folgendermaßen zerlegt:

$$\varepsilon = \varepsilon^D + \varepsilon^I + \varepsilon^A. \qquad (64.6)$$

Hierbei ist
$$\varepsilon^D = \mathrm{Def}\,\mathfrak{s} = \tfrac{1}{2}(s_{n,m} + s_{m,n}) \qquad (64.7)$$
der Deformatoranteil,
$$\varepsilon^I = \mathrm{Ink}\,\iota \qquad (64.8)$$

---

[1] J. F. NYE: Acta met. 1, 153 (1953).

[2] Der Vektor der Versetzungsliniendichte steht senkrecht auf einem Flächenelement und ist seinem Betrage nach gleich der algebraisch gerechneten Zahl der in positiver Richtung durch dieses Flächenelement tretenden Versetzungslinien, geteilt durch den Flächeninhalt des Elements. Die Liniendichte der Versetzungen mit BURGERS-Vektor $\mathfrak{b}_i$ in einem Raumpunkt ist durch die Angabe dreier nicht paralleler Vektoren $\mathfrak{N}_i$ bestimmt.

[3] NYE benützt statt des hier eingeführten Tensors $\alpha = (\alpha_{kl})$ den transponierten Tensor $\tilde{\alpha} = (\alpha_{lk})$.

[4] E. KRÖNER: Z. Physik, im Druck.

der Inkompatibilitätsanteil[1] und ε^A der antisymmetrische Anteil, der dem Vektor $\vec{\varphi}$ der „inkompatiblen" [d.h. nicht aus einem Verschiebungsfeld $\mathfrak{s}(\mathfrak{r})$ ableitbaren] Drehungen äquivalent ist und mit ihm gemäß

$$\varepsilon^A = \boldsymbol{I} \times \vec{\varphi} \tag{64.9}$$

zusammenhängt. ε^A und $\vec{\varphi}$ beschreiben Drehungen benachbarter Volumelemente gegeneinander, die *keine* Spannungen wecken. Solche inkompatiblen Drehungen treten z. B. in Korngrenzen, aber auch, wie das Korngrenzenmodell von Burgers[2] und Bragg[3] (siehe Ziff. 94) zeigt, in einzelnen Versetzungslinien auf. Diese Drehungen ergeben im Gegensatz zu den im Deformatoranteil ε^D des Verzerrungstensors enthaltenen Drehungen

$$\vec{\omega} = \tfrac{1}{2} \operatorname{rot} \mathfrak{s} \tag{64.10}$$

keine Spannungen und tragen nichts zur elastischen Energie bei, so daß der Spannungstensor auch in der erweiterten Form der Theorie symmetrisch bleibt.

Die Grundgleichung der Theorie ist

$$\operatorname{Rot}_{ik}(\varepsilon^I + \varepsilon^A) \equiv \epsilon_{ilm} \nabla_l (\varepsilon^I_{mk} + \varepsilon^A_{mk}) = \alpha_{ik}. \tag{64.11}$$

In ihr ist wegen

$$\eta = \tfrac{1}{2}(\alpha \times \nabla - \nabla \times \alpha) \tag{64.12}$$

Gl. (53.12) und für $\varepsilon^I \equiv 0$ auch die Nyesche Theorie enthalten. Diese entspricht Versetzungsanordnungen minimaler Energie (unter gleichzeitigem Übergang zu einer kontinuierlichen Verteilung von Versetzungslinien mit infinitesimalen Burgers-Vektoren).

Im allgemeinen Fall hat man $\vec{\varphi}$ (Komponenten φ_i) und daraus nach Gl. (64.2) den Krümmungstensor $\varkappa$ aus der durch Divergenzbildung aus Gl. (64.11) hervorgehenden Gleichung

$$\Delta \varphi_i = \nabla_k \alpha_{ik} - \tfrac{1}{2} \nabla_i \alpha_{kk} \tag{64.13}$$

zu bestimmen. Ist $\vec{\varphi}$ bekannt, so kann man denjenigen Anteil α^I der Versetzungsdichte, der innere Spannungen weckt, aus Gl. (64.9) und (64.11) gemäß

$$\alpha^I \equiv \operatorname{Rot} \varepsilon^I = \alpha - \operatorname{Rot} \varepsilon^A \tag{64.14}$$

erhalten. Die Ermittlung des Spannungstensors σ der von den Versetzungen hervorgerufenen inneren Spannungen geschieht am zweckmäßigsten nach der Gleichung

$$\sigma = \operatorname{Rot} \varphi \tag{64.15}$$

über den Tensor $\varphi = (\varphi_{ik})$, der den Nebenbedingungen

$$\operatorname{Div} \varphi = 0, \quad \operatorname{Div} \widetilde{\varphi} = 0, \quad \varphi_I = 0 \tag{64.16}$$

genügt ($\varphi_I =$ erster Skalar des Tensors φ). Da $\tfrac{1}{2} \alpha \cdots \varphi$ (doppelt skalares Produkt) gleich der Energiedichte der von den Versetzungen hervorgerufenen inneren Spannungen ist, kann man φ als Versetzungspotential interpretieren. Es geht durch Differentiation aus dem in Ziff. 53 eingeführten Spannungs-Funktionen-Tensor χ hervor und bestimmt sich für ein isotropes Medium aus der tensoriellen inhomogenen Potentialgleichung

$$\Delta \varphi + \frac{2G}{1 - \nu}(\alpha^I - \nu \widetilde{\alpha}^I) = 0. \tag{64.17}$$

65. Anhang: Oberflächenprobleme. In Form eines Anhangs zu Ziff. 56 geben wir hier eine Zusammenstellung von Formeln für die Energie, das Spannungsfeld usw. von geraden Stufen- und Schraubenversetzungen in einigen elastisch isotropen Körpern, welche durch ebene oder zylindrische Oberflächen begrenzt werden[4]. Es werden Formeln angegeben für exzentrisch in einem Zylinder liegende

---

[1] Die Zerlegung eines symmetrischen Tensors zweiter Stufe in den Deformator eines Vektors und in die Inkompatibilität (Ziff. 53) eines symmetrischen Tensors zweiter Stufe ist nach E. Kröner [Z. Physik **139**, 175 (1954)] im selben Sinne eindeutig wie die Zerlegung eines Vektorfeldes in einen wirbelfreien und einen quellenfreien Anteil.

[2] J. W. Burgers: [*60*].

[3] W. L. Bragg: Proc. Phys. Soc. **52**, 54 (1940).

[4] Entnommen aus H.-D. Dietze: Diplomarbeit Göttingen 1949. — H.-D. Dietze u. G. Leibfried: Nachr. Akad. Wiss. Göttingen, math.-phys. Kl. IIa, demnächst.

Versetzungslinien (α), für Versetzungen in einem elastischen Halbraum (β) und für Versetzungen in einer Platte (γ).

α) Exzentrisch in einem Kreiszylinder liegende Versetzungen. 1. Stufenversetzungen (Fig. 93). AIRYsche Spannungsfunktion:

$$F = F^{(x)} \cdot \cos \vartheta + F^{(y)} \cdot \sin \vartheta \,, \tag{65.1}$$

$$F^{(x)} = - \frac{1}{2} B_1 \left\{ (x - x_a) \log \frac{(x - x_a)^2 + y^2}{(x + x_a)^2 + y^2} + \right. $$
$$\left. + \left(\frac{A}{A - \xi} \right)^2 (x + x_a) \frac{(x - x_a)^2 + y^2}{(x + x_a)^2 + y^2} + \frac{2 x_a}{A^2} [(x - x_a)^2 + y^2] \right\}, \tag{65.1a}$$

$$F^{(y)} = - \frac{1}{2} B_1 \, y \left\{ \log \left[\frac{(x - x_a)^2 + y^2}{(x + x_a)^2 + y^2} \right] - \left(\frac{A}{A - \xi} \right)^2 \frac{(x - x_a)^2 + y^2}{(x + x_a)^2 + y^2} \right\}. \tag{65.1b}$$

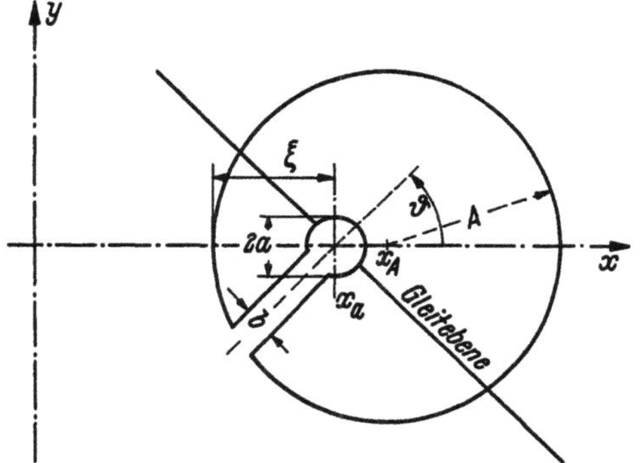

Fig. 93. Gerade Stufenversetzung, exzentrisch in einem Kreiszylinder liegend.

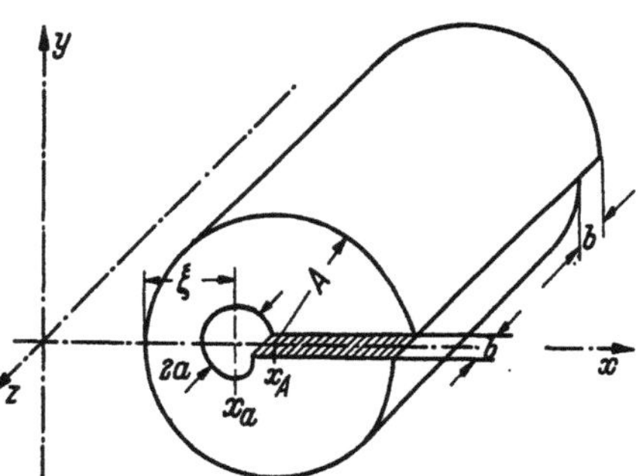

Fig. 94. Schraubenversetzung, exzentrisch in einem Kreiszylinder liegend.

Aus F ergeben sich die Spannungskomponenten folgendermaßen:

$$\sigma_{xx} = \frac{\partial^2 F}{\partial y^2}, \qquad \sigma_{yy} = \frac{\partial^2 F}{\partial x^2}, \qquad \sigma_{xy} = - \frac{\partial^2 F}{\partial x \, \partial y}. \tag{65.2}$$

B_1 ist wie in Gl. (56.3) definiert. Der Koordinatenursprung $x = 0$, $y = 0$ ist so gelegt, daß der in Fig. 93 gezeichnete Kreis um $x = x_A$, $y = 0$ Koordinatenlinie von Bipolarkoordinaten um die Punkte $x = \pm x_a$ ist. Es gilt somit

$$x_A^2 = A^2 + x_a^2,$$
$$x_a = \frac{\xi (2A - \xi)}{2(A - \xi)}. \tag{65.3}$$

Macht man die Einschränkung $x_a \gg a$, so erhält man für die Energie pro Längeneinheit der Versetzung unabhängig vom Winkel ϑ

$$E_L = \frac{b \, B_1}{2} \log \left(\xi \frac{(2A - \xi)}{a A} \right). \tag{65.4}$$

2. Schraubenversetzungen (Fig. 94). Verschiebung:

$$w = - \frac{b}{2\pi} \left(\arctan \frac{x - x_a}{y} - \arctan \frac{x + x_a}{y} \right). \tag{65.5}$$

Wahl des Koordinatensystems wie bei den Stufenversetzungen. Spannungen wie in Gl. (56.13) aus

$$\sigma_{xz} = G \frac{\partial w}{\partial x}; \qquad \sigma_{yz} = G \frac{\partial w}{\partial y}. \tag{65.6}$$

Für die Energie pro Längeneinheit erhält man

$$E_L = \frac{b^2 G}{4\pi} \log \frac{\xi (2A - \xi)}{a A} \, .$$
(65.7)

β) Versetzungen in einem elastischen Halbraum. Man erhält die Lösungen hierfür aus denen von Abschnitt α, indem man $A = \infty$ und außerdem (vgl. Fig. 95 und 96) $\xi = x_a$ setzt.

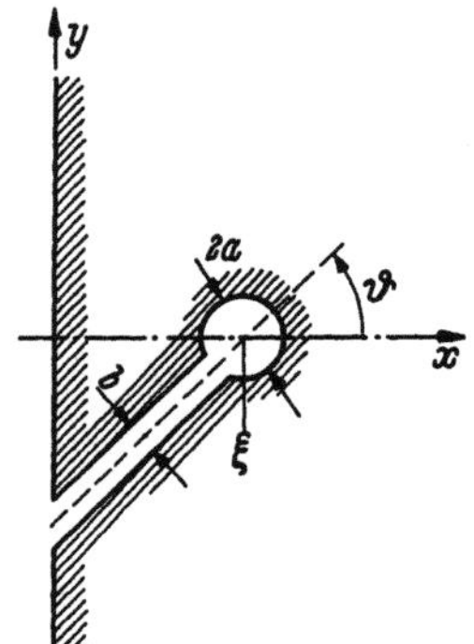

Fig. 95. Gerade Stufenversetzung in einem elastischen Halbraum.

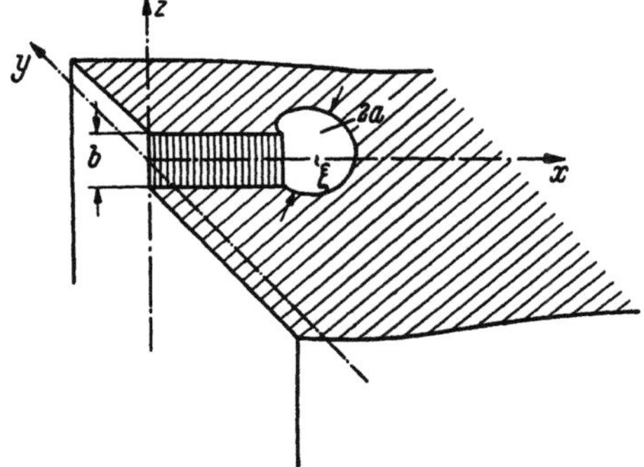

Fig. 96. Schraubenversetzung in einem elastischen Halbraum.

1. **Stufenversetzungen** (Fig. 95). Airysche Spannungsfunktion wie Gl. (65.1) mit

$$\left. \begin{aligned} F^{(x)} &= -\frac{1}{2} B_1 (x - \xi) \log \frac{(x - \xi)^2 + y^2}{(x + \xi)^2 + y^2} - 2 B_1 \xi x \frac{x + \xi}{(x + \xi)^2 + y^2} \, , \\ F^{(y)} &= -\frac{1}{2} B_1 y \log \frac{(x - \xi)^2 + y^2}{(x + \xi)^2 + y^2} - 2 B_1 \xi x \frac{y}{(x + \xi)^2 + y^2} \, . \end{aligned} \right\}$$
(65.8)

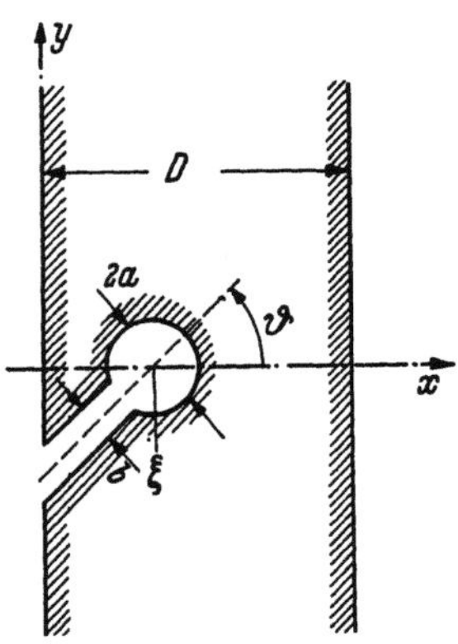

Fig. 97. Gerade Stufenversetzung in einer elastischen Platte.

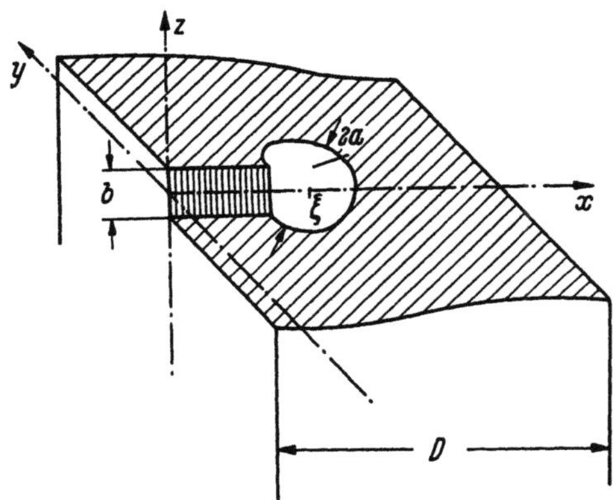

Fig. 98. Schraubenversetzung in einer elastischen Platte.

Energie pro Längeneinheit

$$E_L = \frac{b B_1}{2} \log \frac{2 \xi}{a} \, .$$
(65.9)

2. **Schraubenversetzung** (Fig. 96). Verschiebung

$$w = -\frac{b}{2\pi} \left(\arctan \frac{x - \xi}{y} - \arctan \frac{x + \xi}{y} \right) .$$
(65.10)

Energie pro Längeneinheit

$$E_L = \frac{b^2 G}{4\pi} \log \frac{2\xi}{a} \tag{65.11}$$

γ) Versetzungen in einer Platte. 1. Stufenversetzungen (Fig. 97). Die
AIRYsche Spannungsfunktion und die Spannungskomponenten lassen sich nicht
in geschlossener Form angeben. Wegen der (notwendigerweise ziemlich komplizierten) Integraldarstellungen sei auf die Originalarbeit[1] verwiesen. Unter den
Voraussetzungen $D \gg a$, $\xi \gg a$, $D - \xi \gg a$ ist die Energie pro Längeneinheit
unabhängig vom Winkel ϑ

$$E_L = \frac{b^2}{2} B_1 \log\left(\frac{2D}{\pi a} \sin \frac{\pi \xi}{D}\right). \tag{65.12}$$

2. Schraubenversetzungen[2] (Fig. 98). Verschiebungen

$$w = -\frac{b}{2\pi}\left\{\text{arc tan}\left[\frac{\tan \dfrac{\pi}{2D}(x - \xi)}{\mathrm{Tan}\,\dfrac{\pi y}{2D}}\right] - \text{arc tan}\left[\frac{\tan \dfrac{\pi}{2D}(x + \xi)}{\mathrm{Tan}\,\dfrac{\pi y}{2D}}\right]\right\}. \tag{65.13}$$

Unter den in 1. angegebenen Voraussetzungen gilt für die Energie pro Längeneinheit

$$E_L = \frac{b^2 G}{4\pi} \log\left(\frac{2D}{\pi a} \sin \frac{\pi \xi}{D}\right). \tag{65.14}$$

b) Nichtlineare Versetzungsmodelle.

66. Überblick. Die Entwicklungen der Elastizitätstheorie der Versetzungen
in Abschnitt a) bezogen sich auf die *lineare Elastizitätstheorie statischer Versetzungen.* Es wurde dabei betont, daß die Verzerrungen im Versetzungskern so
stark sind, daß der Gültigkeitsbereich der linearen Elastizitätstheorie, also des
HOOKEschen Gesetzes, überschritten wird. Behandelt man Versetzungen trotzdem
mit der linearen Elastizitätstheorie, so muß man, wenn man das Divergieren der
Versetzungsenergie vermeiden will, den Innenraum eines um die Versetzungslinie
gelegten Torus aus der Betrachtung ausschließen.

Solange man im Rahmen einer Kontinuumstheorie zu bleiben wünscht,
wäre die Anwendung der sog. nichtlinearen Elastizitätstheorie[3] die nächstliegende
Erweiterung der für den Versetzungskern ungenügenden Ansätze der linearen
Elastizitätstheorie. Bis jetzt ist jedoch die nichtlineare Elastizitätstheorie noch
nicht auf Versetzungsprobleme angewendet worden. Auch über den anderen
möglichen Grenzfall, eine rein gittertheoretische Behandlung des Versetzungskerns, liegt bisher noch keine Veröffentlichung vor, sofern man von der Mitteilung
von HUNTINGTON (Ziff. 59) absieht.

Aus Gründen der mathematischen Einfachheit wurden zur Behandlung der
Struktur des Versetzungskerns zwei „Modelle" verwendet, die einen Kompromiß
zwischen der gittertheoretischen und der elastizitätstheoretischen Auffassung
eines Kristalls darstellen und die in der Literatur unter dem Namen „FRENKEL-
sches Modell" und „PEIERLSsches Modell" bekannt sind.

Das sog. „FRENKEL*sche Modell*" wurde zuerst von PRANDTL[4] zu einer qualitativen Diskussion der elastischen Hysterese in Kristallen und von DEHLINGER[5]

---

[1] H.-D. DIETZE: Diplomarbeit Göttingen 1949. — H.-D. DIETZE u. G. LEIBFRIED: Nachr.
Akad. Wiss. Göttingen math. phys. Kl. IIa, demnächst.
[2] G. LEIBFRIED u. H.-D. DIETZE: Z. Physik **126**, 790 (1949).
[3] Siehe z. B. F. D. MURNAGHAN: Finite Deformation of an Elastic Solid. New York 1951.
[4] L. PRANDTL: Z. angew. Math. Mech. **8**, 85 (1928).
[5] U. DEHLINGER: Ann. Phys. **2**, 749 (1929).

bei der Betrachtung der in einem verformten Kristall vorhandenen Gitterstörungen und der Rekristallisation verwendet. Während sich Dehlinger auf die Betrachtung statischer Störungen, der sog. „Verhakungen" (eng beieinanderliegende Paare ungleichnamiger Versetzungen) beschränkte, haben Frenkel und Kontorova[1] zum ersten Male auch dynamische Probleme mit diesem Modell behandelt. Neben dem Vorzug der Einfachheit, der dem Frenkelschen Modell einen großen heuristischen Wert verleiht, beruht seine Bedeutung vor allem darauf, daß man über das *dynamische Verhalten* von Versetzungen verhältnismäßig weitgehende Aussagen machen kann. Aus diesem Grunde werden wir uns, abweichend von der Darstellungsweise in Abschnitt a), im vorliegenden Abschnitt b) sogleich auch mit bewegten Versetzungen befassen. Die mathematische Theorie des Frenkelschen Modells ist allerdings so umfangreich, daß wir uns im wesentlichen mit einem Bericht über einen Teil der erzielten Ergebnisse begnügen müssen (Ziff. 67).

Etwas mehr Raum werden wir auf die Diskussion des sog. „Peierlsschen Modells" verwenden, da dieses als eine direkte Erweiterung der elastizitätstheoretischen Betrachtungsweise von Abschnitt a) angesehen werden kann und deren Ergebnisse in mancherlei Hinsicht ergänzt und abrundet (Ziff. 68 bis 75).

67. Das Frenkelsche Modell. α) *Die Grundgleichungen des Modells.* Wir beschränken uns hier auf den sog. eindimensionalen Fall (Fig. 99). Die Grundgleichungen für ein entsprechendes zweidimensionales Modell, bei dem durch Federn verbundene bewegliche Atome in einer Ebene liegen und sich in dieser bewegen können, sind von Seeger und Kochendörfer[2] angegeben worden.

Im eindimensionalen Modell sind Massenpunkte der Masse m (Atome genannt) durch Federn der Stärke c miteinander verbunden. Auf die einzelnen Massenpunkte soll ein in den Verschiebungen u_k der einzelnen Atome periodisches Potential wirken, das sich durch eine Fouriersche Reihe in der Form

$$U = U_0 \sum_{n=1}^{\infty} \lambda_n \left(1 - \cos \frac{2\pi n u_k}{a}\right) \tag{67.1}$$

darstellen lasse. Als Bewegungsgleichung des k-ten Massenpunktes erhält man ($t =$ Zeit)

$$m \frac{d^2 u_k}{dt^2} = - c(2u_k - u_{k-1} - u_{k+1}) - \frac{\partial U}{\partial u_k}, \quad k = 0, \pm 1, \pm 2, \ldots \tag{67.2}$$

Wir beschränken uns auf den Fall, daß in Gl. (67.1) höchstens zwei Fourier-Glieder auftreten und setzen $\lambda_1 = 1$, $\lambda_2 = \lambda/2$. Unter Verwendung der Abkürzungen

$$\left.\begin{aligned} z(\xi, \eta) &\equiv \frac{2\pi}{a} u_k(t) - 2\pi k, \\ \xi &\equiv \frac{2\pi}{a} \cdot \sqrt{\frac{U_0}{c}} \cdot k, \\ \eta &\equiv \frac{2\pi}{a} \cdot \sqrt{\frac{U_0}{m}} \cdot t, \\ \Delta_k^{(2)} z(\xi, \eta) &\equiv z(\xi + h, \eta) - 2z(\xi, \eta) + z(\xi - h, \eta), \\ h &\equiv \frac{2\pi}{a} \sqrt{\frac{U_0}{c}} \end{aligned}\right\} \tag{67.3}$$

---

[1] J. Frenkel u. T. Kontorova: Phys. Z. Sowjet. **13**, 1 (1938). — J. Phys. USSR. **1**, 137 (1939)

[2] A. Seeger u. A. Kochendörfer: Z. Physik **130**, 321 (1951).

geht das Gleichungssystem (67.2) über in die nichtlineare Differenzengleichung

$$-\frac{1}{h^2}\,\Delta_k^{(2)}\,z\,(\xi,\eta) - \frac{\partial^2 z}{\partial\eta^2} = \sin z + \lambda \sin 2z.\qquad(67.4)$$

Das durch die vorstehenden Gleichungen beschriebene mechanische System kann folgendermaßen als Kristallmodell für die Gleitung interpretiert werden: Die Verschiebungen u_k der Atome sollen in der Gleitebene eines Kristalls erfolgen. Die Federkräfte zwischen den einzelnen Atomen tragen dem Einfluß der elastischen Spannungen in der Gleitebene und in deren nächster Umgebung Rechnung, während das Potential U die Wirkung der Kristallteile unmittelbar oberhalb und unterhalb der Gleitebene auf die Atome in der Gleitebene berück-

sichtigt. Der Gleichgewichtszustand ist dadurch gegeben, daß sich, wie in Fig. 99 gezeichnet, alle Atome in den durch dieses Kristallpotential gegebenen Gleichgewichtslagen (deren Abstand a die Gitterkonstante darstellt) befinden. Es wird im vor-

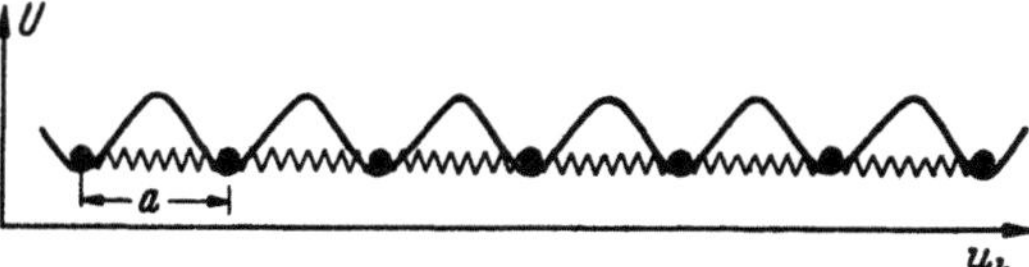

Fig. 99. Potential U und Gleichgewichtslagen der Atome im Frenkelschen Modell.

liegenden eindimensionalen Fall (wegen der Erweiterung auf zwei Dimensionen s. oben) angenommen, daß senkrecht zu der in Fig. 99 gezeichneten Atomreihe alle Atome in der Gleitebene gleiche Bewegungen vornehmen. Je nachdem ob

die Verschiebungen u_k in der Zeichenebene von Fig. 99 und Fig. 100 oder senkrecht dazu erfolgen, hat man die im vorliegenden Modell möglichen Versetzungen als Stufen- oder Schraubenversetzungen zu interpretieren.

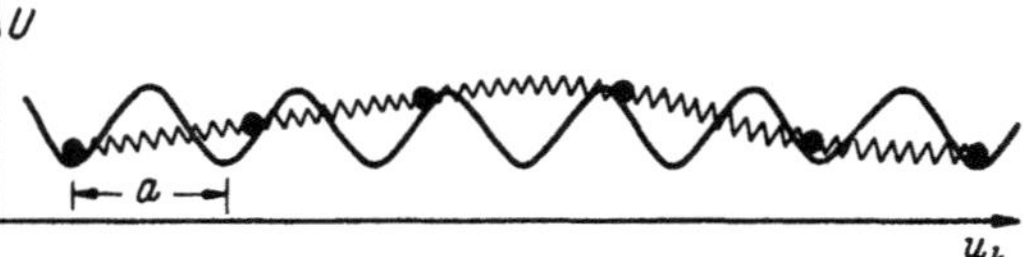

Fig. 100. Wie Fig. 99, jedoch mit einer Versetzung.

Eine strenge Lösung der nichtlinearen Differenzengleichung (67.4) ist wohl nicht möglich. Näherungslösungen (für $\lambda = 0$) sind von Dehlinger[1] (im statischen Fall — $\partial^2 z/\partial\eta^2 = 0$) und von Devonshire, Corner und Wilkes[2] für die Bewegung von zwei und vier Massenpunkten gegeben worden.

Die überwiegende Mehrzahl der Arbeiten über das Frenkelsche Modell befaßt sich mit dem Grenzfall $h = 0$, in dem Gl. (67.4) in die partielle Differentialgleichung

$$\frac{\partial^2 z}{\partial\xi^2} - \frac{\partial^2 z}{\partial\eta^2} = \sin z + \lambda \sin 2z\qquad(67.5)$$

übergeht. Auch wir werden die weitere Diskussion an Gl. (67.5) anknüpfen. Der Übergang von Gl. (67.4) zu Gl. (67.5) entspricht dem Ersatz der diskreten Massen mit Federkräften durch ein elastisches Kontinuum mit verschmierter Massenverteilung.

β) Ruhende und gleichförmig bewegte Versetzungen. Gl. (67.5) hat einige einfache Transformationseigenschaften, die das Auffinden von Lösungen dieser Gleichung sehr erleichtern. Ist

$$z = z_0(\xi;\lambda)\qquad(67.6)$$

eine statische (d.h. nicht von η abhängende) Lösung der Gl. (67.5), so stellt

$$z = z_0\left(\frac{\xi - v\eta}{\sqrt{1 - v^2}};\lambda\right)\qquad(67.7)$$

[1] U. Dehlinger: Ann. Phys. 2, 749 (1929).
[2] Unveröffentlichte Rechnungen, 1939/40. Siehe auch J. E. Lennard-Jones: Proc. Phys. Soc. Lond. 52, 38 (1940).

eine gleichförmige Bewegung dar. Der Zusammenhang zwischen Gl. (67.6) und Gl. (67.7) entspricht formal vollkommen der Lorentz-Transformation der speziellen Relativitätstheorie. Aus Gl. (67.7) kann man mit Hilfe der sog. π-Transformation[1] weitere Lösungen der Form

$$z = z_0 \left(\frac{v\,\eta - \xi}{\sqrt{v^2 - 1}}; -\lambda \right) + \pi \tag{67.8}$$

ableiten. Über weitere, wesentlich allgemeinere Transformationseigenschaften der Gl. (67.5) im Spezialfalle $\lambda = 0$ werden wir in Abschnitt γ dieser Ziffer berichten.

Eine statische Lösung von Gl. (67.5), die man leicht durch Quadraturen erhält[2], ist

$$z_0 = 2\,\mathrm{arc}\,\tan \frac{\Lambda}{\mathrm{Sin}\,(\xi/\Lambda)} \tag{67.9}$$

mit

$$\Lambda^2 = 1 + 2\lambda. \tag{67.10}$$

In Fig. 101 ist der Verlauf von z_0 bzw. von u_k als Funktion von ξ bzw. k nach Gl. (67.9) für $\Lambda = 1$ sowie für $\Lambda > 2$ schematisch aufgetragen. Wie man sieht,

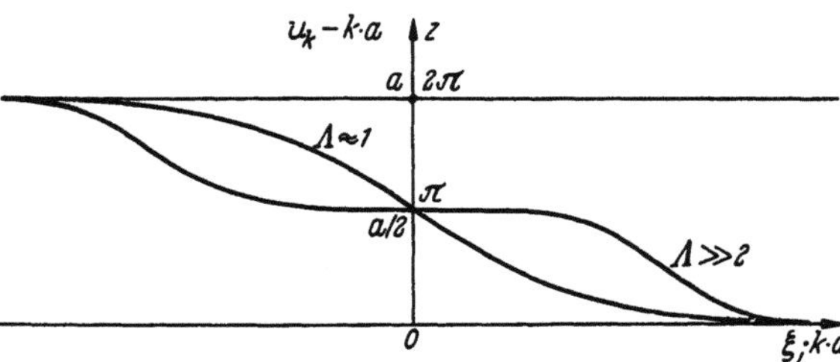

Fig. 101. Schematische Darstellung des Verlaufs der Verschiebung in einer Versetzung für $\Lambda \sim 1$ (vollständige Versetzung) und $\Lambda \gg 2$ (Aufspaltung in zwei Halbversetzungen).

nehmen die Verschiebungen der Atome aus ihrer ursprünglichen Gleichgewichtslage heraus allmählich von Null ($k = +\infty$) auf a ($k = -\infty$) zu. Im Falle $\lambda = 0$, in dem Gl. (67.9) die Form

$$z_0 = 4\,\mathrm{arc}\,\tan e^{-\xi} \tag{67.11}$$

annimmt, sowie allgemein für $\Lambda < 2$ erhält man auf diese Weise ohne weitere Zusatzannahme eine einer einzelnen Versetzung entsprechende Lösung mit der durch die „Kristallstruktur" eindeutig bestimmten Versetzungsstärke $b = a$. Daß sich im Gegensatz zur elastizitätstheoretischen Behandlungsweise hier die Versetzungsstärke aus der Lösung der Grundgleichungen und nicht erst durch eine Zusatzbetrachtung an Hand der Kristallstruktur ergibt, liegt natürlich an der Verwendung des Kristallpotentials (67.1). Wie Frank und van der Merwe[2] gezeigt haben, vermag das vorliegende Modell darüber hinaus sogar die Aufspaltung von vollständigen Versetzungen in Halbversetzungen wiederzugeben. Für $\Lambda > 2$ weist nämlich der Potentialverlauf an den Stellen $u_k = (n + \frac{1}{2}) \cdot a$ ein weiteres Minimum auf, wie dies in Fig. 102 dargestellt ist. Ist dieses Minimum hinreichend tief, der bei Besetzung dieser Gleichgewichtslagen entstehende Anordnungsfehler also energetisch nicht zu ungünstig, so tritt in der Tat gemäß Gl. (67.9) eine Aufspaltung der vollständigen Versetzung in zwei Halbversetzungen auf (Fig. 102).

Das hier benutzte Modell (s. die Fig. 100 und 102) zeigt deutlich, daß die *statischen* Atomverschiebungen im Versetzungskern durch den energetisch günstigsten Kompromiß zwischen elastischer Verzerrungsenergie (hier durch die Beanspruchung der Federn dargestellt) und der potentiellen Energie der Gitterbausteine bestimmt werden. Das Modell gibt jedoch auch einen guten Einblick

[1] A. Seeger, H. Donth u. A. Kochendörfer: Z. Physik **134**, 173 (1953).
[2] F. C. Frank u. J. H. van der Merwe: Proc. Roy. Soc. Lond., Ser. A **198**, 205 (1949).

in die Verhältnisse bei der Bewegung einer Versetzung. Wendet man Gl. (67.7) mit $|v| < 1$ auf eine der Lösungen (67.9) oder (67.11) an, so erhält man eine gleichförmig bewegte Versetzung. Dabei ist v das Verhältnis der Versetzungsgeschwindigkeit zur Schallgeschwindigkeit $\frac{1}{a}\sqrt{\frac{c}{m}}$, die in der hier benützten Normierung gleich 1 ist.

v hat die Bedeutung einer Phasengeschwindigkeit. Die wirkliche Geschwindigkeit der Atome ist von Atom zu Atom innerhalb der Versetzung verschieden und in der hier benützten Normierung durch

$$\frac{\partial z}{\partial \eta} = -\frac{v}{\sqrt{1-v^2}}\;\frac{\operatorname{Cos}\dfrac{\xi - v\,\eta}{\Lambda\sqrt{1-v^2}}}{\Lambda^2 + \operatorname{Sin}^2\dfrac{\xi - v\,\eta}{\Lambda\sqrt{1-v^2}}} \tag{67.12}$$

gegeben.

Man sieht leicht ein, daß Gl. (67.7) wohl eine Lösung der Näherungsgleichung (67.5), nicht aber der strengeren Gl. (67.4) liefert. Gl. (67.4) hat überhaupt

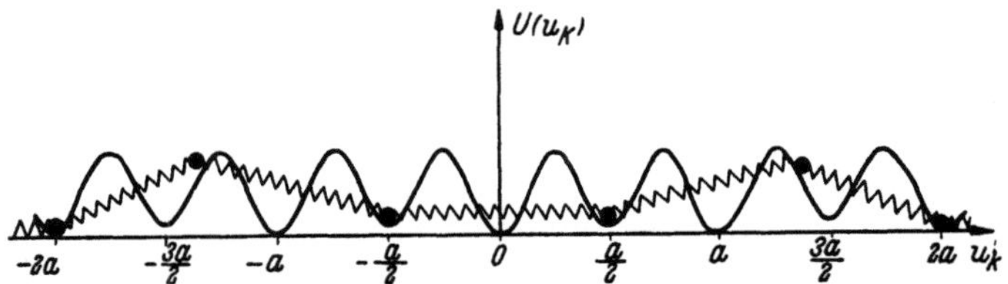

Fig. 102. Potentielle Energie mit zweitem Minimum innerhalb der Elementarzelle (Gitterkonstante a). Eine vollständige Versetzung ist in Halbversetzungen aufgespalten.

keine gleichförmig bewegten Versetzungen zur Lösung. Dies rührt davon her, daß in Gl. (67.4) die einzelnen Atome als diskrete Massenpunkte behandelt werden und deshalb die potentielle Energie der Versetzung noch von ihrem genauen Ort abhängt. Wandert eine Versetzung durch den Kristall hindurch, so ändert sich ihre potentielle Energie periodisch mit ihrer Lage im Kristall. Dies hat fortwährende Beschleunigungen und Verzögerungen und damit eine Abstrahlung von Energie in Form von Gitterwellen zur Folge. Diese Energieabstrahlung ist allerdings im vorliegenden Modell nicht enthalten; wir werden darauf später zurückkommen (Ziff. 80).

Wie eine genauere Behandlungsweise zeigt, sind die eben erwähnten periodischen Schwankungen der Versetzungsenergie verhältnismäßig gering (Ziff. 72). Man wird sie deshalb für viele Zwecke vernachlässigen dürfen. Dann ergibt sich aus Gl. (67.7) daß die Verschiebungen einer bewegten Versetzung eine relativistische Kontraktion gegenüber dem statischen Fall erfahren, wobei die Schallgeschwindigkeit die Rolle der Grenzgeschwindigkeit spielt. Entsprechendes gilt im FRENKELschen Modell auch für die Energie E einer Versetzung, die von der mittleren Versetzungsgeschwindigkeit v nach dem Gesetz

$$E = \frac{E_0}{\sqrt{1-v^2}} \tag{67.13}$$

abhängt[1]. Die Energie einer mit Schallgeschwindigkeit bewegten Versetzung wäre demnach unendlich groß. Dies bedeutet, daß sich Versetzungen stets mit Unterschallgeschwindigkeit bewegen.

<hr>

[1] J. FRENKEL u. T. KONTOROVA: Phys. Z. Sowjet. **13**, 1 (1938). — J. Phys. USSR. **1**, 137 (1939). — F. C. FRANK u. J. H. VAN DER MERWE: Proc. Roy. Soc. Lond., Ser. A **201**, 261 (1950).

In Wirklichkeit sind die Verhältnisse natürlich etwas komplizierter, da man in einem elastischen Medium mehrere Schallgeschwindigkeiten (in einem isotropen Körper z. B. zwei) hat. Die allgemeinen Züge der vorstehenden Diskussion bleiben jedoch erhalten: Das Verschiebungs- und Spannungsfeld einer bewegten Versetzung ist gegenüber demjenigen einer ruhenden Versetzung zusammengezogen. Ferner gibt es eine vom Versetzungscharakter abhängende Grenzgeschwindigkeit, bei der die Versetzungsenergie unendlich würde und die deshalb von der Versetzung nicht erreicht werden kann.

γ) *Weitere Lösungen des* Frenkel*schen Modells. Anwendungen.* Neben den in Abschnitt β dieser Ziffer besprochenen gibt es noch zahlreiche weitere, in geschlossener Form angebbare Lösungen. Man kann die allgemeine, zwei willkürliche Konstanten enthaltende statische Lösung von Gl. (67.5) für beliebiges λ mit Hilfe von elliptischen Funktionen angeben. Die Lösungen stellen entweder periodische Folgen vollständiger Versetzungen gleichen Vorzeichens oder Folgen von vollständigen oder unvollständigen Versetzungen alternierenden Vorzeichens dar. Aus diesen strengen Lösungen kann man durch Störungsrechnung noch Näherungslösungen, z. B. für das Verhalten des Modells unter der Wirkung einer äußeren Schubspannung, ableiten[1].

Wendet man auf diese Lösungen die Transformation Gl. (67.7) an, so bekommt man unter anderem *laufende Wellen*, deren Phasengeschwindigkeit größer als die Schallgeschwindigkeit ist[2]. Diese Wellen entsprechen einer Art von „optischem" Schwingungszweig, dessen Grenzfrequenz durch die starre Schwingung der Atomreihe in der Gleitebene gegen den angrenzenden Kristallteil gegeben ist. Eine derartige Schwingungsmöglichkeit, die aus der linearen Kristallgittertheorie nicht bekannt ist, ist keineswegs eine Besonderheit des vorliegenden Modells, sondern ist, wie gezeigt werden konnte[3], auch im Peierlsschen Modell vorhanden. Sie tritt vermutlich bei allotropen Umwandlungen von Kristallen auf[3]. Trotz der Nichtlinearität des vorliegenden Problems und der damit verbundenen Komplikationen ist es möglich gewesen, die zu den eben genannten laufenden Wellen gehörenden *Wellengruppen*[2] sowie die zugehörenden *stehenden Wellen*[4] im Spezialfall $\lambda = 0$ anzugeben.

Das weitreichendste Hilfsmittel zur Behandlung der Differentialgleichung (67.5) im Spezialfall $\lambda = 0$, auf den sich die folgenden Bemerkungen ausschließlich beziehen, ist die sog. Bäcklund-*Transformation*[2]. Hat man eine Lösung der Gl. (67.5) aufgefunden, so erhält man nach der Theorie der Bäcklund-Transformation weitere Lösungen, welche Bäcklund-Transformierte der Ausgangslösung genannt werden, durch Integration einer Differentialgleichung erster Ordnung. Aus der Ausgangslösung und einer zugehörigen Bäcklund-Transformierten ergeben sich ohne weitere Integrationen durch Eliminations- und Differentiationsprozesse eine beliebige Anzahl weiterer Lösungen. Von Seeger, Donth und Kochendörfer[2] wurden sehr allgemeine Lösungen der Bäcklund-Transformation angegeben, die es im Prinzip gestatten, die dynamische Wechselwirkung einer beliebigen Anzahl von Versetzungen, laufenden Wellen und Wellengruppen im Rahmen des Frenkelschen Modells zu behandeln. Da dazu jedoch ein gewisser mathematischer Aufwand notwendig ist, gehen wir hier nicht weiter darauf ein, sondern verweisen auf die Originalarbeit. Es sei

---

[1] A. Seeger: Unveröffentlichte Ergebnisse. Ihre Hauptanwendung finden diese Lösungen und Rechenmethoden wohl bei der Behandlung der Peierls-Spannung (Ziff. 72), die auf ähnliche Gleichungen wie das Frenkelsche statische Modell führt.
[2] A. Seeger, H. Donth u. A. Kochendörfer: Z. Physik **134**, 173 (1953).
[3] A. Seeger: Z. Naturforsch. **8a**, 47 (1953).
[4] A. Seeger: Z. Naturforsch. **8a**, 246 (1953).

lediglich noch erwähnt, daß man gewisse Einschwingvorgänge, die sich durch die eben genannten Verfahren nicht erfassen lassen, durch Störungsrechnung mit einem von Seeger[1] angegebenen Verfahren behandeln kann.

Die vorstehende Diskussion hat gezeigt, daß das Frenkelsche Modell (mindestens in dem besonders einfachen Fall $\lambda = 0$) zahlreiche Möglichkeiten zur Gewinnung physikalisch interpretierbarer Lösungen bietet. Dennoch ist bis jetzt nur ein kleiner Teil der mathematisch zugänglichen Lösungen näher untersucht worden. Dies liegt daran, daß der Anwendbarkeit des Frenkelschen Modells auf wirkliche Kristalle gewisse Mängel anhaften. Sie rühren davon her, daß dem Modell eine Kristalldimension fehlt, was zur Folge hat, daß die Verzerrungen und Spannungen in der Umgebung einer Versetzung viel zu rasch, nämlich exponentiell, abklingen. Den Nachteil der fehlenden Dimension und der geringen Ausdehnung des Spannungshofes hat das Frenkelsche Modell mit dem Braggschen Seifenblasenmodell (Ziff. 85) gemeinsam. Auch hier sind die „elastischen" Wechselwirkungen zwischen Versetzungen, die einen größeren Abstand als die Versetzungsweite voneinander haben, sehr

schwach. Im Gegensatz zu einem wirklichen Kristall (vgl. Ziff. 61) können im Seifenblasenmodell Versetzungspaare entgegengesetzten Vorzeichens im Kristallinnern oder am Kristallrande sehr leicht entstehen. Diese am Seifenblasenmodell zu beobachtende Erscheinung enthält auch das Frenkelsche Modell: Die oben erwähnten Wellengruppen lassen sich unter der Wirkung einer hinreichend großen äußeren Schubspannung in zwei ungleichnamige Versetzungen auseinanderziehen (Fig. 103).

Wie das eben angeführte Beispiel zeigt, können sich in quantitativer Hinsicht die Verhältnisse beim Frenkelschen Modell von denen in einem dreidimensionalen Kristall beträcht-

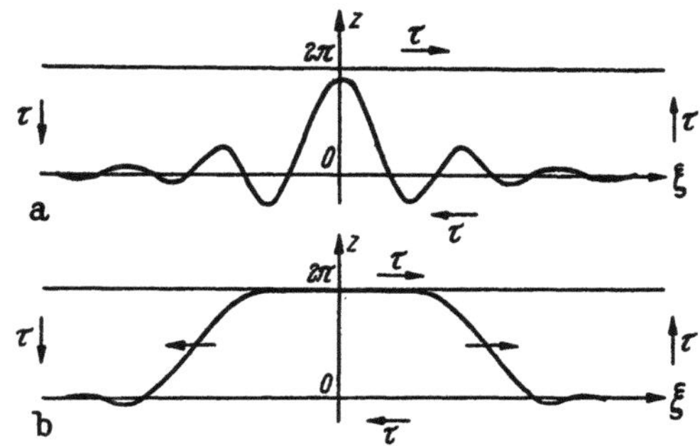

Fig. 103 a u. b. „Auseinanderziehen" einer Wellengruppe durch eine Schubspannung τ geeigneten Vorzeichens. a Wellengruppe; b zwei auseinanderlaufende ungleichnamige Versetzungen.

lich unterscheiden. Das Modell hat deshalb vor allem heuristische Bedeutung. Es gibt jedoch, da es sich mathematisch ziemlich weitgehend behandeln läßt, einen Einblick in die dynamischen Eigenschaften der Versetzungen, der die an Hand dreidimensionaler Modelle gewonnenen Erkenntnisse auf wertvolle Weise ergänzt.

Wie Frank und van der Merwe[2] gezeigt haben, besitzt das Frenkelsche Modell jedoch auch noch eine von den vorstehenden Erörterungen unabhängige selbständige Bedeutung für die Theorie des orientierten Aufwachsens monoatomarer Schichten auf Kristalloberflächen. Wegen Einzelheiten sei auf die Originalarbeiten verwiesen. Dieselben Gleichungen wie beim Frenkelschen Modell treten auch in der Theorie der Bloch-Wände in ferromagnetischen Substanzen auf[3]. Gl. (67.11) gibt z.B. die Drehung der Spin-Richtung in einer Bloch-Wand als Funktion einer Ortskoordinate ξ an; z_0 ist dabei proportional zum Drehwinkel des Spins gegenüber einer festen Raumrichtung.

68. Grundgedanken und Grundgleichungen des Peierlsschen Modells. Das Peierlssche Modell stellt in gewissem Sinne eine Erweiterung der elastizitätstheoretischen Behandlungsweise von Versetzungen dar. Der Zweck dieser Erweiterung ist es, die Nichtlinearität des Elastizitätsgesetzes bei großen Verzerrungen wenigstens in der Gleitebene zu berücksichtigen. Wie man auf diese Weise im Falle des kubisch-primitiven Gitters zu geschlossen lösbaren Gleichungen kommt, die eine Verbesserung der elastizitätstheoretischen Resultate ergeben, haben Orowan und Peierls[4] gezeigt. Wir betrachten zunächst nach Peierls das kubisch-primitive Gitter und gehen später auf kompliziertere Probleme ein.

[1] A. Seeger: Diss. Stuttgart 1951. Siehe auch A. Seeger u. A. Kochendörfer: Z. Physik **130**, 321 (1951).

[2] F. C. Frank u. J. H. van der Merwe: Proc. Roy. Soc. Lond. **198**, 205, 217 (1949).

[3] Siehe z.B. R. Becker: J. Phys. Radium **12**, 332 (1951); vgl. auch Bd. XVIII dieses Handbuches.

[4] R. Peierls: Proc. Phys. Soc. Lond. **52**, 34 (1940).

α) Kubisch-primitives Gitter. Fig. 104 erläutert die Bezeichnungen im Peierlsschen Modell. Man denkt sich den Kristall längs der Gleitebene in zwei Halbkristalle zerschnitten, die durch die beiden Ebenen A und B ($y = \pm c/2$) begrenzt werden.

In der elastizitätstheoretischen Lösung ist in einer Stufenversetzung die Normalspannung $\sigma_{xx}(x)$ in der Gleitebene Null. An den beiden Halbraumoberflächen greifen entgegengesetzt gleiche Schubkräfte und somit gleiche Schubspannungen $\tau_{xy}(x)$ an. Ist G der Schubmodul im Gleitsystem, so würde bei Gültigkeit des Hookeschen Gesetzes zwischen $\tau_{xy}(x)$ und der Relativverschiebung

$$u_{AB}(x) = u_A(x) - u_B(x) \qquad (68.1)$$

von Atomen, die sich auf den Ebenen A und B gegenüberstehen, der Zusammenhang

$$\tau_{xy}(x) = G \cdot \frac{u_{AB}(x)}{c} \qquad (68.2)$$

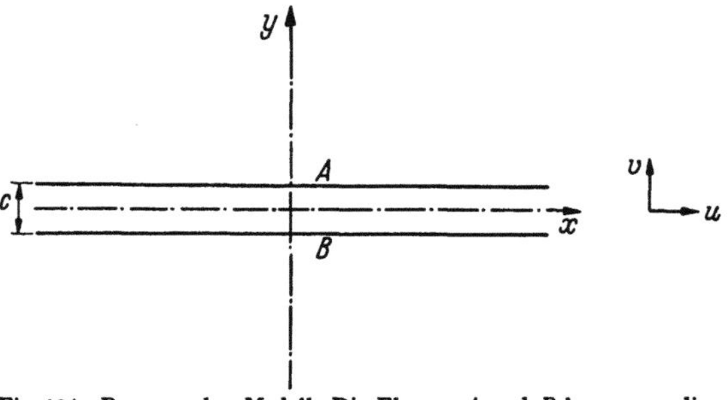

Fig. 104. Peierlssches Modell. Die Ebenen A und B begrenzen die im Modell auftretenden Halbräume.

bestehen. Wünscht man der Periodizität der Atomanordnung in der Gleitebene Rechnung zu tragen, so hat man Gl. (68.2) derart zu erweitern, daß sie die gleiche Schubspannung bei einer Vermehrung von $u_{AB}(x)$ um a gibt. Der einfachste Ansatz, der dies leistet, ist

$$\tau_{xy}(x) = \frac{Ga}{2\pi c} \sin \frac{2\pi u_{AB}(x)}{a} . \qquad (68.3)$$

Um den Zusammenhang der Gl. (68.3) mit der elastizitätstheoretischen Behandlungsweise herzustellen, denkt man sich an der Oberfläche A des einen Halbraumes in Fig. 104 eine Spannungsverteilung

$$\left.\begin{array}{l} \tau_{xy}(x) = \tau(x), \\[4pt] \sigma_{xx}(x) = 0 \end{array}\right\} \qquad (68.4)$$

angreifend. Für den sich in dem elastischen Halbraum einstellenden ebenen Verzerrungszustand kann man sehr leicht die Spannungen und Verzerrungen ausrechnen. Am bequemsten ist es, die Lösung durch Superposition einer kontinuierlichen Verteilung von Einzelkräften[1] infinitesimaler Stärke aufzubauen. Man erhält[2]

$$\varepsilon_{xx}\left(x, \frac{c}{2}\right) \equiv u'_A(x) \equiv \frac{du_A(x)}{dx} = \frac{1-\nu}{G\pi} \int\limits_{-\infty}^{+\infty} \frac{\tau_{xy}(\xi)}{x-\xi} d\xi . \qquad (68.5)$$

Eine entsprechende Gleichung (wegen der entgegengesetzt gleichen Kräfte in den Ebenen A und B jedoch mit anderem Vorzeichen) gilt für $u'_B(x)$. Daraus folgt

$$u'_A(x) + u'_B(x) = 0. \qquad (68.6)$$

Über die bei der Integration von Gl. (68.6) auftretende Integrationskonstanten kann man so verfügen, daß

$$u_A(x) = -u_B(x) = \tfrac{1}{2} u_{AB}(x) \qquad (68.7)$$

ist. Wir werden auf diese spezielle Wahl der Integrationskonstanten bei Gl. (69.1) zurückkommen.

---

[1] L. Föppl: Drang und Zwang, Bd. III, S. 28. München: Leibnizverlag 1947.
[2] G. Leibfried u. K. Lücke: Z. Physik **126**, 450 (1949).

Setzt man Gl. (68.3) in Gl. (68.5) ein und berücksichtigt, daß die beiden Integralgleichungen

$$f(\xi) = \frac{1}{\pi} \int\limits_{-\infty}^{+\infty} \frac{g(x)}{\xi - x}\, dx, \left.\begin{array}{c} \\ \\ \\ \\ \end{array}\right\} \tag{68.8}$$

$$g(x) = \frac{1}{\pi} \int\limits_{-\infty}^{+\infty} \frac{f(\xi)}{\xi - x}\, d\xi$$

(Hilbert-Transformation[1]) sich gegenseitig bedingen, so erhält man die nicht-lineare Integrodifferentialgleichung

$$\int\limits_{-\infty}^{+\infty} \frac{u'_{AB}(\xi)}{x - \xi}\, d\xi = -(1 - \nu)\cdot\frac{a}{c}\cdot\sin\frac{2\pi\, u_{AB}(x)}{a}, \tag{68.9}$$

die (von kleinen Unterschieden abgesehen) zuerst von Peierls[2] angegeben wurde und deshalb *Peierlssche Integralgleichung* genannt wird[3]. Ihre Lösungen werden wir in Ziff. 69 näher untersuchen.

Im Peierlsschen Modell setzt sich die Energie einer Versetzung aus zwei Anteilen zusammen, nämlich der elastischen Energie in den beiden Halbräumen und der Energie der nichtlinearen Wechselwirkung zwischen den beiden Halbräumen. Letztere enthält auch den Beitrag des sog. Versetzungskerns zur Versetzungsenergie. Im Gegensatz zur elastizitätstheoretischen Behandlungsweise ergibt sich hier für diesen Beitrag vollkommen willkürfrei ein endlicher Wert.

Für die mathematische Behandlung der Gl. (68.9) und verwandter Gleichungen ist manchmal eine andere Formulierung vorteilhaft. Wir nehmen dabei an, daß $\tau(x)$ eine gerade Funktion, $du_{AB}(x)/dx$ dagegen eine ungerade Funktion von x ist. Dies trifft in den meisten Fällen, notfalls nach einer Koordinatentransformation, zu. Bezeichnet

$$\mathfrak{S}\,[g(k)] = \int\limits_{-\infty}^{+\infty}\sin k\, x\cdot g(k)\, dk \tag{68.10}$$

die Sinustransformierte der Funktion $g(x)$ und

$$\mathfrak{C}\,[g(k)] = \int\limits_{-\infty}^{+\infty}\cos k\, x\cdot g(k)\, dk \tag{68.11}$$

· Cosinustransformierte der Funktion $g(k)$, so kann man unter den eben genannten Voraus-·ungen Gl. (68.9) auch in der Form

$$u'_{AB}(x) = -\frac{(1 - \nu)\, a}{c}\, \mathfrak{C}[g(k)], \left.\begin{array}{c} \\ \\ \\ \end{array}\right\} \tag{68.12}$$

$$\sin\frac{2\pi\, u_{AB}(x)}{a} = \pi\,\mathfrak{S}\,[g(k)]$$

· noch unbekannten Funktion $g(k)$ schreiben. Da $\mathfrak{C}\,[g(k)]$ und $\mathfrak{S}\,[g(k)]$ Real- und eile der analytischen Funktion

$$\int\limits_{-\infty}^{+\infty} e^{ikx} g(k)\, dk = \mathfrak{C}\,[g(k)] + i\,\mathfrak{S}\,[g(k)] \tag{68.13}$$

ı sich für die Auflösung der Peierlsschen Gleichung (68.9) und verwandter ⸲gen Tabellen von Fourier-Transformierten bzw. von Real- und Imaginärteilen ⸲alytischer Funktionen als nützliche Hilfsmittel.

---

[1] W. Schmeidler: Integralgleichungen mit Anwendungen in Physik und Technik, Bd. I, S. 156. Leipzig 1950.
[2] R. Peierls: Proc. Phys. Soc. Lond. **52**, 34 (1940).
[3] Wir werden unten eine Reihe von Verallgemeinerungen von Gl. (68.9) kennen lernen, die wir ebenfalls als Peierlssche Gleichungen bezeichnen werden.

Wie wir in Ziff. 69 sehen werden, stimmt die sich aus Gl. (68.9) ergebende Lösung für eine *Stufenversetzung* nahezu mit der elastizitätstheoretischen Lösung überein. Im Gegensatz dazu scheint dieser enge Zusammenhang zwischen Peierlsschem Modell und elastizitätstheoretischer Behandlungsweise bei Schraubenversetzungen verloren zu gehen, da ja eine Schraubenversetzung im Rahmen der isotropen Elastizitätstheorie keine ausgezeichnete Gleitebene aufweist, während im Peierlsschen Modell eine Ebene durch den Potentialansatz bevorzugt wird. Wie Eshelby[1] gezeigt hat, kann man für eine in z-Richtung verlaufende Schraubenversetzung aus dem zu Gl. (68.3) analogen Ansatz eine mit Gl. (68.9) nahe verwandte Gleichung, nämlich

$$\int\limits_{-\infty}^{+\infty} \frac{w'_{AB}(\xi)}{x-\xi}\, d\xi = -\frac{a}{c} \sin \frac{2\pi\, w_{AB}(x)}{a} \tag{68.14}$$

ableiten, wobei analog zu Gl. (68.7)

$$w_{AB}(x) = 2w_A(x) = -2w_B(x) \tag{68.15}$$

ist. Aus Gl. (68.14) wird sich in Ziff. 69 genau die elastische Lösung ergeben, so daß in der endgültigen Lösung die Auszeichnung einer Gleitebene nicht mehr auftritt.

Wir hatten oben unter Berufung auf die Ergebnisse der Elastizitätstheorie die in der Gleitebene auftretende Normalspannung σ_{xx} gleich Null gesetzt. Dies ist dann erlaubt, wenn die Normalverschiebungen v_A und v_B an gegenüberliegenden Stellen der Ebenen $y = \pm \dfrac{c}{2}$ gleich sind. Es hängt von der jeweiligen Kristallstruktur ab, wie gut diese Bedingung erfüllt ist. Obwohl detaillierte Untersuchungen hierüber noch nicht vorliegen, ist es sehr wahrscheinlich, daß die Vernachlässigung der Normalspannungen für die Mehrzahl der unten behandelten Probleme ohne Einfluß ist.

β) Berücksichtigung der elastischen Anisotropie. Die Ausführungen von Abschnitt α bezogen sich auf elastische Isotropie und auf ein kubisch-primitives Gitter. Um eine bessere Annäherung an die wirklichen Verhältnisse zu erreichen, werden wir nunmehr den Einfluß der elastischen Anisotropie sowie der Kristallstruktur (in Abschnitt γ dieser Ziffer) näher untersuchen. In einem anisotropen Medium gibt es zwar im allgemeinen keinen ebenen Spannungszustand mehr, doch ist es für unsere Zwecke nach wie vor zulässig, den Spannungs- und Verschiebungszustand als unabhängig von der z-Koordinate anzunehmen. Zu seiner Behandlung führen wir zwei Spannungsfunktionen $F(x, y)$ und $\Phi(x, y)$ ein[2,3]. Diese Spannungsfunktionen hängen mit den Spannungskomponenten folgendermaßen zusammen:

$$\sigma_{xx} = \frac{\partial^2 F(x, y)}{\partial y^2}; \qquad \sigma_{xy} = -\frac{\partial^2 F(x, y)}{\partial x\, \partial y}; \qquad \sigma_{yy} = \frac{\partial^2 F(x, y)}{\partial x^2}, \tag{68.16}$$

$$\sigma_{yz} = -\frac{\partial \Phi}{\partial x}; \qquad \sigma_{xz} = \frac{\partial \Phi}{\partial y}. \tag{68.17}$$

Die Komponente σ_{zz} ergibt sich als Linearkombination der übrigen Spannungskomponenten aus der Bedingung $\varepsilon_{zz} = 0$.

Durch die Ansätze Gln. (68.16), (68.17) werden die *Gleichgewichtsbedingungen* identisch befriedigt. Aus den *Kompatibilitätsbedingungen* ergibt sich im vorliegenden Fall das Gleichungspaar

$$\left.\begin{aligned} S_{22} F_{xxxx} + S_{11} F_{yyyy} + (2 S_{12} + S_{66}) F_{xxyy} - 2 S_{26} F_{xxxy} - 2 S_{16} F_{xyyy} - \\ - S_{24} \Phi_{xxx} + S_{15} \Phi_{yyy} + (S_{25} + S_{46}) \Phi_{xxy} - (S_{14} + S_{56}) \Phi_{xyy} = 0, \end{aligned}\right\} \tag{68.18a}$$

$$\left.\begin{aligned} S_{24} F_{xxx} - S_{15} F_{yyy} - (S_{25} + S_{46}) F_{xxy} + (S_{14} + S_{56}) F_{yyz} - \\ - S_{44} \Phi_{xx} - S_{55} \Phi_{yy} + 2 S_4\, \Phi_{xy} = 0. \end{aligned}\right\} \tag{68.18b}$$

[1] J. D. Eshelby: Proc. Phys. Soc. Lond. A **62**, 307 (1949).
[2] W. Voigt: Lehrbuch der Kristallphysik, insbes. Kap. VII. Leipzig u. Berlin: 1910.
[3] A. Seeger u. G. Schöck: Acta met. **1**, 519 (1953).

Die in Gl. (68.18) auftretenden Voigtschen elastischen Koeffizienten s_{ik} (vgl. Ziff. 53) sind dabei zu den Ausdrücken

$$S_{hi} = s_{hi} s_{33} - s_{h3} s_{i3} \qquad (68.19)$$

zusammengefaßt.

Aus Ziff. 56 und den Gln. (68.16) und (68.17) geht hervor, daß in einem *isotropen* Medium der Ansatz

$$F(x, y) \neq 0, \qquad \Phi(x, y) \equiv 0 \qquad (68.20)$$

Stufenversetzungen,

$$F(x, y) \equiv 0, \qquad \Phi(x, y) \neq 0 \qquad (68.21)$$

dagegen Schraubenversetzungen zu behandeln gestattet. Nach Gln. (68.18) sind jedoch in einem *anisotropen* Medium im allgemeinen keine Lösungen der Form (68.20) oder (68.21) möglich. Das bedeutet, wie schon in Ziff. 56 betont, daß die Spannungsfelder zweier paralleler Versetzungslinien, von denen eine Stufen- und die andere Schraubencharakter hat, gemeinsame Spannungs- und Verschiebungskomponenten aufweisen und deshalb eine energetische Wechselwirkung miteinander haben. Diesen Sachverhalt pflegt man folgendermaßen auszudrücken: *In einem anisotropen Medium sind parallele Stufen- und Schraubenversetzungen im allgemeinen voneinander abhängig.*

Aus Gl. (68.18) liest man sofort die Ausnahmebedingung für die Unabhängigkeit paralleler Stufen- und Schraubenversetzungen in anisotropen Fällen ab. Damit das Gleichungspaar (68.18) in zwei getrennte Gleichungen für $F(x, y)$ und $\Phi(x, y)$ zerfällt, muß

$$S_{24} = S_{15} = S_{25} + S_{46} = S_{14} + S_{56} = 0 \qquad (68.22)$$

gelten. Nach Voigt ist Gl. (68.22) die Bedingung dafür, daß die z-Achse in eine geradzählige (nicht in eine dreizählige) Symmetrieachse fällt, oder, was für elastizitätstheoretische Probleme damit gleichwertig ist, senkrecht auf einer Spiegelebene (nicht Drehspiegelebene) steht.

Algebraisiert man bei Gültigkeit von Gl. (68.22) die Gl. (68.18) durch den Ansatz

$$\left. \begin{array}{l} F(x, y) = \quad A(\alpha) \quad \exp(i \alpha x + i \alpha \varkappa y), \\ \Phi(x, y) = i B(\alpha) \quad \exp(i \alpha x + i \alpha \varkappa y), \end{array} \right\} \qquad (68.23)$$

so erhält man statt der Gl. (68.18a) und (68.18b) eine Gleichung vierten Grades in $\varkappa$

$$S_{11} \varkappa^4 - 2 S_{16} \varkappa^3 + (2 S_{12} + S_{66}) \varkappa^2 - 2 S_{26} \varkappa + S_{22} = 0 \qquad (68.24a)$$

und eine Gleichung zweiten Grades in $\varkappa$

$$S_{55} \varkappa^2 - 2 S_{45} \varkappa + S_{44} = 0, \qquad (68.24b)$$

während im allgemeinen Fall die aus Gl. (68.18) hervorgehende Säkulargleichung eine nicht zerfallende Gleichung sechsten Grades in $\varkappa$ ist.

Die Algebraisierung durch den Ansatz (68.23) erlaubt, eine weitere praktisch sehr bedeutsame Vereinfachung gegenüber dem allgemeinen Falle herauszustellen. Die eben genannte Säkulargleichung sechsten Grades kann sich zu der folgenden Gleichung dritten Grades in $\varkappa^2$ vereinfachen:

$$\left. \begin{array}{l} S_{11} S_5 \;\varkappa^6 + [S_{11} S_{44} + S_{55}(2 S_{12} + S_{66}) - (S_{14} + S_{56})^2] \varkappa^4 + \\ + [S_{22} S_{55} + S_{44}(2 S_{12} + S_{66}) - 2 S_{24}(S_{14} + S_{56})] \varkappa^2 + S_{22} S_{44} - S_{24}{}^2 = 0. \end{array} \right\} \qquad (68.25)$$

Die Bedingung für das Eintreten dieser Vereinfachung ist, daß die z-Achse des Koordinatensystems in einer kristallographischen Symmetrieebene liegt[1].

Die beiden, den Gln. (68.24) und (68.25) zugrunde liegenden Vereinfachungen sind natürlich durch die Symmetrie des jeweiligen Problems bestimmt und deswegen unabhängig von dem speziellen Ansatz Gl. (68.23), bei dem sie lediglich besonders einfach zutage treten. Sie gelten z.B. auch bei der in Ziff. 56 erwähnten rein elastizitätstheoretischen Behandlungsweise von Versetzungen in anisotropen Medien.

Mit Hilfe des Ansatzes Gl. (68.23) ist es in den beiden angeführten Spezialfällen, auf die wir uns zunächst beschränken wollen, nicht mehr schwierig, die Verallgemeinerung der Gl. (68.5) auf anisotrope Verhältnisse zu geben.

---

[1] A. Seeger u. G. Schöck: Acta met. **1**, 519 (1953).

a) Zerfall der Säkulargleichung in eine Gleichung vierten Grades und in eine Gleichung zweiten Grades (z-Achse senkrecht zur Symmetrieebene): Es gilt:

$$u'_A(x) = \frac{K_1}{\pi} \int_{-\infty}^{+\infty} \frac{\tau_{xy}(\xi)}{x - \xi}\, d\xi , \qquad (68.26\,\text{a})$$

$$w'_A(x) = \frac{K_2}{\pi} \int_{-\infty}^{+\infty} \frac{\tau_{yz}(\xi)}{x - \xi}\, d\xi \qquad (68.26\,\text{b})$$

mit

$$K_1 = \frac{S_{11}}{s_{11}}\,(\varkappa''_1 + \varkappa''_2) , \qquad (68.27\,\text{a})$$

$$K_2 = \sqrt{s_{44}\cdot s_{55} - 4 s_{36}{}^2} . \qquad (68.27\,\text{b})$$

Die Wurzeln von Gl. (68.24 a) sind

$$\left.\begin{aligned} \varkappa &= \varkappa'_1 \pm i\,\varkappa''_1 ,\\ \varkappa &= \varkappa'_2 \pm i\,\varkappa''_2 \end{aligned}\right\} \qquad (68.28)$$

($\varkappa'_i, \varkappa''_i$ reell, $\varkappa''_i > 0$).

In einem isotropen Medium reduziert sich (68.27) auf

$$K_1 = \frac{1 - \nu}{G}; \qquad K_2 = \frac{1}{G}. \qquad (68.29)$$

b) Reduktion der Säkulargleichung auf eine Gleichung dritten Grades in $\varkappa^2$ (z-Achse in Symmetrieebene):

Es gilt [1]:

$$u'_A(x) = \frac{K_2}{\pi} \int_{-\infty}^{+\infty} \frac{\tau_{xy}(\xi)}{x - \xi}\, d\xi , \qquad (68.30\,\text{a})$$

$$w'_A(x) = \frac{K_1}{\pi} \int_{-\infty}^{+\infty} \frac{\tau_{yz}(\xi)}{x - \xi}\, d\xi \qquad (68.30\,\text{b})$$

mit

$$K_1 = -\,i\,s_{55}\cdot \frac{\gamma_1\varkappa_1(\varkappa_2 - \varkappa_3) + \gamma_2\varkappa_2(\varkappa_3 - \varkappa_1) + \gamma_3\varkappa_3(\varkappa_1 - \varkappa_2)}{\gamma_1(\varkappa_2 - \varkappa_3) + \gamma_2(\varkappa_3 - \varkappa_1) + \gamma_3(\varkappa_1 - \varkappa_2)} , \qquad (68.31\,\text{a})$$

$$K_2 = -\,i\,\frac{S_{11}\,[\gamma_1(\varkappa_2^2 - \varkappa_3^2) + \gamma_2(\varkappa_3^2 - \varkappa_1^2) + \gamma_3(\varkappa_1^2 - \varkappa_2^2)]}{s_{11}\,[\gamma_1(\varkappa_2 - \varkappa_3) + \gamma_2(\varkappa_3 - \varkappa_1) + \gamma_3(\varkappa_1 - \varkappa_2)]} . \qquad (68.31\,\text{b})$$

Hierbei sind:

$$\left.\begin{aligned} \pm\varkappa_1 &= \pm\, i\,\varkappa''_1 ,\\ \pm\varkappa_2 &= \pm\,(\varkappa'_2 + i\,\varkappa''_2) ,\\ \pm\varkappa_3 &= \pm\,(-\varkappa'_2 + i\,\varkappa''_2) \end{aligned}\right\} \qquad (68.32)$$

die Wurzeln der Gl. (68.25) ($\varkappa''_1 , \varkappa'_2, \varkappa''_2 =$ reell, positiv); ferner

$$\gamma_i = \frac{(S_{14} + S_{56})\,\varkappa_i^2 + S_{24}}{S_{.5}\,\varkappa_i^2 + S_{44}} . \qquad (68.33)$$

Im Falle der Isotropie reduziert sich das Gleichungspaar (68.31) auf

$$K_1 = \frac{1}{G}; \qquad K_2 = \frac{1 - \nu}{G} \qquad (68.34)$$

Geht man von den eben besprochenen Spezialfällen a) und b) zu dem allgemeinen Fall einer gegenüber den Kristallachsen beliebig orientierten z-Achse über, so werden die Verhältnisse etwas komplizierter. An die Stelle der Gl. (68.26) und Gl. (68.30) treten kompliziertere Gleichungen, die auf der rechten Seite Linearkombinationen von $\tau_{xy}(\xi)$ und $\tau_{yz}(\xi)$ enthalten. Wir gehen darauf nicht näher ein, da bis jetzt die oben betrachteten Spezialfälle für alle praktischen Anwendungen ausgereicht haben.

---

[1] Die Bezeichnung der K_i in den Fällen a) und b) wird in Ziff. 73 gerechtfertigt werden.

γ) Kompliziertere Strukturen. Nachdem wir im vorhergehenden Abschnitt β die Erweiterung der Darlegungen von Abschnitt α auf anisotrope Verhältnisse betrachtet haben, wenden wir uns jetzt der Besprechung komplizierterer Strukturen als des kubisch primitiven Gitters zu. Dabei muß vor allem die Gl. (68.3) durch einen komplizierteren Zusammenhang zwischen den Schubspannungen $\tau_{xy}(x)$, $\tau_{yz}(x)$ und den Relativverschiebungen $u_{AB}(x)$ und $w_{AB}(x)$ in der Gleitebene ersetzt werden. Solche Zusammenhänge werden an anderer Stelle[1] ausführlich untersucht, wobei sich insbesondere die Notwendigkeit ergibt, neben dem in Gl. (68.3) allein berücksichtigten trigonometrischen Glied mit der längsten

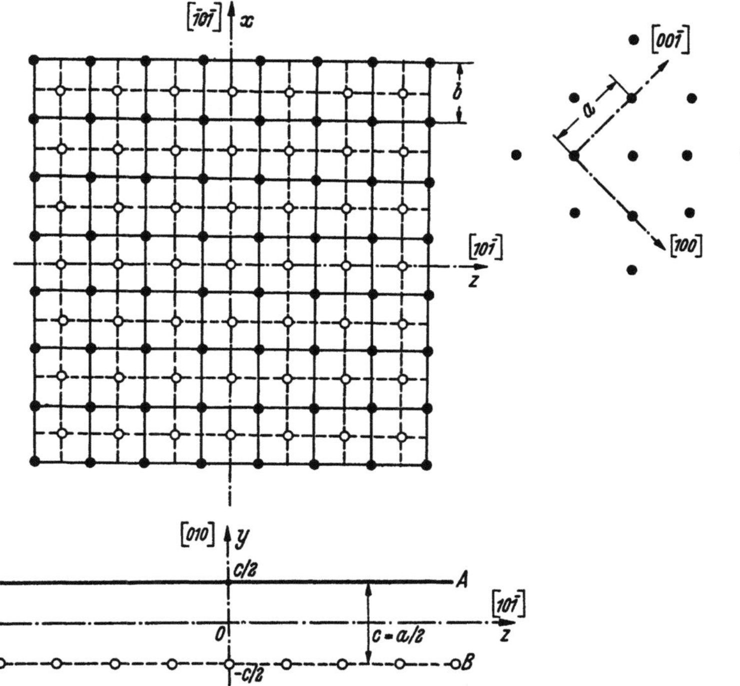

Fig. 105. Ein Paar benachbarter (010)-Netzebenen im kubisch-flächenzentrierten Gitter. Atome in Ebene *A*: ausgefüllte Kreise; Atome in Ebene *B*: leere Kreise.

möglichen Periode noch höhere Glieder mit in Betracht zu ziehen. Dabei tritt allerdings die Schwierigkeit auf, daß man die interatomaren Kräfte ziemlich genau kennen muß, um die höheren Fourier-Koeffizienten angeben zu können, während wir in Abschnitt α den einzigen auftretenden Fourier-Koeffizienten ohne Kenntnis dieser Kräfte durch den Schubmodul in der Gleitebene ausdrücken konnten.

Der zweckmäßigste Weg zur Lösung des hier angeschnittenen Problems ist wohl derjenige von Leibfried und Dietze[2]: die potentielle Energie der Verschiebung der beiden Netzebenen *A* und *B* gegeneinander wird in eine Fourier-Reihe nach den Verschiebungen u_{AB} und w_{AB} der Atome in den Ebenen *A* und *B* entwickelt. Dabei werden nur jene Glieder beibehalten, die sich eindeutig durch die elastischen Konstanten des Kristalls ausdrücken lassen. Als Beispiel betrachten wir (Fig. 105) eine (010)-Gleitebene im kubisch-flächenzentrierten Gitter. Leibfried und Dietze[2] erhalten mit den obigen Vereinfachungen als

---

[1] Kapitel Kristallplastizität in Teil 2 dieses Bandes, Ziff. 4.
[2] G. Leibfried u. H.-D. Dietze: Z. Physik **131**, 113 (1951).

potentielle Energie der Verschiebung der beiden Ebenen A und B gegeneinander (pro Längeneinheit in z-Richtung)

$$E_{AB} = \frac{f_1}{b} \sum_{m=-\infty}^{m=+\infty} \left\{ 2 - \cos 2\pi \frac{w_{AB}\left(\frac{m\,b}{2}\right)}{b} - \cos 2\pi \frac{u_{AB}\left(\frac{m\,b}{2}\right)}{b} \right\}. \qquad (68.35)$$

Die Konstante f_1 läßt sich entweder durch die Fourier-Transformierte der Wechselwirkungsenergie $\varphi(r)$ zwischen zwei Atomen im Abstand r oder durch den Schubmodul G in der Gleitebene ausdrücken. Man erhält:

$$f_1 = \frac{G}{8\pi^2} \frac{b^4}{c}. \qquad (68.36)$$

In Gl. (68.35) ist die in Ziff. 67 besprochene Variation der Versetzungsenergie mit dem Ort einer Versetzung im Kristall enthalten. Wir werden darauf in Ziff. 72 zurückkommen. In Ziff. 67 gingen diese Energievariationen beim Übergang von der Differenzengleichung (67.4) zur Differentialgleichung (67.5) verloren. Diesem Übergang entspricht im vorliegenden Falle die Approximation der Summe Gl. (68.35) durch das Integral

$$E_{AB} = \frac{2 f_1}{b^2} \int_{-\infty}^{+\infty} \left\{ 2 - \cos 2\pi \frac{w_{AB}(x)}{b} - \cos 2\pi \frac{u_{AB}(x)}{b} \right\} dx. \qquad (68.37)$$

Aus Gl. (68.37) erhält man als Energie pro Flächeneinheit

$$\varepsilon_{AB} = \frac{G}{4\pi^2} \frac{b^2}{c} \left\{ 2 - \cos 2\pi \frac{w_{AB}(x)}{b} - \cos 2\pi \frac{u_{AB}(x)}{b} \right\}. \qquad (68.38)$$

Für die Schubspannungen in der Gleitebene gilt

$$\tau_{xy}(x) = \sigma_{xy}\left(x, \frac{c}{2}\right) = -\frac{\partial \varepsilon_{AB}}{\partial u_B} = \frac{G\,b}{2\pi c} \sin 2\pi \frac{u_{AB}(x)}{b}, \qquad (68.39\text{a})$$

$$\tau_{yz}(x) = \sigma_{yz}\left(x, \frac{c}{2}\right) = -\frac{\partial \varepsilon_{AB}}{\partial w_B} = \frac{G\,b}{2\pi c} \sin 2\pi \frac{w_{AB}(x)}{b}. \qquad (68.39\text{b})$$

Kombiniert man die Gln. (68.39) und (68.30) miteinander, so erhält man für $u_{AB}(x)$ und $w_{AB}(x)$ je eine Gleichung vom Typ der Gl. (68.9). Im vorliegenden Falle tauchen somit gegenüber dem kubisch-primitiven Gitter keine neuen Probleme auf.

Dies ändert sich jedoch, wenn man {111}-Gleitebenen im kubisch-flächenzentrierten Gitter, oder, was damit im Rahmen des vorliegenden Modells äquivalent ist, Basisgleitebenen in der hexagonalen dichtesten Kugelpackung betrachtet (Fig. 106). Auf die oben geschilderte Weise erhalten Leibfried und Dietze in diesem Falle für die Wechselwirkungsenergie pro Flächeneinheit

$$\varepsilon_{AB} = \frac{G}{4\pi^2} \cdot \frac{b^2}{c} \left\{ \frac{3}{2} - 2 \cdot \cos 2\pi \frac{w_{AB}(x)}{b} \cdot \cos 2\pi \left(\frac{u_{AB}(x)}{h} + \frac{1}{6}\right) + \right. \\ \left. + \cos 4\pi \left(\frac{u_{AB}(x)}{h} + \frac{1}{6}\right) \right\}. \qquad (68.40)$$

Im kubisch-flächenzentrierten Gitter (Gitterkonstante a) ist

$$b = \frac{a}{\sqrt{2}}, \qquad h = \sqrt{3}\,b = \sqrt{\frac{3}{2}}\,a, \qquad c = \frac{a}{\sqrt{3}} = \sqrt{\frac{2}{3}}\,b, \qquad (68.41)$$

in der hexagonalen dichtesten Kugelpackung (Gitterkonstanten a und c) ist

$$b = a, \qquad h = \sqrt{3}\,a, \qquad c = \frac{c}{2}. \qquad (68.42)$$

Die aus Gl. (68.40) folgenden Integrodifferentialgleichungen für u_{AB} und w_{AB} sind so kompliziert, daß sie im Gegensatz zu Gl. (68.9) nicht streng gelöst werden können. Die weitere Behandlung des vorliegenden Problems erfolgt am besten näherungsweise mit Hilfe einer Variationsmethode, auf die wir in Ziff. 71 eingehen werden. Zuvor (Ziff. 69) werden wir jedoch noch untersuchen, welche strenge Lösungen wir aus Gl. (68.9) und verwandten Gleichungen ableiten können.

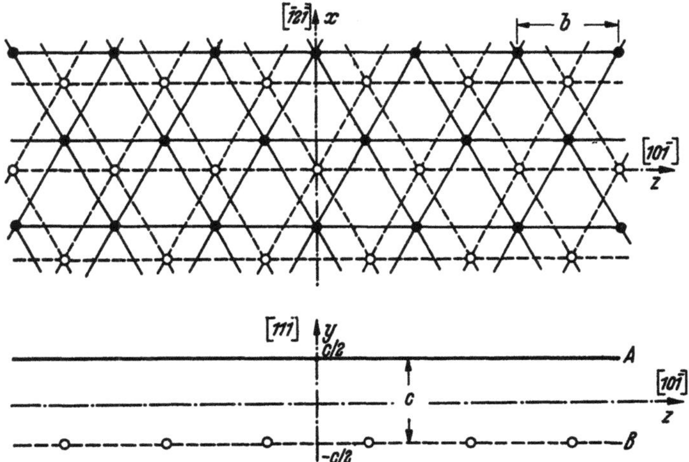

Fig. 106. Ein Paar benachbarter (111)-Netzebenen im kubisch-flächenzentrierten Gitter. Atome in Ebene A: ausgefüllte Kreise; Atome in Ebene B: leere Kreise.

69. Statische Lösungen der Peierlsschen Gleichungen. In dieser Ziffer sollen diejenigen Probleme besprochen werden, die eine strenge Lösung der Peierlsschen Gleichung zulassen. Es sind dies durchweg solche Fälle, in denen die Schubspannungen in der Gleitebene wie in Gl. (68.3) durch ein einfaches Sinusgesetz mit der relativen Verschiebung in der Gleitebene verknüpft sind. Tritt z. B. noch ein zweites Sinusglied in diesem Zusammenhang auf, so kann man die entsprechende Peierlssche Gleichung (im Gegensatz zum Frenkelschen Modell — Ziff. 67) nicht mehr streng lösen. Wir werden darauf bei der Behandlung der Näherungsmethoden in Ziff. 71 zurückkommen.

α) *Einzelversetzungen in einem unendlich ausgedehnten Kristall.* Die Peierlssche Integralgleichung hat unter Berücksichtigung von Gl. (68.7) die Form

$$\int_{-\infty}^{+\infty} \frac{1}{x-\xi}\, \frac{d u_A(\xi)}{d\xi}\, d\xi = \frac{b}{4\sigma}\, \sin \frac{4\pi\, u_A(x)}{b}\,. \tag{69.1}$$

b besitzt, wie wir sogleich sehen werden, die Bedeutung der Versetzungsstärke, σ die Bedeutung der Versetzungsweite[1]. Im kubisch-primitiven Gitter ist

$$b = a;\tag{69.2}$$

in den dichtest gepackten Gittern ist b durch Gl. (68.41) bzw. Gl. (68.42) gegeben. Die Versetzungsweite σ hängt vom Charakter und von der Orientierung der Versetzungslinie sowie vom Abstand c benachbarter Gleitebenen ab. In einem isotropen Medium mit Querkontraktionszahl ν gilt für eine Stufenversetzung

$$\sigma = \frac{c}{2(1-\nu)}\tag{69.3a}$$

---

[1] 2σ ist die kürzeste Entfernung, innerhalb der sich die relative Verschiebung u_{AB} der Atome in den Ebenen A und B um die halbe Versetzungsstärke ändert. Obwohl also 2σ eigentlich ein besseres Maß für die Weite einer Versetzung wäre, nennen wir σ der einfacheren Ausdrucksweise wegen die Versetzungsweite.

und für eine Schraubenversetzung

$$\sigma = \frac{c}{2}.$$ (69.3 b)

In einem anisotropen Medium, in dem die Gl. (68.26) bzw. (68.30) gelten und G den Schubmodul im Gleitsystem bedeutet, ist

$$\sigma = \frac{c}{2 \cdot G \cdot K_i}.$$ (69.3 c)

In Gl. (69.1) mußte gegenüber Gl. (68.9) und Gl. (68.14) das Vorzeichen des Sinusgliedes geändert werden und zwar aus folgendem Grunde: Beim Ansatz der Gl. (68.3) war angenommen worden, daß $u_{AB} = 0$ dem stabilen Gleichgewichtszustand des unverzerrten Kristalls entspreche. Bei der einer einzelnen Versetzung entsprechenden Lösung von Gl. (69.1) nimmt u_{AB} mit wachsendem x zwischen $x = -\infty$ und $x = +\infty$ um b ab. Dies ist mit Gl. (68.7) nur dann verträglich, wenn die Wahl der dort verfügbaren Integrationskonstanten so getroffen wird, daß die Gleichgewichtslagen des unverzerrten Gitters bei $u_{AB} = (n + \frac{1}{2})\, b$ mit $n = 0, \pm 1, \pm 2, \ldots$ liegen. Diese Verschiebung des Ursprungs von u_{AB} bringt die Vorzeichenänderung des Sinusgliedes in der Peierlsschen Gleichung mit sich. Bei der Anwendung der Peierlsschen Gleichung auf ein bestimmtes Problem hat man somit von Fall zu Fall zu prüfen, ob Gl. (68.7) erfüllt ist.

Ein systematisches Verfahren zur geschlossenen Lösung von Gl. (69.1) gibt es wohl nicht. Da das Peierlssche Modell gewissermaßen eine Verfeinerung der rein elastizitätstheoretischen Betrachtungsweise ist, liegt es nahe, als Lösungsansatz die elastizitätstheoretische Lösung zu verwenden [vgl. Gl. (56.12)]. Wie Peierls gezeigt hat, ist

$$u_A = -\frac{b}{2\pi}\,\mathrm{arc\,tan}\,\frac{x}{\sigma}$$ (69.4)

eine strenge Lösung von Gl. (69.1). Der Parameter σ in Gl. (69.4) wird als Versetzungsweite bezeichnet[1].

Daß Gl. (69.4) tatsächlich eine strenge Lösung von (69.1) darstellt, erkennt man am einfachsten an Hand der Gl. (68.12) entsprechenden Fourier-Darstellungen

$$\left.\begin{aligned}
u_A'(x) &= -\frac{b}{2\pi}\,\frac{\sigma}{x^2 + \sigma^2} = -\frac{b}{2\pi}\int_0^\infty e^{-k\sigma}\cos k x\, dx, \\
\sin\frac{4\pi u_A(x)}{b} &= -2\,\frac{\sigma x}{\sigma^2 + x^2} = -2\sigma\int_0^\infty e^{-k\sigma}\sin k x\, dx
\end{aligned}\right\}\quad (\sigma > 0).$$ (69.5)

An Hand von Gl. (69.4) kann man leicht die Verschiebungskomponenten $u(x, y)$ sowie die Airysche Spannungsfunktion $F(x, y)$ für eine Stufenversetzung im ganzen Halbraum $A\left(y \geq \frac{c}{2}\right)$ ausrechnen. Man erhält[2]

$$\left.\begin{aligned}
u(x, y) &= \frac{\sigma(1-\nu)}{\pi}\left\{\mathrm{arc\,tan}\,\frac{\left(y - \frac{c}{2} + \sigma\right)}{x} - \frac{\pi}{2}\right\} + \frac{\sigma}{2\pi}\,\frac{x\left(y - \frac{c}{2}\right)}{x^2 + \left(y - \frac{c}{2} + \sigma\right)^2}, \\
v(x, y) &= -\frac{\sigma(1-2\nu)}{4\pi}\log\frac{x^2 + \left(y - \frac{c}{2} + \sigma\right)^2}{\sigma^2} + \frac{\sigma}{2\pi}\,\frac{\left(y - \frac{c}{2}\right)\left(y - \frac{c}{2} + \sigma\right)}{x^2 + \left(y - \frac{c}{2} + \sigma\right)^2},
\end{aligned}\right\}$$ (69.6)

$$F = -\frac{G\sigma}{2\pi}\left(y - \frac{c}{2}\right)\log\left(x^2 + \left(y - \frac{c}{2} + \sigma\right)^2\right).$$ (69.7)

---

[1] Siehe Fußnote 1, S. 577.
[2] G. Leibfried u. K. Lücke: Z. Physik **126**, 450 (1949).

Durch Vergleich mit den in Ziff. 56 angegebenen elastizitätstheoretischen Lösungen sieht man, daß sich die PEIERLssche und die elastizitätstheoretische Lösung für den unendlich ausgedehnten Kristall nur in der nächsten Umgebung des Versetzungskerns unterscheiden. In der weiteren Umgebung der Versetzung führen beide auf Gl. (56.6) und Gl. (56.9).

Die Lösung für eine Schraubenversetzung im unendlich ausgedehnten Kristall schreiben wir in der Form

$$w_A = \frac{b}{2\pi} \arctan \frac{x}{\sigma}. \tag{69.8}$$

In einem isotropen Medium ergibt sich[1] daraus unter Berücksichtigung von Gl. (69.3b)

für $y > \dfrac{c}{2}$

$$w(x, y) = \frac{b}{2\pi} \arctan \frac{x}{y}, \tag{69.9}$$

also in Strenge die in Ziff. 56 besprochene elastizitätstheoretische Lösung.

Mit der Kenntnis der Schubspannungsverteilungen $\tau_{xy}(x)$ und $\tau_{yz}(x)$ an der Oberfläche der beiden Halbräume A und B kann man auch bei den in Ziff. 68β besprochenen *anisotropen* Fällen die Spannungs- und Verschiebungsfelder in der Umgebung der Versetzungen ermitteln. Sie ergeben sich bei Ansätzen der Form (69.8) als elementare Funktionen der Ortskoordinaten. Wir verzichten jedoch hier auf die ausführliche Durchrechnung und geben nur für die beiden in Ziff. 68β besprochenen Fälle a) und b) die wichtigsten Formeln an. Wir gehen dabei wie SEEGER und SCHÖCK[2] von dem Ansatz (68.23) für die Spannungsfunktionen $F(x, y)$ und $\Phi(x, y)$ aus und bauen aus den Partiallösungen (68.23) Lösungen auf, die den Randbedingungen

$$\left.\begin{aligned} \sigma_{xy}\left(x, \frac{c}{2}\right) &= \tau_{xy}(x), \\[2mm] \sigma_{yy}\left(x, \frac{c}{2}\right) &= 0, \\[2mm] \sigma_{yz}\left(x, \frac{c}{2}\right) &= \tau_{yz}(x) \end{aligned}\right\} \tag{69.10}$$

genügen.

a) Versetzungslinie in Richtung einer geradzähligen Symmetrieachse des Kristalls. Die verallgemeinerte AIRYsche Spannungsfunktion des Problems lautet:

$$F(x, y) = -\int\limits_{-\infty}^{+\infty} \frac{1}{2\pi i \alpha} \cdot \frac{\exp(i\alpha \varkappa_1' y - |\alpha| \varkappa_1'' y) - \exp(i\alpha \varkappa_2' y - |\alpha| \varkappa_2'' y)}{i\alpha(\varkappa_1' - \varkappa_2') - |\alpha|(\varkappa_1'' - \varkappa_2'')} e^{i\alpha x} \tilde{\tau}_{xy}(\alpha)\, d\alpha, \tag{69.11}$$

$\varkappa_1', \varkappa_2', \varkappa_1'', \varkappa_2''$ haben die in Gl. (68.28) angegebene Bedeutung. Statt der verallgemeinerten Schubspannungsfunktion $\Phi(x, y)$ kann man im vorliegenden Falle auch die z-Komponente der Verschiebung

$$w(x, y) = -\int\limits_{-\infty}^{+\infty} \frac{K_2}{2\pi|\alpha|} \exp\left(i\varkappa_3' \alpha\left(y - \frac{c}{2}\right) - \varkappa_3'' |\alpha| y\right) e^{i\alpha x} \tilde{\tau}_{yz}(\alpha)\, d\alpha \tag{69.12}$$

verwenden. Hierbei ist K_2 durch Gl. (68.27b) gegeben.

$$\varkappa = \varkappa_3' \pm i\varkappa_3'' \qquad (\varkappa_3'' > 0) \tag{69.13a}$$

sind die Lösungen der mit Gl. (68.24b) gleichwertigen Gleichung [vgl. Gl. (73.15a)]

$$s_{55} \varkappa^2 - 4 s_{36} \varkappa + s_{44} = 0. \tag{69.13b}$$

Ferner ist in Gl. (69.11) und (69.12)

$$\tilde{\tau}_{\alpha\beta}(\alpha) = \int\limits_{-\infty}^{+\infty} \tau_{\alpha\beta}(\xi)\, e^{-i\alpha\xi}\, d\xi. \tag{69.14}$$

In den oben behandelten Fällen ist $\tilde{\tau}_{\alpha\beta}$ im wesentlichen durch $e^{-|\alpha|\sigma}$ gegeben, so daß die Ausführung der Integrationen in den Gln. (69.11) und (69.12) keine Schwierigkeiten bereitet. Entsprechendes gilt auch für den nunmehr zu besprechenden Fall *b*).

---

[1] G. LEIBFRIED u. H.-D. DIETZE: Z. Physik **126**, 790 (1949).
[2] A. SEEGER u. G. SCHÖCK: Acta met. **1**, 519 (1953).

b) Versetzungslinie liegt in einer Spiegelebene. Die Spannungsfunktionen werden für $y > \dfrac{c}{2}$ in der Form

$$F(x, y) = \sum_{i=1}^{3} \int_{-\infty}^{+\infty} A_i(\alpha) \exp\left\{i \varkappa_i |\alpha| \left(y - \frac{c}{2}\right)\right\} \exp i \alpha x \, d\alpha, \qquad (69.15\,\text{a})$$

$$\Phi(x, y) = \sum_{i=1}^{3} \int_{-\infty}^{+\infty} \gamma_i A_i(\alpha) \exp\left\{i \varkappa_i |\alpha| \left(y - \frac{c}{2}\right)\right\} \exp i \alpha x \, d\alpha \qquad (69.15\,\text{b})$$

angesetzt. Die $\varkappa_i$ sind die Wurzeln Gl. (68.32) mit positivem Imaginärteil; die γ_i sind durch Gl. (68.33) gegeben. Die drei Funktionen A_i lauten mit der Abkürzung

$$D = \gamma_1 (\varkappa_2 - \varkappa_3) + \gamma_2 (\varkappa_3 - \varkappa_1) + \gamma_3 (\varkappa_1 - \varkappa_2), \qquad (69.16)$$

$$\left.\begin{aligned}
A_1 &= \frac{1}{2\pi \alpha D} \left\{ \tilde{\tau}_{xy} \frac{(\gamma_3 - \gamma_2)}{|\alpha|} - \tilde{\tau}_{xy} \frac{(\varkappa_3 - \varkappa_2)}{\alpha} \right\}, \\[2mm]
A_2 &= \frac{1}{2\pi \alpha D} \left\{ \tilde{\tau}_{xy} \frac{(\gamma_1 - \gamma_3)}{|\alpha|} - \tilde{\tau}_{xy} \frac{(\varkappa_1 - \varkappa_3)}{\alpha} \right\}, \\[2mm]
A_3 &= \frac{1}{2\pi \alpha D} \left\{ \tilde{\tau}_{xy} \frac{(\gamma_2 - \gamma_1)}{|\alpha|} - \tilde{\tau}_{xy} \frac{(\varkappa_2 - \varkappa_1)}{\alpha} \right\}.
\end{aligned}\right\} \qquad (69.17)$$

Aus den angegebenen Ausdrücken für die Spannungsfunktionen erhält man durch Differentiation die Komponenten des Spannungstensors und daraus durch Anwendung des Hookeschen Gesetzes den Verzerrungszustand.

β) Paar ungleichnamiger Versetzungen in einem unendlich ausgedehnten Kristall. In der linearen Elastizitätstheorie entsteht die Lösung für ein Paar von Versetzungen einfach durch lineare Superposition der Lösungen für zwei einzelne Versetzungen. Dies gilt bei einer nichtlinearen Theorie natürlich nicht mehr. Hier beeinflussen sich im allgemeinen die beiden Versetzungen. Die Gleichgewichtsbedingungen für den Kristall sind in der Umgebung der Versetzungen nur dann erfüllt, wenn zusätzliche äußere Kräfte vorhanden sind. Dadurch können die Verhältnisse bei einer nichtlinearen Theorie sehr kompliziert werden. Wir werden hier das (labile) Gleichgewicht zweier ungleichnamiger Versetzungen in derselben Gleitebene, welche unter der Wirkung der äußeren Schubspannung τ^a im Gleitsystem stehen, behandeln. F. R. N. Nabarro[1] hat zuerst erkannt, daß in diesem Fall die Lösung für das Peierlssche Modell in geschlossener Form möglich ist. Wir werden jedoch der etwas übersichtlicheren Darstellung von Dietze[2] folgen.

Da $u_{AB}(+\infty) = u_{AB}(-\infty) = 0$ ist, können wir ohne Koordinatentransformation an Gl. (68.9) anknüpfen. Die Peierlssche Gleichung lautet somit für Stufenversetzungen

$$\tau_{xy}(x) = - \frac{Gc}{\pi(1-\nu)b} \int_{-\infty}^{+\infty} \frac{u'_A(\xi)}{x - \xi} d\xi + \tau^a \qquad (69.18)$$

bzw.

$$\sin \frac{4\pi u_A(x)}{b} = - \frac{4\sigma}{b} \int_{-\infty}^{+\infty} \frac{u'_A(\xi)}{x - \xi} d\xi + \frac{2\pi \tau^a}{G}. \qquad (69.19)$$

Der einfachste Ansatz, der zwei ungleichnamige Versetzungen und die durch τ^a bewirkte homogene Scherung des Kristalls beschreibt, ist (vgl. Fig. 107)

$$u_A(x) = - \frac{b}{2\pi} \left(\arctan \frac{x - \eta}{\mu} - \arctan \frac{x + \eta}{\mu} \right) + \frac{b}{4\pi} \beta. \qquad (69.20)$$

[1] F. R. N. Nabarro: Proc. Phys. Soc. Lond. **59**, 256 (1947).
[2] H.-D. Dietze: Diplomarbeit Göttingen 1949 (unveröffentlicht). — H.-D. Dietze u. G. Leibfried: Nachr. Akad. Wiss. Göttingen, math.-phys. Kl. IIa, demnächst.

Führt man Gl. (69.20) in Gl. (69.19b) ein, so erhält man in der Tat eine Lösung, wenn man

$$\mu = \frac{\sigma}{\cos\beta}, \qquad \eta = \frac{\sigma}{\sin\beta}, \qquad \tau^a = \frac{\sigma \cdot G}{2\pi} \cdot \frac{1}{\eta} = \frac{G}{2\pi}\sin\beta \qquad (69.21)$$

setzt[1]. Man sieht, daß die Versetzungsweite μ bei einem endlichen Abstand 2η der beiden Versetzungen stets größer als die Weite $\sigma = \dfrac{c}{2(1-\nu)}$ einer einzelnen Versetzung ist und für $\eta = \sigma$, also $\tau^a = G/2\pi$ unendlich groß wird. Bei dieser Spannung sind also die beiden Versetzungen verschwunden; es bleibt nur ein homogen geschertes Gitter. Andererseits kann bei dieser Spannung, da das hier betrachtete Gleichgewicht labil ist, ein Versetzungspaar spontan entstehen.

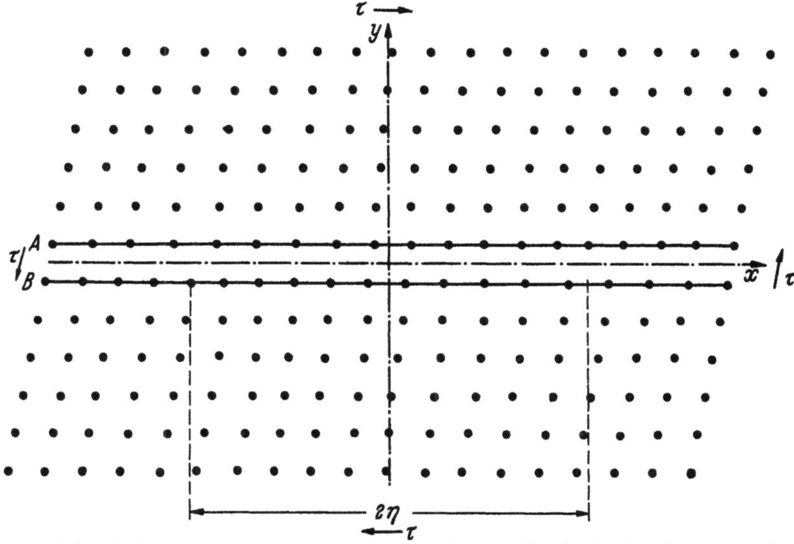

Fig. 107. Zwei ungleichnamige Stufenversetzungen im Abstand 2η voneinander in einem homogen gescherten kubisch-primitiven Gitter unter der Wirkung einer homogenen Schubspannung τ (schematisch).

$\tau_0 = G/2\pi$ ist somit die theoretische Schubfestigkeit unseres Modells (vgl. das Kapitel Kristallplastizität in Teil 2 dieses Bandes, Ziff. 4).

Wünscht man die Energie E_L pro Längeneinheit in z-Richtung zu berechnen, so muß man die elastische Energie der homogenen Scherung, die divergieren würde, außer acht lassen. Die verbleibende Energie

$$E_L = E_{\text{el}} + E_{AB} \qquad (69.22)$$

setzt sich aus einem elastischen Anteil

$$E_{\text{el}} = \frac{b^2}{2\pi}\,\frac{G}{1-\nu}\,\log\frac{\eta}{\sigma} \qquad (69.23)$$

und dem Anteil der Wechselwirkung zwischen den Ebenen A und B

$$E_{AB} = \frac{b^2}{2\pi}\,\frac{G}{1-\nu}\cdot\sqrt{1-\left(\frac{a}{\eta}\right)^2} \qquad (69.24)$$

zusammen. Daraus erhält man für $\eta \gg \sigma$ (s. auch [54])

$$E_L = \frac{b^2}{2\pi}\,\frac{G}{1-\nu}\,\log\frac{\eta}{\sigma} \qquad (69.25)$$

und für $\dfrac{\eta-\sigma}{\sigma} \ll 1$

$$E_L = \frac{b^2}{2\pi}\,\frac{G}{1-\nu}\sqrt{\frac{2(\eta-\sigma)}{\sigma}}. \qquad (69.26)$$

---

[1] Am einfachsten sieht man das mit Hilfe der FOURIER-Darstellung (68.12) ein, wobei allerdings wegen der geänderten Symmetrieverhältnisse $[u'_A(x) =$ ungerade Funktion$]$ die Rollen von $\mathfrak{C}$ und $\mathfrak{S}$ zu vertauschen sind.

Gl. (69.25) stimmt mit dem Resultat der rein elastizitätstheoretischen Berechnung überein, sofern man den inneren Abschneideradius r_0 geeignet wählt (nämlich $r_0 = 2\sigma/e$; $e = 2{,}718\ldots$). Wir geben nun noch das Verschiebungs- und Spannungsfeld für $y \geq c/2$ an. Es gilt

$$
\left.
\begin{aligned}
u(x, y) &= -\frac{\sigma}{\pi}\Bigg\{(1-\nu)\left(\arctan\frac{x-\eta}{y+\mu-\dfrac{c}{2}} - \arctan\frac{x+\eta}{y+\mu-\dfrac{c}{2}}\right) - \\
&\quad -\frac{1}{2}\left(y-\frac{c}{2}\right)\left[\frac{x-\eta}{(x-\eta)^2+\left(y+\mu-\dfrac{c}{2}\right)^2} - \frac{x+\eta}{(x+\eta)^2+\left(y+\mu-\dfrac{c}{2}\right)^2}\right] - \frac{\left(y-\dfrac{c}{2}\right)}{2\eta}\Bigg\} + \frac{b}{4\pi}\beta, \\[2ex]
v(x, y) &= -\frac{\sigma}{2\pi}\Bigg\{\frac{1-2\nu}{2}\log\frac{(x-\eta)^2+\left(y+\mu-\dfrac{c}{2}\right)^2}{(x+\eta)^2+\left(y+\mu-\dfrac{c}{2}\right)^2} - \left(y-\frac{c}{2}\right)\times \\
&\quad \times\left[\frac{y+\mu-\dfrac{c}{2}}{(x-\eta)^2+\left(y+\mu-\dfrac{c}{2}\right)^2} - \frac{y+\mu-\dfrac{c}{2}}{(x+\eta)^2+\left(y+\mu-\dfrac{c}{2}\right)^2}\right]\Bigg\}.
\end{aligned}
\right\} \quad (69.27)
$$

Die Verschiebungen für $y \leq -\dfrac{c}{2}$ erhält man aus

$$
u(x, -y) = -u(x, y); \quad v(x, -y) = v(x, y). \tag{69.28}
$$

Für das Spannungsfeld gilt $\left(y \geq \dfrac{c}{2}\right)$

$$
F(x, y) = -\frac{1}{2}G\frac{\sigma}{\pi}\left(y-\frac{c}{2}\right)\left[\log\frac{(x-y)^2+\left(y+\mu-\dfrac{c}{2}\right)^2}{(x+\eta)^2+\left(y+\mu-\dfrac{c}{2}\right)^2} + \frac{x}{\eta}\right], \tag{69.29}
$$

$$
\left.
\begin{aligned}
\sigma_{xx} &= -2G\frac{\sigma}{\pi}\Bigg\{\frac{y+\mu-\dfrac{c}{2}}{(x-\eta)^2+\left(y+\mu-\dfrac{c}{2}\right)^2} - \frac{y+\mu-\dfrac{c}{2}}{(x+\eta)^2+\left(y+\mu-\dfrac{c}{2}\right)^2} + \frac{y-\dfrac{c}{2}}{2}\times \\
&\quad \times\left[\frac{(x-\eta)^2-\left(y+\mu-\dfrac{c}{2}\right)^2}{\left[(x-\eta)^2+\left(y+\mu-\dfrac{c}{2}\right)^2\right]^2} - \frac{(x+\eta)^2-\left(y+\mu-\dfrac{c}{2}\right)^2}{\left[(x+\eta)^2+\left(y+\mu-\dfrac{c}{2}\right)^2\right]^2}\right]\Bigg\}, \\[2ex]
\sigma_{xy} &= \frac{G\sigma}{\pi}\Bigg\{\frac{x-\eta}{(x-\eta)^2+\left(y+\mu-\dfrac{c}{2}\right)^2} - \frac{x+\eta}{(x+\eta)^2+\left(y+\mu-\dfrac{c}{2}\right)^2} - \\
&\quad -2\left(y-\frac{c}{2}\right)\left(y+\mu-\frac{c}{2}\right)\times \\
&\quad \times\left[\frac{x-\eta}{\left[(x-\eta)^2+\left(y+\mu-\dfrac{c}{2}\right)^2\right]^2} - \frac{x+\eta}{\left[(x+\eta)^2+\left(y+\mu-\dfrac{c}{2}\right)^2\right]^2} + \frac{1}{2\eta}\right]\Bigg\}, \\[2ex]
\sigma_{yy} &= \frac{G\sigma}{\pi}\left(y-\frac{c}{2}\right)\Bigg\{\frac{(x-\eta)^2-\left(y+\mu-\dfrac{c}{2}\right)^2}{\left[(x-\eta)^2+\left(y+\mu-\dfrac{c}{2}\right)^2\right]^2} - \frac{(x+\eta)^2-\left(y+\mu-\dfrac{c}{2}\right)^2}{\left[(x+\eta)^2+\left(y+\mu-\dfrac{c}{2}\right)^2\right]^2}\Bigg\}.
\end{aligned}
\right\} \quad (69.30)
$$

γ) Folgen von Versetzungen. In Abschnitt α wurde jene Lösung der Gl. (69.1) untersucht, die einer einzelnen Versetzung entspricht. In Ziff. 67γ hatten wir bei der Besprechung des FRENKELschen Modells gesehen, daß dieses Modell außer der Lösung für eine einzelne Versetzung noch weitere statische Lösungen besitzt. Sie beschreiben Folgen von Versetzungen gleicher oder alternierender Vorzeichen und ergeben zusammen mit einer Verschiebung des Ursprungs der x-Koordinate, der gegenüber Gl. (67.5) und Gl. (69.1) beide invariant sind, das allgemeine Integral der zeitunabhängigen FRENKELschen Gleichung.

Da das FRENKELsche und das PEIERLSsche Modell in verschiedenen Näherungen dasselbe physikalische Problem beschreiben, werden solche Lösungen auch beim PEIERLSschen Modell vorhanden sein. Man kann sie nach folgendem Verfahren leicht auffinden[1]: Im FRENKELschen Modell, in dem man die fraglichen Lösungen $z(x)$ durch Quadraturen direkt erhalten kann, ist dz/dx für die beiden oben erwähnten Arten von Versetzungsfolgen eine periodische Funktion von x. Die Koeffizienten der FOURIERschen Entwicklung von $(dz/dx)_{\text{period.}}$ stimmen mit der FOURIER-Transformierten von $(dz/dx)_{\text{Einzelversetzung}}$ überein. Da sich [vgl. Gl. (68.12)] die PEIERLSsche Gleichung besonders einfach in den FOURIER-Darstellungen der Lösungen ausdrückt, liegt es nahe, von Gl. (69.5) in entsprechender Weise wie beim FRENKELschen Modell zu FOURIER-Reihen überzugehen. Diese Überlegung führt auf die Ansätze

$$\frac{du_A(x)}{dx} = \frac{b \cdot B(\lambda)}{4\pi\sigma} \sum_{n=-\infty}^{n=+\infty} e^{-n|\lambda|} \cos \frac{n\,B(\lambda)\,x}{\sigma} \left.\begin{array}{c} \\ \\ \\ \\ \end{array}\right\}$$
$$= \frac{b \cdot B(\lambda)}{4\pi\sigma} \cdot \frac{\operatorname{Sin}\lambda}{\operatorname{Cos}\lambda - \cos \dfrac{B(\lambda)\cdot x}{\sigma}}, \tag{69.31 a}$$

$$\frac{du_A(x)}{dx} = \frac{b \cdot C(\lambda)}{4\pi\sigma} \sum_{n=-\infty}^{n=+\infty} e^{-|(2n+1)\lambda|} \cos\left(\frac{(2n+1)\,C(\lambda)\,x}{\sigma}\right) \left.\begin{array}{c} \\ \\ \\ \\ \end{array}\right\}$$
$$= \frac{b\,C(\lambda)}{\pi\sigma} \frac{\operatorname{Sin}\lambda \cdot \cos \dfrac{C(\lambda)\,x}{\sigma}}{\operatorname{Cos}2\lambda - \cos \dfrac{2\,C(\lambda)\cdot x}{\sigma}}. \tag{69.31 b}$$

λ ist ein Maß für die Größe der auftretenden Periode, $B(\lambda)$ und $C(\lambda)$ sind Funktionen, die so gewählt werden müssen, daß die PEIERLSsche Gleichung befriedigt wird. Durch Integration findet man aus Gl. (69.31)

$$u_A = \frac{b}{2\pi} \arctan\left(\frac{\tan \dfrac{B(\lambda)\,x}{2\sigma}}{\operatorname{Tan}\dfrac{\lambda}{2}}\right), \tag{69.32a}$$

$$u_A = \frac{b}{2\pi} \arctan\left(\frac{\sin \dfrac{C(\lambda)\,x}{\sigma}}{\operatorname{Sin}\lambda}\right). \tag{69.32b}$$

Setzt man Gl. (69.32) in die PEIERLSsche Gleichung ein, so ergibt sich

$$B(\lambda) = \operatorname{Sin}\lambda; \quad C(\lambda) = \operatorname{Tan}\lambda. \tag{69.33}$$

Die Lösungen (69.32) zeigen denselben allgemeinen Verlauf wie die entsprechenden Lösungen des FRENKELschen Modells. Gl. (69.32a) stellt eine unendliche Folge von gleichnamigen Versetzungen mit dem Abstand $\dfrac{2\pi\sigma}{\operatorname{Sin}\lambda}$ und Gl. (69.32b) eine unendliche Folge von Versetzungen alternierenden Vorzeichens mit dem Abstand $\dfrac{\pi\sigma}{\operatorname{Tan}\lambda}$ dar. Für $\lambda=0$ gehen beide Lösungen in diejenige einer einzelnen Versetzung über.

Die Lösung (69.32a) ist auch von VAN DER MERWE[2] mit einer ganz anderen Methode (Aufsummierung einer durch Iteration erhaltenen Reihenentwicklung) aufgefunden worden. Wegen weiterer Formeln (Spannungsfeld, Energie usw.) sei auf die Originalarbeiten verwiesen[2, 1].

δ) Schraubenversetzungen in einer Platte. In diesem Abschnitt soll ein Beispiel für die Nützlichkeit der FOURIER-Zerlegung bei der Lösung allgemeinerer PEIERLSscher Gleichungen

---

[1] A. SEEGER: Diss. Stuttgart 1951 (unveröffentlicht).
[2] J. H. VAN DER MERWE: Proc. Phys. Soc. Lond. A **63**, 616 (1950).

als Gl. (69.1) gebracht werden. Wir wählen dafür das Problem der Schraubenversetzungen in einer elastischen Platte. Seine elastizitätstheoretische Lösung ist schon in Ziff. 65γ angegeben worden.

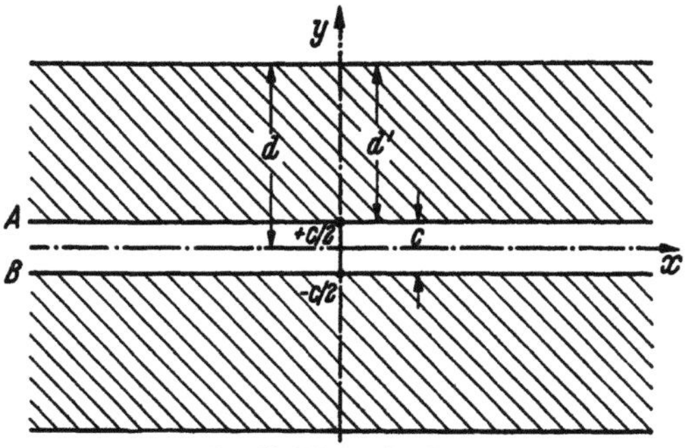

Fig. 108. Peierlssches Modell für eine Platte. Plattendicke $2d$.

Besonders einfache Verhältnisse[1] herrschen dann, wenn die Gleitebene (im Sinne des Peierlsschen Modells) die Mittelebene der Platte ist (Fig. 108). Im Falle elastischer Isotropie ist die einzige auftretende Verschiebungskomponente $w(x, y)$. Die Peierlssche Gleichung lautet

$$\sin \frac{4\pi\,w_A(x)}{b} = \frac{c}{b} \cdot \int\limits_{-\infty}^{+\infty} \frac{dw_A(\xi)}{d\xi}\, \frac{\pi/d'}{\operatorname{Sin} \dfrac{\pi}{2d'}(x-\xi)}\, d\xi, \tag{69.34}$$

was für $\sigma = c/2$ und $d' \to \infty$ in Gl. (69.1) übergeht. Statt Gl. (69.34) kann man auch

$$\left.\begin{aligned}
\frac{dw_A(x)}{dx} &= \frac{b}{c}\,\mathfrak{C}\left[\operatorname{Cos} k\,d' \cdot g(k)\right], \\[2mm]
\sin \frac{4\pi\,w_A(x)}{b} &= 2\pi\,\mathfrak{S}\left[\operatorname{Sin} k\,d' \cdot g(k)\right]
\end{aligned}\right\} \tag{69.35}$$

oder auch

$$\mathfrak{S}\left[\sin \frac{4\pi\,w_A}{b}\right] = \frac{2\pi c}{b}\,\operatorname{Tan} k\,d' \cdot \mathfrak{C}\left[\frac{dw_A}{dx}\right] \tag{69.36}$$

schreiben.

Betrachtet man die elastizitätstheoretische Lösung des Problems

$$w(x, y) = \frac{b}{2\pi}\,\arctan \frac{\operatorname{Sin} \dfrac{\pi x}{D}}{\sin \dfrac{\pi y}{D}} \tag{69.37}$$

für $y = \bar{y} = \text{const}$, so erhält man

$$\frac{dw(x, \bar{y})}{dx} = \frac{b}{2D}\, \frac{\sin \dfrac{\pi \bar{y}}{D}\,\operatorname{Cos} \dfrac{\pi x}{D}}{\sin^2 \dfrac{\pi \bar{y}}{D} + \operatorname{Sin}^2 \dfrac{\pi x}{D}}, \tag{69.37a}$$

$$\sin \frac{4\pi\,w(x, \bar{y})}{b} = \frac{2\sin \dfrac{\pi \bar{y}}{D}\,\operatorname{Sin} \dfrac{\pi x}{D}}{\sin^2 \dfrac{\pi \bar{y}}{D} + \operatorname{Sin}^2 \dfrac{\pi x}{D}}. \tag{69.37b}$$

Mit Hilfe der Beziehungen

$$\int\limits_{-\infty}^{+\infty} \frac{\operatorname{Cos} X \cdot \cos k X}{\sin^2 Y + \operatorname{Sin}^2 X}\, dX = \frac{\pi}{\sin Y}\, \frac{\operatorname{Cos} k\left(\dfrac{\pi}{2} - Y\right)}{\operatorname{Cos} \dfrac{\pi k}{2}}, \tag{69.38a}$$

$$\int\limits_{-\infty}^{+\infty} \frac{\operatorname{Sin} X \cdot \sin k X}{\sin^2 Y + \operatorname{Sin}^2 X}\, dX = \frac{\pi}{\cos Y}\, \frac{\operatorname{Sin} k\left(\dfrac{\pi}{2} - Y\right)}{\operatorname{Cos} \dfrac{\pi k}{2}}. \tag{69.38b}$$

---

[1] G. Leibfried u. H.-D. Dietze: Z. Physik **126**, 790 (1949).

ergibt sich, daß Gl. (69.36) erfüllt ist für[1]

$$\tan \frac{\pi \,\bar{y}}{D} = \frac{c\,\pi}{2D}, \tag{69.39a}$$

$$D = 2(d' + \bar{y}). \tag{69.39b}$$

Statt Gl. (69.39) kann man auch (mit $\sigma = c/2$) schreiben

$$\cot \frac{\pi}{2} \frac{d'}{d'+\bar{y}} = \frac{\pi}{2} \frac{\sigma}{d'+\bar{y}}, \tag{69.40}$$

woraus man $\bar{y}$ verhältnismäßig einfach numerisch berechnen kann[2]. Nach dem in Abschnitt γ dieser Ziffer geschilderten Verfahren kann man durch Summation der betreffenden FOURIER-Reihen auch die Gl. (69.32) entsprechenden Lösungen der Gl. (69.36) ermitteln. Man erhält

$$w_A = \frac{b}{2\pi} \arctan \frac{\operatorname{sn}\left(\dfrac{x}{B}, k\right) \operatorname{dn}\left(\dfrac{d'}{B}, k'\right)}{\operatorname{cn}\left(\dfrac{x}{B}, k\right) \operatorname{cn}\left(\dfrac{d'}{B}, k'\right)}, \tag{69.41a}$$

bzw.

$$w_A = \frac{b}{2\pi} \arctan \frac{k \operatorname{sn}\left(\dfrac{x}{C}, k\right)}{\operatorname{dn}\left(\dfrac{x}{C}, k\right) \operatorname{cn}\left(\dfrac{d'}{C}, k'\right)}. \tag{69.41b}$$

Die Konstanten B und C bestimmen sich bei gegebener Plattendicke aus den Gleichungen

$$\frac{\operatorname{dn}\left(\dfrac{d'}{B}, k'\right) \operatorname{cn}\left(\dfrac{d'}{B}, k'\right)}{\operatorname{sn}\left(\dfrac{d'}{B}, k'\right) k^2} = \frac{\sigma}{B}, \tag{69.42a}$$

bzw.

$$\frac{k \operatorname{cn}\left(\dfrac{d'}{C}, k'\right)}{\operatorname{sn}\left(\dfrac{d'}{C}, k'\right) \operatorname{dn}\left(\dfrac{d'}{C}, k'\right)} = \frac{\sigma}{C}. \tag{69.42b}$$

$\operatorname{sn}(u, k)$, $\operatorname{cn}(u, k)$, $\operatorname{dn}(u, k)$ sind JACOBISche elliptische Funktionen mit Modul k. $k' = \sqrt{1 - k^2}$ ist der zu k komplimentäre Modul. Die Lösungen (69.41) und (69.42), die sich für $k = 1$ auf die Gln. (69.37) und (69.40) reduzieren, enthalten k als frei wählbaren Parameter. Sie stellen wie die Gl. (69.32), in die sie für $d' \to \infty$ übergehen, Folgen von Versetzungen mit gleichem [Gl. (69.41a)] bzw. alternierendem [Gl. (69.41b)] Vorzeichen dar. Der Abstand benachbarter Versetzungen wird durch den Modul k bestimmt.

Die Lösungen (69.41) weisen einen sehr engen Zusammenhang mit der in Ziff. 67γ erwähnten, jedoch nicht explizit angegebenen, allgemeinen statischen Lösung von (67.5) auf. Diese Lösungen sind nämlich gerade die in Gl. (69.41) angegebenen Funktionen. Zu jedem Wertepaar d', k gibt es eine Gleichung der Form (67.5) mit einem bestimmten Wert λ, der die Funktionen Gl. (69.41), von Normierungsfaktoren abgesehen, genügen. Der Zusammenhang zwischen den auftretenden Parametern ist so, daß die PEIERLSsche Gleichung für Plattendicken $d' \approx c$ und die FRENKELsche Gleichung für $\lambda = 0$ nahezu dieselben Lösungen haben. Man darf also das FRENKELsche Modell mit gutem Recht als Grenzfall des PEIERLSschen Modells für sehr kleine Plattendicken auffassen.

Die Ausführungen der Abschnitte γ und δ haben gezeigt, wie eng der Zusammenhang zwischen den statischen Lösungen des FRENKELschen und PEIERLS-schen Modells ist. An Hand der Theorie der gewöhnlichen Differentialgleichungen zweiter Ordnung übersieht man leicht, daß die hier besprochenen Lösungen zusammen mit ihren Entartungsfällen die allgemeine statische Lösung des FRENKELschen Modells darstellen. Dasselbe gilt, obwohl noch nicht in Strenge

---

[1] G. LEIBFRIED u. H.-D. DIETZE: Z. Physik **126**, 790 (1949).
[2] Wegen einiger weiterer Resultate, z. B. der Energie einer Versetzung, siehe Ziff. 70α, Kleindruck.

bewiesen, wegen der engen Verwandtschaft der beiden Modelle wohl auch für das Peierlssche Modell.

70. Zeitabhängige Lösungen des Peierlsschen Modells. α) *Versetzungen.* In Anbetracht des engen Zusammenhangs zwischen den *statischen* Lösungen des Frenkelschen und des Peierlsschen Modells wird man danach fragen, ob ein ähnlicher Zusammenhang bei den *zeitabhängigen* Lösungen besteht und ob man die in Ziff. 67γ erwähnten sehr weitgehenden Resultate über das dynamische Verhalten der Versetzungen im Frenkelschen Modell auf das Peierlssche Modell übertragen kann. Man sieht jedoch leicht ein, daß dies nur in sehr geringem Maße der Fall sein wird. Wie wir in Ziff. 69δ gesehen hatten, läßt sich das Frenkelsche Modell als Grenzfall des Peierlsschen Modells auffassen, bei dem die Plattendicke rund einen Atomabstand beträgt. Dies hat hinsichtlich des dynamischen Verhaltens der Versetzungen eine wichtige Konsequenz: Während im Frenkelschen Modell beschleunigte oder verzögerte Versetzungen keine elastischen Wellen aussenden können, ist im Peierlsschen Modell (ebenso wie bei der rein elastizitätstheoretischen Behandlungsweise) eine *seitliche Ausstrahlung* möglich. Diese Ausstrahlung von elastischen Wellen macht das Problem der Versetzungsdynamik sehr kompliziert, so daß bis jetzt nur einige wenige Resultate erzielt werden konnten (s. Ziff. 79).

Der einzige Fall, in dem man — gerade wegen des Fehlens der oben erwähnten Ausstrahlung — auch im Peierlsschen Modell einfache Verhältnisse erwarten kann, ist der Fall gleichförmig bewegter Versetzungslinien. Gleichförmig bewegte Versetzungen werden — in Analogie zu den Verhältnissen beim Frenkelschen Modell — dann Lösungen des Peierlsschen Modells bilden, wenn man durch den Übergang von einer Summe der Form Gl. (68.35) zu einem Integral die atomaren Kräfte längs der Gleitebene verschmiert hat. Diese Vermutung ist zuerst von Eshelby[1] für Stufen- und Schraubenversetzungen in einem unendlich ausgedehnten elastisch isotropen Kristall bestätigt worden. Bullough und Bilby[2] haben die Verhältnisse in unendlich ausgedehnten *anisotropen* Medien untersucht und für Stufen- und Schraubenversetzungen in der Basisebene von verschiedenen hexagonal dichtest gepackten Kristallen die Abhängigkeit der Versetzungsweite von der Geschwindigkeit der Versetzung explizit angegeben. Wegen Einzelheiten sei auf die Originalarbeit verwiesen. Es soll hier lediglich erwähnt werden, daß, wie in Ziff. 71β gezeigt werden wird, die Versetzungsweite gegen Abweichungen vom idealen Sinusgesetz, auf das sich die Theorie bezieht, ziemlich empfindlich ist, so daß man die Werte für verschiedene Metalle nicht unmittelbar miteinander vergleichen kann.

In allen Fällen tritt mit zunehmender Versetzungsgeschwindigkeit eine Kontraktion der Versetzung und des sie umgebenden elastischen Spannungsfeldes ein. Die Versetzungsweite wird bei einer Geschwindigkeit v_0, die in der Größenordnung der Schallgeschwindigkeit liegt, Null. Eshelby[1] interpretiert, wohl mit Recht, diese kritische Geschwindigkeit als Grenzgeschwindigkeit, oberhalb der keine gleichförmig bewegten Versetzungen, die stetig aus den statischen Versetzungen hervorgehen können, mehr existieren.

Der explizite Ausdruck für diese Kontraktion der Versetzung, die ihrem Wesen nach aufs engste mit der Lorentz-Kontraktion der speziellen Relativitätstheorie verwandt ist, ist im allgemeinen deshalb etwas kompliziert, weil man in einem isotropen elastischen Medium *zwei* verschiedene Schallgeschwindigkeiten v_t und v_l für Transversal- und Longitudinalwellen hat, während in einem Kristall sogar *drei* richtungsabhängige Schallgeschwindigkeiten auftreten. Im Falle der elastischen Isotropie ergibt sich die Grenzgeschwindigkeit v_0 für Versetzungen beliebigen Charakters gleich der Schallgeschwindigkeit v_t für Transversalwellen.

---

[1] J. D. Eshelby: Proc. Phys. Soc. Lond. **62**, 307 (1949).
[2] R. Bullough u. B. A. Bilby: Proc. Phys. Soc. Lond. B **67**, 615 (1954).

Am einfachsten werden die Verhältnisse für Schraubenversetzungen in isotropen Medien. Hier kann man, wie LEIBFRIED und DIETZE[1] gezeigt haben, sogar den Fall einer Versetzung in einer Platte (Ziff. 69δ) geschlossen behandeln. Für die Verschiebung einer mit der Geschwindigkeit v sich in der Plattenmitte in x-Richtung bewegenden Versetzung ergibt sich [vgl. Gl. (69.37)]

$$w_A(x, t) = \frac{b}{2\pi} \arc\tan \frac{\mathrm{Sin}\left(\dfrac{\pi}{D} \dfrac{x - v\,t}{\sqrt{1 - \dfrac{v^2}{v_t^2}}}\right)}{\sin \dfrac{\pi \bar{y}}{D}}, \tag{70.1}$$

wobei sich $\bar{y}$ wie im statischen Fall aus Gl. (69.40) bestimmt. Für das Verschiebungsfeld $w(x, y, t)$ im Halbraum A erhält man

$$w(x, y\ t) = \frac{b}{2\pi} \arc\tan \frac{\mathrm{Sin}\left(\dfrac{\pi}{D} \dfrac{x - v\,t}{\sqrt{1 - \dfrac{v^2}{v_t^2}}}\right)}{\sin \dfrac{\pi}{D}\left(y - \dfrac{c}{2} + \bar{y}\right)} \qquad \left(y > \frac{c}{2}\right). \tag{70.2}$$

Ebenso wie das Verschiebungsfeld ist natürlich auch das Spannungsfeld in x-Richtung um einen Faktor $\left(1 - \dfrac{v^2}{v_t^2}\right)^{-\frac{1}{2}}$ kontrahiert. Für die Gesamtenergie (= kinetische + potentielle Energie) erhalten LEIBFRIED und DIETZE[1]

$$E_v = \frac{E_0}{\sqrt{1 - \dfrac{v^2}{v_t^2}}}, \tag{70.3}$$

mit der „Ruheenergie" [unter Vernachlässigungen von Gliedern der Ordnung $(\bar{y}/D)^2$ gegenüber 1]

$$E_0 = \frac{b^2 G}{4\pi}\left(1 + \log \frac{2D}{\pi c}\right). \tag{70.4}$$

Im vorstehenden Falle ergibt sich also wie beim FRENKELschen Modell (vgl. 67.13) eine „relativistische" Abhängigkeit der Energie von der Versetzungsgeschwindigkeit. Bei den oben erwähnten komplizierteren Fällen bewegter Versetzungen wird die Energie zwar ebenfalls für eine bestimmte Grenzgeschwindigkeit $v = v_0$ unendlich groß, doch ist die Abhängigkeit der Energie von der Geschwindigkeit im allgemeinen durch keinen so einfachen Ausdruck wie Gl. (70.3) gegeben.

β) *Laufende Wellen.* Betrachtet man Gitterschwingungen mit einer gegenüber der Gitterkonstanten kleinen Amplitude, so kann man Gl. (68.3) linearisieren und kommt dann im wesentlichen wieder auf die Gleichungen der linearen Elastizitätstheorie zurück, die, wie man weiß, sowohl laufende als auch stehende Wellen als Lösungen zulassen. In Ziff. 67γ war erwähnt worden, daß es im FRENKELschen Modell *laufende* Wellen *endlicher* (d. h. mit den interatomaren Abständen vergleichbarer) Amplitude gebe und daß sich entsprechende Lösungen auch im PEIERLSschen Modell auffinden ließen[2]. Man nennt sie, im Gegensatz zu den Eigen*schwingungen* der linearen Theorie Eigen*bewegungen*.

Beim FRENKELschen Modell ergeben sich diese laufenden Wellen durch die sog. π-Transformation aus den Versetzungsfolgen mit alternierendem Vorzeichen (vgl. Ziff. 67). Beim PEIERLSschen Modell gibt es keinen solchen einfachen Zusammenhang zwischen den beiden Lösungstypen; man muß hier die in Ziff. 69 benützte FOURIER-Methode zur Auffindung der Lösung verwenden. Es zeigt sich[3], daß die oszillatorischen Eigenbewegungen nur in einer Platte (nicht in einem unendlich ausgedehnten Medium) möglich sind, daß die Phasengeschwindigkeit stets größer als die Schallgeschwindigkeit für Transversalwellen ist und daß endliche Verzerrungen nur in der Gleitebene des PEIERLSschen Modells auftreten. Außerhalb der Gleitebene hat man eine lineare Überlagerung einer unendlichen Anzahl von gewöhnlichen laufenden Wellen. Wegen einer Diskussion der Anwendungen, der Wellenlänge-Frequenzbeziehung und der energetischen Verhältnisse sei auf die Arbeit von SEEGER[3] verwiesen

---

[1] G. LEIBFRIED u. H.-D. DIETZE: Z. Physik **126**, 790 (1949).
[2] Während beim FRENKELschen Modell auch die entsprechenden *stehenden* Wellen auf gefunden werden konnten, sind diese beim PEIERLSschen Modell bis jetzt noch nicht bekannt
[3] A. SEEGER: Z. Naturforsch. **8a**, 47 (1953).

71. Näherungsmethoden zur Behandlung der Peierlsschen Gleichung. In Ziff. 69 hatten wir die Lösung der Peierlsschen Integralgleichung in einer Reihe von Fällen angegeben, bei denen zwischen Verschiebungen in der Gleitebene und Schubspannung in der Gleitebene der Zusammenhang (68.3) besteht. Durch Anwendung der in Ziff. 69 wiederholt benützten Fourier-Methode überzeugt man sich leicht, daß beim Hinzutreten weiterer Glieder, insbesondere höherer Komponenten der Fourier-Entwicklung der Schubspannung nach u_{AB} und w_{AB}, im allgemeinen die Peierlssche Integralgleichung nicht mehr durch bekannte und wohluntersuchte Funktionen gelöst werden kann. Es werden deshalb brauchbare Näherungsverfahren zur Behandlung der komplizierteren Formen der Peierlsschen Integralgleichung benötigt. Das am allgemeinsten verwendbare Verfahren ist das Variationsverfahren von Leibfried und Dietze[1], auf das wir in Abschnitt α dieser Ziffer eingehen werden. Außerdem sind für eine Reihe von Problemen spezielle Methoden ausgearbeitet worden, über die wir in den Abschnitten β und γ kurz berichten werden.

$\alpha)$ *Das Variationsverfahren.* Der Grundgedanke des Variationsverfahrens von Leibfried und Dietze ist es, die Gesamtenergie E im (statischen) Peierlsschen Modell als Funktion der Verschiebungen $u_A(x)$ und $w_A(x)$ auszudrücken. Verlangt man, daß die Energie für die richtigen Verschiebungen ein Minimum wird, so erhält man wiederum die Peierlssche Integralgleichung. In Fällen, in denen diese nicht streng gelöst werden kann, kann man das Variationsproblem „$E = Minimum!$" auch direkt behandeln. Man verwendet dazu einen den physikalischen Gegebenheiten gerecht werdenden Ansatz für $u_A(x)$ und $w_A(x)$, der noch gewisse freie Parameter (z.B. die Versetzungsweite σ) enthält. Diese Parameter werden so gewählt, daß die Gesamtenergie E ein Minimum wird.

Wir nehmen an, daß im Ausdruck für die Wechselwirkungsenergie E_{AB} der Übergang von der Summe zum Integral schon vollzogen sei und daß die Energiedichte $\varepsilon_{AB}\big(u_A(x), w_A(x)\big)$ sei (vgl. Ziff. 68γ). Dann ist die Wechselwirkungsenergie

$$E_{AB} = \int\limits_{-\infty}^{+\infty} \varepsilon_{AB}\, dx. \tag{71.1}$$

Für die elastische Energie E_B bzw. E_A, die in den beiden Halbräumen A bzw. B gespeichert wird, gilt

$$E_A = E_B = -\tfrac{1}{2}\left\{ \int\limits_{-\infty}^{+\infty} \tau_{xy}(x)\, u_A(x)\, dx + \int\limits_{-\infty}^{+\infty} \tau_{yz}(x)\, w_A(x)\, dx \right\}. \tag{71.2}$$

In der Bezeichnungsweise von Gl. (68.26), die die in Ziff. 68β behandelten anisotropen Fälle zu berücksichtigen gestattet[2], ist somit

$$E = -\frac{1}{K_1\pi} \int\limits_{-\infty}^{+\infty} \int\limits_{-\infty}^{+\infty} \frac{u_A(x)\, u_A'(\xi)}{\xi - x}\, dx\, d\xi - \\ -\frac{1}{K_2\pi} \int\limits_{-\infty}^{+\infty} \int\limits_{-\infty}^{+\infty} \frac{w_A(x)\, w_A'(\xi)}{\xi - x}\, dx\, d\xi + \\ + \int\limits_{-\infty}^{+\infty} \varepsilon_{AB}\big(u_A(x), w_A(x)\big)\, dx. \tag{71.3}$$

---

[1] G. Leibfried u. H.-D. Dietze: Z. Physik **131**, 113 (1951).
[2] Wünscht man statt des Falles a) in Ziff. 67β den Fall b) zu behandeln, so hat man in Gl. (71.3) K_1 und K_2 miteinander zu vertauschen.

Im Falle des kubisch-primitiven Gitters und der {100}-Gleitebene im kubisch-flächenzentrierten Gitter (vgl. Ziff. 68α und γ) ergibt der Ansatz

$$\left.\begin{array}{c} u_A \\ w_A \end{array}\right\} = - \frac{b}{2\pi} \operatorname{arc\,tan} \frac{x}{\sigma}, \tag{71.4}$$

bei dem jetzt σ als zu variierender Parameter betrachtet wird, gegenüber der strengen Lösung von Ziff. 69 nichts Neues. Anders sind die Verhältnisse bei Versetzungen in der {111}-Ebene des kubisch-flächenzentrierten Gitters und in der Basisebene der hexagonalen dichtesten Kugelpackung. Leibfried und Dietze haben mit Gl. (71.4) entsprechenden Ansätzen (und unter der Annahme verschwindender Stapelfehlerenergie) Halbversetzungen in diesen Strukturen behandelt. Als besonders nützlich hat sich das Variationsverfahren bei der theoretischen Behandlung der Aufspaltung von vollständigen Versetzungen in den beiden oben genannten Gleitebenen erwiesen (vgl. Ziff. 49). Wir werden darauf ausführlich in Ziff. 73 eingehen.

β) Die Inversionsmethode. Im Artikel über Kristallplastizität wird in Ziff. 4 gezeigt, daß das Sinusgesetz Gl. (68.3) die Verhältnisse in wirklichen Kristallen oft nur mäßig gut darstellt. Statt dem vollkommen symmetrischen Verlauf nach Gl. (68.3) (Fig. 109, Kurve a) ist eher ein unsymmetrischer Verlauf,

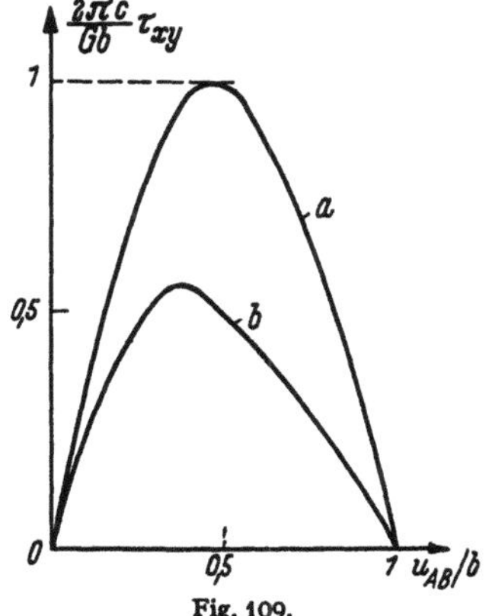

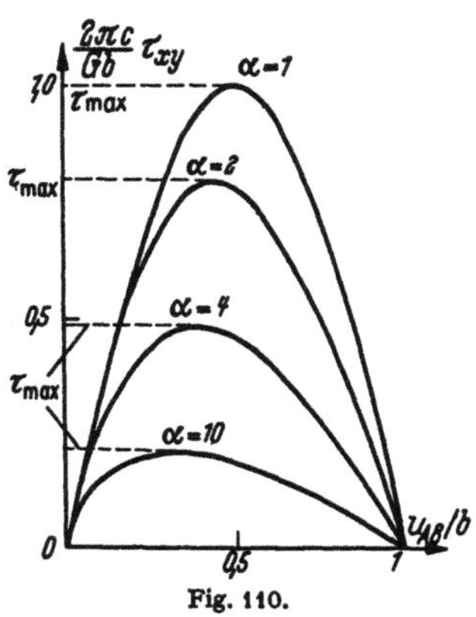

Fig. 109.

Fig. 110.

Fig. 109. Zusammenhang zwischen Schubspannung τ_{xy} und relativer Verschiebung u_{AB}. *a* sinusförmiger Verlauf nach Gl. (68.3); *b* aus den Ergebnissen des Mottschen und des Lennard-Jonesschen Modells (siehe den Artikel über Kristallplastizität, Fig. 14 in Teil 2 dieses Bandes) gemittelter Verlauf. Die Kurve gilt für den Fall einer *Halbversetzung* in einem dichtest gepackten Gitter mit verschwindender Stapelfehlerenergie. Versetzungsstärke $b = h/3$ [wegen h und c siehe Gl. (68.41)].

Fig. 110. Zusammenhang zwischen Schubspannung τ_{xy} und Verschiebung u_{AB} für den Ansatz Gl. (71.7) bei verschiedenen Parametern α. α = 1 ergibt die Sinuskurve *a* von Fig. 109.

etwa Kurve b in Fig. 109 entsprechend, zu erwarten. Für viele Fragen spielt der genaue Verlauf von

$$\tau_{xy} = f(u_{AB}) \tag{71.5}$$

keine wesentliche Rolle. Wie Foreman und Nabarro[1] gezeigt haben, ist z.B. die Wechselwirkungsenergie E_{AB} bei gegebenem Schubmodul G ganz unabhängig vom Verlauf der Funktion $f(u_{AB})$ und beträgt für eine Stufenversetzung in einem isotropen Medium

$$E_{AB} = \frac{G b^2}{4\pi(1-\nu)}. \tag{71.6}$$

Es gibt aber auch Probleme, bei denen der ganze Verlauf von $f(u_{AB})$, der ja durch das Hookesche Gesetz nur in der unmittelbaren Umgebung der Gleichgewichtslage des undeformierten Gitters festgelegt wird, durchaus wesentlich ist. Das wichtigste Beispiel hierfür ist die Berechnung der Peierls-Spannung (Ziff. 72).

---

[1] F. R. N. Nabarro: [*54*], S. 360.

Aus diesem Grunde sind Untersuchungen über einen Potentialverlauf erwünscht, der, etwa wie in Fig. 109, Kurve b, angegeben, vom Sinusgesetz abweicht. FOREMAN, JASWON und WOOD[1] haben hierzu eine Inversionsmethode verwendet, bei der von der relativen Verschiebung

$$u_{AB} = -\frac{b}{\pi}\left\{ \operatorname{arc\,tan}\frac{x}{\sigma\alpha} + (\alpha - 1)\frac{\sigma x}{\alpha^2\sigma^2 + x^2} \right\} \tag{71.7}$$

ausgegangen wird. Gl. (71.7) beschreibt ebenfalls eine Versetzung. Die zugehörige Schubspannungs-Verschiebungsbeziehung [Gl. (71.5)] wird aus Gl. (68.5) ermittelt. Wenn $\alpha = 1$ ist, so geht Gl. (71.7) in die Lösung Gl. (69.4) für das Sinusgesetz Gl. (68.3) über. In diesem Falle ist σ gleich der Versetzungsweite. Für $\alpha > 1$ ist die Versetzungsweite größer als σ und damit also auch größer als bei Gültigkeit der ursprünglichen PEIERLSschen Gleichung. Dementsprechend sind die Verzerrungen im Versetzungsmittelpunkt für $\alpha > 1$ geringer als im „Normalfall" $\alpha = 1$.

In Fig. 110 ist der zur Verschiebung Gl. (71.7) gehörende Schubspannungsverlauf für verschiedene Werte des Parameters α wiedergegeben. Vergleicht man Fig. 110 mit der durch Betrachtungen zur theoretischen Schubfestigkeit[2] gewonnenen Kurve b von Fig. 109, so findet man, daß $\alpha \approx 2$ bis 4 der in Ziff. 4 des Artikels über Kristallplastizität behandelten Theorie am besten entspricht.

Definiert man wie in Ziff. 69 eine Versetzungsweite μ dadurch, daß für $x = \pm\mu$ die gegenseitige Verschiebung der Atome in den Ebenen A und B gerade $u_{AB} = \mp\dfrac{b}{4}$ betragen soll, so findet man für die Verschiebungsfunktion Gl. (71.7) durch numerische Ausrechnung für $\alpha \geq 1$ in guter Näherung (also praktisch unabhängig von α, siehe auch [54])

$$\mu \cdot \tau_{\max} = \frac{G\sigma}{2\pi}. \tag{71.8}$$

Die Weite einer Versetzung ist somit bei gegebenem Schubmodul im wesentlichen durch die theoretische Schubfestigkeit $\tau_{\max}$ bestimmt. Da bei den dichtest gepackten Metallen $\tau_{\max}$ zwischen $0{,}1\,G$ und $0{,}03\,G$ liegt[2], hat man damit zu rechnen, daß die Versetzungsweite in Wirklichkeit um einen Faktor 1,5 bis 4 größer ist als sich aus Gl. (68.9) ergibt. Wir werden darauf bei der Berechnung der PEIERLS-Spannung in Ziff. 72 zurückkommen.

γ) Sonstige Näherungsverfahren. Wir erwähnen hier noch in aller Kürze zwei Näherungsverfahren[3,4], die entwickelt wurden, um Probleme mit einem vom Sinusgesetz abweichenden Schubspannungsverlauf Gl. (71.5) zu behandeln. Es handelt sich dabei in beiden Fällen um Störungsrechnung erster Ordnung, bei der die Lösung des „gestörten" Problems in der Form

$$u_{AB} = u_0 + u_1 \tag{71.9}$$

angesetzt wird. u_0 ist dabei die strenge Lösung des „ungestörten" Problems, also der Gl. (68.9), während u_1 als klein gegenüber b angenommen wird und somit einer *linearen* Integralgleichung zu genügen hat. Diese lineare Integralgleichung läßt sich mit verschiedenen Methoden behandeln, von denen die von JASWON und FOREMAN[3] benützte Entwicklung von u_1 nach einem vollständigen Funktionssystem mathematisch besonders elegant ist. JASWON und FOREMAN[3] beschränken sich auf den Fall, daß u_0 durch eine Einzelversetzung gegeben ist und behandeln den Einfluß von lokalen Störungen in der Gleitebene, die als Hindernisse für Versetzungen wirken, sowie den Einfluß höherer FOURIER-Koeffizienten im Schubspannungsgesetz (71.5) (s. auch [54]).

Nach SEEGER[4] kann man das Störungsverfahren insofern für etwas allgemeinere Probleme verwenden, als u_0 eine beliebige Lösung der PEIERLSschen Gleichung (vgl. Ziff. 69)

[1] A. J. FOREMAN, M. A. JASWON u. J. K. WOOD: Proc. Phys. Soc. Lond. A **64**, 156 (1951).
[2] Siehe den Artikel über Kristallplastizität, Ziff. 4.
[3] M. A. JASWON u. A. J. E. FOREMAN: Phil. Mag. **43**, 201 (1952).
[4] A. SEEGER: Diss. Stuttgart 1951 (unveröffentlicht).

und insbesondere auch aus Stücken der in Ziff. 69γ besprochenen Lösungen zusammengesetzt sein kann. u_1 bestimmt sich dann zum Teil daraus, daß an den Nahtstellen der Lösung Stetigkeits- und Differenzierbarkeitsbedingungen erfüllt sein müssen. Wegen Einzelheiten, insbesondere hinsichtlich der Energieberechnung, sei auf die Originalarbeit verwiesen. Ein Verfahren zur geschlossenen Lösung der beim Ansatz (71.9) auftretenden inhomogenen linearen Integralgleichung für $u_1(x)$ hat Dietze[1] angegeben.

72. Die Peierls-Spannung. Die Peierls-Spannung τ_p einer Versetzung bestimmter Orientierung und mit bestimmtem Charakter ist folgendermaßen definiert: An der Versetzung muß die Schubspannung τ_p angreifen, um sie bei der Temperatur T mit vorgegebener mittlerer Geschwindigkeit $\bar{v}$ durch einen Kristall hindurchzubewegen, der, von der betrachteten Versetzung abgesehen, vollkommen ideal gebaut ist[2]. Bei der Berechnung der Peierls-Spannung, die zuerst von R. Peierls[3] in Angriff genommen worden war, handelt es sich in erster Linie um die Berücksichtigung der in Ziff. 67β erwähnten periodischen Schwankungen der potentiellen Energie einer Versetzung bei deren Bewegung durch den Kristall hindurch.

Am absoluten Nullpunkt, bei dem τ_p nicht mehr von der Geschwindigkeit abhängt, lassen sich die Verhältnisse leicht überblicken: Solange man zur Beschreibung der Versetzung nur die lineare Elastizitätstheorie verwendet, befindet sich eine gerade Versetzungslinie in einem unendlich ausgedehnt gedachten Kristall in jeder Lage in einem indifferenten Gleichgewicht gegen Translation. Legt man jedoch genauere Gleichungen vom Typ der Gln. (67.2) und (68.35) zugrunde, die die atomistische Struktur der Kristalle noch in ausreichendem Maße beschreiben, so ergeben sich für gerade Versetzungen, die in niederindizierten Kristallrichtungen verlaufen, stabile Gleichgewichtslagen. Für eine Versetzung vorgegebener Richtung gibt es eine Folge von parallellaufenden Potentialrinnen. Um die Versetzung aus einer dieser Potentialrinnen herauszuheben, muß am absoluten Nullpunkt gerade die Peierls-Spannung an der Versetzung angreifen. Die hierbei auftauchenden Fragestellungen werden wir in Abschnitt α dieser Ziffer behandeln.

Wesentlich schwieriger liegen die Verhältnisse bei *endlichen Temperaturen*. Die thermische Energie unterstützt natürlich die angelegte Schubspannung beim Herausheben der Versetzung aus ihrer Potentialmulde, so daß die Peierls-Spannung mit wachsender Temperatur geringer wird. Da die thermische Aktivierung Zeit braucht, hängt die Peierls-Spannung bei einer endlichen Temperatur T auch von der Geschwindigkeit ab, mit der die Versetzung durch den Kristall hindurchbewegt wird. Die mathematische Theorie des eben genannten Aktivierungsvorganges läßt sich, wie wir in Abschnitt β dieser Ziffer zeigen werden, formal leicht durchführen. Für die praktische Anwendung treten jedoch Schwierigkeiten auf, weil die in die Theorie eingehenden Zahlenkonstanten nicht genügend genau bekannt sind.

Noch größer werden die Schwierigkeiten, wenn man eine explizite Berechnung der Geschwindigkeits- und Temperaturabhängigkeit von τ_p versucht (Abschnitt γ). Einerseits wird die Peierls-Spannung, wie Dietze[4] gezeigt hat, noch durch einen anderen als den in Abschnitt β behandelten Vorgang mit zunehmender Temperatur verkleinert. Andererseits tritt infolge des Vorhandenseins von Wärmeschwingungen eine zusätzliche Dämpfung der Versetzungsbewegung auf, deren

---

[1] H.-D. Dietze: Z. Physik **131**, 156 (1952).
[2] Diese Definition ist nur für endliche Temperaturen anwendbar. Am absoluten Nullpunkt ist τ_p als jene Spannung definiert, die eine Versetzung gerade noch aus einer der unten näher besprochenen Potentialmulden herauszuheben gestattet.
[3] R. Peierls: Proc. Phys. Soc. Lond. **52**, 34 (1940).
[4] H.-D. Dietze: Z. Physik **132**, 107 (1952).

Theorie noch keineswegs vollständig geklärt ist (vgl. Ziff. 80). Bei der Definition der Peierls-Spannung sieht man in künstlicher und ungerechtfertigter Weise von dieser Wirkung der Wärmebewegung ab (der Kristall soll ja, von der Versetzung abgesehen, vollkommen ideal gebaut sein). Wir beschränken deshalb hier die Diskussion auf sehr kleine Spannungen und kleine Geschwindigkeiten, bei denen die Reibungsdämpfung vernachlässigt werden kann. Auf große Schubspannungen und Geschwindigkeiten kommen wir bei der Besprechung der Dämpfung bewegter Versetzungen in Ziff. 80 zurück.

Leider liegen bis jetzt noch keine wirklich gesicherten Beobachtungen über die Peierls-Spannung vor, mit deren Hilfe man die oben erwähnten Schwierigkeiten wenigstens teilweise beheben könnte. Einige kurze Hinweise auf die bisherigen Versuche, die Peierls-Spannung mit experimentellen Ergebnissen in Verbindung zu bringen, werden wir in Abschnitt δ geben. Da jedoch der hier angeschnittene Problemkreis sicher eine wachsende Bedeutung für die Interpretation experimenteller Ergebnisse gewinnen wird, soll in den folgenden Abschnitten der heutige Stand der Theorie dargestellt werden.

α) *Gerade Versetzungslinien.* Die bis jetzt umfassendste Theorie für die Peierls-Spannung geradliniger, starrer Versetzungslinien hat nach den Vorarbeiten von Peierls[1] und Nabarro[2] H.-D. Dietze[3] gegeben. Er benützt das Peierlssche Modell und geht aus von der Darstellung der Wechselwirkungsenergie E_{AB} durch Summen der Form (68.35). Bei der Herleitung dieser Summen wird wie bei Peierls[1] und Nabarro[2] angenommen, daß die Atome punktförmige Kraftzentren sind. Da dies, ebenso wie die in Ziff. 69 und 70 benützte vollständige „Verschmierung" der Atome eine starke Idealisierung ist, nimmt Dietze an, daß man sich ein an der Stelle x_0, z_0 in einer der beiden Ebenen A und B befindliches Atom hinsichtlich seiner Kraftwirkungen nach einer Gewichtsfunktion $g(x, z)$ räumlich verteilt denken darf. $g(x, z)$ soll an der Stelle $x = x_0$, $z = z_0$ ein scharfes Maximum aufweisen und die Normierungsbedingung

$$\int\limits_{-\infty}^{+\infty}\!\!\int g(x, z)\, dx\, dz = 1 \tag{72.1}$$

erfüllen. Wie bei der Ableitung der Gl. (68.35) wird angenommen, daß die (verschmierten) Atome in der Ebene A auf diejenigen in der Ebene B mit Zentralkräften wirken. Wegen der Starrheit der in z-Richtung verlaufenden Versetzungslinie ist es zweckmäßig, sowohl für die Flächendichte ε_{AB} der Wechselwirkungsenergie als auch für die Gewichtsfunktion $g(z, x)$ einen in z-Richtung gemittelten Wert einzuführen. Letzterer werde durch

$$\bar{g}(x) = b \int\limits_{-\infty}^{+\infty} g(x, z)\, dz \tag{72.2}$$

definiert.

. Mit kleinen Vernachlässigungen erhält man im Falle der {100}-Gleitebenen des kubisch-flächenzentrierten Gitters [vgl. Gl. (68.38)] für die gemittelte Energiedichte

$$\varepsilon_{AB} = \frac{G}{4\pi^2}\frac{b^2}{c}\left\{2 - \cos 2\pi \frac{w_{AB}(x)}{b} - \cos 2\pi \frac{u_{AB}(x)}{b}\right\} B(x) \tag{72.3}$$

mit

$$B(x) = \tfrac{1}{2}\left\{\sum\limits_{m=+\infty}^{m=-\infty} \bar{g}(x - x_m) + \sum\limits_{n=-\infty}^{n=+\infty} \bar{g}(x - x_n)\right\}. \tag{72.4}$$

[1] R. Peierls: Proc. Phys. Soc. Lond. **52**, 34 (1940).
[2] F. R. N. Nabarro: Proc. Phys. Soc. Lond. **59**, 256 (1947).
[3] H.-D. Dietze: Z. Physik **131**, 156 (1952).

Die Summierung über m ist dabei in den Gleichgewichtslagen der Atome in der Ebene A im unverzerrten Kristall zu erstrecken, diejenige über n in entsprechender Weise in der Ebene B. $B(x)$ ist eine periodische Funktion von x, die in eine FOURIER-Reihe entwickelt werden kann. Um diese Entwicklung tatsächlich durchführen zu können, muß man die Funktion $\bar{g}(x)$ kennen. Im vorliegenden Fall macht DIETZE den Ansatz[1]

$$\bar{g}(x) = \frac{b}{s\sqrt{\pi}} \exp\left(-\frac{x^2}{s^2}\right) \qquad (72.5)$$

mit einem noch zu bestimmenden Parameter s.

Je nach dem zu untersuchenden Versetzungstyp hat man in der Summe Gl. (72.4) verschiedene Anfangspunkte für die x_m und die x_n zu wählen. Wir geben für eine Reihe von wichtigen Fällen die Funktion $B(x)$ (unter Vernachlässigung höherer FOURIER-Glieder) an:

Gleitebene (010),   90°-Versetzung, $\mathfrak{b} = \frac{a}{2}[10\bar{1}]$

$$B(x) = 1 + 2\exp\left(-\left(2\pi\frac{s}{b}\right)^2\right) \cdot \cos 4\pi\frac{x}{b}, \qquad (72.6)$$

Gleitebene (010),   0°-Versetzung, $\mathfrak{b} = \frac{a}{2}[101]$

$$B(x) = 1 - 2\exp\left(-\left(\frac{\pi s}{b}\right)^2\right) \cdot \cos 2\pi\frac{x}{b}, \qquad (72.7)$$

Gleitebene (111)[2],   0°-Halbversetzung, $\mathfrak{b} = \frac{a}{6}[\bar{1}2\bar{1}]$

$$B(x) = 1 + 2\exp\left(-\left(2\pi\frac{s}{h}\right)^2\right) \cdot \cos 4\pi\left(\frac{x}{h} - \frac{1}{6}\right), \qquad (72.8)$$

Gleitebene (111)[2],   120°-Halbversetzung, $\mathfrak{b} = \frac{a}{6}[2\bar{1}\bar{1}]$

$$B(x) = 1 + \sqrt{3}\exp\left(-\left(2\pi\frac{s}{h}\right)^2\right) \cdot \cos 4\pi\left(\frac{x}{h} - \frac{1}{8}\right), \qquad (72.9)$$

Gleitebene (111)[2],   90°-Versetzung, $\mathfrak{b} = \frac{a}{2}[10\bar{1}]$

$$B(x) = 1 + \exp\left(-\left(\frac{2\pi s}{h}\right)^2\right) \cdot \cos 4\pi\left(\frac{x}{h} - \frac{1}{12}\right), \qquad (72.10)$$

Gleitebene (111)[2],   30°-Versetzung, $\mathfrak{b} = \frac{a}{2}[01\bar{1}]$

$$B(x) = 1 - \sqrt{3}\exp\left(-\left(\frac{2\pi s}{h}\right)^2\right) \cdot \cos 4\pi\left(\frac{x}{h} + \frac{1}{24}\right). \qquad (72.11)$$

Setzt man den durch Multiplikation mit $B(x)$ modifizierten Ausdruck für ε_{AB} in Gl. (71.3) ein und führt die Variation nach $u_A(x)$ und $w_A(x)$ aus, so erhält man eine modifizierte PEIERLSsche Integralgleichung, bei der die Ausdrücke für die Schubspannungen mit $B(x)$ multipliziert sind. Beim vorliegenden Problem interessiert vor allem der Fall, daß eine homogene äußere Schubspannung τ^a wirkt. Die PEIERLSsche Integralgleichung (69.1) wird auf diese Weise folgender-

---

[1] Andere mit Gl. (72.1) und der oben genannten Lokalisierungsbedingung verträgliche Ansätze für $\bar{g}(x)$ führen zu ähnlichen Ergebnissen.

[2] Entsprechendes gilt natürlich mutatis mutandis für die Basisebene der hexagonalen Kugelpackung. — Im Falle der (111)-Gleitebene tritt $B(x)$ als Faktor zu Gl. (68.40) hinzu. Die Funktion $\bar{g}(x)$ wurde folgendermaßen gewählt: $\bar{g}(x) = \frac{h}{2s\sqrt{\pi}} \exp\left\{-\frac{x^2}{s^2}\right\}$.

maßen modifiziert:

$$B(x) \cdot \sin 4\pi \frac{u_A(x)}{b} = \frac{4\sigma}{b} \cdot \int_{-\infty}^{+\infty} \frac{u_A'(\xi)}{x - \xi} d\xi - \frac{2\pi c}{b} \cdot \frac{\tau^a}{G} B(x). \qquad (72.12)$$

Gl. (71.9) entsprechend wird die Lösung von Gl. (72.12) in der Form [σ ist durch Gl. (69.3) gegeben]

$$u_A(x) = - \frac{b}{2\pi} \text{ arc tan } \frac{x - l}{\sigma} + u_A^1(x) \qquad (72.13)$$

angesetzt. Die sich für $u_A^1(x)$ ergebende Integralgleichung kann in geschlossener Form gelöst werden, z.B. mit dem in Ziff. 71γ genannten Verfahren von Dietze. Dabei zeigt es sich, daß in Gl. (72.13) $u_A^1(x)$ in allen praktischen Fällen vernachlässigt werden darf. Als Bedingung für die Lösbarkeit der Gl. (72.12) durch einen

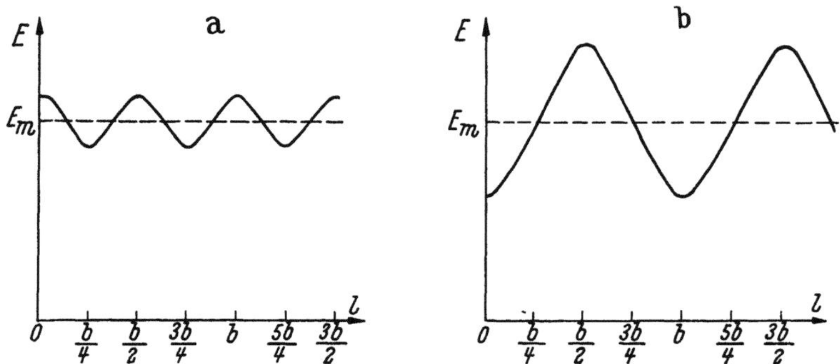

Fig. 111a u. b. Periodische Variation der potentiellen Energie einer Versetzung mit {100}-Gleitebene im kubisch-flächenzentrierten Gitter (schematisch). a Schraubenversetzung, b Stufenversetzung.

Ansatz der Form (72.13) erhält man mit $B(x)$ aus Gl. (72.6), also für eine Schraubenversetzung in einer {100}-Ebene eines flächenzentriert-kubischen Gitters,

$$\tau^a = - \frac{4\sigma}{c} G e^{-\frac{4\pi\sigma}{b}} \cdot e^{-\left(\frac{2\pi s}{b}\right)^2} \cdot \sin 4\pi \frac{l}{b} \qquad (72.14a)$$

und mit $B(x)$ aus Gl. (72.7), also für eine Stufenversetzung in derselben Gleitebene

$$\tau^a = 2G \frac{\sigma}{c} e^{-\frac{2\pi\sigma}{b}} \cdot e^{-\left(\frac{\pi s}{b}\right)^2} \sin \frac{2\pi l}{b}. \qquad (72.14b)$$

Die Gln. (72.14) geben an, welche Schubspannung τ^a erforderlich ist, um im mechanischen Gleichgewicht den Versetzungsmittelpunkt an der Stelle $x = l$ zu halten. τ^a ist eine periodische Funktion von l. Dementsprechend ist auch die potentielle Energie einer Versetzung eine periodische Funktion des Ortes l des Versetzungsmittelpunktes. Dieser Verlauf ist in Fig. 111 dargestellt. (Fig. 111 ist schematisch; in Wirklichkeit ist die Amplitude der Energieoszillation außerordentlich klein im Vergleich zur mittleren potentiellen Energie E_m einer Versetzung.) Bemerkenswert ist, daß die Periode und damit auch die Stärke der Oszillationen für Schrauben- und Stufenversetzungen verschieden ist. Im Falle einer Stufenversetzung sind zwei verschiedene Lagen des Versetzungsmittelpunktes nur dann energetisch gleichwertig, wenn die Anordnung der Atome dieselbe ist. In Fig. 112a ist eine Stufenversetzung für $l = 0$ und in Fig. 112b für $l = b/2$ gezeichnet. Man sieht sofort, daß $l = b/2$ eine wesentlich größere Energie als $l = 0$ zukommt, da sich an der mit einem Kreuz bezeichneten Stelle zwei Atome

sehr nahekommen und deshalb eine Erhöhung der potentiellen Energie hervorrufen. Fig. 112a stellt somit eine stabile, Fig 112b eine instabile Gleichgewichtslage dar.

Bei einer Schraubenversetzung liegen, wie Fig. 113 zeigt, die Verhältnisse
anders. Hier sind ebenfalls zwei verschiedene Anordnungen im Versetzungsmittelpunkt, nämlich für $l = -b/4$ und für $l = +b/4$ gezeichnet. Obwohl die beiden

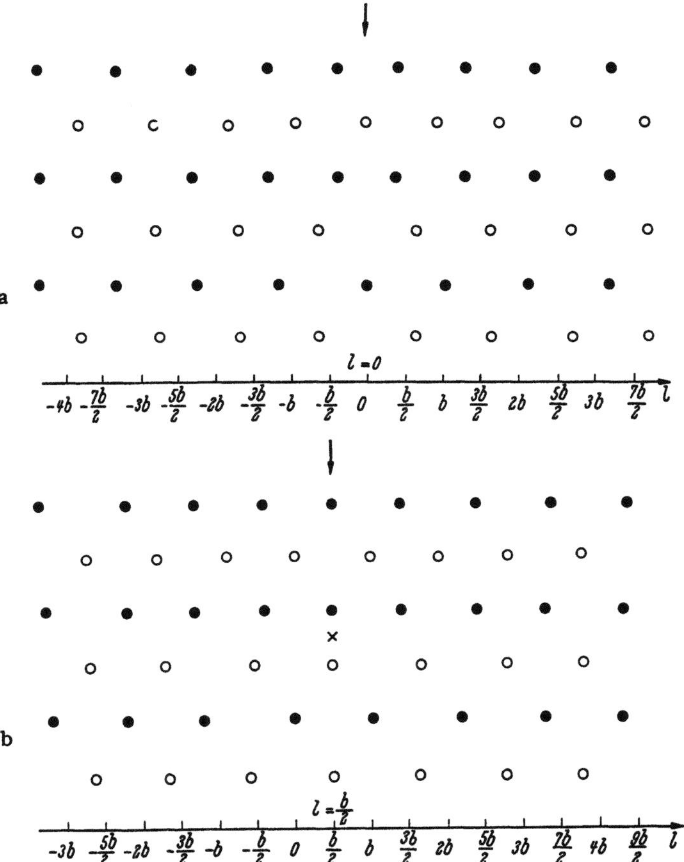

Fig. 112a u. b. Atomanordnung in einer Stufenversetzung in der {100}-Ebene des kubisch-flächenzentrierten Gitters.
Die durch volle und leere Kreise bezeichneten Atome liegen in verschiedenen Netzebenen parallel zur Zeichenebene (vgl.
Fig. 105). Die senkrechten Pfeile bezeichnen den Ort des Versetzungsmittelpunktes. a Stabile Gleichgewichtslage ($l = 0$);
b instabile Gleichgewichtslage ($l = b/2$). Vgl. Fig. 111 b.

Anordnungen *nicht* translatorisch identisch sind, da sie ja durch eine Verschiebung des Versetzungsmittelpunktes um $b/2$ und nicht um b auseinander hervorgehen, kann man trotzdem an Hand elementarer Überlegungen nicht sagen,
welcher von beiden eine höhere potentielle Energie zukommt. In der Tat liefert
die oben skizzierte Rechnung, daß beide dieselbe potentielle Energie haben. In
Strenge gilt dieses Ergebnis natürlich nur, wenn die Voraussetzungen dieser
Rechnung zutreffen (in erster Linie also die Annahme, daß die Atome in der
Ebene A auf diejenigen in der Ebene B mit Zentralkräften wirken und umgekehrt). Selbst wenn, was in Wirklichkeit im allgemeinen der Fall sein wird,
diese Voraussetzungen nicht ganz zutreffen, so wird doch die $E(l)$-Kurve eine
merkliche Einsattelung in der zweiten stabilen Gleichgewichtslage aufweisen und

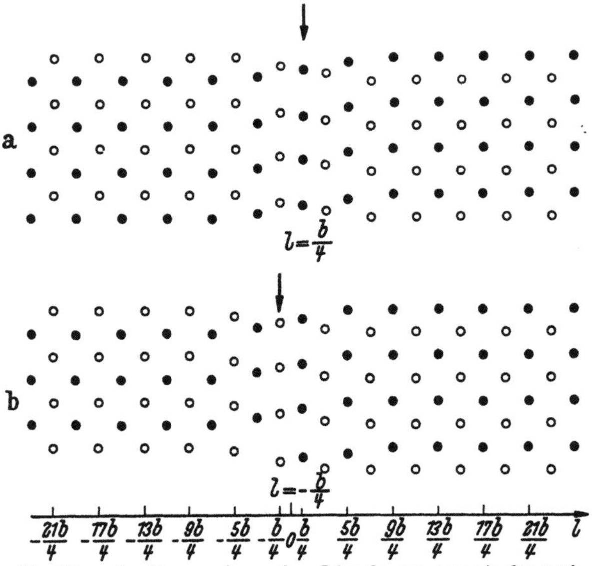

Fig. 113a u. b. Atomanordnung einer Schraubenversetzung in der {100}-Ebene des kubisch-flächenzentrierten Gitters. Die Atome in Ebene A des Peierlsschen Modells sind durch volle, die Atome in Ebene B durch leere Kreise bezeichnet (vgl. Fig. 105). Die senkrechten Pfeile bezeichnen den Ort des Versetzungsmittelpunktes, der sich in a bei $l = b/4$ und in b bei $l = -\dfrac{b}{4}$ befindet.

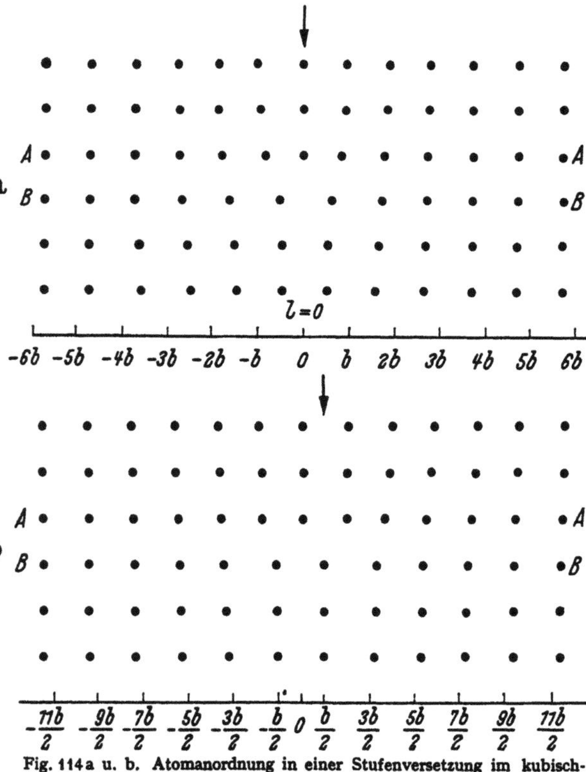

Fig. 114a u. b. Atomanordnung in einer Stufenversetzung im kubisch-primitiven Gitter. Die Anordnungen a ($l = 0$) und b ($l = b/2$) gehen durch Verschieben des Versetzungsmittelpunktes um einen halben Atomabstand auseinander hervor.

insgesamt flacher verlaufen als in Fig. 111b, so daß sich eine kleinere Peierls-Spannung ergibt.

Im vorstehend behandelten Fall ist die Energievariation bei der Schraubenversetzung geringer als bei der Stufenversetzung. Hat man eine andere Struktur der Gleitebene und andere Bindungsverhältnisse, so kann auch der umgekehrte Fall eintreten. Ein Beispiel hierfür bilden Versetzungen im kubisch-primitiven Gitter mit den Würfelebenen als Gleitebenen. Für die Stufenversetzung hat in diesem Fall Nabarro[1] gezeigt, daß (unter entsprechenden Voraussetzungen wie oben) die Energievariationen die Periode $\frac{1}{2}b = \frac{1}{2}a$ ($a =$ Gitterkonstante) haben. Für die Schraubenversetzung ergibt die (hier unterdrückte) Rechnung, daß die Periode von $E(l)$ jedoch $b = a$ ist. Die Verhältnisse sind in Fig. 114 und 115 dargestellt. Die beiden symmetrischen Gleichgewichtslagen für eine Stufenversetzung in Fig. 114a u. b sind in ihrer geometrischen Anordnung so ähnlich, daß man an Hand anschaulicher Argumente nicht sagen kann, welche von beiden die höhere Energie hat. In Fig. 115a dagegen ist die Atomanordnung zweifellos energetisch günstiger als in Fig. 115b, da in letzterer die Atome in der mit einem Pfeil bezeichneten Netzebene genau „auf Lücke" stehen, was bei der vorliegenden Struktur energetisch besonders ungünstig ist.

Die vorstehende Diskussion hat gezeigt, daß man keineswegs annehmen darf, daß die Periode der Energievariation einer Versetzung in einem Kristall durch den Identitätsabstand der Kristallstruktur in der Bewegungsrichtung der Versetzung gegeben ist. Man hat diese Periode vielmehr von Fall zu Fall mit Hilfe geometrischer Betrachtungen auf

---

[1] F. R. N. Nabarro: Proc. Phys. Soc. 59, 256 (1947); vgl. auch [54].

Grund der Bindungsverhältnisse zu bestimmen. Ist dies geschehen, so kann man auch Aussagen über die Höhe der zwischen zwei stabilen Gleichgewichtslagen zu überschreitenden Energieschwelle machen. In vergleichbaren Fällen wird nämlich die Krümmung der $E(l)$-Kurve in der stabilsten Gleichgewichtslage etwa gleich sein. Wie man an Hand von Fig. 116 leicht einsieht, ist dann die Energieschwelle um so höher, je größer die Periode von $E(l)$ ist.

Dieselben Überlegungen lassen sich auch, wie schon in Ziff. 30 angedeutet worden ist, auf die Bewegung von Eigenfehlstellen anwenden. Für ein Zwischengitteratom im kubisch-flächenzentrierten Gitter sind die in Fig.13a u. b dargestellten Anordnungen — sofern man noch das dort nicht gezeichnete Ausweichen der Nachbaratome in Betracht zieht — in energetischer Hinsicht so ähnlich, daß man selbst an Hand von Rechnungen nicht sicher sagen kann, welcher von beiden die niedrigere potentielle Energie entspricht. Die Periode im $E(l)$-Diagramm für die Wanderung eines Zwischengitteratoms darf somit für die Zwecke der gegenwärtigen Diskussion als $\frac{1}{4}a$ angenommen werden. Bei der Wanderung einer Leerstelle

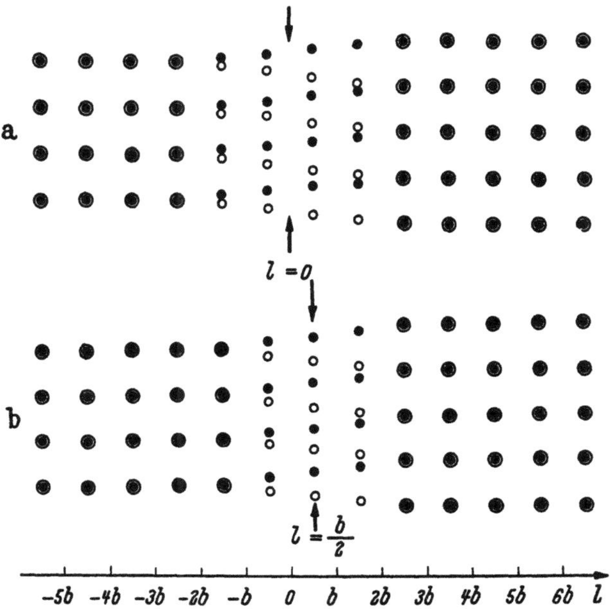

Fig. 115a u. b. Atomanordnung in einer Schraubenversetzung im kubisch-primitiven Gitter. Die Atome in Ebene A des PEIERLSschen Modells sind durch volle, jene in Ebene B durch leere Kreise bezeichnet. a stellt die stabile Gleichgewichtslage ($l=0$); b die instabile Gleichgewichtslage dar.

von einem Gitterplatz zu einem benachbarten gibt es keine stabile Zwischenlage. Die Periode im entsprechenden $E(l)$-Diagramm ist also $a/\sqrt{2}$, also um einen Faktor $\sqrt{2}$ größer als beim Zwischengitteratom. Es erscheint somit von diesem Standpunkt aus als sehr plausibel, daß in Cu die Schwellenenergie für die Wanderung von Zwischengitteratomen ($\sim0{,}7$ eV) niedriger ist als die entsprechende Energie für die Wanderung von Leerstellen ($\sim1{,}2$ eV).

Die PEIERLS-Spannung τ_p erhält man aus Gl. (72.14) als Maximum von τ^a. Es ist also für eine Schraubenversetzung

$$\tau_p^{\{100\}} = \frac{4\sigma}{c} \cdot G \cdot e^{-\frac{4\pi\sigma}{b}} \cdot e^{-\left(\frac{2\pi s}{b}\right)^2} \qquad (72.15\,\mathrm{a})$$

und für eine Stufenversetzung

$$\tau_p^{\{100\}} = \frac{2\sigma}{c} \cdot G \cdot e^{-\frac{2\pi\sigma}{b}} \cdot e^{-\left(\frac{\pi s}{b}\right)^2}. \qquad (72.15\,\mathrm{b})$$

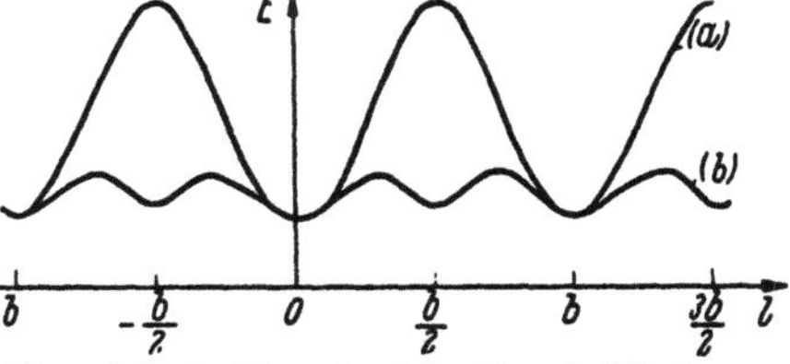

Fig. 116. Verlauf der potentiellen Energie $E(l)$ einer Versetzung: (a) bei Periode b, (b) bei Periode $b/2$.

Die Übertragung der Theorie auf Versetzungen in {111}-Ebenen des kubisch-flächenzentrierten Gitters macht einige besondere Überlegungen notwendig. Da die strenge Lösung der unmodifizierten PEIERLSschen Integralgleichung nicht bekannt ist, kann man das oben skizzierte Verfahren zur Bestimmung von τ^a bzw. τ_p nicht auf {111}-Gleitebenen anwenden. Wie DIETZE[1] gezeigt hat, kann man in diesem Falle die Größen τ^a und τ_p aus einer Weiterentwicklung des in Ziff. 71α besprochenen Variationsverfahrens ableiten. Mit dieser Methode hat DIETZE[1] die in Gl. (72.8) bis (72.11) angegebenen Fälle behandelt, wobei sich für τ^a durchweg eine Periode von $h/2$ ergab. Der Zusammenhang zwischen τ^a und l und damit die PEIERLS-Spannung τ_p kann in den vorliegenden Fällen auch mit Hilfe der Variationsmethode

---

[1] H.-D. DIETZE: Z. Physik **131**, 156 (1952).

nicht in geschlossener Form angegeben werden. Für vollständige Versetzungen, bei denen der Abstand 2η der beiden Halbversetzungen (vgl. Ziff. 73) einen Atomabstand nicht wesentlich übersteigt, ist es möglich, eine Näherungsformel aufzustellen. Entnimmt man für gegebene Stapelfehlerenergie γ die Werte von η und σ aus Ziff. 73, so erhält man für eine Schraubenversetzung [Gl. (72.10) entsprechend]

$$\tau_p^{\{111\}} = 2G\,\frac{b}{h}\,\frac{\sigma}{c}\,\exp\left(-\frac{4\pi\sigma}{h}\right)\cdot\exp\left(-\left(2\pi\,\frac{s}{h}\right)^2\right)\cdot|\,f(\eta,\sigma)\,| \tag{72.16}$$

mit

$$f(\eta,\sigma) = \left(1 + \frac{\eta}{3}\,\frac{\eta/3 - \sqrt{3}\,\sigma}{(\eta/3)^2+\sigma^2}\cos\left(\frac{4\pi}{3}\,\frac{\eta}{h}\right) + \sigma\,\frac{\eta/3 - \sqrt{3}\,\sigma}{(\eta/3)^2+\sigma^2}\sin\left(\frac{4\pi}{3}\,\frac{\eta}{h}\right)\right). \tag{72.17}$$

Führt man entsprechende Rechnungen auch für die Gl. (72.8), (72.9) und (72.11) durch, so ergeben sich für τ_p ebenfalls Gleichungen der Form (72.16), bei denen $f(\eta,\sigma)$ durch einen Faktor von derselben Größenordnung zu ersetzen ist.

Die vorstehende Theorie macht keinerlei Aussagen über die Größe von s, das gewissermaßen als frei wählbarer Parameter im Endergebnis erscheint. Eine theoretische Berechnung von s liegt außerhalb des bisherigen Rahmens der Versetzungstheorie. Sie erfordert bereits die Anwendung elektronentheoretischer Überlegungen. Man wird annehmen dürfen, daß s etwa gleich dem halben Atomabstand ist. Es ist jedoch durchaus denkbar, daß man, um eine gute Beschreibung der wirklichen Verhältnisse zu erhalten, s beim gleichen Metall für verschiedene Gleitebenen verschieden ansetzen muß.

Um einen Einblick in die zahlenmäßigen Verhältnisse zu gewinnen, setzen wir für Aluminium für alle Gleitebenen $s = 0,5\,b$. Für die verschiedenen im Vorstehenden besprochenen Fälle erhält man, zum Teil unter Verwendung der Resultate von Ziff. 73, die in Tabelle 20 angegebenen Werte für das Verhältnis τ_p/G.

Tabelle 20. *Verhältnis von* Peierls-*Spannung* τ_p *zu Schubmodul G für verschiedene Versetzungstypen in Aluminium unter der Annahme* $s = 0,5\,b$.

Gleitebene	Versetzungstyp	Versetzungsweite σ	Peierls-Spannung τ_p
$\{010\}$	90°-Versetzung	$0,50\cdot a$	$0,1\cdot 10^{-5}\cdot G$
$\{010\}$	0°-Versetzung	$0,76\cdot a$	$5\ \cdot 10^{-3}\cdot G$
$\{111\}$	0°-Halbversetzung	$0,92\cdot c$	$1,2\cdot 10^{-4}\cdot G$
$\{111\}$	120°-Halbversetzung	$0,68\cdot c$	$3,3\cdot 10^{-4}\cdot G$
$\{111\}$	90°-Versetzung	$0,68\cdot c$	$1,3\cdot 10^{-3}\cdot G$
$\{111\}$	30°-Versetzung	$0,85\cdot c$	$0,9\cdot 10^{-3}\cdot G$

Zu einem Vergleich der Angaben in Tabelle 20 mit der kritischen Schubspannung von Reinstaluminium hat man die Verhältnisse bei sehr tiefen Temperaturen heranzuziehen. Die Temperaturabhängigkeit der kritischen Schubspannung von Aluminiumeinkristallen ist bei den Temperaturen des flüssigen Heliums noch nicht untersucht. Es erscheint jedoch wenig wahrscheinlich, besonders im Hinblick auf Untersuchungen an anderen Metallen, daß τ_p/G für die $\{111\}$-Gleitebene den Wert $3\cdot 10^{-5}$ übersteigt. Da für den Gleitbeginn die Beweglichkeit der vollständigen Versetzungen maßgebend ist, besteht zwischen dem experimentellen Befund und den Angaben in Tabelle 20 eine Diskrepanz um den Faktor 50. Diese Diskrepanz rührt sicher zum Teil davon her, daß, wie in Ziff. 71β erläutert, die in Wirklichkeit auftretenden Versetzungsweiten etwas größer sind als die aus der Peierlsschen Gleichung ermittelten. Da die Peierls-Spannung von der Versetzungsweite exponentiell abhängt, wirkt sich schon eine geringe Vergrößerung von σ in einer starken Verminderung von τ_p aus. Dasselbe gilt auch für eine Vergrößerung von s, so daß man die bei Metallen auftretenden außerordentlich niedrigen Peierls-Spannungen durchaus theoretisch verstehen kann. Es ist jedoch auch denkbar, daß Untersuchungen bei sehr tiefen Temperaturen doch noch einen deutlich meßbaren Beitrag der Peierls-Spannung zur kritischen Schubspannung erkennen lassen. Bis jetzt ist dies jedoch nicht der Fall.

Wir gehen nun noch kurz auf die Abhängigkeit der Peierls-Spannung von Charakter und Gleitebene der Versetzungen ein. Verläuft eine Versetzung in einer „irrationalen" Richtung, d.h., nicht parallel zu einer Gittergeraden, so ist τ_p für eine starre Versetzungslinie Null. Ihre höchsten Werte erreicht die Peierls-Spannung für Versetzungen, die in niedrig-indizierten Richtungen verlaufen. Da jedoch bei der Versetzungsentstehung in Versetzungsquellen (vgl. Ziff. 40) Versetzungen jeden Charakters gleiten müssen, ist tatsächlich die höchste in einer Gleitebene auftretende Peierls-Spannung für die Frage maßgebend, ob bei einer bestimmten Schubspannung die betreffende Gleitebene betätigt werden kann. Wendet man diese Überlegungen auf die Ergebnisse in Tabelle 20 an, so ergibt sich, daß in Al die {111}-Ebene die niedrigste Peierls-Spannung hat und deshalb, wie es tatsächlich beobachtet wird, bei tiefen Temperaturen allein auftreten sollte[1]. Da, wie wir unten sehen werden, die Peierls-Spannung bei höheren Temperaturen sehr stark mit der Temperatur abnimmt, ist es verständlich, daß bei höheren Temperaturen bei Aluminium auch {100}- und {110}-Gleitebenen betätigt werden. Es soll jedoch in diesem Zusammenhang noch einmal betont werden, daß zwar die vorstehend entwickelte Auffassung über die Bedeutung der Peierls-Kraft für das Auftreten von Gleitebenen mit den Experimenten nicht im Widerspruch steht und sehr wahrscheinlich zutrifft, daß jedoch die Theorie noch nicht genügend weit entwickelt ist, um einen quantitativen Vergleich mit experimentellen Einzelheiten zu erlauben.

In Ziff. 48 hatten wir gesehen, daß manche unvollständigen Versetzungen (z.B. die sog. Frankschen unvollständigen Versetzungen) „nicht gleitfähig" sein können, und zwar deswegen, weil sie bei Gleitbewegungen eine stark gestörte Zone hoher Energie hinter sich lassen würden. Etwas ähnliches tritt auf, wenn eine vollständige Versetzung in einer nicht sehr dicht gepackten Gleitebene liegt und deshalb eine sehr große Peierls-Spannung aufweist. Solange keine allzu großen Schubspannungen wirken, ist eine solche Versetzung ebenfalls unbeweglich und kann ähnlich wie eine nicht gleitfähige unvollständige Versetzung wirken. Die geringe Beweglichkeit dieser vollständigen Versetzungen ist zuerst von Lomer in Verbindung mit der in Ziff. 50 besprochenen Versetzungsreaktion für theoretische Diskussionen benützt worden. Während in der englischen Literatur diese Art von Versetzungen ebenfalls als „sessile" bezeichnet wird (vgl. Ziff. 48), nennen wir sie zur Unterscheidung von den oben erwähnten unvollständigen Versetzungen „schwer gleitfähig".

β) *Flexible Versetzungslinien.* In Abschnitt α dieser Ziffer war erwähnt worden, daß die Peierls-Kraft für eine *starre,* in einer nichtkristallographischen oder auch sehr hoch indizierten Richtung verlaufende Versetzungslinie praktisch Null ist. Da Versetzungslinien jedoch flexibel sind, werden sie aus energetischen

---

[1] Man kann sich leicht davon überzeugen, daß die in Tabelle 20 nicht berücksichtigten, weniger dicht gepackten Gleitebenen höhere Peierls-Spannungen haben. — Für die Verhältnisse in der {111}-Ebene ist die Peierls-Kraft der vollständigen und nicht die der unvollständigen Versetzungen maßgebend, da bei Aluminium und bei den meisten anderen Metallen und Legierungen die beiden Teilversetzungen einer vollständigen Versetzung praktisch vollkommen starr zusammengekoppelt sind. Nach Tabelle 20 ist die Peierls-Spannung am absoluten Nullpunkt für die {100}-Ebene um einen Faktor 4 größer als für die {111}-Ebene. Daraus hätte man zu schließen, daß schon bei verhältnismäßig niedrigen Temperaturen auch die Peierls-Spannung der {100}-Ebene auf einen unmeßbar kleinen Wert abgesunken wäre. Da in Wirklichkeit bei Al die {100}-Gleitebenen erst oberhalb von 450° C auftreten, muß man annehmen (vgl. Ziff. 75), daß das Verhältnis der erwähnten Peierls-Spannungen am absoluten Nullpunkt viel größer als die oben angegebene Zahl 4 ist.

Gründen den in Fig. 117 gezeichneten Verlauf bevorzugen. Es bildet sich dabei ein Kompromiß aus zwischen dem Energiegewinn durch den Verlauf der Versetzung in den Tälern des Potentialgebirges im Kristall und dem Energieaufwand infolge der Verlängerung der Versetzungslinie, die zum Überschreiten der Kämme zwischen den Tälern notwendig ist. Da die periodischen Energievariationen im Kristall im Vergleich zur Linienenergie einer Versetzung sehr klein sind, sind

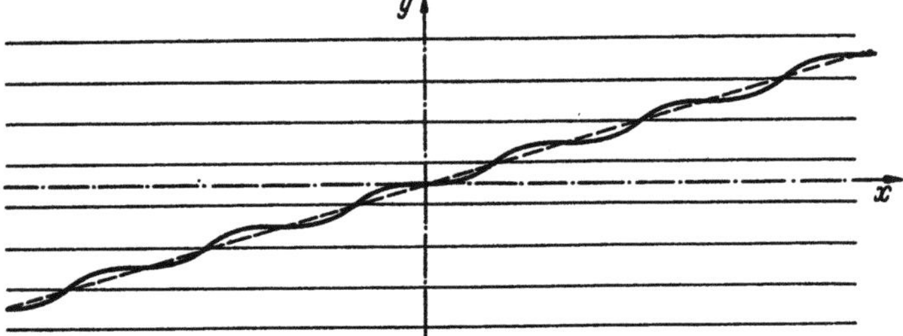

Fig. 117. Ausgezogene Geraden: Maxima der potentiellen Energie einer Versetzung bei Bewegung in y-Richtung. Gestrichelte Gerade: Mittlerer Verlauf einer Versetzung in nicht-kristallographischer Richtung. Ausgezogene Wellenlinie: Tatsächlicher Verlauf der Versetzung (schematisch) als Kompromiß zwischen der potentiellen Energie und der Linienenergie der Versetzung (schematisch).

auch die Abweichungen der Richtung der Versetzungslinien von ihrem Mittelwert sehr klein, und zwar, wie Nabarro [54] gezeigt hat, von der Größenordnung einiger Winkelminuten. Zur Bewegung der in Fig. 117 gezeichneten „Wellen" in den Versetzungslinien ist ebenfalls eine gewisse Schubspannung notwendig, die aber wesentlich kleiner als die in Abschnitt α betrachteten Peierls-Spannungen sein dürfte. Genauere Abschätzungen hierüber liegen jedoch noch nicht vor.

Ähnliche Überlegungen, die ursprünglich auf W. Shockley zurückgehen, lassen sich auch für den Fall anstellen, daß eine Versetzungslinie in einer niedrig indizierten Kristallrichtung verläuft und somit, als starre Linie aufgefaßt, eine verhältnismäßig große Peierls-Spannung aufweist. Da die Versetzungen jedoch biegsam sind, können sie ebenfalls Wellen bilden, die sich sehr leicht seitlich zur eigentlichen Fortschreitrichtung der Versetzung bewegen und damit die Peierls-Spannung ganz wesentlich herabsetzen können. Dieser Mechanismus zur Verminderung der Peierls-Spannung ist das Analogon zur Herabsetzung der theoretischen Schubfestigkeit von Kristallen durch Versetzungen. Deshalb kann man die „Wellen" in den Versetzungslinien auch recht treffend als „Versetzungen höherer Ordnung" oder „Überversetzungen" bezeichnen.

Während die gewöhnlichen Versetzungen, wie in Ziff. 61 dargelegt worden ist, unter normalen Umständen nicht durch thermische Schwankungen entstehen, können die Überversetzungen schon bei verhältnismäßig tiefen Temperaturen thermisch gebildet werden. Da die zur Bewegung der Überversetzungen erforderliche Schubspannung sehr klein ist, bedeutet dies, daß die Peierls-Spannung nur bei sehr tiefen Temperaturen die in Abschnitt α unter der Annahme starrer Versetzungslinien diskutierten Werte haben kann und mit wachsender Temperatur rasch absinken muß.

Es sollen nunmehr noch kurz die Grundgedanken der mathematischen Behandlung dieser Fragen, insbesondere der Bildung von Überversetzungen, behandelt werden. Wie schon in Ziff. 67γ erwähnt worden ist, gelten hierbei dieselben Gleichungen wie im Frenkelschen Modell. Die Ähnlichkeit der Welle in Fig. 118 mit einer Versetzung ist schon mehrfach betont worden. Der Versetzungsverlauf in Fig. 117 ist analog zu den Folgen gleichnamiger Versetzungen, die als Lösungen des Frenkelschen und des Peierlsschen Modells schon wiederholt erwähnt wurden.

Ist $E(y)$ die Linienenergie eines an der Stelle y befindlichen Stückes Versetzungslinie, so hat die Gleichgewichtsform $y(x)$ einer unter der Wirkung der äußeren Schubspannung τ stehenden Versetzungslinie der Differentialgleichung [vgl. Gl. (60.10)]

$$E(y)\,\frac{d^2 y}{d x^2} = \frac{d E}{d y} + b\tau \qquad (72.18)$$

zu genügen. Dabei ist die Annahme $dy/dx \ll 1$ gemacht, die nach dem oben Gesagten sicher dann erfüllt ist, wenn die *mittlere Richtung* der Versetzungslinie von der x-Richtung wenig abweicht. Da die periodischen Glieder in $E(y)$ klein gegen den konstanten Anteil E_0 sind, kann man sie auf der linken Seite von Gl. (72.18) vernachlässigen. Auf der rechten Seite werde die Funktion $E(y)$, die an der Stelle $y = 0$ ein Minimum haben und die Periode a besitzen soll, durch eine abgebrochene Fourier-Reihe folgendermaßen dargestellt[1]:

$$E(y) = E_0 - \alpha_1 \cos\frac{2\pi y}{a} - \alpha_2 \cos\frac{4\pi y}{a}. \qquad (72.19)$$

Eine Berechnung der Konstanten α_1 und α_2, die mit der Peierls-Spannung τ_p^0 am absoluten Nullpunkt für eine *starre*, in x-Richtung verlaufende Versetzungslinie zusammenhängen, auf Grund der Elektronentheorie der Festkörper ist bis jetzt noch nicht gelungen, so daß Gl. (72.19) vorläufig als Ansatz mit zwei freien Parametern anzusehen ist. Führt man Gl. (72.19) in Gl. (72.18) ein, so erhält man — von dem Glied mit τ abgesehen — die Frenkelsche Differentialgleichung im statischen Fall (vgl. Ziff. 67). Beim Problem der thermischen Bildung von Überversetzungen in einer sonst geradlinigen Versetzungslinie interessiert jene Lösung, die zwei ungleichnamige Überversetzungen im Abstand d im labilen Gleichgewicht unter der Wirkung der äußeren Spannung τ darstellt (Fig. 119).

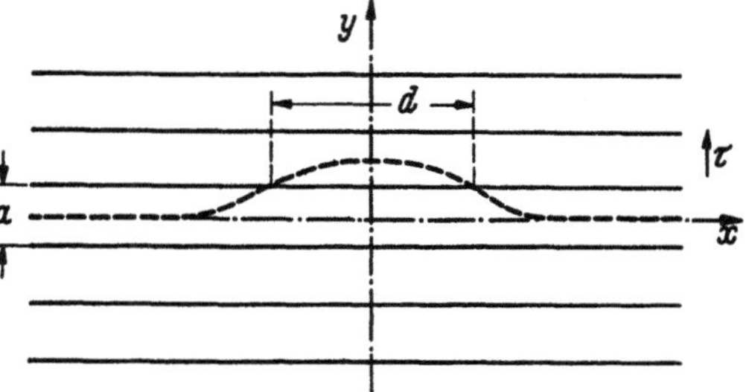

Fig. 119. Erniedrigung der Peierls-Spannung einer geraden Versetzungslinie durch Bildung eines Paares von Überversetzungen. d Abstand der beiden Überversetzungen.

Während man im Peierlsschen Modell die betreffende Lösung in geschlossener Form angeben konnte (vgl. Ziff. 69β), ist dies beim Frenkelschen Modell leider nicht möglich. Es gibt jedoch ein sehr brauchbares Näherungsverfahren[2] zur Behandlung dieses Problems, auf das wir allerdings aus Raumgründen nicht näher eingehen können.

Wir begnügen uns hier mit einer Abschätzung der uns in erster Linie interessierenden Schwellenenergie $Q(\tau)$. Man kann sofort sagen, daß $Q(\tau_p^0) = 0$ sein muß. Für $\tau = 0$ ist $d = \infty$; man hat also zwei unabhängige Überversetzungen, so daß sich $Q(0)$ als die Summe der Energie zweier einzelner Überversetzungen ergibt. Setzt man zur Vereinfachung $\alpha_2 = 0$, so findet man[3]

$$Q(0) = \frac{4a}{\pi} \sqrt{\frac{2E_0 \cdot a \cdot b \cdot \tau_p^0}{\pi}}. \qquad (72.20)$$

---

[1] Aus dem Ansatz Gl. (72.5) sowie entsprechenden Ansätzen für andere Gitter ergibt sich α_2 als klein gegenüber α_1. Dies braucht jedoch bei anderen Annahmen über die interatomaren Kräfte nicht zuzutreffen. Der zweigliedrige Ausdruck Gl. (72.19) sollte jedoch für eine einigermaßen gute Beschreibung der Verhältnisse ausreichen.

[2] A. Seeger: Veröffentlichung demnächst.

[3] Siehe hierzu auch W. T. Read: [*53*], S. 54. Read gibt eine Formel für die Energie *einer* Überversetzung an, in die jedoch noch ein Faktor 2 einzufügen ist, um mit Gl. (72.20) in Übereinstimmung zu kommen.

Mit $E_0 = \dfrac{G b^2}{10}$, $a = b$ sowie dem vielleicht sogar etwas zu hoch gegriffenen Wert $\tau_p^0 = 10^{-3}\,G$ ergibt sich für Cu

$$Q(0) = 0{,}045\ \text{eV} = 1000\ \text{cal/Mol}, \tag{72.21}$$

also ein im Vergleich zu den sonstigen in der Festkörperphysik anzutreffenden Aktivierungsenergien sehr niedriger Wert.

γ) *Die* Peierls-*Spannung bei höheren Temperaturen.* Die Peierls-Spannung wird bei höheren Temperaturen vor allem aus zwei Gründen vermindert. Erstens wird mit wachsender Temperatur eine immer größere Anzahl von Überversetzungen pro Zeiteinheit gebildet, und zweitens wird durch die Wirkung der Wärmebewegung die Peierls-Spannung auch für eine gerade Versetzungslinie herabgesetzt. Den zweitgenannten Effekt hat Dietze[1] unter der vereinfachenden Annahme untersucht, daß die Gitterverzerrungen durch die Wärmebewegung unabhängig von den statischen inneren Spannungen sind. Es ergibt sich eine Vergrößerung der Versetzungsweite, die nach dem in Abschnitt α Gesagten zu einer Verminderung der Peierls-Spannung führt.

Um die Einflüsse der thermischen Bildung von Überversetzungen auf die Temperaturabhängigkeit der Peierls-Spannung zu behandeln, legen wir das folgende Modell zugrunde: Eine geradlinige Versetzung der Länge L_1 liege in einer Potentialrinne. Wird ein Paar von Überversetzungen gebildet und breiten sich diese seitwärts aus, so bewegt sich die Versetzung gerade um die Strecke a bis zur nächsten Potentialrinne weiter. L_1 wird in der Größenordnung des mittleren Versetzungsabstandes, also für nicht zu stark verformte Metalle in der Größenordnung 10^{-5}cm bis 10^{-4} cm liegen. Die Frequenz der kleinen Schwingungen der Versetzungslinie in ihrer Potentialmulde soll mit ν_0 bezeichnet werden. ν_0 dürfte in der Größenordnung $10^{-3} v_t/a$ bis $10^{-2} v_t/a$ liegen[2] (v_t = Geschwindigkeit für akustische Transversalwellen). Die Häufigkeit, mit der ein als unabhängig zu betrachtendes Versetzungsstück Paare von Überversetzungen bildet, ist näherungsweise durch $\nu_0 \exp\left(-\dfrac{Q(\tau)}{kT}\right)$ gegeben (vgl. Ziff. 12).

Die Länge L_2 der im Sinne der Statistik voneinander unabhängigen Stücke der Versetzungslinie wird etwa gleich dem zur Spannung τ gehörenden Gleichgewichtsabstand d der Überversetzungen anzunehmen sein.

Auf diese Weise erhält man für die mittlere Geschwindigkeit $\bar{v}$ einer Versetzung unter der Wirkung der Spannung $\tau\,(\ll \tau_p^0)$

$$\bar{v} = \frac{L_1}{L_2} \cdot a \cdot \nu_0 \exp\left(-\frac{Q(\tau)}{kT}\right). \tag{72.22}$$

Der Faktor vor der Exponentialfunktion in Gl. (72.22) hängt selbst etwas von der Spannung τ ab. Setzt man plausible Zahlenwerte ein, so erhält man größenordnungsmäßig für die mittlere Versetzungsgeschwindigkeit

$$\bar{v} = v_t \exp\left(-\frac{Q(\tau)}{kT}\right). \tag{72.23}$$

Für $T = 80°$ K, $Q(\tau) = 1000$ cal/Mol ergibt sich daraus

$$\frac{\bar{v}}{v_t} = 2 \cdot 10^{-3}. \tag{72.24}$$

Geht man zu höheren Temperaturen über, so darf die Zeit nicht mehr vernachlässigt werden, die die seitliche Bewegung der Überversetzungen erfordert. Da diese höchstens mit der Geschwindigkeit v_t erfolgen kann, hat man für L_1/L_2 bei höheren Temperaturen Werte von der Größenordnung 1 einzusetzen. Unter den oben angenommenen Verhältnissen ergibt sich bei Raumtemperatur, daß die Versetzungsgeschwindigkeit, die ja ohnehin kleiner als v_t sein muß, durch den hier besprochenen Effekt praktisch nicht mehr begrenzt wird. Da es eine ganze Reihe anderer Mechanismen gibt, die eine kleinere mittlere Versetzungsgeschwindigkeit erzwingen (s. Ziff. 80), ist es bei den dichtest gepackten Metallen praktisch unmöglich, durch dynamische Verformungsversuche experimentelle Ergebnisse über die Peierls-Spannung zu erhalten.

[1] H.-D. Dietze: Z. Physik **132**, 107 (1952).
[2] Abgeschätzt aus rücktreibender Kraft bei kleinen Auslenkungen und scheinbarer Masse der Versetzungslinie (vgl. Ziff. 78).

Aussichtsreicher erscheint der Versuch, durch Ultraschallmessungen bei geeigneter Temperatur die Dämpfung nachzuweisen, die durch fortwährende Bildung und Rückbildung von Überversetzungen unter der Wirkung der zeitlich periodischen äußeren Schubspannung verursacht wird. Ein eventuell auf diesen Prozeß zurückzuführendes Dämpfungsmaximum hat Bordoni[1] bei verschiedenen flächenzentriert-kubischen Metallen beobachtet. Die bis jetzt veröffentlichten experimentellen Ergebnisse sind jedoch noch nicht umfangreich genug, um sie mit Bestimmtheit mit der Peierls-Spannung in Verbindung bringen zu können[2].

δ) *Die* Peierls-*Spannung bei verschiedenen Typen kristalliner Festkörper.* Wir hatten oben abgeschätzt, daß es bei den *dichtest gepackten Metallen* wohl nicht möglich sein wird, durch dynamische Verformungsversuche (d.h. Versuche mit vorgegebener Verformungsgeschwindigkeit) bei normalen Temperaturen einen Einfluß der Peierls-Spannung nachzuweisen. Auch bei den tiefsten bisher untersuchten Temperaturen wurden keinerlei Beobachtungen gemacht, zu deren Erklärung eine Mitwirkung der Peierls-Spannung erforderlich gewesen wäre. Etwas günstiger sind die Verhältnisse bei Kriechversuchen (d.h. Verformungsversuchen unter konstanter äußerer Spannung). Hier liegen eine Reihe von experimentellen Resultaten vor, die eventuell eine Mitwirkung der Peierls-Spannung erkennen lassen. Sie sind bei Seeger[3] im einzelnen aufgeführt und diskutiert. Das experimentelle Material ist jedoch in keinem dieser Fälle ausführlich genug, um endgültig entscheiden zu können, ob die Peierls-Spannung dabei die Hauptrolle spielt.

A priori wird man einen um so größeren Einfluß der Peierls-Spannung erwarten, je weniger dicht der betreffende Kristall und insbesondere die zur Diskussion stehende Gleitebene gepackt ist. Wie schon oben erwähnt, hängt sehr wahrscheinlich die Tatsache, daß bei höheren Temperaturen bei Al und auch bei einigen hexagonalen Metallen neben den bei tiefen Temperaturen allein betätigten dichtest gepackten Ebenen noch weitere, lockerer gepackte Gleitebenen auftreten, damit zusammen, daß die Peierls-Spannung dieser weniger dicht mit Atomen belegten Netzebenen bei tiefen Temperaturen außerordentlich hoch und die betreffenden Versetzungen deswegen schwer gleitfähig sind.

Bei den *kubisch-raumzentrierten Metallen,* die ja keine dichtest gepackten Gleitebenen besitzen, ist ein Einfluß der Peierls-Spannung auch auf Versetzungen in der Hauptgleitebene viel eher als bei den dichtesten Kugelpackungen zu erwarten. Einige kubisch-raumzentrierten Metalle (z.B. Mo) zeigen bei tiefen Temperaturen einen sehr starken Anstieg der kritischen Schubspannung, der bis jetzt noch nicht quantitativ erklärt werden konnte. Er hängt sehr wahrscheinlich entweder mit Verunreinigungs-Atomen, die sich an Versetzungen angelagert haben, oder mit der Temperaturabhängigkeit der Peierls-Spannung zusammen.

Eine Stoffklasse, bei der die Peierls-Spannung schon wiederholt für die große Schubfestigkeit bei tiefen und deren starkes Absinken bei höheren Temperaturen verantwortlich gemacht wurde[4], sind die *Element- und Verbindungs-Halbleiter mit Koordinationszahl 4,* die im Diamant- bzw. im Wurtzit-Gitter kristallisieren. In der Tat hat man bei diesen Stoffen mit überwiegend homöopolarer Bindung und damit gerichteten Valenzkräften eine besonders große Peierls-Spannung zu erwarten. Andererseits besteht aber auch eine sehr starke Affinität zwischen Stufenversetzungen und Fremdatomen geeigneter Valenz, so daß die beobachtete Temperaturabhängigkeit der plastischen Eigenschaften auch

---

[1] P. G. Bordoni: J. Acoust. Soc. Amer. **26**, 495 (1954).

[2] *Zusatz bei der Korrektur:* Eine ähnliche, jedoch in den Einzelheiten etwas andere Deutung für die Bordonischen Messungen hat neuerdings W. P. Mason [Phys. Rev. **98**, 1136 (1955)] vorgeschlagen. Bei diesem Mechanismus müßte die Aktivierungsenergie vom Verunreinigungsgrad abhängen, was empirisch nicht der Fall ist.

[3] A. Seeger: Z. Naturforsch. **9a**, 758 (1954).

[4] Siehe z.B. E. Orowan: [*10*], Kap. 3, **18**.

als Wirkung von Verunreinigungen gedeutet werden könnte. Um eine Entscheidung zwischen diesen beiden Alternativen treffen zu können, sind ausführlichere Experimente, als sie bis jetzt vorliegen, notwendig.

73. Die Aufspaltung von Versetzungen in dichtest gepackten Gleitebenen. Bei der Behandlung der in zwei Halbversetzungen aufgespaltenen vollständigen Versetzungslinien in den {111}-Ebenen der kubisch-flächenzentrierten und der Basisebene der hexagonalen dichtesten Kugelpackung erweist sich das Peierlssche Modell als ein besonders nützliches und weittragendes Hilfsmittel. Die Aufspaltung, die wir im allgemeinen durch den Abstand 2η der Halbversetzungen messen, ist häufig groß genug, um sich bei vielen praktisch wichtigen Prozessen (z.B. den in Ziff. 74 zu besprechenden) bemerkbar zu machen. Nur in Ausnahmefällen jedoch ist die Aufspaltung so stark, daß man die Halbversetzungen als unabhängig voneinander betrachten und ihre Wechselwirkung rein elastizitätstheoretisch behandeln darf. Wie wir schon in Ziff. 69β gesehen haben, stellt das Peierlssche Modell eine natürliche und zweckmäßige Erweiterung des elastizitätstheoretischen Verfahrens auf Fälle dar, in denen Versetzungslinien sehr nahe benachbart sind.

Seeger und Schöck[1] haben eine für jeden Abstand 2η zwischen den Halbversetzungen gültige Behandlungsweise gegeben, die wir hier skizzieren wollen. Die für eine Aufspaltung endlicher Größe maßgebenden Einflüsse sind bereits in Ziff. 49 genannt worden: Während die elastische Wechselwirkung zwischen den Halbversetzungen auf einen möglichst großen Abstand hinwirkt, sucht die Oberflächenspannung γ des Stapelfehlers die Aufspaltung möglichst klein zu halten. Bei der genaueren Behandlung des Problems am Peierlsschen Modell kommt noch die nichtelastische Wechselwirkung zwischen den Halbversetzungen hinzu, die, wie man an dem ganz ähnlichen Problem in Ziff. 69β erkennen kann, bei kleinen Aufspaltungen recht beträchtlich zu werden vermag.

Als aus experimentellen Daten oder weitergehenden Theorien zu entnehmende Konstante geht neben den elastischen Konstanten die Stapelfehlerenergie γ ein. γ ist die Differenz zwischen der freien Enthalpie eines Kristalls, der einen Stapelfehler von der Größe der Flächeneinheit enthält[2], und derjenigen eines idealen Kristalls derselben Struktur. Die bis jetzt vorliegenden Informationen über die Größe der Stapelfehlerenergie in verschiedenen Metallen sind in Abschnitt D zusammengestellt.

Die Gesamtenergie E pro Längeneinheit der Versetzungen, die entsprechend dem in Ziff. 71α behandelten Variationsverfahren durch Variation freier Parameter zu einem Minimum gemacht werden soll, setzt sich folgendermaßen aus drei Anteilen zusammen:

$$E = E_{\mathrm{el}} + E_{AB} + 2\eta\,\gamma. \tag{73.1}$$

Der letzte Summand in Gl. (73.1) gibt die im Stapelfehler steckende Energie an. Die elastische Energie E_{el} schreiben wir hier für den Fall an, daß die Versetzungslinie im kubischen Fall in einer $\langle 110\rangle$-Richtung verläuft, d.h. eine 90°- oder eine 30°-Versetzung ist. Es ist mit den Bezeichnungen von Fall a) in Ziff. 68β

$$E_{\mathrm{el}} = \frac{1}{\pi K_1}\iint\limits_{-\infty}^{+\infty}\frac{u_A(x)\,u'_A(\xi)}{x-\xi}\,dx\,d\xi + \frac{1}{\pi K_2}\iint\limits_{-\infty}^{+\infty}\frac{w_A(x)\cdot w'_A(\xi)}{x-\xi}\,dx\,d\xi. \tag{73.2}$$

---

[1] A. Seeger u. G. Schöck: Acta met. **1**, 519 (1953). — A. Seeger: Z. Naturforsch. **9a**, 856 (1954).

[2] Dabei ist angenommen, daß der Stapelfehler durch den ganzen Kristall hindurchgeht, so daß man die Stapelfehlerbegrenzung außer acht lassen darf.

Für die Wechselwirkungsenergie zwischen den beiden Ebenen A und B im PEIERLS-schen Modell gilt

$$E_{AB} = \int\limits_{-\infty}^{+\infty} \varepsilon_{AB}\, dx, \tag{73.3}$$

wobei ε_{AB} aus Gl. (68.40) zu entnehmen ist. Der Koordinatenanfangspunkt für $u_{AB}(x)$ und $w_{AB}(x)$ ist bei Verwendung eines Ansatzes, der die Gl. (68.7) befriedigt, entsprechend zu verschieben.

Für die Behandlung einer Schraubenversetzung machen wir den Ansatz

$$\left.\begin{aligned}
w_A(x) &= \frac{b}{4\pi}\,\text{arc tan}\,\frac{x+\eta}{\sigma} + \frac{b}{4\pi}\,\text{arc tan}\,\frac{x-\eta}{\sigma}, \\[2mm]
u_A(x) &= \frac{h}{12\pi}\,\text{arc tan}\,\frac{x+\eta}{\sigma} - \frac{h}{12\pi}\,\text{arc tan}\,\frac{x-\eta}{\sigma}.
\end{aligned}\right\} \tag{73.4}$$

Beim entsprechenden Ansatz für eine Stufenversetzung sind in Gl. (73.4) $u_A(x)$ und $w_A(x)$ miteinander zu vertauschen. Die Bezeichnungen der K_i im Falle b) der Ziff. 68β,

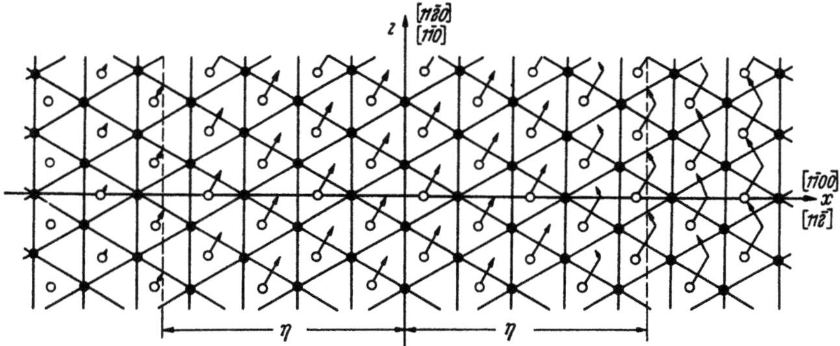

Fig. 120. Schematische Darstellung der relativen Verschiebungen $u_{AB}(x)$ und $w_{AB}(x)$ in einer aufgespaltenen Schraubenversetzung. Die leeren und die vollen Kreise bezeichnen die Gleichgewichtslagen der Atome in zwei benachbarten Netzebenen im unverzerrten Gitter. Die Endpunkte der Pfeile geben die relativen Verschiebungen innerhalb der Versetzung an.

der ja bei einer Stufenversetzung zutrifft, sind so gewählt, daß die Endresultate Gl. (73.6) bis (73.12) sowohl für Schrauben- als auch für Stufenversetzungen gelten. Mit denselben mathematischen Methoden lassen sich auch 30°- und 60°-Versetzungen behandeln, doch lauten die einzelnen Formeln, auf die wir hier nicht näher eingehen, zum Teil etwas anders als in den beiden hier behandelten Fällen.

Für $\eta = 0$ beschreibt Gl. (73.4) eine einzelne Schraubenversetzung, für $\eta = \infty$ dagegen zwei einzelne Halbversetzungen. Der Fall $\eta = 4b$ ist in Fig. 120 schematisch dargestellt. Der Ansatz ist also geeignet, sowohl kleine als auch große Aufspaltungen darzustellen. Als zu variierende Parameter enthält er η (halber Versetzungsabstand) und σ (Versetzungsweite). Ein gewisser Nachteil der Gl. (73.4) ist, daß man sowohl für den Stufenanteil als auch für den Schraubenanteil dieselbe Versetzungsweite σ zu benützen hat. Die Einführung voneinander verschiedener Versetzungsweiten würde jedoch zu mathematischen Komplikationen führen, die sich, da der Ansatz mit zwei verfügbaren Parametern schon recht gute Resultate geben sollte, nicht lohnen würden.

Führt man Gl. (73.4) in Gl. (73.1) ein, wobei wegen der oben erwähnten Koordinatenverschiebung ε_{AB} die Form

$$\varepsilon_{AB} = \frac{Gb^2}{4\pi^2 c}\left[\frac{3}{2} + 2\cos 4\pi\,\frac{w_A(x)}{b}\cdot\cos 4\pi\left(\frac{u_A(x)}{h}+\frac{1}{12}\right) + \cos 8\pi\left(\frac{u_A(x)}{h}+\frac{1}{12}\right)\right] \tag{73.5}$$

annimmt, so erhält man mit den Abkürzungen

$$\varrho = \frac{\eta}{\sigma}, \tag{73.6}$$

$$\chi = \frac{K_2}{K_1} \tag{73.7}$$

für die Gesamtenergie

$$E = \frac{b^2}{4\pi}\frac{1}{K_2}\left\{\log\frac{L}{2\sigma} - \frac{3-\chi}{12}\log(1+\varrho^2)\right\} + \frac{b^2}{4\pi^2}G\frac{\sigma}{c}A(\varrho) + 2\gamma\sigma\varrho. \tag{73.8}$$

L ist ein (sehr großer) Abschneideabstand, den man zur Vermeidung von Divergenzen bei der elastischen Energie einzuführen hat. $A(\varrho)$ ist eine bei Seeger und Schöck[1] in analytischer Form angegebene und in Fig. 121 zusammen mit

$$B(\varrho) = A(\varrho) - \varrho\frac{dA(\varrho)}{d\varrho} \tag{73.9}$$

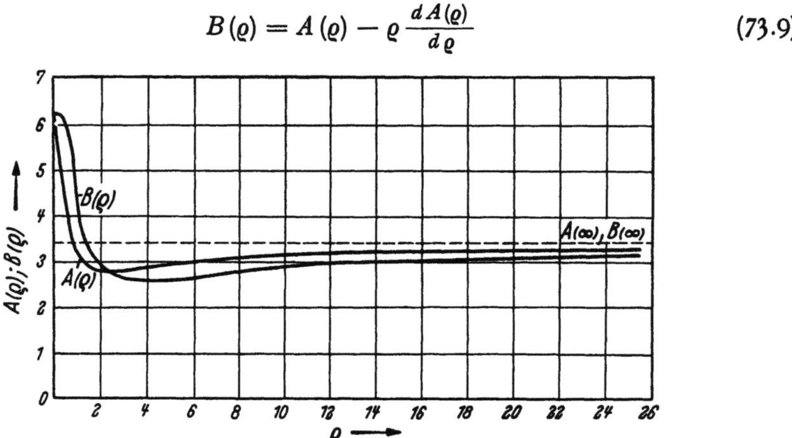

Fig. 121. Die Funktionen $A(\varrho)$ und $B(\varrho) = A(\varrho) - \varrho A'(\varrho)$. Spezielle Werte $A(0) = B(0) = 2\pi$; $A(\infty) = B(\infty) = 2\sqrt{3}$; $A'(0) = -\dfrac{2\pi}{\sqrt{3}}$; $B'(0) = 0$.

graphisch dargestellte Funktion. Die Bedingung, daß E gegenüber Variationen von η und σ ein Minimum sein soll, führt auf

$$\frac{\sigma}{c} = \frac{1}{K_2 G}\cdot\frac{\pi}{B(\varrho)}\frac{\varrho^2(\chi+3)+6}{6(\varrho^2+1)}, \tag{73.10}$$

$$\gamma = \frac{b^2}{8\pi^2}\cdot\frac{G}{c}\left\{B(\varrho)\frac{(3-\chi)}{(3+\chi)\varrho^2+6} - A'(\varrho)\right\}. \tag{73.11}$$

Ist die Stapelfehlerenergie für ein Metall bekannt, so findet man aus Gl. (73.11) (Fig. 122) den zugehörigen Wert ϱ und daraus nach Gl. (73.10) (Fig. 123) die sich im Gleichgewichtsfalle einstellende Versetzungsweite σ. Aus ϱ und σ ergibt sich der halbe Abstand η zwischen den Halbversetzungen nach Gl. (73.6). Die so ermittelten „Gleichgewichtswerte" mögen mit ϱ_0, σ_0 und η_0 bezeichnet werden.

Für die Anwendungen ist von besonderem Interesse die Frage, wie sich die Energiegleichung (73.8) ändert, wenn η von η_0 abweicht, z.B. deshalb, weil die beiden Halbversetzungen durch äußere oder thermische Schubspannungen zusammengedrückt werden. In diesem Fall ergibt sich zwar der Zusammenhang zwischen η und σ noch aus Gl. (73.10), doch gilt Gl. (73.11) nur für $\varrho = \varrho_0$. Die Energie pro Längeneinheit nach Gl. (73.8), als Funktion von η betrachtet, soll mit $E(\eta)$ bezeichnet werden. Da $E(\eta)$ im interessierenden

---

[1] A. Seeger u. G. Schöck: Acta met. 1, 519 (1953).

Wertebereich $0 \leq \eta \leq \eta_0$ eine glatt verlaufende Funktion ist, liegt es nahe, sie durch eine Interpolationsformel

$$E(\eta) - E(\eta_0) = \left(1 - \frac{\eta}{\eta_0}\right)^2 \left\{ A \left(1 - \frac{\eta}{\eta_0}\right)^2 + 2B \left(1 - \frac{\eta}{\eta_0}\right) + C \right\} \tag{73.12}$$

darzustellen. Eine zweckmäßige Methode zur Bestimmung der Konstanten ist bei Seeger[1] angegeben, wo sich auch ausführliche Zahlenangaben für Cu und Al finden.

In einem isotropen Medium mit Querkontraktionszahl ν gilt, wie aus Gl. (68.29) und Gl. (68.34) hervorgeht, für eine *Schraubenversetzung*

$$\chi = \frac{1}{1 - \nu} \tag{73.13}$$

und für eine *Stufenversetzung*

$$\chi = 1 - \nu. \tag{73.14}$$

Für ein anisotropes Medium hat man K_1, K_2 und damit auch χ aus den Formeln von Ziff. 68β zu entnehmen. Dabei ist zu beachten, daß die dort auftretenden elastischen Koeffizienten s_{ik} sich auf die beim jeweiligen Problem verwendeten Koordinatenachsen, die in Tabellen über elastische Konstanten zu findenden Werte sich jedoch auf kristallographisch ausgezeichnete, z.B. kubische Achsen, beziehen. Die auf kubische bzw. hexagonale[2] Achsen bezogenen elastischen Konstanten bzw. Koeffizienten werden hier mit c_{ik} bzw. s_{ik} bezeichnet.

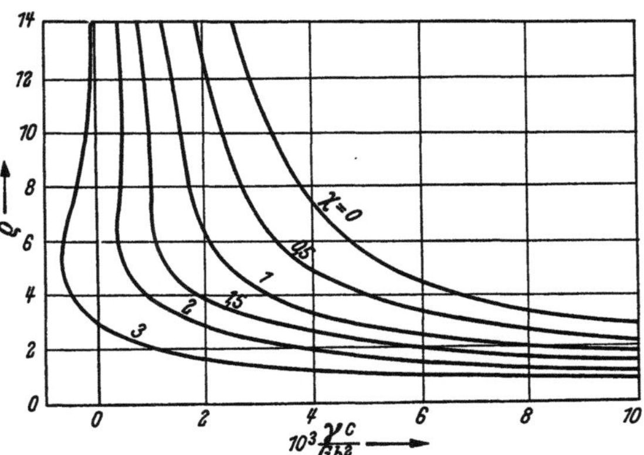

Fig. 122. Zusammenhang zwischen $\varrho = \eta/\sigma$ und Stapelfehlerenergie γ Der Parameter χ berücksichtigt den Einfluß der elastischen Eigenschaften. G bedeutet den Schubmodul bei Scherung der dichtest gepackten Ebenen (siehe Text). Alle Kurven gehen durch den Punkt 46 auf der Abszissenachse.

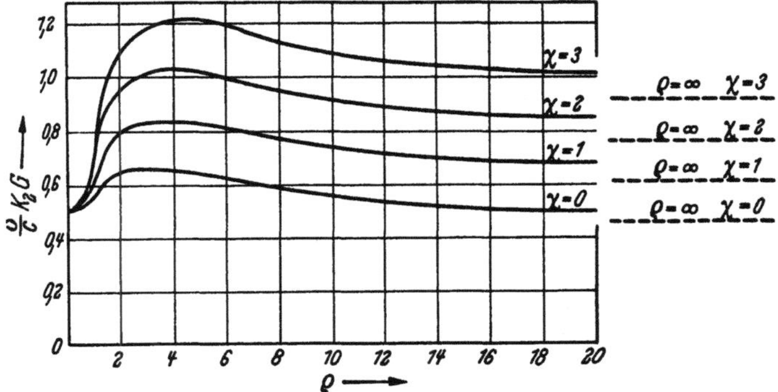

Fig. 123. Abhängigkeit der Weite σ der Halbversetzungen von ϱ. Im rechten Teil der Abbildung sind für verschiedene χ die Asymptoten für unendlich großes ϱ angegeben.

Ist die y-Achse dreizählig und die z-Achse zweizählig (der Schraubenversetzung entsprechend), so lautet das Schema der elastischen Koeffizienten

$$\begin{pmatrix} s_{11} & s_{12} & s_{13} & 0 & 0 & -s_{36} \\ & s_{22} & s_{12} & 0 & 0 & 0 \\ & & s_{11} & 0 & 0 & s_{36} \\ & & & s_{44} & 2s_{36} & 0 \\ & & & & s_{55} & 0 \\ & & & & & s_{44} \end{pmatrix} \tag{73.15a}$$

---

[1] A. Seeger: Z. Naturforsch. 9a, 856 (1954).
[2] z-Richtung parallel zur sechszähligen Achse.

Ist die y-Achse dreizählig und die x-Achse zweizählig (der Stufenversetzung entsprechend), so erhält man statt dessen das Schema

$$\begin{pmatrix} s_{11} & s_{12} & s_{13} & s_{14} & 0 & 0 \\ & s_{22} & s_{12} & 0 & 0 & 0 \\ & & s_{11} & -s_{14} & 0 & 0 \\ & & & s_{44} & 0 & 0 \\ & & & & s_{55} & 2s_{14} \\ & & & & & s_{44} \end{pmatrix} \qquad (73.15\,\text{b})$$

Die Koeffizienten s_{ik} in den Schemata (73.15) bestimmen sich folgendermaßen:

$$\left.\begin{aligned} s_{11} &= \frac{1}{2}\, s_{11} + \frac{1}{2}\, s_{12} + \frac{1}{4}\, s_{44}, \\[4pt] s_{22} &= \frac{1}{3}\, s_{11} + \frac{2}{3}\, s_{12} + \frac{1}{3}\, s_{44}, \\[4pt] s_{12} &= \frac{1}{3}\, s_{11} + \frac{2}{3}\, s_{12} - \frac{1}{6}\, s_{44}, \\[4pt] s_{13} &= \frac{1}{6}\, s_{11} + \frac{5}{6}\, s_{12} - \frac{1}{12}\, s_{44}, \\[4pt] s_{44} &= \frac{4}{3}\, s_{11} - \frac{4}{3}\, s_{12} + \frac{1}{3}\, s_{44}, \\[4pt] s_{55} &= \frac{2}{3}\, s_{11} - \frac{2}{3}\, s_{12} + \frac{2}{3}\, s_{44}, \\[4pt] \left.\begin{matrix} s_{36} \\ s_{14} \end{matrix}\right\} &= \frac{\sqrt{2}}{3}\, s_{11} - \frac{\sqrt{2}}{3}\, s_{12} - \frac{\sqrt{2}}{6}\, s_{44}. \end{aligned}\right\} \qquad (73.16\text{a})$$

Ist im hexagonalen Gitter wie im vorliegenden Problem die y-Achse parallel zur sechszähligen Achse, so gelten ebenfalls die Schemata (73.15) mit

$$\left.\begin{aligned} s_{11} &= s_{11}, \\ s_{12} &= s_{13}, \\ s_{13} &= s_{12}, \\ s_{22} &= s_{33}, \\ s_{44} &= s_{44}, \\ s_{55} &= 2(s_{11} - s_{12}), \\ s_{14} &= 0, \\ s_{36} &= 0. \end{aligned}\right\} \qquad (73.16\text{b})$$

Bei der Anwendung der Formeln dieser Ziffer auf anisotrope Medien muß man noch Angaben über den „Schubmodul" G machen. G ist definiert als Schubmodul bei der Scherung der Ebenen A und B im PEIERLSschen Modell. Da er im vorliegenden Falle nicht von der Richtung abhängt, in der die Scherung erfolgt, ist er im hexagonalen Falle eindeutig durch

$$G = \frac{1}{s_{44}} = c_{44} = \frac{1}{s_{44}} = c_{44} \qquad (73.17)$$

gegeben. Wegen des Auftretens der Glieder s_{14} bzw. s_{36} hängt demgegenüber bei kubischen Kristallen G davon ab, ob auf die beiden Ebenen bei der Scherung noch zusätzliche Kräfte wirken oder nicht. Die beiden Extremfälle sind einerseits vollkommen starre Ebenen, für die sich

$$G_{st} = c_{44} = \frac{c_{11} - c_{12} + c_{44}}{3} = \frac{1}{3}\frac{s_{44} + s_{11} - s_{12}}{s_{44}(s_{11} - s_{12})} \qquad (73.18\text{a})$$

ergibt und andererseits Ebenen, auf die überhaupt keine Kräfte wirken, die deren Gestalt aufrechtzuerhalten suchen ,wobei der Schubmodul durch

$$G_{fr} = \frac{1}{s_{44}} = \frac{3}{4\,s_{11} - 4\,s_{12} + s_{44}} = \frac{3\,c_{44}(c_{11} - c_{12})}{4\,c_{44} + c_{11} - c_{12}} \qquad (73.18\text{b})$$

gegeben ist. In Tabelle 21 sind G_{st} und G_{fr} sowie die übrigen für die Berechnung der Aufspaltung benützten Materialkonstanten eingetragen. Die speziellen Zahlenangaben über σ_0, η_0 usw. in Tabelle 22 sind sämtlich mit G_{fr} und nicht mit G_{st} berechnet.

Wir wenden uns nunmehr der Diskussion der zahlenmäßigen Verhältnisse zu[1]. Aus der oben gegebenen Theorie, insbesondere aus Fig. 122, folgt, daß man

Tabelle 21. *Elastische Koeffizienten (auf kubische bzw. hexagonale Achsen bezogen) in* $10^{-13} \frac{cm^2}{dyn}$, *Schubmoduln* G_{fr} *und* G_{st} *für Scherung der dichtest gepackten Ebenen in* $10^{11} \frac{dyn}{cm^2}$, *Stapelfehlerenergie* γ *in erg/cm² und Atomabstand b in Å von verschiedenen Metallen.*

	s_{11}	s_{12}	s_{13}	s_{33}	s_{44}	G_{fr}	G_{st}	b	γ
Cu	14,9	− 6,2	—	—	13,3	3,13	4,12	2,55	40
Al	15,9	− 5,8	—	—	35,2	2,48	2,48	2,86	200
Ni	7,99	− 3,12	—	—	8,44	5,67	6,95	2,49	80
Co	$6{,}2_2$	$- 2{,}7_2$	$- 1{,}6_3$	$5{,}0_3$	$19{,}2_8$	5,18	5,18	2,50	9

die dichtest gepackten Metalle hinsichtlich der Stärke der Versetzungs-Aufspaltung in zwei Gruppen einteilen kann. Ist $\gamma > 10^{-2} \cdot G \frac{b^2}{c}$, so ist die Aufspaltung $2\eta_0$ von der Größenordnung von b und nicht sehr von dem genauen Zahlenwert von γ abhängig. Zu dieser Gruppe gehören Al sowie ziemlich wahrscheinlich die hexagonalen Metalle Mg, Zn und Cd. Ist $\gamma < 10^{-3} \cdot G \frac{b^2}{c}$, so sind die Halbversetzungen deutlich voneinander getrennt. Ihr Abstand $2\eta_0$ hängt verhältnismäßig empfindlich von dem genauen Wert von γ ab, und zwar für hinreichend kleine γ wie γ^{-1}. Zu dieser Gruppe gehören Co, Cu und sehr wahrscheinlich auch Ni, Ag und Au. Im Zwischenbereich dieser beiden Gruppen mit „hoher" und „niedriger" Stapelfehlerenergie hängt die Größe von $2\eta_0$ sehr stark vom Charakter der Versetzungen (in Fig. 122 also von χ) ab. Es scheint, als ob keines der bis jetzt gut untersuchten Metalle zu diesem Zwischenbereich gehören würde.

In Tabelle 22 sind für einige Metalle zahlenmäßige Angaben über die Stärke der Aufspaltung bei Stufen- und Schraubenversetzungen gemacht. Wegen der genauen Herkunft der verwendeten Werte für die Stapelfehlerenergie γ sei auf Ziff. 90 verwiesen. Es sei jedoch erwähnt, daß von den angegebenen Werten

Tabelle 22. K_1 *und* K_2 $\left(in\ 10^{-13}\ \frac{cm^2}{dyn}\right)$ *sowie einige auf die Aufspaltung von Schraubenversetzungen (Schr.) und Stufenversetzungen (Stuf.) in verschiedenen Metallen sich beziehende Zahlenwerte (siehe Text).*

		K_1	K_2	χ	ϱ_0	$\dfrac{\sigma_0}{b}$	$\dfrac{2r_0}{b}$	$\varepsilon = \dfrac{E(0)-E(\eta_0)}{E(0)}$
Cu	Schr.	13,1	23,5	1,79	2,2	1,04	4,5	0,08
	Stuf.	22,8	13,2	0,58	4,0	1,50	12	0,11
Al	Schr.	26,3	39,0	1,48	∼1	∼0,55	∼ 1,1	0,03
	Stuf.	38.0	25,5	0,67	∼1	∼0,76	∼ 1,5	0,04
Ni	Schr.	8,31	13,35	1,61	∼2,2	∼0,84	∼ 3,7	0,07
	Stuf.	12,6	8,53	0,68	∼3,7	∼1,57	∼12	0,11
Co	Schr.	11,0	18,6	1,69	21,8	0,9	39	0,13
	Stuf.	18,6	11,0	0,59	67,2	1,31	176	0,18

---

[1] Siehe hierzu auch A. Seeger: [13], S. 328.

derjenige für Ni am unsichersten ist. Er wurde nach einer groben Schätzung von SEEGER[1] gewählt. Die letzte Spalte von Tabelle 22 enthält den relativen Energiegewinn (für $L = 10^{-4}$ cm berechnet)

$$\varepsilon = \frac{E(0) - E(\eta_0)}{E(0)},$$

der bei der Dissoziation einer unaufgespaltenen Versetzung $(\eta = 0)$ in zwei Halbversetzungen mit dem Gleichgewichtsabstand $(\eta = \eta_0)$ auftritt. Wir werden darauf in Ziff. 75 zurückkommen.

74. Anwendungen: Einschnürungen in aufgespaltenen Versetzungen; Quergleitung von Schraubenversetzungen. Unter einer *Einschnürung* (engl. constriction) in einer aufgespaltenen Versetzung versteht man eine Stelle, an der die Aufspaltung in Halbversetzungen rückgängig gemacht worden ist (vgl. Fig. 124). Solche Einschnürungen, sind für die Eigenschaften von vollständigen Versetzungen, die in mehr oder minder starkem Maße in Halbversetzungen dissoziiert sind, sehr wichtig. Zwei aufgespaltene Versetzungen können sich z.B. nur dann durchschneiden und in der in Ziff. 42 besprochenen Weise Sprünge bilden, wenn sich an der Durchschneidungsstelle eine Einschnürung gebildet hat. Andernfalls würde die dichteste Kugelpackung zerstört werden, was in den meisten Fällen mit einem viel größeren Energieaufwand als die Bildung der Einschnürung verbunden ist. Haben sich die beiden Versetzungen, was ja bei bestimmter Lage der BURGERS-Vektoren möglich ist, ohne Entstehung von Sprüngen geschnitten, so bildet sich die Einschnürung natürlich zurück. Ist jedoch ein Sprung entstanden, so bleibt die Einschnürung in guter Näherung erhalten. Dies rührt davon her, daß ein Sprung in einer aufgespaltenen Versetzung ohne Einschnürung einen Knick im Stapelfehler hervorrufen würde. Dieser Knick stellt eine linienhafte Störung der Kristallstruktur dar, die keine Versetzungslinie ist und der eine höhere Energie als einer Versetzung zukommt[2]. Die „Linienspannung" dieser Störung hält dementsprechend die Einschnürung am Sprung fast vollständig aufrecht. Entsprechendes gilt für die thermische Bildung von Sprüngen. Auch sie ist nur möglich, wenn eine Einschnürung entstanden ist. Da dazu oft recht große Aktivierungsenergien notwendig sind, bedeutet dies, daß der Einbau von Leerstellen oder Zwischengitteratomen in aufgespaltene Versetzungen sehr erschwert sein kann. Man kann diesen Sachverhalt auch noch folgendermaßen begründen: Die Halbversetzungen in einer aufgespaltenen Versetzung sind vom SHOCKLEYschen Typus (Ziff. 48 und 49) und können deshalb nicht klettern. Damit Klettern und damit Einbau von Gitterlücken und Zwischengitteratomen möglich ist, müssen sich die beiden SHOCKLEYschen Teilversetzungen lokal zu einer vollständigen Versetzung vereinigen.

Die vorstehende Diskussion zeigt, daß sich Metalle mit gleicher Kristallstruktur und demgemäß gleichen möglichen Typen von vollständigen und unvollständigen Versetzungen dadurch in ihrem plastischen Verhalten unterscheiden können, daß die Aufspaltung der vollständigen Versetzungen und damit auch die zur Bildung von Einschnürungen aufzuwendenden Energien verschieden sind. In der Tat ist es möglich gewesen[3], die sehr bedeutenden Unterschiede in den plastischen Eigenschaften von Aluminium und Kupfer, die ja beide im kubisch-flächenzentrierten Gitter kristallisieren, aber hinsichtlich ihrer Stapelfehlerenergie in verschiedene Gruppen fallen (Ziff. 73), auf dieser Grundlage zu erklären.

---

[1] A. SEEGER: Phil. Mag. (im Druck), (Anhang).
[2] N. THOMPSON: [*13*], S. 153.
[3] A. SEEGER: Z. Naturforsch. **9a**, 856, 870 (1954). — A. SEEGER: [*13*], S. 328.

Für das Verständnis der plastischen Eigenschaften der dichtest gepackten Metalle ist somit die Kenntnis der für die Bildung einer Einschnürung in Versetzungen verschiedenen Charakters benötigten Energie wesentlich. Ihre Berechnung ist von STROH[1], SEEGER[2] und SCHÖCK[3] unternommen worden. Die bis jetzt vollständigste Berechnungsmethode ist diejenige von SCHÖCK, auf deren zahlenmäßigen Ergebnissen wir uns vor allem stützen werden.

Wegen einer kurzen Darstellung des Rechnungsweges sei auf SCHÖCK und SEEGER[4] verwiesen. Wir begnügen uns hier mit einigen Andeutungen. Es wird ausgegangen von der in Ziff. 73 besprochenen Behandlungsweise *gerader* aufgespaltener Versetzungslinien. Die bei der Annäherung der beiden Halbversetzungen aneinander auftretende Energieerhöhung wird mit Hilfe einer Interpolationsformel vom Typus der Gl. (73.12) berechnet. Außer diesem Energiebeitrag hat man noch die Verlängerung der Versetzungslinien beim Zusammenbiegen als Energieerhöhung in Rechnung zu setzen. Die Linienenergie setzt sich aus zwei Anteilen zusammen: Erstens einem von der Form der Versetzungslinien kaum abhängenden Beitrag, der gewissermaßen die Fehlordnungsenergie in den Versetzungskernen mißt und im Falle einer Stufenversetzung in einem isotropen Medium durch Gl. (71.6) gegeben ist, und zweitens einem Beitrag, der die Energie des elastischen Spannungsfeldes der Versetzungen enthält und der deshalb von der Versetzungsform und insbesondere von der Stärke der Einschnürung abhängt. Zu seiner Berechnung hat man eine der in Ziff. 60 besprochenen Methoden zur Ermittlung der Linienspannung bei zunächst noch unbekanntem Verlauf der Versetzungslinie zu verwenden. Für den Verlauf der Versetzungslinien wurde eine Funktion $\eta = \eta(z)$, die der Bedingung $\eta(\pm \infty) = \pm \eta_0$ genügte und noch freie Parameter enthielt, zugrunde gelegt.

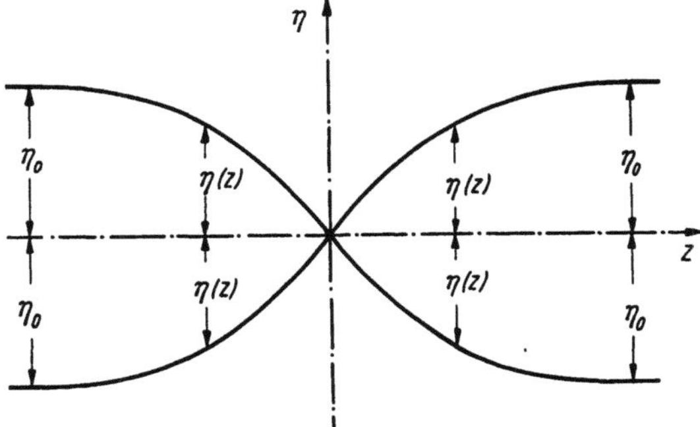

Fig. 124. Einschnürung in einer aufgespaltenen Versetzung. Der Verlauf der Halbversetzungen wird durch eine Funktion $\eta(z)$ beschrieben.

Durch Variation der Parameter wurde die Gesamtenergie zum Minimum gemacht und auf diese Weise für Al und Cu unter Benützung der in Tabelle 21 angegebenen Materialkonstanten die in Tabelle 23 eingetragenen Energien E_e für die Bildung einer Einschnürung ermittelt.

Es ist nicht leicht, zuverlässige Angaben über die zahlenmäßige Genauigkeit der so erhaltenen Energiewerte E_e zu machen, da einerseits die Stapelfehlerenergien nur näherungsweise bekannt sind und andererseits die Rechnung selbst nicht ohne Vernachlässigungen möglich ist. Das Ergebnis für Al ist weniger empfindlich gegen die Vernachlässigungen der Rechnung und gegen einen etwaigen Fehler in dem zugrunde gelegten Wert für die Stapelfehlerenergie γ. Die Al-Werte könnten etwa auf 10% genau sein. Bei den für Cu erhaltenen Werten hat man mit einem größeren Fehler, etwa 20%, zu rechnen.

Aus den Angaben in Tabelle 23 geht hervor, daß die Einschnürungsenergie E_e bei einer aufgespaltenen *Stufenversetzung* wesentlich größer als bei einer aufgespaltenen *Schraubenversetzung* ist. Bewirkt wird dies vor allem durch die verschieden starke Aufspaltung von Stufen- und Schraubenversetzungen bei gegebener Stapelfehlerenergie γ (siehe die Angaben über $2\eta_0/b$ in Tabelle 22). Diese rührt davon her, daß die elastische Abstoßung zweier paralleler gleichnamiger Schraubenversetzungen schwächer ist [im Isotropen um den Faktor $(1-\nu)$] als diejenige von entsprechenden Stufenversetzungen.

Um die Aktivierungsenergie für die *Bildung eines Sprungs* in einer aufgespaltenen Versetzungslinie zu erhalten, hat man zur Energie E_e der Einschnürung an der Stelle des Sprungs noch einen Energiebeitrag hinzuzuaddieren, der der Verlängerung der Versetzungslinie bei der Sprungbildung Rechnung trägt. Dieser Energiebeitrag ist natürlich selbst dann, wenn wir uns auf die in Ziff. 42 erwähnten Arten von Sprüngen beschränken, noch von dem betrachteten Sprungtypus abhängig. Wir haben in Tabelle 23 die elementaren Sprünge im kubisch-

[1] A. N. STROH: Proc. Phys. Soc. Lond. B **67**, 427 (1954).
[2] A. SEEGER: Z. Naturforsch. 9a, 856 (1954).
[3] G. SCHÖCK: Diss. T. H. Stuttgart 1954. — G. SCHÖCK u. A. SEEGER: [*13*], S. 340.
[4] G. SCHÖCK u. A. SEEGER: [*13*], S. 340.

flächenzentrierten Gitter durch ihre Gleitebenen gekennzeichnet, während wir bei der hexagonalen dichtesten Kugelpackung, bei der nur geschätzte Werte für E_e zur Verfügung stehen, uns mit der gröberen Einteilung in Durchschneidungssprünge und elementare Diffusionssprünge begnügt haben.

Die für die Verlängerung einer Stufenversetzung bei der Sprungbildung aufzuwendende Energie ist von Seeger[1] folgendermaßen abgeschätzt worden: Da ein Sprung in einer unaufgespaltenen Versetzungslinie praktisch kein zusätzliches elastisches Spannungsfeld hervorruft und das Spannungsfeld der Einschnürung in der aufgespaltenen Versetzung schon in E_e berücksichtigt ist, handelt es sich dabei im wesentlichen um Fehlordnungsenergie von der Art der Wechselwirkungsenergie E_{AB} im Peierlsschen Modell. Diese Energie ist von der genauen Form des Wechselwirkungspotentials in der Gleitebene in erster Näherung unabhängig [Gl. (71.6)]. Dementsprechend wurde zur Berechnung der Energie eines Sprungs die Linienenergie

$$E_L^{(Sp)} = \frac{1}{10} G b^2 \tag{74.1}$$

verwendet. Mit Hilfe der aus geometrischen Überlegungen zu gewinnenden Verlängerung der Versetzungslinie bei der Bildung eines Sprungs ergeben sich die in Tabelle 23 angegebenen Werte. Mangels besserer Werte wurden für E_e bei Zn und Cd die für Al berechneten Werte eingesetzt. Dies ist deswegen einigermaßen berechtigt, weil alle diese Metalle nur eine sehr schwache Aufspaltung zeigen und diese Aufspaltung von den genauen Werten der Stapelfehlerenergie nicht sehr abhängt. Wegen weiterer Einzelheiten, insbesondere hinsichtlich des Vergleichs mit experimentellen Werten, sei auf die Originalarbeit verwiesen[2]. Im großen und ganzen erhält man eine überraschend gute Übereinstimmung zwischen den theoretischen und den experimentellen Werten. Lediglich bei Cd ist der theoretische Wert um rund 30% kleiner als der experimentelle Wert. Dies liegt sehr wahrscheinlich daran, daß der Beitrag von E_e unterschätzt wurde und daß Cd doch eine etwas stärkere Aufspaltung als Al oder Zn aufweist.

Tabelle 23.

Energie von Einschnürungen (E_e) in aufgespaltenen Schrauben- und Stufenversetzungen; Aktivierungsenergien für die Bildung von Sprüngen in aufgespaltenen Stufenversetzungen.

	E_e [eV] Schraubenversetzung	E_e [eV] Stufenversetzung	$E_L^{(Sp)}$ [eV/cm]	Art des Sprungs	Längenzuwachs bei Sprungbildung	Aktivierungsenergie für Bildung eines Sprungs [eV]
Al	0,11	0,21	$1{,}36 \cdot 10^7$	$\{100\}$	$\sim \dfrac{b}{2}$	0,4
				$\{110\}$	$\sim \dfrac{b}{3}$	$0{,}3_4$
Cu	0,84	3,9	$1{,}78 \cdot 10^7$	$\{100\}$	$\sim \dfrac{b}{2}$	4,2
				$\{110\}$	$\sim \dfrac{b}{3}$	4,1
Zn	Etwa wie bei Al		$1{,}62 \cdot 10^7$	Durchschneidungssprung	$\sim c\left(1 - \dfrac{3a^2}{8c^2}\right)$	~ 1
				Diffusionssprung	Größenordnung wie bei Al	
Cd	Etwa wie bei Al		$1{,}2 \cdot 10^7$	Durchschneidungssprung	$\sim c\left(1 - \dfrac{3a^2}{8c^2}\right)$	$\sim 0{,}8$
				Diffusionssprung	Größenordnung wie bei Al	

Während Durchschneidungssprünge einzeln gebildet werden können, entstehen Diffusionssprünge immer in Paaren. Als Aktivierungsenergie bei der

---

[1] A. Seeger: [13], S. 391.
[2] Wegen eines ausführlicheren Vergleichs mit den Experimenten bei Cu vgl. A. Seeger: Phil. Mag. (im Druck).

thermischen Bildung von Diffusionssprüngen wird in diesem Falle das arithmetische Mittel der beiden Aktivierungsenergien, z.B. derjenigen für einen {110}-Sprung und einen {100}-Sprung im kubisch-flächenzentrierten Gitter beobachtet. Wegen weiterer Einzelheiten hinsichtlich der thermischen Bildung von Sprüngen und deren Bedeutung für das Verhalten der Versetzungslinien sei auf Ziff. 43 verwiesen.

Die neben der Sprungbildung nächstwichtigste Anwendung der Berechnungen über Einschnürungsenergien ist die *Quergleitung von Schraubenversetzungen*, die in gewissem Sinne das Gegenstück zur thermischen Sprungbildung darstellt. Während eine *Stufenversetzung* durch Sprungbildung und nachfolgendes Klettern aus ihrer ursprünglichen Gleitebene in eine dazu parallele Ebene gelangen kann, kann eine in einer {111}-Ebene des kubisch-flächenzentrierten Gitters gelegene *Schraubenversetzung* durch zweimalige Quergleitung in eine parallele {111}-Ebene übergehen. Im Gegensatz

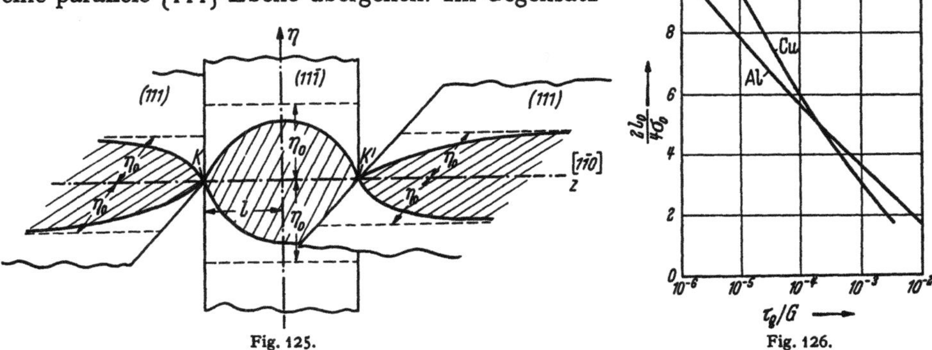

Fig. 125.   Fig. 126.

Fig. 125. Quergleitung in einer Schraubenversetzung.

Fig. 126. Abhängigkeit des labilen Gleichgewichtsabstandes $2l_0$ der Knoten K und K' (Fig. 125) von der Schubspannung τ_Q im Quergleitsystem. σ_0 = Versetzungsweite; G = Schubmodul.

zum kubisch-raumzentrierten Gitter und den einfachen Ionengittern, bei denen keine Aufspaltung vollständiger Versetzungslinien in Halbversetzungen vorhanden ist und deshalb Quergleitung ziemlich häufig auftreten sollte, ist bei aufgespaltenen Schraubenversetzungen in der {111}-Ebene des kubisch-flächenzentrierten Gitters eine Aktivierungsenergie notwendig. Hat man eine parallel zur Richtung [1$\bar{1}$0] verlaufende Schraubenversetzung, so ist die Zerlegung in Halbversetzungen in der (111)-Ebene von derjenigen in der (11$\bar{1}$)-Ebene verschieden. Bevor die Schraubenversetzung auf einer bestimmten Länge $2l$ ihres Verlaufs in die andere {111}-Gleitebene übergehen kann (Fig. 125), muß deshalb erst längs dieses Stückes die Aufspaltung rückgängig gemacht werden.

Eine kurze Darstellung der etwas umfangreichen Rechnungen zur Ermittlung der Aktivierungsenergie der Quergleitung[1] wurde von SCHÖCK und SEEGER[2] gegeben. Die Grundgedanken sind folgende: Ist die Strecke $2l$, längs der Quergleitung erfolgt ist (Fig. 125), sehr groß gegenüber der Aufspaltung $2\eta_0$ in Halbversetzungen, so hat man praktisch ein indifferentes Gleichgewicht, wenn die Schraubenversetzung wie in Fig. 125 an zwei Stellen K und K' von der einen dichtest gepackten Gleitebene in die andere übertritt. Man kann ja die Knotenpunkte K und K' nahezu ohne Energieaufwand oder Energiegewinn verschieben. Die Energieerhöhung gegenüber dem Verlauf in einer einheitlichen Gleitebene ist in diesem Falle gerade gleich der doppelten Energie einer Einschnürung, also gleich $2E_e$. Wirkt im Quergleitsystem keine Schubspannung, so ist die Aktivierungsenergie, die zur Erreichung dieses Zustandes aufzubringen ist, sehr groß (theoretisch sogar unendlich groß), da ja die beiden

[1] G. SCHÖCK: Diss. Stuttgart 1954.
[2] G. SCHÖCK u. A. SEEGER: [*13*], S. 340.

Halbversetzungen in der Hauptgleitebene (111) längs der sehr großen Strecke $2l$ zusammengebogen werden müssen. Ist im Quergleitsystem eine endliche Schubspannung τ_Q vorhanden, so ändern sich die Verhältnisse. Zu jeder Schubspannung τ_Q gibt es einen ganz bestimmten Abstand $2l_0$ der Knotenpunkte K und K' (Fig. 125), bei dem labiles Gleichgewicht herrscht. Breitet sich die Gleitung in der Quergleitebene weiter aus, so ist damit ein Energiegewinn infolge der von τ_Q geleisteten Arbeit verbunden. Schon für verhältnismäßig niedrige Schubspannungen τ_Q (etwa von der Größenordnung der kritischen Schubspannung) wird l_0 ziemlich klein. Dies rührt davon her, daß eine Einschnürung in einer aufgespaltenen Versetzung ziemlich rasch nach beiden Seiten abklingt und dementsprechend die zwischen den beiden Knoten K und K' wirkenden Anziehungskräfte für $l \gg 2\eta_0$ exponentiell mit dem Knotenabstand abfallen. In Fig. 126 ist l_0 (mit Hilfe der Versetzungsweite σ_0 von Ziff. 73 normiert) als Funktion der Spannung τ_Q im Quergleitsystem aufgetragen. Ist l_0 hinreichend groß, so ergibt sich

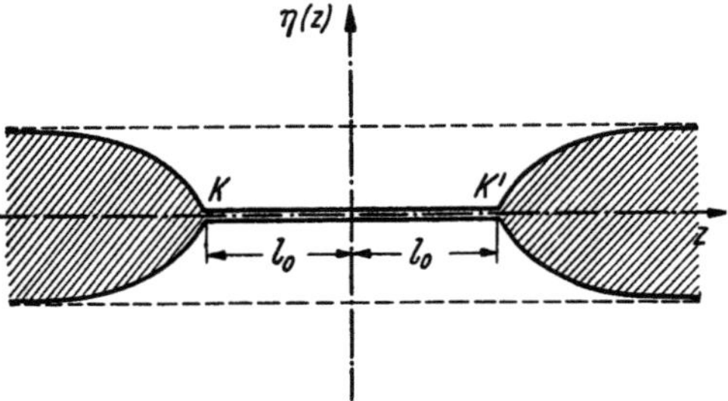

Fig. 128. Zur Berechnung der Aktivierungsenergie für die Quergleitung in aufgespaltenen Schraubenversetzungen. Schraffiert: Stapelfehler.

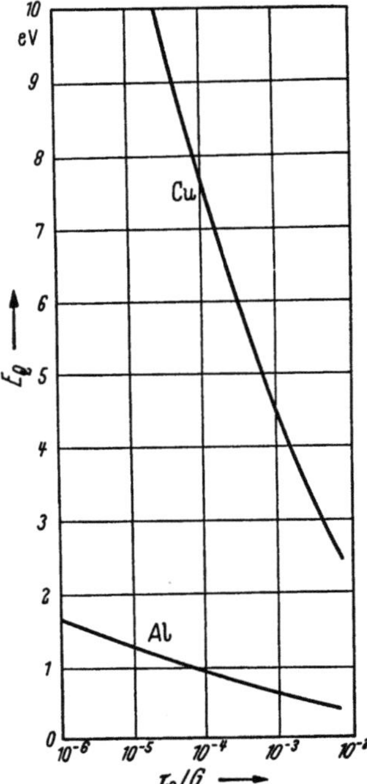

Fig. 127. Aktivierungsenergie E_Q für die Quergleitung einer Schraubenversetzung in Al und Cu als Funktion der Spannung τ_Q im Quergleitsystem.

die Aktivierungsenergie E_Q der Quergleitung näherungsweise als Summe (vgl. Fig. 128) der für das Rückgängigmachen der Aufspaltung notwendigen Energie (vgl. Ziff. 73) und der für die beiden Einschnürungen an den Punkten K und K' (Fig. 128) benötigten Energie. Es ist somit in dieser Näherung

$$E_Q = 2 \cdot l_0 \left(E(0) - E(\eta_0) \right) + E_e. \tag{74.2}$$

Die auf diese Weise als Funktion der Schubspannung τ_Q erhaltene Aktivierungsenergie E_Q für die Quergleitung einer Schraubenversetzung ist in Fig. 127 für Cu und Al dargestellt.

Wie man sieht, erhält man bei Al schon bei verhältnismäßig niedrigen Spannungen τ_Q (etwa von der Größenordnung der dreifachen kritischen Schubspannung) Aktivierungsenergien $\lesssim 1$ eV, die bei Raumtemperatur thermisch aktivierte Quergleitung möglich machen. Um thermisch aktivierte Quergleitung in Cu zu erhalten, muß man entweder zu hohen Temperaturen oder auch zu höheren Spannungen übergehen. Dieses verschiedenartige Verhalten, das natürlich für alle Metalle mit hoher bzw. niedriger Stapelfehlerenergie typisch ist, äußert sich auch in den plastischen Eigenschaften dieser Metalle (vgl. den Artikel über Kristallplastizität, insbesondere Abschnitt C).

Die vorstehenden Rechnungen zogen nur die Schubspannung τ_Q im Quergleitsystem in Betracht. Die auf die vollständige Versetzung im Hauptgleitsystem wirkende resultierende Kraft darf deshalb als Null angenommen werden, weil andernfalls die Versetzung nicht in Ruhe bleiben könnte. Es ist jedoch möglich, daß entgegengesetzt gleiche Kräfte auf die beiden Halbversetzungen im Hauptgleitsystem wirken. Dies trifft z.B. dann zu, wenn Schraubenversetzungen in einer Gleitzone (Ziff. 58) aufgestaut sind. In diesem Fall wird der Abstand zwischen den Halbversetzungen gegenüber $2\eta_0$ verkleinert und die Aktivierungsenergie für die Quergleitung vermindert. Diese Verminderung ist natürlich um so größer, je größer η_0 ist, und führt z.B. dazu, daß bei Cu Quergleitung in Gleitzonen bei praktisch erreichbaren äußeren Spannungen auch schon bei Raumtemperatur auftreten kann.

75. Die Gleitebene der Versetzungen. In Ziff. 38 war bereits auf die Frage der Auswahl der Gleitebenen eingegangen und darauf hingewiesen worden, daß ihre Diskussion wesentlich schwieriger als diejenige der Gleitrichtung (d.h. des

BURGERS-Vektors) der Versetzungen ist. Der empirische Befund ist, daß man bei den meisten Strukturen eine einzige Gruppe von kristallographisch gleichwertigen Ebenen, nämlich die am dichtesten mit Atomen belegten Netzebenen, als Gleitebenen beobachtet. Eine starke Abhängigkeit der Gleitebene von den Versuchsbedingungen wurde vor allem im kubisch-raumzentrierten Gitter gefunden[1].

Ob eine bestimmte geometrisch mögliche (d.h. den BURGERS-Vektor der zu diskutierenden Versetzung enthaltende) Netzebene als Gleitebene bei der plastischen Verformung auftritt oder nicht, hängt von der Energie und der PEIERLS-Spannung der Versetzung in der betreffenden Ebene ab. Ist die Energie der Versetzung zu groß, so werden nur selten Versetzungen mit dieser Gleitebene beim Kristallwachstum entstehen. Ist dagegen die PEIERLS-Spannung der Versetzungen sehr groß, so werden sie sich entweder gar nicht oder nur unter hohen Spannungen oder bei hohen Temperaturen bewegen können.

Die PEIERLS-Spannung hängt, wie in Ziff. 72 gezeigt worden war, exponentiell von der Versetzungsweite σ ab, und zwar in dem Sinne, daß die PEIERLS-Spannung bei Verkleinerung von σ sehr stark zunimmt. Wie wir unten noch näher ausführen werden, ist die Versetzungsweite für weniger dicht gepackte Netzebenen im allgemeinen kleiner als für dicht gepackte, so daß, wie schon in Ziff. 72 betont worden ist, die PEIERLS-Spannung für die dichtest gepackten Ebenen in der Regel am kleinsten ist. Diesem Effekt der Packungsdichte der Netzebenen überlagert sich noch ein Anisotropieeffekt, auf den wir gleichfalls unten zurückkommen werden.

Berechnet man die *Versetzungsenergie* für ein elastisch isotropes Medium mit Hilfe der linearen Elastizitätstheorie, so erhält man überhaupt keine Abhängigkeit der Versetzungsenergie von der kristallographischen Orientierung der Gleitebene der Versetzung. Will man dieses Ergebnis verbessern, so hat man auch hier die *Kristallstruktur*, also die Packungsdichte der Gleitebenen, und die *elastische Anisotropie* zu berücksichtigen.

Den erstgenannten Einfluß haben CHALMERS und MARTIUS[2] sowie CHEN und MADDIN[3] untersucht. CHALMERS und MARTIUS weisen darauf hin, daß die Versetzungsenergie von dem Parameter $\beta = b/c$ abhängt, wo b wie üblich die Versetzungsstärke und c wie in den Diskussionen zum PEIERLSschen Modell den Abstand benachbarter Gleitebenen bedeutet. Das PEIERLSsche Modell ergibt jedoch[4] nur eine logarithmische Abhängigkeit der Versetzungsenergie von β, so daß es einer näheren Untersuchung bedarf, ob β wirklich die für das vorliegende Problem entscheidende Größe ist.

Im Falle des kubisch-flächenzentrierten Gitters[5] ist der Einfluß der *elastischen Anisotropie* von SEEGER[6] und von FOREMAN und LOMER[7] diskutiert worden. Für die Linienenergie einer geraden Versetzungslinie gilt im PEIERLSschen Modell [vgl. Gl. (73.8)]

$$E_L = \frac{b^2}{4\pi K_2}\left(\log\frac{L}{2\sigma} + 1\right). \qquad (75.1)$$

---

[1] Siehe z.B. R. MADDIN u. N. K. CHEN: Progr. Met. Phys. **5**, 53 (1954).

[2] B. CHALMERS u. U. M. MARTIUS: Nature, Lond. **167**, 681 (1951). — Proc. Roy. Soc. Lond. **213**, 175 (1952).

[3] N. K. CHEN and R. MADDIN: Acta met. **2**, 49 (1954).

[4] F. R. N. NABARRO: [54], S. 385.

[5] Wegen des kubisch-raumzentrierten Gitters siehe J. D. ESHELBY: Phil. Mag. **40**, 903 (1949). Hier findet sich auch eine Diskussion des Anisotropie-Einflusses auf die Versetzungsweite.

[6] A. SEEGER: Z. Naturforsch. **9a**, 856 (1954).

[7] A. J. E. FOREMAN and W. M. LOMER: Phil. Mag. **46**, 73 (1955).

Für Versetzungen in {111}-Gleitebenen ist dabei angenommen, daß keine Dissoziation in Teilversetzungen stattgefunden hat, so daß die Versetzungsweite σ für $\eta = 0$ zu nehmen ist. Vernachlässigt man die Orientierungsabhängigkeit der Versetzungsweite, so wirkt sich die Kristallorientierung nur noch über den Faktor K_2 aus. In Fig. 129 ist für die Gleitebenen {111}, {110} und {100} und für Versetzungen mit Burgers-Vektor $\mathfrak{b} = \frac{1}{2}\langle 110\rangle$ und mit verschiedenem Charakter (wie in Ziff. 35 durch den Winkel γ gemessen) das Verhältnis s_{44}/K_2 nach Foreman und Lomer[1] aufgetragen. Die Abhängigkeit der Versetzungsenergie vom Winkel γ ist im Anisotropen etwa gleich wie im Isotropen. Auch die Unterschiede zwischen Versetzungen gleichen Charakters in verschiedenen Gleitebenen sind nicht sehr groß[2]. Sie betragen selbst bei dem stark anisotropen Cu

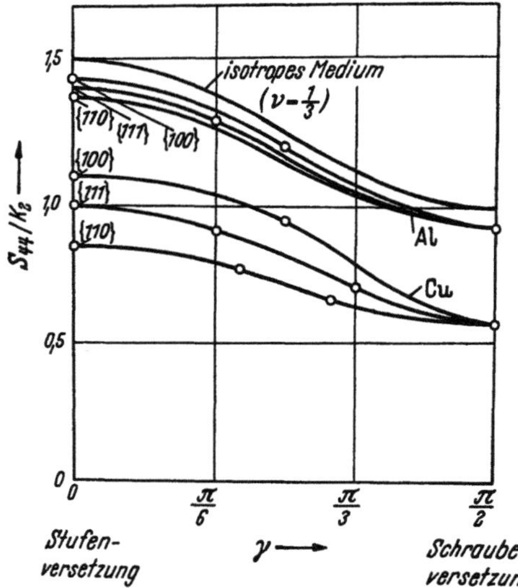

Fig. 129. Anisotropiefaktor K_2 Gl. (75.1), auf den Voigtschen elastischen Koeffizienten s_{44} (nicht S_{44} wie in der Figur angegeben) bezogen, für verschiedene Gleitebenen im kubisch-flächenzentrierten Gitter. (Burgers-Vektor $\mathfrak{b}$ in $\langle 110\rangle$-Richtung.) Nach Foreman and Lomer.

bei Vergleich der {111}-Ebene und der {110}-Ebene höchstens 14%. Betrachtet man geschlossene Versetzungsringe, so wird die Abhängigkeit der elastischen Energie der Versetzungen von der kristallographischen Orientierung ihrer Gleitebenen etwa auf die Hälfte vermindert, da ja vom Standpunkt der Elastizitätstheorie aus die Energie der Schraubenversetzungen für alle Gleitebenen gleich ist. Nach Tabelle 22 ist die Energieverminderung, die bei einer Versetzung mit {111}-Gleitebene gegenüber Gl. (75.1) durch die Dissoziation in Halbversetzungen entsteht, bei Cu im Mittel rund 10%. Solange man nur elastische Anisotropie und Aufspaltung in Halbversetzungen berücksichtigt, erscheinen also {111}-Gleitebene und {110}-Gleitebene energetisch etwa gleichberechtigt (eventuell mit einer geringen Bevorzugung der {111}-Ebene).

Wir müssen nun noch den Einfluß der Versetzungsweite σ (im Falle der {111}-Ebene für $\eta = 0$) berücksichtigen. σ hängt mit der oben eingeführten Konstanten K_2, dem Schubmodul G in der Gleitebene und dem Abstand c benachbarter Gleitebenen im Rahmen des Peierlsschen Modells folgendermaßen zusammen[3,4]:

$$\sigma = \frac{c}{2\,G\,K_2}. \qquad (75.2)$$

In Tabelle 24 sind $c/b = \beta^{-1}$, G_{fr} sowie σ/b für verschiedene Gleitebenen im kubisch-flächenzentrierten Gitter eingetragen. Elastische Anisotropie und Einfluß des Netzebenenabstandes wirken sich beide so aus, daß die {111}-Ebene die größten Versetzungsweiten besitzt. Da wegen der starken Orientierungsabhängigkeit des Schubmoduls G auch die Versetzungsweite σ bei Kupfer (ebenso wie bei den

---

[1] A. J. E. Foreman and W. M. Lomer: Phil. Mag. **46**, 73 (1955).

[2] Die Orientierungsabhängigkeit von K_2 ist maßgebend für die Größe der „Bildkräfte", die von Korngrenzen auf eine Versetzung ausgeübt werden. In kubischen Metallen sind diese Bildkräfte wesentlich kleiner als die bei freien Kristalloberflächen auftretenden Kräfte.

[3] J. D. Eshelby: Phil. Mag. **40**, 903 (1949).

[4] A. Seeger: Z. Naturforsch. **9a**, 856 (1954).

meisten kubisch-flächenzentrierten Metallen und Legierungen) stark von der Orientierung abhängt, überwiegt beim Vergleich von $\sigma^{\{100\}}$ und $\sigma^{\{110\}}$ der elastische Einfluß über denjenigen des Netzebenenabstandes c: Die Versetzungsweite in der {100}-Ebene ist geringer als diejenige in der {110}-Ebene. Bei Aluminium, das nur wenig anisotrop ist, liegen die Verhältnisse umgekehrt.

Die Abhängigkeit der Versetzungsweite von der kristallographischen Orientierung der Gleitebene führt bei Al nur zu einer geringen energetischen Bevorzugung der {111}-Ebene (etwa um 2 bis 3% der Gesamtenergie), während bei Kupfer dieser Effekt die {111}-Gleitebenen gegenüber {110}-Gleitebenen um etwa 7 bis 8% begünstigt.

Zusammenfassend kann man sagen, daß eine sorgfältige Diskussion der Versetzungsenergie als Funktion der Gleitebene verhältnismäßig schwierig ist. Der

Tabelle 24. *Abhängigkeit der Versetzungsweite σ von der kristallographischen Orientierung der Gleitebene.*

Gleitebene	c/b	$G_{fr}\,[10^{11}\,\mathrm{dyn/cm^2}]$		σ/b			
				Schraubenversetzung		Stufenversetzung	
		Cu	Al	Cu	Al	Cu	Al
{111}	0,82	3,1	2,48	0,56	0,43	0,98	0,65
{110}	0,50	3,6	2,52	0,29	0.25	0,46	0,41
{100}	0,71	7,5	2,82	0,20	0,32	0,39	0,53

Grund dafür liegt darin, daß eine ganze Reihe von Effekten in derselben Größenordnung liegen und sich gegenseitig teilweise aufheben. Im vorliegenden Falle ergibt sich für Cu, daß die Energie einer {111}-Versetzung um 5 bis 10% niedriger als diejenige einer {110}-Versetzung und um rund 20% niedriger als diejenige einer {100}-Versetzung liegt. Dies sollte zur Folge haben, daß die Versetzungen in Cu überwiegend in dichtest gepackten Ebenen verlaufen. Bei Al ist zwar die energetische Reihenfolge der Ebenen die gleiche, doch sind die energetischen Unterschiede wesentlich geringer und von der Größenordnung 2 bis 4%. Man hat deshalb damit zu rechnen, daß bei Al ein wesentlicher Teil aller Versetzungslinien nicht in {111}-Ebenen liegt.

Hinsichtlich der PEIERLS-Spannung sind die Verhältnisse demgegenüber wesentlich einfacher. Bei Al ist der Anisotropieeinfluß auf σ nur gering, so daß im wesentlichen die Diskussion von Ziff. 72 (insbesondere Tabelle 20) anwendbar bleibt. Die {111}-Ebene hat insgesamt die niedrigste PEIERLS-Spannung, doch sind die Unterschiede zwischen den niedrig-indizierten Gleitebenen verhältnismäßig gering, so daß bei höheren Temperaturen auch {100}- und {110}-Gleitebenen betätigt werden können. Bei Cu treten dagegen wesentlich größere Unterschiede in den Versetzungsweiten auf, die auch entsprechend größere Unterschiede in den PEIERLS-Spannungen der einzelnen Gleitebenen zur Folge haben. Dies mag den Grund dafür bilden, daß bis jetzt weder bei Cu noch bei den anderen stark anisotropen kubisch-flächenzentrierten Metallen andere Gleitebenen als {111} beobachtet wurden. Im Sinne unserer obigen Diskussion kann dieser Befund aber auch dadurch bedingt sein, daß nur ein außerordentlich kleiner Bruchteil der Versetzungen in diesen Metallen {110}- oder {100}-Gleitebenen besitzt.

Einige empirische Resultate über die Auswahl der Gleitebenen liegen an hexagonalen Metallen vor[1]. Hier scheint mit abnehmendem Achsenverhältnis

---

[1] Siehe R. MADDIN u. N. K. CHEN: Progr. Met. Phys. **5**, 86 (1954) (insbes. den Abschnitt über Titan S. 86f.).

c/a die Bedeutung der Basisebene als Gleitebene bei der plastischen Verformung zurückzutreten. Da die Packungsdichte der Basisebene im Vergleich zur (10$\bar{1}$0)-Ebene mit kleiner werdendem c/a immer geringer wird, kann dies sowohl eine energetische Ursache haben als auch mit der Peierls-Kraft im Zusammenhang stehen. Auch ein Einfluß der Stapelfehlerenergie ist in kritischen Fällen denkbar[1].

76. Sonstige nichtlineare Effekte. Bei den beiden in Ziff. 67 bis 74 behandelten Modellen zur Berücksichtigung der Nichtlinearität der Spannungs-Dehnungs-beziehung in der unmittelbaren Umgebung des Versetzungskerns wurde die Gleitebene besonders ausgezeichnet. Für eine Stufenversetzung erscheint dieses Vorgehen als natürlich, während bei einer Schraubenversetzung, bei der ja, von Ausnahmen abgesehen (Aufspaltung in Halbversetzungen!) keine Gleitebene ausgezeichnet ist, eine besondere Rechtfertigung notwendig ist. Wie in Ziff. 69α gezeigt worden ist, ergibt sich bei einer Schraubenversetzung im Peierls-schen Modell und im elastizitätstheoretischen Fall dieselbe Lösung, so daß die Auszeichnung einer Ebene als Gleitebene keinerlei Schwierigkeiten mit sich bringt.

Es gibt jedoch eine Reihe von Problemen, bei denen die Abweichungen vom Hookeschen Gesetz auch außerhalb der Gleitebenen berücksichtigt werden

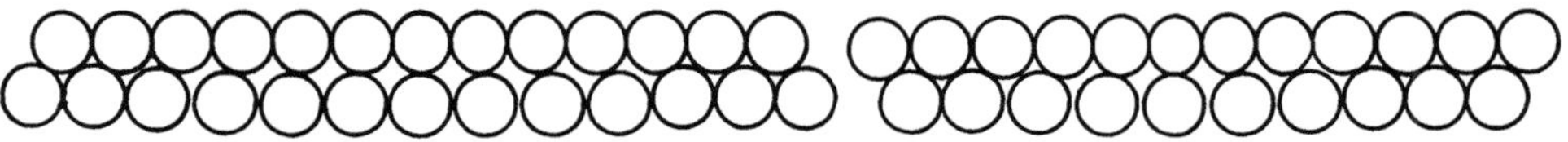

Fig. 130. Gleitebene einer „weiten" Stufenversetzung („harte" Atome).

Fig. 131. Gleitebene einer „engen" Stufenversetzung („weiche" Atome).

müssen. Hierzu gehört die Dichteänderung, die eine Versetzungslinie hervorruft. Im Gültigkeitsbereich der linearen Elastizitätstheorie ist sie Null. Bei den Schraubenversetzungen in isotropen Medien treten in dieser Näherung überhaupt keine Volumdehnungen auf. Bei den Stufenversetzungen sind die Dilatationen und die Kompressionen auf verschiedenen Seiten der Gleitebene entgegengesetzt gleich.

In Wirklichkeit rufen Versetzungen eine Verringerung der Kristalldichte hervor. Eine quantitative Berechnung dieses Effektes liegt noch nicht vor, doch kann man sein Vorhandensein in hinreichend dicht gepackten Gittern folgendermaßen einsehen [53]: In Ziff. 4 des Artikels über Kristallplastizität wird an Hand von Beispielen gezeigt, daß sich bei der Scherung zweier benachbarter Netzebenen gegeneinander der Netzebenenabstand vergrößert und Arbeit gegen einen hydrostatischen Druck geleistet wird. Es handelt sich hier um einen *nichtlinearen* Effekt, da er ja bei Umkehr der Scherungsrichtung das Vorzeichen nicht umkehrt.

Wegen dieses Effekts ist eine Kristallstruktur in der unmittelbaren Umgebung einer Schraubenversetzung radialsymmetrisch expandiert[2]. Es ergibt sich infolgedessen auch in einem isotropen Medium eine Anziehungskraft zwischen einer Schraubenversetzung und einem als Kompressionszentrum zu beschreibenden Gitterfehler (kleineres Fremdatom oder Gitterlücke) (vgl. Ziff. 62).

Ein entsprechender Effekt tritt auch bei Stufenversetzungen auf (s. [53]). Fig. 130 zeigt die Atomanordnung in der Gleitebene einer „weiten" und Fig. 131 diejenige einer „engen" Stufenversetzung. Die Atome im Versetzungsmittelpunkt

---

[1] A. Seeger: Phil. Mag. (im Druck).

[2] Dies gilt natürlich nur unter der Voraussetzung, daß die symmetrische Form der Schraubenversetzung stabil ist. Wie man am Beispiel der Aufspaltung in Halbversetzungen sieht, gibt es auch Fälle, bei denen eine stärkere Störung in einer bestimmten Netzebene energetisch günstiger und die Struktur der Schraubenversetzung deshalb unsymmetrisch ist.

haben in Fig. 130 nur sehr geringe, in Fig. 131 dagegen sehr starke Kompressionen (bzw. Dilatationen) erfahren. Ob sich in einem Kristall eine enge oder eine weite Versetzungsform einstellt, wird bei gegebenen elastischen Konstanten im wesentlichen durch die Druckabhängigkeit der Kompressibilität bestimmt. Wie man anschaulich sieht, sind die Atome bei der weiten Versetzung in Fig. 130 „hart" d.h. unter starkem Druck sehr wenig kompressibel, bei der engen Versetzung in Fig. 131 jedoch „weich". In Fig. 132 ist der Zusammenhang zwischen hydrostatischem Druck p und Abstand r benachbarter Atome schematisch dargestellt. Man sieht, daß für harte Atome schon bei sehr geringen Verzerrungen merkliche Abweichungen vom HOOKEschen Gesetz auftreten. Diese Nichtlinearitäten in der Druck-Abstand-Kurve haben natürlich zur Folge, daß Stufenversetzungen die Kristalldichte vermindern. Genauere Rechnungen hierüber liegen bis jetzt noch nicht vor.

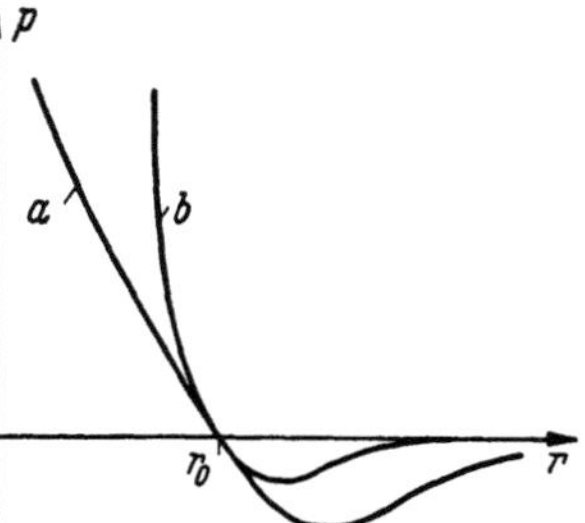

Fig. 132. Schematische Darstellung des Zusammenhangs zwischen hydrostatischem Druck p und dem Abstand r zwischen benachbarten Atomen. $r_0 =$ Gleichgewichtsabstand. (a) weiche Atome, (b) harte Atome.

Die eben besprochene Abhängigkeit der Versetzungsweite von der Druckabhängigkeit der Kompressibilität ist nicht wesentlich verschieden von dem in Ziff. 71 β behandelten Zusammenhang zwischen Versetzungsweite und der Form der Schubspannungs-Verschiebungskurve. Auch dort ergab sich die Versetzungsweite um so größer, bei je kleineren Spannungen wesentliche Abweichungen vom HOOKEschen Gesetz auftraten. Die Besprechung des Effekts in der vorliegenden Ziffer sollte vor allem auf die mit der Nichtlinearität verknüpften Änderungen der mittleren Kristalldichte hinweisen.

c) Dynamik der Versetzungen.

77. Vorbemerkungen. Die seitherigen Darlegungen zur mathematischen Theorie der Versetzungen haben fast ausschließlich den statischen Eigenschaften der Versetzungen gegolten. Die verschiedenen in Abschnitt a und b besprochenen Rechenverfahren ergänzen sich gut, so daß man heute wohl die meisten praktisch auftretenden Fragen zur Statik der Versetzungen übersehen und fast immer auch quantitativ behandeln kann.

Ganz anders liegen die Verhältnisse bei der Versetzungsdynamik, worauf wir schon in Ziff. 67 hingewiesen haben. Hier ist man von einer geschlossenen Theorie noch weit entfernt. Die verschiedenen Einflüsse, die für das dynamische Verhalten der Versetzungen maßgebend sind, sind oft nur qualitativ bekannt. Die quantitative Behandlung ist, soweit sie bisher durchgeführt werden konnte, meist sehr umständlich. Aus diesem Grunde müssen wir uns in den folgenden Ziffern häufig mit einer Beschreibung der wesentlichen Gesichtspunkte und mit Literaturhinweisen begnügen. Da bewegte Versetzungen im FRENKELSchen und PEIERLSSchen Modell schon besprochen worden sind, werden wir in den folgenden Abschnitten vor allem die lineare Elastizitätstheorie benützen.

78. Gleichförmige Bewegung der Versetzungen. Die Behandlung der gleichförmigen Bewegung einer Versetzung im Rahmen der linearen Elastizitätstheorie unterscheidet sich nicht wesentlich von derjenigen im Rahmen des PEIERLSSchen Modells. Die in Ziff. 70 α aufgeführten Arbeiten besprechen auch die elastizitätstheoretischen Lösungen.

Wie zuerst FRANK[1] gezeigt hat, tritt bei elastizitätstheoretischer Behandlung ganz ähnlich wie beim FRENKELSchen Modell (Ziff. 67) eine „relativistische"

---

[1] F. C. FRANK: Proc. Phys. Soc. Lond. A **62**, 131 (1949).

Kontraktion des Spannungsfeldes einer Versetzungslinie auf. Dies hat die Existenz einer Grenzgeschwindigkeit zur Folge, bei der, wenn die elastizitätstheoretische Lösung gültig bliebe, die Versetzungsenergie unendlich groß würde. In einem isotropen Medium ist diese Grenzgeschwindigkeit die Schallgeschwindigkeit v_t der Transversalwellen, während in einem anisotropen Medium wegen der Richtungsabhängigkeit der Schallgeschwindigkeit die Verhältnisse wesentlich komplizierter sind. Die ausführlichste Diskussion für ein anisotropes Medium (auch die allgemeinen Volterraschen und die Somiglianaschen Versetzungen mitumfassend) hat Sáenz[1] gegeben.

Die Energie einer gleichförmig bewegten Versetzung erhält man (analog zum statischen Fall) durch Integration über die Energiedichte der Spannungsenergie und der kinetischen Energie des Kristalls.

In dem besonders einfachen Falle einer Schraubenversetzung in einem isotropen Medium ist die Gesamtenergie einer mit der Geschwindigkeit v sich bewegenden Versetzung gegeben durch

$$E = \frac{E_0}{\sqrt{1 - \dfrac{v^2}{v_t^2}}} = E_0 + \frac{1}{2}\frac{E_0}{v_t^2}\,v^2 + \cdots . \tag{78.1}$$

v_t bedeutet hierbei die Schallgeschwindigkeit für Transversalwellen, E_0 die Ruheenergie der Versetzung. Man kann somit

$$m_0 = \frac{E_0}{v_t^2} \tag{78.2}$$

als die Ruhemasse einer Versetzung auffassen. Diese Ruhemasse ist also mit der Linienenergie der Versetzung eng verknüpft. Schreibt man die Linienenergie der Versetzung in der Form

$$E_L = E_0 = \alpha\,b^2\,G, \tag{78.3}$$

so wird ($\varrho = $ Dichte des Kristalls)

$$m_0 = \alpha\,b^2\,\varrho. \tag{78.4}$$

Man sieht, daß die scheinbare Masse einer Versetzung ebenso wie die Linienenergie noch von der Form der Versetzungslinie abhängt. Bei der Bewegung einer geradlinigen Versetzung als Ganzes ist $\alpha \approx 1$; hat man es nur mit kleinen Schwingungen um eine Gleichgewichtsform zu tun, so kann $\alpha = \frac{1}{10}$ oder noch kleiner sein (vgl. die Diskussion der Linienspannung in Ziff. 60). Die Verwendung eines bestimmten numerischen Wertes für die Versetzungsmasse m_0 bedarf daher von Fall zu Fall einer näheren Diskussion.

Als kinetische Energie einer Schraubenversetzung definiert man

$$E_{\text{kin}} = E - E_0 = E_0\left(\frac{1}{\sqrt{1 - \dfrac{v^2}{v_t^2}}} - 1\right). \tag{78.5}$$

Für Versetzungsgeschwindigkeiten v, die nicht klein gegen v_t sind, ist die kinetische Energie einer Versetzung nach Gl. (78.5) nicht mehr gleich der kinetischen Energie des Materials in der Versetzungsumgebung, da ja die potentielle Energie, die im Spannungsfeld der Versetzung aufgespeichert ist, ebenfalls von v abhängt, während E_0 in Gl. (78.5) *geschwindigkeitsunabhängig* ist.

Neben kinetischer Energie und träger Masse kann man einer Versetzungslinie auch noch einen „Quasiimpuls" zuschreiben. Zwischen dem Quasiimpuls

<hr>

[1] A. W. Sáenz: J. Rat. Mech. Analysis **2**, 83 (1953).

der Versetzung und der Impulsdichte im Kristall besteht jedoch kein einfacher Zusammenhang mehr. Wegen einer genaueren Diskussion sei auf FRANK[1] und ESHELBY[2] verwiesen.

79. Beschleunigte Versetzungen. Bei der plastischen Verformung von Kristallen bewegen sich Versetzungen unter der Wirkung von Kräften, die längs der Versetzungslinien angreifen. Eine quantitative Kenntnis der Versetzungsbewegung bei vorgegebenen Kräften wäre deshalb recht wertvoll. In voller Allgemeinheit ist aber bis jetzt nur die inverse Aufgabe behandelt worden, nämlich die Frage nach dem Verschiebungs- bzw. Spannungsfeld einer Versetzung, deren Bewegung bekannt ist. NABARRO[3] hat dieses Problem dadurch gelöst, daß er die Bewegung einer Versetzung als fortwährende Neubildung infinitesimaler geschlossener Versetzungsschleifen entlang der momentanen Versetzungslinie beschrieben hat. Die dadurch entstehenden Formeln sind natürlich, der Allgemeinheit des Problems entsprechend, sehr kompliziert.

ESHELBY[2] hat das elastische Spannungsfeld einer Schraubenversetzung angegeben, die sich mit konstanter Versetzungsweite (also ohne relativistische Kontraktion) in vorgegebener Weise bewegt. Dieses Spannungsfeld hängt nicht nur von dem momentanen Bewegungszustand der Versetzungslinie, sondern auch von ihrem früheren kinematischen Verhalten ab. Ist das Spannungsfeld für eine vorgegebene Bewegung bekannt, so kann man die zugehörige Kraft auf die Versetzungslinie als Funktion der Zeit ausrechnen. Für eine Reihe von Spezialfällen ist dies von ESHELBY[2] durchgeführt worden. Da hinsichtlich der Bewegung der Versetzung unter dem Einfluß einer vorgegebenen Kraft bis jetzt noch keine allgemeinen Ergebnisse erzielt worden sind, ist man im wesentlichen auf eine Diskussion der beim jeweiligen Problem maßgebenden Einflüsse angewiesen. Die praktisch interessierenden Fragestellungen gehören meist einem der beiden folgenden Problemkreise an:

1. Welches ist die größtmögliche Geschwindigkeit einer Versetzung unter der Wirkung einer bestimmten Schubspannung? Hier handelt es sich vor allem um eine Diskussion der Energie dissipierenden Mechanismen bei sich sehr rasch bewegenden Versetzungen.

2. Welche Energiedissipation und welche innere Reibung treten auf, wenn eine Versetzungslinie unter der Wirkung zeitlich periodischer Schubspannungen kleine Schwingungen ausführt?

Auf die erste Frage werden wir in Ziff. 80 bei der Behandlung der „Dämpfung der Versetzungen" etwas näher eingehen. Bei der zweiten Frage wird meist in der Weise vorgegangen[4], daß die Versetzungslinie in der Saitennäherung (Ziff. 60) behandelt und die Trägheit durch eine Versetzungsmasse je Längeneinheit (Ziff. 78) berücksichtigt wird. Die Strahlungsdämpfung einer hin- und herschwingenden Versetzung ist von ESHELBY[5] berechnet worden. Sind keine anderen Dämpfungsursachen vorhanden (z.B. irreversible Vorgänge beim Losreißen der Versetzungslinie von Fremdatomen o. ä.), so erhält man für die Versetzungsbewegung die Differentialgleichung der gedämpft schwingenden Saite, die mit den in der mathematischen Physik üblichen Methode behandelt werden kann.

[1] F. C. FRANK: Proc. Phys. Soc. Lond. A **62**, 131 (1949).
[2] J. D. ESHELBY: Phys. Rev. **90**, 248 (1953).
[3] F. R. N. NABARRO: Phil. Mag. **42**, 1224 (1951).
[4] Siehe z.B. J. S. KOEHLER: [1], S. 197.
[5] J. D. ESHELBY: Proc. Roy. Soc. Lond., Ser. A **197**, 396 (1949).

80. Die Dämpfung der Versetzungen. Die Frage nach den Dämpfungsmechanismen für rasch bewegte Versetzungen ist in der Literatur wiederholt behandelt worden, doch ist bis jetzt noch keine ganz endgültige Klärung eingetreten. Die wichtigsten bei diesem Problemkreis zu berücksichtigenden Gesichtspunkte dürften jedoch bekannt sein.

In den ersten Erörterungen über das dynamische Verhalten von Versetzungen nahm Frank[1] an, daß eine Versetzung die Schallgeschwindigkeit nahezu erreichen und somit ihre kinetische Energie die Ruheenergie übertreffen könne. Unter diesen Voraussetzungen würde eine auf eine freie Kristalloberfläche auftreffende Stufenversetzung mit entgegengesetztem Vorzeichen des Burgers-Vektors und mit entgegengesetzter Bewegungsrichtung reflektiert werden. Diese Verhältnisse lassen sich ebenso wie die bei Zusammenstößen von Versetzungen auftretenden Erscheinungen besonders gut am Frenkelschen Modell (Ziff. 67) studieren, bei dem ja in Strenge potentielle Energie ohne Dämpfungsverluste in kinetische Energie umgewandelt wird.

Leibfried[2] wies als erster darauf hin, daß man in Wirklichkeit wohl doch mit einer erheblichen Dämpfung der Versetzungen zu rechnen hat, daß die Versetzungsgeschwindigkeiten im allgemeinen deshalb beträchtlich unter der Schallgeschwindigkeit liegen werden und daß die sog. „dynamischen Effekte", bei denen die kinetische Energie mindestens gleich der Ruheenergie der Versetzungen sein muß, wohl kaum auftreten sollten.

Nabarro[3] hat die Leibfriedschen Ideen näher analysiert und gefunden, daß die Dämpfung durch die Wechselwirkung von Schallwellen und Versetzungslinien, die Leibfried allein betrachtet hat, zwei hauptsächliche Anteile besitzt:

a) Im Versetzungskern wird der Geltungsbereich der linearen Elastizitätstheorie überschritten. Aus diesem Grunde sind die Verzerrungen der Versetzungen und der Wärmeschwingungen nicht mehr ungestört superponierbar. Die Wärmewellen erfahren eine *Streuung durch eine Versetzungslinie*. Diese Streuung ist natürlich sowohl für ruhende als auch für sich bewegende Versetzungen vorhanden und führt zu einer reibenden, dem Betrag der Versetzungsgeschwindigkeit proportionalen Kraft auf die Versetzung. Der Wirkungsquerschnitt pro Längeneinheit der Versetzung ist jedoch höchstens von der Größenordnung b, da außerhalb des Versetzungskerns Verzerrungen ungestört superponiert werden können[4]. Ein genauer Wert für den Wirkungsquerschnitt, der überdies etwas von der Wellenlänge der thermischen Schwingungen abhängen sollte, ist nicht bekannt, so daß man keine quantitativen Angaben über die Größe der Reibungskraft bei vorgegebener Geschwindigkeit machen kann. Es erscheint jedoch unwahrscheinlich, daß die maximale Geschwindigkeit, die dieser Mechanismus unter den bei ausgiebiger Verformung von Al bei Raumtemperatur auftretenden Schubspannungen zuläßt, unter $0{,}5\,v_t$ liegt.

b) Die thermischen Schubspannungen üben ebenso wie irgendwelche statischen Schubspannungen Kräfte auf eine Versetzungslinie aus. Unter der Wirkung dieser Kräfte führt die Versetzungslinie *erzwungene Schwingungen* aus, die zu einer Abstrahlung elastischer Wellen und damit zu einer Dämpfung führen. Dieser Effekt, der sowohl bei ruhenden als auch bei bewegten Versetzungen auftritt, ist von Nabarro[3] näher untersucht worden. Auch hier sind quantitative Angaben über die Größe der Reibungskraft, die sich für nicht zu große

---

[1] F. C. Frank: [2], S. 46.

[2] G. Leibfried: Z. Physik **127**, 344 (1950).

[3] F. R. N. Nabarro: Proc. Roy. Soc. Lond., Ser. A **209**, 278 (1951).

[4] Leibfried hatte einen wesentlich größeren Wirkungsquerschnitt angenommen und damit den Dämpfungseffekt wohl etwas überschätzt.

Geschwindigkeiten proportional zum Quadrat der Versetzungsgeschwindigkeit ergibt, schwer zu erhalten, doch dürfte dieser Mechanismus etwa ebenso wirksam wie der unter a) genannte sein.

Die beiden eben besprochenen Mechanismen können sich nur dann bemerkbar machen, wenn die Wärmeschwingungen im Kristall angeregt sind, also in der Nähe oder oberhalb der DEBYE-Temperatur. Würde die Geschwindigkeit einer Versetzung unter einer gegebenen Schubspannung nur durch sie begrenzt werden, so könnten Versetzungen bei hinreichend tiefen Temperaturen wohl $^9/_{10}$ der Schallgeschwindigkeit oder noch höhere Geschwindigkeiten erreichen.

Es gibt jedoch noch weitere Dämpfungsursachen, die unabhängig von den angeregten Wärmeschwingungen im Kristall und deshalb auch bei sehr tiefen Temperaturen wirksam sind.

Wie ESHELBY[1] gezeigt hat, bewirkt die *Dispersion der Schallgeschwindigkeit* eine zusätzliche Dämpfung der Versetzungsbewegung. Die Schallgeschwindigkeit v_t, die in den bisherigen Erörterungen über die dynamischen Eigenschaften von Versetzungen auftrat, war diejenige für sehr große Wellenlängen. Die Phasengeschwindigkeit von Gitterschwingungen mit sehr kleiner Wellenlänge ist nur etwa halb so groß. Eine Versetzung, die sich mit einer Geschwindigkeit zwischen $0,5\,v_t$ und v_t bewegt, hat somit gegenüber einem Teil des Schwingungsspektrums des Kristalls Überschallgeschwindigkeit und muß deshalb einen besonders starken Energieverlust erfahren (vgl. die ČERENKOV-Strahlung bei Elektronen[2]). Dieser Mechanismus dürfte die unter normalen Spannungen erreichbaren Versetzungsgeschwindigkeiten auf etwa $0,5\,v_t$ beschränken.

Mehrere Autoren[3] haben darauf hingewiesen, daß die periodische Struktur der Kristalle Anlaß zu einer *Aussendung von elastischen Wellen* durch rasch bewegte Versetzungen und damit zu einer Energiedissipation Anlaß geben sollte. Dieser Effekt ist von SEEGER und BURKHARDT[4] näher diskutiert worden. Die periodischen Variationen der potentiellen Energie einer geradlinigen, in einer niederindizierten kristallographischen Richtung verlaufenden Versetzungslinie können auf folgende Weise mit der Energiedissipation verknüpft werden: Es werde angenommen, daß die Versetzung, die sich unter einer konstanten Schubspannung mit einer mittleren Geschwindigkeit $\bar{v}$ bewege, bereits einen stationären Zustand erreicht habe, bei dem ausgestrahlte Energie und durch die Schubspannung τ geleistete Arbeit gerade einander gleich sind. Da die Gesamtenergie der Versetzung konstant bleiben soll, sind die Schwankungen der potentiellen Energie der Versetzung mit Schwankungen der Versetzungsgeschwindigkeit verbunden. Die Bewegung der Versetzung läßt sich somit als eine Überlagerung einer gleichförmigen Bewegung und einer hin- und herschwingenden Bewegung der Kreisfrequenz $\omega = 2\pi\,\dfrac{\bar{v}}{a}$ (a = Periode der Potentialvariationen) darstellen. Die Amplitude dieser Bewegung kann man aus dem PEIERLSschen und aus dem FRENKELschen Modell entnehmen. Die von einer mit der Kreisfrequenz ω hin- und herschwingenden geradlinigen Versetzung abgestrahlte Leistung ist

---

[1] J. D. ESHELBY: Conference on Mechanical Effects of Dislocations in Crystals. Birmingham 1954.

[2] Siehe z.B. A. SOMMERFELD: Vorlesungen über theoretische Physik, Bd. IV, § 47. Wiesbaden 1950.

[3] Zum Beispiel E. OROWAN: Proc. Phys. Soc. Lond. **52**, 8 (1940). — F. C. FRANK: Proc. Phys. Soc. Lond. A **62**, 131 (1949). — F. R. N. NABARRO: Proc. Roy. Soc. Lond., Ser. A **209** (1951).

[4] A. SEEGER u. W. BURKHARDT: Unveröffentlicht. — W. BURKHARDT: Diplomarbeit Stuttgart 1952/53.

elastizitätstheoretisch von Eshelby[1] für eine Schraubenversetzung berechnet worden. Für eine Stufenversetzung wird sie um einen Faktor von etwa 10 bis 50 größer gefunden[2], so daß der hier betrachtete Effekt Stufenversetzungen wesentlich wirksamer bremst als Schraubenversetzungen.

Durch diese Überlegungen ergibt sich ohne weiteres der Gang der ausgestrahlten Leistung und damit der für eine stationäre Bewegung benötigten Schubspannung mit der mittleren Geschwindigkeit $\bar{v}$. Hinsichtlich der absoluten Größe des Effektes macht die mangelnde Kenntnis der Größe der Peierls-Spannung Schwierigkeiten. Bei den in Fig. 133 dargestellten Rechnungen wurde angenommen, daß man in den Formeln für die Peierls-Spannung (Ziff. 72) $s = b/2$ setzen dürfe. Für das Frenkelsche Modell wurden ebenfalls plausible Annahmen über die Stärke des periodischen Potentials gemacht. Wie man in Fig. 133 erkennt, liefern die beiden Modelle in der Tat ähnliche Ergebnisse, so daß das Resultat der Rechnungen zumindest größenordnungsmäßig richtig sein sollte. Unter der Wirkung von Schubspannungen in der Größenordnung der kritischen Schubspannung der typischen Metalle kann sich eine Versetzung höchstens mit $1/10$ bis $1/5$ der Schallgeschwindigkeit bewegen. Bei solchen mittleren Geschwindigkeiten dürfte der eben besprochene Dämpfungsmechanismus am wirkungsvollsten sein. Bei Geschwindigkeiten, die die halbe Schallgeschwindigkeit überschreiten, sollte jedoch der oben besprochene Eshelbysche Mechanismus (Dispersion der Schallgeschwindigkeit) maßgebend sein.

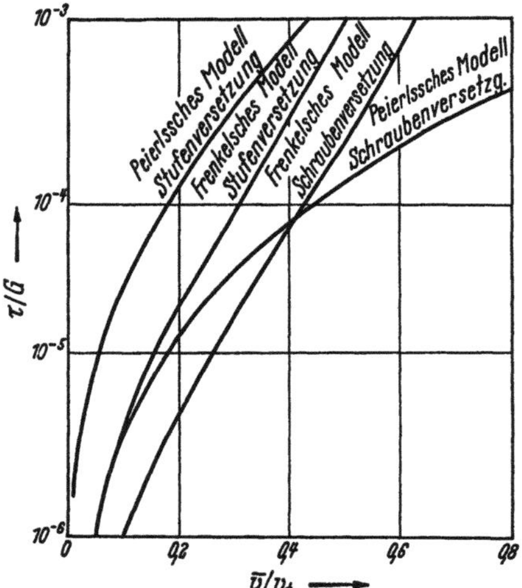

Fig. 133. Zusammenhang zwischen stationärer mittlerer Geschwindigkeit $\bar{v}$ einer Versetzung und der auf die Versetzung wirkenden Schubspannung τ. Die Kurven beziehen sich auf Stufen- und Schraubenversetzungen im Peierlsschen und Frenkelschen Modell (G Schubmodul, $v_t =$ Schallgeschwindigkeit für Transversalwellen).

Das Ergebnis unserer Diskussion ist somit, daß unter der Wirkung der praktisch auftretenden Schubspannungen in Metallen (etwa das 10- bis 100fache der kritischen Schubspannung betragend) die maximal erreichbare Versetzungsgeschwindigkeit 0,5 v_t kaum übersteigen kann. Da die kinetische Energie einer Versetzung erst für $v = 0,86 \, v_t$ gleich der potentiellen Energie der Versetzung ist, bedeutet dies, daß sog. „dynamische Effekte", bei denen die kinetische Energie der Versetzung die Hauptrolle spielt, in Wirklichkeit wohl kaum auftreten werden.

Die vorstehende Diskussion betraf die Maximalgeschwindigkeit, die eine Versetzung in einem Kristall erreichen kann. Die bei der plastischen Verformung auftretenden Versetzungsgeschwindigkeiten sollten jedoch wesentlich kleiner sein, da eine von der Ruhe aus beschleunigte Versetzung ja einen gewissen Laufweg zurücklegen muß, bis sie ihre Maximalgeschwindigkeit erreicht hat. Unter normalen Verhältnissen sind die hierzu erforderlichen Wegstrecken so groß, daß die Versetzung vorzeitig an Hindernissen abgebremst wird und auf diese Weise ihre kinetische Energie in Form von Wärmeenergie an den Kristall abgibt. Diese Verhältnisse sind etwas ausführlicher von Seeger[3] erörtert worden.

---

[1] J. D. Eshelby: Proc. Roy. Soc. Lond. Ser. A **197**, 396 (1949).
[2] W. Burkhardt: Diplomarbeit Stuttgart 1952/53.
[3] A. Seeger: Z. Naturforsch. **9a**, 758 (1954).

d) Spezielle Probleme.

81. Elektrischer Widerstand von Versetzungen. Über die Vergrößerung des elektrischen Widerstandes von einwertigen Metallen durch geradlinige Versetzungen liegen eine ganze Reihe von Untersuchungen vor, von denen die letzte und umfassendste diejenige von HUNTER und NABARRO[1] ist, der wir hier folgen und auf die wegen weiterer Literaturangaben verwiesen sei.

Aus der Elektronentheorie der Metalle ist bekannt, daß ein Idealkristall ohne irgendwelche Störungen der Periodizität der elektrischen Ladungsverteilung eine unendlich große elektrische Leitfähigkeit besitzt. Erst Abweichungen von dieser Periodizität, sei es infolge von thermischen Gitterschwingungen, sei es infolge von statischen Störungen wie Fremdatomen oder Versetzungen, rufen einen endlichen elektrischen Widerstand hervor. Hat man eine gerade Versetzungslinie in einem sonst idealen Kristall, so bleibt parallel zur Richtung der Versetzung die Gitterperiodizität erhalten. Dies bedeutet, daß eine Versetzungslinie parallel zu ihrer Richtung keine Widerstandserhöhung hervorruft und somit die Widerstandsänderung durch eine einzelne Versetzung sehr stark anisotrop ist.

Da sowohl eine starre Translation des Kristalls als auch eine homogene Verzerrung die Gitterperiodizität erhält, wird der elektrische Widerstand in einem verzerrten Gitter durch die räumlichen *Änderungen der Verzerrungen* bestimmt. Sind Kompressions- und Dilatationsgebiete vorhanden, so treten Elektronen aus den komprimierten Teilen eines Kristalls in die dilatierten über, um auf diese Weise eine für den ganzen Kristall einheitliche FERMI-Energie herzustellen. Eine Stufenversetzung in einem Metall stellt also einen elektrischen Liniendipol dar. So lange man quasifreie Elektronen betrachtet, deren Energie in einem kubischen Gitter durch

$$E(\mathfrak{k}) = E_0 + \frac{\hbar^2}{2m^*}\,\mathfrak{k}^2 \tag{81.1}$$

gegeben ist ($\mathfrak{k}$ = Wellenvektor [Komponenten k_i], m^* effektive Masse der Elektronen), rufen nur inhomogene Dilatationen und Kompressionen, nicht aber Scherungen, einen elektrischen Widerstand hervor. Dessen Größe ist, unabhängig vom Gitterpotential (das allerdings in m^* implizit enthalten ist), nur durch die FERMI-Energie der Elektronen bestimmt [vgl. Gl. (81.5)]. In dieser Näherung ruft eine Schraubenversetzung in einem isotropen Medium keinen zusätzlichen elektrischen Widerstand hervor.

Die bei einer (homogenen oder inhomogenen) Verzerrung auftretenden Änderungen des Gitterpotentials bewirken jedoch eine Änderung der effektiven Masse m^* der Elektronen. Bei elastisch isotropen Verhältnissen geht Gl. (81.1) für ein Gitter mit der homogenen Verzerrung ε_{ik} über in

$$E(\mathfrak{k}, \varepsilon_{ik}) = E_0 + E_1\Theta + \frac{\hbar^2\,\mathfrak{k}^2}{2m^*} + \frac{\hbar^2\,\mathfrak{k}^2}{2m_2}\,\Theta + \frac{\hbar^2}{2m_3}\left(\varepsilon_{ik} - \frac{1}{3}\,\Theta\,\delta_{ik}\right)k_i k_k\,. \tag{81.2}$$

Hierbei ist

$$\Theta = \varepsilon_{ii} \tag{81.3}$$

die Volumdilatation. E_1, m_2 und m_3 sind Konstanten, die für jedes Metall gesondert ermittelt werden müssen.

Berechnet man unter der Annahme

$$\left| b\,\frac{\partial \varepsilon_{ik}}{\partial x_j} \right| \ll |\varepsilon_{ik}| \tag{81.4}$$

---

[1] S. C. HUNTER u. F. R. N. NABARRO: Proc. Roy. Soc. Lond., Ser. A **220**, 542 (1953).
Handbuch der Physik, Bd. VII/1.   40

den spezifischen elektrischen Widerstand von geraden Versetzungslinien mit Versetzungsstärke b, so erhält man für N parallele Versetzungslinien je Flächeneinheit die folgenden Beiträge:

Spezifischer elektrischer Widerstand in der Gleitrichtung von Stufenversetzungen

$$\varrho_1 = \frac{\pi^2}{80} \cdot \frac{N\hbar}{k_{\max}} \cdot \frac{b^2}{e^2} \left\{ \frac{5(1-2\nu)^2 + \left(\frac{m^*}{m_3}\right)^2 (1-\nu+\nu^2)}{(1-\nu)^2} \right\}, \tag{81.5}$$

spezifischer elektrischer Widerstand in der Richtung senkrecht zur Gleitebene bei Stufenversetzungen

$$\varrho_2 = 3\,\varrho_1, \tag{81.6}$$

spezifischer elektrischer Widerstand in beliebiger Richtung senkrecht zur Versetzungslinie bei Schraubenversetzungen

$$\varrho_s = \frac{3\pi^2}{80} \frac{N\hbar b^2}{k_{\max} \cdot e^2} \left(\frac{m^*}{m_3}\right)^2. \tag{81.7}$$

Hier bedeutet ν die Poissonsche Querkonstraktionszahl, e die Elektronenladung und $k_{\max}$ die zur Fermi-Energie ζ im ungestörten Kristall gehörende Wellenzahl. Wie man sieht, erhält man für freie Elektronen ($m^* = m = $ Elektronenmasse, $m_3 = \infty$) nur bei Stufenversetzungen einen endlichen Widerstand[1]. Parallel zur Versetzungslinie ist, wie schon eingangs erwähnt, der Widerstand für Versetzungen beliebigen Charakters Null.

Da die Bedingung Gl. (81.4) in der Nähe einer Versetzung nicht erfüllt ist, können die Gln. (81.5) und (81.7) keine allzugroße Genauigkeit beanspruchen. In einem speziellen Fall haben Hunter und Nabarro gezeigt, daß eine verschiedenartige Behandlung der Glieder, die nach Gl. (81.4) eigentlich klein sein sollten, im Endergebnis einen Unterschied um einen Faktor 2 hervorrufen kann. Dagegen scheint das Resultat von Gl. (81.6), das zuerst von Dexter[2] gefunden worden war, weniger abhängig von der Güte der verwendeten Näherung und deshalb zuverlässiger zu sein.

$k_{\max}$ ist umgekehrt proportional zur Gitterkonstanten. Da b proportional zur Gitterkonstanten ist, ergibt sich die Widerstandsänderung durch eine einzelne Versetzung in einer bestimmten Struktur proportional zum Atomvolumen und damit bei gegebener effektiver Masse m^* proportional zu $\zeta^{-\frac{3}{2}}$. Deshalb hat man bei Au und Ag eine größere Widerstandszunahme je Versetzung als bei Cu zu erwarten.

In Tabelle 25 sind die Widerstandswerte für verschiedene Versetzungslinien eingetragen. Hierbei gibt

$$\bar\varrho = \tfrac{1}{6}(\varrho_1 + \varrho_2 + 2\varrho_s)$$

die Änderung des spezifischen Widerstandes an unter der Annahme, daß Stufen- und Schraubenversetzungen in gleicher Zahl vorhanden und regellos verteilt sind.

Tabelle 25. *Spezifischer elektrischer Widerstand von Stufen- und Schraubenversetzungen in Kupfer und Natrium nach* Hunter *und* Nabarro. *In der letzten Spalte ist m^*/m_3 [vgl. Gl. (81.5)] als Maß für die Wirkung der Änderungen der effektiven Masse im verzerrten Kristall eingetragen.* Näheres siehe Text.

Metall	ϱ_1/N	ϱ_2/N	ϱ_s/N	$(\varrho_1+\varrho_2+2\varrho_s)/6N$	m^*/m_3
	$[10^{-15}\,\mu\,\Omega\,\mathrm{cm}^3]$				
Cu	4,4	13	2,6	3,8	$-0,59$
Na	16	47	2,6	11,4	$-0,315$

---

[1] Dabei sind die in Ziff. 76 besprochenen nichtlinearen Effekte vernachlässigt. Sie führen dazu, daß der Kern einer symmetrischen Schraubenversetzung negativ aufgeladen wird (vgl. die Bemerkung zu Beginn von Ziff. 82).

[2] D. L. Dexter: Phys. Rev. **86**, 770 (1952).

Im Hinblick auf die theoretische Deutung der in verformten Metallen tatsächlich zu beobachtenden Widerstandsänderungen ist ein Vergleich der Angaben von Tabelle 25 über den elektrischen Widerstand von Versetzungslinien mit den Resultaten von Ziff. 17 und 18 von Interesse. Geht man aus von einer Änderung des spezifischen Widerstandes um $10^{-2}\,\mu\Omega$ cm, so ergibt sich, daß sie entweder durch eine Leerstellenkonzentration von $8\cdot10^{-5}$ oder durch eine Konzentration von Zwischengitteratomen von $2\cdot10^{-5}$ hervorgerufen werden kann. Um dieselbe Widerstandsänderung durch eine isotrope Versetzungsverteilung hervorzurufen, benötigt man eine Versetzungsdichte von $3\cdot10^{12}$ Versetzungslinien/cm². Verglichen mit den oben ermittelten äquivalenten Konzentrationen atomarer Fehlstellen erscheint dieser Wert recht groß, so daß es sehr wohl möglich ist, daß bei der Verformung von Metallen die Widerstandsänderung durch atomare Fehlstellen diejenige durch Versetzungen überwiegt. Man muß jedoch auch mit Ausnahmen von diesem Resultat rechnen, z.B. dann, wenn ausgedehnte Stapelfehler auftreten (s. unten). Bei Cu scheint die Widerstandsänderung nach Verformung bei tiefen Temperaturen (flüssige Luft und tiefer) in der Tat etwa zur Hälfte von Versetzungen bzw. den mit ihnen verbundenen Stapelfehlern herzurühren (vgl. Ziff. 21 des Artikels Kristallplastizität).

Wie schon oben erwähnt, ist die Genauigkeit der Ergebnisse von HUNTER und NABARRO deswegen begrenzt, weil mathematische Schwierigkeiten die Annahme (81.4) notwendig gemacht haben, die jedoch im Versetzungskern nicht zutrifft. Gerade der Versetzungskern gibt den Hauptbeitrag zur Streuung der Elektronen durch Versetzungslinien. Obwohl die bei der Berechnung des elektrischen Widerstandes auftretenden Integrale im Versetzungsmittelpunkt auch bei Verwendung der elastizitätstheoretischen Lösung für das Verzerrungsfeld konvergieren und somit keinerlei Abschneidevorschriften benötigt werden, bringt auch ohne die oben erwähnten mathematischen Schwierigkeiten die mangelnde Kenntnis der genauen Struktur des Versetzungskerns eine Unsicherheit in die berechneten Widerstandswerte herein. Für eine „weite" Versetzung wird z.B. die Widerstandserhöhung anders sein als für eine „enge" Versetzung[1]. Ferner hat man bei in Halbversetzungen aufgespaltenen Versetzungslinien noch einen Beitrag des Stapelfehlers zwischen den beiden Teilversetzungen zu erwarten, der bei den Edelmetallen sehr wohl von der gleichen Größenordnung wie derjenige der eigentlichen Versetzungslinien sein kann. Durch diese Unsicherheiten sollte jedoch der obige Schluß, daß bei plastischer Verformung atomare Fehlstellen in der Regel einen wesentlichen Beitrag zum elektrischen Zusatzwiderstand geben, kaum umgestoßen werden. Eine mögliche Ausnahme hiervon mag der z.B. in System NiCo auftretende Fall bilden, daß die spezifische Stapelfehlerenergie sehr klein ist und Stapelfehler bei der Verformung sehr zahlreich auftreten. In der Tat wurde in der Umgebung der Phasengrenze zwischen kubischer und hexagonaler dichtester Kugelpackung im System NiCo eine besonders große Widerstandszunahme bei Verformung beobachtet, die sehr wahrscheinlich mit der niedrigen Stapelfehlerenergie bei der betreffenden Legierungszusammensetzung zusammenhängt (vgl. hierzu [39]). Leider liegt eine Berechnung der Streuung von Elektronen durch Stapelfehler bis jetzt noch nicht vor.

82. Elektrische Wechselwirkung von Versetzungen mit Fremdatomen oder Gitterlücken.
In Ziff. 81 wurde ausgeführt, daß eine Stufenversetzung in einem gut leitenden Metall, in dem also ein Teil der Elektronen leicht verschieblich ist, einen elektrischen Liniendipol bildet. Die Kompressionsseite der Stufenversetzung ist positiv, die Dilatationsseite ist negativ

---

[1] Dies ist vor allem durch die in Fußnote 1, S. 626 erwähnte, auch bei Stufenversetzungen auftretende negative Aufladung des Versetzungskerns bedingt, die für weite Versetzungen einen größeren Zusatzwiderstand als für enge Versetzungen ergibt.

aufgeladen. Zieht man die in Ziff. 76 besprochenen nichtlinearen Effekte mit in Betracht, so treten, wie schon in Ziff. 81 erwähnt, wegen der Änderungen der Kristalldichte auch bei einer Schraubenversetzung elektrische Ladungen auf: Elektronen fließen in den Schraubenversetzungskern und laden diesen negativ auf.

Cottrell, Hunter und Nabarro[1] haben gezeigt, daß die potentielle Energie einer positiven Elementarladung in einem elastisch verzerrten Metall proportional zur Volumdehnung Θ [Gl. (81.3)] am Ladungsort und durch

$$U_{el} = \frac{4}{15} \cdot \frac{\hbar^2 k_{max}^2}{2m} \Theta \tag{82.1}$$

gegeben ist. Dabei ist angenommen, daß man die Leitfähigkeitselektronen des Metalls als Gas freier Elektronen mit der maximalen Wellenzahl k_{max} beschreiben kann.

Cottrell, Hunter und Nabarro wenden Gl. (82.1) auf den Fall an, daß eine Stufenversetzung mit einem Fremdatom wechselwirkt, wobei das Fremdatom eine *unvollständig* abgeschirmte elektrische Ladung trägt. Letzteres dürfte jedoch gerade bei verdünnten Lösungen, auf die die zu Gl. (82.1) führenden Überlegungen wohl am besten anwendbar sind, nur in Ausnahmefällen zutreffen[2]. In Wirklichkeit ist die Ladung eines Fremdatoms oder einer Gitterlücke bei kleinen Konzentrationen immer vollständig abgeschirmt[3]. Die tatsächlich auftretende elektrische Wechselwirkung zwischen Fremdatomen oder Leerstellen und Versetzungslinien stellt dann einen komplizierten Differenzeffekt zwischen der Wirkung der Versetzung auf die Ladung der atomaren Fehlstelle und der Wirkung auf die Abschirmung dar. Dies hat zur Folge, daß die elektrische Wirkung weniger weitreichend ist, als man nach Gl. (82.1) auf Grund der räumlichen Veränderung von Θ erwarten würde. Wegen einer ausführlicheren Diskussion der Verhältnisse sei auf eine Arbeit von Seeger[4] verwiesen.

83. Röntgenographische Wirkungen von Versetzungen. Die Verzerrungen des Kristallgitters in der Umgebung einer Versetzung wirken sich auf die Röntgeninterferenzen des Kristalls aus. Selbst bei Beschränkung der Rechnung auf die wellenkinematische Behandlungsweise (geometrische Theorie der Röntgeninterferenzen) sind die mathematischen Schwierigkeiten bei den praktisch interessierenden Problemen sehr groß. Eine vollständige Lösung ist bis jetzt nur für eine Schraubenversetzung gefunden worden, die in der Achse eines (elastisch isotrop angenommenen) Kreiszylinders verläuft[5]. Eine anschauliche Deutung eines Teils der von Wilson[5] mathematisch abgeleiteten Resultate hat Frank[6] gegeben.

Die wichtigsten hierbei erhaltenen Resultate lassen sich kurz folgendermaßen zusammenfassen: Für einen idealen Kristall ist bekanntlich die reflektierte Intensität nur in Gitterpunkten des reziproken Gitters von Null verschieden. Wird eine geradlinige Schraubenversetzung in den Kristall eingeführt, und zwar senkrecht zu den Netzebenen $l = $ const des reziproken Gitters, so breiten sich die Bereiche starker Reflexion scheibenförmig in den Ebenen ($l = \pm 1, \pm 2, \ldots$) des reziproken Gitters aus. Daß die Intensität auf diese Ebenen beschränkt bleibt, ist durch die Erhaltung der Gitterperiodizität in der Richtung parallel zur Schraubenversetzung bedingt. In der Ebene $l = 0$ des reziproken Gitters werden die Reflexe durch die Anwesenheit der Schraubenversetzung überhaupt nicht beeinflußt. An allen Gitterpunkten des reziproken Gitters außerhalb der Ebene $l = 0$, bei denen beim Idealkristall ein Reflex auftritt, ist die Intensität beim Vorhandensein der Schraubenversetzung

[1] A. H. Cottrell, S. C. Hunter u. F. R. N. Nabarro: Phil. Mag. **44**, 1064 (1953).
[2] Siehe hierzu die etwas ausführlichere Diskussion von R. Landauer: Phil. Mag. **45**. 1216 (1954).
[3] J. Friedel: Adv. Physics **3**, 446 (1954).
[4] A. Seeger: Phil. Mag. (im Druck).
[5] A. J. C. Wilson: Research **2**, 541 (1949). — Acta crystallogr. **5**, 318 (1952).
[6] F. C. Frank: Research **2**, 542 (1949).

streng Null. Der Durchmesser des auf diese Weise entstehenden intensitätsarmen Innengebiets eines Reflexes (hkl) mit $l \neq 0$ ist näherungsweise proportional zu l und zur Ganghöhe der Schraubenversetzung (in Einheiten des Netzebenenabstandes gemessen).

WILSON[1] hat eine Verallgemeinerung der vorstehenden Betrachtungen angegeben, die nach einem Vorschlag von W. H. HALL[2] eine erste Näherung für die Röntgeninterferenzen einer geraden Versetzung beliebigen Charakters in der Achse eines Kreiszylinders mit BURGERS-Vektor b abzuleiten gestattet. Bedeutet $\mathfrak{h} = (hkl)$ den zu einem bestimmten Reflex hinweisenden Ortsvektor im reziproken Gitter, so gelten näherungsweise die obigen Resultate, wenn man das Produkt aus l und Schraubenganghöhe durch das skalare Produkt $\mathfrak{h} \cdot b$ ersetzt.

84. Optische Wirkungen von Versetzungen in Nichtmetallen. Von SEITZ[3] war vorgeschlagen worden, den bei Silberhalogeniden (wie bei vielen anderen Nichtmetallen) beobachteten langwelligen Ausläufer des Absorptionsspektrums durch die Störungen zu deuten, die Versetzungen in einem Kristallgitter hervorrufen. BLAKNEY und DEXTER[4] haben die Wirkungen von Stufenversetzungen auf die Kante der Grundgitterabsorption in Isolatoren mit verschiedenen Weiten der verbotenen Zone berechnet. Sie diskutieren hierbei zwei Effekte, nämlich die Verletzung der optischen Auswahlregeln in der Nähe einer Versetzung und die Änderung der Weite der verbotenen Zone infolge der lokalen Dichteänderungen in der unmittelbaren Umgebung von Versetzungen. Das Ergebnis ist, daß keiner dieser beiden Effekte ausreicht, um die Länge des Ausläufers zu erklären. Es scheint, daß der Einfluß der Versetzungen gegenüber dem von HALL, BARDEEN und BLATT[5] diskutierten Mechanismus (scheinbare Verletzung der Auswahlregeln infolge Mitwirkung eines Phonons beim optischen Übergang) zurücktritt. Messungen über den Einfluß von Kaltverformung auf die Absorptionskante von Silberhalogenid-Einkristallen scheinen nicht vorzuliegen. Sollte sich ein solcher Einfluß in starkem Maße ergeben, so wäre er wohl den während der Verformung entstandenen Eigenfehlstellen zuzuschreiben.

III. Direkte Beobachtung von Versetzungen.

85. Überblick. Wie schon in Ziff. 32 erwähnt worden war, kann die Theorie der Versetzungen sehr weitgehend unabhängig von empirischen Ergebnissen aufgebaut werden. In der Tat ist ein großer Teil der Versetzungstheorie entstanden bevor der direkte experimentelle Nachweis für die Existenz der Versetzungen in Kristallen geführt werden konnte. (Als indirekter Nachweis mag die gute plastische Verformbarkeit vieler Kristalle gelten.)

In neuester Zeit ist es gelungen, eine ganze Reihe von Voraussagen der Versetzungstheorie, zum Teil sogar quantitativ, experimentell zu bestätigen. Wir brauchen hierauf nicht in allen Einzelheiten einzugehen, da über dieses Gebiet ein zusammenfassender Bericht vorliegt[6]. Ebenfalls nur kurz erwähnt werden sollen die Beobachtungen am BRAGGschen *Seifenblasenmodell*, mit dessen Hilfe eine ganze Reihe von Versetzungseigenschaften im Modellversuch vorgeführt werden können[7]. Man muß jedoch dabei stets im Auge behalten, daß das Modell

---

[1] A. J. C. WILSON: Research **3**, 387 (1950).

[2] W. H. HALL: siehe vorangehende Fußnote.

[3] F. SEITZ: [*20*],

[4] R. M. BLAKNEY u. D. L. DEXTER: Phys. Rev. **96**, 227 (1954). — Siehe auch R. M. BLACKNEY und D. L. DEXTER: [*13*], S. 108.

[5] L. H. HALL, J. BARDEEN u. F. J. BLATT: Phys. Rev. **95**, 559 (1954).

[6] A. J. FORTY: [*65*]. — Siehe auch die ausführliche Arbeit von S. AMELINCKX: Natuurw. Tijdschr. **36**, 3 (1954).

[7] Wegen Literaturangaben siehe [*65*]. Ferner sei auf die für Demonstrationszwecke geeigneten Filme verwiesen, die das dynamische Verhalten von Versetzungen im Seifenblasenmodell illustrieren. Zum Studium der Versetzungsdynamik im Seifenblasenmodell eignet sich auch die stroboskopische Methode von W. KOSSEL [Z. Metallkde. **45**, 476 (1954)].

im Gegensatz zum wirklichen Kristall sich nur in zwei Dimensionen erstreckt und daß deshalb nicht alle Beobachtungen auf einen dreidimensionalen Kristall übertragen werden können (vgl. Ziff. 67). Einige Beispiele für Versetzungen und andere Kristallfehler im Seifenblasenmodell finden sich in Abschnitt F (Fig. 147 und 148).

Wir werden zuerst (Ziff. 86) einige Beispiele betrachten, in denen einzelne ruhende Versetzungen nachgewiesen oder beobachtet werden konnten. In Ziff. 87 wird die in der Verschiebung von Kleinwinkelkorngrenzen zu beobachtende Bewegung von Versetzungen besprochen und in Ziff. 88 schließlich auf die sich in Silberhalogeniden bietende besondere Möglichkeit zur Sichtbarmachung von Versetzungslinien mit Hilfe des latenten photographischen Bildes eingegangen werden.

86. Ruhende Versetzungen. Den ersten direkten Nachweis der Existenz von Versetzungslinien in Kristallen haben die bekannten Untersuchungen von Frank und Mitarbeitern u. a. über das Auftreten von *Wachstumsspiralen* in Kristallen gebracht, über die Frank[1] und Forty[2] zusammenfassend berichten[3]. Die Spiralenmittelpunkte sind die Durchstoßpunkte von Schraubenversetzungen durch die Kristalloberfläche. In einer ganzen Reihe von Fällen konnte gezeigt werden, daß die Ganghöhe der Spiralen und damit die Versetzungsstärke gleich der Höhe einer primitiven Elementarzelle ist, wie man dies aus energetischen Gründen (kleinstmöglicher Burgers-Vektor!) erwartet. Sehr häufig werden jedoch auch Spiralen mit viel größeren Ganghöhen beobachtet. Hier-

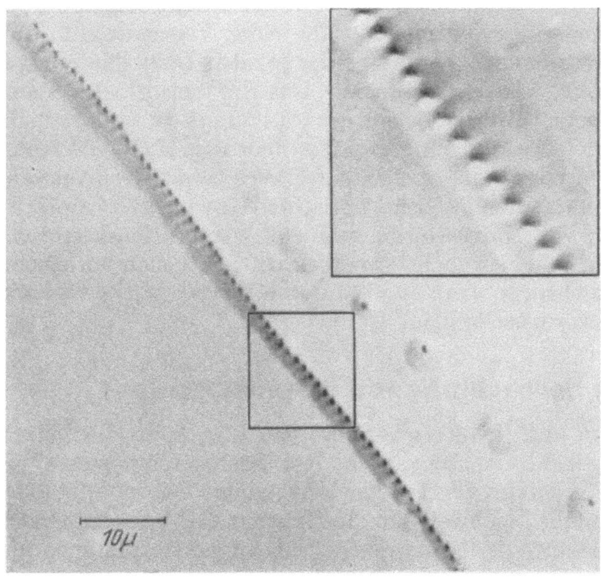

Fig. 134. Feinkorngrenze in einem Germaniumkristall nach Vogel, Pfann, Corey und Thomas.

bei braucht nicht in allen Fällen im Spiralmittelpunkt eine Versetzung zu sitzen. Ist dies jedoch der Fall, so hat man eine besondere Erklärung für die Stabilität der „großen" Burgers-Vektoren zu geben. Eine der Möglichkeiten hierzu ist das Auftreten „hohler" Versetzungen (Ziff. 63), die nicht unter Energiegewinn in Versetzungen mit geringerer Stärke dissoziieren können.

In neuerer Zeit haben *Ätzverfahren* eine rasch wachsende Bedeutung für das Sichtbarmachen der Durchstoßpunkte einzelner Versetzungslinien durch die Kristalloberfläche gewonnen. Versetzungslinien stellen einen gestörten Bereich des Kristallgitters dar, in dem sich der Angriff eines Ätzmittels anders auswirkt als an der übrigen Kristalloberfläche. Bis jetzt konnte allerdings wohl noch nicht experimentell wirklich gesichert werden, daß zur Anätzbarkeit von Versetzungslinien nicht eine gewisse Anreichung von Verunreinigungsatomen längs der

<hr>

[1] F. C. Frank: Adv. Physics **1**, 91 (1952); [12], S. 315.
[2] Siehe Fußnote 6, S. 629.
[3] Siehe auch den Artikel von B. Chalmers über Kristallwachstum in Teil 2 dieses Bandes.

Versetzungslinie notwendig ist[1]. Insofern muß von Fall zu Fall entschieden werden, ob durch den Ätzangriff (chemische oder thermische Ätzung) wirklich *alle* auf der Kristalloberfläche endigenden Versetzungslinien erfaßt wurden.

In einer Reihe von Fällen wurde in der Tat ein direkter Zusammenhang zwischen Ätzspuren und Versetzungslinien festgestellt. HORN[2] konnte beim Anätzen von SiC mit geschmolzenem $K_2CO_3—Na_2CO_3$ (3:1) zeigen, daß sich Ätzgruben gerade an den Mittelpunkten von Wachstumsspiralen ausbildeten. Diese Ätzgruben sind also an den Durchstoßpunkten von Schraubenversetzungen durch die Kristalloberfläche entstanden.

Ein anderes Beispiel, in dem ein eindeutiger Zusammenhang zwischen Ätzspuren und Enden von Versetzungslinien hergestellt werden konnte, stellen die Untersuchungen von VOGEL, PFANN, COREY und THOMAS[3] an Germanium dar. Fig. 134 zeigt das optische Bild einer sog. Feinkorngrenze in Germanium. Solche Feinkorngrenzen sind aus einer Folge von Versetzungslinien aufgebaut (vgl. Abschnitt F). Zwischen dem Abstand D dieser Versetzungen, der Versetzungsstärke b und dem Orientierungsunterschied ϑ zwischen den beiden Subkörnern auf beiden Seiten der Feinkorngrenze besteht der Zusammenhang

$$\vartheta = \frac{b}{D}. \tag{86.1}$$

Gl. (86.1) wurde von den genannten Autoren dadurch experimentell bestätigt, daß sie den aus gemessenen Werten von ϑ ermittelten Versetzungsabstand D mit dem mittleren Abstand der in Fig. 134 sichtbaren Ätzpunkte verglichen haben. Als Versetzungsstärke wurde, der Länge des kürzestmöglichen BURGERS-Vektors entsprechend, die halbe Länge der Flächendiagonale im Diamantgitter (Fig. 47f), also $a/\sqrt{2} = 4{,}0$ Å eingesetzt. Wie Tabelle 26 zeigt, ist die Übereinstimmung der beiden Abstände so gut, daß man wohl mit Recht die Ätzpünktchen mit Enden von Versetzungslinien identifizieren und die Messungen gleichzeitig als eine experimentelle Bestätigung der Gl. (86.1) auffassen darf[4].

Tabelle 26. *Vergleich zwischen dem aus dem Orientierungsunterschied zwischen zwei Subkörnern und dem aus dem Ätzspurenabstand ermittelten Abstand zwischen Versetzungslinien in Feinkorngrenzen.* Fig. 134 bezieht sich auf die mit * gekennzeichnete Probe.

Beobachteter Orientierungsunterschied ϑ [sec]	Berechneter Versetzungsabstand D [cm]	Beobachteter Versetzungsabstand D [cm]
$17{,}5 \pm 2{,}5$	$(4{,}7 \pm 0{,}7)\ 10^{-4}$	$(5{,}3 \pm 0{,}3)\ 10^{-4}$
* $65{,}0 \pm 2{,}5$	$(1{,}3 \pm 0{,}1)\ 10^{-4}$	$(1{,}3 \pm 0{,}1)\ 10^{-4}$
$85{,}0 \pm 2{,}5$	$(0{,}97 \pm 0{,}2)\ 10^{-4}$	$(0{,}99 \pm 0{,}2)\ 10^{-4}$

---

[1] Hinsichtlich der Verhältnisse bei Aluminium sehe man G. WYON u. P. LACOMBE: [13], S. 187.

[2] F. H. HORN: Phil. Mag. 43, 1210 (1952).

[3] F. L. VOGEL, W. G. PFANN, H. E. COREY u. E. E. THOMAS: Phys. Rev. 90, 489 (1953). Wegen der Anwendung der Methode zur Sichtbarmachung der Versetzungsanordnung auf Germaniumkristallen nach Verformung und Polygonisieren siehe F. L. VOGEL [Acta met. 3, 95 (1955)]. — Ausführliche Mitteilung: F. L. VOGEL 1: Acta met. 3, 245 (1955).

[4] Der in Fig. 134 abgebildete Germaniumkristall ist in [001]-Richtung gewachsen. Die Wachstumsrichtung ist gleichzeitig auch die Richtung der Stufenversetzungen, so daß sich, wenn man als BURGERS-Vektor $1/2$ [110] zugrunde legt, als Gleitebene die ($1\bar{1}0$)-Ebene ergibt. Untersuchungen von C. J. GALLAGHER [Phys. Rev. 88, 721 (1952)] und von R. LACOUR (Diplomarbeit Stuttgart 1953) — siehe auch L. GRAF, R. LACOUR und K. SEILER [Z. Metallkde. 44, 113 (1953)] — über die plastische Verformung von Germanium bei höheren Temperaturen ($> 500°$ C), sowie Beobachtungen von Gleitlinien an Diamant durch S. TOLANSKY und M. OMAR [Phil. Mag. 44, 514 (1953)] haben gezeigt, daß die bevorzugte Gleitebene im Diamantgitter die {111}-Ebene ist. Die obigen Beobachtungen haben damit gleichzeitig die Anwesenheit von Stufenversetzungen im Kristall nachgewiesen, die beim Gleiten nicht wahrgenommen würden.

Aus der großen Zahl von weiteren Arbeiten, die sich mit der Sichtbarmachung von Versetzungslinien durch chemisches und thermisches Ätzen sowie mit Hilfe von Ausscheidungen an Versetzungslinien befassen, können wir hier nur eine kleine Auswahl besprechen. Ähnliche Zusammenhänge zwischen Versetzungen und Ätzgruben wie die

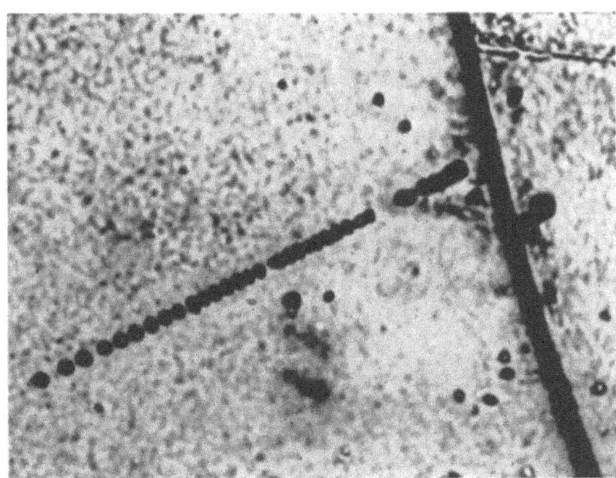

Fig. 135. Oberfläche von schwach verformtem α-Messing nach elektrolytischem Ätzen (Jacquet). Man erkennt die Aufstauung von parallelen Versetzungslinien in einer Gleitzone vor einer Korngrenze. Vergr. 2000mal.

oben besprochenen (F. H. Horn) wurden auch von Gevers, Amelinckx und Dekeyser[1] festgestellt. Amelinckx[2] und Abdou[3] konnten zeigen, daß sich der Ätzangriff in plastisch verformten Kristallen besonders auf die Spuren von Gleitebenen konzentriert, in denen man ja eine Anhäufung von Versetzungslinien erwartet. Die Untersuchungen von Amelinckx[4] an Steinsalz haben in ähnlicher Weise wie die oben besprochenen Untersuchungen an Germanium die Voraussagen der Versetzungstheorie über den Zusammenhang zwischen Versetzungsabstand und Korngrenzenwinkel quantitativ bestätigt. Es wurden auch kompliziertere, aus verschiedenartigen Versetzungen aufgebaute Korngrenzen untersucht und es scheint, als ob die Ausbildung der Ätzfiguren vom Charakter der angeätzten Versetzung abhänge.

Die Fig. 135 und 136 sind Beispiele für die nach Jacquet[5] auf vielkristallinem, schwachverformtem zinkreichem α-Messing durch geeigneten *elektrolytischen Angriff* zu erhaltenden Ätzspuren. Vermutlich stellt jede einzelne Ätzgrube den Endpunkt einer Versetzungslinie dar. In Fig. 135 erkennt man die Aufstauung von Versetzungslinien in einer Gleitzone (vgl. Ziff. 58). Die in Fig. 136 zu

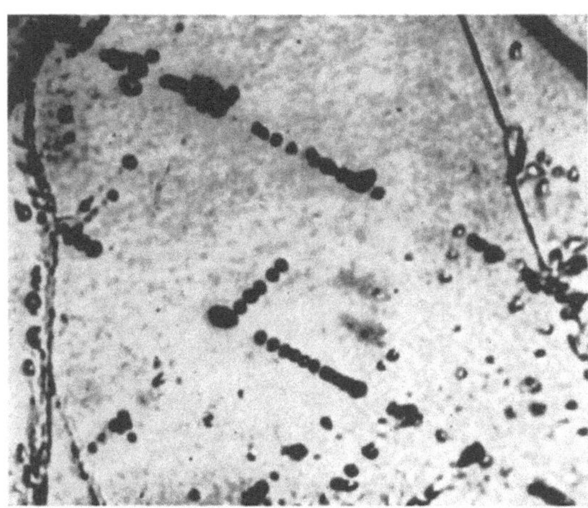

Fig. 136. Wie Fig. 135. Man erkennt Gleitzonen zweier verschiedener Gleitsysteme, wobei die Versetzungen an der Spitze jeder Zone miteinander „reagiert" haben. Vergr. 2000mal.

sehenden winkelförmigen Anordnungen von Ätzspuren stellen wahrscheinlich Beispiele für Gleitung in zwei verschiedenen Gleitsystemen dar, wobei die Versetzungen an der Spitze jeder Gruppe miteinander unter Bildung unbeweglicher Versetzungen reagiert haben (Ziff. 50).

Hendrickson und Machlin[6] verwenden *thermisches Ätzen* in mit Argon verdünntem Sauerstoff zur Sichtbarmachung von Versetzungslinien. Nach Biegeversuchen zeigt sich ein Anwachsen der Zahl der Ätzgruben in dem von der Theorie geforderten Maße, so daß mit diesem Verfahren wahrscheinlich in guter Näherung alle Versetzungen sichtbar gemacht werden können. Auch qualitative Einzelheiten, wie die Anordnung von Versetzungslinien in Gleitbändern bei der Verformung, werden richtig wiedergegeben.

Umfangreiche elektronenmikroskopische Untersuchungen über die Bildung von Ausscheidungen an Versetzungen in AlCu-Legierungen wurden von Wilsdorf und Kuhlmann-

[1] R. Gevers, S. Amelinckx u. W. Dekeyser: Naturwiss. 39, 448 (1952).
[2] S. Amelinckx: Phil. Mag. 44, 1048 (1953).
[3] A. H. Abdou: Phil. Mag. 45, 105 (1954).
[4] S. Amelinckx: Acta met. 2, 850 (1954). — Naturw. Tijdschr. 36, 4 (1954). — Siehe auch W. Dekeyser: [13], S. 134.
[5] P. A. Jacquet: Acta met. 2, 752, 770 (1954).
[6] A. A. Hendrickson u. E. S. Machlin: Acta met. 3, 64 (1955).

Wilsdorf[1] angestellt. Es gelang hier, die Durchstoßpunkte einzelner Versetzungslinien durch die Kristalloberfläche sichtbar zu machen.

In verformtem Steinsalz konnte Rexer[2] durch additive Verfärbung (Na-Zusatz) Gleitschichten sichtbar machen. Diese Methode ist neuerdings von Amelinckx, von der Vorst, Gevers und Dekeyser[3] wieder aufgegriffen worden. Diese Autoren zeigen durch Verformungs- und Erholungsexperimente, daß man mit der Rexerschen Methode (sowie auch durch geringe Zusätze von $BaCl_2$) einzelne Versetzungslinien, an denen F-Zentren koagulieren, sichtbar machen kann.

87. Bewegte Versetzungen.

Eine auf J. M. und W. G. Burgers sowie auf W. L. Bragg zurückgehende Voraussage der Versetzungstheorie ist es, daß Korngrenzen mit Orientierungsunterschieden $\vartheta \leq 20°$ aus einer Anordnung paralleler Scharen von Versetzungslinien bestehen (vgl. Abschnitt F). Ein Beispiel hierfür zeigt Fig. 137a, in der eine aus Stufenversetzungen aufgebaute Korngrenze

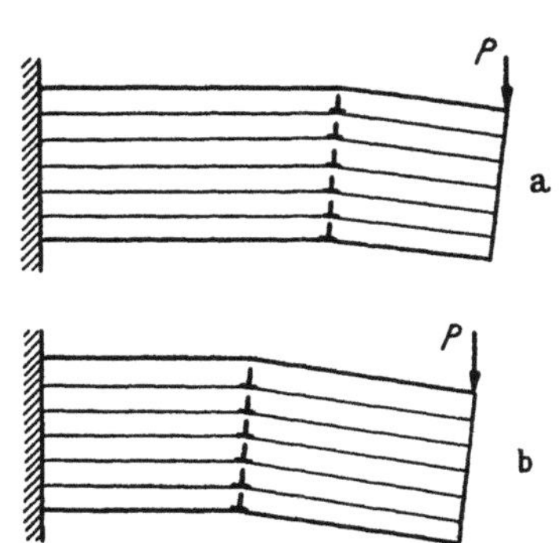

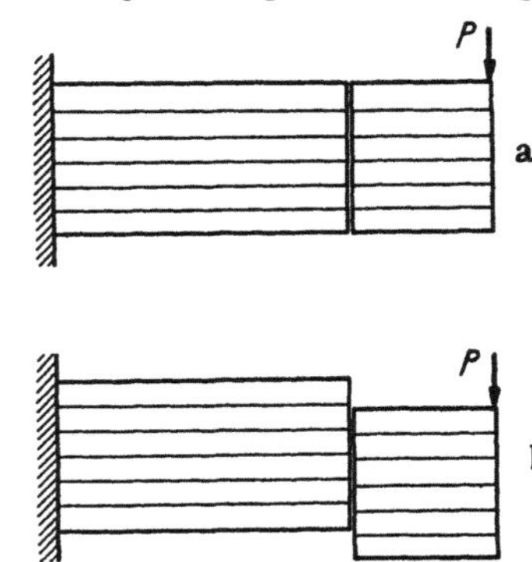

Fig. 137a u. b. Bewegung einer aus Stufenversetzungen aufgebauten Korngrenze bei mechanischer Beanspruchung.

Fig. 138a u. b. Bewegung einer nichtkristallographisch aufgebauten Korngrenze bei mechanischer Beanspruchung.

zwischen zwei gegeneinander geneigten Kristallen gezeichnet ist. In Fig. 137 sind die Spuren der Gleitebenen dieser Stufenversetzung angegeben. Belastet man den Zweikristall wie in Fig. 137a angedeutet mit einer Kraft P, so kann er dem Zwang durch Verschieben der Korngrenze nach links nachgeben (Fig. 137b). Diese seitliche Verschiebung einer Korngrenze unter der Wirkung einer angelegten Spannung ist von Shockley[4] vorausgesagt worden. Es handelt sich hier keineswegs um eine triviale Aussage. Wäre die Korngrenze nicht aus Stufenversetzungen aufgebaut, sondern bestände aus einer unkristallinen Schicht, so würden sich die beiden Körner unter der Wirkung der Kraft P parallel zueinander verschieben, wie dies in Fig. 138 dargestellt ist. Eine derartige spannungsinduzierte Verschiebung benachbarter Körner wurde in der Tat bei sog. Großwinkel-Korngrenzen experimentell gefunden (Ziff. 96).

Die Shockleysche Voraussage wurde für Korngrenzen in Zink mit $\vartheta \approx 2°$ von Parker und Washburn[5] bestätigt. Mit einer experimentellen Anordnung, die im Prinzip durch Fig. 137 gegeben ist (die gezeichneten Gleitebenen entsprechen den hexagonalen Basisebenen) konnte die Hin- und Herbewegung der Korngrenze

---

[1] H. Wilsdorf u. D. Kuhlmann-Wilsdorf: [13], S. 175. Hier auch Hinweis auf ältere Beobachtungen über bevorzugte Bildung von Ausscheidungen entlang von Gleitlinien.

[2] E. Rexer: Z. Physik 76, 735 (1932).

[3] S. Amelinckx, W. von der Vorst, R. Gevers und W. Dekeyser: Phil. Mag. 46, 450 (1955).

[4] W. Shockley: [5], S. 131.

[5] E. R. Parker u. J. Washburn: Trans. Amer. Inst. Min. Metallurg. Engrs. 194, 1076 (1952).

bei geeigneter Beleuchtung im Lichtmikroskop verfolgt werden[1] (Fig. 139). Bei diesen Versuchen hat man also die Bewegung einer Wand von Stufenversetzungen vor sich. Man kann sie zum experimentellen Studium der Eigenschaften dieser verhältnismäßig einfachen Anordnung von Versetzungslinien benützen.

Dabei ergeben sich eine ganze Reihe von Berührungspunkten mit experimentellen Ergebnissen zur plastischen Verformung, die ja ebenfalls durch die Bewegung einer großen Zahl von Versetzungen (allerdings mit einer viel komplizierteren geometrischen Anordnung) zustande kommt. Beispielsweise ergibt sich für Zn bei Raumtemperatur für die Bewegung einer Feinkorngrenze mit sehr kleinem Winkel $\vartheta \lesssim 1°$ etwa dieselbe kritische Schubspannung wie für die plastische Verformung eines Einkristalls[2]. Dies ist nach der in Ziff. 18 des Artikels über Kristallplastizität dargelegten Auffassung verständlich, wonach die kritische Schubspannung in einem reinen Metall durch das Versetzungsnetzwerk der sog. Grundstruktur bestimmt wird[3]. Dieses Netzwerk ist ja in beiden Fällen das gleiche und wirkt sich in ähnlicher Weise hindernd auf die Bewegung von Versetzungen aus.

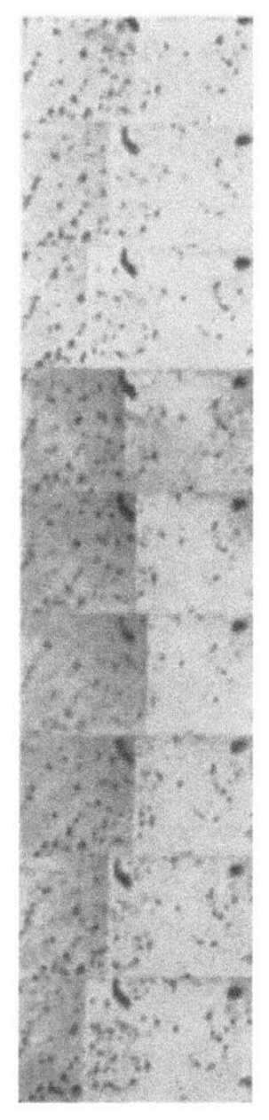

Fig. 139. Optische Beobachtung einer unter der Wirkung von äußeren Schubspannungen sich hin- und herbewegenden, aus Versetzungen aufgebauten Kleinwinkel-Korngrenze.

Bei tiefen Temperaturen muß die Spannung dauernd erhöht werden, um die Korngrenze in Bewegung zu erhalten — der Kristall verfestigt sich[4]. Bei höheren Temperaturen (300°C bis 400°C) bewegt sich die Korngrenze schon unter sehr kleinen konstanten Spannungen mit einer gleichbleibenden Geschwindigkeit. Dies bildet das Analogon zum Fließen der Einkristalle bei höheren Temperaturen. Bei mittleren Temperaturen (etwa Raumtemperatur) beobachtet man ein ganz anderes Verhalten: Wenn die Spannung allmählich vergrößert wird, bewegt sich die Korngrenze ruckweise[4]. Dies stellt ein Analogon zur ruckweisen Bewegung der Bloch-Wände in Ferromagnetica (Barkhausen-Sprünge) dar. Beide Arten von Sprüngen werden dadurch verursacht, daß die Wand an bestimmten Hindernissen festliegt und sich dann infolge der Spannungsvergrößerung losreißt, um erst wieder am nächsten größeren Hindernis zum Stehen zu kommen. Die Weite der so beobachteten Sprünge ist ein Maß für den Abstand der Hindernisse. Die größten Sprungweiten betrugen rund 0,5 mm, was etwa dem Abstand der sog. Verzweigungsgrenzen entspricht (vgl. Ziff. 92).

Eine Anzahl weiterer von der Versetzungstheorie vorausgesagter Effekte, wie die Änderung des Korngrenzenwinkels bei der Vereinigung zweier Korngrenzen, allmähliche Änderung des Winkels während der Bewegung durch Einfangen oder Zurücklassen von Versetzungen und andere mehr konnten beobachtet werden. Es ist zu erwarten, daß sich die Methode der spannungsinduzierten Korngrenzenwanderung auch in Zukunft als ein sehr brauchbares Mittel zur experimentellen Untersuchung einer verhältnismäßig kleinen Anzahl von Versetzungen erweisen wird.

88. Latentes photographisches Bild in Silberhalogeniden. Bereits in Ziff. 42 war die Bildung eines latenten inneren Bildes in sehr reinen AgBr-Einkristallen längs Versetzungslinien erwähnt worden und dabei auf die mögliche Bedeutung der elektrischen Eigenschaften von Sprüngen in Versetzungslinien in Ionenkristallen hingewiesen worden. Die bis jetzt vorliegenden Experimente[5] über den Einfluß der Vorbehandlung auf die Entstehung dieses inneren latenten Bildes sind jedoch

---

[1] Choh Hsien Li, E. H. Edwards, J. Washburn u. E. R. Parker: Acta met. **1**, 223 (1953). Über diese Bewegung von Kleinwinkel-Korngrenzen gibt es auch einen sehr instruktiven Film.

[2] E. H. Edwards, J. Washburn u. E. R. Parker: Trans. Amer. Inst. Min. Metallurg. Engrs. **197**, 1525 (1953).

[3] A. Seeger: Z. Naturforsch. **9a**, 758 (1954).

[4] D. W. Bainbridge, Choh Hsien Li, E. H. Edwards: Acta met. **2**, 322 (1954).

[5] J. M. Hedges u. J. E. Mitchell: Phil. Mag. **44**, 223 (1953).

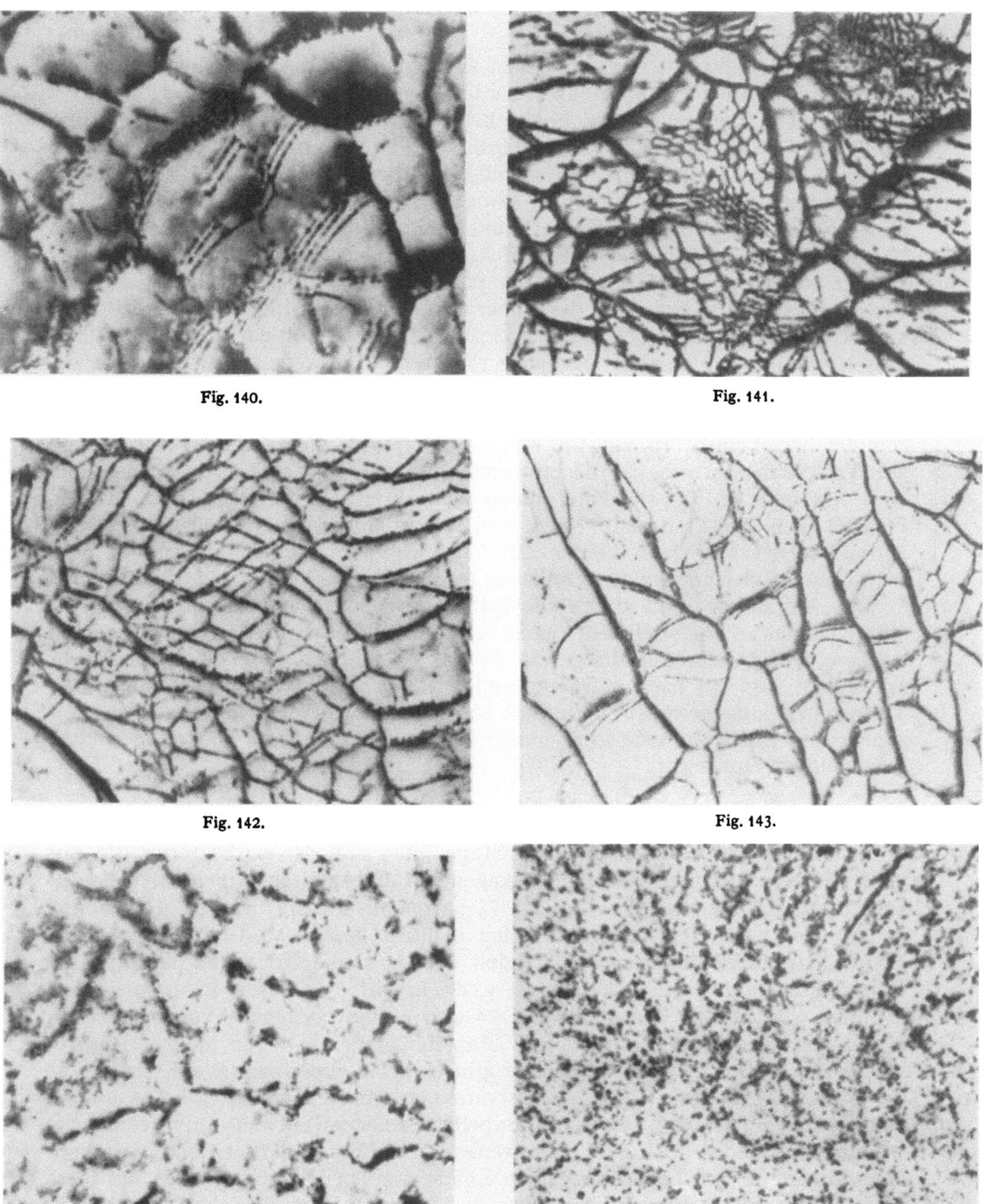

Fig. 140.

Fig. 141.

Fig. 142.

Fig. 143.

Fig. 144.

Fig. 145.

Fig. 140. Latentes photographisches Bild in sehr reinen Silberbromid-Kristallen nach HEDGES und MITCHELL. Versetzungsnetzwerk mit Feinkorngrenzen aus Stufenversetzungen. Vergr. 1000mal.

Fig. 141. Wie Fig. 140. Versetzungsnetzwerk mit Feinkorngrenzen aus sich überkreuzenden Schraubenversetzungen. Vergr. 1000mal.

Fig. 142. Wie Fig. 140. Dreidimensionales Versetzungsnetzwerk. Vergr. 1000mal.

Fig. 143. Wie Fig. 142; jedoch nach schwacher plastischer Verformung. Vergr. 1000mal.

Fig. 144. Wie Fig. 142; jedoch nach stärkerer plastischer Verformung. Vergr. 1000mal.

Fig. 145. Wie Fig. 142; jedoch nach sehr starker plastischer Verformung. Vergr. 1000mal.

noch nicht detailliert genug, um sagen zu können, ob die in Ziff. 42 dargelegte Auffassung in allen Punkten experimentell bestätigt ist.

Die ersten experimentellen Beobachtungen, daß plastische Verformung und damit die Anwesenheit von Versetzungslinien die Ausscheidung von kolloidalem Silber in belichteten Silber-Halogenid-Kristallen sehr fördern kann, haben Haynes und Shockley[1] am AgCl gemacht. Diese Versuche gestatteten allerdings noch nicht, mit Sicherheit zu entscheiden, ob die Ausscheidung an den Versetzungslinien selbst oder an Eigenfehlstellen, die bei der Versetzungsbewegung erzeugt worden waren, begann. Den positiven Beweis, daß sich entlang von Versetzungslinien Keime für die Silberausscheidung befinden, haben Hedges und Mitchell[2] erbracht. Die Fig. 140 bis 142 zeigen, daß das durch die Silberausscheidungen im Kristall markierte räumliche Netzwerk so gut mit den Erwartungen der Versetzungstheorie übereinstimmt, daß es nicht zufällig entstanden sein kann, sondern sich entlang des Versetzungsnetzwerks im Kristallinnern gebildet haben muß. In Fig. 140 und 141 sieht man Anordnungen, wie sie von der Versetzungstheorie für Kleinwinkelkorngrenzen vorhergesagt wurden und zwar hat man in Fig. 140 Anordnungen paralleler Stufenversetzungen und in Fig. 141 sich überkreuzende Netze von Versetzungslinien mit überwiegendem Schraubencharakter (vgl. hierzu Ziff. 94). Fig. 142 zeigt schließlich ein verhältnismäßig gleichförmiges räumliches Netzwerk von Versetzungslinien[3].

Die Auffassung, daß durch die Silberausscheidungen tatsächlich die Versetzungslinien in chemisch sehr reinen AgBr-Kristallen sichtbar gemacht werden können, wird durch die Bildfolge Fig. 143 bis 145 gestützt. Fig. 143 ist nach sehr schwacher, Fig. 144 nach stärkerer und Fig. 145 nach sehr starker plastischer Verformung aufgenommen. Wie man sieht, wird das Versetzungsnetzwerk mit zunehmendem Verformungsgrad immer verwaschener, wie es den theoretischen Erwartungen entspricht.

D. Stapelfehler.

In Ziff. 48 war die *Geometrie* der Stapelfehler und der sie begrenzenden unvollständigen Versetzungen in der hexagonalen und kubischen dichtesten Kugelpackung besprochen worden. In Ziff. 73 hatten wir gezeigt, wie die *Aufspaltung* der vollständigen Versetzungen in den dichtest gepackten Gleitebenen dieser beiden Strukturen quantitativ behandelt werden kann. Notwendig ist dabei die Kenntnis der sog. Stapelfehlerenergie γ, die in Ziff. 73 als freie Enthalpie näher definiert worden ist. Wie die in Ziff. 74 und 75 besprochenen Probleme zeigen, ist eine zahlenmäßige Kenntnis der Stapelfehlerenergie γ für mancherlei Probleme von großer Bedeutung. Leider gibt es keine experimentelle Methode, die die Stapelfehlerenergie eines Metalls direkt zu messen gestattet. Aus diesem Grunde sind wir zur Ermittlung von Stapelfehlerenergien entweder auf theoretische Überlegungen oder auf mehr oder weniger indirekte experimentelle Verfahren angewiesen. In den beiden folgenden Ziffern werden wir uns mit den auf diese Weise gewonnenen Kenntnissen über die Stapelfehlerenergien der wichtigsten Metalle befassen.

89. Theoretische Überlegungen zur Stapelfehlerenergie. Schon Heidenreich und Shockley[4] hatten in der ersten Arbeit über aufgespaltene Versetzungen erkannt, daß zwischen der Stapelfehlerenergie γ in einer der beiden einfachen

---

[1] J. R. Haynes u. W. Shockley: [2], S. 151.
[2] J. M. Hedges u. J. E. Mitchell: Phil. Mag. 44, 223 (1953).
[3] Wegen einer genaueren Analyse der bei den Versuchen von Hedges und Mitchell aufgetretenen Versetzungsanordnungen siehe F. C. Frank: [13], S. 159.
[4] R. D. Heidenreich u. W. Shockley: [1], S. 57.

dichtesten Kugelpackungen und der Differenz der freien Enthalpie dieser beiden Strukturen ein enger Zusammenhang besteht. In der Tat kann ein Stapelfehler im kubisch-flächenzentrierten Gitter als eine schmale Lamelle mit hexagonal dichtest gepackter Struktur aufgefaßt werden, während ein Stapelfehler in der hexagonalen Kugelpackung gewissermaßen ein Bereich kubisch-flächenzentrierter Struktur darstellt (sofern das Achsenverhältnis der hexagonalen Struktur $c/a = 1{,}63$ beträgt).

Wie aus der Diskussion von Ziff. 47 hervorgeht, ist die Zahl der zu einem herausgegriffenen Atom benachbarten Atome im kubisch-flächenzentrierten Gitter und in der hexagonalen dichtesten Kugelpackung gleich. Dagegen ist die relative Anordnung dieser Nachbaratome und damit auch die Zahl und der Abstand der übernächsten Nachbarn bei diesen beiden Strukturen verschieden. Man kann deshalb nach SHOCKLEY[1] und SEEGER und SCHÖCK[2] die Zahl der „falschen" übernächsten Nachbarn in einem Anordnungsfehler als Maß für die Energie dieses Anordnungsfehlers verwenden.

Die einfachsten Abweichungen von der normalen Stapelfolge im kubisch-flächenzentrierten Gitter bilden kohärente Zwillingsgrenzen

$$\triangle\,\triangle\,\triangle\,\triangle\,\underset{\smile}{\triangle}\triangledown\,\triangledown\,\triangledown\,\triangledown\,, \tag{89.1}$$

Stapelfehler vom Typus I

$$\triangledown\,\triangledown\,\triangledown\,\underset{\smile}{\triangledown}\underset{\smile}{\triangle}\triangledown\,\triangledown\,\triangledown\,\triangledown \tag{89.2}$$

und Stapelfehler vom Typus II

$$\triangledown\,\triangledown\,\triangledown\,\underset{\smile}{\triangledown}\triangle\,\underset{\smile}{\triangle}\triangledown\,\triangledown\,\triangledown\,\triangledown\,. \tag{89.3}$$

Wir haben dabei die in Ziff. 47 eingeführte Bezeichnungsweise durch „Stapeloperatoren" verwendet und die falschen Anordnungen übernächster Nachbarn durch einen Bogen gekennzeichnet. Nimmt man die Energie des betreffenden Gitterfehlers als proportional zur Zahl der falschen übernächsten Nachbarn an, so ergibt sich die Energie der beiden Typen von Stapelfehlern im kubisch-flächenzentrierten Gitter als gleich und doppelt so groß wie die Energie einer kohärenten Zwillingsgrenzfläche. Dies gilt natürlich nur näherungsweise, da in Wirklichkeit auch noch Wechselwirkungen zwischen Nachbarn höherer Ordnung zur freien Energie einer Struktur beitragen. In Wirklichkeit wird z.B. die Stapelfehlerenergie für Stapelfehler vom Typus I von derjenigen für den Typus II etwas verschieden sein, doch besitzen wir zur Zeit keinerlei Kenntnisse darüber, welche der beiden Größen die kleinere ist. Für die Aufspaltung der vollständigen Versetzungen ist nur γ_I (Stapelfehlerenergie für den Typus I) maßgebend, da bei der Dissoziation vollständiger Versetzungen im kubisch-flächenzentrierten Gitter nur der Stapelfehlertypus I auftritt.

Bei der hexagonalen dichtesten Kugelpackung hat man, wie in Ziff. 48 gezeigt worden war, drei verschiedene Arten von Stapelfehlern zu betrachten, nämlich

$$\triangledown\triangle\triangledown\triangle\triangledown\underset{\smile}{\triangle}\underset{\smile}{\triangle}\triangledown\triangle\triangledown\triangle\triangledown, \tag{89.4}$$

$$\triangledown\triangle\triangledown\triangle\triangledown\underset{\smile}{\triangledown}\triangledown\triangle\triangledown\triangle\triangledown \tag{89.5}$$

und

$$\triangledown\triangle\triangledown\triangle\underset{\smile}{\triangledown}\underset{\smile}{\triangledown}\triangledown\triangle\triangledown\triangle\triangledown\,. \tag{89.6}$$

---

[1] Siehe [53], Ziff. 7.4.
[2] A. SEEGER u. G SCHÖCK: Acta met. **1**, 519 (1953).

Wie man aus den wiederum durch Bögen angedeuteten Verletzungen der richtigen Anordnungen übernächster Nachbarn schließen kann, verhalten sich die Energien für diese drei Arten von Stapelfehlern etwa wie 1:2:3. Für die Aufspaltung vollständiger Versetzungen ist der Stapelfehler (89.5) maßgebend, bei dem die gleiche Zahl falscher übernächster Nachbarn wie bei einem Stapelfehler im kubisch-flächenzentrierten Gitter auftritt. Beim hexagonalen Gitter besteht jedoch kein direkter Zusammenhang zwischen den Stapelfehlerenergien und der Energie einer kohärenten Zwillingsgrenze. Dies rührt davon her, daß die Verwachsungsebene von kohärenten Zwillingen in der hexagonalen dichtesten Kugelpackung nicht die Basisebene, sondern die $\{10\bar{1}2\}$-Ebene ist[1].

Nimmt man an, daß der energetische Unterschied zwischen der hexagonal dichtest gepackten und der kubisch-flächenzentrierten Struktur eines Elementes oder einer Legierung durch die verschiedene Anordnung der übernächsten Nachbaratome in diesen beiden Strukturen zustande kommt, so kann man diesen leicht mit der Energie der oben besprochenen Gitterfehler in Zusammenhang bringen. Ist c der Abstand aufeinanderfolgender dicht gepackter Netzebenen in den beiden Strukturen, so ist die Zahl der in beiden Strukturen verschiedenen Aufeinanderfolgen übernächster Schichten pro Längeneinheit gerade $1/c$. Ist ΔG der Unterschied der freien Enthalpie pro Volumeneinheit der beiden einfachen Kugelpackungen, so ergibt sich die freie Enthalpie einer falschen Aufeinanderfolge übernächster Schichten zu $\Delta G \cdot c$. Die Stapelfehlerenergie der bei aufgespaltenen Versetzungen auftretenden Stapelfehler ist somit in der hier verwendeten Näherung gegeben durch

$$\gamma = 2c\,\Delta G. \tag{89.7}$$

Nach Gl. (89.7) kann man die Stapelfehlerenergie γ aus der Differenz der Bindungsenergien bzw. der freien Enthalpien der beiden einfachen Kugelpackungen ermitteln. Leider sind jedoch diese Differenzen verhältnismäßig klein. Sie liegen in der Größenordnung von 10^{-3} bis zu einigen Prozent der Bindungsenergie. Eine zahlenmäßige Berechnung dieser Differenz ist dementsprechend sehr schwierig und stellt schon in allereinfachsten Fällen außerordentlich große Anforderungen an die Genauigkeit der numerischen Rechnungen[2]. Wie SHOCKLEY[3] und etwas ausführlicher SEEGER[4] gezeigt haben, ist es jedoch möglich, aus der Elektronenstruktur eines Metalls qualitative Schlüsse über die Größenordnung der Stapelfehlerenergie zu ziehen.

Der Grundgedanke dieser elektronentheoretischen Betrachtungen ist es, daß, wie die Rechnungen über die Bindungsenergie der festen Edelgase zeigen, die Wechselwirkungen abgeschlossener Rümpfe für die beiden einfachen Kugelpackungen fast gleich sind. Die von den Rumpfwechselwirkungen herrührenden Unterschiede in der Bindungsenergie sind nur von der Größenordnung 10^{-3} der Bindungsenergie. Einen wesentlich größeren Beitrag zur Stapelfehlerenergie vermag die Energie der Leitfähigkeitselektronen der Metalle zu ergeben, weil diese durch die Lage und die Schärfe der Reflexionen im Wellenzahlraum stark beeinflußt werden kann. Dies ist der Fall, wenn die Zahl der Leitfähigkeitselektronen pro Atom so groß ist, daß ein Teil der die erste Zone im Wellenvektorraum begrenzenden BRILLOUINschen Ebenen von besetzten Zuständen berührt oder überspült wird. Bei den einwertigen Metallen kann dieser Fall jedoch nicht eintreten. Die Wechselwirkung zwischen den Leitfähigkeitselektronen und dem Gitterpotential ist hier so gering, daß man mit keinem

---

[1] Die Basisebene ist im hexagonalen Gitter eine Symmetrieebene und kann deshalb nicht Zwillingsebene sein.

[2] Siehe z.B. die Behandlung der Stabilität der dichtest gepackten Strukturen der festen Edelgase durch T. K. H. BARRON und C. DOMB [Proc. Roy. Soc. Lond., Ser. A 227, 447 (1955)].

[3] W. SHOCKLEY: [1], S. 348.

[4] A. SEEGER: [13], S. 328. — Z. Naturforsch. 9a, 856 (1954). — Phil. Mag. (im Druck).

wesentlichen Beitrag zur lerenergie zu rechnen hat. Man hat deshalb zu erwarten, daß alle einwertigen Me insbesondere die Edelmetalle Cu, Ag und Au, zu der in Ziff. 73 eingeführten Gr₁ Metallen mit niedriger Stapelfehlerenergie gehören.

Bei den zwei- und dn Metallen wird im Gegensatz dazu die Energie der Leitfähigkeitselektronen bei ɑrung von Stapelfehlern stark ansteigen. Wie auch durch die empirischen Resultatȵt wird (Ziff. 90), erwartet man also für die mehrwertigen Metalle Mg, Zn, Cd unơe" Stapelfehlerenergien im Sinne der Erörterungen von Ziff. 73. Genaue Berechȵerüber liegen jedoch noch nicht vor.

Als letzte im vorliegsammenhang interessierende Gruppe von Metallen haben wir die Übergangsmetallȵchten. Die bis jetzt einzigen systematischen Diskussionen der Strukturen der Übȵtalle vom energetischen Standpunkt aus sind diejenigen von GANZHORN[1] und SȵBesonders die letztgenannten Betrachtungen sind auf die Erörterung der energetisȵrschiede zwischen den einfachsten metallischen Strukturen und damit der Stapelfȵen zugeschnitten. Wegen Einzelheiten und wegen einer experimentellen Prüfungȵeit sei auf die Originalarbeiten[2, 3] verwiesen. Es sei lediglich erwähnt, daß man fȵagonalen Metalle Ti, Zr und Hf eine hohe und für Fe, Co, Ni, Ru, Rh, Pd, Os, Ir ȵniedrige Stapelfehlerenergie zu erwarten hat.

Über die Stapelfehȵie von *Nichtmetallen* kann man bei den im Diamantgitter kristallisierendȵten sowie bei den Verbindungen mit Zinkblendebzw. Wurtzit-StruktȵRIMM-SOMMERFELDsche Verbindungen) einiges aussagen. Diese Struktȵtehen durch Ineinanderstellen von zwei kubischen oder hexagonalen diȵKugelpackungen. In ihnen sind Stapelfehler möglich, die das genaueȵn zu den oben besprochenen Stapelfehlern bilden und bei denen die ȵranordnung der nächsten Nachbarn eines Atoms erhalten bleibt. Da dungsenergie bei diesen Strukturen hauptsächlich durch die homöopolȵung zwischen nächsten Nachbarn bestimmt wird, sollte die Stapelfehleȵin allen diesen Fällen niedrig sein. In besonderem Maße dürfte dies bei ȵngen wie ZnS zutreffen, die sowohl in der kubischen als auch in der hexaȵModifikation kristallisieren.

90. Experimentelȵmung von Stapelfehlerenergien. Wie schon in Ziff. 89 erwähnt worden warȵzur Zeit keine Meßverfahren zur *direkten* Ermittlung von Stapelfehlereneȵei den verschiedenen Methoden zur *indirekten* Bestimmung von Stapeȵergien, die wir in der vorliegenden Ziffer besprechen, sind mehr oder weȵfangreiche theoretische Überlegungen notwendig, um den Zusammenhȵchen γ und leichter meßbaren Kristalleigenschaften herzustellen.

Am einfachsten ȵdieser Hinsicht die Verhältnisse bei der Ermittlung der Stapelfehlereneȵder Differenz ΔG der freien Enthalpie der kubischflächenzentrierten uȵexagonal dichtest gepackten Struktur eines Metalls oder einer Legierungȵ der Berechnung von γ aus der freien Grenzflächenenergie von kohäreȵillingsgrenzen im kubisch-flächenzentrierten Gitter. Im ersten Fall kanȵl. (89.7) anwenden, während im zweiten Fall in der in Ziff. 89 besprochȵherung die Stapelfehlerenergie gerade das Doppelte der GrenzflächeneneȵZwillingsgrenze ist.

Für Metalle und In, die eine polymorphe Umwandlung der beiden einfachen Kugelpackungen ineinȵweisen, ist am Umwandlungspunkt $\Delta G = 0$. Ferner ist im Prinzip die Umwandleȵ ΔH meßbar. Macht man die Annahme, daß die innere Energie der beiden Phȵleiche Temperaturabhängigkeit zeigt, so ist ΔH gleich dem Unterschied der freienȵ der beiden Phasen am absoluten Nullpunkt. Der einfachste und nächstliegende Arȵie Temperaturabhängigkeit von ΔG ist, daß ΔG zwischen dem absoluten Nullpuȵder Umwandlungstemperatur T_0 linear mit der Temperatur

---

[1] K. GANZHORN: ȵgart 1952.
[2] A. SEEGER: Les éans les métaux, Bericht vom 10. Solvay-Kongreß für Physik, Brüssel 1954.
[3] A. SEEGER: Philȵ Druck).

variiert. Dann ergibt sich die Stapelfehlerenergie bei der Temperatur T zu

$$\gamma = 2c\,\Delta H\left(1 - \frac{T}{T_0}\right). \tag{90.1}$$

Für Kobalt ist $T_0 = 704^\circ$ K und $\Delta H = 60$ cal/Mol [1].

Mit diesen Zahlenwerten erhält man für die Stapelfehlerenergie von Kobalt bei Raumtemperatur (hexagonale Modifikation)

$$\gamma = 9\ \text{erg/cm}^2. \tag{90.2}$$

Experimentelle Bestimmungen der Grenzflächenenergie von {111}-Zwillingen von Kupfer und Aluminium hat Fullman[2] durchgeführt. Hierbei wurde allerdings die Zwillingsenergie nicht direkt gemessen, sondern ihr zahlenmäßiges Verhältnis zur durchschnittlichen Korngrenzenenergie von Großwinkelkorngrenzen ermittelt. In Kupfer ist deren Zahlenwert experimentell bekannt. Als Mittelwert der Fullmanschen Messungen ergibt sich für die Energie der Zwillingsgrenzen in Cu etwa 20 erg/cm^2, so daß man für die Stapelfehlerenergie von Kupfer $\gamma = 40$ erg/cm^2 erhält. Es ist schwierig, die Genauigkeit dieses Zahlenwertes zuverlässig anzugeben; sie dürfte bei etwa 20% liegen.

Bei Aluminium ist nur das Verhältnis 1:5 von Zwillingsenergie zu Korngrenzenenergie, nicht aber die absolute Größe der letzteren experimentell bekannt. Die durchschnittliche Energie einer Großwinkelkorngrenze in Aluminium dürfte in der Größenordnung 500 erg/cm^2 liegen und sicher einen Wert von 1000 erg/cm^2 nicht überschreiten. Bei den Rechnungen in Abschnitt C II b wurde $\gamma_{Al} = 200$ erg pro cm^2 zugrundegelegt, was einer Korngrenzenenergie von 500 erg/cm^2 entspricht.

Wie schon in Ziff. 89 ausgeführt worden ist, besteht in den hexagonalen Metallen kein direkter Zusammenhang zwischen Stapelfehlerenergie und Zwillingsenergie, so daß man bei ihnen in höherem Maße als bei den kubisch-flächenzentrierten Metallen auf die übrigen indirekten Methoden angewiesen ist.

Eine ausführliche Diskussion der übrigen indirekten Verfahren würde hier zu weit führen. Es sei ihretwegen auf die Originalliteratur verwiesen[3]. Wir begnügen uns hier mit einer Aufzählung der wichtigsten Möglichkeiten. Sie beruhen sämtlich darauf, daß die Eigenschaften der Versetzungen in den dichtest gepackten Strukturen von der Stärke der Aufspaltung in Halbversetzungen abhängen und daß sich diese Eigenschaften im plastischen Verhalten der betreffenden Metalle und Legierungen widerspiegeln. Im einzelnen seien die folgenden Größen und Zusammenhänge genannt, aus denen Stapelfehlerenergien ermittelt werden können:

Konzentrationsabhängigkeit der kritischen Schubspannungen von binären Legierungen[4], Fließgeschwindigkeit des logarithmischen Kriechens bei tiefen Temperaturen, Geschwindigkeit und Temperaturabhängigkeit des Hochtemperaturfließens und der Polygonisierung, Temperatur- und Geschwindigkeitsabhängigkeit der kritischen Schubspannung und der Verfestigung, Temperatur-, Geschwindigkeits- und Spannungsabhängigkeit der Oberflächenerscheinungen bei plastischer Verformung, Betätigung der Basisebene als Gleitebene bei hexagonalen Kugelpackungen mit unternormalem Achsenverhältnis, sowie schließlich der röntgenographische Nachweis des Auftretens zahlreicher Stapelfehler nach plastischer Verformung[5].

---

[1] L. D. Armstrong u. H. Grayson-Smith: Canad. J. Res., Sect. A **28**, 51 (1950). Siehe hierzu und zu den vorangehenden Überlegungen auch J. W. Christian: Proc. Roy. Soc. Lond., Ser. A **206**, 51 (1951).

[2] R. L. Fullman: J. Appl. Phys. **22**, 448 (1951).

[3] A. Seeger: [13], S. 328. — Phil. Mag. (im Druck).

[4] H. Suzuki: Sci. Rep. RITU A **4**, 455 (1952).

[5] C. S. Barrett: [1], S. 97.

Im Falle von Al und Cu sind diese indirekten Bestimmungen, soweit sie bis jetzt durchgeführt wurden, in guter und wie es scheint, sogar quantitativer Übereinstimmung mit den oben ermittelten Werten[1]. Auch die theoretischen Überlegungen an Hand der Elektronenstruktur in Ziff. 89 wurden, soweit Beobachtungen vorliegen, bestätigt. So erwiesen sich Al, Mg, Zn und Cd als der Gruppe mit hoher Stapelfehlerenergie zugehörig, während Cu und Ni auf Grund der empirischen Befunde in die Gruppe mit niedriger Stapelfehlerenergie einzugliedern sind. Die Beobachtungen an α-Messing weisen darauf hin, daß die Stapelfehlerenergie von primären CuZn-Legierungen kleiner als diejenige von reinem Cu ist. In diesem Falle vermindert also eine mäßige Erhöhung der Elektronenkonzentration pro Atom die Stapelfehlerenergie. Dies scheint auch noch bei anderen HUME-ROTHERYschen Legierungen der Fall zu sein, z.B. bei den Systemen CuSi, AgSb und AgSn, bei denen sich an die primäre kubisch-flächenzentrierte Lösung bei höherer Elektronenkonzentration eine hexagonal dichtest gepackte sekundäre Lösung anschließt. Im Falle von CuSi und AgSn, nicht aber bei AgSn ist BARRETT[1] der Nachweis gelungen, daß durch starke plastische Verformung (Feilen) Stapelfehler in röntgenographisch nachweisbarer Anzahl erzeugt werden können.

E. Die Grundstruktur der Kristalle.

91. Mosaik- und Verzweigungsstruktur. Unter der *Grundstruktur* eines Kristalls verstehen wir die Anordnung und die Dichte der Kristallbaufehler in einem unverformten Kristall. Die Grundstruktur ist maßgebend für eine ganze Reihe physikalischer und chemischer Eigenschaften von Kristallen oder Kristallkörnern. Als Beispiel möge die in Ziff. 88 besprochene Ausbildung eines latenten inneren Bildes in belichteten, sehr reinen AgBr-Kristallen und die plastischen Eigenschaften (vgl. Ziff. 17 und 18 des Artikels über Kristallplastizität) genannt werden. Das Studium solcher Eigenschaften gestattet wiederum Rückschlüsse auf die Ausbildung der Grundstruktur in den betreffenden Kristallen.

Es ist schon sehr lange bekannt, daß sich die meisten natürlichen oder künstlichen Kristalle durchaus nicht wie ideal gebaute Einkristalle verhalten. Für diese Abweichungen, soweit sie bei Röntgenuntersuchungen zutage treten, hat DARWIN[2] die Bezeichnung *Mosaikstruktur* eingeführt. Aus den Röntgenbefunden (integrales Reflexionsvermögen und Winkelverbreiterung der BRAGG-Reflexe) kann man jedoch nur etwas über die *Kohärenzlänge* im Kristall, nicht aber über die Natur der Gitterstörungen, die die Kohärenz großer Kristallbereiche verhindern, aussagen. DARWIN selbst hat die später allzu wörtlich genommene Vorstellung der gegeneinander verschwenkten „Mosaikblöcke" nur als ein der Rechnung bequem zugängliches Modell eingeführt. Heute ist wohl die Auffassung allgemein angenommen, daß die „Mosaikstruktur" in Wirklichkeit durch ein räumliches Netzwerk von Versetzungslinien hervorgerufen wird (näheres s. Ziff. 92, sowie den Artikel über Kristallplastizität, Ziff. 17).

BUERGER[3] hat gezeigt, daß es in Einkristallen oder innerhalb einzelner Kristallite häufig noch eine wesentlich gröbere Struktur als die Mosaikstruktur gibt, die er *Verzweigungsstruktur* (engl. lineage-structure) nannte. — Die Ausbildung der Verzweigungsstruktur hängt sehr stark von den Bedingungen beim Kristallwachstum und wohl auch etwas von der Konzentration und der Art der Verunreinigungen ab. In stärkstem Maße ausgebildet findet sich die Verzweigungsstruktur, die Orientierungsunterschiede zwischen benachbarten Bereichen eines

---

[1] Siehe z.B. A. SEEGER: [*13*], S. 328.

[2] C. G. DARWIN: Phil. Mag. **27**, 675 (1914); **43**, 800 (1922). — Siehe auch R. W. JAMES: Z. Kristallogr. **89**, 295 (1934).

[3] M. H. BUERGER: Z. Kristallogr. **89**, 195 (1934).

Einkristalls von der Größenordnung 2° ergeben kann, bei dendritisch gewachsenen Kristallen. Da die zwischen den einzelnen Dendritenästen nachträglich erstarrende Schmelze im allgemeinen eine Anreicherung von Verunreinigungen erfahren hat, ist es nicht überraschend, daß sich die Grenzflächen zwischen den einzelnen Zweigen leicht anätzen und sichtbar machen lassen.

Zwischen der von dendritischem Wachstum herrührenden Verzweigungsstruktur und der besonders von CHALMERS und Mitarbeitern[1] studierten „Bleistiftstruktur" langsam gewachsener Kristalle besteht wohl ein kontinuierlicher Übergang. Bei diesem Übergang tritt der Einfluß der Wärmeableitung beim Erstarren[2] hinter demjenigen der Verunreinigungen[3] zurück; die Orientierungsunterschiede zwischen benachbarten Bereichen werden kleiner (Größenordnung 1 bis 2 Winkelgrad bei Verzweigungsstruktur, Größenordnung einige Winkelminuten bis höchstens 1° bei der Bleistiftstruktur) und auch die Größe der gegeneinander verdrehten Bereiche wird geringer (Durchmesser der Hauptäste der Verzweigungsstruktur etwa 1 mm, Durchmesser der „Bleistifte" etwa 0,1 mm).

Die vorstehenden Betrachtungen bezogen sich auf Kristalle, die aus der Schmelze (oder auch aus einer Lösung) gewachsen waren. Da die plastischen Eigenschaften von Schmelzfluß- und Rekristallisationskristallen sehr ähnlich sind und diese weitgehend durch das Versetzungsnetzwerk bestimmt werden (vgl. Kristallplastizität, Ziff. 17), hat man zu folgern, daß die Netzwerkstruktur in Rekristallisationskristallen ganz ähnlich wie in Schmelzflußkristallen ausgebildet ist. Die Verzweigungsstruktur ist bei Rekristallisationskristallen ebenfalls vorhanden und kann, wie die Untersuchungen von DEHLINGER[4], GISEN[5] und LACOMBE[6] gezeigt haben, noch deutlicher als bei Schmelzflußkristallen ausgeprägt sein.

92. Dichte und Anordnung der Versetzungen. Verzweigungsstruktur und Mosaikstruktur kommen beide durch eine geeignete Anordnung von Versetzungslinien zustande. Daß die alte Vorstellung der Mosaikblöcke und Mosaikgrenzen nicht aufrecht erhalten werden kann, sieht man folgendermaßen ein: Wie in Abschnitt F gezeigt wird, kann man eine Korngrenze mit einem kleinen Orientierungsunterschied ϑ zwischen den Nachbarkörnern aus Versetzungslinien aufbauen, deren mittlerer Abstand D durch Gl. (86.1) gegeben ist. Als Orientierungsunterschiede zwischen den Mosaikblöcken werden im allgemeinen Winkelsekunden bis Winkelminuten, als Lineardimensionen 10^{-4} bis 10^{-5} cm genannt. Wie man an Hand von Gl. (86.1) erkennt, ist die Seitenlänge eines solchen Mosaikblockes von derselben Größenordnung wie der Versetzungsabstand in der Grenzfläche oder sogar geringer. Dies bedeutet jedoch, daß man nicht mehr von wohldefinierten Mosaikgrenzen sprechen kann. An ihre Stelle tritt das Bild eines räumlichen Versetzungsnetzwerkes. Schon HEIDENREICH und SHOCKLEY[7] haben darauf hingewiesen, daß nicht nur zu wirklichen Grenzflächen angeordnete Versetzungen, sondern auch mehr oder weniger statistische Anordnungen von Versetzungslinien die Kohärenz des Gitters zerstören. Durch die Annahme eines

---

[1] J. W. RUTTER u. B. CHALMERS: Canad. J. Phys. 31, 15 (1953). — Siehe zu den hier behandelten Fragen auch den Artikel über „Kristallwachstum" von B. CHALMERS in Teil 2 dieses Bandes sowie F. BLAHA: Acta phys. austr. 8, 141 (1953).

[2] E. TEGHTSOONIAN u. B. CHALMERS: Canad. J. Phys. 29, 370 (1951).

[3] Siehe hierzu auch M. SMIALOWSKI: Z. Metallkde. 29, 133 (1937). — K. F. HULME: Acta met. 2, 812 (1954).

[4] U. DEHLINGER: Phys. Z. 34, 836 (1933).

[5] F. GISEN: Z. Metallkde. 27, 256 (1935).

[6] P. LACOMBE: [2], S. 91.

[7] R. D. HEIDENREICH u. W. SHOCKLEY: [2], S. 57.

Versetzungsnetzwerkes lassen sich die röntgenographischen Befunde, die zur
Einführung der Mosaikstruktur Anlaß gaben, ebensogut deuten wie mit Hilfe
der „Mosaikblockhypothese". Solche räumlichen Netzwerke konnten in Silber-
bromid sichtbar gemacht werden (vgl. Fig. 142). Man hat wohl anzunehmen,
daß sie in den meisten Kristallen makroskopischer Dimensionen vorhanden sind
und daß die plastischen Eigenschaften dieser Kristalle in wesentlichem Maße
durch sie bestimmt werden.

Auch die kurz als „Verzweigungsgrenzen" zu bezeichnenden inneren Grenzflächen mit Orientierungsunterschieden von der Größenordnung Winkelminuten
bis Grad sind aus einer Folge einzelner Versetzungslinien aufgebaut, wie aus
der geometrischen Theorie der Korngrenzen hervorgeht (vgl. Abschnitt F). Der
Unterschied zur Mosaikstruktur besteht darin, daß in den Verzweigungsgrenzen
die Versetzungen in einer gewissen räumlichen Ordnung auftreten und sich die
Grenzflächen tatsächlich räumlich lokalisieren lassen. Fig. 140 zeigt solche Grenzflächen, wobei vorwiegend Parallelscharen von Versetzungslinien auftreten, während in Fig. 141 die entsprechenden Grenzflächen aus sich überkreuzenden Versetzungslinien aufgebaut sind. Aus der Dichte der Versetzungen in den in den
Fig. 141 und 142 auftretenden Grenzflächen berechnet man, daß die zugehörigen
Orientierungsunterschiede von der Größenordnung Winkelminuten sind.

Obwohl man in den meisten Kristallen diese beiden Arten der Versetzungsanordnungen nicht wie in AgBr-Kristallen direkt sichtbar machen kann[1], hat
man doch starke experimentelle Stützen dafür, daß die qualitativen Verhältnisse
in der Regel ähnlich liegen. Die in Ziff. 91 besprochenen Befunde zur Mosaik-
und Verzweigungsstruktur passen sich diesem Bilde an. Auch die Untersuchungen
über die plastischen Eigenschaften der Metalle führen auf ähnliche Vorstellungen.
Hier haben zuerst F. C. FRANK und N. F. MOTT[2] die Existenz eines räumlichen
Netzwerkes von Versetzungslinien postuliert, aus dem durch einen der in Ziff. 40
besprochenen Mechanismen die bei der plastischen Verformung benötigten Versetzungslinien hervorgehen. Die im Artikel über Kristallplastizität (Ziff. 17) aufgeführten Informationen, die man nach SEEGER aus Verformungsversuchen entnehmen kann, beziehen sich auf dieses Netzwerk. Daneben gibt es aber auch
noch experimentelle Hinweise auf die Existenz von Bereichen, in denen eine
größere Versetzungsdichte vorhanden ist. Diese werden bei Schmelzflußkristallen
wohl mit den Grenzflächen der Verzweigungsstruktur zusammenfallen. Es ist
jedoch auch denkbar (insbesondere bei Rekristallisationskristallen), daß sie mehr
oder weniger statistisch verteilte Gebiete größerer Versetzungsdichte darstellen,
in denen sich die Versetzungslinien auf Grund ihrer verstärkten Wechselwirkung
miteinander regelmäßig angeordnet haben. Aus Verformungsversuchen an flächenzentriert kubischen und hexagonalen Kristallen schließt man[3], daß die
Lineardimensionen dieser Verzweigungsstruktur in der Größenordnung 0,01 bis
0,1 mm liegen und wahrscheinlich mit der Größe der bei der Verformung „einheitlich" (d.h. auf einer einzigen Gleitebene) abgeglittenen Gebiete zusammenfallen.
Man hat diese Verzweigungsgrenzen dabei als wirksame, erst bei höheren Spannungen zu überwindende Hindernisse für die Versetzungsbewegung aufzufassen.
Vermutlich wird auch die Sprungweite der Feinkorngrenzen in den Versuchen von
BAINBRIDGE, LI und EDWARDS durch sie begrenzt (vgl. Ziff. 87).

---

[1] In NaCl ist es gelungen, mit Hilfe der in Ziff. 86 erwähnten experimentellen Methode
ganz ähnliche Versetzungsnetzwerke sichtbar zu machen wie in AgBr (S. AMELINCKX, private
Mitteilung).

[2] N. F. MOTT: Proc. Phys. Soc. Lond. B 64, 729 (1951).

[3] A. SEEGER: 3. Diskussionstagung über Metallplastizität. Stuttgart 1954. Veröffentlichung (im Druck).

Durch Verformungsexperimente an durchschnittlich guten Einkristallen (vgl. Artikel Kristallplastizität in Bd. VII, 2) wird man auf Versetzungsdichten im oben erwähnten Versetzungsnetzwerk von der Größenordnung 10^7 bis 10^8 Linien/cm^2 geführt. Dies entspricht etwa den klassischen röntgenographischen Befunden zur Mosaikstruktur. Es gibt jedoch auch Beispiele von vollkommener gebauten Kristallen, bei denen die Versetzungsdichte wohl geringer ist. Gay, Hirsch und Kelly[1] geben röntgenographisch ermittelte Versetzungsdichten in Metallkristallen an, die zwischen $5 \cdot 10^6$ Versetzungen/cm^2 und $3 \cdot 10^8$ Versetzungen/cm^2 liegen. An künstlichen Steinsalzkristallen fand Renninger durch Messung des integralen Reflexionsvermögens, daß Bereiche mit Lineardimensionen von 0,1 bis 1 mm sich nahezu wie fehlerfreie Kristalle im Sinne der dynamischen Theorie der Röntgeninterferenzen verhielten, jedoch gegeneinander um Winkel von der Größenordnung einiger Minuten verschwenkt waren. Auch dieser Befund ordnet sich der obigen Vorstellung einer verhältnismäßig großen Versetzungsdichte in den Verzweigungsgrenzen und einer wesentlich kleineren Dichte im räumlichen Versetzungsnetzwerk unter.

Eine gewisse, wenn auch sehr grobe Abschätzung der Versetzungsdichte kann aus den Beobachtungen über die anomale Reflexion von Röntgenstrahlen[2] erhalten werden. Diese tritt nur bei sehr gut gebauten Kristallen auf. Die Bedingung hierfür ist, daß die Winkelunterschiede zwischen den verschiedenen Bereichen des bestrahlten Volumens kleiner als der Winkelbereich δ der Braggschen Reflexionen in der dynamischen Theorie der Röntgeninterferenzen, also kleiner als einige Winkelsekunden sind. Da die Längsabmessung L des durchstrahlten Kristallstücks von der Größenordnung 1 mm bis 1 cm ist, kann der Versetzungsüberschuß von Versetzungen eines Vorzeichens über die Versetzungen des entgegengesetzten Vorzeichens höchstens

$$\Delta \varrho_{\text{algeb}} = \frac{\delta}{L \cdot b} \tag{92.1}$$

also etwa 10^3 cm^{-2} betragen. Die absolute Versetzungsdichte wird natürlich höher sein, doch dürfte sie 10^5 Versetzungslinien/cm^2 kaum übertreffen.

Eine Möglichkeit, Zahlenwerte für die Versetzungsdichten in gut erholten Kristallen zu erhalten, besteht im Auszählen der Oberflächenspuren. Dabei taucht jedoch die schon in Ziff. 86 angeschnittene Frage auf, ob die Oberflächenspuren den Versetzungslinien wirklich eineindeutig zugeordnet werden können. Bei den Beobachtungen von Forty und Frank[3] an aus der Dampfphase gewachsenen Silberkristallen trifft dies wohl nicht zu, da in diesem Falle die Dichte der an ihren Wachstumsspiralen erkennbaren Schraubenversetzungen unwahrscheinlich gering war. Dawson und Vand[4] fanden für in Richtung der Molekülketten gewachsene $C_{36}H_{74}$-Kristalle eine Dichte von $2 \cdot 10^6$ Schraubenversetzungen/cm^2. Dies stellt ziemlich sicher den wahren Wert dar, der allerdings für Koordinationsgitter nicht typisch zu sein braucht. Es gibt jedoch starke Hinweise darauf, daß auch bei einfacheren Strukturen ähnlich niedrige Versetzungsdichten auftreten. Hendrickson und Machlin[5] finden mit ihrer Methode des thermischen Ätzens sowohl bei rekristallisierten als auch nach Bridgman aus der Schmelze

[1] P. Gay, P. B. Hirsch u. A. Kelly: Acta met. 1, 315 (1953). — Siehe zu diesen Fragen auch die röntgenographischen Untersuchungen von H. Lambot, L. Vassamillet u. J. Dejace [Acta met. 1, 711 (1953); 3, 150 (1955)] und von T. S. Noggle u. J. S. Koehler [Acta met. 3, 260 (1955)].
[2] G. Borrmann: Phys. Z. 42, 157 (1941). — Z. Physik 127, 297 (1950). — H. N. Campbell: Acta crystallogr. 4, 180 (1951). — P. Hirsch: Acta crystallogr. 5, 176 (1952).
[3] A. J. Forty u. F. C. Frank: Proc. Roy. Soc. Lond., Ser. A 217, 262 (1953).
[4] J. M. Dawson u. V. Vand: Proc. Roy. Soc. Lond., Ser. A 206, 555 (1951).
[5] A. A. Hendrickson u. E. S. Machlin: Acta met. 3, 64 (1955). Siehe auch Ziff. 86.

gewachsenen Silber-Einkristallen Versetzungsdichten von ungefähr $2 \cdot 10^6$ Versetzungen/cm². In sehr reinen Germaniumkristallen kann man sogar noch geringere Versetzungsdichten erhalten, welche in der Größenordnung 10^4 Versetzungslinien/cm² liegen[1].

Wie man sieht, streuen selbst bei den Metallen die aus verschiedenen Quellen gewonnenen Angaben über die Versetzungsdichten um fast zwei Zehnerpotenzen. Es kann leider noch nicht entschieden werden, ob es sich dabei um Mängel der verwendeten Bestimmungsmethoden oder um wirkliche Unterschiede zwischen den verschiedenen untersuchten Kristallen handelt, da bis jetzt noch nie an *einem* Kristall die Versetzungsdichte mit Hilfe von zwei oder mehreren Methoden untersucht wurde.

Zur *Theorie des Versetzungsnetzwerkes* in Kristallen liegt bis jetzt nur eine einzige Gruppe von Arbeiten[2] vor, die sich mit den Versetzungsnetzwerken in kubisch-flächenzentrierten Kristallen befaßt. Die Grundannahmen sind, daß praktisch alle Versetzungslinien in {111}-Ebenen verlaufen, daß die überwiegende Mehrzahl aller auftretenden Versetzungsknoten sog. Dreierknoten sind und daß jeder einzelne Knoten unter der Wirkung der Linienspannung der Versetzungslinien im mechanischen Gleichgewicht ist, und zwar sowohl gegenüber Gleitals auch Kletterbewegungen. Die letztgenannte Annahme ist von FRANK[3] mit dem Hinweis kritisiert worden, daß eine echte Stabilität des Versetzungsnetzwerkes wohl nur unter der Mitwirkung von Verunreinigungen zustande kommen kann und daß diese Verunreinigungen wohl auch einen wesentlichen Einfluß auf die Versetzungsanordnung ausüben werden. Empirisch zeigt sich in der Tat ein sehr starker Einfluß des Verunreinigungsgehaltes auf die Versetzungsdichte unverformter Kristalle[4].

93. Die Entstehung der Versetzungen. Es wurde wiederholt betont (Ziff. 2 und 61), daß Versetzungen in Kristallen, von seltenen Ausnahmefällen abgesehen, nicht im thermodynamischen Gleichgewicht auftreten·können. Versetzungen verdanken ihre Existenz fast immer der Tatsache, daß ein Kristall beim Wachstum oft sehr weit vom thermodynamischen Gleichgewicht entfernt sein kann. Anordnung und Zahl der Versetzungen sind stark von den Wachstumsbedingungen abhängig.

Bis heute liegen über diese Fragen fast gar keine quantitativen Ergebnisse, sondern nur qualitative Überlegungen vor. Nach FRANK[5] sind bei sehr langsamem Wachstum jene Kristalle ausgezeichnet, die aus irgendwelchen Gründen bereits Versetzungslinien enthalten und bei denen Versetzungen mit Schraubenkomponente an einer Kristalloberfläche enden. Bei gleicher Übersättigung oder Unterkühlung wachsen diese Kristalle viel schneller als versetzungsfreie Kristalle. Die ersten Versetzungen können schon beim Aufwachsen des Keimes auf ein Substrat oder auch, wie J. B. NEWKIRK experimentell zeigen konnte[6], beim Zusammenstoßen zweier zunächst ohne Versetzungen wachsender Kristalle gebildet werden. Da Versetzungslinien im Kristallinnern nicht endigen können, ist damit der Ansatzpunkt für die Bildung eines Versetzungsnetzwerkes gegeben. Die Ausbreitung der zunächst isolierten Schraubenversetzungen durch das ganze Kristallvolumen hängt nach FRANK mit den lokalen Gitterkrümmungen zusammen, die

---

[1] W. T. READ: Private Mitteilung.

[2] T. SUZUKI u. H. SUZUKI: [*14*], S. 570. — Sci. Rep. RITU A 6, 573 (1954). — T. SUZUKI u. T. IMURA: [*13*], S. 347.

[3] F. C. FRANK: [*14*], S. 575.

[4] Siehe den Artikel über Kristallplastizität im Teil 2 dieses Bandes, Ziff. 17.

[5] F. C. FRANK: Adv. Physics 1, 91 (1952).

[6] Siehe J. H. HOLLOMON: [*9*], S. 1.

durch ungleichförmig eingelagerte Verunreinigungen zustande kommen, sowie mit etwaigen Gleitbewegungen, die diese Schraubenversetzungen während des Wachstums ausgeführt haben.

Auch bei rascherem Wachstum werden Verunreinigungen eine wesentliche Rolle spielen und dafür sorgen, daß verschiedene, nebeneinander wachsende Teile eines Einkristalls nicht ganz ungestört zusammenpassen, so daß beim Zusammenwachsen vereinzelte Versetzungslinien auftreten. Handelt es sich um ein dendritisches Wachstum, so können die Orientierungsunterschiede zwischen benachbarten Dendriten die Größenordnung von Winkelgraden erreichen. Beim Erstarren der Restschmelze in den Zwischenräumen zwischen den Dendriten bilden sich dann notwendigerweise Feinkorngrenzen aus, in denen die Versetzungsabstände von der Größenordnung 10^2 Atomabstände sind.

Eine weitere Möglichkeit der Versetzungsbildung besteht beim Wachstum aus der Schmelze in der Kondensation von Leerstellen beim Abkühlen (vgl. Ziff. 48). Dieser Mechanismus ist besonders von Teghtsoonian und Chalmers[1] diskutiert worden. Empirisch scheint er neben den oben erörterten Möglichkeiten an Bedeutung zurückzustehen, da er ja nur zu einzelnen Versetzungsringen, nicht aber zu einem räumlichen Netzwerk Anlaß gibt. Solche Ringe müßten aber verhältnismäßig leicht durch Anlassen bei höheren Temperaturen zum Verschwinden zu bringen sein. Tatsächlich beobachtet man aber, daß die kritische Schubspannung, die als Maß für die Versetzungsanordnung im Kristall dienen kann, sehr wenig durch Glühen beeinflußt wird[2].

F. Korngrenzen und Phasengrenzen.

94. Allgemeine Übersicht. Geometrie. Fast alle metallischen Werkstoffe sind polykristallin und bestehen nicht selten sogar aus mehreren festen Phasen. Korn- und Phasengrenzen kommt deshalb eine große technische Bedeutung zu. Die gründliche physikalische Erforschung der Korn- und Phasengrenzen ist jedoch noch ziemlich jung. Dementsprechend liegen bis jetzt nur über wenige Teilfragen einigermaßen abgerundete Ergebnisse vor. Wir werden uns in erster Linie auf sie beschränken. Dies erscheint um so eher· als zweckmäßig, als aus neuester Zeit eine ganze Reihe von zusammenfassenden Darstellungen sowohl über das Gesamtgebiet als auch über Einzelfragen vorliegen[3].

In der vorliegenden Darstellung werden zunächst die geometrischen Verhältnisse bei Korngrenzen mit nicht zu großen Orientierungsunterschieden besprochen werden. Es ergibt sich ein Zusammenhang mit der Theorie der Versetzungen, der es nach Read und Shockley gestattet, die Korngrenzen-Energie in einfachen Fällen zu berechnen (Ziff. 95). Der Unterschied zwischen Korngrenzen bei kleinen Orientierungsunterschieden (Kleinwinkel-Korngrenzen genannt), die sich aus Versetzungen aufbauen lassen, und Korngrenzen bei großen Orientierungsunterschieden zwischen benachbarten Körnern (Großwinkel-Korngrenzen genannt), die eine unkristallographische Struktur haben, äußert sich experimentell vor allem in der Beweglichkeit der Korngrenzen und in der Diffusion entlang von Korngrenzen (Ziff. 96 und 97). Zum Abschluß werden wir

---

[1] E. Teghtsoonian u. B. Chalmers: Canad. J. Phys. **29**, 370 (1951).

[2] Gelegentlich wird eine *Zunahme* der kritischen Schubspannung bei längerem Glühen der Kristalle gefunden. Soweit er *nicht* durch Verunreinigungen bedingt ist, rührt dieser Effekt wohl ziemlich sicher nicht von einer Elimination von Versetzungslinien her, sondern vom Klettern eines Teils der Versetzungslinien. Dieses Klettern bringt es mit sich, daß die Versetzungen bei raschem Abkühlen nicht mehr in einheitlichen Gleitebenen verlaufen und deswegen schwerer beweglich sind.

[3] Siehe die Literaturangaben am Ende dieses Kapitels.

kurz noch darauf eingehen, unter welchen Bedingungen Phasengrenzen zwischen zwei verschiedenen festen Phasen desselben Stoffs aus Versetzungslinien aufgebaut werden können (Ziff. 98).

Vom *geometrischen Standpunkt* aus erscheint eine Korngrenze als ein Gebiet, in dem sich die Orientierung des Gitters innerhalb eines kleinen räumlichen Gebietes sehr plötzlich ändert, ein Teil der Netzebenen also eine sehr große lokale Krümmung besitzt. Solche Krümmungen kann man sich (unabhängig von der Frage der physikalischen Realisierbarkeit) durch eine Versetzungsverteilung erzeugt denken. Der erste Schritt auf dem Wege zu einer allgemeinen Theorie der Korngrenzen ist es, für gegebene Orientierungsbeziehungen der Körner und für eine gegebene Orientierung der Korngrenze die zugehörige Versetzungsverteilung zu ermitteln. Da Korngrenzen „schlechtes" Kristallgebiet im Sinne der Erörterungen von Ziff. 2 sind, kann man den BURGERS-Umlauf um ein Stück einer Korngrenze nicht überall in gutem Kristallgebiet verlaufen lassen. FRANK[1] hat das folgende Verfahren zur Umgehung dieser Schwierigkeit angegeben (s. Fig. 146):

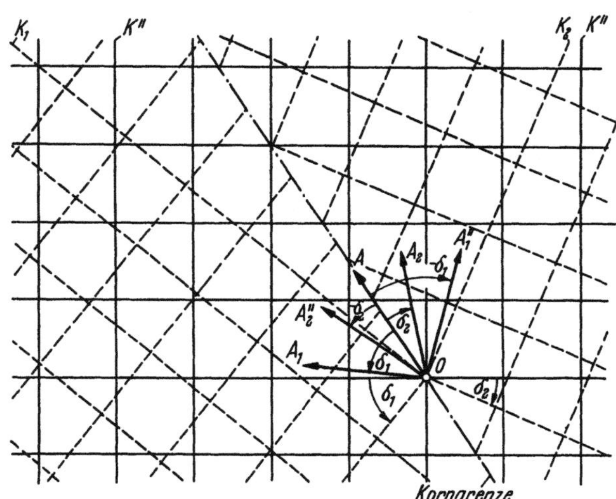

Fig. 146. Zur Definition des „Versetzungsinhalts" einer Korngrenze zwischen den Körnern K_1 und K_2 mit Hilfe eines „Bezugs-Kristalls" K''.

K'' sei ein Bezugskristall (ohne Korngrenze) mit dem Koordinatensprung in O. Der Verlauf der Korngrenze werde in K'' markiert, $\overrightarrow{OA}$ sei ein in der Korngrenze liegender Vektor. Die Orientierung der Körner auf beiden Seiten der Korngrenze kann beschrieben werden durch Angabe von Einheitsvektoren $\mathfrak{l}_1$, $\mathfrak{l}_2$, um die K'' um die Winkel δ_1, δ_2 gedreht werden muß, um dieselbe Orientierung wie die Körner K_1, K_2 anzunehmen. Bei diesen Drehungen soll $\overrightarrow{OA}$ in den im Korn K_1 liegenden Vektor $\overrightarrow{OA_1}$ bzw. in den im Korn K_2 liegenden Vektor $\overrightarrow{OA_2}$ übergehen (zur Vereinfachung der Zeichnung ist in Fig. 146 angenommen worden, daß $\mathfrak{l}_1$ und $\mathfrak{l}_2$ zueinander parallel sind und senkrecht zur Zeichenebene stehen). Es werde nunmehr der geschlossene Umlauf („BURGERS-Umlauf" $\mathfrak{B}$) $A A_1 O A_2 A$ betrachtet. Um den resultierenden BURGERS-Vektor $\mathfrak{b}$ dieses Umlaufs zu finden, muß dieser in den Bezugskristall K'' transformiert werden. Der Punkt A geht durch die Drehung um den Winkel $-\delta_1$ um die Achse $\mathfrak{l}_1$ in den Punkt A_1'' und durch die Drehung um den Winkel $-\delta_2$ um $\mathfrak{l}_2$ in den Punkt A_2'' über. Da der BURGERS-Umlauf $\mathfrak{B}$ in den Kristallen K_1 und K_2 geschlossen ist, gilt

$$\overrightarrow{AA_1} + \overrightarrow{A_1O} + \overrightarrow{OA_2} + \overrightarrow{A_2A} = 0, \tag{94.1}$$

Im Bezugskristall K'' ist $\mathfrak{B}$ jedoch nicht mehr geschlossen, es gilt vielmehr

$$\overrightarrow{A_1''A} + \overrightarrow{AO} + \overrightarrow{OA} + \overrightarrow{AA_2''} = \overrightarrow{A_1''A} + \overrightarrow{AA_2''} = \overrightarrow{AA_2''} - \overrightarrow{AA_1''} = \mathfrak{b}. \tag{94.2}$$

Der Vektor

$$\mathfrak{b} = \overrightarrow{AA_2''} - \overrightarrow{AA_1''} \tag{94.3}$$

ist der resultierende BURGERS-Vektor des Umlaufs. Er ist unabhängig von dem Verlauf von $\mathfrak{B}$ in den Körnern K_1 und K_2, jedoch abhängig von der Stelle A, an der die Korngrenze durchstoßen wurde. Setzt man

$$\overrightarrow{OA} = \mathfrak{r}, \tag{94.4}$$

so gilt

$$\left. \begin{aligned} \overrightarrow{AA_1''} &= - [\mathfrak{r} \times \mathfrak{l}_1] \cdot \sin \delta_1 - [\mathfrak{l}_1 \times \mathfrak{r} \times \mathfrak{l}_1] \, (1 - \cos \delta_1), \\ \overrightarrow{AA_2''} &= - [\mathfrak{r} \times \mathfrak{l}_2] \cdot \sin \delta_2 - [\mathfrak{l}_2 \times \mathfrak{r} \times \mathfrak{l}_2] \, (1 - \cos \delta_2). \end{aligned} \right\} \tag{94.5}$$

---

[1] F. C. FRANK: [4], S. 150. Siehe auch H. BROOKS: [7], S. 20 (insbesondere Anhang A).

Bei der Behandlung polykristallinen Materials mag es zweckmäßig sein, für alle Körner denselben Bezugskristall K'' zugrunde zu legen und die Gln. (94.3) und (94.5) zu verwenden. Betrachtet man jedoch nur eine einzige Korngrenze, so ist es am zweckmäßigsten, für K'' das sog. *mittlere Gitter* zu benützen, aus dem die beiden Körner durch Rotation um die Winkel $\delta_1 = \vartheta/2$ und $\delta_2 = -\vartheta/2$ um eine gemeinsame Achse mit Einheitsvektor $\mathfrak{l}$ hervorgehen. Man erhält dann

$$\mathfrak{b} = \mathfrak{r} \times \mathfrak{l} \cdot 2 \sin \frac{\vartheta}{2}\,. \tag{94.6}$$

Der Vektor $\mathfrak{b}$ ist gleich dem resultierenden Burgers-Vektor der von $\mathfrak{B}$ umfahrenen Versetzungen. Wir setzen voraus, daß alle diese Versetzungen in der Korngrenze selber liegen und einen der Burgers-Vektoren $\mathfrak{b}_1, \mathfrak{b}_2, \ldots, \mathfrak{b}_\nu$ haben. Die von $\mathfrak{B}$ umfahrene Anzahl n_i der Versetzung mit Burgers-Vektor $\mathfrak{b}_i$ hängt noch von $\mathfrak{r}$ ab, so daß man

$$\mathfrak{b}(\mathfrak{r}) = \sum_{i=1}^{\nu} n_i(\mathfrak{r})\, \mathfrak{b}_i\,. \tag{94.7}$$

schreiben kann. Aus Gl. (94.6) geht hervor, daß $\mathfrak{b}$ bei gegebener Richtung von $\mathfrak{r}$ proportional zu $r = |\mathfrak{r}|$ wächst. Deshalb wachsen auch die n_i proportional zu r. Daraus ergibt sich, daß die Versetzungen in einer ebenen Korngrenze äquidistante parallele Geraden sind. Bezeichnet man deren Abstand für die i-te Versetzungsart mit D_i und führt einen Vektor $\mathfrak{N}_i$ ein, der in der Korngrenze, und zwar senkrecht zu den Versetzungslinien mit Burgers-Vektor $\mathfrak{b}_i$, liegt und den Betrag

$$N_i = |\mathfrak{N}_i| = \frac{2}{D_i\, 2 \sin \dfrac{\vartheta}{2}} \tag{94.8}$$

hat, so gilt

$$n_i = 2 \cdot \sin \frac{\vartheta}{2}\, \mathfrak{N}_i \cdot \mathfrak{r}\,. \tag{94.9}$$

Hieraus folgt

$$\mathfrak{r} \times \mathfrak{l} = \sum_{i=1}^{\nu} \mathfrak{b}_i\, \mathfrak{N}_i \cdot \mathfrak{r}\,. \tag{94.10}$$

Gl. (94.10) gilt für eine beliebige Zahl verschiedener Versetzungstypen und gestattet es, bei gegebener Versetzungsanordnung in der Korngrenze (also gegebenen $\mathfrak{b}_i$ und $2 \sin \dfrac{\delta}{2}\, \mathfrak{N}_i$) die gegenseitige Orientierung der beiden Körner zu finden. Häufiger tritt jedoch die Aufgabe auf, für gegebene Lage der Korngrenze (gekennzeichnet durch Normalen-Einheitsvektor $\mathfrak{n}$) und gegebenen Orientierungsunterschied der beiden Körner (gekennzeichnet durch $\vartheta\mathfrak{l}$) die zugehörige Versetzungsanordnung zu finden. Nach Read [53] kann man diese Aufgabe bei *drei* nicht komplanaren Burgers-Vektoren $\mathfrak{b}_i$ mit Hilfe der zu den $\mathfrak{b}_i$ reziproken Vektoren $\mathfrak{p}_i$ lösen. Für die reziproken Burgers-Vektoren gilt

$$\mathfrak{p}_i \mathfrak{b}_k = \delta_{ik}; \qquad i, k = 1, 2, 3\,. \tag{94.11}$$

Die Auflösung der Gl. (94.10) ist, wie man leicht nachprüft, im Falle $\nu = 3$ gegeben durch

$$\mathfrak{N}_i = \mathfrak{n}\, \mathfrak{n} \cdot [\mathfrak{p}_i \times \mathfrak{l}] - \mathfrak{p}_i \times \mathfrak{l}; \qquad i = 1, 2, 3\,. \tag{94.12}$$

Gl. (94.12) besagt, daß $\mathfrak{N}_i$ die Projektion von $\mathfrak{l} \times \mathfrak{p}_i$ auf die Korngrenze ist.

Die Gl. (94.12) gibt bei gegebenen Burgers-Vektoren $\mathfrak{b}_1, \mathfrak{b}_2, \mathfrak{b}_3$ die Versetzungsverteilung in einer Korngrenze an. Dieses Ergebnis ist zunächst nur formaler Natur, da daraus noch nicht folgt, daß eine Korngrenze tatsächlich in der angegebenen Weise aus Versetzungen aufgebaut ist. Eine notwendige Voraussetzung ist hierfür, daß der Abstand D_i der einzelnen Versetzungslinien in der Korngrenze groß genug ist, um eine Unterscheidung zwischen den einzelnen Versetzungslinien zu ermöglichen. Dies zeigt Fig. 147, die mehrere Korngrenzen im Seifenblasenmodell wiedergibt. Von diesen ist jedoch nur eine einzige aus einer Folge von Versetzungen aufgebaut. Bei den übrigen Korngrenzen in Fig. 147 ist der Orientierungsunterschied ϑ so groß, daß man keine individuellen Versetzungen mehr unterscheiden kann. An die Stelle der Versetzungen tritt eine Folge von Gebieten guter und schlechter Passung („fit and misfit"). Die Fig. 148a bis d zeigen den allmählichen Übergang von einer aus Versetzungslinien aufgebauten Korngrenze bei kleinem ϑ zu einer unkristallographisch aufgebauten Großwinkel-Korngrenze bei größerem ϑ[1].

In Fig. 147 und ebenso in Fig. 148 sind die Körner auf beiden Seiten der Korngrenze gegeneinander *geneigt* (englisch: „tilted"), d.h., um eine in der Korngrenze liegende Achse gegeneinander verdreht. In den vorliegenden einfachen Fällen sind sie aus einer einzigen Art von Stufenversetzungen aufgebaut. Daß eine derartige Anordnung „übereinanderstehender" Stufenversetzungen kein weitreichendes Spannungsfeld erzeugt, also die notwendige Bedingung für eine Korngrenze erfüllt, ist schon in Ziff. 57 dargelegt worden.

Natürlich ist es nicht immer möglich, eine Korngrenze zwischen gegeneinander geneigten Körnern aus einer einzigen Art von Versetzungslinien aufzubauen. Ein etwas komplizierteres Beispiel gibt Fig. 149, in der zwei Arten von Versetzungslinien benötigt werden.

Fig. 147. Verschiedene Arten von Korngrenzen im Seifenblasenmodell (nach C. S. Smith).

Der andere Extremfall ist derjenige von zwei gegeneinander *verschränkten* (engl. „twisted") Körnern, bei dem die Drehachse senkrecht zur Korngrenze steht. Im einfachsten Falle ist es hier möglich, die Korngrenze aus zwei sich überkreuzenden Scharen von Schraubenversetzungen aufzubauen, wie dies für das einfache kubische Gitter in Fig. 150 dargestellt ist[2]. In der Regel können jedoch Korngrenzen zwischen verschränkten Körnern nicht auf so einfache Weise zustande kommen. Man benötigt vielmehr im allgemeinen kompliziertere Anordnungen von einander überkreuzenden Scharen von parallelen Versetzungslinien[3].

---

[1] Ausführliche Untersuchungen über statische und dynamische Eigenschaften von Korngrenzen im Seifenblasenmodell haben E. Fukushima u. A. Ookawa [J. Phys. Soc. Japan **8**, 129, 280, 609 (1953)] ausgeführt.

[2] Daß man hier nicht mit einer einzigen Schar von Schraubenversetzungen auskommt, sondern mindestens zwei sich überkreuzende Scharen, also ein ebenes Netzwerk benötigt, wurde schon in Ziff. 57 erwähnt.

[3] Siehe hierzu die Ausführungen in Ziff. 57 sowie bei F. C. Frank [*13*], S. 159.

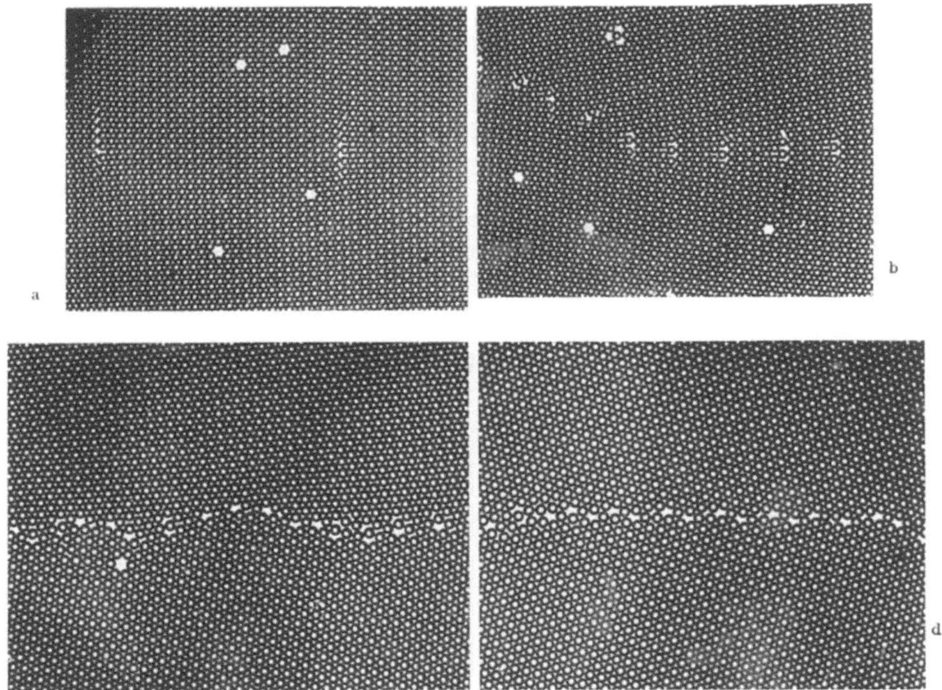

Fig. 148a—d. Allmähliche Änderung des Korngrenzencharakters im Seifenblasenmodell mit zunehmendem Orientierungs-unterschied ϑ (nach LOMER und BRAGG). a $\vartheta = 2°$; b $\vartheta = 10°$; c $\vartheta = 20°$; d $\vartheta = 35°$.

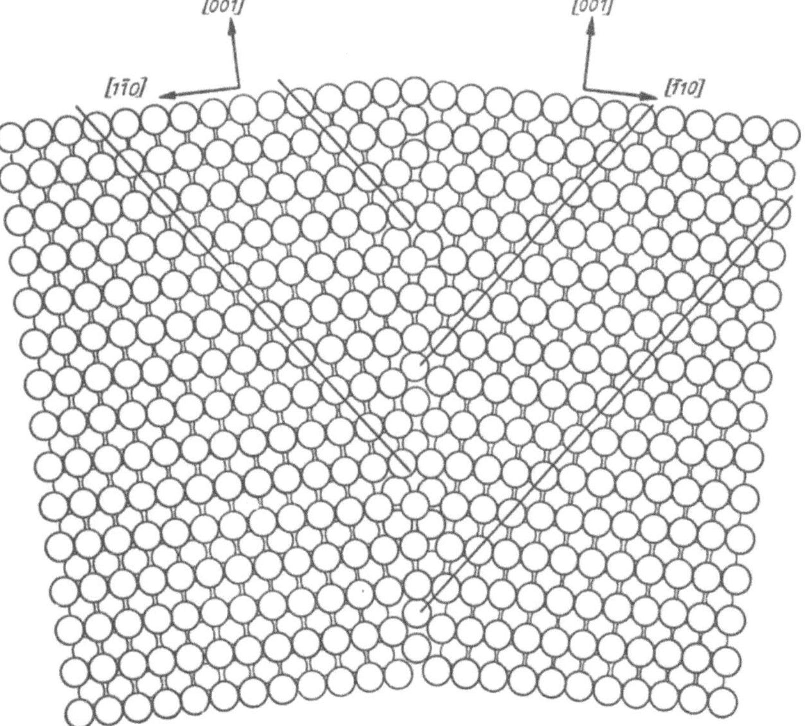

Fig. 149. Schnitt parallel zur (110)-Ebene durch eine Korngrenze im kubisch-flächenzentrierten Gitter. Die Korngrenze vermittelt zwischen zwei um die [110]-Richtung gegeneinander geneigten Körnern (nach ST. HARPER — entnommen aus R. EBORALL, Symposium on creep and fracture of metals at high temperatures, Teddington 1954, paper No. 17).

95. Spezifische Energie der Korngrenzen. Aus den Erörterungen von Ziff. 95 über die Geometrie der Korngrenzen geht hervor, daß eine Korngrenze insgesamt fünf Freiheitsgrade besitzt, nämlich zwei für die Richtung $\mathfrak{l}$ der Drehachse, einen für den Drehwinkel ϑ und zwei für die Richtung der Korngrenzennormalen $\mathfrak{n}$. Im allgemeinen Falle werden die zu einer Korngrenze gehörenden Versetzungsanordnungen sehr kompliziert sein. Einfache Verhältnisse, die eine explizite Berechnung der Korngrenzenenergie gestatten, wird man nur dann erwarten können, wenn über einige dieser fünf Parameter in geeigneter Weise verfügt worden ist. Will man das Versetzungsbild für eine Berechnung der spezifischen Korngrenzenenergie benützen, so hat man sich auf nicht allzu große Orientierungsunterschiede ϑ zu beschränken, da andernfalls die Korngrenze sich nicht mehr aus einzelnen

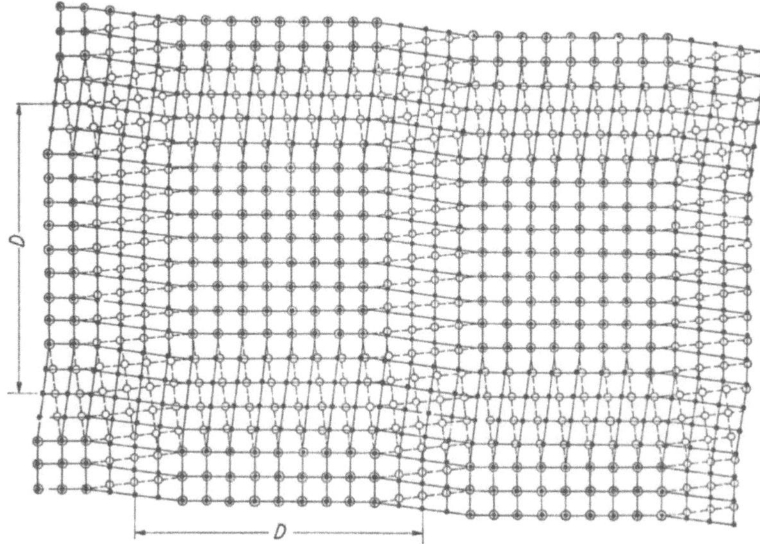

Fig. 150. Korngrenze im kubisch-primitiven Gitter zwischen zwei um eine Würfelachse (senkrecht zur Zeichenebene) gegeneinander verschränkten Kristalliten (nach J. H. VAN DER MERWE [Proc. Phys. Soc. Ser. A, 63, 616 (1950)] und W. T. READ [53]).

unterscheidbaren Versetzungslinien aufbauen läßt, sondern eine weniger leicht übersehbare Struktur besitzt (vgl. Fig. 147 und 148). Eine Beschränkung auf kleine ϑ ist in der üblichen elastizitätstheoretischen Behandlungsweise ferner deswegen notwendig, weil die elastizitätstheoretischen Ergebnisse über die Wechselwirkung benachbarter Versetzungen sicher dann ihre Gültigkeit zu verlieren beginnen, wenn die Versetzungen weniger als drei bis vier Atomabstände voneinander entfernt sind.

Die *spezifische Korngrenzen-Energie* ist definiert als die pro Flächeneinheit der Korngrenze gegenüber einem Einkristall zusätzlich vorhandene freie Energie. Wie READ und SHOCKLEY[1] mit den in Ziff. 61 benützten Argumenten gezeigt haben, ist, abgesehen von der Temperaturabhängigkeit der elastischen Konstanten, der Unterschied zwischen der freien Energie und der inneren Energie bei einer aus Versetzungen aufgebauten Korngrenze gering. Wir können uns deshalb auf die Diskussion der Verhältnisse am absoluten Nullpunkt beschränken.

READ und SHOCKLEY[2] konnten zeigen, daß sich für eine in der in Fig. 151 angegebenen einfachen Weise aus Stufenversetzungen aufgebauten Korngrenze die spezifische Korngrenzenenergie nach der Elastizitätstheorie der Versetzungen

---

[1] W. T. READ u. W. SHOCKLEY: [1], S. 352.
[2] W. T. READ u. W. SHOCKLEY: [4], S. 124. — Phys. Rev. **78**, 275 (1950).

(Abschnitt C II a) zu

$$E(\vartheta) = E_0 \vartheta \left(1 - \log \frac{\vartheta}{\vartheta_{\max}}\right) \tag{95.1}$$

ergibt. Der Verlauf von $E(\vartheta)$ ist in Fig. 152 dargestellt. E_0 ist eine von den elastischen Konstanten des Kristalls abhängende Größe, während $\vartheta_{\max}$ im wesentlichen durch die Energie und die Struktur des Versetzungskerns bestimmt ist. Solange man sich auf elastizitätstheoretische Rechnungen beschränkt, ist $\vartheta_{\max}$ ein an die Messungen anzupassender verfügbarer Parameter.

Die physikalische Bedeutung von Gl. (95.1) wird dadurch deutlicher, daß man sie in der Form

$$E(\vartheta) = E_0 \vartheta (A - \log \vartheta) \tag{95.2}$$

schreibt. Das Glied $E_0 \vartheta \log \vartheta$ gibt die Energie der elastischen Wechselwirkung zwischen den Versetzungen in der Korngrenze wieder. Der Faktor $\log \vartheta$ tritt

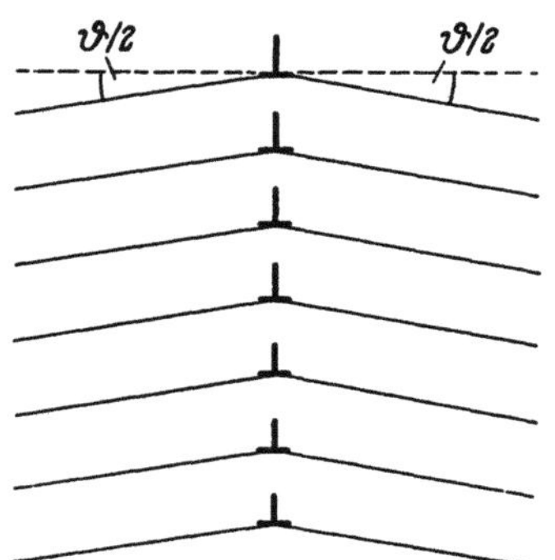

Fig. 151. Aus Stufenversetzungen aufgebaute „symmetrische" Korngrenze zwischen zwei gegeneinander geneigten Körnern mit Orientierungsunterschied ϑ.

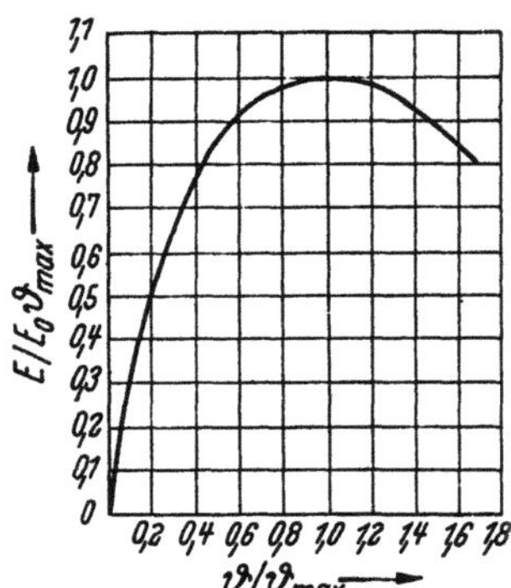

Fig. 152. Abhängigkeit der Korngrenzenenergie $E(\vartheta)$ vom Orientierungsunterschied ϑ nach Read und Shockley.

auf, weil die Energie einer einzelnen Versetzung logarithmisch divergiert (Ziff. 56) und somit auch $E(\vartheta)/\vartheta$, das dieser Energie proportional ist, für $\vartheta \to 0$ logarithmisch divergieren muß. Das Glied $E_0 \vartheta A$, das bei kleinen Korngrenzenwinkeln der Dichte der Versetzungen in der Korngrenze proportional ist, enthält im wesentlichen den Beitrag der Versetzungskerne zur Korngrenzenenergie.

Die eben skizzierten Überlegungen über das Zustandekommen der einzelnen Glieder kann man auch auf allgemeine Korngrenzen anwenden, wobei sich ebenfalls ein Ausdruck der Form (95.2) ergibt. Die Größen E_0 und A hängen natürlich dann von der kristallographischen Orientierung der Korngrenzen und den Einzelheiten des Versetzungsmodells ab. Da die oben erwähnten fünf Parameter einer Korngrenze bei den meisten praktisch interessierenden Kristallstrukturen das Versetzungsmodell der Korngrenze nicht eindeutig bestimmen, ergeben sich je nach dem gewählten Modell verschiedene spezifische Korngrenzenenergien. Das richtige, d.h. der Wirklichkeit am besten entsprechende Modell ist dasjenige, das die niedrigste Korngrenzenenergie ergibt.

Quantitative Vergleiche der Gl. (95.1) mit der Erfahrung sind wiederholt durchgeführt worden. Beim üblichen Verfahren wird $E(\vartheta)/\vartheta$ gegen $\log \vartheta$ aufgetragen. In einer ganzen Reihe von Beispielen[1] lagen hierbei die Meßpunkte auf

---

[1] Siehe hierzu die Darstellungen von B. Chalmers: [68]; C. S. Smith: [12], S. 11; W. T. Read u. W. Shockley: [10], Kap. 2—9. Es handelt sich hierbei vor allem um Messungen an α–Fe+3,3% Si [C. G. Dunn u. F. Lionetti: Trans. Amer. Inst. Min. Metallurg. Engrs. 185, 125 (1949); C. G. Dunn, F. W. Daniels u. M. J. Bolton: Trans. Amer. Inst. Min. Metallurg. Engrs. 188, 1245 (1950) — s. Fig. 153], an Sn [K. T. Aust u. B. Chalmers: Proc. Roy. Soc. Lond., Ser. A 201, 210 (1950) — s. Fig. 156a] und an Pb [K. T. Aust u. B. Chalmers: Proc. Roy. Soc. Lond., Ser. A 201, 359 (1950) — s. Fig. 156b].

einer Geraden, wie dies Gl. (95.1) verlangt (vgl. Fig. 153). In den meisten Fällen handelt es sich allerdings lediglich um einen Vergleich der Meßwerte mit der *Form* der Beziehung (95.1), da die Größe ϑ_{max} durch die üblichen elastizitätstheoretischen Betrachtungen nicht erhalten werden kann und die Messungen häufig nur Relativmessungen sind, also keine Aussagen über die absolute Größe der Korngrenzenenergie und damit über die Konstante E_0 machen. Außerdem ist fast immer die kristallographische Orientierung der Korngrenze gegenüber den Kristallen etwas unsicher, so daß selbst bei bekannten Absolutwerten der Korngrenzenenergie ein quantitativer Vergleich nur im Rahmen einer gewissen Unsicherheit möglich ist.

Zu einem quantitativen Vergleich der *Absolutgröße* der Korngrenzenenergie eignen sich besonders die Messungen von Greenough und King[1], die von Read [53] ausführlich diskutiert worden sind. Fig. 154 zeigt die Meßpunkte von

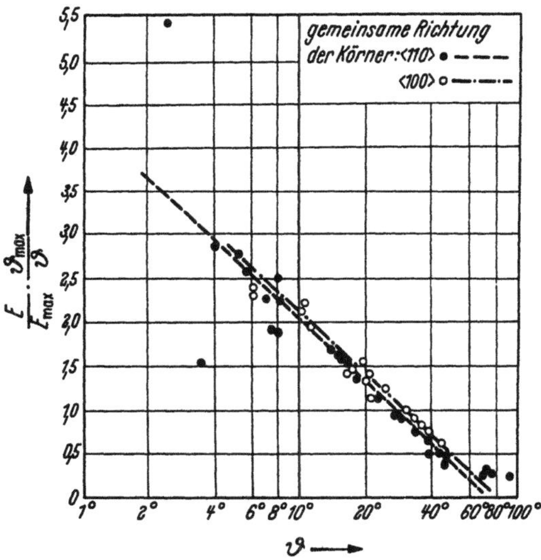

Fig. 153. Abhängigkeit der relativen Korngrenzenenergie vom Orientierungsunterschied ϑ bei Silicium-Eisen nach Dunn u. a. Die Nachbarkörner sind gegeneinander geneigt um eine gemeinsame ⟨110⟩- bzw. ⟨100⟩-Richtung.

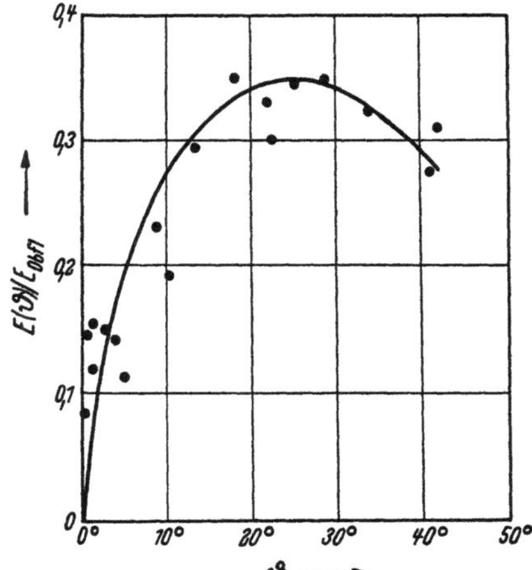

Fig. 154. Vergleich der absoluten Werte der Korngrenzen-Energie $E(\vartheta)$ bei Silber (A. P. Greenough und R. King) mit den theoretischen Berechnungen (nach Read und Shockley [10]). Als Bezugsgröße für $E(\vartheta)$ wurde die Oberflächenenergie E_{Obfl} von Silber verwendet.

Greenough und King zusammen mit einer theoretischen Kurve, die mit Hilfe der experimentellen Werte der elastischen Konstanten, einem experimentell bestimmten Wert $\vartheta_{max} = 25°$ sowie mit gewissen Mittelungen, um der nur teilweise bekannten kristallographischen Orientierung der Korngrenzen Rechnung zu tragen, aus Gl. (95.1) entnommen wurde. Während die Übereinstimmung der *Form* der Kurve wegen der starken Streuung der Meßwerte weniger gut als bei anderen Bestimmungen[2] ist, wird die *absolute Größe* der Meßwerte recht gut wiedergegeben. Wegen einer kritischen Diskussion dieses Ergebnisses sowie einer Erörterung von Absolutmessungen an anderen Metallen sei auf Read [53] verwiesen.

Es ist überraschend, bis zu welch großen Winkeln der experimentelle Verlauf von $E(\vartheta)$ durch Gl. (95.1) wiedergegeben wird. Von den bisher untersuchten Fällen liegen die Verhältnisse in dieser Hinsicht bei den Korngrenzen in Silicium-

---

[1] A. P. Greenough u. R. King: J. Inst. Met. **79**, 415 (1951).
[2] Siehe die oben erwähnten Messungen an Fe, Sn und Pb, S. 652, Fußnote 1.

Eisen am extremsten, wo die Meßpunkte bis etwa $\vartheta = 45°$, also weit über $\vartheta_{max} = 30°$ hinaus, gut durch Gl. (95.1) dargestellt werden. Es braucht nicht eigens betont zu werden, daß die bei der Ableitung von Gl. (95.1) gemachten Voraussetzungen bei derart großen Orientierungsunterschieden und der entsprechenden dichten Packung der Versetzungen in der Korngrenze ihre Gültigkeit längst verloren haben.

Für die eben erwähnte Tatsache, daß die Messungen der Korngrenzenenergie in Silicium-Eisen bis zu sehr großen ϑ sehr gut durch die elastizitätstheoretische Gl. (95.1) wiedergegeben werden, ist vor allem das Maximum von E für $\vartheta = \vartheta_{max}$ in der Beziehung (95.1) wesentlich (vgl. Fig. 152). Dieses Maximum tritt nicht nur bei elastizitätstheoretischer Behandlungsweise, sondern auch bei einer Berechnung mit Hilfe des Peierlsschen Modells[1] auf. Fig. 155 zeigt dies am Beispiel einer einfachen Korngrenze von der in Fig. 151 dargestellten

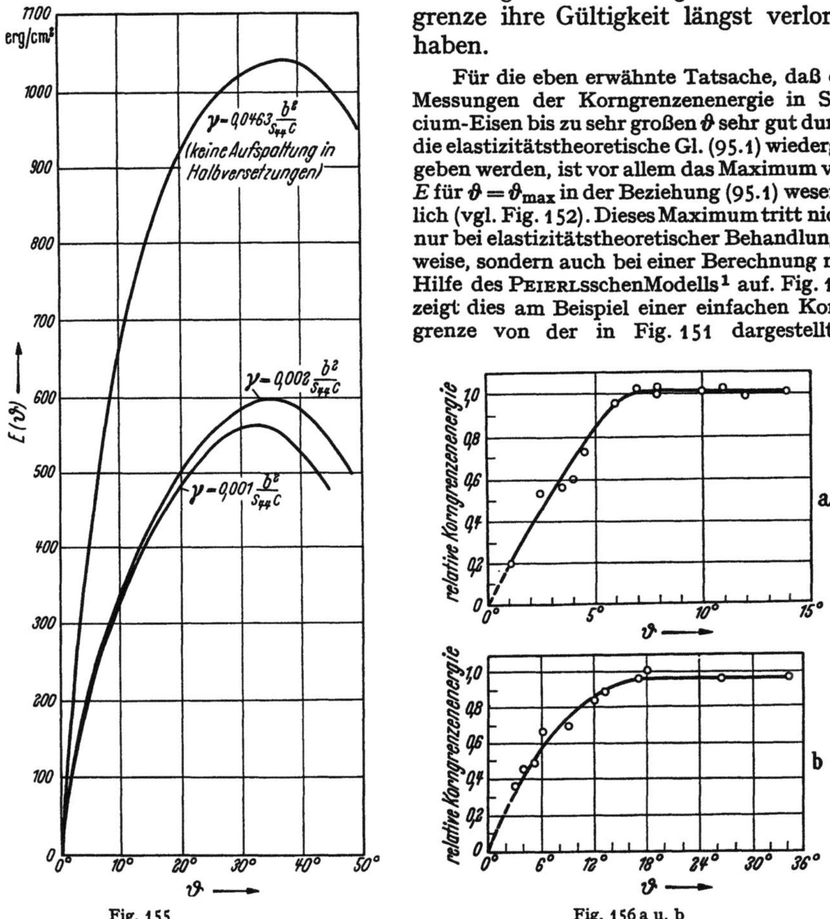

Fig. 155   Fig. 156a u. b

Fig. 155. $E(\vartheta)$ für eine symmetrische Korngrenze wie in Fig. 151, auf Grund des Peierlsschen Modells berechnet. Die numerischen Angaben beziehen sich auf Stufenversetzungen in der Basisebene von hexagonalem Kobalt mit der Stapelfehlerenergie γ als Parameter.

Fig. 156a u. b. Abhängigkeit der Korngrenzenenergie vom Orientierungsunterschied ϑ bei Zinn (a) und Blei (b) nach Aust und Chalmers.

Art. Die dabei verwendeten elastischen Konstanten beziehen sich auf hexagonales Kobalt. Die einzelnen Stufenversetzungen liegen in der hexagonalen Basisebene und sind mit der in Ziff. 73 besprochenen Methode behandelt. Diese Behandlungsweise, die natürlich bei allzu großen Winkeln ϑ ebenfalls versagt, sollte bei mittleren Winkeln ϑ genauer als die elastizitätstheoretische sein. Der Grund dafür ist, daß das benützte Variationsverfahren die in den Fig. 148a und b deutlich zu erkennende Abhängigkeit der Versetzungsweite σ (und im vorliegenden Falle natürlich auch der Aufspaltung 2η in Halbversetzungen) vom Orientierungsunterschied ϑ zu berücksichtigen gestattet. Dies führt tatsächlich für größere Winkel ϑ zu Abweichungen

---

[1] A. Seeger u. R. Hörnig: Unveröffentlicht. — R. Hörnig: Diplomarbeit Stuttgart 1955.

von Gl. (95.1); außerdem ergibt sich bei der vorliegenden Rechnung ein ganz bestimmter Wert für ϑ_{max}, der nur in geringem Maße von der zugrunde gelegten Stapelfehlerenergie abhängt und etwa bei 35° liegt.

Im Gegensatz zu den Messungen an Silicium-Eisen zeigen jene an Blei und Zinn das Absinken der $E(\vartheta)$ Kurve bei größeren ϑ nicht. Bei den Messungen an Zinn ist $E(\vartheta)$ für $\vartheta \geq 7°$ und bei den Messungen an Pb für $\vartheta \geq 17°$ etwa konstant (Fig. 156). Auch bei Korngrenzen in Silber[1] ergab sich bei großen Orientierungsunterschieden fast gar keine Abhängigkeit der Korngrenzenenergie von ϑ. Sieht man von Zwillingsorientierungen, bei denen die beiden Körner kohärent aufeinanderpassen und bei denen sich deshalb eine besonders niedrigere spezifische Grenzflächenenergie ergibt, ab, so darf man die Konstanz der spezifischen Korngrenzenenergie bei größeren ϑ wohl als typisch für viele Metalle ansehen. READ[2] hat ein einfaches Modell angegeben, das tatsächlich eine von ϑ nicht abhängende Korngrenzenenergie ergibt.

Als Grenzfall betrachtet READ zunächst eine Korngrenze in einem Kristall, dessen Atome als starre, durch einen hydrostatischen Druck p in dichtester Packung zusammengehaltene Kugeln aufgefaßt werden können. Während eine einzelne Versetzung unter diesen Bedingungen eine sehr große Weite besitzt (vgl. Ziff. 76), erwartet man für eine Korngrenze mit endlichem ϑ die in Fig. 157 dargestellte Konfiguration, also einen Aufbau aus sehr engen Versetzungen. Wie man sieht, treten bei endlichem ϑ „Hohlräume" in den Korngrenzen auf, bei deren Schaffung Arbeit gegen den Druck p zu leisten ist. Wird das Hohlraumvolumen pro Flächeneinheit der Korngrenze mit ΔV bezeichnet, so ist die spezifische Korngrenzenenergie durch

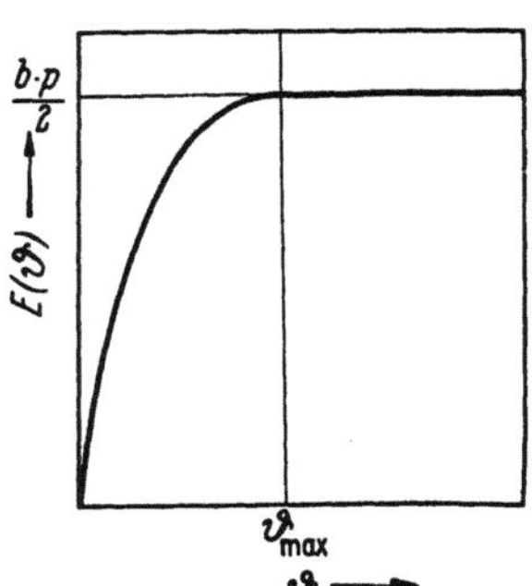

Fig. 157. READsches Modell für eine Großwinkelkorngrenze in einem aus sehr „harten" Atomen aufgebauten Kristall.

$$E = p\,\Delta V = p\,\frac{bD}{2}\,\frac{1}{D} = \frac{1}{2}\,bp \qquad (95.3)$$

gegeben, also unabhängig von ϑ. Die Funktionen $E(\vartheta)$ springt also in diesem Modell vom Wert $E(0) = 0$ auf einen konstanten durch Gl. (95.3) gegebenen Wert für endliche ϑ.

Sind die Kugeln im READschen Modell nicht vollkommen starr, sondern etwas kompressibel, so wird dieser Anstieg von $E(\vartheta)$ allmählich stattfinden[3], und zwar gemäß Gl. (95.1). Nimmt man die Gültigkeit des elastizitätstheoretischen Versetzungsmodells für $\vartheta \leq \vartheta_{max}$ und diejenige der Gl. (95.3) für $\vartheta > \vartheta_{max}$ an, so erhält man den in Fig. 158 dargestellten Verlauf. Dieser stimmt recht gut mit den oben zitierten Beobachtungen an Sn und Pb überein.

Fig. 158. Schematischer Verlauf von $E(\vartheta)$ im Korngrenzenmodell Fig. 157.

Die vorstehenden Erörterungen über die Abhängigkeit der Korngrenzenenergie vom Orientierungsunterschied ϑ der Körner zusammenfassend kann man sagen, daß sich für kleine ϑ der beobachtete Verlauf der Korngrenzenenergie $E(\vartheta)$

---

[1] A. P. GREENOUGH u. R. KING: J. Inst. Met. 79, 415 (1951).

[2] W. T. READ: [53], S. 172. — Conference on Mechanical Effects of Dislocations in Crystals. Birmingham 1954.

[3] Vgl. die ganz ähnlichen Verhältnisse bei der Diskussion der theoretischen Schubspannungs-Abgleitungsbeziehung an einem Idealkristall im Artikel Kristallplastizität, Ziff. 4.

durch das Versetzungsmodell sehr gut wiedergeben läßt und daß dieses hier sicher ein zuverlässiges Bild der wirklichen Verhältnisse gibt. Für die in einer Reihe von Fällen beobachtete Konstanz von $E(\vartheta)$ bei größeren ϑ (mit Ausnahme der besonders ausgezeichneten Zwillingsorientierungen) besitzt man wenigstens ein grundsätzliches Verständnis. Die Einzelheiten der Korngrenzenstruktur sind in diesem Bereich von ϑ allerdings noch nicht voll verstanden. Es wurden von verschiedenen Autoren (T'ING SUI KÊ, N. F. MOTT, R. SMOLUCHOWSKI) Modelle für Großwinkelkorngrenzen vorgeschlagen, die durch gewisse experimentelle Resultate über das Verhalten von Korngrenzen (Beweglichkeit, mechanische Relaxation, Korngrenzendiffusion) inspiriert waren. Da es jedoch als sicher erscheint, daß keines dieser Modelle die bis heute bekannten wichtigsten Eigenschaften von Großwinkelkorngrenzen in ihrer Gesamtheit wiederzugeben vermag, verzichten wir an dieser Stelle auf ihre ausführliche Erörterung. Wir werden auf die verschiedenen Modelle bei der Besprechung der mit ihnen zusammenhängenden Experimente in den beiden folgenden Ziffern zurückkehren. Wegen einer Darstellung der historischen Entwicklung der Vorstellungen über die Natur der Korngrenzen (Theorie des „amorphen Korngrenzen-Zements" und Theorie des „Übergangsgitters") sei auf die Berichte von CHALMERS und Mitarbeitern[1] hingewiesen.

96. Die Beweglichkeit der Korngrenzen. Über die Beweglichkeit der Korngrenzen liegen verhältnismäßig umfangreiche experimentelle Ergebnisse vor, die vor allem aus Beobachtungen über das Kornwachstum bei der Rekristallisation stammen[2]. Sie beziehen sich überwiegend auf sog. *Großwinkel-Korngrenzen*, bei denen sich die Korngrenzenstruktur ja nicht aus dem Versetzungsmodell ergibt. Dies hat statistische Gründe. Korngrenzen, bei denen *alle* auftretenden Orientierungsunterschiede zwischen den beiden Nachbarkörnern hinreichend klein sind und die allein durch das Versetzungsmodell in befriedigender Weise beschrieben werden können, sind viel seltener als Korngrenzen, bei denen in mindestens einer Richtung eine starke Verdrehung der Körner gegeneinander stattgefunden hat. Während man die Bewegungsmöglichkeiten der Kleinwinkel-Korngrenzen theoretisch dank der Untersuchungen von SHOCKLEY und READ verhältnismäßig gut übersieht, ist die theoretische Interpretation der Beobachtungen an Großwinkel-Korngrenzen noch sehr im Fluß.

α) *Kleinwinkel-Korngrenzen.* Der einfachste, bei der Bewegung von Kleinwinkel-Korngrenzen auftretende Fall wurde schon in Ziff. 87 behandelt. Die Korngrenze ist, wie in den Fig. 137 und 151 dargestellt, aus nur einem einzigen Versetzungstyp aufgebaut und kann sich senkrecht zu sich selbst durch Gleitbewegungen der Versetzungen leicht bewegen. Diese Gleitmöglichkeit ist durch die in Ziff. 87 besprochenen Experimente von PARKER, WASHBURN und Mitarbeitern nachgewiesen (vgl. Fig. 139).

In komplizierten Fällen, bei denen die Korngrenzen verschiedene Arten von Versetzungen enthalten, gibt es zwei hauptsächliche Bewegungstypen, wegen deren genauerer Erörterung auf die Literatur[3] verwiesen sei. Führen die Versetzungen mit verschiedenen Gleitebenen unter der Wirkung äußerer Kräfte konservative Bewegungen aus, so spaltet sich die Korngrenze in der in Fig. 159 dargestellten Weise auf. Von Sonderfällen abgesehen, müssen dabei die äußeren Kräfte gegen die Anziehung der beiden neu entstandenen Korngrenzen Arbeit leisten. Die andere Möglichkeit ist, daß eine solche Aufspaltung der Korngrenze *nicht* auftritt

---

[1] R. KING u. B. CHALMERS: [*67*]. — K. T. AUST u. B. CHALMERS: [*7*], S. 153.

[2] Siehe die modernen Zusammenfassungen von J. E. BURKE u. D. TURNBULL: Progr. Met. Phys. **3**, 220 (1952). — P. A. BECK: [*7*], S. 208. — P. A. BECK: Adv. Physics **3**, 245 (1954).

[3] W. T. READ: [*53*]. — W. T. READ u. W. SHOCKLEY: [*10*], Kap. 2.

und sich die Korngrenze senkrecht zu sich selbst bewegt. In diesem Falle müssen jedoch bei Vorhandensein von zwei Arten von Versetzungen mit verschiedenen Gleitebenen die Versetzungen auch nichtkonservative Bewegungen ausführen. Die Beweglichkeit der Korngrenze ist dann vor allem durch die Geschwindigkeit der Diffusion von Leerstellen oder Zwischengitteratomen von der einen Versetzungsart zur anderen bestimmt. Der Diffusionsweg, den die atomaren Fehlstellen zurückzulegen haben, ist dem Abstand zwischen den Versetzungen in der Korngrenze proportional. Dadurch wird die experimentelle Beobachtung verständlich, daß Korngrenzen niedriger Energie im allgemeinen eine geringere Beweglichkeit als solche höherer Energie aufweisen[1].

β) *Großwinkel-Korngrenzen.* Neben den schon oben erwähnten Beobachtungen über das Kornwachstum haben vor allem anelastische Messungen[2] und Kriechmessungen zur Kenntnis der Bewegungsmöglichkeiten von Großwinkel-Korngrenzen, also nicht aus wohlunterscheidbaren Versetzungslinien aufgebauten Korngrenzen, beigetragen.

Fig. 159. Aufspaltung einer aus verschiedenartigen Versetzungen zusammengesetzten Korngrenze bei deren konservativer Bewegung. Zwischen den beiden neu gebildeten Versetzungswänden (gestrichelt gezeichnet) entsteht ein stark verformtes Zwischengebiet, das eine Anziehung zwischen den beiden Versetzungswänden vermittelt.

Die Untersuchungen der Korngrenzen-Anelastizität gehen vor allem auf CL. ZENER und T'ING-SUI-KÊ[3] zurück und umfassen das Studium der sog. „Korngrenzen-Viscosität" durch Kriechversuche, Bestimmung der inneren Reibung, der Relaxation des Schubmoduls und der Spannungsrelaxation in Vielkristallen. Die mit den verschiedenen Methoden gewonnenen Ergebnisse stehen zweifellos in einem inneren Zusammenhang miteinander. Tabelle 27 gibt für einige Metalle und Legierungen die jeweils mit mehreren der eben genannten Methoden gemessene Aktivierungsenergie für die Korngrenzen-Relaxation sowie die Aktivierungsenergie für die Volumen-Selbstdiffusion wieder.

T'ING-SUI-KÊ schloß aus diesen Daten, daß die Aktivierungsenergie für die Korngrenzendiffusion und die Korngrenzenrelaxation dieselbe seien. Er entwickelte die als Kêsches Korngrenzenmodell

Tabelle 27. *Vergleich der Aktivierungsenergien der Volumen-Selbstdiffusion und der Korngrenzen-Relaxation.* Der mit * bezeichnete Wert für Cu wurde von *W.* KÖSTER, L. BANGERT und W. LANG, Z. Metallkde. 46, 84 (1955) gemessen und stand somit bei T'ING-SUI-KÊ's theoretischen Untersuchungen über das Korngrenzenmodell noch nicht zur Verfügung.

Metall bzw. Legierung	Aktivierungsenergie der Volumdiffusion (kcal)	Aktivierungsenergie der Korngrenzenrelaxation (kcal)
α-Messing (29% Zn)	41,7	41,0
α-Eisen	78,0	85,0
Aluminium	33,0	34,5
Kupfer	48,0	32,0*

bekannte Anschauung[4], daß die Korngrenzen aus kleinen Bereichen fehlgeordneter Atome bestünden, die im wesentlichen einer einzelnen, eventuell etwas „verschmierten" Gitterlücke äquivalent seien. Das Korngrenzenfließen sollte in Diffusionsschritten einzelner Atome bestehen und deshalb die Aktivierungsenergie

---

[1] P. A. BECK: Adv. Physics **3**, 245 (1954), insbes. § 4.5.
[2] CL. ZENER: Elasticity and Anelasticity of Metals, University of Chicago Press 1948.
[3] Siehe die zusammenfassenden Literaturangaben bei K. LÜCKE [*66*].
[4] T'ING SUI KÊ: J. Appl. Phys. **19**, 285 (1948).

der Selbstdiffusion, und zwar derjenigen im Kristallinnern, besitzen. Er zeigte, daß nach diesem Modell einer Korngrenze eine scheinbare Viscosität

$$\eta = \text{const} \cdot kT \cdot \exp\left(+\frac{Q}{kT}\right) \qquad (96.1)$$

zukommt, wobei die Aktivierungsenergie Q zumindest näherungsweise gleich der Aktivierungsenergie der Selbstdiffusion sein sollte. Wiederholt wurde darauf hingewiesen[1], daß sich die letztgenannte Auffassung bei einer etwas genaueren Analyse der experimentellen Ergebnisse nicht aufrecht erhalten lasse. Am einfachsten sieht man dies an dem in Tabelle 27 aufgeführten Beispiel von Kupfer und α-Messing. Bei reinem Kupfer sind die Aktivierungsenergien für die Korngrenzenviscosität und für die Selbstdiffusion sehr stark voneinander verschieden. Mit wachsenden Zulegierungen nähern sie sich jedoch einander, und zwar derart, daß sie bei dem von T'ing-Sui-Kê betrachteten 71—29-Messing zufällig etwa gleich sind.

Die Beobachtungen über die Existenz einer scheinbaren Korngrenzenviscosität hat Mott[2] mit Hilfe des sog. Inselmodells der Korngrenzen zu deuten versucht. Mott stellt sich eine Korngrenze als aus „Inseln" von n Atomen bestehend vor, in denen eine gute Passung der benachbarten Körner vorhanden ist und die durch sie umgebende Bereiche fehlgeordneter Atome voneinander getrennt sind. Der Elementarschritt einer Verschiebung der Nachbarkörner gegeneinander soll die Überführung einer solchen Insel in den ungeordneten Zustand sein, wozu als Aktivierungsenergie das n-fache der Schmelzwärme L pro Atom notwendig ist. Es ergibt sich dann für die Geschwindigkeit v, mit der sich die Körner auf Grund einer über die Korngrenze hinweg wirkenden Schubspannung τ gegeneinander verschieben, ein Ausdruck der Form

$$v = \text{const} \frac{1}{kT} \cdot \exp\left(-\frac{nL}{kT}\right) \cdot \tau, \qquad (96.2)$$

der mit einer scheinbaren Viscosität gemäß Gl. (96.1) gleichwertig ist. Die Aktivierungsenergie ist vor allem durch die Zahl n bestimmt, die im Falle von Aluminium für $n = 14$ Übereinstimmung mit dem Experiment liefert. Wie Nowick[3] betont hat, ist es sehr unbefriedigend, daß die experimentellen Ergebnisse an verschieden vorbehandeltem Material ein einheitliches n fordern, während man vom theoretischen Standpunkt aus eine starke Abhängigkeit von der Korngrenzenorientierung und damit auch von der Vorgeschichte (Kaltverformung—Rekristallisation) des untersuchten Polykristalls erwarten sollte. Die in der nächsten Ziffer zu besprechenden Ergebnisse über die Anisotropie der Korngrenzendiffusion, die zur Aufstellung eines weiteren Korngrenzenmodells (sog. „Stab-Modell") geführt haben, sprechen für eine Beschränkung des Anwendbarkeitsbereichs des Inselmodells auf sehr große Orientierungsunterschiede.

Bevor wir auf die Untersuchungen der Korngrenzenstruktur mit Hilfe der Diffusion in Korngrenzen näher eingehen, sei noch erwähnt, daß sich Großwinkelkorngrenzen unter der Wirkung von mechanischen Spannungen in der Tat wie in Fig. 138 angedeutet verhalten. Während die bei den anelastischen Messungen von T'ing-Sui-Kè auftretenden Verschiebungen benachbarter Körner gegeneinander nur von der Größenordnung weniger Atomabstände waren, haben mikroskopische Beobachtungen an Zweikristallen[4,5] bei Kriechexperimenten den direkten

---

[1] Besonders von A. S. Nowick: [7], S. 248.
[2] N. F. Mott: Proc. Phys. Soc. Lond. **60**, 391 (1948).
[3] A. S. Nowick: [7], S. 248.
[4] R. King, R. W. Cahn u. B. Chalmers: Nature, Lond. **161**, 682 (1948).
[5] K. E. Puttick u. R. King: J. Inst. Met. **80**, 537 (1951/52).

Nachweis der Parallelverschiebung von Körnern entlang der Korngrenzen ergeben und somit zusammen mit den in Ziff. 87 besprochenen Untersuchungen experimentell den strukturellen Unterschied zwischen Kleinwinkel-Korngrenzen und Großwinkel-Korngrenzen demonstriert.

97. Korngrenzendiffusion. Fremddiffusion und Selbstdiffusion in Kristallen erfolgen entweder unter der Mitwirkung von Eigenfehlstellen oder durch direkten Platzwechsel benachbarter Atome. Man sollte deshalb erwarten, daß Diffusionsprozesse durch räumlich ausgedehnte fehlgeordnete Gebiete, wie sie z.B. in Versetzungslinien und Korngrenzen vorliegen, unter Umständen erleichtert werden können. Dies ist durch Arbeiten insbesondere von SMOLUCHOWSKI und Mitarbeitern[1], TURNBULL und Mitarbeitern[2] sowie HENDRICKSON und MACHLIN[3] nachgewiesen worden. TURNBULL bezeichnet die Erleichterung der Diffusion durch geeignet orientierte Versetzungen und Korngrenzen als „Diffusionskurzschluß" (engl. „diffusion short circuit").

Die Korngrenzendiffusion ist besonders von R. SMOLUCHOWSKI zur Erforschung der *Struktur* der Korngrenzen benützt worden. Ein Beispiel hierfür geben die Fig. 160a und 160b. In einer Korngrenze zwischen zwei gegeneinander um den Winkel ϑ geneigten Kupferkristallen mit gemeinsamer Würfelrichtung diffundierte radioaktives Zink, und zwar in Richtungen, die mit der gemeinsamen Würfelrichtung Winkel $\varphi = 0°$, $45°$ und $90°$ bildeten. Fig. 160a zeigt, daß, abgesehen von kleinen Winkeln, bei

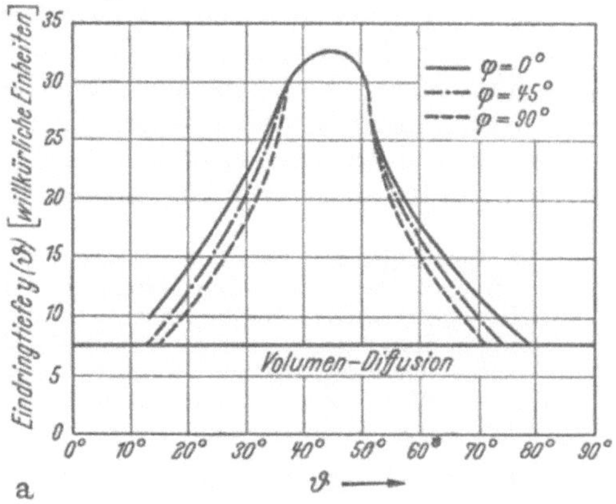

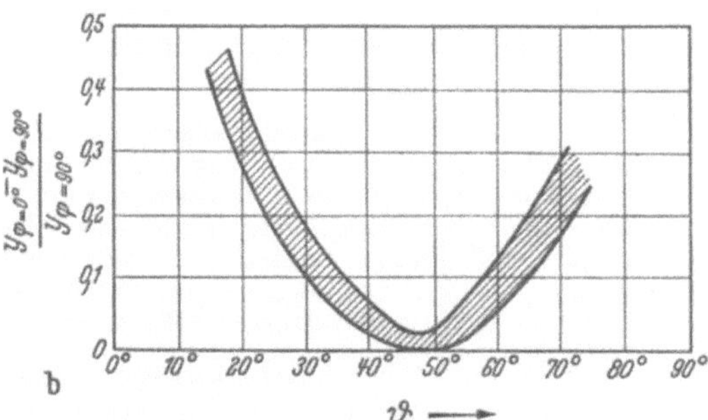

Fig. 160a u. b. Geschwindigkeit der Korngrenzendiffusion von Zink (gemessen durch die Eindringtiefe y) als Funktion des Orientierungsunterschiedes ϑ zwischen zwei Kupferkristallen mit gemeinsamer Würfelachse. a Eindringtiefe $y(\vartheta)$ für verschiedene Diffusionsrichtungen φ innerhalb der Korngrenze. b Anisotropie der Korngrenzendiffusion, gemessen durch $\dfrac{y_{\varphi=0°} - y_{\varphi=90°}}{y_{\varphi=0°}}$ in Abhängigkeit von ϑ.

denen die Versetzungen in der Korngrenze einen verhältnismäßig großen Abstand voneinander haben, die Diffusion in der Korngrenze rascher erfolgt als in den Kristallkörnern selbst. Die Diffusionsgeschwindigkeit, gemessen durch die Eindringtiefe $y(\vartheta)$, hängt jedoch noch von der Richtung der Diffusion innerhalb der Korngrenze ab. Bei kleinen Winkeln ϑ ist sie, wie zu erwarten, in Richtung der Versetzungslinien wesentlich größer als senkrecht zu den Versetzungen. Die Anisotropie der Diffusionsgeschwindigkeit nimmt mit zunehmendem ϑ ab. Sie ist jedoch aber auch noch für ϑ in der Größenordnung von 30° bis 40°

---

[1] Zusammenfassungen: R. SMOLUCHOWSKI: [1], S. 451; [13], S. 197.
[2] Zusammenfassung: D. TURNBULL: [13], S. 204.
[3] A. HENDRICKSON u. E. S. MACHLIN: Trans. Amer. Inst. Min. Metallurg. Engrs. **200**, 1035 (1954).

(bzw. 60° bis 70°) merklich, obwohl hier das Versetzungsbild kaum mehr zutreffen kann. Nach Smoluchowski hat man daraus zu folgern, daß bei diesen „mittleren" Orientierungsunterschieden die Korngrenzen zwischen gegeneinander geneigten Körnern aus *stabförmigen* Zonen stärkerer Fehlordnung aufgebaut sind, die durch Gebiete guter Passung der Nachbarkörner voneinander getrennt werden. Deshalb geht die Diffusion senkrecht zu den Stäben nicht ganz so leicht von statten wie parallel dazu. Dieses „Stabmodell" nimmt gewissermaßen eine Mittelstellung zwischen dem Versetzungsmodell und dem Inselmodell der Korngrenzen ein. Erst bei den größten möglichen Orientierungsunterschieden (im vorliegenden Falle bei $\vartheta \approx 45°$) verschwindet die Anisotropie der Korngrenzendiffusion, so daß die Korngrenzen als isotrop aufgebaut erscheinen. Hier dürfte das Mottsche Inselmodell (Ziff. 96) eine gute Beschreibung von Struktur und Eigenschaften der Korngrenzen geben.

98. Phasengrenzen zwischen verschiedenen kristallinen Phasen. Eine fast noch größere Bedeutung für die praktische Metallkunde als die Korngrenzen besitzen Phasengrenzen zwischen Kristalliten verschiedener Metall- bzw. Legierungsphasen. Gemessen an unseren derzeitigen Kenntnissen über die Physik der Korngrenzen ist die physikalische Erforschung der Natur der Grenzflächen zwischen kristallinen Phasen verhältnismäßig weit zurückgeblieben. Wegweisend für die zukünftige Weiterentwicklung dieses Gebietes dürften die Arbeiten von C. S. Smith[1] sein.

Wir gehen hier nur auf eine mit der Theorie der Versetzungen zusammenhängende Teilfrage ein, nämlich auf das Wachstum von einer kristallinen Phase auf Kosten einer benachbarten zweiten Phase mit Hilfe eines Versetzungsmechanismus. Dies ist eine Frage, die für die Umwandlungen in festen Körpern von großer Bedeutung ist[2].

Die polymorphen Umwandlungen von Metallen und Legierungen kann man in zwei große Klassen einteilen, nämlich in Umwandlungen mit und ohne Mitwirkung von Diffusion. Die treibende Kraft für eine Umwandlung ist zwar jedesmal die gleiche, nämlich die Tatsache, daß in dem betreffenden Druck- und Temperaturbereich eine andere Struktur eine niedrigere freie Energie besitzt. Die obige Unterteilung bezieht sich lediglich auf den Mechanismus der Umwandlung, der im ersten Fall wesentlich durch die thermische Energie bedingt, im zweiten Fall dagegen athermisch ist.

Die *athermischen* Umwandlungen, nach der bekanntesten und meistuntersuchten von ihnen oft martensitische Umwandlungen genannt, können vom Standpunkt der Geometrie aus meist in zwei Stufen zerlegt werden, nämlich in einen makroskopisch homogenen Schervorgang[3], dem noch eine kleine Volumänderung überlagert sein kann, und in einem daran anschließenden Zurechtrücken der Atome auf ihre endgültigen Gitterplätze. Bei der Austenit-Martensitumwandlung treten beide Stufen auf, bei der Umwandlung des Kobalts nur die erste.

Bei diesen Scherungen ist stets eine Energieschwelle zu überwinden, deren Höhe um so größer ist, je größer der betreffende Scherwinkel ist. Bei großen Scherwinkeln, wie z.B. beim Kobalt, wo er rund 20° beträgt, muß man wohl annehmen, daß ein *versetzungsähnlicher Mechanismus* mitwirkt. Damit ist gemeint, daß nicht alle Atome der jeweiligen gleitenden Ebene gleichzeitig die Energieschwelle überschreiten, sondern zeitlich nacheinander. Am Beispiel des Kobalts sind diese Verhältnisse ausführlich diskutiert worden[4].

---

[1] C. S. Smith: [*67*]; [*70*]; [*12*], S. 11; [*1*], S. 377.
[2] Siehe hierzu den Beitrag von U. Dehlinger, in Teil II dieses Bandes.
[3] In manchen Fällen, z.B. bei der In-Tl-Umwandlung, handelt es sich um *zwei* aufeinanderfolgende Scherungen auf zwei verschiedenen Ebenen.
[4] A. Seeger: Z. Metallkde. **44**, 247 (1953).

Ein allgemein anwendbares Verfahren zur Auffindung eines Versetzungsmechanismus für eine bestimmte Umwandlung hat BILBY[1] angegeben. In der BILBYschen Theorie, die wir im folgenden skizzieren werden, ist allerdings die Entstehung eines *Keimes* der zweiten Phase nicht enthalten; sie befaßt sich lediglich mit ihrem *Wachstum*.

Es werde ein Versetzungsknoten K von drei Versetzungslinien betrachtet, wobei die in Ziff. 33 eingeführte symmetrische Zählung der BURGERS-Vektoren benützt werden soll. Es gilt also:

$$\sum_{i=1}^{3} \mathfrak{b}_i = 0. \tag{98.1}$$

Die Versetzungslinie 3 soll in der in Fig. 161 angedeuteten Weise in der Ebene E mit Normalenvektor $\mathfrak{k}$ rotieren. Die Linien 1 und 2 befinden sich auf verschiedenen Seiten dieser Ebene E.

Wenn alle Versetzungslinien im gleichen Gitter liegen und die Bewegung von 3 konservativ ist, so gilt

$$\mathfrak{b}_3 \cdot \mathfrak{k} = 0 \tag{98.2}$$

also

$$\mathfrak{b}_2 \cdot \mathfrak{k} = - \mathfrak{b}_1 \cdot \mathfrak{k} \equiv \varDelta. \tag{98.3}$$

Ist $\varDelta = 0$, so hat man eine gewöhnliche FRANK-READ-Quelle,

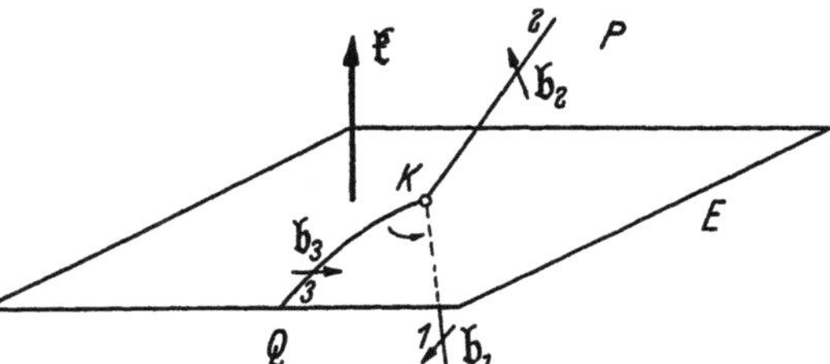

Fig. 161. Versetzungsknoten K in der Phasengrenzfläche E zwischen zwei kristallinen Phasen P und Q.

andernfalls eine Spiralquelle. Ist letzteres der Fall, so klettert die Versetzung 3 bei ihrer Bewegung um die Polversetzung 1—2 herum immer höher und ruft in dem überstrichenen Gebiet eine homogene Scherung vom Betrag

$$\delta = \left| \frac{\mathfrak{b}_3}{\varDelta} \right| \tag{98.4}$$

hervor. Ist E die Grenzfläche zwischen zwei martensitischen Phasen, so braucht $\mathfrak{b}_3 \cdot \mathfrak{k}$ nicht mehr Null und E keine mögliche Gleitebene mehr zu sein. Obwohl Gl. (98.2) dann nicht mehr erfüllt ist und somit Volumenänderungen auftreten, kann die Bewegung der Versetzungslinie 3 konservativen Charakter haben.

Jede homogene Deformation

$$\mathfrak{r}' = \boldsymbol{\Phi} \cdot \mathfrak{r} + \mathfrak{t} \tag{98.5}$$

($\boldsymbol{\Phi}$ konstante Dyade, $\mathfrak{t}$ konstanter Vektor) führt ein BRAVAIS-Gitter

$$\mathfrak{P}(\mathfrak{n}) = \sum_{i=1}^{3} n_i \mathfrak{p}_i \tag{98.6}$$

mit der Basis $\mathfrak{p}_i$ in ein zweites mit den Gittervektoren

$$\mathfrak{Q}(\mathfrak{n}) = \sum_{i=1}^{3} n_i \mathfrak{q}_i \tag{98.7}$$

über, wobei die Basis

$$\mathfrak{q}_i = \boldsymbol{\Phi} \cdot \mathfrak{p}_i \tag{98.8}$$

um den Vektor $\mathfrak{t}$ verschoben ist.

Sind andererseits zwei Gitter P und Q gegeben, so denken wir uns eine bestimmte Transformation $\boldsymbol{\Phi}, \mathfrak{t}$ gewählt, z.B. unter dem Gesichtspunkt kleinstmöglicher Differenzen zwischen zugeordneten Gittervektoren.

---

[1] B. A. BILBY: Phil. Mag. **44**, 782 (1953).

Zur Vereinfachung nehmen wir zunächst $t = 0$ an und fragen, wie die Transformation Φ beschaffen sein muß, damit die zugehörige Verschiebung der Gitterpunkte aus den P-Lagen in die Q-Lagen durch eine Spiralquelle erfolgen kann, wobei jetzt natürlich die Linie 2 im P-Gitter und die Linie 1 im Q-Gitter gelegen ist.

Ein beliebiger Vektor $\mathfrak{r}$ geht bei der Bewegung der Linie 3 ins Q-Gitter hinein über in

$$\mathfrak{r}' = \mathfrak{r} + \mathfrak{b}_3 \frac{\mathfrak{t} \cdot \mathfrak{r}}{\mathfrak{b}_2 \cdot \mathfrak{t}}. \tag{98.9}$$

Dies stellt eine atomistisch homogene Scherung dar, vorausgesetzt, daß es *keinen* Gittervektor $\mathfrak{P}(\mathfrak{n})$ gibt, der der Ungleichung

$$|\mathfrak{P}(\mathfrak{n}) \cdot \mathfrak{t}| < |\mathfrak{b}_2 \cdot \mathfrak{t}| \tag{98.10}$$

genügt. Ist diese Ungleichung erfüllt, so werden mehrere Netzebenen als starres Gebilde zusammen verschoben und die Scherung ist nur noch makroskopisch homogen. Ein derartiger Fall liegt bei der Kobaltumwandlung vor, was dadurch bedingt ist, daß ein Bravais-Gitter (kubisch-flächenzentriert) in ein Gitter mit Basis (hexagonal dichtest gepackt) übergeht.

Der Burgers-Vektor $\mathfrak{b}_3$ braucht jetzt nicht mehr in der Ebene des Umlaufs seiner Versetzungslinie zu liegen, da mit der Umwandlung eine Kompression oder Dilatation des Gitters verbunden sein kann. Führt man einen geeigneten in E gelegenen Einheitsvektor $\mathfrak{j}$ ein, so läßt sich $\mathfrak{b}_3$ darstellen in der Form

$$\mathfrak{b}_3 = (\lambda\,\mathfrak{j} + \mu\,\mathfrak{t})\,\mathfrak{b}_1 \cdot \mathfrak{t}. \tag{98.11}$$

Die allgemeinste Transformationsdyade eines derartigen Mechanismus ist also

$$\Phi = I + \lambda\,\mathfrak{j}\,\mathfrak{t} + \mu\,\mathfrak{t}\,\mathfrak{t}, \tag{98.12}$$

d.h. die allgemeinste Transformation, die eine Ebenenschar (nämlich $\perp \mathfrak{t}$) unverzerrt und unrotiert läßt.

Hat man einen durch die Dyade (98.12) beschriebenen Zusammenhang zwischen zwei Bravais-Gittern, so kann man eine die beiden Gitter ineinander überführende Spiralquelle folgendermaßen finden:

Zwischen den Gittervektoren in verschiedenen Gittern besteht die Beziehung

$$\mathfrak{Q}(\mathfrak{n}) = \mathfrak{P}(\mathfrak{n}) + (\lambda\,\mathfrak{j} + \mu\,\mathfrak{t})\,\mathfrak{P}(\mathfrak{n}) \cdot \mathfrak{t}. \tag{98.13}$$

Nach Gl. (98.1) ist die folgende Spiralquelle möglich: Burgers-Vektor der Polversetzung in Q

$$\mathfrak{Q}(\mathfrak{n}) = -\mathfrak{b}_1, \tag{98.14a}$$

Burgers-Vektor der Polversetzung in P

$$\mathfrak{P}(\mathfrak{n}) = \mathfrak{b}_2, \tag{98.14b}$$

Burgers-Vektor der umlaufenden Versetzung, die in dem überstrichenen Gebiet den Vektor $\mathfrak{P}(\mathfrak{n})$ in $\mathfrak{Q}(\mathfrak{n})$ überführt

$$\mathfrak{b}_3 = (\lambda\,\mathfrak{i} + \mu\,\mathfrak{t})\,\mathfrak{P}(\mathfrak{n}) \cdot \mathfrak{t}. \tag{98.14c}$$

Die Burgers-Vektoren brauchen keine Gittervektoren zu sein; jeder kann einer in dem betreffenden Gitter möglichen unvollständigen Versetzung zugehören. Die Auswahl der Vektoren $\mathfrak{b}_i$ nach Gln. (98.14) ist noch in gewissem Maße willkürlich. Man hat dazu physikalische Überlegungen, z.B. über die Zahl der bei einem Umlauf zu verschiebenden Netzebenen, mit heranzuziehen.

Transformationen mit $\mathfrak{t} \neq 0$ treten dann auf, wenn die Umwandlungen durch mehrere ineinandergestellte BRAVAIS-Gitter beschrieben werden. Man kann eine entsprechende Verschiebung nach BILBY dadurch erreichen, daß man parallel zur Versetzungslinie 3 zwei Versetzungslinien mit BURGERS-Vektoren $\pm \mathfrak{t}$ sich mitdrehen läßt, die einen Abstand $\mathfrak{P}(\mathfrak{n}) \cdot \mathfrak{t}$ (= Ganghöhe der Schraube) voneinander haben.

Obwohl der behandelte Mechanismus formal alle Transformationen der Form (98.12) zu beschreiben gestattet, ist natürlich zu seiner Realisierung notwendig, daß die zu den Vektoren $\mathfrak{b}_1$, $\mathfrak{b}_2$, $\mathfrak{b}_3$ gehörenden Versetzungen energetisch günstig sind und in Wirklichkeit tatsächlich auftreten.

Literatur.

Einen allgemeinen Überblick über die Eigenschaften von Gitterfehlern und deren experimentellen Nachweis gibt der Konferenzbericht:

[1] Imperfections in Nearly Perfect Crystals, herausgeg. von W. SHOCKLEY, J. H. HOLLOMON, R. MAURER und F. SEITZ. New York: J. Wiley & Sons 1952.

Ferner sind hier die folgenden Konferenz- bzw. Seminarberichte zu erwähnen:

[2] Report of a Conference on Strength of Solids, held at the H. H. Wills Physical Laboratory, University of Bristol, on July 7—9 1947, The Physical Society, London 1948.

[3] Phase Transformations in Solids, Symposium held at Cornell University, August 23—26, 1948, herausgegeb. von R. SMOLUCHOWSKI, J. E. MAYER und W. A. WEYL. New York: John Wiley & Sons 1951.

[4] A Symposium on the Plastic Deformation of Crystalline Solids, Mellon Institute Pittsburgh May 19—20, 1950, Office of Technical Services, U.S. Department of Commerce, PB 104604.

[5] Cold Working of Metals, A Seminar held in Philadelphia, October 23—29, 1948, American Society for Metals, Cleveland, Ohio 1949.

[6] Atom Movements, A Seminar held in Chicago, October 21—27, 1950, American Society for Metals, Cleveland, Ohio 1951.

[7] Metal Interfaces, A Seminar held in Detroit, October 13—19, 1951, American Society for Metals, Cleveland, Ohio 1952.

[8] Modern Research Techniques in Physical Metallurgy, A Seminar held in Philadelphia, October 18—24, 1952, American Society for Metals, Cleveland, Ohio 1953.

[9] Relation of Properties to Microstructure, A Seminar held in Cleveland, October 17—23, 1953; American Society for Metals, Cleveland, Ohio 1954.

[10] Dislocations in Metals, herausgegeb. von M. COHEN, The American Institute of Mining and Metallurgical Engineers, New York 1954.

[11] Crystal Growth, Discussions of the Faraday Society Nr. 5, 1949.

[12] L'État Solide, Berichte und Diskussionen vom 9. Solvay-Kongreß für Physik, R. Stoops, Brüssel 1952.

[13] Report of the Conference on Defects in Crystalline Solids held at the H. H. Wills Physical Laboratory, University of Bristol, July 13—27 1954, The Physical Society, London 1955.

[14] Proceedings International Conference on Theoretical Physics, Kyoto and Tokyo 1953, Tokyo 1954.

Mit den Eigenschaften der in diesem Artikel nicht behandelten Grenzflächen Kristall-Flüssigkeit und Kristall-Gas befassen sich die folgenden Konferenzberichte:

[15] Properties of Metallic Surfaces, Institute of Metals Monograph and Report Series, No. 13, The Institute of Metals, London 1953.

[16] Structure and Properties of Solid Surfaces, herausgegeb. von R. GOMER und C. ST. SMITH, The University of Chicago Press 1953 sowie mehrere Kapitel in [7].

Die Eigenschaften von Gitterfehlern in Ionenkristallen sind zusammenfassend behandelt bei:

[17] MOTT, N. F., and R. W. GURNEY: Electronic Processes in Ionic Crystals, 2. Aufl. Oxford 1948.

[18] SEITZ, F.: Color Centers in Alkali Halides Crystals. Rev. Mod. Phys. **18**, 384 (1946).

[19] SEITZ, F.: Color Centers in Alkali Halides Crystals, II. Rev. Mod. Phys. 26, 7 (1954).

[20] SEITZ, F.: Speculations on the Properties of the Silver Halide Crystals. Rev. Mod. Phys. 23, 328 (1951).

[21] HAUFFE, K.: Fehlordnungserscheinungen und Leitungsvorgänge in ionen- und elektronenleitenden festen Stoffen. Ergeb. exakt. Naturw. 25, 193—292 (1951).

Mit der Rolle von Gitterfehlern bei chemischen Reaktionen fester Stoffe befassen sich:

[22] JOST, W.: Diffusion und chemische Reaktion in festen Stoffen. Dresden u. Leipzig 1937.

[23] HEDVALL, J. A.: Einführung in die Festkörperchemie. Braunschweig: F. Vieweg & Sohn 1952.

[24] REES, A. L. G.: Chemistry of the Defect Solid State. London: Methuen & Co. 1954.

[25] HAUFFE, K.: Reaktionen in und an festen Stoffen. Berlin-Göttingen-Heidelberg: Springer 1955.

[26] CABRERA, N., and N. F. MOTT: Theory of the Oxidation of Metals. Rep. Progr. Phys. 12, 163 (1949) sowie mehrere Kapitel in [6] und in

[27] Halbleiterprobleme, Bd. 1, herausgegeb. von W. SCHOTTKY. Braunschweig: F. Vieweg & Sohn 1954.

Die Bedeutung von Gitterfehlstellen für die Diffusion in festen Körpern wird zusammenfassend behandelt bei:

[28] JOST, W.: Diffusion in Solids, Liquids, Gases. New York: Academic Press 1952.

[29] SEITH, W.: Diffusion in Metallen, 2. Aufl. Berlin-Göttingen-Heidelberg: Springer 1955.

[30] CLAIRE, A. D. LE: Diffusion of Metals in Metals. Progr. Met. Phys. 1, 306—379 (1949).

[31] CLAIRE, A. D. LE: Diffusion in Metals. Progr. Met. Phys. 4, 265—332 (1954).

[32] SEITZ, F.: Fundamental Aspects of Diffusion in Solids, [3], S. 77—148.

[33] ZENER, C.: Theory of Diffusion, [1], S. 289—316.

[34] BARDEEN, J., u. C. HERRING: Diffusion in Alloys and the Kirkendall Effect, [1], S. 261 — 288 sowie in mehreren Kapiteln in [6].

Als Zusammenfassungen über die Anwendung der statistischen Mechanik auf die Theorie der Gitterfehlstellen und insbesondere auf Ordnungs-Unordnungs-Umwandlungen seien genannt:

[35] FOWLER, R., and E. A. GUGGENHEIM: Statistical Thermodynamics. Cambridge: Cambridge University Press 1949.

[36] GUGGENHEIM, E. A.: Mixtures. Oxford: Clarendon Press 1952.

[37] NIX, F. C., and W. SHOCKLEY: Order-Disorder Transformations in Alloys. Rev. Mod. Phys. 10, 1 (1938).

[38] LIPSON, H.: Order-Disorder Changes in Alloys. Progr. Met. Phys. 2, 1 (1950).

Die experimentelle und theoretische Literatur zum elektrischen Widerstand von Gitterfehlstellen ist in

[39] BROOM, T.: Lattice Defects and Electrical Resistivity of Metals. Adv. Physics 3, 26 (1954)

zusammengefaßt.

Als zusammenfassende Veröffentlichungen über die Erzeugung struktureller Fehlordnung durch Bombardieren fester Körper mit Teilchenstrahlen liegen vor:

[40] SEITZ, F.: On the Disordering of Solids by Action of Fast Massive Particles. Disc. Faraday Soc. 5, 271 (1949)

[41] SLATER, J. C.: The Effects of Radiation on Material. J. Appl. Phys. 22, 237 (1951).

[42] SEITZ, F.: Radiation Effects in Solids. Physics Today 5, No. 6, 6 (1952).

[43] DIENES, G. J.: Radiation Effects in Solids. Ann. Rev. Nucl. Sci. 2, 187 (1953).

[44] DIENES, G. J.: Effects of Nuclear Radiation on the Mechanical Properties of Solids. J. Appl. Phys. 24, 666 (1953).

[45] SIEGEL, S.: Radiation Damage as a Metallurgical Research Technique, [8], S. 312.

[46] KOEHLER, J. S., and F. SEITZ: Radiation Disarrangement of Crystals. Z. Physik 138, 238 (1954) sowie die auf S. 432 zitierte Arbeit von LINTNER und SCHMID,

Als Einführungen in die Physik der Gitterfehlstellen in festen Körpern und insbesondere in Metallen sind zu nennen:

[47] SEITZ, F.: The Physics of Metals. New York: McGraw-Hill 1943.

[48] BARRETT, C. S.: Structure of Metals, 2. Aufl. New York: McGraw-Hill 1952.

[49] COTTRELL, A. H.: Theoretical Structural Metallurgy, 2. Aufl. London: Edward Arnold & Co. 1954.

[50] KITTEL, CH.: Introduction to Solid State Physics. New York: Wiley & Sons 1953.

[51] HUME-ROTHERY, W., and G. V. RAYNOR: The Structure of Metals and Alloys. Institute of Metals Monograph and Report Series No. 1, 3. Aufl. London 1954.

[52] DEHLINGER, U.: Theoretische Metallkunde. Berlin-Göttingen-Heidelberg: Springer 1955.

Folgende Monographien und Zusammenfassungen über die Theorie der Versetzungen, zum Teil mit Einschluß der Anwendungen, liegen vor:

[53] READ, W. T.: Dislocations in Crystals. New York, London u. Toronto: McGraw Hill 1953. Betont vor allem die geometrische Seite der Versetzungstheorie.

[54] NABARRO, F. R. N.: The Mathematical Theory of Stationary Dislocations. Adv. Physics 1, 269 (1952). Behandelt vor allem die elastische Theorie der Versetzungen.

[55] COTTRELL, A. H.: Dislocations and Plastic Flow in Crystals. Oxford: Clarendon Press 1953. Bringt Theorie und ihre Anwendungen auf viele mechanische Probleme.

[56] HAASEN, P., u. G. LEIBFRIED: Die plastische Verformung von Metallkristallen und ihre physikalischen Grundlagen. Fortschr. Phys. 2, 73 (1954).

Als kürzere Zusammenfassungen über Teilfragen der Theorie sowie mancher Anwendungen sind zu erwähnen:

[57] KOEHLER, J. S., and F. SEITZ: The Nature of Dislocations in Ideal Single Crystals, [10], Chapter 1.

[58] COTTRELL, A. H.: Theory of Dislocations. Progr. Met. Phys. 1, 77 (1949).

[59] COTTRELL, A. H.: Theory of Dislocations. Progr. Met. Phys. 4, 205 (1953).

Als Auswahl von Einzelarbeiten, die für die Entwicklung der Theorie der Versetzungen wichtig geworden sind und zugleich einen Überblick über Teilgebiete geben, führen wir an:

[60] BURGERS, J. M.: Some Considerations of the fields of stress connected with dislocations in a regular crystal lattice. Proc. Kon. Ned. Akad. v. Wetensch. 42, 293, 378 (1939).

[61] FRANK, F. C.: Crystal Dislocations — Elementary Concepts and Definitions. Phil. Mag. 42, 809 (1951).

[62] ESHELBY, J. D.: The Force on an Elastic Singularity. Phil. Trans. Roy. Soc. Lond. 244, 87 (1951).

[63] SEITZ, F.: On the Generation of Vacancies by Moving Dislocations. Adv. Physics 1, 43 (1952).

Eine zusammenfassende Arbeit über Versetzungen und andere Gitterfehlstellen, die die französischen Bezeichnungen der verwendeten Begriffe enthält, ist:

[64] CRUSSARD, C.: Diffusion et interaction des impuretés et des défauts de structure dans les métaux. Métaux et Corros. 25, 203 (1950).

Eine Zusammenstellung der Ergebnisse über die direkte Beobachtung von Versetzungen in wirklichen Kristallen sowie im Seifenblasenmodell (die Literatur bis Ende 1953 umfassend) enthält:

[65] FORTY, A. J.: Direct Observations of Dislocations in Crystals. Adv. Physics 3, 1 (1954).

Neben einer Reihe von Kapiteln in [1], [4], [6], [7], [8], [9], [10], [12], [53] sind als Zusammenfassungen über Korngrenzen zu nennen:

[66] LÜCKE, K.: Wesen und Eigenschaften der Korngrenzen polykristalliner Metallkörper. Z. Metallkde. 44, 370, 418 (1953).

[67] KING, R., and B. CHALMERS: Crystal Boundaries, Progr. Met. Physics 1, 127 (1949)

[68] CHALMERS, B.: Structure of Crystal Boundaries. Progr. Met. Physics 3, 293 (1952)

Als Zusammenfassungen über die Eigenschaften von Phasengrenzen sind zu nennen:

[69] SMITH, C. S.: Grains, Phases and Interfaces. An Interpretation of Microstructure, Trans. Amer. Inst. Min. Metallurg. Engrs. 175, 15 (1948).

[70] SMITH, C. S.: Microstructure. Trans. Amer. Soc. Met. 45, 533 (1953).

Sachverzeichnis.

(Deutsch-Englisch.)

Bei gleicher Schreibweise in beiden Sprachen sind die Stichwörter nur *einmal* aufgeführt.

Subject Index.

(English-German.)

Where English and German spelling of a word is identical the German version is omitted.

Acoustic (frequency) branch, *akustischer Zweig* 168, 176, 196, 316.

Activation, energy of, *Aktivierungsenergie* 397, 399, 416, 474.

—, —, dependence on temperature, *Temperaturabhängigkeit* 397.

—, —, experimental determination of, *experimentelle Bestimmung von* 404, 416.

—, —, self diffusion, *der Selbstdiffusion* 476, 474.

—, —, spectrum of, *Spektrum von* 467.

—, enthalpy of, *Aktivierungsenthalpie* 397.

—, entropy of, *Aktivierungsentropie* 397, 405.

—, —, dependence on temperature, *Temperaturabhängigkeit* 397.

Adiabatic approximation, *adiabatische Näherung* 109, 410.

— changes, *Änderungen* 237.

AgBr-crystal, *AgBr-Kristall* 643.

AIRY's stress-function, *AIRYsche Spannungsfunktion* 533, 578, 561 f.

Alkali halides, *Alkalihalogenide* 105, 106, 141, 197, 216, 223, 256, 284, 315, 400.

— —, conductivity of, *Leitfähigkeit von* 404, 417.

—· metals, *Alkalien* 105, 112, 127, 128, 143, 144, 224, 226, 227, 228, 249, 254, 322, 441, 474.

Alkaline earth salt, *Erdalkalisalz* 86, 140.

Alloys with long range order, *Legierungen mit Fernordnung* 456.

Anelastic measurements, *anelastische Messungen* 474, 657.

Anharmonicity, *Anharmonizität* · 273, 278, 284, 287, 290, 297, 299, 315, 321.

—, constant of, *Anharmonizitätskonstante* 274, 289.

Anisotropy, elastic, *elastische Anisotropie*, 128, 144, 253, 256, 292.

— factor, *Anisotropie-Faktor* 364.

— of cleavage, *Anisotropie der Spaltbarkeit* 100.

— of the elastic properties, *der elastischen Eigenschaften* 487.

— of the electrical resistance, *des elektrischen Widerstandes* 462.

Antifluorite lattice, *Antiflußspatgitter* 88.

"Anti plane strain" 534.

As-lattice (structure), *Arsengitter* 83.

Atomic, distances and valence angles, calculation of, *Berechnung der Atomabstände und Valenzwinkel* 71.

Atomic radius, *Atomradius* 105.

Atoms, distance of, *Atomabstand* 609.

Axial ratio, calculation of *Berechnung des Achsenverhältnisses* 64.

— —, graphic determination, *graphische Bestimmung des* 66.

BÄCKLUND transformation, BÄCKLUND-*Transformation* 568.

BETTI's reciprocity-theorem, BETTIsches *Reziprozitätstheorem* 517, 518, 520.

Binding, *Bindung* 107, 154, 172, 201, 202, 218, 278, 284.

—, energy, cohesive energy, *Bindungsenergie* 105, 129, 143, 144, 319.

—, heteropolar, *heteropolare Bindung* 105.

—, homopolar, *homöopolare* 75, 105, 179.

—, VAN DER WAALS, bond, VAN DER WAALS *Bindung* 105.

Bipotential equation, *Bipotentialgleichung* 518.

— —, principal solution of the, *Hauptlösung der* 523.

BJERRUM's theory of conductivity, BJERRUMsche *Leitfähigkeitstheorie* 401.

BOLTZMANN equation, BOLTZMANNsche *Stoßgleichung* 295, 296, 305, 307, 309, 313.

Bond, binding, VAN DER WAALS, VAN DER WAALS *Bindung* 105.

—, metallic, *metallische Bindung* 105.

—, valency, *Valenz-Bindung* 127.

BORN-HABER cycle, BORN-HABERscher *Kreisprozeß* 142.

BORN-v. KARMAN function, BORN-v. KARMANsche *Funktion* 334.

BRAGG's equation, BRAGGsche *Gleichung* 69.

— soap bubble model, *Seifenblasenmodell* 569, 629.

β-brass, *β-Messing* 450.

BRAVAIS lattice, BRAVAIS-*Gitter* 19, 385, 387, 389, 513, 661.

— lattices, BRAVAIS-*Netze* 16.

BRILLOUIN zone, BRILLOUIN-*Zone* 74, 355.

BRILLOUIN's planes, BRILLOUINsche *Ebenen* 638.

BRINELL hardness, BRINELL-*Härte* 102.

BURGERS circuit, BURGERS *Umlauf* 647.

— vector, *Vektor* 387, 388, 477, 479, 480, 519, 521.

Caesium-chloride-structure, *Caesiumchloridgitter* 114, 116, 135, 137, 139, 217, 232, 233, 247.